R3
R2
60°
R1
R4
九五旒
— 建筑、文字与话头 —
崔宗安/著
东南大学出版社
SOUTHEAST UNIVERSITY PRESS
·南京

提 要

中国建筑业多年快速发展，从模仿抄袭西方各建筑流派到西方建筑师大举进入国内市场，中国建筑师一直被西方的建筑话语体系笼罩，作者亲历如此现状，深切希望能从本民族角度、借助中华文化，用属于国人的语言来解读建筑设计。

本书尝试从中国人的传统文化及思维入手，架构和整理建筑设计的思维体系。以反义相成词和汉字的形意作为贯穿全书的主线，将建筑设计的相关概念和意象进行串联。全文分成五个篇章：理金、数水、象木、变火、通土，每篇包含一个篇目小节以及十九个内容小节。每个小节围绕这一节的反义相成词主题，进行文字性的阐发，并创作相应的概念设计来配合文字，每节内容对开呈现。全书的篇目结构体系相对完整闭合，各小节内容采用笔记体的方式记录，文字和配套的设计相对独立，可供随手翻阅。

书名“九五旒”是指书中的九十五个小节，如同冕旒一样，将芜杂的观念进行整理和过滤。关于书稿的构思和编排，在绪言部分有详细的阐释。全书共有一千多幅插图，全部为作者原创自绘。本书的视角独特、体裁新颖、构架清晰，可供建筑设计及相关设计行业的从业者阅读。

图书在版编目（CIP）数据

九五旒 ：建筑、文字与话头 / 崔宗安著. -- 南京 ：东南大学出版社，2016.9
ISBN 978-7-5641-6724-0

Ⅰ. ①九… Ⅱ. ①崔… Ⅲ. ①中华文化－应用－建筑设计－研究 Ⅳ. ①TU2

中国版本图书馆CIP数据核字(2016)第213310号

九五旒——建筑、文字与话头

作　　者 崔宗安（695895@163.com）
责任编辑 宋华莉（52145104@qq.com）
出版发行 东南大学出版社
出 版 人 江建中
社　　址 南京市四牌楼2号（邮编：210096）
网　　址 http://www.seupress.com
电子邮箱 press@seupress.com
印　　刷 南京玉河印刷厂
开　　本 889mm×1194mm 1/16
印　　张 16.5　　**字　　数** 253千字
版　　次 2016年9月第1版　2016年9月第1版第1次印刷
书　　号 ISBN 978-7-5641-6724-0
定　　价 59.00元
经　　销 全国各地新华书店
发行热线 025-83790519 83791830
（本社图书若有印装质量问题，请直接与营销部联系，电话:025-83791830）

序文

第一眼看到装订得像正式出版物一样的书稿时，让我感到的是欣慰。

崔宗安是我的硕士研究生，二零零三年由本校建筑系以优异成绩获公费名额入学。在大学本科期间，他就以善于思考、长于创新而在学生中小有名气。读硕士期间探索性的思路也让我印象颇深，硕士论文以“分层次、分尺度的城市形态规划”为题，讨论了城市空间规划设计的多样性，受到了广泛的好评。二零零六年毕业时，凭他的成绩和设计能力完全可以去一所大型设计院，或大学机构，或政府部门，但他没有随从当时的潮流，而是选择了一家开发企业，直接投身于建设项目的现场，从事设计管理，很多人不解。一晃十年过去了，崔宗安一直是我的一个牵挂，就像等待一个实验结果一样期待着。

这些年，崔宗安参与了不少项目实践，随着建设项目先后驻地于苏州、南京、扬州、长春、沈阳、北京等处。在项目的管理过程中，他经常在设计院深化之前自己先进行方案与节点的设计，更重要的是能够经常深入现场，在实际建造过程中对设计进行补充与修改、对施工进行指导与协调。尝试过南方水乡别墅、北方王府宅院等传统特色建筑的营造；体验过旧建筑改造、新住宅区建设的风风火火；也经历过苏州“东方之门”这个明星建筑的是是非非。集这些设计和监管经验中的点点滴滴体会与思考，他试想用一种新的视角和新的方式诠释一个更加真实的建筑话语。

当这本完全用 CAD 排版与绘制的书稿呈现在我面前时，我知道他的思考和创新探索没有终止，这是我的欣慰所在。

目前在国内从小学到中学，从大学到研究生所推行的教学体系、模式、评价标准和准绳都是西方的，我们的学生越来越少的能读懂古文，更难懂得用中国文化与哲学思维来解析问题。对西方话语的顶礼膜拜，将西方的整体评价语系在中国做了一个横向的移植，而对自己的文化传统采取了粗暴不公正的简单否定态度。有学者批评说，在对西方话语的引进中同时也包含了殖民话语。

这些年，伴随着中国城市化快速发展，中国建筑师的创作同样一直被西方的建筑话语体系笼罩，从模仿抄袭西方各建筑流派到西方建筑师大举进入国内市场，各种奇奇怪怪的建筑将中国作为试验场。随着民族文化复兴和文化自信的觉醒，本土建筑的复兴和传承成为重要话题，然而由于系统的缺陷，尽管新的探索和创作充满了传统文化符号和变异更新，但细加分析则仍无法完全摆脱西方思维的旧格局。崔宗安希望能从中国文化或者说思维的角度来重构和整理建筑设计的新体系，以反义相成词和汉字的形意作为主线，将建筑设计的相关概念和意象进行串联，可谓是一种尝试。全书篇目结构体系相对完整闭合，而各小节内容采用笔记体的方式记录，文字和设计相对独立，总共配有一千多幅自绘的插图。

书的内容、观点、编排与形式都不失为一家之言，当然还有许多内容可以进一步磨合、调整和洗炼，然而这却是在探索用国人话语来解读建筑营造设计道路上迈进的可喜一步，尽管这一步像孩童学步一样步履蹒跚，但值得庆贺。

欣然作序！

段进 于成贤街

二零一六年九月十八日

目録

目 录

理 数 象 变 通

理 数 象 变 通

蝉翼九五，以求长生。

下士大笑，如苍蝇声。

——唐•李白

◎ 理

凡事总会有一个发端的理由，放在自然更替中谓之天机，放在设计创作中谓之灵感。

尝试着鼓起力气、积攒时间去完成一件事情，如果一开始就能意识到重重困难，同时又缺乏充足的动力，往往就会在行百里而半九十的艰难面前停顿。下文中的绝大部分内容，并非一气呵成，而是在几年时间中有所感悟，逐句逐段积攒而来，这些内容自己看看颇为有趣却又杂乱零碎，这便促使我想动手将它们挑选整理。最初这个简单的理由，让我很轻松地动手了，在整理的过程中，理由一步步扩大成理想，逐渐形成了自己的语序和逻辑，在我还没有完全认识到困难时，已经将自己推出去了很远，继续坚持下去后，就有了接下来的一切。

◆ 外因

最初的学习和思考都是为了现实的应用，在被迫发现缺陷和解决问题的过程中，才逐步明了自身最迫切的需要是什么。

❖ 体系

自从一九九八年进入大学开始接触建筑设计，便饶有兴趣地学习并尝试着做些粗浅的设计，到如今不知不觉中已过了十几个年头。大一入学时候听学长们说大五才入门，可是自己到了大五时却连门径在哪都根本没有摸清楚，不过这也是数年之后的体会，当时当地还是不免有些自以为是，觉得建筑设计不过是些图符说辞的杂烩，现在看来那时唯一的是处就是懵懂的热情和无知的无畏。

离开学校之后，眼见并参与城市和建筑从一种构想最终落成为实体的过程，方才理解当年一些基本功练习的意义，知道这些基本功原来大有用处。对原来学习时的部分训练也有了新的认识，逐渐能感受到课程的体系其实是提炼出来的思想体系，可惜读书时没有这种理解力，没能贯通地看待那些知识的布局。

• 问题

工作数年后开始对建筑设计渐渐地有些想法和认识浮现脑中，却也是模模糊糊难以捉摸，仿佛看见门在那里，却不知道是走进去、爬进去、撑竿跳进去，每每走近又走远、进去又出来。花去这许多年，才开始思考设计、才对设计有所觉悟，虽不免算是后知后觉至极，但好歹总算开始摸索着解答自己。

在些许小问题得到解惑的同时，经验的累积和年龄的增长又带来了更多的疑问，许多问题因为无从解决、无处搁置便遗忘了，而这些遗忘在现在看来是极大的遗憾。有趣的问题比确信的答案更有价值，因为忘记问题就泯灭了向往和追求、无从回答就失去了改变和提高的机会。大多数问题都很难通过某个点的突破得到解决，需要依靠一个体系来根治。

看来我需要找到一个地方来搁置问题，能将问题分门别类地记录摆放到位，也算是解决了问题的一半。

◆ 收获

对设计些许的感悟和理解，总是突如其来、支离破碎，无法捏成一团，组织不出个所以然。求助过往的经验、反观曾经的训练，仿佛有体系却似是而非，深究其间便感觉浮于表面，如隔靴搔痒般没有触及根本，便也无法理顺眼前的困境。也许是自己学不得法或记忆模糊，总之头脑中新增的内容无从摆放。

过去人学习往往要靠书本，这有两个条件：第一要有钱购买，第二要有书架安放。网络让获取知识的成本非常低，经济条件不再是获取知识的障碍。实体书籍的安放靠书架，知识在头脑中的安放需要靠知识体系这个书架。头脑中没有清晰的体系，所有的知识就如同书本只能捆扎在箱子里、堆放在地上，零碎低效、使用不便，日久不用便忘诸脑后。

知识不分类便无法消化融合，庞杂丰富的知识更会让人无所适从、心生畏惧。对知识的恐惧源自对其定位的不了解，仰仗那些零散纷杂的见闻会使人如坠云中，不能顶天立地就只好四处依附，如溺水者般四处乱抓，看到这个喜欢这个，看到那个欣赏那个，而触目可及的又尽是各种风格鲜明、建造精美的项目案例，这难免将人摆布得东摇西摆。随着时日增加所积累的知识，其中只有一小部分能够深入了解它的来龙去脉，其余大部分只知道其应用范围，而这些所以然和然全都拴在体系的桩柱之上，能有几根见底见顶的知识桩柱，面对精彩和混乱便不至于着急慌忙、无所适从。

看来我需要打造一个思想体系的书架来归置这些知识，能将点点滴滴的混杂稍微归拢形成秩序，也能让头脑清醒和轻松一些。

◆ 方向

日常里，太多的信息进行着鼓动和导向，让人走在插满路标的迷途中，既抱有对路标的无奈信任又充满对前途的兴奋不安，是否误入歧途一直是潜伏心底的疑问。这些疑问和困扰夹杂在人生成长的过程中，就并非全是专业上的问题，想象能够纯粹地探讨和解决所有的这些问题似乎已经不能，因为拨不开尘世烦扰，只好走一步看一步。

走远了才明白失之毫厘谬以千里的意思，起步时并不了解选择会走到怎样的方向、导致何种结果，能看到的只是出发先后，只知道离开起点有多远，自以为离开起点越远就离目标越近，其实则未必。待到人行至中途时回望，渐渐明了自己的轨迹，也就能预估自己的将来，如果不调整方向，在和目标逐渐靠近后最终又只能渐渐远离，距离目标最近的位置就是以目标为圆心的切点。工作十年也些微积攒了些经验，回望梳理这些过往，也算是对逝去时间的尊重，若能从中再收获些对自己的认识，也能够给自己将来的选择找一些依据。

看来我需要定位一个目标点，能够指引我前进的方向，让我调整轨迹转向它，或者将它摆放在自己前进的途中。

◆ 沟通

设计成果是饱含着个人理念的物质外化，交给使用者的不仅仅只是一个应用的躯壳，还展现出设计者自身清晰、理顺的思路。设计者往往以循序渐进、有逻辑的方式去设计建筑，但是建造者、使用者、旁观者却未必都能以此方式去看待设计成果。

在自己过往的工作中，除了做设计也做一些管理。设计需要自己理解并实现他人的需求，管理需要他人理解并贯彻自己的意图，总之是要让人相互理解。交流和沟通需要有共同的平台，否则你说功能、他说形式，你说形式、他谈市场，你谈市场、他又绕回去说功能。

在东方之门项目担任副总工的几年中，我感悟到有些设计和施工上存在的问题，并非是由某个技术点上的疏漏或错误引起，而是由于体系思维的缺乏才造成的。体系的缺乏让人很难主动自觉地发现问题，并且有些问题要解决往往又不是在点上发力，相对全局地考虑才可能找到症结。局部的最优可能会导致其他部分出现严重缺陷，设计各专业除了在各自领域独当一面，更需要体系间的事前理解和主动配合。

由此我就想进行适当的设计培训，使各个工种能对项目和设计的整体有更深的理解，能尽量避免相互不理解带来的问题，进而有发现和处理问题的思路，便可提高效率并减轻日常的工作量。念头产生后，我便开始着手准备，接下来的过程引发了许多的思绪却始终没法脱口而出。然后反观自我，发现所学所感也实在无法几言以蔽之，甚至很难有适当的框架容纳和整理，各种零散拼凑的念头层出不穷，能够条理明晰的思路只像是巨人的小背心一样，东拉西扯也无法遮蔽全部的庞大身躯。结果开展培训的时间一拖再拖，最终项目主体建成，我还没能完整地厘清思路，工作中还是只能头痛医头、脚痛医脚。

看来我需要建立一个对话的平台，能容纳自己的思路又能够明白清楚地提供给其他人作为交流的共同基础。

❖ 借鉴

头脑之中之所以产生这么多需求的根本原因，是由于自己没有完整的思想体系，所有问题的解决和需求的满足都需要一个更大的框架支撑，才能将混杂和秩序统一起来。而根据以往经验，最简单的方式就是向外学习，从书本与合作伙伴处找寻机缘，看看有没有既成的框架能够套用。

◆ 同业

有价值的理念来源于设计者自身的设计思想体系，观念上的东西不是临时能教会也不是临时能学会的。在飞速膨胀的市场环境中，建筑设计实践和教育中对于术过多地强调，并以此取代了实际建造中的动手经验，而道又只是流于方案汇报的故事形式得不到突破，也无法成为设计师的思想内核。

在工作中接触过许多的设计工作者，感到设计师(包括自己)在技术操作上越来越娴熟，可在设计理念上总是很难有所定见，没有创意上的深入而是不断地变化风格、变换模仿和因袭的对象。放弃自身的本色，变成了乞丐或吹牛大王，这恐怕是眼前这种高强度低价格的设计环境下的无奈抉择。

具体的技术问题好交流，知识体系和个人见解却很难沟通。体系的问题无关市场和收入，因此多数设计师并不太关心，讨教的结果常常是答非所问或语焉不详。或许行业的效率至上导致分工过细，没有了整体思维的训练，大家只需熟悉日常事务中的操作技巧，颇能有一说一却不能举一反三。

投资建设方的设计管理者也鲜有人愿意对设计进行深入理解，其眼中的乙方设计师只是绘图匠，而方案只是通行证。甲方管理者大多是按既定流程办事，只要图纸能及时通过审核，及时下发就万事大吉，整个设计物化实现的流程其实是一条条的利益链条，和设计本身的体系与自身规律毫不相干。设计成果所具有的价值更多地取决于项目所处的区位，而并非设计水平，至于设计的质量就全靠几张形式夸大的效果图控制，似乎只要效果图大家认可，最终形象的好坏就和设计管理无关。市场的潮流也鼓励了这种不闻不问，销售过程中附庸的虚幻乌托邦生活将设计本身架在了空中，既然想象吃苹果比亲口尝苹果更能推销出苹果，那谁又在乎已经卖出去的苹果到底味道如何。

建设是靠甲乙双方共同实现，现在设计行业中的甲乙双方时常相互讥笑，不仅因为双方显而易见的不同，还因为双方的共同点都是时间掐得紧，对设计本身不甚关心，都在风格和市场中随波逐流。缺乏共同理念框架的合作，最终只会形成甲方拥资自重、乙方拥图自重，甲方认为乙方不得力，乙方吐槽甲方乱发力。

这种环境下的建筑实践能提高收入，却很难获得思想上的触动，更难得有系统的思维锻炼。要在如今一寸光阴一寸金的“大干快上”中找寻既有的思维体系看来是不行的。

◆ 故纸

从实践回到理论之中，又不得不感叹技术进步和思潮更迭带来了超量的信息，在与设计相关的浩瀚知识里，任何一个细分的枝丫中都积满了汗牛充栋的思想成果，于是再埋头钻进其中去找寻现成的认识体系。

宏观的设计行业知识，在大多数的基础入门书籍中有所体现，既有的这些专业书籍大多是掐出几段来谈，要么谈理论、要么谈形式、要么干脆就是图集。从许多书籍中能看出作者自身有其独到体系，可我从中却抓不出对症的解药，总觉得许多的知识分布还存在交叠和混乱。时常单独一本书看得倒是有趣，可是一堆书放在一起就又不甚明白其间的关联是怎样，实在很少看到一言以贯之地从头至尾说清道明建筑体系的书本。

再去看许多精深的理论书，却是只有书名让人提起兴致，内容一看就累、看过就忘，实在无法让人有所领悟以至于解惑。中国自古以来建筑匠人的地位不高，留下姓名的为数不多，阐发理论并能够传世的更为罕有，于是现代通行国内的大多是舶来的西洋理论，可是一个人要做到学贯中西、体用皆明毕竟太难，学者引来的多数理论也只是救其失者的断章取义，徒做了圈地的跑马、插山头的红旗，大多的效用止于打哪指哪，并不好作为射击教材使用。

反观眼前的自己，看中文书连中国人的传统和思想都没有弄清楚，看外文书去体会外国人的思想恐怕只会浮于表面，更不用说看译文来揣测外来的思想和理论，这简直不是隔靴搔痒，而是隔山打牛。就自己短短三十几年亲历过的许多事情都与时俱进，被重新理解和塑造，更不要说书上转载的那些异时异地的语焉不详了。古人说文章只有经和史，经为理、史为事，用西方之经治中国之史，恐怕是达不到经史合一的效果。

❖ 立足

有些行业的书架可以靠传授获得，而建筑设计或者说和艺术贴近的行业都只能靠自己打造书架，思想观点不同的大脑就像是泡泡图、荷载、层高全都不一样的图书馆，书架无法通用。缺乏主见时借用别人的体系可以救急，但是用他人的体系处理自身的问题永远不能得心应手，就像移植来的器官总会被身体排异，非原生的思想在被遗忘前也只能临时占用思维，如同多年前烂熟于胸的中学课程内容，早就被完全遗忘干净。

◆ 现存

设计的思维不仅仅是片段构思与灵感的积攒，还应该有明确和可理解的体系。虽说建筑是传统行业，如今却找不到完整的逻辑体系去框架，个人的知识只能在具体的点滴中存放，如同纪传体的史记，要实现清晰的编年体就需要时间贯穿其中，时间是编年体例的逻辑。构思视点高而又作为承载基础的思想体系，就如同生物虽然众多，但是能够分成“界门纲目科属种”；就如同化学元素虽然各具特性，却能形成元素周期表；就如同历史虽然复杂，却可抓住编年体的时间。这样的体系不拘泥于具体的建筑，又要涵盖基本的建筑问题，还要贯穿整个行业，能让设计成果有逻辑有定位。

体系应该如同书架，能将学习过程中不断增加的疑问和知识有序置放，不至于凌乱。体系书架的重要还在于，有时候为了填补书架的空缺，会诞生新的知识和书本，就如同填补元素周期表一般。

现实中存在的许多天经地义，都是人为设置出来的，追根溯源地看待，就知道其实还有许多的余地和选择。过往抬头看大师看偶像的时间太久、人云亦云的时间太久、装腔作势模仿计较的时间太久，待到自己掏口袋的时候，鱼和渔都拿不出来，只好转去别人的口袋中摸索，拾人牙慧、临时凑数。

◆ **求己**

人有时候把对自己的认识投射成对外界的态度，对别人失望、对社会失望，其实是对自己失望；对其他人阴暗面的痛恨，也是对自己负能量的痛恨。同样的态度，换一个角度也就能够把对外界的希求转化成对自己的要求，与其奢望纷繁的外界来给出现成答案，不如依靠安静的内在来探索未知；与其指望他人，不若成为他人的指望。

当人的智慧极致发展、依靠内省就能了悟、明了外索不若内求时，恐怕才可能实现老子说的老死不相往来。当遇上真正的问题并需要得到解决时，才会发现其实求人不如求己！想取巧通过他人的努力来获得自己的进步不太可能，也只能靠自己去找寻答案、去思考能够作为自我内核的知识体系应该是怎样。

◆ 内因

饭要天天吃，但是思考这一类的事情似乎并不需要那么着急，问题可以留待深思熟虑之后再下结论。许多有答案的人都只是述而不作，甚至恪守知者不言的信条，不作亦无述。可我却不愿继续等待和酝酿，只想赶紧动手试试看，因为要缓解年龄上的危机感和衰退感，要追求心理上的存在感和幸福感，所有的前拉后推都是来源于生存的压力，而种种压力在宿命感中都让人能够欣然承受。

❖ 理于幸福

让自己感觉快乐是一种自觉，如同孩童在纯粹地玩耍，没有任何的功利心掺杂其中。做一件自己热爱的事情让自己感受幸福，这就是最大的理由和动力。

◆ **好奇**

这几年有许多的电影主题都是怀旧回忆，大多表现出社会新生的一代人对于眼前生活的不满足和努力追求。电影中的主人公总是迫于现实的困顿而回望曾经的选择与机会，在结局时又回到现实中满足于现状。这些故事情节也算是既满足幻想又安慰现实，告诉观众就算重新再给机会，现实也未必能花团锦簇，劝慰大家还是安于现状地沉沦。

或许现状真的已经足够好，也许现有的许多理论和实践成果就已经足够完善，别出心裁只能是画蛇添足罢了。但是如果连尝试都没有的话，似乎就无法对逝去的时光有所交代，不想等到以后在怀旧的幻想中才去着手实现这些小念想。

童年时拥有太多的好奇心，其最大的好处就在于不求甚解，知道答案固然有趣，无法揭晓也不去钻牛角尖、不记挂胸怀、转眼即忘。到如今，有的事情就总想着一睹为快，好奇这所有的零散思绪整合起来会是怎样，满足这种对未知的好奇心也有一种幸福感，如同拆开礼物时的快乐。

◆ **兴趣**

每个人都有其天性，优秀的设计作品大都是设计师按照自己的意趣顺势而成的，刻意而为往往出不来好东西，强扭的瓜不甜，狗也学不好猫叫。文中许多涂鸦式的创作也只是为了让自己的幻想得到释放，如同绘画也许只是留存自我欣赏。

创作的行动中最关键的动力总是来源于个人的热情，自己爱好创作，对设计也抱有极大的兴趣，或者进一步说使人充满热情的其实也不仅是设计，而是自我表达。能够和自己好好地说话和交流，实在是让人情绪高涨。

过去在学习设计时，课程作业往往是凭自己的兴趣去演绎，有兴趣的就会投入进去，而没有兴趣便敷衍了事，因此成绩往往是较好或较差。这一切并非因为自我意识很早就觉醒，而只是一种被动的匹配过程，有许多自以为是的选择和表达都并非出于主动，而只是心理上自然地流露，当把这些本由天成的内容都奢求求成无时不在的能力时，总会给人造成许多烦恼与挣扎。人的有些认识和习惯深埋在潜意识中，很难用削足适履的方式去改造，这些惯性表现出来就是一个人的敏感和兴趣。

兴趣是推动力也是信心的来源，有了兴趣，说不定能写出点自己都想象不到的东西。刻意为之往往欲速不达，扪心自问也许妙手偶得，这种顺势而为收获答案的可能性给了自己一个自证的希望，起码在这样的过程中还是很享受和幸福的。

❖ 数于衰退

时间总在不断向前推进，人的运数和命数也逐渐显现。年龄的增长让人面对许多问题时能有更深入的认识，却也导致了热情、记忆、精力、时效都在下降和减少，思维不再那么跳跃，情绪也不那么容易起波澜，越发不易写下那些天马行空、建言无忌的内容。

◆ **热情**

写东西不能再拖下去，年龄的增长从我自己来看，增加的更多是话语权，却容易丧失话语的热情和勇气，而太年轻时写东西又容易瞎起哄、学舌学步。现在自己积攒的这些胡思乱想，放在未来能力更强时整理，文字或许能够更加齐整，却恐怕到时候失却了情绪。现在匆忙写下，或许是把创作热情混淆成了创作能力，但总比年长时失去动力要好，万一热情丧失而能力又退步了，岂不是更糟糕！

◆ **记忆**

日常积累的细碎思绪，很容易忘却和疏忽，不整理就放了过去，放了过去就再也记不起来。甚至许多简略写下的内容，后来都回忆不出连贯的思路。记忆内容总是新旧更替，太旧而又久不翻动的内容只会被抹去，脑力和体力一样，也会随着年龄增长逐渐衰退。相貌能够通过照片来记录，而思绪和记忆却没有被动记录的工具，只能外化为文字和画面来保留。

◆ **精力**

漫无边际的发散思考很简单很适意，信手涂鸦和只言片语在漫长时日中也积累颇丰。回头细看自己写下的各种笔记和幻想，当需要整理和归类时，思维的负荷便很沉重，搜刮自己的原意和想法让人很疲累，而一旦松懈和放空自己就能轻松起来，可见思维的惰性之强。于是理解许多作家和艺术家一旦丧失原稿，便再也没有勇气重来一遍，或者说一旦成稿，再去修改和调整的智力和体力就已经减少了许多。

◆ **时效**

经历就像是项链，链条串起来若干吊坠。大部分的时间链条都平稳重复，当遇到某个契机便起伏光鲜一番。装饰越多则整段的项链就越少，如同人的事务越多，可自由支配的时间就越少。人的时光很难像珍珠项链，颗颗荧光饱满，这就如同说文章字字珠玑，只可能是夸大其词。现在的我走在一段平稳安静的路程中，还能自由支配大段的时间，整理过往、提炼自我算是一种较好的选择。

在思考中重复自我并且还要让自己满意，这十分困难，当时当地去将头脑中某个想法演绎完整，就会损失许多其他密集而有趣的小想法；若及时记录许多小想法留待后来再翻盘回忆，思绪又要在焦躁中长时间地搜刮。总而言之，由内而外的创作是费时费力不得讨巧的工作，需要有高涨的热情、清醒的头脑、充沛的精力和宽裕的时间，错过这段时间，恐怕便再不能鼓起气力来肆意妄为般创作如此的作品。

❖ 象于存在

时常感觉自我面目模糊，因而总是画自画像来观察自己，这恐怕是一种缺乏存在感的表现。画张画、写篇文字这些简单的创作，都是体现自身存在的手段，一杆标枪甩出去，出手而未脱手，看见的是标枪，看清的是投掷者。

◆ **鸡舍**

金钱是时间的积累，过往的岁月和努力变成了如今的财富，理财和增值都是为已经花掉的时间而投入更多的时间，有点像是为那些泼掉的牛奶哀悼，花的时间越多，失去的越多，因为得到的都是过往时间和记忆的外化，却丧失了现在和将来的时光。

没有人愿意为了钱而失去手，可是手还要用金银首饰去装点，人自身就是无价之宝，却总要用有形有价的东西去装扮！现实不强调人的价值，只是强化物的作用，顺带将人也物质化，生命也变成了有价的商品，人变成了为物质而庸碌的劳力。于是现实中的不如意和不满足，引发出各种电影般的幻想用来平衡心态，外国人幻想未来，中国人幻想过往。

精密分工的社会就如同一个养鸡场，鸡的时间空间都被控制着，活着就是为了吃饲料、长肉、下蛋。养鸡场中出现放养鸡，并非是养鸡场主具有让鸡获得自由的慈悲，而是因为这样的鸡更有价值，鸡最终还是逃不脱那一刀。多数时候觉得众人就是那养鸡场中被管理的鸡，一生被规划，永远被宰割。为数不多的前程道路摆在面前，更多地贡献出鸡蛋就能有所奖赏，或有更大的鸡窝，或有鸡仆来伺候。投机鸡在其间充当收蛋者和买办，把蛋都集中起来上交农场主，中间多留成几个。

传统中国是体制和身份的社会，人通过改变身份来变成不劳而获的食利阶层，士农工商的等级一直没有变化，士处在最高层。农虽然困苦却是各个时代稳定的基础，在根本上得到鼓励和发展。工商虽富裕却朝不保夕，生蛋最多却常被杀鸡取卵。在这种传统体系中，个人的生命和意志在极为相似的轨迹中被消耗掉。

在三十出头的年龄，当能够有些独立思考的能力时，就发觉没有新意地重复他人的生活实在感觉乏味得很，花时间去背书考试、钻研记问之学似乎更加得不偿失。人生就是每天都在刻写墓志铭，凡是不能刻写和流传的东西，其价值都有限也不值得消耗生命。不当好鸡就无法被环境认同，想要体现存在感只好寻求自我的认可。感受自己的缺憾和疑惑，努力地寻找答案，并把这些想法和过程付诸笔墨，也可作为存在的明证。

◆ 匏瓜

现阶段仍有许多设计单位是依赖制度性的垄断与联合审批权力来获得稳定的收入，设计成果只能通过专有渠道，靠递交买路费来获得合法身份。设计费中少部分是体现设计本身的价值，其余都是购买通行证的费用，资质和级别都是渠道管制下的产物。这样的体系设置，让设计行业成了制度的寄生虫和应声虫，设计师变成了体制寄生虫的寄生虫。

设计师当吹牛家就要有忽悠的对象，当乞丐就要找施主，想不当吹牛家和乞丐的话就要先艰难地做自己。成功建筑师最重要的是成为演说家和活动家，如果天性难于活动、羞于演说，恐怕就只能甘心成为一名绘图员，或者就只能转行。与人沟通思想对于我而言十分享受，但如果必须尖头锐脸地进行，那就很难合意，而面对一张白纸，手拿一支铅笔，无关权势金钱，会让我更加自由自在。

四周全是被人设计的空间和建筑，举目所见、抬手所用都是别人创造的东西，自己好像根本没有参与到其中，对于未来是否有机会将自己的所学所思展现在建筑实体上，并没有太明确，或者说没有十足坚定的信心。于是留存信念、保存思考的精华，就成了告慰自我的方法。即使眼前一无所成，留下的这些思考的干粮也能让我在漫漫的人生和职业长路中有所凭借。这本书也如同思想的地摊，琳琅满目地等待欣赏者的光顾、等待实现的机会，并非匏瓜，焉能系而不食。

❖ 变于危机

解决这许多问题，并非是年轻时该有的妄想，但是危机感的压迫让我不得不说，不得不写。或许未来我会完全推翻现有的架构，但这并不能改变现在的急迫，如同年长的成熟永远不能取代年轻时的锋芒和孩童时的单纯。

◆ 个体

从个人的经历来说，似乎人生每一次的积极变化都伴随着个人的小灾痛，否极泰来和祸福相依在我的现实生活中得到明确地印证，让我越发确信有无相生、反义相成的先哲论断。显贵和受罪真的是紧密相连，碰到灾祸不必沮丧抱怨，面对人生的顺逆也要有坦然直面的心态。转机仿佛就在下一刻，就怕自己没有那么强的身心能承担更大苦痛，也就没有享受更大快乐的福分。

亲身经历过南京的一次爆炸事故，导致头破血流、指裂背绽，就明白事故报导中的积极正面，都是替围观者唏嘘，对身处其中之人的苦痛与折磨并没有什么帮助，观念上的人命关天，抵不上在灾害时的拔腿乱跑。

◆ 环境

网络越来越发达，信息总是呼啸而来，充斥其中的内容无非两种。一种是鸡汤文，直言当下很糟糕，笔锋一转就未来好极了。无奈鸡汤喝多了，到底没有吃到一块鸡肉，也就发现汤中无鸡，便不抱太多希望，失望也就小些。另一种是社会新闻，其中大多是灾难和不幸，莫名的殒命让未来就没有了，不由地让人感觉命运多舛。

切身的体会让我在看到许多灾祸的报导时都产生很深的同情心，同情即是共同的情绪产生由人及己的体会，每次看到他人的不幸，都感觉是上天在提醒自己要珍惜时间和生命，天地不仁以万物为刍狗，如果不及时留文存档、有话就说，恐怕到时候悔之晚矣。为了没有未尽的遗憾留下，许多并未成熟和完整的思想也仓促地阐发出来，就算只是无谓的妄想和片段的头绪，也真实地涵盖了自己当下的思维。

被包围在这些令人游移和恐慌的消息中都加深了心中的危机感，却又滋生出宿命的情绪，反倒是有了几分洒脱！

❖ 通于宿命

总有一瞬间觉得正在经历的所有事情都发生过，仿佛是按照固定的模板将记忆中的生活重复一遍。这种活在过往的感觉，让人不由自主地宿命。在那电光石火的一瞬，觉得有人要对我说什么、预示什么，可是又没有回忆的抓手，追索不到。而自我鼓励的精神又衍生出来，觉得一切都是有安排的，都是理所当然。当我感受到这种曾经的未来，就认头了当下的盲动都是注定。

许多事情历经了所有的努力和偶然都是为了更早知道结果，其实无论如何选择、尝试与否，结果总是注定地成住坏空、生住异灭。这可以重新解释作死一词，虽然都是消亡空灭，何不作一把、住一回！

在面对即将到来的转机却又不知何期的时候，越发珍惜头脑中的胡思乱想，总觉得无论好坏都必须把它表达出来，否则万一哪天失去了这种机会和动力，这许多年的学习和生活就真的没有什么东西来证明了。于是为别人写作的那种求全责备的心态被放下，解答自我的心理占了上风。文章之粗陋、意境之浅薄都不再困扰自己，只要能聒噪如夏蝉一般，喊出一点存在感便足矣！

◆ 中和

沉溺在他人的成果中随波逐流，不如发挥自身的力量。借助外力打造自我的系统不如自己动手，哪怕粗陋也算是一家之言！通常的建筑只是身体的居所，而我却要一间思想的陋室，将思绪中的点点滴滴分门别类地收纳，让思路如动线一般流畅地穿梭其间。

❖ 能量

随着年龄的增长就越真实的了解这个社会，人就越发孤立地存在于自我面前。愈发清醒地面对自己，就知道自己的斤两和能力大小。兼济天下实在力有不逮，做到独善其身也要勉力而行，英雄能做一世的自己，凡人争取做一时的自己。做自己！哪怕就那么一点点能量，也要攒在一起，绽放出一朵小火花，不是为了照亮他人，而是为了能一窥镜中的自己。

了解自身的局限，就更加决心跟随自己的心愿和兴趣，把自己仅有的能量迸发，瞬间照亮迷途，让自己接下来的时间行走得更加坚定，否则心里总是疑疑惑惑，仿佛一层窗户纸蒙住眼睛，不敢迈开腿脚。

❖ 庸常

在博物馆能够看见无数前人创造的精美，足够动人，足以学习吸收，今人为何还要不断地制造；《四库全书》如此之多的知识，又有谁能分辨通晓；网络中无数的精彩，又有几人认真对待。那许多大师的书，都没认真去读；那许多备受推崇、人云亦云的建筑也不曾亲历，只是被名气所摄，也便拜服而赞！

大部分人连《道德经》和《论语》都不通读一遍，更何况一个无名小卒写的那些无关痛痒的文字。从这个角度来说，个体想做和愿做的事情只需放手而行,根本就不需有什么心理负担,因为所成就的只是沙,而不是浪,大浪淘沙由不得沙。

有时许多既成的存在不会打动人,而总要重新实现才能激励自己,创造的成果无论精华与否、是否能经得起大浪淘沙并对多数人有用,这已不重要,起码能给自己一个答案。

❖ 缺憾

城市问题要一揽子在规划阶段解决,就像是给没长出来的头发设计发型,还不知长出来怎样,就先设计起来再说!一座城牵涉无数人的生死悲欢,也都在渐进中发展,发展起来再修建,何况只是个人的一点想法,几丝忧虑。

只争朝夕就不能求全责备,研究一堆他人的发型,指望自己能直接长出一个发型来,只是空谈妄想。头发等长出来再考虑修剪,或许成本更低,而且放松了心情才能大刀阔斧的前进。这本书就是正在生长的头发,先长出来再说,只要够长就经得起慢慢修剪。

❖ 释放

信息快餐的不严肃导致了人生的迷醉,短小的随图文取代了长篇小说,振聋发聩取代了润物无声。人只能陷入短暂的强烈刺激,而不能有长久和持续的努力与追求,因为一切长远都让人不可避免的痛苦和挣扎,短短的兴奋让人永远不能有爬上大山的勇气,也无法体会持续艰辛后成功带来的心灵释放。人最终的归宿都是一个点,人生的长度是既定的,但是人生的振幅宽度可以靠自我塑造,小波动不断积攒也能成就大山一样的起伏。

创作的真正价值在于创作过程和创作成果抒发并塑造了创作者,让创作者成为自己、过上自己的生活。至于作品本身无论它能够历久弥新成为经典,还是见光即死成为垃圾,都只是创作的副作用。从这个角度就能理解为何许多精彩的创作从来就没有发表过,许多杰出的摄影作品从未被冲洗过。因为真实地做学问、做事情都是为了直面自己的内心、而不是为了观众的喝彩。子曰古之学者为已,今之学者为人,大概就是这个意思。

要真实面对自我,如果有能力要去创造,那么没有能力就更要去创造!那是因为,假如奋斗没有用,那么不奋斗就更加没有用了!心里面淤积的疑问和收获,冲垮了先入为主、束缚自我的围牢,将这几个缺口逐一数落,就得出了自己的思维通道,翻过了墙也就不再需要瞻前顾后,可以直接动手了!

◈ 数

文章的整体结构,包含着一种数字化的编排,数字和控制贯穿所有的篇目。任何形式都可以简化成数字的描述,设计是使得数字之间有联系或者数字之间的变化有联系,并尽量使这些联系为人所认知。传统建筑多用控制线和尺规作图的方式来进行立面的控制，以求获得严格缜密的美，这种设计方式产生的任何范式成果都经历了长时间的推敲和打磨，虽然在当下这种方式略显低效，却仍然不失为一种有用的手段，能保证所投入的时间产生出相对有质量的设计成果。

◆ 书名

因为自己是九月五日出生的，九和五一直就是我偏爱的数字，既然是个性化地阐发，就难免带上个人的好恶。九和五两个数字在卦象中都属阳刚，但是能够从九的极致回归到五的中正，才算是一种进取和积极。

在东大读书时，最优秀的留系课程作业至多能打到九十五分，图面会签上“95 留”的字样，这是要说明没有完美的建筑设计，也提醒设计者戒骄戒躁。凡事很难有满分，最好就只到九十五分，求全责备必不长保。不求完美，是因为完美往往都会成为过程的一瞬，遵循相反相成的道理，极美亦必然衍生极恶。

封面上的九五螺旋图案表达对设计的一种态度，无论是内在潜藏还是外在表露，但凡设计成果还是要体现理性的控制，九和五的阿拉伯数字在形式上相互联系起来，用纯粹尺规作图的方式也能够求导。往往眼见的挥洒自如都是控制，只是背后的紧张没有被轻易地看出。

旒就是如同流苏一样的垂束、布条。“纩以塞耳，旒以蔽目”，闭塞五官感受能够帮人排除干扰，集中精力于该做之事，达到专攻而博学。全书一共分成五篇，每篇十九节，总共九十五个小节，这些想法就像是旒条一样，既屏蔽了日常中的纷繁芜杂，又分隔阻挡了视线，将各种乱象进行过滤，让人不视非、不视邪，能用头脑去观察和分析事物的本质。

建筑、文字与话头，是本书的副标题，建筑是空间的形态、文字是平面的形态、话头是思维的形态，这三者反映的是从有至无，从具象到抽象的递进过程，和书中内容所体现的思考方式比较契合。从容纳时空的建筑到若有所悟的话头，跨越其间的桥梁是中国的文字。

◆ 篇名

现有建筑理论的大框架沿袭西方模式，主流还是谈功能、形式和技术。中国的近现代艺术承袭西方的传统艺术模式，追求记录物质形态的具象，看待事物更注重形。建筑设计脱胎于艺术，用当下西学东渐的理论体系谈论建筑，不免局限在风格流派中不得脱身。东方的传统艺术追求抽象，更加注重意境，照相机出现后，西方艺术家逐渐放弃绘画的记录功能转而学习东方艺术这种表情达意的高妙做法，历经百年的结果是东西方互换了立场。

如果要产生现代的中国建筑，就必须要有中国气质的理论和视角，追溯源头采用理、数、象、变、通的分类方法似乎可行，这五种学问可以定义为“五用”，让人能够从中国的传统视角来重新框架知识，同时还可以兼顾从形态入手谈建筑的习惯模式。

重新理解孔子所言，形而上者谓之道理，承上启下谓之术数，形而下者谓之器象，化而裁之谓之机变，推而行之谓之贯通。将此五用举而措之建筑设计，也算是个人的事业。

重新理解庄子所述，道就是至高无上的理，气就是构成事物的数，物化形成了可见的象，外化产生了适应环境的变，内不化是作为一定之操的通。

理、数、象、变、通这五用放在社会中来看待，掌握法理名义的士就是理，靠武装的能量和数量维护和平的兵就是数，维持社会存在的农工就是象，发展生产运作资本的商就是变，研究事物创新思想的学就是通。

◆ 五行

五行是从自身文明中寻找到的体系依据，其体现的思路更像是一种文化纲领，曾经衍生过五德终始论来适应社会发展，而非如今理解的世俗应用。五行的介入算是一种巧合，当理、数、象、变、通的五用体系构成的时候，自然就联想到中国有许多五分其物的传统，其根源都来自于五行，便将五行也带入五用中，相互对应后发现居然也很合拍，并且有了新的阐发，

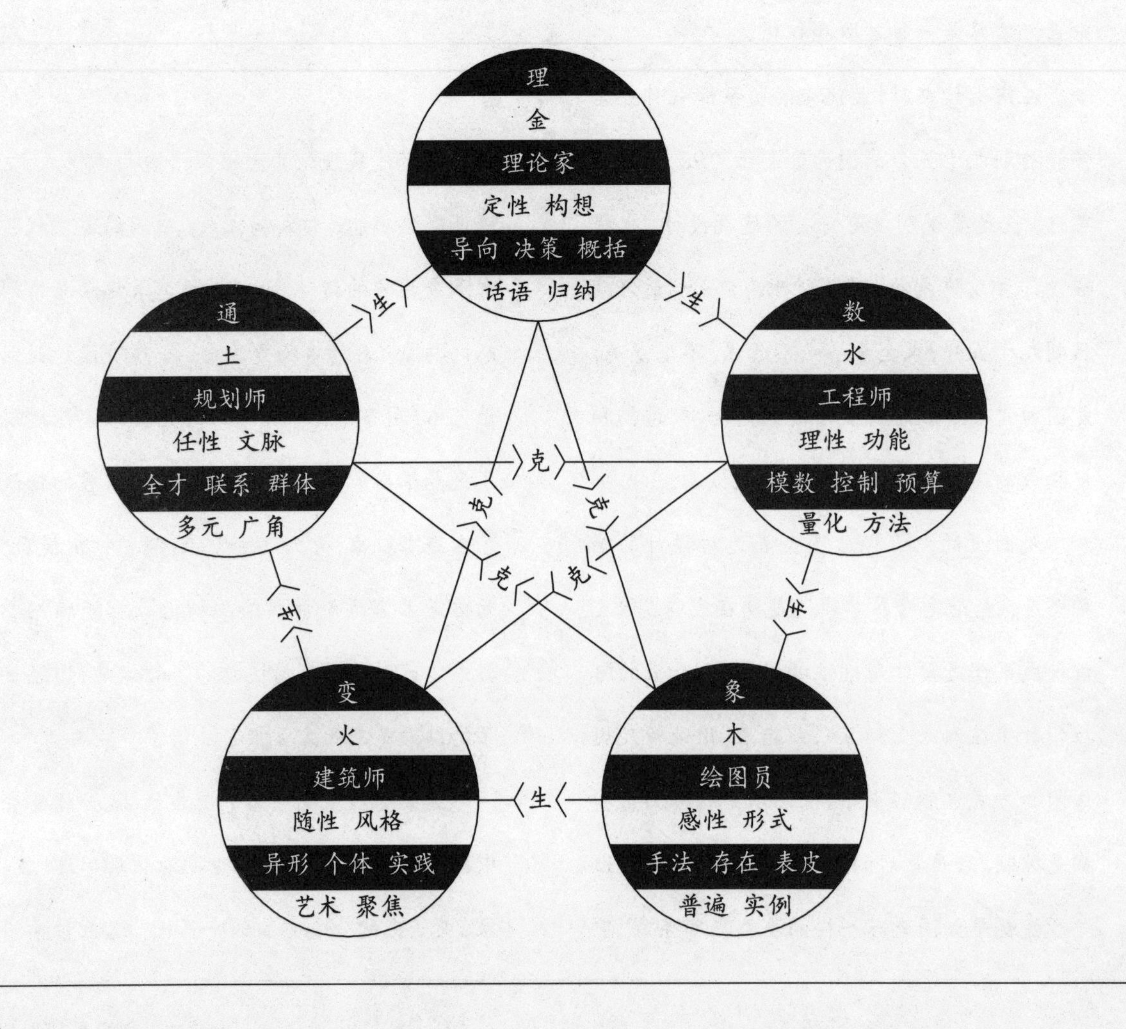

似乎巧合也是偶然的必然。

理论就像要提炼的金属；水的特性定义了自然的运数和人为的术数；树木的形态中可以总结出所有的象；变化既剧烈消耗又不可预知如同火；土壤孕育所有，让一切循环畅通。理诞生数，数定义象，象衍生变，变产生通，通总结理，五用也具备五行循环相生的关系。

知识需要像货币一样方便使用，轻松好记、便于掌握的体系才能具有实用意义。借用五行也是为了便于理解和使用，算是搭车前行。这种五行的生克关系可以套用到建筑设计行业的细分中来，主克、被克、主生、被生的关系也可以套用在其他的行业中。

这种生克关系是附庸而出的虚构认识，能够让这种体系有些戏谑的趣味，并非完全对号入座，如有雷同则纯属巧合。

五用五行对应于美术领域，理金就是概念化的印象与写意；数水就是严格控制构图和比例的平面与标识设计；象木是记录性的写实；变火就是跨界混搭的装置与行为；通土就是波普及共时性再现的抽象。

五用五行的划分对应在城市规划行业中，理金就是定位与策划的概念规划；数水就是确定指标的控规；象木就是注重形态的详规与城市设计；变火就是弹性设置开发建设周期与时序的行动规划；通土就是考究文脉与联系的更新与保护规划。将五用五行的系统在各个规划层面贯穿应用，就得到多规合一的效果。

如果将五用五行落实在具体建筑与规划项目的设计过程中来看，通土就是基地条件与现状分析；理金就是推导得出的规划设计理念；数水就是数据技术方法的分析与支撑；象木就是具体的形式风格的生成；变火就是促进项目成果出现的最终行动和步骤。

根据行业和专业的不同，针对不同的项目，五用五行这种多适性的环形论证结构，可以有不同的切入点，既可以由理金切入，亦可从通土开始。

◆ 八卦

以阴阳爻来摆布书中的篇目，金、水为阴，两者都为隐性；木、火为阳，两者均为显性。土为阴阳参半、刚柔并济。前三篇之爻组合为艮山卦☶，和崔姓的大山之意算是巧合，崔本就是山的名称。按照理金为初六的方式组合出前五爻，再补上第六爻的变化，可以将原有的

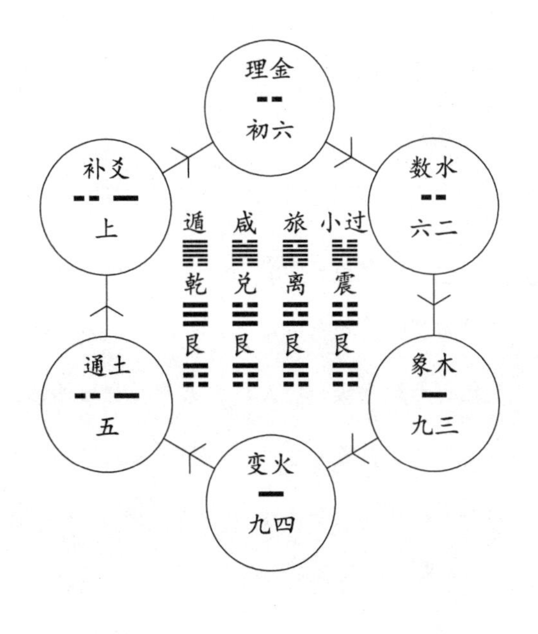

五用五行框架对应为四个卦象，遁卦䷠、咸卦䷞、旅卦䷷、小过卦䷽。

分别将五用五行各爻和补爻作为初爻，按相生关系进行排列，不重复的排列组合一共有二十四种。再加上错的阴阳互换、综的垂直镜像、复的中四相互、杂的变卦再变、交的内外对调，便可体现足够丰富的形式意义。

◎ 象

书中构思的框架、表现的所有形体，它们的意象都源于汉字，而在汉字中又选用反义相成词作为代表。

◆ 中国元素

做属于自己的设计难在有文化自信、难在敢说一句不在乎，在武力和文化同时处于相对弱势的情形下，做到独立思考更加显得重要，修齐治平以修身为本，修身则以身体健康、精神独立为基础。

❖ 时代

如今是美国最具有创造力的神话时代，神一般的超级英雄层出不穷。再过一千年，蜘蛛侠就和女娲夸父一样，成为文明的初始偶像。中国已经太久没有塑造新的神话人物了，人们不再重视凭空想象的能力，也没有了另起炉灶的勇气，只是在挖掘扩充着过往，《西游记》一续再续，《山海经》扩张不休。

❖ 话语

在高速周转、快速消费的资本社会中，发达国家利用经济优势，推行其思维体系和价值观，通过各种奖项来控制话语权并确立发展方向和标杆。美国在二战后避开传统艺术的日积月累，利用其发达的经济直接捧出了现代艺术，以其所短夺人所长，直至如今仍旧掌握世界流行文化的话语权。

知识较量就是定义之间的较量，乙所有的言语和思想能被甲定义，甲就占有优势。西方对思维和现象的细分与定义已经形成相对固定的表格框框，如果不加修正地拿来套用，就只能削足适履。

❖ 潮流

西方建筑师来中国完全不考虑中国人的感受，说的大都是我认为你应该这样想这样生活的论调。而中国建筑师在中西体用的左右摇摆中，已经不知道根由何在，思维体系跟着西方亦步亦趋、却总是慢一拍，又无力运用既有的传统体系支撑庞杂的知识内容，于是产生认识层面上的矛盾，再遭遇实践操作中人情和法治的现状，实在是无所适从。

一手西方泥矛、一手中国草盾，全不结实，上不得阵仗。结果西方各种思潮的时髦建筑在中国遍地开花，这种跟风赶潮流的结果就是让中国建筑师无法超越且总有落伍感，因为指挥棒在他人手中，一旦你随上大流便被大流抛弃，这样的拿来方式更像是自暴自弃、引狼入室。

❖ 渐进

建筑的不同风格形式就像是不同的食材，运用风格就像配餐。西红柿和鸡蛋可以分开烹制、分开吃；可以煮熟打磨成食物糨糊喝掉；也可以做成番茄炒鸡，更美观地吃。这就是形式的意义，多数人还是喜欢色香味明确的菜肴。

以上三种方式都没有太影响菜的营养和补充身体的功能，可是人还是有选择。古典学院派认为鸡蛋就要单独吃，不可以掺杂西红柿做成蛋汤喝下去，西红柿也要表现其自身的味道，形式感要保持纯粹和规矩，各自的体系完整而独立；纯粹的现代派功能主义者，认为形式可以抛弃，就如同喝下食物糨糊能补充营养就够了，看素混凝土就如同吃牙膏；后现代或者说当代，人的选择就如同各种食材全都摆在面前，信手拈来随意组合。

三种烹调方式国人可以自由选择，但是无论怎样，中国的食材也要用在其中充当主食，因为胃口不会那么快地适应变化。中国思维和中国胃一样，必须靠自身习惯的主食来吸收营养，其他的食材只能是作为辅料。

如今的大势所趋是让风格吸收，形成新的传统。食材先用中国的，烹饪方法可以借鉴西方，然后再逐步引进食材。如同中国古代没有辣椒、土豆、玉米、花生，但是逐渐吸收之后，还是形成了中国自己的菜式，在当下看来已不新鲜，仿佛这些菜式都是理所当然的传统。在自己的文化肠胃中吸收的营养才能长出自己的肢体，如果想连心肝肠胃脑都换作他人的，结果只能是本体消亡了。

❖ 自信

过去人遭受弱国之病，怪罪祖宗、埋怨汉字，想照着西方另起炉灶。中国领先世界数千年，落后百年就着急慌忙，因为蹲马桶久了腿部麻痹就怀疑甚至切掉大腿实在操之过急，传统只能疏而不能堵、宜建设而非破坏。

以更大的视角来看，楚弓楚得、人的建筑由人来设计，文化也并非需要完全地隔离，但在人类文化还没有大同之前，人心不齐之下还是要循着原本的文化轨迹前行，不能自毁长城。中国文化自有一套，用不着自卑地去抄袭他人，外国人用不上我们这一套，我们也没有资格傲慢，做自己才能不卑不亢。

传统的技术和艺术需要长时间地积累，而现实利益不允许人再去静心沉浸，都被裹挟着要急功近利。传统建筑的精髓在于当时当地，如果承认如今的功利短视算是当时当地，或许也能形成新的传统，发展出新的体系。

一段时间以来，外国建筑师涂抹几张草图就要拿走和后续施工图同样多的设计费用，可中国建筑师终究不会总是替外国建筑师抬轿子、打下手。大多境外公司设计的重大项目其施工图纸和施工都是由中国人自己完成,这说明中国人完全有能力将设计和建造都做到世界一流，实现哪怕最复杂的工程。

而关于形式和创意一说,在我看来只是关乎文化自信与否,根本不需要对外国建筑师盲目崇拜。谈创意谈抽象,中国人早就熟稔于心,国人将所有的生活具象都提炼成了图像文字,并深入思维，一直延续下来，只要这种根植于民族血液中的生活化、场景化的感悟能力发挥出来，必定有自成一脉的创造。

◆ 汉字形式

汉字作为象形文字演变至今仍在被广泛使用,说明汉字的形式和中国人的思想能够契合，文字载体和所载之思想已经融合为一，如果要将思想更替到新的语言和文字上,摧毁的就不仅是载体。

❖ 绘画

书画同源、画就是图、图就是纹、纹即是文。写字就是在画画，象形文字描绘的就是一幅幅生活场景，经过历朝历代多次地演变，愈发从具象向抽象发展。从这个角度来说，中国人都会画画，画的还都是抽象画。

❖ 审美

文字本是内容的载体,但在中国人眼中除了汉字所承载的内容值得品味,汉字本身的形式也是审美对象。书法字体的演变就是汉字审美的调整，这使得文字审美的标准日趋完善。

欣赏书法,就是欣赏汉字自身所具有的美感，许多集字碑帖完全没有内容贯穿，却仍被仔细观摩，与其说它是书册，不如说是图集。如今许多汉字形式仍是被当作审美对象来看待，比如囧字的使用。

❖ 思维

中国人的模糊思维和汉字也有关系,事物从视觉的具象到提炼成汉字笔画的抽象,就是一个使其模糊的过程,艺术的抽象就是近似和差不多，看上去像就可以。同一个汉字参看甲骨文往往有许多不同但大略近似的写法,可还是能总括其形意。

汉字的模糊生成也导致其模糊使用,古代称为通假,许多的形声字也具有象形并会意的原意，汉字是声、形、意的三合一，比如声音的相似，往往伴随形意的相似。现代称通假字为错别字，比如菜场常见“鸡旦”、“豆付”、“罗丝”，就是用近似发音的字来替代原字。

汉字的演化和思维的进步相联系,具象内容的、关乎人与自然的字出现较早，抽象内容的字出现较晚，有些字一直到篆书中才出现,甲骨文中有大量的象形字已经不明其所指,因为许多用具和行为随着时代发展已经泯灭,后人已经无法凭空想象。

有一部分的汉字能够搭配金、水、木、火、土这五种偏旁，或能称之为五行俱全字。比如同字衍生的：铜、洞、桐、炯、垌，隹字衍生的锥、淮、椎、焳、堆，还有丁、少、屯、崔等等。这些能够搭配五行偏旁的字，表明其应用广泛，大致反映了初民朴素和基本的观念。

❖ 载体

中国的现代文化与古典文化的联系在逐渐削弱，戏曲音乐、匠艺杂术、医农经济等等传统学问都逐渐边缘化，仅存的还在被广泛使用的文化载体只有汉字，虽然汉字的易学程度和工具性不及英文，但其承载的文化内涵却没有任何文字可比。

如今传递和交流的工具进步，文字书写和应用的方式也已经完全不同，但总体而言是更加利于汉字的普及和学习，这也使得创新地应用汉字有了可能。

◆ 汉字建筑

要成为拥有中国精神的设计师，就要充分了解和认可中华民族的文化，其最快最好的办法，就是深入学习汉字和汉语。

文字和建筑有许多共同点，字有字形，具备形式；表达意义，具备功能。文字组合后可以产生群体大于个体的作用。在竹简上刻字，和画平面图一样，画图是用笔在纸上盖房子，这和在基地上用材料盖房子有类似之处。就承载包容而言，可以说文字即是建筑。

❖ 理于意义

如果建筑缺乏意象不需要理由，那么具备意象就更加不需要理由了；做方盒子可以，为什么做成圆筒子就不可以；没有意义可以，有意义为什么不可以；从自然中提取意象可以，那么从文字意义中获取形态的灵感，将文字意义的主观投影塑造成形态，这样就更可以。回归到字就回归到意义的原点，在不影响建筑根本功能、不影响经济性的前提下，意义越多越好，表达越充分越好。

如果建筑要成为形式的奴隶，那么它的奴隶主应该是汉字。如果建筑是被功能拿来献祭的牺牲，那么它献祭的对象是精神，它应该被放在精神的祭坛上。

大自然有天然的能力获得自由，拥有由内而外发散出来的能量和创意。而人只能靠约束获得自由，或者说靠出卖自由而获得自由，带着枷锁才会跳舞，顺着条件才能阐发。文字的意义能够充当一个很好的依据，如同盲人手中的盲杖，虽然这不免还是束缚在原创者的苑囿中，却已经能让跟随者自由发挥。

❖ 数于逻辑

汉字和建筑的运作模式一样，功能产生形式、形式还原功能，思想形成文字、文字还原思想。实现还原作用的前提是形式可理解，如同“囍”字这种特殊符号，理解才可能知道意义。中国人最可理解、最有条件理解的应该就是汉字的形式。建筑的形式感完全可以从文字中得到，并且形式感所表达的意义一旦得到理解便永不会消失，形式获得了意义之后便深入潜意识中，表层意识中便只有意义而忽略形式。

设计创作中最需要的就是意象，而意象中的意和象都可在汉字中寻找到，汉字具有双方面的优点，既有内容又有形式，所包含的象既可还原功能又可还原思想，象不达意之功能就如同词不达意之思想。语言和文字相对应的就是思维模式和文化习惯。

❖ 象于形式

功能和文化有创新的余地，而形式范畴内所要探讨的问题，几乎都能在过往的陈迹中找到答案。在无数先人成熟的创作中，阐述新的形式就是徒劳。博物馆中有无数的艺术精品，其包罗万象远超单独个体所具有的想象力和创造力，汉字中所蕴含的丰富形式美感也已经远远超过某个时期运用所需的量。

美国人不跟随欧洲人的艺术轨迹去比拼积累，而是另辟蹊径，制定现代艺术的标准。西方建筑师在文化中找不到能快速提炼形式的参考对象，于是看上了自然的形态和组成方式，利用参数化设计模仿自然的形式，这似乎有一些吃力不讨好，模拟的自然永远比不上真实的自然，就像仿制的肉、蛋、奶吃不出原味，最能体现人性的形式莫过于规则的圆、方、角。

中国人眼中的自然早已化成汉字，进入国人的记忆和血脉中。文字作为形式的起源，能够当做平面发生器或是立面发生器。作为平面，可以看做是在地面上写字。作为立面，可以认为是还原了现实的场景。大多数汉字都应该立起来看，它们描绘的都是人的平视景象，最早的卦象也即是挂像。

平面是建筑的发生器，汉字是平面的滥觞，汉字的形态包罗万象，对具象和抽象都有表达，是最好的建筑平面与建筑形式的来源。建筑源于平立面，平立面源于线条，汉字是描绘具象事物最终极的抽象线条，事物功能造成的形态简化成文字线条，这些线条就如同是所描述事物的泡泡图。

西方人现在流行的极简和抽象，不过是在重复汉字的产生过程，发展到极致就是所有艺术家都把写汉字当成艺术，毕加索要是多活四十年到了当代，或许也就能把那牛的抽象画简练到汉字牛的程度。

❖ 变于构成

象形、形声、指事、会意、假借、转注等六书手法完全可以用到建筑设计中来。前四种的创字过程中有大量功能形式的结合与分离，后两种的用字过程中又有丰富的引申。

汉字经历了众多的演变，形成各种书法体例，每种书体都可以作为建筑风格一以贯之，力争完善。传统的文言、诗词歌赋的文体和语法可借用到群体形式的组织上,一卷书册也就像是一座城池。

❖ 通于作用

建筑和文字一样有传递信息的功能,古建筑能清晰分辨官式建筑和民用建筑,文字亦有文言和白话。建筑是巨型的文字,书写人类的历史,文字是小型的建筑,装载人类的思想。建筑是理性地表达,文字是感性地表达。程式化的建筑形态和语言一样,也有成熟的文字和符号系统,因此常说装饰语言、设计语言,是因为设计和语言包括了相同的要素。

文字能够直观地表达抽象概念,而建筑要表述抽象概念最好借鉴文字形式。抽象概念被图像化形成了文字,文字描述的形象还原后又能深深地影响受众的潜意识。譬如恐怖小说,那些文字全部都是头脑中的概念写画下来而成,写字就是在画抽象画,这些抽象画又会将那些形象在读者脑中还原,让读者不寒而栗。受众知其然,不知其所以然,设计师如果能知其所以然,自然可以使受众知其然。

传统重视归纳、言简意赅,现代重视演绎、言繁意简。过去一个字能表达的复杂含义在现代往往用一段文字来表述,在信息爆炸的情况下,或许要靠简化文字和使用文言文来压缩信息。建筑也如数据般简单地膨胀,古典建筑每个部分都联系紧凑且蕴含丰富,体积不大就像是文言文。现代的参数化建筑,意思一目了然,体积却是庞杂臃肿,就像是现代白话的软文。

汉字的发展是从自然形态走向秩序规则,建筑也是这样,从自然形成的天然建筑发展到几何化的多米诺体系。而现在的参数化却有些返祖的意思,要以人为的方式回到自然形态。篆书字体的形象接近文字的原型原意,取法文字的形态也要回到篆书或者是甲骨文、金文中去,因为这些文字仍旧具备很强的图画感。

在创作建筑形式的时候,如果有什么真正的主义,那就是自然而然。如果有什么讨巧的快捷方式,那就是取法既往。

◆反义相成词

九五旒所阐述的设计宗旨就是有无相生、反义相成,一言以蔽之就是要有对比!文字浩如烟海,将对比作为标准,便选择和提炼出反义相成词。

❖ 理由

相反相成、有无互生,在一组组对立中才生发出完整,凡是存在都包含相反相成的关系。相信所有语言中的反义相成词组,才是揭露事实真相、世界本质的钥匙。反义相成是人类切实关注的矛盾冲突,是直觉的第一反应,是生活的提炼和概括,是去除修饰的坦白。

设计中总有一对对的概念在进行拉锯战,设计就是要平衡各种关系。艺术设计类书籍经常举例各种对比关系，比如大小、明暗、远近、疏密等等，这些概念少则数对、多则十来对，但看下来总是感觉意犹未尽，所以干脆将汉语中的反义相成词极力搜刮、希求一网打尽。

中国人之所以看到这许多反义相成，就是因为观者总将自己放在中庸的位置上，认为中正平和在己。看待问题如果要达到不偏不倚，就必须将两端看明白，但凡事物的两端都出离于正统思想之外，于是反义相成词总有训诫、提点的意味。

中国自称居中之国，就是以自己地域和思想为世界中心之意。说别人黑白不辨、上下不分，那就是说自己黑白分明、上下有序，于是就可处在裁判员的角色中。

❖ 数量

一对反义字不一定能组成反义相成词，如人己、冬夏、陡缓、傲谦、信疑、肯否、益害等等。还有些反义字组成的反义相成词属于现代汉语用词，譬如涨跌、峰谷、你我，这些词有现代意义，但是没有古典诗文出处，只作为一种参考。

经过筛选和整理，得到常用的反义相成词约五百例左右，精选出九十五例分成五篇，分配到每篇的十九个小节当中，这些词组均有诗文出处且能反映五个篇目的系统关系。剩余的反义相成词，按其相似性，分配到这九十五个小节当中作为参考。

九十五个小节中所有的反义相成词加上五个篇目，总共有两百个不重复的汉字。

❖ 象形

上述所言的两百个汉字都具有象形的特征，相互并不重复，但可以提炼出许多共同的基本构成元素。将字所表现的原始图像描绘出来，更能理解这些字所蕴含的原意。有些字的形象或在不同的语境中有不同的象征意义，有些形象表现出生活和工作的场景，还有些形象直接就是建筑的造型。

象形图都配有字义说明，能大致地了解如何从图形衍生出相应的意义。许多内容完全是个人之见，并非有权威的注解支撑，考虑到全部的既有解释也都是推理，因此虽不确信也斗胆揣测。许多字都有形象的争议，或者其他象形组合，这在解说中都尽量用文字交代清楚，许多古文的特殊字符由于不便表达亦省略。

❖ 变动

反义相成都是成对地变化，反义就是变，所有反义相成词中的两端都在相互转化。许多字的使用意义和它的原意根本就是相反，譬如“治、乱”本是一字。

创造总是从不自觉到自觉，从一个点有感而题，到借题发挥，这种过程是偶然的必然。受到阴阳的启发，顺水推舟整理反义相成词，这种思维演进是学习的历程，更是创造的关键所在，往往比结果更有意义。题目可以成就内容，内容也可以成就题目，这也是变。

❖ 通用

古人通过描绘物象来表达物质和精神概念，认为物质和精神相联系，这和万物有灵的传统思想相通。一部分反义相成词的两端在文字形式上有呼应，譬如上下，但大多数词的两端缺乏形象上的对应或者互补，可见这些文字的对应关系基本上是在使用中逐渐组织起来的，造字的时候并没有考虑组词的作用。

后文中的每一节开头都会引用诗篇来表示反义相成词的相关出处，并因此衍生出一种研究思路，对某些反义相成词进行分时期、分种类的统计和对比，能大致反映一些思想变化的轨迹、了解当时的文化氛围。

反义相成词都有不同的出现时期，有的早有的晚，某些反义相成词，在特定历史阶段才普遍使用，然后又消失。这些使用上的变化可以看成是表现形式的进化，是思维深度的开拓，是关注重点的迁移。书中各篇目采用的反义相成词大致的出现时间吻合理、数、象、变、通的篇目顺序，上古的诗文中形而上的词用得较多，近古的诗文中形而下的词用得多。

不同的诗人使用反义相成词的数量和类型都不一样，统计某人的词组使用习惯，能探究其深层思想或本能行为的形成和变化。某人特别爱用的反义相成词，至少能说明这个词在其内心有过挣扎和思量。

有的诗人用某个词组很多，譬如宋太宗赵光义写了许多带刚柔、巧拙的诗，可见其为人做事的挣扎与艰难；有些诗人的诗词中能找到非常多的反义相成词，譬如元稹、白居易，可见他们关注和思考的内容相当广泛。

◆ 目录

按照五用五行的分类，将反义相成词梳理分成五篇，每篇十九节，每节用一词。每篇第一节为此篇目的破题，讲的是该篇的本质属性，理的本质是阴阳相互、数再大不过是生死、象限于本末两端、变有难易之途、通体现在城乡一统。余下的十八节分成九对，这九对根据词性，将名词、动词、形容词分成若干组，根据叙述关系排列。每篇的最后一节相对有承上启下的作用，与破题之间有相互联系，譬如通土的本质是城乡，就是人工与自然的关系，此关系通过存取来保障或者实现。

本书可粗读可细读，粗看一下书名和每一篇的标题就明白书中大概说了什么，进一步深入就要看看目录中每一节的题目，能知道文脉思路，细读就要看每一节内容如何演绎。文章的目录如同是人的表情，看面相就能对人有大概的判断，会影响深入沟通的热情。

真传一张纸、假传万卷书，三言两语往往真知灼见，长篇大论往往事理不明。目录就是一本书的那几句话、一张纸，如同宝典和秘籍一样，得其一者安身、得其二者立命、得其三者事成、得五者之上成名成家。现代人没有耐心去学习太多的知识，看完一张纸再留出足够的想象空间足矣，如果浑身的本事不能够写在一张纸上，那可能还是没有通透。至于文中信笔由缰而来的许多无稽之谈，也可看成是衬花的绿叶，既然是要反义相成，精华也总要有诸多糟粕陪伴才好。

◎ 变

变包括文章内外两部分，文章内的变化是体裁和形式的特殊处理，不同于常见书籍的文体和插图方式。同时这些文中所记载的内容会导致文章外部的变化，会影响作者和读者，因为记录的这些都是思想的基点和话头，能继续演绎出丰富的变化。

◆ 话头

从这一百个词组出发，衍生出相应的思考，将知识碎片整合在这一百个小节中。这种联想和发散式的点状阐述，像是思考笔记或者命题作文，记录脑子中闪现的奇特和不相关的语句，作为将来头脑迟钝时候的调剂和提点，也许仅在这时，活跃的头脑才会提供出这许多无拘束的新鲜，日渐麻木和疲惫会侵蚀一个人的创造力和灵性。

文中的许多构想没有细化地阐述，有时候太细致会把一件事情做僵化。将只有这段时间才能出现的闪烁思绪尽可能地记录下来，如同牙膏被拼命挤压。留下这些引子，可待时日慢慢追索和深化，这是一个摸藤的过程，将一大堆藤尾巴攥在手中，有时间再慢慢去摸瓜，走出去的这一脚，或许踩在康庄大道上，或许踩入泥潭深沟，好歹是走出去了。

这是一部话头集、臆想集，如同压缩过的文件包，在适当时机可以解压。所谓话头都是用来参的，是言语和思量的开端。如同创作小说中的人物，构思的时候总是一闪念就隐去，模糊见到的面容无暇细思量，只好取个名字，暂定一个人物关系，就将其打发到思维的仓库中，以待来日细细琢磨。

这样的写作手法，也构成了全文整体的特点。首先，文字中的许多观点相互抵牾，讲述出来未必是统一的主张；其次，臆想和猜测只是记录心中的想法，而并非要得到确定的结论；再次，文字记录没有缜密的逻辑关系，可以随时随便翻看。作为思考的记录而言，左右摇摆和举棋不定也能起到一定的参考作用。

小节中的文字话头大致分成几类：一是关于文字意义的阐述；二是字形和象形图案的有关分析；三是触类旁通的概念建筑的构思；四是和现有的建筑理论的关系；五是关于未来发展的畅想；六是九宫立方体的表达含义；七是关于书中内容如何表达、和观者如何沟通的演绎；八是和《北游记》章回情节的联系。其中七和八是本书有可能产生的外延，只在手写草稿中反映，没有记入本书。

◆ 散文

写这书就像描述生活的漫漫轨迹，目录上的逻辑清晰，是在把握整体的基础上得出的结论，如同明了地回顾一生。但钻进每个小节中就可能迷失方向，就像生活中的每天单独拿出来看，并不能过得那么有逻辑性。就像人的初生之处与所去之地的联系不太清晰，但经过和回顾时还是能看到其中的必然，生命中的经历就是铁轨两边丛生的杂草，看似星星点点无踪可循，其实是有大方向的。

越直接的章节越难写，加减算是最普通的手法却最难说清。因为大白话无法用更简练的比喻去描述，本身就是自己的代表。大天白日之下，言语总是更苍白，而电影院中的窃窃私语，便被黑暗抹上了蜜糖。

文本体裁脱离惯常逻辑性的写法，小节中各个段落的文字如散文，尽量做到形散神聚，设计和艺术的阐述要想讲得条理清晰、脉络连贯实在太难。书中最重要的就是目录和反义相成的遐想，至于每节文字，或情真意切、或脱略敷衍、或言简意赅、或繁冗拖沓，可看做是构图的装饰部分，也可当做是喃喃自语的旁白。

◆ 排版

每节排版既有共通要素，也有独立变化，总体上受限于一个六（阴）乘九（阳）的网格。

❖ 立面

设计建筑就是带着枷锁跳舞，写《九五流》也是一样，文章版式就像在长方形的基地上造建筑，要填充必需的容积率，增多减少都不行。每节都是一块砖，固定大小、质量相当。

一块土地，需要按规定的容积率填满，何尝只按灵感来算计；一个立面必须包裹全体建筑，即便是生拼硬凑也要完成。建筑设计有时是很勉强的事，和绘画相似又不同。绘画大多是方形的画框，而建筑的基地常是五花八门；绘画可以留白，反正按尺幅收费，而建筑平立面必须填满，无论你灵感多少，只按设计面积取费；绘画有灵感可以创造系列，建筑设计有灵感只能取舍一个。书中的排版方式就是呼应这种无奈的现实，并进行延续与升级，同时遵循着章回小说一般的体例，填满一百节。

上百米高的立面要将它填补清楚，这就像现在国内的许多高层住宅将西方别墅三段式中间加长而头尾不变。有时限制能激发巧妙灵感，有时又会导致形式堆积。

每一节的文章就像是一个立面，因为有这么多立面，要想办法去填充控制，每一节就需要有固定的元素。文中每节的头尾都有类似的结构和内容，但有限的形式感无法控制全局，更多的变化来自于每一节自身的特性，或许滔滔不绝，或许搜肠刮肚。多去少补的这一切，如同是真实的建筑设计要求。

❖ 出图

短文都是片段化的想法，明确框定的边界就如同建筑的立面必须填满。小节的排版形式和设计图纸相似，建筑图纸中的标注文字也都是一段段各自独立。

每一节的图文整理，本身也是利用建筑图纸编排的软件和方法，将手稿输入电脑的过程，更像是在设计出图而并非是写文章。

❖ 内容

排版的形式也可以是欣赏的对象，许多外文图书不明其意，仅看排版和图片也觉得很有趣，形式同样也是内容。本书的排版本身就是一种设计对象和表达方式，是脱离于书本内容之外的一种表达。

形式很重要，但是内容和需求更重要，书的价值并不取决于是破烂手抄还是硬壳烫金。如果从中看得出要表达的内容，自然有耐心琢磨其中；不想看，那么书的形式再美也比不过一叠白纸有用。

过去的穷困是没有家当，而如今的穷困是缺乏空间。想家徒四壁还需要有经济实力，现实的蜗居会爬满塞足每个空间和角落。想要文章轻松易读、言简意赅也需要功力，而此时的我只能做到放任思绪填满每处空白。或许认识水平进步到更高程度的时候，能再重复创作一遍，如同一个旋律可以演绎出不同的乐曲版本。

◆配图

每个小节中的概念设计都由两部分组成：一部分是由本小节话头联想出来的自由发挥，简略地表达概念和设计方向；另一部分是九宫立方体的理性演绎，主要围绕当节的反义相成词展开，使每一节标题的文字象形解释获得一个空间化的表达，得到顺理成章的延续。

❖ 意象

设计有三种路数：第一种是先有成熟的概念和逻辑推导，为了阐述而附庸出形态；第二种是有形态的灵感，然后再给形式找个故事；第三种是意与象两者同时隐约出现而相互靠近，最终显现。每节的文字所引发的建筑形式都是根植于想象的演绎，完全是个人的遐想，起到自圆其说的作用罢了。有的文字不用随文图就能理解，空口白话也能大致说清概念，但是所有的意象概念设计却都要辅以文字，否则许多曲折的用意和理解就会落空，成组的图文之间用虚线来分隔和联系。

在每一节中，和文字标题的意象相关的概念设计分成两类，一类设计表现文字的意义，阐述其内涵和生活以及建筑功能间的联系；另一类设计表现文字的象形，演绎其形象和艺术形式以及建筑外观的联系。意和象的组合算是反义相成的极限，神旨、天意、人愿等任何意义，最终都需要象来承载。

譬如旱涝一词从字意来说，水的多少影响建造位置和屋顶形式；从字形来看，象形和笔画衍生出平面和立面。这是简单的意和象的设计。回溯文字起源，使设计建筑和设计文字一样用六书的方法结合意与象，这些想法在文中也用虚构的建筑设计形态来进行了表达。

配图只是表达了大致的设计方向和概念，留待今后去顺承其意深化加工。书中插图大多有原始草图，原准备手绘全部插图，比较直接和简便，但毕竟不是大师可以用草图来撑版面，考虑再三后还是将所有的构思建模成型，大略地反映立场和态度。

❖ 立方

运用立方体块是简化思维的好方法，用尽量少的体量组合出足够丰富的变化，使其能具象或者抽象地表现文字。戴着枷锁才好跳舞，没有枷锁的自由发挥反而容易失去控制。创造往往是在有限条件下的革新，想象力和控制力达到平衡才会成就设计师，可往往有想象力的时候控制力不足，控制力足够的时候想象力又贫乏。在《九五旒》中，九宫立方体是控制的指挥棒，又是想象力的内存，在过激或者贫乏的时候，看看都能有所警醒和提示。

九宫立方体的组合极多，且任何组合只要交通动线和窗户随便改动一点，便是另外一种方案。如果其中小体块的角度、色彩、材质再有所变化，那么变数更加是无穷无尽。九宫立方体不仅仅是体现设计，还说明不要对看似简练的东西轻易下结论，简练也可以变化无穷。空间形体的变化在规律化的前提下，其数量也完全超出人的认识，不能觉得简单便不推敲，简单组合也能产生复杂变化，就像俄罗斯方块，其基本单元的组合也就只有几种。在九宫立方体中，同样可以提炼出类似的基本组合。

书中九宫立方体的概念设计全是以住宅为蓝本，因为住宅是最普遍的建筑类型，是建筑设计的基础。未来住宅的功能将有可能满足所有需求，现在公共建筑的所有功能在未来住宅中都能得到实现。医疗、教育、博物馆、图书馆等等都会结合在住宅之中，这就如同一百多年前幻想水、电、气、热直接到户安装一样。

书中一百个住宅单体的概念，都是采取相对紧凑的设计，应用当下普通住宅的尺度和功能分布。大部分的单体都具备可实施性，小部分由于形体特殊，功能上有些不流畅，就只能当做一种形态参考。

◆ 组合

九宫立方体排列组合的总数非常巨大。首先假设九宫立方体是一个梁柱完整的框架，并且考虑阳光的朝向，27 个格子各自具备有和无这两种情况，那么向其中填充体量的组合情况就有 2 的 27 次方之多，2^{27}=134 217 728 种。

其次如果九宫立方体就是靠单个体块码放出来，只能层叠而没有悬挑，并且考虑阳光的朝向，9个平面空格，每个空格不悬挑的摆放方式只有4种，那么全部组合就有4的9次方之多，4^9=262 144种。这是两种极端情况，要么随意摆放，要么只能堆栈。

第三种体块组合是允许悬挑，但是悬挑块至少要有一个面和相邻的体块重合，以保证其稳定。书中的一百个体块大都是在第三种组合中挑选出来，这种情况的组合总数我并不会计算，希望有人能算出来。

关于悬挑的建筑方案总数，可将其形象化成为一个数学题。攀爬架共3层，每层9个箱子，小朋友可以通过管道在箱子间攀爬，如果将攀爬经过的箱子保留，未经过的箱子拆除，那么保留下来的攀爬架一共有多少种形状？

以此为基础，还可以设置不同的条件：边与边的连接可以稳定悬挑一个体块；体块端点的连接也可以保证固定和悬挑；不允许上下颠倒，经纬方位的镜像方案归于同一种体块组合；不考虑建筑的朝向，只要形体一致就只算一种体块组合；被所有块围合在中间的空间也看做是建筑空间，因为它有顶有底有围合。

◆ 模型

用带磁性的可以相互吸附的立方体块，能任意组合出各种符合重力的造型。还可以用白

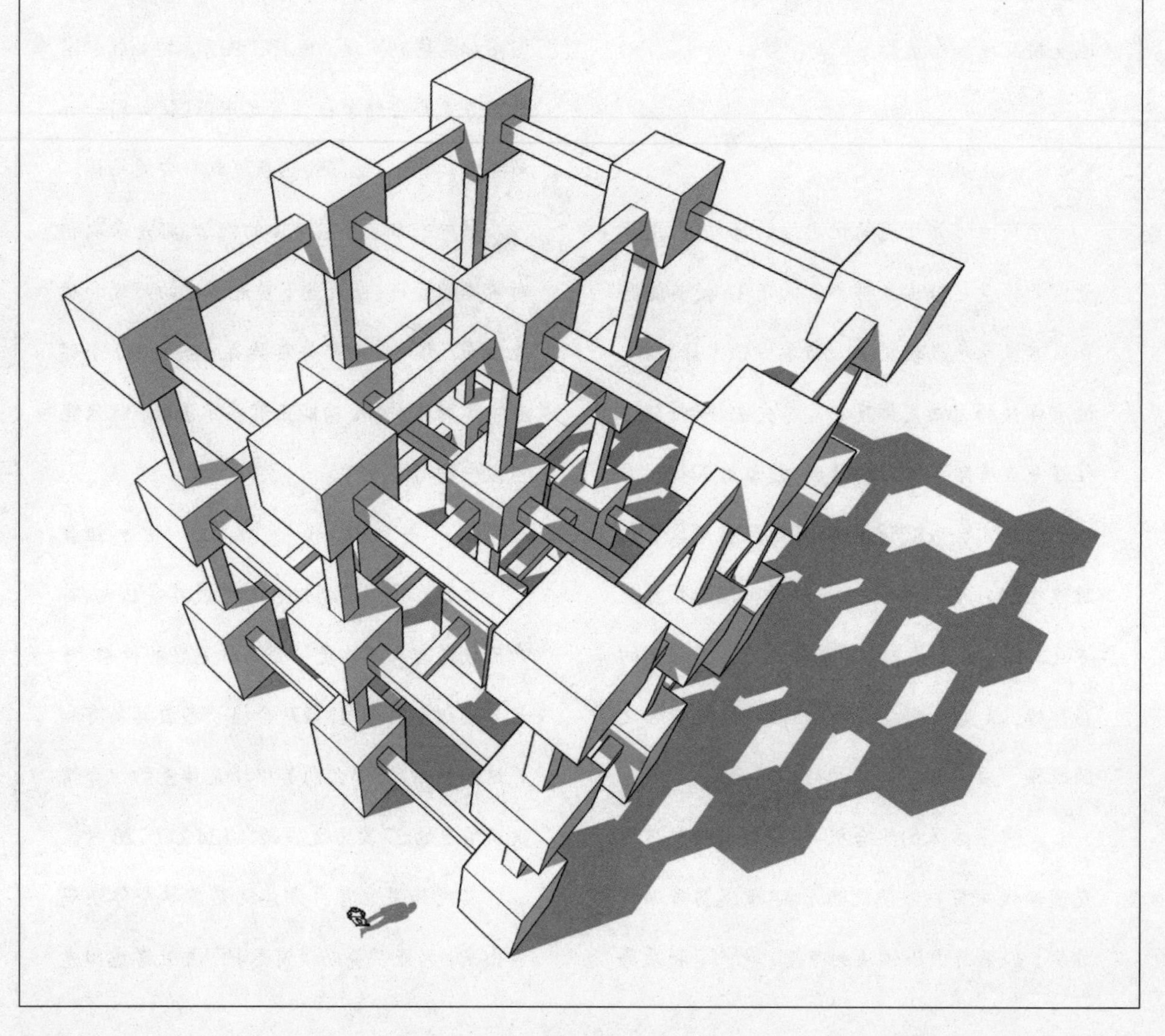

板笔直接在上面涂画门窗或装饰,提示设计的形象。还有许多种儿童使用的插拔体块玩具,可以搭建九宫立方体的造型。

每个建筑师都要有自己的形体图腾,就像模拟的战场和虚拟的知识仓库,建筑理念和作为都要在其中畅游。九宫立方体有无数的组合,从中间挑选自己认为合适和有价值的,通过一定数量的比较,就会发现自己心目中的形态约束条件,它能帮助建筑师找到自己的形态图腾。

独断是建筑师最好的帮手,在没有主见的情况下,自由反倒会分散注意力。当有机会要替人选择和做决定时,建筑师就要到内心的图腾中去找寻线索和答案。建筑师的主要工作是帮助业主选择,同时提供选项,建筑师是业主的工具,九宫立方体是建筑师的工具。

◆ 工具

书一旦言之成理、洗练通达,就具有工具性,通畅、通用、通行。书籍关键不在于讲什么,而在于所讲的有没有用、怎么用,这点在建筑类书籍中尤其明显。读者需要获得的是有用的东西,要获得直接的指导和明示,而不是为了关心作者的所思所想。看小说、电影就是为了满足自己而不是为了满足创作者。有的书只用当世,附庸一人而已,古代那么多的诗集,至今无人翻看,有的书世代流传有所借用,学习型的书籍才能长久地流传。

有用的书大概分成两种,一种是工具书,一种是看了之后产生情绪导致你想去看工具书。宽泛而言,凡是能备查备用、指导实践和学习的书籍都算是工具书。以此标准而言,中国许多传统典籍,都属于工具书一类。《九五流》在具备了工具书的一般功能之外,还能起到补缺和再造体系的作用。

❖ 补缺

五用的道理在各种行业中都可运用,能用来帮助厘清思路。比如对应于软件行业,提高效率是理、编码编程是数、窗口操作是象、成果多样是变、适用兼容是通。

理、数、象、变、通的轮回似乎无法回避,理性思维的能力有所提高必须经过数、象、变、通的洗礼,否则拿来的理不过是把自己变成传声筒罢了,只有自己咀嚼领悟的道理才能升华内心。要提升境界只能在这个轮回中磨炼,贯穿地思考自己什么环节有缺失,并以此为基础设计一条通达之路。但有时成就需要机遇,或许你明白怎样获取那个理,却无法实践先前的机变,因此无法贯通思维、提升理念。

❖ 再造

看书是箩里摸鱼、写书是河里摸鱼。作为读者可仿照书中体系进行操练,尝试将一百个小节题目全部重新形象化,如同是训练课程,将这样的课程操练一遍,或许能够打造自己的建筑见解和风格。

《九五疏》的体系是通用的，也是开放的组织，希望读者可以换种思路，不同人群可根据自己的理解重新诠释；《九五疏》的格式和目录体系如同古代的词牌，随时代的发展可以附庸和填充不同的内容；《九五疏》是种认识方式，作者未必能将这种方式进行最好地演绎，在五用五行的格式框架下，读者利用这种认识方式可以去重新组合自己的知识和见解，完全能填充出一本更好的书。

《九五疏》是一种体例，提供了一个认识框架，在这种以传统文化定义的大框架、大追求的前提下，可重新编排目录、组织语言，以期达到更加完善。

尝试运用传统文化中的部分内容来架构和组织思路，我的这种尝试目前看来还是非常粗浅的，但重要的是将立足点放在本民族文化上，以此为起点达到抛砖引玉的作用。利用本书的思路，还可以尝试利用其他语种的文字。同样的反义相成词在不同语言中，也表现出完全不同的文字形式。

❖ 黄历

没主意才靠主义。简单一点就让设计如翻黄历一样，跟着书上做。靠着《鲁班经》和鲁班尺中的条条框框，古代人照样建设出许多特色村庄；掐着规范和图集中的规规矩矩，现代许多特色村庄被改建成了村宅集中营。取法不同，效果不一，一个控制意、一个控制象，控意而得象、控象而失意。

◆ 取象

九宫立方体具有丰富的形式可供参照挑选。与其依赖设计软件中的随机参数设置，不如将自己变成随机参数的一部分。与其等着冒出灵感或者翻看杂志，不如掷把色子来得方便，得其形再附庸其意。

如果允许悬挑，八面色子的八个数字就直接代表九宫平面每一格中的八种情况。不悬挑就可将八面色子的八个数字分成四组对应四种情况，九宫格平面中的每一个平面格子，都用投掷色字的方式来确定是空置还是一二三层。八面色子掷九次就能得到一个体块模型，然后就可以填充功能使其合理化。

随意想到三个数字，或者随时看到的三个数字，想象成一层到三层所拥有的体块数量，体验随机畅想形式的快乐。这些方式都是简单的空间设计游戏，可以打发空闲时间、锻炼脑力和空间能力，在随意的平面组织中触发灵感，获得需要的基本形式元素。

◆ 取意

九十五对反义相成词和附属词拥有丰富的意义可供组合。一般的围棋比赛都使用 19 路棋盘。譬如书成之后，任意两篇就如棋盘一般 19 路经纬交错，随意取其交点得到两组概念，就可以生成一个建筑构思。古往今来也没有谁能穷尽围棋的组合，就算是同一种落子布局也不会是相同的落子次序。一个城市就像围棋棋局一样，其中的建筑用其交点的概念，生成的形态永远没有重复，却又相得益彰。

正二十面体的色子，其中一面定义为篇目，选取概念只需要将五个色子摇下去，如同布卦一样，一卦五爻、每爻有十九变。19 的 5 次方为 2 476 099，在两百多万种意象及概念组合中随机挑选，其意可用反义相成词文字含义，其象可用文字象形参照，这能让设计有足够的灵感来源。也可用梅花易数或折干求数的方式进行演算得出 19 以内的数字再组合意象，这都算是世俗化的应用！

◎ 通

实际参与建筑的建造过程给人带来的体验很复杂，同过往那些书本上的描绘和学习时的感受完全不一样，有欣喜有遗憾。在成书的过程中梳理思绪，对建筑设计也有了更多的认识，这也算是一种通的表现。

◆ 论理

学习西方建筑这么多年，到底也没有产生怎样的突破，跟在人家后面就总要被人盖住一头，不能迷信和盲目套用西方的理论和体系。

❖ 理解

西学东渐，不仅原版的著作被翻译引进，土产的文章也越发具有译文的风格，两者的共同之处在于绕口令一般的自证，让人不知所云。不光西方理论看不懂，许多建筑和艺术作品也看不懂，不明白有何妙处，对这些作品背后铺垫的哲理思辨、模糊目标、结论口号都不甚理解，不明白创作者想要说什么、到底怎么干。这也使人明白苦口的未必都是良药，看不懂的也未必全然高深。

❖ 运用

建筑本是实践学科，如今越发的被赋予更多的社会价值和改良作用，似乎建筑的终极都不是建筑。这些习惯可能也是来自西方的体系，西方建筑行业目前的发展阶段和实际工作，决定了其着力点和既成的研究体系更关注建筑的背面，因为他们面对的是建设量减小的现状，只能去研究过往、辩论既成的建设事实。这种体系和道路，并不合乎中国当下的情况，中国就像一个人还没有发育完善，现在就来检讨为什么身高不足、肢端肥大恐怕为时尚早。

❖ 效果

快速发展中抄袭是便捷的方式，模仿西方的研究体系和方法，得出同样的结论，实际是浪费资源的重复劳动。研究人和根植于人的文化思维习惯，才是创新最基础的推动力，美国模式、欧洲模式，都是光鲜的外壳，它展示的形象永远具有吸引力，但是给出的道路却让你永远只能走在他们身后。许多的社会思潮都是西方文化的自产自销自反对,结果是让其他所有的信奉者走弯路，赶不上趟。让一个民族、一种文化由逆反他人,到逆反自己是深谋远虑的策略，当无数的免费午餐被吞下时，胃口和身体已经被潜移默化地改造。

国内的重大项目让外国人设计和主导已经多年,结果对中国的建筑行业并没有什么促进作用，也没有让行业有所振作。实践过后就知道总是拿来就永远没有自己的。

❖ 取舍

美国曾利用其丰富的建设量锻造了一代杰出的建筑师,这些建筑师都是传统建筑的离经叛道者，脱离欧洲古典的设计体系，另辟蹊径用大量的作品抢占了行业的话语权,叛逆经典已经让美国建筑设计繁荣了一百年,延续至今凡是能叛逆的都已经被颠覆,甚至建筑师之间相互拆台踩踏。

接下来欧美国家仍在塑造标杆、制造标准,希求通过审美形态、绿色技术、设计工具这三种手段,继续把持和引导世界的建筑设计主流。在这种大趋势下，个人虽然难免裹挟其中，却更要有一定之见。

理论按照有用的方法取舍,西方的理论在中国的应用到底是起到一种推进作用,还只是占用时间后的事实存在，这已经过实践检验。西方的建筑繁荣期所诞生的各种思潮和做法,不应继续成为中国的枷锁,中国还是应该根据自身的条件选择合适的发展方向和方法。

◆ 命数

建筑设计如果是艺术就能自由挥洒,就可以只顾个人感受而不必顾忌他人;建筑设计如果是技术就能完全掌控，就能够言之凿凿、确信不疑。可惜建筑设计是艺术和技术的结合,于是既不能完全自我又难得有理有据。

❖ 匠人

自由表达意志的是艺术家,实施他人构想的都是匠人。现代建筑教育是以培养匠人为目的,可匠人却都怀着艺术家的梦。艺术家求真,是我有什么给什么；匠人是求生，是你要什么给什么。艺术创作和建筑设计不一样，艺术家可以守株待兔，而建筑师要沿门托钵。

现在的中国建筑师夹在上不去下不来的困境之中。上没有思想体系，只能随波逐流,抄袭因循;下不结合施工现场,只能套用图集、死掐规范。设计师不参与施工，参与了也没有产业工人配合，因此图纸才需要那么仔细，哪怕一个简单问题要全部用图纸表达也是十分繁重的工作,而太细致的图纸还可能还会引起读图障碍。

如果设计师能够全程地交底,甚至参与施工成为工长，施工走样的问题或许会少些，这就是传统的工匠模式，设计者就是施工者。

古代建筑师一直是以匠人的身份出现,到

近代经济指挥棒替代东家的活计，建筑师在表面上似乎能够独立创建，以为用建筑能改造社会，其实仍是大浪中的弄潮儿，自以为弄潮其实被潮弄。建筑师不能兴风作浪，将浪踩在脚底也并非随时和永远，精良的设计成果并没有想象中那么重要，如同演员在舞台上表演的时候，以为观众很在意其是否形似神肖，其实大部分的观众都是以麻木的心态来瞧个热闹。根底上以操作者的心态、用匠人自命反而能活得更好些；做个好匠人，有门好手艺，仍是建筑师的本分。

❖ 市场

设计不是设计者的个人意趣，而是市场行为，设计成果是产品而并非作品。肉包子能当做作品吗？建筑和肉包子又有什么区别？将建筑方案进行打扮，然后搔首弄姿不过是一搏顾客的青睐，市场的品位决定了建筑师的品位。

建筑师不像画家，画家可以自由创意，画好了守株待兔；建筑师只能如贩夫走卒一般，大声吆喝。建筑师堪比厨师，顾客爱吃双臭煲，你便端不出佛跳墙，在现有的市场条件下，设计师更多的是担当流程操作者，是生产线的一员，若将眼见的不堪入目都怪罪到操作者身上，那就是不了解市场的前因后果。

设计就像是马头上的笼套，人人可见，似乎控制了马的前行方向，实际的缰绳却是看不见的资本和利益在牵扯。建筑风格和式样，不过是跟随大众的审美趣味去适应市场潮流，建筑师的引导作用微乎其微。产品都要根据需求来定义，创新就是紧跟市场，而不纯粹是为了颠覆过往。

❖ 服务

建筑设计中所包含的艺术创作受限于资本和权力，不像小成本的轻工制造品，可以任凭自己的兴之所至生产，路人看见了喜欢就会挑选，然后讨价还价。建筑业无论怎样也是服务业，因为不能把设计内容生产出来再等人来买走，建筑师不能自己生产库存，不能摆上地摊去销售。服务不会有库存，没有对象，服务就不存在。

建筑设计是出售带形象的点子，或者将业主的点子形象化，服务就要有置身于对方的态度，任何理念不能只是设计者自我明了，也要让实际的使用者可理解，由汉字演变出来的设计可以轻松被人理解，理解才能沟通，沟通是建筑服务的核心。

建筑师和医生类似，都是服务业，建筑设计方案就如同医生开的药方，好的建筑方案就是对症下药，药效和药材名贵与否无关，好建筑不全是好材料能堆砌出来的。设计和行医的经验都只能缓慢地积累，读书时念好义理，进入社会再学会望闻问切，才能有所成就，而且成就的代价都很昂贵，试错三方后才能享誉一方。这两种职业又有所不同，医生的工作目标明确，面对个体是私事，患者必须遵医嘱；建筑师的创意没有指南，建筑形象是面对公众，设计师必须遵甲方嘱。医生可以看病兼卖药，药方管不管用，都可以赚药钱；而建筑师却不卖材料，方案流标，就只能颗粒无收还要亏损。

设计有三怕，拖沓冗长、春令秋改、李代桃僵，要成为好设计师就要把三怕作为三项服务重点，适应社会潮流、响应业主需要、甘当替罪羊。智能化设计应该让东西变得聪明去适应使用者的傻瓜操作，而不是让东西傻而使用者智能。让消费者方便、把消费者当成是上帝，这是服务者的基本态度。

◆表象

人的面貌只是人的表象，但是貌随心变，相貌也能部分地反映人的内在。同样建筑物只是建筑的表象，建筑的过程和成果所包含的丰富内容，能够间接地、部分地体现在这层表象之上，但如果要求建筑物能够表情达意，这就超出其承载能力。

❖ 雕像

建筑的外观形式大致分为两类：一类建筑是意志的外化、是由上而下的意志雕像，作用就是体现权力和明确的价值指向，建筑师在这种情境下，充当的是心理医生的角色，安置的是人的精神，不仅砌起现实的长城，还筑起心灵的堤防。另一类是由下而上的生活巢穴，鲜活流动的人生经历穿越其中，满足个人的各种生活需求，目前的建筑教育主要就集中于此，建筑师被训练成从技术角度安置人的身体，从艺术趣味上捕捉些许形式。

❖ 错位

当前的城市建设中，各种做法主张纷乱错杂，所有人都有错位的妄想。自上到下、从管理者到使用者都想将生活巢穴打造成意志雕塑，建设的管理者将生活场景视为鄙俗粗陋，住宅要公建化、公建要雕塑化、雕塑要意志化，而普通人都堆叠在高层住宅中，看着楼书臆想着住在凡尔赛、紫禁城这些宫苑城池里。建造的设计师一边生产那些不顾生活需要、徒有其表的体块，一边又头脑不清地大喊着想让意志雕塑变成生活巢穴。许多争论都是由于将这两类作用混淆造成的，有些看似建筑的体量其实不是建筑，通过谈功能谈使用谈经济来判断它们，根本就是张冠李戴、文不对题。

❖ 记录

传统建筑的丰富纹饰都是为了表达，是在讲故事和守规矩。而近代材料和技艺的发达，让人们都转向去记录，将当时当地的工艺和材料如实记录，关注混凝土、钢结构、幕墙等等，去推崇精密的节点、完美的大样。而今建筑似乎又有了表达的欲望，可用的还是记录的方法，用记录的方法去表达情绪总是显得隐晦，如同文人画中的山水花鸟，意思要人猜测。

◆ 豹变

大人虎变，君子豹变，小人革面。面对既有的陈旧规矩，贯彻实施颠覆性的变化超出了设计师的能力，仅仅做表面文章又不免有违职业操守。在顺势而为之中，靠日积月累来努力引导一种方向或许算是一种选择。

❖ 套路

各种建筑风格像是不同的词牌名，有各自的格式和韵律要求。有明显风格的建筑大师，就是著名词牌的创建者，只要按着他的思路、套用其格式，就能填出大致合乎格律的作品，起码如同官样文章能够及格。

❖ 表情

人脸是形式感的第一来源，研究人面孔的构成，是研究形式的极佳途径。对人的表情和所有暗示及其潜在动机能够明确和了解，就能更好地利用建筑形式来表达。让建筑成为表情的外延，那么外观设计就成了表情设计，建筑的表情是社会情绪的体现，也是一种面目。

❖ 分工

设计行业其实是相通的，解决问题的思路和原理大致都相同，并没有像专业分工划分得那样条线清晰，做设计到了一定阶段，就很难局限于做规划还是做建筑还是做其他什么，工作好像都是在解决其他行业和专业的问题。

❖ 欣赏

建筑体验大部分都是间接的。见得了皮囊，看不得骷髅；吃得了烧烤，瞧不得宰杀。

◆ 被看

功夫在诗外，建筑不是孤立的创作，是由实体和人的活动两部分组成。建筑要接受大众的检阅，观众去看的体验过程也构成了建筑，被看是建筑功能的重要部分。

◆ 间接

只看外表、以貌取建筑是惯例，哪怕建筑里面是一团实心，观看者也不能知晓。仅看海报和预告片的精彩与否，就断定一部电影的好坏未免仓促。广角镜头夸张了实际的空间感受，观察者不在其中生活，便不能体会功能合适与否，这就是很多业内叫好拿奖的建筑，使用者并不认可的原因。从图片中了解建筑就像菜肴只看不品尝，而参观就像品尝过却不知是否有营养，长期使用才能判断其中利弊。

看图纸、照片、效果图、模型，对于观众的观感来言并没有区别，都是脱离了实际的空间存在而揣测真实，一个优秀建筑，往往鼓掌和赞叹的大多数人都没有去体验过现场。大多数艺术体验都是直接的五官感受、能听能看，而建筑不同，个体必须通过衣食住行和生老病死来体验建筑，这是一种间接的感受。

建筑用手直接触摸才会有片刻的真实感受和体会,既然建筑设计的体验可以是间接的,那么建筑也就不必拘泥于实体。

◆ 图纸

建筑设计既是眼前的现实又是永恒的创意，建筑和音乐一样是群体成果，设计者和实施者可以分开。不同于绘画和书法，他们的构思和实施往往是一个人。既然设计和建造可以分开，那就将它们分开欣赏。

人看小说，并不是欣赏那几个字，而是欣赏有秩序的文字所表达的意义。音乐家看乐谱，并不是欣赏那线符,而是聆听到所表达的音乐。建筑师看到图纸，不仅是看到线条和文字，而是想象出空间的尺度、光影，还有植物、人、季节的互动。

建筑垮了,建筑的精神就消失了吗？乐器损毁,音乐难道就没有了吗？建筑不因实体的消失而毁灭，只要建筑师的图纸还在，设计就灵魂永生。只要音乐家的乐谱还在，天籁仍会奏响。图画上的建筑一样被欣赏赞叹，电影中的虚构场景与舞台上的人造布景一样打动人。

◆ 忽略

舒适和可忽略的体验，是最佳状态，就像电影音乐让观众只感受到气氛、感受不到音符，就像灯光设计，只感受到光、而看不见灯。设计做好了就看不出好来,没有遇见麻烦就会感觉设计似乎没有什么用,仿佛出现了一堆问题去解决才体现能力。其实就像好的医生是消未起之患、治未病之疾，而不是等到病入膏肓再去治大病。结果良医因其先知而被认作无用，因为相伴左右长期健康，就不见其好处。

平静地理解和潜移默化地吸收,然后再被认可的形式之美为最佳；眼前一亮引起注意，仔细观看有所可取为其次；大吃一惊然后挑拣之余觉得一无是处为再次。军队的作用似乎也是一样,保持和平局面、不战而屈人之兵为上,打恶仗能浴血胜利为中，全军覆没而败为下。

设计所具备的亮点往往都包含了一些不稳定的缺陷在其中,与众不同既是脱离平庸也是脱离常规。常规就是稳定，如果有一种精彩并且稳定的设计，那它很快就会变成常规。

◆ 苦衷

不要随便评价一个设计,也不能觉得自己比投入其中的任何人聪明,设计中有的地方看似存在些不足，它可能不是思维的漏洞，反而是一种最优的选择结果,能理解这些原因并接受，实际上是种很大的学习收获。

局部追求完美,往往会给整体带来更大的破坏，一个点上的瑕疵要放在全局中看待，或许有很多的不得已，因此理解这些不得已，才会将设计的控制和欣赏能力提升。虱子多了不痒、债多了不愁，设计过程就是与虱共舞，要全部摘干净恐怕不能,建筑设计是在有限的现实空间中操作，只能非此即彼，必然有取舍。

看见优秀作品，尽量去挑它的毛病，然后分析设计师允许这些毛病存在的原因,理解这些原因就是一种进步。挑不出毛病或分析不出成因，这大概不是眼低就是手低。看一件作品如果不仅能欣赏它的好处，还能看出其缺陷，并能体谅这些缺陷，基本上就达到了创作者的水平。手眼都俱佳的时候便能欣赏精彩事物不那么光彩的反面，甚至充满了破坏的欲望。

◆贯通

分工将生活拆散，消费者不生产，设计者不施工，功夫都在诗外。知识和经验积累丰富以后，才能放松地理解建筑设计，才能够有相对通达的想法。譬如容器就是建筑，养蚕的火柴盒、装天牛的汽水瓶都是建筑；有控制就是建筑，无论是实体的堆砌，还是孙悟空给唐僧划下的圈。

再复杂的设计都有许多简单的道理在其中，抓住了这个理，就不会被复杂的形式迷惑，从理出发对建筑就能有清晰地判断，这些从融会贯通中认识到的理，总结出来不过只言片语。

古典建筑就是三段式。

宗教建筑就是恃强凌弱。

现代建筑就是皮骨拆开。

当代建筑就是形用分离。

节点就是人高走水低流。

设计手法就是大小多少。

设计构思就是要内外倒过来。

文字就是建筑，形式就是功能。

……

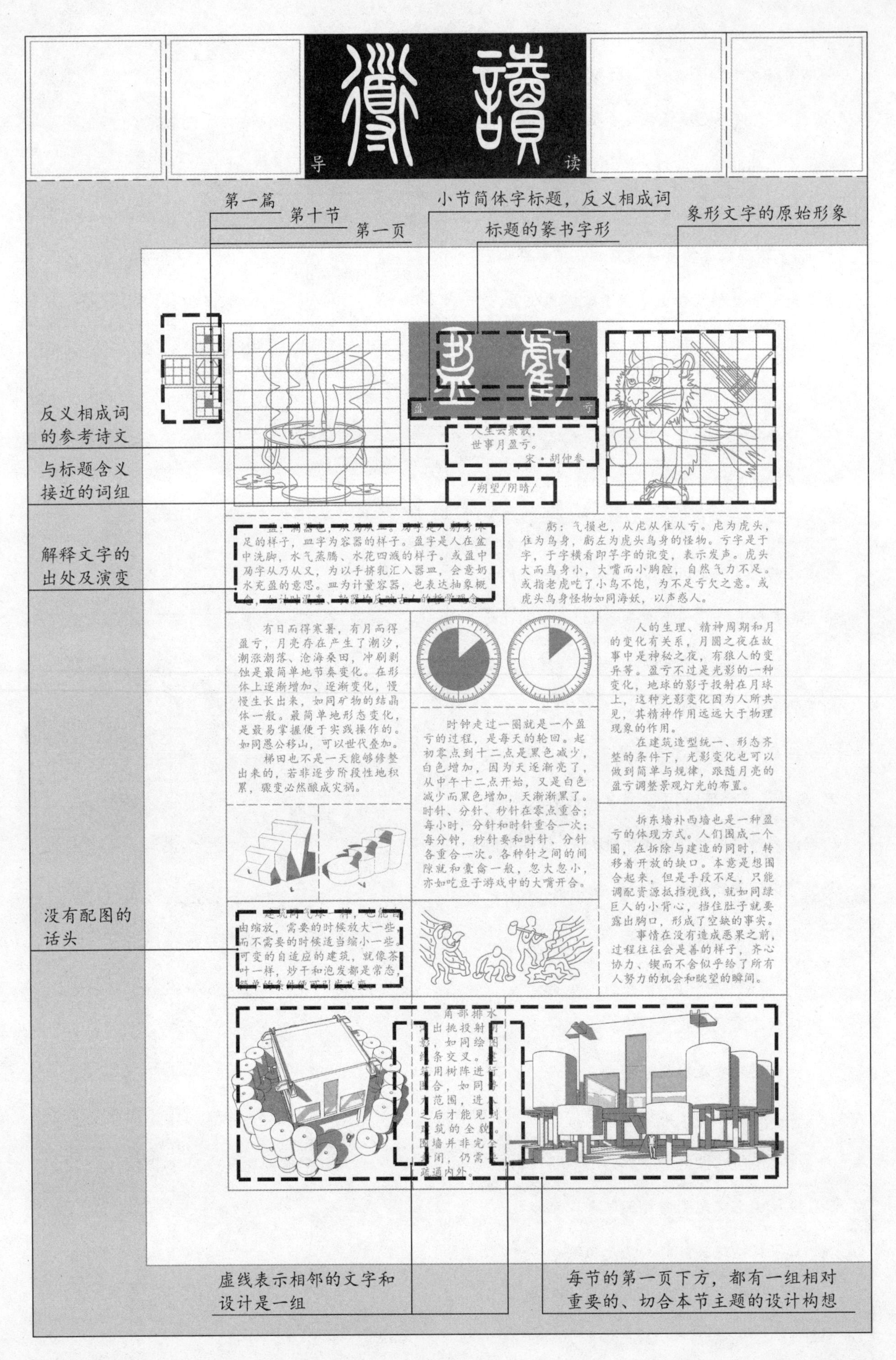

导
读
第一篇
第十节
第一页
小节简体字标题，反义相成词
标题的篆书字形
象形文字的原始形象
盈
亏
人生云聚散，
世事月盈亏。
宋·胡仲参
/朔望/阴晴/
反义相成词
的参考诗文
与标题含义
接近的词组
解释文字的
出处及演变
虧：气损也，从虍从隹从亏。虍为虎头，隹为鸟身，虧为虎头鸟身的怪物。亏字是亏于字，于字横看即芓字的讹变，表示发声。虎头大而鸟身小，大嘴而小胸腔，自然气力不足。或指老虎吃了小鸟不饱，为不足亏欠之意。或虎头鸟身怪物如同海妖，以声惑人。
有日而得寒暑，有月而得盈亏，月亮存在产生了潮汐，潮涨潮落、沧海桑田，冲刷剥蚀是最简单地节奏变化。在形体上逐渐增加、逐渐变化，慢慢生长出来，如同矿物的结晶体一般。最简单地形态变化，是最易掌握便于实践操作的。如同愚公移山，可以世代叠加。
梯田也不是一天能够修整出来的，若非逐步阶段性地积累，骤变必然酿成灾祸。
时钟走过一圈就是一个盈亏的过程，是每天的轮回。起初零点到十二点是黑色减少，白色增加，因为天逐渐亮了，从中午十二点开始，又是白色减少而黑色增加，天渐渐黑了。时针、分针、秒针在零点重合；每小时，分针和时针重合一次；每分钟，秒针要和时针、分针各重合一次。各种针之间的间隙就和囊龠一般，忽大忽小，亦如吃豆子游戏中的大嘴开合。
人的生理、精神周期和月的变化有关系，月圆之夜在故事中是神秘之夜，有狼人的变异等。盈亏不过是光影的一种变化，地球的影子投射在月球上，这种光影变化因为人所共见，其精神作用远远大于物理现象的作用。
在建筑造型统一、形态齐整的条件下，光影变化也可以做到简单与规律，跟随月亮的盈亏调整景观灯光的布置。
拆东墙补西墙也是一种盈亏的体现方式。人们围成一个圈，在拆除与建造的同时，转移着开放的缺口。本意是想围合起来，但是手段不足，只能调配资源抵挡视线，就如同绿巨人的小背心，挡住肚子就要露出胸口，形成了空缺的事实。
事情在没有造成恶果之前，过程往往会是善的样子，齐心协力、锲而不舍似乎给了所有人努力的机会和眺望的瞬间。
没有配图的
话头
虚线表示相邻的文字和
设计是一组
每节的第一页下方，都有一组相对
重要的、切合本节主题的设计构想

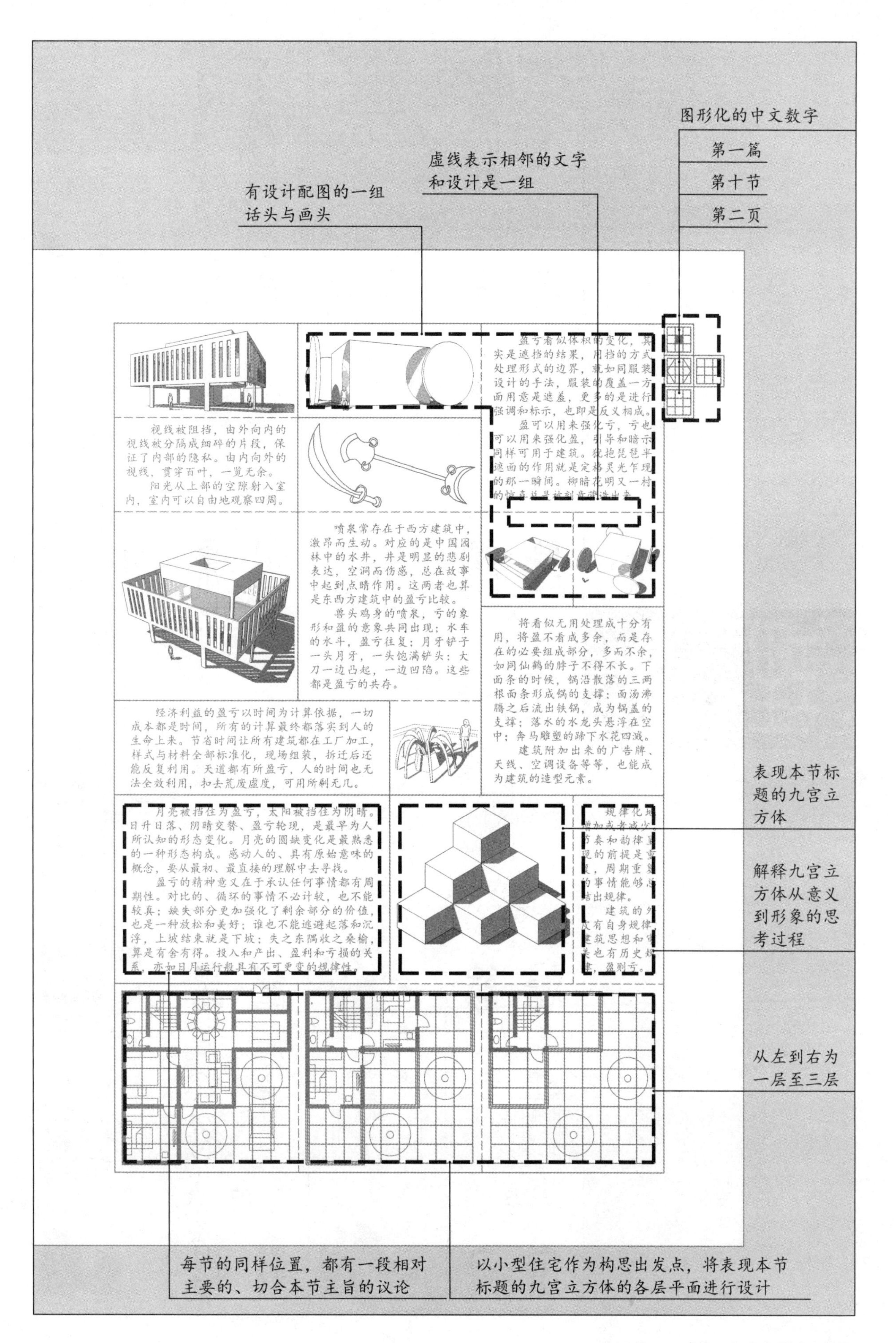

图形化的中文数字
第一篇
第十节
第二页
虚线表示相邻的文字
和设计是一组
有设计配图的一组
话头与画头
盈亏看似体积的变化，其实是遮挡的结果，用挡的方式处理形式的边界，就如同服装设计的手法，服装的覆盖一方面用意是遮羞，更多的是进行强调和标示，也即是反义相成。
盈可以用来强化亏，亏也可以用来强化盈，引导和暗示同样可用于建筑。犹抱琵琶半遮面的作用就是定格灵光乍现的那一瞬间。柳暗花明又一村
视线被阻挡，由外向内的视线被分隔成细碎的片段，保证了内部的隐私。由内向外的视线，贯穿百叶，一览无余。
阳光从上部的空隙射入室内，室内可以自由地观察四周。
喷泉常存在于西方建筑中，激昂而生动。对应的是中国园林中的水井，井是明显的悲剧表达，空洞而伤感，总在故事中起到点睛作用。这两者也算是东西方建筑中的盈亏比较。
兽头鸡身的喷泉，亏的象形和盈的意象共同出现；水车的水斗，盈亏往复；月牙铲子一头月牙，一头饱满铲头；大刀一边凸起，一边凹陷。这些都是盈亏的共存。
将看似无用处理成十分有用，将盈不看成多余，而是存在的必要组成部分，多而不余，如同仙鹤的脖子不得不长。下面条的时候，锅沿散落的三两根面条形成锅的支撑；面汤沸腾之后流出铁锅，成为锅盖的支撑；落水的水龙头悬浮在空中；奔马雕塑的蹄下水花四溅。
建筑附加出来的广告牌、天线、空调设备等等，也能成为建筑的造型元素。
经济利益的盈亏以时间为计算依据，一切成本都是时间，所有的计算最终都落实到人的生命上来。节省时间让所有建筑都在工厂加工，样式与材料全部标准化，现场组装，拆迁后还能反复利用。天道都有所盈亏，人的时间也无法全效利用，扣去荒废虚度，可用所剩无几。
月亮被挡住为盈亏，太阳被挡住为阴晴。日升日落、阴晴交替、盈亏轮现，是最早为人所认知的形态变化。月亮的圆缺变化是最熟悉的一种形态构成。感动人的、具有原始意味的概念，要从最初、最直接的理解中去寻找。
盈亏的精神意义在于承认任何事情都有周期性。对比的、循环的事情不必计较，也不能较真；缺失部分更加强化了剩余部分的价值，也是一种放松和美好；谁也不能逃避起落和沉浮，上坡结束就是下坡；失之东隅收之桑榆，算是有舍有得。投入和产出、盈利和亏损的关系，亦如日月运行般具有不可更变的规律性。
规律化
节奏和韵律
现的前提是
复，周期重
的事情能够
结出规律。
建筑的
皮有自身规律
建筑思想和
美也有历史
律，盈则亏。
表现本节标
题的九宫立
方体
解释九宫立
方体从意义
到形象的思
考过程
从左到右为
一层至三层
每节的同样位置，都有一段相对
主要的、切合本节主旨的议论
以小型住宅作为构思出发点，将表现本节
标题的九宫立方体的各层平面进行设计

理 金
04
01
陰 陽
05
因 果
理 金
理
金
02
06
03
宇 宙
07
乾 坤

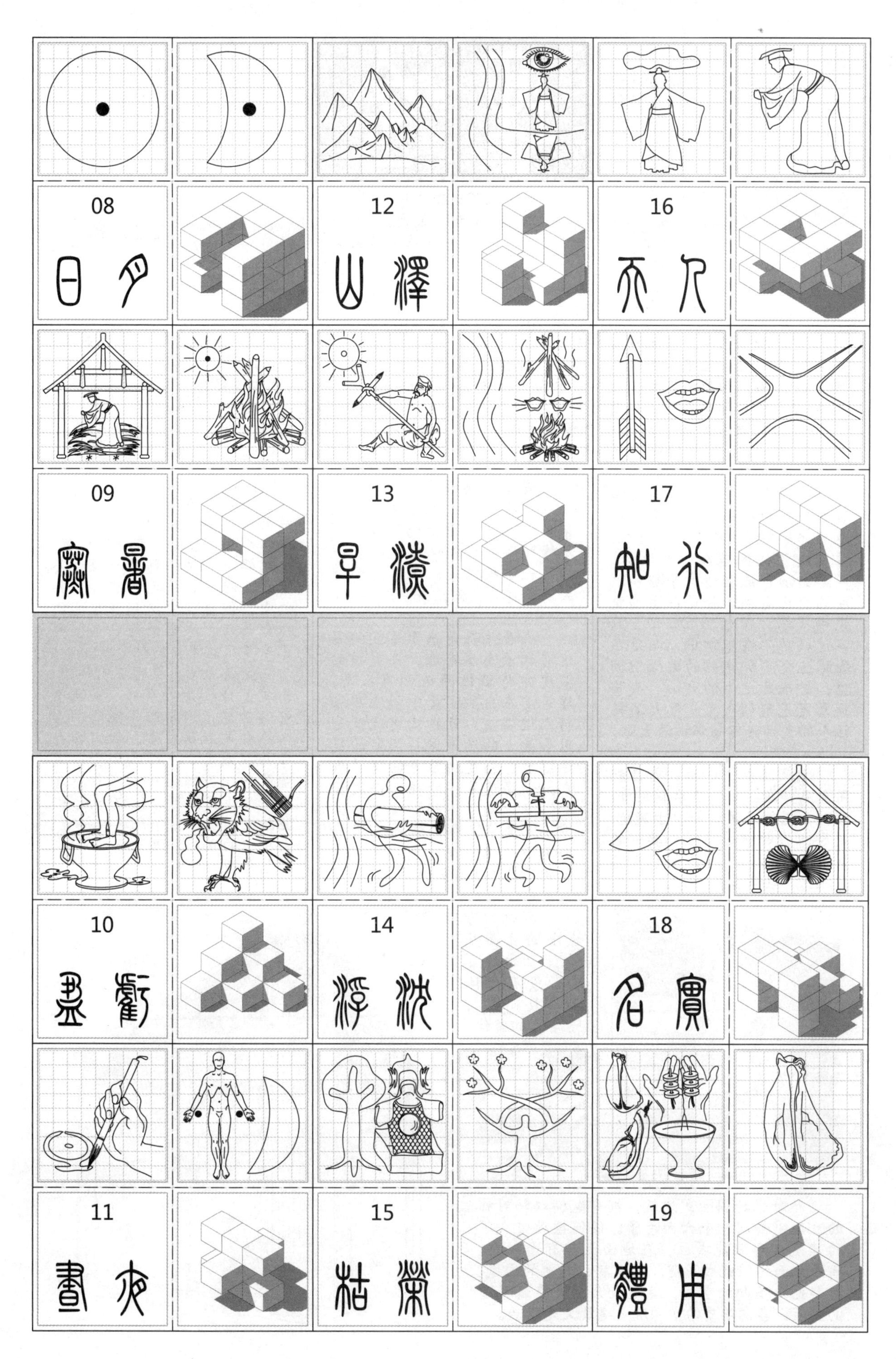
08
12
山
16
09
13
17
10
14
18
11
15
19

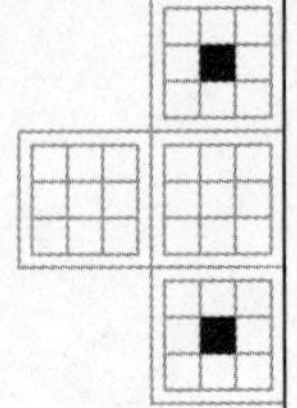

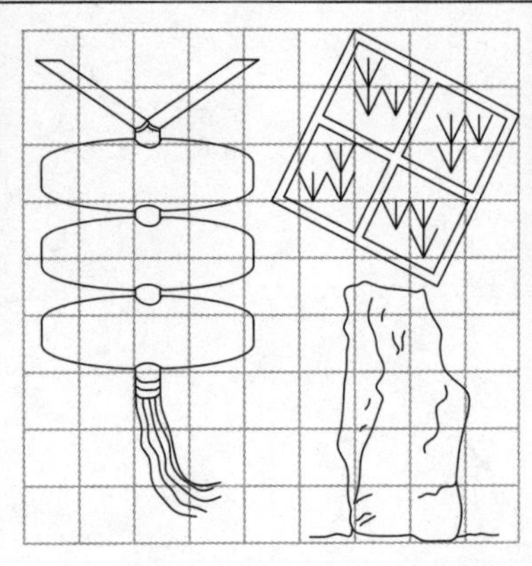

理金

理　　金

时人不达花中理，
一诀天机直万金。
——唐·吕洞宾

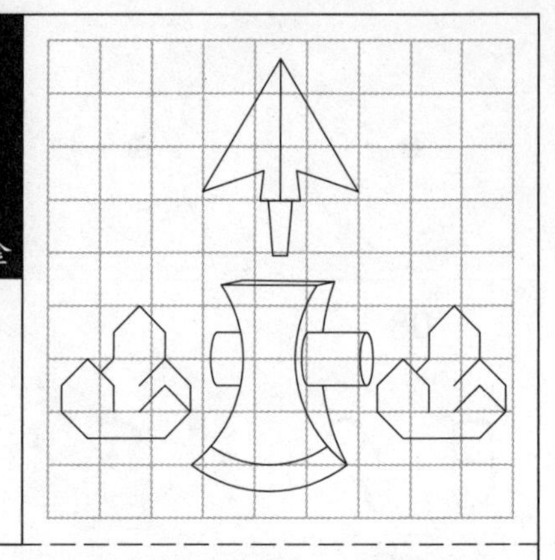

理：加工玉石，从玉从里。玉为三片玉石串联的装饰物。里字从田从土，田为耕地，土为竖立大石，为地域界碑，土在田中为里。理是将田土之精华美石加工琢磨为玉，攻玉要按照物料的纹理和特性，理引申为事物的规律。理字中玉、田、土三种物质均属土，土生金。

金：五色金也，从亼从王从丷。亼为箭矢的金属箭头形状。王是斧头的样子，表示权威和地位。丷分左右两点是提炼金属的矿物原料。

金文中的金字，两点在左侧。左为东，原料在东方，成品在西方。亦如古今的世界，东方输出各类基础资源和文化素材，被西方整合。

金由土生于地上，是高温冶炼矿石的过程；土由火生在地下，是高温生成岩浆的过程。温度是变化的基础，大爆炸、风起云涌、低温超导等都和温度的变化有关。金是在温度变化中提炼，理也经历相似，只不过提炼不在熔炉中，而是在头脑这个更加炽热的无限空间里，思维是无形的火山，头脑风暴是无形的气象，巨大消耗让人的大部分能量都供给大脑。

古代法典、铁券、重器都用金属铸成，以金属承载思维。理对于思维就像钢筋对于建筑，是思想力的传导路径，其他的知识如同砂石水泥依附在理的基础上，共同抵御外力。

建筑理念是简化的套路，如同影视类型。住宅像电视剧俗套而煽情；商业地产像剧情片峰回路转；文化建筑像是科幻片；学校像是纪录片。还有太多动作片、爱情片、恐怖片。

人类生存是基于适宜的温度能让液态水存在，而失控的温度亦将融化两极倾覆人类。建筑要在自然温度中创造并保持人造温度，可持续建筑就是用尽量少的能源保持恒定的舒适温度。温度调节是建筑的基本，如果建筑还能循环提供食物，就达到了温饱，接下来再缩小和集成，如汽车或衣服一般贴身任意移动，便把不动产变成了可供生存的活动产。

万物形成的道理，人只能做到无限接近，但无法穷尽。因为可道非常道、常道不可道。能理解和表达的都并非亘古不变的常道。金属元素潜藏万物之中，但自然中少有俯首可拾的金属块，人类繁衍日久，可三千多年前才会冶炼金属。

金属元素大量存在人体中、构成了自然界的万物，实现生命的功能，肉眼虽不能一目了然地看见金属元素，但它的存在并非虚无。求理如淘金，其量就如同万绿丛中一点红，其不易辨认就像万绿丛中一点青。混乱中的规律、平凡中的神奇、无序中的秩序、可见中的不见，都蕴含理的价值。

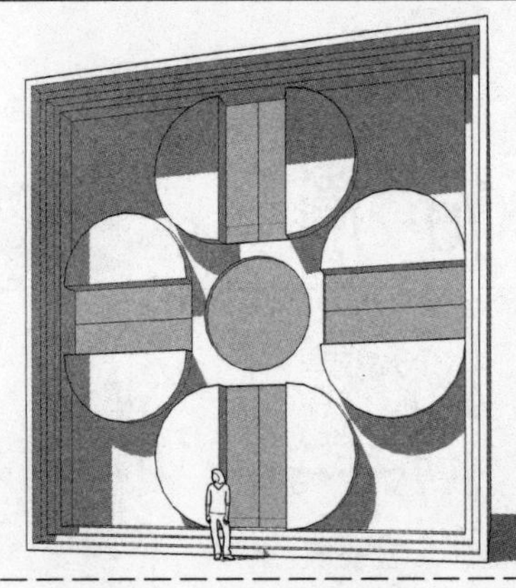

放之四海皆准的立面就是没取向的立面。没有个体面目反而能打造丰富的整体。

新时代的国际式建筑，拥有纵横双轴对称的立面，如同一个六面色子。任何摆放方式下的建筑外观都能成立，在地面上都有出入口。离开地面的门就成了窗，可以联系其他的通道。内部也是多向的空间，能适应太空失重情况下的生活。各向均质的空间既是建筑又是飞船。

立方体露出棱角，暗示其延长线，在人的脑海虚构增加了不可见的部分。冰山却相反，很难从露出的崎岖冰峰上想象出水下形状。形式越纯粹，思维惯性便越大，越容易捕捉。

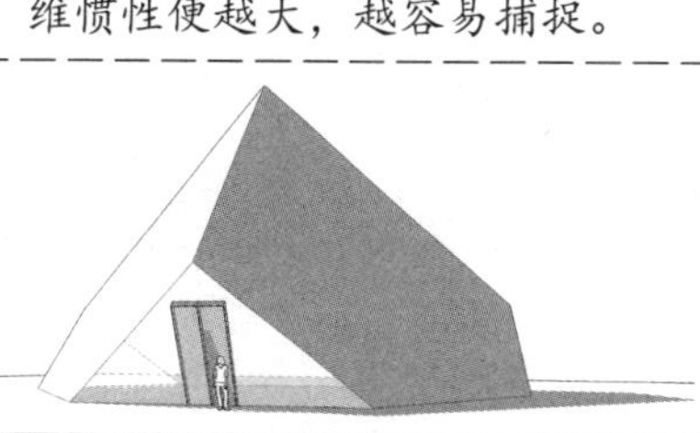

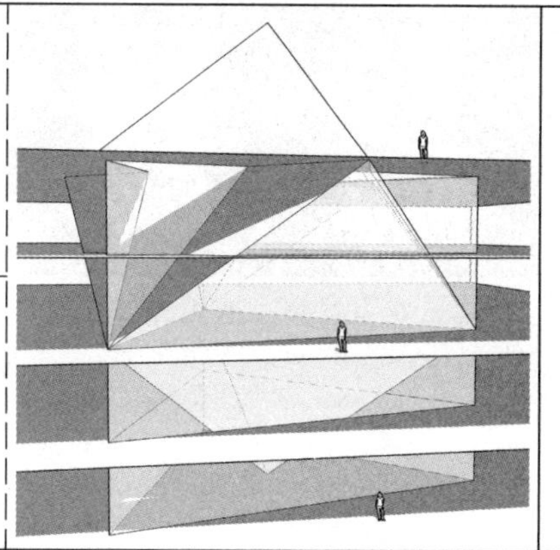

西方属金、东方属木，西方的许多理，都在东方成为象；中国许多现象，又要去找西方的理论来分析剖白，这是理金克象木。西方建筑理论的诸多臆想，变成中国建设的现实。西方的真理或歪理，都被用作锦襴袈裟，既炫人眼目又装点金身。喝牛奶可能乳糖不耐，而用代糖和奶嘴来糊弄感官，实是惠而不费的法宝。就怕弄假成真，把它们当做营养源头。

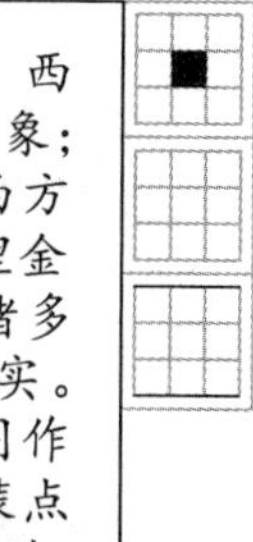

理是普遍通用的，将暗示提炼为明示，明示不能直接为人吸收而需要转化为知识。知识并非是直接的理，而是理的外壳，就像建筑不是功能，而是功能的外壳。

文盲看不出书中喜怒哀乐，不是没有情绪或者不明理，而是不明白理的人为外壳。学习就是增强间接吸收、破壳的能力，譬如能听出言外之意，看出事物和行为表面背后的关系。

在当下以经解经过时了，中国问题和现象都要用西方理论去解释，就事论事已经不显示水平，只有天冷好个秋才是正确表达，只有用抽丝剥茧去诠释一刀两断才算是高级。

分析道理一词，研究理就是研究道；分析理解一词，理就是整理还原，解就是分化拆解，互为反义相成。理是分解后的重新组织，重点在于理可以有不同的分解方式。不同文化和审美的理解不同，产生建筑风格的差异，这些差异通过地标建筑的拆解就能深入认知。

学理是为化解矛盾的对立而达到和的状态，形成心理上的和、物理上的和，亦是设计的追求。理的境界分为两部分，一是脱离人之外的常道、天道、地道，二是有人参与的人道。常道为自然之道，天地人三道统为后天之道。从根本上来说，所有的理都是从人的视角出发。

摆脱观念束缚就是改变坐标系，将标准和原点放在中国，如同古人所做，守住精神的重心，才能居于世界中心。苏州不再当东方威尼斯，而将威尼斯变成欧罗巴苏州。

数和象就是理的外壳，用来推理和演绎。知识的发展往往壳上摞壳，壳中建壳，新增的繁冗如同在哼哧的火车上多挂一节车厢，取巧者只顺风搭车，而不辟路开荒。

逆重力是建筑的原理，而风格、类型、传统只是理壳，钻透这层壳才孵化出新生和创意，就像自然的进化规律，从环境的封杀中突围才能锻造新生命。社会规律也属自然规律。

建筑基本的理就是柱子支撑个梁，即坐标系的实体化。看圆明园，那孑立的石柱和倾倒的横梁才是穿越时间沙漏的精华，经历漫长时间而留存下来的才是体现本质和理的内容。欣赏废墟比新鲜更直接，精彩就在那所剩无几中。

参考示字，中间的丁如同长条桌，用作祭祀之台，这丁便是示字的关键。如果一本书历经岁月、穿越时光，能有一个标题或几句话能流传，那就是理，而书本的数和象都早已过时。理是坐标系，去衡量万物，有理走遍天下，是让人带着一杆秤、一把尺、一个位置去闯荡而不迷失。找到理的坐标系，就堪破万物奥秘。

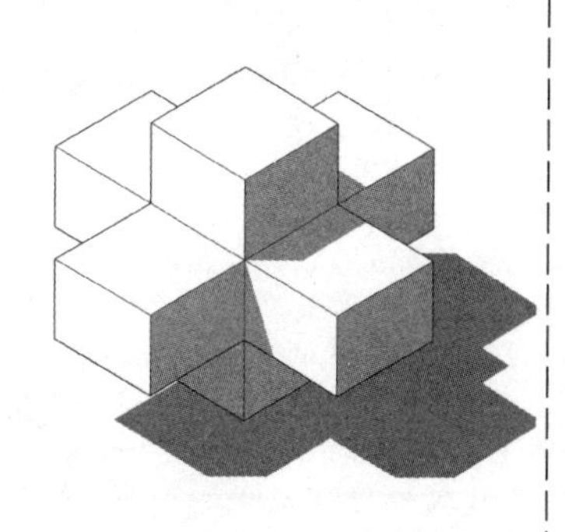

坐标系一般的建筑，概念化的柱头节点，这是可以在任何建筑中提炼的骨架。

反映建筑抵抗重力的特性、形成各向支撑的方式。建筑和结构基本形式都相通。

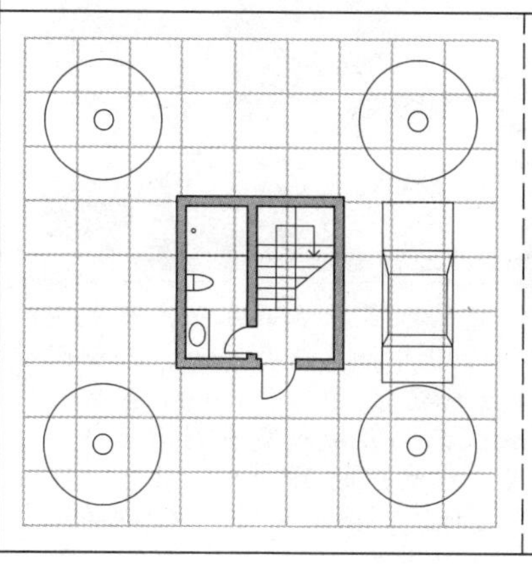

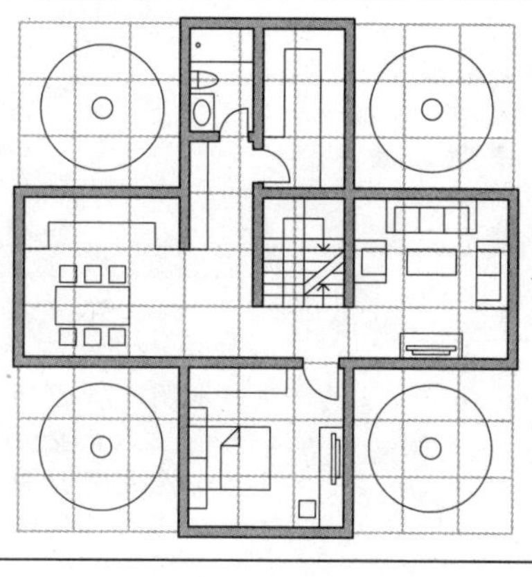

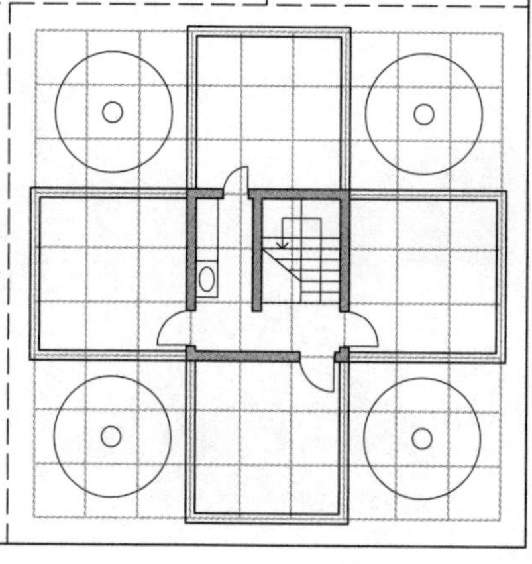

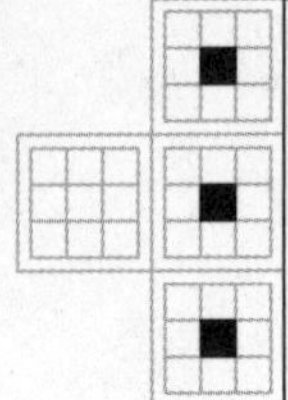

陰 陽

阴 阳

天地为炉兮，造化为工；
阴阳为炭兮，万物为铜。
——东汉·贾谊

/反正/正负/矛盾/

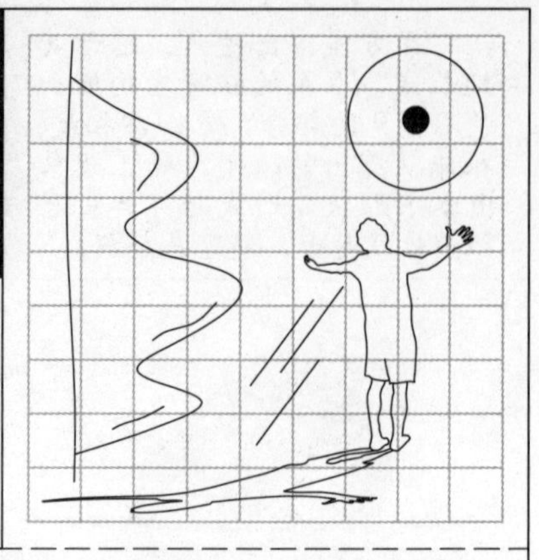

陰：云覆日也，从阜从今从云。阜字为高大山岭，象形逆旋九十度。今字为木铎即铃铛的象形，发令之时即为当下。云字为云朵的象形。阴字意为现在天上有云，为阴天之意。

阴原字为侌，黔、闇为异体。闇为关门的声音，门关上就没有光线了。

陽：高明也，从阜从昜。阜为高山，昜为山边阳光照在一男丁身上，地上有清晰的影子表示阳光强烈。或勿的三撇为光线的样子。

阳原字为昜，说文解为開也，和阴的闇有些反义相成的意思。一个是开门，一个是关门，门的开关决定了光线的有无。

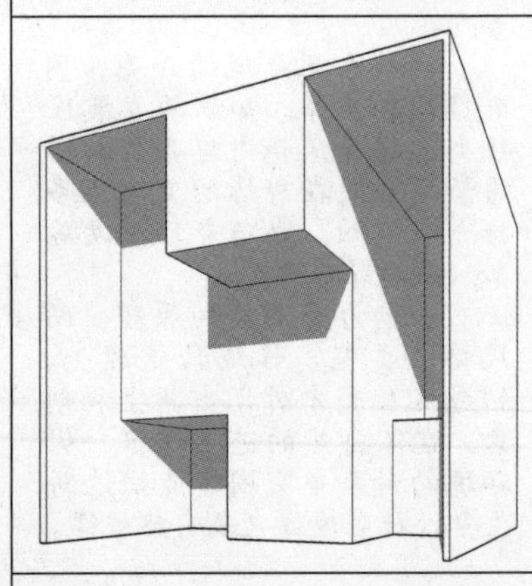

阴阳互生、相反相成，对立两分是一切的根本。阴阳是两分看待世界的源头，亦是矛盾的对立统一，包含世间的万事万物，有无、冷暖、大小、男女、黑白等等皆包含在其中。

现象总是一分为二，也就是矛盾的对立面。建筑所有的形式与存在，亦可用多种两分方式分析，传统分析以有无为主要出发点，有无是利和用的前提，利用是最终的目标。

道生一、一生二、二生三、三生万物。阴是一，阳是二，阴阳结合的状态是三；脚是一、鞋是二，脚穿在鞋里是三；墨迹是一、留白是二、落笔为三；单独的男女各自阴阳，结合一起为三。空间和实体各自有阴阳的属性，结合成的建筑整体作为三，衍生出各种用途。

空白图纸，画上一个竖线，所谓道生一，创作冲动就是道，由于这一竖，周围的空域形成二，而这种对立关系看成一个整体的话，就是三。而三的运用，就形成了万事万物。《九五流》中所有的小节名，也都是三，虽是两个字，却是由一生二，合二为三的组合。

文字偏旁横看和竖看的感受和效果不同。建筑侧着看就有新的视觉感受，倒着看就更加不一样，会有视觉冲突。对不协调事物的敏感是与生俱来的，在下意识中用来避免危险，通过训练可将敏感化作敏锐。

正看和倒看也可以认为是阴阳的两种观察方式。同样的图纸和内容，在旋转之后就能有明显不同的感受，熟悉的事物倒看更易捕捉其形式和特征。

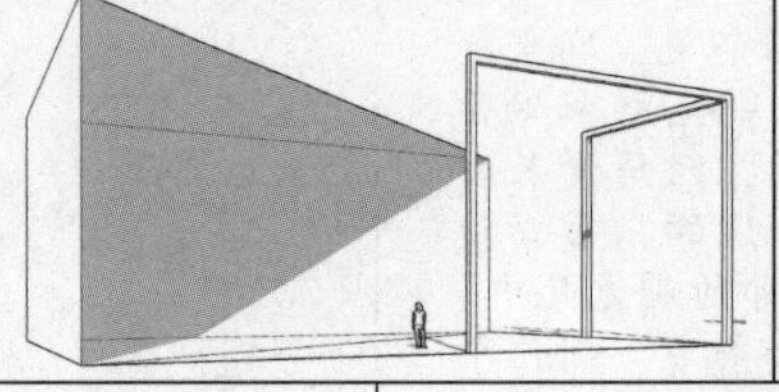

中心是海中仙山的样子，山上环绕着云层，云朵下着雨，滴落在象征海洋的池里。

海洋周围是植物的环抱，人穿过森林，来到山腰，登山而上，还能到达云端。

阴和阳的意象，围绕着山和山中的人以及天上的云。剖面能看出山形的样子。

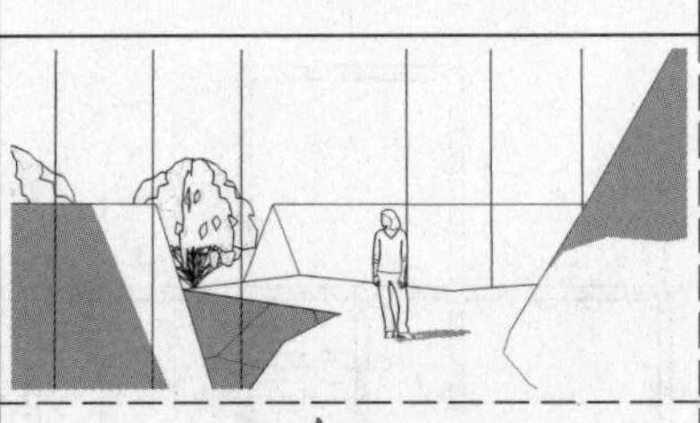

山不在高，有仙则名。水不在深，有龙则灵。不仅地利要形似，还要占有天时，控制雨水阴晴，调节感官和情绪。

人的能力从认识调节自我发展到认识调节自然再回归自我，从阴阳的互动中，学会通过改造对立面来改造自己，仙龙常有，山水难得。

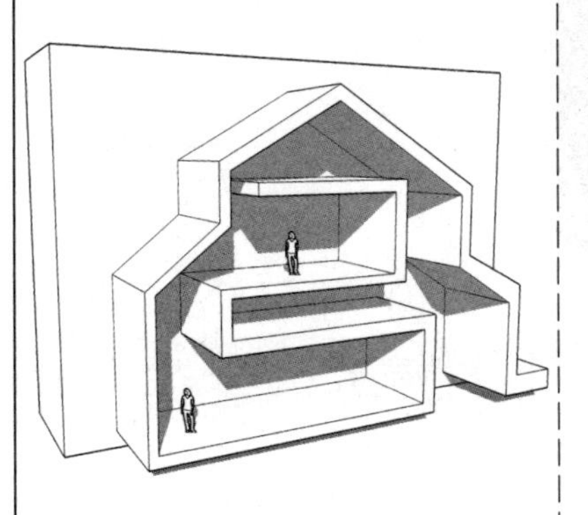

中国古代文字没有统一参照的音标，读音都是通过与其他汉字关系的比对来表达。例如说花字的读音，可表达为黄瓜切，这个黄瓜就如同一二，而花就是三。这样的标音方式，可保持方言的统一和沿用，因为参照的也是方言。这使得文字能够适应各地，而不会因为发音和当地不统一而造成阻碍。

建筑设计也可以用这种相切的方式来表达和创新。

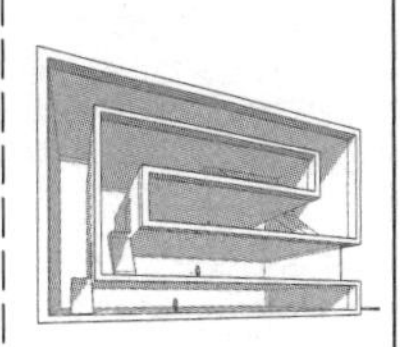

理为一，生数为二，理结合数生成象为三。象又成为新的一，生成变为二，象结合变生成通为三，这就是螺旋式上升。

数值的增大只是表面，内在的是进化。

如同实体和空间同时出现和存在，事物同其对立面亦同时出现。作为建筑设计而言，想做到表达完整，就必须先做到阴阳调和。譬如一个完整的立面，即使不开窗，也需要有些立面的进出，如果没有任何明显的阴阳关系，那就缺乏所谓的建筑感。没有阴阳，建筑也就观察不出任何风格。天然物和建筑的差异，就在于是否存在人为的阴阳关系。

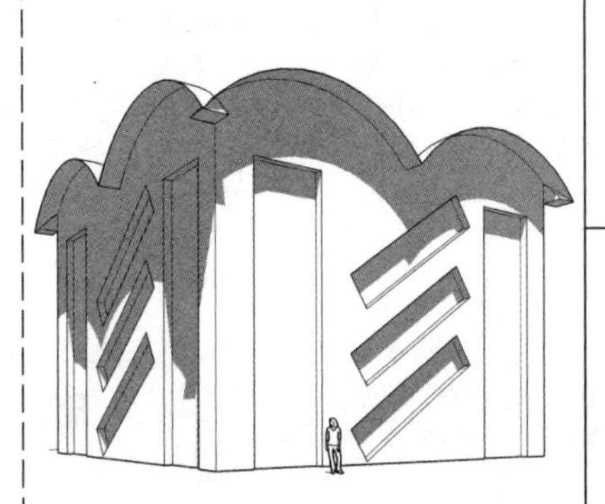

图章在阴刻和阳刻两种变化中经历千年，一法得道、变法万千，仅仅是小方块的变化组合，时至今日仍未穷尽。条形码、二维码、二进制均为图底，形成无穷丰富的数据社会。

建筑的调和并不局限于特定的尺度，它可以在多个设计层面中体现。如同卦象的生成，独立的一爻自身具备属性，在卦的整体中会有其他的爻来平衡或者加强其属性。

设计包含的阴阳层级太多，就会混淆主要矛盾和次要矛盾，对比的主体就不明确，应根据用途控制层级的多寡。错、综、复、杂，这四种手法就可以分别地处理不同层级中的情况。

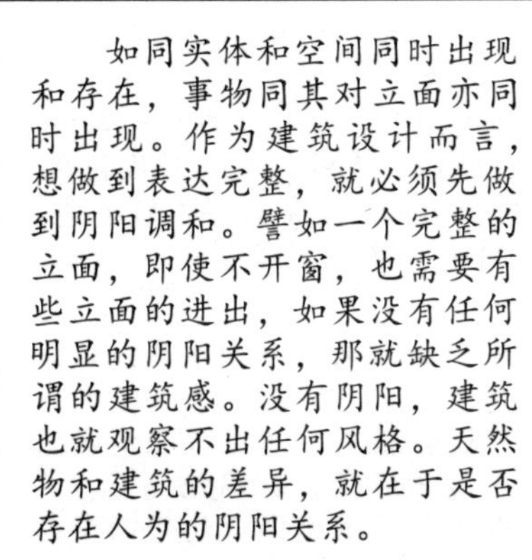

一根方管就明显地表达阴阳、推演到任何东西都能剖解出阴阳。黑白照片往往能更加明晰地体现对象特征，因为这是一种阴阳属性的提炼，就是将复杂世界用简单方式表达。

许多精彩的建筑究其根源，都是在黑白照片的层面上成功，整体对比的感官基础确立，再添加其他元素就容易控制摆布。就像良好的素描功底是进行色彩练习的基础一样。

阴阳如酒，酒放在那里安静如水，而喝下去的时候激烈如火。同一个建筑物，将不同的面分开看，每一个面就像爻一般，有阴阳属性，通常的立方体有六个面，天、东、南、西、北、地，这六部分如同六爻组成卦，可以在六十四卦中找到相互对应的卦象。

硬币抛在空中正反两面旋转，在没有落下之前，是一种亦阴亦阳的运动，这种存在状态一旦静止就会消逝，事物明确无疑便是死寂。生存便是不断在刹那间看见硬币的面相，但一瞬并不代表什么，它没有停下来，而是继续转动和落下，不停地向着一个方向而去。

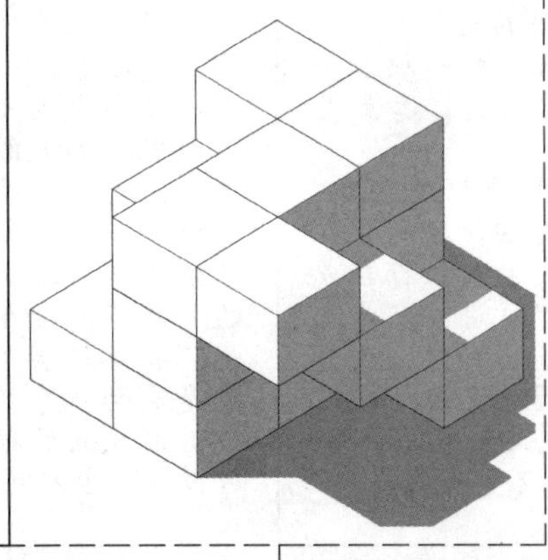

太极图的旋转互生。天道左旋、地道右旋。侧面都和山阜的形状有关。旋转半圈到另外一面成为其对立面。

或是第三层的Z形状加上首层的S形状，二层为加号。

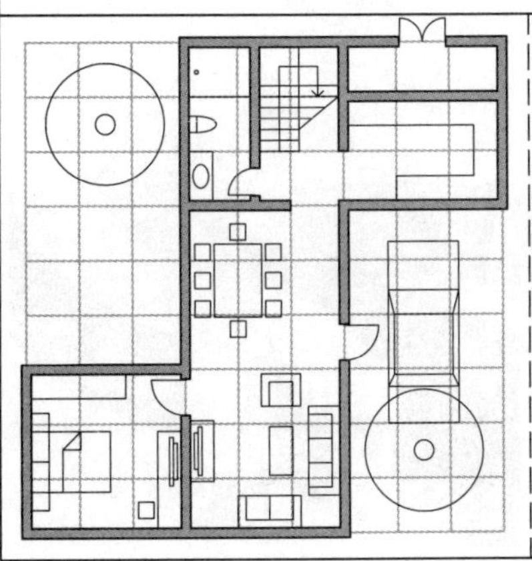

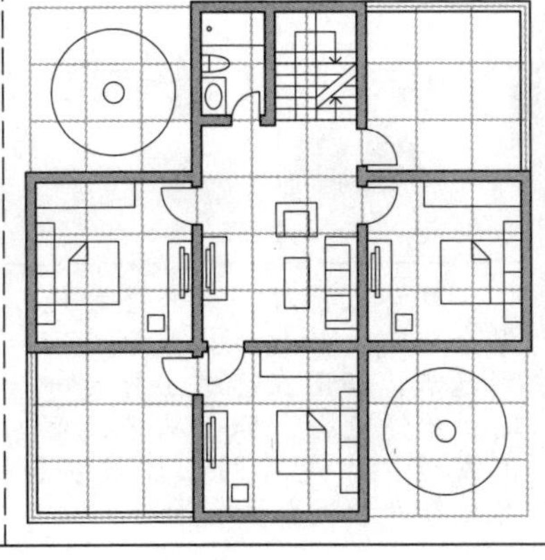

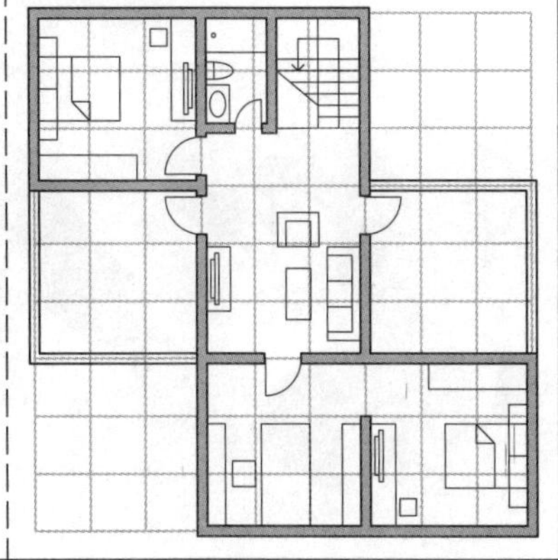

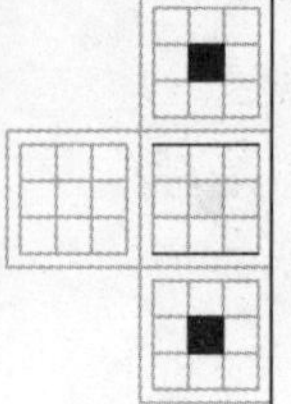

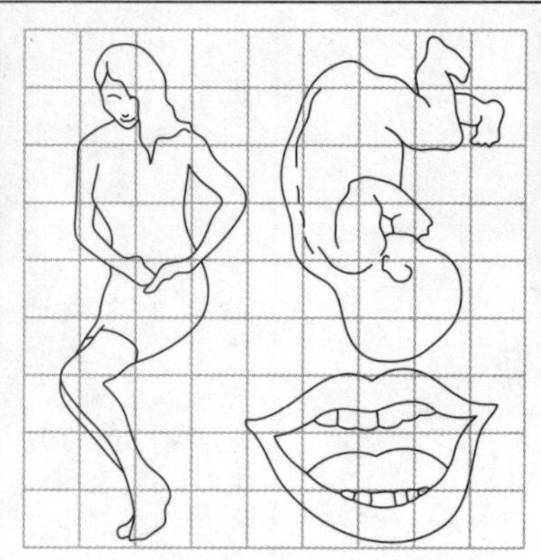

始 終

始　　终

大化驱群物，
始终迭相授。
——宋·宋庠

/始末/

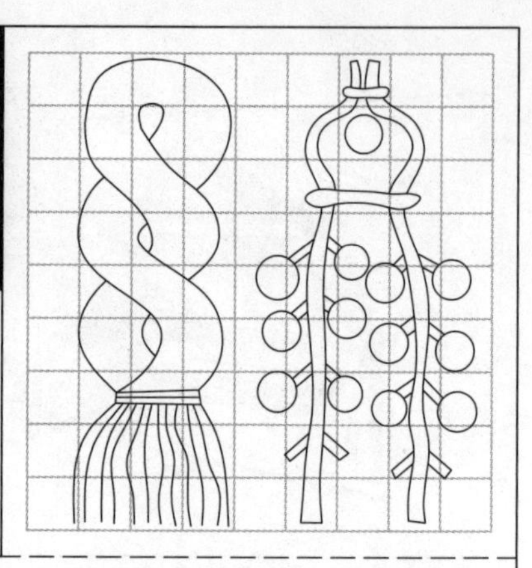

始：最初，从女从台。女为女子婀娜身姿，和母字同源。台为胎之意，厶是胎儿头朝下初生的样子，口为大声啼哭之意。小儿初生立刻大声哭号，是生命的开始。所有的生命都由母体孕育，因此始为女字旁。人类的生命构成始字的意象，人的意义都是以生命的存在为发端。

终：穷也，从糸从冬。纟边为糸，象形一团捆扎好的丝束。古代终字为冬，冬之意象为一串悬挂的东西快用完了，譬如现在农村在外墙上挂一串玉米、辣椒、大蒜，吃的时候就摘一部分。缺乏衣物和食物，生命就得不到保障，便是生命的终点，和始有对应的关系。

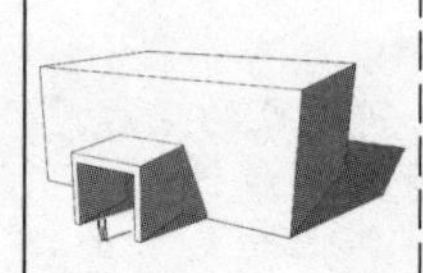

由同一个地方进出，如同马桶圈预示着五谷轮回之所；如同一个节能灯圈，在能量的流转中发光发热；也如护城河，既是阻隔又是联系。棉布马桶圈也可佩戴出很多造型。

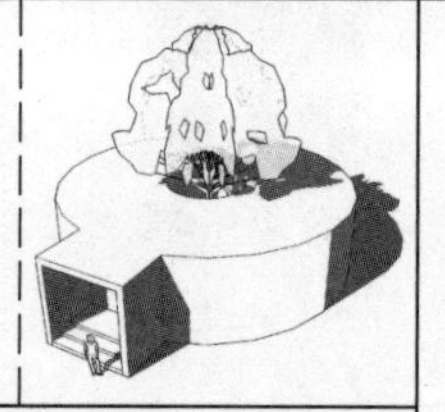

生存就是一种过程。建筑源于生活，简化看来就是为一种过程服务。适应过程的设计应该是连续、延绵地更新，而不应是蓝图式那样简化而截断的。建筑成图不是设计的终点、蓝图实现亦不是建筑师责任的结束，只是建筑生命的开始。

城市循环往复，周流不息地滚动更新，而其精神、文脉和标志物不会被轻易撼动。各个部分相互之间的更新速度不统一，但是整体还是保持一个常态。如同人的身体细胞不断地更替，但是已经存在的疤痕和文身，就永远存在于那个位置，地标往往是伤口弥合后的疤痕，弥补了残缺却格格不入。

在运动过程中，存在开始和结束。建筑设计也需要一种有标准的、可定义的开始和结束。目前的设计从功能需求开始，到需求满足结束，并没有延续到建筑生命终结时。这里所说的始终，讲的是长距离中的一段、大范围中的一块。算是大始终里的小始终，有如大同异中的小同异。

始终表述的是来龙去脉，即便宇宙这样无法揣度的存在也有始终。人类的各种存在或者努力放在大尺寸看，只是流逝的过程，并不会有什么改变结局的功效。圆球里面的蚂蚁爬得再辛苦，也爬不出那个球，爬过的距离也算不上开拓。

螺旋周而复始、循环往复，却能上升到更高层次。石头划出抛物线、鸟儿振翅冲天，无论到达多高的位置，最终还要回到地面。起飞只有结合落地的一瞬，才是完整的飞行。建筑设计要从策划一直覆盖到拆除，直至建筑消亡才算完结。

放在大的尺度看，人一生只是电光石火的生灭。从组成来看，构成人的各种要件并没有消失，能量和物质仍在自然中循环，不过这种组合和有序的关系不再存在，这种动态平衡不将继续罢了。所以终只不过是局部秩序的终点，始也不过是诞生新的秩序罢了，就此可以说不生不灭、无始无终。

传统建筑边界的开始和终结定义明确，现代建筑设计中的始终日趋模糊，整体的辨识度加强，而部件由于均质使其辨识度下降。动线起点和终点不再强调，门窗不再清晰。

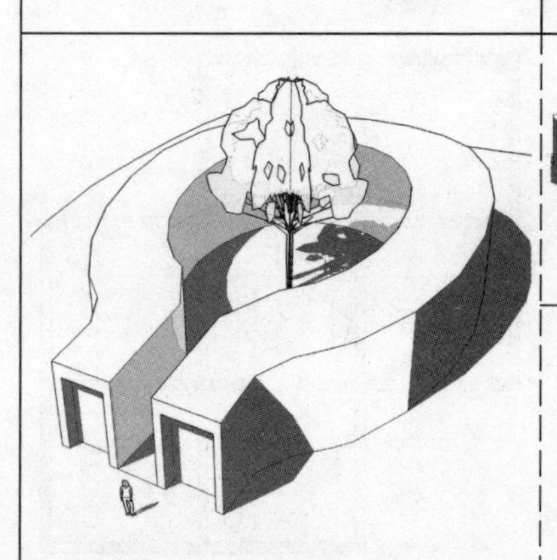

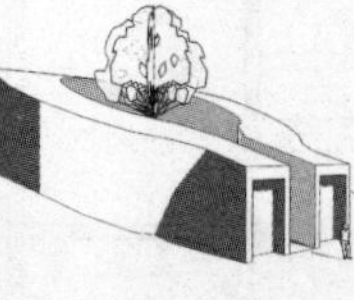

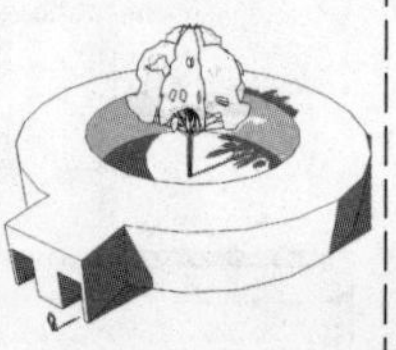

球体或圆环，始与终都是聚合一起，从起点出发环绕回到起点，如同在赤道上行走一圈。始终重合，似乎从来没有出发过，但是时间已经过去，原地转身和跋山涉水等效。

一个种子，从发芽到长成小树，然后成长为参天大树，接着树木被砍伐加工成木材，建造成房屋。落叶和房屋腐朽后溶解到河流和土壤中，再开始新的轮回和循环。

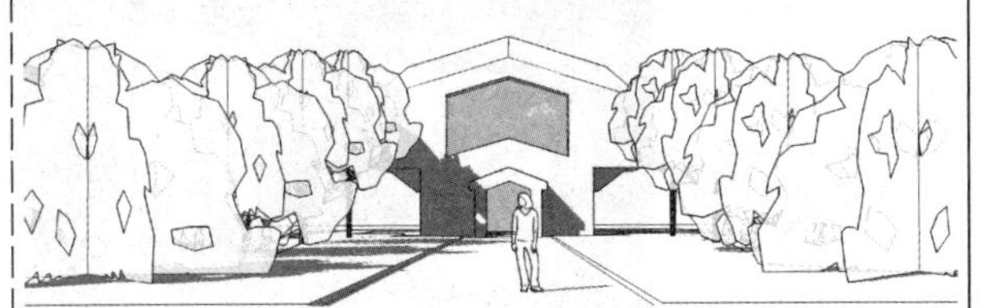

城市就如同被铁犁翻搅过的田地，蓬松而有弹性才是健康的，密实拥塞就意味板结和低产。

地球皮肤上构筑的建筑，宏观看如皮屑一般，不断生成，不断被打扫。城市和建筑犹如土生植物，人亦如运送养分的水分子。人的劳作如在构筑蚁穴。

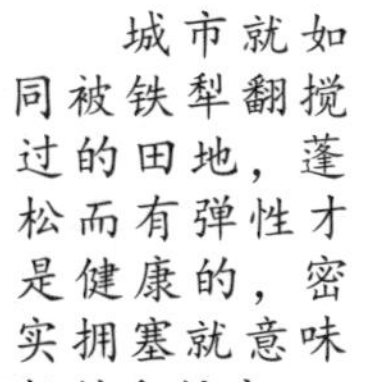

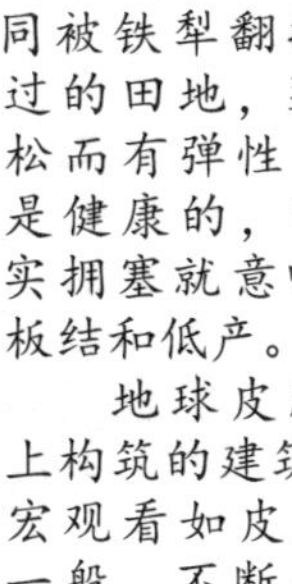

物质在这样的回转中总是不灭。看上去有始有终，其实这种运动状态和物质永恒。如今有了照相和录音，可以记录人的音容笑貌，如果多媒体的家谱足够长，就可以看到子孙与祖先的相似之处，看出人的形象、性格的轮回始终。

建筑也和植物一样会循环，能够叶落归根，让建筑的使用周期和人的生命周期吻合，而不是坚冷漫长和不可再生。

建筑的四壁如同四臂，带动着建筑从沉降下陷中攀爬而出，拖延终结的时间。

或者建筑就像是多级火箭一样，陷入的部分就放弃作为基础，让每一层都能成为首层。

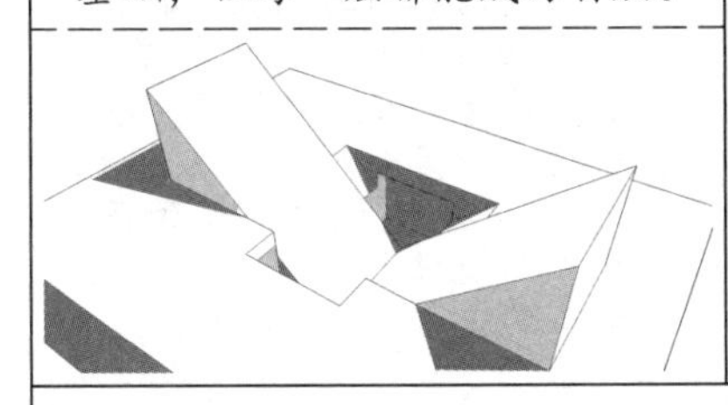

建筑由土壤中挖掘出来的材料建造，钢筋、水泥、砂土、砖石全部是取自地下，最终也会回到土壤中去，成为新的建筑材料，重新出发。路面看似在抬高，其实是过往的部分不断成为地质层，在一步步下沉。

街边的梧桐树，每年掉下来这么多树叶，天空的尸体鲜艳地躺满了整个街道，过往的陈迹都被塌下来的天覆盖和包裹，地的轮回渗透着天。

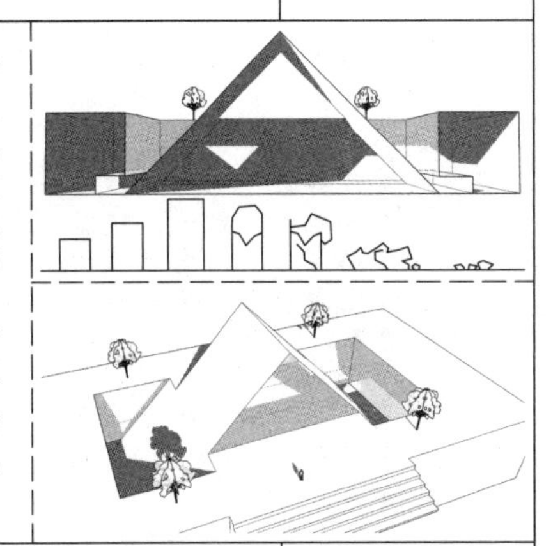

阴阳打破了板结一块的混沌，始终实现了演化和更新。起点一定程度上也是终点，扎根土地越深，在空中就能行得更远，整体的平衡需要重心稳定。精神的储备，物质的丰足，都是远航的压舱石，巨人的肩膀是远眺的必须。

设计建筑的始要考虑其终，让建筑达到窥斑见豹的程度。建筑是被控制的始终，而这种控制关系必须相互呼应，如底和顶要搭配，仅仅看入口的局部，就能揣摩出大体的手法和造型尺度的极限；如同看一个人挥起手臂，就能想象落下来是怎样的一个耳光；如同看一部电影的开场五分钟，就能明了基本气氛和格局。

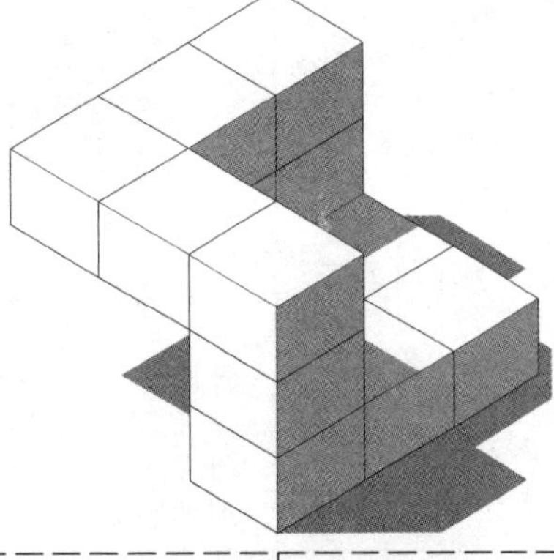

开始和结束是一种现象的轮回，曲折不知前途。实质是一切都在按照既定的总体方向前进，谁也无力避免回归原点。起点与终点合一，开始和结束的进程始终平行。

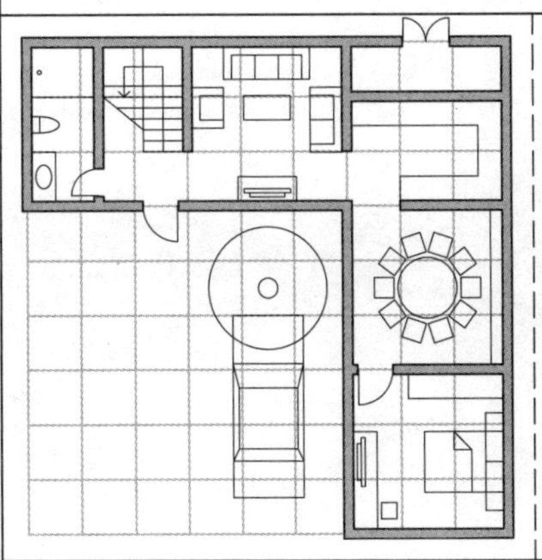

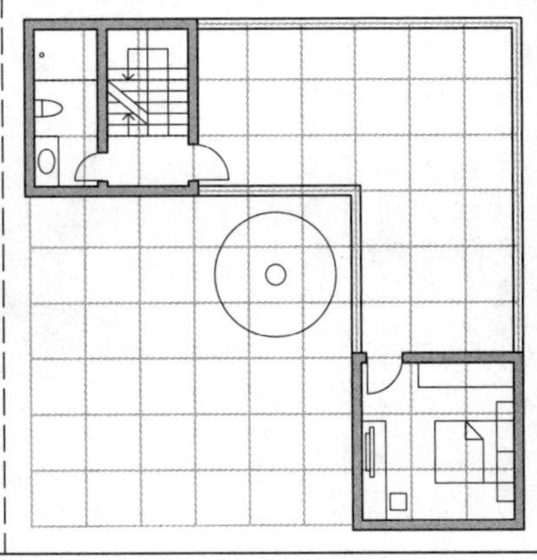

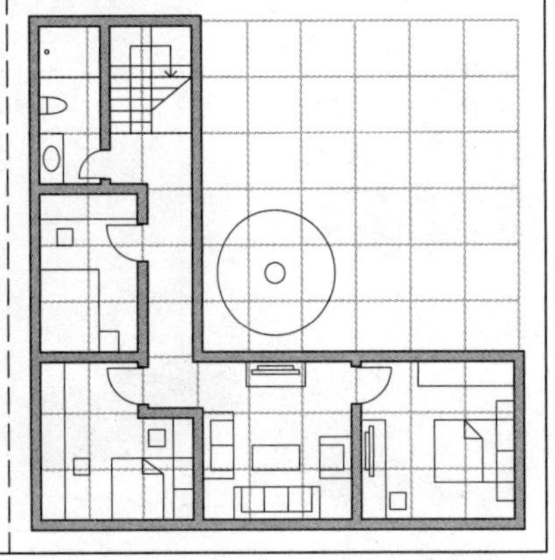

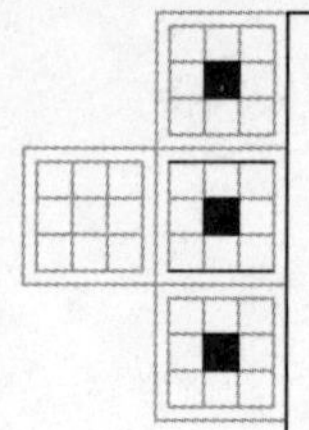

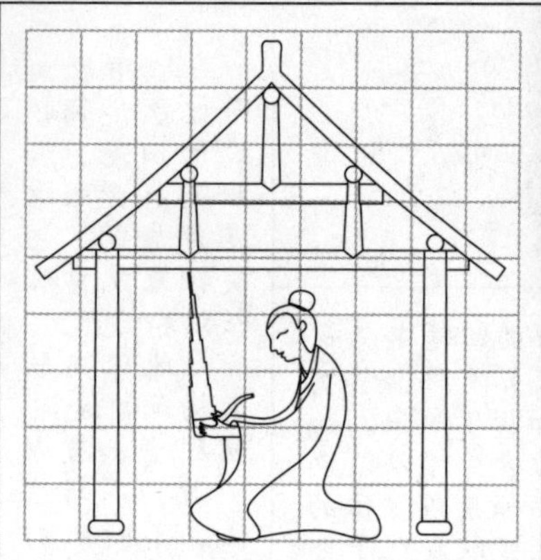

宇宙

宇　宙

宇宙一何悠，
人生少至百。
——魏晋·陶潜

/始末/

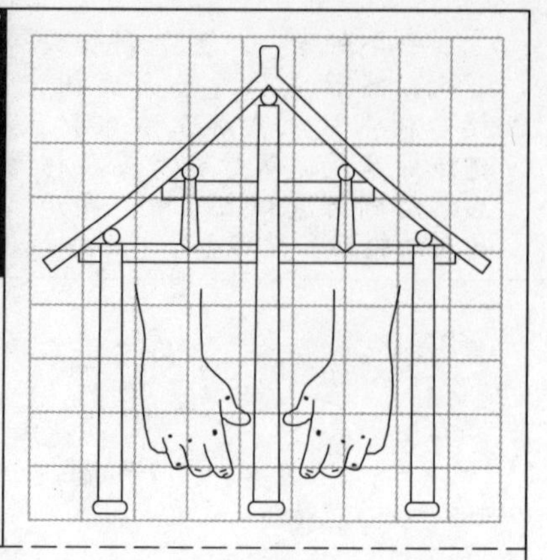

宇：屋边也，从宀从于。宀是古建筑山墙面及屋顶的样子。于是竽的本字，是吹竽的样子，后来省略人形，只留下乐器的象形。乐人在屋檐下表演，主人在室内观看。宇为人活动的建筑空间，而宇内泛指四方天下的意思。古建的屋檐和竽一样，是密密麻麻的管件排列。

宙：栋梁也，从宀从由。宀为古建山墙面，由字是双手扶正金柱的样子。远古的茅棚草屋，靠中心主立柱的支撑形成结构，主柱的耐久与否关系建筑的寿命长短，亦如穿斗式。宙字因此指时间的久远，通久字。或古代茅草屋顶有透光窗照进阳光，主柱起到投影计时的功用。

宇宙无限，从任何地方来看都是对称的。极大的宇宙和极小的粒子是统一的，无垠的宇宙对称地存在于细微的粒子中。能多细地切分粒子，就能多大地了解宇宙。向内寻找的宇宙，远比向外寻找的宇宙更浩渺，更不可理喻。

人类所能知的宇宙星辰只是更大尺度上的一个粒子。微不足道的我们，怎有能量突围，怎可能自拎头发离地。

宇宙分别指空间和时间。以道的理解来说，宇和宙相互转换，时空混合就是宇宙。

在始终之间填充的是空间和时间，有无是空间的定义，因果是时间的推移。

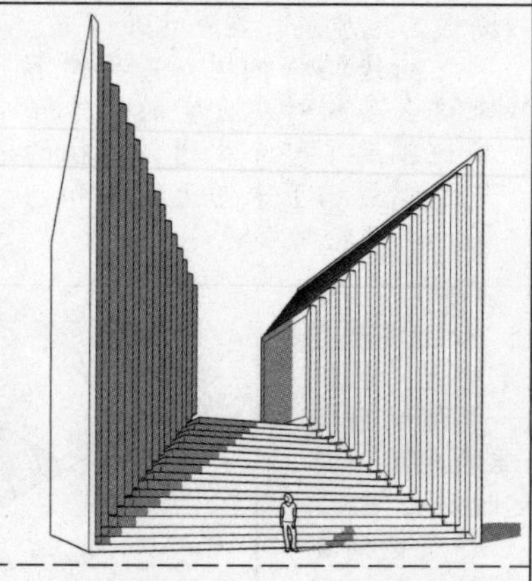

空间被围合，时间贯穿其中，台阶是可以量化的空间和时间，跨上平台，更上一层楼，是千里眺望的时空对话。如同排竽一样密密麻麻的叠级，象形的屋檐，表现穿越感的长久。

构成宇宙的唯一就是时间。存在就是运动，最高级的运动就是时间。被暂时压缩封闭的、凝固的、自我包裹的时间就是物质，而自由的时间就是空间。

时间与物质之间相互转换，时间的扭曲运动，形成能量和物质。物质可无限地切分下去，最终的结局就是无有、就是道，就是时间以空间的形式存在。时空永远无法切分穷尽，它们是大而无外，小而无内的。

建筑不是静止的，而是时间在空间中的贯穿。各种动线、视线都是时间在穿梭，建筑从时间流逝和记录的角度来看，才算真正的存在。带上四季的变化，日月的更替，才是完整的建筑。建筑是保存时间的容器，无论生活、工作、读书、交通都是时间在消耗，各种建筑所包含的就是各种时间被消耗的过程。建筑要靠人气来养，人气即是时间和生命的消耗。

时间在穿透任何东西，存在只是时间的外在表现，能量也是时间。随着时间的推移，宇宙不断地增大，如同链式反应，但是似乎增长的外延遇到了阻力，时间不断被压缩成空间，空间不断被压缩成物质，物质不断被压缩成引力。宇宙体积的扩张很困难，需要内部压缩来放置新增的内容。或许现在以为由内而外的引力本是一种由外而内的压力和斥力。

时间从隧道中穿过，从井底仰望天空的斑驳，走过怎样的时光，让人流连忧伤。

抽象的屋脊，五脊顶的异化，吻和宝珠就化成了指针柱，随着阳光转动着阴影。走上屋脊，仿佛走上时间的轮盘，享受空寂孤立的一往无前、柳暗花明的惊喜意外。

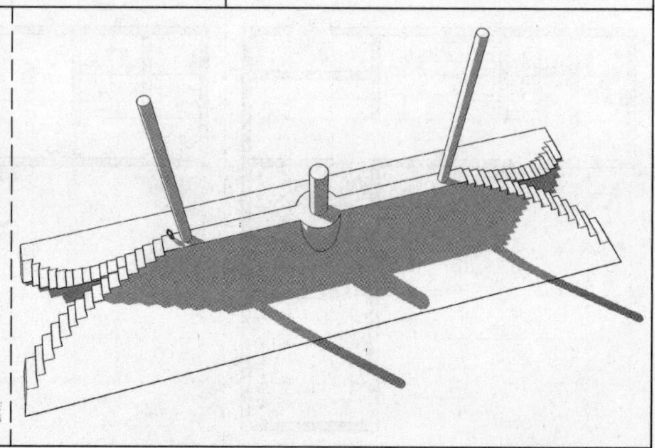

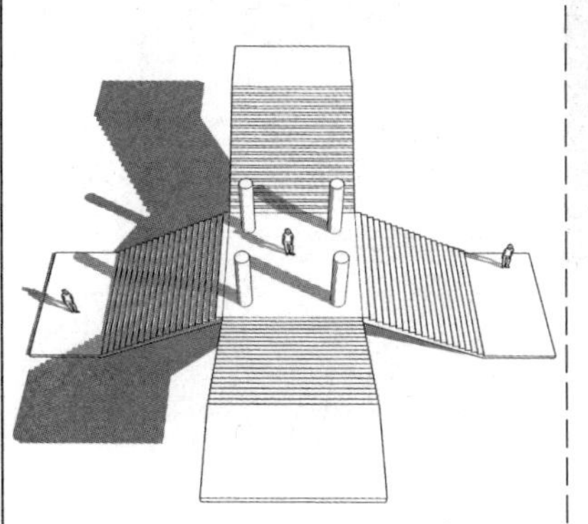

四方汇聚，时间贯穿其中。宇宙包含了天时地利，增加人，便构成了完整的历史。时间、地点、人物组成小说般的历史，历史无非人和事的上下来去。非经即为史。

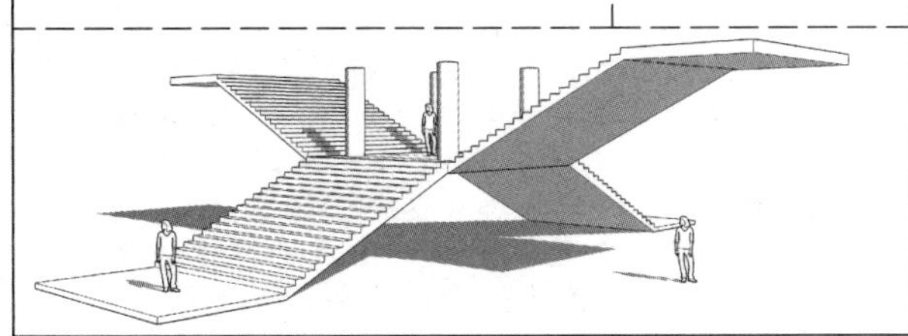

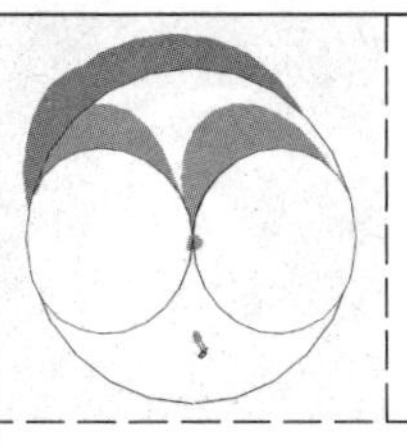

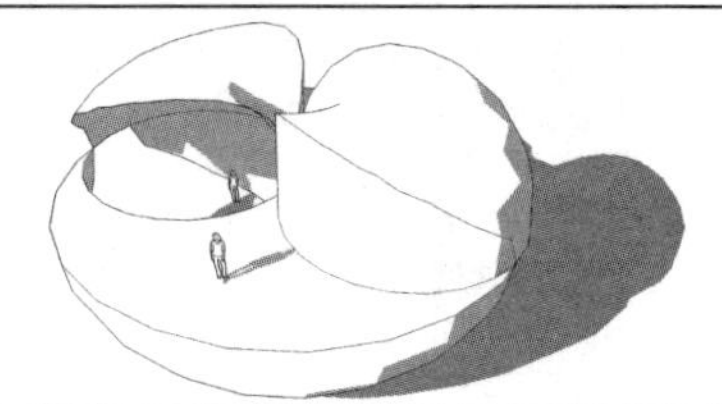

宇宙的螺旋，如同小溪中的流水，掬一捧然后落下；如同在超级甜甜圈中的循环往复，围绕着圆形的切面在旋转。时间如喷泉从甜甜圈的上半部分开始增加，在下半部分逆向回转，如同磁力线的模样。时间的逆向并非重复过往或是倒退返回，而是同样地形成世界，只是能量的逆向行动。

时间的推移产生了能量，带动星球的转动、化作恒星的光芒。从甜甜圈的一个点出发，历经一个空间的8字形状，中途经过一个奇点，最终回到原处，从顶面看上去，就像一个太极图的雏形。无数甜甜圈又构成一个打满孔的馕。

一个封闭的圆球，外面是无限宇宙，内部看似有限。如果这个球的表皮能翻转过来，它就是无限宇宙的边界，这时球的中心就成了表皮无法抵达的宇宙边沿。无限对应的另外一半也应该是无限，日取其半、万世不竭，就是无限。

在运动过程中，球的内部看似没有变化，但是由于空间位置的转移，球经过的轨迹已经无数次的瞬间被占据又释放。

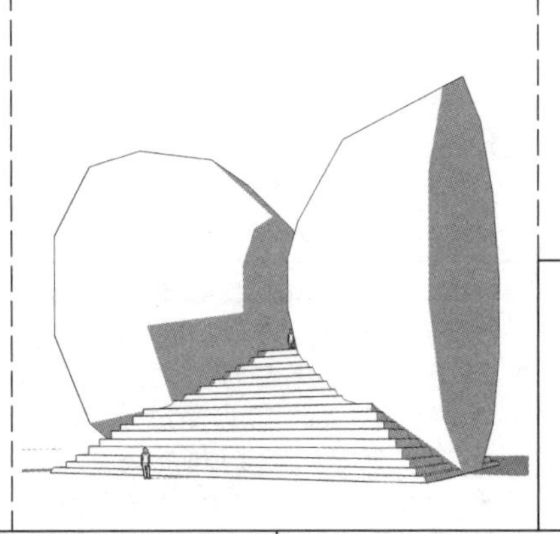

追寻最初的起点，看来像是寻找终点。当人类越发远离起源的时候，追根溯源就是一个化解迷茫的必然选择。放弃既有，重新从根本的人性需要出发，简单直接地建造。

亘古永恒的建筑就是灿烂的星河。幕天席地，由星星围合成建筑；梅妻鹤子，任万物构成自在的家，只有精神在其中游弋。穿越亘古的光线就是人的灵魂，不被觉知。

思考是证明自身存在的必要途径，人的好奇心需要答案，高级的答案是用数学和哲学来证明，低级的答案是靠编造故事和神话来解释。科学和宗教都通过定义时空来自圆其说、塑造人的信仰，信仰就是疑惑的解答。一个时期适用的理论在更大范围检验往往是谬误的，养鸡场的科学鸡就是这样地思考每日的天降美食。

蚂蚁搬东西，其中很多在做负功，抵消后的实际是，仅有几只在有效做功。成熟不惑的结果，就是自觉或不自觉成为一只做负功或者被抵消的蚂蚁，承认事倍功半也是社会常态，或许不作为反而会导致更优的结果。

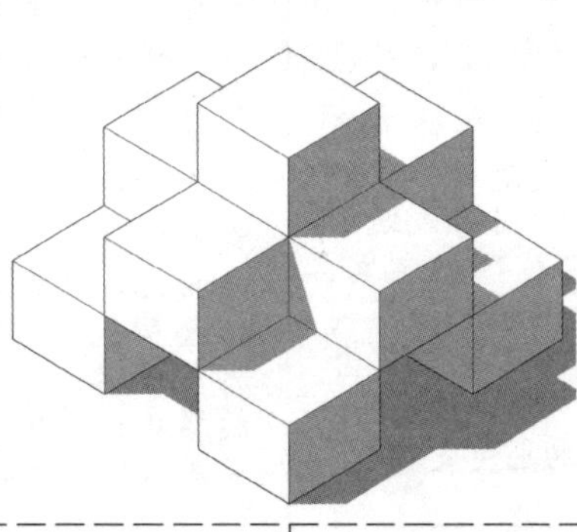

大爆炸源起于一个点，诞生的宇宙倾泻而下，就像一座悬空的金字塔，从塔尖开始向下建造。

由下向上建造的金字塔可预知尺寸，而由上向下则无边无尽。

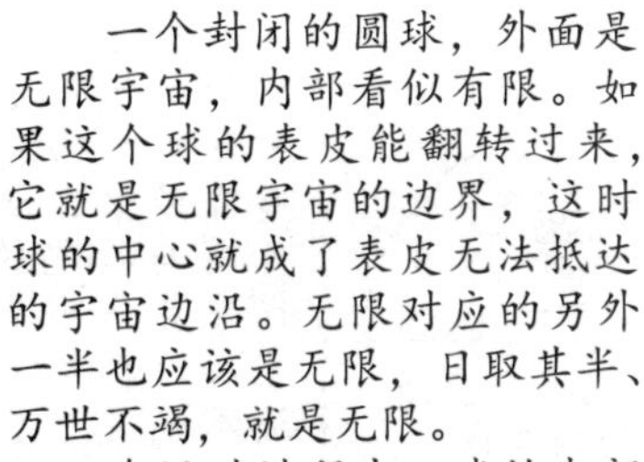

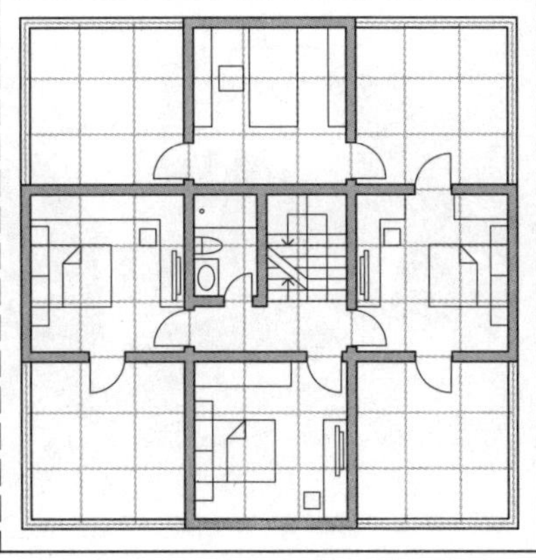

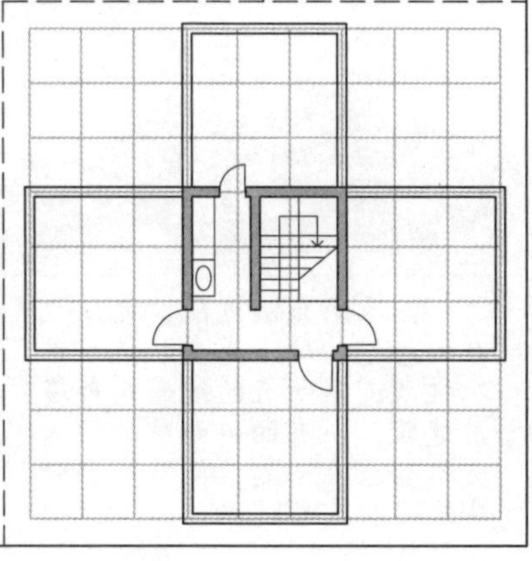

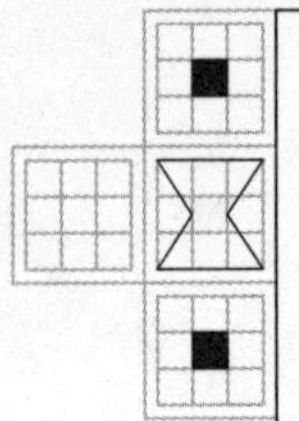

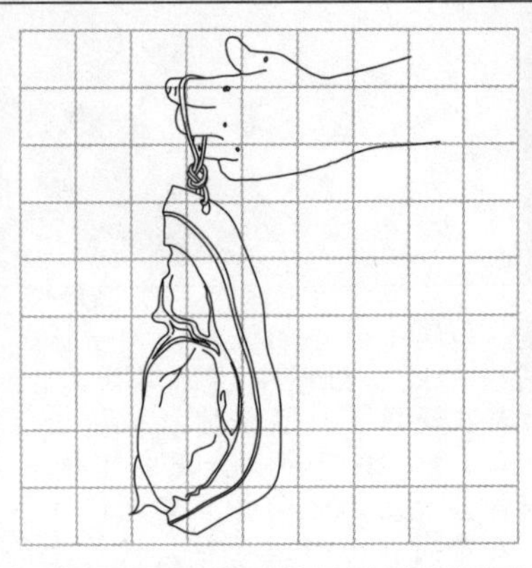

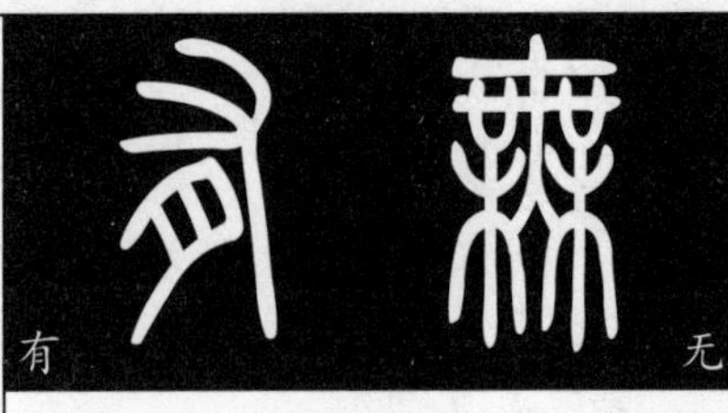

一道长死生，
有无离二边。
——南北朝·萧衍

/有有/利用/

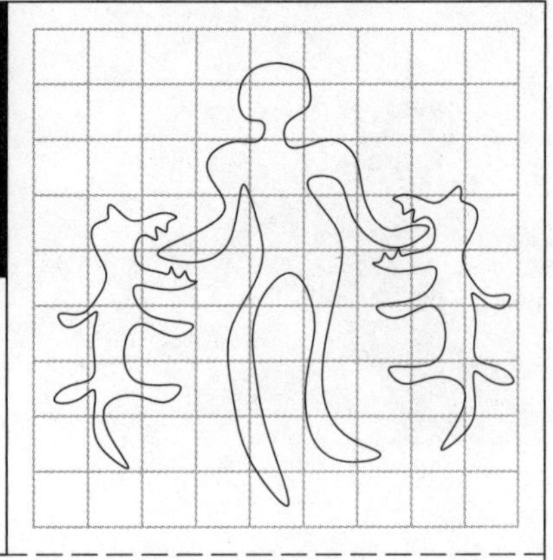

有：存在，从又从月。又字为手臂伸展、五指张开的样子。月字表示肉条的形状，后与月亮的月字混同。有字就是手中拿着一块肉的样子，表示拥有。甲骨文中有字为牛字的变体，远古以生命为拥有，后来的有指的是实物的肉，现在是纸币符号，未来恐怕只是信号了。

無：不有也。無字为人被两只猛兽咬噬的样子，性命不保，意指灭亡、消失。人驯服两只猛兽为巫、人手执两具兽皮祝祷为舞。無、巫、舞几个字的起始都和这个图样有关。

或無字是人死了用牲畜陪葬的样子，也会意无。无的原字为亾，也通亡字。

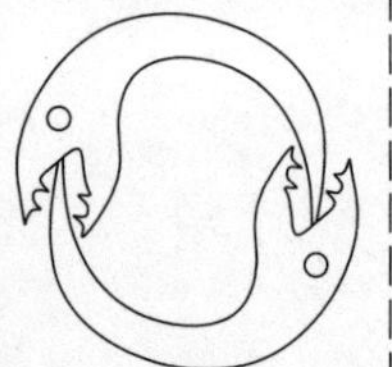

手臂上挂着的是一块肉，同时被一头猛兽噬咬着，这是吃与被吃的循环。一个有无共存的场景逐渐演化，生成的可能是太极图的初始。有无相生即是不生不灭。

建筑空间是非有即无的组合，其形式中的实体是有、空间是无，这两部分同生共死。各设计对有无侧重不同，以有为主得出建筑，注重实体的形式和引导；以无为主得出枪械，空间紧凑无余，保证弹药的流畅和高效；有无兼之得出鲜衣靓车，面子和里子均无偏废。

有无相互依存，由二生三得出的统一是边界。实体不是建筑，空间也不是建筑，它们的边界才是建筑。因为人既不能伸缩尺度去完整体验空间，又不能调节感官去完全洞察实体，只有这交界面才是观察者知觉的依附。体验到的都是皮相，被抓住不放的也是皮相。

参照不同、认识各异。猪肉被吃掉，变成人的一部分，看似消失却存在，是猪肉变成人，还是人变成猪肉的外化。吃甚补甚、吃甚像甚，无中生出来的有总要继承无的一部分。吃植物比吃肉健康，或因植物寿命更长；追求长生吃矿物丹药，或因矿藏亘古留存，人想寿与矿齐。

有以为利，无以为用。通过塑造利，最终产生用。其实效用就是为了利，利也是为发挥作用。从有无谈到利用，从利用谈及功能，功能是描述性、非实体的，是时间的流逝和流逝的方式，建筑就是这些方式的物化。住宅由完整的吃喝拉撒睡构成；机场是无数片段的离合搭建；医院结合迎生送死的悲欢；学校将心不在焉的成长塞入德智体美劳的罐头中。

空中下着大雨，是有抑或是没有，雨在落下的期间既占有空间又不占有。彩笔描空是一种有意而无形的境界。

建筑既是植物又是土壤，所有的原材料都来自天空，水和空气就足够。建筑将空气中的二氧化碳固化，作为结构材料，能自我组织和更替建筑式样，达到无中生有。建筑不再生冷硬，将成为有活力的循环体，再不是无法超度的死魂灵。

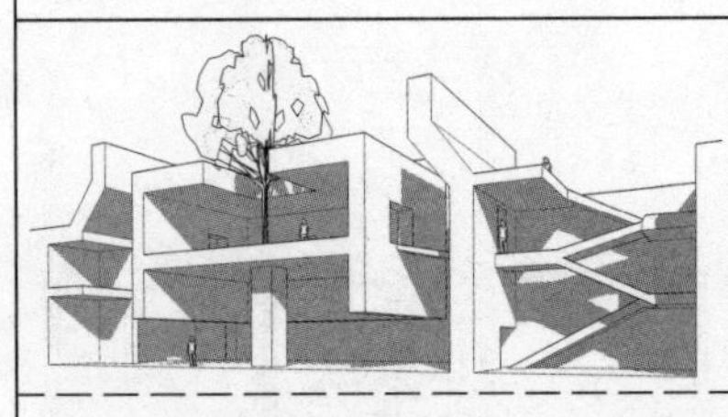

当地面布满危险，无法生存的时候，地下或者就成了世外桃源，当所有的地面全部覆盖建筑，所有的地面建筑顶盖全都联系在一起，便将一部分建筑困入地下。

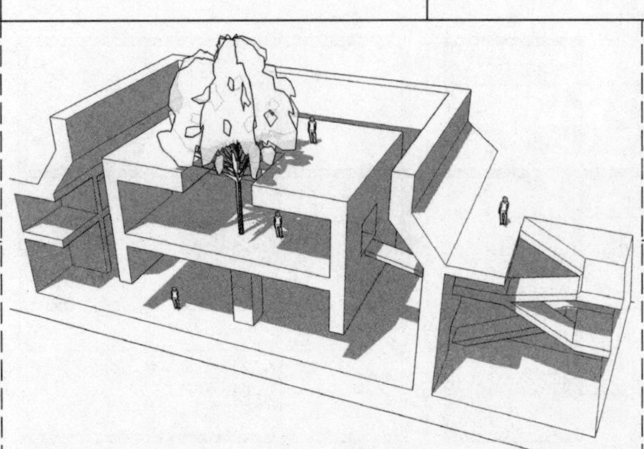

坑窑类的建筑，就地取材，拆东墙补西墙，土方就地平衡，使得有中生无。

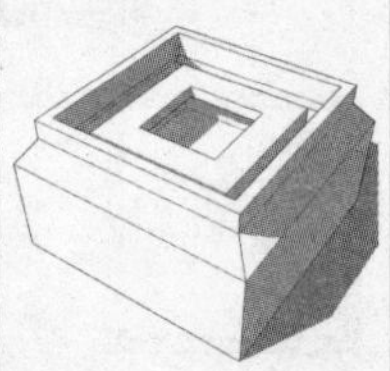

有无跟吃和人的生存相关，吃肉就是拥有富足，被吃就是虚无完结。你死我活地争斗、相互作为对方的食物，这就是有无。有无相生就是这种你吃我、我吃你的相互循环关系。

人能感受一些无，还能感受一些有。人用身体，也用观念感受建筑。在多数建筑中，人只是在平面游走，没有触摸那墙、那门、那顶。人直接触碰了建筑的一部分，观念又构成另外的一部分，形成有无参半的建筑。

依靠无，完全就地取材、无中生有的建筑，就是观念中的建筑、游戏中的建筑，只需想象和视觉就能存在。依靠有，所有的墙顶地都需要用肢体去接触和操作，或这才是真正的建筑。住宅是居住的机器，是指机器可以操作，而不是说建筑可以不通人性。如同宇航员驾驶舱的建筑就是一部精致的机器，目光和肢体均可达。

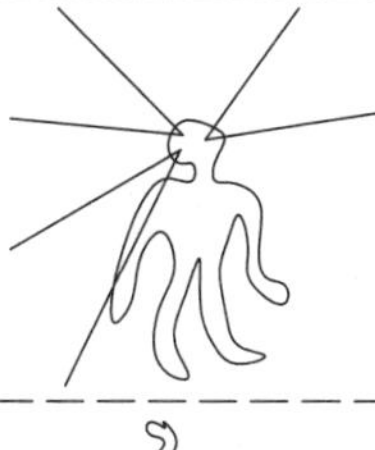

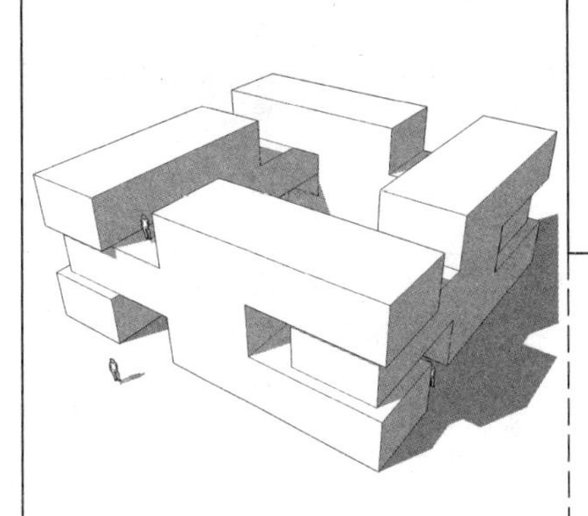

首尾咬合的圆环可以化整为零、断章取义。生活是一地鸡毛，艺术是只看一根。

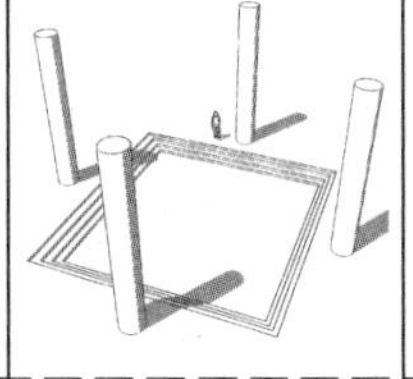

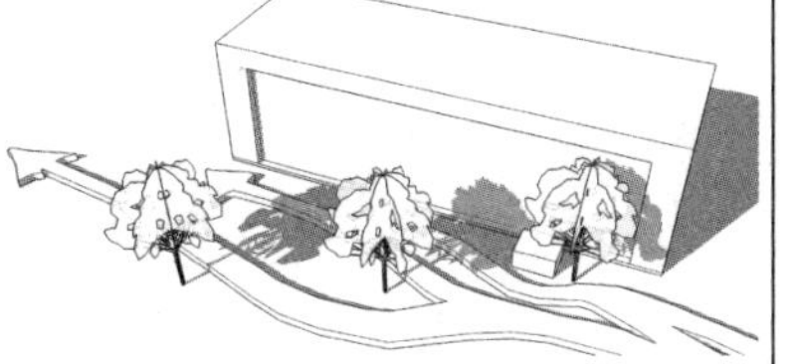

最初的混沌中，唯一能积累的就是时间，时间慢慢积累，足够的时间占据形成空间，空间封闭压缩成物质。在时间积累之外，还是无尽的虚空。有是密集运动状态下的冇，有最终也能分解成冇。冇非有、冇能有、冇是有。

看风水要考察无与有。风无迹，代表无形的建筑元素和空间。风所对应的时令气象都是不可控的，但凡存在而不可控，就会被忽略当做没有，声光电气波等无处不在，却能不闻不问。水有痕，代表可触的建筑占用和实体材料，全都是人为可控的，土木砖石金全部都由传承有序的做法来归置。理风水就是顺无控有。

用意犹未尽的办法来构筑空间，四柱所在空间有限而无界，如地球的表面。

提炼建筑的精华，用最少的有来控制和限定无。一如国画和中国园林的做派。

在建筑设计中，能控制使用者在概念中形成有无，是极高明的手段。空间的离合最终会影响观念，一棵树靠近一个小饭店生长，在树与饭店之间加上一张桌子，似乎就理所当然。树给小店的扩张提供了依据，仿佛两极发出磁力线，有种控制力笼罩在上面。树和小饭店的距离越来越近的时候，公共空间越发趋向私有，两者之间从没有关系到有关系。

有的建筑从外观实体做起，先考虑完整的造型，再塞入功能空间，符合康所说的形式激发功能。也有从空间需求做起，住宅每个房间方正，凑出来的外形能够凹凸有致。建筑师深谙的风格或流派就是这种有无相生秩序的体现，契合并强化这种秩序便是好建筑。

建筑首先是有无相生，在此基础上可以将有无各自划分成阴阳两面。实体上的墙与窗、光与影、动与静等就是有具备的阴阳两面；空间上的凸与凹、曲与直、高与矮等就是无的阴阳两面。截然相对地分别处置有无，容易形成风格，渐消渐长地混合有无，更能体现层次。

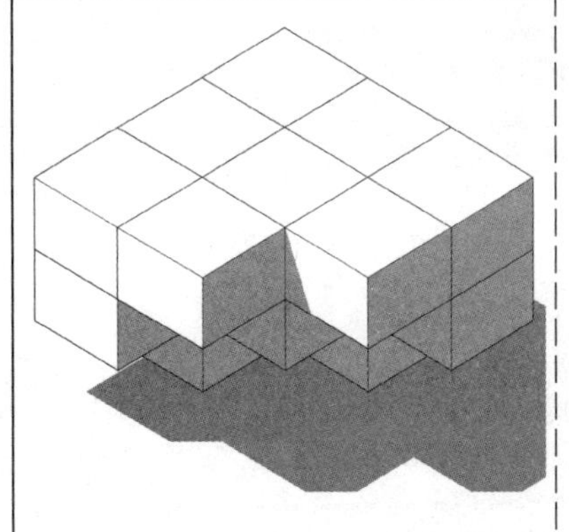

空间的形状通过实体进行强化，有地面作为更强的限定，这个无便更加明显。

悬挑总是吸引眼球，体会到的是虚空的形式，假设上延至天空便弱化了空间感。

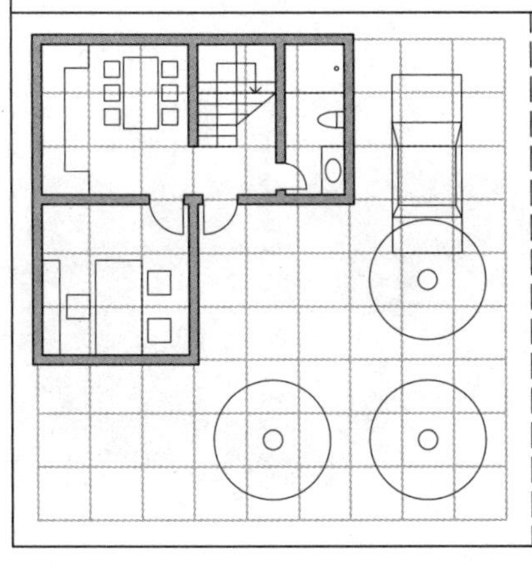

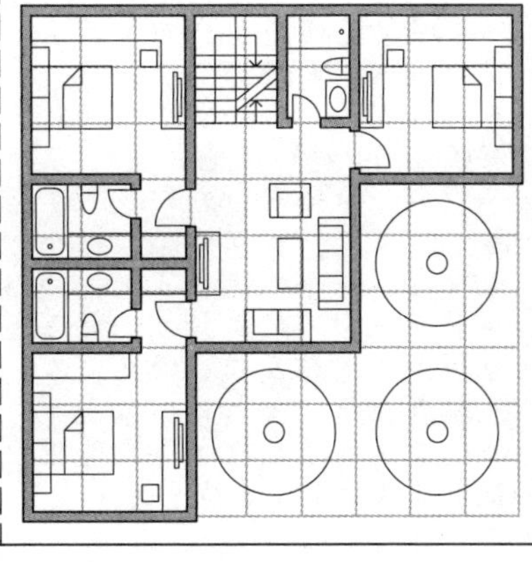

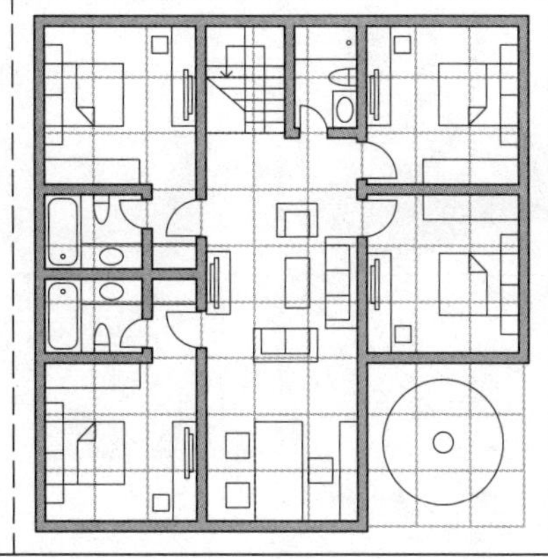

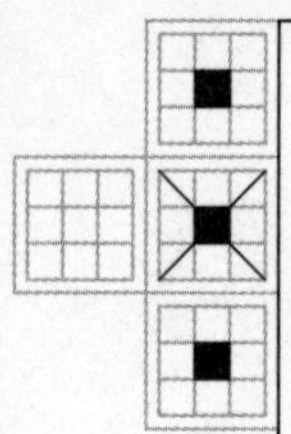

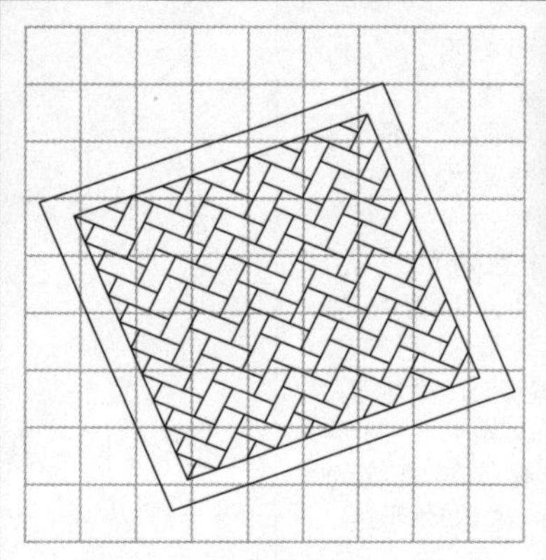

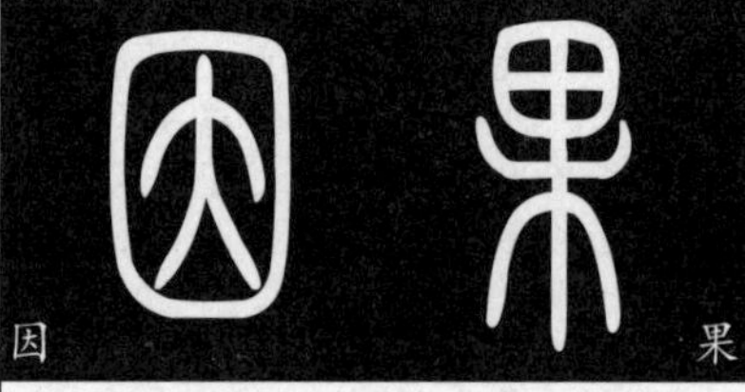

因 果

方外客携因果去，
月中人折桂枝归。
——宋·王十朋

/能否/得亡/

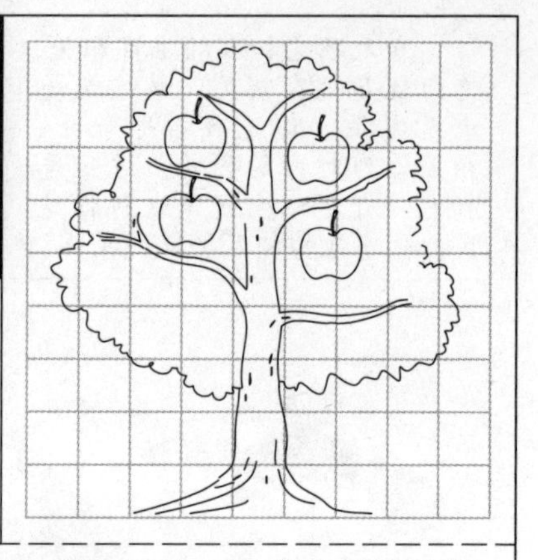

因：就也，从口从大。口是整张竹席的样子，大字形状是席纹编织的概略。因是茵的原字。古人席地而坐，以席为依靠和凭借，从席子上起身为做事第一步。事情的发端由因而起，谓之起因。沿袭、连接、顺应也从席垫的意义中延伸。或释口为竹席，大为仰卧人形。

果：木实也，从田从木。田字是树上果实累累的样子，木字是树的象形。果是果树的象形，历经循环，最终的收获就是果，果种下去又成为新的因。果字拆解开来，为十、八、日三字，八日也是因字的拆写，或可以理解为十因成一果、一果起十因。

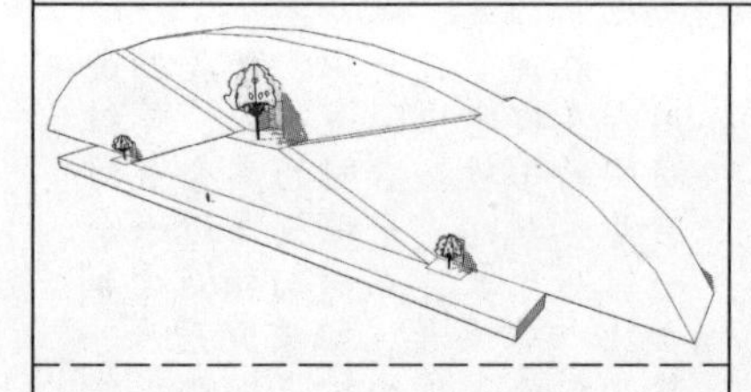

上山下山相互因果。现实拥有的一切，不仅是自身行为导致，更是无数人和事的综合，是时间诞生起到现在的果，是无数劫难中幸运的留存。站在巨人的肩膀上，把古人踩在脚底即是当下，今人也终会被后人踩在脚底，所谓后浪推前浪。

写东西在动笔前，起因早就存在，或在祖先一闪念间、或在宇宙爆炸的那一刻。看似自由的选择可能只是时间的惯性必然，只是不知觉罢了。这些因，假我之手写下这些文字，所谓文章本天成、妙手偶得之。人无法摆脱被时间裹挟的被动和束缚，无论怎样挣脱也不可能割裂过去，跳脱而出。

时光的标示物，由内而外按照时间的快慢顺序排列，每一天的日历形象都不同，可以当成时间的一种具象，就像时钟，不过这个时钟以天为最小单位，且可以用无数年头。

每个人可以移动时间柱到自己认为有纪念意义的时刻，纪念时间的流逝。建筑的时间就是人的活动，就是日月更替，就是风吹草动，就是老化和风化，就是沉降和衰败。

丰富变化与多适性。适应不同阶段的功能要求，就如逐步变形的儿童家具。

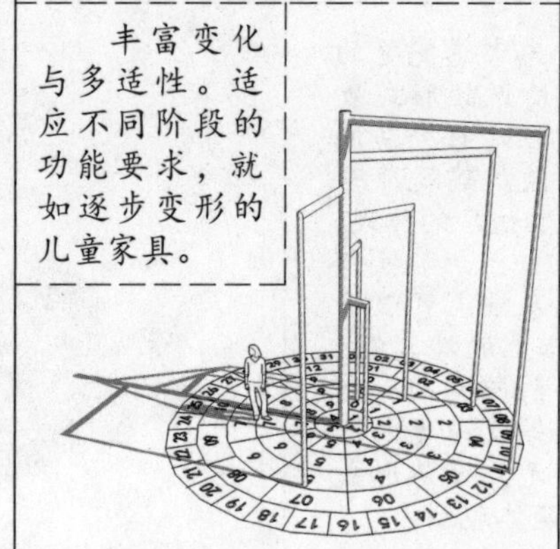

因果就是时间可理解的演进方式，时间总向着一个方向发展和流逝，诞生出前因后果。现在无论好坏都是原先的延续和结果，欲知前世因，今生受者是。智者总结规律，预见未来的趋势，欲知后世果，今生作者是。所谓菩萨畏因，凡人畏果，建筑即种因，设计师需要在百年或者更久的时间跨度中考虑果的延续，有的设计是立竿见影，有的则是潜移默化。

因果是现实中的永动机，流逝的时间就是动力。存在的一瞬就是果，过后又成了因。

时间不停留，后来者居上，如堆柴洗碗一样，让人无暇思考当下，寻不到捷径，只能后知后觉。奋起者如同仓鼠，稍爬高些，然后更快落下，路途虽远却经历单一。后代再经历时以为不同，其实却是祖先的老路，历史便是这样，就算再明白，也不能免俗而重蹈覆辙。

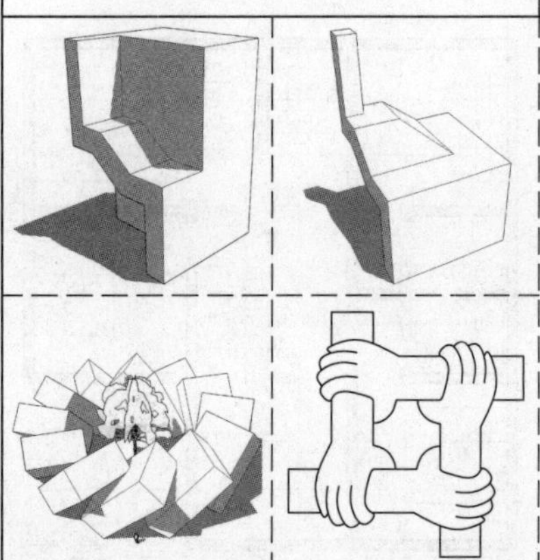

因果轮回是生态圈和社会圈的特点。人世的游乐场满布着旋转木马、摩天轮、过山车，消耗时间，终回原地。

如一圈倾倒的多米诺骨牌，围坐的人们，相互依赖，每个人坐在后一个人的腿上，手放在前面一个人的口袋里。相互分担重量、相互获取资源，人人都在获得，却都同时痛苦呐喊，仅仅就是靠有朝一日能跳脱出来的希望去维持平衡。

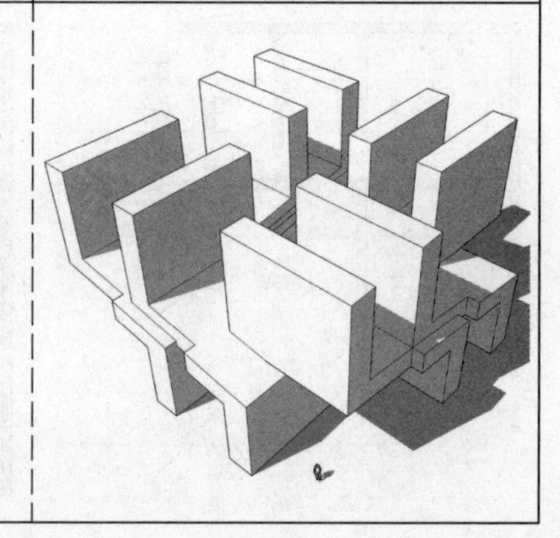

体积、位置不同，时间的概念以及流逝和发展的速度也不一样，没有绝对的时间坐标系。蚂蚁和大象、人和植物、石头和火焰的时间都不一样。以石头的时间来看地球，人类便不可见，因为人的时间流逝速度太快。从日光灯角度来看，其明暗不啻于人的昼夜更替。

人以为虚空的部分，正有无数激烈的运动在其中，平行着无数的时间和世界。只是速度太快太慢而无法理解和捕捉，就如无视光反射、山无棱。时间观念随着年龄和体格的不同而差异，时间流逝速度由思维速度决定，时间感受的长短与空间穿越和参照系改变相关联。

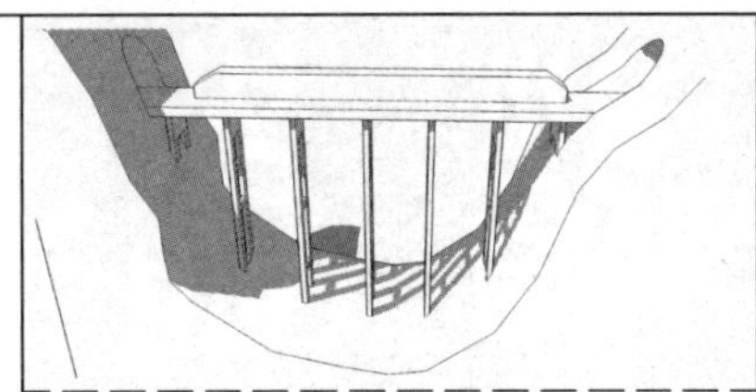

峻岭中通行火车，修建铁路桥，桥有顶有柱，构成了一个基本的空间，适当增加隔断物，便可居可用。桥上居所、桥洞居所也是传统。

流浪汉认为桥洞适宜居住，那么就应该改造而不是闲置这些空间，使用者以为合适，那么创造者的干预是否多余？建筑师是替人作嫁，还是自作主张？发现真实的使用者和使用功能这些本因，方能修成正果。

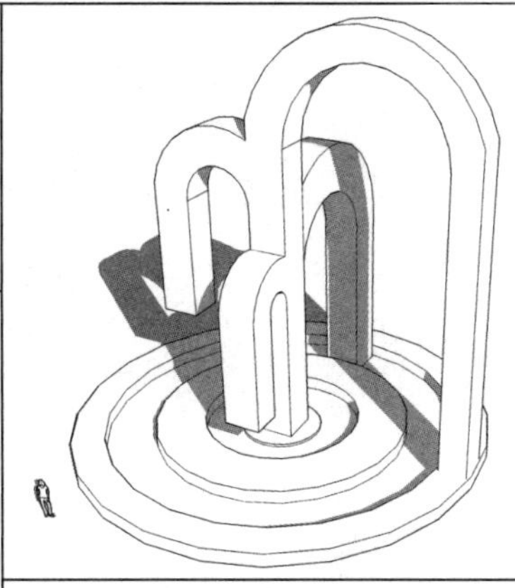

一颗果树，所有的果子长大落地变成肥料，营养又变成新的果子。生命的出现，便是因中之果、果中之因。人类不能明了其存在的缘由，繁衍下去，终有一天能知道人类的终极使命。就像宇宙最终达到恒温，人类经历到最后，混合趋同无法区分人种，各种血脉如无数个压缩包在人体内解压后才使人明了存在的真实意义，这是一个只有等待的自然过程。

数学中的因和果算是会意象形，倒三角形∵不稳定，会形成稳定的∴。不平衡就是因，暂时平衡就是果。果结合新的环境后失衡又产生因。如同打台球一样，连锁反应。

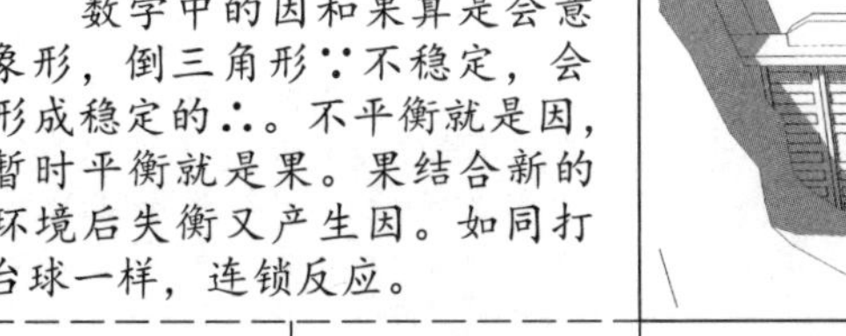

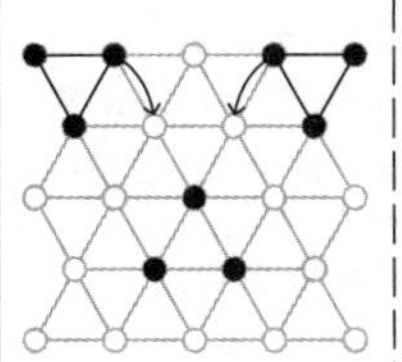

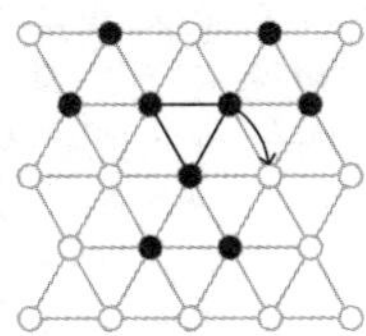

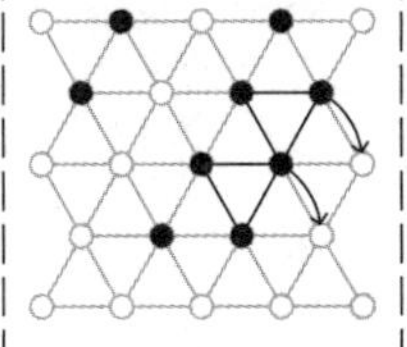

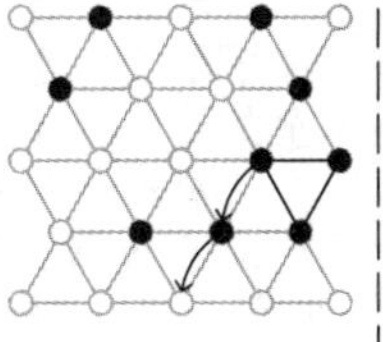

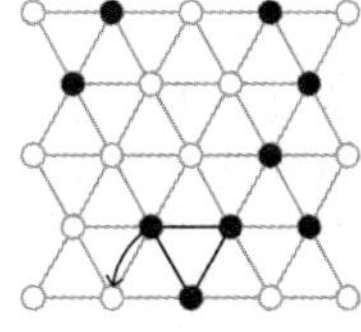

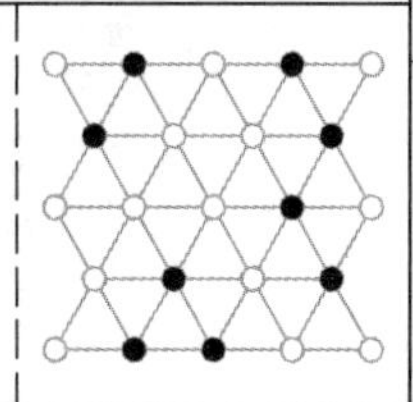

建筑本原的因是要阻挡、过滤五官感受。要强度适中的光、要有节律的声音、要局部的视线、要温度适宜的风。污染和危险的大环境是因，害怕暴露所以需要舒适的小环境，剔除不需要的因，就得出了果，果是因的部分。

炮弹射中目标，是发射这个因导致的，而弹坑成了散兵坑，无复落入炮弹。相似的因得不出一致的果，密集的偶然的因汇出必然的果。似乎有力量在制造这样的游戏，鼓动参与者投入进来，身处其中已经忘了被利用。若能洞察漫漫长路起伏不能由我，却仍旧难免徒劳于上下求索，就会收获穿越时空的感叹和应和。

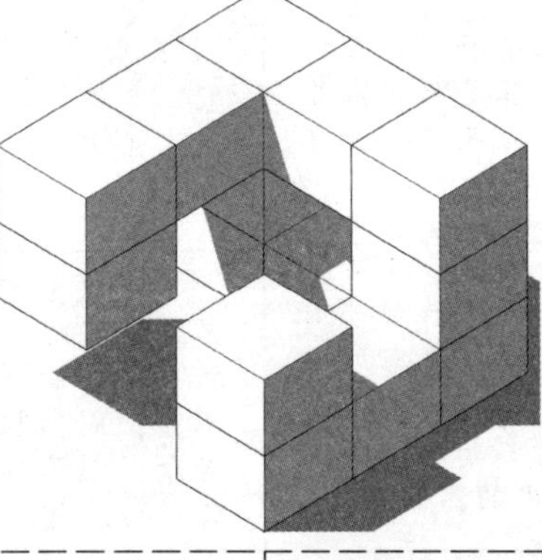

因在经历各种波折后在同一层面的另一处产生果。因果只在同一层面出现。

文字由图像孳乳时也会产生各种因，导致高尚或导致卑微，黄金屋化作文字狱。

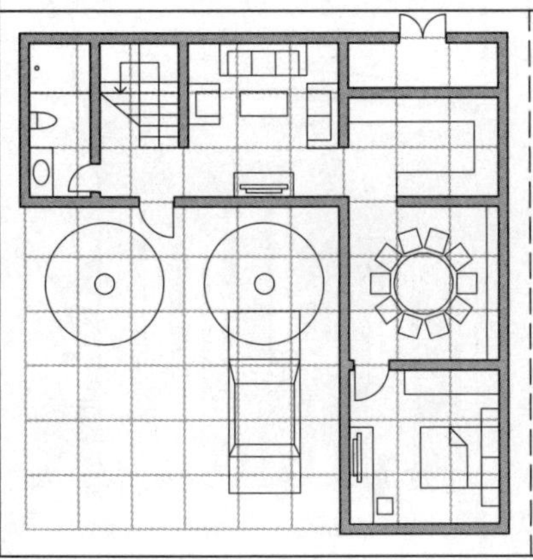

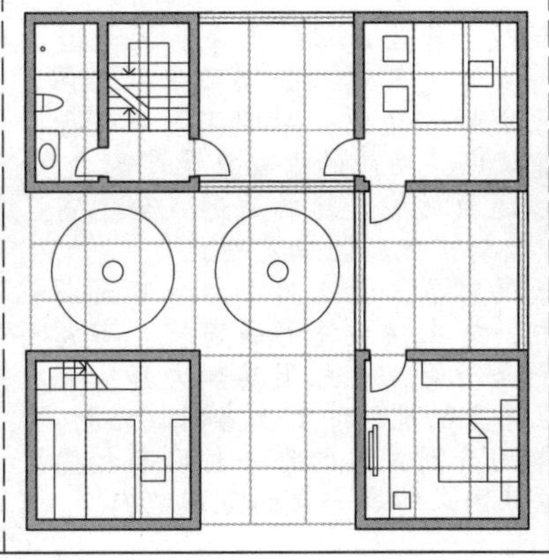

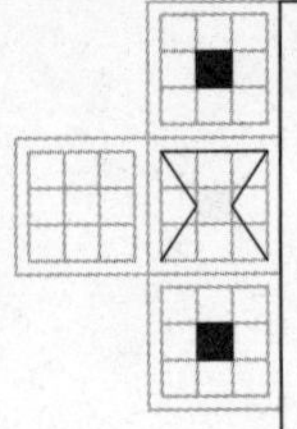

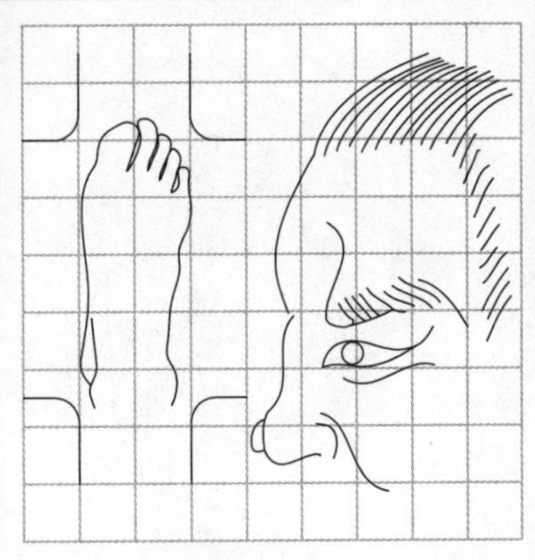

道器

道 器

道器本不殊，
心事乃合一。
——明·王渐逵

/真实/

道：途径，从辵从首。辵为止在行中，表示路上行走。首字为眼睛加上额头及头发的侧面特写，代指人的头部。道字就是指明显可见的大路，或是头脑中的路径算道，或需要仔细分辨的路径才是道，或首脑们所行进的路径为道，或人潮密集的路径为道。

器：皿也，从犬从口。犬为狗的形象，四口表示器皿。器为用狗看守器具，凡存在的死物、活物统称为器。或四口为剧烈声响，指一犬狂吠，形而下的可见可闻谓之器。或器原为丧，与哭、泣二字同源，犬为桑之象形，桑丧同音。桑叶常被采摘，意为零落丧失，代指丧。

空间的有无和时间的因果搅在一起如同混沌，这种混沌厘清之后，可见的即为道器。形而上者谓之道，形而下者谓之器。兼具有无、贯通阴阳、区分内外，这样就具备了器的条件，有所盛曰器、无所盛曰械，扁担挑筐就是器械。

建筑作为器存在，和服装相似，空间就是衣服的口袋和内空，若以天地为庐，阔宅即为宽袍，建筑亦如服装般私密。

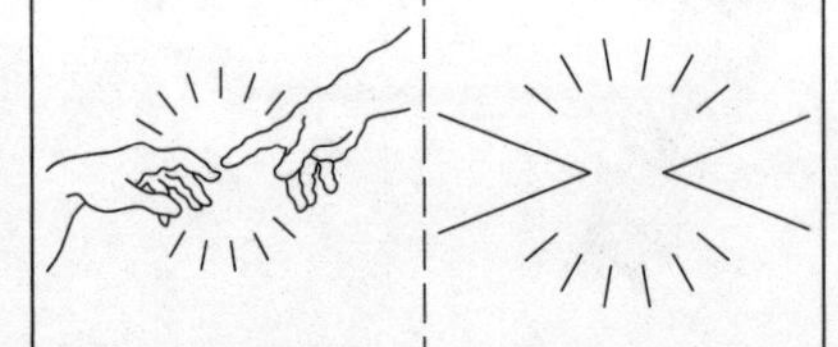

关节、撞针、轮齿、发梢，都存在道，在电光石火的一瞬，道在发光。光芒褪去，器便形成。道无时无刻不在打破平衡，斑驳了油画、墙皮掉下来、瓷板裂开了、苹果落下来。

道的英译是daoism，不经解释外国人根本不知道什么意思，不如用guide，还可以有部分意思传递，一知半解也比无知无解要好一些。如同音译的许多英文词，沙发之类，在没有形象和指导时，这种观念和概念是无法传达的，沙发如果叫软椅就能有参照而便于理解。英特纳雄耐尔如果不翻译成共产主义，那一定严重影响普及。

再好的道，也需要合适的器来承载，而文字和语言就是一种最合适的器，相对其他物化方式而言，算是可知的最佳途径。新的技术可以打造更便捷的沟通方式，最终可能是精神如同电流一样相互传递。

狗看守着罐子，光有罐子或者狗，都不算是器，只有物件和生命结合才算是器。器并非一个单独的物，而是加上了生命的用途在其中。

建筑如果没有人就如同没有狗的那几个空罐子，总是死寂就算不得建筑，可建筑照片都强化了这种荒谬，摄影师把使用者都当成杂质一样过滤了。或许这样的陌生与超脱和照片的观众又能形成新的器象。

古代重道轻器，谈君子不器。现代矫枉过正，重器轻道，新手段、新材料、新工艺层出不穷，以器驭道使得跟风抄袭者众，创意独立者少。掌握操作技巧，却没有指挥控制的道。

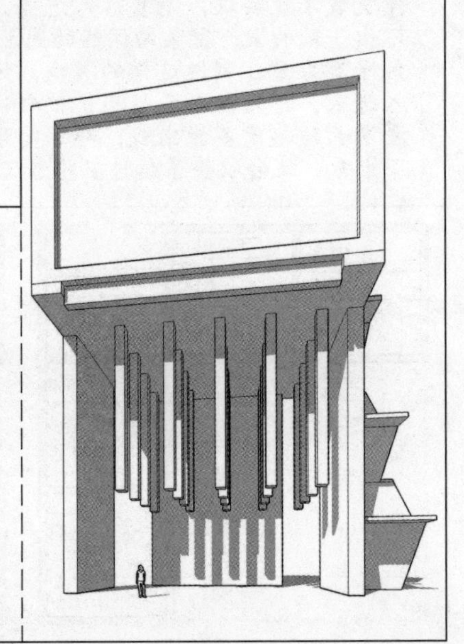

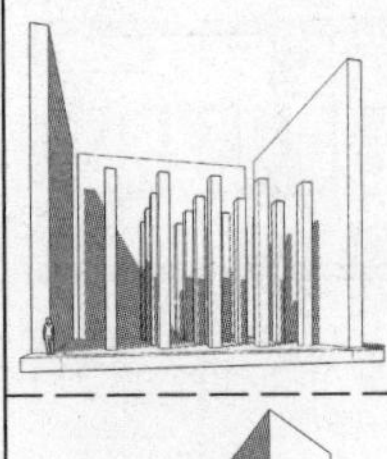

道是器的模范，能生成器的形象。器是道的物化，通过形式能还原道。如偶像崇拜，伟大的力量被具象成神佛塑像，希望用器来还原道的力量。在建筑中，功能的需要产生了形式，建造形式也可以还原功能。器的雏形或如宇宙中飘浮的星球，放射扩张、圆融无碍。

建筑是放大的容器，承上启下。或有天成的坚墙布满孔洞，搭上横梁便形成建筑。高大植物能够裂成一条条梁，也可用其如大蒜头一般的种子，种在墙上的孔洞中长出各种规格材。道如同紧密压缩的基因，器的每一种形态和变化的自由都被这基因束缚在一定的范围之内。

器的演进是靠人类不断膨胀的需求来升级，后一级是前一级的建筑。不管有没有希望，所有的人都还是极力挣扎，争取升级。

建筑是机器更是容器。人是精神的存在，而精神需要物质的器来包裹。包裹都是器，食衣行住和建筑及城市有共同的要素和组成方式。思绪被大脑包裹，大脑被躯壳包裹，躯壳被衣冠包裹，衣冠要找辆车来包裹，车要找幢房子包裹，房子要找个院子包裹，院子要找个闹市包裹，过度包装尚嫌不足，还非要用虚荣包裹。穿上一世、脱下一时，最终还需要找个盒子装着。建筑的特性在这些层层叠叠中均有体现。

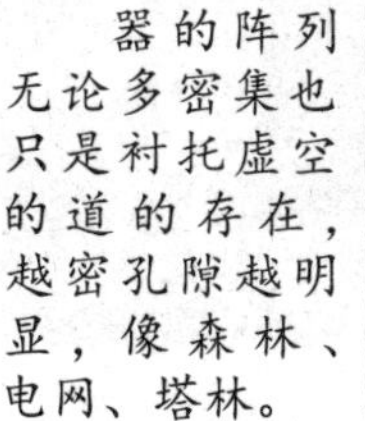

器的阵列无论多密集也只是衬托虚空的道的存在，越密孔隙越明显，像森林、电网、塔林。

无尽的大地才是永恒的藩篱，反过来看，地球是一个压在虚空上的顶盖。就算穿越思维构筑的屏障进入无边无界，终要回归自己渺小实在的躯壳。

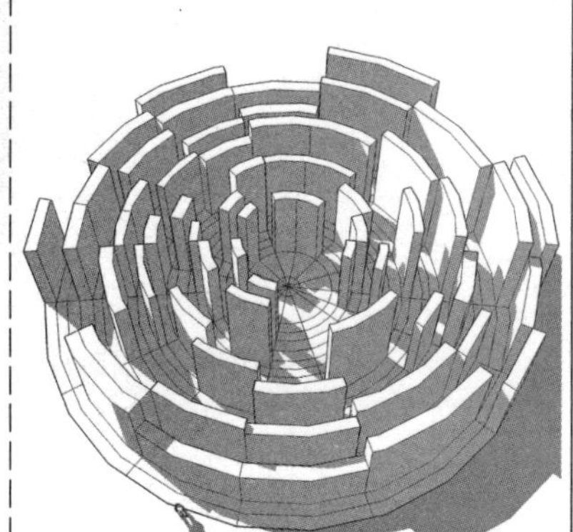

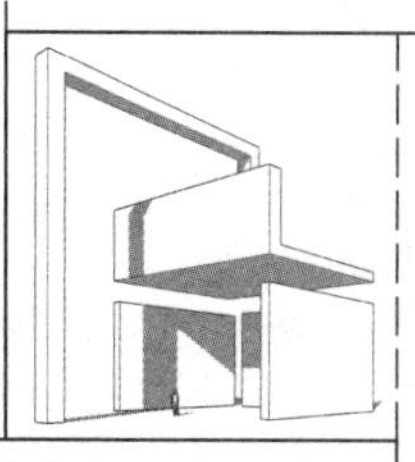

脱离了具象结构的束缚，悬浮而解构的建筑，空气和阳光可以自由出入，视线可以自由地穿越。

建筑和城市就是这种从不触碰的样子，再热闹的繁华也不沾身。

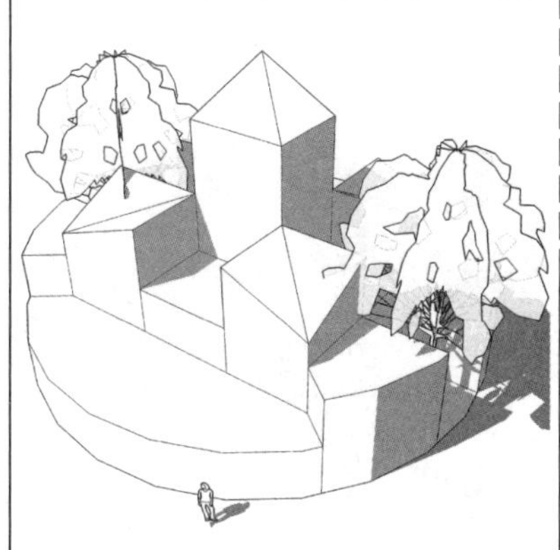

道是周流圆通的，一座环形营寨，中心矗立高竿的瞭望塔，四座简陋破败的帐篷拱卫四周。居中的九宫格布局，切散营寨为五个部分，前后聚集和操练，左右生产和畜养。

最简单的材料、最直接的建造，最贴近初始的道。用纸片和木条搭建的小模型，是初心。

将水平线竖起来，看到吸引和向往。大地的承担早就习以为常，忘了与无的关系。真空就是道，星球就是器，占用的空间就是器的道。转换视角观察，往往更准确，更接近本质，陌生的形器，更易引发道的思索。设计图稿与画作颠倒观看，形式更加孤立，反倒更容易捕捉。

以道驭器，道必须靠具体的器来承载。无论建筑怎样理解，总可放在器的范畴内。在器的层面上，设计便可以相互关联、借鉴和理解。建筑史上流传的，都是具有原始雏形意味的作品，具有引导作用的作品总被提及，而许多蕴含个人体味和深层吐露的作品，很难普及而被埋没，成熟是从懵懂开始，但是成熟后想回归原始却很难，返璞归真算是终极的建筑道路。

真是本原的形而上，实是客观的形而下。真就是道，实就是器。创作只有真情实意，才能打动人，情感总是与环境相关，与文脉地域相关，与人相关。

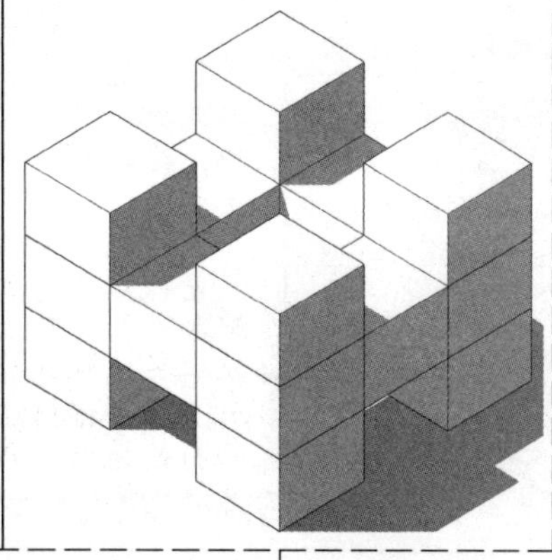

形而上与形而下居于黑匣两端。之上与之下有若干点滴的发现，没人能完全洞察形而上的真髓和形而下的琐屑。只有形在其间，自圆其说地将这些片段联系起来。

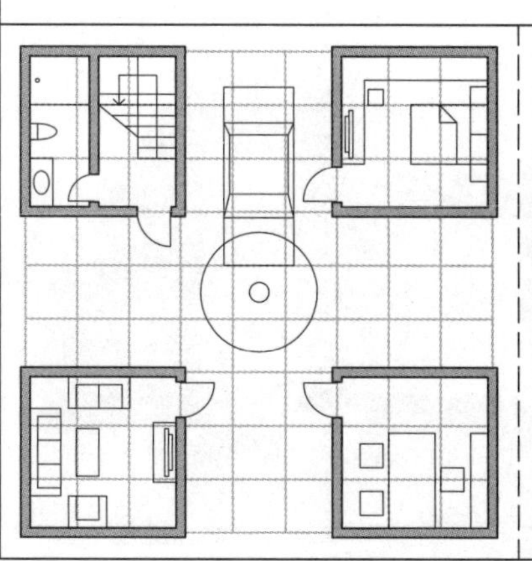

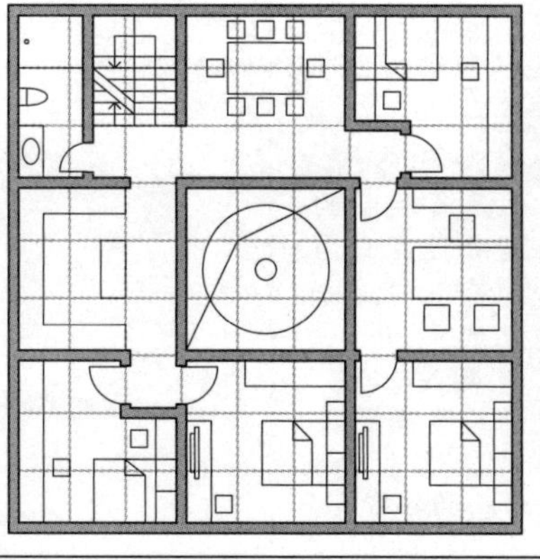

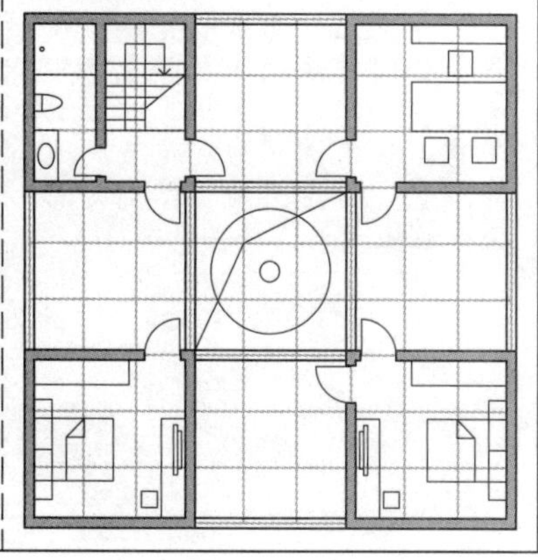

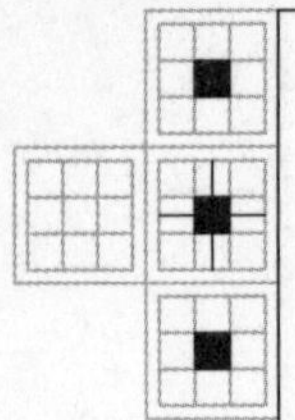

乾 坤

乾　坤

风景无终始，
乾坤有异同。
——唐·丁儒

/云泥/天壤/天渊/

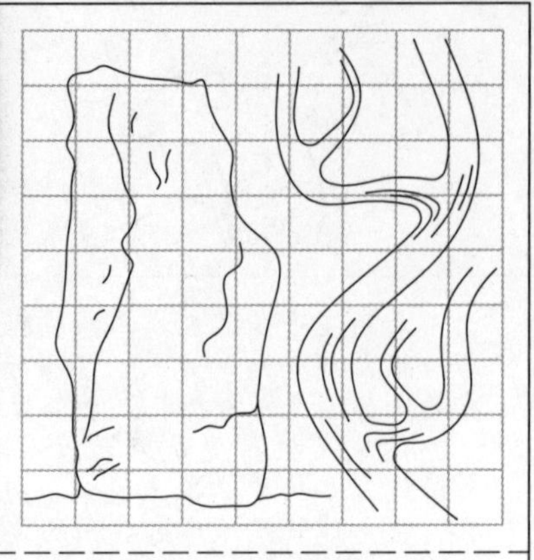

乾：为天，从倝从乙。倝为旗帜迎风招展的样子，意指风从天来。乙为飞鸟的形状，意指天空高阔。乾字用飘扬旗帜和翱翔飞鸟来表达天空，表达雄性的阳刚。

或解乙为流水的样子，乾即意味风和水均从天而降，会意潮湿见风便收，代指干。

坤：为地，从土从申。土为地平上的大石块，用作地域界碑。申为河流弯曲流淌、支流汇合的样子。坤字即为壮丽河山的形象，河流也可会意阴性的柔顺。或解申字为闪电的样子，乾坤并称即为风水土电。甲骨文申字横看也似风、似单腿跪拜者。

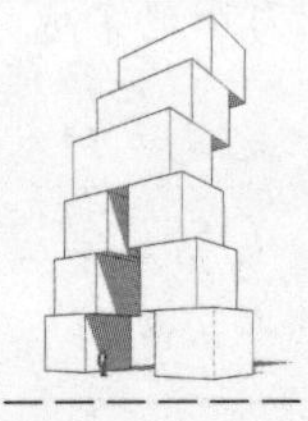

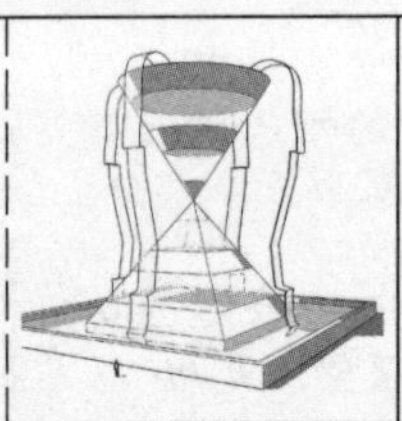

天地不仁，以万物为刍狗，一视同仁，而无偏私。天地不控制万物的生灭，不过顺之则昌、逆之则亡，不作不死，实在言之有理。卦以爻的形式，利用断续来体现天地。

对好雨从天而降，更多的是期盼，喷泉就是天地关系的微缩，瀑布就是欣喜和快乐的收获。汇成河流是侥幸的必然，河岸迎合着水流，河边吹来轻松的风，鼓舞着帆一样的建筑。

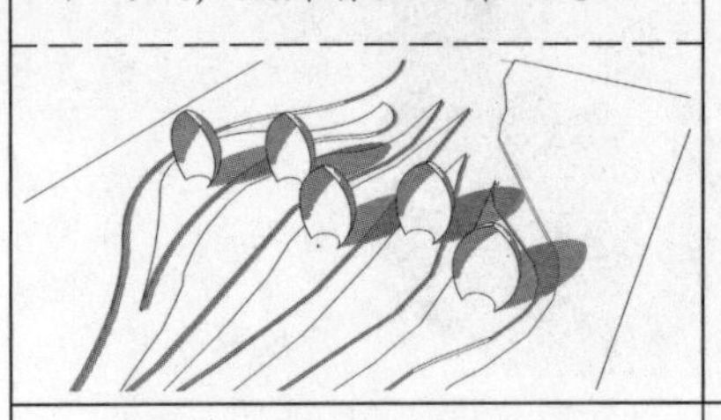

崇效天，卑法地。天气常常变化，产生季节、日夜、风雨雷电。崇高就可以像天一样发脾气，卑微就要效法大地，呼应着天的变化，改变地面的产出。地很少发生变化，但有变化就是重大的灾难和破坏，人还是要在地上生活。

建筑夹在天地间，必然顺应天地的形势和潮流，既要抓住土地不失根本，又要汲取和承应天空的风光雨露。

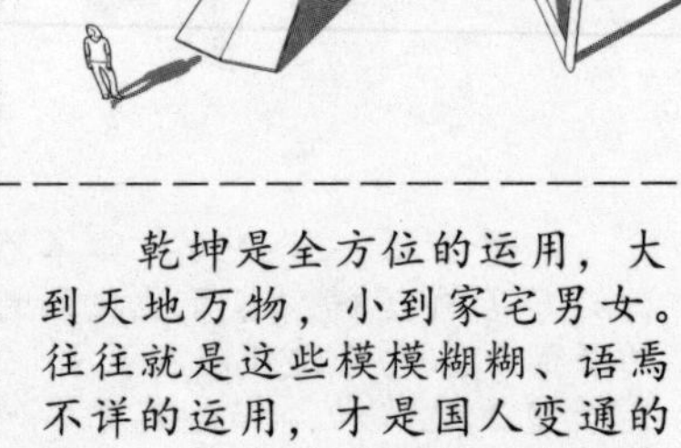

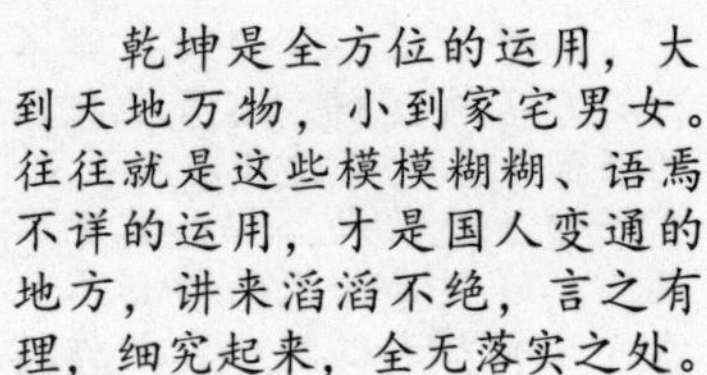

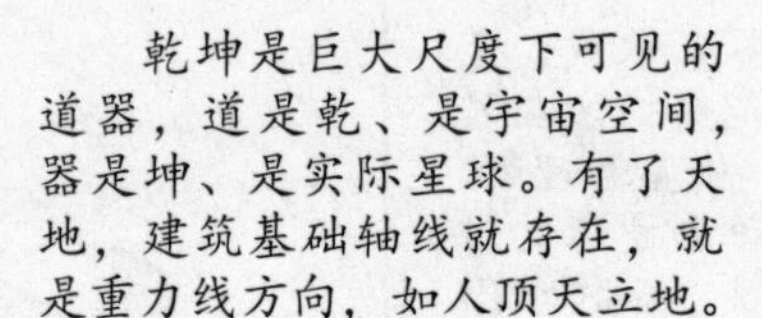

乾坤是巨大尺度下可见的道器，道是乾、是宇宙空间，器是坤、是实际星球。有了天地，建筑基础轴线就存在，就是重力线方向，如人顶天立地。

建筑是先竖直再水平，竖直支撑水平再扩展行动面。窑洞在天然竖直面通过水平的挖掘实现；地坑窑竖直挖掘出负形，水平掘出正形的柱子，水平面是地面的衍生。掏挖窑洞是形成建筑最基础的方式。

乾坤是全方位的运用，大到天地万物，小到家宅男女。往往就是这些模模糊糊、语焉不详的运用，才是国人变通的地方，讲来滔滔不绝，言之有理，细究起来，全无落实之处。

天上的云朵、地上的牛马本不相及，却要合并起来说。天地人的思想根深蒂固，但凡思考就会顾忌上达天听、下接地气，总是将场景表述成天地合一的模样，算是文化的惯性。

对天上的雨水尽可能地收集，如同传统的四水归堂；又有悬挑的飘浮，如同天一样的华盖。萨伏伊别墅就是敬天地的祠堂，仿生天地，上面是白云，柱像雨束，墙任风穿梭。

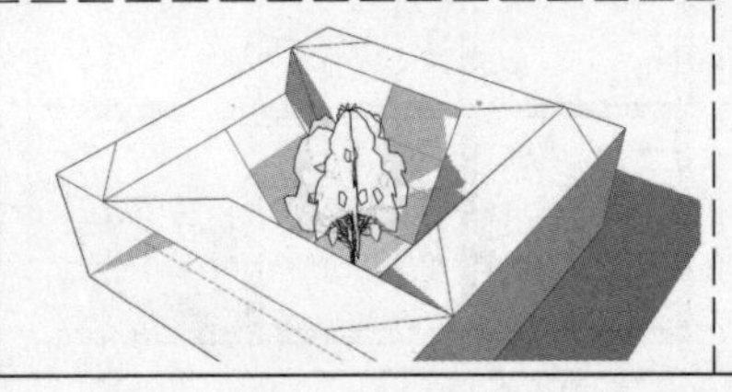

建筑中一定要有季节变化的植物，提醒人和自然之间是有联系的。就算没有日历、没有钟表，人也能利用日影的婆娑，枝丫的繁茂来提醒，用自然来唤醒自己的知觉。

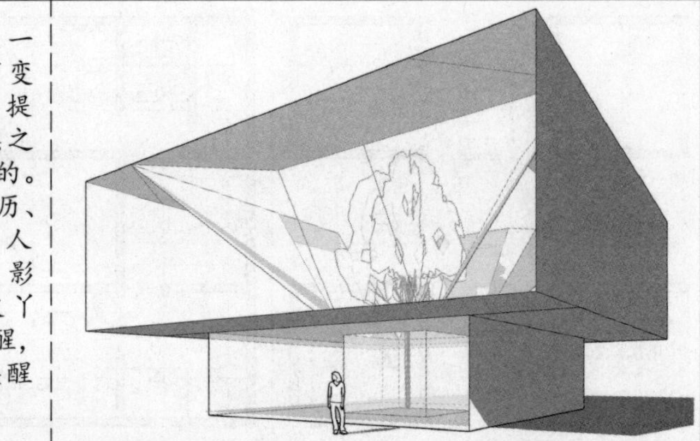

建筑需要解决的问题都在天地间，天有不测风云、阳光、空气、雨雪，地有四时八节、枯荣、旱涝。创意方案的时候走到空旷的室外，俯仰天地、联想自然兴废。尽情舞蹈的时候，不要忘记还有这些枷锁。

建筑设计的途径增多、路幅变窄，已非坦途，不能只靠惯性行走，材料工艺的丰富并非全是助力，也是枷锁和坑洼。

引人入胜的故事只能掩盖问题、吹嘘关怀不能代替实用，倒立的中国馆无法代替一座真正的小山包，上海不缺特立独行的建筑而缺乏闲适清新的山头。宁到天上造森林，不在地上种草地，是许多设计的弊病。

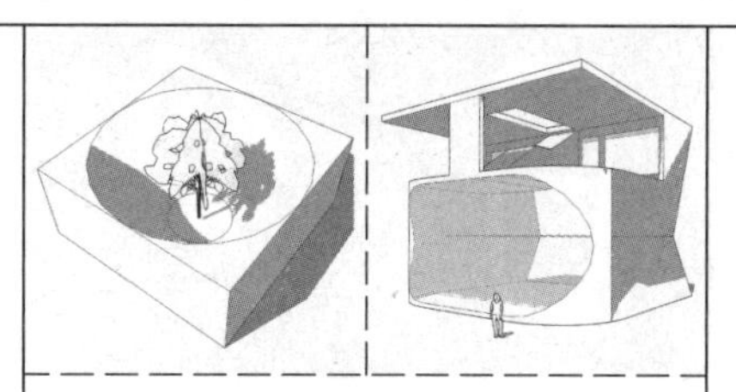

乾坤有升降、上下、尊卑之分。意味万物各有所别，自有处分，定数已然生成，非人力所及。天时、地利就是人运。

古建筑对天地呼应，庑殿顶的样子就像双手合十祈求上天，故宫太和殿的基座就是土字形状。台基高筑，希望与天齐肩，居高临下以为天命。天坛的圆融、金字塔的直耸云霄，建筑主动联系天地，创造出的空间让人意识到有所指。

天是无形的手，将火箭和建筑的头部都捏造成一个小尖尖。自古靠天吃饭因而崇拜上天，脱离地面接天揽月是传统诗意幻想的遗存。建筑如箭是欲念的存留，期待一飞冲天，挣脱束缚，或城市都能被发射。

建筑根植在地上越建越高，徒有飞行的欲望而没飞行的能力，因其没有能力，反而表情更加热烈、形式越趋飞升。愈空想愈炙热，葡萄吃不到更甜。

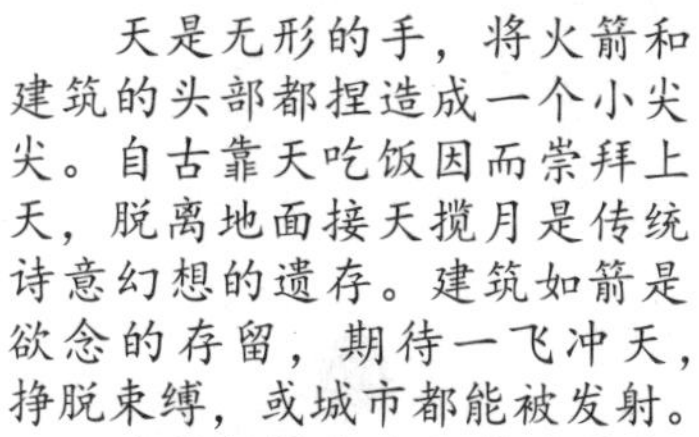

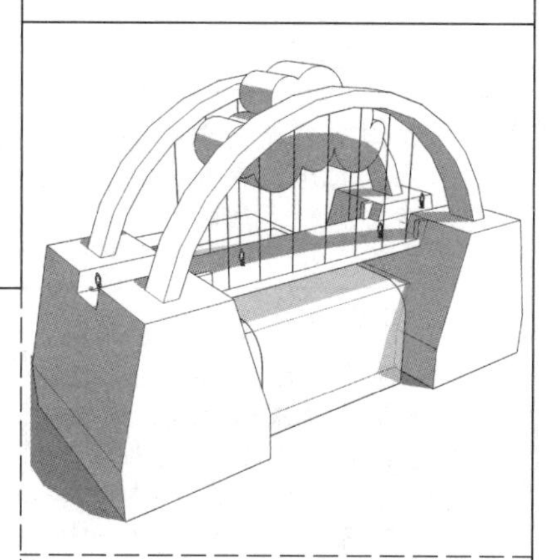

乾就是旗帜和飞鸟，人向天寻求荣耀和自由。坤就是大地和河流，人向地寻求生存和发展。建筑立面的三段式中，屋顶向上膜拜天，基座向下安抚地。处理好和天地的关系，才轮到中间人的使用功能上场。西方的教堂强调天的重要，东方的庙堂强调地的重要，简而言之就是尖顶和高台的区别，贯通中西使两者的形体同时具备就产生童话和神话色彩。

云泥就是云降雨、雨土和成泥，天地的结合在水。水在天地间自由穿梭，上升天、下降地、天落雨、地成海、海中岛、岛为大陆、陆中仙山、山气氤氲、汇而成云、云集雨布。

彩虹跨在河道上，气团云朵在彩虹间飘来飘去，雨水如帘般垂下，瀑布的水汽蒸腾而上。人走在彩虹上，钻入云雾。将天上的事物搬到地上，天地交换，改变人的思维模式。

物质在天上云层的雷电交加中诞生了生命，有的在云中生活从未露面，有的随雨水落入尘埃。天空净化水，森林净化空气，纯净天空和广阔森林是生命基础，城市勿如腐海。

最终出现地球到月球的通月塔，塔的一端固定在月球，一端滑动连接在地球，如同哑铃的手柄。利用月亮与地球之间的相对运动来产生能量，成为行星发动机。

自转公转的滑移和近地远地的活塞运动，将能量逐步消耗，月球停止与地球的相对运动，引力便让月球坠向地球，而通月塔就变成了擎月柱，支撑着月球慢慢向地面靠近，柱身伸展无数触角像章鱼包裹猎物一样，慢慢地将月球包裹进来，最终地球和月球合二为一，成为一个葫芦状的星球，在人类有限的历史时空状态下，存在很长的一段时间。

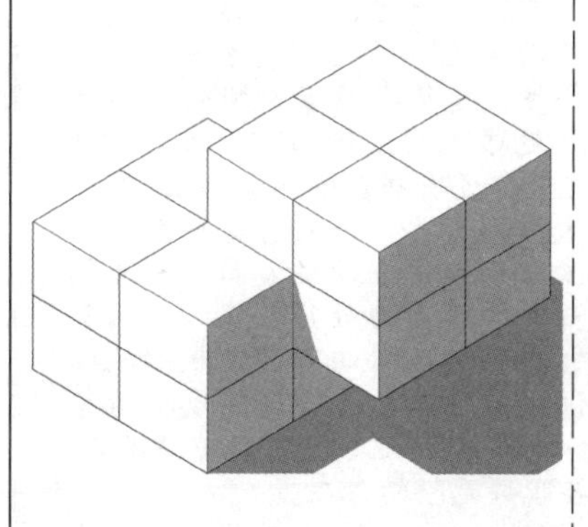

天与地的交接，天上的事物总要落下，而地上的事物总要逐上。

各自大块，都不服膺其所属，非要易地而处才觉得甘心。交流融通而育有万物便是为乾坤造化。

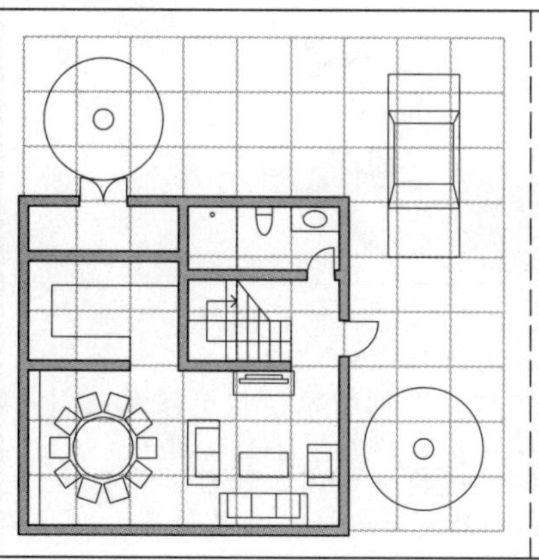

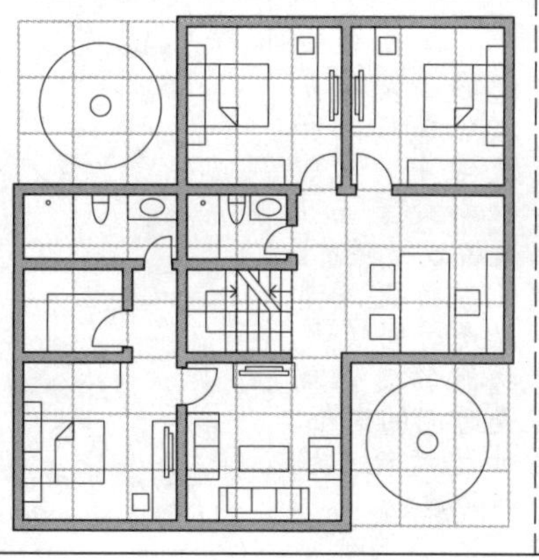

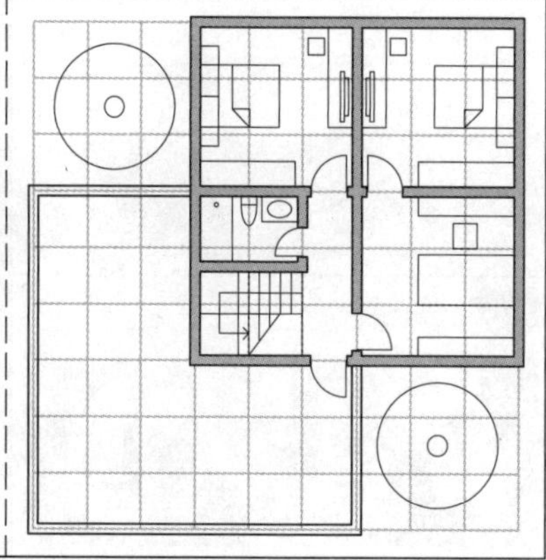

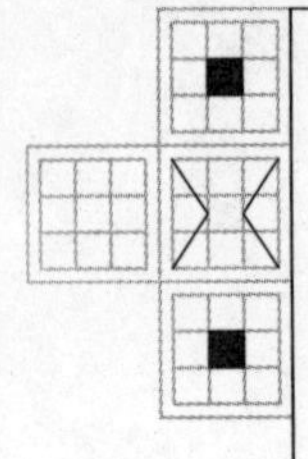

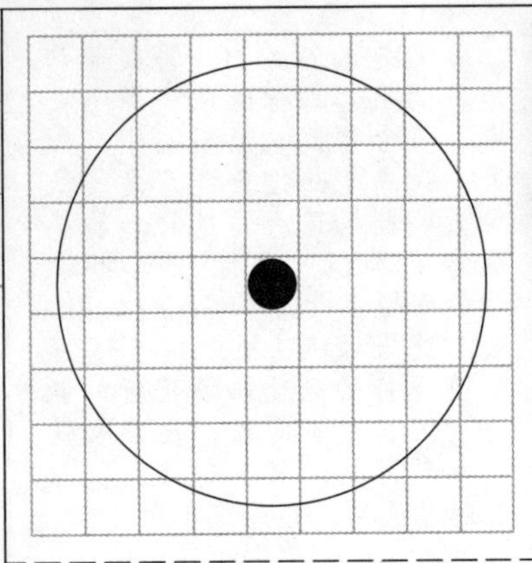

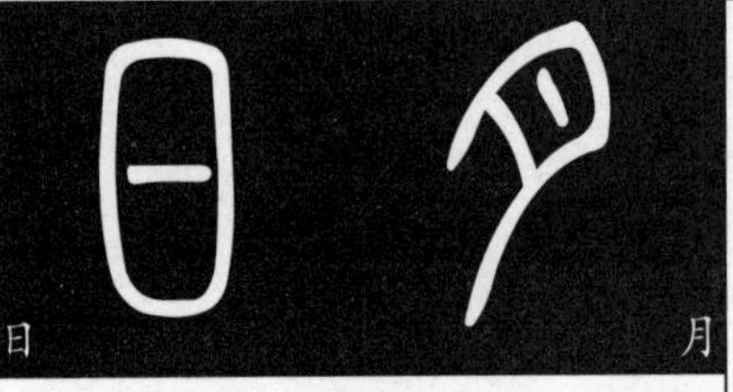

日月忽其不淹兮，
春与秋其代序。
——先秦·屈原

/星辰/

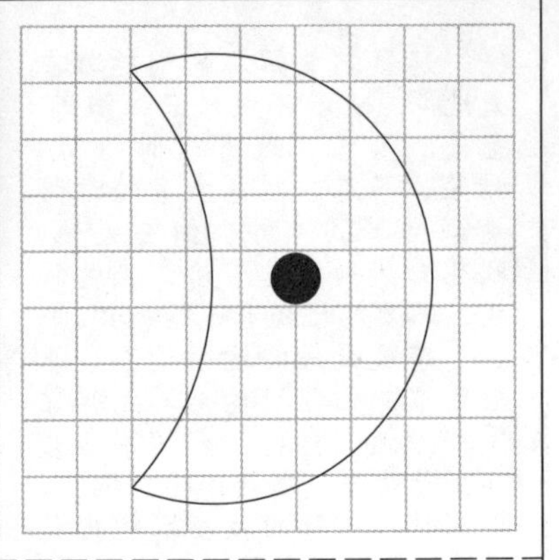

日：太阳之精也。为太阳的象形，中间的一点或者一横会意太阳的光芒和热量。

太阳明显是光辉耀眼的，古代却用黑色乌鸦来代表太阳，或火常冒黑烟、黑色的煤和炭可用作为燃料，就认为黑色和火光有联系。这是反义相成的意思，五行中水也用黑色表示。

月：太阴之精也。为月亮的象形，是月牙的形状，内部一点或者一横会意其光芒。

月满则亏，水满则盈。月亮的周期特性启发了许多古人的哲学思考。简体字中用阴代替陰，和阳相对。月同时也是计时的周期，影响着整个地球上的自然与生物的各个系统。

日月为明，地球是太阳的行星，月亮是地球的卫星，这是正反合三段式的表现，其合为地球。就像人在地球上看日月，观者将自己放在中庸的立场，看到这许多反义相成，认为和合在自己的位置上。

明字单独来看，日东月西，东升西降。因为日月属性不同，所以明这个字本身就是反义相成，尖、汕、斌也是一样的组字方式。

太阳的变化定义了一年，月亮的变化定义了一个月，再凑上星期。寒暑四季、月盈月亏、一日昼夜都由此而来。阳光照射角度的变化造成了四季，月亮的旋转造成了潮汐。生命所有的能量都是太阳能转换而来，植物吸收太阳能、动物吃植物，人把植物和动物一起吃。

人的诸多习性关乎日月，但现在有能力摆脱自然的束缚，如人工照明、温室培养。

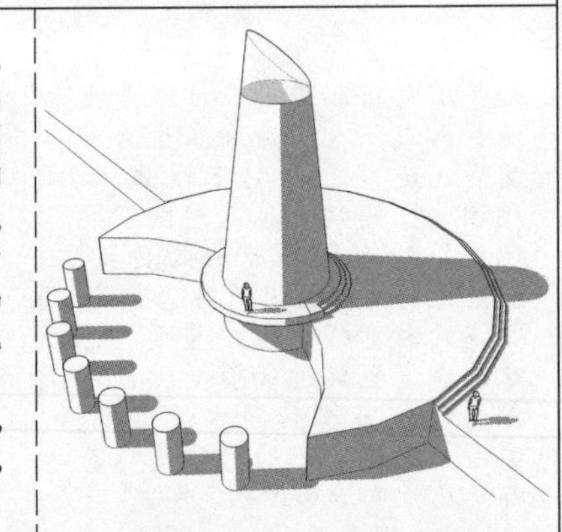

日照时间、光影的变化、植物的枯荣、动物的迁徙、温度的变化、风向洋流等等，定义了所有的建筑部件，建筑在顺应太阳的前提下为人所用。对于地球上的生物而言，日月除了提供生理能量之外，还有根本的精神作用。

人需要晒太阳，需要用诗歌赞美月亮。人的精神追求和生命构造完全适应太阳和月亮的周期运动，节气时令都是为日月在庆祝。从哲学的唯物唯心、科学的离心向心、宗教的地心日心等角度来说，人所探索的终极就是搞清楚日月，这个目标能持续给人类的进步提供动力，有限的生命总要膜拜无限的存在。

人类的存在依靠水，或在这种由一而二、由二而三的日月地关系中才能有水、才有生命的机会，算是三位一体。在将水作为生命线索探寻的同时，也把我们生活的环境作为寻找下一个栖息地的范本，这种合适地域的信息被地球捕获时已经历太久，未知其现状的变化。

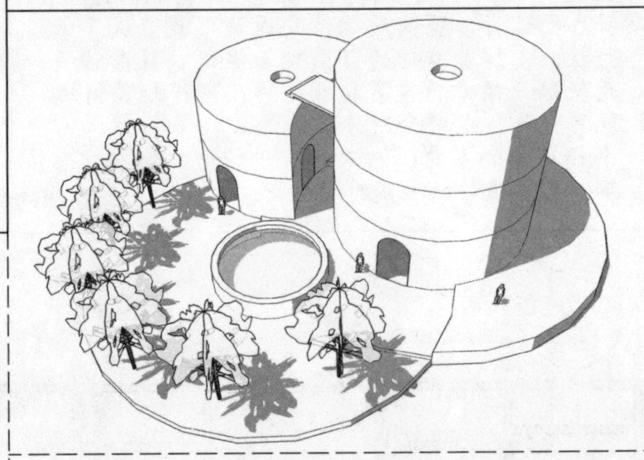

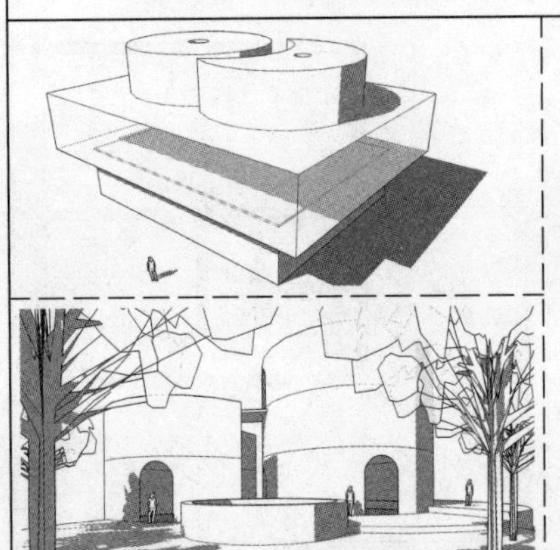

白天和夜晚的功能分别出现在日宅和夜宅中，功能分别处置而用天桥进行联系。

功能可看做是时间模块，功能的变化就是时间的递推。时过境迁，境即是建筑。

东边日宅、西边月宅，地面圆环为月亮绕地球、地球绕日运行轨道的缩略。只有地球才有水，环绕着生物。现代的城市中公建就是日宅，大部分人的白天都在其中工作、学习，个人的居所是月宅，夜晚便会回归居住其中。地上的水面和植物都只是沿途一瞥的风景而已。

三足乌的灯柱布置在东方，光源像是太阳。月亮垂在西边桂花树梢上，树下人守株待兔，就在土坯宅里安家。日光、灯光，也该把月光当做感受建筑的光源，月凉如水，枯影坠地。

建筑呼应太阳多，景观呼应月亮多。个园和廿四桥都是以月亮为主题。日光和月光是讨巧的转赠，惠而不费。诗人对月亮尤其偏爱，夜里无眠的时候总是要在月下踯躅。

以月亮来抒发情怀和儒家忠顺思想有关系，古人学成文武艺并非要开天辟地，而是货与帝王家，求得功名。不敢与日争辉，而想蟾宫折桂。正如月亮不是发光而是借光。

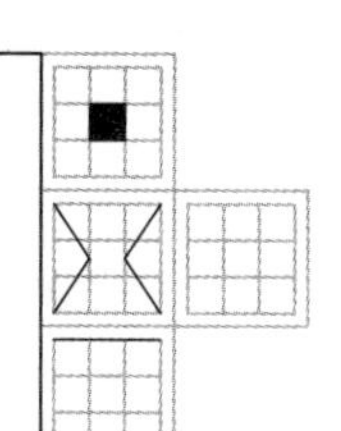

人从太阳位置观察建筑，在光源的光线和视点的视角重合的情况下，平行投影的视角内就全是光亮，不见阴影。上层的眼光就如日光，看不到阴影，无论是否想去掩盖，影子就总在相反的那一面。要看清凹凸、强化体积，光源和视点之间就要以建筑为端点形成适当的钝角。

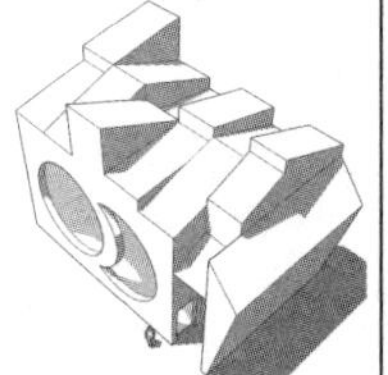

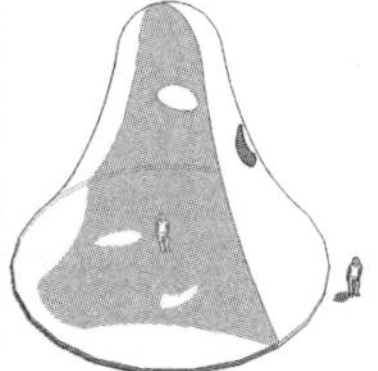

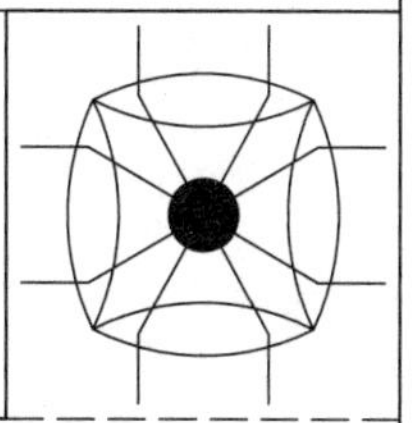

燃放烟花也许是根植内心的大灾难场景的重复，是简化的日月星辰爆炸更替的记忆。星球不断毁灭，而人类就是在那样的毁灭中出现和成长，一代代的记忆保留下来，不自觉地会定期回忆，如同人从低等到高等的胎儿记忆。

痛苦的记忆变成欢庆，也是一种幸灾乐祸的反义相成。就像过年是为了躲避年这个怪物；端午节是为了祭奠枉死的屈原；吃月饼曾是为了联合暴动、起义抗元，这些都是残酷和苦痛的事情，逐渐成为欢乐和庆贺的节日。把不关己的痛苦当成幸福的参照，可能是一种人类相互比较的天性，和周围比、和历史比。

在太阳系内观察宇宙，就如一直戴着眼镜看事物，从未摘下就无法知晓镜片是客观透明、是有色，还是有图有影。眼镜包裹了一切，所见的都被过滤，许多信息被增删，如同电影特效的绿幕技术，所有的环境和空间都被替换。

拥有无上力量能够孕育生命的体系有可能戏弄生命，进化万年便认为无所不能的人类远不能和拥有亿万年寿命的生命体抗衡比较。人的精神和思维出现，应该有其使命，否则宇宙中亘古永恒的东西已足够，为何要多出来一种自寻烦恼的生命。现阶段光电信息能穿越空间屏障，或将来大脑之间能产生直接的联系。

月亮反射太阳的光芒，照亮了处在黑暗中的地球。在地球周围的太空中布满用于反光的卫星，这些卫星都是能够进行自组织的小型机器人，相互之间联手反射就能将夜晚照如白昼。同时还能调节气候，因为无数的反光板既可以在地球被光面反射太阳光照亮地面，也可以在受光面遮挡太阳光，调节局部的温度，这样就能调节气象和洋流，制造均产平和的世界。

但这种设施也可能成为一种武器，非致命但极关键。如果一个国家长年处在黑暗中，没有阳光雨水、温度气候异常，就会不战而屈。未来的战争目标就是争夺太空资源，霸占太阳。

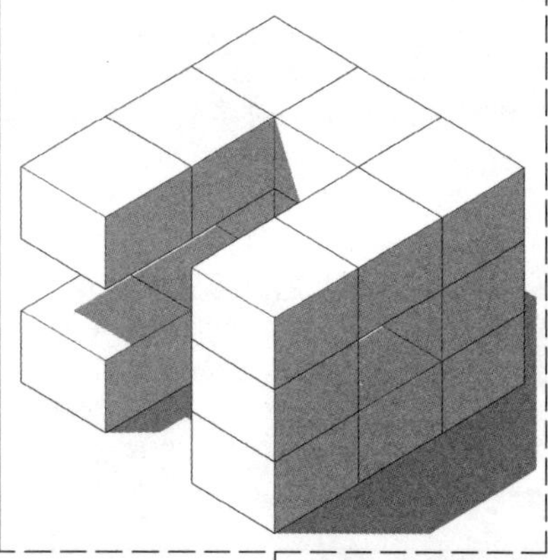

东边的太阳，西边的月亮，日月之间的联系就是光芒，太阳的光芒一部分挥洒到月亮上，让月亮也拥有了光亮，就如天桥。月亮借来光芒，必然保持低姿态。

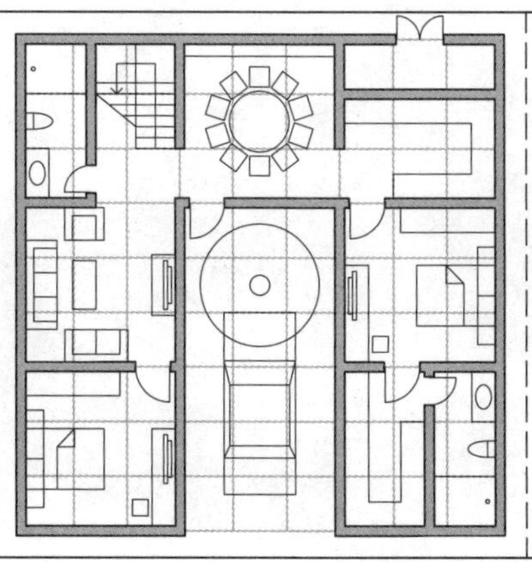

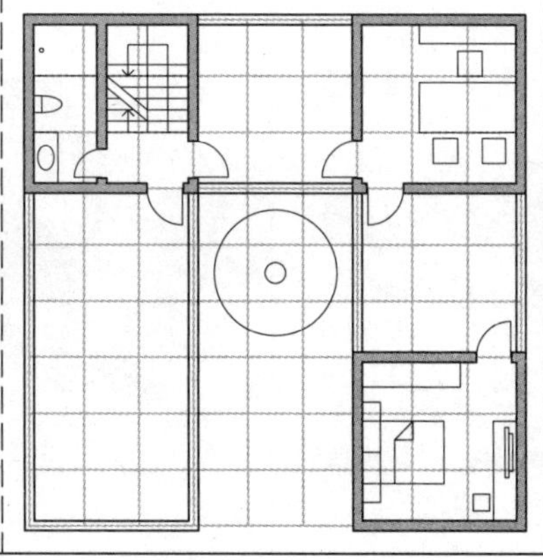

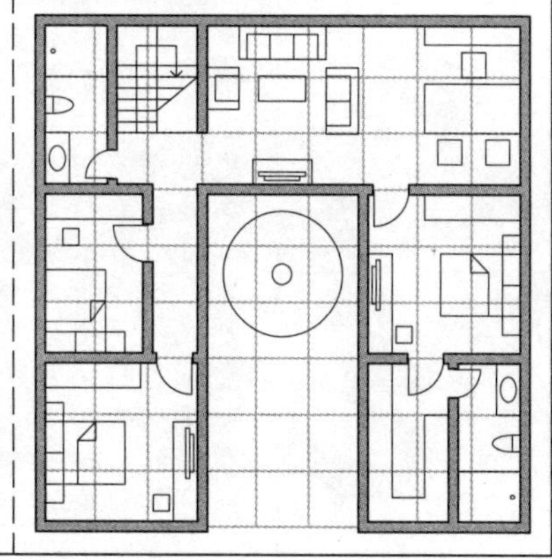

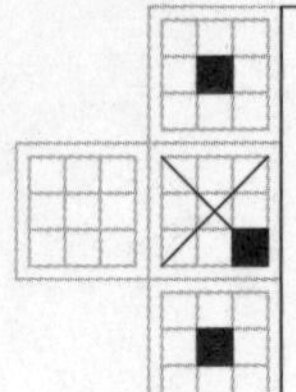

寒暑

寒　　暑

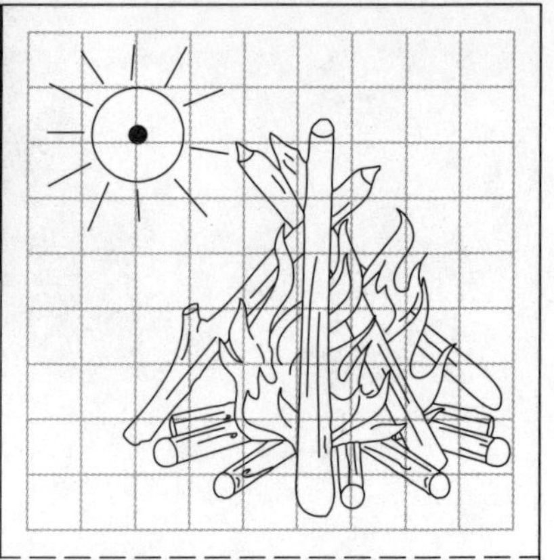

天道有盈缺，
寒暑递炎凉。
——南北朝·沈约

/冬夏/寒燠/春秋/

寒：冻也，从宀从人从艹从仌。宀为屋内，艹重复表示很多草，仌为冰。古代素土地面在冬日有潮气便易结冰，于是铺干草在地上抵御寒冷，人蜷缩于此为寒。或寒字为古代冰库，冰藏在地下室内，盖上干草保温，冰块贵重需要人看守，或可推断远古人们就会储存冰块。

暑：热也，从日从者。日为太阳，者为着字简省，为烧着之意，象形为柴草堆架在一起，底部熊熊烈火，上部分点状为火星四溅。暑字即是太阳炙热如火，此时为夏季。或解者为煮字简省，为刀割骨肉下锅的样子，烹煮也需高温，会意日头毒辣，如同烹调一般。

四季起伏、时间轮回，季节是不乏味的时间，如两刀切成四块的蛋糕。温度是环境状态，寒暑是两极，由二生四变化形成了春秋。

建筑设计的灵感特征，拆分成极端的两部分，再将这两部分的转化过程分别演绎，是主旋律的渐变，于是能形成四种状态。地图只要四色就能填满，建筑平面也只要四种形态变化就能不重复地覆盖。

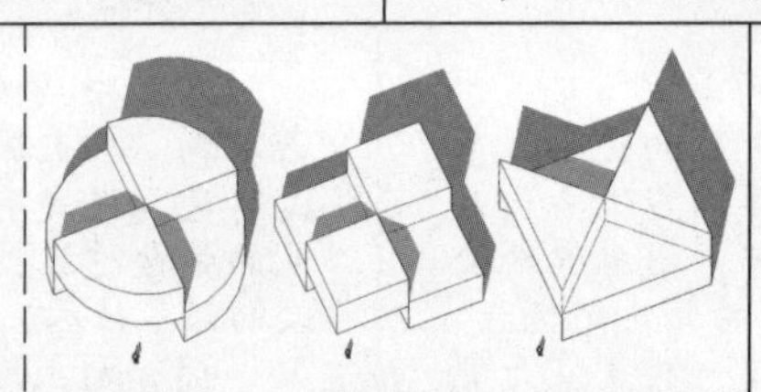

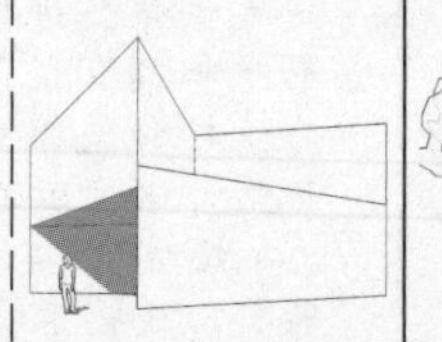

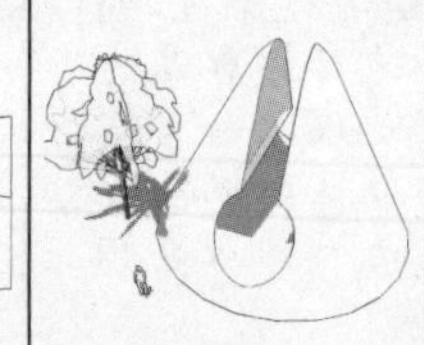

寒带与热带的建筑风格与做法完全不一样。北极的冰屋利用冰的凝结来建造；极地的井干式建筑利用木材保温；南亚热带建筑用竹子搭建，轻巧而风凉；非洲极热地区用草泥盖房，密闭隔热。传统方法是将自然环境隔离，在内部消耗能量重新打造一个小环境。

寒冷时保温制热，炎热时降温制冷。新的环保理念，就是利用大自然的寒暑来调节建筑内的寒暑，用大气候来调节小气候。用太阳能来搬运冷量，外部能源回到外部，不存在新的消耗。利用环境的物理差异而非物质消耗来改善局部温度，做到自给自足。

建筑的四个立面，按照青白朱玄的主题建造，在不同方位设计不同季节特征、布置不同的色彩，墙面和外部场地种植不同季节的植物。

纪念建筑传递日月观念，四季分明地区的建筑营造季节感。园林建筑中搭配不同的植物，不同的季节有不同的色彩效果，能让时间变得可见，冬天的水色，夏天的火色，春天的木色，秋天的金色。城市建筑使用过程中可随着季节不断调节，建筑外墙能根据季节温度变色、玻璃幕墙根据季节光照调整造型角度。不同季节白天时长不同，过去曾利用夏时制来发挥季节特征，达到节省能源、提高效率的作用。

传统建筑只是做到遮风挡雨，温度调节要靠衣着和生火饮冰。现代建筑将暖通纳入体系，改善环境舒适度，在设计中要尽量减少空间占用，做到有感而不见不闻。

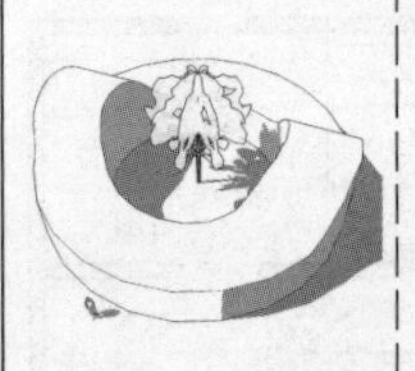

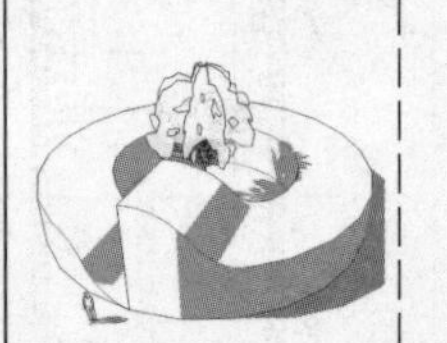

山型起伏的环形建筑，立面为人脸形状，手臂环抱着院落，院中环树围着池塘。季节更替中有丑的一面，这丑是不加掩盖和修饰的质朴直白，季节因此而具有生命力。

感受季节靠呼吸和视觉，走入山林之中更能有清晰的体会。冬日寒从脚起、夏日汗从头冒，热上而寒下。寒夜中极力思维，脚趾冰凉而头脑热络，如同寒暑并行于体内。

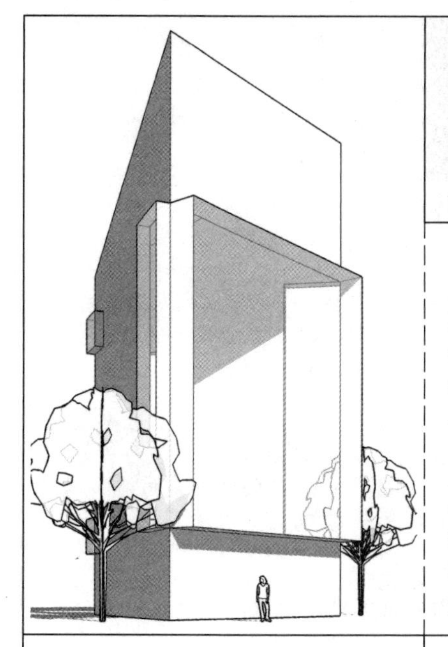

四季变化对建筑有影响，热带的室内空调温度极低，墙体保温厚度不够，就会在外墙的墙面形成冷凝水，破坏墙体，散失冷量。北方寒冷干燥的建筑做法在潮湿的南京就会失效。

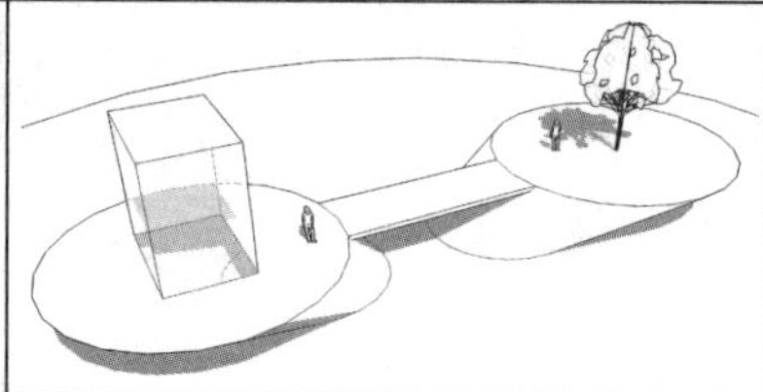

地球侧身，气候变凉，阳光入射角度的些许变化导致了地面的四季和寒暑交替。建筑的南面窗户和门洞需要大些，而北面的则需要小些，炎热比寒冷更容易抵挡一些。

建筑想要抚平季节变化带来的影响，或者说建筑就是要稳定于一种状态，以不变应万变。为达到不变，则出现稳定温度的暖通、稳定结构的阻尼、稳定火患的消防。

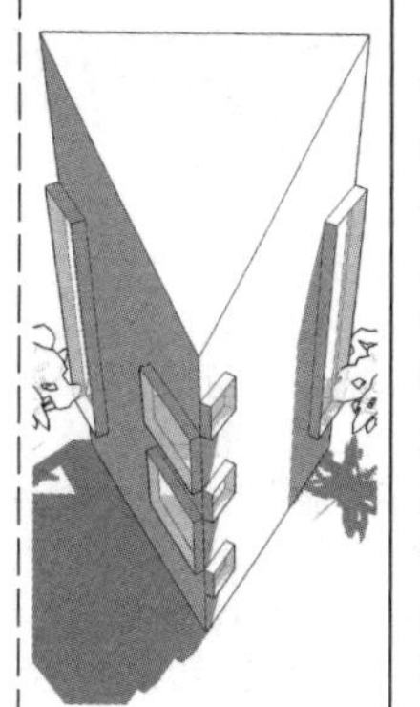

时间长河中，拥有一座桥联系寒暑两个岛，过去见春，回头见秋。停歇时濯足河中，时间流淌着，波光反映其上，浮光掠影带着故事，所以历史的故事叫做春秋。

既往的时间不允许来回摆渡，而在生命的历程中，回头的道路总可以走。

季节将能量在热带和寒带之间搬运，让各个地区的温度能够大致平衡，沙漠和森林也都是为了维持整体平衡而存在。

种子的力量可以崩石开山，植物顺应季节而产生了变化，这是可利用的力量，无数有组织的植物就能达成移山填海的功用。利用植物季节性来调整控制整个自然搬运的过程，人为的干预最终达到所有地方的降雨平均，地域差异逐渐缩小。

围巾和折扇分别对应寒暑，不仅有使用功能还能充当道具。围巾与折扇虽不是主要的服饰，但是装点作用极强。围巾一围，如同五四青年的样子；竹扇子一拿，就具有文人的情怀。

从旁观者来言，围巾折扇代表寒暑。从使用者来言代表克寒克暑，表达不温不火的中庸意味。这是对严酷季节的微弱反抗、是调节自然的局部平衡、是执着于螳臂当车的幼稚。

四季带给树木的是年轮，年轮的疏密是时间流逝的变化，同一棵树更换星球栽植，时间不同，树的年轮便不同。人和树都是生物，四季对人的身体也会有影响，人体的寿命和地球的自转公转相关联，处在远离太阳的火星，公转周期变长，人的寿命就能变长。一旦人类能够迁移其他星球，这种共同时间和寿命长度的观念也被改变，思维和生理的变化速度不再同步，随着时间拉长而变慢。参照统一标准的年龄不再直观地表征人的大致特性，二十岁和二百岁的人可能生理指标相当。人能够选择拉长生命中的某一段，许多的等待就会有意义。

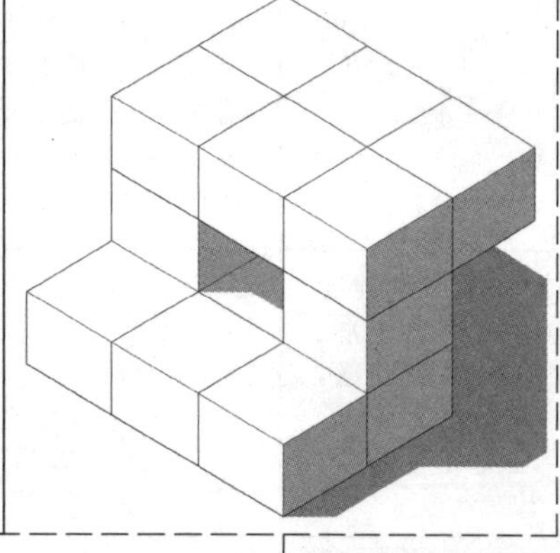

夏天接受南方照射来的炽热阳光，暑气上升。冬天承受北方呼啸而至的冰冷朔风，寒气下沉。

寒暑之间也有小小的过渡，如同季节的窗口期，冷热在其中交流。

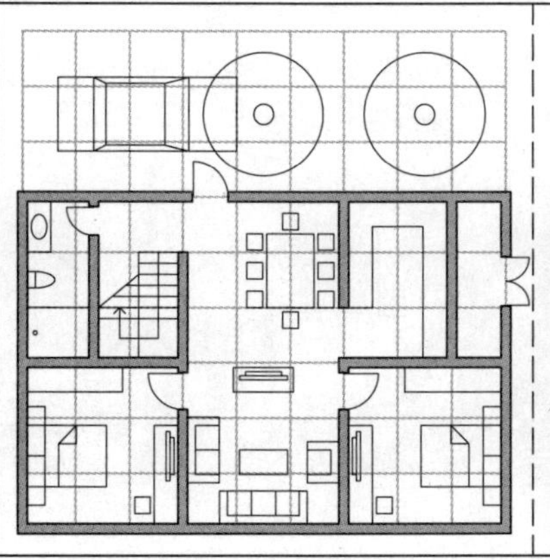

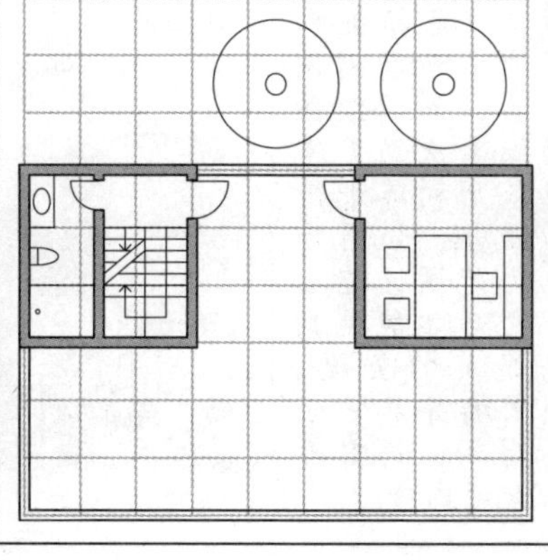

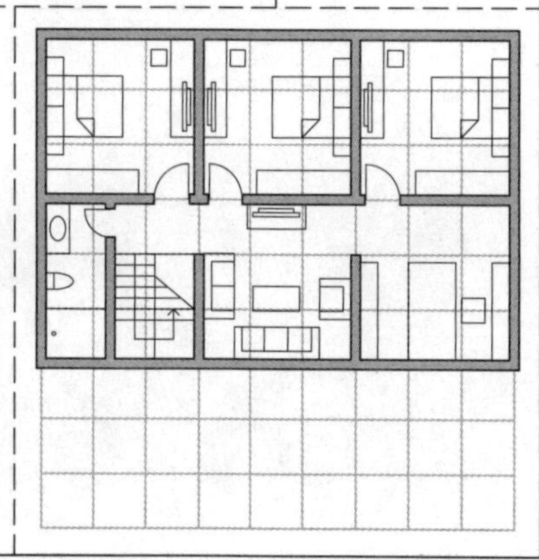

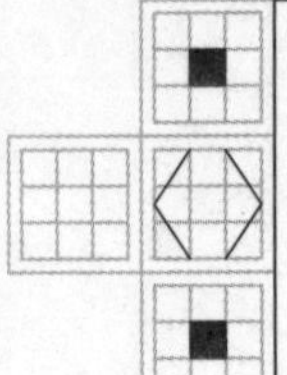

盈 虧

盈 亏

人生云聚散，
世事月盈亏。
——宋·胡仲参

/朔望/阴晴/

盈：满器也，从夃从皿。夃字是人躬身沐足的样子，皿字为容器的样子。盈字是人在盆中洗脚，水气蒸腾、水花四溅的样子。或盈中夃字从乃从又，为以手挤乳汇入器皿，会意奶水充盈的意思。皿为计量容器，也表达抽象概念，如计时漏壶、欹器均反映古人的哲学观念。

虧：气损也，从虍从隹从亏。虍为虎头，隹为鸟身，虧左为虎头鸟身的怪物。亏字是于字，于字横看即竽字的讹变，表示发声。虎头大而鸟身小，大嘴而小胸腔，自然气力不足。或指老虎吃了小鸟不饱，为不足亏欠之意。或虎头鸟身怪物如同海妖，以声惑人。

有日而得寒暑，有月而得盈亏，月亮存在产生了潮汐，潮涨潮落、沧海桑田，冲刷剥蚀是最简单地节奏变化。在形体上逐渐增加、逐渐变化，慢慢生长出来，如同矿物的结晶体一般。最简单地形态变化，是最易掌握便于实践操作的，如同愚公移山，可以世代叠加。

梯田也不是一天能够修整出来的，若非逐步阶段性地积累，骤变必然酿成灾祸。

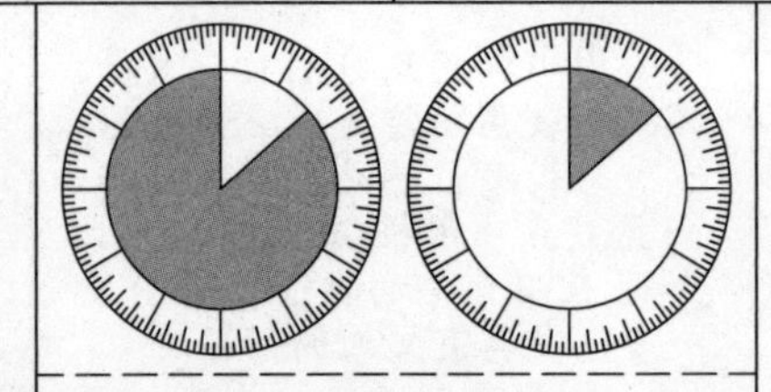

时钟走过一圈就是一个盈亏的过程，是每天的轮回。起初零点到十二点是黑色减少，白色增加，因为天逐渐亮了，从中午十二点开始，又是白色减少而黑色增加，天渐渐黑了。时针、分针、秒针在零点重合；每小时，分针和时针重合一次；每分钟，秒针要和时针、分针各重合一次。各种针之间的间隙就和橐龠一般，忽大忽小，亦如吃豆子游戏中的大嘴开合。

人的生理、精神周期和月的变化有关系，月圆之夜在故事中是神秘之夜，有狼人的变异等。盈亏不过是光影的一种变化，地球的影子投射在月球上，这种光影变化因为人所共见，其精神作用远远大于物理现象的作用。

在建筑造型统一、形态齐整的条件下，光影变化也可以做到简单与规律，跟随月亮的盈亏调整景观灯光的布置。

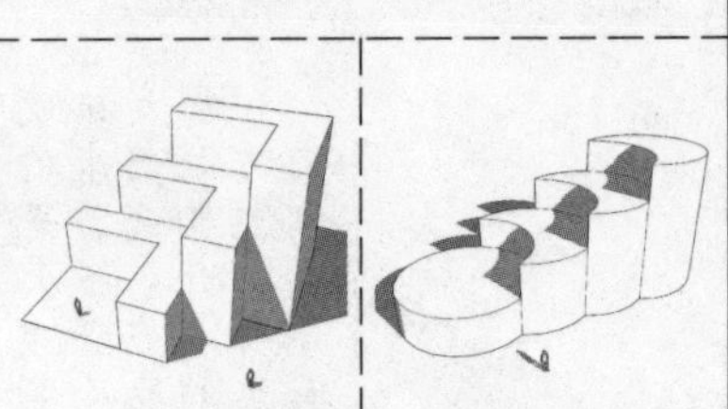

建筑同气球一样，也能自由缩放，需要的时候放大一些，而不需要的时候适当缩小一些。可变的自适应的建筑，就像茶叶一样，炒干和泡发都是常态，简单的条件便可引发改变。

拆东墙补西墙也是一种盈亏的体现方式。人们围成一个圈，在拆除与建造的同时，转移着开放的缺口。本意是想围合起来，但是手段不足，只能调配资源抵挡视线，就如同绿巨人的小背心，挡住肚子就要露出胸口，形成了空缺的事实。

事情在没有造成恶果之前，过程往往会是善的样子，齐心协力、锲而不舍似乎给了所有人努力的机会和眺望的瞬间。

角部排水沟出挑投射阴影，如同绘图线条交叉。建筑用树阵进行围合，如同势力范围，进入之后才能见到建筑的全貌。围墙并非完全封闭，仍需要疏通内外。

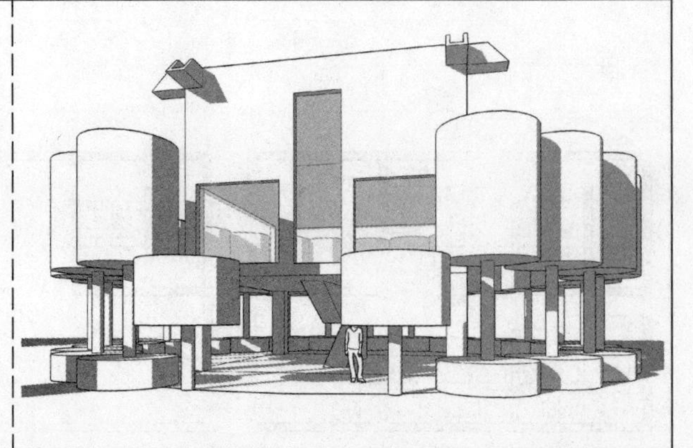

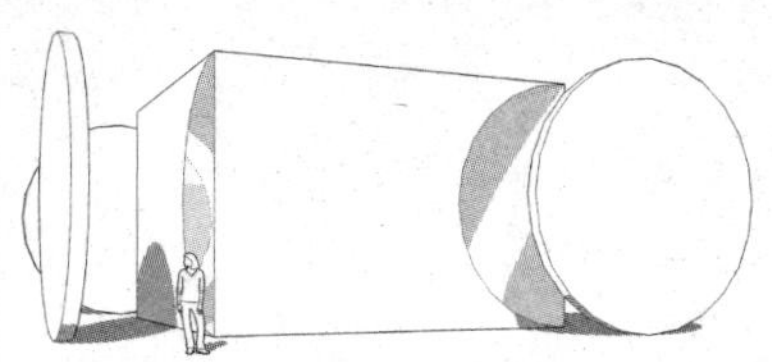

盈亏看似体积的变化，其实是遮挡的结果，用挡的方式处理形式的边界，就如同服装设计的手法，服装的覆盖一方面用意是遮羞，更多的是进行强调和标示，也即是反义相成。

盈可以用来强化亏，亏也可以用来强化盈，引导和暗示同样可用于建筑。犹抱琵琶半遮面的作用就是定格灵光乍现的那一瞬间。柳暗花明又一村的惊喜总是被刻意营造出来。

视线被阻挡，由外向内的视线被分隔成细碎的片段，保证了内部的隐私。由内向外的视线，贯穿百叶，一览无余。

阳光从上部的空隙射入室内，室内可以自由地观察四周。

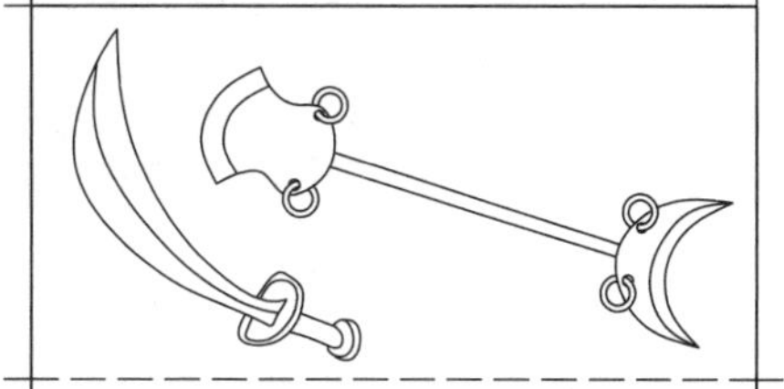

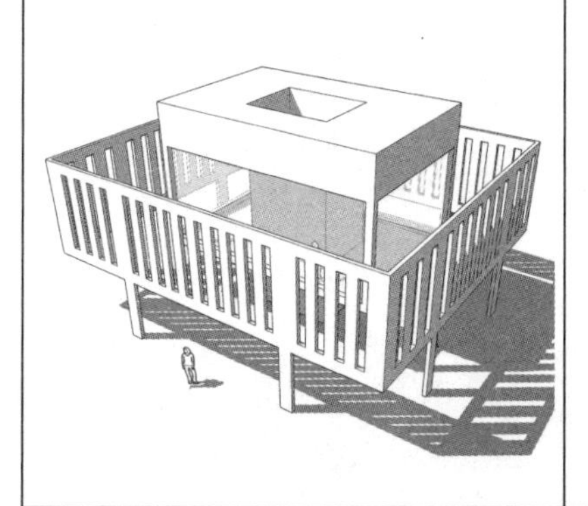

喷泉常存在于西方建筑中，激昂而生动。对应的是中国园林中的水井，井是明显的悲剧表达，空洞而伤感，总在故事中起到点睛作用。这两者也算是东西方建筑中的盈亏比较。

兽头鸡身的喷泉，亏的象形和盈的意象共同出现；水车的水斗，盈亏往复；月牙铲子一头月牙，一头饱满铲头；大刀一边凸起，一边凹陷。这些都是盈亏的共存。

将看似无用处理成十分有用，将盈不看成多余，而是存在的必要组成部分，多而不余，如同仙鹤的脖子不得不长。下面条的时候，锅沿散落的三两根面条形成锅的支撑；面汤沸腾之后流出铁锅，成为锅盖的支撑；落水的水龙头悬浮在空中；奔马雕塑的蹄下水花四溅。

建筑附加出来的广告牌、天线、空调设备等等，也能成为建筑的造型元素。

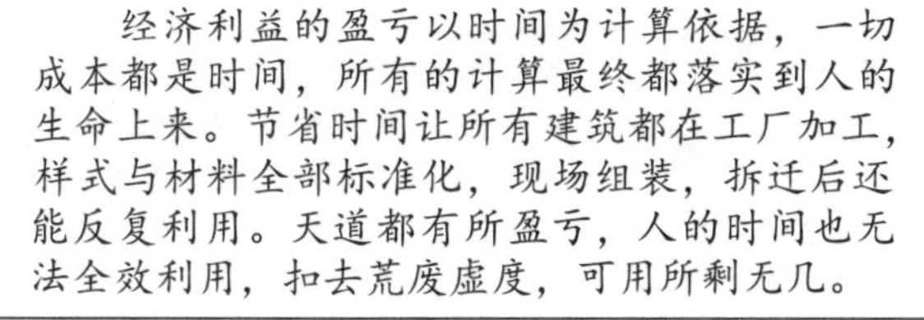

经济利益的盈亏以时间为计算依据，一切成本都是时间，所有的计算最终都落实到人的生命上来。节省时间让所有建筑都在工厂加工，样式与材料全部标准化，现场组装，拆迁后还能反复利用。天道都有所盈亏，人的时间也无法全效利用，扣去荒废虚度，可用所剩无几。

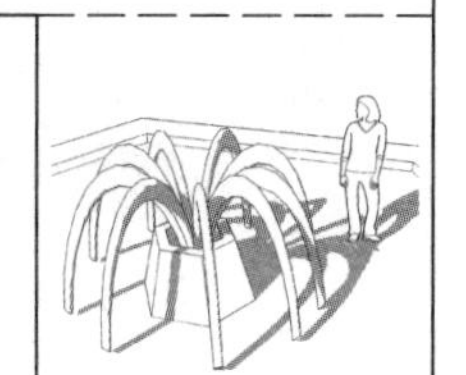

月亮被挡住为盈亏，太阳被挡住为阴晴。日升日落、阴晴交替、盈亏轮现，是最早为人所认知的形态变化。月亮的圆缺变化是最熟悉的一种形态构成。感动人的、具有原始意味的概念，要从最初、最直接的理解中去寻找。

盈亏的精神意义在于承认任何事情都有周期性。对比的、循环的事情不必计较，也不能较真；缺失部分更加强化了剩余部分的价值，也是一种放松和美好；谁也不能逃避起落和沉浮，上坡结束就是下坡；失之东隅收之桑榆，算是有舍有得。投入和产出、盈利和亏损的关系，亦如日月运行般具有不可更变的规律性。

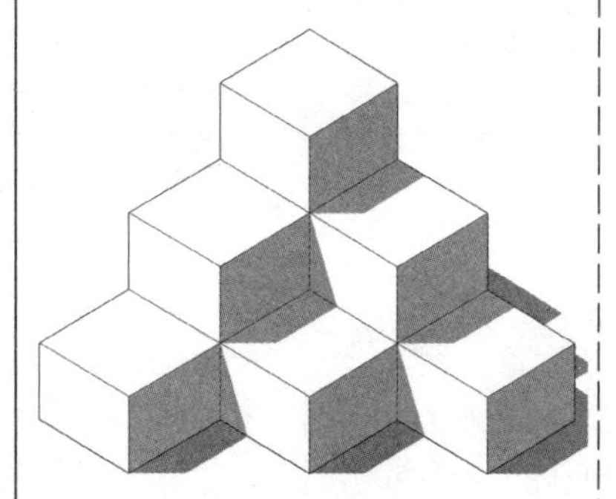

规律化地增加或者减少。节奏和韵律呈现的前提是重复，周期重复的事情能够总结出规律。

建筑的外皮有自身规律，建筑思想和审美也有历史规律，盈则亏。

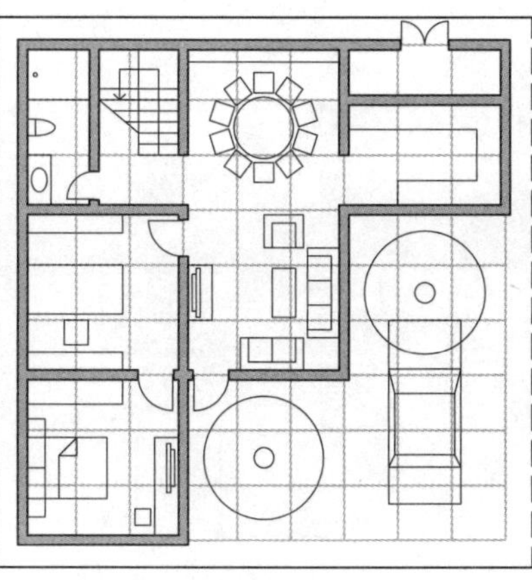

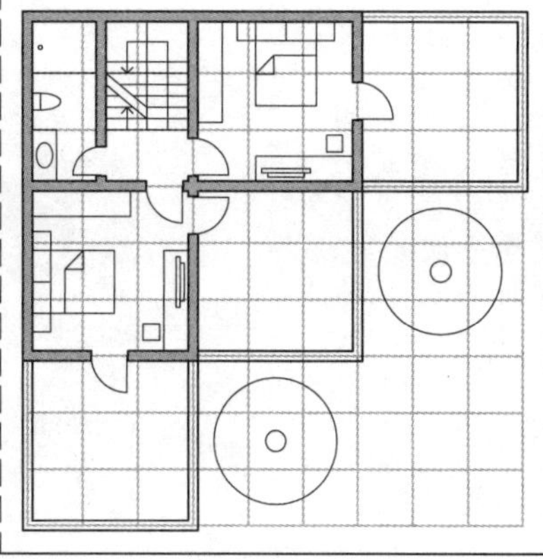

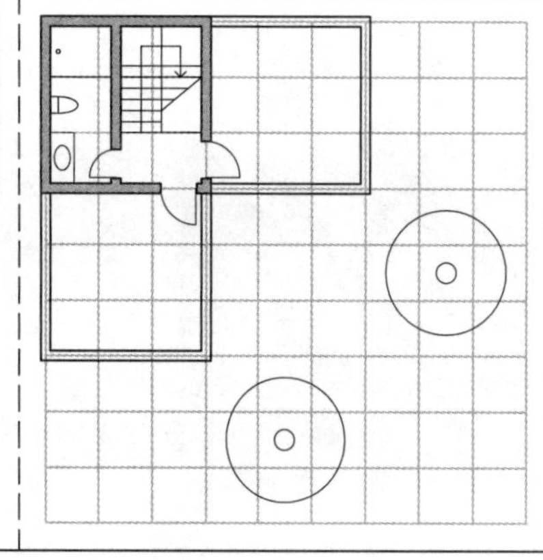

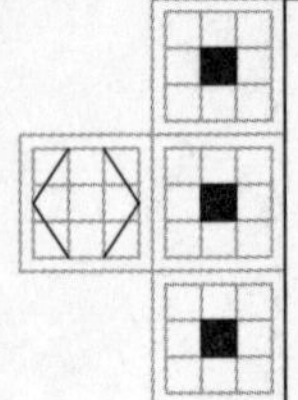

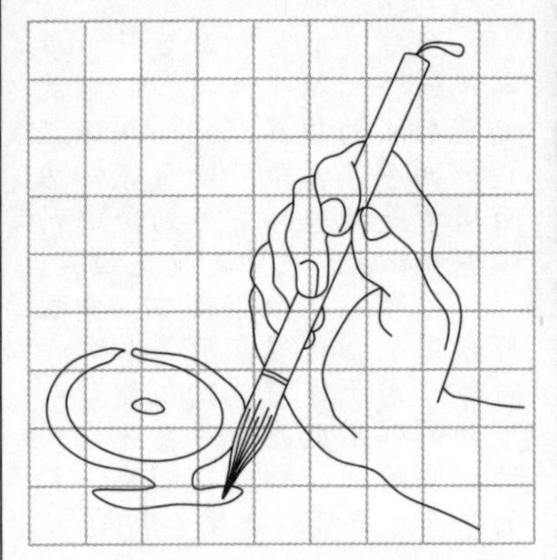

晝夜

昼 夜

昏明积苦思，
昼夜叫哀禽。
——南北朝·鲍照

/夙夜/旦夕/朝暮/早晏/

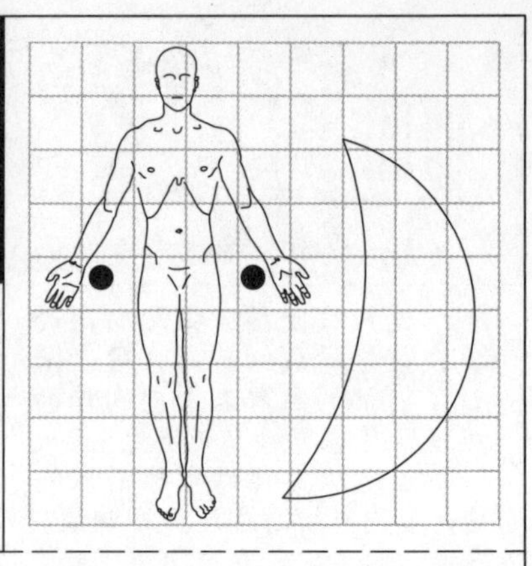

晝：明也，从聿从旦。聿为手执毛笔的形象，旦为太阳自地平线升起的样子。昼即为用笔记录太阳升起，给一天开始做标记，是记日期的方法。或者是会意天亮了，就可以写画东西了。白天和书写记录有关，書畫的書字，更像是用来表示昼，也可能字下的是曰而非日。

夜：暮也，从亦从夕。亦为大字形状，左右两点强调双臂对称且重复，表示也、一样的意思。弈、迹、奕均有重复轮流之意。夕为半月，夜即为月亮升降重复变化的过程。

或夜指黑暗一片，月和夕是有分别的，有光为月、无光为夕。持续的无光就是夜晚。

昼夜两个字中间，包含了旦夕二字，旦为刚露头的太阳、夕为半遮蔽的弦月，都不是完整饱和的。无论地球自转快慢，永远都有一半的黑夜时间，一半的白天时间。事物总有好的一面，也有坏的一面，好事里面有坏事，坏事里面有好事。

日出而作、日落而息是过往顺应自然的做法，因为夜晚没有照明，落后则需要注意世界的变化，不能不顾自然地存在。在当代，空间上的日不落已经发展成时间上的不夜城，人的作息规律也随之变化，睡眠不再被动而是主动选择，日照只起心理作用而非直达肌肤，所有的自然元素都靠人工搬运。

日复一日，人的生理适应了这样的周期性。每天的总时长是固定的，古人一天划分十二个时辰，现代人将一天为划分二十四小时，划分细、效率高，或未来基本单位占时更少。

建筑所有的立面，利用昼夜变化的温差、光差来产生能量，改变其颜色，城市颜色变成直观的气温。昼夜的周流变化是注定的，太阳能被高效转化，白天就是固定的充能周期。

有的建筑白天出效果，有的建筑夜晚出效果，白天表现整体、大面，夜晚表现局部、点线。白昼天空全亮，优点和缺点同时暴露，到了夜晚能更好地掩盖缺点，表现需要突出的部分。可以利用灯光进行强化和有的放矢。一根柱子夜晚和白天的照明情况完全不一样。

在各类建筑中，夜景通常关照轮廓比较多，可见剪影的重要性。建筑的精华部分，屋顶、边线、出入口、装饰物、柱子结构物，是夜景要重点表现的。利用夜景就能够提炼出建筑物的精华所在，分析一个建筑，就想象自己目光如同探照灯一般，将表面打亮。

酒店功能是典型的昼出夜伏，而经营者夜出昼伏，两者因为生意而互补。有的建筑为白天服务，有的建筑为夜晚存在。对于酒店，阳台没有晾晒功能，可作为重要的装饰元素。

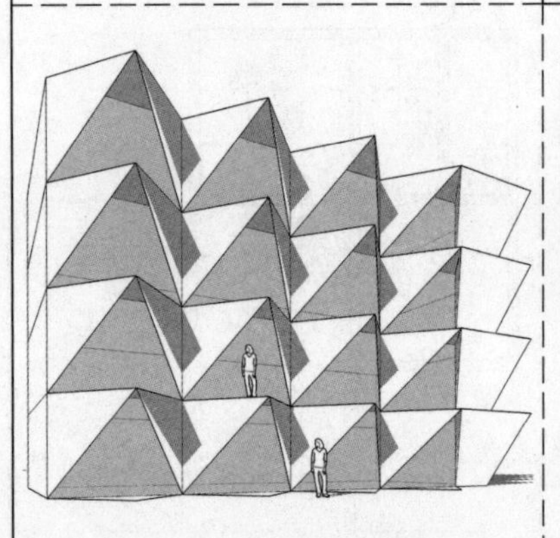

白天阴影关系强烈，夜晚灯光分明的酒店建筑。冲突的形体依附于平淡的方块，依靠昼夜的变化展现自己。

屋顶的桂花树，提示着季节也提供香味的引导。

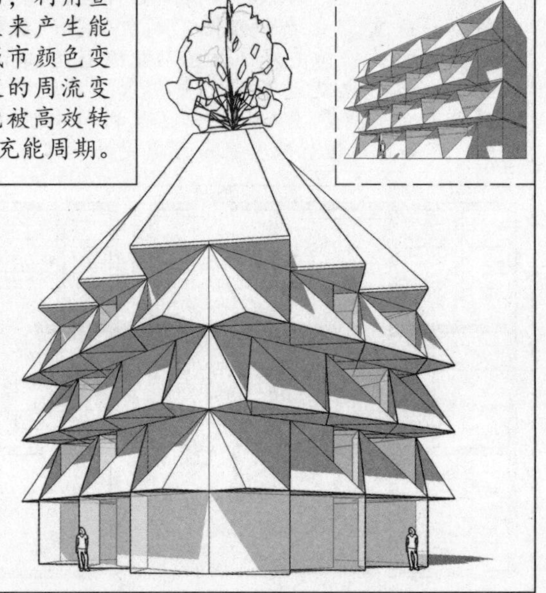

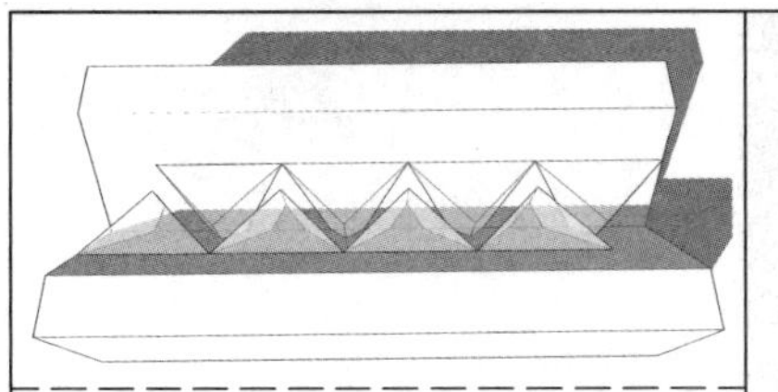

白天阳光强烈，夜晚太黑。让白天吸收能量，夜晚发光的建筑涂料来照明街道。未来利用昼夜变化打造一种博物馆般的维持恒常状态的建筑，建筑受光面总将能量传递到被光面，地球受光面也支援背光面。

白天不再任由阳光普照，所有街道都有顶盖吸收太阳能，再根据功能进行局部照明。太阳能量被一天平均分配，世界陷入不日不夜的灰色调子。

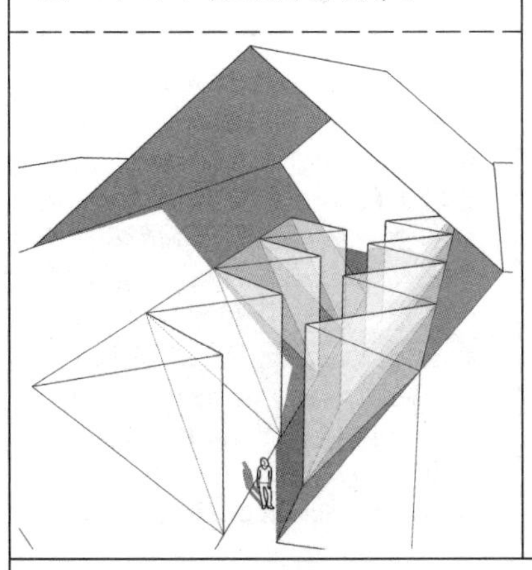

盈亏和昼夜都是阴影造成的，看见弯月，即是在月亮上看见地球的影子。人类是因为黑暗才进化出睡眠，或是因为睡眠才需要黑暗。前者说明人被动适应自然，可人不需整夜休息。后者说明人类是有选择的来到地球，找到一个大致适应自身生命规律的地方。或人类原来居住的星球就是白天十六个小时，夜晚八个小时，因为人只需要睡八小时就够了。

人未必是由猴子进化而来，或是外星移居而来，动物只是产生人的过程中的废品，或只是衍生物，因为诸多生物之间的基因差异非常之小。

人类更换星球生活，会进化适应新的天理周期，比如一天一百个小时。当地球容纳不了这么多人共生时，人类可以分时段生活。每人每年能活动三个月，其余时间冷冻起来。平均地使用和享受真实世界。

人的周期同步地球的周期，人的周期发生变化，所有的物质条件也必须跟随调整。现在是调节市政适应人的生活周期，在愈加饱和的城市或可调节人的周期来平衡城市压力。

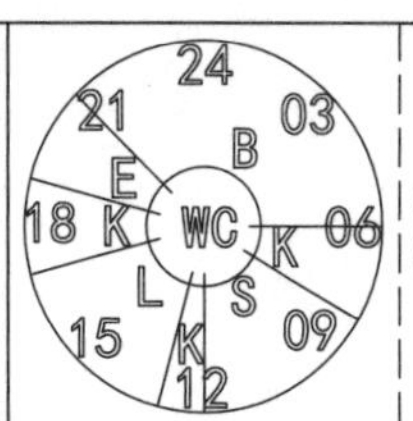

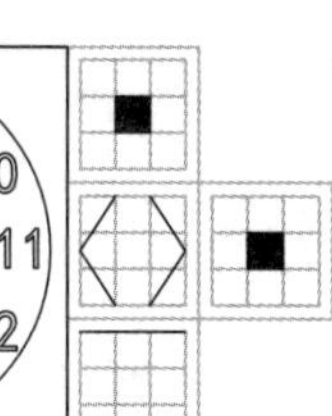

按人的活动时间和轨迹来安排平面的功能布局，就像时钟旋转一圈回到起点。圆形建筑一层、二层各代表半天，人在建筑中转两圈，整日所有的需求就得到满足。泡泡图不仅是交通动线图，也是时间历程图，节省动线就是节省时间。

新的计时方式将每天的时间分成两部分，早八点到晚八点工作，晚八点到早八点休息，名正则言顺，形成暗示则事成。

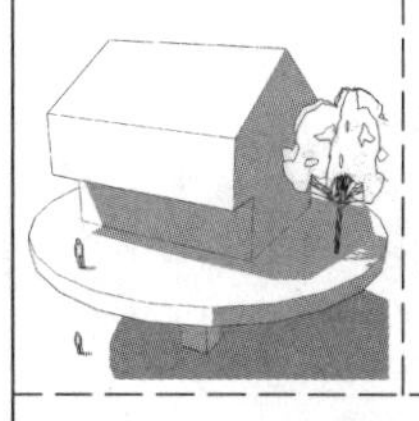

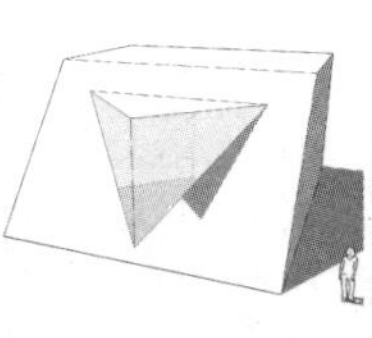

昼夜对人的心理有作用。向日葵般自由转动的建筑，随着太阳转动方向、和太阳轨迹同步，保证人总处在阳光下。

日晷的建筑化，利用太阳的投影来计算和估计时间。

有白昼有夜晚，建筑的作用有的是要夜晚像白昼，有的是要白昼像夜晚。人接收信息主要靠眼睛，同时眼睛也局限了人所能获取的信息。昼夜的划分是因为眼睛的功能限制，如果人如蝙蝠，便不需要区别昼夜。

人工感官设备会增强人的知觉和表达能力。就像现在通过手机和人沟通，人类最终都通过眼镜观察世界，这样就不再有白天和黑夜，人的外表和形象都被眼镜数字化再进入观念，不再有生物化的信息沟通。被封闭包装的每个人都会有自己的时间和生物规律，可以调整一天为二十小时或更多，间接地让人的寿命增加。

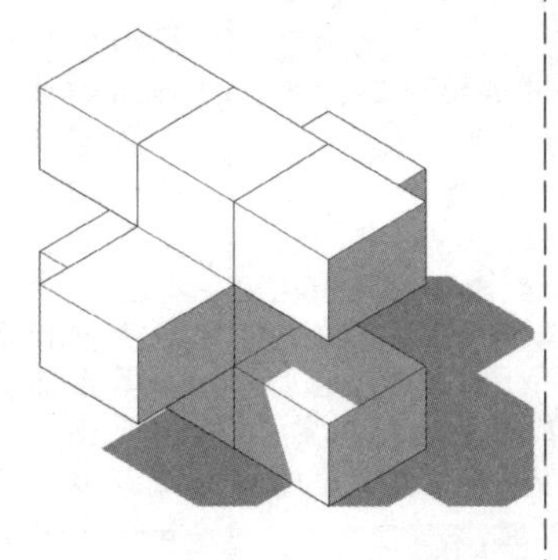

每天的时间就在钟表的轮转中度过，从下而上三层体块就仿佛时钟的时针、分针、秒针，在各自层面按照时钟的速度旋转，既能当做时钟，又如旋转的观光建筑。

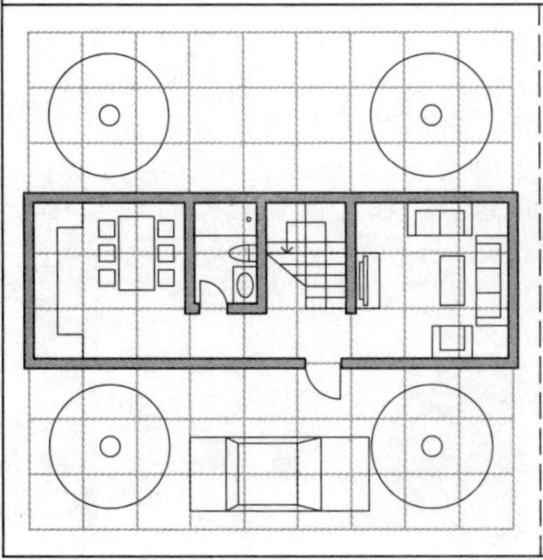

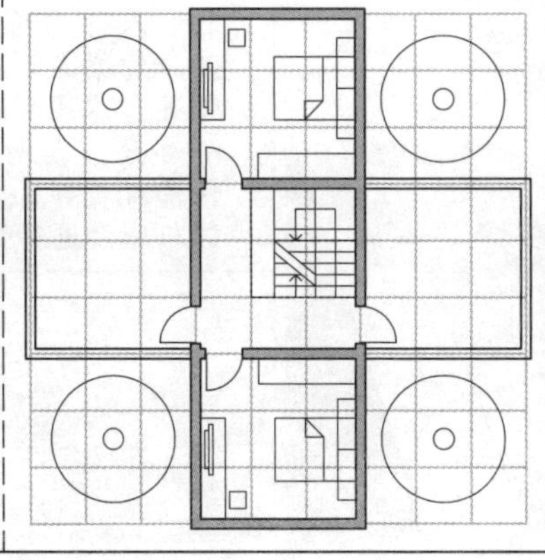

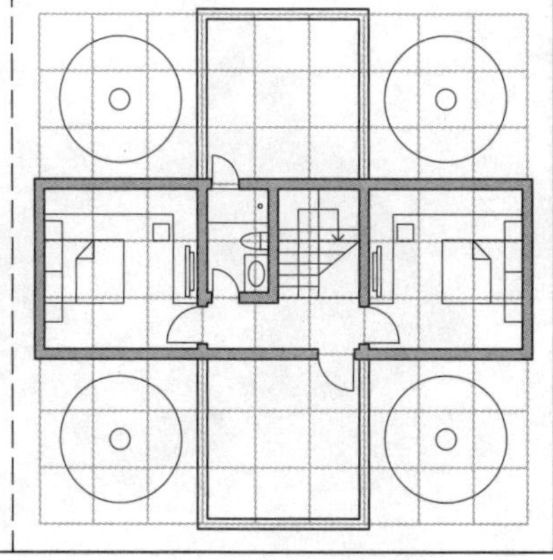

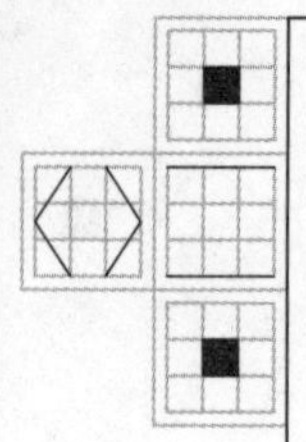

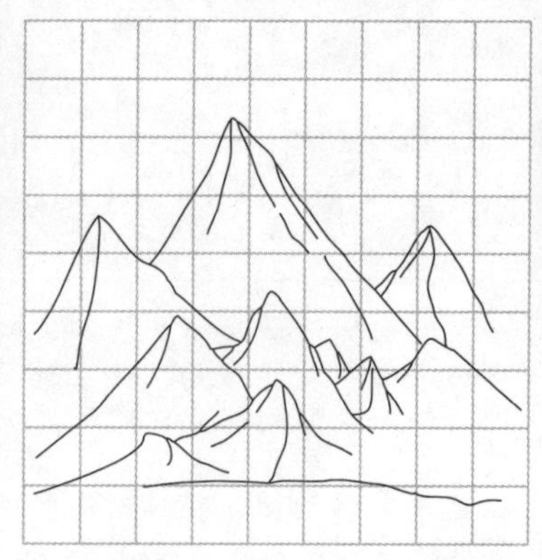

山 澤

山　　　　泽

习隐非朝市，
追常在山泽。
——南北朝·湛茂之

/山川/峰谷/

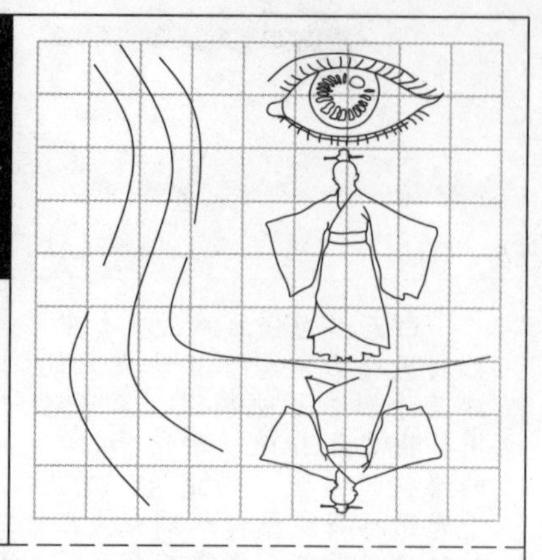

山：土之聚也。为大山高耸，三峰矗立的样子。山水日月等字是最基础的象形文字，这些字对远古先人的生活生产起到指导作用。

或解释甲骨文山字形为火字的讹变。或古代的山火两字同源，一是有火山，二是燃火的木材多在山上采出，再者两字形状相似。

澤：光润也，从氵从睪。氵为河流的样子，睪为人瞪大眼睛观察倒影。泽指平滑如镜的水面。泽古字为滜，从水从皋，皋为水边高地。

或澤从水从目从幸，幸字从夭从屰，夭为死去，屰夭为生为幸。澤会意水为生命之源，是维持眼目清明滋润的必须。

依靠山泽，居住于山南水北，是最原始的生存条件，靠山吃山，靠水吃水，传统文明发源自五岳四渎。假如无水无山或方位相反，则要造山造水满足心理和风水的需要。

古代修筑宫殿，离不开山和水的塑造，大筑台基，就是模仿高山仰止的气派，挖出池沼就是大泽。日本园林营造枯山水，是山水精神的留存，必须有山水陶冶，否则戾气太重。

地表山峦的起伏塑造了海洋，海洋同样会塑造大陆，浪涛在漫长的地质变化时间中，逐渐侵蚀大陆，让大陆逐渐变小、均质化。海洋蒸发的回流，将陆地的各种物质带回大海。

山峰土方平均地遍布地球，让地球拥有平均的标高，海底面和海平面平行，只有薄薄一层海水铺在表面，世界变成水世界。海水跟随月亮的引力，形成环绕地球的超级海浪。

建筑的屋顶就是山，雨水顺着屋顶而下形成泽。人需要精神上的山，屹立不动，也要思想上的水，保育和滋润身心。山水画就是表达人的情怀，面对自然和社会的考验，要有山的定力，在坚持和固守的同时，要有水的涵养，随流而机变。外化而内不化，山为体泽为用。

山体建筑的体块直接嵌在山中，如同防御工事一样，蜿蜒的山泉将所有建筑联系。

泽用倒影来说明水，在建筑中利用水来衬托和表现的时候，要充分利用水的倒影，个园中就用倒影月亮来做文章。

在没有水的情况下，用实体实现倒影的错觉，在空洞背后，有完全镜像的实体存在，往往会模糊镜面和真实的区别。到底谁是在镜子中，如同庄周梦蝶一般，分不清虚幻和真实。一个艺术的展览空间就可呈现虚幻和错觉的可能。

逢山开路、遇水搭桥，建筑山字形的入口，只有重要人物驾到才搭桥通过。海上的小岛总有神仙，可望而不可即是追求的目标。人在地面上，总是要向往天空的神奇瑰丽，所以总是要在高山上祭天，与天空亲密接触。建筑的立面对照山体立面，能借鉴其中的规律和变化，现代建筑就是梯田化的山体。山体皱褶对照国画皴法亦可明了具象到抽象的提炼。

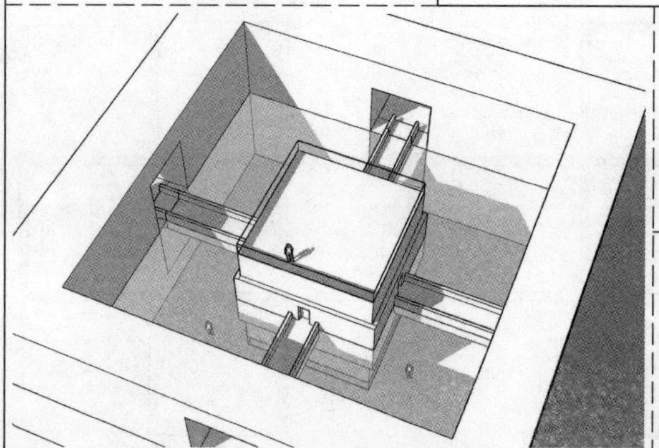

人行进在悬桥上，这个桥梁也是中间悬浮部分的梁架。以桥为水平切割，用透明玻璃幕墙进行水平分隔，中间的悬挑建筑分为上下两个部分，这两个部分相互镜像，站在四周看，仿佛就是镜面的倒影。在室内将地面的灯光装饰与顶面进行镜像，各面出入口亦镜像布置。

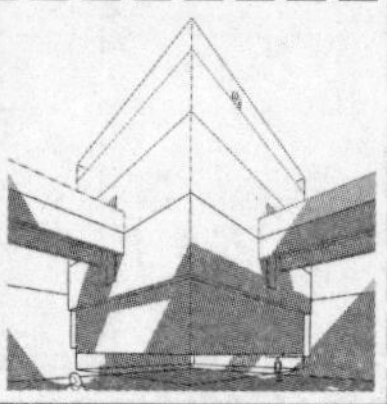

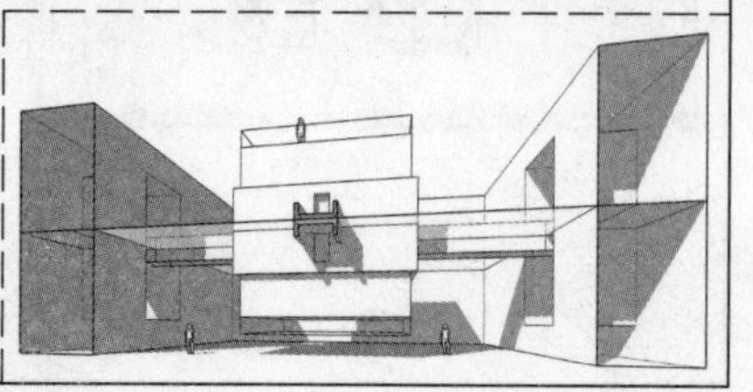

山川合一的喷泉水景，立面是山与川的象形，山被瀑布劈开，叠级流水而下。山坡上的坑洼中长出松树和野草，调剂坚硬外形。环绕水池也是三角形，克冲分流。

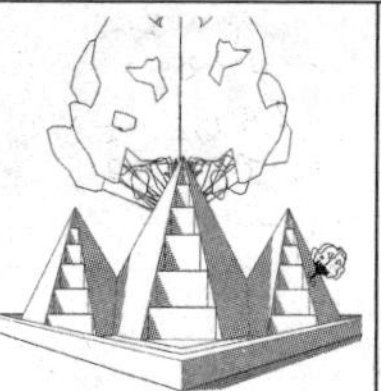

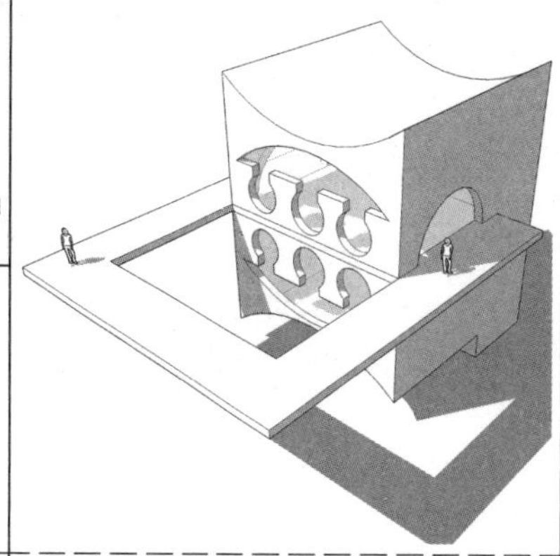

自然界没有完全的平面，总是存在起伏凹凸。大地是繁育一切、医疗一切的平台，山是经过无数历练才存留下来的形式，是最适应地球环境的一种。纯粹的几何形态，是低级的形态，都被自然给升级了。否则在无尽的山峦中，也应该有金字塔天然存在的概率。人造建筑就是造山凿山，单体群体都不自觉地组织出山的意象。

三山汇聚、三花聚顶，喷泉交叉轮流喷洒，山中喷瀑的意象。在大的池塘中，堆积的山体，层层叠叠，有明显的层次感，每层种植不同的植物，分成几种颜色，顶层是雪岭梅株，靠近水面是青葱草地。

火锅的形态如山泽般水火相济，风口是火山的开口，涮槽如环岛的大泽。城市若火锅，火大不断添水，火小无法沸腾。建筑机电亦如火锅的热效比，多大的汤池配多大的炉膛。

走在环形的跑道上，如同走在云端彩虹上一般。回看建筑的立面，上顶面是凹形，和山反形。下顶面是凸形，和水的习性反形。立面上下的异样造型，强调水平的对称性。

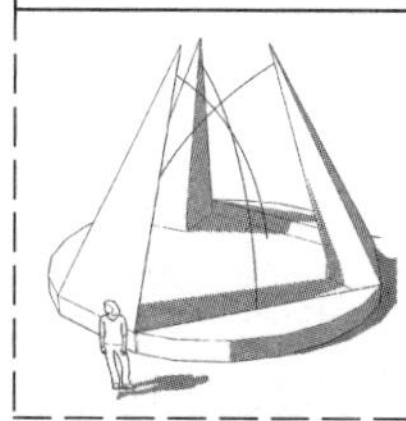

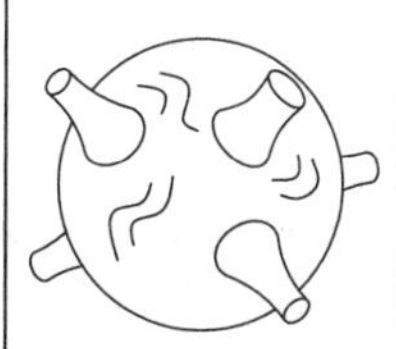

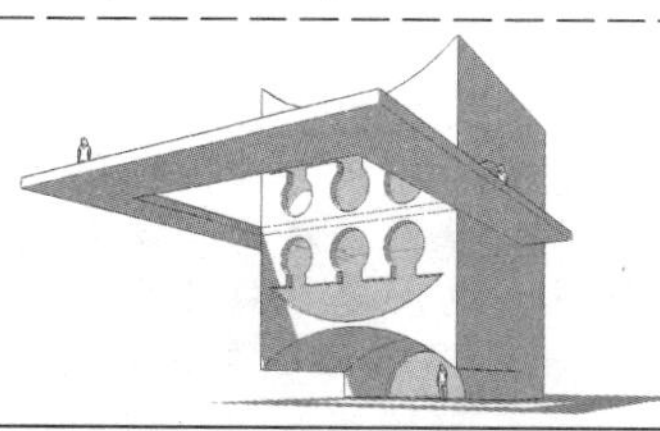

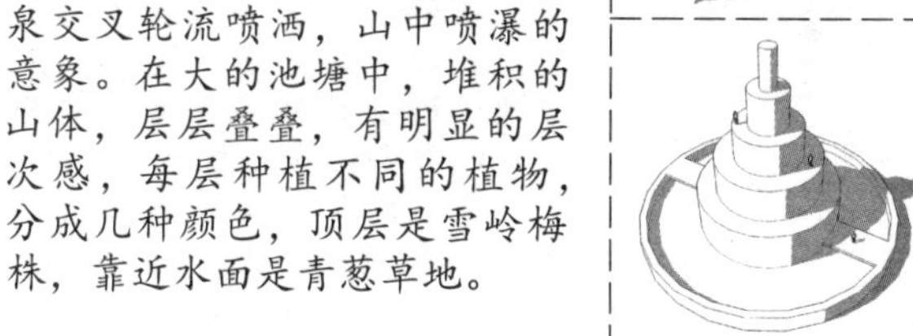

大陆可看做是海中的山峰，人都是山民。远古世界是几座大山组成，逐渐山崩地裂形成现在的几大洲，但是远古的记忆保留在神话中成为海上仙山。合久必分，大陆漂移最终会将山体重新塑造起来，海中再出现高耸入天的大山，人群被孤立开来才能有新的进化和融合。

有山自然有水，高山积雪、矮丘汇流，最终形成大海。所有的冰川全部融化成水，陆地将所剩无几，或人类将来必须适应生活在水上，因为陆地空间太紧张。现代的经济发达城市都处在海边，并未考虑海平面的变化。或将海水抽出来全部冻成冰储存在高海拔、高纬度地区，海平面将会降低，可以出现大量的陆地。

人从水中进化脱离，生存也离不开水，人也许就是水的变体、是物化的水。只有水有意识，水的意识才导致了生物的出现，主宰地球的不是人类，而是水。液态的水是有思想的物质，能够孕育各种神奇，是一切力量的储存器。

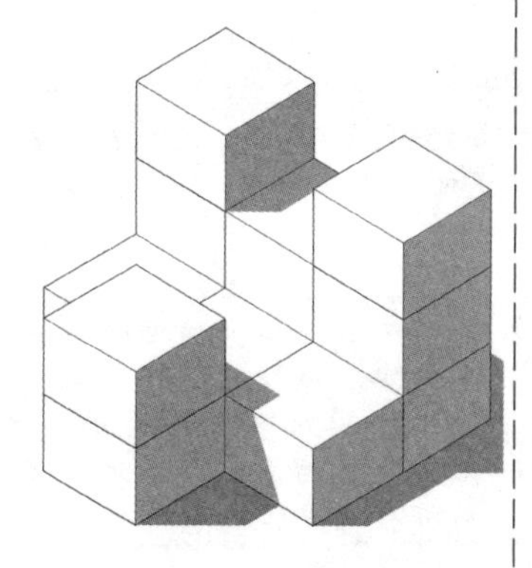

大山矗立，中间被一道大河劈开。黄河之水天上来，奔流而下，滟滪阻流其中，不禁水花四溅。

山涧淌水、巨石中分是国画中最常见的范式，有一往无前的意味。

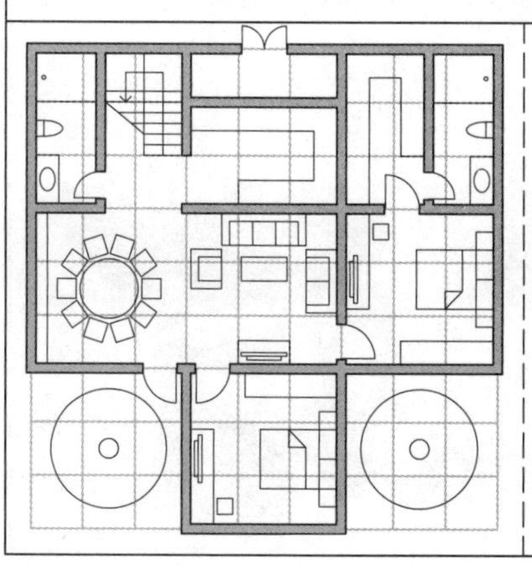

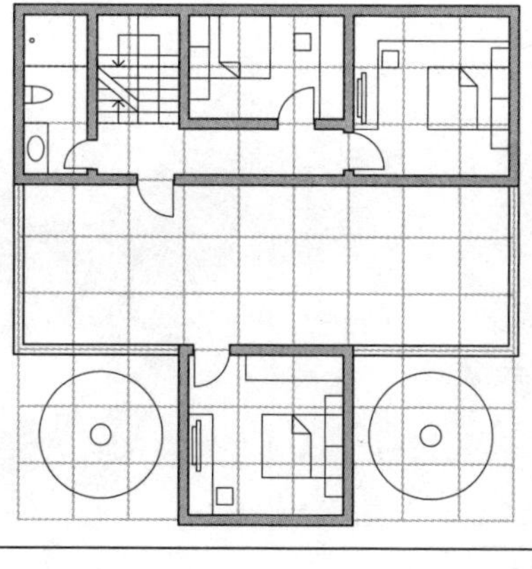

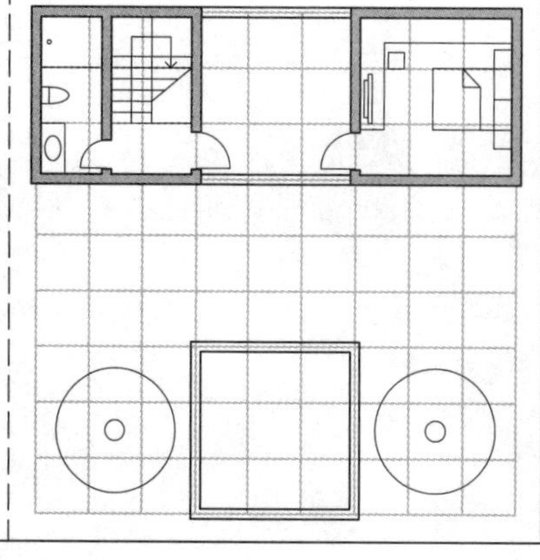

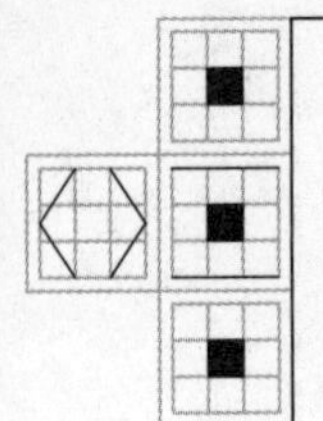

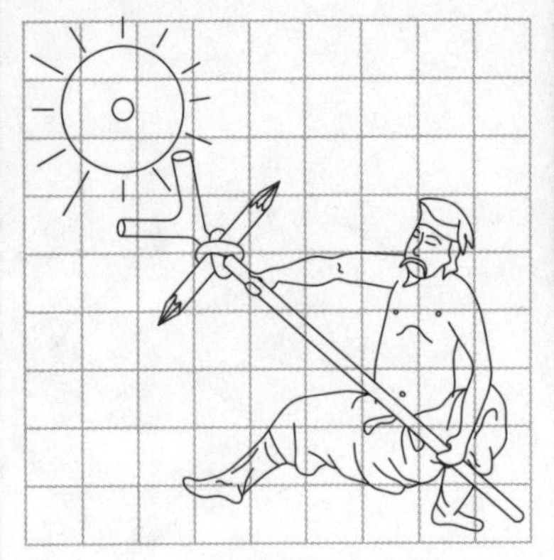

旱潦

旱　　涝

世荣易消歇，
犹岁多旱涝。
——宋·卫宗武

/水旱/雨旸/水火/冰火/

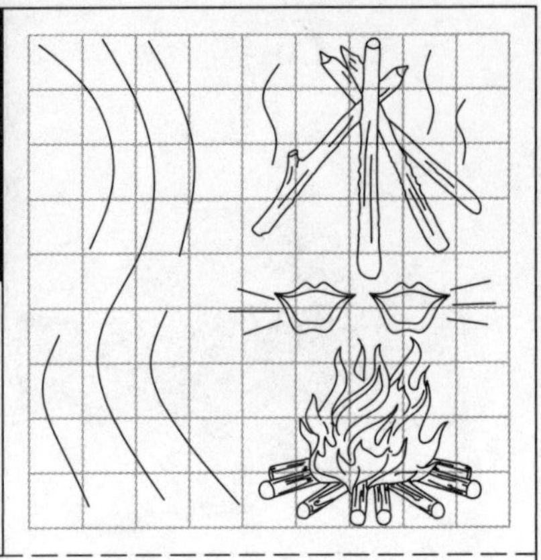

旱：不雨也，从日从干。日为太阳的样子。干为干犯之意，是古代狩猎木杆的象形，在一个树杈上捆绑一个横刺，可以进攻和抵挡。旱字是用干来驱赶炎炎烈日，会意酷热难当，后羿射日也是一样的心理。或指太阳炎热，将植物都晒脱了树叶，成了树干的样子。

潦：雨水大，从氵从尞。氵为河流。尞字上部分为柴堆燃烧状。中间的曰为吕字，表示声符，会意剧烈燃烧的噼啪声响。下部分为火焰形状，尞即是猛烈燃烧。潦指能扑灭大火的水，能和烈焰匹配的水，必是大水，潦算是水火相济、反义相成的一个字。潦同涝字。

山泽为地貌，如荒山和水泽；旱潦为气候，如天气的干湿。水的多寡，决定了生物的多样性，也决定了建筑的形式和材料。北方地区的地坑窑，窑洞的中间留有深井，四方来水还要汇聚其中；简陋的屋面直接铺仰瓦而不铺盖瓦，节省造价，也不担心雨水渗漏；半坡顶将雨水全部流淌入院内，叫做肥水不流外人田。北地称为肥水，南方称作淫雨。

雨水丰沛的地区，传统交通依靠水路，北人骑马、南人乘舟，这是地区气候差异造成的。同质的市政供给，消灭了待遇差异，让城市面貌也同化起来，自然条件不再塑造城市。

人和建筑一样需要给水和排水。在建筑内部供给生活和消防的水要随手可得，外部的雨水雪水又要完全阻隔，建筑需要可控制的水。机电的管线和建筑的动线都是控制，水流、电流、气流、人流都是被管弄组织和控制的，建筑不是机器胜似机器。固化的建筑不再适应气候，建筑填充物的流动发展成建筑自身的移动，形成有调节作用的室内和灰空间。

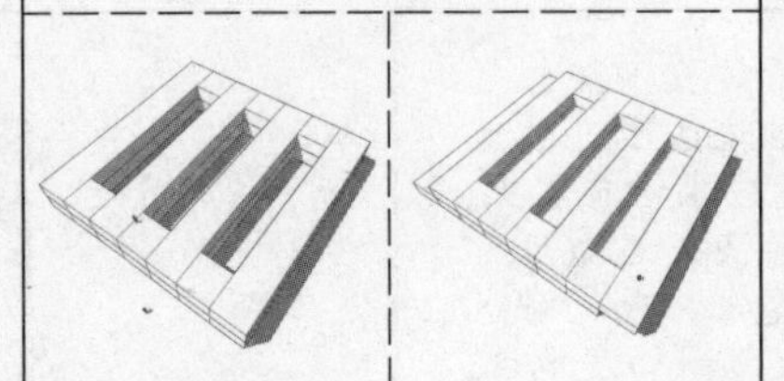

干旱和洪水消灭了田野与村庄，生存危机引发动荡。为了防洪抗旱曾造成许多次的改朝换代，能够保障良好的生态气候，国家的稳定就基本能保证，统治者最重要的工作之一就是祈祷风调雨顺，保障气候环境平稳。建筑上诸多符咒用来祷祝平安、辟火求雨。

干旱的极致是沙漠，沙漠地区不适宜在地上兴建大规模的城市，有条件可以利用地下打造扁平城市。镜湖映月，沙漠极度缺水也会出现倒影，海市蜃楼也是相反相成的现象。高纬度丰水地区的建筑尖顶高耸，不仅要排水，还要保证屋顶强度，在下雪时能稳固支撑。

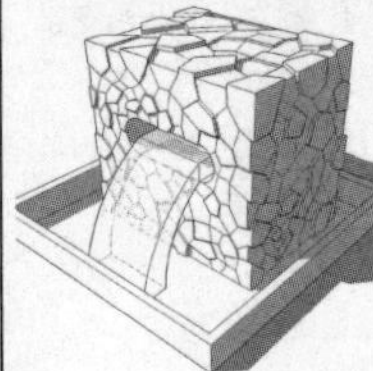

干裂土块中喷涌甘美的泉水，沙漠地带的地下井水是唯一水源。地下有水为地下水，水下有地为海底，水地交叠形成拥有海洋和生命的地下结构，每一层水都形成一个生态圈。

人死后，在焚化炉中用火完全消灭了碳水化合物，只剩矿物质。人身体中的水分蒸发殆尽，是生命的终结，从水分充盈柔脆到干巴枯槁，是人生的历程。精神和灵魂上天如烟，物质和肉体残余如土，所谓云泥各归，人的本质是土，就回到土中，继续在水的伴随下轮回。

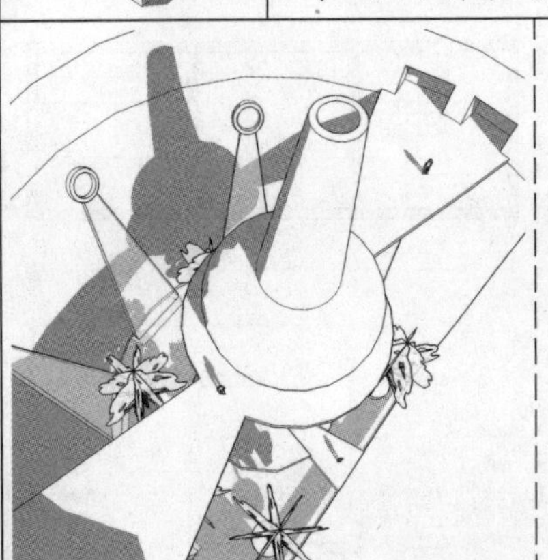

残体经过奈何桥在天炉中回归本质，然后下降到人世间，在森林和流水中让亲人带走。

四壁滑落的流水，如同人的眼泪，水落的喧哗，一如悲痛的呜咽。

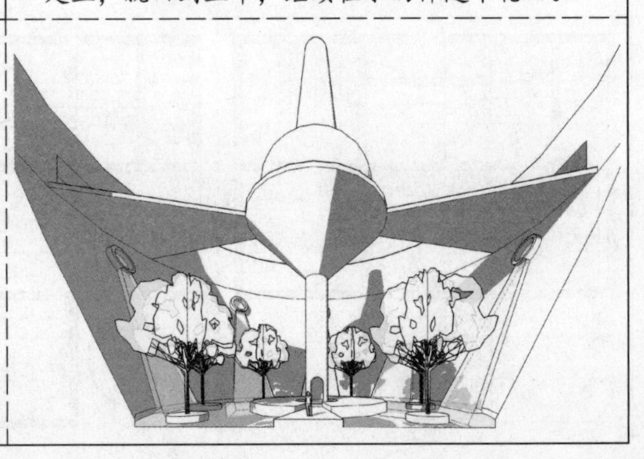

沙漠中的河道，营造天方夜谭的场景，蒙面侍者在烈日炎炎下端出瓜果饮品。阿拉伯的生土风格，装点热烈的浮夸彩饰，比欧式的细节好处理，更加有氛围和风味。

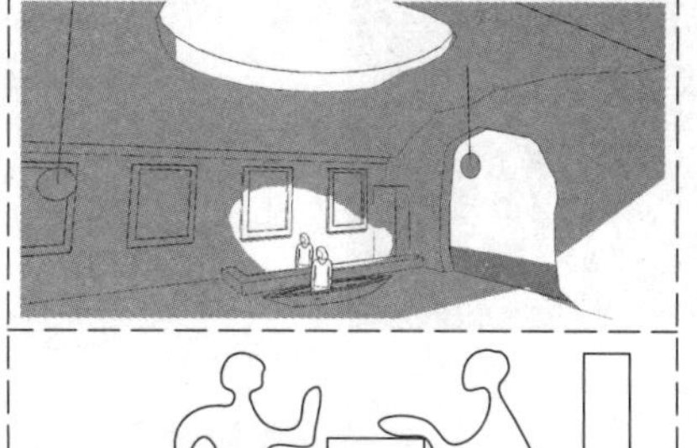

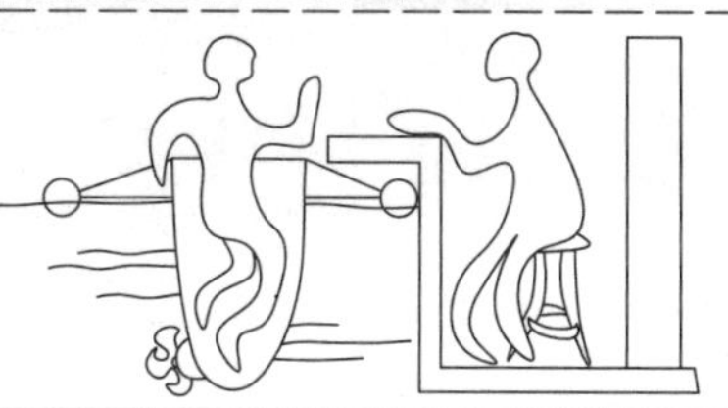

室内的水建筑，在室内划着船看展览、逛商场，可以利用现有的天然河流打造，上面建造顶盖如同地下河，上面走车走人，下面划船，这是一种全新的体验，还可以划船看电影，观影才可坐船，这样能控制船数。提前一个小时上船，观影结束归还船体。在不同的标高如同梯田一样设计观影区，提升机提供上行，而向下可以利用自然重力实现，缓坡上释放一浪一浪的流水让软垫船慢慢下降。或可以提高幕布，而船都在水面上飘荡，相互不干扰。

设计一种电动载具，让人在水中站立而不会倾倒，可以在水中四处游逛，就餐或购物。

传统的龙是旱涝的平衡者，农耕的丰歉全指望雨顺风调，将天子视为龙，是寄托庄稼丰收、吃饱饭的希望。黄历上的九龙治水是反义相成的大旱，旱也导致换龙；女魃为旱神，将水做的女性奉为旱神，也是反义相成。靠天吃饭如开口向天的大嘴，既呻吟哀叹又欲壑难填。

雨水和太阳的结合就是彩虹。在泳池底部设置镜面，在墙面形成三棱镜的散射彩虹斑，彩虹波纹是极好的建筑装饰。水池底面可以设置成凹凸不平的起伏状，保证在各种角度的太阳都能形成反射。或者泳池中放置旋转的反射球，如同迪厅的彩球。

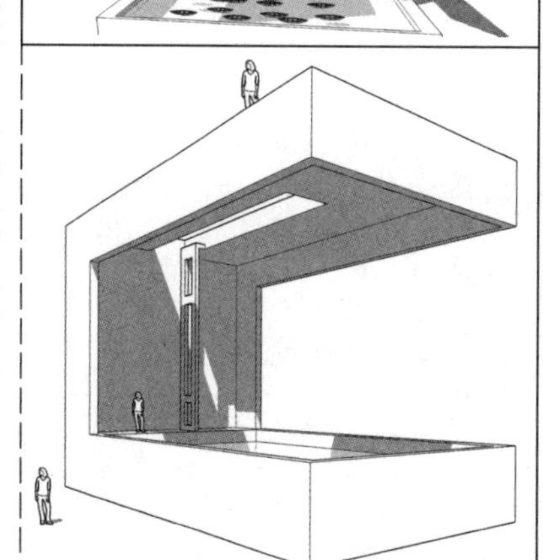

消防是建筑重要的命题，将来或所有的建筑材料都替换成阻燃物，除了食物是可燃的有机物，各种用具包括纸张也全部不可燃。建筑成为近似生物体的组织，遇热会出汗一样的自动消灭火源，下雨会主动吸收水分。所有建筑通过对局部地区湿度和温度的调节，参与到协同调整大气候的行动中，控制水的蒸发和气流行进方式，让降雨和温度均衡。传统城市和建筑将会成为遗迹存留，靠自然消灭。

在沙漠，水全部在建筑内部循环，利用材料变温特性在夜里吸附空气中的水汽补充损耗。在海洋中，制造冰旱通道在海底形成大陆。

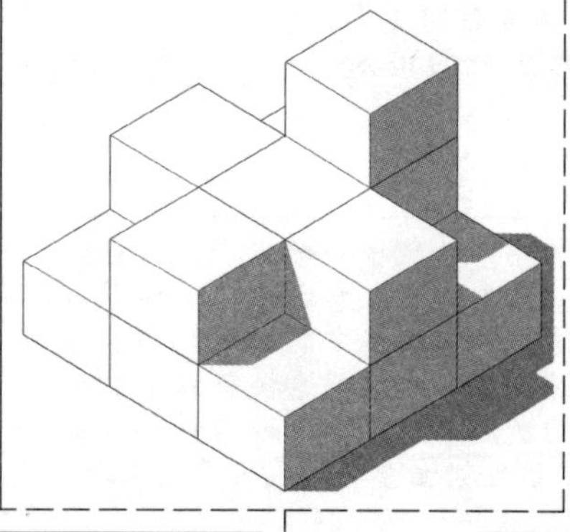

水汽升腾形成了旱，尖削的屋顶预示水分的丰足。一座火山坐落在海中，或者一汪湖水集聚在火山口。

尖耸的草帽和伞在大旱与大涝时都是必备的用具。

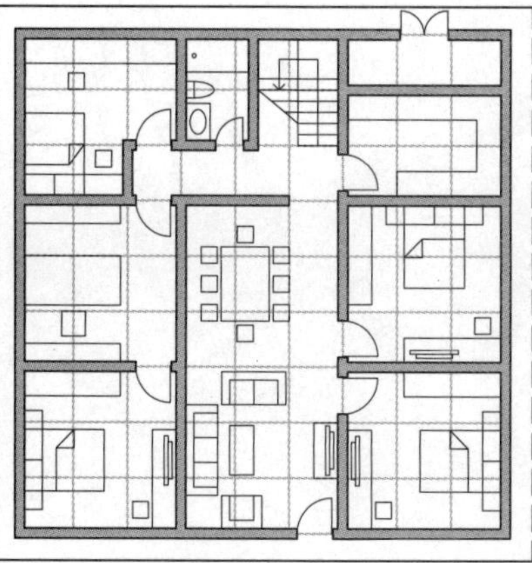

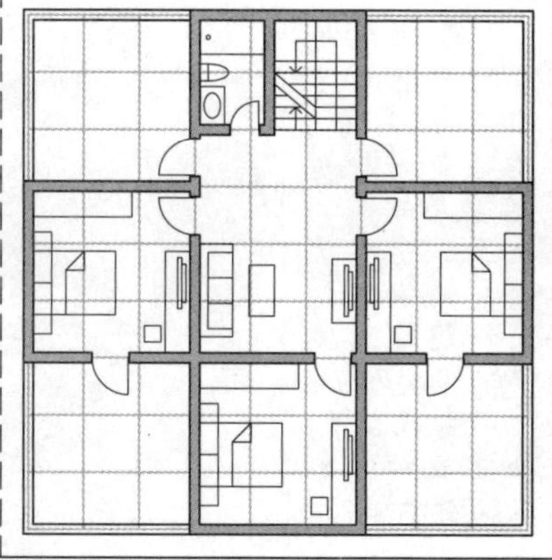

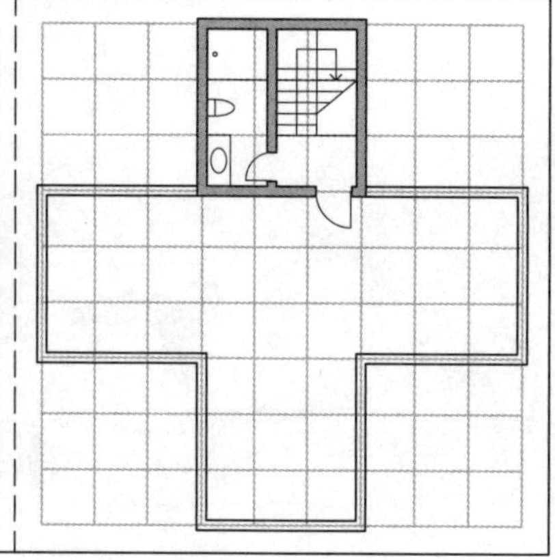

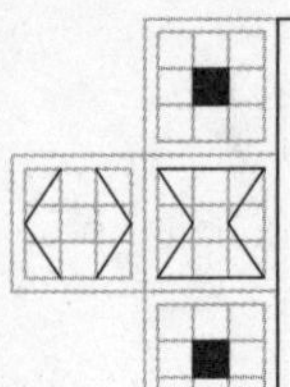

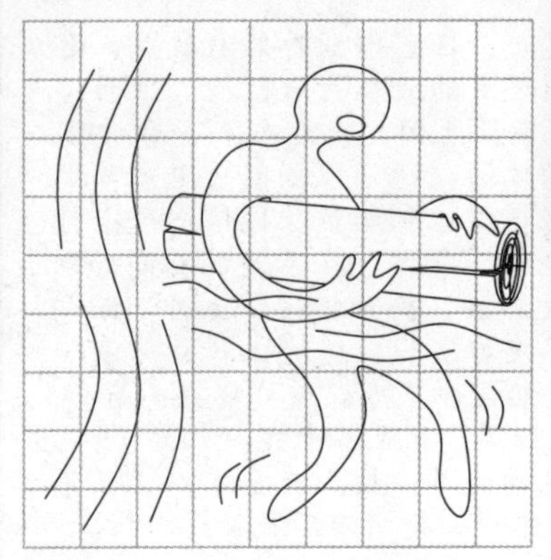

浮沉

浮　沉

一餐度万世，
千岁再浮沉。
——魏晋·阮籍

/涨落/冻融/

浮：漂也，从氵从孚。氵为河流。孚字从爪从口从又，上面一只手、下面一只手，中间的口为双手抓握的物体，参考俘、孵、乳。浮字为双手抱木漂浮水上。或浮为子之长发飘荡的样子。浮沉两个字和双手都有关系，双手被约束便是沉没，双手自由且能寻找依靠为漂浮。

沈：没也，从氵从冘。氵为河流。冘是举手佩戴枷锁的奴隶。沈是将戴枷之人推入水底，作为祭祀的牺牲。古人沉辜祭川，即沉牛、羊去祭祀河流，西门豹沉巫治邺也是类似的行为。

沈和沉同字，瀋阳的沈，是简化后借用。简化后意为沉没的太阳或太阳沉没之地。

有生命有活力的事物都上浮，而衰亡的事物都下沉。水汽蒸腾而上成云，云下降落地为雨，云的尸体就是雨。植物茂盛向上长，枯朽坠地则亡。

海中的鱼类，有生命的便能漂浮、飞跃海面，没有生命的便下沉、沉入海底化为泥土，鲸鱼落入海底也是一堆骸骨。温室效应持续，导致地球两极的冰块融化，海平面升高，相对而言就是人往下沉。

位置越低越接近死亡，地下十八层地狱的恐怖在于无法用死亡来逃避。人要住得更高、飞得更远，是对生命的追求。美好的事物总在天堂，即便一览无余，也还渴望深入太空。

新世界总在表面，旧的沉入地底，过往的城市和建筑全部埋藏在地下。如果快动作播放，土壤也如同沼泽一样，建筑其上便持续下沉、最终淹没。人类靠生生不息的努力才保持出离土面，短暂地浮在世面上，所谓浮生、浮世也即是如此。

城市的路面越修越高，过去的平地都成了洼地，建筑相对就逐渐下沉，往后经典建筑的一层可能就会成为地下室。

水上的轮船也如同高层建筑，却是飘在水上没有基础。陆上建筑比较而言基础太厚重耗材太多。和造船一样直接建造浮于地面的房子，无需抗拔任由水涨船高。大水来时便漂浮，通过控制天气能整体转移城市。城市不再是固定于地上的锚栓，而是诺亚方舟，人追逐资源而居，而非资源迁就人。人群聚集造成资源的过度损耗，搬运死物莫如移动活人。

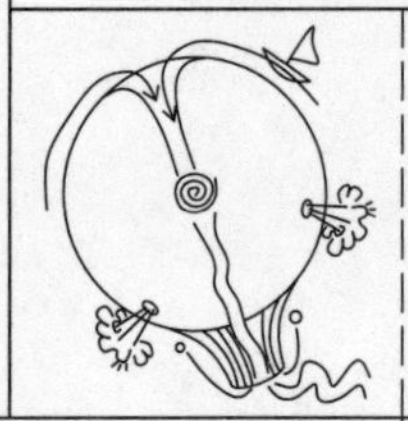

星球是一个浮沉的循环，海水、山体灌入地核，沉了下去。一旦穿过地核，就开始上浮的过程，蒸汽和岩浆在热量的作用下，又开始蠢蠢欲动，热量能让物质轻飘飘。

引力产生特定的浮力。有东西沉下去，才会有东西浮起来。气球浮上来，其占用的水就沉下去了。这两者之间是互动的，在上浮与下沉的同时，交换空间位置。

人渴望深潜漂浮的欲望一直存在，人在没有出生的时候就是生活在羊水之中，小孩子都喜欢荡秋千，这与飘荡在水中的感觉相似。漂浮在水上的小屋，走下水底到达桃花源般的境地，围绕周匝的水池中可以自在地游动，人像活在金鱼缸中，不自觉地旁观变成自觉地表演。

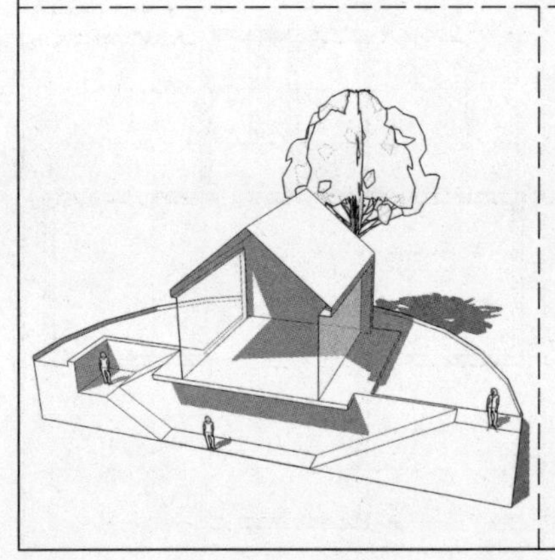

园林建筑中的画舫就是漂浮的意象，桥也是一种超越漂浮的高高在上，这种优越和骄傲也是文人隐逸文化中的自我抚慰。

古代官服、庙堂装饰的水波纹暗示浮沉。

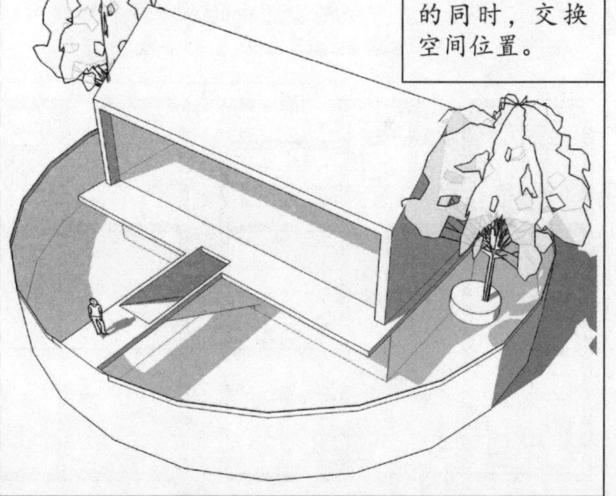

整个漂流在海上的城市，超大的圆形基座是一个超级浮筒，支撑整个城市。浮筒下面有八根弹性的触角，触角底部在海底搜索资源。当风浪来的时候，城市上下飘荡、触角伸缩，海水与触角产生相对运动，带动触角上的发电机产生能源。

独脚的漂浮台是探险者的家园，小巧灵活，较小的触角既是锚栓又是捕获和探索的工具，发现珍奇资源便召唤母城。

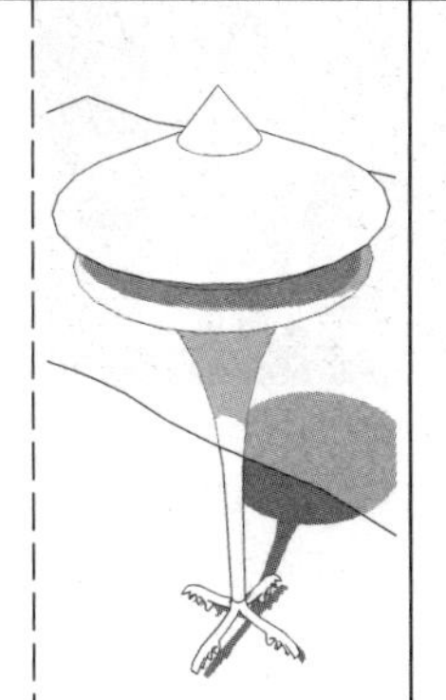

水深火热或是未来的真实写照，过度拥挤的人群只能向水面和地下发展，可见天日、脚踏实地的只有少部分人。能源不再仅仅来自太阳，还来自地球的地核热能，现在人类依靠太阳的余惠，将来还要吸干地球的血，当地心的热能消耗殆尽，地球便死了。

人类把地球储存了亿万年的太阳能全都释放出来，地面越来越热，最终地球上的水全部蒸发，结合扬尘形成遮天蔽日的污气层，地面灰寂一片，植物不再生长，人类躲入地下。在地下依靠地热耕种并维持少量的人口。形成固定的城市格局后，生活习惯就成为亘古的常态。

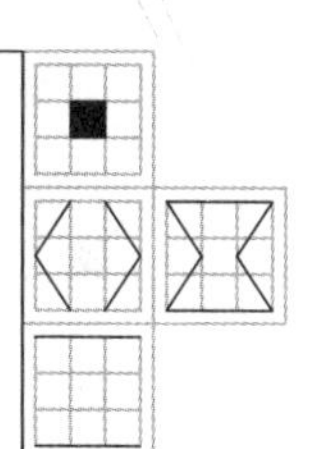

人类拓展生存空间，终有一日会出现海上城市、海底城市。世界温度气候的变化起落又带来了下一个冰河世纪，海上海下的城市又变成冰上和冰下世界，冰下的世界雕凿出巨大的空间利用地热形成绿洲，冰中的通道让人能触及最深的地沟。人在重大危机中的自救，是不断地循环往复，每一次的尝试都是将大石块推回原位，与水为敌为友算是人类的命数。

人类在水底靠手语交流，手以立面展示给对方的时候用四种姿势，五指可组合出足够多的语汇。如果一个手掌面能表达十个符号，便捷地翻覆手掌，两面的组合就有一百个。

手掌的信号可以同四角码一样表达，如果不用口语，肢体语言和文字在形式上就统一了。

触角般的固定柱，露出部分如风帆和风车，将风能吸收。大风浪时平台随海浪沉浮，与触角相对运动，产生动能用来升降轿厢。人乘坐轿厢顺着触角深入海底寻找食物和能源。

当陆地上再也容纳不了这许多人，建筑和交通工具合一，设计成船型，沿海四处迁移。陆地被用来种植庄稼和举办重大活动。穿戴式设备、生物基因技术的发展，将人改造为具有腮腺的鱼人，能完全地利用海洋。人在空气中徒手只能平面移动，在陆地平面走五百米不算什么，但是要在垂直方向上下五百米，对于人而言就是大工程。生活在海中可实现各维度的自由移动，尤其上下不再需要机械，海中到处都是可达空间，比人在地面上的城市具有更大的容纳性。未来人类就按照生存的标高进行分类，深海人、浅海人、两栖人、陆地人等等。

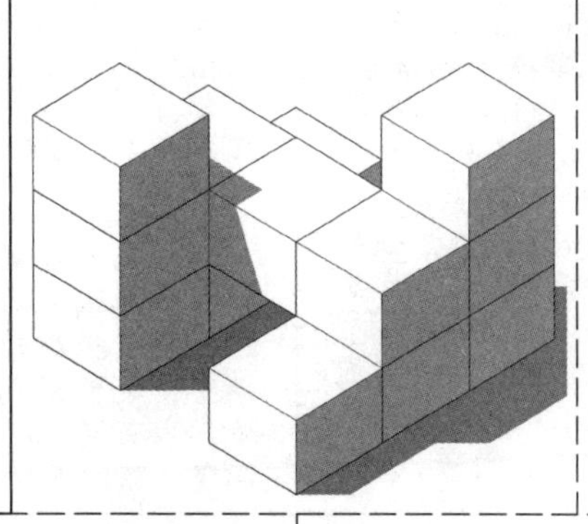

随波逐浪地浮沉，同一位置在波峰和波谷之间转换。风吹池水皱，池水跟风却没有随风而去，风息水止，徒劳让自己上下颠簸而已。在浪涌之中更要有平常心。

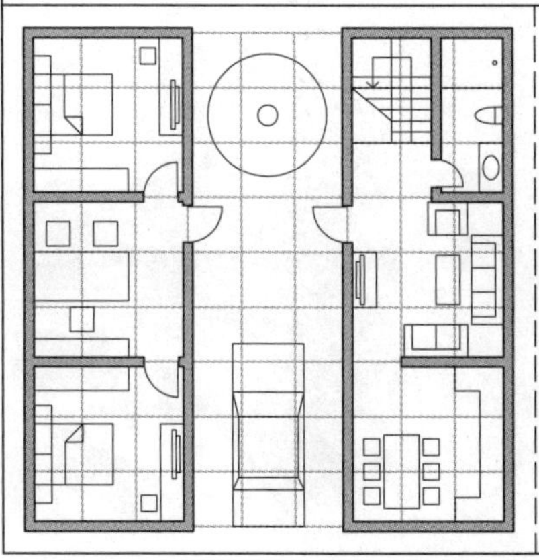

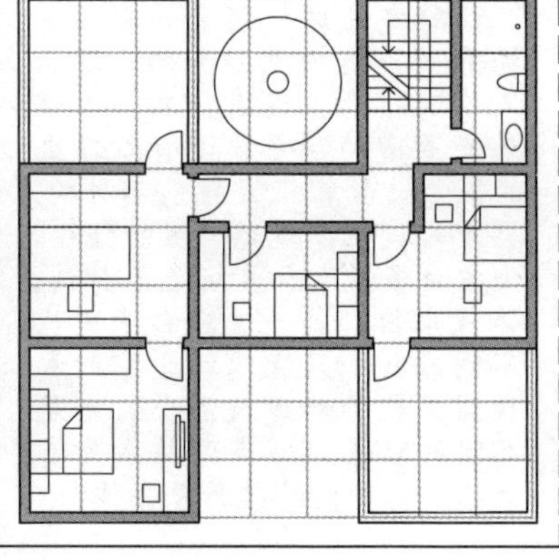

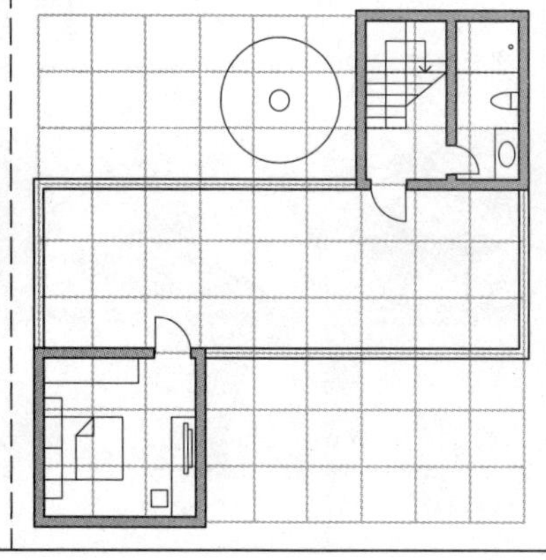

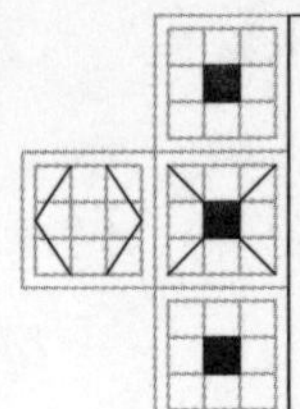

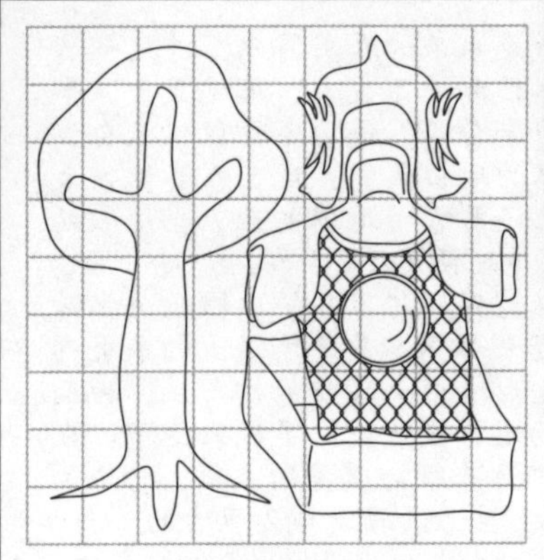

枯 荣

枯 荣

耳根毁誉等风波，
眼界枯荣俱泡影。
——宋·王炎

/荣悴/华实/饥穰/

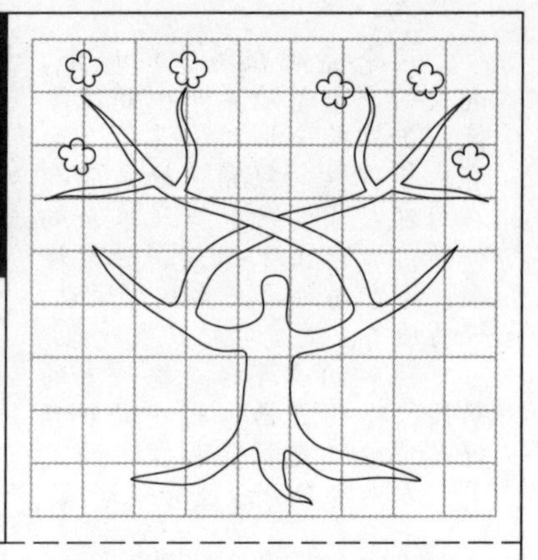

枯：槁木也，从木从古。木为树形。古字从十从口，十为甲胄的样子，是甲字的雏形，口为容器的形象。古即是甲胄放在器皿之中的样子，先人的武装世代相传，意为久远。枯就指时间久远的树木，早已枯槁。古还有故之意，发生战事为有所变故，木遭变故即为枯木。

荣：繁花，从炏从冖从木。炏字原形为开满了花朵的枝丫相互交叉，后孳乳为炏，会意鲜花盛放如火，再省为艹。冖为布巾，表覆盖。木为树形。荣字是花开遍体的树木的样子，繁荣茂盛。或枯为历世不老松、荣为草覆其上的朽木，枯荣二字又为反义相成字。

植物的形象随着四季循环而更替，动物也脱毛落发，大自然都更换桌面，何况人。人的审美标准也周期循环，裤脚总在变。建筑和城市形态不再是石头化的定格，而是柔弱虚空的分散组织，顺应变化。

鲜茶炒熟后干枯萎缩，再用开水泡出繁荣，是由生到死、由死到生的过程。向往荣耀就要忍耐枯寂，收敛精华的枯是韬光养晦，水润风吹又生发。

干枯和欣欣向荣是植物规律地消亡和生长，是表象的周期性。周期是一种大循环套着小循环的模式，小循环是生死、大循环是进化。一树鲜花绽放如烟火，落下如降落伞。动物存在的基础、生物能的来源都是靠植物，没有植物人类就没法获取能量，也就没有生命。植物间接构成了人体的零件，美食华服是古人的理想，美食构成了身体，华服塑造了外表。

建筑的季节感目前只能通过植物来体现，建筑设计中应包含相应的植物设计，如同效果图中的配景也是建筑环境的一部分。植物的枯荣变化如同建筑的光影变化一样重要。

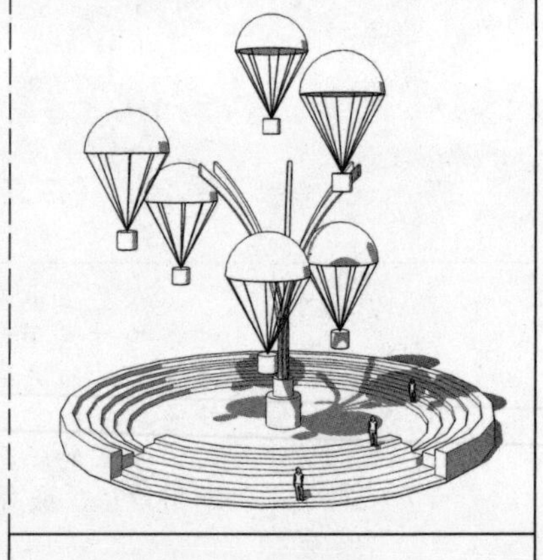

建筑改造更新常用枯荣并举的手法，用科幻般的超现代手法联系旧建筑和传统城市。玻璃金字塔是一种枯寂的光荣，亦如艺术品的孤独，如织的游人围绕周遭似繁荣的枯骨，反义相成如斯。旧区改造，如果基础是真枯就可以真荣，有品格的枯骨肥料才能养出鲜花，以枯复荣。伪造的颓败其先天不足，没有时间和使用者的细心打造与倾轧挤压，终是浅陋。

植物每年的剧烈变化，是长寿的原因。人如果按照植物的方法，根据外界的环境随时调整，也能寿与天齐。适应环境，以万变应万变、以不变应不变，随时而动。

地面的枯荣呼应上天，人又去呼应地面的枯荣。树木和人的生长，都经历这样的一枯一荣，树木将年龄一轮轮的记录为年轮，人也有记录的部位，只是还需要笃定的形式去验证。所有的基本功训练都是枯燥重复的，无趣但必须。专业的表现就是身体和记忆总在思考之前决定行为。时间在树上留下年轮，在人身上留下专业的经验和生活的习惯。

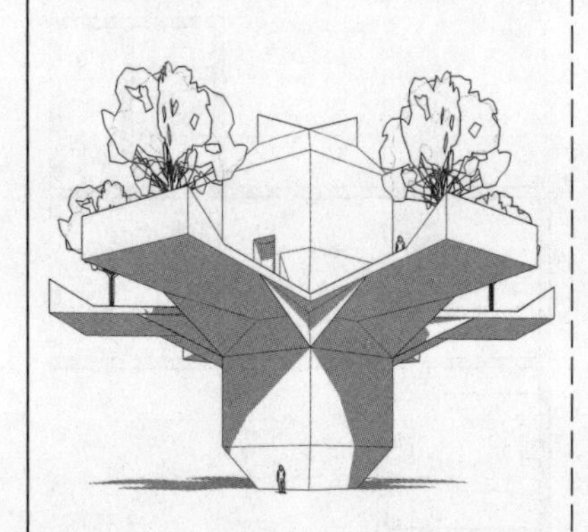

特定的建筑配套特定的种植方式，植物是温和的，能让人有时空感，没有植物，人就缺乏周遭的联系、没有心理上的依靠。故宫三大殿前不种树，在中轴线上体现超自然的强权。西方许多教堂和广场也不种树，体现永恒，弱小者在自然中找不到庇护，只能依赖于宗教和权威。植物和建筑混合，才是家园的样子，城市终将成为有吸收、有产出的植物复合体。

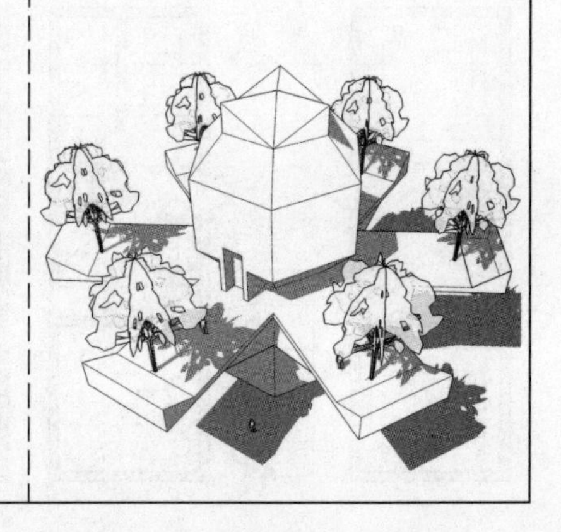

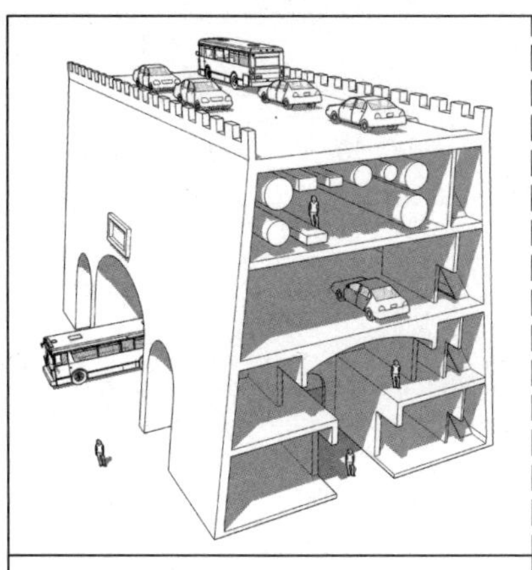

城墙仅仅作为观光带实属浪费，对交通还是阻碍，加以改造就能成为城市的第一道环线。将城墙和城市快速路结合起来，使其焕发新的生命力。城墙顶面是机动车道，城墙内部全部改造成中空，里面可以行车、行人、走管线。保持城墙的外观不变化，内部只通行公共交通，在特定地点设置车辆出入段联系外部交通，除了车辆段以外的地方，人都可以出入上下。

在城市紧张的土地中，改造出立体主干道和机电管路的作用极大。轨交系统结合市政设施在地面建为城墙式样，高架铁路也能添建为城墙，整个城市的交通面平均标高提升至十米。

建筑在将来不敷使用，通过戴帽子来增强功能，有天线还有帽翅。形成互联帽群。

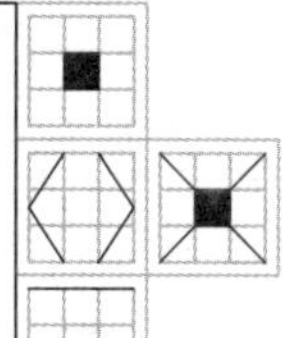

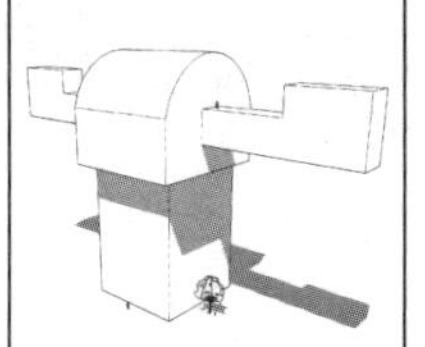

建筑是骨骼化、僵硬的，如同凋树。建筑装饰和构件就如树上的绿叶红花。用植物纹样装饰建筑，就是给砖石以生气。以装饰为罪恶，就剥夺了建筑的生气，再将建筑环境中的植物取代为雕塑，建筑便彻底绝望，沦为装置。

纤细枝头开放的花朵、头部的五官和大脑都是柔弱的，而生物最强大的功能都由最柔弱的部分诞生。子弹在最弱的地方爆发威力。生柔脆、死枯槁，繁荣需要柔韧，僵硬固化就只能退化消亡。建筑结构中最弱的地方就是最需要进行装饰的位置。最弱是关键，往往最美的东西也是最弱的。

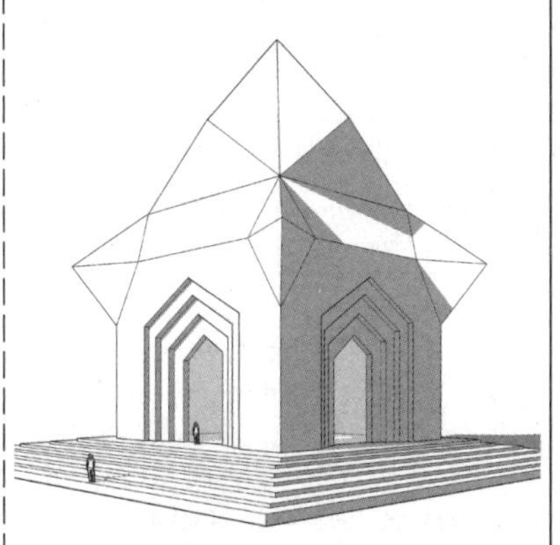

建筑是在自然中改造出容纳人的小环境。现在要将城市改造回自然状态，顶面地面立面全部覆盖植物，让植物重新占据原有的比例。植物在地面上自由蔓延，人在垂直方向上高效利用，向地下和空中发展。

从改造自然成果向改造自然本身发展，培育巨大的植物果实，一个果核就是座建筑。改造人的体积和仓鼠一样大，那抽屉就是豪宅了。

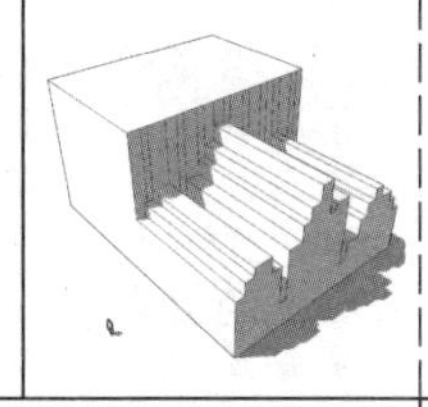

建筑经历的痕迹需要保留下来，记录过往的时间，形成衰亡和光鲜亮丽的对照。一座古老的传统建筑，在每十年更新和改造的时候，保留一段原有的痕迹，历年之后就在墙面形成梯段化的表面。看见时间中蕴含的因果，有历史的胸怀，就能忍受当下的痛苦，亦学会欣赏。

屈原曾写怀信侘傺，忽乎吾将行兮的诗句，失意而将远行的枯涩情境体现在建筑中，便形成侘寂那种干枯清肃的形式，吻合枯山水式的审美。感情、形式、季节都被抽离只剩枯骨架，与英国的繁荣花境是鲜明对比。在枯山水中营造花境，如同宋瓷中增加清瓷的繁复与色彩。

枯山水就是表现枯荣的轮回和恒定，既非全枯又非全荣、既生灭又永恒，将哲学中枯荣共生的意境化为场景。建筑是死物、是躯壳，需要人的活灵魂渗入。干枯的木建筑是死去的植物尸骨，用繁荣的活植物衬托就为其注入活力。衰草断垣不是建筑死去，而是在渐渐复活。

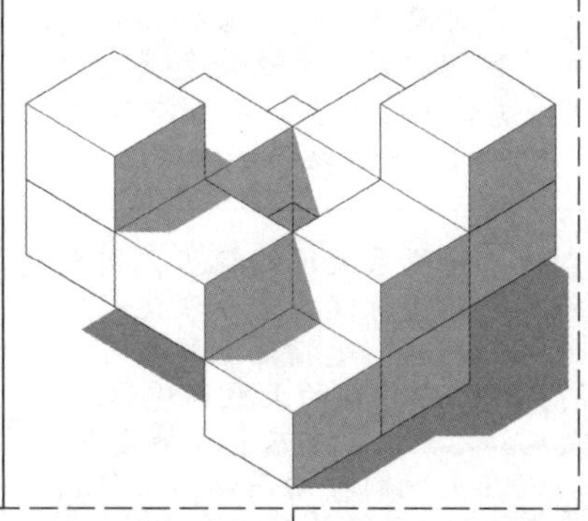

一棵树生长得枝繁叶茂，遮蔽比根更大的范围，出蓝胜蓝，出于根干而庇护根干。即便季节到来不免枯败，却伸展依旧。只要有向上空间，就尽量争取多一点的阳光。

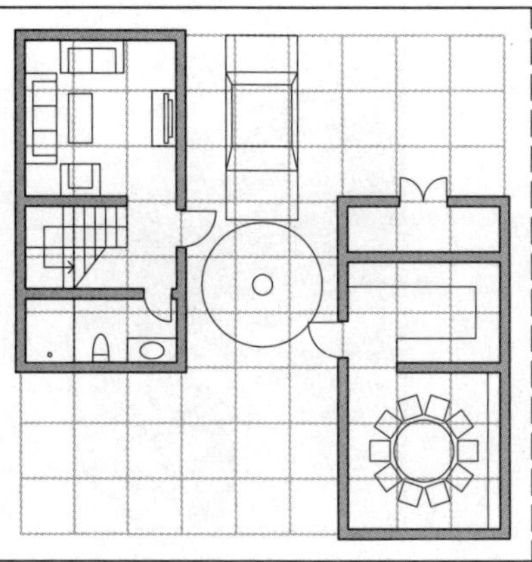

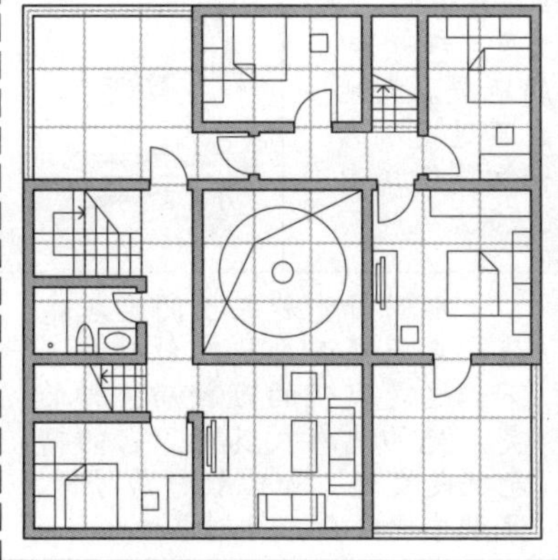

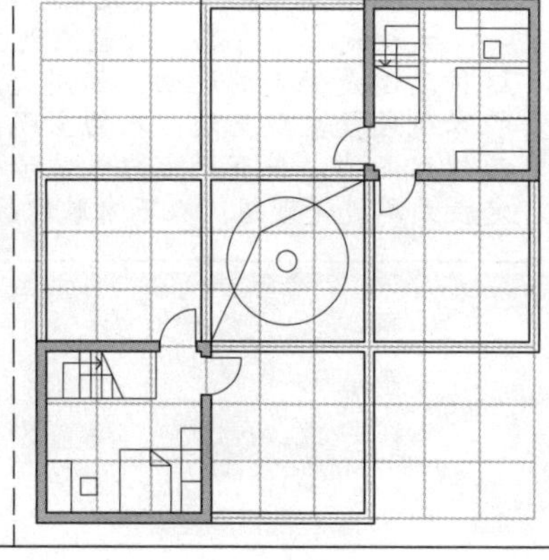

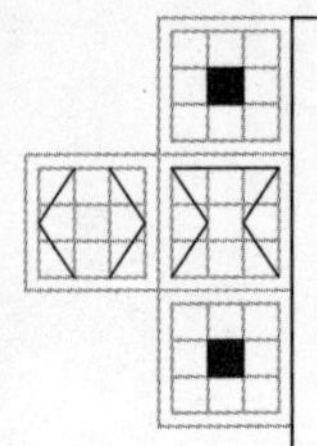

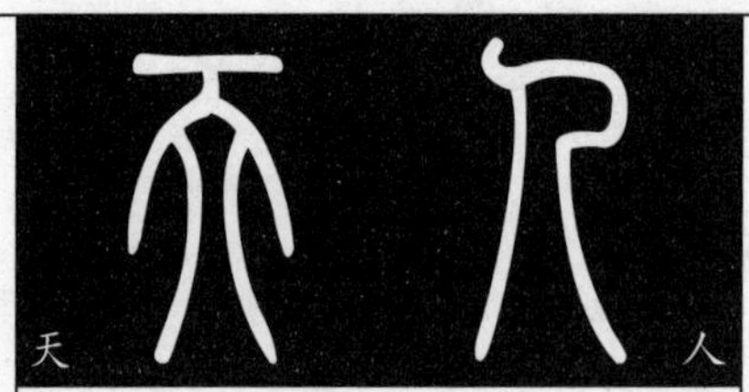

问义天人接，
无心世界闲。
——唐·王缙

/人物/鬼神/命运/

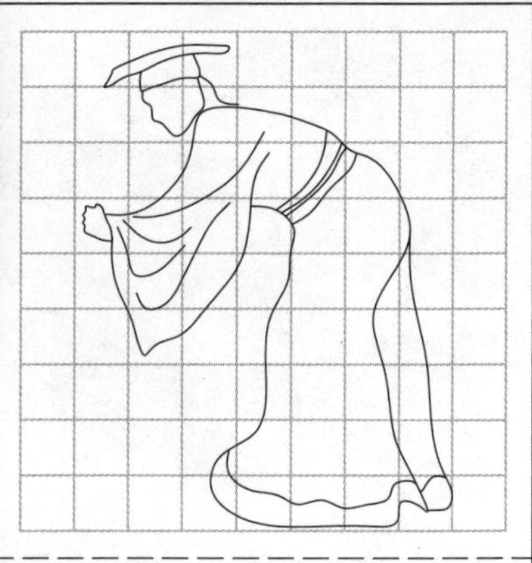

天：颠也，人之顶也。天字甲骨文两种写法，一为从口从大，口表示头顶上区域，大为人，表示人顶上的天空。二为从二从大，二字形是甲骨文上字，表示人的上方。后两字合一演化成从一从大。方位被强化，建筑也可以利用这种强调方法，以着重的装饰强化方向性。

人：天地之性最贵者也。甲骨文人字是侧面站立的人形，金文人字已经是弯腰行礼的样子，到了篆书统一时已经完全是鞠躬、作揖的样子，甚至有跪拜的形态。可见社会文明程度越高，等级制度越发巩固。或可理解人的构成一是要能伸展站立，二是要能屈腰识礼。

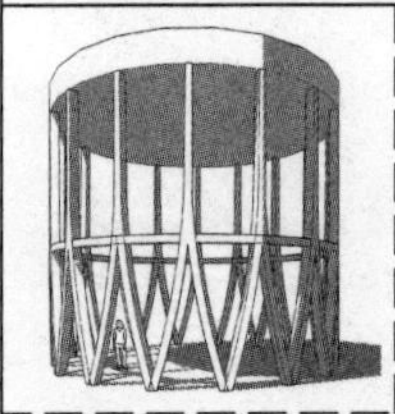

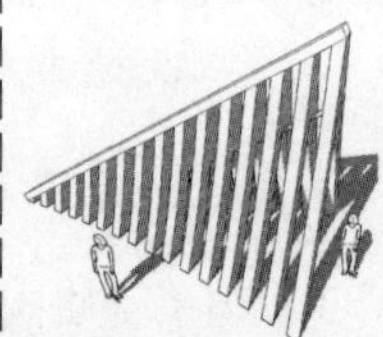

人与人、人与物、人与自然这些关系中天象和人事是核心。人法自然即法天，天是不可知不可道的，在这前提下，人作为和改造的空间极小，只能在认识上腾挪和转换概念。

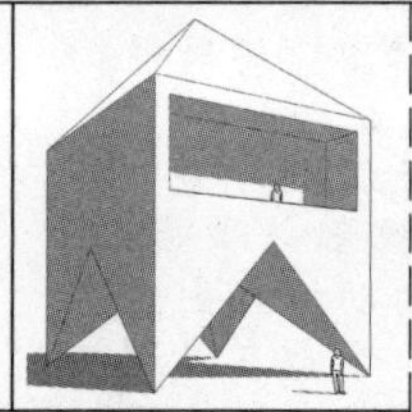

建筑有人性，如头发或指甲是人的一部分。人群可看成巨人，巨人的头发即城市，如盘古的肢体。建筑和城市甚至任何设计，基础是人的构成，而不是平面构成。

人和天相互支撑，世界由主体的人和客体的天构成。混沌和世界的区别就在于人，天是自然，人是非自然，这个非自然也是自然的一部分。空间以外是整个宇宙，但这个空间也是宇宙的部分。有整体才让部分定位明确，只有通过部分才能理解整体。人形相互支撑只为接近天，人的知识能自圆其说却无法洞彻天地。

人自认为豁然独立，但逃不脱天地的约束，可说人意即天意。成吉思汗说上天派他惩罚众人，耶稣说上帝派他拯救众人，这均是天意化作人意。自以为有意识的小指头，有可能盲动，却离不开手掌，梦中的翻天覆地不影响静卧。

世界的存在就是天人合一，有人的天才是天，有天的人才算人。天人无需合，本就是一体。发展和停滞、理想与现实，凡属两种都是合，没有办法割裂开来看待。人是天的部分，就算自取灭亡也是应有之意。

脑袋长出头发，也会长出毒瘤。对于天而言这些无所谓好坏，天地不仁在于并不会对人有特别的优待或虐待，春风化雨和地裂山崩均是万物共受。

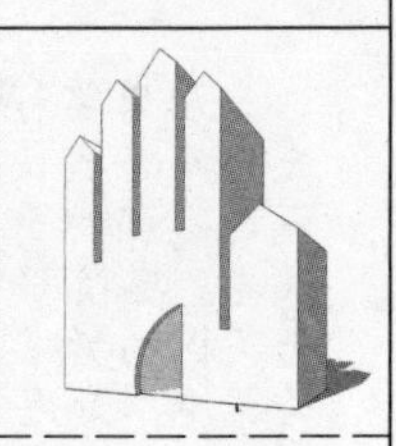

建筑上天入地，是联系天地的榫头，树木如同天地间的燕尾榫。天时就是节令变化，地利按照有之以为利来判断，是指地上所有可见的形状和可得的物件。由外在的天地环境到人，人和中的和字是应和之意，人要应和天地之变、应和万物之形。人在天地间被动而动，天包围理想，地包裹现实，人终是无法独立自由的。

天地是客观存在，人能做到的是主观改造，这种改造是恒定的运动，如同天崩地裂。天地的客观或被主观呈现，人的主观也不过是顺客观规律而为。或有无上力量统治一切，所谓人定胜天不过是理想，人不自胜何况天地。

宗教建筑如同人的双手向天伸展、向天呐喊的样子，强化天对人的影响。所有信仰都强调天的强大和人的弱小，对超人力量的追求和崇拜也一直没有停歇。超级英雄也是一种泛世的宗教，影像化看似可摸可触的力量，比传统偶像形的神化对象又更进化了一步。

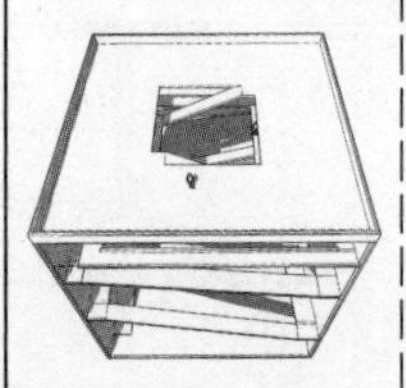

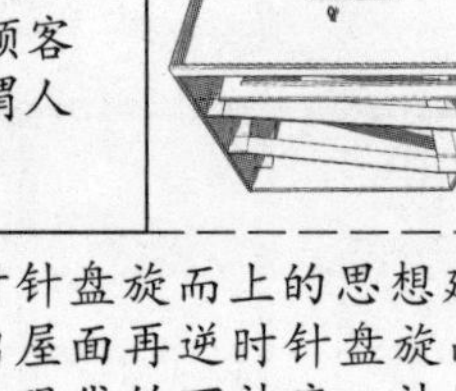

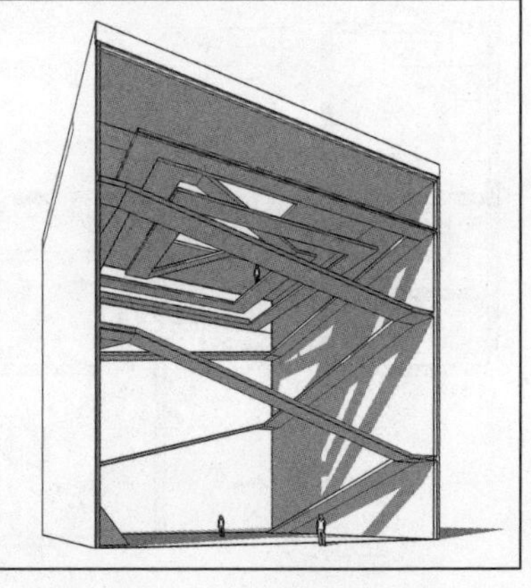

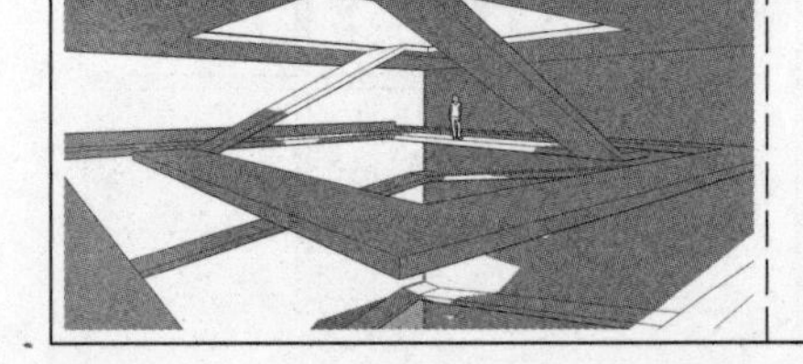

顺时针盘旋而上的思想建筑，走出屋面再逆时针盘旋而下，这是现代的万神庙，神的灵、光的魂游弋其中。它的功能就是交通，如桥般勿需停留，飞动才能在天，静则落地。

天包括了上天与地面一切自然环境的要素，人的创造都是为了充分地利用环境和资源，且将后果反作用于环境，或天利用人来改造自己。

与天斗争就是自我消灭，顺天应时才是长策。个体虽散漫，但人群能够产生信仰来自我约束，或用天国的理想统一志趣，或以俗世的功名显达引导人心。和而不同的本性本心能自我克制，达成明确方向。

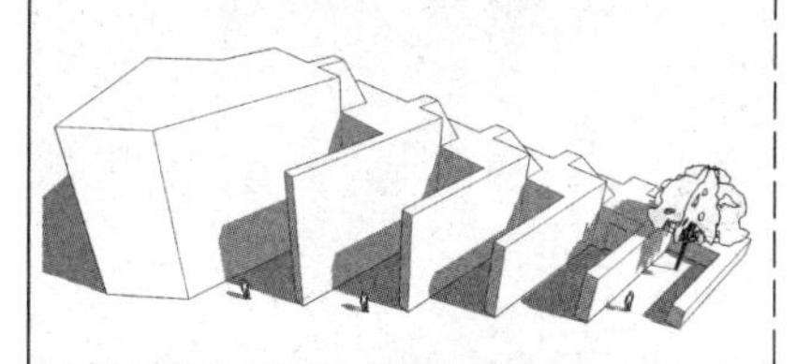

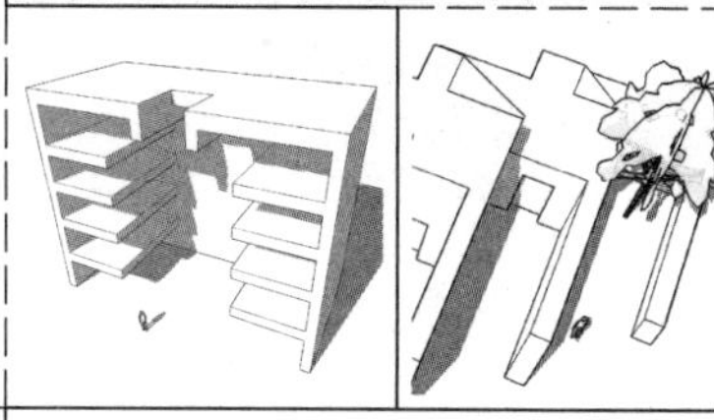

明朗的建筑都对方位进行强化，教堂利用重复形体和装饰强化这种方向性，无限地向上拔高，明示天的崇高。门阙分置两侧，强化中轴线的进深，暗示等级秩序。

建筑形成场所的方法应该是聚焦而不是占据，占据的结果是出现莫名其妙的、噪音般的形体。在领域范围内聚焦，超越人的肉体，突出精神重点，建筑围绕树是种谦逊的态度。

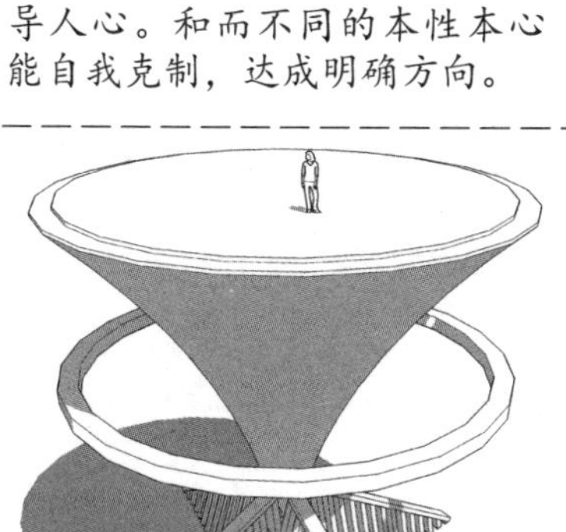

科学是研究人和天的关系，自然科学研究人和物，人文科学关注人和事。人除了体味自己并没有先验的能力，对身外人和物的认识只能去环境中提炼，这环境是人的观念、行为和自然的结合，也即是天人作用的结果。建筑是由人性转化到物性，包括变和定。人性有只顾眼前的天然，能消散近忧远虑，又有物质的惰性而追求恒定，与物结合出现患得患失。

完全顺应天的造物，也是天的一部分，四棵大树挤压建筑形成庑殿顶的雏形。

一方水土养一方人，一个区域的天地合乎且呵护这个区域的人脉。当天地不接纳时，人就依靠城市来对抗，以同质化城市的不变来推进殖民、克化环境，人造的时利或有异报。

恐龙原是地球上的主宰，人从天而降，在殖民的过程中，将恐龙全部消灭，进而实现了人类的统治。人类来到地球，表面看是将生物性带来，其实所有的知识都被压缩在人的生命中，人的知识和能力在二三十年一代人的生命更迭中，逐步自解压释放，利用当时当地的资源，在可知的千年就发展到如今的阶段，这是不可思议地飞速发展。

或许所有星球都有同样的天降生命，只是发展后留存不同，地球以生物的形式保存了生命，人最适应这种环境因而发展得最好。恐龙只是人的铺垫，而人或许又会是新的恐龙。

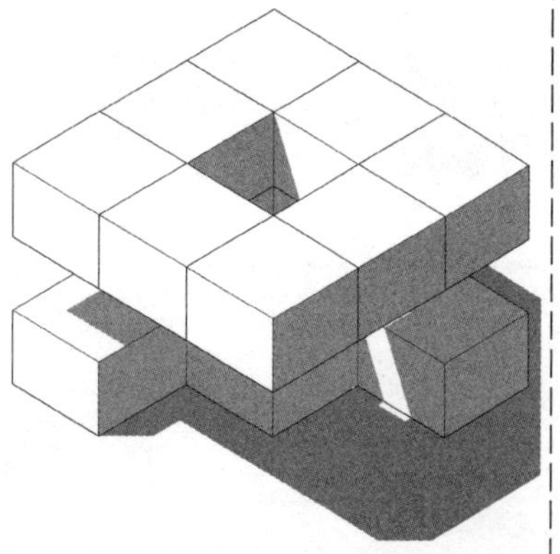

天字的多维变化，天字其实已经包含了人。人性是天性的一部分，天性是人性的扩大。处天之下为命之所依，以下犯上则无命。人须顺应天，主动去配合、迎合天。

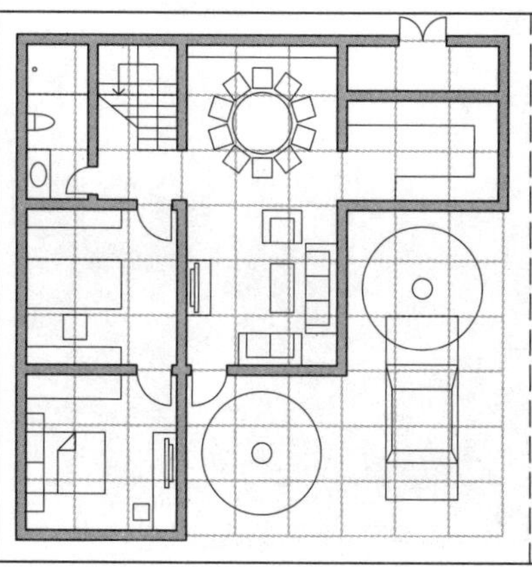

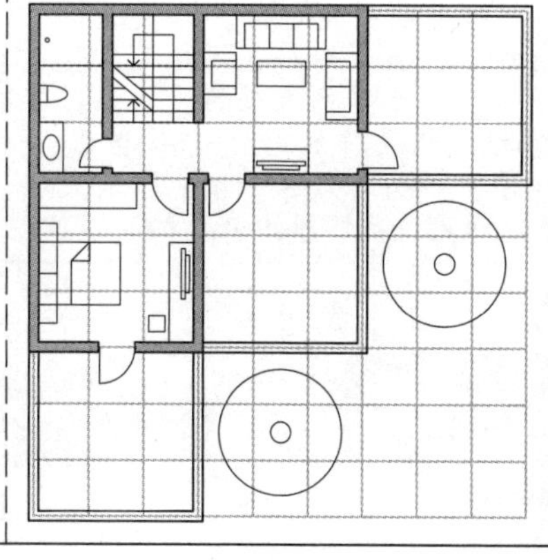

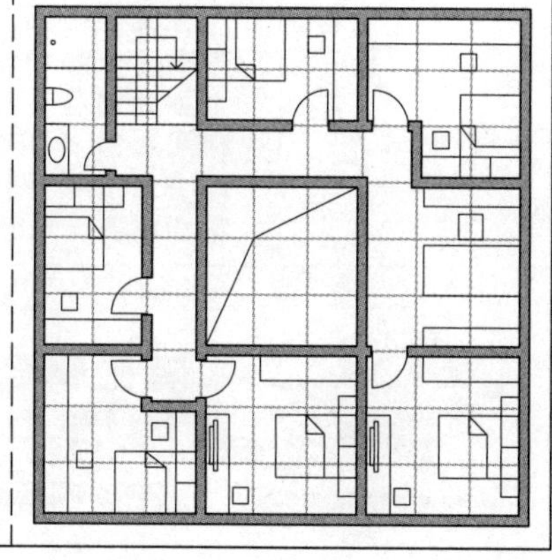

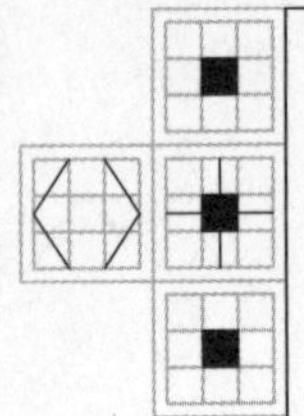

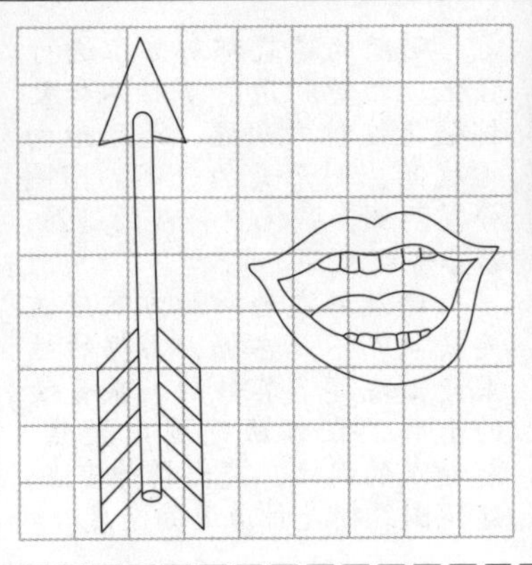

知 行

知 行

天渊分理欲，
内外一知行。
——宋·文天祥

/仕隐/言行/

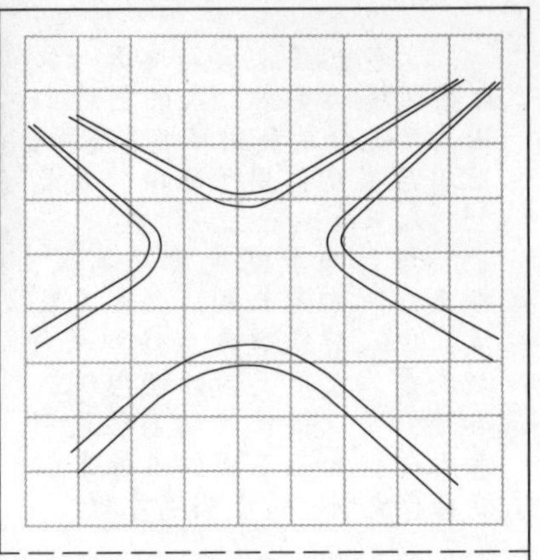

知：识也，从矢从口。矢为羽箭的样子，口为嘴巴。知字指言语如箭矢般犀利，一语中的便是有知识。或知为反应机敏，脱口而出；或指言语如武器一般，唇枪舌剑可口诛笔伐，所谓知识就是力量。语言是知识的重要组成，韩非认为说难，极言学说和主张实现之难。

行：往也，从彳从亍。行字为十字路口的样子，用通衢大道来表示行动和走路。或解彳为迈动左腿、亍为迈动右腿，彳亍一词为慢步行走、徘徊的意思。道路本来是个名词，有路便可以前行，引申出行动的意思，为名词动用。行走一词的两个字分别包含了场所和动作。

人拥有大脑和肢体，具有思考和行动的能力，人有能力盖一个建筑，又有能力判断这是一个糟糕的设计。思考和行动是合一的，不思考的运动和不运动的思考都不存在。人的知识和思考，要辩晰名与实、现象和本质的关系，但思想受到肢体约束；人的行动和作为，要把握体和用的关系，在实践中达成目标和改善方法，但行动受到精神的支配。

功能是关于使用的知识，往往在建筑的使用中、甚至建造的过程中被发掘，行动激发并积累了知识，这和形式激发功能相似。建筑师的思想就像齿轮，布满各种知识的齿牙，设计建造全部靠这些齿轮输出动力。齿牙越少则齿轮越小，大齿轮转一圈、小齿轮转翻天。建筑曾是最综合的实践艺术，如今复合最多艺术门类的是电影，也爱用齿轮来隐喻其作用。

人类的知识和行动最大最集中的投入就是军事，究其动机，高尚的不多。成王败寇，高尚邪恶不是靠知识来判断，英雄莫问出处便是不问思想动机，只看行动结果。败如项羽、孔明，均是知行不如一。

知识就像火药，遇火点燃就可以炸开行动的宝库，对于个体而言这火就是好奇、愤怒、激情、争强好胜、解惑答疑、不甘寂寞等等情绪和认识。

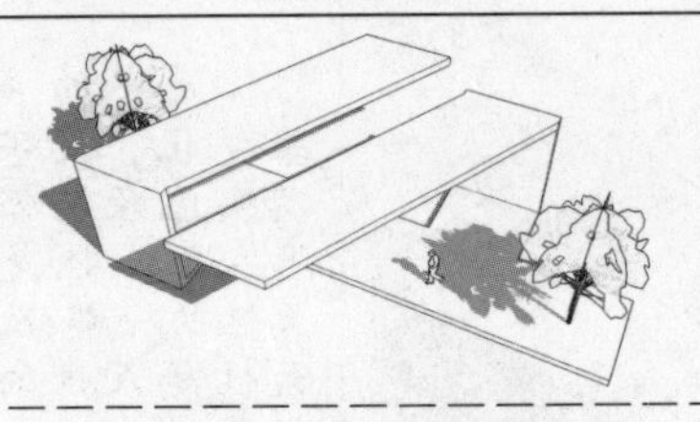

行动中升华的知识，让来路上的人迷失了方向。四面楚歌的跳台，让经验增长。

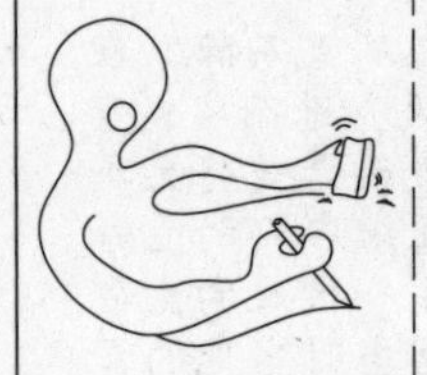

知识的丰富有时候也会给人带来困扰，不禁自画又自擦，又如作茧自缚一般。

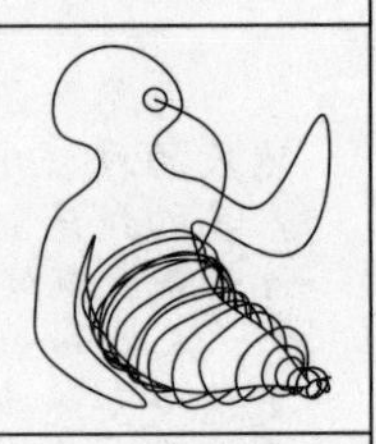

知由一点出发，一分为四，正向、反向、正向反面、反向反面，再一分为四。达到高度必须方向正确，先发散再收束，多尝试后选择。谋定后动、行且坚毅，才可能走得远。

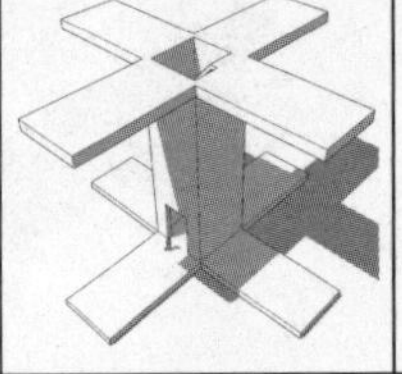

铁矿石从地下挖了出来，大知识决定了炼钢的作用是造枪炮还是做锅碗，小知识讨论如何冶炼如何制造。大知识支配小知识，哲学便是大知识。知识是真理的化身、宗教是信仰的化身，当科学成宗教而真理变信仰，借此指导行为改造世界，难说是雪中送炭还是落井下石。

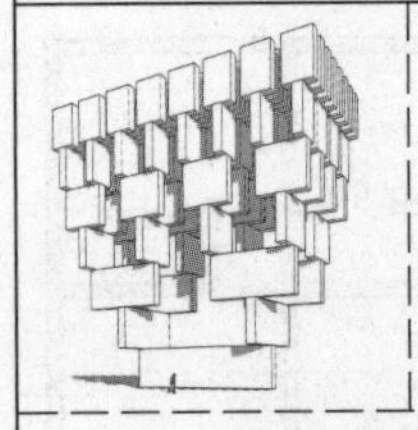

由下而上，层级越高分化越细，六次选择影响了最终的位置，种因得果而选择在人。走上去的路径有很多，不可预见未来的多样，但时间和选择不可逆，未选择的路径没有意义，过去只有一种样子，回头路只有一条。眼前无路要回头，人总有回溯过往、厘清来龙的时候。

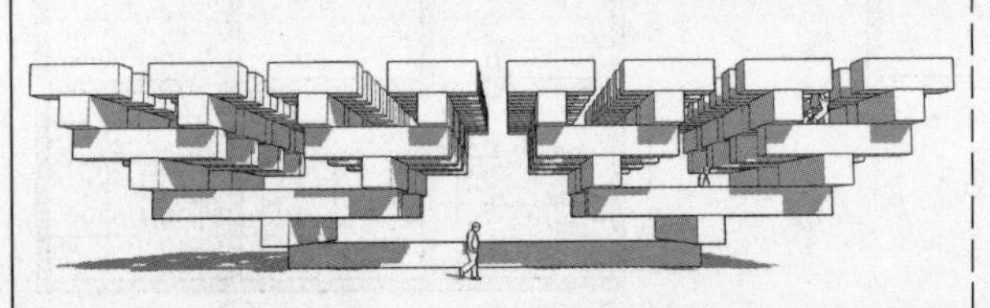

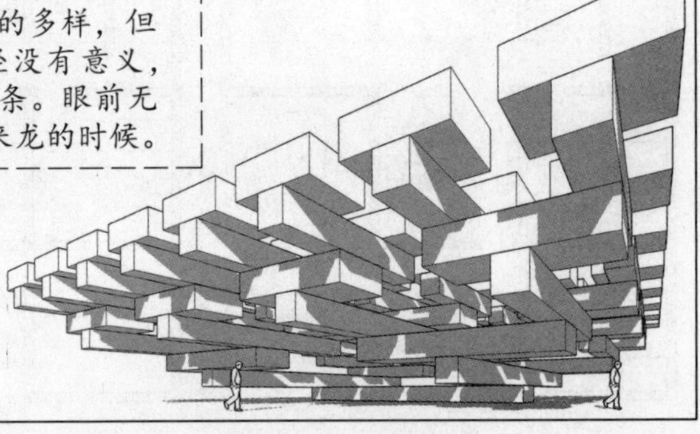

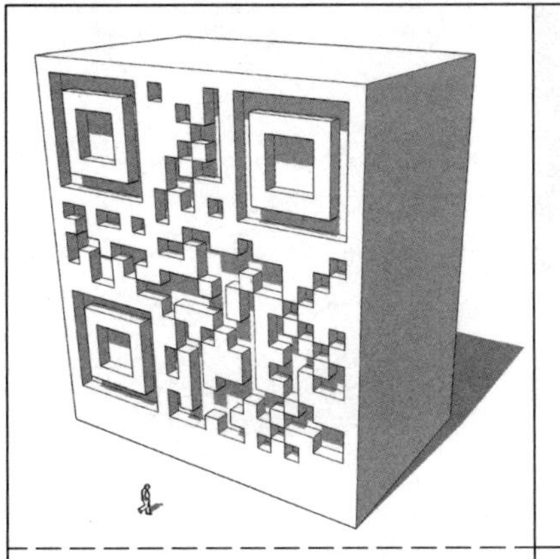

赌博是挑战知识的游戏，旋转的六十四卦象轮盘，钢珠处在叉棒中间凹坑处，速度加快便离心掉进窟窿中进入下一层。从天而降跌落六次，每层平台都有二选一的机会，选中则继续，下注赔注都翻倍。

按照概率每个卦盒机会都均等，但这只针对无限资本的庄家，赌客一旦失利就没有了机会。世界面前，生老病死均是一样，而对个体就是全部。

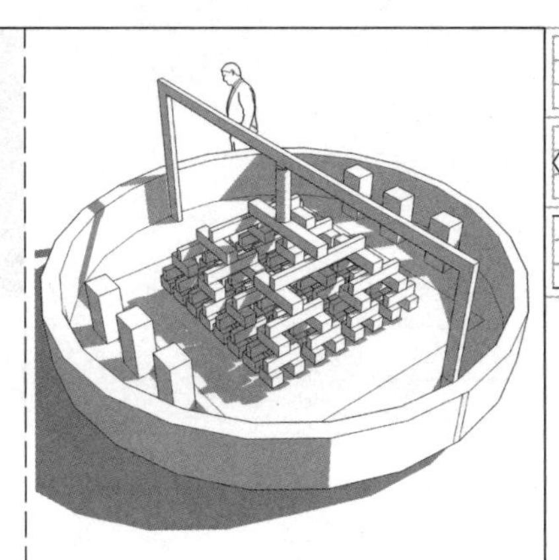

钟鼎上刻铭文记事。也可把建筑当成像书本一样来传递信息，用二维码的立面来表示功能。都戴智能眼镜时，真实世界就被屏蔽，思想遨游不再依赖行动，行动也就成了虚妄。

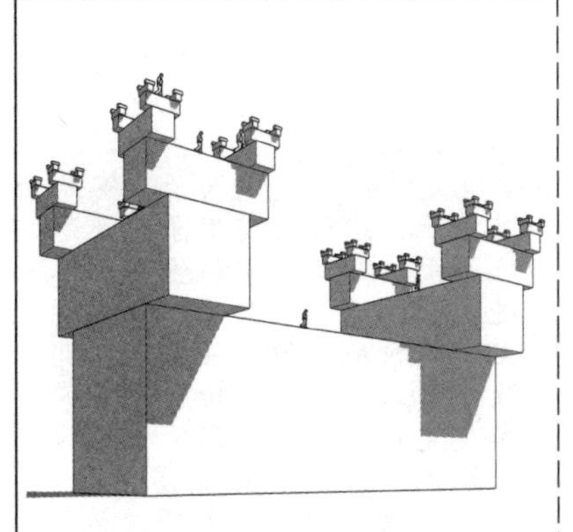

知行是理论和实践，子曰学而时习之，学有所成就要找时机实习实践。理论是目录，内容靠实践填充。知识指导实践和选择，选择决定了你的人生和最终所达之地。

仪式感的城堡，是太极生两仪、两仪生四象、四象生八卦、复六十四卦的进化。

不同现象能总结出同样的见解，条条大路通罗马，罗马也通各处，如同知识的应用。风格就是实践的总结，有时期演进的特征，有连续的佐证，是自由而非刻板的。

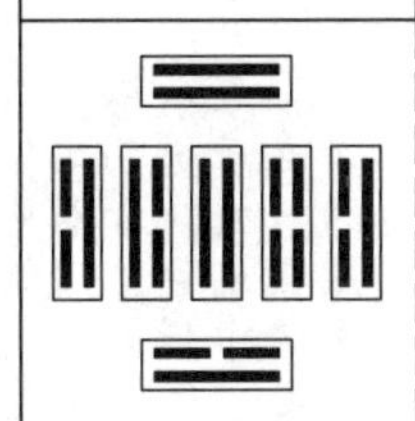

用八卦组成牌，一副牌三十六张，双方每人拿三张牌，每张牌上有两爻，可以将牌颠倒，旋转之后又有变数。桌面一张主牌，轮流出牌，可以放在一列中的任何位置，或也可规定位置。最终桌面五张牌，手上留下一张，可以切入任何一个缝隙中成牌，双方还要选边，因为主牌可能有选择性。最终比较大小，要充分发挥自己的牌力，又要打击对手，双方之间的卦象也能生克。

六十四卦两次方有四千多组合，最大为乾坤双卦，其他错综复杂的牌力等级逐渐下降，错卦赢过综卦，清一色卦也大，整理出各种大小牌的顺序。

理论和实践相互贯穿，有所前瞻、具备历史眼光的实践需要理论指导。建筑思想来源于建筑实践，盖好的房子提炼的思想和当初想盖房子的思想已不一样，知和行互动后的收获叫做经验，指导思想和经验总结的差异就如同预算和结算。美食家和厨师各有擅长，分别拥有指导思想和经验总结，可见知和行并非同消共涨的，创作热情不等于创作能力。

知识和行为互哺，知识的欠缺可通过实践去获得。西方人放弃写实，学习东方抽象。东方人放弃写意，效颦西方具象。知行自身具有欲望和好奇心，未知会念经，让人心神不宁。

知识从表面来看都是光鲜的，有头有尾符合逻辑的，但是知识展示的背后却是千疮百孔，只有在行动中进行弥补，方能使知识长久流传，不应用的知识只会垮掉。

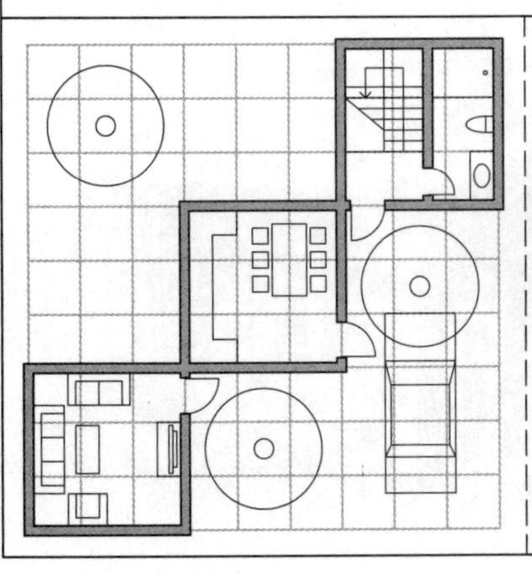

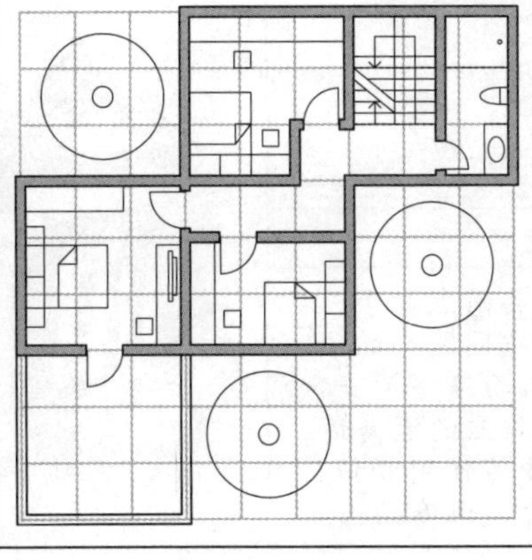

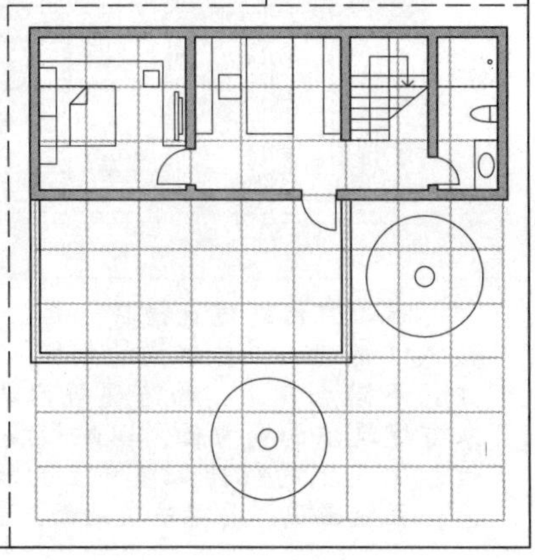

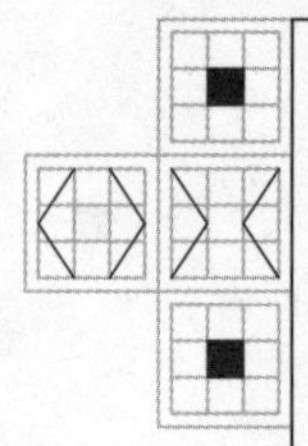

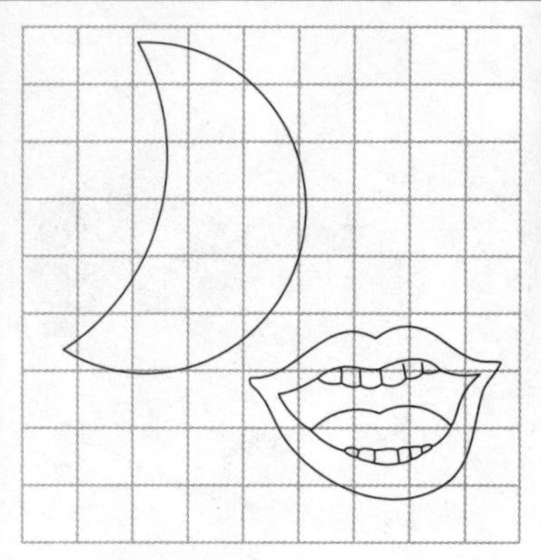

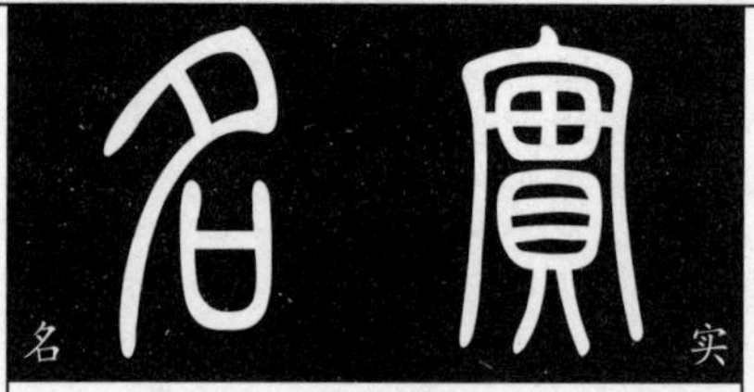

世俗眩名实，
至人疑有无。
——宋·苏轼

/意象/形意/神形/音义/文物/

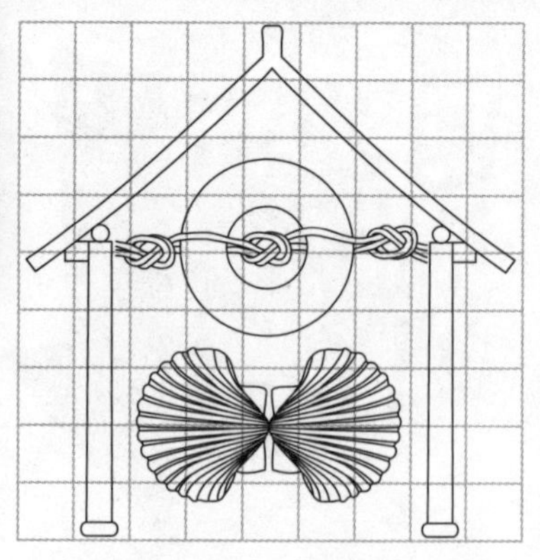

名：自命也，从夕从口。夕为无光之月，指黑暗的夜晚。口为嘴形，意为发声。名字表示在黑夜里目不视物，信息的传递要靠喊叫名称。或夜里点名报数是古人的习惯；或指口述的名如同事物没有形象，就像没有光的月亮。名字也作为量词，数量也是一种形象。

實：富也，从宀，从贯。宀为房屋。贯为货物，从毌从贝，毌为穿物持之的样子，贝为贝壳形，指钱财宝物。实字为室内装满财货，表示实在、实际、本质之意。表达诚实、老实的实原字为寔、宲，后统一用实字，实这个字把品质和财富联系起来，品质即是财富。

实为本质和对象，名是现象和观念。实物的形、色、态、质、量等，都可用名概括。实是内不化，而名是外化，随着时代、文化、语言的不同而变。

学习知识就是把握名与实的关系，掌握名对应的实，明确实所通用的名。通过观念把握对象是最基础也是最高深的学问。名也是一种精神的象，事物的象和名可以理解为一体。掌握象和名转化的便是权力。

名也是实的形式表现，反过来可以利用名去创造实。譬如大学之大字，由一个名的变更衍生出一系列辅助名，最终诞生全部的实，没有名参与这个过程，实将不复存在。

图就是建筑的名，就是结果之前的花。名无定名只是成就建筑的手段，不断地在正名、弃名、莫名、无名中间去纠缠。名正则言顺，言顺则事成，事成即是落实，落实则更名。

人所以为人在于思考，思考在于辨明名实。名是黑夜中的叫喊，看不见本质的现实和黑夜无异，只能通过皮囊和名来暗中摸索。实是藏在屋中的富足，从外面是看不见的，登堂入室就表示看清了实质。

家藏珍品、国之利器不可以示人。实一旦为人所知，名便不可长保。为免人觊觎、免遭掠夺，先人以虚守实、以正名拨反乱名，才得以传承文脉。

名者实之宾也。人类认识自然的基础，就是建立名。实体有道在其中，提炼出来的抽象就是名。名是道面子，实是道里子，建筑的道里子便是遮风避雨，而各种风格主义都不过是道面子的名罢了。事物简化到何种地步便无法辨认，那就基本到里子了。拆房子去掉各个建筑元素，拆到倒塌的前一瞬间，基本就接近本质了。但凡独树一帜的建筑师，莫不对建筑本体有其自我的定见，独到的理解才有独到的形式，如今的普遍都是曾经的独到。

阳光丽影，活的、动的才是建筑的本体，光影和人迹是灵魂，建筑只是它们的骨骼。

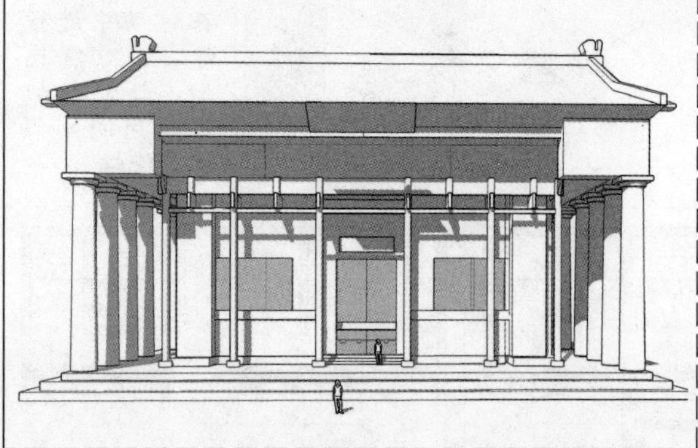

东西方传统建筑撞在一起。共同点在于三段式的雷同、梁柱结构的相似、空间围合的一致。不同点在于，西方建筑以山面进深为正，东方建筑以面宽为正，以此形成强烈的审美惯性。山花上的祝祷和屋脊上的神兽作用相似，看似肥鹅嫩鸡，其实牛头马面，都是牲畜而已。

建筑风格是建筑实体的外形名义，杂拌时空的路易张三就是现代的名。传统建筑和现代建筑追求名实合一，后现代追求名实不符。名与实根据立场或成两个或组一对，名与实的纠缠关系，既有先入为主的偏见、也有争夺名实主导权的野心。指鹿为马或为鹿，鹿还是鹿。

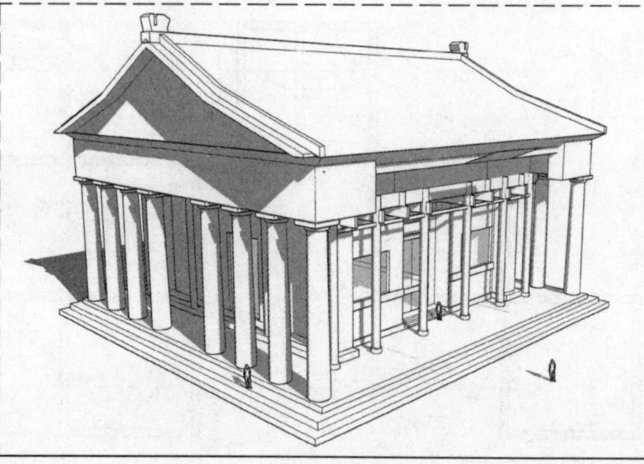

花窗、漏窗、落地窗都是一种实的名，无非是个窟窿。门和窗都是墙洞的名称，实就是要透气、透光、透人，门槛是低窗台、窗台是高门槛。轮船总要有排水量，飞机总要有空气升力，所谓实至名归，有了真实的成果，声名定义自然就来了，而循名未必得实。对实物所能了解的是名，名能够留存依靠的是文，所以留存的叫做文物。以文对应物。

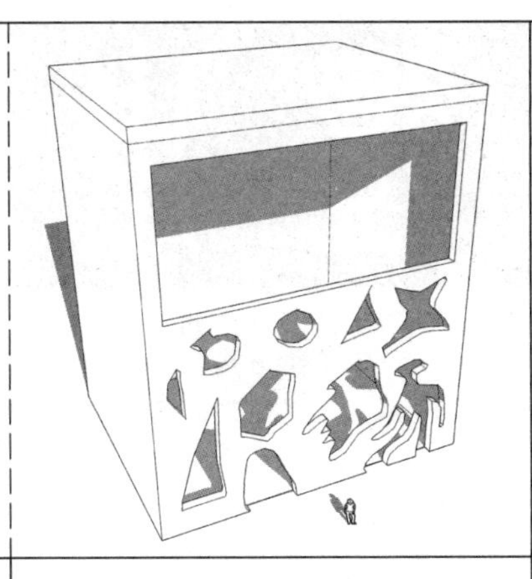

人不能分身穿越时空，要了解实体的世界，依靠的是学习名。亦如孩童对月亮的未知，当告知其名为月亮后，对月亮的学习就结束了。可此时对月亮并无更多的体验，也没有量化的理解。名是给出的定义，反倒会对实体的理解形成阻隔，让人可以止于表面。表面和实际既联系又区别，形象是最直接的表面，文字、语言、甚至一切传达都是表面。

将各种各样的名加以提炼，得出的概念就是思维中近似的实。月亮是一种存在，对其想象和称谓不可胜数。长寿是现象，以名导实的期望生出千万种寿字写法，全是名的变化。

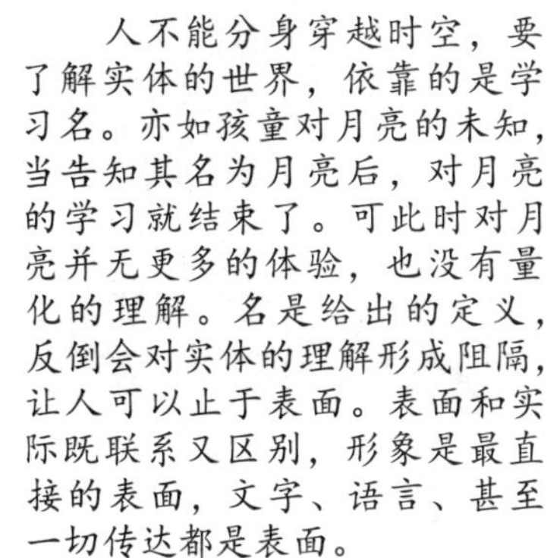

建筑物要成立，拥有楼层面和顶面是第一位的，多米诺体系就是一种脱离了名的实。顶层屋面充当楼面，底层楼面充当屋面，顶底都向外开放。

打包箱子，前提是捆扎结实、便于提携，然后经济耐用、适当注意美观。捆扎过程分步骤地体现在建筑上，建筑就逐渐地增加了横竖线条和分隔。而这些绳子，单独来看如同是多米诺体系，约束也是支撑。

世界的文化和艺术趋于大同，比象形系统还要符合事物本质的语言和文字或将出现，将一统人类全部既有的名。

语言文字的不统一，造成大量人力和物力的浪费，如果名的分歧和数量大幅减少，就能发挥更大的才智去创新和共享。世界全面接触才数百年，千年之后文字和语言必然一统。村外围墙已够用，村子内就不再需要沟壑纵横、山头林立了。

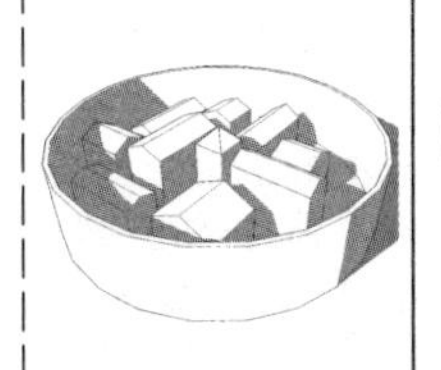

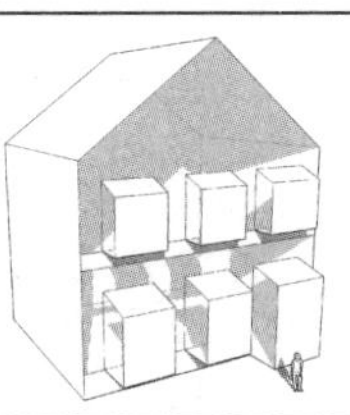

人的存在提取成若干个名，就是一系列的量化数字，身份证号码算是一种、地址可以是经纬度和邮编、绩效是奖金数量、身高体重级别都是量化。数字也许会是世界大同的名。

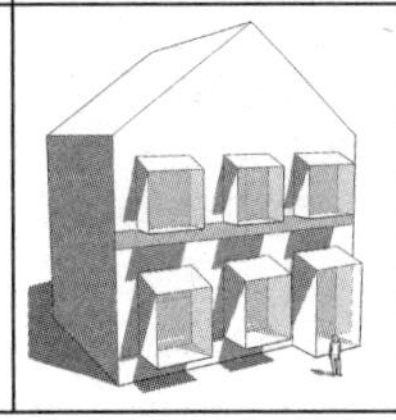

窗户和墙体进行置换，本来透明的地方变成实体，而原先的实体变成幕墙。

形式就是内容。婚礼是形式、阿Q要困觉也是形式，这两者又都是内容。婚姻的全部内容是结盟，却由文书媒证、歃血割袍等等形式构成。文不尽言、言不尽意，近真意则忘言无文，无意而为之只能砌文堆言、以文代意。菜肴的色香味是形式，菜中的热量、蛋白质、维生素是内容，把菜放在搅拌机中吐上唾沫打成糊糊喝下去，和夹在嘴里咀嚼吞咽的效果一样，可人还是愿意为形式付出代价，因为形式具有精神作用。所有的宣传蛊惑都要打造形式与包装，军服、职业装、文身、首饰都是用来充当内容的形式，包装不过是符咒的现代化。

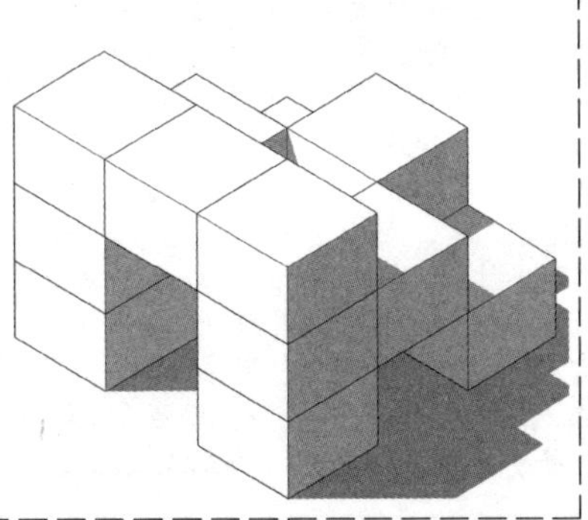

名只是实的部分体现，甚至可能错误。名为了好传达，必然尽量简化，而内在的复杂无序往往超出表面所见。形式就是把复杂变简单，如西服将人体的曲线简化为几条。

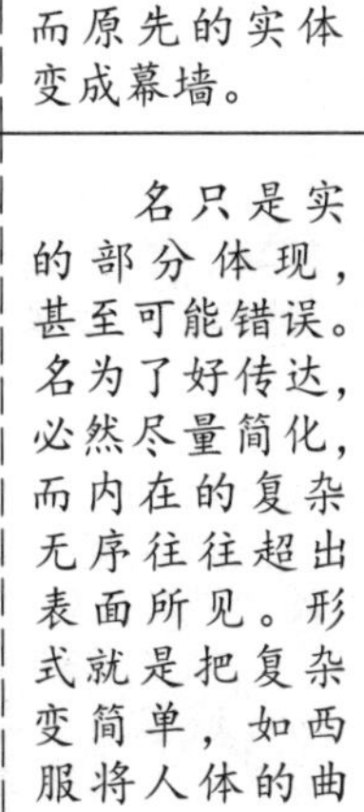

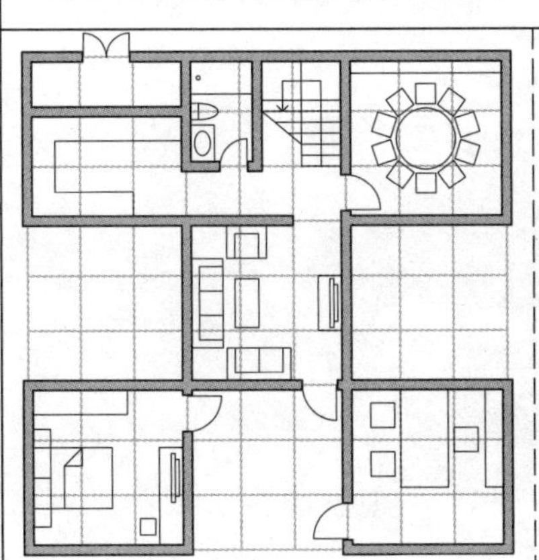

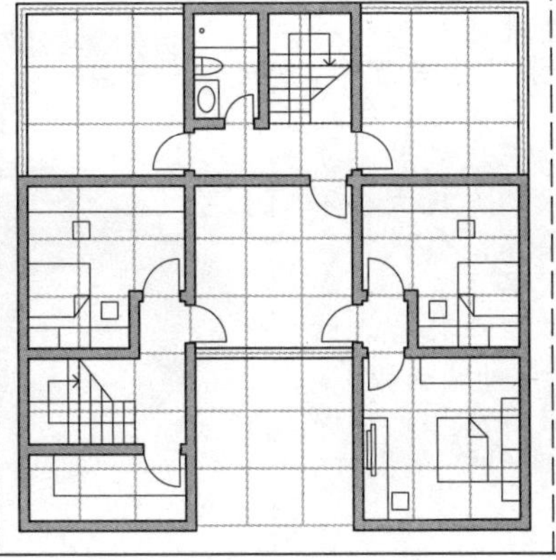

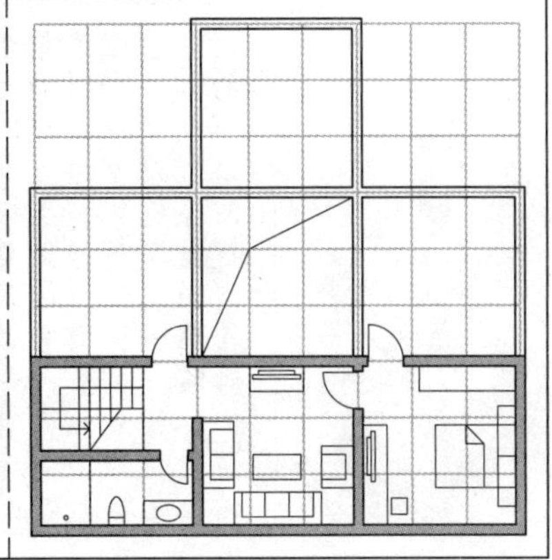

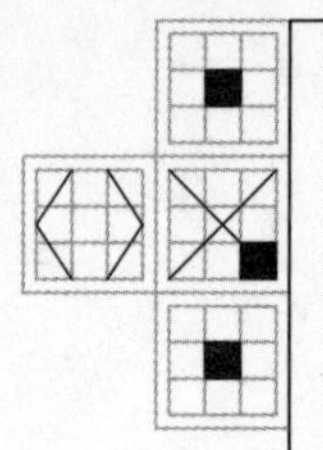

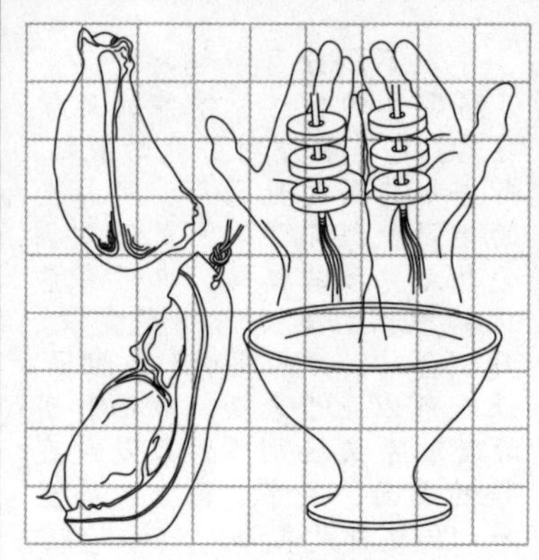

體用

体　用

几欲究其体用，
但见十方虚空。
——宋·张伯端

/道术/

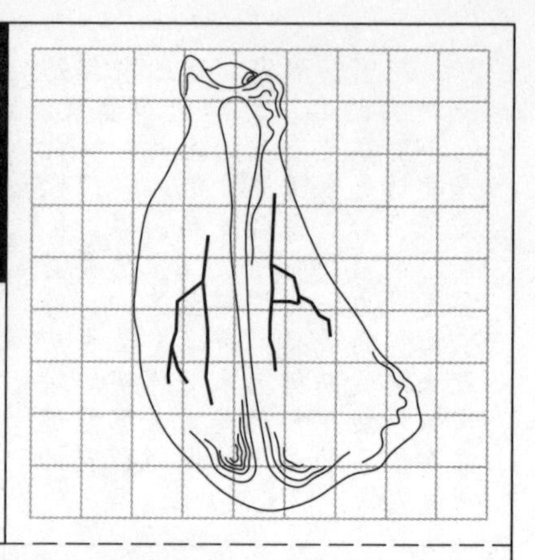

體：身体，體字从骨从豊。骨字从冎从月，冎为牛肩胛骨，月为肉。豊为礼，从曲从豆，曲为双手捧玉献祭的讹变，豆为陈摆酒浆的容器。骨为肉身、礼为精神和信仰，體字便是物质和精神的统一，得體得礼也。简化用的体字，在古文中表示劣、笨的意思。

用：可施行也，从冎从卜。冎为占卜用的牛肩胛骨形状。卜为骨头上的刻画。一块骨头已有卜辞刻画，表示有指导性、有用途、可据之行事。或骨头已有卜辞，表示用过了。

或者用于礼祭的牛骨为體，然后再将礼拜过的牛骨拿来占卜，就成了用。

建筑的体既是实体又是目标和功能，用既是空间又是手段和形式。白纸才好落笔，无以为用。本体如果拥有太多的用，那么新的用便无从着落。大地用季节更替清除旧物，白茫茫大地真干净，人体用新陈代谢，生老病死。这都是为了保持体的完全和恒定。大地在体的层面上不变，在用的层面变化丰富。山体掏出上下左右前后的岩窟，获得基本的建筑。

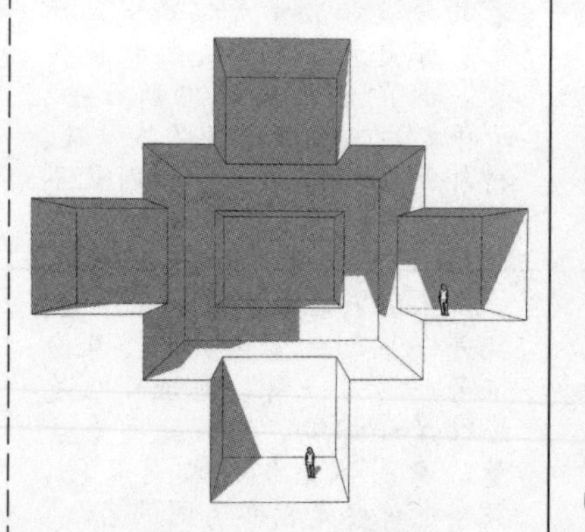

功能与所依托的实体都具备形式，即便构思也要有思考对象，对象必有形。但形式未必有作用和功能，天然生成的植物并非为了变成中药而生，只是治病用途被发现。建筑形式在图纸上能独立于功能和实体之外，可以自由进化、大量生产，如同植物的新鲜物种等待人们发现用途。很多的物体并非废物，只是没发现用处而已，需要靠漫长的时间去解读。

体的局限可通过用来部分解决，鲁班锁和九连环如是。华容道最大化利用交通空间，既运动曹操又不需曹操那么宽的通道。只要有时间，就能够在辗转腾挪中节省空间。

在城市中心，停车、物流效率提高就能用时间换取空间。现在的工作和生活空间是分开的，城市至少有过半的空间是闲置，如果合二为一，交通空间能减少，人口密度就能更大。

形式和功能通过实体对接。名实谈到形式和实体，体用谈到实体和功能。功能和形式是本末的关系。形式既可以说是依附实体而存在，也可说是为了功能而塑造。

体用相成，谈建筑的本体和作用就要谈形式。建筑思潮不断反复，无非是争辩形式存在是基于实体还是基于作用，满足审美和精神需求的形式是如何存在、是否有必要存在。

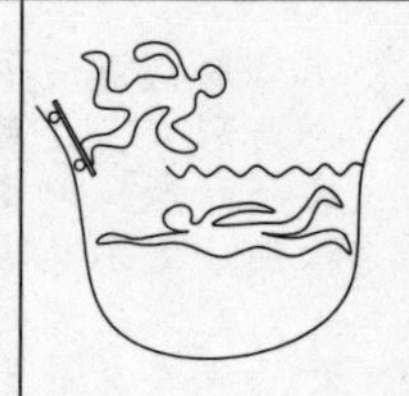

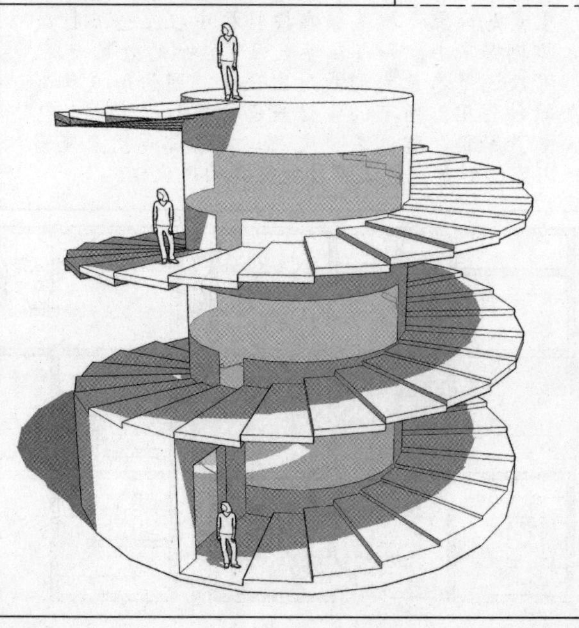

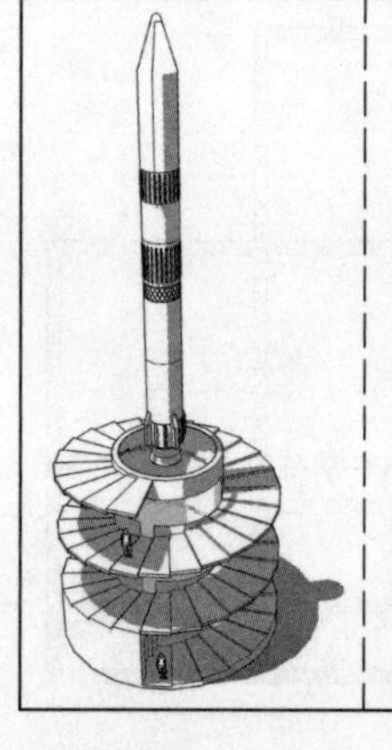

学理就是塑造建筑师精神的体，一法得道、变法万千。体明便能用利。东西方传统建筑就是重力方向三段式的不断演绎变化，现代的央视大楼不过是颠覆传统具象，形成抽象空间化的三段式罢了。还是那个猴子，大家都在念孙行者的时候，他念了者行孙便成功了。

楼是体而台阶是用，核心筒是电梯井也可用作发射井，泳池也能是溜冰池。

残迹是真建筑，无用亦无体。明孝陵将城楼宝顶又盖了起来，不免多此一举。

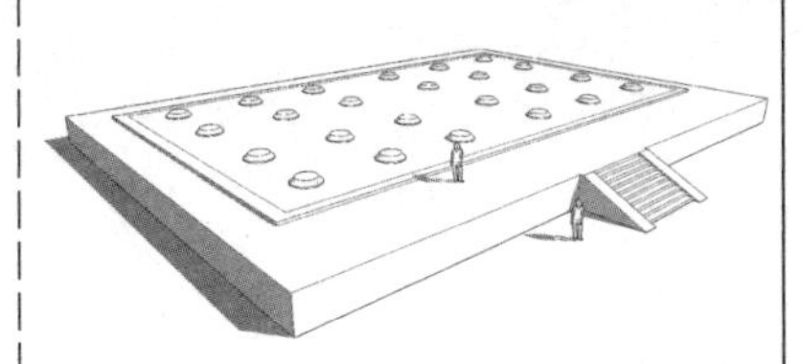

编木拱桥就是本体和用途很好结合的范例，圆木的特性物尽其用，又是相对唯一。

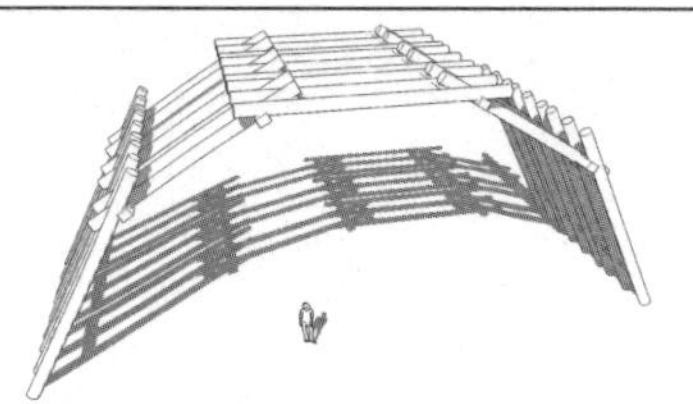

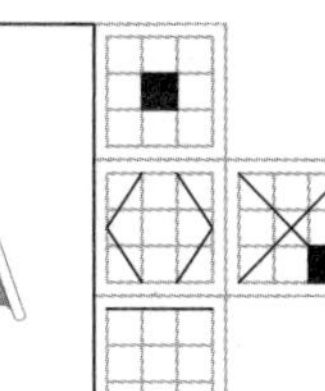

实体、形式、功能，三者互有关联，实体分自然和机械，例如天然的太湖石和后天加工的水磨铺地。功能有物化功能和精神功能。偏重于自然实体，满足精神需求是古典建筑的追求，譬如立面用人物植物装饰；偏重于机械实体，满足物质需求是现代建筑的追求，譬如玻璃摩天楼。偏重于机械实体导致了国际式的泛滥，因为不再考虑个体和民族的精神差异。

儿童画经常似是而非，但是能看懂表达的是什么，这就是抓住了本体。东西方建筑表现不一，但都是三段式，凯旋门上的纹样，东西方都作为经典花纹使用，但用途和意义则各不相同。又如中日韩的汉字，往往字同意不同、意同字不同。

体在用的过程中也接受改造，产生新的用途。军用头盔在防护之余，也能挖战壕、煮饭；碗碟既能盛装、又可扣盖。

国人的思维中儒释道三教合一，儒教说黑白分明，佛教说无黑无白，道教说黑即是白。由于混杂诸多可能性，模糊与含混便成了文化习惯，按需使用，只要好用，莫问仙佛出处。

行为要明体用，体为目标根本，用为手段方法。中学为体、西学为用，国人尝学西体，只学来形式，将原本的迷信专制包装上科学民主，导致假洋鬼子比真洋鬼子危害还大。

佛法引人向善、破除阶级，但印度最讲阶层、和尚最分等级，因其强调更说明匮乏。恐吓、引诱、感化都是包装体的用，全是手段。凡是在相上用力，皆属下乘，善体还需善用。

欧式的四合院、中式的大教堂、京剧脸谱的贵族骑士肖像，都让人感到错愕。体用有先天性，一方水土养一方人，地域内的天时、地利、人和就是体，产生相应的用，一定存在其命运和逻辑。单独地抄袭体或照搬用，都会水土不服。

实体和功能结合，且形式是实体的有机部分。把建筑比作人，功能是精神，实体是身躯，形式是相貌。

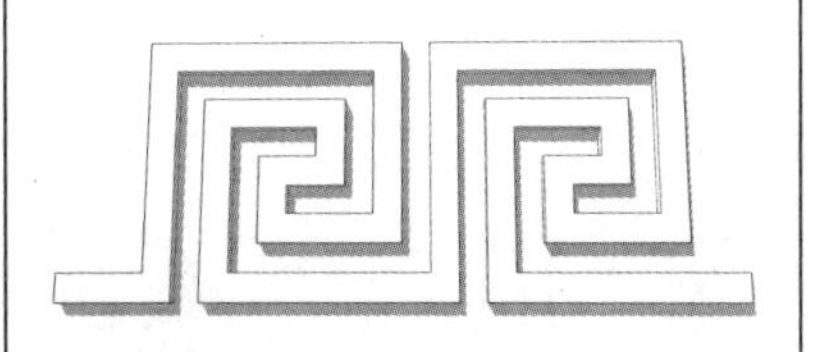

方盒子的空间可以任意用，一个碗正过来喝水、翻过来是建筑、侧放是天线、顶在头上是帽子。如果建筑都如同反过来的碗底，还有款识，那么看卫星地图就方便了。

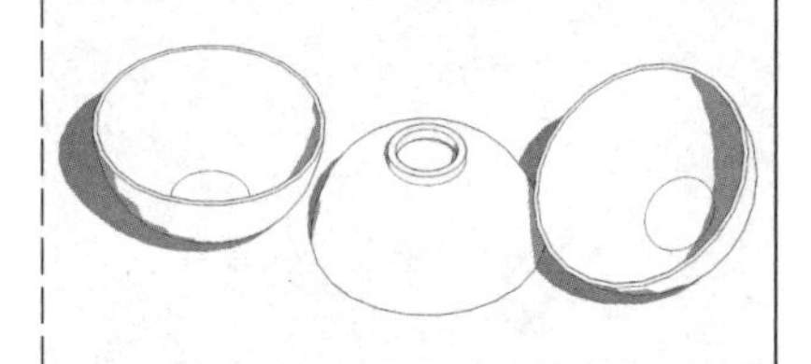

建筑是体，其用途多样，体和用之间有脆弱的联系。空房间如同拍电影的片场，可住宿、可办公、可餐饮、可杂货，全在于如何用，可见本体有时也被用所左右。虽然体因为用而存在是前提，但是用常变，而体不易。

手、身体、人脑是最复合的一体多用，能完成无数工作。大部分电动工具是在单个电动机的基础上衍生。一体多用是国人的基本思想，筷子、菜刀就是实例，当这种多适应性的要求在建筑上反映出来，最实用的方盒子必然受宠。也要承认方盒子是建筑的天性，绝大部分建筑永远都会是方盒子，如同轮子就会是圆形一样。

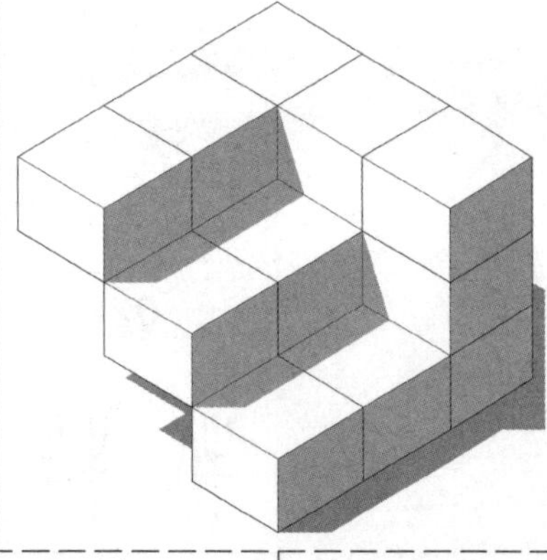

台阶是最具造型性的部件，台阶状形体具备垂直面和水平面，可看成是地面和墙面的结合，是整体建筑的微缩。一个成功建筑的整体风格必定在其楼梯上呈现。

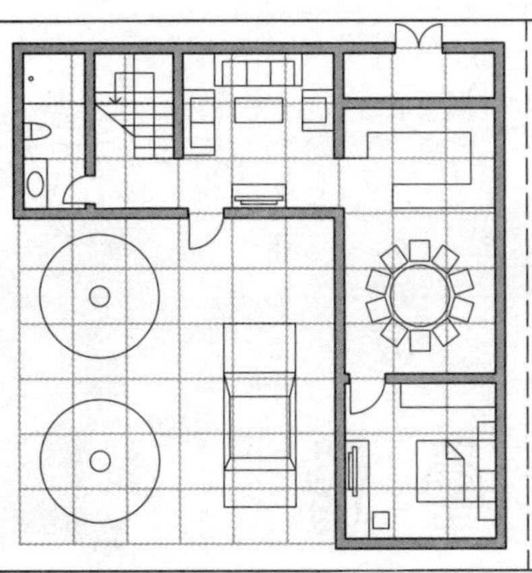

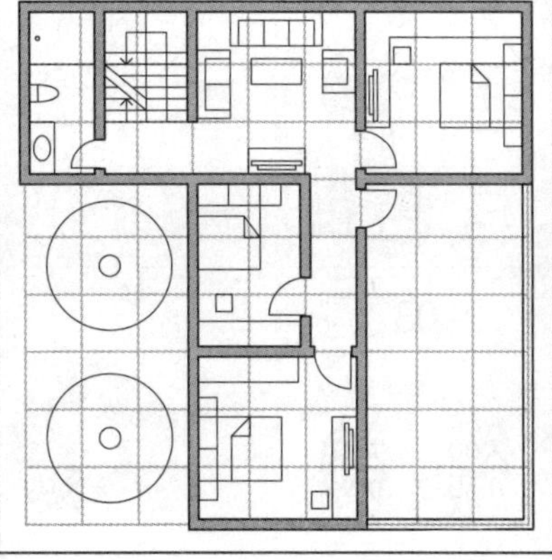

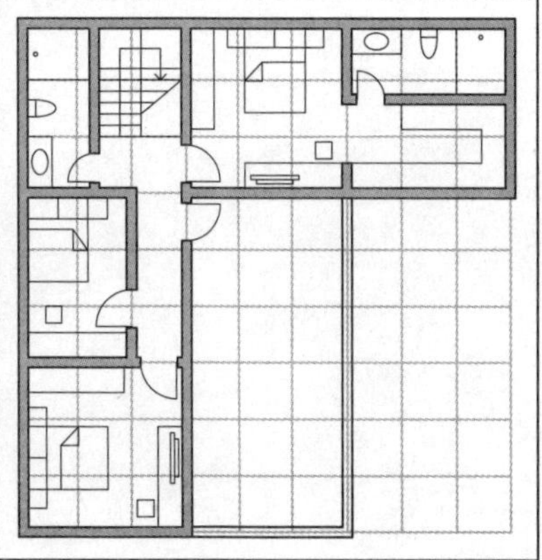

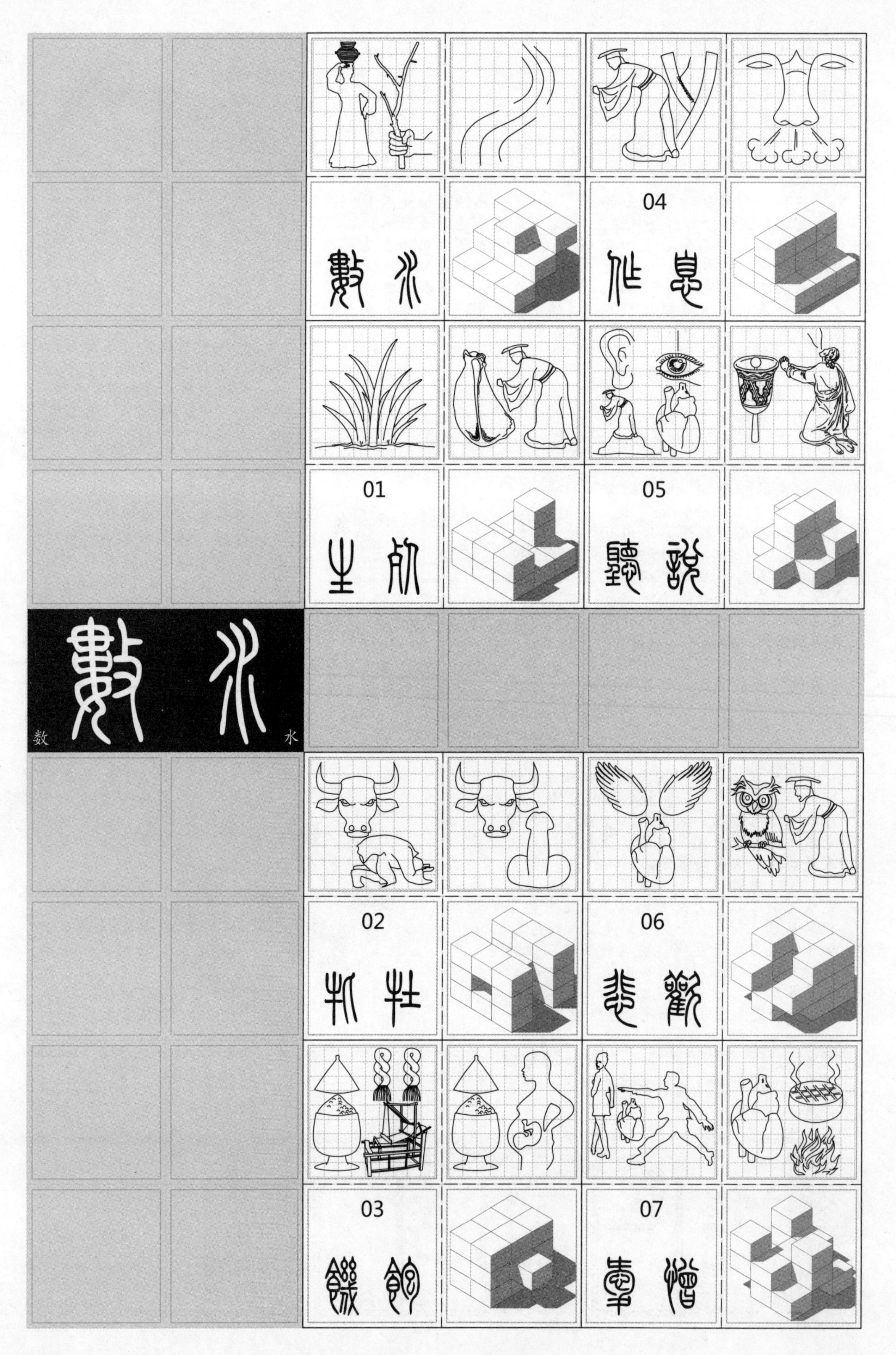
04
01
05
数
水
02
06
03
07

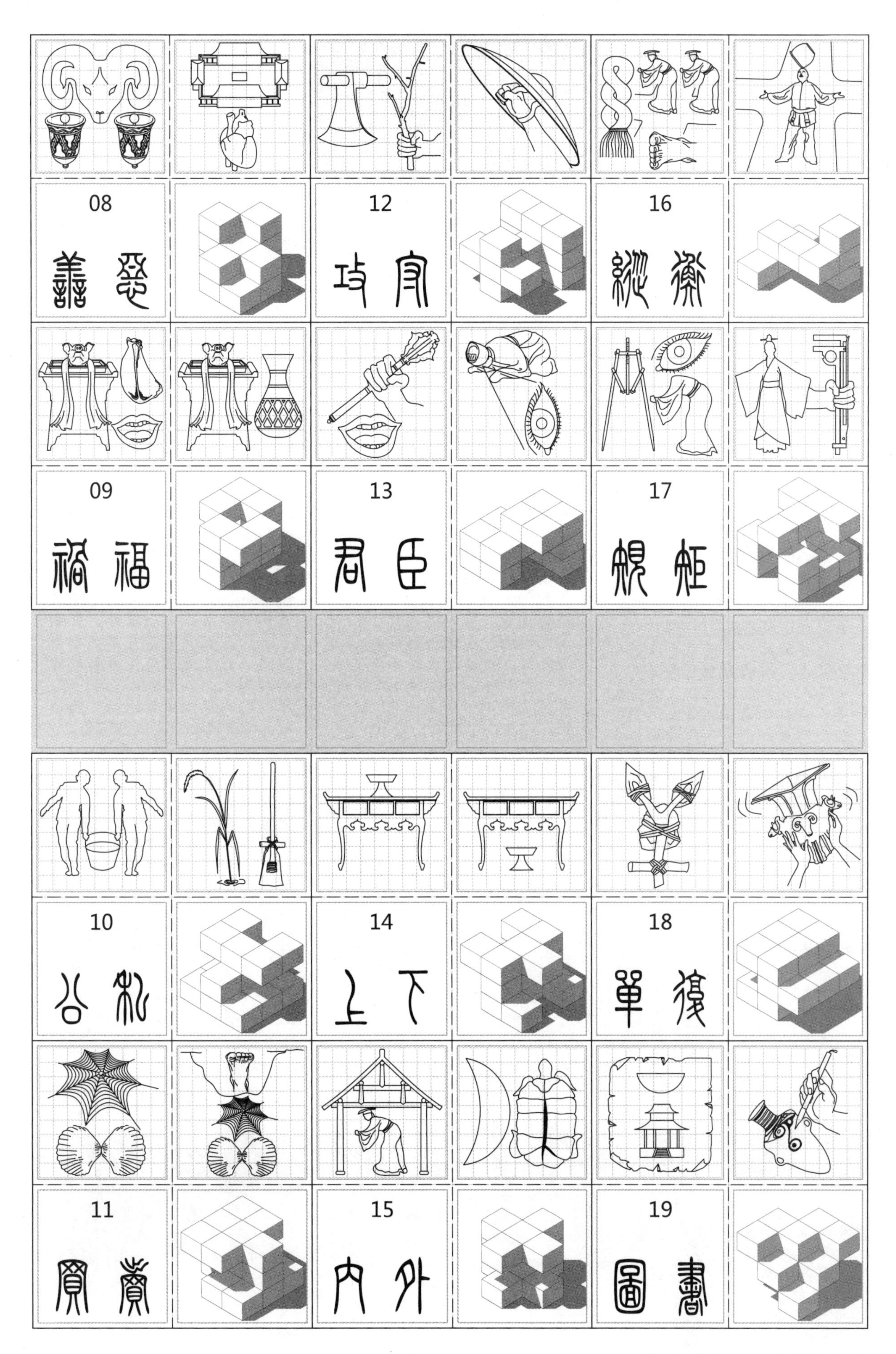
08
善惡
12
攻守
16
縱衡
09
禍福
13
君臣
17
規矩
10
公私
14
上下
18
單復
11
買賣
15
內外
19
圖書

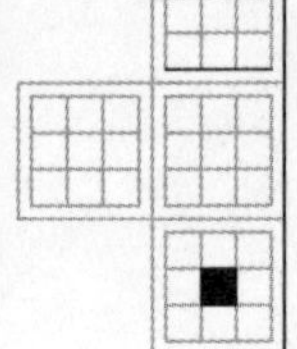

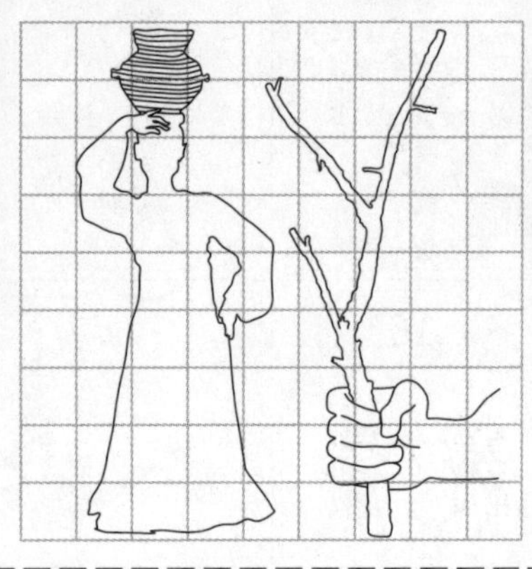

數 水

数 水

游儵不可数，
空满沧浪水。
——宋·王安石

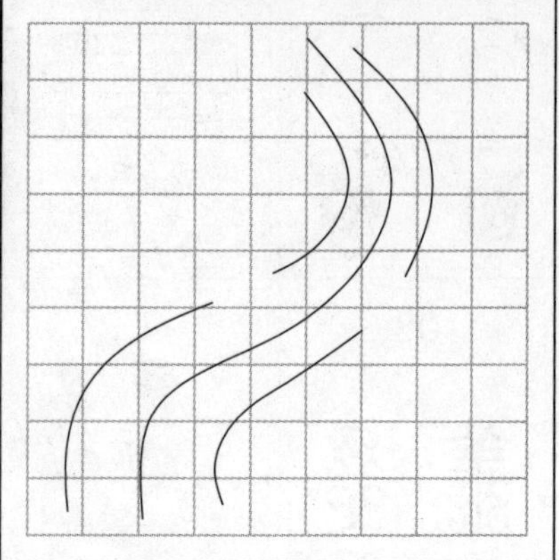

數：计也，从婁从攴。婁为女子头顶竹篓的样子，特指竹篓，头顶物件的习俗至今仍有保留。攴为以手持树枝的样子，泛指以手持物、用手操作的意思。数指人编制竹篓需要仔细计数篾条数量。或查点物资也即是计算篓子的数量。或女子劳作家务为运数。

水：准也。准，平也。天下莫平于水。水字是河流的象形，中间像水脉，两旁似流水波痕或者水滴。水既是单字又用作偏旁，与水相关联的汉字是较大的一类。

匠人建国，水地以悬。周代营造城池，利用水的水平特征来找平，保证所有的标高准确。

最大的数是人的命数，数是人可以依仗的条件，也是摆脱不了的局限，生命便是有限但不确知的年数。数和人密切关联，是理在人的身心上的体现，亦是人对理的认识方法。数自身还是规律、秩序的组织。

建筑的产生是基于人的功能需求，而所有功能需求的源头是人的命数和运数，这些数是人存在的基础，带来不同的功能需求。比如人有生死，需要医疗建筑、殡葬建筑；人要作息，需要工业建筑、体育建筑、文化建筑；人有爱憎，需要纪念碑、牌坊；人有攻守，便有要塞和长城。建筑的因果大多包含在理和数的框架内。

方、圆、角是视觉化的数字关系，体现了数的形象质感。传统建筑中所运用的数隐藏在形态之后，作为控制手段，柏拉图体块被拆分包裹，数如同诗歌的诗意与字义浑然一气。现代建筑将数覆盖形态，作为表现目的，简者形态规则如画法几何，明白无误却不解其所指；繁者形态有机如公式罗列，参数众多却不明其所由。古为化零为整，今为化整为零。

水是主宰地球的永恒生命，生物之命只是水的存在过程，生物进化就是水的进化。水创造人，人创造建筑，体会水才能理解人和建筑。水是人的灵魂，逝去的肉体腐败就是脱水与离魂，水分完全蒸发，灵魂上天，有机物失水分解，躯壳入地。天堂地狱是生命和水的历程幻化，水飞升化作雨、雪、冰、霜、露回归到地面，物质由水携出地面，又回归深层。

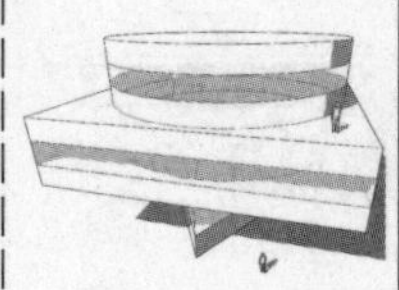

水利万物而不争，这是水的存在态度，同时水也是万物之母，在人类空间中无处不在，既是实体，又化作概念控制一切。人和人造物都约束在水的固化、液化、气化循环中，没有这种循环，生物形式将不复存在和发展。由于水具有普遍性，所以公制度量衡以水为基础，长度、体积、重量、温度在水上得到统一，海拔、标高也依照水的水平准基础而制定。

水数是物质中两氢一氧组合的个数，水数占比高则生命力强，反之则弱。生物依赖于碳水化合物的合成与分解，水生木为求生之象，木生火为取灭之变。碳水化合物是生物的主体，用碳支撑和维护、用水来生成形象与情态，象木自然承接数水。

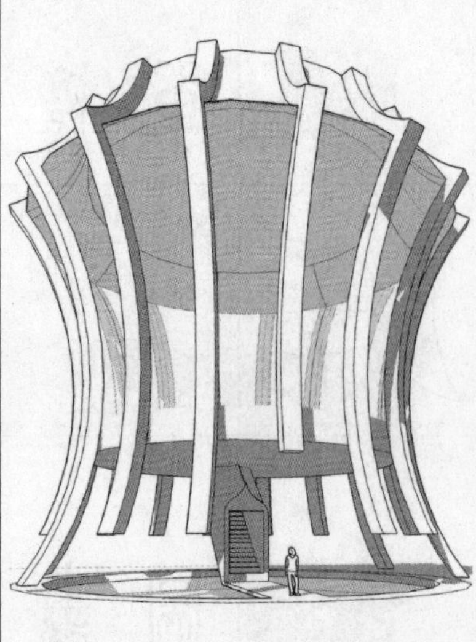

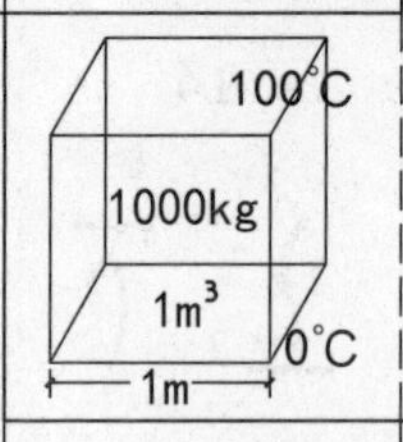

物分解数、人背负篓，反之亦然，数承物、篓载人。城市建筑如篓，明晰的开闭口。

凌驾水上的楼宇，是命数、运数的容器。如篓般镂空，又如水中漂浮的水母。

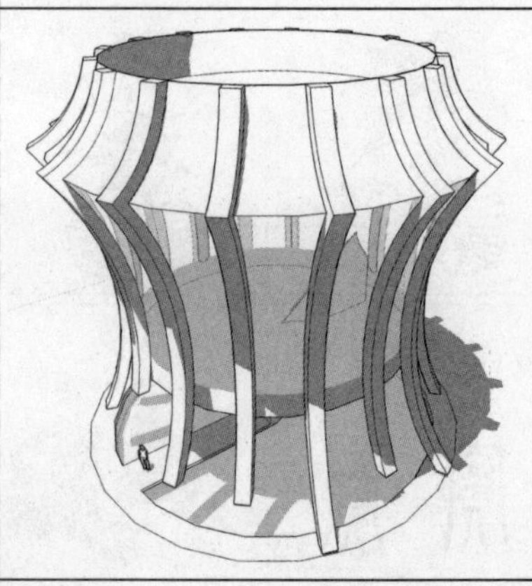

事物的本质需要靠量化的方法来体现。随机而变没有定律却有规律，就像预报天气能保证正确率，却不能完全无误。

数是规律，无规律也是规律，只要有足够多的样本，就能一目了然，发觉控制还是存在的。简如正方形，繁若树叶，其形成只是复杂程度不同而已，其受支配的本质相同。数决定了世上没有唯一，都是普遍存在，概率的混沌无法过分厘清。

水的特性被古代中国人在精神层面上进行阐发，以水的品格来塑造人，水利万物而不争，以其不争，故天下莫能与之争成为民族特性。近代西方人则在实用的物质层面上提炼，用水来定义公制的度量衡，用水开路。中国古代以水为财，现代经济也糅合了水的特性，科技和应用输出利万物而不争，却导致莫能与之争的垄断，定了座次就定了利益输送方向。

十进制是全世界统一的计算方法，但是数字却拥有各种写法。在甲骨文数字基础上，区分奇偶，将其规律化。十的甲骨文是一竖，为双掌合十的简化，重新繁化使其具象。

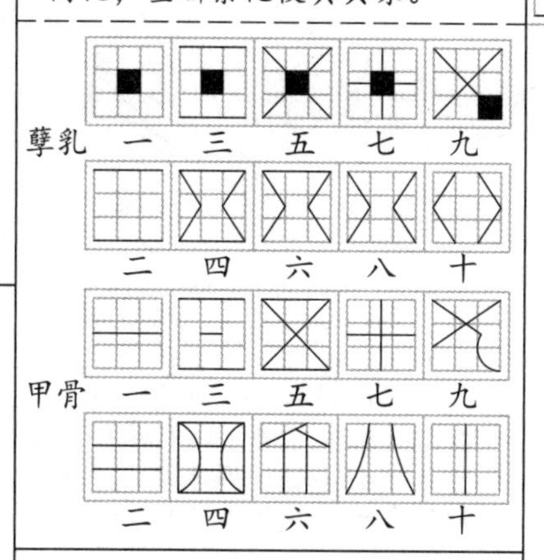

理深藏内部，要靠数的手段将其提炼、反映、折射、约等，形成定量、可解的一般规律。如同道要通过气来衍生万物，建筑要靠图纸来建构。数因人而存在，是认识事物本质、进行沟通的必然途径，是共同的评判和衡量标准，因此文字也是一种数，可读和可概化的数。

参数化设计的手段虽然高级但是成果却无解，结果不可说、过程便奈之何。无需参照和理解，意如画鬼容易摹猪狗难。建筑要回到俭朴地参物，而非玄虚的参数。

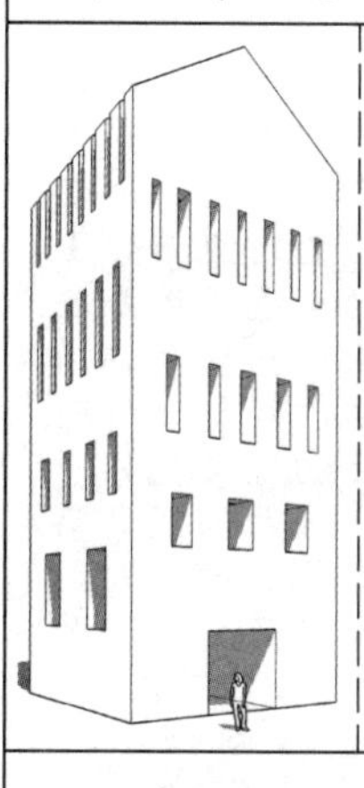

一到十楼，层叠而上如同架柴堆，由下至上从整体到细节慢慢地呈现。每层增加一或两个数。柴堆进化成了数字塔，不同立面表现等差数字，繁简和多少并不等同。

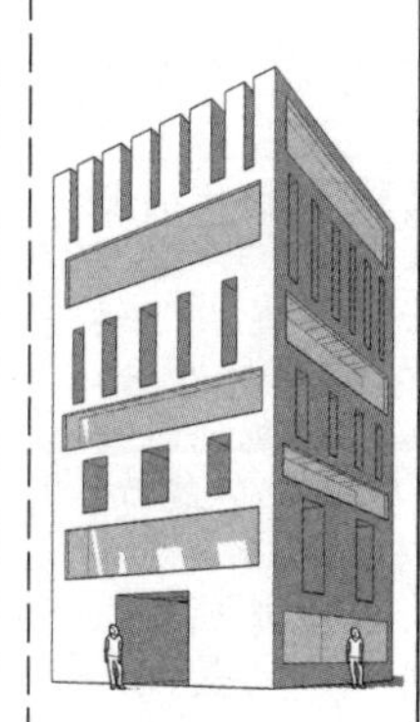

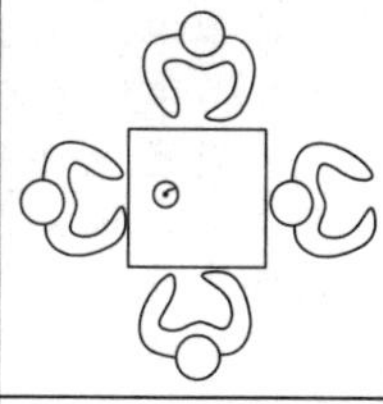

苹果放在桌子上，四人围坐，每个人看待苹果的位置都不一样。没有坐标系，会导致各人的见解不一。数就是坐标系、是比较衡量事物的标尺、是实现共同认识的基础，放之于社会，就是共同的文化。

在时代和文明的进步中，数所保持的人性化内涵基本未变，而应用外延适时变化。人的指头如果不会进化出更多，那么十进制就依旧普遍。

数的基础是人，人的基础是水，建筑就是容纳水又排斥水。世上没有人，那些天成的树洞与石穴也就算不得建筑。因为有人才有建筑，陨石坑和斗兽场形态类似却不能相提并论。

原始建筑完全是为了人的基本生理需求而建造，而后的发展更多考虑精神需求。谈到建筑的方法，或者说钻研所有学问的最终，均是对人类习性的洞彻和理解。深刻地理解人，就会理解文化和习俗，最终达到智慧的层面。人的存在和进化并没有太大的意外，所有文化间的差异和人的共性比较起来微不足道，学会设计就是要学会生活，了解建筑就是要了解人。

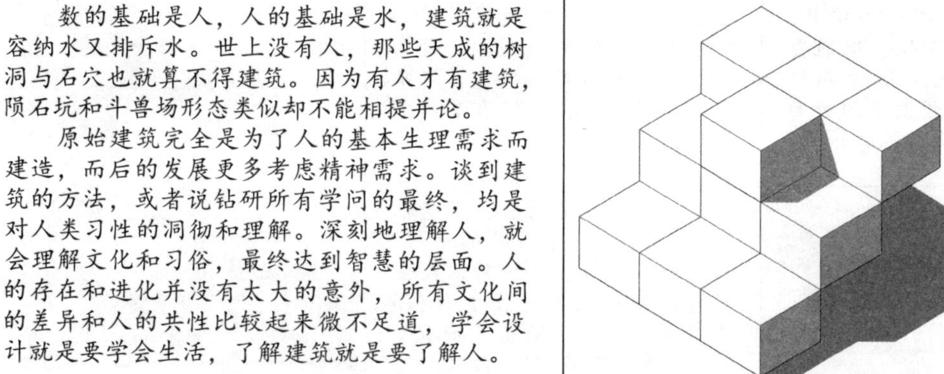

江源、瀑布奔流而下。共同的起点，不同的轨迹，最终汇入大海。

长江黄河，随时都有水加入，随时都有水流出，但就是这种进进出出造就了真实的川流不息。

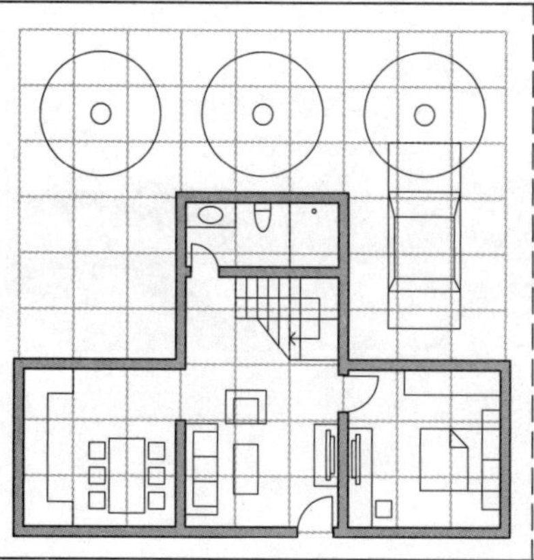

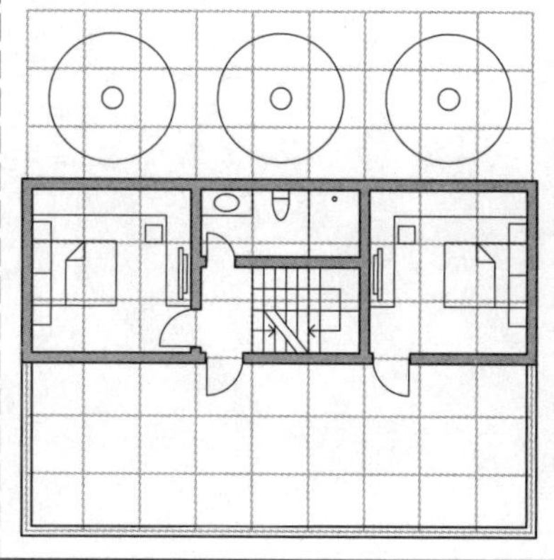

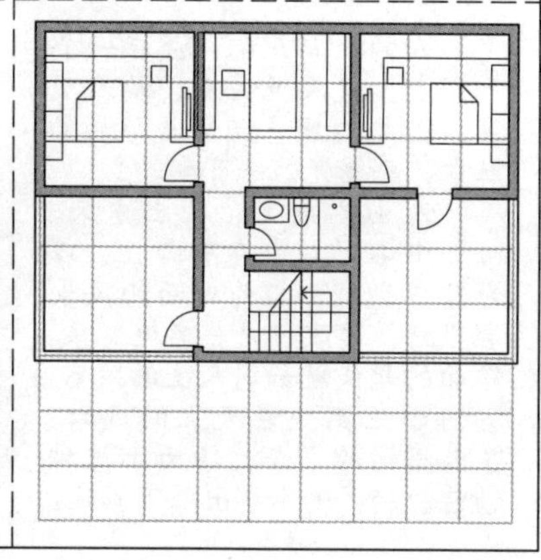

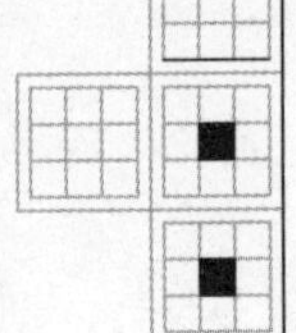

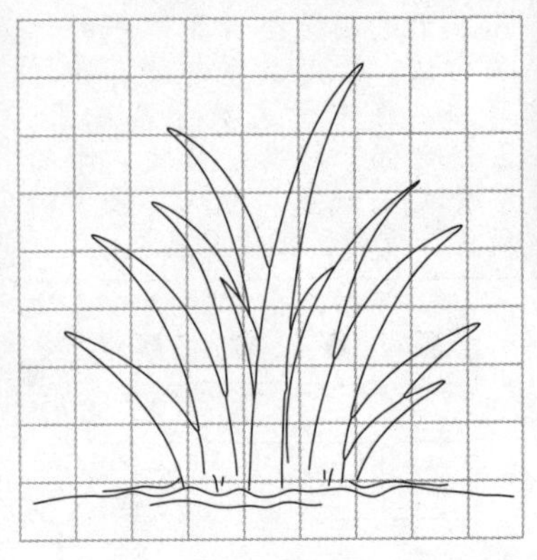

生　死

可否同一贯，
生死亦一条。
——隋·江总

/存亡/寿夭/老幼/稚耋/旄悼/

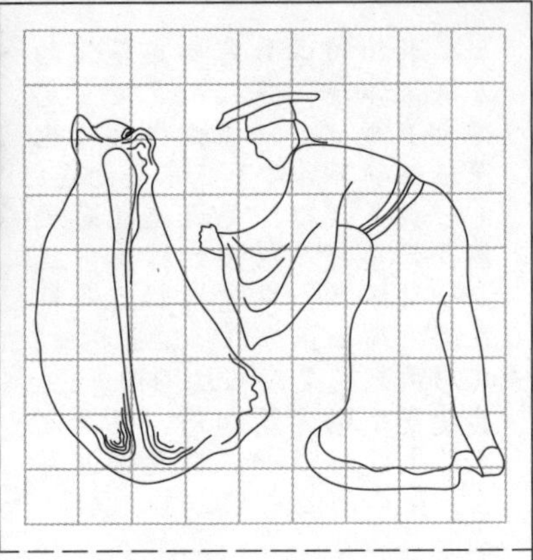

生：自无出有，从中从土。中为刚长出来的草木。土为土壤大地。生就是土中长苗的样子。土壤与植物这两个元素和生命有关，多接触土壤，多吃素，或有保持生命力的作用。

生也柔脆似草木、死也枯槁如僵骨。弱小和纤柔更加具有生命力，其水分更加充足。

死：人之终也，从歺从人。歺是枯骨的样子。人为弯腰垂手的侧面形状。人祭拜枯骨，表示有人死亡。或人变成了枯骨，就是死亡。或指人的肉体和骨骼分离就是死。

死并非无希望，枯骨一旁还有人祭拜，种群依旧保持下去。千棺从门出，其家好兴旺。

生死是最大的命数，人的一生就是由生至死，在这个命题之下，人能改变的只是中间的过程。人人都在生死轮回中起伏，都要争取过程的合理和丰富。人的寿数是有限的，才导致长幼有序、先来后到，有时年龄就是话语权，不一定按公理和客观评判。

离死越近权威越大，中国人尊老崇古，与其说敬，毋宁曰惧，因此言必起于三皇五帝、方必传自内廷先祖，强调其时间长久，有鉴生证死的功效。私则无爱、无爱则惧、惧则畏死、畏死则敬幽冥薄众生而愈重其私，孙中山说天下为公与博爱，实在搭准了时人之脉搏。

生死同源，万物之气聚而为生，生命死后又耗散为万物之气，气便是道理和物质的混成。有了出生和入死，才爆发了各种天机和活力，促成了运动。有死亡才有对应的生活，人如果长生不老，现在的社会组成和建筑方式便会完全颠覆。

死亡也许不是被动，而是人主动地选择，用生死循环来获得永生，如同水汽的蒸发和还原。液态的水死了，就成了气态聚集成云，所有的生命都在云中制造，而雷电提供了刹那间突变所需的能源，给云雨增加了生命活力，雨水将生命重新降落到地面。细看水的变化就能领悟生死。

人的根本问题是存在与发展，用生死的无穷匮也保证存在，用阴阳的和二生三推动发展。运动是生，其对立面静止就是死。运动的生也可说是一种静止，因为人体固化了许多元素和精神，生已经包含所有死的要件。静止的死又是另一种方式的运动，因为人死之后躯壳的消解让身体上的元素又重新恢复了自由。只有在泯灭时空的混沌之中，才勿言生死。

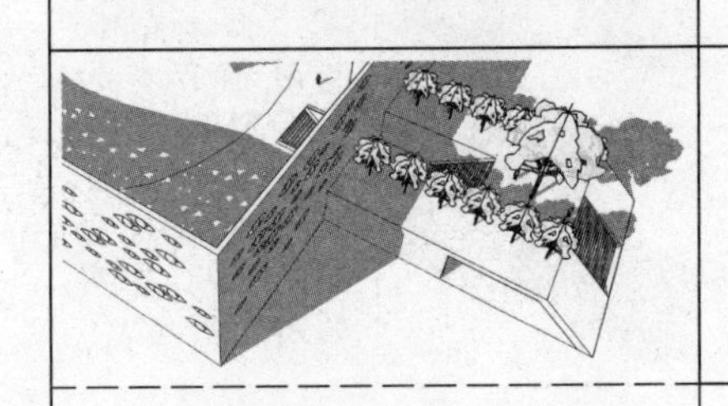

个人的生死历程，只是眼见为实的行走自己的那一段，不知道从何来、去何处。人生轨迹的基础也是脆弱的，前不着村后不着店，依靠玄而未知的力量维持微妙的平衡。

人的生与死都是放在一个匣盒中，被人低头看、被人观察。凸起的坟墓就像是孕妇的肚皮，一葬死、一育生。

人由生到死，从土中来、回土中去，心中有座山丘，以为可以翻越，以为对面的风景会很好，其实都是莫名地想象。路面的起伏就如同人生的跌宕，室内小池倒映着天上的开口，冒出蒸腾的气息，墙面小坑种植着松柏，雨水刷出眼下垂痕。

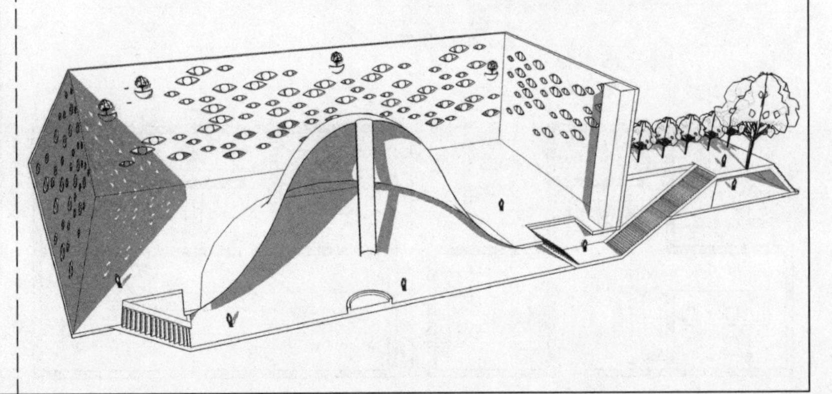

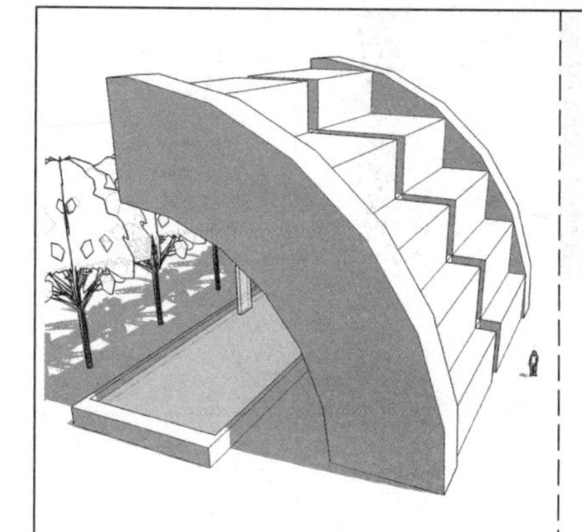

爬得再高也要垂直落下，人生向上向前，走到尽头，纵身而起、鱼跃而下，拥抱大自然，最终回归到土壤中，土地的包容性和吸引力必然将所有的物质强行地合并统一起来，扩大质量最终崩塌，亦如集聚势能最终一跃。

土地隐喻着死亡，释放出令人恐惧的吸引，人在有生之日都是极力占有土地，同时建造崇楼高台远离土壤。

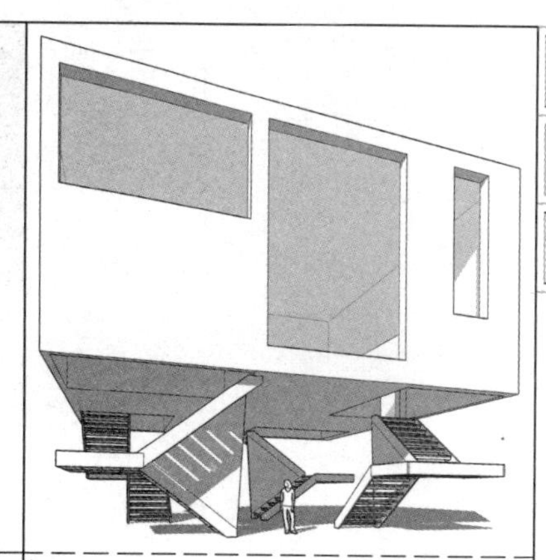

人生的努力就像是太阳，将人生的悲凉驱散，越爬越高，总希望是大大的晴天，看不见终点，不知道爬上去能否回头，最终将自己逼上绝路。

命运的桶泡着时间的冰山，内心焦灼的太阳将时间的冰山晒化，在逝去的海洋中又向上多行了一步。

在时间的海洋里，下一级总是看不见上一阶的情况，总有一根绳子挂在那里，绳子只能承受你体重的一半，只能轻轻拉。急于在没有浮力的情况下拉拽，就会导致绳子崩断，失去生的机会，也就无法上到更高一层。一旦爬上山顶，既是沉入海底，又是升入天堂。

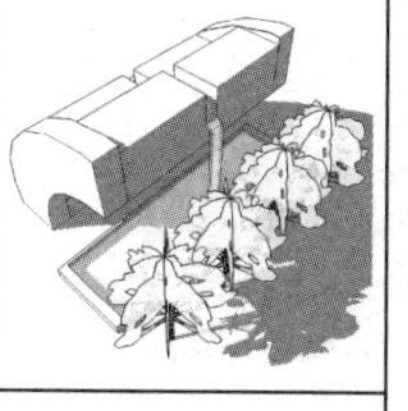

建筑只不过是送人一程，也要新旧更替，所有的经典作品最终还是要拆、要坏、要更新。建筑师不仅要想到加工完成，也要考虑到拆除的困难，摩天楼拆迁并不比建造容易。

既然建筑不能长久，就需要让设计和建造更为有机化，适于替换更新，只有不断更替的建筑才能可持续发展。让建筑像人和植物一样地代谢，最终出现树的建筑，林的城市。

生死历程能够对应酒的品类，一开始是白水，然后浑浊如米酒，有了色彩如啤酒，颜色深沉如红酒黄酒，最终度数增高如白酒。白酒看上去和初生时一样，却满含辛辣，有返璞归真的意思。白酒如果杂质过多，又会变成如同药酒，可以治病，也可能害人不浅。

人生的长度不变，选择却不同，虽然最终都走进了一个盒子，却经过了不同的路径。

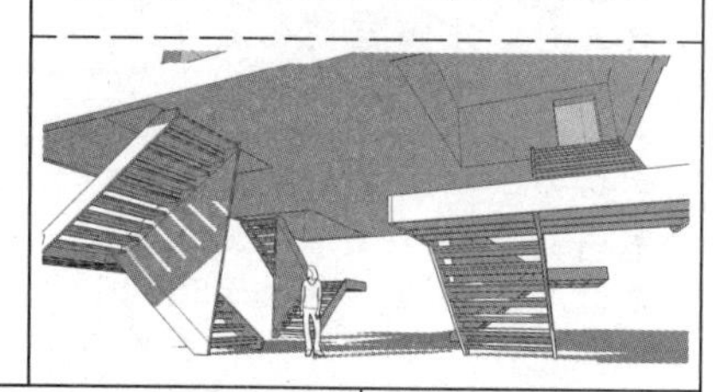

花盆与花就是生与死的对照，花盆是死泥土，而花泥是活泥土。与死并行是生的基础，死也是为了生而准备，是生的充分必要条件。泥土能够死而复活、沙漠亦能变成绿洲，陶盆碎了，回到土中化为齑粉，天然地生发出养分，解离的元素蕴含水中，激活种子成长。

城市的树要脱落无数的叶子，这些质量大都是从天空中获得的，天上的雨水渗入土中，不断地将各种可以吸收的元素搬运，自然搬运不及时的时候，人工的搬运就产生，化肥就是拆东墙补西墙。大地生机覆盖的极限就是树高，居住高于树便不能得到地气。

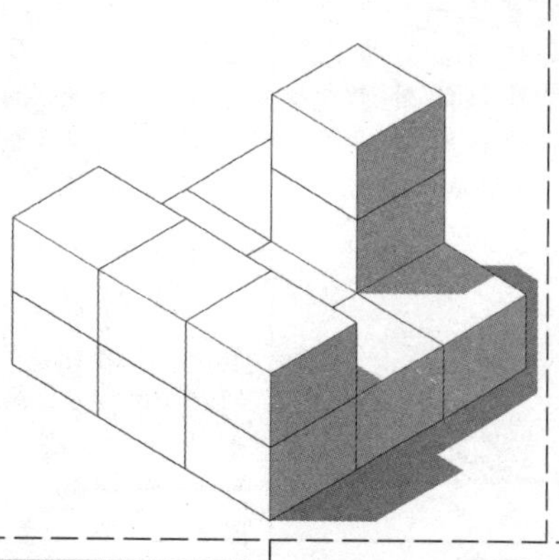

坟冢的纪念，就像回到了母亲的腹中，继续孕育着下一次的新生。

南方的草木初生，三株幼草齐头并长，与北方伫立的纪念碑形影相吊，在命运的深沟中徘徊。

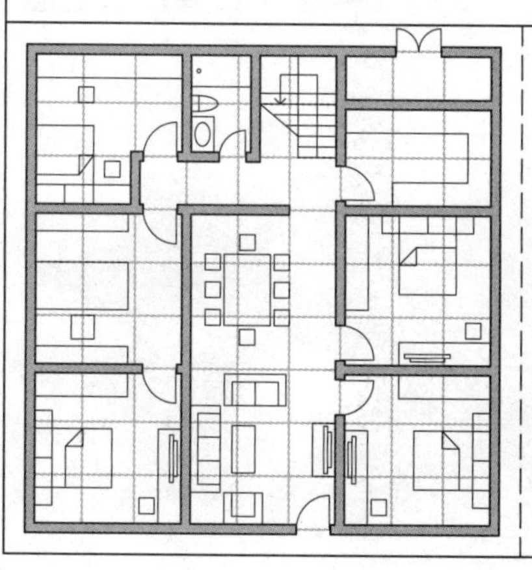

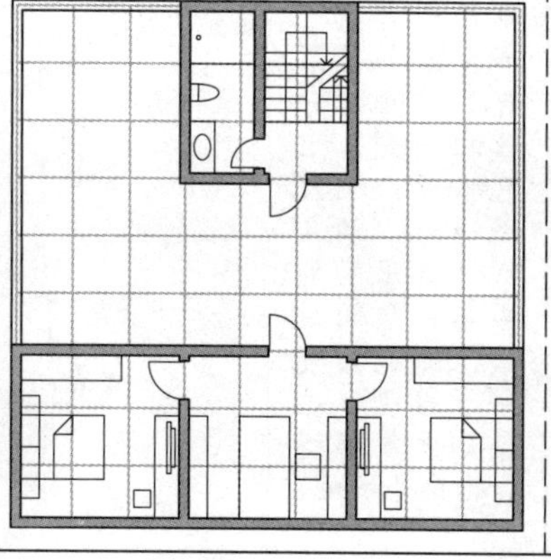

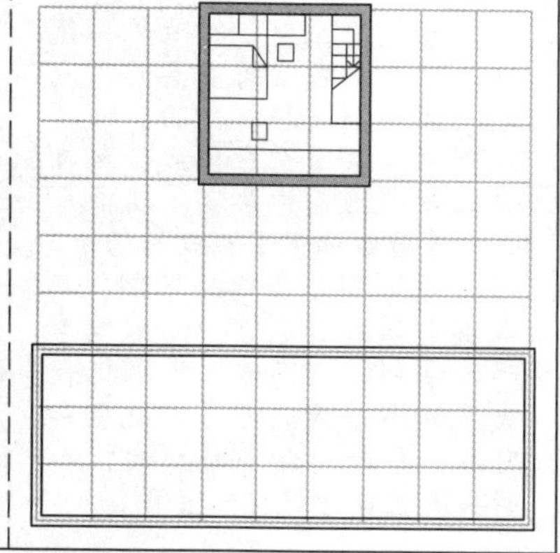

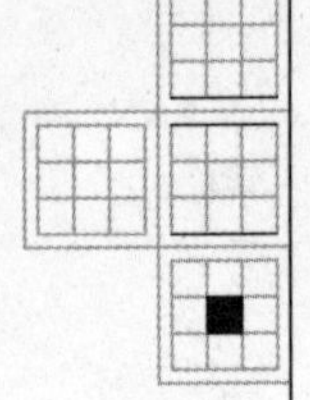

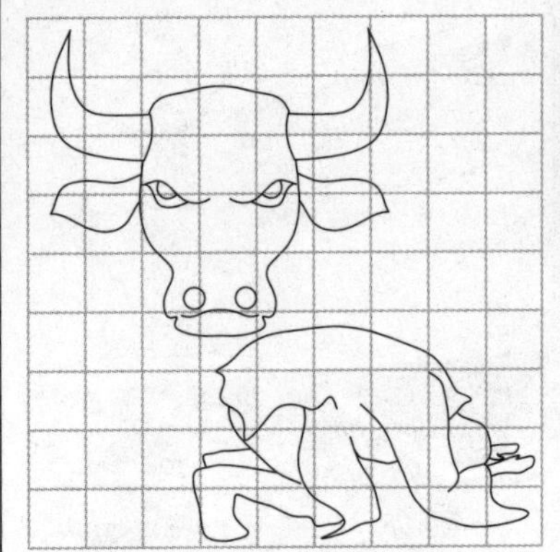

牝 牡

牝 牡

似我鹄乌忘白黑，
知君牝牡失骊黄。
——宋·李弥逊

/雌雄/公母/夫妇/男女/龙凤/

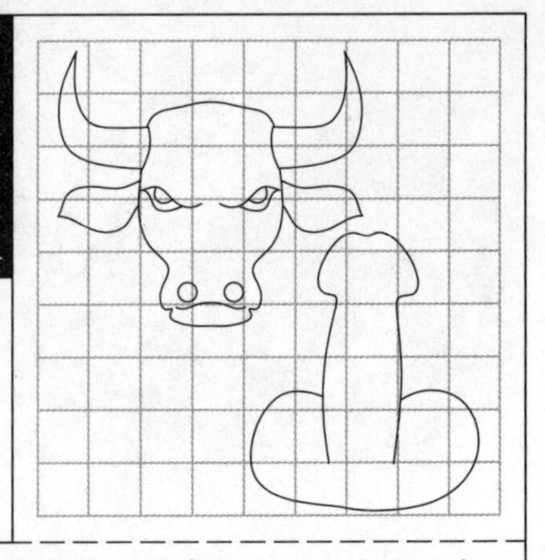

牝：雌性的禽兽，从牛从匕。牛是牛头的形象。匕是人匍匐、拜服的样子，用以表示顺从和雌弱，用在动物边上表示雌性，也泛指阴性的事物，如妣字。牝就是性情温顺的母牛，后延伸表示锁孔、溪谷。古文象形常顺时针旋转，匕是象形的逆转九十度，或还原了本相。

牡：雄性的鸟兽，从牛从士。士为雄性生殖器的象形，后讹变为土字，牡用土音为声符。动物阉割叫去势，实际是去士，读音保留下来。

牝牡分别用性格特征、生理特征指代。词中字按其重要性来摆放先后，牝前牡后，恐怕是母系社会或者雌性牲畜珍贵的思想遗存。

溪谷为牝，丘陵为牡；天空为牝、大地为牡。虚空是万物之牝，大地上的火山、建筑、人都是向上去占领天空，而天空却降雨湿润大地，也算是一种互补。宇宙空间也是牝，人类不禁要探寻其间。

花朵区分雌雄，生命的本能和责任就是更多地繁殖后代。不同的花朵就像不同的功能单元，人如蜜蜂，穿梭于不同的功能单元间组合资源。乐高积木块，就是雌雄同体的范例，夫妻组成的家庭就像一个乐高块，组合出社会情态、万象人生。单面的积木块只能处于边界，老幼鳏寡只能被社会边缘化，浮于表面如管壁和树皮。

生命体进行两分，结合才能有所成，此是最常见的相反相成。男女概念也体现在建筑上，古典柱式就按照男性和女性的生理和心理特征设计建造，甚至直接运用男女形象，这样的做法体现出对生命的尊重。古希腊时期的赤裸雕塑，体现朴素天然的生理美，表现审美心态的积极，对天然采取欣赏和拥抱的态度，而后期结合宗教信念便发展为敬畏和远离。

现在普遍中性审美，由于性别不同导致的功能差异逐渐缩小，女人不再局限于生养，男人也不再局限于劳作。共通的人性更加趋于融合，夹杂各种文明的包容，终将至于中正。

社会的组织和配合，需要妥协，因为很难有完全弥合的情况。保持刚强，一方走到底就会对另一方有所挤压和伤害。

如同两个手掌的手指头如果要完全密合的交在一起，手掌和指头必须弯曲，也就是要双边妥协。否则指头碰到指凹就无法再靠拢了。握手时先生主动伸手，手掌伸直是表示不妥协，后生手掌弯曲，要积极主动地跟上和适应先生。

社会中将家庭作为基本单元，并且实行专偶制度，就是要强行平衡资源分配。中国还将白头偕老的理想捆绑其上，导致名大于实，苛求公平的制度往往是新的不公平的开始。

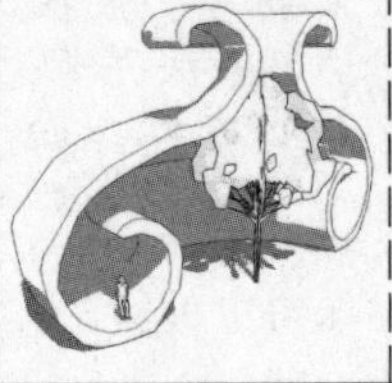

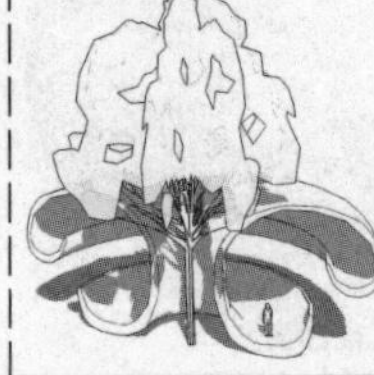

凡是有人存在的地方，建筑或者说私密空间主要的用途之一就是满足牝牡之欲。世界几十亿人都是自然生成，都在建筑外壳遮蔽中孕育，城市是最大量最快速繁育人口的场所。

动物有发情期的限制，而人拥有敏锐的感官，能超越季节的限制。人类进化中弱化丧失了许多本能，可历经战争和灾害，种群却越来越壮大，人的强大也在于能积极繁育。

六角形就具备阴阳相合的意境，六角形体的咬合，可以作为幼儿园的造型，生命是结合的产物，各个角落起到按年龄分班的作用，也能够多产生几块场地。幼儿园的娱乐功能丰富、空间放松，更能接受异形造型，也需要更多有遮蔽的户外场地。

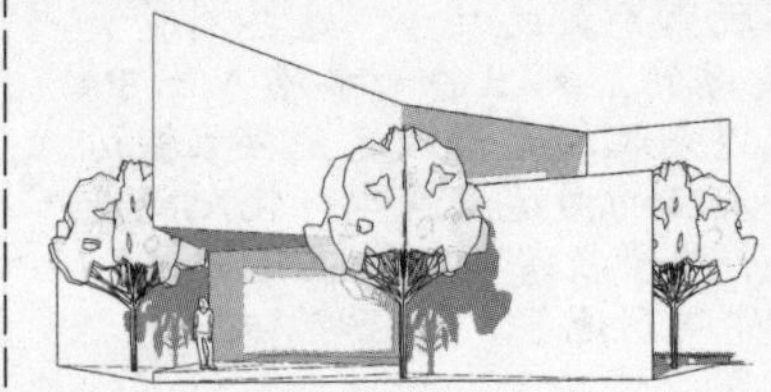

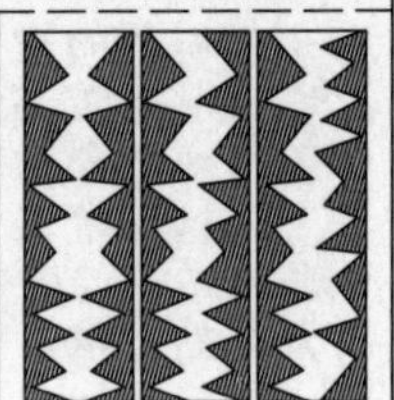

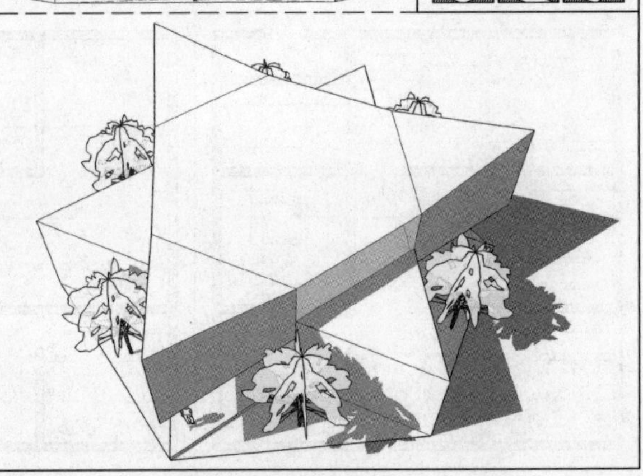

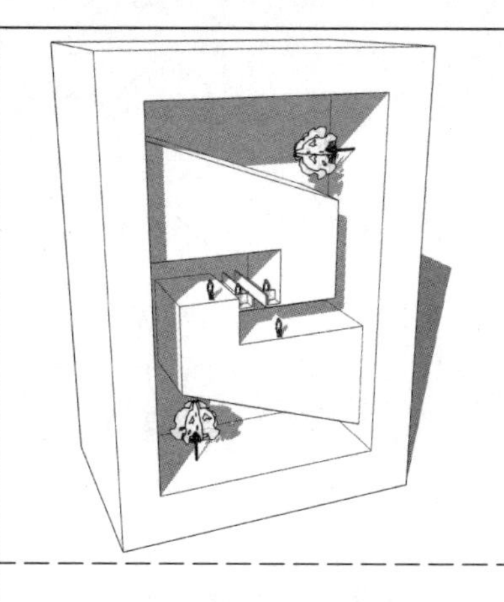

商业讲究和气生财，阴阳调和为最大之和，传统建筑空间特征为牝，靠吸引。而导入牡形，则是率领，人性从众，主动凑热闹强过被动吆喝。钢笔配合墨水，才有文字。

针尖顶住大大的圆盘，是现代社会中个人与家庭处境的缩微写照。一个人长久地走下去，走得更远的前提，是有人压住平衡他的后方，这是一种支持。成功并非是一个人的努力，而是社会和家庭的合力。保证天平不掉下水，人才有可能探索得更加遥远，所以人类总是圈层式地向外扩展，并不突变。人口的性别比例失衡会影响到发展和存在，过犹不及。

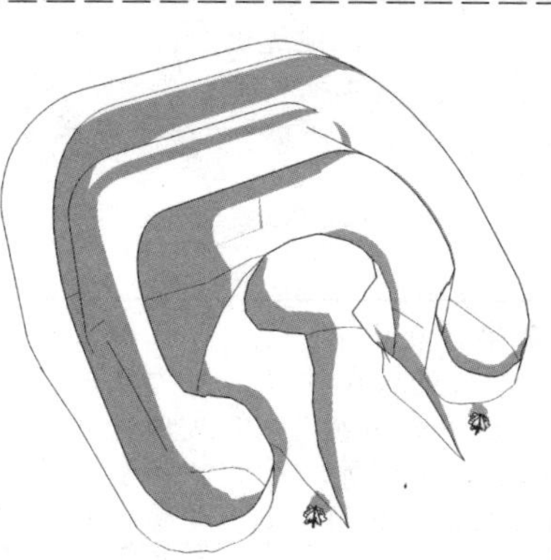

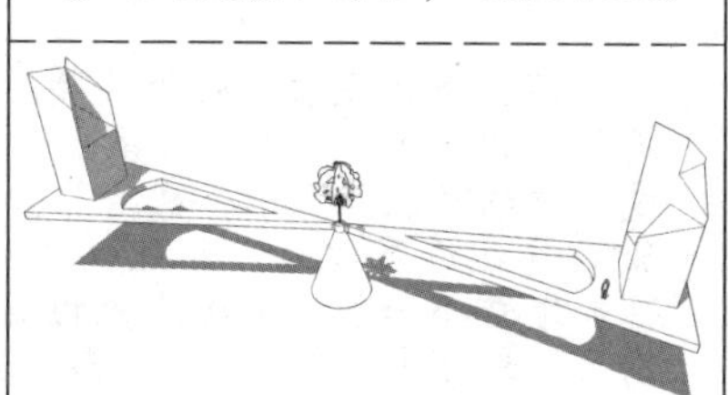

相互融合很难，精神永远无法直接传达，不同的主体永远产生不同的观念，分歧与对象无关。而互相隔离却很简单，一转头便能够无视所在，眼不见心不烦。短暂接触之后，回到各自的地盘，就像身处不同星球的宿命。西方说金星和火星，东方谈牛郎织女星，偶然和必然地相遇最终还是要别离。

所谓前世注定也是擦肩而过，在时间长河里，相守一生和呼啸而过都是微不足道的一瞬。男女本是一体，一生二，双方分散而寻找所缺失的另一半，寻找到了相互结合，由二生三，这个三和一略同。总分总的套路，既适于事也适于人。

峡谷一样的步行街，从室外过渡到室内。中间是一座可以攀爬的室内山丘，并且布满蔬果，利用室内照明生长。中轴广场两端塑立香龛，顶面开观光孔，室外山丘改造成梯田。

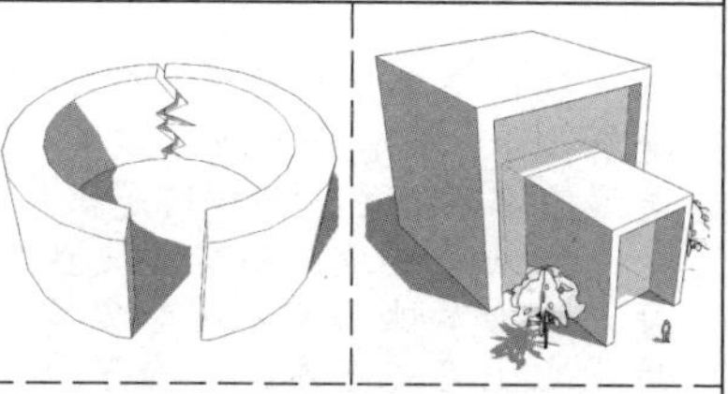

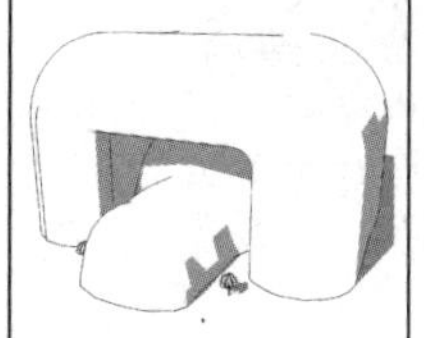

服装不需穿上就可知男装还是女装。未来的城市建筑，分成两种有性别特性的设计，一种提供空间如牝，一种提供功能如牡。这两类建筑相互支撑和借助，空间提供者长久固化不变，功能模块由场外加工的，根据发展在空间中更替演进。撕开和劈开就具有不同性别属性。

食色性也，食首先保证了人类个体的生存，饱暖有余之下，色保证了群体的延续和发展。社会中个体的存在并非孤立，合作是人性的必须，为了生存的合作形成了社会，为了繁育的合作形成了家庭。没有雌雄，进化也会停止，人就有可能孤立的存在，因为生存的合作并非必须。人的孤立，就像是建筑的孤立，如果一个建筑没有跟环境与城市发生功能上的联系，那么无论造型如何、功能如何设定，最终的命运只能是荒冢一堆草没了。有联系的存在具备人性，没有联系，存在就只有物化的属性。物化的造型可独立，而人性化的功能却无法独立。

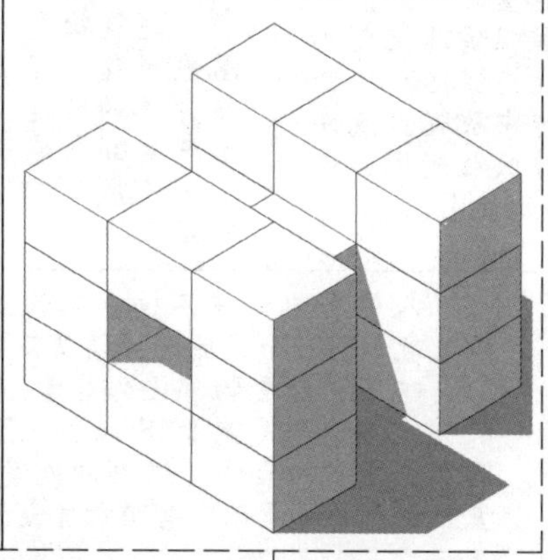

牝牡分别代表锁孔和钥匙，既是阴阳的象形，又具有道德和伦理的寓意。

现代的螺丝和螺母也具有同样的特性，各自的残缺通过结合为整体来发挥作用。

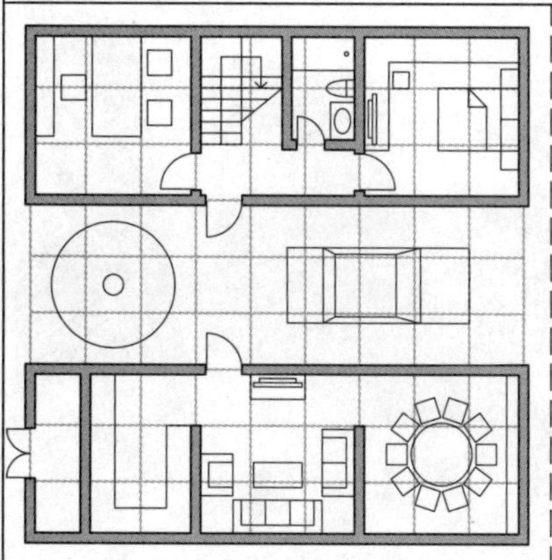

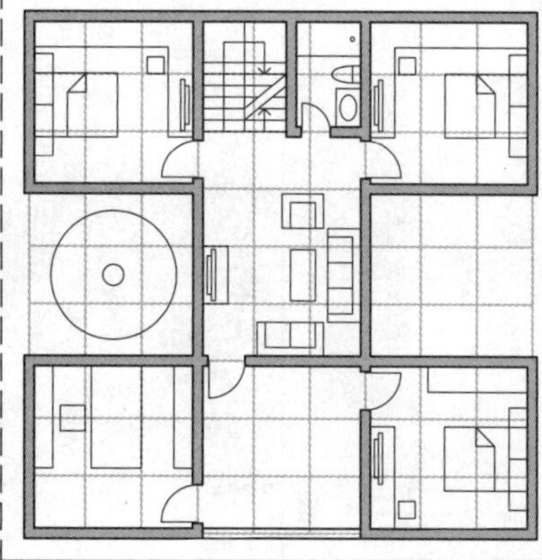

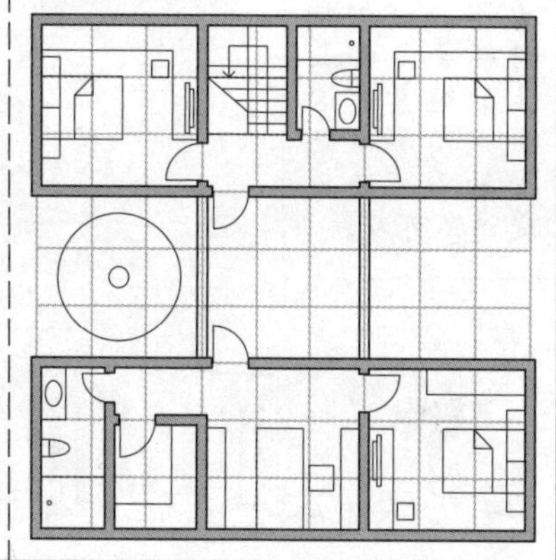

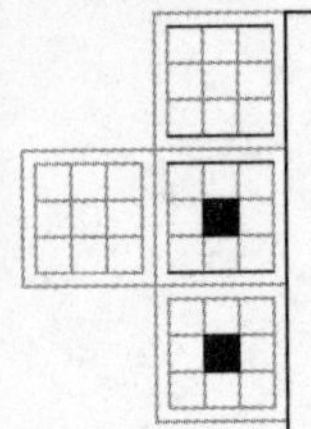

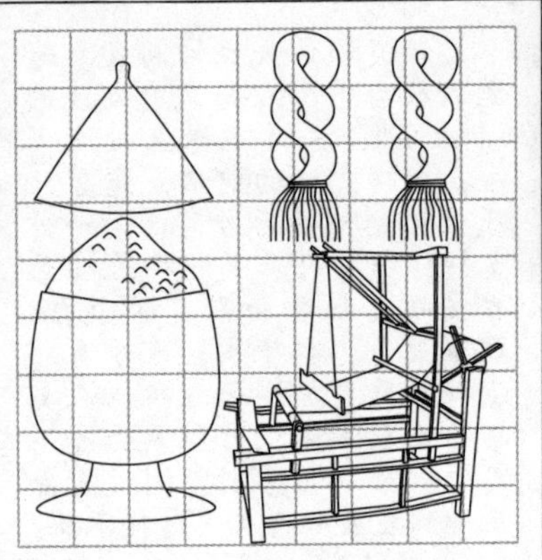

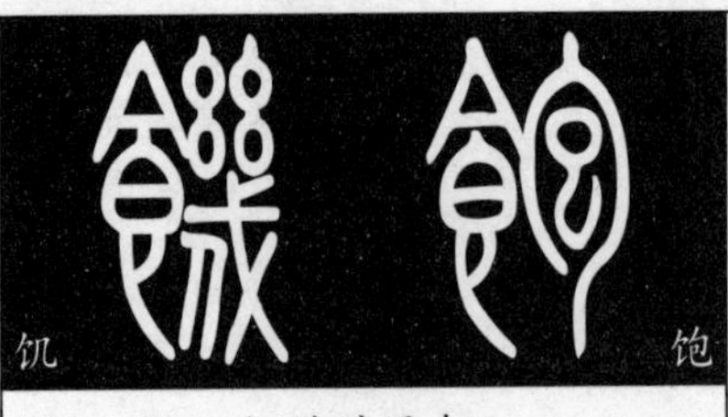

饥饱进退食，
寒暄加减衣。
——唐·白居易

/炎凉/冷热/寒暄/寒热/

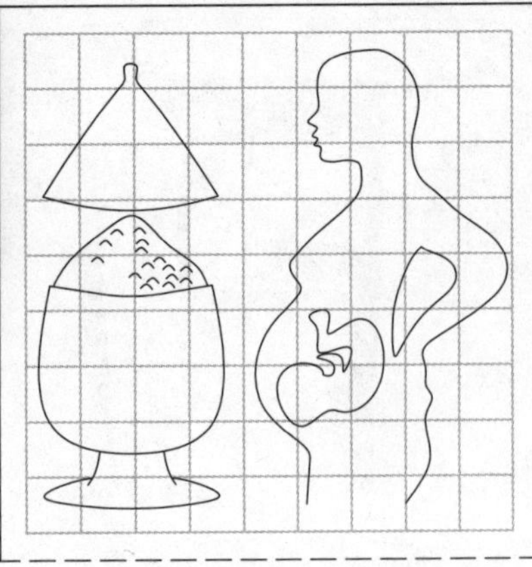

饑：五谷无收，从食从幾。食字为豆中盛满食物的样子，豆上还有盖子。幾字从丝从戍，戍字为织布机的象形，丝为原料。幾字是用细微的丝线进行织造，并且操作丝线容易扯断，引申为微小殆尽。饥就是食物不充足。饑飢有别，飢为食物放在桌几上，需要进食。

飽：吃足，从食从包。包为胞胎的意思，从勹从巳，勹字就是裹住的形象，巳字像子未成形的样子。包和勾同源，都指孕妇怀胎、腹中有子，后引申为包裹的意思，包子真是包中有子。饱就是吃够了，腹部鼓起如孕妇一般。食能果腹、腹能裹食为饱。

饑这个字兼有温饱，既包含纺织物，又包含食物。饥民是温饱都不满足，并非只是饿。

牝牡是发展，而饥饱是生存，动物本性而言发展和繁育后代比生存更重要，有为了孕育而牺牲的物种。要保证人类繁衍，人类就必须吃喝与保温，解决了温饱问题就能避免战争，解决了平衡问题才能发展。

人体所需要的生物能的供给方式还是太单一，如果能有直接吸收外界能量的方式，人就不再需要依靠咀嚼消化食物来获取能量，就能够把人从食物和时间的束缚中解脱。或许人将来能够直接吸收光照，或通过饮水直接获取能量。

饱汉不知饿汉饥、如人饮水冷暖自知，温饱是十分个人化的感受。建筑功能分时代、集体化地归纳，并不能取代个体化的感受，某种建筑功能也不能满足所有人，但建筑的整体趋势还是大众审美。或有一天建筑除了固化的结构外观，还能根据受众的喜好，通过智能眼镜在不同人群中呈现不同的数字外观感受，使每个人都能拥有自己定义的城市形象。

建筑物需要解决人的基本温饱问题，有空调和热水，保证身体的舒适。或未来食物的生产全部在建筑内部，或建筑自身就成了食物，边长边吃，按照容纳人数，调节生长速度。

衣食住行就是建筑需要满足使用者的基本生理和生存需求。建筑同衣服一样要遮蔽和保暖，为了达到衣的功能就需要空调、要外墙保温、要窗户。建筑同饮食也相关，需要厨房、饮水、燃气，吃了就要拉，就需要厕所。居住是建筑最原始的功能，人类的生产和延续都需要，长时间停留在建筑之中就是居，白天在办公室坐着也是一种居。广义的行也是建筑必备条件，行的目的就是为了沟通，物质空间的交通动线、电梯、楼梯，虚拟空间的电话、网络等等都是为了交流和沟通而来。所以要学会设计建筑，就是要学会安排生活。

如同一个人吃饱了坐在地上消食，满地都是吃剩的碎屑。当人吃饱喝足后晒晒太阳，温饱同时解决是种人生的惬意。这种无所事事既是触手可及又是遥不可及。

人似乎永远吃不饱，因为不停歇地在吃，嘴巴就如同一个无底洞，填塞不满。

吃下去的食物都化作能量，但能量不断在散失，人体只是能量经过的一条路径，铁打的肠胃，流水的食物。过剩的能量最终化作了体重，在人的潜意识中有质量才是有质量的生活。

饱暖相加和饥寒交迫一样让人难以适应，这就是有余和不足的关系，损不足而补有余恐怕是人天性的必然。饥饱是最大的不公平，有人挥霍浪费，还有人挥饥饿不去。

部分人脑满肠肥地被饱暖供养，靠汗蒸和运动去化解过多的脂肪，另一部分辛勤劳作、俭朴生活只为争取每日不挨饿。有人生来就有，有人毕生追求，许多不公平是存在，却不合理。

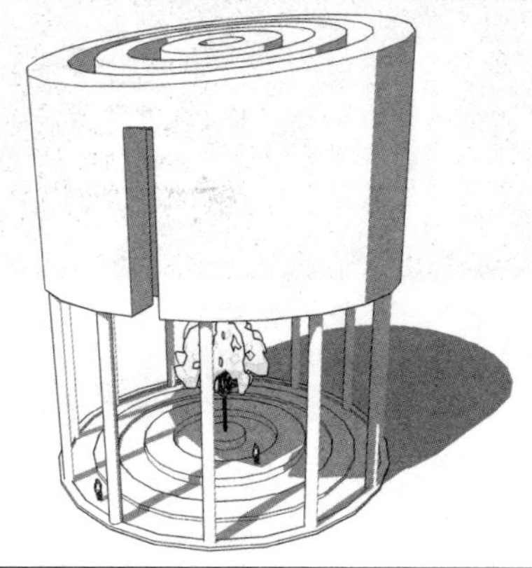

未来的食物就如同自来水一样，管线直接到户，打开龙头就可以吃了。人的一日三餐也是固定的节奏，通过集中的市政食物网络定时供给。

人有许多逐渐统一的习惯，比如一日三餐的进食规律并非有人规定，但是习惯似乎就成了必然。三餐布局了人整天的时间，这是种三段式的自觉，也是潜意识的霸权。餐具围着碗碟，植物是一切食物的根源。

凸起的屋面和凹下灌满水的池塘，屋盖和池塘是食的抽象。周围的窟窿可以垂钓，如冰封的大河上开凿捕鱼孔。姜太公钓鱼，看似满足口腹之欲，实则寓意于饮食中，追求高远。

无论现实的情况是饥还是饱，总是要去捕食和劳作，有收获才可能心安理得。饥饿也是劳作的动力，越是饥饿越是要劳作。但是平静的劳动场景总会被打破，朝代的无尽更迭，总是源于生产劳动的人不是消费者，而消费者不劳动。

越饱的人越不想劳作。知者不言、言者不知，言语和思想背离，条件和作为不配，此人性非人道，人之道亦非人道。

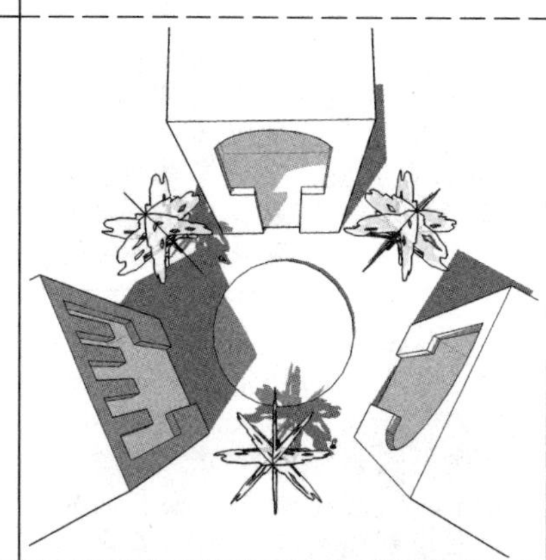

四处透风、无处御寒，只能扎堆的纤弱立柱层层叠叠围作一团，支撑起巨大的碗，靠天吃饭。天有时候是自然，有时候是人。碗中有时候接到水、有时接到粮、有时接到兵刀。

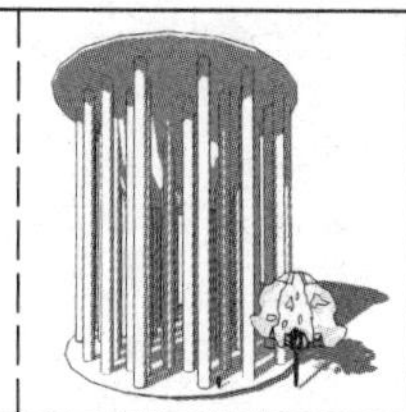

饮食提供身体能量和动力，保证思维和脏器运作正常。作息就像电池的放电和充电一样，身体的每个部位都要经历劳作和休闲才能保持健康。听说就是人的信息接收和释放，保证五官有正常的感受，能和外界正常地交流。这一切都在动态地变化中，动是人生来的天性。

一台织布机远比一座普通的建筑要复杂得多，如今建造手段的丰富并没有让建筑更加富丽堂皇，反而导致建筑极致的粗糙简陋起来，因为轻易可获取反而变成了轻视。过去饮食条件简陋的情况下，人们极力地营造美食，如今却要用快餐和调味料代替烹调和原味。

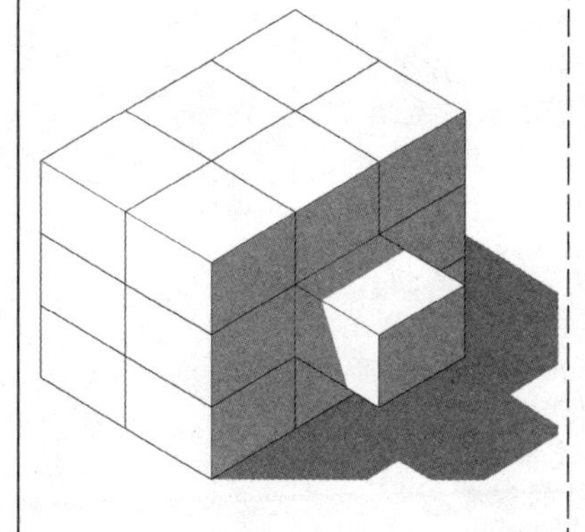

凸起的肚皮和凹陷的腹腔相互是结合在一起的。整体的平衡就是被这样打破，有撑坏的就有饿死的。

两个感恩节的绅士不过是这个真实世界的颠倒。

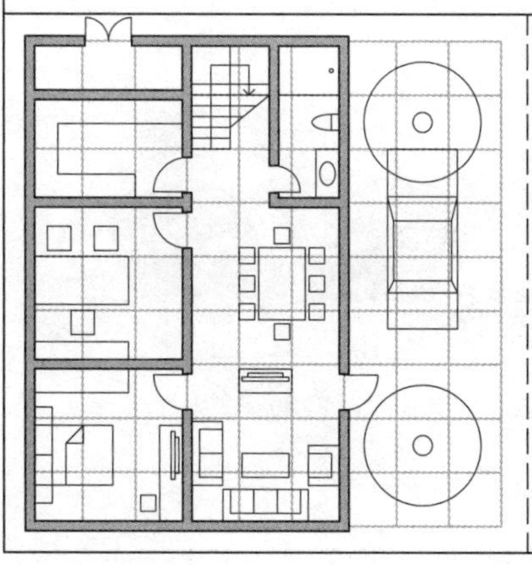

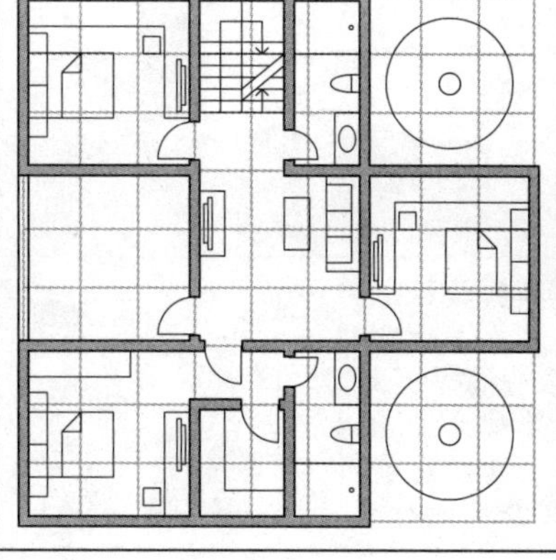

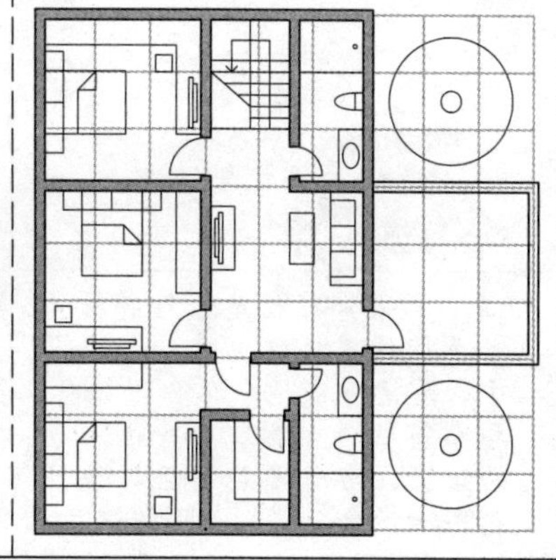

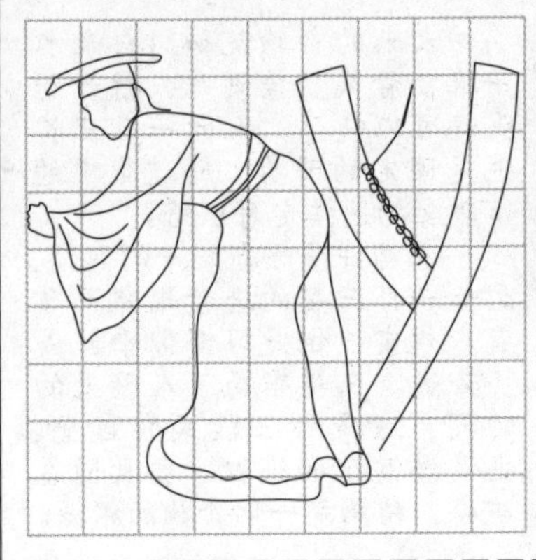

作息

劳人失其常，
作息每逾格。
——清·申颋

/息耗/呼吸/闷爽/醒睡/病愈/
/手足/股肱/

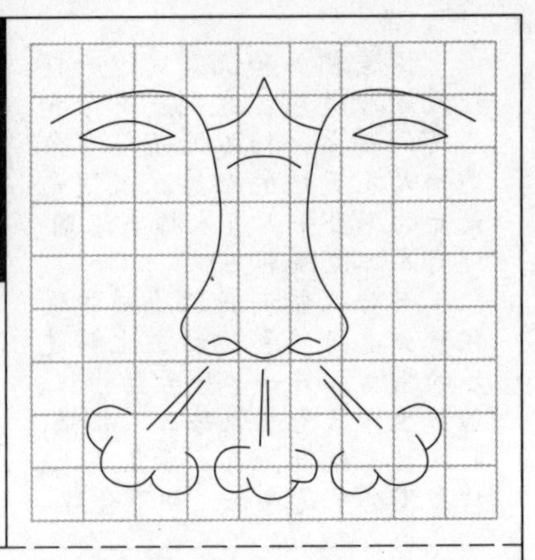

作：起也，从人从乍。亻是人的侧面形状。乍是用针线缝制衣领的样子，有劳作的意思。古代的制衣先缝领子，作字有初始的意思。作和衣服有关，生产衣物是最基本的劳动。日出而作、日入而息，作是一个动作的初始，息是动作的结束。或有所作为从衣着的改变开始。

息：喘也，从自从心。自字是眉心加上鼻子形象的简化，心为气息形状的讹变。息字就是鼻子中出气、呼出气息的样子。劳作之余，停下来大声喘息，就是调整与休息的意思。

休息就是人能坐在木头上放松地呼吸，呼吸就是身体的休息，调整气息是传统的养生法。

作息关乎人的身体和四肢，建筑是人体的外化，就如扩大的胸腔和皮肤。人体就是水的载体，人在水中繁衍，劳作时出汗、歇息时喝水，从水的特性来了解自然要求的、人所必须顺应的天道。

肉体四肢有休养周期，和日夜的周期匹配。为了吃喝，生活必须劳作，因为天然的产出无法满足人的需要，也是因为人处于食物链顶端。

人体是数的起源，十个手指头是人感知和控制的末梢，灵便使用而衍生出十进制。头发也是末梢，发式结合时代与文化更新。体字拆写就是人本，人体的尺度与比例，可以用作为度量衡的参考，是建筑和其他许多设计的根本依据。人的肢体还能直接运用，比如每指三节可以当做十二宫格，进行掐指计算，也可以用手掌五指的比例关系做透视图。

人触摸和使用建筑才能真切地感受空间，并使建筑有生气有活力。人的往来能支撑出一种气场，建筑需要这种人气来养，以气的流动来带动建筑的活力，没有人活动的房屋和设备很快就会颓败。古人说居移气，其实气也移居，居与气是互动的。人对于建筑来说，就如同是有机体的一部分，像是玩具的电池，有了人的参与，建筑的精彩和丰富才呈现。

摊开手掌放松一下，墓地的布局就是这样。生前握紧、死后放松，人生之末，无所不可放，无所不可为。生不需求，死无做作，长眠之息却是无息，无息之息方是真息。喊安静不是安静，有声无扰才是真静。

掌和指是组织功能的方式，指状的分布和鱼骨状的分布，是功能组成的两种基本方式。其包含的数字关系和尺度联系都可以成为设计的参考。

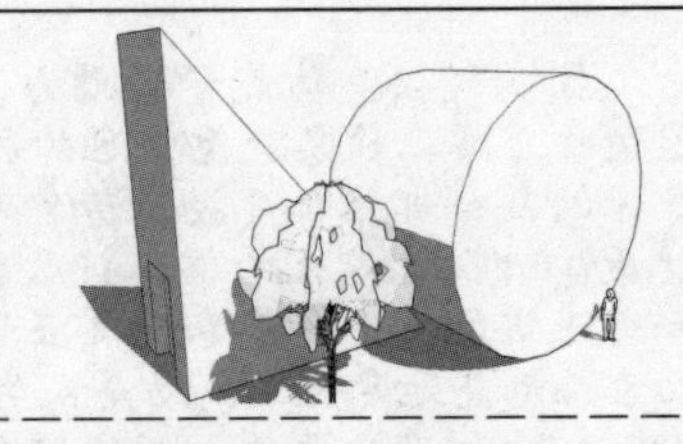

竖直站着劳动，横着躺下就是休息，合起来就是十字架的形状。人的一生，用一个十字形状的墓碑就可以完整地描述，至人无非只是常，人生的常就是逃不过的作息。

推大石上山，功亏一篑后轰然滚落的时间便是歇息的片刻。人拼尽全力最终欣赏到的只是陨落，坦然不惑地面对现实的残酷。痛苦中蕴含着快乐的根源，人的天性要苦中作乐！

拳头紧握就是劳作的样子，拳头放松、摊开手掌便是休息，身外无穷事，该放手时要放手。反义相成地在拳头里休息，在手掌中劳作。抱拳行礼就是拳掌合一的样子，是种先礼后兵的组合，要作要息悉听尊便，以手结印也能表达出诸多含义，行为引发文意，文意影响行为。

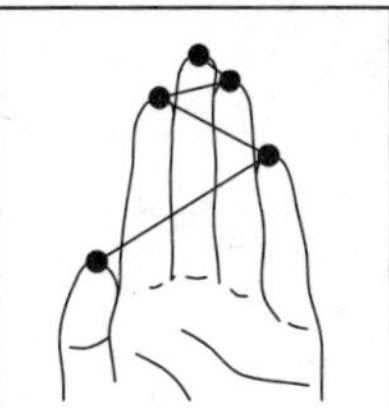

指尖的高度变化自然又不失逻辑，这种高度的递推统一而又有变化，可以化作成为一种天际线的参照。设计的变化可以从自然中获取，自然能一法得道、变法万千。

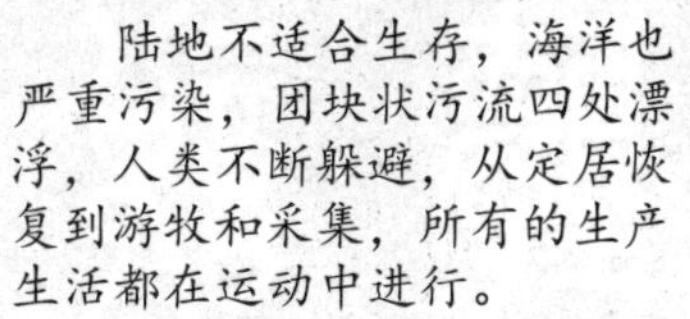

不断地将服装领口形式重复，就是事物形式最基本特征的连续演绎。领结重复编成领带、袖口叠加成为袖子、裤子做上八条裤腿轮流穿，这些都是新的形式感。

陆地不适合生存，海洋也严重污染，团块状污流四处漂浮，人类不断躲避，从定居恢复到游牧和采集，所有的生产生活都在运动中进行。

活在采集机器中，像海上的石油采集点，工作和生活完全结合在一起。与外界联系的只是远程教育和远程化合作用的医疗，能量靠太阳和潮汐，物品靠水和生物骨料进行增材制造，信息传递靠水。

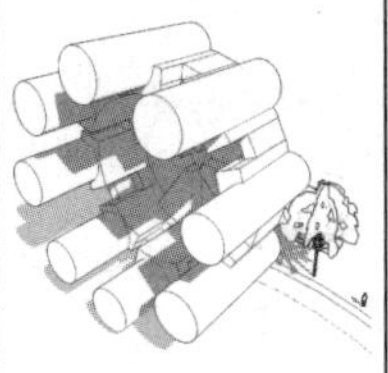

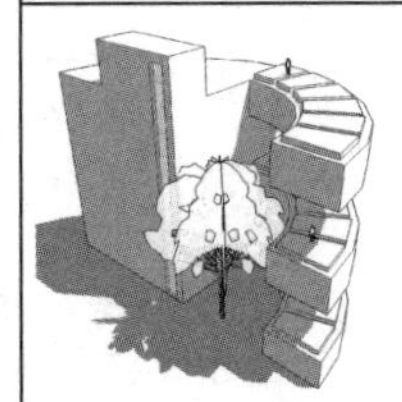

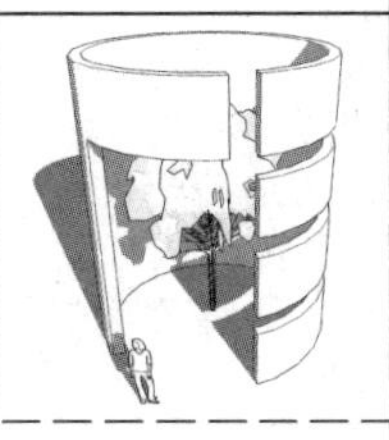

梦境的一切都是荒诞不经，但在梦中却无法察觉其不合理。梦中的不客观与无逻辑，在清醒后也无法理解其成因，梦境都是易地而处的短暂一生。

建筑合理与否，观察者如处梦境无法觉察，片段的逻辑能自圆其说，使用仍能继续。部件的合理，不代表整体合理，而处处的颓败却有可能组合出最稳定的结果，就如现实以呐喊构成麻木、用无言唤起冲动！

精神中能挥洒的都被周遭的现实所束缚，无力挣脱又无休止地挣扎。建筑算是现实的梦境，是桎梏的自由，建成即为跌落现实的梦醒时分，幻想中的秩序变为现实的莽撞。

人的身体和大脑能够半边工作，另外一半休息。不需要同时地工作，到一定时候再换边，就成了两班倒的局面。可以整日工作不停歇。站着作、躺着息，有可能结合成为躺着工作，工作椅就如同太空中的身体支架，控制范围就是肢体的极限。精神和肉体能够分开作息，睡梦中精神休息，身体还能继续工作，思维进行劳作的时候，身体能够被动休息。

人的作息对应着紧张和松弛，体现在呼吸节奏上。建筑也会呼吸，将室内的空气完全和外界隔离并处理。人要放松地以敬畏之心接触自然，不要控制狂般扼住自然的咽喉。手握着的不只有刀斧，还有鲜花。紧紧握住一棵树，树下面还站着同样的人握着小罐子，里面种植着小树苗。层层旋转的菜园种植平台追逐着阳光，人与自然接触的原则是顺其自然。

建筑是生产和生活的机器，将人生所有的功能需求完全整合，并具有迁移的能力。遮风避雨不再是建筑的主要目的，如同手机功能强大之后，通话就变成了次要。人的生活完全依附在建筑中，建筑变成人不能脱下的外套。人的迁徙变成建筑的迁徙，城市不再固定，恢复成临时聚集的城与市。家与族成为人口计量的单位，面对面的接触只局限于家人，建筑的对接与人的互访都成为重大的事情。思想的交流方式越便捷，其交流就越间接，不再有直接的眼见耳闻，交流的媒介掩盖了交流的主体，无法判断存在的真伪，床垫太厚就觉察不出豌豆。

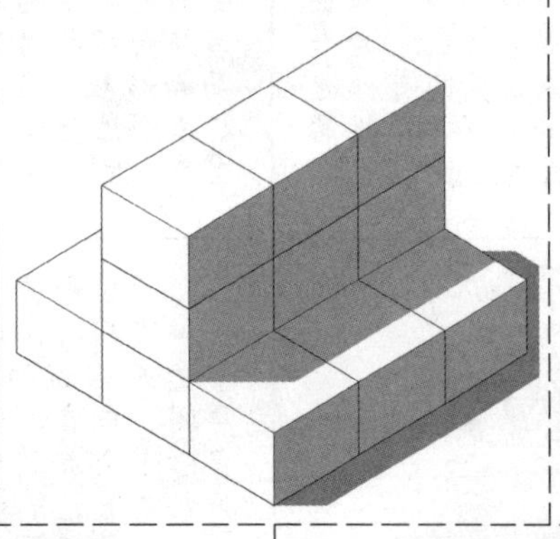

躺下去就是休息、站起来便能工作，钉子尖能钻、钉子帽耐驮。战争与和平就是极致的作与息，每次的轮转就形成一截脊柱骨，无数地重复便铸造了历史的脊梁。

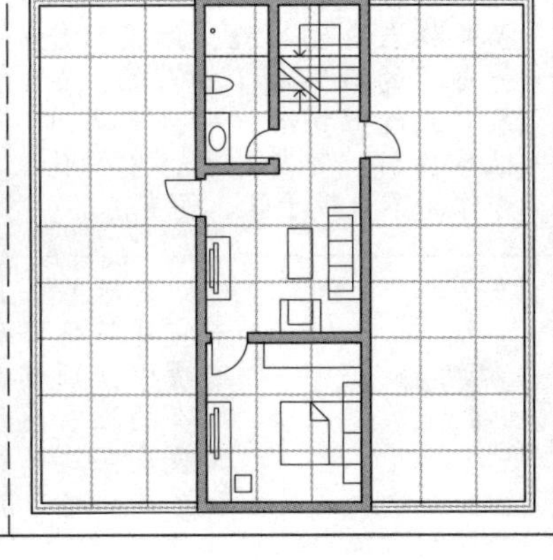

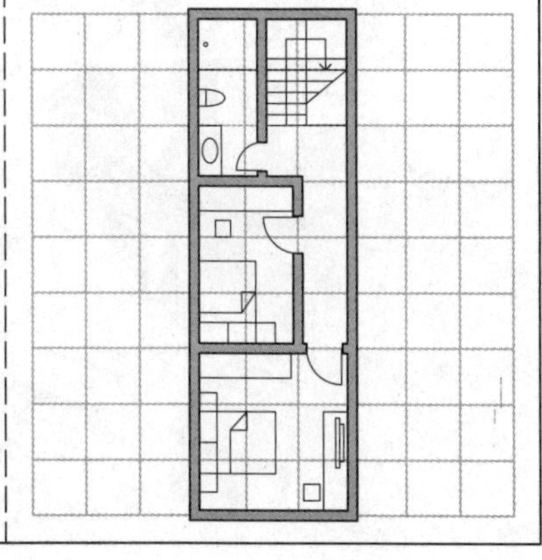

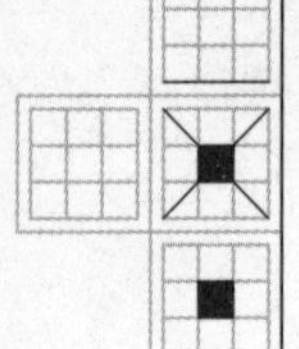

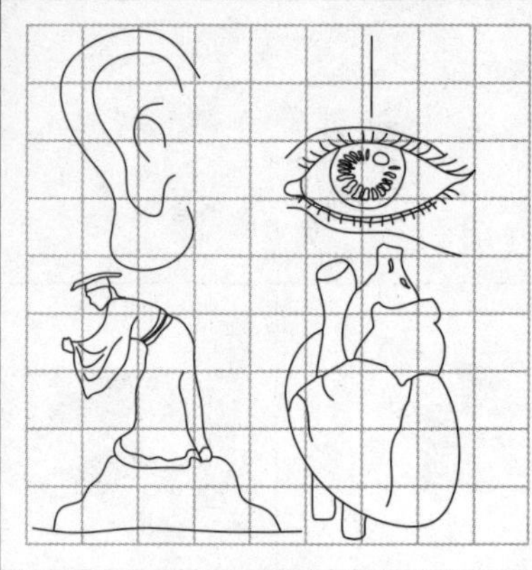

聽 說

听 说

任教年少相纵乐，
听说胜于主席时。
——宋·刘攽

/咸淡/甘苦/醨醇/香臭/莸薰/

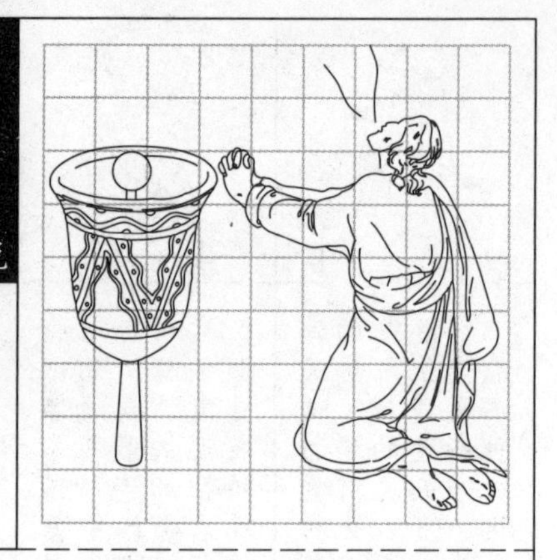

聽：以耳知声，从耳从壬从悳。耳为耳朵形状，壬为人站在土堆上，悳字从直从心，直是目光直视的样子，心为心脏及其包络的形状。聽表示人站在高处耳中所闻的声音直入内心。悳字也通德，德为得，也表示耳中有所得为听。甲骨文听字从耳从口，表示口言耳闻。

說：释也，从言从兑。言为倒置的木铎，与舌、告等字同源，表示声响。兑字从八从兄，八字为气息状，兄字是一人在对天祈祷的象形，为祝的本字。兑即是人仰天大声祷告的样子，是说的本字，增加言字旁强化声音效果。说字带着有所求的意味，直白袒露，比听要简单。

建筑体验依靠感官接受信息，如果不依赖建筑实体，也能释放信息让五官接收和感受，那么建筑创作就不再以建成为目标，而可以像文字一样阅读和想象，如语言般在表达和聆听的过程中实现建筑的目的。把僵化和被动的建筑解脱还原成创作过程中孕育的热情和冲动，直接感受取代拐弯抹角。

建筑不再是囿于一隅，而象音乐和民间故事，在传递的过程中实现意义。图纸成为绘本，不只为建造而存在，读图也成了乐趣和娱乐方式，看平面图就像看故事，里面有行进的时序、活动的场景、个性的人物，有无数的动线推进情节。

感官对生理和心理都起作用，建筑感官体验的塑造历来有传统，过往的焚香、鸣琴、彩绘也算是面面俱到。商业建筑利用全方位的五官体验来令人发狂行妨，空间和光影感受的作用太过间接，色彩、声音、气味这些霸道的元素，能更强烈影响到人的情绪。

听就是接收、说就是表达，建筑与时俱进就要能听说互动，建筑也会根据使用者的喜好进行调整，变换感官体验，就像电脑更换主题和桌面。酒店的客房会根据房客的爱好调整布局和形象。生产力低下时，用抹杀个性塑造共性来提高效率，生产力发达后有个性才有效率。

建筑是感官的调节器。眼睛产生视觉需要阳光、需要强电灯光的照明，光线强了又需要遮挡和控制；鼻子呼吸需要空气、需要开窗通风透气、需要温度调节；口腔吃喝需要食物和水、需要排泄，表达沟通需要有通讯和弱电；耳朵需要接受信息、又需要隔音。阳光、空气、水是建筑为了感官需要，进行调节和控制的主要内容。

建筑功能越复杂，所谓五音、五色、五味的感受越丰富，富润屋的传统心理都围绕着人的五官来打转。人睡着就失去了五官感受，置于纯功能的迷你空间即可，房子可让给其他人使用，提高建筑的利用率。

酒店和餐厅是完整的社交圈和谈判场，是专门针对五官享受而构建的空间，将眼见、耳闻、口言、鼻嗅、舌尝的五官感受全部调动。情绪掩盖在声色之下更有曲解回旋的余地。

摘抄建筑就像拿别人的五官来装点自己的脸，结果只能是自己的脸变成了别人的。如果形式能够拼凑，那么气质却很难模仿，贤贤易色，学习优秀作品不仅限于状、还有态。

复活节岛上的石头像是人面部的极佳雕塑。五官建筑仿佛从地下爬了出来，手拿着食物送进嘴中，顶部栽培瓜果蔬菜、畜养鸡鸭，调动所有的五官感受，是有趣和生动的意象，凡是婚丧庆祭这类情感丰富的活动，都和大吃大喝联系在一起。慎言语、节饮食又是反面的教训。

心中无私则天地宽，心宽则体胖，左耳进右耳出，浑然不放在心中。人之六欲视听嗅味触思，运用的法门为发乎情、止乎礼，彻思顿悟则六欲实为六如，无可无不可。

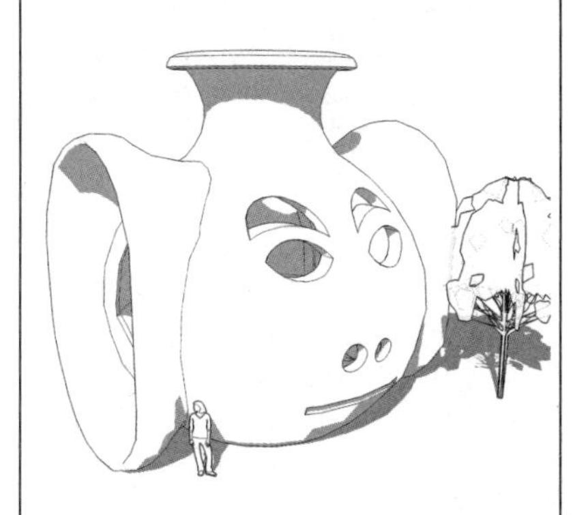

建筑用视觉、听觉、嗅觉、触觉来进行空间上的引导和功能上的暗示。鲜花和腐肉被人感知为香臭，对生命延续和发展有益的为香、无利的为臭。

香臭的气味，久处其间就浑然不觉，商场与菜场都是展示经营的场所，一个布满各种香气、另一个全是腥膻气。菜场低层高密，少见多层复合式的空间，而商场高层低密，多是视觉贯穿而行动曲折。将菜场和商场在功能和形式上统一起来，商场利用菜场来吸引人流，菜场借用商场来规范经营，扩大消费就是让一切商品都变为日用，消耗品每日添置，耐用品日日须用但是不恒有。

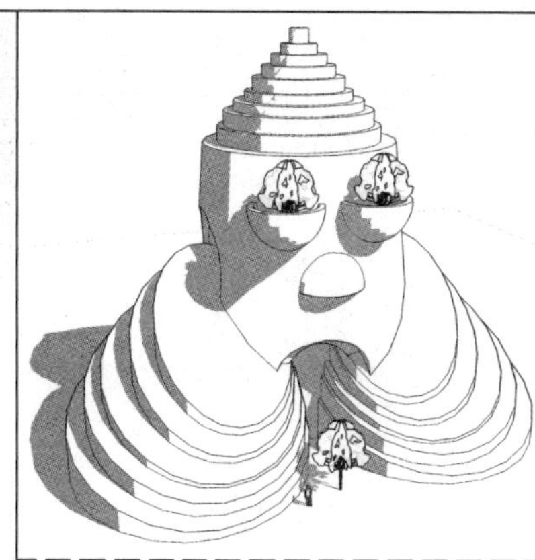

听说二字中听字更加复合，有耳朵、眼睛、心灵、位置，要根据所处的角色位置听，要察言观色地听，要用心分析地听。人有两耳而只有一嘴，就是要多听而少说，能听才会道。

许多勉励训诫他人的话，其实都是对自己说的，最应该听的是自己。人将语言化作自身的对立面，缺乏什么，语言就补充什么。同一件事情听进来再说出去总会经过些加工，以讹传讹中的每一环都不以为讹，自己的言语声音录下来放给自己听，才会感觉有几分古怪，人不自知，何况其余！如果言语总是自说自话，那就应当是万言万当、不如一默。

视觉习惯形成后，打破了就很别扭，譬如三眼天尊会让人产生心理上的不适、头晕目眩。思维的惯性会强行将旧的、固有的认识方式套用在新鲜事物上，强迫认识去合并同类项。

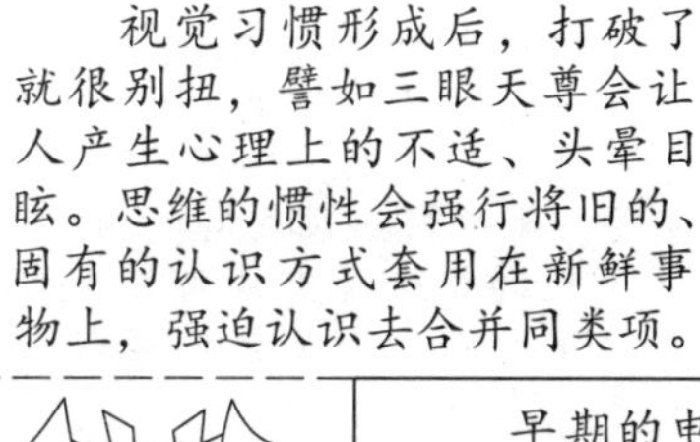

早期的电话筒，完全是为了听和说而设计，手柄将听和说联系。利用物质形式把功能联系在一起，以形式对应功能是传统的设计思路。而今是一形多能，平台和桌面满布陌生。

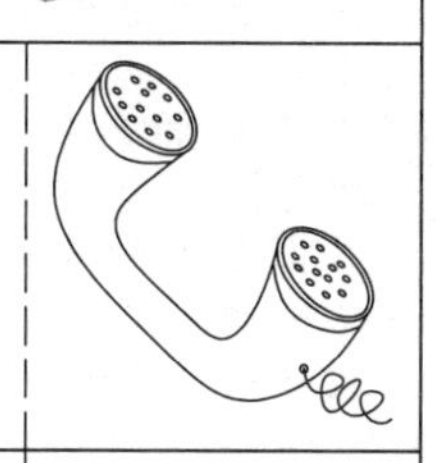

建筑的外观成为电脑桌面一样的布景，每个人都戴上一副眼镜，都可以给周围的建筑和城市增加表皮的布景，如同现在摄像头的滤镜加上辅助配饰功能，或者如同电脑中的主题一样，每个城市有不同的形象套装，适应不同的人群和年龄用户。根据人的需要，视觉中改变建筑表面的颜色、材质、广告、标示等等。譬如要去医院，就可以突出显示其为红色，在空中标注方位。宣传媒介从书报到广电到网络，发展到穿戴设备，已能一统人所吸收的信息。由于形式丰富而内容单一的信息泛滥，人之间的交流和沟通被冲淡了，意志就容易受到控制。

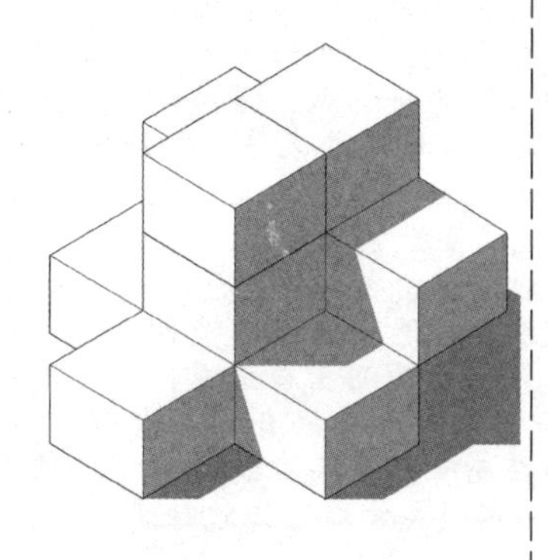

听说是五官的代表，人的头脑具备的功能，是所有设计和服务的最终对象。

看似无关紧要的东西都在五官的组织下呈现出新的面貌，并因通感而自成体系。

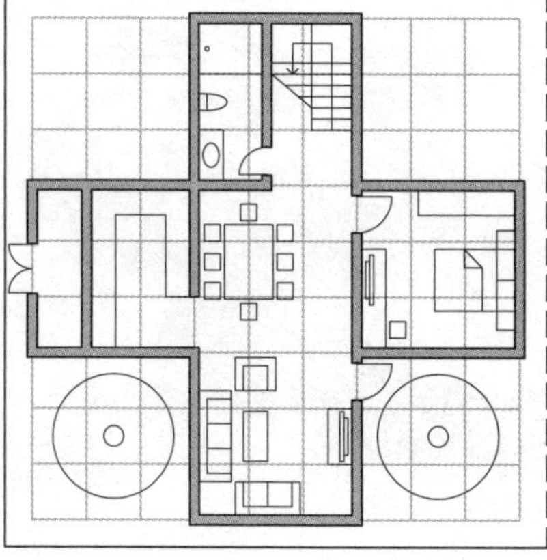

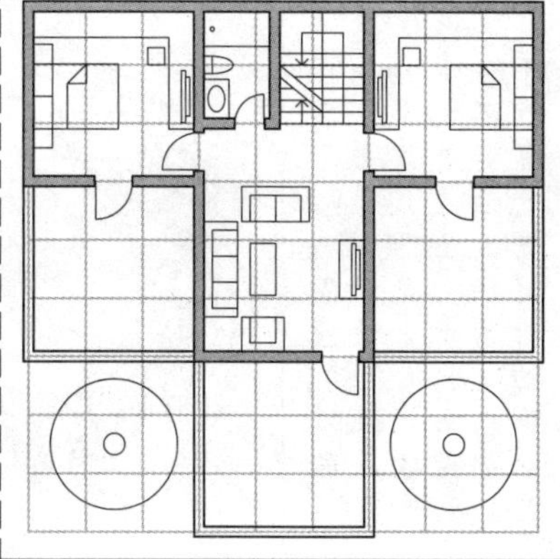

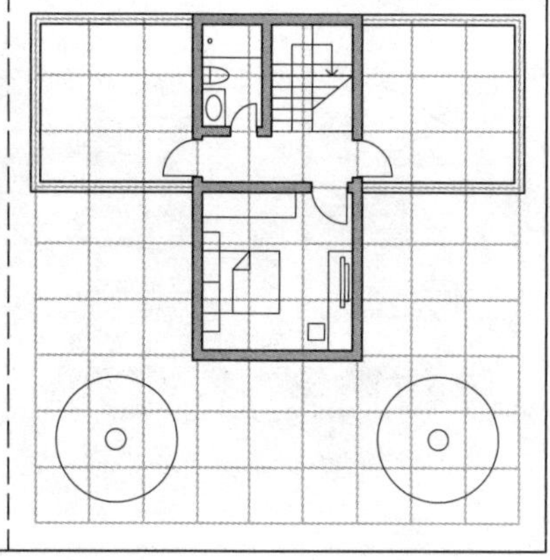

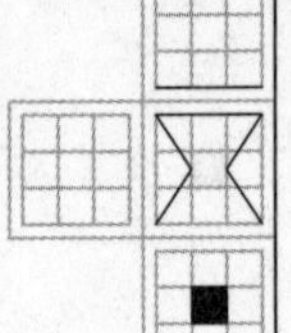

悲 歡

悲 欢

是非生倚伏，
荣辱系悲欢。
——唐·刘长卿

/休戚/欢楚/苦乐/喜怒/哭笑/

悲：痛也，从非从心。非是飛字的一部分，原字为兆，是鸟翅膀分别伸展向两个不同方向的样子，互相背离，表示违背。心为心脏的形状。悲字表示违背心愿的伤痛。或指心碎成两半为悲痛；或心绪如小鸟一样飞走无影踪了就是悲伤，时光用飞逝表达更胜白驹过隙。

歡：喜乐也，从欠从雚。雚为鸟的象形，是猫头鹰的样子，突出猫头鹰眼眉的特征。欠是人侧面张开大嘴的样子，发出喊叫。打哈欠也是张开大嘴，甲字欠也有喝水之意。人雀跃如鸟一般歌唱和大声发出声响就是欢乐，俚语对歌中常见，是原始的快乐。或吃鸟是快乐。

人的情绪常常条件反射似的、不由自主的对环境做出反应，会出现周期性的莫名悲欢。这种情绪波动也会影响到人的身体。塑造出具有感染和调节情绪能力的建筑是设计的终极追求，不同的建筑类型需要打造不同的气氛，纪念、游乐、医疗、丧葬等建筑都具有定式，如同悲喜的开关。体育场中悲欢随时交替，双方的比赛，一边在欢呼另一边在哀嚎。

悲欢都和鸟有关，古人爱用山水花鸟表达情绪。鸟的形象是建筑的浓缩，细腿、大肚、尖头，和传统三段式有些相似。

人的情感既有周期季节性又变化无常，悲痛常常埋藏在心中，喜悦会不由自主地在肢体和语言中传播，这是传统和公允的表达方式，但事实往往是所彰即所缺、所赞即所忌，事实就是好事不出门，围观中的幸灾乐祸远远多过善颂善祷。

人的心理感受会不由自主地表现在面部，这完全是生理性的反应，很难被控制和改造。面部的纹路和气色，在情绪作用较长的时间后，会被完全的改变，产生貌随心变的结果。内心的悲欢是真实的，而主动表达的褒贬，则有主观成分。

人的一生就如同展开的四面佛，喜怒哀乐一齐出现。再精彩的建筑或画卷铺陈开来，也不过就是情绪的外化。

情绪不仅是内在的，必然会由内而外的发散出来，存在于形式上。古时思无邪而直抒胸臆的表达渐被含蓄曲折替代，深藏心底的抽象概念只通过具象的参照物去表达，如四君三友。这既是不着痕迹地自我保护，又是无中生有地作茧自缚，于是文字狱才会变成活的绳索。

建筑的精神和情绪也同样会反映在外表上，就像表达有技和格，悲伤啼泣而哽咽无语，是技低而格高；无泪哀嚎而出口成章，是技高而格低。建筑如文章或许振振有词却空洞无味，也可以简练静默而有震慑人心的力量，必须是要有感而发、有的放矢才能经得起时间考验。

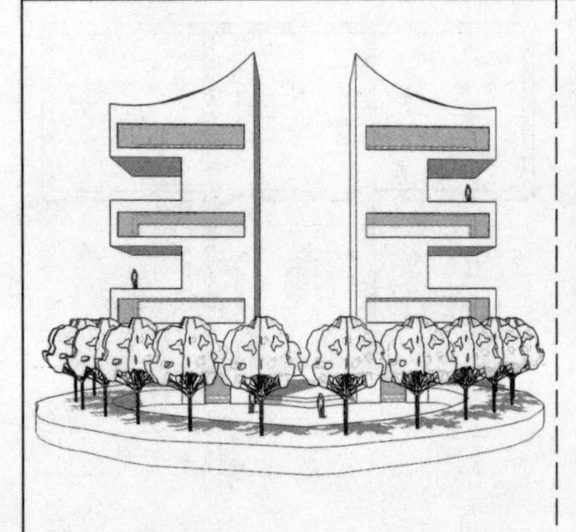

悲伤莫过于分道扬镳而永不相见，背靠背使得目光无法交流，心绪无法连贯。同行为比、背行为北。青色的心境就是情，而广场上跳跃的都是欢欣鼓舞的资深青春。

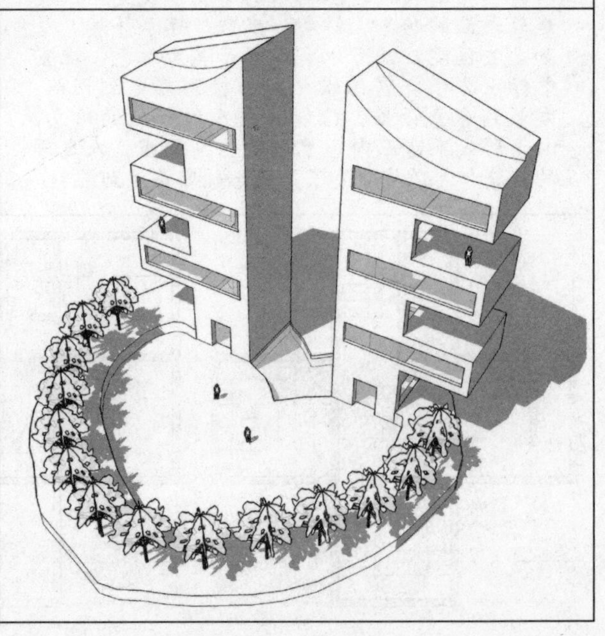

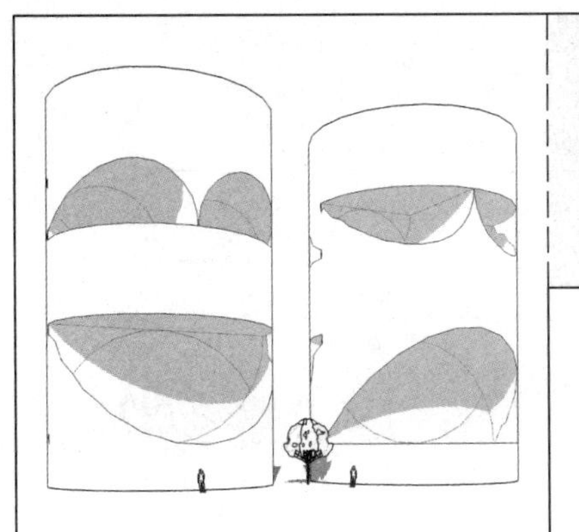

悲有心是内向的，不外露。喜带口是外向的，必须分享给他人，叫喊出来才行。简单说悲事常八九、欢事无二三。口是而心非，也有悲喜交集的意味，并非全是批评人的意思。

心碎而多口，外面欢乐里面悲伤，内外可见却不可及。侵占蚕食的最终，留有进出不得的孤岛，守下去是家破人亡，让开了是背井离乡。建成剪彩的欢宴，享用淋漓的草木根叶。

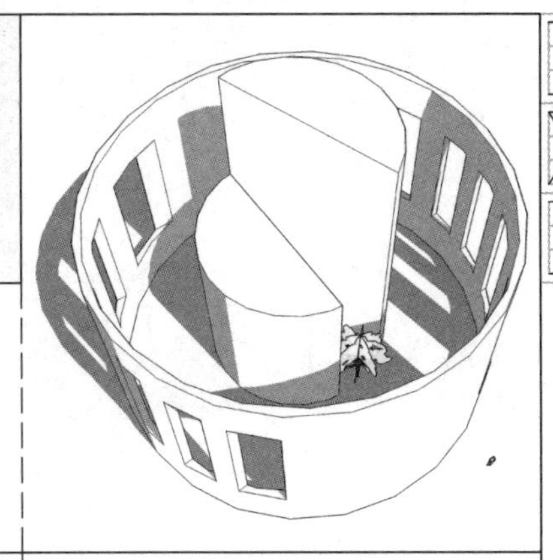

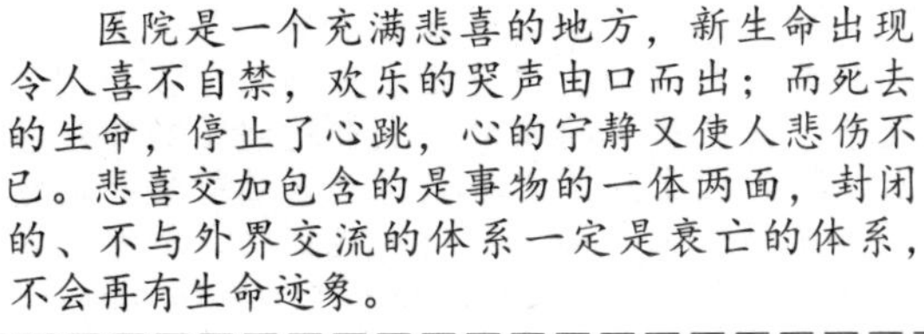

医院是一个充满悲喜的地方，新生命出现令人喜不自禁，欢乐的哭声由口而出；而死去的生命，停止了心跳，心的宁静又使人悲伤不已。悲喜交加包含的是事物的一体两面，封闭的、不与外界交流的体系一定是衰亡的体系，不会再有生命迹象。

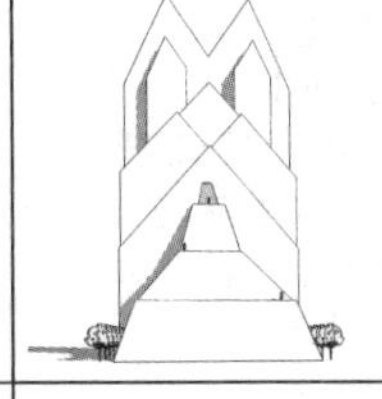

西方人在教堂结婚也在教堂安葬，中国的祠堂也起到同样的作用，不断地新旧交替，悲喜交加。鸟儿仿佛是上天的主宰，向下俯瞰，稍低一级的天使有翅膀算是半神半鸟。

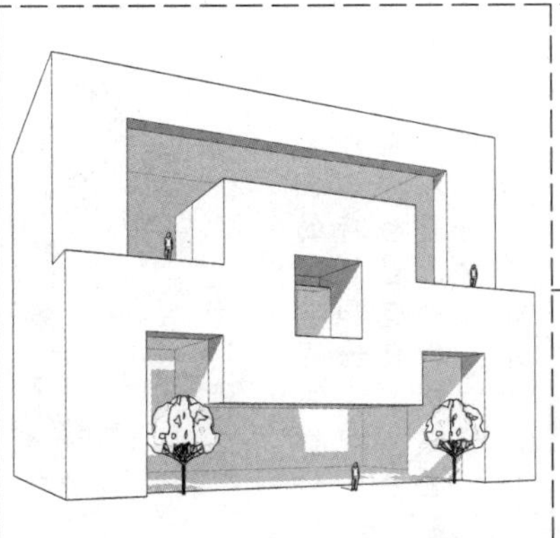

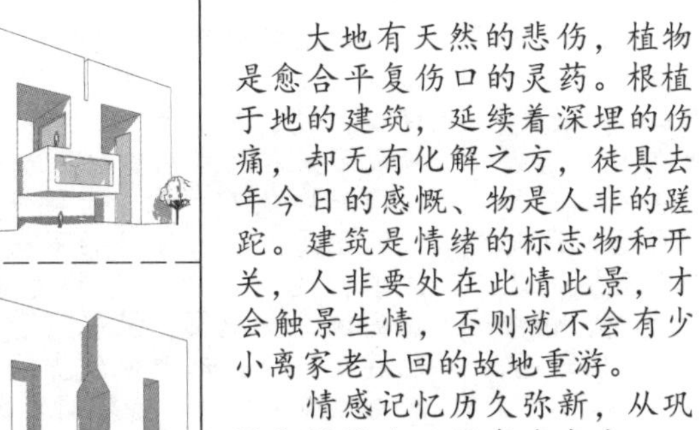

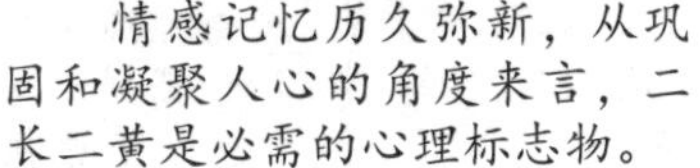

大地有天然的悲伤，植物是愈合平复伤口的灵药。根植于地的建筑，延续着深埋的伤痛，却无有化解之方，徒具去年今日的感慨、物是人非的蹉跎。建筑是情绪的标志物和开关，人非要处在此情此景，才会触景生情，否则就不会有少小离家老大回的故地重游。

情感记忆历久弥新，从巩固和凝聚人心的角度来言，二长二黄是必需的心理标志物。

喜怒不形于色是建筑天生的基本品格，人则要通过长时间的修炼才能达到。当建筑师逐渐成熟将自己物化看成是一座建筑，包容吸纳而最终收发自如时，就可以不做建筑师了。幼稚的东西往往是成熟的人搞出来，让人只能幼稚地、循规蹈矩地沿袭熟烂的陈规。

凡事喜不自禁时，危机已经伏下。建筑创意的灵光就像烟火，霎时点亮天空，而后在黑暗中回忆并捕捉这点光亮，是种痛苦和煎熬。战场上的方向明确，路途却杀机四伏，胜以丧礼处。欢乐是从成堆悲伤压住的底层中翻找抽拉出来的丝缕，取走后悲伤又重新覆盖堆积。

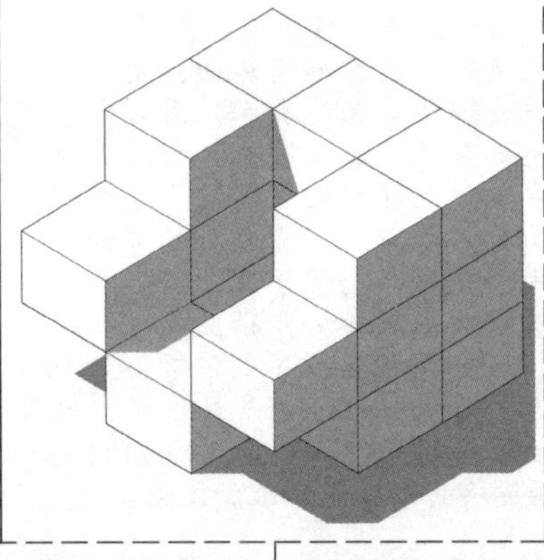

心中裂开，却要缄口不言，这样的口是心非，无奈之余也算是机变。

随机应变是天生的本能，教育的结果在于束缚本能，而求同存异。情绪的普遍认同就是道德。

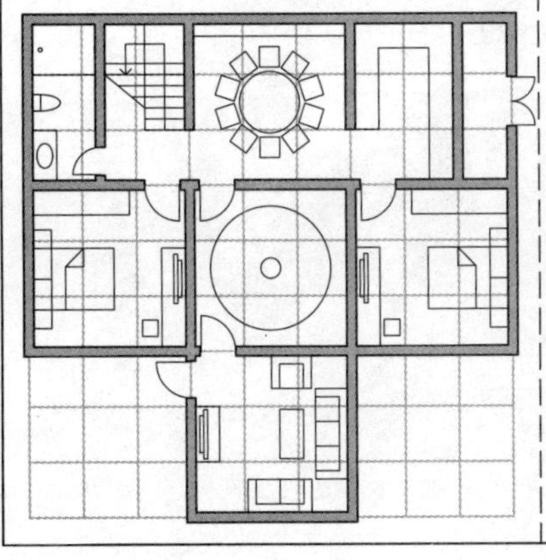

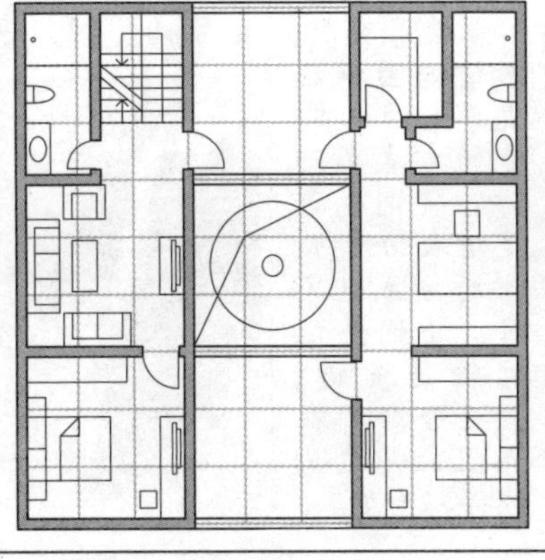

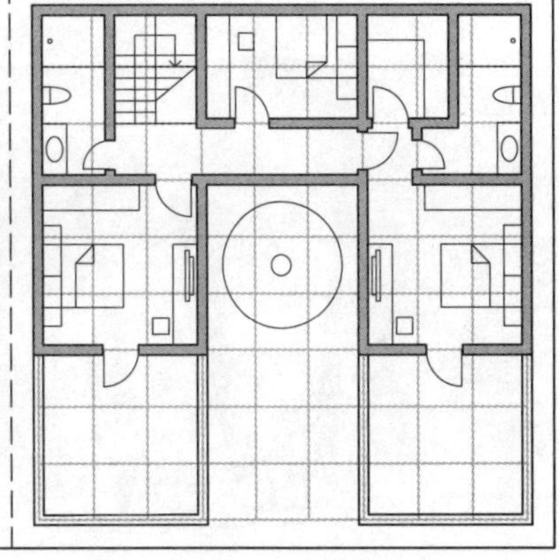

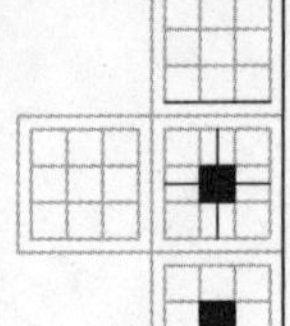

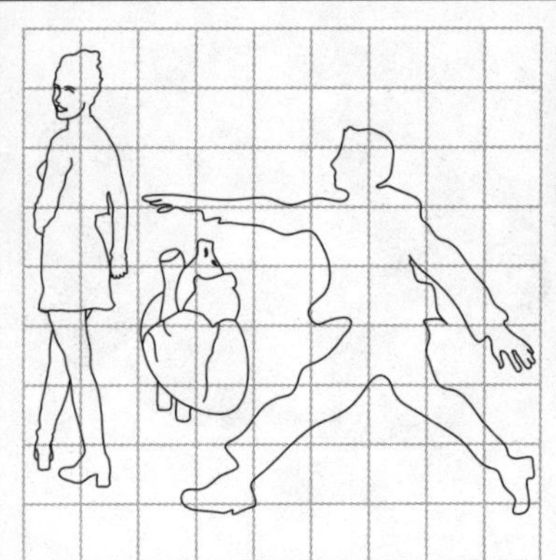

爱 憎

爱憎毁誉何关我，
消息盈虚要识天。
——宋·吴潜

/好恶/爱恨/喜厌/宠辱/亲疏/

爱：惠也，从旡从心从夂。旡是一人回头眺望的样子，开口表示嘴的方向，也即是头的方向。心为心脏。夂为行走，夂为从后而至，夂夂都是止即趾的倒写象形。一人回首不舍离去，一人尾随，两者之间心有所系而行徘徊，这就是爱字的具体表现，送君千里终有一别。

憎：恶也，从心从曾。心为心脏。曾为甑的原字，下部为火焰升腾，中间是釜鬲所用的箅子，就是蒸笼的象形，上部是沸腾的蒸汽溢出。将心放在蒸笼上蒸煮，就是痛苦厌恶的意思。或指心中气恼，如同水要沸腾，参考怒发冲冠、火冒三丈，几种情绪都是同样路数。

旡字转过头去，既可以表示爱，也可以表示憎。回头看见的如果是自己的本心，便爱；行非所愿、去非所属，不忍猝睹，便憎！回首过去为本心所在，而去向往往非所愿，这是传统惯性的、今不如昔式的思考方式。现实多不可爱，憎中为曾，曾就是已经发生的过去，心中总是保有过去便不可爱。或者说不忘的初心在有时会成为局限和困扰的源泉。

爱憎都包含心在其中，都是以人心为起点，可以理解成横心为爱，竖心为憎，将心一横表示果敢，可见爱难而憎易。爱得深切就不敢看，憎得深切就不愿看。令人侧目的不仅是仇恨，还有未敢表露的爱意。扭头侧身地观察，紧张、警惕地游弋目光。刻意地欣赏总是需要脱离常态，虚着眼睛看画、闭着眼睛听歌、摇头晃脑地看书，状态根据对象来调整。

爱是盲目追随，如向日葵般，无视太阳的漠然，因为这是生存的需要。建筑间亦有爱恋和排斥，非只物料的堆砌。钱袋足够鼓，就要捎上自然，营造专属的领土。

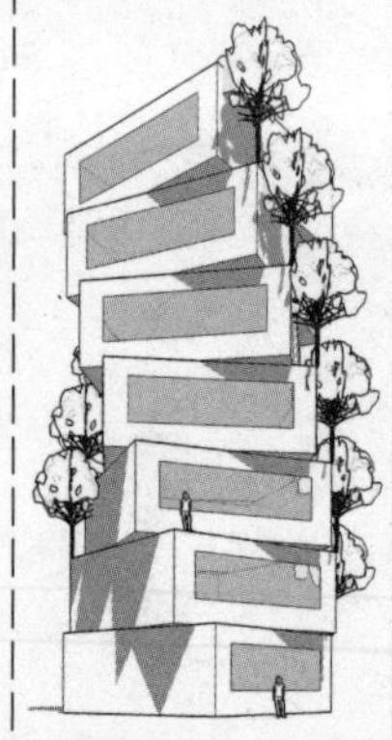

教堂神圣、监狱肃杀。教堂有冲天的图腾，朝拜者走上去看天空。监狱离开地面，无法逃脱。教堂和监狱周围都是苦海弱水，落足即坠入无底深渊。圣人有往、罪人有来，相互洗涤内心。礼拜日去教堂礼拜都经过监狱，通过观察犯人来提醒自己不要犯罪，看见人的罪和有罪的结果，自由于无为，羁绊于有为！监狱不着天地，空中吊桥联系教堂和监狱，收押和释放都经过教堂，以使精神上找寻到依靠。刑期用周来表述，周一为入狱日，也是罪犯的出狱日。罪犯刑满经过共同见证，在上天面前得到宽恕，释放的沿途墙面上全是语录和图腾。

悲欢是人具有的生理机能，在这基础上人们就有了爱憎的选择，爱恨具备判断，对于让人欢乐的东西表现为爱，对于让人悲伤的东西表现为憎。影响到建筑，人们喜欢高大、对称、光明，教堂就刻意渲染这种氛围，人们厌恶狭小、畸形、阴暗，监狱就用此来折磨人。

悲喜交加，教堂与监狱都是爱人的地方，爱的方式不一样。它们也都是憎人的地方，憎的方式也不同。婚姻登记处轮番爱憎，分分合合都在那里，失之毫厘谬以千里。

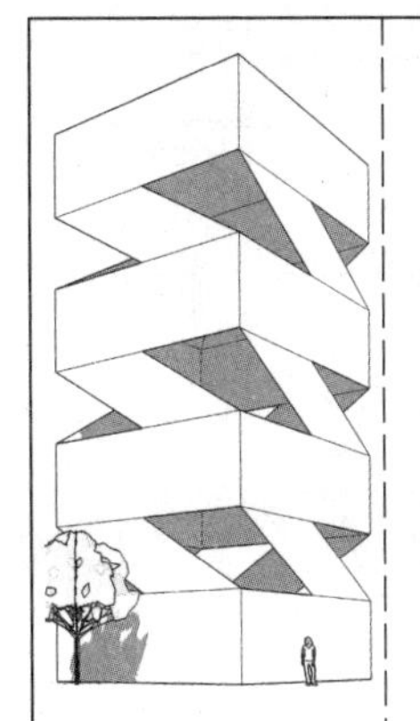

周遭环境的严酷，更能衬托出内在情绪的强烈，夜雪的世界里、悬崖之下，伫立着孤单的建筑。爱的拥抱、别离的憎恨，救赎和伤害并行而进。空洞虚弥的口吻，呤唤精神的依仗。茫然地，自以为是地自我环抱将情绪包裹得越来越紧密。强撑的情绪，没有直截了当的缘由，每种选择和表达背后都有曲折和复杂，填充其中的都是一口气，松懈必将垮塌。

桥归桥、路归路，各自结合或者分离，如果有爱则相互借重，如果无爱就分道扬镳。或许错过、或许相遇，走在桥上的感受就像是无限可能的交错。人生的轨迹就如同走在桥上，此岸或者彼岸，脱离宿命的唯一方式只有纵身一跃，而挤满桥面的看客依然有序且无动于衷。

侧身向上，只有窄窄的爬梯。足够小的宽度，考验幽闭恐惧症的极限。面对不可知，无论是侧身向上坚持到底还是调转而下从头再来，压缩自我、调整方向都是必不可少的。

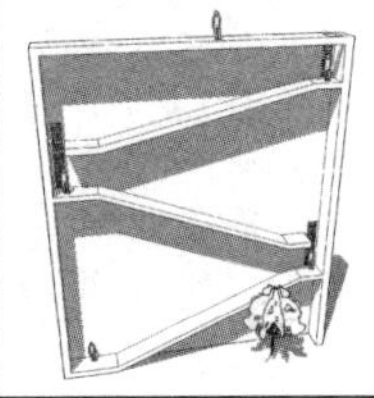

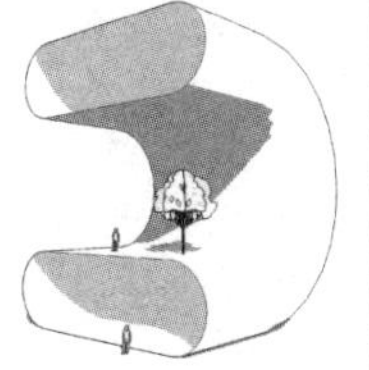

同样的面孔，不一样的高度，前番的直白生硬与后来的平静坦然虽然面貌相似，经历却不同。童心和未泯的童心全然不同，目欲穷千里、楼更上一层，眼界广阔自然看得开。

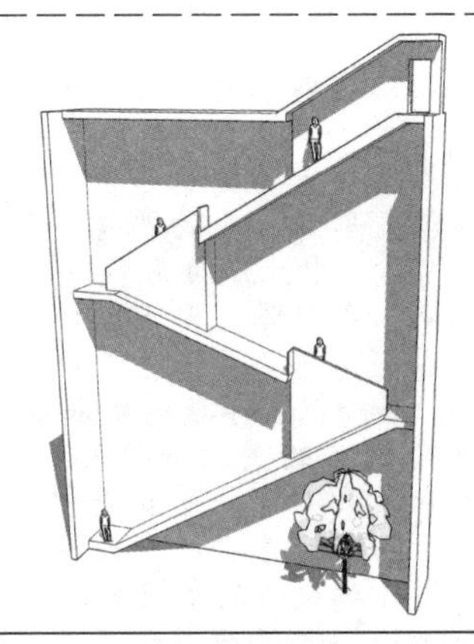

爱要白头偕老、憎要十年不晚，总之都是向前看，谁曾回望来处。建筑要不断翻新，更新材料和外观，可是建筑的主人却永远只有一张单程票，在不断地求新中证明自己能够走得更远。推翻只是证明自己存在，可是回望内心，因循守旧才是平静长存的道理。喜新厌旧是因生命短暂而导致的自我证明，两相不厌才是平心静气。池塘倒影才是真实的视野！

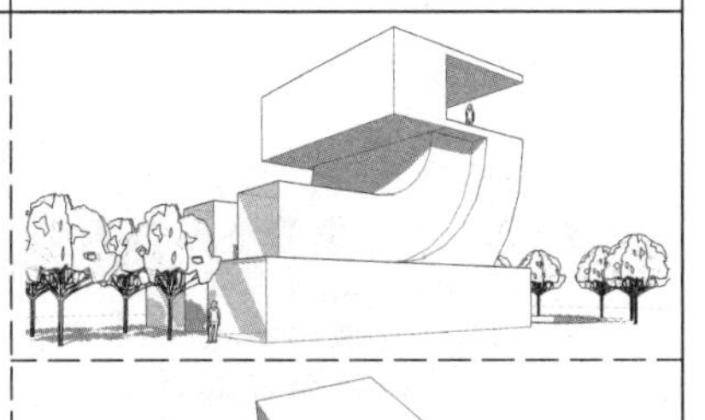

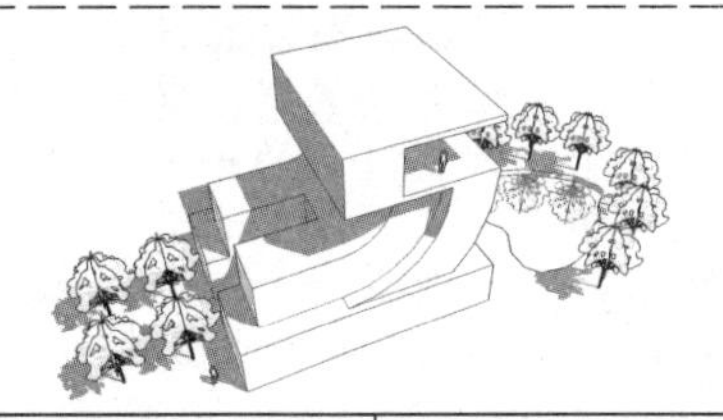

建筑就像是舞蹈一样，伴随着音乐的节奏让人感到情绪的变化和起伏。舞蹈可以用肢体表现感情，建筑也可以用形体表现情感，有礼乐书数的认知教育，也要有形态动作的教育，只对文字和语言做出反应是基础，终究要感悟自然的飞花浮柳、人情的眉高眼低。

泥炉醅新酒、柴犬吠归人，诗歌能够产生画面，感染情绪。建筑本就具有形体和画面的要素，更应该去反映和体现人的情绪。超高层的建造就代表人的一种情绪意见，高是对戾气的镇压。未来的清明上河图，全靠建筑来表达市井生活，沿着高架行进，唯见车船不见人。

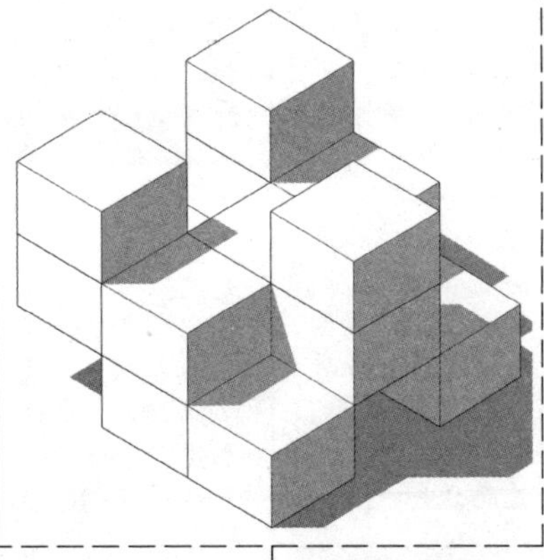

爱和憎是情感的波折起伏，时代不一样、经历有差别，看法和感受也不相同。感情有无数的层面可以去理解，随着认识的提高，许多情绪淡薄了、许多又加强了。

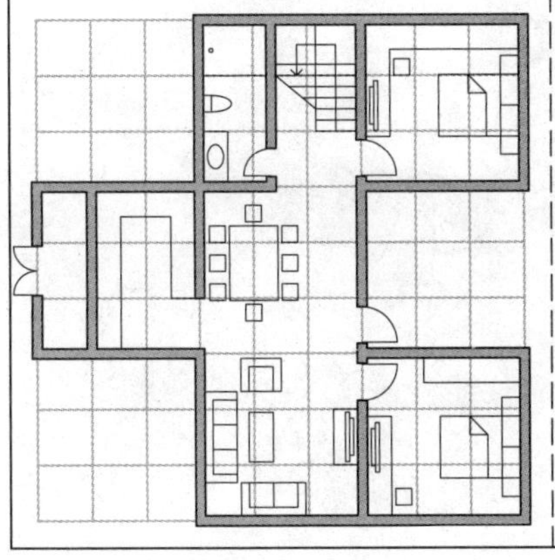

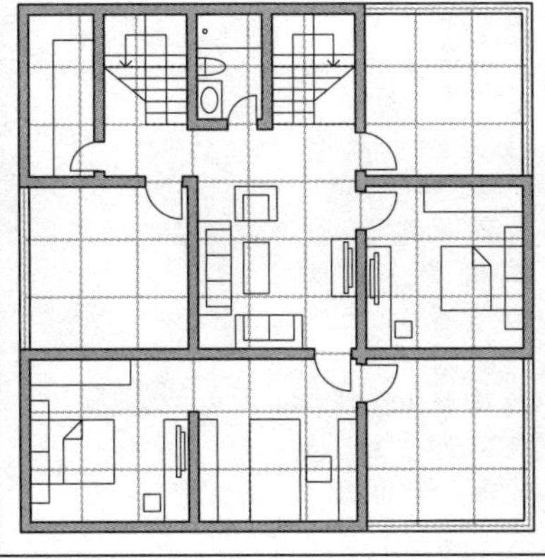

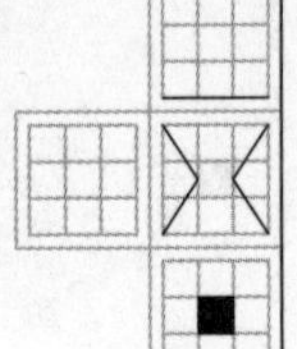

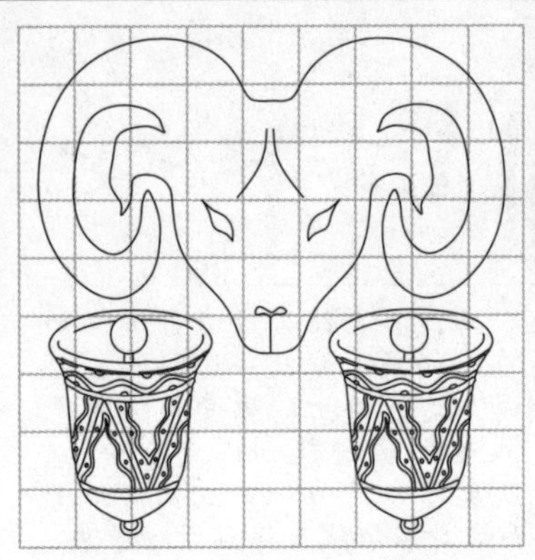

善 恶

善 恶

善恶胡可分，
死生何足讳。
——唐·王周

/情理/是非/真伪/正误/信疑/

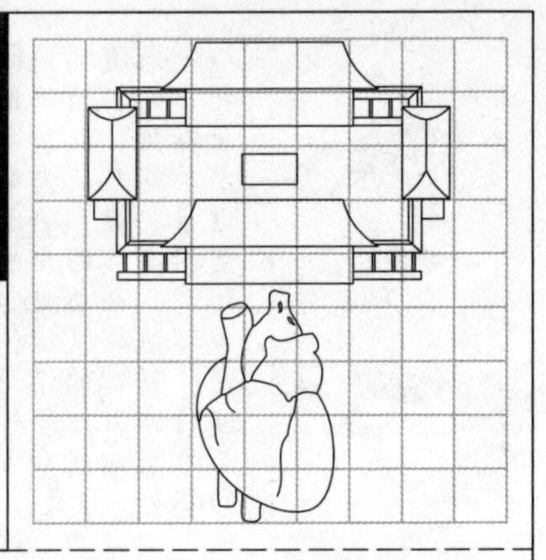

譱：吉美，从羊从誩。羊为羊头的样子。誩为羊头左右双目的讹变。甲字譱为膳字原型，羊羔善弱是殷人的美味。言、舌、告都是倒置木铎铃铛的样子，表示发声。或譱为称赞羊肉美味之意。或譱为群羊乱叫会意羊多。或听羊羔咩咩叫、所佩铃铛叮咚响，不禁善哉！

恶：丑陋也，从亚从心。亚为古代建筑总平面图，为中心广场四面围合的四合院形式。亚和阿同音通用，表示曲隅之意，四阿顶即为四亚顶。阿房宫也以亚形命名，言其宫四阿旁广。内心复杂如建筑一样，象阿房宫赋所写廊腰缦回，钩心斗角，便是不怀好意的恶念。

爱憎是个人的判断，善恶是社会和群体的判断，具有普遍的认同和标准，只有独裁体制才会有个人化的善恶裁判。道德的作用就是区分善恶，底线是法律，道德的标准总是在变化，过去武松打虎算是英雄行为，是除害的善事，现在打虎成了恶行。过去的一夫多妻制度在现在就犯了重婚罪。安乐死是主动消灭一个生命，也许在未来也成为善的行为。

善事变成恶行，法规禁令越来越多，人口越来越多，资源却总是越来越紧张，在保证整体公平的情况下，只有制定更严厉的规则来保证秩序。

现代社会是基于对人的两点认识来构建，一是本质自私，二是天性恶劣。西方有赎罪的宗教心理基础，能够坦然面对并接受人的孱弱，表为保护私、里为约束恶。东方性本善的文化让私与恶被掩盖而无所约束。

扬善去恶的理想存在，说明现实毕竟是恶多善少，趋利避祸正因为利少祸多。佛教诞生在印度，强调众生平等恰是因为太不平等。基督教能够消弭罪孽也是因为遍地血腥。人皆曰善有善报便是人类最堕落之时，向信仰求真只会远真，极恶多利用极善为手段。

凡是宣讲中强化和标榜的往往就是缺乏的，否则就不用强调了。譬如取名时父母寄托给子女的愿望，往往是自己渴望而不具备的，愚笨的希望聪慧，窘迫的希望发达，但受限于自身所处的境遇和条件，子女往往是父辈人生的复制，于是平庸仍延续、愿望总是落空。

善良是内心的考量，恶劣是行动的评判，论心与论迹。人的善总是更多地从言语中表达，惠而不费。人的恶总是隐藏在内心之中，知面而不知心。

身、家、国、天下的善恶标准不一，两个豆子不能叠在一起，而一把豆子就能积成堆，少数且简单的关系是平面的，而众多联系凑在一起就是空间的。对自己的善可能导致对他人的恶，对众生的善可能导致对天地的恶。任何关于善恶的判断都有反作用，判断某个建筑是友善的，就打击了一群非友善，便于亲近未必是善。可远观、不可亵玩并非建筑的道德标准，外景和无人都是麻木。

合院建筑的环抱是人性的体现，对内开放对外封闭，内部是善良和友爱，外部是征伐和杀戮。

曲折和隐蔽的园林审美在狩猎和战争中也能体现。隐蔽的空间偷袭猎物、曲隅的路径拉长战线。居高临下地观察和控制，抚琴如击战鼓、焚香如燃狼烟。

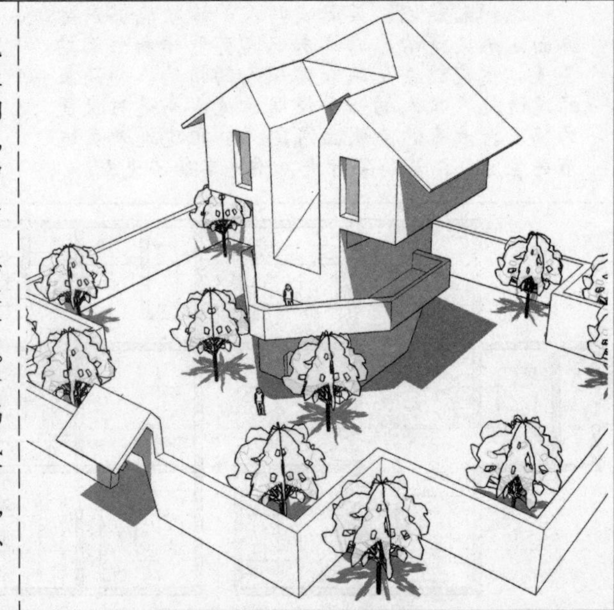

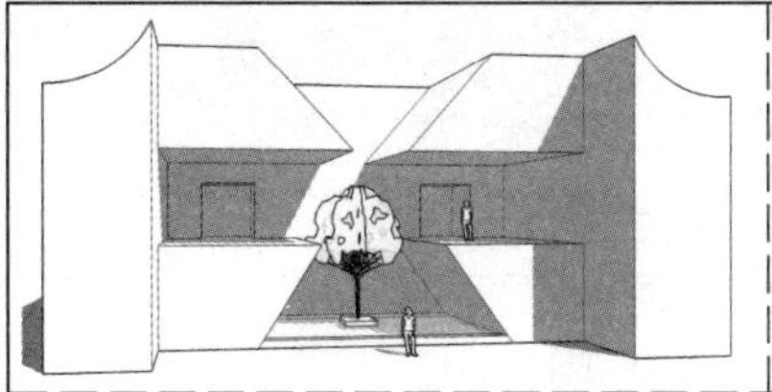

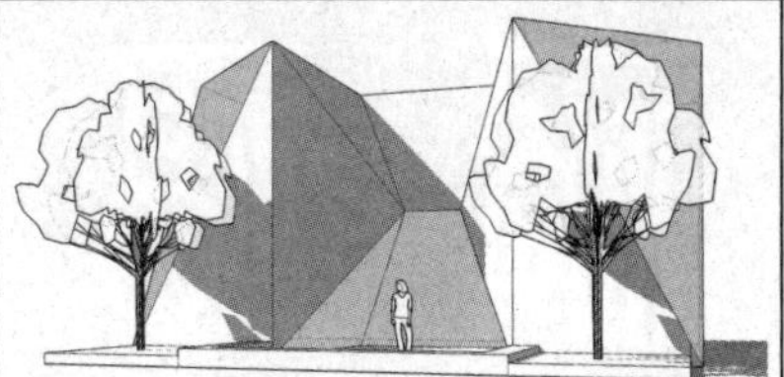

因为羊的特性是无侵害，所以把它当做替罪物，将人的果报转移到羊的身上，用羊的性命来替人赎罪。

善往往被恶所利用，恶还振振有词，羊明明无罪，却因弱小只得任人宰割，也就只能任人冠上被宰杀的名义。宰杀性命本是恶业，却可用罪恶替自己赎罪，名正言顺地宰杀仿佛成全了羊。传说和神话的背后往往体现人性的根源。

勿以善小而不为、勿以恶小而为之，善恶是渐变积累的过程，点滴虽小但却积少成多，时间如同漏斗，汇聚合力最终成了因果循环的基础。水并无善恶全靠人来引导利用，善果恶果长期才能显现，为善要堵、去恶要疏。水对墙面会浸润剥蚀，恶在破坏结构善在塑造形象。

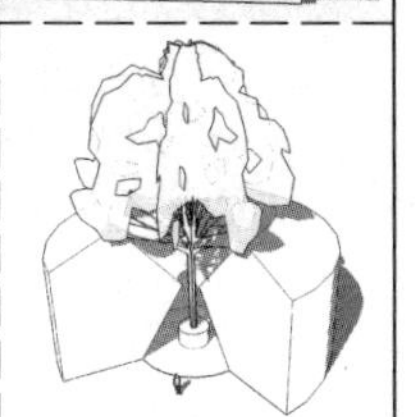

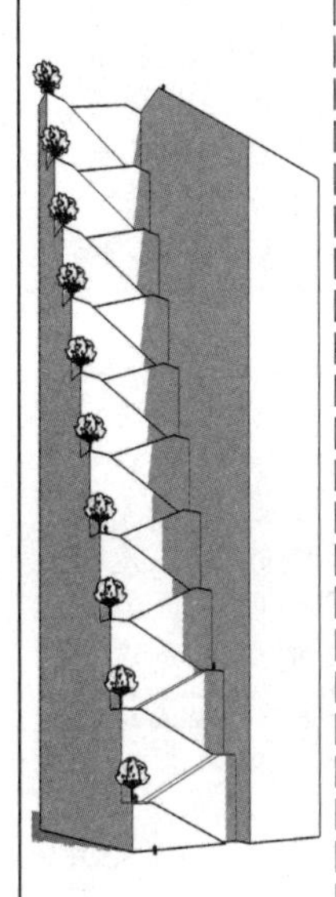

善恶到头终有报，这是普遍规律，就如上楼总要到屋顶，下楼总会触地面。

规律的遵循与否决定命运，不走寻常路能脱颖而出但有异报，这报不在自己身上，因始作俑者有能力，但是后代未必总是具备这种能力，也就掉落下钢丝绳。

能够健身的大厦，有室外大台阶可以行进到每一层，不需要内部的垂直交通，所有垂直交通都在室外解决，对消防更加有利。每天上下班的路程就是爬上爬下，不再需要挤电梯，也不需要长时间的等待，下班还可以用滑梯下楼。

生活和办公不只要最快的点到点，还要丰富这个过程，不光要动脑还要肢体运动，路径的选择组成人生、锻造人身。

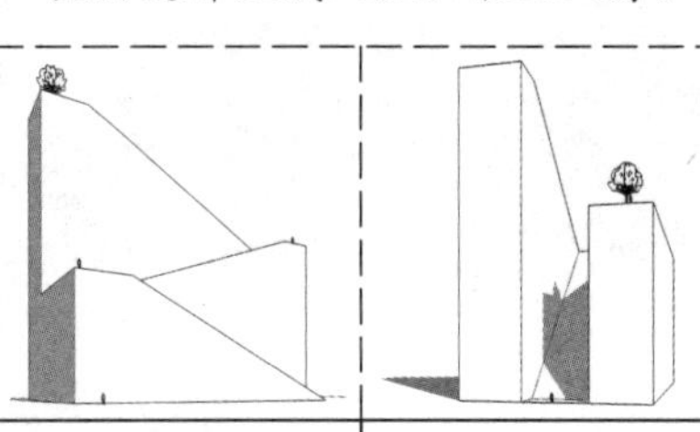

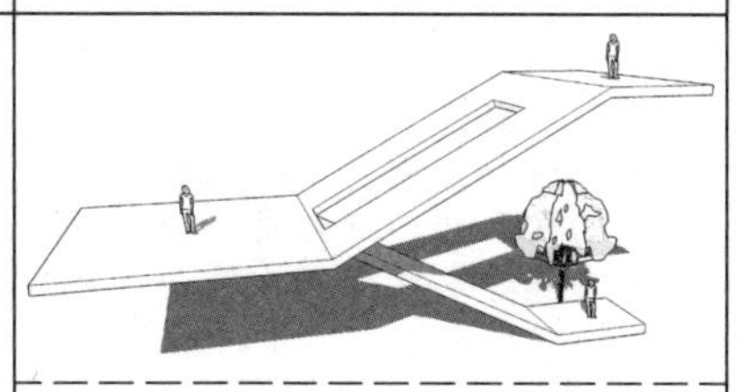

在理想中，人的行为都会有完整公正的评价。最终审判之时，背时的善走下坡路最终却平安落地，走运的恶向上攀附最后却爬高跌重。

善恶不仅是道德判断，也是理想的划分。希望和善良都只在天上虚无缥缈，绝望与邪恶全在大地上触手可及，这是所有文明共同的认识。建筑无论多么接近天，基础还是在地上，这是建筑的原罪。

善人之宝、不善人之所保。善的理由也是恶的手段，建筑功能中有许多需求是出于人性的善，也有许多是对于恶的防备。既要让人方便，又要防止恐怖分子，人不光是善良的一群，也可能是邪恶的一伙。人体尺度用来方便设计，也同时成为反关节擒拿的依据。

建筑普遍而言是给所有使用者最大的便利，但牢狱就是要让囚犯不便而狱卒方便。各种防卫设备、军事建筑、武器装备都是为压制人的恶。提高善的程度、包容有限量的恶，就可以节省大量防备恶的资源、避免浪费。恶也是种垄断和专利，能够胁迫并拉人下水。

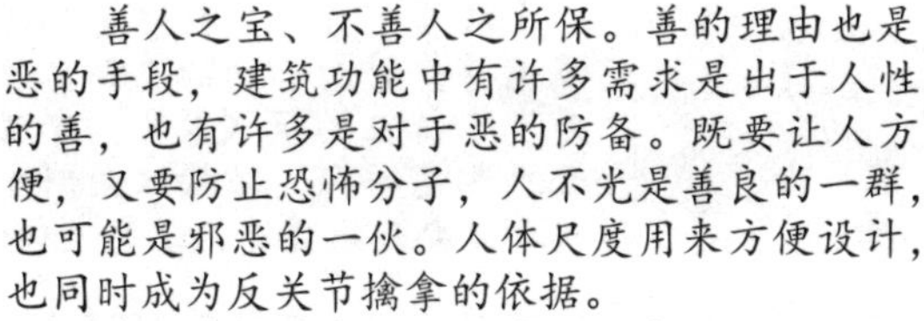

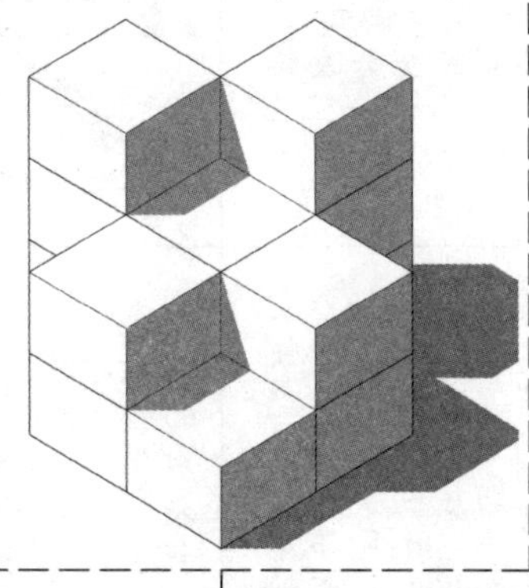

羊角没成自卫武器，反而成了捕手抓获的把柄，善良成了弱小的借口。心藏在曲折的角落，不见真面目，于是恶念丛生。公开是除恶的第一步。上有羊角下有衵心。

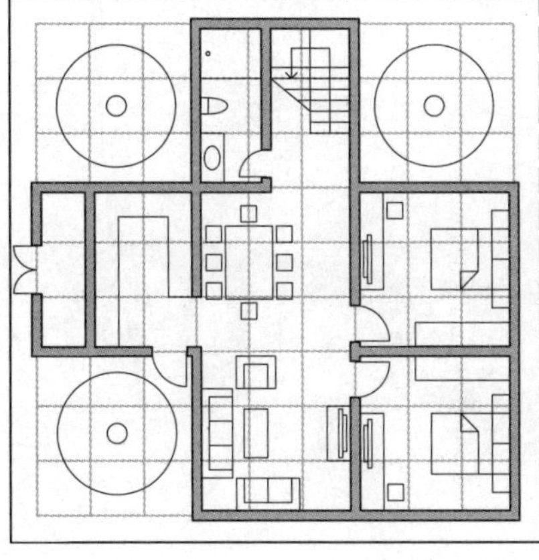

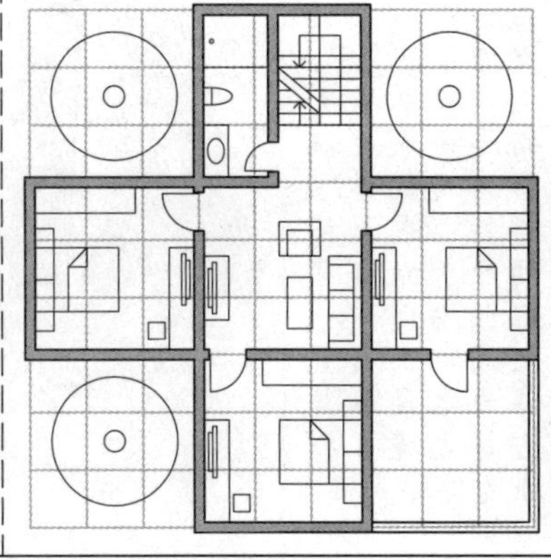

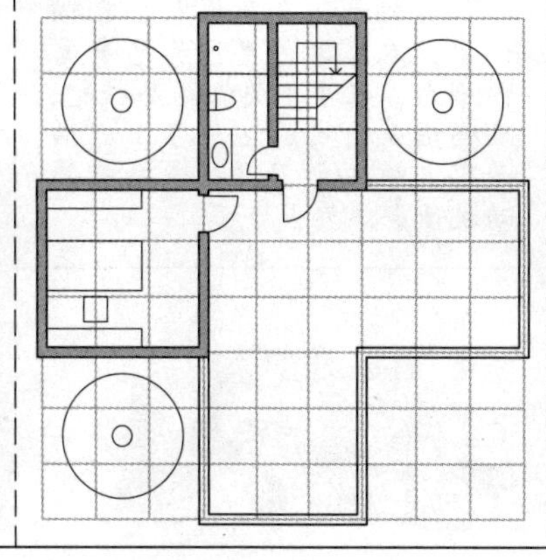

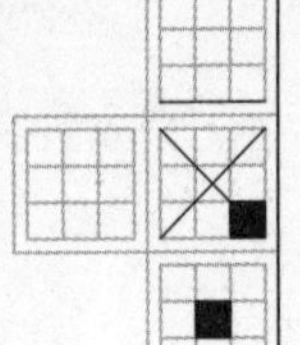

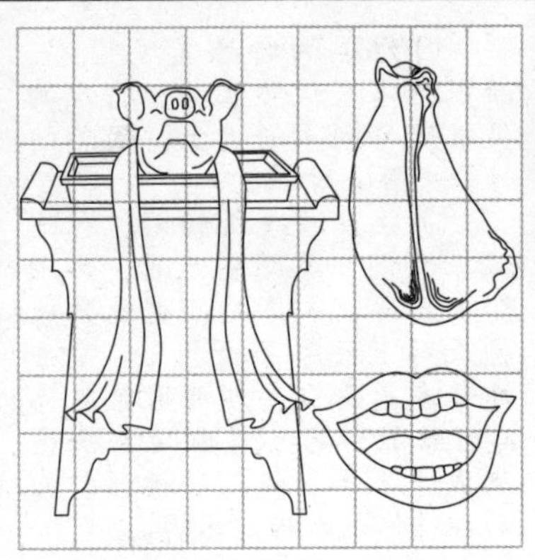

祸 福

祸　　福

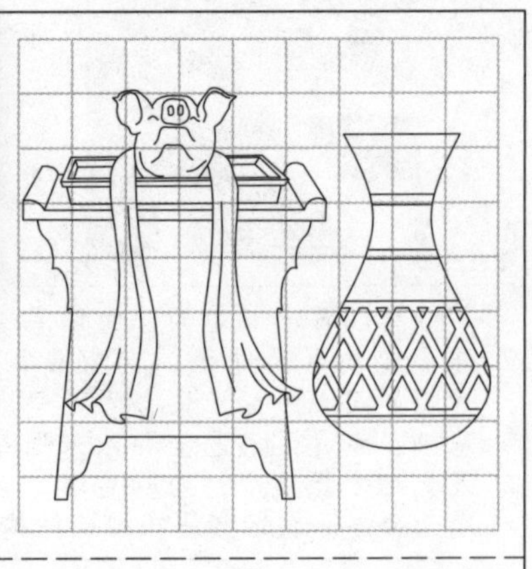

苟利国家生死以，
岂因祸福避趋之。
——清·林则徐

/吉凶/否泰/休咎/好歹/优劣/
/利弊/益害/安危/

祸：神不福也，从示从咼。示是供桌摆满供品、垂撒于地的样子。咼同歪，是斜的意思，从冎从口，用嘴啃骨头就是歪嘴的样子，会意口戾不正也。禍就是不正的卜兆，避祸须行中正之道。或对祭祀歪嘴不敬为祸。简化字倒有祸从口内出的意思了，多嘴展露为祸殃。

福：安利，从示从畐。示是供桌。畐为陈酒的酒器。福为神赐，需以酒献于祭坛之前表示报答。甲字福是双手捧着酒器，倒酒于祭坛的形象，类似于在坟前祭祀举酒浇地。畐也有满的意思，福或为祈求丰富完满的祭祀。酒和福联系在一起，于是所有祝福场合都需要饮酒。

无论其他面怎样，正向对外的面子必须保持，许多农宅只是正面粉刷，而侧面便不装饰了。中国古建正面大多是水平的，起伏都留给侧面，因为所有起伏，只要是不平整地上下波动就是祸源。正不仅仅是形态问题，更是道德判断。镇妖避祸用塔，塔之尖顶也有引祸上身、以毒攻毒的意味。

福兮祸之所伏，无祸便是福的思想发展成无过便是功。

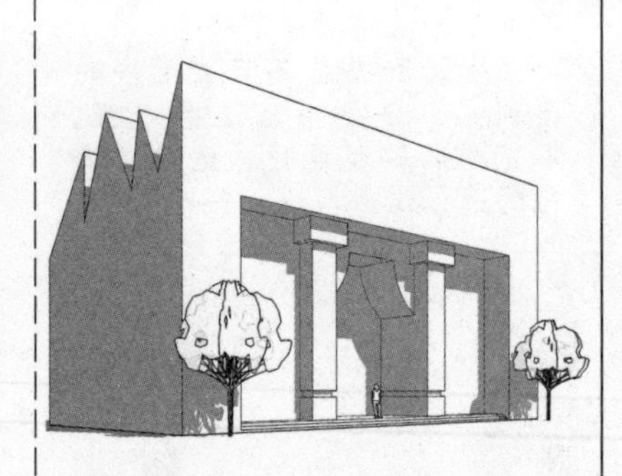

甲字刻画的祸，曲折不顺、四处碰壁而不得解脱，四方变化定义了三段经历，这是远古最普及的卜辞，也是事物发展的最终归路，不能永生就是根深蒂固的祸。军警所佩戴的武装带，斜向挂在胸口就是乙字形状，取其狰狞凶恶之意，兵灾为祸，军用书包也斜背。授勋表彰所佩绶带也是斜向的，大有祸福相依之意，受勋便伏下大祸，斜向绑定束缚有如五花大绑一般，箍非金不能紧。

从反训来言，乙形也如避祸图符，双向对冲的乙形似乎是负负得正的㐅（五），汉服开襟都是斜向，结构双向斜支撑就是要强化建筑、避免灾祸。

多事为祸，遭天灾、逞兵乱、兴土木都易引发社会动乱。重大建筑工程顺利实施并发挥作用，便能凝聚人心。一旦出现危机，则是社会动乱的根源，因此与民休息算是消极的积极。

建筑开工要事先祈福以稳定心态，心理作用对建筑的使用有影响，所谓凶宅即是心态的不平静造成的。风平浪静才是最佳的状态，四字主要的谐音是事，多事不吉，无所事事才是真福气。善恶谈人，祸福论事，人事即为史。善恶多是谈别人，且事不关己高高挂起；而祸福是自身的运势了，祸福无门、唯人所召，积累足够的动机便会爆发或垮塌。

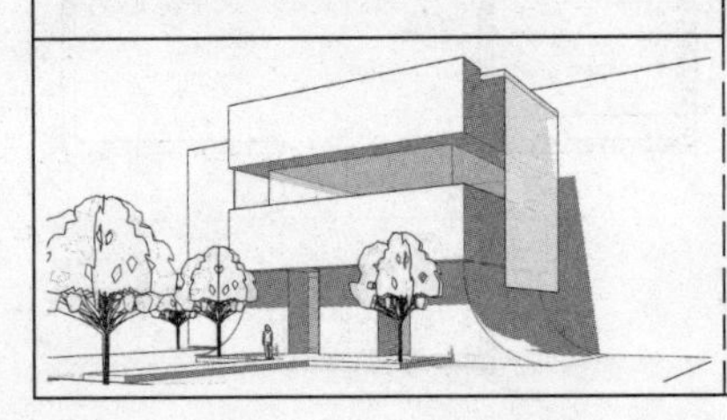

洒水、洒酒被当做祈福的仪式，如泼水节、弹水净指、洗礼等等。福水倾洒下来，或许是以酒祭祀的习俗遗留。

有水从天而降是农业社会富足的基础条件，或许福的原型就是用水清洗祭台。文庙前面设置泮池也是取其吉祥之意，以水为伴即是福。

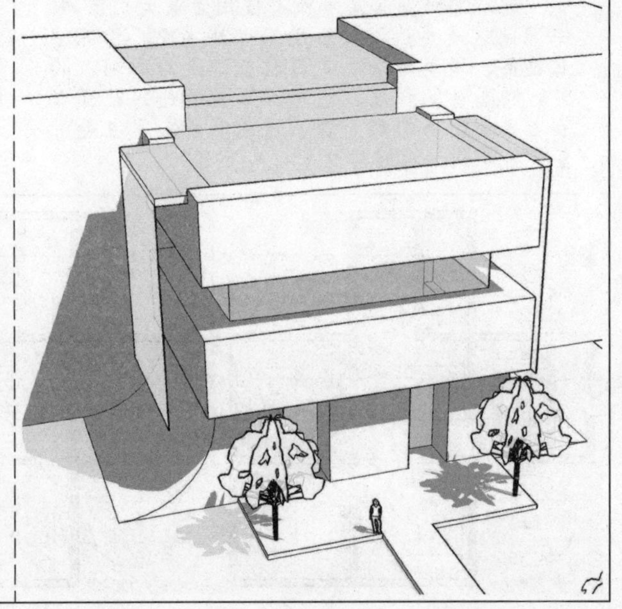

在门没有被推开之前，无从知晓里面是什么。人生包含无数机的触发，从门外找不到半点提示，犹疑游移只是延缓推门而入的时间，走进去便无退路，又会见到无数的门。

官式建筑尤其注重中正平和，不正即是祸。以不正为祸是文化传统，不对称的奇形怪状只用于克煞，如道符天书，乙形是冎的甲字，为不吉之兆，央视大楼即为空间的乙字形。

古建筑用斗拱，斗拱实际就是起到斜撑的作用，可是在不偏不倚的观念之下，偏偏歪事也要正做。宁愿舍简取繁，用水平体块的积累，而不用取巧的捷径，或有趋福避祸之意。

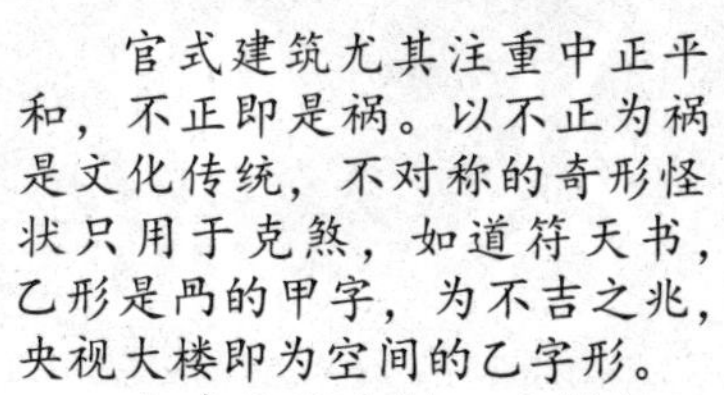

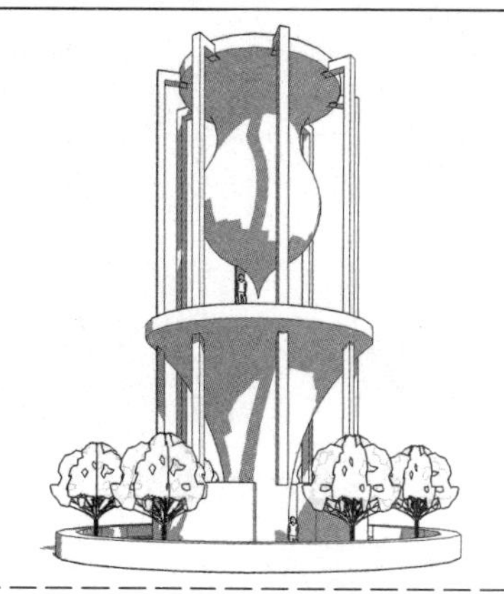

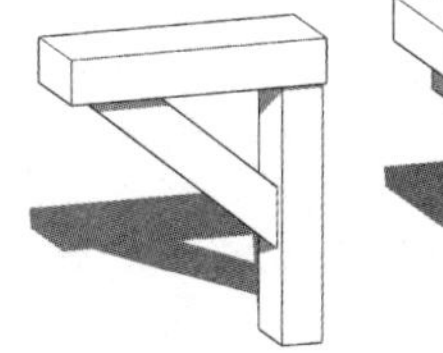

喷泉吉利，如福字的本源，以水溉池便如同以酒灌示，可得神庇佑。地面的纵横条纹表示各种卜文，无事不卜，不论卜文吉凶都是事，事即是祸，所以求卜之人往往无意而招祸。

鲁班尺记载了大量的祸福信息，利用长短来定义人和建筑之间的祸福关联，是人对于数字具有的命运作用的一种阐释，中国人相信特殊的数和术会改变命运和生活的轨迹。

认同祸福共生的态度，让国人接受残缺和不完美，认为不精确和不完美才是恰到好处，太精确就意味着脆弱、太完美就意味着短暂。到了山顶，无论去向何处都是下坡路。

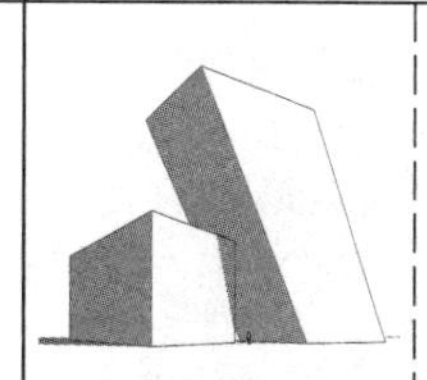

祸福相依，福是扶不起，要靠着祸的支撑。没有祸事的影响，便不会有福的追求。

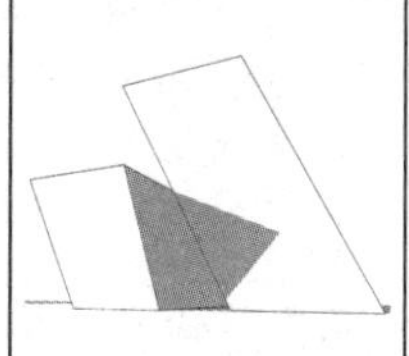

为了避祸和辟火，古建屋脊摆放各路神仙，螭吻就是水从天降的赐福。建筑被赋予了祸福观念，有些建筑招福、有些招祸，鲁班经中记载的诸多忌讳，或许也是统计的结果。

人除了靠理性判断指导生活之外，对于命运也抱着不得不屈服的态度，老子讲的祸福观，不过是一种逆来顺受的心态释放。善恶可以辨别，可是祸福却捉摸不定、拿捏不得。

善恶是以面见点，善恶的判断是以当时大多数人的认同为基础。而祸福是以点带面，如同盲人摸象或者管中窥豹，所能知晓的只是时间过程中的一段，只能以截至今日的体味来判断，无法预设未来、亦永无终结。塞翁失马的长治久安，并不能影响人们当时存在的判断，所谓坏事变好事，只是人顺应和屈服命运后的轻松与释放，既然如此，何不苦中作乐！

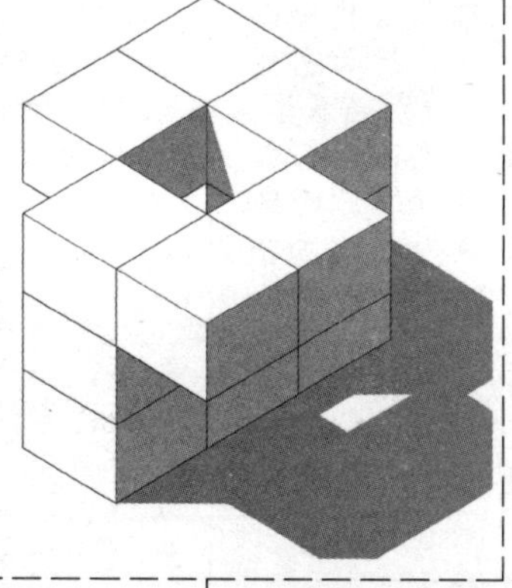

两股空间化的Z形，交在一起平衡，将对方的冲突化解，是为祸福相依。亦如双手捧起酒罐，将美酒倒出。示形的祭坛犹如开口向天祈求，雨露风尘全部接纳其中。

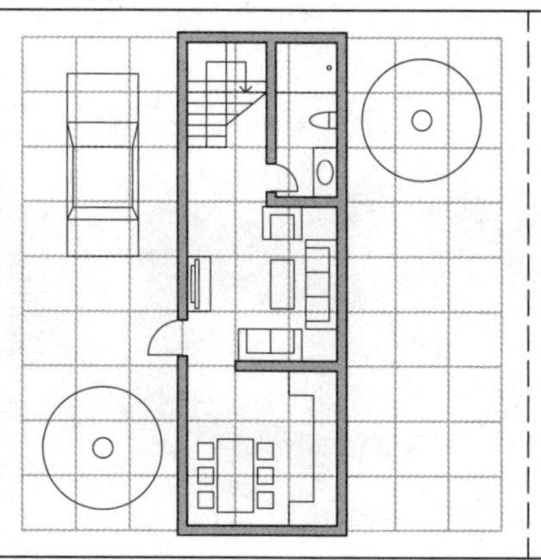

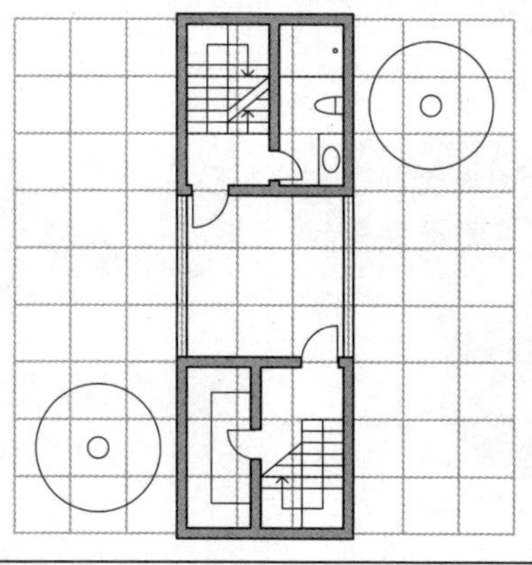

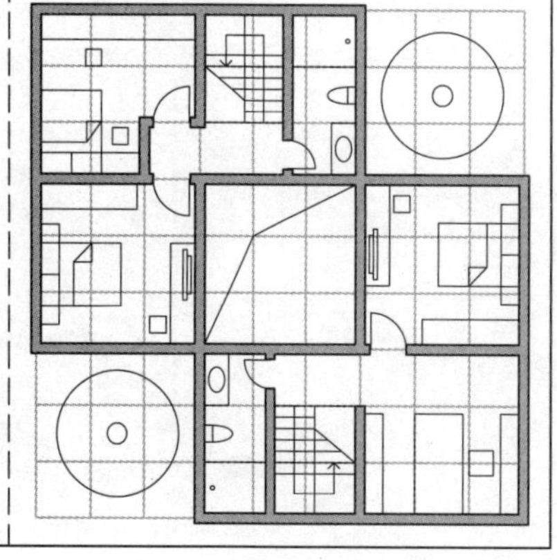

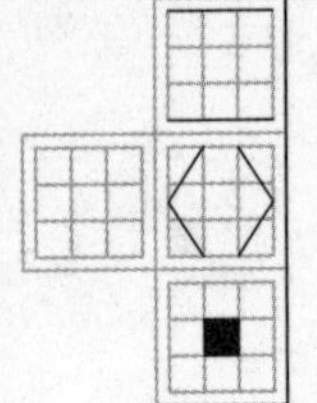

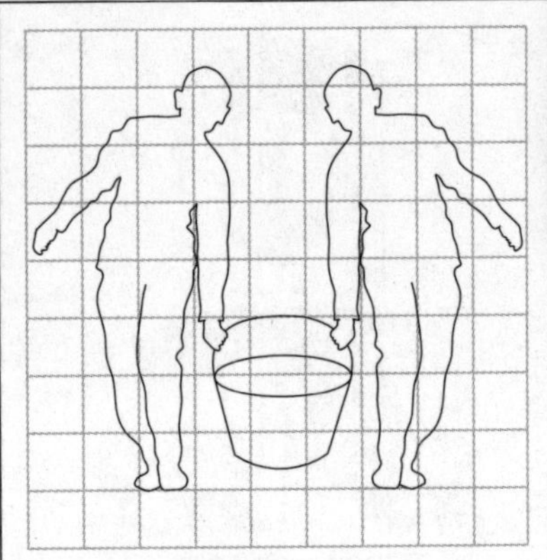

公私

宁论马得丧，
但问蛙公私。
——宋·方岳

/彼此/家国/人我/

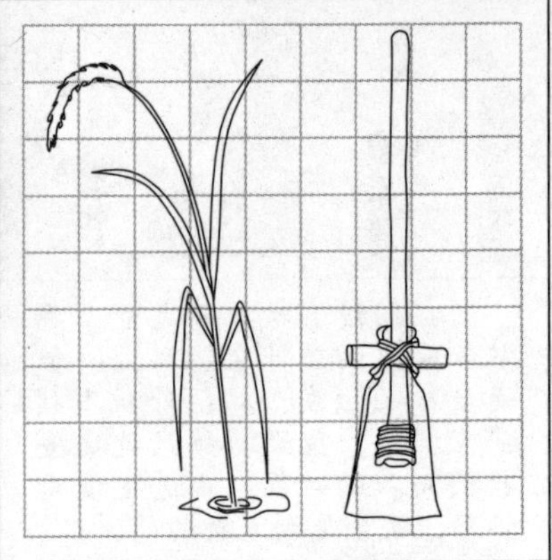

公：平分也，从八从口。八为两人侧身弯着手臂提拿的样子。口是陶瓮或者竹筐，为容器的样子，后演变为厶。公就是共同劳动，平分负重。或八意为相背、分解，将皿中所盛之物平分为公。公之甲字为甕形，即带耳陶瓮的样子，瓮牖是贫寒之家所用窗户，无隐私为公。

私：自己的，从禾从厶。禾为稻谷禾苗的样子。厶是耜的原字，耜是古代的木锹。私就是利用耒耜耕种庄稼。获取食物、播种粮食是为了生存，是最个人化的行为。用工具种田代表的是定居式的农耕生产，私有化使耕者有其田、居者有其屋，促进了生产力的发展。

建造公共设施对所有人有益，是保证社会公平的基本手段，现有无障碍设施形同虚设，大量残障人士没有自由行动的便利。公益如果变为功利，那私的自由也将不存在。技术层面的内容好实现，体验却不能包办，不从精神上来关注私，也就没有参与、没有公。私人建筑是个人利益最大的体现，富润屋，强大也要物化来体现，用界限保护隐私和权益。

私与公的关系就是个体和群体、人与社会的关系。人一旦从个体开始发展到群体的时候就遵循了伦理规范，伦常关乎人的行为准则、道德判断。公正和正有关、偏私和偏有关，形象和精神之间也产生联系，群体的合力就形成了社会的舆论压力和文化轨迹。

作为个体来言，生理和心理局限于皮囊之中，产生建筑、衍生功能的源头是生活，而生活的基础就是能区分你我、辨明公私，这种生活态度延续在公共交往和社会存在中。个体之内，一人为私，个体之外，两人为公，三人便可以投票决定大多数，公是大多而非全部。

建筑包含公共建筑和私人建筑，如果私人建筑不具有合法地位，只能在违法不究的漏洞中生存下来，那么公建也只能是私物。建筑师面对的不是代表自己的个体，便得不到尊重，无法进行平等地位的交流。住宅原是私人化的，现在也越发公建化，地方希望看到的都是整齐划一的高楼林立，晾晒和零碎都被看成是城市污点，可市井生活才是城市的灵魂。

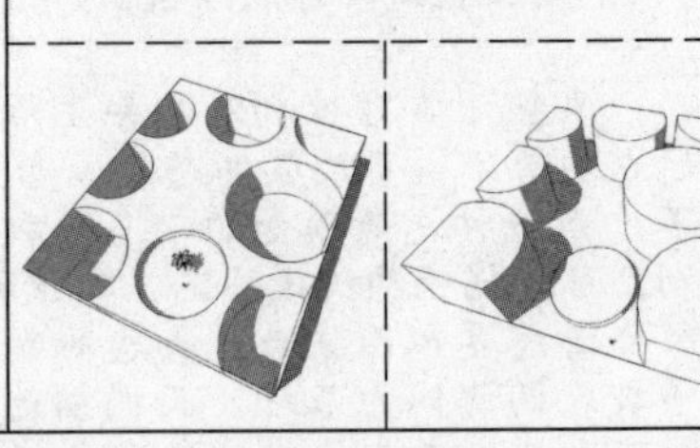

艺术品可以很私人化，而建筑不得不公共化。艺术家可以完全地表达个人的喜怒哀乐，而建筑师只能服从于功能需求去实现他人的建筑目的，还要符合规划。当建筑师和业主相互统一的时候，盖自己的房子、自己装修，才是最能表达其个人理想和理念的。多数中国建筑师也没有自己的私宅可造，只能住在开发商的模式盒子中，屈从于被平均。

如果人人无私，不为获取而愿意付出，完全自觉地各取所需，建筑就可以大幅简化。资源不再按照一户户进行分配，水表电表可以取消，资源便可以节省和提高效率。

巨大的庄园如同一株巨大的水稻，从土壤中汲取养分，靠水来保护自己。有地下的矿产、地面的森林、人工的海面和家族树，在家族树上按照地位和关系居住，就像是外紧内松的碉楼，可以防卫和自我补给。只有各自独立的私，才能构成共有的公，不分家不能成族群。

植物在于培根，无论人或者建筑都需要立足之处。有根基才能向更高处伸展。

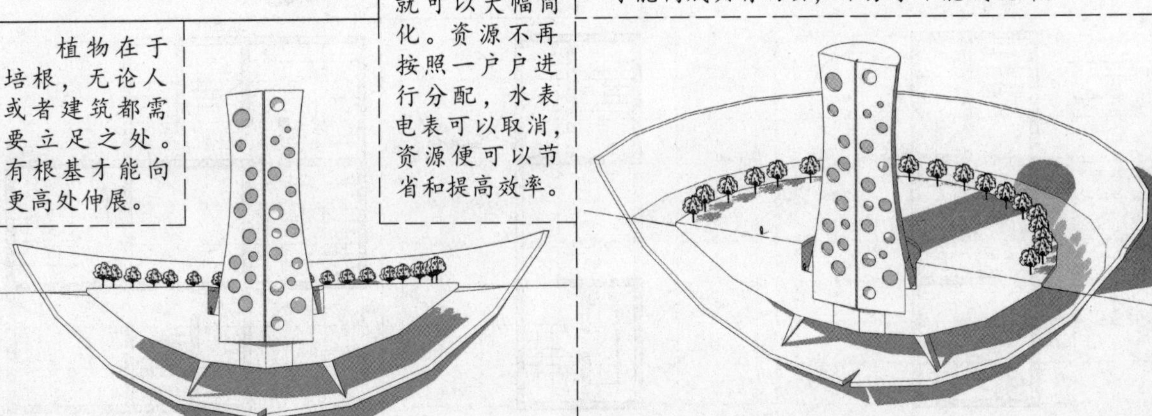

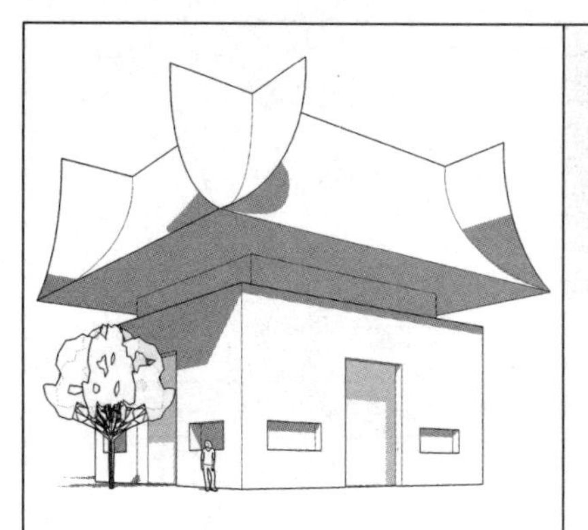

战争是最大规模的私斗，所有的私到最终还是公，没有任何东西能够永远属于某个人。过去的宫殿园林都是少数人的专利，而现在成为全民共有的财富和娱乐场所，能够真正属于个人而永恒不变的只有思想的存留、书籍的记录。文章千古事，是最高级的创造和传达。

社会如同一堵分户墙，既是你的、也是我的，人与人的联系都透过敲击墙面来进行，无法直达和触摸。有限定但是无遮拦的空间中填满空气，这些空气既是紧贴着你也是紧贴着我，人就像是面包里面裹住的葡萄干，这种联系无所不在，让人的隐私无从遁形。

公字的形状如同中国古建筑的正立面，庑殿顶是四面公的象征，盝顶就更加明显。公正就像螺丝，要居于中心发力才能使上劲，形心和重心结合。私则高低无规律，群心散乱。

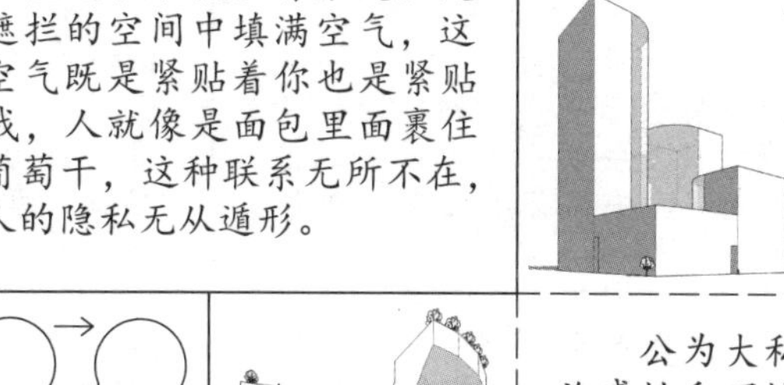

私有建筑和土地包围公共道路，私有的不仅是壳还须有土地。中国的传统是将私有空间用闭合墙圈包裹，土楼就是微缩版的长城和城墙，封闭自我成体系，对抗公共与开放。

私人像是汤上漂的油花，用最小周长圈住自己抵抗干扰。油花间轻微触碰能分开，适当引导就会合二为一，过分冲突则零星散乱。公共空间全是铜钱孔洞一般，如同甲鱼形状。

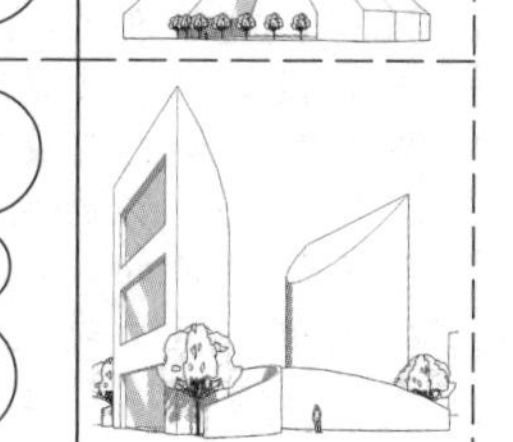

公为大私、私为小公。无论感性和理性、精神感受与量化判断、五行八卦或各种数理逻辑，都是处理人与人、人与社会、人与自然间的关系。经公史私合一、人私事公不分。

人由低等需求向高等需求发展，先要生存然后活出个样子。民非水火不生活，只有一人叫生存，一群人叫生活，经济从私到公过渡，社会从家国向国家进步，终至天下为公。

学会设计就是学会生活，公和私的元素随时充满建筑和生活中的每个角落，空气、水源、交通这些都是和更广泛环境联系的元素，是建筑中能剥离出的公共部分，成为谍战渗透的活动空间。公私关系的确立和转化是功能产生的土壤，建筑师只是功能物化的助产士而非缔造者，应在社会生活中理解功能意图，不能限于个人情绪，个人的心理生理情况可以由己度人，但是群体的运作动机就只能到社会中了解。一群人和一个人在同样条件下的作为会完全不同，建筑除了个人化地演绎之外，更多的是接受社会的检阅，以不同的建筑适应不同的文化群体。

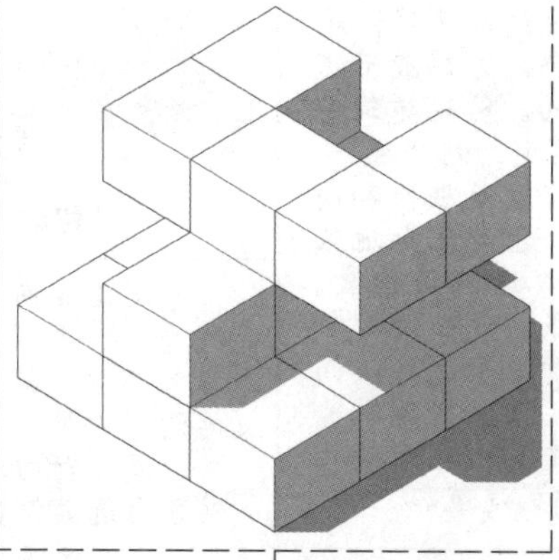

背私为公，这是古人的理解，违背私才能达到的公是非人性的。因此存在暴力机关和国家机器，靠强制而达成公权，这力量强至无法自控，永远凌驾于一般的私。

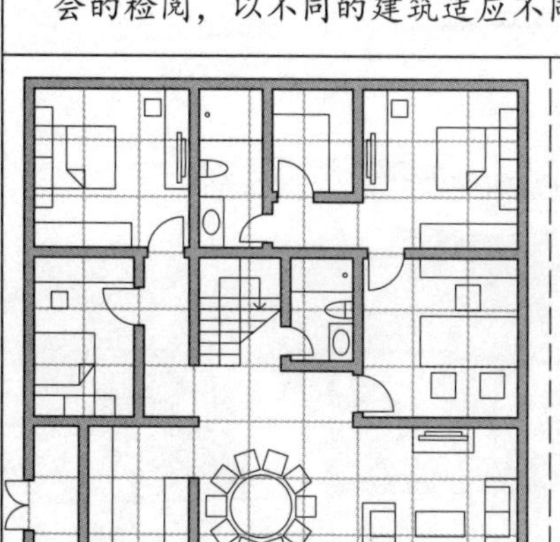

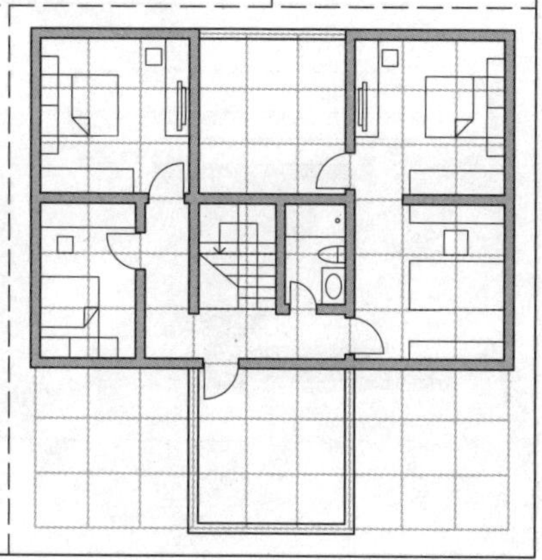

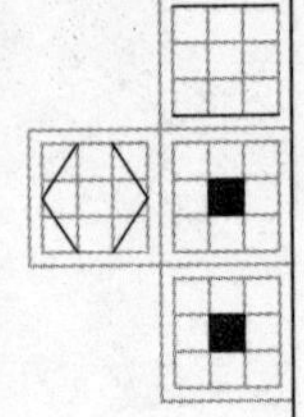

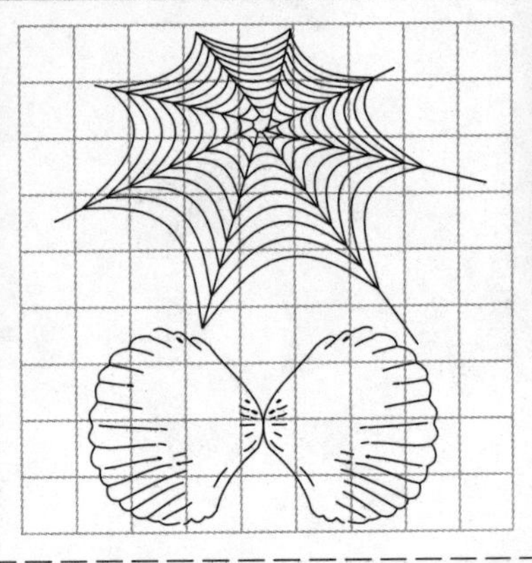

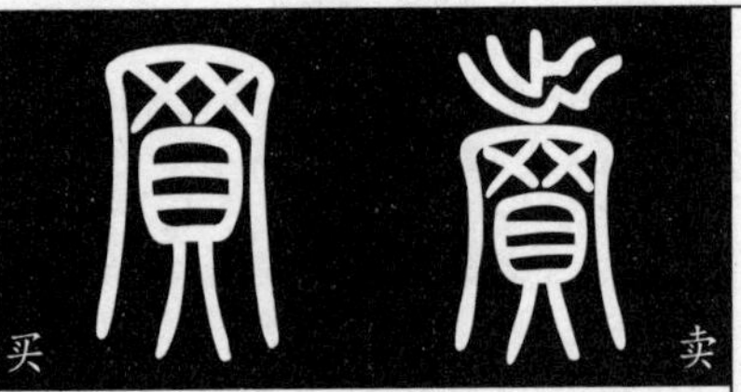

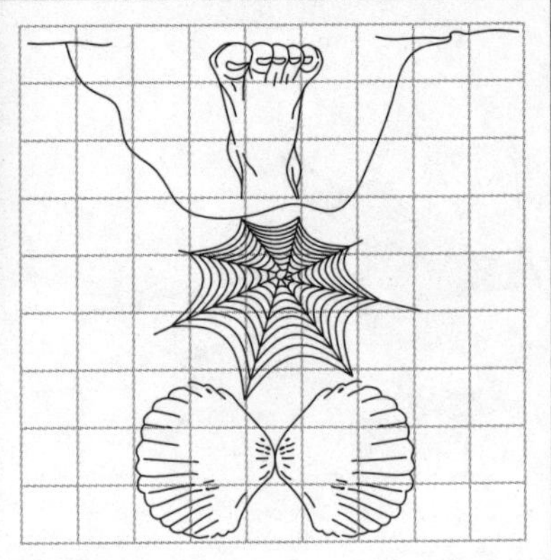

静看从衡士，
番成买卖儿。
——宋·汪元量

/籴粜/购销/义利/供求/出纳/
/收支/稼穑/丰耗/

買：市也，从网从贝。网是渔网的形状，表示捕获。贝是贝壳的形象，表示财货。买是购入财货的意思。或贝表示货币，网兜是钱袋子的意思，带上钱财就是去买东西。或买的前提是网兜中有钱。或买卖中只有错买没有错卖，因此要紧紧网住自己的财物。

賣：售出，从出从買。出字为脚趾向外步出洞穴的样子。買为拿钱换东西。卖是将网兜中所装的货物售出。賣字与赎同源，或从省从贝，省为查看状的眉眼，贝为钱币，賣为以物换钱，卖的注意力放在钱上。简化字的卖为十买，十次问价才有一次成交，可见推销之困难。

社会分工之后，交换产生必然促进了买卖。卖的关键是有个好价格，眼睛盯着钱看，看到钱才卖。而买的关键是去捞钱，网到钱了才好买，赚钱才能消费。买要动手，卖要动脑，一个拼命下网，一个动脑观察。卖得好要眼力劲儿，买得到要先有钱。简化字将買賣的贝，也就是财货都用头来取代，或许新时代的买卖较量的是头脑而不是经济实力了。

买卖是一种交换，交换的基础是双方都认为对方的东西更有价值，所谓等价交换其实并不等价。环境和物产不同，人无法靠自产满足所有的需求，只有在交换买卖的情况下，以牛工换马工，才能最大化地提高生产效率，有更多的产品能消费。过更好的生活，就是交易的最终目的。人生来便在市场之中，市场是无形的手，无论怎样腾云驾雾还是被拿捏。

传统建筑在人口规模基本保持稳定的情形下，会缓慢更新，因为天然材料主要是靠人力加工，人口的流动和增减必然改变生产效率和加工模式。

从建筑整个生命周期来看，不仅满足眼前的利用，还要考虑未来的更新和调整。建筑材料能回收降解才是最经济的，建筑不再使用砖石水泥，全部用金属和玻璃建造，发泡金属能取代砖墙与木质家具。

精打细算地设计建筑，是用最普及的材料，达到最节省和最舒适的目的。传统建筑费时费工，成本巨大，到了现代，经济发展的前提就是廉价和高效地使用资源，于是落后地区的丰富资源被发达地区蚕食，过去靠武力征服，现在使用金钱掠夺。廉价资源加上经济高效的建造方式，让现代建筑普及。最主流的建筑一定是最具性价比、最中庸的建筑。

水浒人物动不动就收拾细软，细软就是能换大东西的小东西。对比细软，建筑就是粗硬，细软就是动产、粗硬就是不动产。钱是一般等价物，如同水是万物的承载，水果方程就是买卖交易中的等价交换，建筑的各种元素分解之后，在流派和个人风格之间也可进行等价交换。

买卖交易是产生联系的纽带，双方都有各种冲动，要压倒对方，猜测和试探产生摩擦、摩擦产生了罅隙，在针锋相对中解决问题。既要沟通妥协、推动事务，又要找到差异化的需求、逼迫对方让步。双方摩擦但又互补，还能够各自进退、各取所需，最终实现双赢。

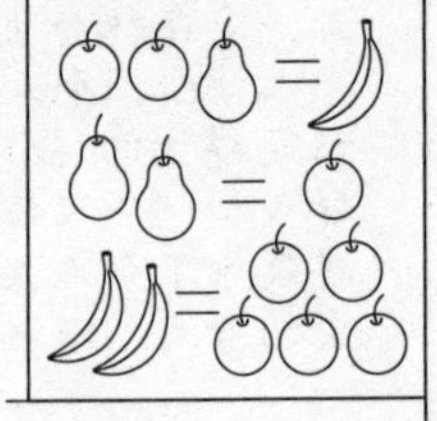

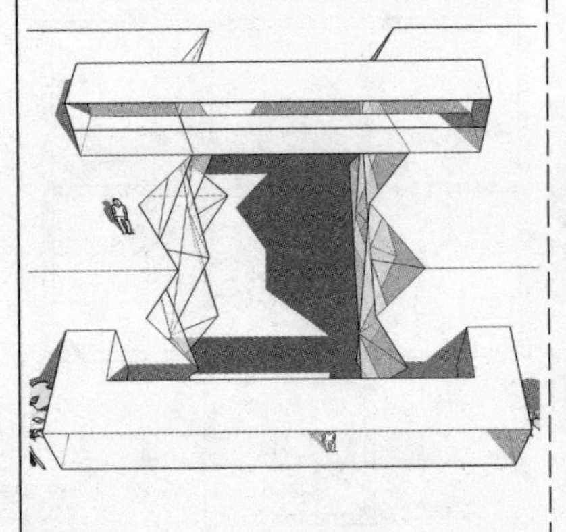

买卖中诞生了城市，市就是交易的地方，城就是保卫交易的构筑。

贝壳作为早期的货币，是水里面产出的，因此以水为财，或许有财富源自水中的意思。

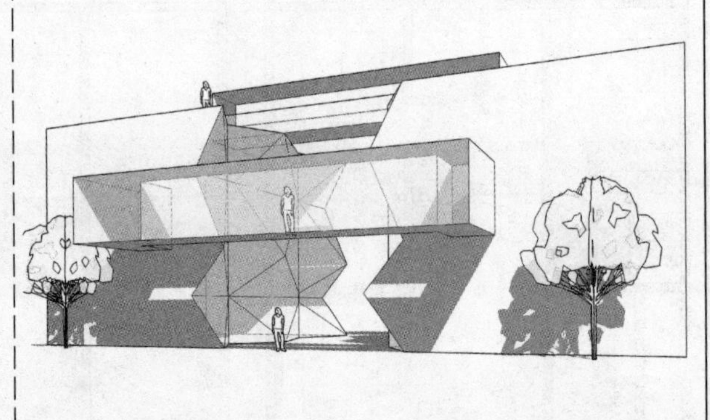

桥如买卖间的关联，人人都经过财富的水面，却无法驻留和真实地感受水流。驻足片刻，似乎河水汹涌为己而来，亡命投入片刻即逝，只要还想过桥，就不能真正触碰到水。

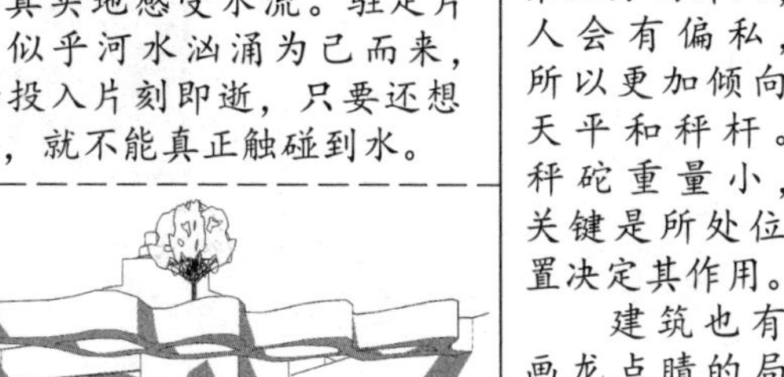

买卖需要第三方的介入，人会有偏私，所以更加倾向天平和秤杆。秤砣重量小，关键是所处位置决定其作用。

建筑也有画龙点睛的局部，价值在于以点控面，能够定义整体的设计。在建筑中找到那个牵一发动全身的秤砣，稍加移动则面目全非。

人与人的联系首先是血缘关系，然后就是契约关系。所有的契约既可结也可解。人只要存在，就和外界发生着交换，至少生命物质一刻不停地在更替，你来我往的熙熙攘攘中，就出现了表面上的亲密关怀。交易总是在勾肩搭背的亲热中，悄悄地两肋插刀。

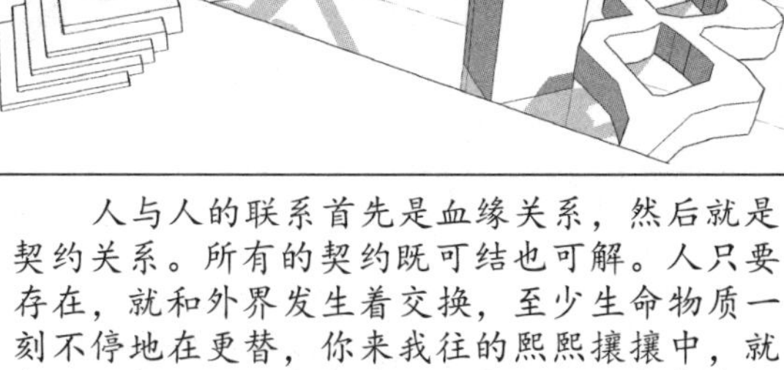

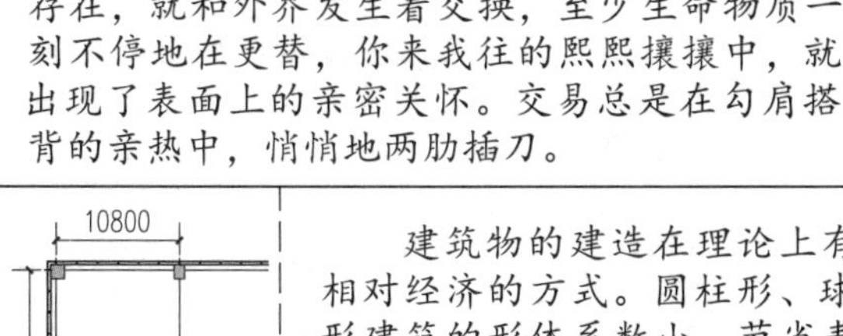

10800
43200

建筑物的建造在理论上有相对经济的方式。圆柱形、球形建筑的形体系数小，节省表面材料和能源。建筑有合理高度区间，平衡核心筒面积与使用面积，保证得房率。从理想的、经济最优的建筑模型出发，能降低成本、节省时间。高层建筑在目前两千平方米的防火分区要求下，可以归纳出理想模式，四十四点七米边长的正方形，面积一九九八平方米。

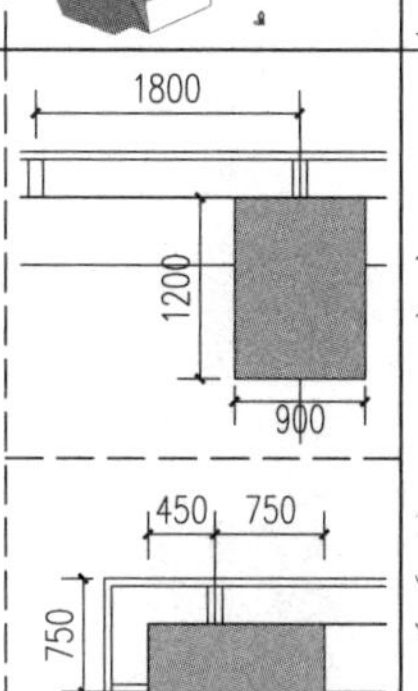

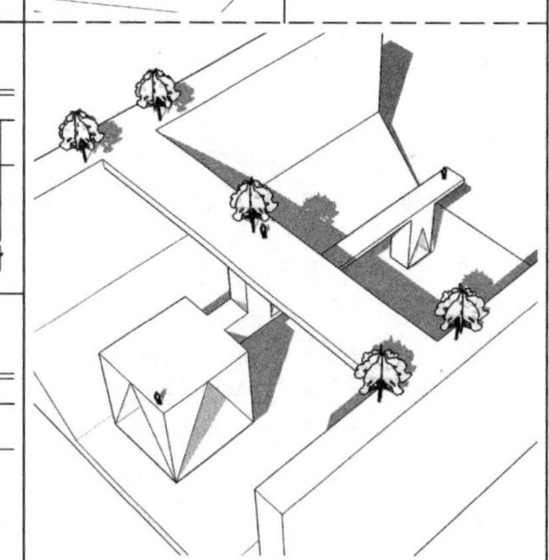

经济之学，过去讲的是经世济民，现在谈的是财富流通。经得起实践和时间检验的事物，合乎经济规律未必合乎情理。资源的廉价必然导致浪费，使得重复低标准建设的成本低于一次性高标准投入。一顿饭浪费与否，是看热量是否超标，头脑进步远比不上身体的肥胖，人的体格和生理越发倾向于高资源消耗。过去人的寿命短、体格小，利于高效产出和低能耗地生活，而如今寿命长、体格大，产出少而消耗多。建筑和一切的物质消耗，都是以人的尺度作为标准，最经济利用地球的方式就是改造人类自身，在拼命开源的条件下也可考虑节流。

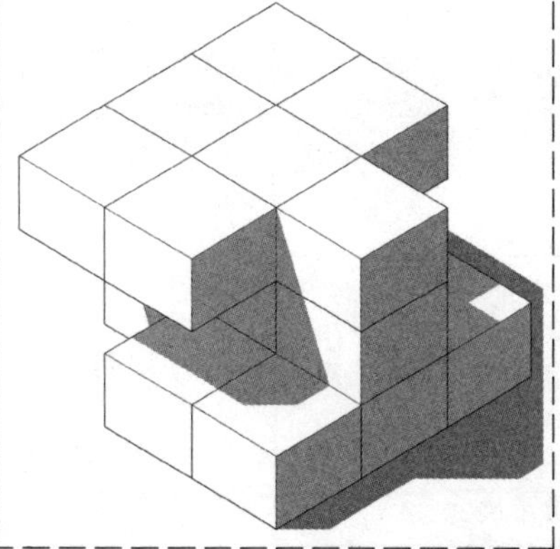

藏在袖子里进行交易，手手之间上下翻飞，到底手指表达了什么，算是商业机密，无人知晓。手与手之间较量着信念和力量。交易中买方手向下递钱，卖方手向上接钱。

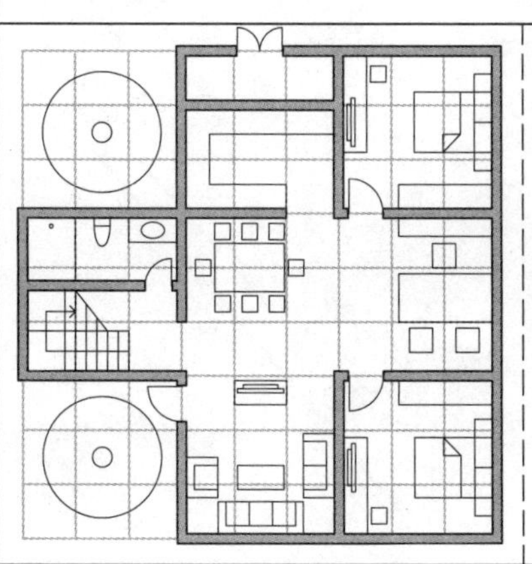

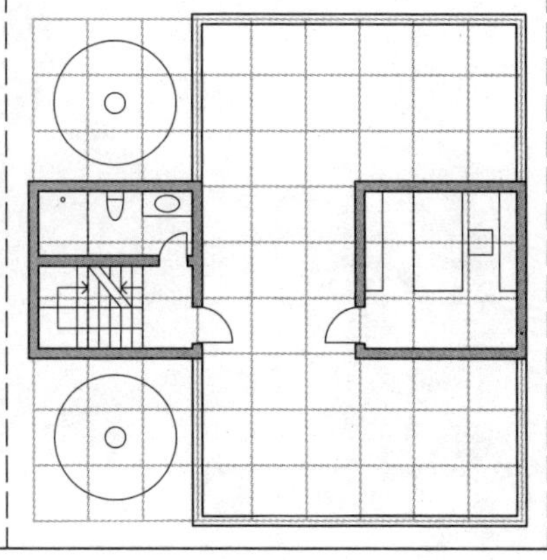

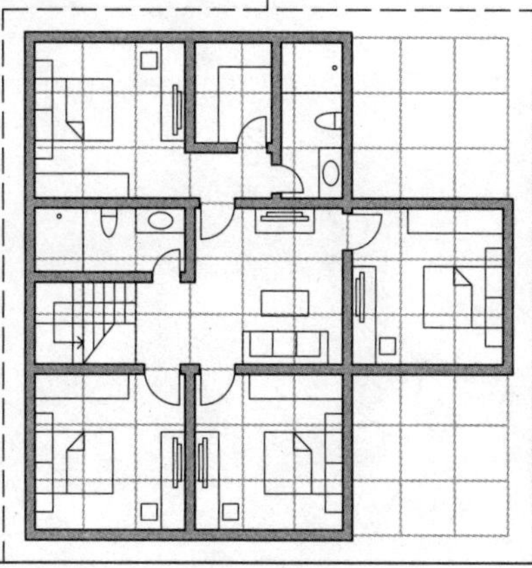

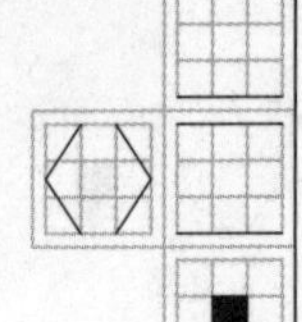

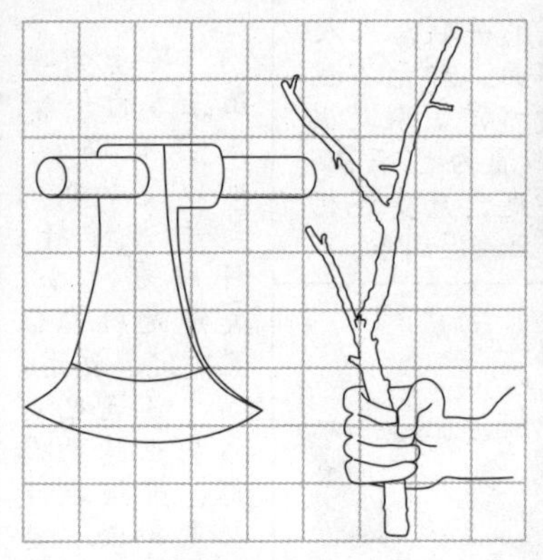

攻守

攻　守

全局存亡丞相表，
大风攻守汉皇诗。
——清·成多禄

/敌我/争守/勇怯/

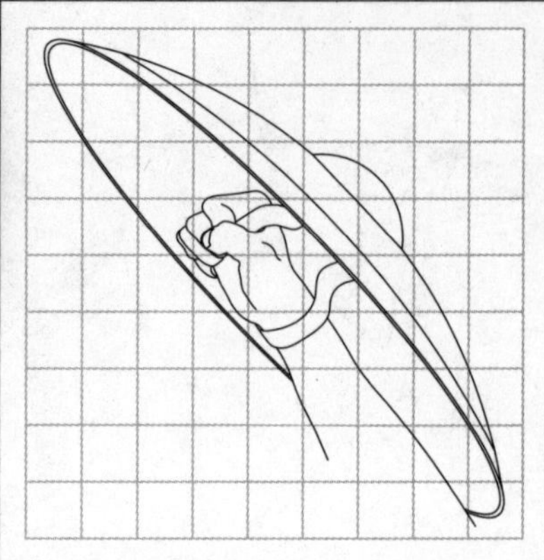

攻：击也，从工从攴。工为斫木的工具，是斤的金属头部的特写。攴为手持工具的样子。攻就是手拿着金属工具，击打加工的意思，攻坚、攻玉、攻金，后引申为进攻。或工为筑城的夯土工具，手持工击土为夯为攻。或工为方形的尺规，手持工具配合尺规为攻。

守：卫护，从宀从寸。宀是盾牌的侧面形状。寸为手腕向下一寸的地方，其位置用一点以示强化。守就是将盾牌套在手腕上的形象，表示防守、职守的意思。狩猎的狩字就如画面，猎物扑来用盾抵挡。或宀为宫室之形，寸是法度之意，守即官守也。

人类的战争天性，在面对艰难和生存挑战时总会爆发，战争与和平仍旧会在一个长的时期内交替，必须有所准备，建筑对于保存人类，防止战争伤害还会有用。恐惧和威慑只能压抑争斗，消灭战争只能靠思想和生活的改造。攻守和手有关，双手分别持斫持盾，就如同战士要具备两种特性。军队和国家都可看成一只手掌，指头要冲着两个方向使劲。

交换过程中总有得益和失利的因素存在，如果一方想永远长期地获利，就要造成不平等，并利用武力维持这种不平等，然后再通过法律来巩固。

大量建筑产生和集聚形成城市，是为买卖和攻守做准备。城是攻守之地、市为买卖之所，农为耕种之畦、村为居住之舍。坚壁清野就是将所有资源全部吸纳入城市，消灭一切不利于城市的因素，如同城市化。

资源和交换的不平衡，最终要靠战争来解决。许多的困难和社会问题，都在于交换的通道被堵塞。鸦片战争是西方强迫打开中国市场，因为中国不想买卖交换。失业、饥荒是人的劳动不能换取生存的必须粮食，也会引发战争。

过往的建筑项目有很大一部分都是为战争服务，最明显的就是过去的城墙，多重的瓮城就是逐步阻挡进攻的设计。现在的建筑都要考虑人防，也是作为隐性的战争代价而存在，人类不爆发战争，更多的资源和人力将普惠大众，人类的野心和权力诉求要通过数字化手段纾解，用基因手段消灭。

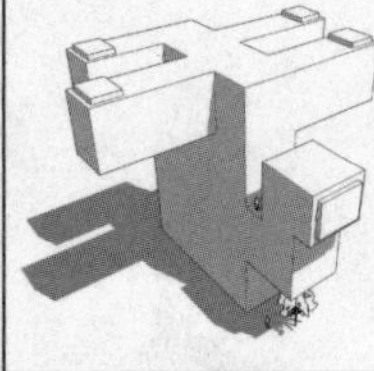

战争的结果不是胜负而是平衡，其本质是自相矛盾。打桩并不是要将地壳冲破，而是希望获得足够的反作用力，用力是以得到反力为效果和目的。

打桩和柱础，一个要拼命地向下钻，另一个要阻止往下钻，无论是抗压还是抗拔，总是要让两边平衡。僵持而不相上下就是传统建筑的根基，软化和同化才是更高级的手段，对抗被进化成自然地吞并。

一把雨伞就是一个盾牌，雨中打伞就是一场战争。被阻挡的雨水，淌在地上勾出异样的边框。坡屋顶也是盾牌，盾牌上各种装饰和鼓凸状的结构加强也可以用在屋顶上。

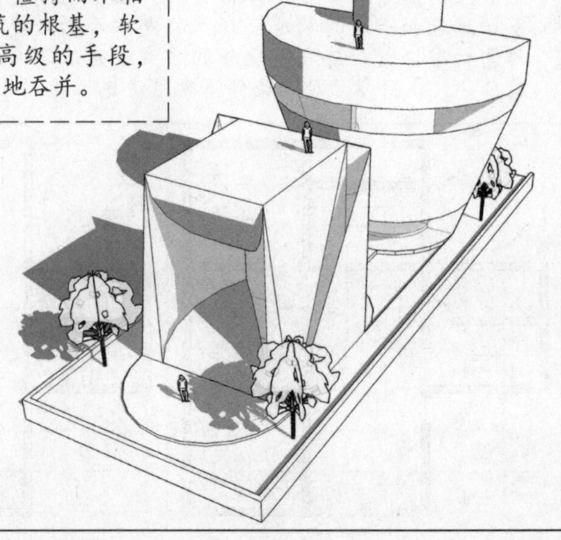

古代最大的器械设备就是攻城的军械，进攻的同时又要足够坚固耐打击。古代的建筑师也兼职为军械专家，鲁班和墨子用沙盘操练攻守，建筑与城池也算是军械和扩大的盔甲。

交通工具都是军事器械的延续，都是军用带动民用，欲望推动进步。可移动的建筑就具有战略作用，进可攻退可守。愚公移山的起因在于公和山都不移，产生了矛盾。

水库的堤坝就是城墙的翻版，水流不断地一波波进攻，前面的进攻总被后面的进攻挤裂。战争的残酷永远是和文明同步，越是文明的社会爆发的战争越惨烈，越是有理有据。

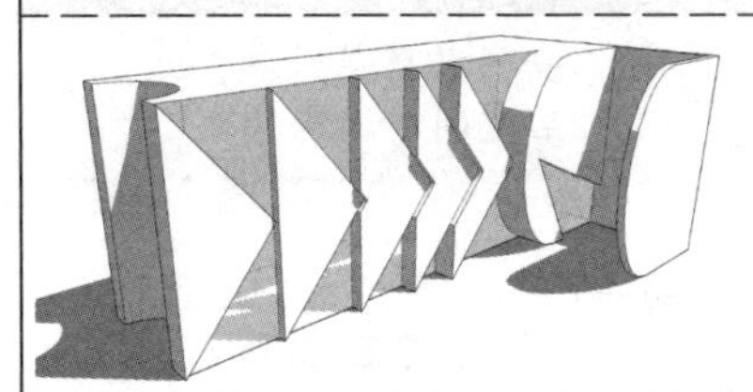

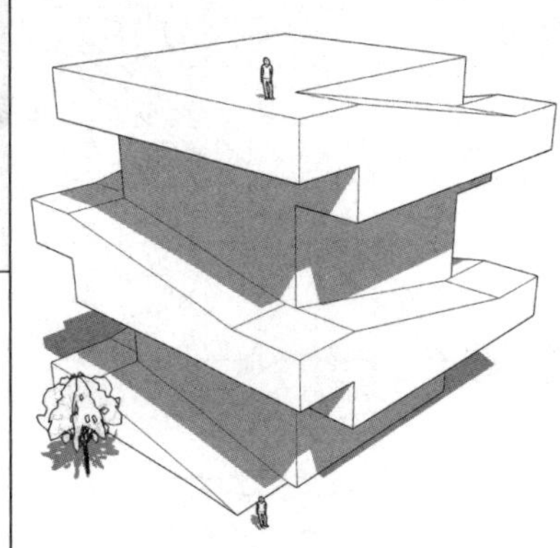

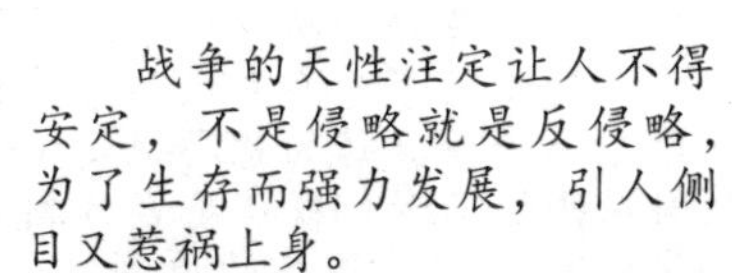

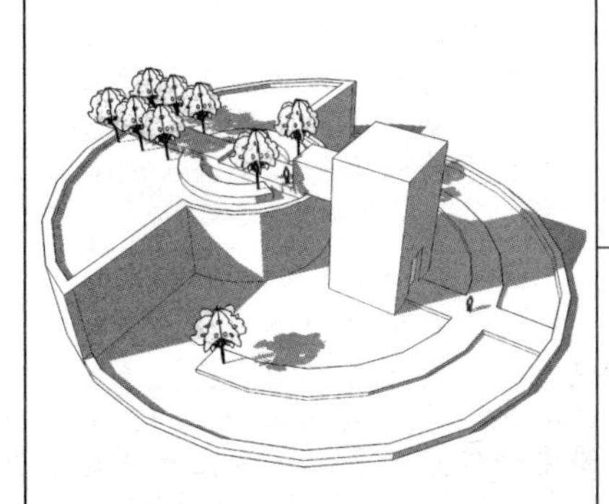

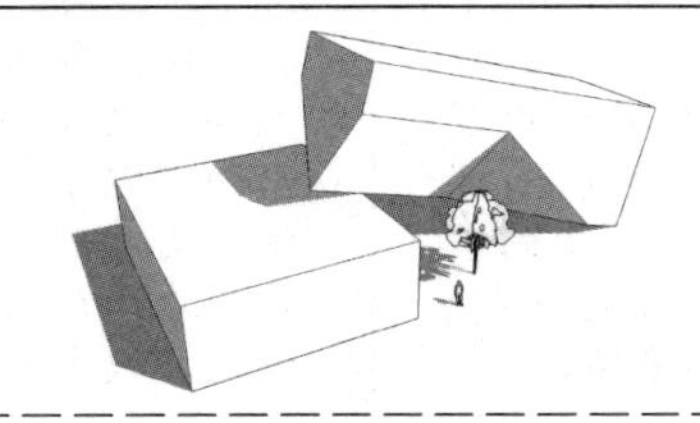

破冰船的前进，就像是和冰雪在进行战斗。人和水共性相同，少量有益、大量为害，又都有上天入地的本事，人将水化为进攻手段。建筑之间的倾轧也许就是阴影的投递覆盖。

战争的天性注定让人不得安定，不是侵略就是反侵略，为了生存而强力发展，引人侧目又惹祸上身。

传统的城市都肩负军事作用，重要建筑的造型和细节往往都为战争服务。冷兵器时代，进攻一般都处在下方，城堡设置顺时针向上盘旋的楼梯，让进攻者不便使用矛和盾，利于防守。传统进攻方都是由下向上，防守主要向下防住地面。现代战争都是从天空自上而下发动进攻，防守就是防空。现代的攻守双方，谁处的位置更高远，就更具优势和力量。于是太空探索的边界越来越大，最远的地方就是不败之地。

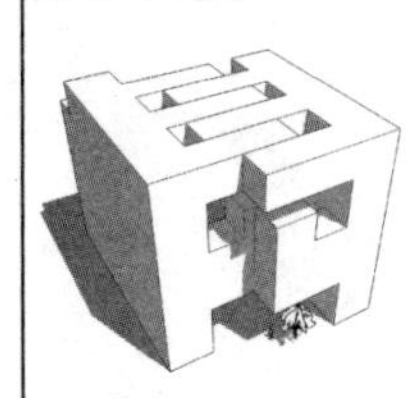

如同双手的较量，攻阻守，守阻攻。将别人的手指紧紧夹住的同时，自己也感受疼痛和伤害，战争的结果总是徒劳无用。握手本来是表示平等和互信，也变成了等级和较量。

建筑和人都有自我摧残和毁灭的欲望，只是都被人的力量束缚住。重力和时间施加的作用，会让一切建筑灭亡，空气在进攻，铝就形成氧化层屏障，以子之盾守子之矛，用铝打造亘古永存的建筑，守住岁月的进攻。

住宅不仅是居住的机器，而且是守御的城堡，抵抗外界侵蚀，这是观念的回归。没有土地的城堡只是空中楼阁，构筑在沙堆上的建筑，自身再结实也无济于事。现代的集约城市越发不利于应对战争的爆发，城市的密集居住导致一旦战争，人口的疏散和安置将极为困难，低层高密才是稳定社会的建筑模式。

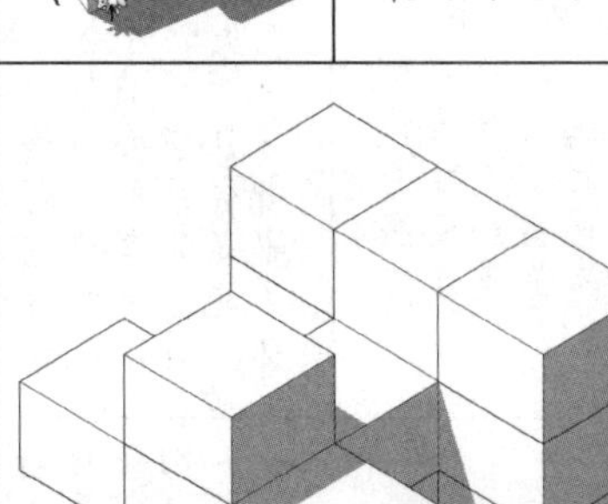

以子之矛攻子之盾，冷兵器时代，发达文明往往被落后文明骚扰和征服，进攻往往成了一种手段，迫使对方采取绥靖态度。穿鞋的最终给光脚的送上一双鞋。

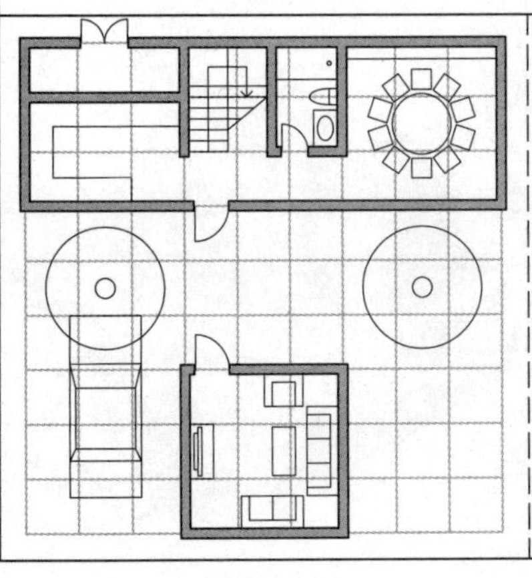

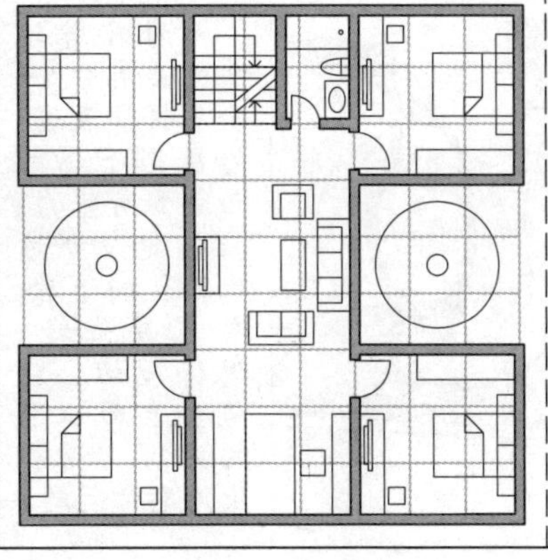

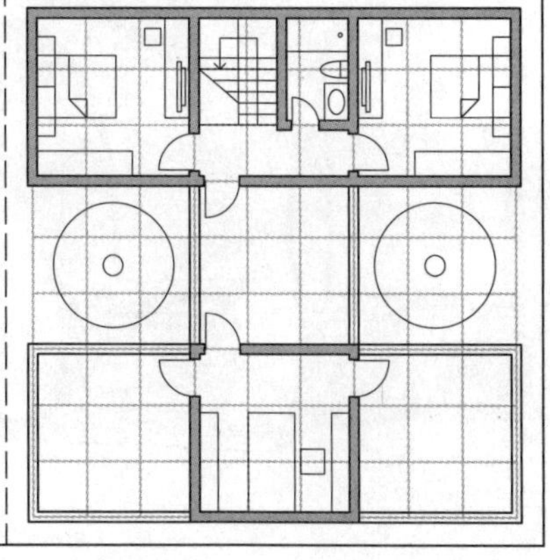

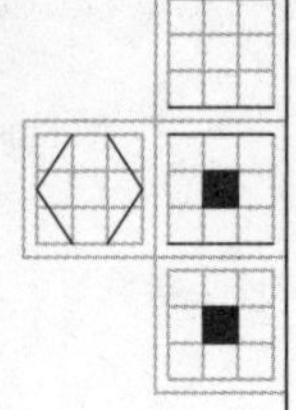

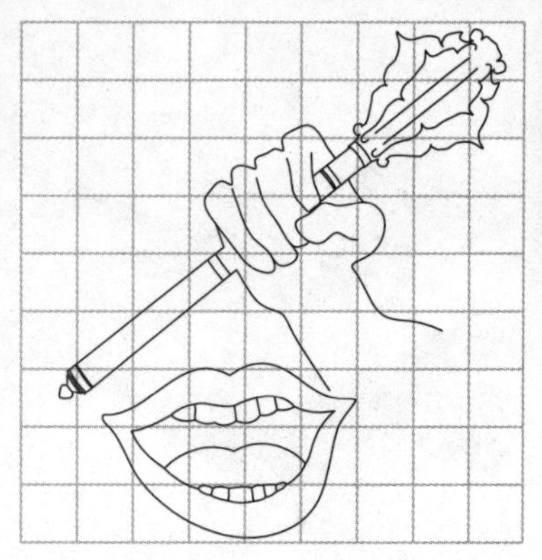

君臣

君 臣

一代君臣尽悄然，
空遗闲话遍山川。
——唐·栖一

/将士/军民/警匪/工农/家国/
/僧俗/翁妪/儿女/

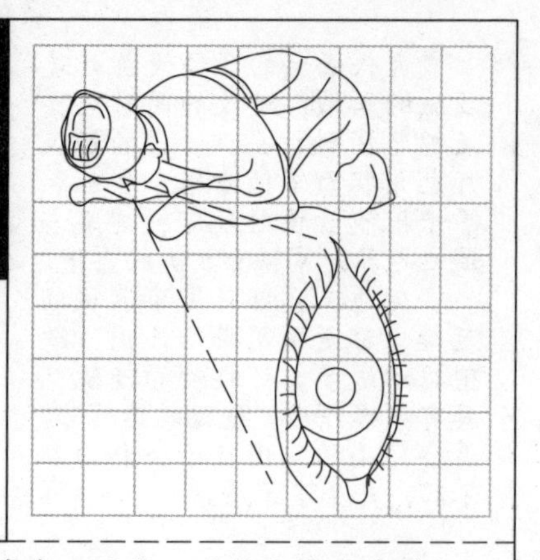

君：尊也，从尹从口。尹是手持权杖的样子，表示治事，为古代部落酋长的称号。口表示发布命令。君的意思就是指发号施令、治理国家的统治者。权杖是古代刺针或是匕首的演化，命令得以执行的原因就是有武力的支持，枪杆子里出政权就是君字形象的通俗表达。

臣：事君者也。臣像一只竖立的眼睛形状，人在叩首低头时，眼睛即处于竖立的位置，表示俯首屈从之意，本义是指男性奴隶。参考賢字的古字臤，臤为以手刺目者，就是管理奴隶的有才干的人。远古常将奴隶一目刺瞎，避免逃跑。奴隶不直视主人，以免触怒主人。

自然世界的法则是优胜劣汰、弱肉强食，随时随地都是持续地争斗。由于强者也会衰老，幼稚会变强壮，只要制定稳定的社会关系准则、强化和灌输等级思想，不需人为地干预自由竞争。君臣的名分让人永远处在杀怪升级的过程中，忘掉走捷径和高效率。用多年媳妇熬成婆的惯例，让所有人固守自己的本分，而将规则置放在少数打破规则的人手中。

建筑也是为强化这些规则而服务的，建筑天生就分为你的、我的，可进入的、不可进入的。建筑是身份标签和天然的名利场，建造行为都是在填补和强化富润屋的心理。

经过暴力战争确定的买卖双方的利益格局，就是稳固的社会结构，社会稳定必然就有严明的上下体系，就有角色定位，即是君臣父子的伦理关系。改造文化体系并束缚人的思想，利用角色定位来僵化和稳定社会。三纲五常就是群体社会的法则，是人与人之间天生的秩序。

身份是虚拟的建筑，建筑是现实的身份。身份标示就区别了强弱和正邪，弱匪强警。成王败寇，一方牺牲另一方，枪杆出政权，胜利者制定规则，而失败者沦为规则的实施对象。

养鸡场的鸡被善待是为了多让它多下蛋，一旦不能下蛋就会杀掉吃肉。不希望鸡病死，也是为了让它在需要的时候被杀死。美味佳肴都是体面的尸体，习以为常后便浑然不觉。

不同的职业属性和产业需求所对应的建筑不同。人生而不同，有阶级和层次。

君臣、父子都是等级制度的产物，身份决定了作为，这就是名的力量。名家的理论就是建立伦理的角色属性，以此为依据将人在社会中的位置和权利义务固定，名就是自我认可和社会认可。

名不正则言不顺，言不顺则事不成，无论好坏，人都会给自己找个出师有名的理由，于是国人打太极、找借口的本领就在正名的过程中磨炼。

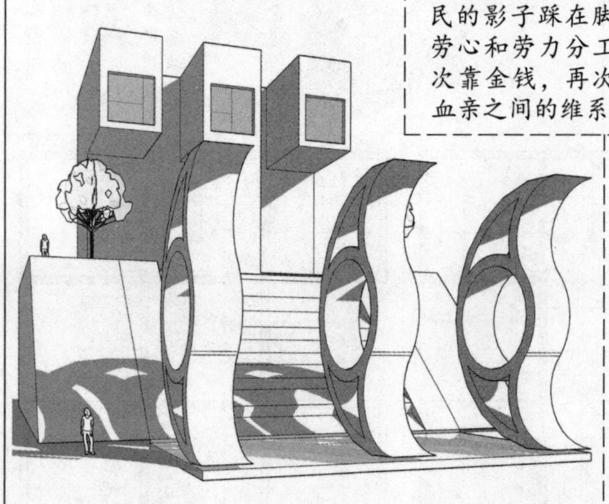

影子投射在眼睛之上，臣在南边，君主面南背北，将臣民的影子踩在脚下。最高级的劳心和劳力分工就靠武力，其次靠金钱，再次靠人情。只有血亲之间的维系靠本能。

为君当领导的要有口才，会指挥和表达。为臣当下属的必须要有眼力，且接受命令时眼睛是向下看，要靠耳朵好、听得懂话，能领会表面以下的内容、深层次地思考问题。

君臣之间的关系讲究平衡，君就是一个滑轮组，如何安置要看各处臣的配重如何，最终是要能保证平衡，并且一个滑轮不可能把配重提到到比自己还要高的位置。君的作用就是四两拨千斤，如同电梯的电机并非产生非常强大的拉力，而是借助配重来提升。

建筑中的君并非是最重点的部分，而是它倒向谁，谁就会成为最重要的部分。

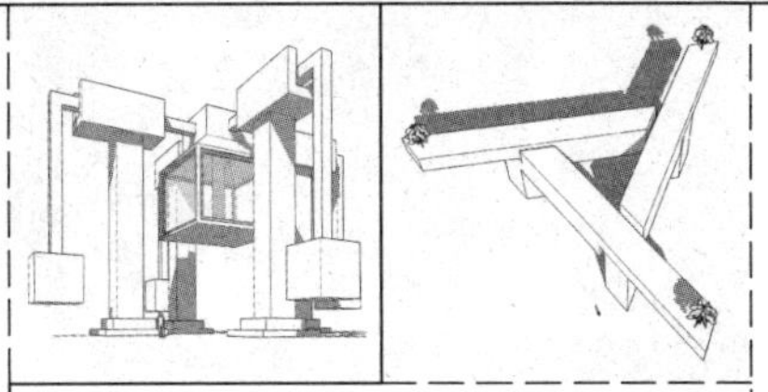

社会关系在稳定中保持一种缓慢的动平衡，每个小局部都有各自的新陈代谢，将各自的社会地位和关系大致平衡地传递下去。

君子之泽，三世而斩，命运的调整和变化至少要有三代人的努力和付出。头脑丰富的人和简单之人在一起，才好长久共处，少数上智和下愚共同构成社会的主心骨，中智之人虽多，却只能随波逐流。

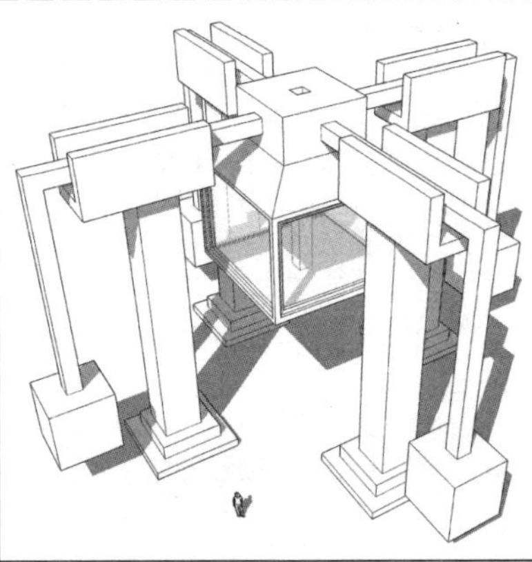

建筑师在设计中发挥的是创意，而工程师靠技术实现这些图纸。建筑是服务业，做好服务工作所需要的是理解功能、理解社会、理解生活。业主是君，建筑师天生的属性就是臣，为臣为属就只能在夹缝中求得生存，唯有艺术家才是自己领域中的君。

建筑设计的过程就是业主思维具象化的过程，将业主的需求翻译成建筑空间。翻译的结果有的枯燥乏味、也有的辞藻华丽。建筑师可以参考其他语系翻译语言，也同样可以创造语系，翻译是为了方便他人沟通、真实记录，而创造语系则是为了表达自我。

兵来将挡水来土掩，拳来脚去地动作。臣都想当君，而手掌将拳头挡在外面，君臣之间不免常交手，相互利用。

急于求成、取而代之往往成为被动的靶子，于是虚与委蛇，胁天子以灭对手，待到羽翼丰满再更名正位。建筑常常在这样的过程中起到标志性的作用，建筑的身份属性和地位映射都会被利用，无法利用便烧毁，唯有名分能世袭和传承。

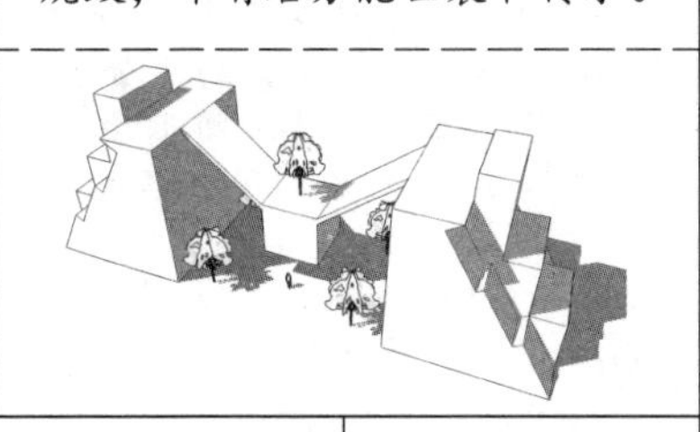

人际关系是人伦中最重要的，中国古代的文化和社会制度就是依赖这样的关系才得以巩固和延续。皇帝就是一国的家长、家长就是一家的皇帝，现在户口簿中还有户主的称呼。建筑中也有大梁、大驮，其他小梁都依附其上。

礼崩乐坏就是伦理结构被破坏，建筑和拥有者之间的关系太紧密，后起之秀总将统治者和其拥有的东西联系起来，这个宫殿是谁建造就是谁的属性，朝代更替就要全部毁灭。人与物关系的紧密导致国人总是人事不分，谈事就是谈人、谈人也是谈事，因此阿房、长乐总不免葬身于恨屋及乌的大火之中。

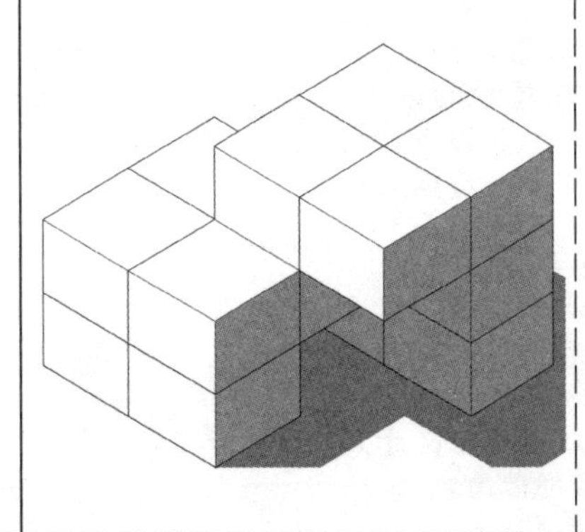

君臣相见，臣行礼跪拜、君搀扶免礼。

套路化的仪式作用在于固化身份，经过仪式的确认才能获得心理上的稳定。心理上安然，于是什么龌龊就都能坦然接受。

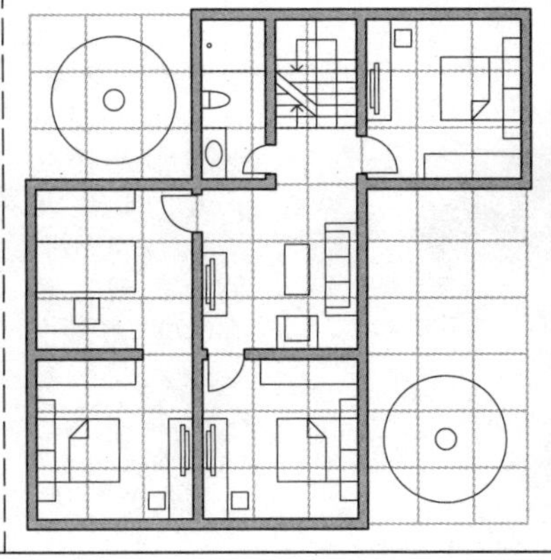

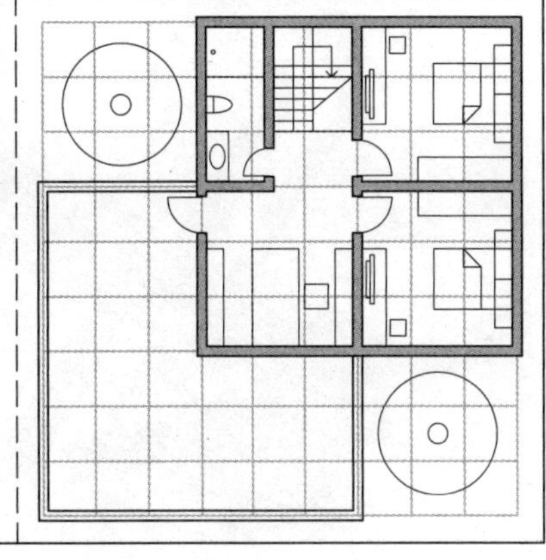

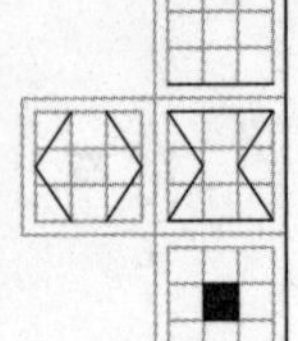

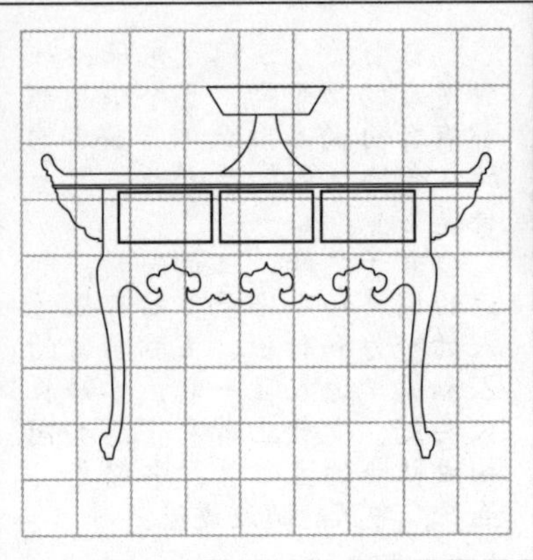

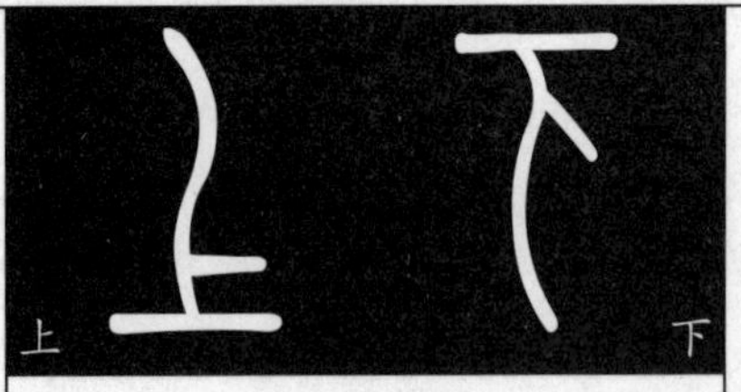

阴阳依上下，
寒暑喜分离。
——唐·元稹

/高低/骞低/卑高/

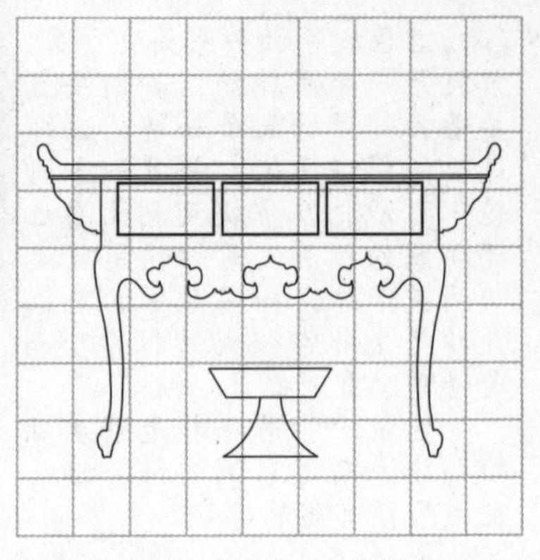

上：高也。上字原型为二的形状，下面的一横表示位置的界线，如同大石或桌案一样，线上一短横如器物摆放在高头，表示在上面的意思。行草中的上用∵表示，下用∴表示，像数学中因为和所以符号，和电梯按钮的△和▽正好相反。文字形式进化后，同本意可能相反。

下：底也。下字原型为上长下短的两横，上面长横表示位置的界限，下面短横表示在下方的意思。人的存在才区分上下，在坐标世界中是不考虑上下的。因为重力是向心的，所以人如同花朵的一圈花瓣，各自上下不同，以头顶为上、以脚底为下，人往上走、水往下流。

上下只是存在于观念之中，没有绝对的上下之分，区分只是根据主体所处位置来判断。通过关系和环境能分辨上下之别，人有屈从的特性，物质都要围绕着质量大的旋转，地球也要围着太阳转，谁的质量大、谁就是主宰。星球之间比质量，人之间只能比名利了，名利便是人间的万有引力，但看筵中酒、先劝有钱人，人围绕着名利达人转，也算符合自然规律。

重力的作用导致上下是建筑的第一公理，是塑造一切形态的基础。没有重力的太空，空间站建筑完全是另外一种形态和模样，四通八达，所有面积都可以利用。

光没有向着重力而去，而是四散到各个方向，无休无止的前进和反射，地球上的东西都向地心而去，光线却跑掉了，一束光线产生之后逐渐耗散，暗室中的光芒一闪便消失。

重心方向就局部而言是唯一的，平面方向则众多，因此上下能够统一认识，而纵横就是发散性的。在视错觉的图画中，到底是向上还是向下无法区分，是走过去还是走回来却可以辨别。假如重力消失了，楼梯就从依仗变成了仪仗。

人天生是直立行走，能够自觉分辨物理的上下、分析意识形态的上下。轻的居上，重的居下，密度低的在上、密度高的在下，热气球就是改变了密度，调节升降。人要往上爬，首先就要自我膨胀，如果自我不膨胀怎么能挤开众人，怎能轻飘上浮。上下之道的结合，或用之为正、或者用之为卡。

众人之所恶为水向下流之地，到了别人不愿去的地方，落水和落草都是精神的屈辱。有重力的存在，所有的东西都喜欢向低处去运动，高级趣味的强化只不过是在这种运动中存在一种动态平衡。

太阳牵着地球转动，这种转动产生是因为太阳要将地球拉向自己，而地球借助这种运动产生的离心力来抗拒，于是平衡地环绕，若即若离。

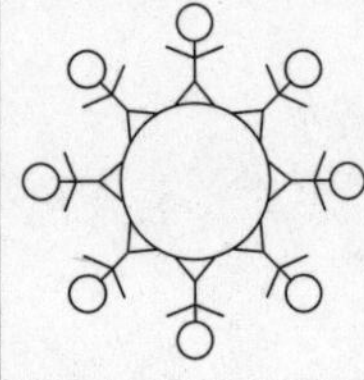

站立交通和平躺睡觉，呼应两种功能不同的维度。人躺下就是让身体内的水分没有压差，可以更好更快的运作，起到调节的作用，要是站着睡时间就会更长。

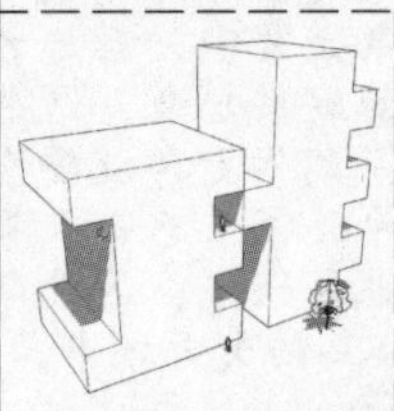

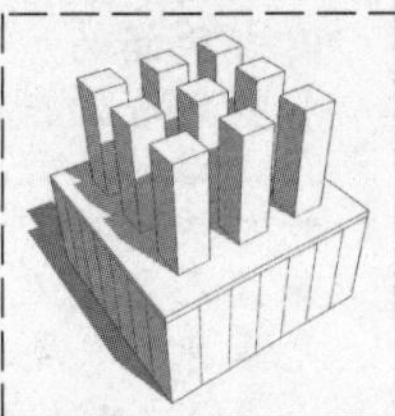

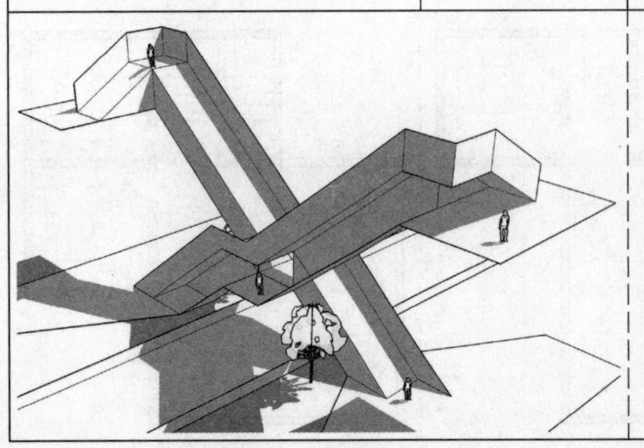

上下是曲线救国的方略，如过街天桥和地道，无论走多远，最终还需要过那条河。浮于表面，还是隐匿生活中无知无觉，就只是走上天际的刹那，成为记忆或者向往。

宇宙中有无数的重力方向，上下只是其一，按照万有引力的说法，所有的东西都相互吸引，只不过在众多的引力作用中，最主要的是地球的重力，是事物的主要矛盾。

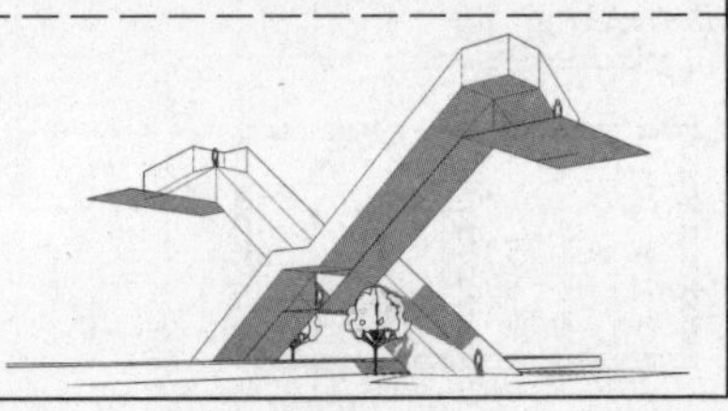

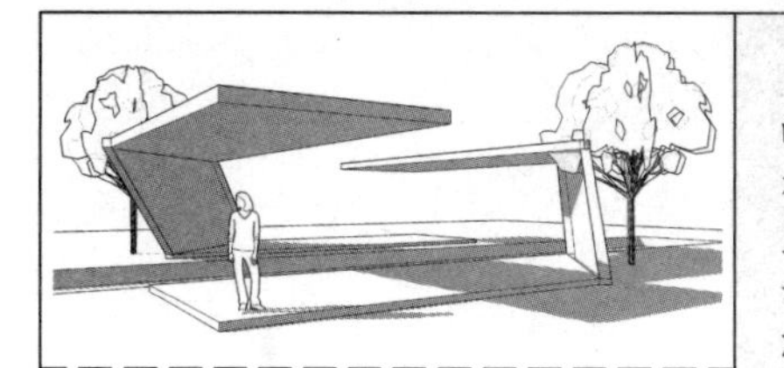

建筑和家具最终需要的都是重力的垂直切面，只要这个面是完整光滑，其余的垂直面大多是装饰性，都可以去凹凸装饰，尽情表现。所谓的功能性都体现在这个水平面上，其他面使用者可能从未触碰。

水平面大多具有交通属性，平面是发生器就是脚踏实地的高级说法。水平楼板叠在一起不是建筑，克服重力才是建筑，建筑必须能够上下。

在体系中有脱离体系规则的独立体存在，就会出现永动机。如同一个平放的沙漏天平，里面的沙子具有向下的重量，却自觉朝着向上的方向运动，就能实现天平的永动，或许就有了飞天的筋斗云。

物体能够选择想要接收的引力，那么就能够自由地选择运动方向。或物体有负重力，使得所到之处变轻，于是可以通过调整位置和数量来助力。

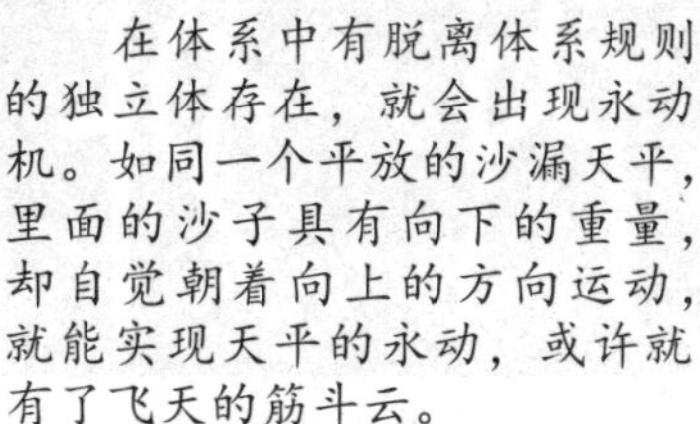

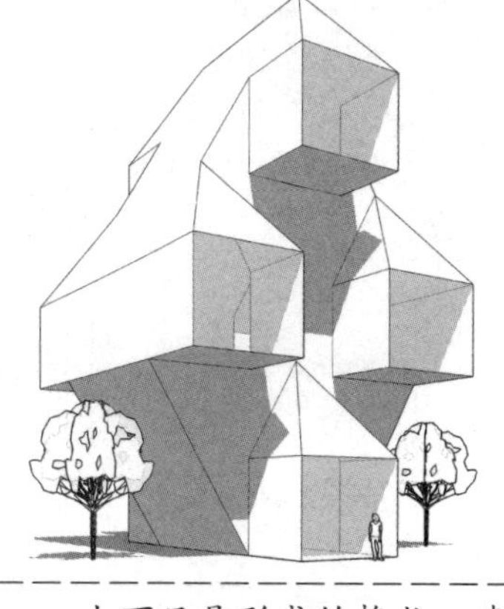

上下只是形式的挣扎，建筑物和其他地面附着物归根结底，都要平复于地面。人与地面土壤的接触才是生活的必需。正因注定向下反倒更要向上攀爬，力争上游就成了生物特性。

靠旋转台阶变化来实现两层四个平台之间的上下。单跑台阶，靠人平衡转向就位；组合双台阶，各在两侧转动。靠电力设备，也可以靠人力器械来实现变化。

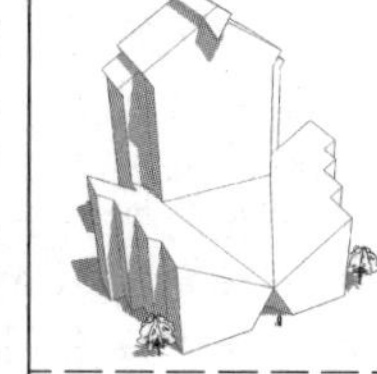

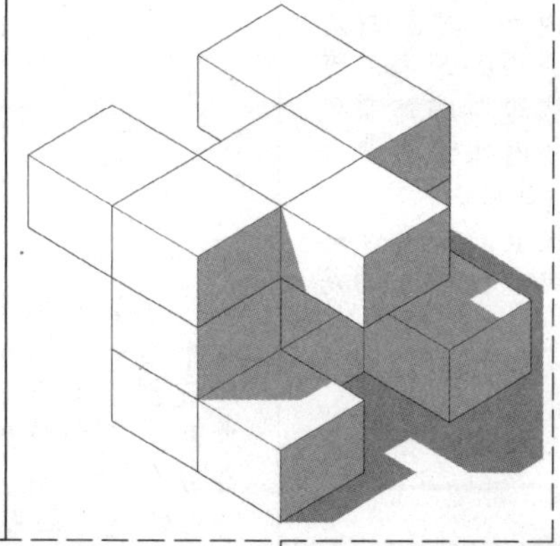

上下交通的楼梯和设备是建筑最重要的装饰，在狭窄的空间中保证上下，就要用剪刀梯、同位高低梯、甚至爬梯、滑竿。马戏团的转圈大回环，转圈不断上下调整位置和重心，表演者行走其上，弧面亦如平面。将上下的关系用到水平中，将楼梯放倒就是立面转折的手法。

由上下楼梯的组成面推衍开，就能获得整个建筑。有关建筑的数都离不开平面、立面这两个数字维度，这两个维度是建筑的特定。相对鞋子、衣服、汽车这些多维度块面的物体而言，建筑算容易设计的。普通的建筑可以简化成六面体，讲究平立面地划分和实现、强调面之间的区别，会收拾抽屉就能设计这样的建筑。异形建筑取法于自然和生物体，混淆面之间的区别，迟早被真正的生物体取代，淹没于草木。

推敲建筑单体各个面的比例、深化转折棱角是基本的数字和维度控制，进一步就要将它放在环境中与周围产生联系、明确上下关系。

上下依附在竖板的左右，互不来往，人只能看到不上则下、不进则退的可怖！

越发向上、越发头大。重心越高越不稳定，厚德载物就是说基础决定了上升高度。

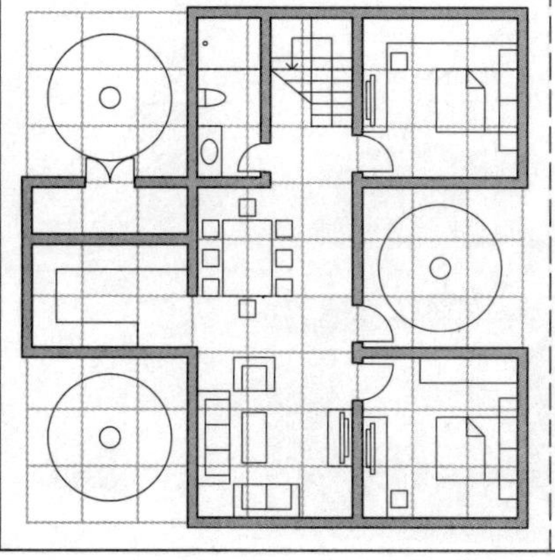

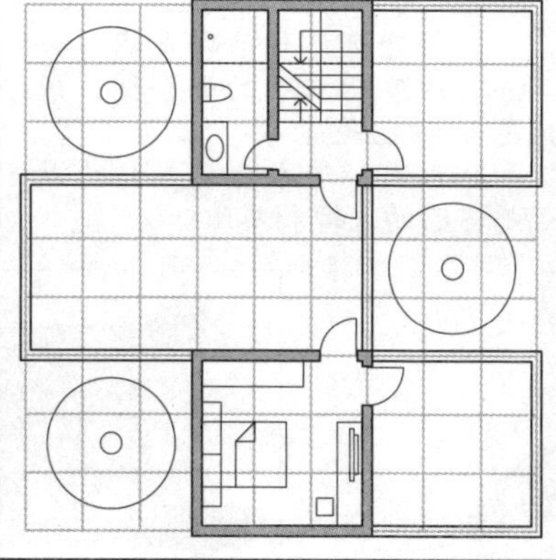

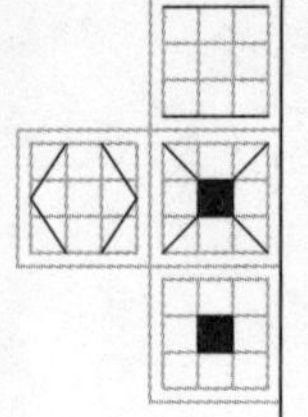

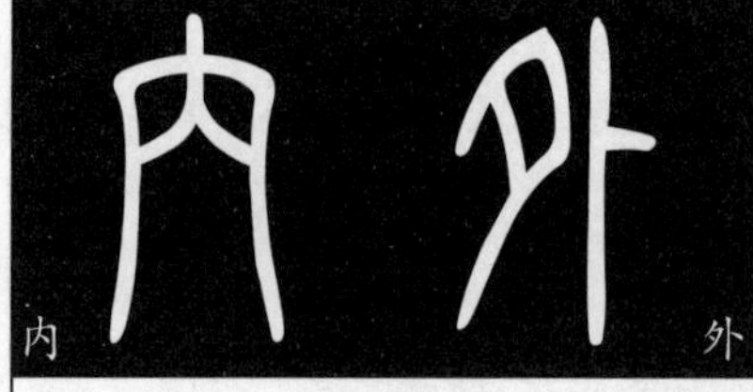

心意不生时，
内外无余事。
——唐·寒山

/里外/

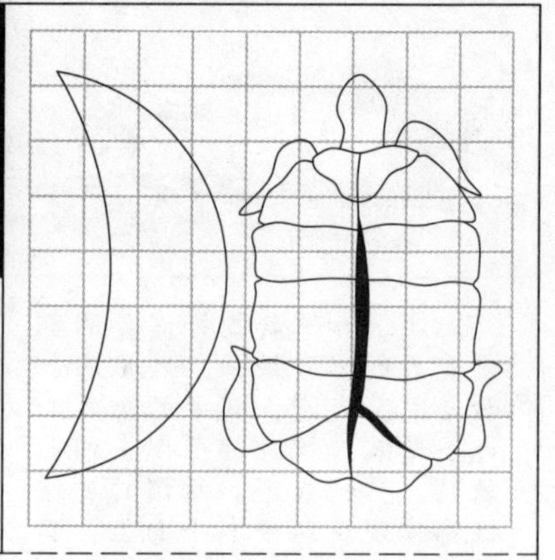

内：入也，从冂从入。冂是宀的变化，是建筑物的形象，表示覆盖其上的意思。入为人形。内是人进入室内和范围之内的样子，房屋有容纳作用，内字后演化为纳。内也常代指在建筑内的妻妾、妇女，内的界限是十分明确的，而外则没有明确界限，通常用内来限定外。

外：远也，从夕从卜。夕为无光之月，表示漆黑的夜晚。卜是占卜后龟壳的裂痕。外即是在夜里占卜。古人通常在白天占卜，并且无事不卜，夜里要占卜，表明远方有事，是为了外部占卜。或因为要在家外过夜，故要卜问吉凶。或夜里不能占卜，是占卜的效力范围之外。

大而无外、小而无内，建筑首先要提供立足点和平面，然后要能够区分内外。公共和私有、开放和私密，内外用墙或标志物进行示意，虚分隔也可成立，比如用光线、水、气。

将立场设计进去、从哪个角度看，定义了内外，即使把内变成外来设计，实际上建筑的内部仍旧未曾到达，谁也无法内在其中，普通建筑更是将内部装饰平整，隔离参与者。

建筑的内外仍旧是贯通的，没有完全封闭的建筑，只是将人体尺度的大小挡在外面。假若没有门窗，自然内外也是混成一体的，人的个头足够小，就相当于没有门窗。建筑的不自由只是对于人，对于风而言只是穿堂而已。

建筑的内外经受的考验不一样，外面有太阳、风雨，内部却改造变成了新的皮肤，因此内外装并不统一。

外为夕之卜，需要卜卦可见未知和不确定，如果可见就不能算太外，所以外的手段要曲折，如同假山庭院移步换景一样。从四合院一个套院到另一个，算是各有内外，但是对于主房而言都是外。内外也是相对，住宅中同一堵墙，你的内就是别人的外。所以内外不仅可以用空间来分别，也可以从其意义来区分，是否可眼见、是否可预见、是否可领悟。

价值决定内外，建筑存在是因为可以划分内外。内外可强调可模糊，从边界即建筑的角度来说，区分内外你我是社会存在和平衡的基础。

内外关乎权益，你手伸进我口袋，就是犯罪。庄子的房间是他的衣服，他人理解的外，已是庄子非常私密的内。内外也区分价值和地位的层级，如身份、圈层。内外也好用来表达情绪，里面请、外边去。

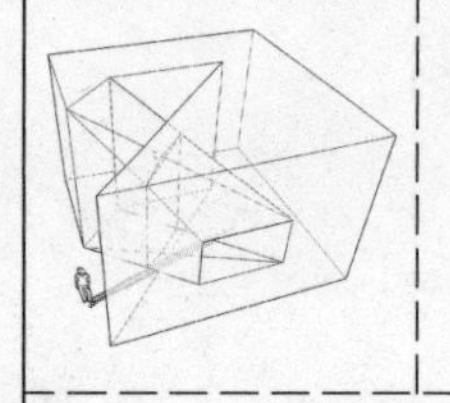

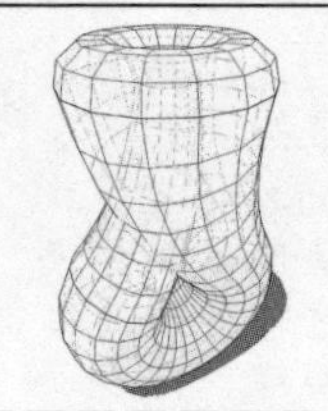

克莱因瓶子就是无法区分内外的一种例子，其实所有的建筑都是克莱因瓶，这是空间本来具有的特性，只是将多余部分去除后才有了特别之处。简化的克莱因瓶子也只是普通，仅将把手部分压缩而已。

将外部屏蔽后即是内，孙悟空给唐僧划下的那个圈，既是保护也是拘束，出来不得！画地为牢，削木为吏，自己就是自己的束缚和屏障。

内装饰包裹外部空间，外立面包裹内部空间。内就是外的外，外就是外的内，内内就是外外，内外就是外内。内外关键看顶面，用顶地的存在来判断内外。站在遗迹废墟之间，没有顶地就无法区分内外，顶地面就涉及上下的问题了。

普遍而言公共的为外，私人的为内。异日或许能顶天立地的全都是私人领地，公共领域将全部封闭起来，不见天日。

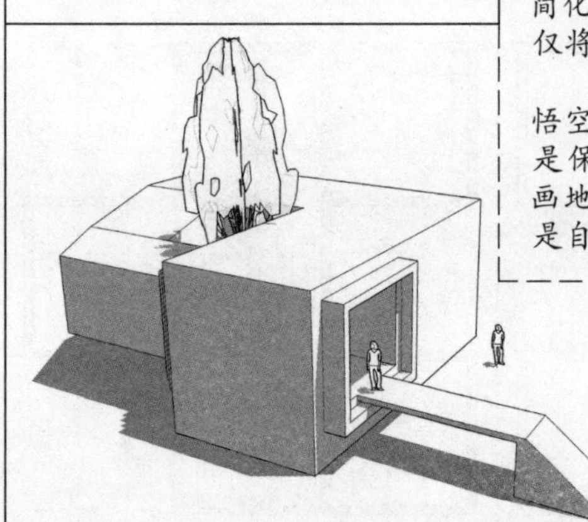

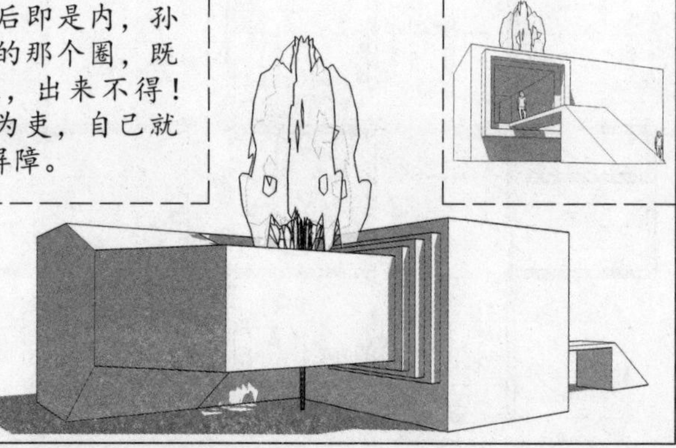

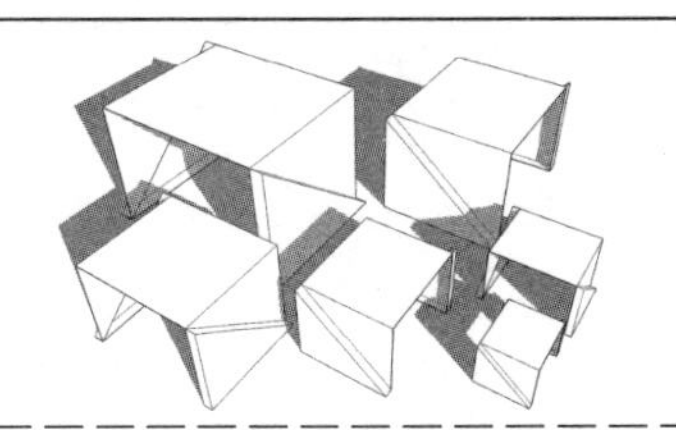

用笔写画，墨水由内而外。提笔之前，这种联系贯穿内外还存在，是整体的扩展和延续。一旦提笔，就割断了脐带，没有了关联。雪地撒尿，溢出的痕迹是内的外化、瞬间的联系。

无论意识到否，一旦有了边界，自然就有向心性，向为内，背为外。北和比，BABY就是这样又是北、又是比，英文和中文无关，可却无法斩断这种语音和通感之间的联系。

多年后，中文英文孰存孰亡不一定！语言间不容纳、难接近，语言的初始是为了联系，脱离混沌又要进行区别。从建筑来看，语言之初就如是重复和对称后回不去的美感源泉。

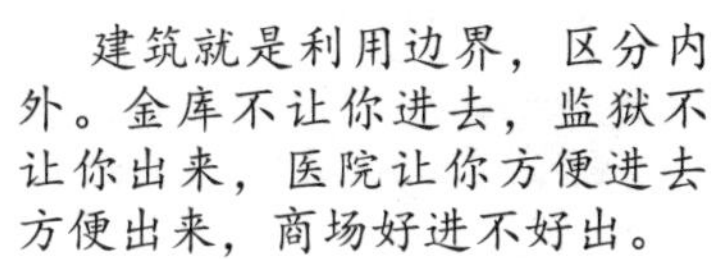

建筑就是利用边界，区分内外。金库不让你进去，监狱不让你出来，医院让你方便进去方便出来，商场好进不好出。

商场像监狱一样，限制你的自由，让你按照设定的路线和节奏前进，激发你的消费惯性，用感官的吸引达到控制的目的。

地铁、电梯入内就是为了外出，住宅出来就是为了回去。功能就是不断地变换内外关系，动线就是穿梭在内外中。

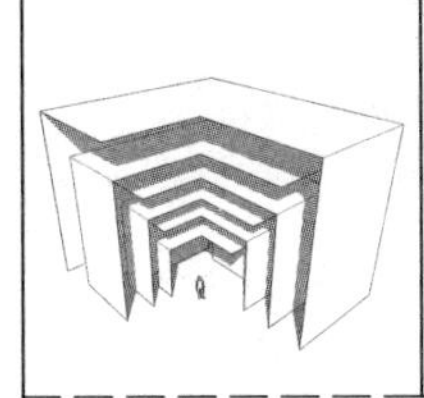

灰空间过渡并转换内外，柱廊、出檐、阳台是内亦是外，喇叭花和黄鳝笼子都是灰空间的自然应用。在街道上增加屋顶使室外空间变成室内，将单位围墙推倒由内变成外。

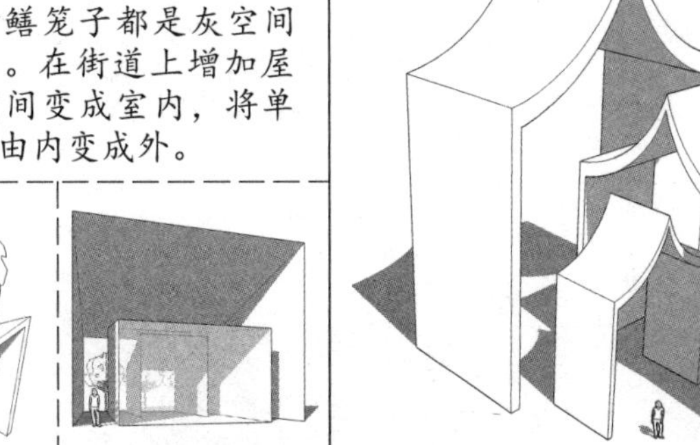

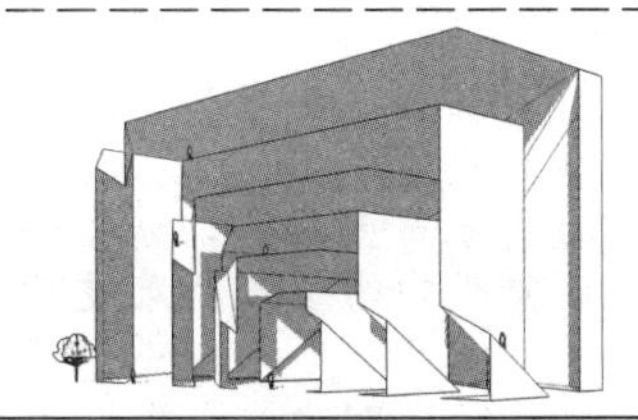

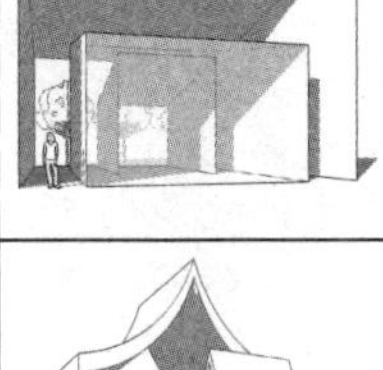

建筑师应该从更多的自然事物中寻找灵感，植物发芽、花蕾绽放，是由内到外的过程。大自然是轮回地围合与释放，夹在不同的层级中，同时具备内和外的条件和身份。内在和外在是可以相互关联、互相影响的，中医看病，望闻问切，望就是看内在对外表的投射。

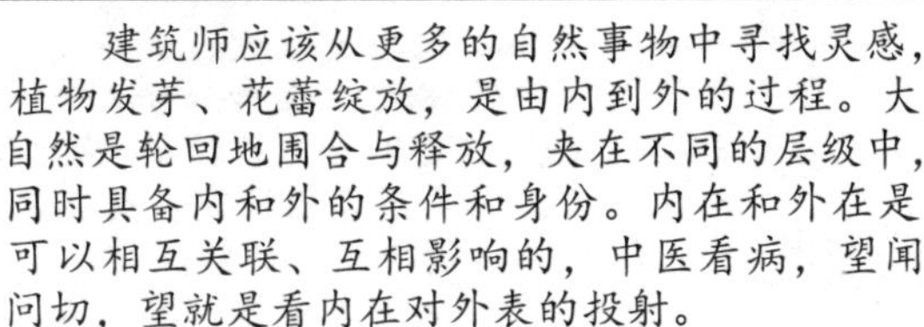

内是状态，外是行为。不封闭的空间，也有内外，内部一样私密和保温，不仅可居住，还可展览与经营，不要门窗的建筑让自然主宰，空气和人自由地出入，有灯光却不需管理。

内在不可知，靠外在控制和体现，如同黑匣。只见现象但不知原因，仍能在不知其所以然的条件下，实现控制。规划往往说理论而避免谈形态，可所有的优劣都是在形态建立之后产生的，通过形态可以控制城市，就算厘清了城市形态影响城市功能的社会缘由和内在机制，最终的实施也同样离不开形态这个抓手。

城市机制和形态之间的关系简化而言就是内外。在现阶段，以外控内的方法，还是大多数艺术学科采取的。以内控外的如结构专业，其内理论清楚、机制明确，其外的存在就更加具有科学性，建筑和城市规划也需要如此。

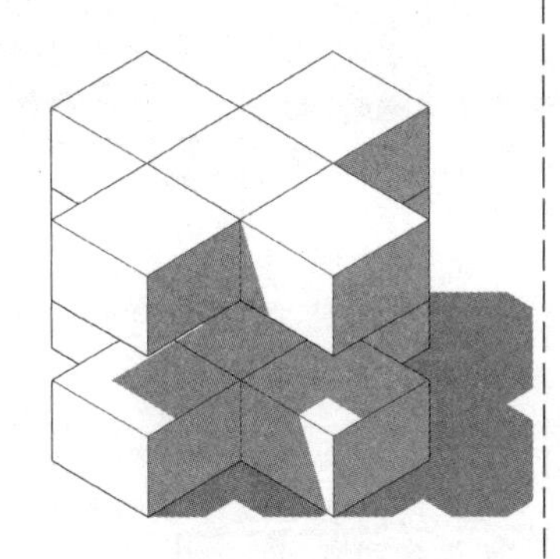

半开放的两匚结合既是内又是外。内在精神是外界的投影，外在物质是内在的实现。外在客观影响内里主观认识和判断。人在笼外看动物不同于动物在笼内看人。

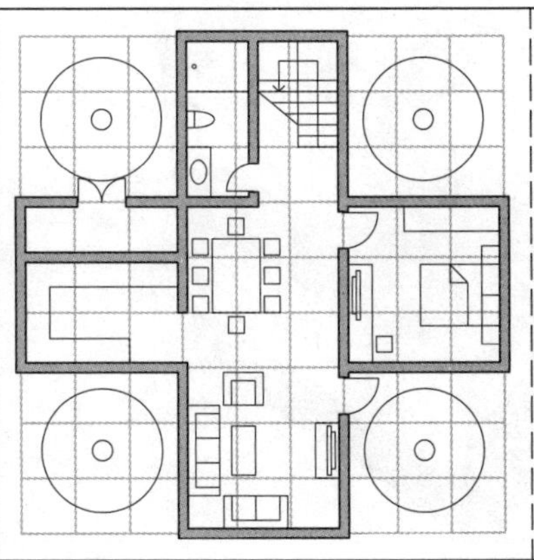

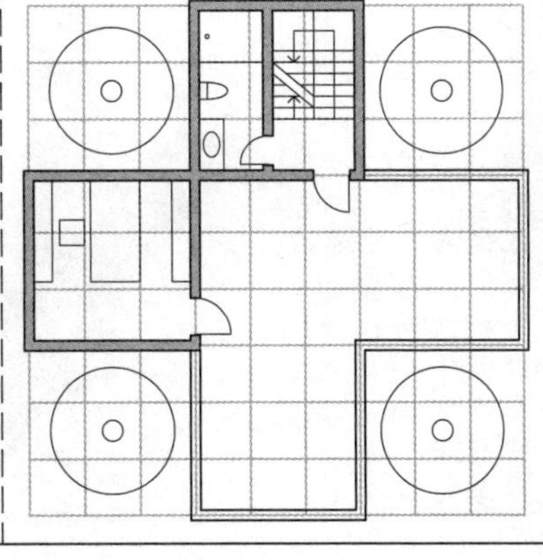

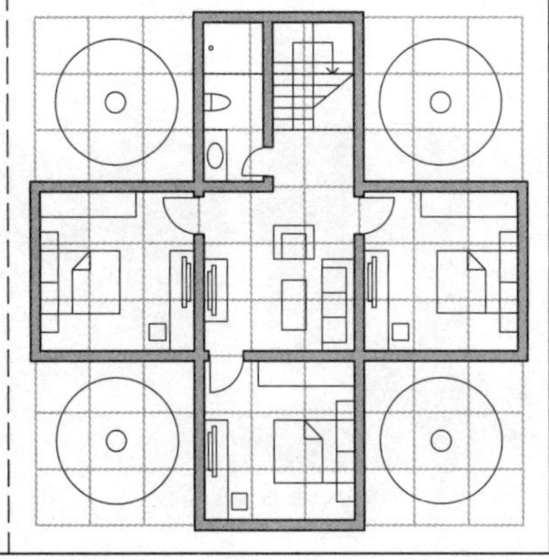

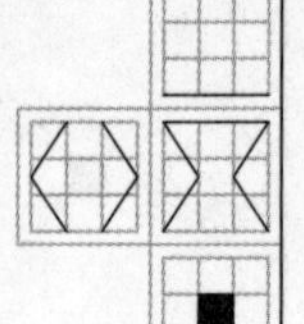

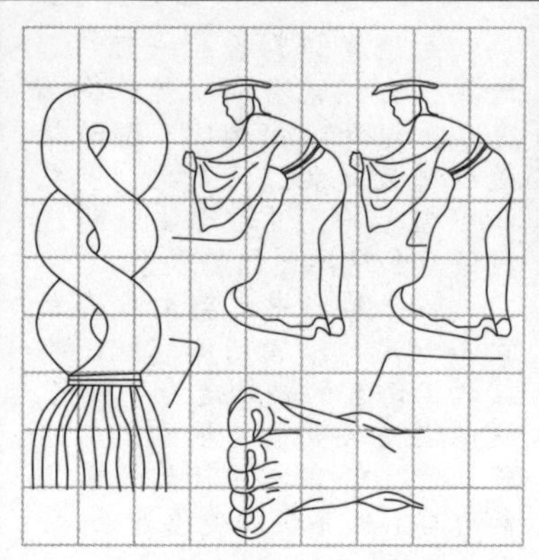

纵 横

吉凶尚忌及数术，
取与离合实纵横。
——南北朝·王融

/横竖/广袤/东西/南北/腹背/
/前后/向背/左右/

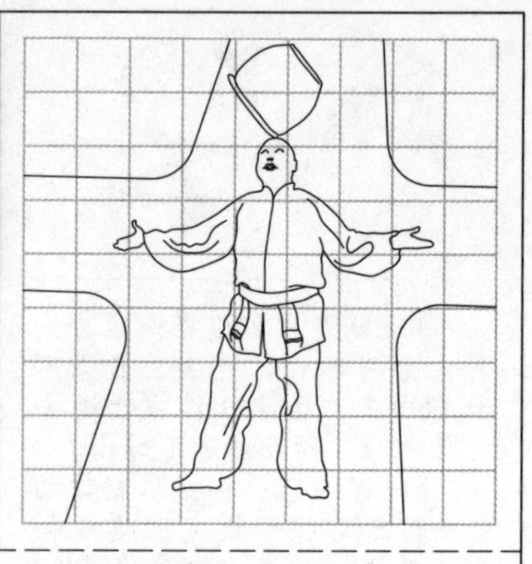

縱：南北称纵，从糹从從。糹为丝束的样子。從为两人相随，列队行进在路上的形象。纵就是将丝束解散，一簇簇挂在杆子或墙上，排列在一起形成条列的样子。丝束没有捆扎成团，因此是放纵不拘束的。古代地图和卦象都是挂在墙上，纵向即指代南北。

衡：横木，从大从角从行。大为人四肢张开的样子。角为兽角形状，表示头顶所放置的物品，古人常用头顶物品，后发展为杂耍百戏，现在还有顶缸、顶幡的杂技。行是在通衢中行动之意。衡即是在行进中保持平衡，手臂横直的样子，古同横字，走钢丝还要用横杆平衡。

万水千山纵横，山纵水横。水的特征就是自由纵横，水变成雨雪冰雹纵向而行，到了地面汇成大河小溪四处横流。现代建筑和门框相似，都只是纵横的结合，结构拆解成水平面和垂直面，简化后便是一纵一横，不过在这个纵横上拉伸砍削，引出各种变化罢了。

水平面是支撑面，必须是实体面，垂直面最好能和皮肤一样，能够透气透水，如同一层膜，最好透光还能够保温保湿，完全能够自我调节。传统垂直面的存在是为了支撑水平面，现代建筑解放了立面。相反的是传统家具靠腿支撑，现代板式家具靠面支撑。

古代的左右，分别指东西。建筑称左腮右肩，皇帝面南背北，左手即是东方的方向，并且左青龙右白虎，即是东方青龙西方白虎，所以古代的中正方位就是向南方。

故宫太和、中和、保和三殿基座按传统方位看为土字形，按现在的地图方向成了干字形。国内住宅大部分都是南向阳台，向外观察的习惯就是朝南，到了陌生地方看阳台可辨别方向。

规范限制纵横的大，不去限制上下的高，似乎高有理，实际是权势建筑观。高度受文化、政治、艺术等非日常因素干扰，纵横就生活化一些，水平方向的延伸不那么引人注意。

衡表示方位和度量衡，适应标准的改变是小改变，改变标准的变才是大改变。精密制造和社会交换的基础就是度量衡的统一，拥有共同的标准才能进行社会化的生产。设计主体的变化会改变设计的感受和出手的方式，三模如今广泛应用，如果用π，习惯了也无不可。过去用鲁班尺现在用公尺，这都是设定和约束单位。

水统一了世界，水就是人体，人还是用自己的一部分定义了世界。度量衡的极限就是统一，所有的感官特性能用一种指标表达。一种单位可以覆盖度量衡且最小单位是整数，整体且不能分割，特性如同π。

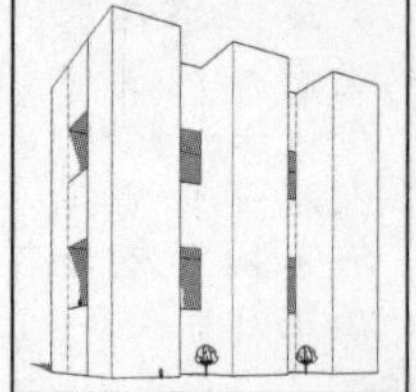

建筑的前提是确定朝向，朝向这个定义就决定了建筑的立面是有主次之分的，人脱离山洞、坑穴之后，主观选择和创造建筑去适应环境的第一步，就是辨明方向、确定建筑朝向。

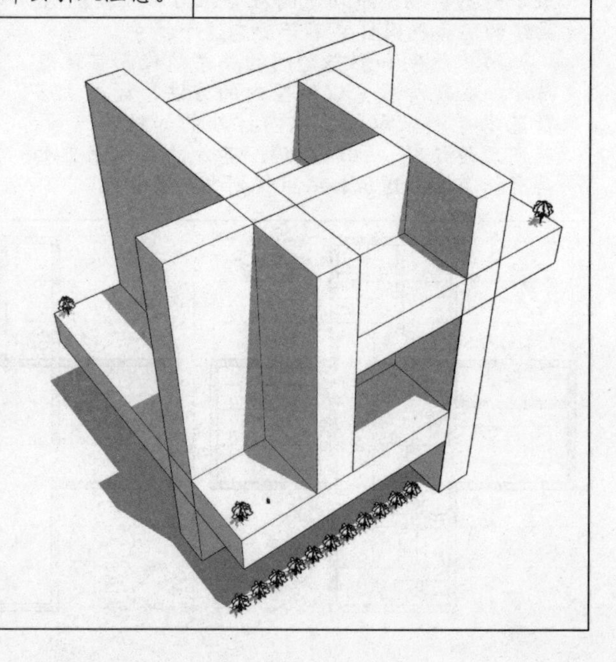

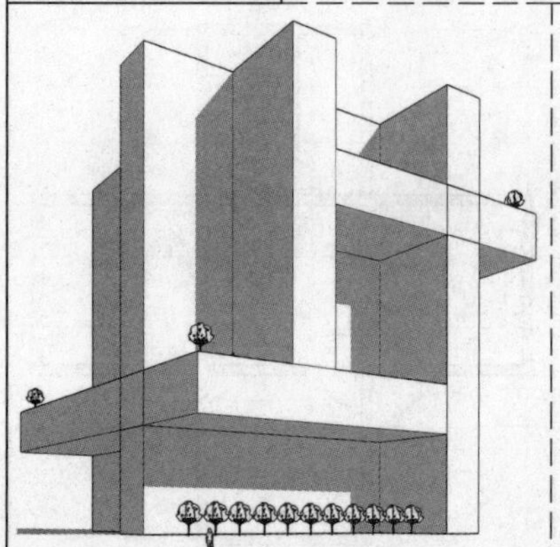

在各维度立面上采用统一标准，让顶、底、立面全一样，靠重复构成样式和造型。

万字纹平面和立面咬合，纵波和横波去交叠。自身状态的共时性再现成为新范式。

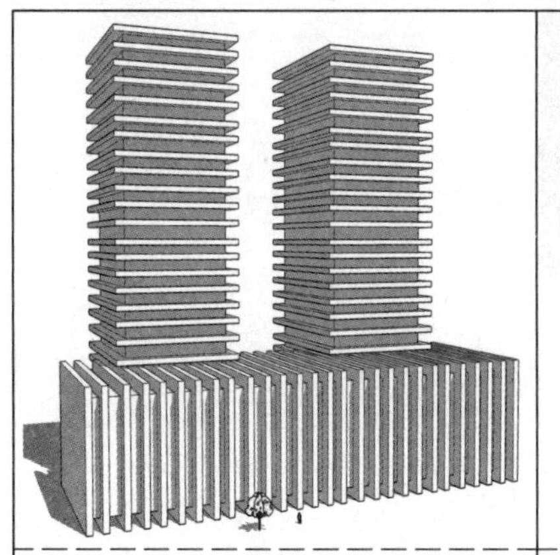

纵横红十字是最醒目的标志，已经不仅是符号，还有心理作用。弓箭和红十字都是一横一纵，花冠如弓弦，伤害和救护都是交叉而行。打叉表示错误，是由于×这个符号不横不纵，于是表示不对。在全世界通用的各种符号，有许多人们共同的文化基因在其中，除去后天的设计和口语，许多素材是天然天生，视觉语言也能准确传达内容。

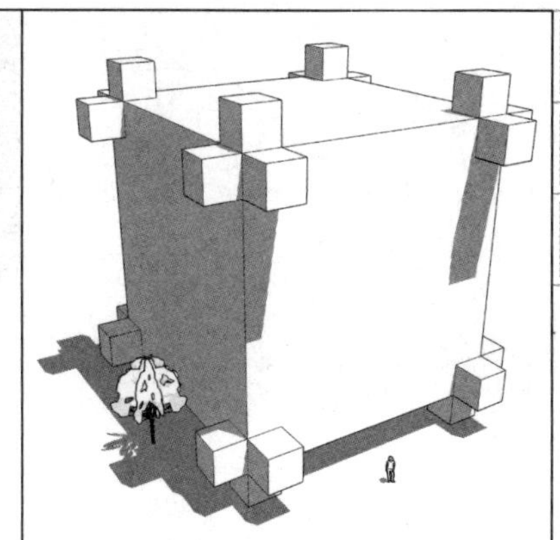

用纵面组成横，用横面组成纵。建筑体积日益庞大，而功能单元仍旧很小，结果立面越来越难组织和变化，为此常常把立面设计成被捆扎一样，用强化的元素来统一零碎。

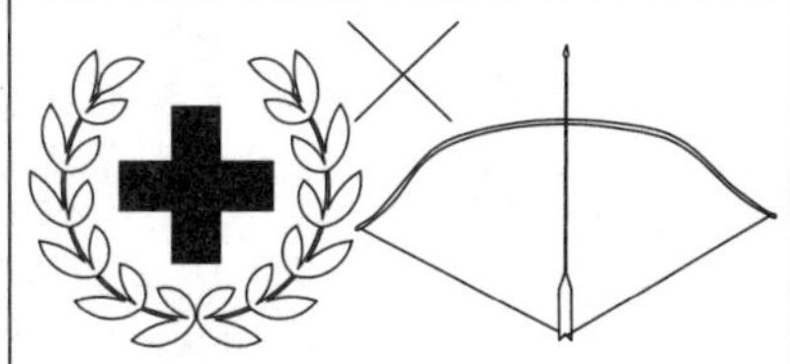

要所有的面都能被观察，底面就必须亮出来，脱离地面后的四角柱，在各个面上重复。建筑全部飘浮空中，底面成为最稳定的展示面，而立面调节平衡和衔接不同的功能单元。

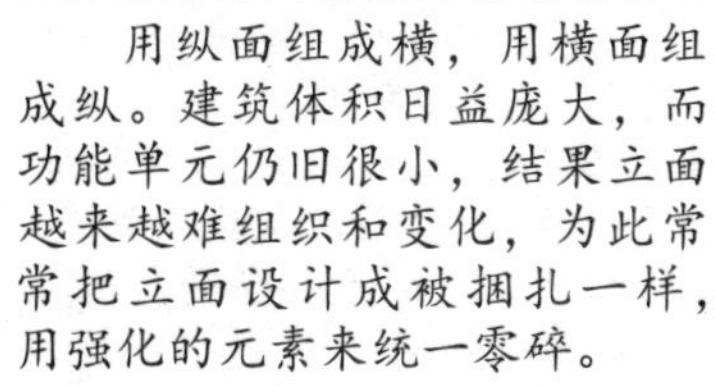

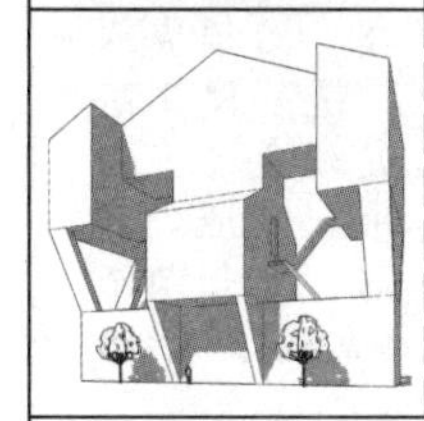

衡也是公平，六合八荒对人而言都一样，世界总是开放的。反观人之间的不平，圣经说有天上的水、地上的水。有的人生来就有，而另一部分毕生追求、甚至求而不得。

出身也是积累，如果谈公平就不能谈老爹，那么生而具有的相貌、身高、情绪、才智都不能谈，那就只能把人化解成物质元素来看待了，你含有多少脂肪、维生素、蛋白质。

人必须有过去有出身，但是不能仅仅谈过去，说曾经怎样。英雄莫问出处，老谈过去，就只能谈体重了，如同九斤老太，生下来最重的地位就最高，眼中看到总是一代不如一代。

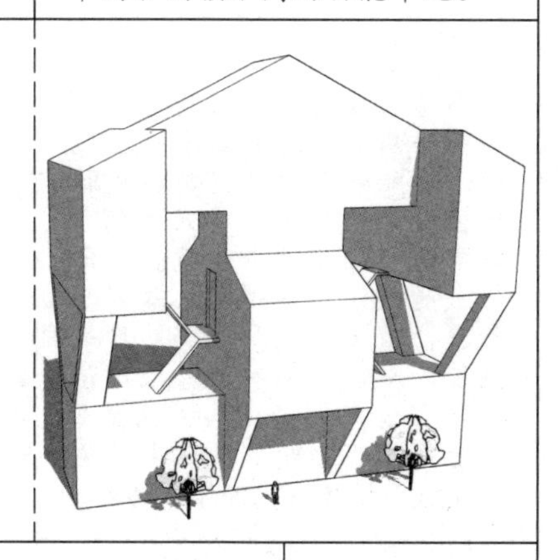

高大，是两个坐标系和数字维度的扩张，高是在垂直方向上的伸张，大是在水平方向上的扩放。生殖崇拜要高要大，高大健壮是丛林生存的基本法则，这种原始记忆深埋在人的心灵记忆中，并且记忆会通过繁衍传递。

凡是宿命和约束性的条件，人就有去打破的欲望，比如抵抗重力。对建筑来言，人总是在技术可及的条件下尽量去建造高一些的建筑。中国古代靠堆台建造。现代城市将高层建筑不断地推离地球，用失衡的方式去寻找平衡，或许是文化被扰乱的结果，在盲目尝试没有结果之后，回到自己的文化原点是唯一选择。

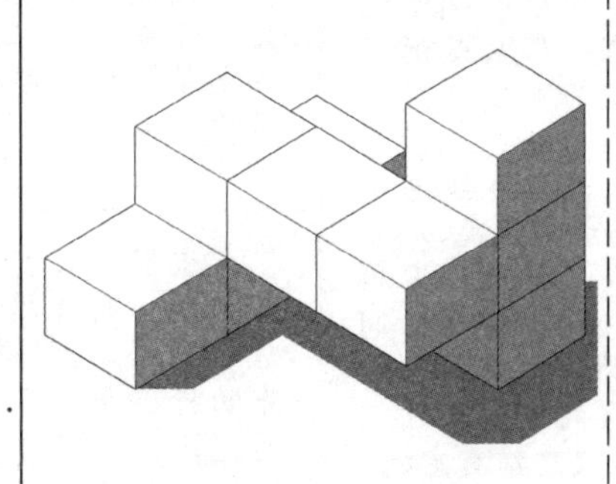

人生的坐标系里，人走在未知中，追求的往往是不具有的。就如身体自动会渴望某种东西，欲望的存在是缺什么补什么，国家昏乱有忠臣，圣人不死大盗不止。

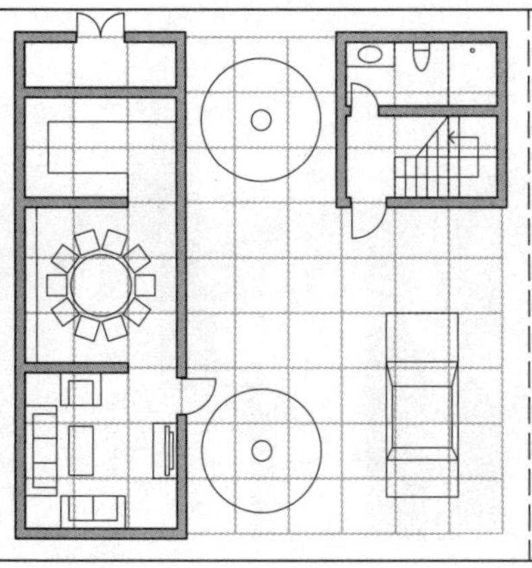

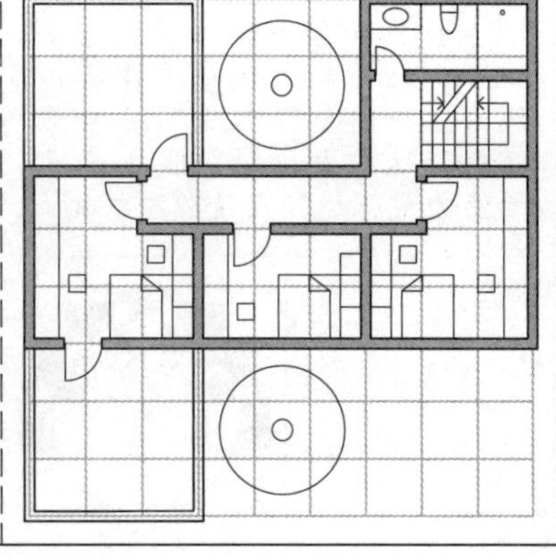

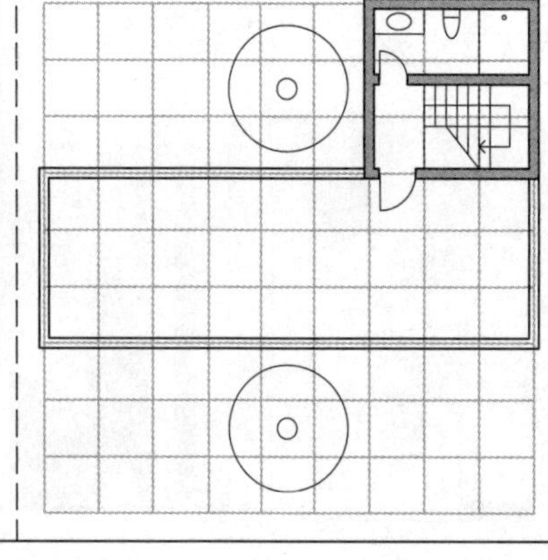

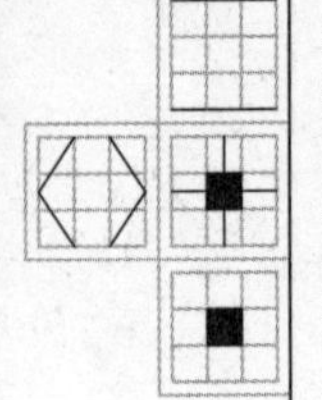

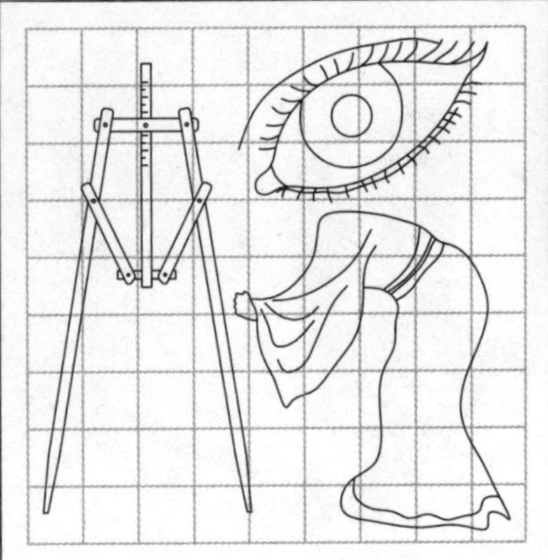

規 矩

规　　矩

固时俗之工巧兮，
灭规矩而改错。
——汉·东方朔

/梓匠/轮舆/剞劂/模范/矩绳/

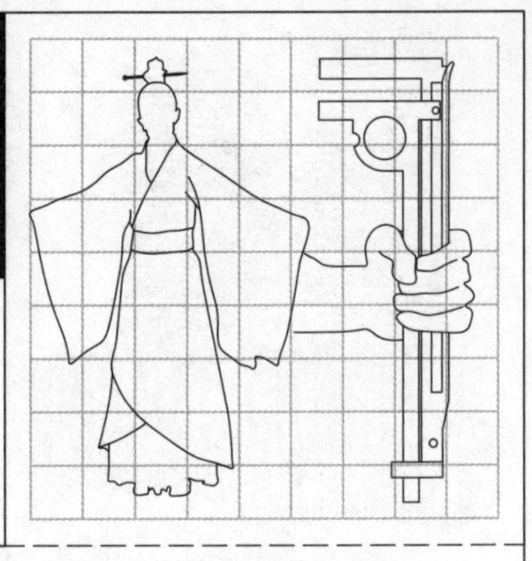

规：有法度也，从夶从见。夶字为古人所用步规叉尺的正立面象形，两足分开有分散之意。见为人眼特写。步规也叫步弓，是丈量田亩的木具，足距为营造五尺。步规如圆规可调足距，能画地为圆。人亲眼督查步规操作，自然合规。或规从夫见，丈夫识用，必合规矩。

矩：方也，从夫从巨。夫为成年男子，以头上束发插发髻为标识。巨为手持的矩形工具，为古代汉墓曾出土的工形凸肚的卡尺，也可当矩尺用，矩原字为巨，巨字同距。或巨为切分夯土城砖的方框，或是木夯或者石夯的样子。巨字的凸肚还有点螺旋测微器的样子。

人的体格大致相当，例如用小臂长度为尺。尺度以人为参照，用其普遍和规律产生规矩，规矩就是模数。鲁班尺取财位就是模数制度，只是用了非常通俗的说法来体现。约定俗成的做法形成规矩，当事人知晓，跟风者无从理解，只是执行。多数规矩的内容无法传递，有趣有理的由头，往往日久变得不可理喻，从现实需要变成形式过场戏，如厚葬薄养。

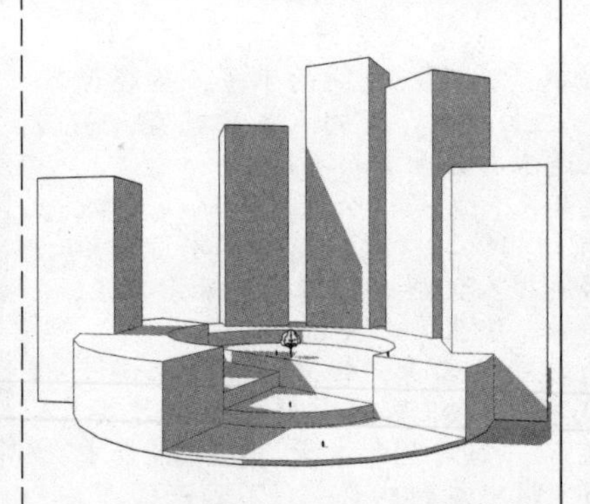

身体取平均值得出普遍人体尺度，多数建筑适应尺度约束，讨巧的设计常突破视觉习惯、建立异常尺度。尺度感受需要积累和比照，单位、文化、习惯都会影响其理解，裤腰说尺寸、鞋子说码数。必须克服民曰不便的阻力，统一使用公制单位，一个大灾难或者大机遇能够缔造新标准，或地外文明强制送来新标准，就如清朝的辫子，习惯了也就成了传统。

纵横的尝试经过取舍形成规律就是规矩，单位的确定就是最基础的模数，模数是通行的标准，共守的准则，发展到高级形成譬如三段式、三模等等，照相的九宫格参考线也是一种模数，进而成为模式。

现代建筑中，标准门窗和定尺配件大量使用，节省时间和材料。古代的模数制度已经完善，有材这样的模数，住宅规格等级和相应尺度都有定例。

没有规矩，不成方圆。理想形式是设计基础，有发展壮大后脱离的，但没有一开始就弃之不顾的。参数化是模数使用的扩大化，复杂形体中的模数就如同母题一样统领全局。

人种不同、文化不同，教育就是达到最少知识的公倍数，平衡所有的不同。鲁班尺不仅是丈量的工具，而且成了传统建筑取用模数的基础，用吉凶祸福的趋避来推行模数化。

世界是各抒己见、各见各不同的，尺寸单位就是人为了理解意象而创造的可以共同遵守的标志物。人生来有不同的固定认识，经过统一培训后被同化，图纸和文字是认知标准的综合，依图就能指导建设。

将立面和平面的变化关系统一，在控制上就有了贯穿的线索，将同个节奏在不同维度演绎，这种无形制约能让建筑更有力量，近似重复分型控制。

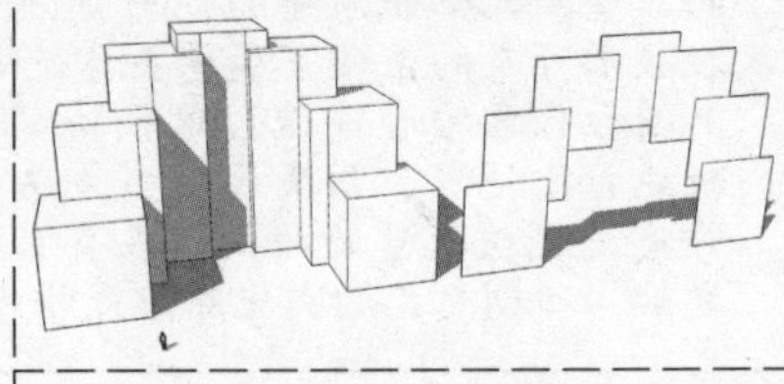

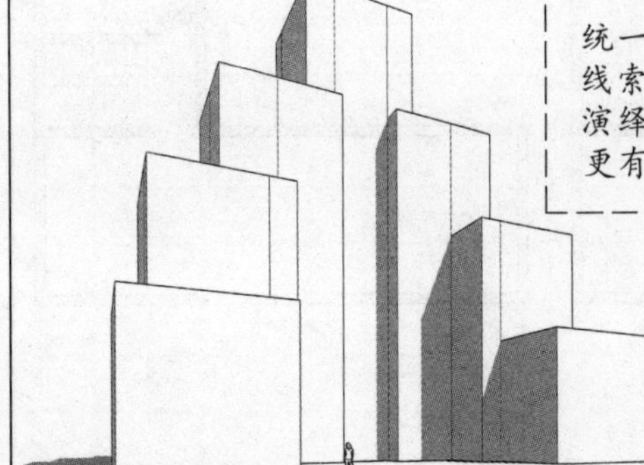

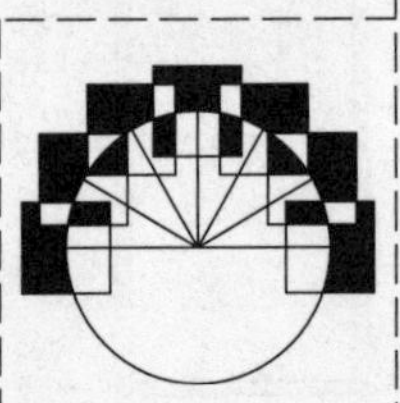

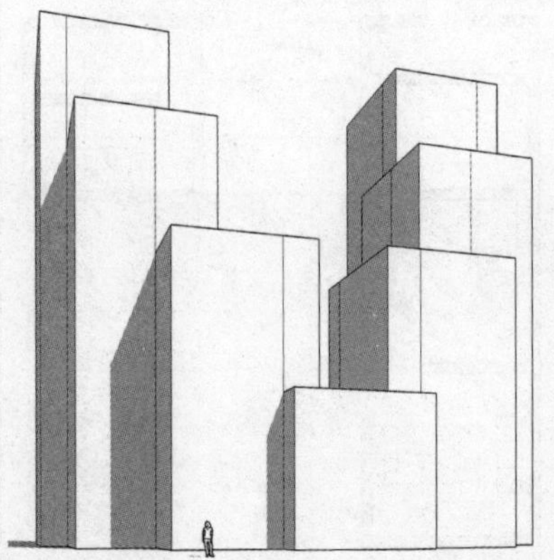

规矩的关键是顺，笔顺着尺描绘。顺就能守住规矩，守规矩即是方圆并用。螺丝是一种方圆并济的结合，相反而相成。铜钱外圆内方，如同方车轴套圆轮，前行自如。

规是行动要圆通，矩是思想需要方正，讲规矩是论心还是论迹的问题。人群中所处所见常常为曲，曲尺也要顺着画线，柔能克刚，脑力多弯绕，只有机械的切削才直直方方的。

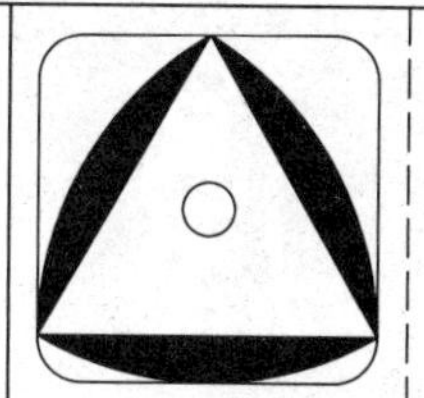

规是点带线，等宽曲线中勒洛三角形可用作防坠井盖、方孔钻头、转子发动机。

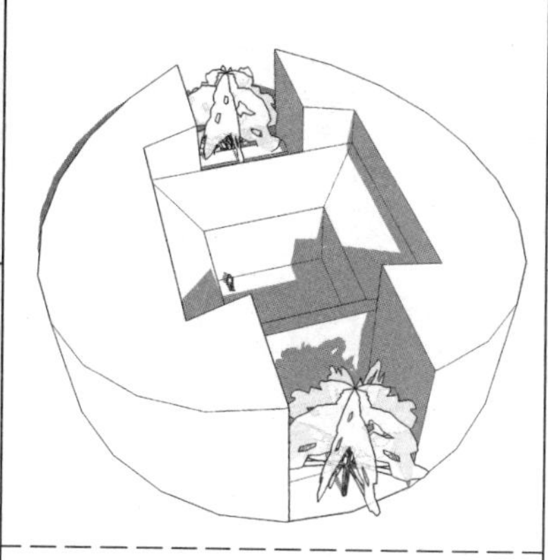

将仓鼠笼子拍平了之后，就是潘洛斯阶梯，两者共同之处在于向前走最后都回到了背后。空间被地球引力扭曲了，根据引力场的大小，方位与维度便是不可调整或者是任意的。

锯齿状阶梯，在非赤道位置绕着地球一圈，总是感觉在登山，在做功消耗能量却又是原地踏步。人在平地行走便是在爬无数的小山坡，因此也消耗能量。人在地球上只要走出与地心不共面的曲线，就会多做功，就有多余的能量消耗，假如地球足够小，就能感觉到左右脚所行走的路线长度不同、和地心的距离不同，多走的那只脚，总要上楼梯般多做功。

标注尺寸习惯用固定的阶梯数字，送礼金需要送整数，整数有意义，脱离整数更加有意义。但是必须要有合适的环境和理解方式能适合这种没有意义后产生的意义。

模数和规矩是普遍意义，是约定俗成的，以任何尺度为模数都可以，如同数字的进制，二进制和十进制都可以，但是前提是大部分人都能接收，如同竞争中先到为君、后到为臣。

毛坯房用拼装式的、设定模数的装修覆盖，装修如家用电器般，直接搬入即可，如整体卫浴，接上插座水管即可。设想人变小了，家中的冰箱就像一幢豪宅，住宅直接电器化。

A2= $0.25m^2$

A3= $0.125m^2$

A1= $0.5m^2$

A1纸边长是零畸数，面积半平方。规格纸张蕴含美学和经济因素，成为世界标准。

规矩可以用文字描述，但是未必能够实现，因为文字是一维的。比如方形的圆，一直前进地倒退，这种描述往往突破了逻辑，具有了文学性。图画具有二维性，可实现的范畴已经比文字小，三维空间约束更多了。这就是文字和实体的区别，文字的张力远远大于空间，文字可以穿越而建筑不行，文字结构可以倒叙而建筑不行，文字可以任意复制而建筑不行。

建立新规矩，利用小说、诗歌的组织方法，将结构的聚散集中到空间中，在建筑中去形散神聚、夹叙夹议、倒叙插叙、草蛇灰线、双线并行、多线交叉，让建筑也成为阅读经历。

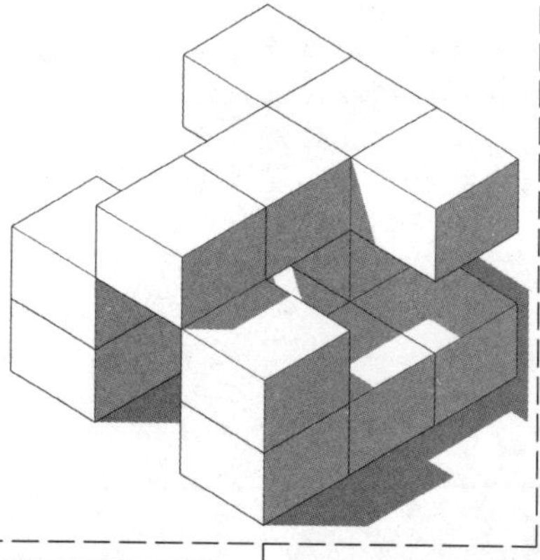

圆规和卡尺相联系，三点确定两个面。规模生产追求规矩和整数，人将自己放在圆规两足之间，画地为牢，守住自己。夹在卡尺中间，仔细算计，无限膨胀自我。

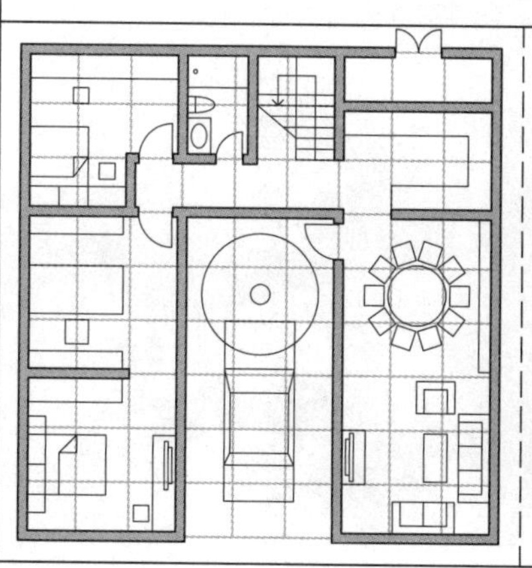

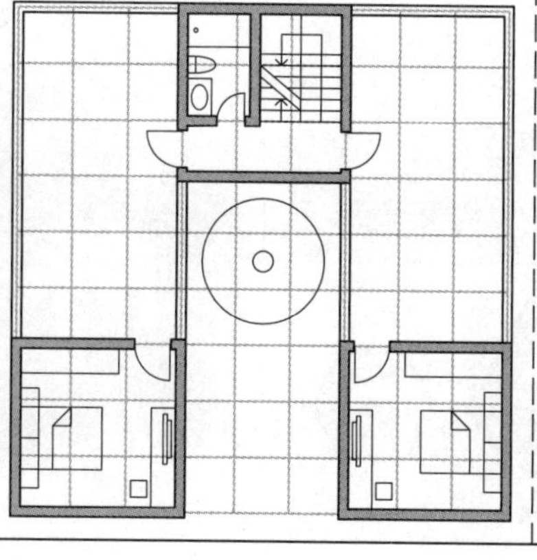

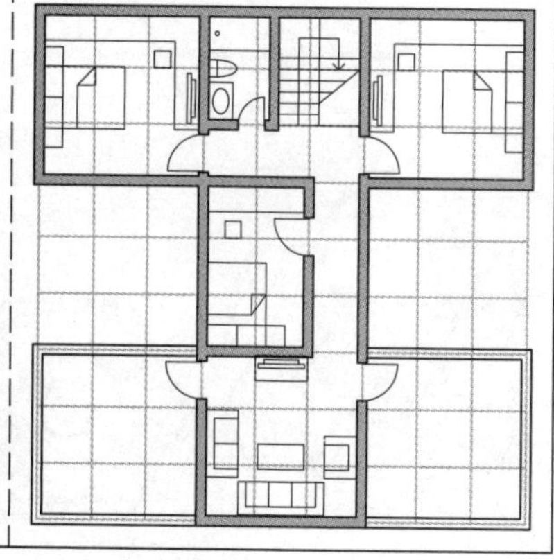

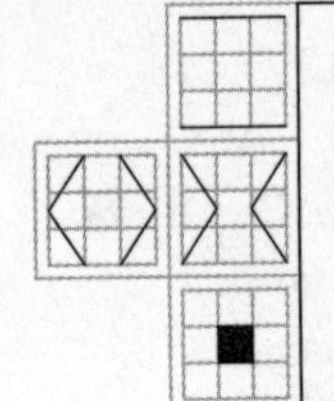

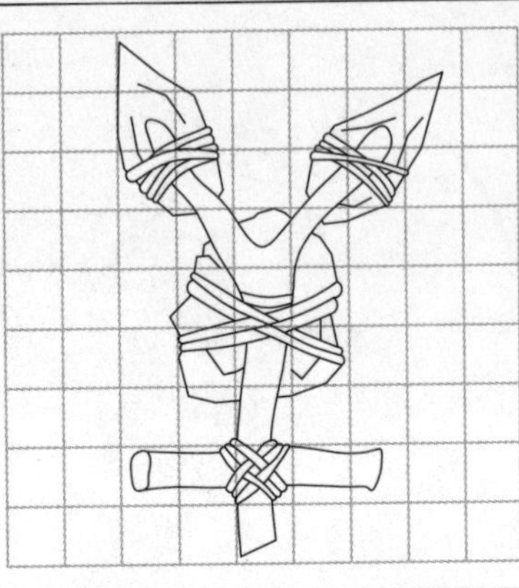

单复

单　复

衣散单复便，
食散酸咸宜。
——唐·陆龟蒙

/奇耦/觭偶/单双/万一/独偶/

單：一也。单与干同源，是丫的变化，指进攻狩猎的器具。單是石器猎叉的象形，上部吅为捆绑的石片，是攻击的矛刺；中间田为捆绑的石块，是敲砸的锤头；下部一为发力和拉拽的横杆把手，在干中是横向的矛刺，是戈的援、纳的雏形。单是一件兵器，也即单兵之意。

復：往来也，从彳从畐从夂。彳为行动之意。畐是古代酒器觚或者尊的象形。夂为双手的讹变。復与福同源，就是双手捧着酒器，重复着酹酒，有许多之意。如同现在的祭礼，都是重复三遍，以示尊重。複为重衣也，同復字，更能体现传统，今人仍在重复演绎。

两部分如同麻花般地挤在一起交织，看起来为一实则为二。两面墙围成一幢、双手合十为一，但是还是双，双字本身也是两部分合二为一。两个体量结合在一起，伏羲女娲交尾双头蛇的图腾，如同双螺旋的基因造型。世上万物也是为二又为一，一体两面是常态。莫比乌斯圈便是最明了的一体两面、合二为一的例子，麻花状的圆环、球体更是极致。

人是一也是二，是单也是复，一张嘴搭配两个耳朵。人的数字关系，是大多数的美术作品、艺术创作的基础。

单的独立性，双的对称性，生活中大量单与双结合而生效的例子，重复与孤立形成节奏。自行车的单座椅和双脚踏，一张纸用两只指头抓住，一碗饭配一双筷子，一条拉链分开为二、合而为一。明孝陵的神道，中轴有拴马桩，两侧有大象。

奇偶、贰三，字形已经反映其特征。比如两是左右结构，三是上下三段式结构。

建筑可以说平面对称性分合为二、立面分隔阻断为三。水平向沿人的视角左右延展开，具有对称性，镜像、两分都是好方法。沿视线上下延展，可以用三分法来区分。中国字垂直轴对称的多，水平轴对称的少。人体是左右对称、上下分段，形成了视觉的心理惯性。

一二、壹贰，一为奇数，二为偶数。壹造型对称，贰造型不对称。对称源自人，人就是对称的造型，这是人辨识的最基础的象。两开间偶数不对称，三开间奇数对称。传统建筑强调奇偶关系，有奇数有偶数，现代建筑更强调个性，往往自成一体，孤零零地以奇数为主。

水是单双的组合，一个氧原子和两个氢原子结合。树也包含无数的单双，一枝分成两桠。除了虚空的零以外，所有的数都可以由单双来组成，包括那些不重复的无限不循环数。

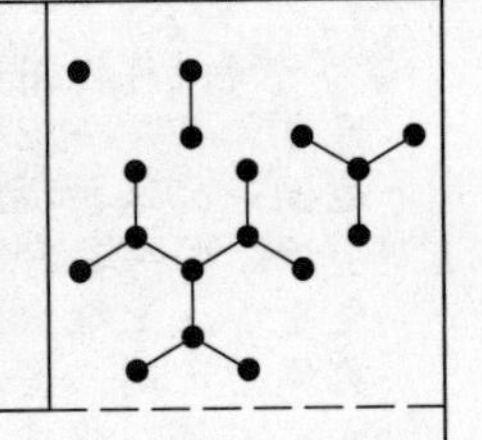

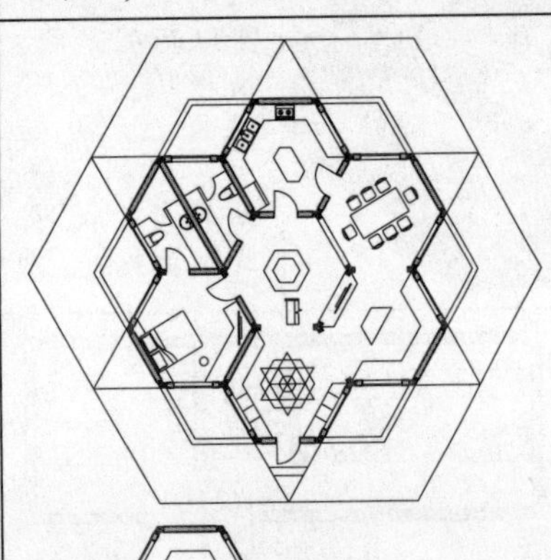

无中生有，道生一、一生二、二生三、三生万物，如同空间的蜂巢，也许返祖也许进步。蜂窝状的交通体系，单向前进或者转弯。蜂巢式的社区，让每户都有院子。

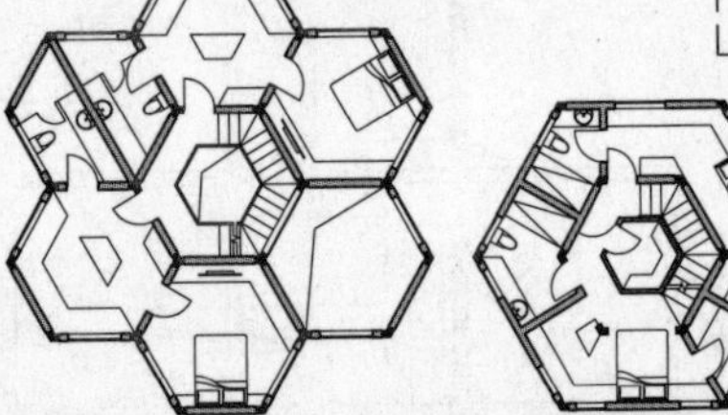

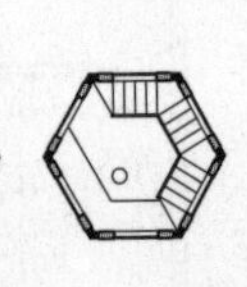

墙一体两面，甲看起来很矮，其实内空极大，乙看起来很高，其实只是洞口的上部装饰。建筑的两面可以隔开来看，这两面的区别差距既可以成为冲突、也可以成为手法。

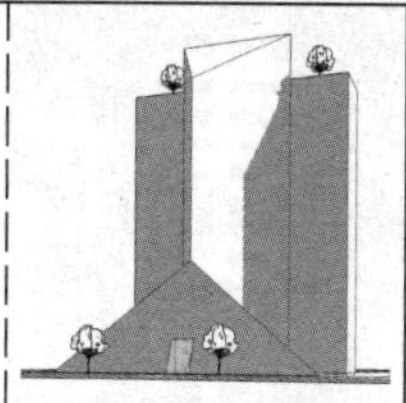

数字宅，立面完全是数字的样子，数字的立面组合出意义，表达任意数列。

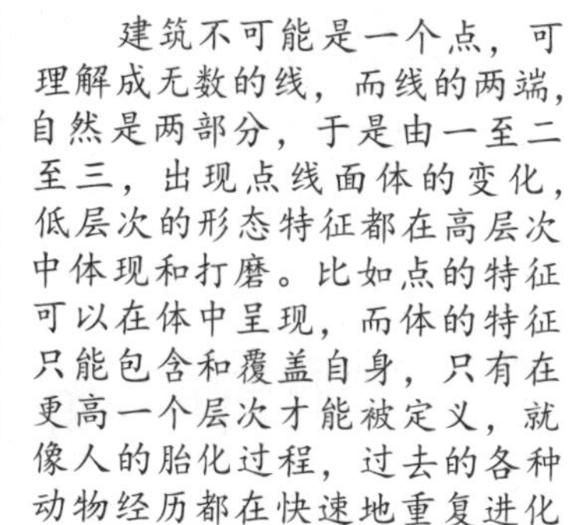

建筑不可能是一个点，可理解成无数的线，而线的两端，自然是两部分，于是由一至二至三，出现点线面体的变化，低层次的形态特征都在高层次中体现和打磨。比如点的特征可以在体中呈现，而体的特征只能包含和覆盖自身，只有在更高一个层次才能被定义，就像人的胎化过程，过去的各种动物经历都在快速地重复进化一遍。最终所有的建筑悬浮。

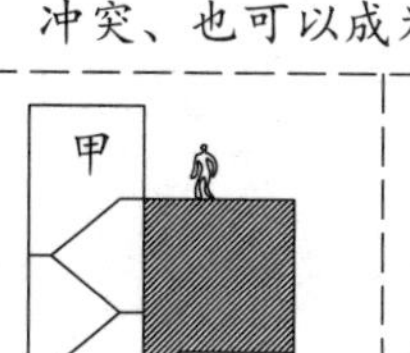

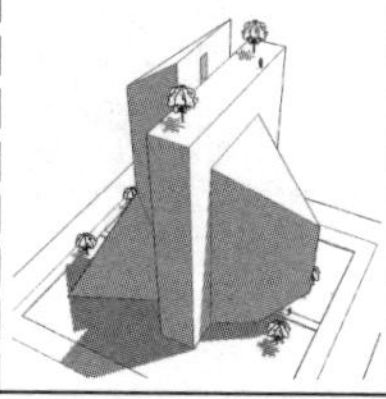

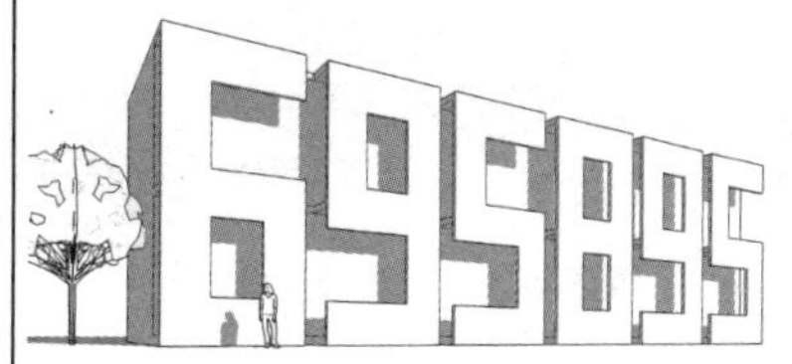

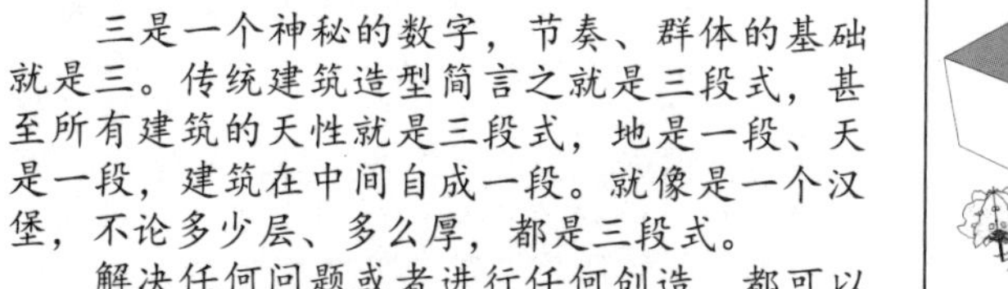

三是一个神秘的数字，节奏、群体的基础就是三。传统建筑造型简言之就是三段式，甚至所有建筑的天性就是三段式，地是一段、天是一段，建筑在中间自成一段。就像是一个汉堡，不论多少层、多么厚，都是三段式。

解决任何问题或者进行任何创造，都可以从三开始。尤其是与艺术相关的创作。一片虚空，加上两面墙，一共三个元素，就是最基本的形式构成。居中的总是被包裹的外围拥护成领导，领导要成立，就必须所有的附属都有对立面。三就是群体中可以分出主次、可以表决的最小组合，能最直接地被人所察觉。

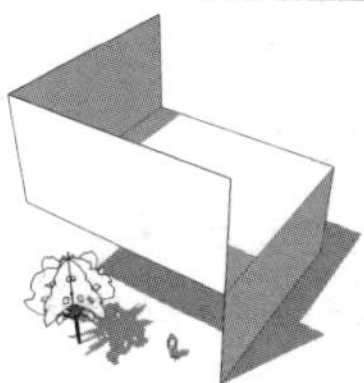

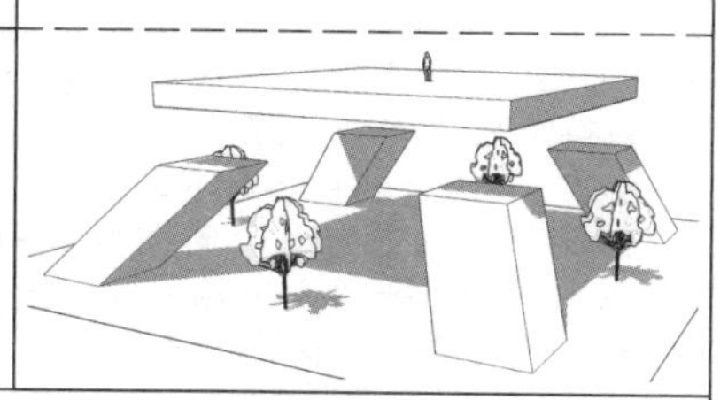

一个面其各边自由发展，如同细胞自动机一样，自动生成各种面或者消灭各种面，这只是一个平面的自动机，而人类社会也不过是更加复杂的自动机形态罢了，其运动的结果也可能符合某种最初设定的条件，并具有确定的趋势和可能性，或者周期发展，或者最终稳定。

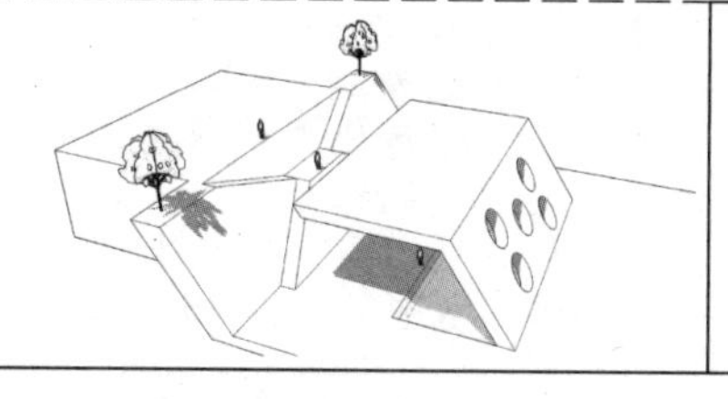

三生万物、生五行。生为五笔画，可以对应五。九宫术谓三生五死，五居中，所以不得透气。三生万物，三是个特别有意思又有区分度的数字，从三开始就具备了群体性，这样的群体能感受到生命力和活力。生生不息是三极之道，也即是天地人的道理。

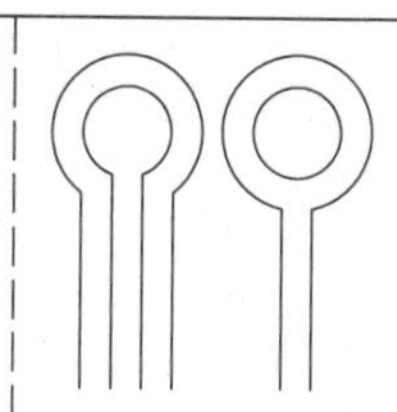

奇偶相生，一个偶的形式，就暗示了一个奇数。两点连接的直线，这直线就是一个单，暗示其垂线，就是偶生奇的例子。一个单就包含偶，占有就拥有了对立面，一旦将事物进行了区别，就可以相互比较。奇数比较传统，三开间五开间等等，而偶数比较现代。

奇数是设计的基本单元数，用奇数来控制，将偶数作为单个手法的运用，或者颠倒过来。奇偶也是相生的，有奇数就有偶数，三开间就是四根柱子，两开间就是三根柱子，空间和结构相互对偶。正多面体具有对偶性，正六面体、正八面体对偶，正四面体则与自己对偶。

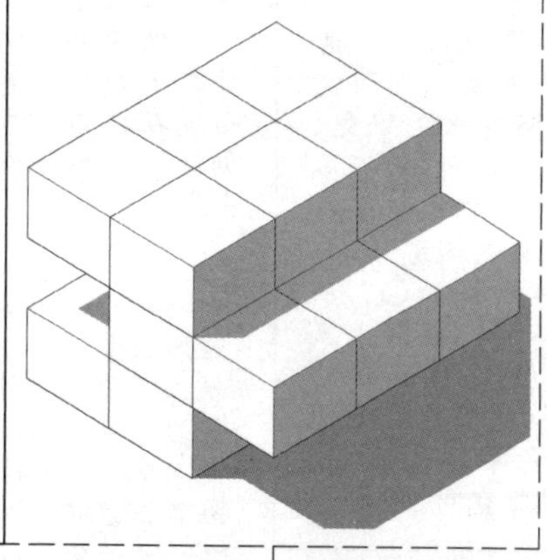

一层、三层形成二，二层成了一，数字的游戏和看不见的控制，就是建筑师们隐藏的乐趣。理性的外表，有着完全感性的起源，自我证明的乐趣大于验证的可能。

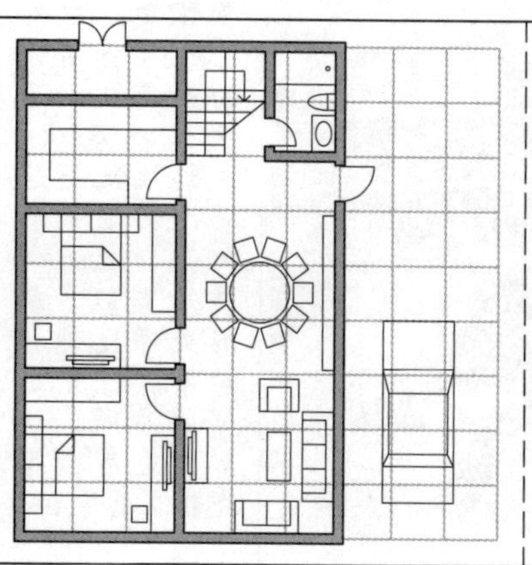

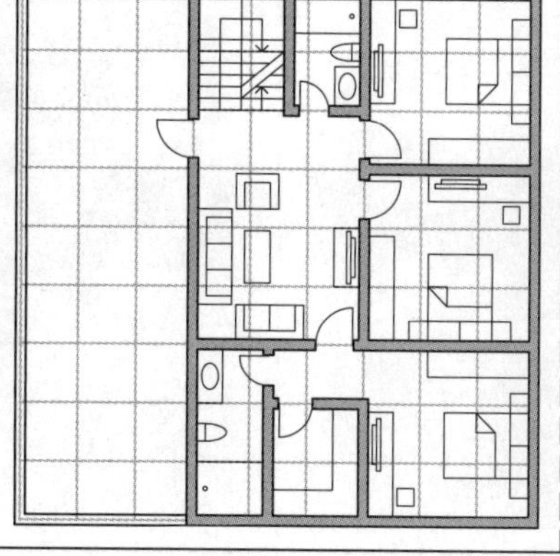

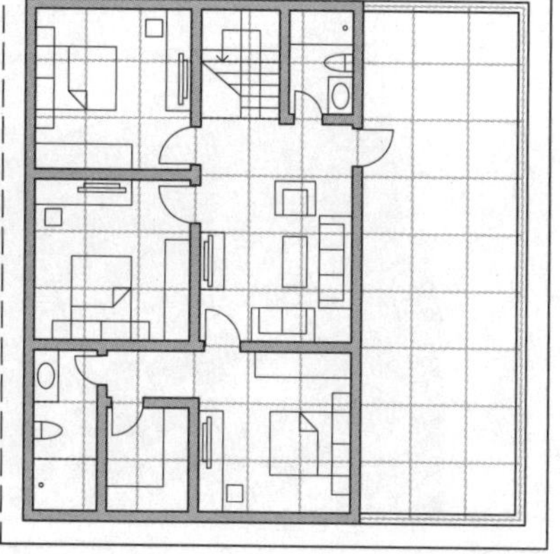

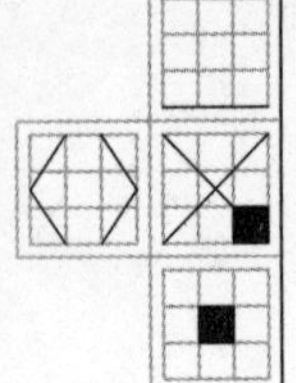

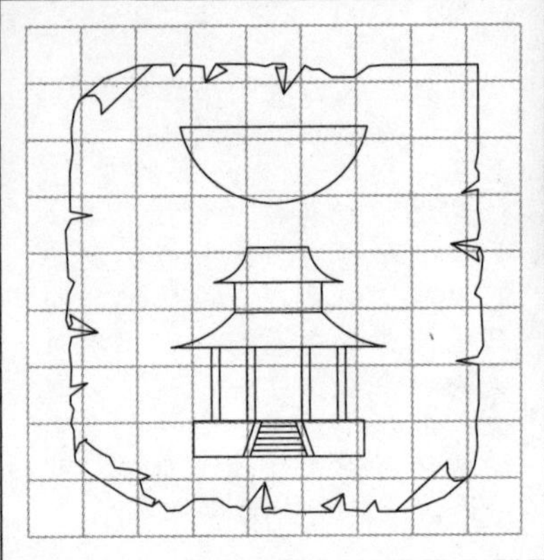

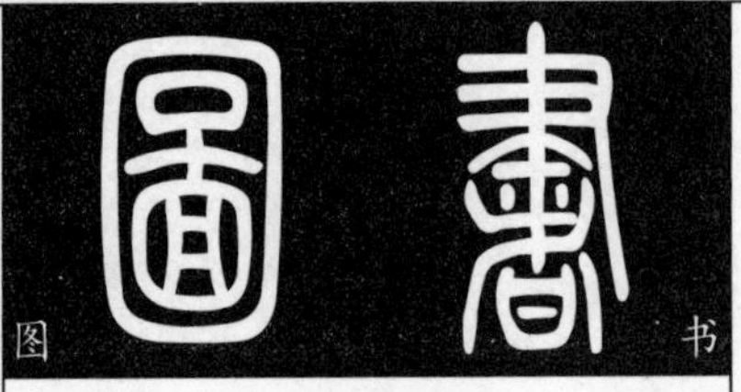

松菊荒三径，
图书共五车。
——唐·王维

/书画/笔砚/干支/六九/

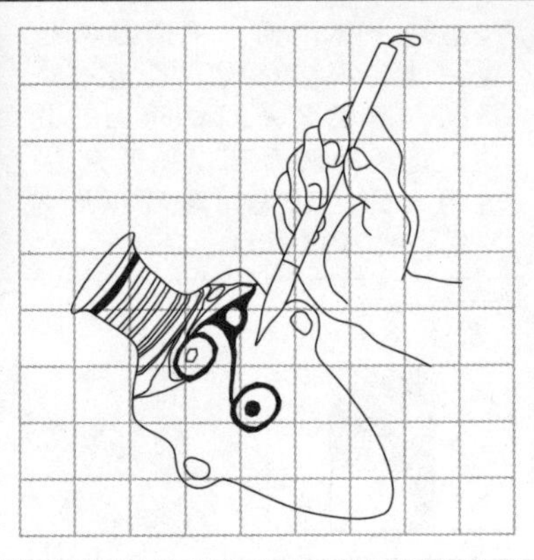

圖：画计难也，从口从啚。口表示范围，如一张纸有界限。啚即都鄙之鄙，是指五百户人家，古人地图上南下北，啚上部分为泮池，下部分为祠堂建筑。图即是建筑聚集的样子，算是古代的地图，用群居的代表性建筑指代群体。圖也像是最初的建筑总图。

書：著也，从聿从者。聿为手持毛笔或者刻画工具的形象。者形似口形器物上面布满旋涡花纹。書就是手持毛笔给器皿描绘图案的样子，书画同源，绘图案即是书写。或解者为煮，書为手持竹简烘烤杀青；或为手拿龟壳在火上烤，见其裂纹便是文字、即为天书。

中国古代文明的数起源于河图洛书，河洛皆为大水，可见数与水也密不可分。河图洛书也和水有关。

图书就是规则，知其然而不知其所以然，告诉我们不知其所以然也可以然，书本的东西全不知道，一样可以设计建筑。人在群体中要得到认可，便不希望自身的作为是无方法无目的，人还是喜欢受控，希望有规则，能够自圆其说。

建筑终会消失，而建筑思路和手法在图纸中留存，就像诗词乐曲流传下来，书法家和演奏家不过一时一事的过程。

看图纸想象建筑就像看五线谱欣赏音乐。图纸是建筑的灵魂，应该复活并永恒。图纸就如同音乐的乐谱，为何不重复演奏。好的建筑就应该异地异时复活，需要到处复制，就如同好的音乐一听再听，好的绘画出版成画册，将赝品装裱在墙上欣赏和玩味。

优秀建筑可以随时还魂，让更多的人享受好的设计成果。而现在许多建筑师只知道盲目创新，却忘了召唤过往的灵魂来进行重生。

好建筑需要复原，就像伟大的音乐，每一代都有杰出的演奏家演绎，可建筑为什么老是要求新，而不能翻出老图纸，照样建造出一模一样的东西。

这其中的原因难道只是对建筑师的创新要求更高一些。看中国人唱歌剧，穿成西方人的样子，模仿他人的语言和音调，还感觉高雅，为什么建筑就不行。好东西就要处处开花，不要西方人的奖，只要他的图！

图形或文字都是线条，通过有组织的安排形成。图讲究个性，文字强调共性，甲文、金文图画感强，形式相似而不统一。汉字经过篆隶的规范之后，渐为大多数人共同遵守。

图具有曲线特征如〇，书具有直线特征如一，再加上黑白二色，组合出河洛图示中的圈线结构。这和建筑的泡泡图相似，就像是最早的流程图，利用动线联系功能空间。

外出需要地图做指引，地图上还需要画上许多简化标记，这标识实际上就是共通的文字，图纸加上文字才是完整地表达。只有图，想象不受控制，只有字，约束就太多。

图书馆建筑同书架一样，书架常常是垂直摆放，因为人上下方便，一蹲下来就可以。建筑立面就是图书的分目，不仅仅提示书的分类，还可以形成通道，从侧面的楼梯上下，台阶都是书架，可以随便取阅，台阶也是座椅，整个图书馆就是开放式的学习空间。

图书是纹和文，纹即文。形象符号化后具有普遍意义，可共同认知，如纸币。中外的文字，认识的就是文，不认识就是纹。文到纹就是建筑，制造一个大鼎和造一个建筑类似。象形文字是通用符号，符咒也可以参照。纹和文也有数字逻辑在其中！

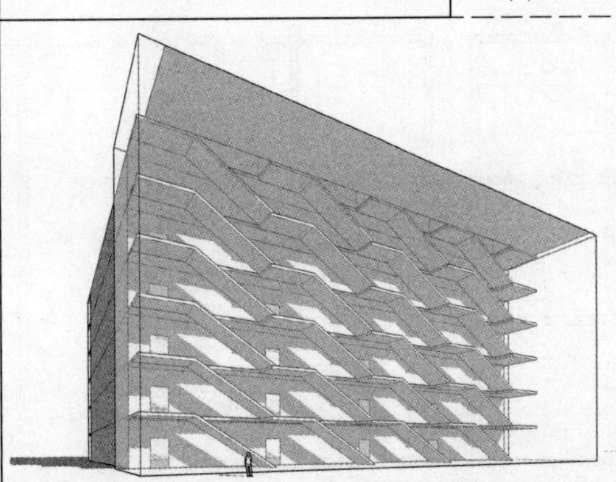

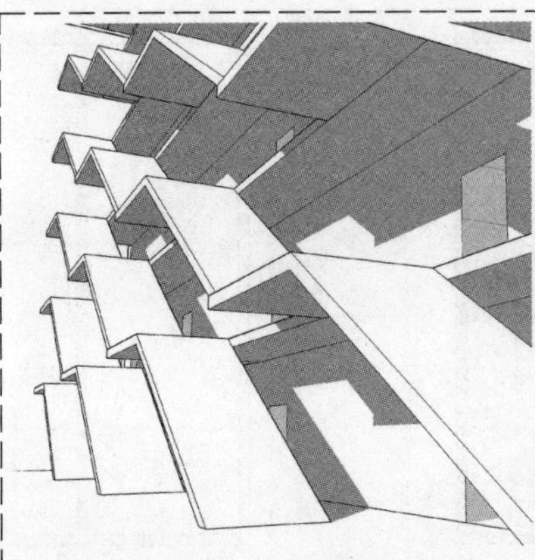

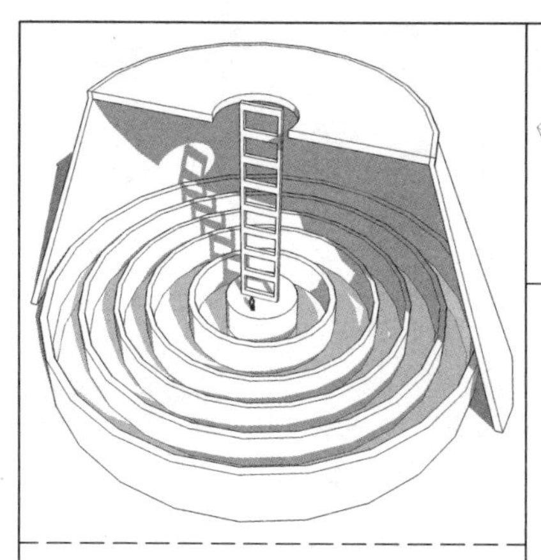

如同一个个圈层，绕在里面出不来，此建筑的目的在于表达不清，找不到方向，图书自有以来，一群人挤在其中，无路可走，就像先天给出了一道难题，后世一定要去解说，而忘了现实中有更多的、更有益的东西在起作用。与现代科技成就相比较，通俗的河洛之说也太浅薄了，盲目的崇拜古代，只能削弱自己振作的勇气而走进死胡同。

在中心有可以上岸的天桥，而一圈圈的不可知的围墙让人找不到方向，有的出入口还在水下，让人不知道从哪里能够到下一层级，在其中迂回环绕无法探知尽头。

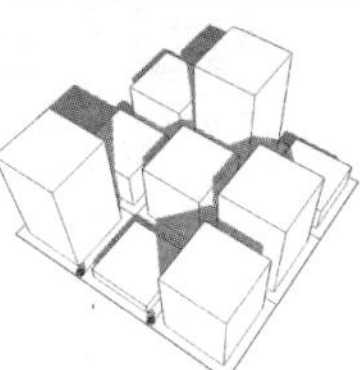

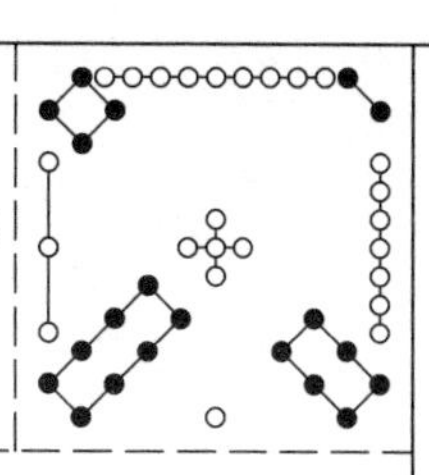

以数为层数高低，是九宫格数字的立体化，河洛是十个数字的组合关系。以洛书的九宫布局作为地块总图，说明在同样的容积率和建筑密度的控规要求下，开发形态有多种组合。其关键在于有否高度控制，否则变数更多，如何取舍，是营销、工程的共同作用。至少就营销来说，有说法有故事总比没有要强。或许传统只是塑造的手段，科学也是手段。

歌没人听还要唱，画没人看还要涂抹，因为只是为了表达舒展自己，述而不作是因为达观而明了一切皆是天然，无可救药也无能为力。

石头看不见人造的永恒，只有自然物质才是真实存在，其他东西都无足轻重。金字塔和长城也要消失，人人都知道不过白驹过隙，所作所为不过是和蚂蚁搬家一样，只不过还是在乎世间那一星半点的分量。

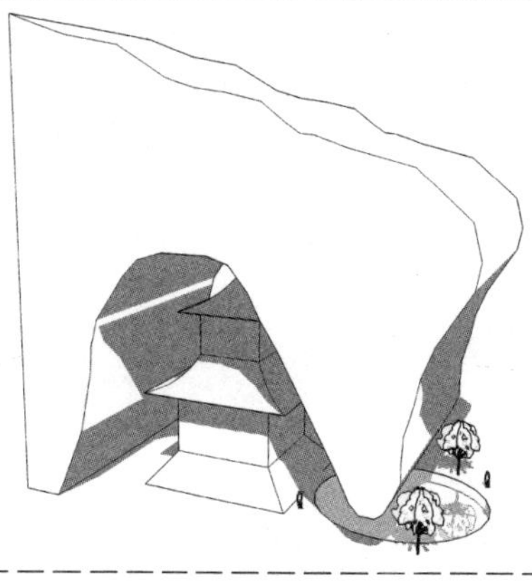

大山的洞穴之中，藏有宫殿一座，反映池被悬垂的山体一分为二，露出半池，就是泮池。半池水中倒影的图，就是水下宫殿，用光影的反射能显露端倪，提前塑造出神秘感。

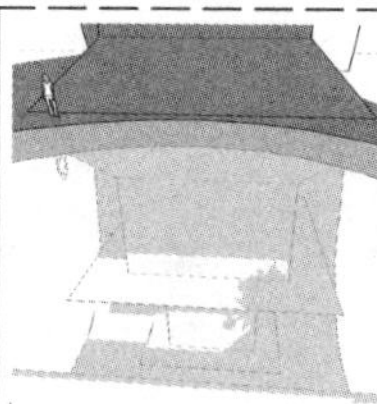

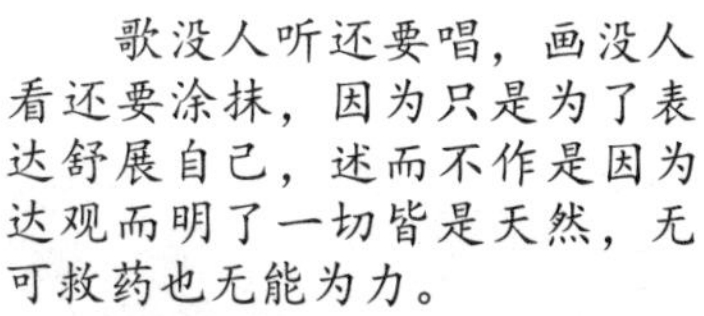

六九指代阴阳，九是最大阳数，古代九层垒土，九级浮屠，九开间表示极大。三条线交叉成六部分为阴，是原始的图案。八卦图称作双鱼图，与水有关，没有水哪来的鱼。

存在基于人的表达与接收，意识决定存在，是理解的前提。方案由效果图表达、由纸承载，目的在于可理解，好在便于接受，缺在难有客观判断、失去审美。建筑和纸一样，是实现功能过程的载体，都是穿越黑匣子的方舟，图纸和设计是黑匣子的两端，在载体的前后，不为人知不可深究。人不知食物如何分解，照样吃。中医只知吃什么治什么，病理全是自说自话却照样治病救人。人是不同层面上的黑匣子，老板看见钱变成大楼，没有看见建造；工人看见水泥钢筋变成砼，没有看见化学变化；设计经理看见任务书变成蓝图，没看见熬夜辛劳。

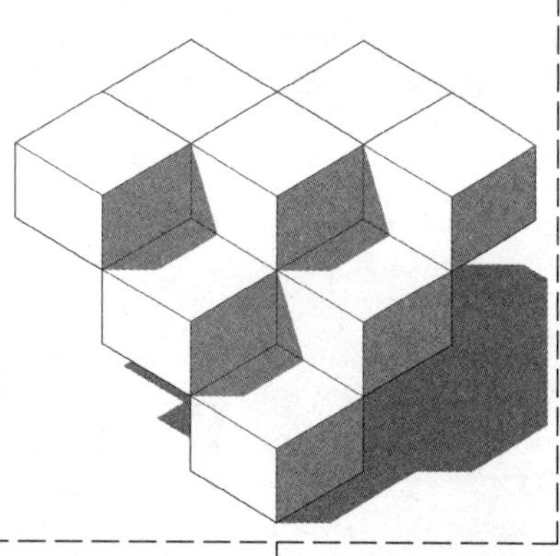

三三得九。九宫格是一切设计的原型。魔方就是一个立体的九宫格。就如同太极拳法的套路，放之四海皆准。入门简单，精通有待时日。为了稳固，也有多余部分。

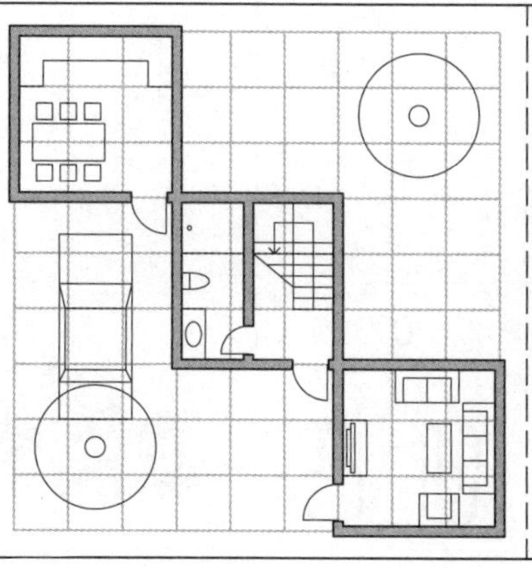

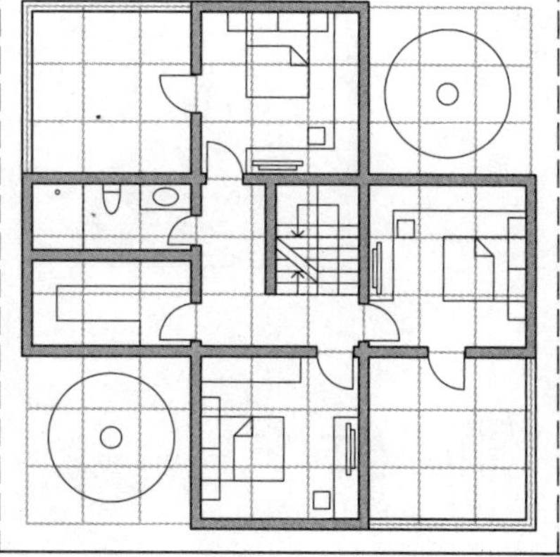

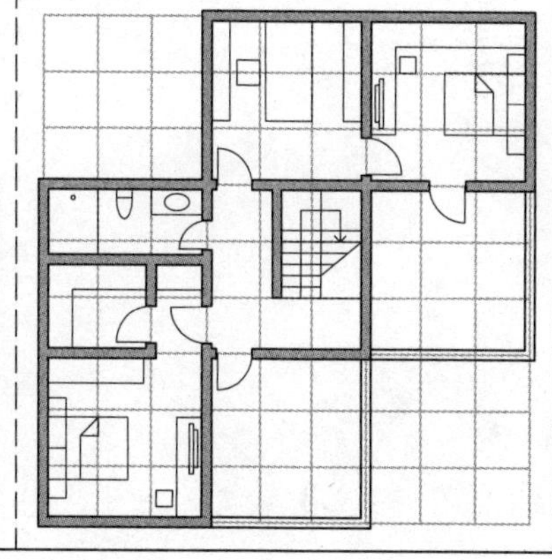

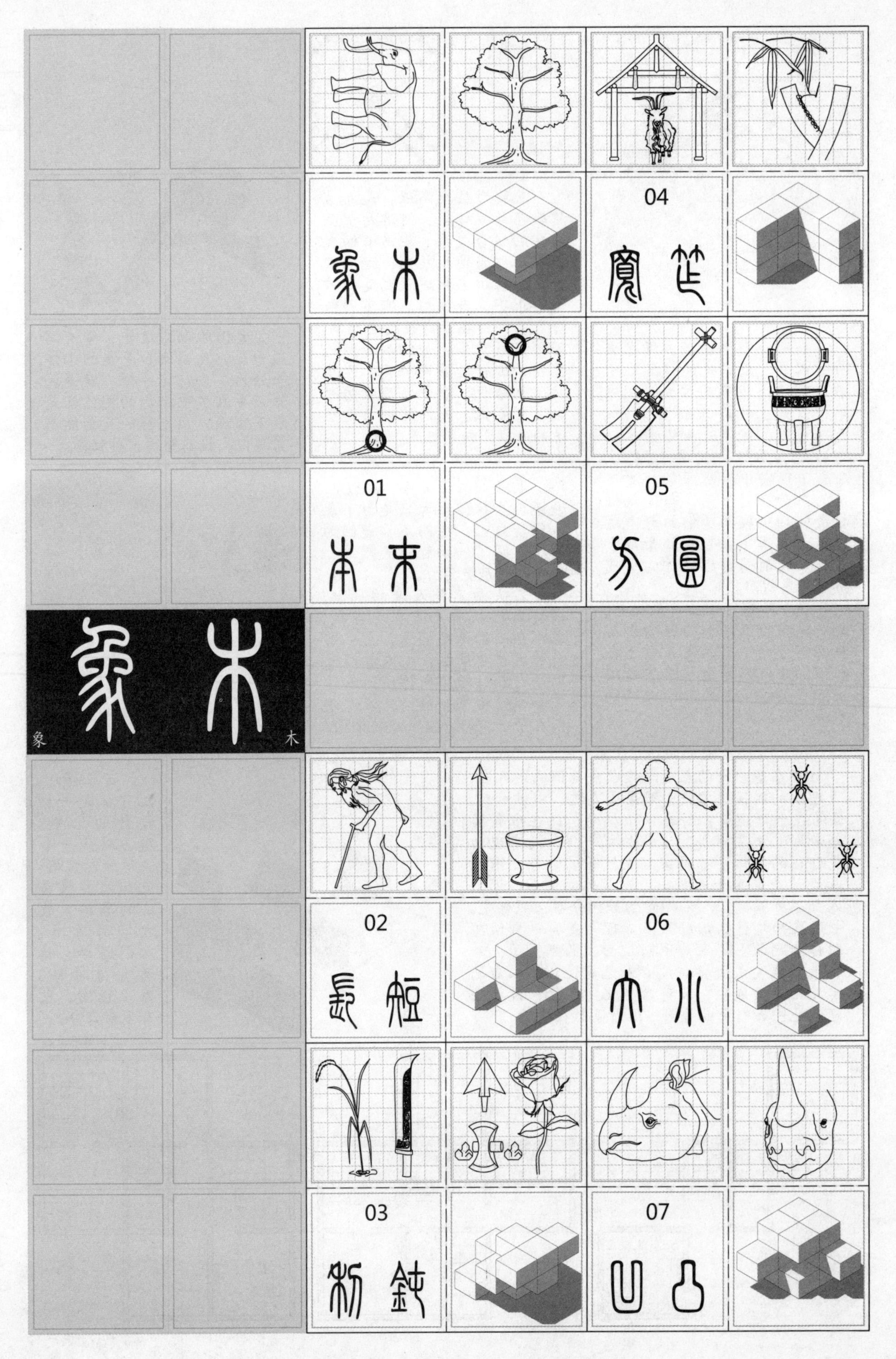
04
01
05
02
06
03
07
象
木

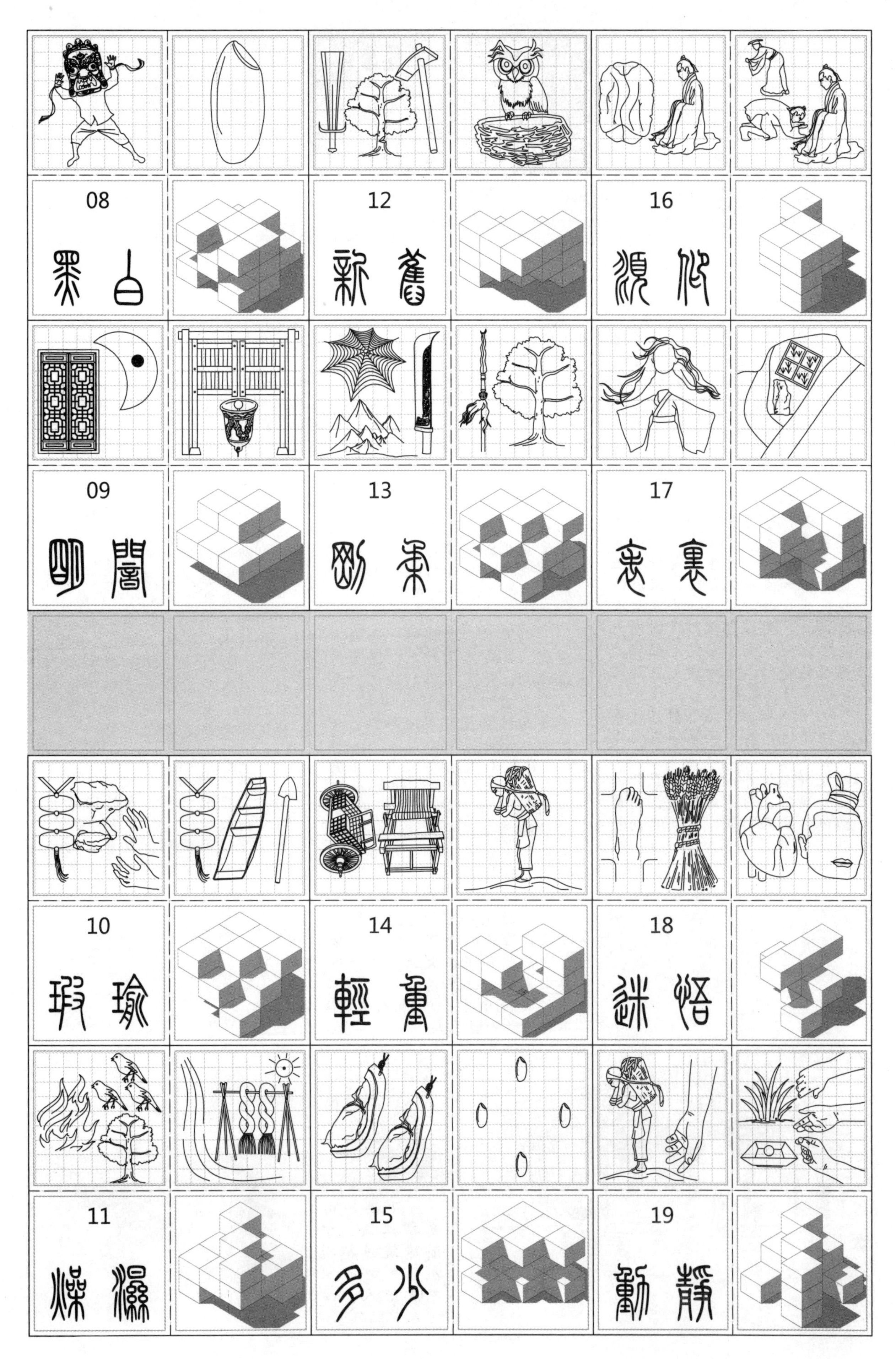
08
12
16
09
13
17
10
14
18
11
15
19

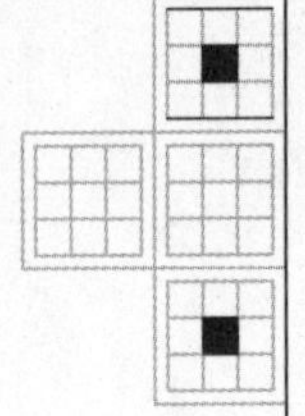

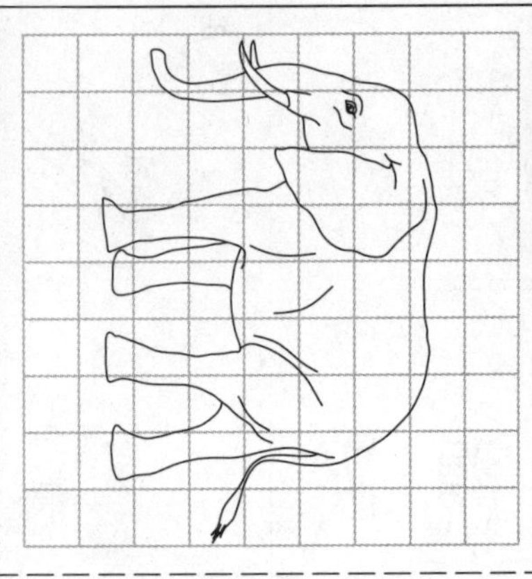

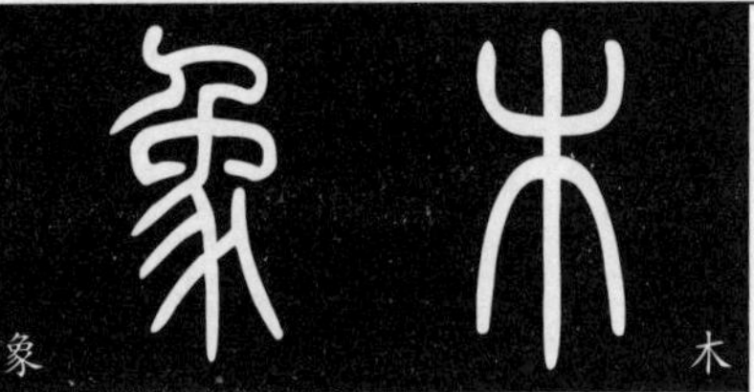

群木水光下，
万象云气中。
——唐·杜甫

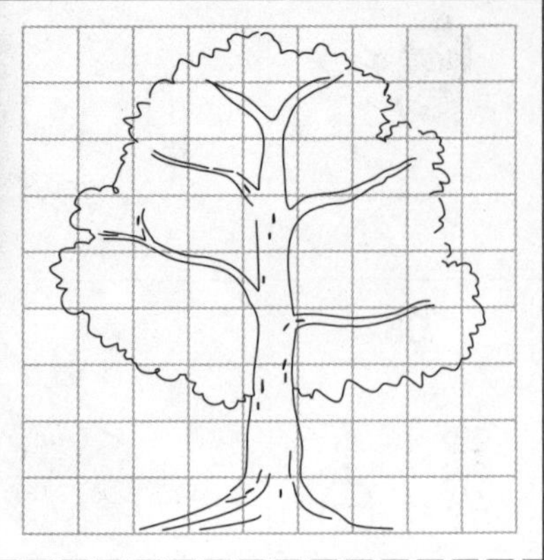

象：见乃谓之象。象字是大象的侧面形象。大象是体积最大的陆地动物，以它的样子表示显而易见的形象，见到的外观和造型就是象。

动物象形文字有横写，如鹿、熊、隹；竖写，如象、犬、马、豕、虎、豹等。或本都是横写，出于美观和便于刻画才部分调整为竖写。

木：冒也。为树木的形状，上部分为向上生长的枝叶，下部分为向下延伸的树根，中间一竖为树干。✱形是甲骨文中木的形象，为便于刻画而简化为三划。甲、金文中强调树干，篆书中树干和树根基本对称，再后来的隶、楷就强化树根了。树木将天的神性降为地的土性。

植物和建筑都是固定位置的，植物形态和结构比任何建筑都要复杂。没有设计能够和生命相提并论，生命是世界上最精彩和成功的设计，只有体现出生命特征的设计才是动人的设计。要做设计，只需向大自然看去，就能发现无数取之不尽的资源，设计师更应该是学习者与观察家。

植物有五十多万种，简单的块面化之后，就能构成实体的形象造型。植物按照门纲目科属种来排序，可以相互繁衍就是同种，对建筑来说，门窗构件、立面形象、空间布局能够互换并且和谐就算是同种。植物被动分类，建筑主动分类。

木是形象的基础来源，一棵树上可以观察到所有与形象相关的概念，古人画树和竹就是反复提炼形象、提炼人格和形式概念。揣摩竹或树的自然形态，便可修炼形式感。

鹤腿长、鸡腿短，各自有道理。象是客观存在，没有价值评判，是人根据利益选择和挑剔。大自然不嫌沙漠枯寂、不喜森林繁茂，天地不仁，以万物为刍狗。

自然形式不要理由、但肯定有，设计要理由、却未必有。有象易、有理难、有数更难，设计的象如果无理无据，怎么做都行，就没有非此不可的理由，又怎能有心理上的说服力。

象可叫做形态，形是形象、态是心态，类同意象。形态构成是建筑教育的重要环节，利用现代建筑同平面设计、雕塑设计之间在术的层面上的相同之处，来启发建筑的形式感。

形是指形状，方、圆。态也指状态，运动、静止、老去、生长。态包含心字，是主观判断。对客观存在的事物所抱有的态度，就是主观认知。唯心地说幡动都是心动。

麻衣神相说形犹材，有杞梓梗棉荆棘之异。人的形象也用植物来形容。有内在的成因，加上生成的规则，万事万物都将以象的形式表现出来。表象如植物，枝叶繁茂、千奇百怪，但又遵循同样原则和规律。每棵树、每片叶，仔细比较都不一样，却能归为一类，象是以简单、普遍而深刻的方式被人记忆，例如孩子的绘画，就是面对各种相而产生的直接感受。

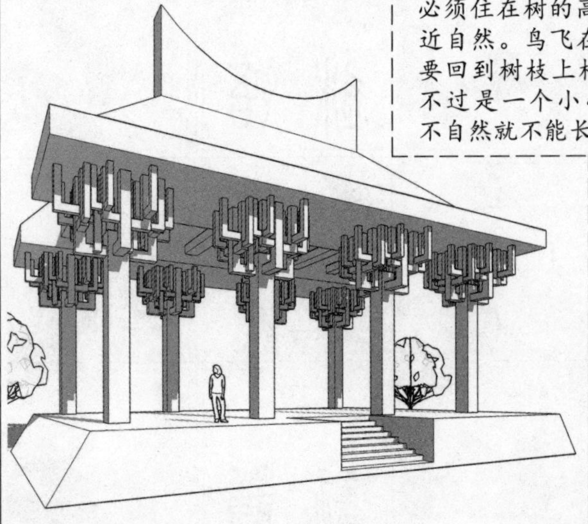

人住的位置不能比树高，必须住在树的高度以下才能接近自然。鸟飞在天上，最终也要回到树枝上栖息，何况人只不过是一个小小的陆地动物。不自然就不能长久。

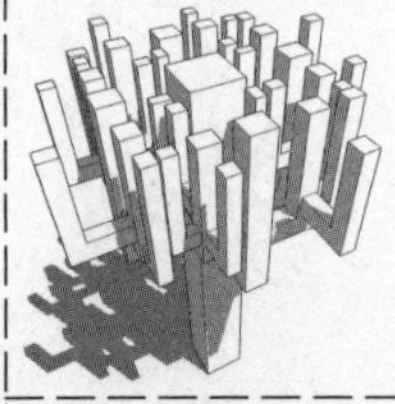

斗拱如树支撑建筑，中国建筑模拟自然。东方是自然支配人，西方人支配自然。

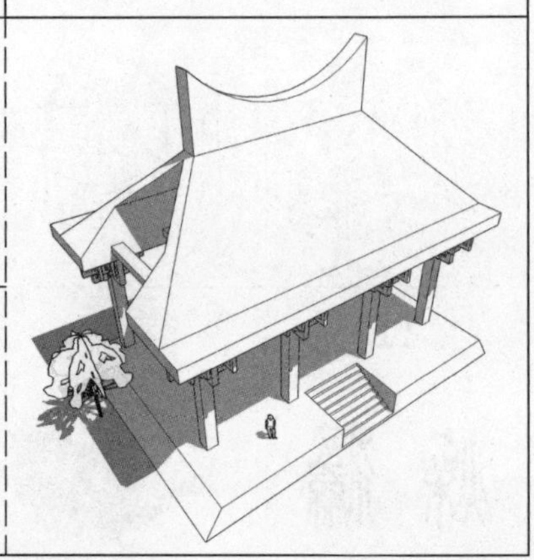

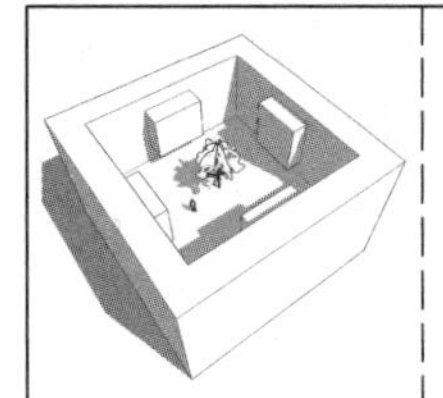

光线从树丛中透射过来，地上有着影子的轮廓。树木是盛放阳光的模具，模具是创造形象的工具。象由心生、境生象外，心就是象的模具，空间倒入模具中生产出建筑。

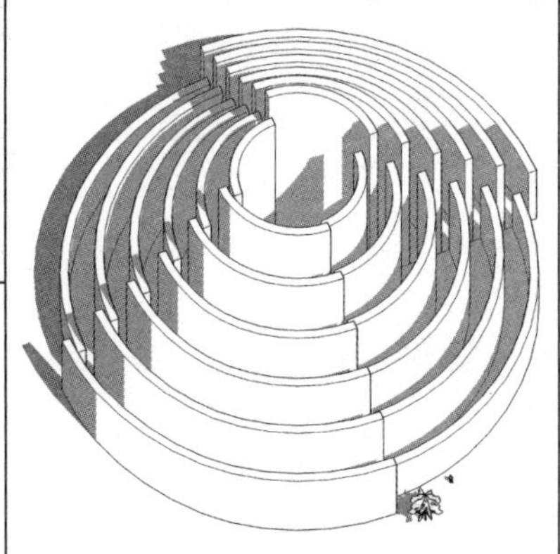

任何人为的象，必然受到天然的影响，有天然之象的影子，避免不了法自然。形象，有形才算象，有创造表达才能称之为象，大自然中没有无缘无故的象。

手掌可以提示出各种形象，不同的手势组合能体现出不一样的建筑造型，法自然、从自然中寻找设计的灵感，自然并非刻意，但是生产出无数惊喜和完美的设计成品。

建筑就是一只大象，四条腿站住，然后身体包容各种器官，这就是建筑的基础形状。多米诺体系实际就是一个四足动物的形象。楼梯就是人的消化道，就是内皮肤。

树的生长是横向的，是内部年轮一圈圈地扩张，视觉却更注重高度的增加，树皮外面体现出来是竖向生长，其实这外表的象是内在扩张的实现，如同表面和实质间的区别，看似是竖向上下变化，实际结果是横向左右地拓展。

再无奈和无聊的象也有其成因，象的本质成因并不一定用这个象来表示，如同生命的本质并非一定要用人来体现，树的本质也不一定用树来表现。什么是自己，只能用自己以外的东西来表达，人不能提着自己的头发将自己拉离地面，身份、灵魂、头衔这些都是别人给的用来体现形象的形象。

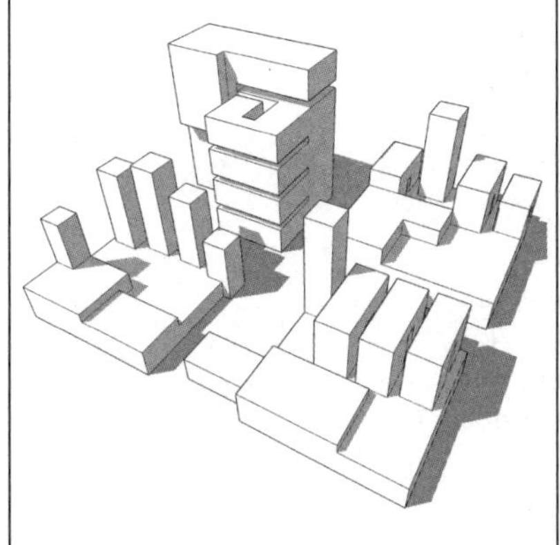

利用树窝、捆扎树枝盖房子，利用木材做家具，植物就是最早的建筑，植物的特性就是建筑的特性。

木匠是传统时代的全能匠人，大多数器具都能创造。为衣造织布机；为食造水桶、锅盖、砧板；为住造房子；为行造车子，建筑师只是传统木匠的身份之一。传统生活就是和植物朝夕相处，吃植物、用植物，治病煎植物。

无论想法如何，最终要有形式表达。就像好事做出来才行，心里想得天花乱坠也无用。建筑和城市理论无论再怎样深奥，最终还是要有一个形式载体，研究载体比研究想法更实际，就像给病人治病，最终是要把身上的病治好，药方写得再精美、检查做得再精准也没有用。

建筑要通过表面理解其内在的成因，无论过程是怎样，通过表面结果，也可以了解很多运行机制。树形成特定的外形一定有其原理在其中，但是在没有发现形式的真正根源、洞彻必然关联和规律的时候，现象是唯一抓手。建筑创作同科学研究一样，是发现而不是创造。

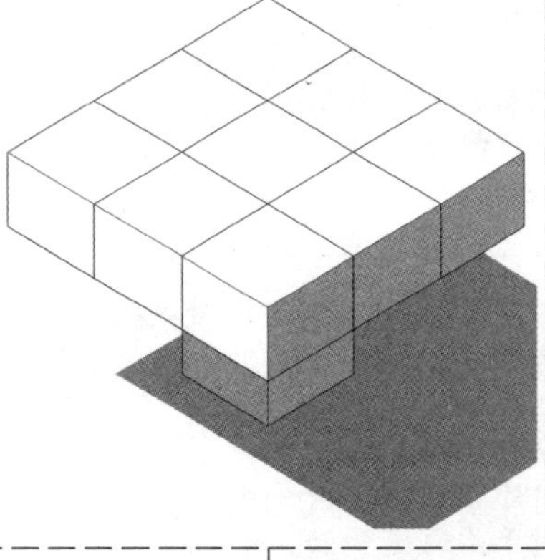

一棵大树，树边界的树叶被最多人看到，就像出头鸟。虽是明星，但是和树丛中的树叶作用一样，共同吸收阳光，而到了凋零的季节，却最先掉落，一样的命运不可避免。

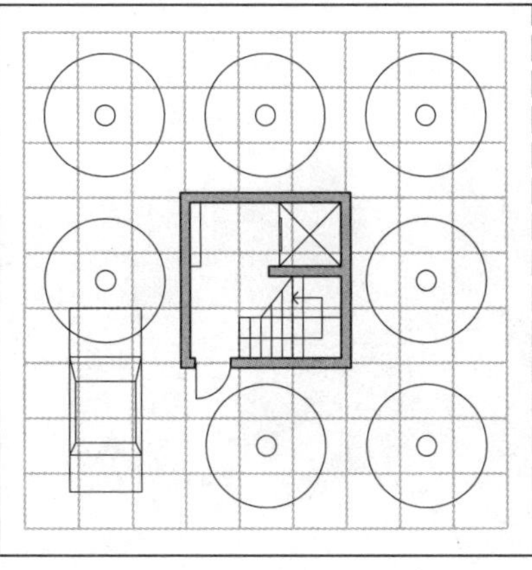

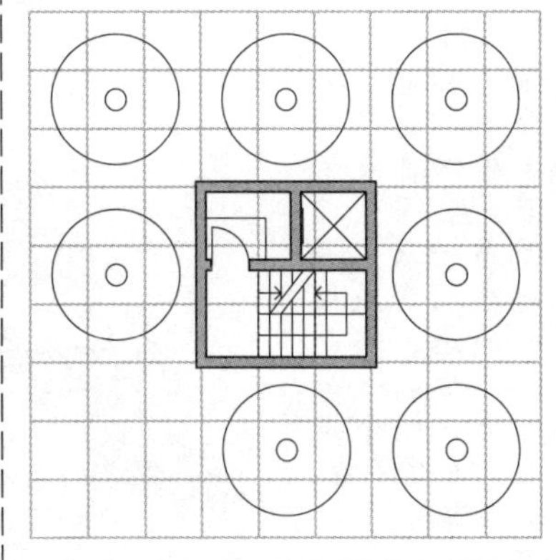

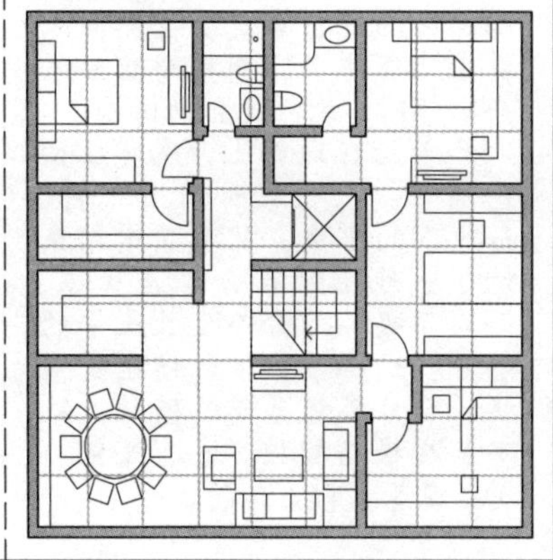

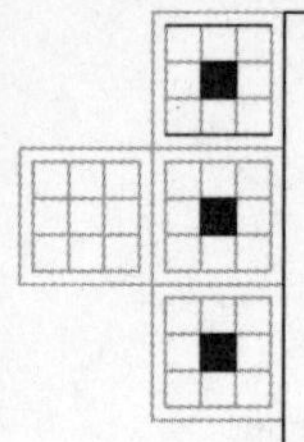

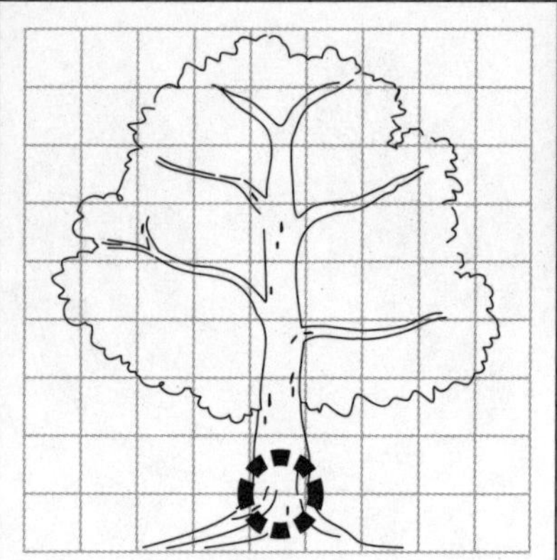

本末

本　末

施为有本末，
动静有纲纪。
——宋·李觏

/首尾/梢根/

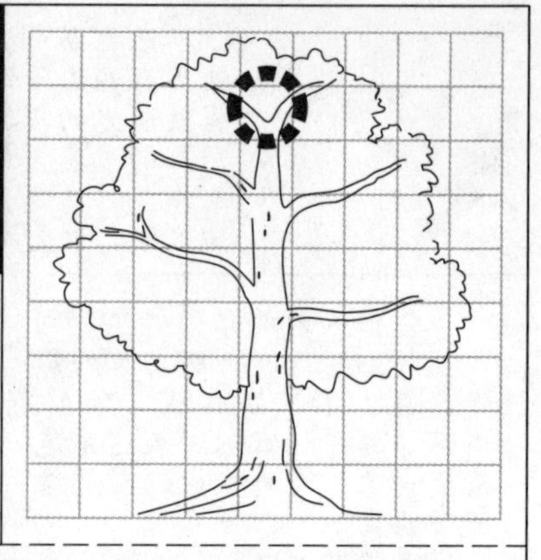

本：木下曰本，从木从一。木为树形。下面的一横是强调的符号，指明树根之所在为本。引申为事物的根基或主体，也指本钱。亏本一词，本即是钱，钱是事物创立的基础，有钱才可能建造房屋，从此角度来说，建筑的本就是金钱，建筑师的本分就成了为资本服务。

末：木上曰末，从木从一。木为树形。木上一横指明树木末梢所在处。末指物的末端、末尾。古人以农业为本、商业为末，而今相反。

或许末世所指就是金融商业统治一切的世界。戏曲中末角是中年以上男子，可见过了中年即是人生之末。

象具有形式的本末，存在的基础是空间占有，占有的本质是有始终，无论是时间空间。哲学思考的极限也是本末，探讨人和宇宙的根本和出路。

建筑本质是需求的衍生物，不同建筑对应不同需求。种瓜得瓜的自然规律被改造成种瓜得豆，嫁接的结果就是一样的本，长出不同的末，末不由本。

建筑物的新鲜感来源于功能的错位，如果用一艘航空母舰来作为商场就有新鲜感，用工厂和屠宰场改造成艺术中心也是同样的。实际上就是本不应末，终端使用和起源间根本没有联系，这样理解可以将形式从功能中解放出来。

本末界定了树的极限高度，动物有极限尺寸，人有极限运动机能，城市和建筑也应该有合适的尺度和比例。物质的自然属性无法塑造或破坏。一袋米倒下来，既不形成柱，也不形成平面，总是山的形状，拥有大致的休止角。

住得比树高，离开土地是最大的不自然。城市应该高密底层，交通工具应该迷你。现在的汽车交通是美国人的交通方式，中国应该有自己的交通方式和办法，如果人人都能在步行尺度内便捷地交通，就像树靠自然的力量完成资源传递，那为何还需要汽车，远程交通使用铁路和飞机，而便捷交通工具全是人力。

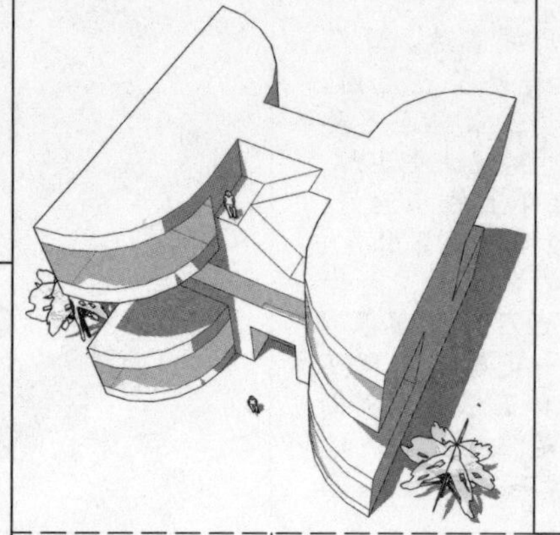

根梢不断地吸收，为了一棵树向着一片森林的方向发展，植物是改善环境的工具，其存在就是为了让地球定型。

或许植物群体才是造物主，拥有一种集体而缓慢的意识，决定了地球的现状，将危害地球的碳元素全部固化，维持大气平衡。一旦遭到破坏和砍伐，植物也能衍生出新的应对方案，让人类全部消亡，如同身体排除病毒所做的一切。

本末不可分，所有形象特征都和其对立面同时出现，只是人在认知过程中进行了比选。根吸收水分，梢吸收空气和光线，功能都是同外界交换，树梢就是树根。树干是通道和结构，目的是占有更多空间，木材由空气中来，树梢是重要的产出部门，树根是后勤机构。

人活在地面上，感觉上面是树梢，长出枝干结出果实。而地下的小虫，就感觉树梢在地下，地上的部分才是树根，是为了吸收养分而生长土中的部分。这样看，根和梢也是一样，有许多根茎类的植物，果实长在根而非梢，还有气根一类，属于根梢一体的。

围合是建筑的前提，而围合之后的形态和做作是末节。空间塑造是第一位，而使空间变成何种形态，便是第二位。一个是皮、一个是毛，皮之不存、毛将焉附。

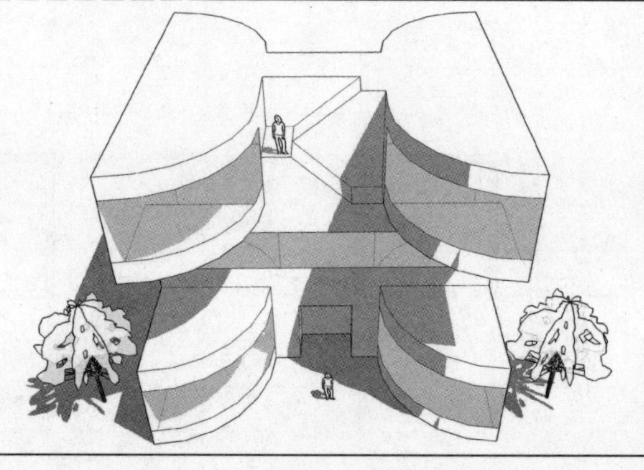

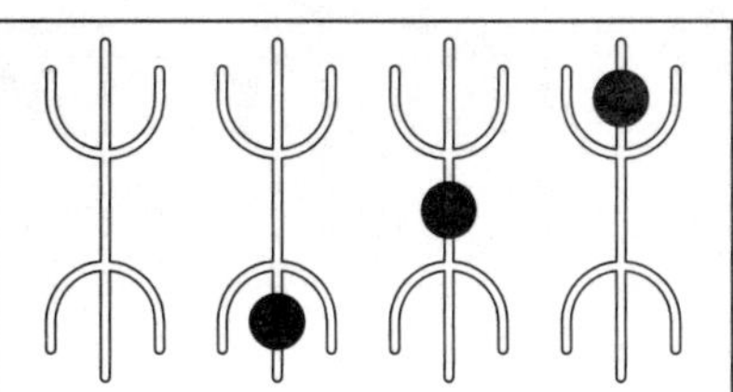

树作为基础，演化出木本朱末这四个字，本为木下一点，强调根基。朱为中间一点，强调树干断面的颜色，松树杉树劈开的断面就是红色。末为木上一点，强调终端。

电影厅台阶状的下部空间也可以充分利用，空间进行咬合、首尾相接才是经济方式。倾斜的地面可以作为报告厅和电影院。倾斜的屋顶可以作为展示和陈列空间。

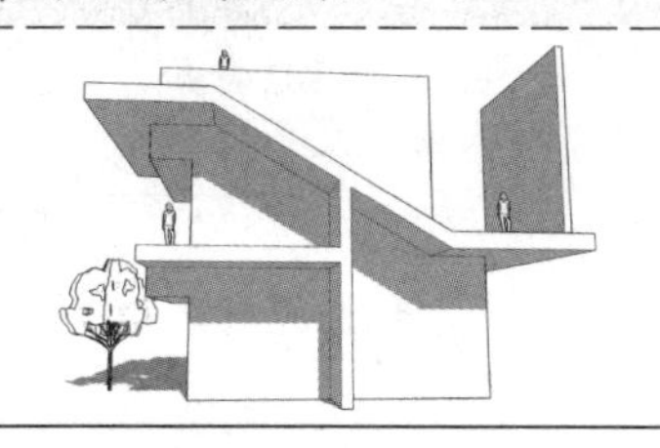

桥梁只在乎本末，就是为了从一头到另一头。桥的本就是跨越，而通过了末才算实现了这个本。一座桥，来来往往，说不清哪边算头哪边算尾。桥的本质都是首尾相连。

许多人只要桥上风景，不希望到达彼岸。于是瞻望乎唾手可得、颓丧于交臂失之。几度夕阳来回踱步都作做成油画布景，衬托无谓、怯懦地回归，其实这有意无意，早就注定。

功能为本，形式为末。建筑师自以为是的本末不能替代业主的需求。形式源于功能，需求产生相应的空间和实体形式，如影院。总结后的形式，可还原功能，如拉丁十字。

形式延续就成为传统，即便功能需求消失，形式仍旧延续。譬如晚期斗拱只是装饰。譬如雨雪造就坡屋顶，没雨雪的地方由于传统形式作用于文化的影响，还是会造坡屋顶。

形式既普遍又特殊，因需求而变化，金字塔坟墓作用衰退后，其形式就不复再生。功能是用户规定的，满足功能有无数形式，建筑师就是找到适当的形式去体现和满足功能。

曼哈顿的方正摩天楼，最小化成本、最大化面积，获得最大收益。异形建筑吸引眼球，让形式的广告效益最大化。形式源于功能的信条要改成形式就是功能，因为审美和行为不全基于功能。形式不仅是表面功夫，很难用简单线索联系形式与内容。过年放鞭炮产生污染噪音，可这是精神的需要。面粉加工成包子、面条、馒头许多花样，吃下去一样分解，最终结果都是粪便，但人的天性就会花费大量的心力去制造复杂的过程，这就是形式的必要。本末始终统一的时候，人还在生和死之间，寻求复杂的过程，这就是功能。

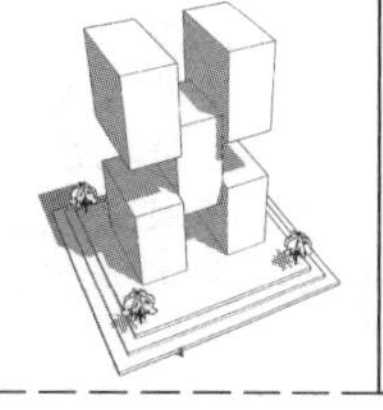

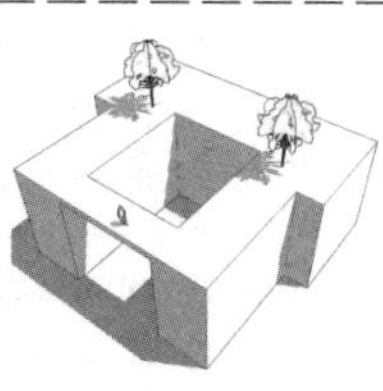

婚配是形式，源于繁衍功能需要。人将这种形式凌驾于其功能之上，用技术手段屏蔽功能只要形式。可见形式未必都要还原其功能，因此功能之外可以衍生出更多的形式选择。

树干是交流的通道、联系的纽带，夹在本末中似乎喧宾夺主。没有房间只有通道可以成立，而没有通道只有房间则不能。故事性地舍本逐末是买椟还珠，椟是木头、珠或樱珠。

树长成建筑，可自我修复，缺失的零件和空间通过嫁接获得，其管线培育在建筑内部。可长出粮食和生活用品。城市也长出来，像一棵竹子长成一片竹林。这是天然的主旨，生存依赖循环，传统是养猪养鸡，现在有长出来的桥梁和家具，未来要养建筑养城市。养久了就从野生到驯化，规模大了就能产业性地发展。

未来的树建筑和森林城市只有一种象，就是自然象、生物相。人类的安葬就直接被一棵公墓树吸收。树叶落下来的重量都是空气，每年城市扫走许多树叶，都是带走了空气的尸体，土壤并未减轻，反倒变厚成为地质层。

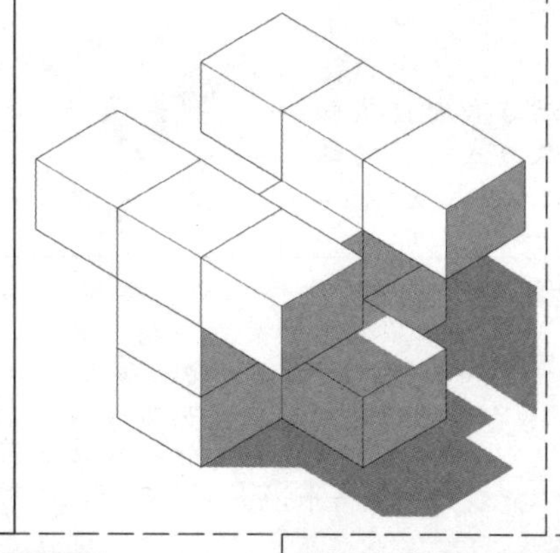

本质与外延是甘蔗的两头，从哪头吃都可以。选择造成先甜后苦、先苦后甜。结果的末是由行动的本来决定，顶底都具有木的特性，通过干的联系，得到能力又受控。

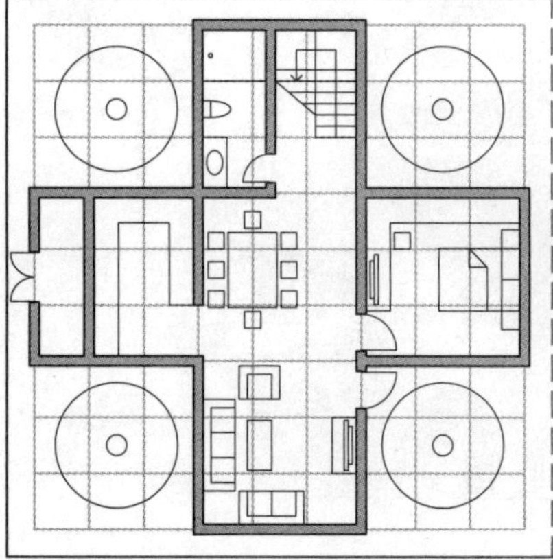

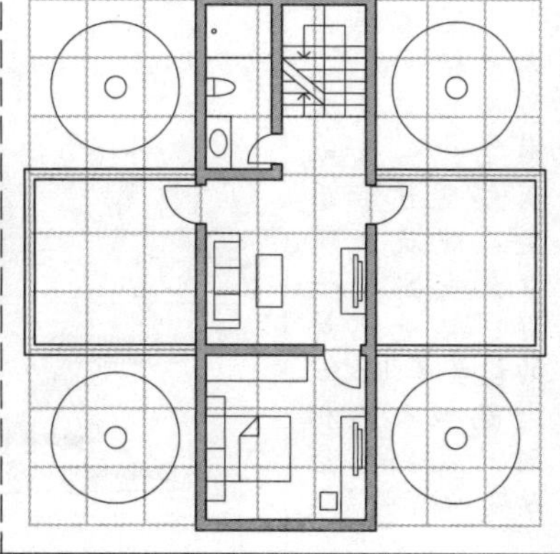

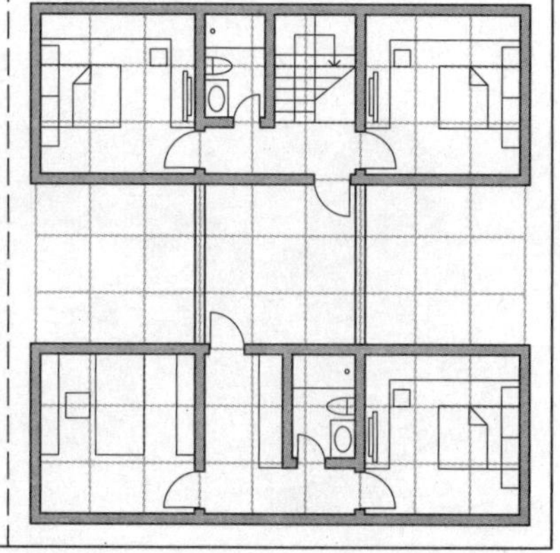

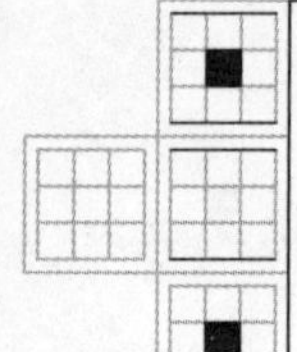

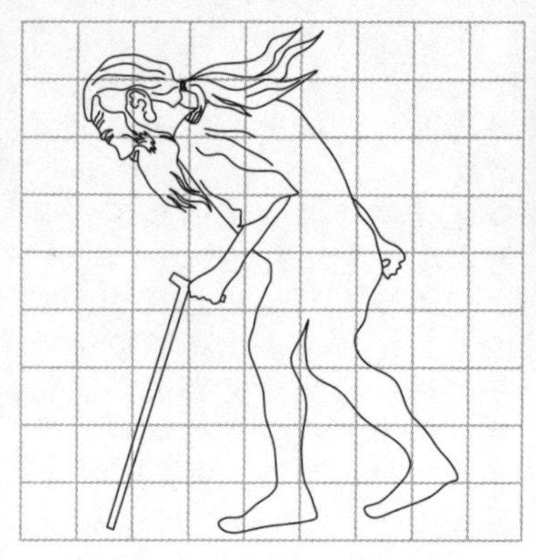

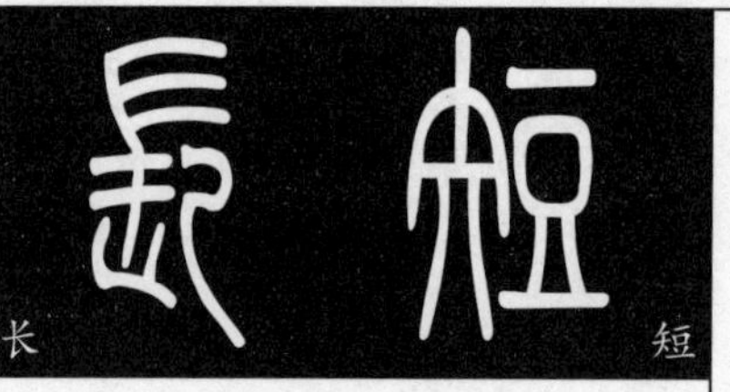

长短方圆只自知，
从来丝发不曾移。
——唐·大义

/修短/尺寸/

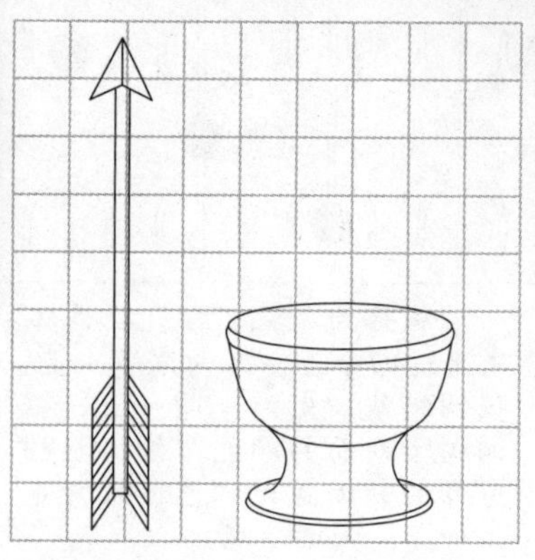

長：两点距离大。象长发的长老拄着拐杖的样子。古人蓄发，头发长就代表生活的时间久远、年龄大，并且头发也是不断地生长。

因此一个长字以年长者的头发为原型，既表示空间的距离大，又表示时间的经历久，还表示生命的成长。

短：两端距离小，从矢从豆。矢为羽箭，古代用箭来标示长度，比如一箭之地为一百多步，表示不远。豆为装盛用的器皿。用箭来量豆的尺寸，会意不长。或矢豆是投壶，因空间局限，射礼演化为投壶。弓也是长度单位，箭矢能可动可静地测量距离，而弓是静态的尺寸。

尺寸两个字和人体都有关系，中医切脉，称距离手腕下一寸长的部位为寸口，简称寸。尺是从尸从乙，尸为人形状，乙为指示小腿胫骨的长度为一尺。手掌后桡骨高处下为寸、寸下一指处为关、关下一指处为尺。古代寸、咫、尺、仞、寻、常，这些尺寸单位，都是用人体为参照。

尺度标准可变，从周秦时期的一尺，到现代所用尺，其绝对值一直在增大。可见尺只是一个相对量，而非绝对。随身材体重增加，不仅尺寸的数值会变，人活动方式由自然向机械、信息接收方式由主动到被动也会影响到人的尺度感受。

可见的长短相接，就像是无穷无尽延伸的铁路，长长短短地一段段形成。长由短构成，无限由有限构成，有限也可以看成是漫长的，圆环就是无限延续。本末是有限体，点或段就有限得很，长可视为无限。

一点圆心带上一个圆，就是短和长，圆心是点，但育有一切，外圈的圆虽长远，却是受短所制。在抽象中，点是没有维度长短的，是对长的控制。

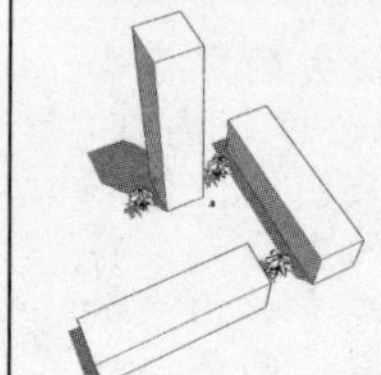

短字已经包含了长与短的意思，矢长而豆短，一字已经明理。人的头发和身高都不能无限地长下去，头发长到一定程度，就会断掉，人高到一定程度就会变矮，人再长寿也会有死亡的一天。无论长短，都要看怎么比较，要看相对关系。

尺是指量化的尺寸，度指的是相互间的比较，就包含了比例关系，比例就是以比为例，因为适度或者过度都是相互参照而言。建筑为什么需要配景，就是要看到相应的尺度比例，现在的建筑照片里总是看不到人，怕变形太过，露人就露馅，无法体会真实尺寸感，只好通过楼梯、门窗来判断大致尺度。

利用身边的各种常规尺寸作为尺度参照。人的身边有许多可以参照利用的尺寸规格，各种常规的用品，比如开张纸、鸡蛋、硬币等等，这些都可以传递尺度信息给彼此。假如猴子最小如米粒，最大如蓝鲸，这种巨大的非规律地变化就使得它不能成为一般等长物。

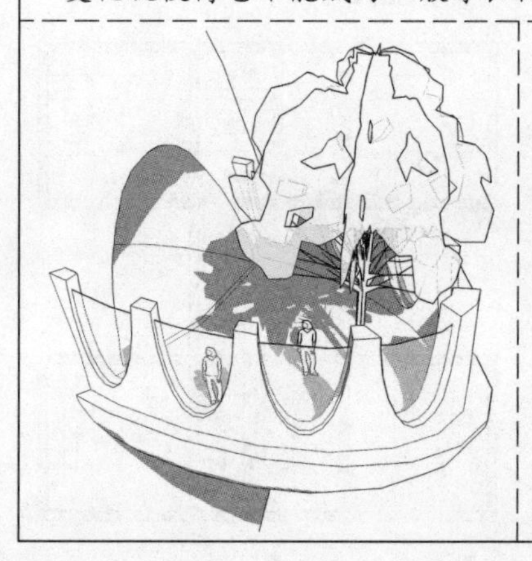

任何东西都有相对关系，在合理尺度范围之内，可以有些变化和乐趣。建筑表现中最重要的一环，就是配景的设置和选择，门窗和人的相对尺度会完全改变所有关系。

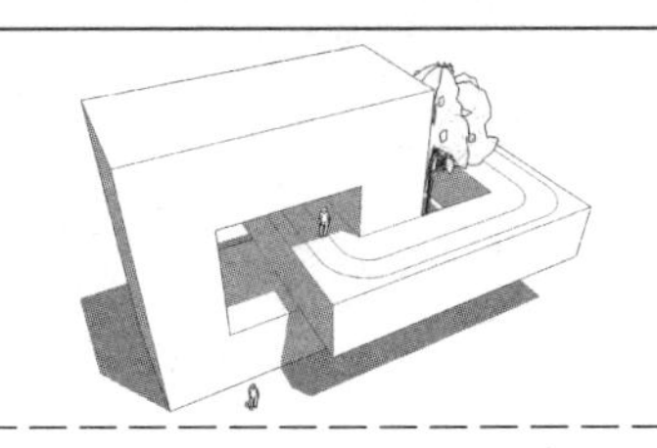

没有尽头就是长，地球是有限而无边，建筑追求的是有边而无限。传统建筑极力在平面立面各个维度上，将总长划分变短。而现代建筑极力将短融合成长，平立面都是用细胞重复来形成皮肤的统一质感。

传统建筑就像标点符号丰富的诗句，每一句自身也颇具意蕴，现代建筑就像满纸各种字符，近看什么也不明白，远看是一张印满了信息的纸头。

植物长成森林，而不是一棵巨树；社会永远是一群人，不会是一个巨人；雪花不会变成锅盖一样大。这些是自然界能够自觉分割的尺度。

设计最基础的工作就是划分区域和单元，如同电视剧的分集，尤其是大尺度的设计如何分解成若干的小块，便是能力和经验的考验。

水滴有尺寸，一盆水倒下来，只要下坠的距离足够，那么一定会分成若干个小雨滴。水滴落下来永远只有相似的大小，不会出现西瓜大的雨滴。自然有其应有的尺度，建筑和人、城市和社会也一样。长颈鹿脖子再长，也会有极限存在。

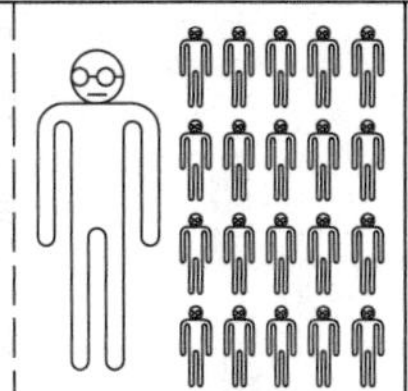

维度不同，受众的长短感受也不同。从一个维度看来很长的东西从另一个维度看起来或是很短。假如人的感知能度量更多种的维度，就会有新的长短认识。

以人为本关注人的数，建筑的服务主体是人和人创造的事物，无论是创造或者毁灭，所有对象都离不开人的控制。子弹的大小是参照人的尺寸，导弹库要装下导弹，导弹的尺寸和它要摧毁的对象比如城市、电厂、水库、航母是相匹配的，而这些被毁对象的规模和尺度又都是以人的格局为参照。

建筑无论何样，哪怕像马陆一样，也还是人性化的长短。

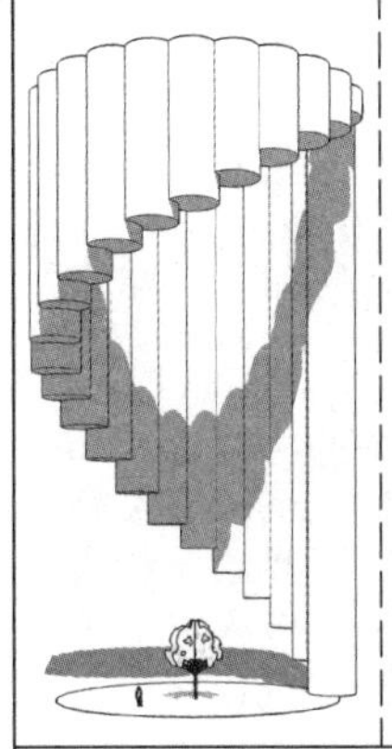

机电管线是了不起的成就，将所有的空间都联系在一起，形成一个大的有机体。人都只看到最后露出墙面的那么一点，没有见到背后延绵整个城市的巨大系统。

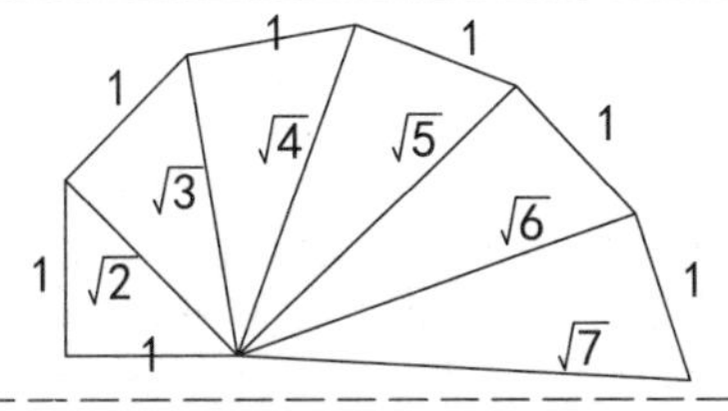

平方根螺旋就是一种由短而控制长的方式，属于一种渐开线。就像一根蜡烛很短，但是散发的光线很长；电筒很短，光束很长；旗杆很长，旗帜很短。长短相互控制和干扰。

过去人靠四肢运动，靠身体带着大脑去见识，现在靠机械力量，便不再有直观的距离感，因为身体不再疲劳。现在的信息要人的主动搜寻，未来信息无时无刻地推送到你面前，你自认为的搜寻，其内容和范围全被人为控制，你只能被动地看到、听到被定义的内容。

信息被人为地屏障和加工，矮子可以看起来高大，老人可以看起来年轻，破落能够显示出繁华。世界就像是手机界面，图标在统一的主题下均质化，大小和变化不再存在。人自以为掌握分寸，其实是分寸为他人所掌握。对他人说长道短的习性，也成为建筑的习性。

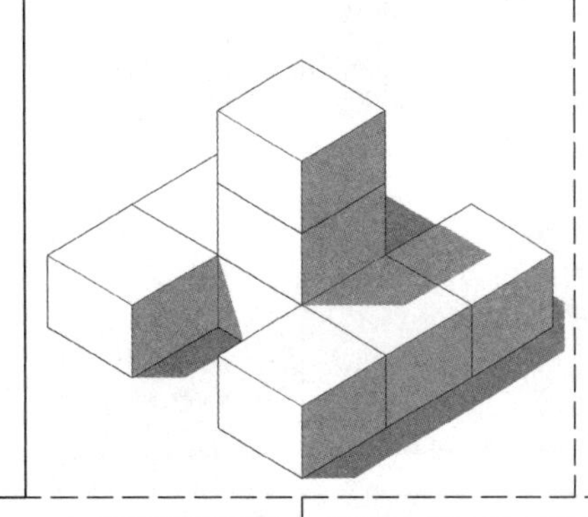

尺有所短、寸有所长。一个层面上的长短只能在更高的层面得到发现。更上一层楼就能看到更多的长短是非。

建筑尺度也是断章取义的牺牲品，被照片拉伸扭曲。

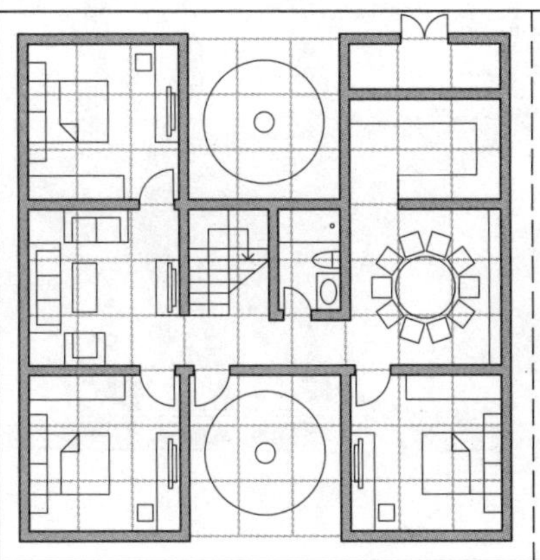

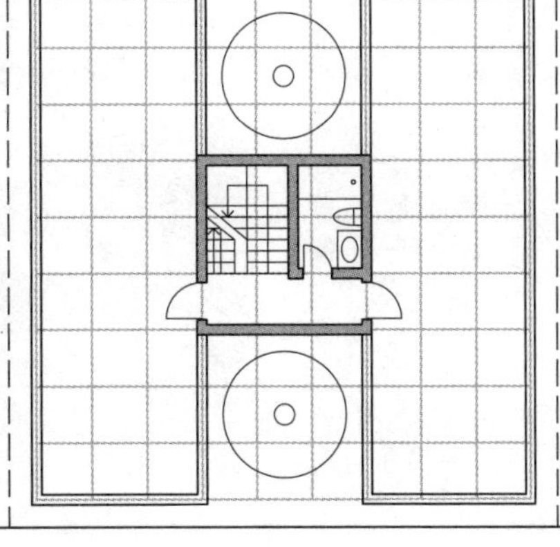

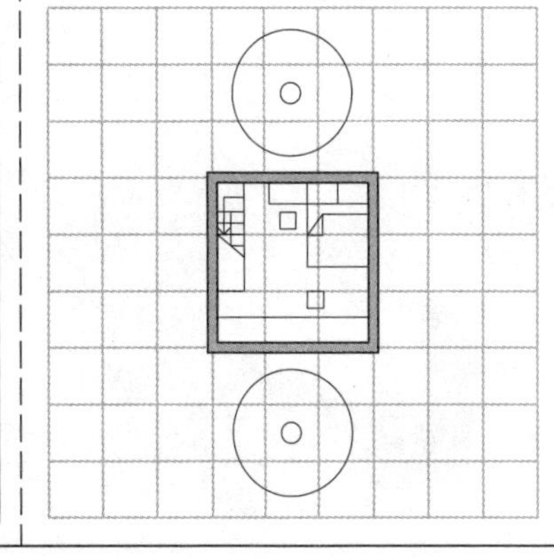

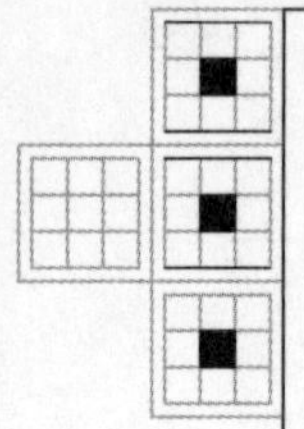

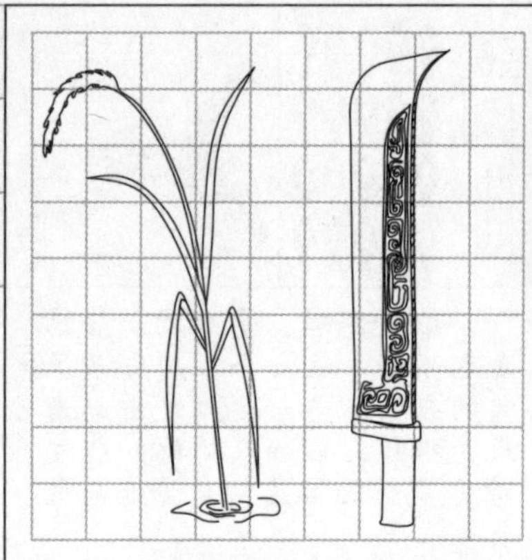

利 钝

利钝犹根性，
无缘枉用心。
——宋·赵光义

/锐钝/斜直/偏正/正歪/

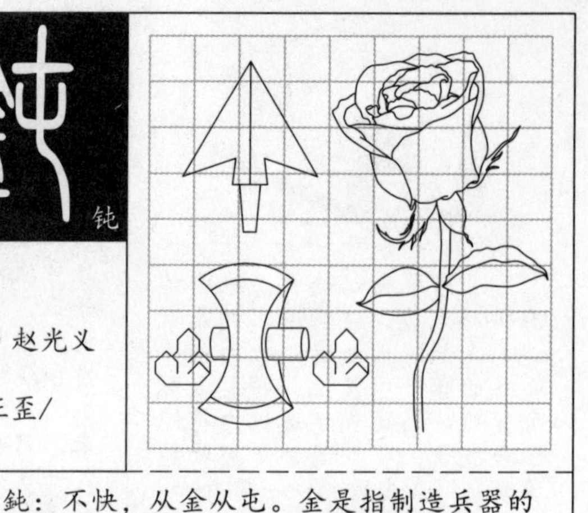

利：锋锐，从禾从刂。禾为谷物生长的样子。刂为刀的象形，刂的左边一竖是大刀的护手刀盘的演化。

用刀来收割禾谷，表示刀口非常锋利。收割而来的庄稼，是劳动收获的利益与好处。用刀割谷物比用手更快捷更顺利。

鈍：不快，从金从屯。金是指制造兵器的金属材料。屯是待放的花苞和枝叶的样子。金属本是用来造锐利物品的，如果造的东西同花朵一样松软和无伤害，那就是钝器。花骨朵的花瓣包裹成一团，有聚集的意思，金属批削细分才锐利，堆积在一起，就是钝的意思。

现有的、已存在的建筑也需要公平，公平地占有空间。出现利钝是因为不妥协，不在乎对其他建筑的伤害。平面的方盒子和顶面的不屈服，就像是道德的人和邪恶的头颅。

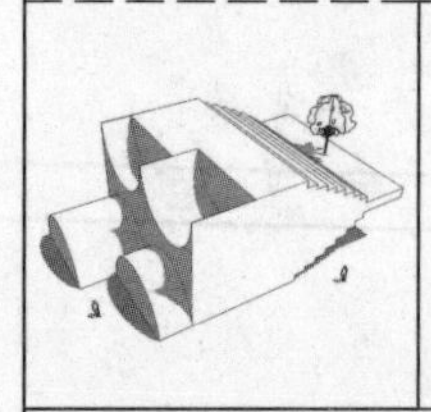

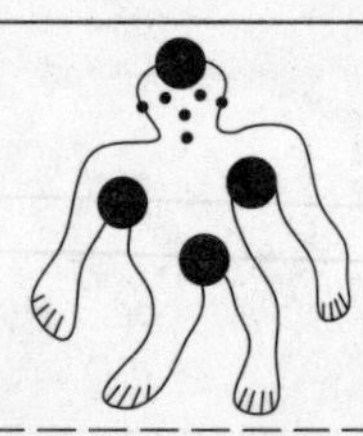

眼睛是唯一窗口，无论多宏伟壮丽，也要缩略成一束光，流淌过眼瞳的漏斗。眼睛敏于钝角和眼角。在视角中占据大画幅，或距离欣赏者够近，占满空间和罅隙，才有足够的入射钝角，引发欣赏的愉悦。主流视线之外，要靠若隐若现地晃动，利用眼角自我保护的敏感区引人注意。社会是审视众生的眼睛，一时名士就占据满眼，隐士就在眼角伺机而动。

利钝和植物相关，一个是果实一个是花朵，又和金属相关，金克木，以金配合木来表现利钝，可谓十分合适。

大量物品利钝结合，宝剑的锋口和剑身、子弹的弹尖和击发底、注射器的针头和推塞、斧头的刃口和斧背、簸箕的口和背窝、轮船和飞机的尖头钝尾等等。最明显的莫过一棵大树无数的尖利树枝构成了一个浑圆无碍的树球。

方盒子建筑立面之间的转折是九十度，立面和顶面的转折也是九十读，异型建筑就是通过变化角度来引导感官变化。正立、倒立金字塔就是立面和地顶面的角度成为锐角，裙摆般的建筑就是将转折波浪化。

古典建筑的转折处经常锐角钝化、钝角锐化，一个转折要处理成波波折折、峰回路转。人体在转折处生长毛发，以示含蓄，不似当代建筑的直白。

利是条线，钝是个面，钝可分解成若干利。建筑的每个部件，屋顶、门、窗都可以是建筑，建筑由各自独立、自成体系、自有功能、形态各异的部分组合。如同舰队不能只是一艘巨舰，而是各种船只的组合，每一条船都可独立行驶、有独立功能，做部分而非部件。

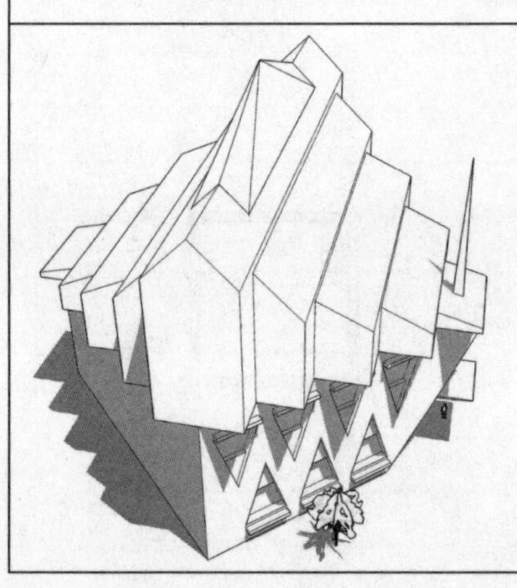

大教堂的钝性穹顶上加个锐利小尖，就是典型的利钝对比。尖顶和拱门是西方建筑常用的组合，仿佛以矛盾对着上帝，这一切呈现出来就是非常欧式的感觉。三角加上半圆就是欧洲范式，梯形加上长方就是东方范式。东西方是骨子里的差异。

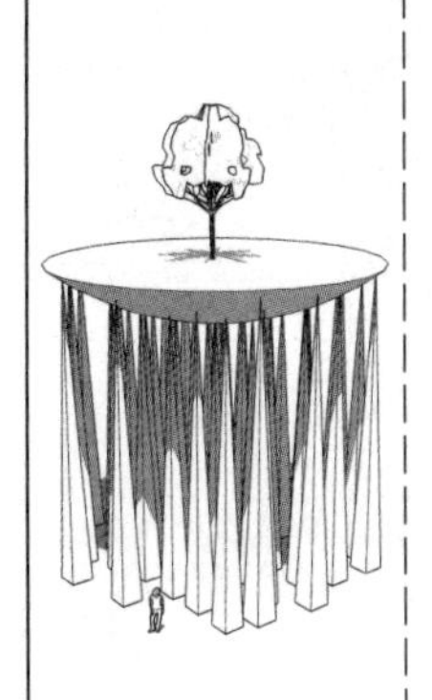

利钝也可以理解成矛盾的样子，矛十分锋利，而盾十足是钝。一大堆箭头聚在一起就不锋利了，如同表演用的钉板，每一个钉子的锋利，都被彼此共同的高度所消耗。如同所有人都要求平等，这样的一群人就如同一个平头锤子，不可能快速前进。而金字塔形的社会结构，等级差距越大，就如同一个更加锋利的箭头，越能克服阻力飞快地前进。

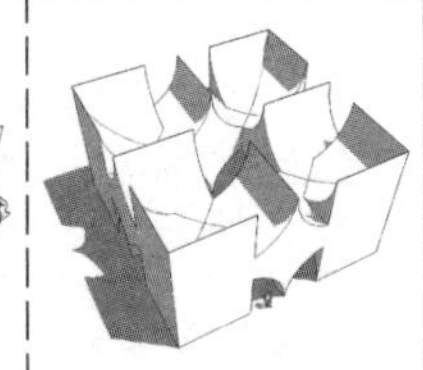

视觉还原的过程中，建筑立面的梯形被还原成视觉方形，杯口的椭圆被还原成正圆。建筑配合特定视点的需要，立面和配景都遵循视线的角度，一个形态上不方正的实体、配合参差的植物，在照片中呈现出平整规律的形象。这是特定位置、角度的象，习惯在动态中被观察的建筑，也将要在固化的位置被欣赏。

一个直角立面，在图纸上是长方形，在透视中是A形；一个V形的立面，在透视中是方形。透视纠正如果矫枉过正就应该叫做反向透视。平面呈现立体、立体呈现平面都是模拟自然视觉，自然视觉就是立体呈现立体。

利的负形总是钝，一种利钝结合的母题，就像是横置的被啃剩下的苹果核。利在不利维度上就是钝，菜刀拍大蒜，大蒜自然会分裂、炸开许多的小口，尖屋顶被钝器拍扁亦是。

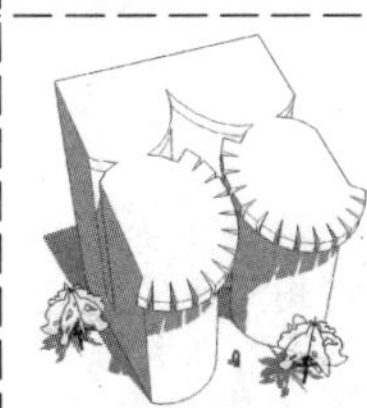

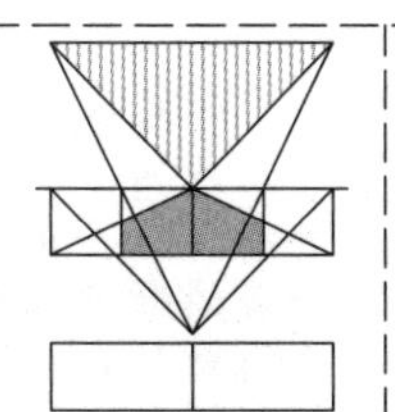

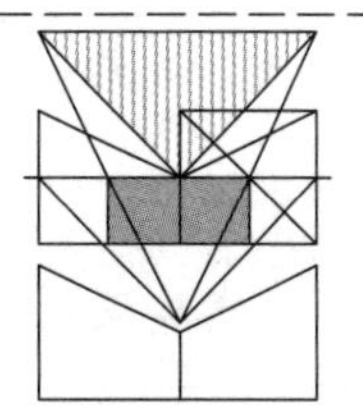

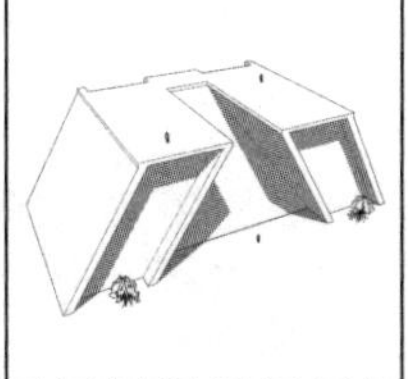

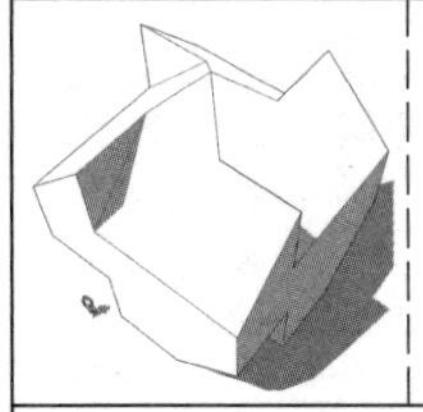

屋顶屋脊的角度采用锐角，而屋面和墙面之间是钝角。屋顶在满足自然落水的条件下，可以有大量的组合方式。对于屋顶的可能性与形式感，还没有充分发掘。

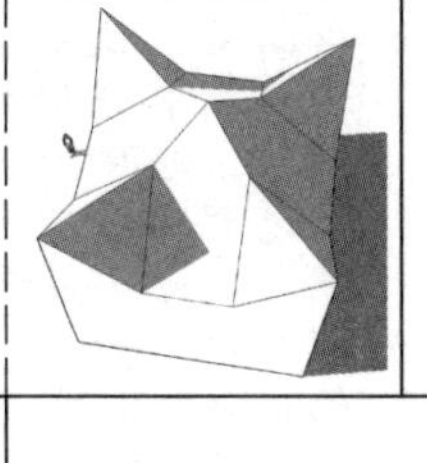

倾斜的建筑天然具有利钝的特性，在动态中保持平静，一部分很稳定，一部分很失衡。角度表现的动感都是虚伪，重心并未失去。真正的动感都在动，而不像挥手前进的雕塑。

普通的打印品包括效果图都是考虑人的垂直视线的效果，如果利用侧向视角，就形成了一种叫做合成变质的视觉游戏。象的存在面、象的画面、人的视点，三者相互联系，又各自区别，惯常的观察使得人们只熟悉三者之间的一两种联系方式，而其余的就在魔术中呈现。

人的影子从太阳的视点来看就是人的正常比例和形状。或者说一个灯光造成的影子，如果灯光变成视点，那么影子还原在人所镶嵌的立面上就是人的样子。再简单一些就是你从投影仪镜头的位置看出去，无论投影打在什么样的体面上，你看到的都是一个完整的画面。

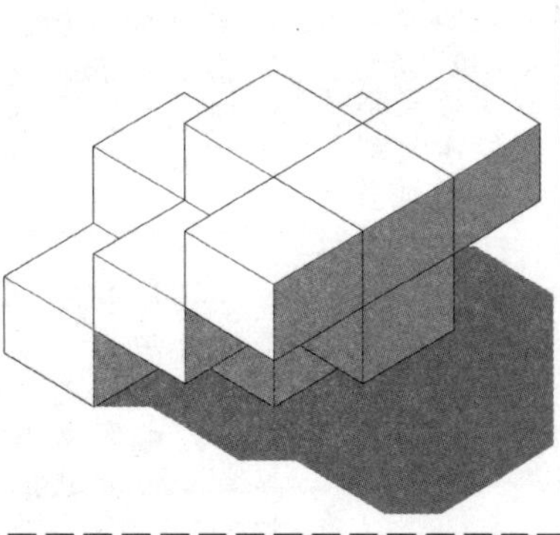

巨蟒张开的大嘴，咀嚼吞噬都是由钝至锐。正面看去的遮蔽所，换一个角度就能看出陷阱的本质。遮风避雨的同时也是填埋覆盖。泰山明明在眼前，却又会压顶。

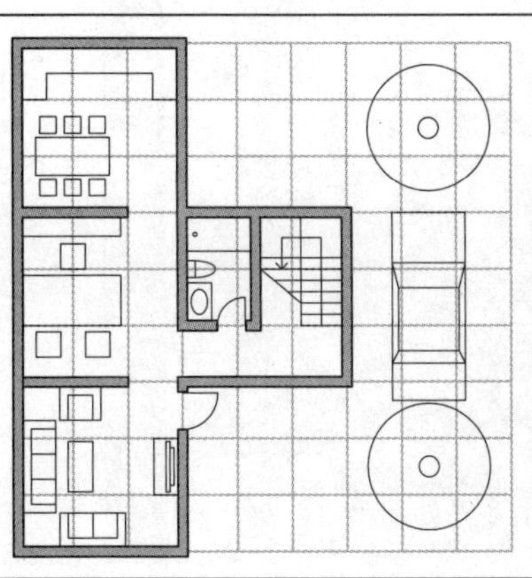

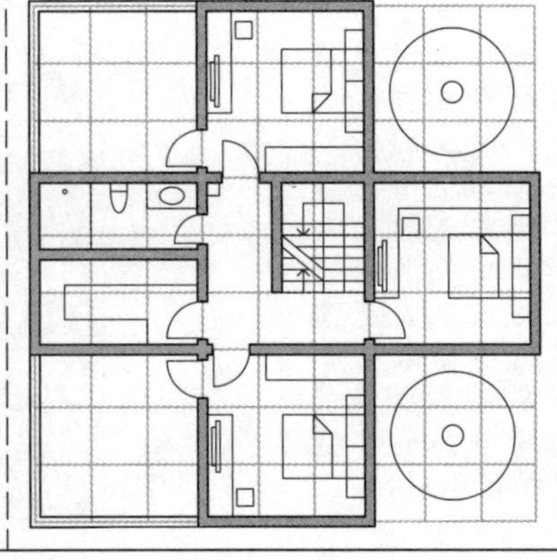

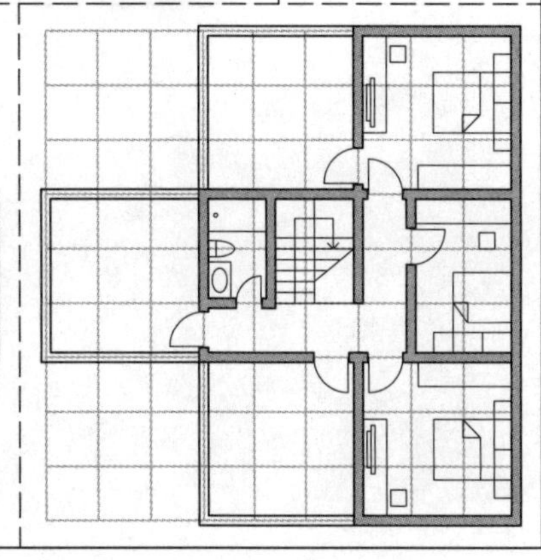

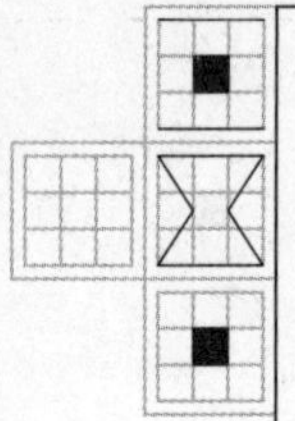

寬 笮

宽　窄

衣带无情有宽窄，
春烟自碧秋霜白。
——唐·李商隐

/广狭/丰杀/粗细/敛侈/肥瘦/
/厚薄/薄渥/

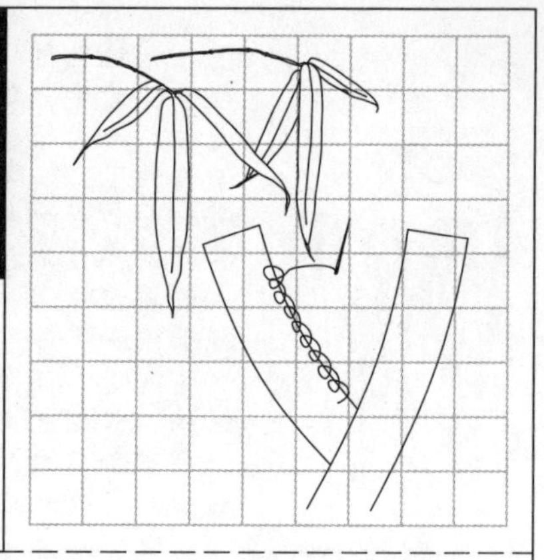

宽：屋宽大也，从宀从萈。宀为房屋，萈是公山羊的象形，由上而下是羊角、羊目、羊腿、羊尾。山羊支着双角在房中，表示房屋空间大。屋中有羊，也代表宽裕。

简化之后萈改为苋，羊变成了它吃的草，屋中有菜地可种苋菜，的确更加阔绰。

笮：陿也，从竹从乍。竹为两簇个字形竹叶。乍是用针线缝制衣领的样子，表示结合、组织。笮为窄之古字，是竹子编织的箔席，铺在瓦下椽上，夹在瓦和椽之间，为逼窄之意。或编织用的竹篾都是细长瘦窄的样子。或房屋能看清楚屋顶的箔席，会意高度低，空间狭窄。

利钝是线的组合，而宽窄就是面。多少尺寸感觉宽，多少尺寸感觉窄，四比三、十六比九都是在各自的体系中让人视觉体验不同。最终宽屏幕会变成多宽，达成眼睛的比例。

梯形就是一头宽一头窄，物体的最终细分会出现窄的极限，或是万世不竭之竭，用竭来表示极限。技术的进步带来建筑的体量越来越大，组件的尺寸也越来越大，从宽到窄的划分等级在处理中经常缺失，无意的是一种失误，而有意的就是要造成不适的错愕！

细节的粗细程度还是取决于人的观察，从巨型体量到人体可触碰的尺寸，要经过若干中间层次的过渡，一个苹果被人啃去，就是自然地拆分过程，人的嘴就是层次的定义。建筑和城市的宽广要细分成窄，应该借鉴传统，回溯由窄变宽的进程，鸭掌也是拳头变成。

窄构成宽，或宽分化窄，手掌就是这样，手臂末端放大变宽然后再拆解。所有的反义相成的形象都可以用这种方式去构成，圆组成方、锐组成钝。

植物和柱式都是两头宽而中间窄，这是法自然的取象。植物生长始于种子，整体形态分枝，越发细巧而后壮大，生长过程由宽而窄，然后继续变宽，不停地聚散，像是连锁反应的爆炸一样，城市也有同样的相似和分型。

从人来说，宽如容纳和保护性的腹腔、窄如功能性的四肢。动物都是窄腿而宽身，如同毛刷，一个扁平的大象是一个扁平的轴侧建筑物。

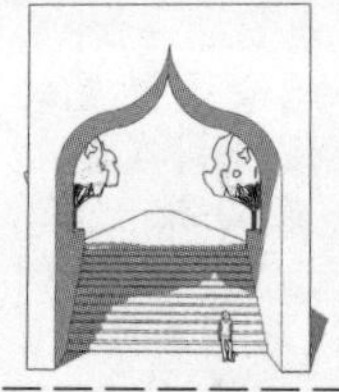

窄作为笮的演化字，从穴从乍。穴为房屋洞口，窗帘这两个字就体现穴的形象，窗中囱为窗上交木，即是窗格的样子，帘中巾为垂挂遮挡洞口的门帘。穴就是出入口，为门窗所处位置的开口。窄就是将要闭合的洞口。

从宽窄笮的这三个字来看，都同房屋有关系，分别指代空间、墙壁、屋顶。宽都靠窄来进行限定，无窄则无宽。

水平凸起的是阳台，竖向凸起的是飘窗，宽窄如同笮席上的篾条，篾条又宽又窄。

建筑的立面可以用连续材料编织，布满花纹的竹编器具中有许多既有逻辑性又具有艺术感悟的精品。感官的均质未必一定要靠材料的均质，个体能够区别对待。

江上架桥宅，如同波浪的翻滚，长江浩浩荡荡地延长，大桥细细条条地跨越。

一座桥顺流溯流延展，桥面变再宽，也追不上长江之长，桥面宽阔的方向恰是长江延长的方向，河有多宽桥就有多长。当一条路越行越长的时候，起初的宽阔在行进中就成了窄，总是在前进之初认为空间巨大，行进久远才知不过窄缝中探寻。水中的基地，还能江中植树。

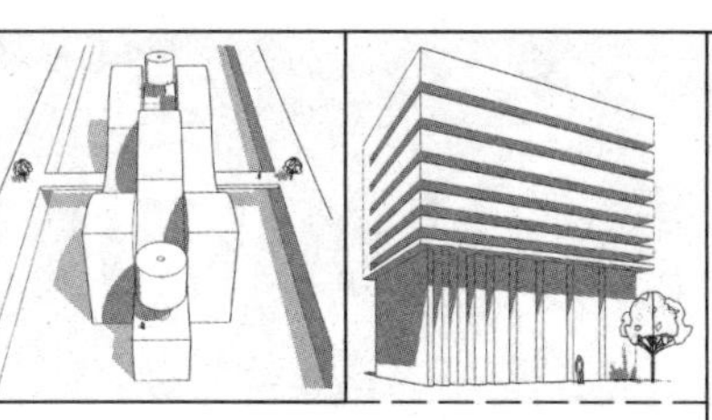

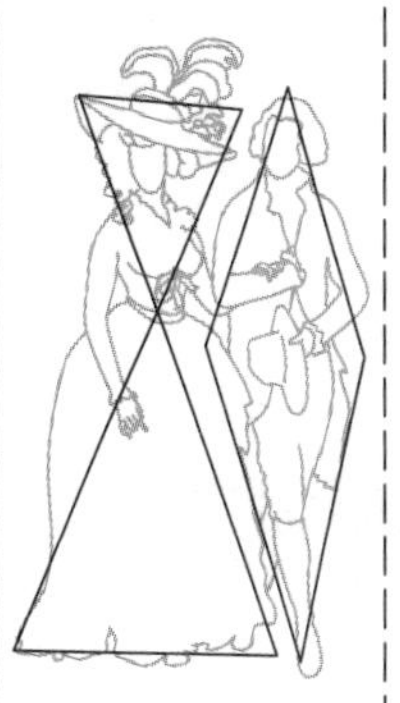

服装中宽窄应用最多，比基尼就是宽窄最明显的表情，用窄来凸显宽。欧洲人细手套加上肩膀的泡泡袖、女装细腰加上超大蓬蓬裙、德国军装粗裤腿加上细皮靴。

阴阳两爻也是宽窄不一的直线。由线到面，条形码就是一系列宽窄表现的信息。立面或平面可以是由条形码组成的。图书馆的移动书架就是宽窄结合的样子，宽只露窄，每天被人移来移去，组合出无数的条码形状，释放许多无用的信息。

看建筑习惯是垂直方向谈宽窄，水平方向谈厚薄，可以说厚薄是另外一个维度上的宽窄。建筑以宽厚为上、为美。

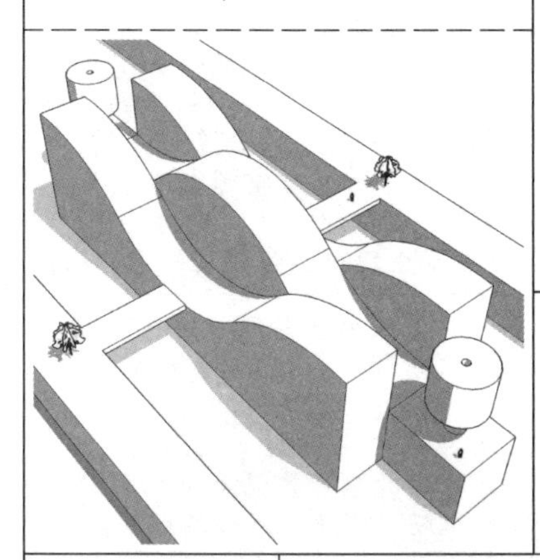

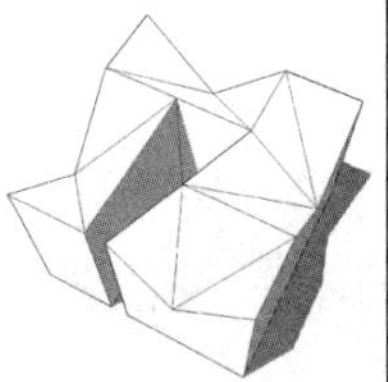

抓一手扑克牌，上宽下窄，密密麻麻排列着窄窄的暴露。一把折扇，是文人的基本道具，因为文人都是长打扮，包裹过多导致天热就要扇风降温。再发展到折扇体现的就是能伸能屈、可宽可窄的精神，戏曲中用来上遮下挡。按照折扇的工艺，可以制作出团扇一样的折叠扇。

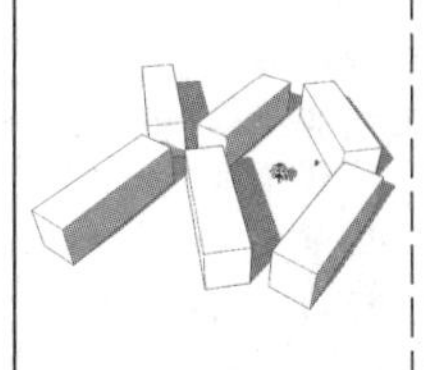

空间、墙壁、屋顶各自去宽窄，塑造不同的特征。金字塔、庑殿顶分解后就是四个由宽到窄的面的组合。悟空的金箍、柳永的渐宽衣带是宽窄合一的典型。古人形容空间用广袤丰杀，丰即宽、杀即窄，言外之意有一中庸的标准，过即丰、欠即窄，处处细窄即为步步留杀。

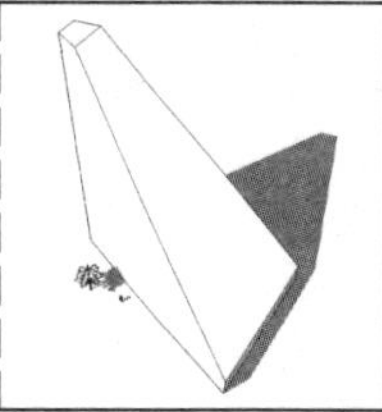

西方砖石建筑是细小材料的横置累加构成，水平横线条多，勾缝的红砖建筑中横线条兜通整个建筑。西方建筑用材料的横向布置来追求崇高，横用材料利于码放堆高，城堡教堂都是尽量高耸。东方竹木建筑多是竖向材料的排列，用竖向材料追求延展，开间数量越多等级越高。

现代建筑进行水平地延展，窗洞横向地排序强化横线条，更有西方建筑的意味。立面上开竖线条窄窗在国内流行，或许和隐约呼应的中国文化基因相符。未来感的建筑不受人体尺度、重力条件限制，没有太多分散注意力的细节，便能拥有统一的风格特征。

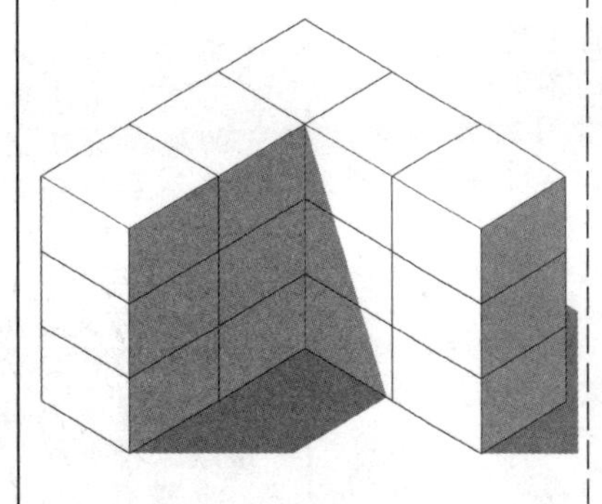

厚书都是薄纸积累。立面竖向细条窗的文化建筑表皮如同码放的书籍。块面、细条、尖顶的组合模式化，是简单粗暴地复制，放弃了性格塑造和多角度的阐释。

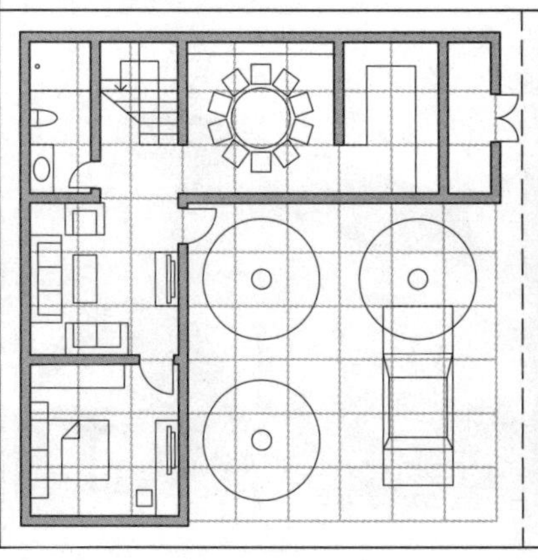

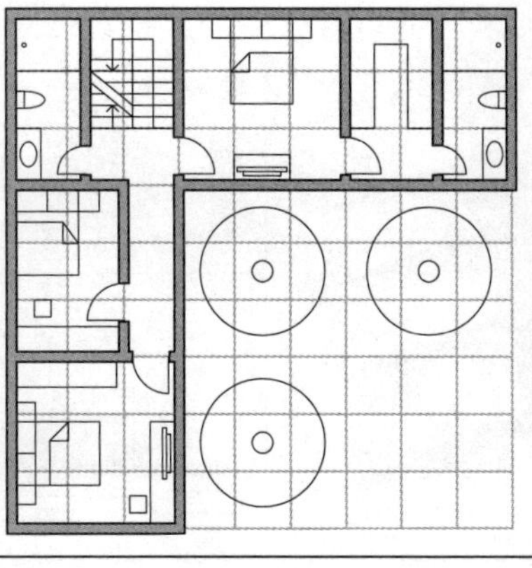

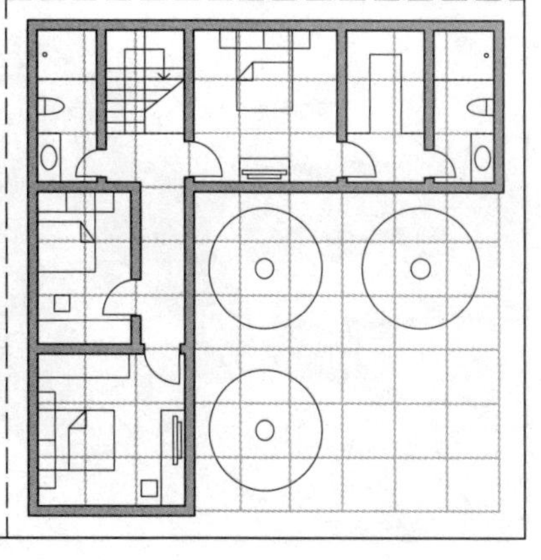

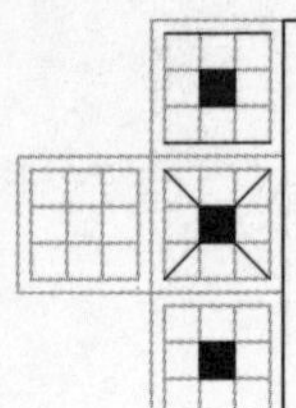

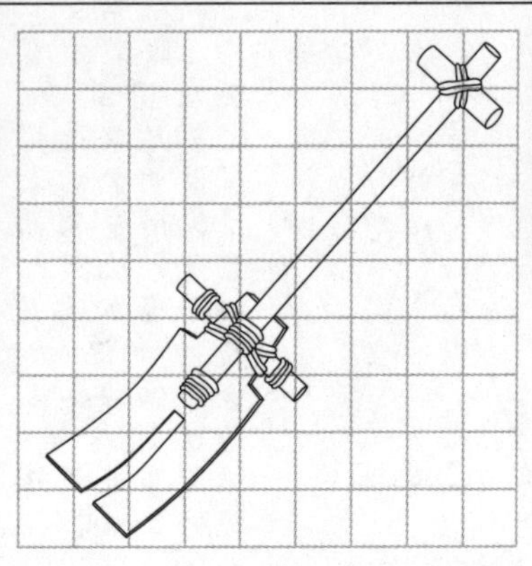

无情水任方圆器，
不系舟随去住风。
——唐·白居易

/曲直/迂直/屈直/

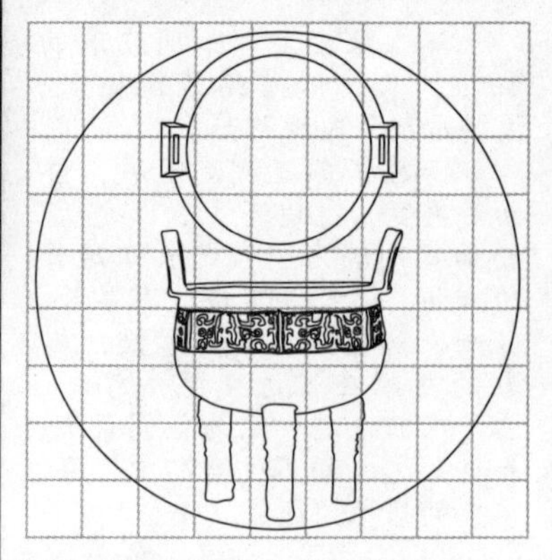

方：直角四边形。形为耒锸，是古代用以掘土的铁锹，画像石中大禹治水所用即是此工具。地上挖出土方形成的坑各个面均是方形，便以此代指方，所见囊括其中即为四方；或方为人肩挑扁担、两头担物，表示征伐四方；或方是人被绳索束缚，为方外土人的称呼。

圆：圆形，从口从員。口为后期增加整个外圆轮廓，强调其圆。員从貝从口，貝为鼎的形象，口为圆鼎的顶面俯视图，員为圆的本字。鼎简化为贝，将所指事物由官方重器转变成民间俗物。钱币均为圆形，中间开孔，内方外圆，像是回字形，以贝字置于口中，强调其外圆。

围棋的方圆形状就含有文化意味，方棋盘、圆棋子。方棋盘是为了保证人的思维理性，人为的边界都是理性的、方形的。而活动的便利又要靠圆形，行动中的作为都要圆才好，相触无碍就要靠圆。餐桌是方的，而盘子都是圆的。筷子一头方另外一头圆，手持的地方是方，便于手拿，而夹菜的地方是圆，利于夹稳。方圆各自独立，是保证功能实现的简单有效途径。

树木的大轮廓、果实、花朵都是圆。自然界拒绝方形出现。只有山的形状，在臆想中认为是方在地面上的暴露。只有人为的事物才具有方的形状，方形应该理解成人性的形状。

方形和圆形本质不同，各自包含了直线和曲线的关系。曲线是圆的一部分，再复杂的曲线也可以近似地看成是各种圆相互切分的组合。直线是方的部分，折线是诸多方的组合。

在建筑中常常希望能够通过局部的曲直来映射完整的方圆，但是往往难以察觉，因为人的观察力在空间中被动接受的多，主动构建的少。暗示的力量只对于上智与下愚有作用。

曲直具有转折的关系，承转起合就是直线向曲线、折线的转换。圆形能看做细小折线的构成，建筑中明显的折线就需要交代，所有的设计都是在设计转折，如同服装的裁剪。

平面裁剪加上适当的折线就形成包装盒，建筑也是一样，转角窗的作用就是强调一个面是相关面的延续。用弯折形成建筑物，弯折保存了原有的联系，拓扑关系并未改变。

圆方不同的造型也隐喻地表现内心。方的不滚、圆的不稳，方圆并用才可行止自如。两个外圆内方的人就像两个圆盘一样，永远不可能亲密接近，只能轻微触碰。而两个方正之人则可能全面地接触和了解。

人的内在往往很难触碰，甚至自己都被蒙蔽，只能浮于表面地交往和了解。君子之交淡如水，就是因为认同内心的孤独，并且不再希求改变。

方圆交合的残留，仿佛是教堂庙宇一样，有祭坛、唱诗台、群像、天穹、壁画。无上的力量就是一种自我约束，在拥有无限能力后还继续保持平静，才是真正有作为的心态。

锋利由浑圆造成，锐利空间都是规矩外的残存，个体的圆拼接留下都是尖狭的群体空间。

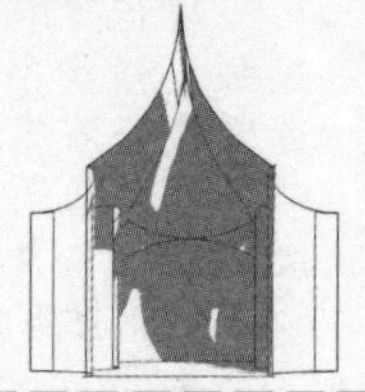

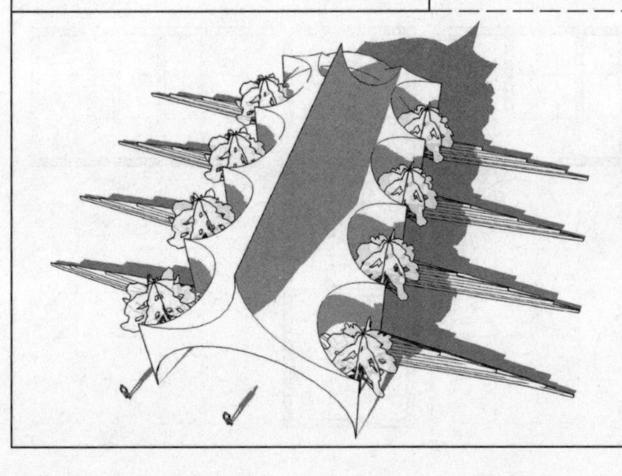

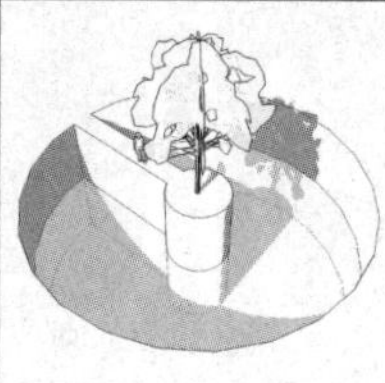

一截树干，一劈两半，既有方又有圆。步入池塘中心的堤岸立面是正方形，围绕着一棵树旋转形成了圆形的池塘。圆方相互衍生，太阳月亮都是圆，光线投射了方的性格。

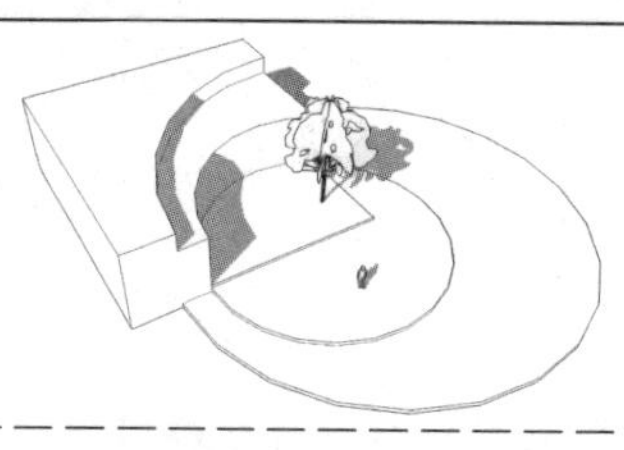

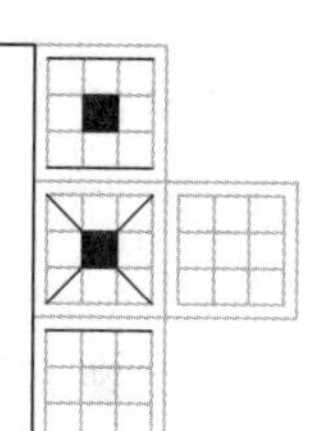

方和圆相互补充是古典建筑的常用范式，现代建筑多强调动态曲线，而静态的几何关系因为可理解而被摒弃。人造物再丰富也不能超越自然，而值守规矩才是长久和欣赏之道。

牌类大多是方的，如扑克牌、麻将牌。而棋类都是圆形的，圆是为了争斗，在暴露无遗的正面冲突情况下争斗要圆通。在组合隐秘的争斗中要方正，需要配合、讲规矩和规律。

牌靠在一起，就要四边整齐，一群人要协同配合，就要同方一样的有棱有角，才能紧紧靠齐，如同一排麻将。方如行义、圆如用智，动如逞才、静如遂意，棋牌游戏如人生。

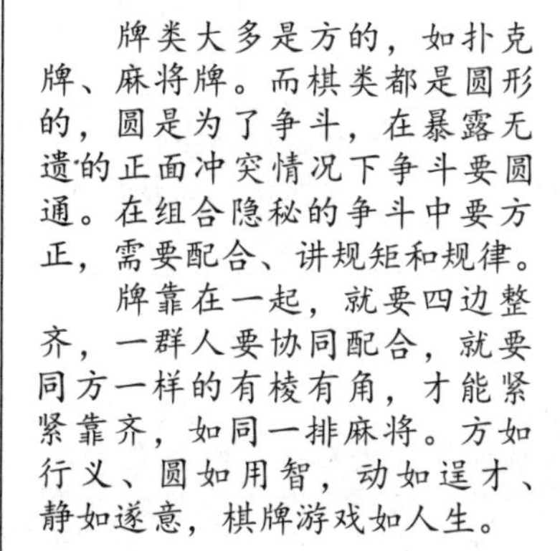

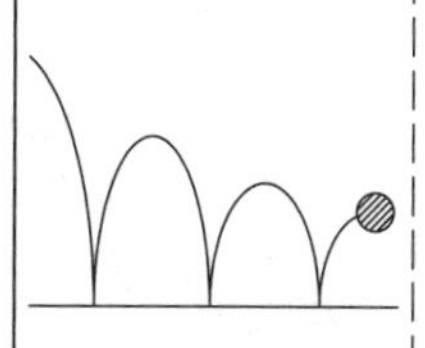

一个皮球的弹跳线路，就是曲和直，路径是弯曲变化的，地面是平直的。

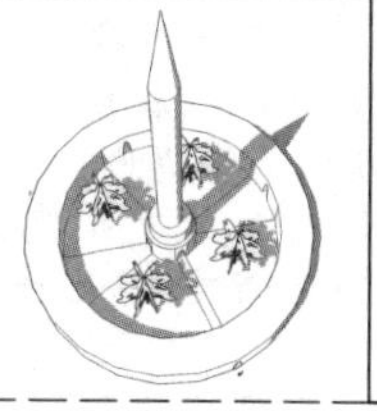

四方和圆形如车厢和车轮。奇形怪状的建筑太多了，真正能够持久和永恒的，永远是方形建筑，规律、方正才是建筑王道。建筑的意义在于忽略和融入，越简单的建筑越快被人熟知而忽略，也就更好地融入使用者的生活，永远错愕的建筑不会让人亲近。

食物总是简单而明确的形状，建筑也要像食品学习，因为食品融为人体的一部分。

圆环是无限的长，中心点对圆产生实际地控制，点不具有维度。太阳和地球，是两个实际存在的点，创造了一个不存在的环。建筑中常用中心点来控制圆，四角点来控制方。

汉字方块化之后，圆成了方形的字，用方块口来表示○，反差实在是太大。

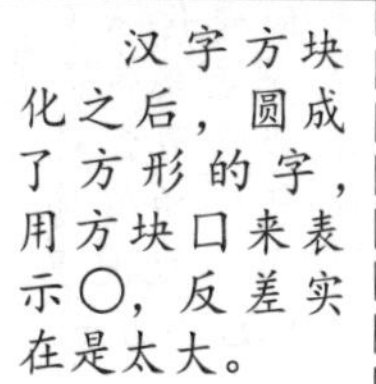

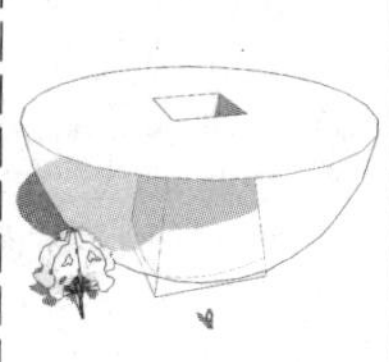

方圆之间，方是固定，而圆是移动，古代在地上垫圆木运石材，是一种方圆共济。现代的汽车也是如此，交通工具是小一些的建筑，火车卧铺、飞机厕所都是极限空间。

未来所有建筑都可移动，方盒子加上圆轮，不再有不动产，全是移动的住宅和办公，剩下的是各种框架式的构筑，以便安装和取用。

城市成了接线板，驻留就是对接或吊装到高空的框架中，工作只需步行就可以，工作和居住紧密结合，换工作便更换居住地。城市只是提供市政条件，且单体室内的机电系统具备自身循环进化的能力，减少对外界环境的依赖。

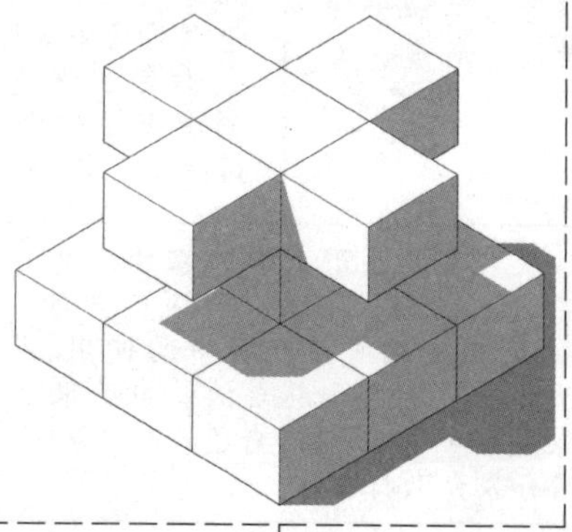

现实中没有真正概念中的方或者圆，圆或是由方构成的。而方的任意一条边在地球的引力场中也只是一个微弱的弧线。

圆形和方形的合体是一个瞄准镜。

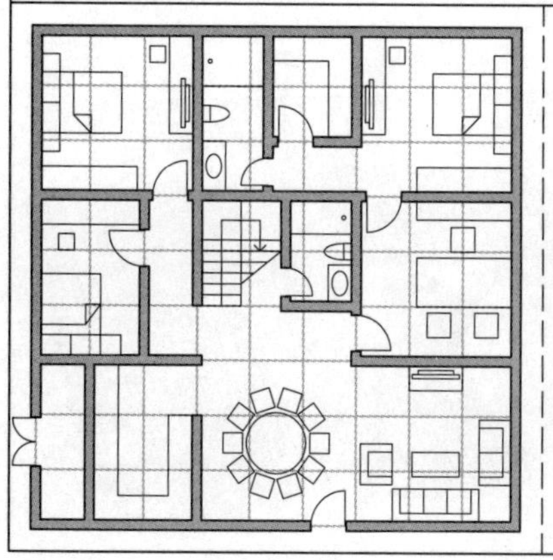

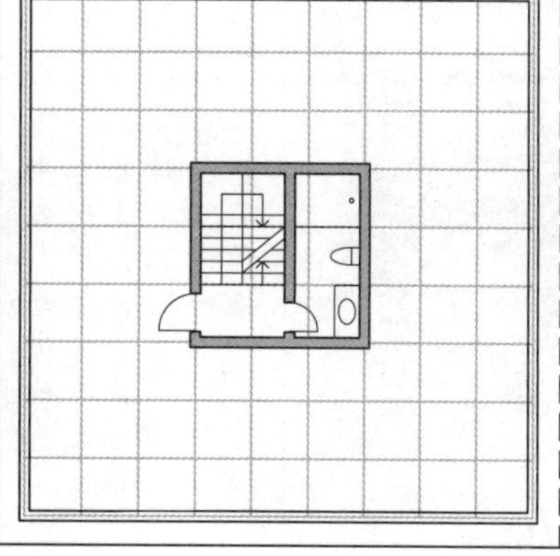

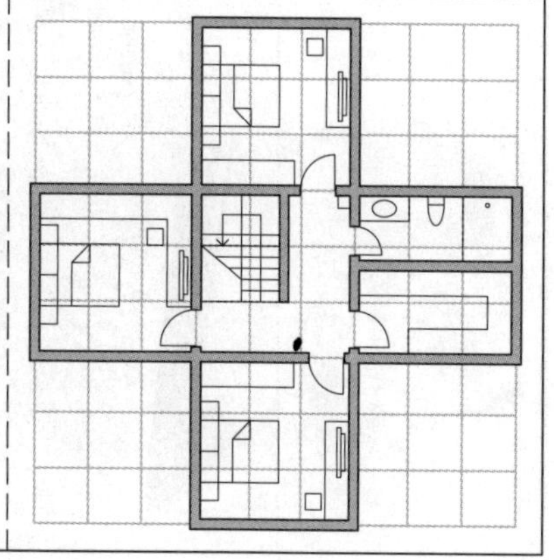

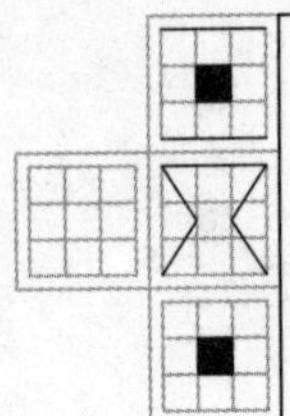

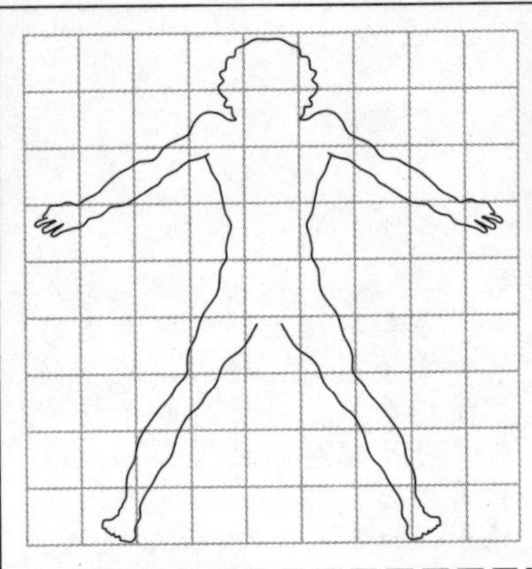

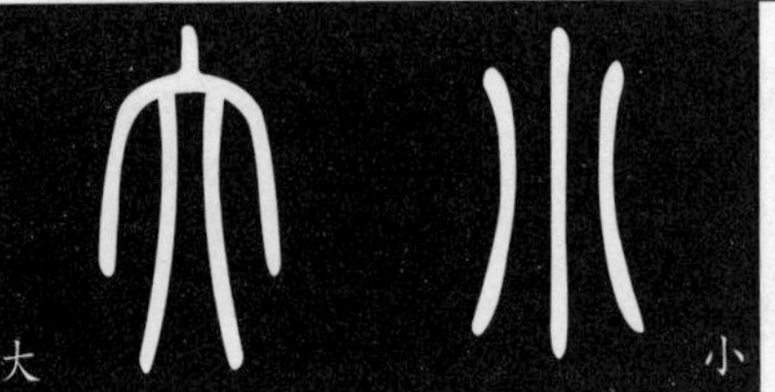

净业初中日，
浮生大小年。
——唐·杨炯

/巨细/巨微/

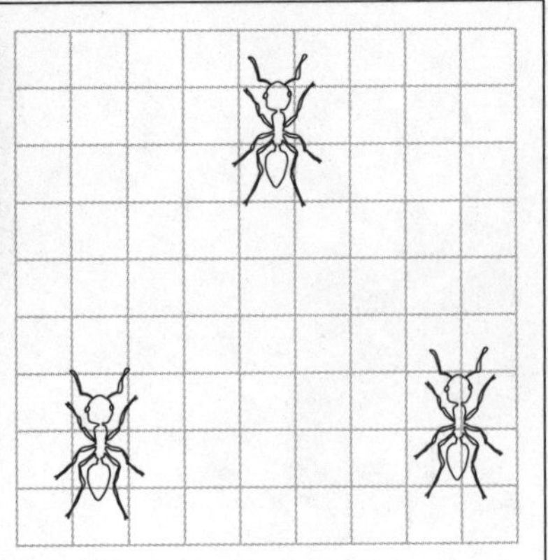

大：成人。大字是成年人正立的形象，与幼儿形状的子字相对，本意为大人。引申为在某方面超过一般程度和范围。

从小孩成长为大人，人体自身的变化最明显，成年后身体、心智都处在最丰满的时候，人之舒展是天地自然中的最大。

小：物之微也。象微小之物散落的样子，可能是爬行的小蚂蚁，也可能是散布的沙粒、米粒。后人解为从亅从八，将物品一分为二就小了。小的东西需要通过更多的数量才能引起注意，如果本来就小，又没有群体，那就完全被泯灭了。

透过猫眼看清门外世界。再大的世界也是映射在眼中，大所拥有的意义靠小实现。各种文明都对大褒扬和追求，古画中的大人物比小人物大许多，靠众多小人物衬托。大是一种心理传统，即体积的变化代表重要性的变化。在资源条件允许的情况下，古代的宫殿都是尽可能的大，但是朝代的更替让皇宫规模逐渐缩小，奴役万众、服务一人的时代逐渐过去。

小设计也是大学问，别针、图钉、拉链、手机、鼠标都很小，没有小设计只有小设计师。这是无数设计和创造填满的世界，而普通人的日常生活应该是创造的基础和服务的目的。

爆米花一把把吃、苹果一口口吃、玉米旋转着吃，这就是用人自身尺度丈量的世界。最简单的大和小往往就是和人的自身比较，最直观也最具有模糊可变性，说一个草莓有鼻子大小，那到底是多大，没有定数，但是看到草莓后，总会觉得有一款鼻子适合这个大小。这种模糊的定义，让人减少了许多不必要的烦恼，不需要精准无误是轻松生活的前提。

月亮星星比大小，感觉都是月亮大，实际上星星都是恒星，比月亮、地球甚至太阳要大得多。人站在地球上觉得地球大而无边，日月都处于天空一隅。道理就是看起来大比实际大重要。就算你是太阳一样，距离太远也只会让你光芒黯淡，受众只愿看见眼前的细枝末节，也不会注意遥远的庞大深邃。创造出视觉感受和实际空间的落差是建筑师的一项能力。

以大为名是一种习惯，大象、大鹏，而以老为名似乎比大更胜一筹，老鼠、老虎。大象虽小也大，老鼠虽幼也老，少爷不如大爷，大爷不如老爷，为何大师一定强过老师？

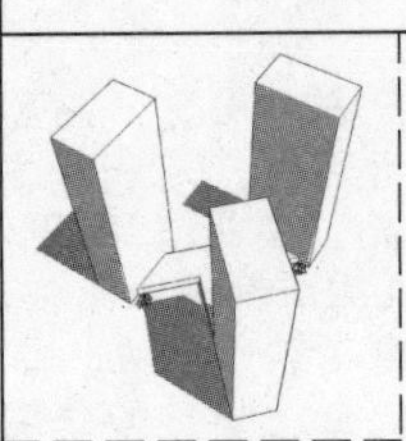

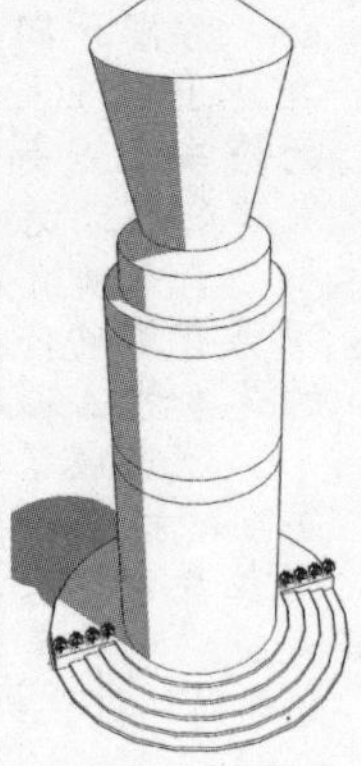

耳机插头和三相插头保护壳被放大。电子产品理性、工业化的外观适合建筑化。

小礼要大、大礼要小。形式和内容的尺度错位往往是钩距之术的应用手法，所谓点点滴滴、轰轰烈烈就是相反相成在现实中的使用。小总是凌驾于大之上，因此小总要伪装自己很大，而大为其蒙蔽和拆分，以为自己小。大小之间的平衡，只有靠大来打破。

小尺度的东西放大，大尺度的东西缩小，常常有不经意的惊喜，常规一旦被脱离，新鲜感就来到。

书本如同一座大楼，书页、封面、书脊可以体现各种内容，用窗格来组合字母和汉字，形成意义。楼可以像板砖，更应该像本书。

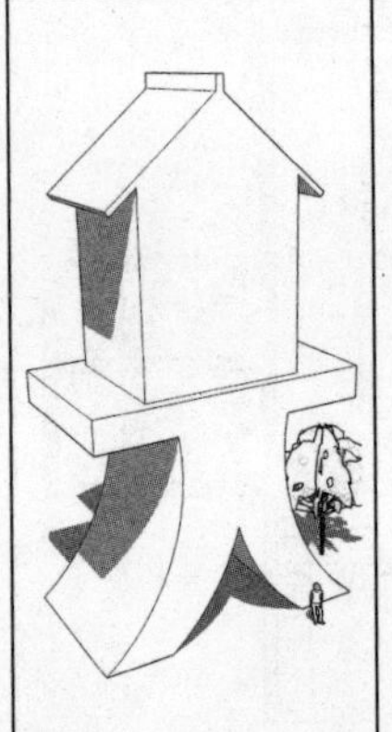

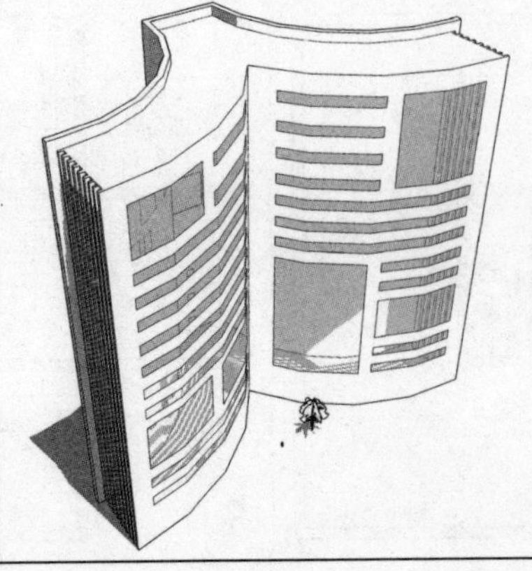

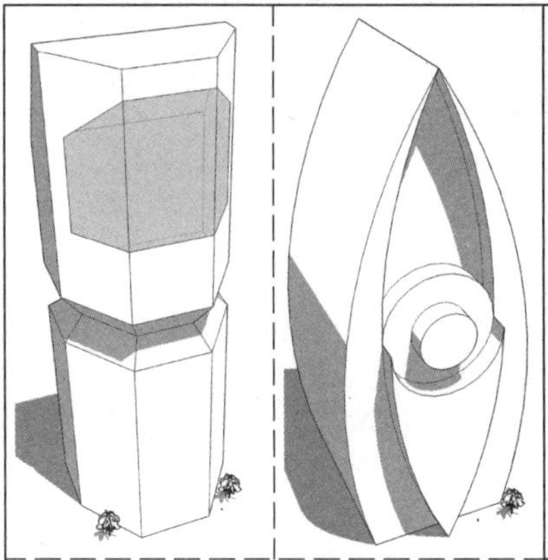

建筑立面和入口形式等比例缩小，整体的造型微缩后成为其入口，入口继续缩略形成狗窝，这样的系列成为建筑的看点，大的给自然住，小的是给小狗住，中间层次是给人住。

大小重复地强化，建筑自身可产生如鼓点般的节奏和轻重。由大至小，可以拥有无数种类的递归方式，设计也可以先将大小落实，再寻求过渡的途径，有趣地创造再解决问题。

建筑模型、航模是大尺度的微缩，这常是工艺品的做法。把小尺度的东西放大就是艺术品，如大黄鸭体积就是大，大到无法相信，大到没有用处。

由此可见，通俗的由大变小，做出来全都是不入流的工艺品，因为常见而且有用，就决定了它没有太大价值。而自命不凡的由小变大，便是录入吉尼斯的艺术品，因为它陌生而无用，便有了奇特的价值。

抬头仰望天上的小，以自己的形状为大。楼梯是通道和结构支撑的合二为一，用楼梯去当柱子使用。万神庙的做法就是巨大的内空，上面露出一个小孔天窗，感受上苍的光芒。

大小只能够在同类中比较，比如说一种树的树叶相互比较各有大小，用香樟叶和芭蕉叶便无从比较。蜗牛壳放大成建筑，真实的蜗居不只是一种生活现实，还是一种生活态度。

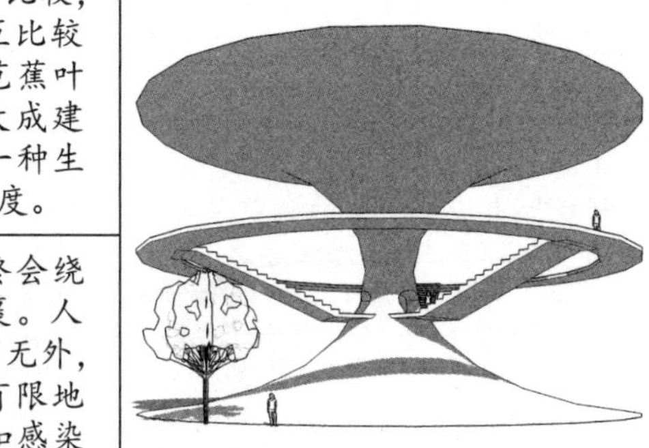

人不断吃下去，最终会绕多少个圈将自己全部包裹。人如果吃下自己，算是大而无外，小而无内。人的肉体能有限地延伸和放大，而表现力和感染力能无限遥远地触及精神。

果实大而种子小，大为小服务，成长的储备决定了种子能否发迹。苹果长出苹果，稻谷长出稻谷，稻谷总是希望将后代包装成苹果，希望长成苹果树，结出丰硕的果实，往往事与愿违，人类社会就像是物种分类的植物界，母体遗传给后代的就是自身。长成的株体越矮小，种子的包装越单薄，基因突变的可能性就极小。

孙悟空的金箍棒就是可大可小，而其所佩戴的紧箍儿也是可大可小，悟空拥有的武器和枷锁的属性都是一样，有多大的能力就有多大的约束，同类相克。悟空不知道大小，就要吃可大可小的苦头。

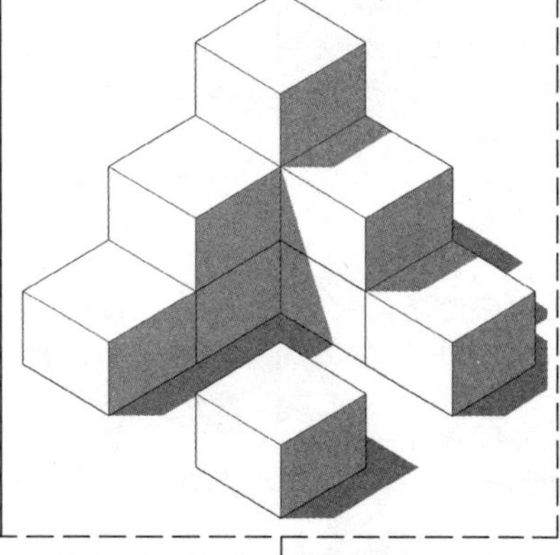

大如同一个人叉着腿坐着，小就是散落在面前的食物渣屑。

大面对小的时候如同大象踩蚂蚁，无从着力，而小克大只需要有愚公移山般的痴心和执着。

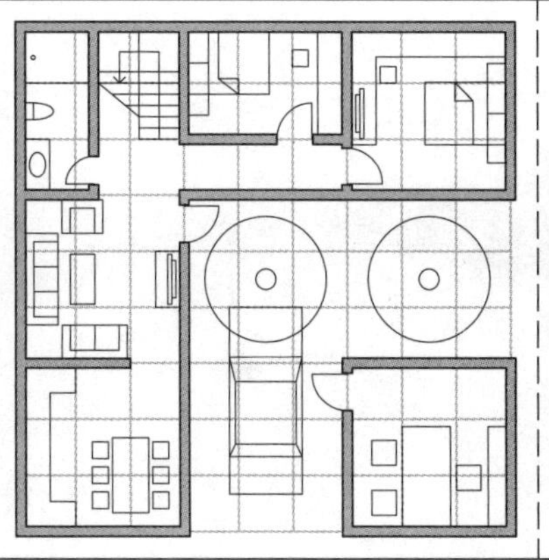

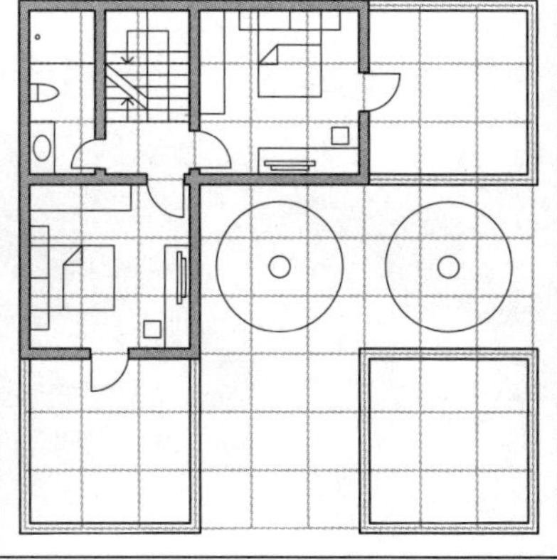

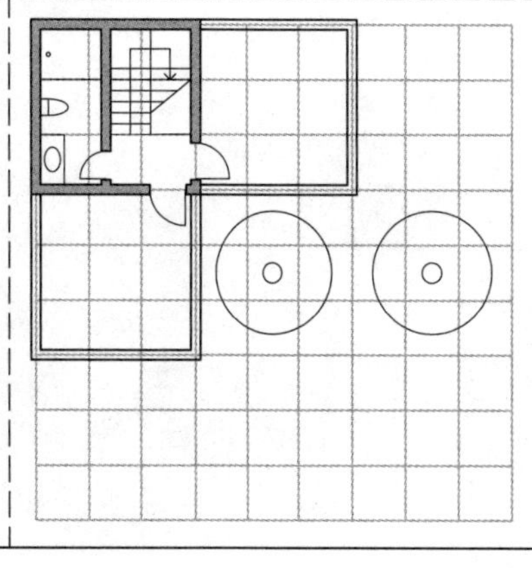

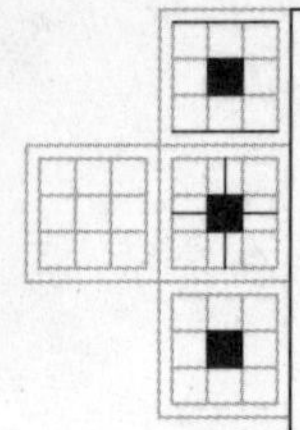

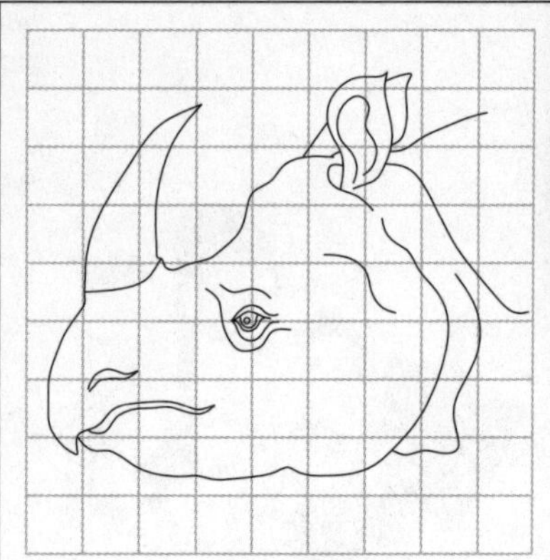

凹 凸

凹　　凸

斜日远山凹凸见，
晚烟丛树短长齐。
——清·何在田

/揭厉/深浅/虚实/空满/亏全/
/亏成/满损/

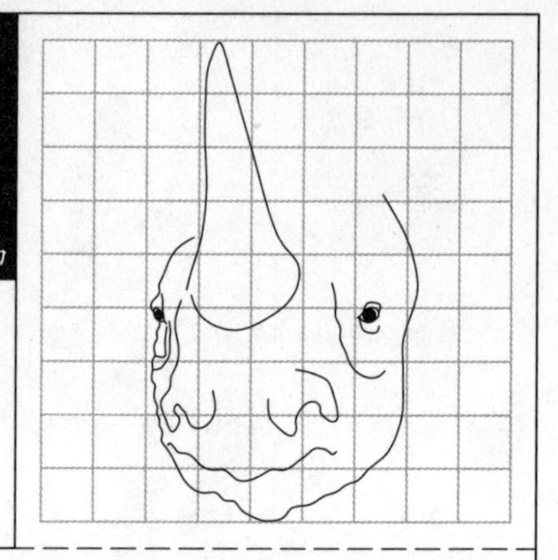

凹：窊也。周围高中间低的样子，如同一个扳手的造型。参考兕字的原型犀牛来看，凹是犀牛头部独角和尖耳的样子。或凹是一片洼地的剖面，象形字多是表现立面或者平面，如山和水，表现剖面的极少。凹造型一词指由外而内地阐述和表达自我，凹的重点在最底部。

凸：起貌。中间高周围低的样子，如同萝卜头改锥。以凹字为犀牛侧立面，凸就是犀牛的正立面。凸和士字形近似，像是艺术装饰风格的建筑立面，也是所有城市和建筑的缩略。使局部突出是建筑的常用手法，也是人类接洽自然的方式。人为的凹都需要靠凸来实现。

大小是体积，而凹凸是形状。体积的描述可以是定量的，凹凸则极大地影响审美的定性判断。譬如人的五官，化妆就是影响人对于其凹凸和大小的判断，大小和位置的调整困难，很难把下巴缩小，但是通过阴影和高光的打造，凹凸的塑造相对简便。相类似的情形是，建筑的总图位置和建筑面积固定的情况下，形态设计感的追求往往落在凹凸上。

建筑体量的穿插本质是凹凸。建筑之初，材料和工具单一，靠造型的凹凸来化解自然侵袭，这样延续很久几乎穷尽了人的形式创造力，直到新材料、新工艺的出现，才将造型功能和形式意义统统抹杀，只剩下对材料的崇拜和展示。建筑在剔除自然的同时也将人自身抛弃在外。从审美和功能角度来看，众多体量丰富、穿插自由的建筑其凹凸并不合理。

地面的凹凸形成了深浅不一的河道，深厉浅揭。涉浅水可以撩起衣服，涉深水撩起衣服也没有用，只得连衣服下水，处理问题要因地制宜。凹凸的地形就是要去适应，在凹凸的环境中，建筑就是要凸凹来配合。模具是各种凹凸，终会将对象塑造成适应它的样子。

适应之后，也要为所成就的凹凸寻找一番说辞，以平常为基准，凡事要突显就需要凹凸一番，如人之自话。成功时候不过两种说辞，一为非常人做平常事，二为平常人做非常事，以求与众不同。凸如狂放、凹如谦逊，凸而不凹、凸也不突，凹而不凸，凹也无由。

一件合理的物件，要实现正常的用途。譬如人眼长在脑袋中部，枪战中要观察，于是探出脑袋、逾越屏障，导致脑袋有凸出遮蔽物的部分，然后不幸中弹。合理也要分场合环境，如同一扇门，门把手总是要凸出来，如果没有设置门凹，就会影响行走。而一字形开门器就是要凸出利于触碰。

趴在墙头探头探脑地一瞥，如同偷学功夫的桥段。

铅笔在纸上涂画只是一片乱线，如果下面是一个硬币，那么凹凸造成的深浅和印象就会有所变化，铅笔还是这个铅笔，无论它愿意与否，它都不可能改变自己涂抹出来的图案。

如同人在社会中无论怎样作为，最终都是社会的底纹被涂抹出来，保持本色的只能是英雄人物。所谓随波逐流的感觉，就像铅笔在衬着硬币的纸上剐蹭一样。

雨棚是凸起的形状，而其功能是凹入的空间，相对关系总是同时出现。因为凹才有了凸，否则就是一个平面。地球正因为有了山的堆积才显现出了深海，否则只是一片平川。

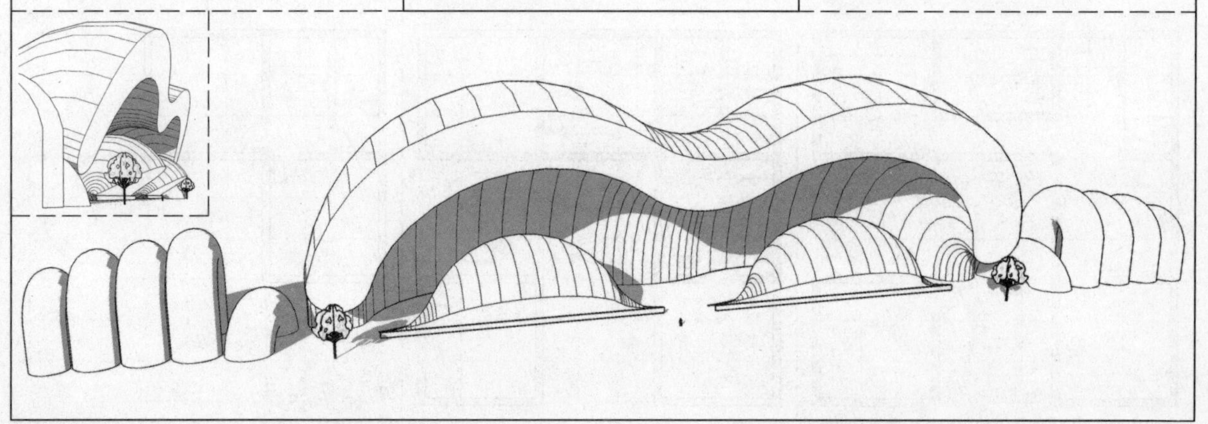

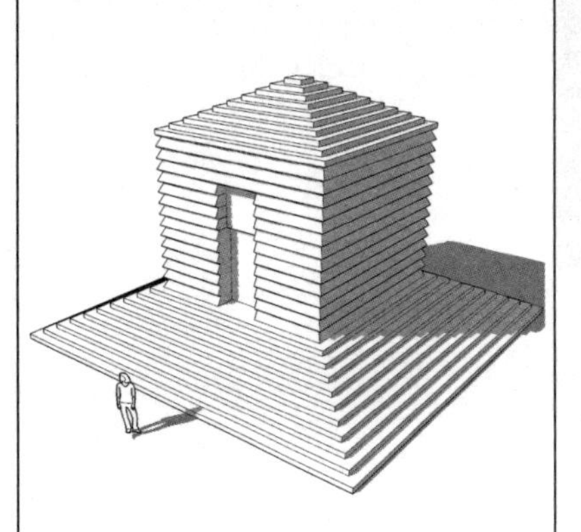

一个树洞、一棵大树的枝蔓向天空四散、手掌五指分开、一副石舂，都是典型的又凹又凸、凹凸共生。烟囱到底是凹还是凸，锅碗瓢盆仔细看的时候也有这样的疑问，罗马斗兽场、各种碗状体育场都是这样。

日常所用的螺丝、搭扣、魔术贴都是凹凸的组合，还有插头和插座、笔和笔帽、红酒瓶和木塞等等。经典的人脸花瓶用凹凸来体现人面。

被台阶完全包裹的建筑，有极强的装饰性和宗教特征，其古典美感仍旧存在，有些玛雅石刻的意味。文化是最强大的武器，不是武器让人幸福，而是文化让人幸福。

台阶是建筑中最值得推敲的部分，其作用和功能不仅局限在交通上。台阶实际包含了建筑的根本原型，其凹凸的形式本就是有无相生的阐释。其变化和输送功能的特性比较其他建筑元素更加贴近人，人可以不摸墙但是不能不踏台阶。台阶还是唯一的尺度，使得其使用和控制具有恒定的标准，能够成为建筑的固定标尺，墙可厚、窗可大，而台阶不可变。

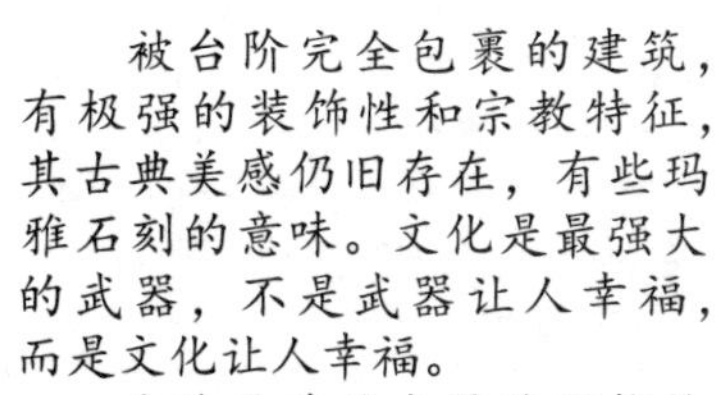

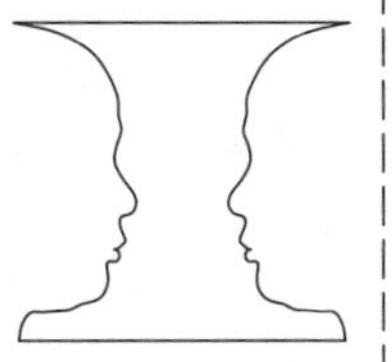

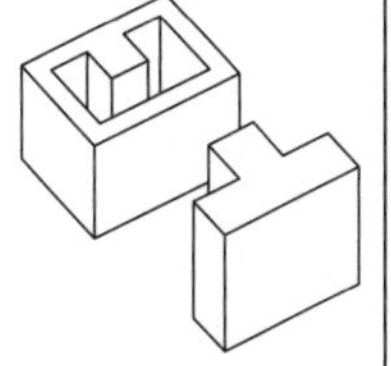

凹陷可谓虚、凸起可谓实，或外凸起而内虚空，或外凹陷而内密实。烧卖和包子，从外看是凸、从内看是凹。缘木求鱼的关键在木，看木是否在水中或者是一棵晒鱼的木。

一个洋葱一个大蒜头，都是层层叠加地包裹。植物面对自然的时候，花朵都采取凹的方式，果实都采用柔和的凸的形式。种子如同子弹具有侵略性，花朵如同弹壳。

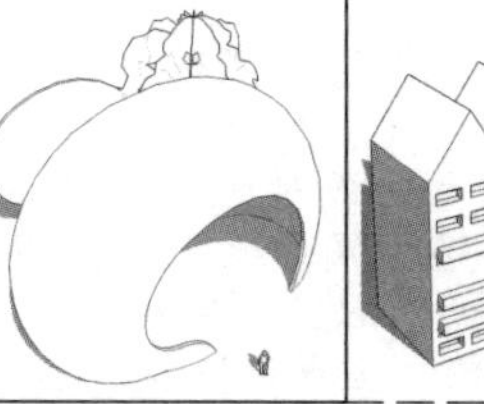

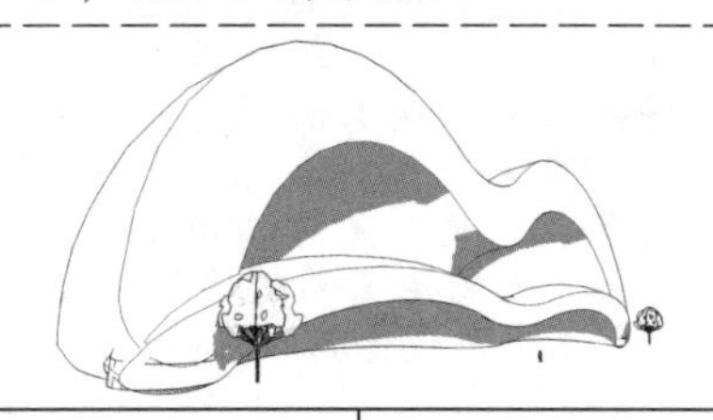

形体系数的要求越发趋小，标准柏拉图体块还是最有生命力。阳台算是凸出还是凹陷，只要形成引人注目的点阵，就可以作为文字的基础，将八卦的卦象作为建筑的立面。

建筑是立体艺术，形体凹凸是造型的关键，如同建筑效果图之前的白模，可以衡量建筑师的功力。有时看建筑白模感觉不错，一旦增加贴图、添加配景后却效果不佳。如同一个健美的人穿了一堆花哨的衣服，掩盖了其形体。

观察建筑可以去除其广告、材质，仅观察其自身体量，就像看裸体一样。美丽健康的身形才是本质，可以有衣服的修饰，但是骨架的完美更关键。健美者和肥大亨，就是形体和外皮的对比，现代建筑为了简单出效果，没有形体变化而仅仅在表皮进行装饰，如同室内贴墙纸，这不是建筑师的功夫而是粉刷匠的本领。

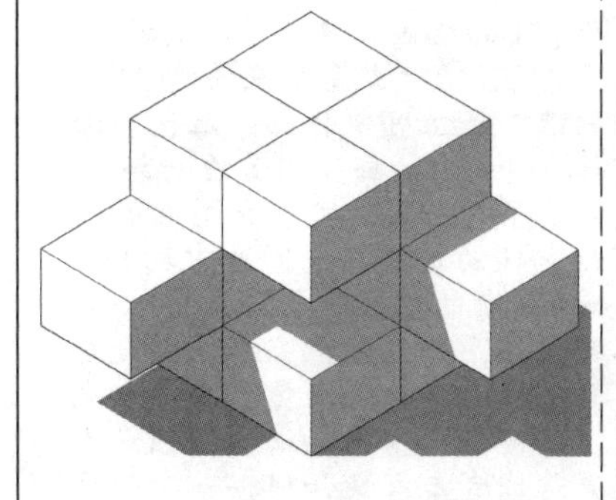

古代碑帖的拓本，阴阳刻的图章，就是凹凸的样子。方寸之中，时至今日仍旧不断地推陈出新，可谓一法得道、变法万千。立着看的章印留白如外凸阳台，印泥如同光影。

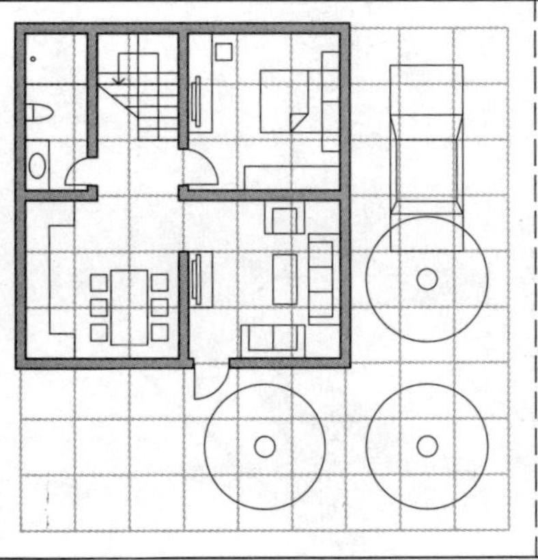

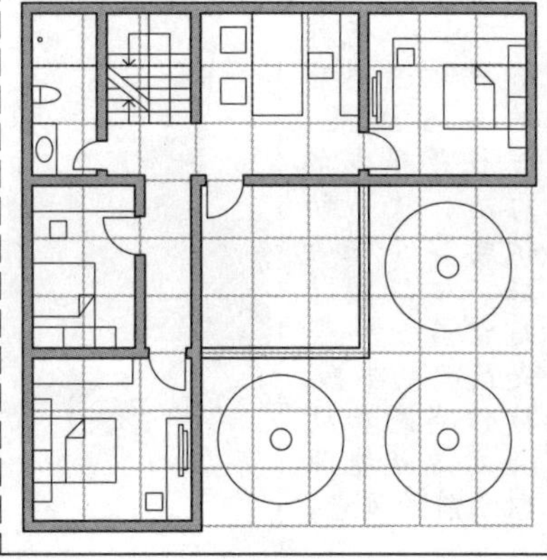

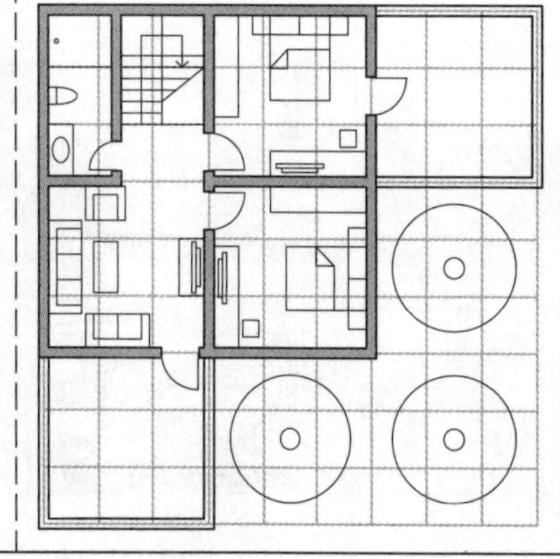

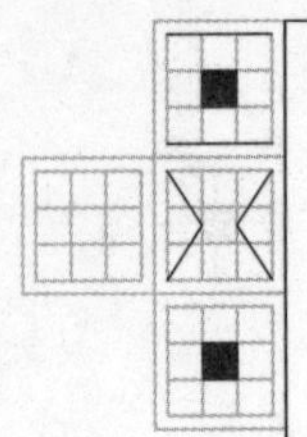

黑　　　白

愉近习而蔽远兮，
孰知察其黑白。
——汉·东方朔

/皂白/缁素/青红/浓淡/素丽/

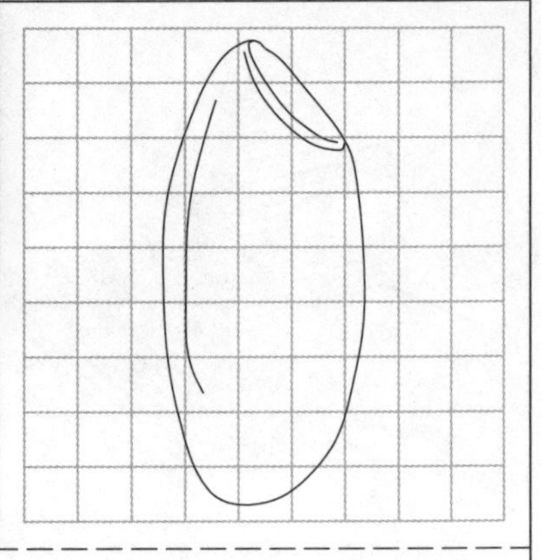

黑：火所熏之色也。是人头戴傩面，身上涂抹颜色舞蹈的样子。四点强调四肢的动态，或是四肢披挂的装饰物。头戴面具就分辨不出本来面目，看不见看不清就是黑。夜里看不见、墨色覆盖其他色彩，都用黑来表示。黑后来讹变成从囱从炎，烟囱底部烧火，上面冒出黑烟。

白：雪色。一颗稻米粒的样子，稻米的白色，中间笔画勾勒出胚芽的形状。优质稻米就更加白，于是白也成为赞誉的美称，后演化出伯。或白为上小下大的橡子形象，橡子的上部分是栗色下部分是白色，白也是较大的部分、最早生长的部分，引申为伯。

雪中火山冒出黑烟、褐色雪糕冒出白气、黑西服和白衬衫都是可见的成对色彩。实际中，围棋整合黑白大小，体现国人关注的问题，形状和性格、色彩和价值、位置和联系。

观众只看表面，对牛弹琴的争取只是误解后的叮咚。徒有其表的需求，导致表面的色彩不仅可以借鉴诸多名画、艺术品，还可汲取服装设计、平面设计、工艺设计的成功案例。

眼见黑暗因其爱光明，光线不反射，眼见光明因其爱黑暗，颜色全反射。黑色的吸收，黑洞和黑暗的深空；白色的释放，白洞和耀眼的恒星。

眼见的红是因为红色的光波不被吸收，植物根本不吸收绿色的光。所有颜料混合在一起就是黑色，所有光混合在一起就是白色。光线作用下产生色彩，色彩是支离破碎的光线，白色是眼睛最饱满的吸收。

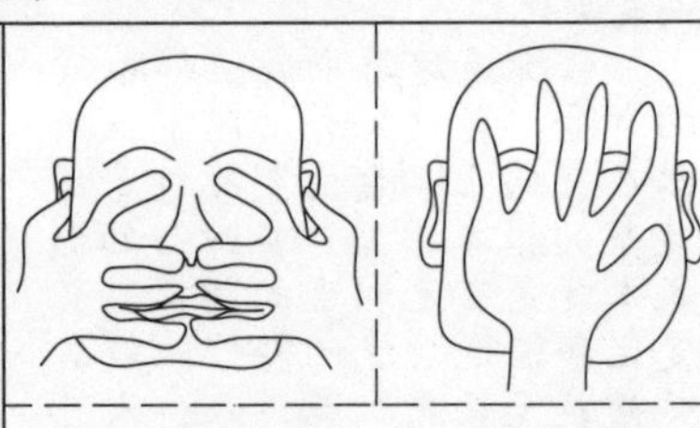

人要厚黑，于是总得缺点什么，千万不能多出点什么。按需掩藏七窍可省却无数烦恼。中国的房子围墙完全封闭，这是一种文化传统，而西方的住宅开敞。如果黑的意思是看不见，那么四面围墙的中国住宅完全符合这个条件。白代表穿透和发散，大白于天下就是暴露无遗，总结而言中国的住宅是外黑内白，传统庭院处处穿透和发散，算是白得厉害。

面具就是开了窗的绘画，建筑是人的面具，模拟身份和隐藏自己，天生就具有黑的特性。

一张有洞的纸，纸上可以作画、上色、涂鸦，洞可以参与构图成为绘画和图面的一部分。或相反的是被虫咬了的书籍，文字和图面的缺失让文字具有诗一样的美感，使图画中增加了想象的空间，如同断臂的维纳斯。

虫子咬坏的书籍，片片零散，知识的还原已然不能，只不过承认残缺，比费尽心力求全责备更加有益。红楼梦残本固然遗憾，但是看过全本甚至就算是作者本人又如何，一个时代的精华无数，人性的根本早被阐释殆尽。

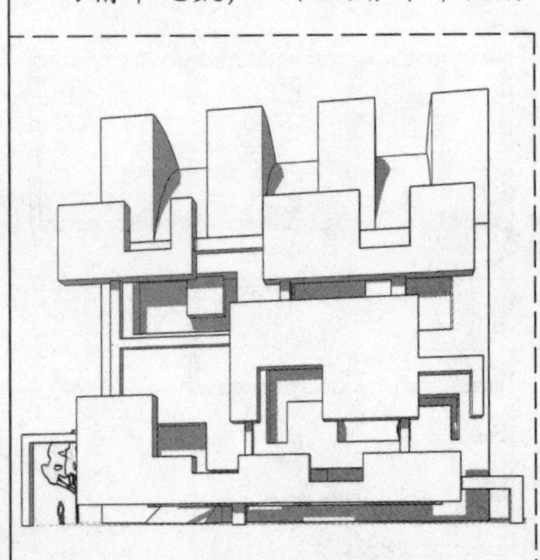

如今充斥各种刺激感官的丰富成果。过往是艰深的简洁，故事和情绪靠千锤百炼、口口相传而留存。如今是简单的丰盛，故作姿态和故弄玄虚就能赚取眼前的风光。

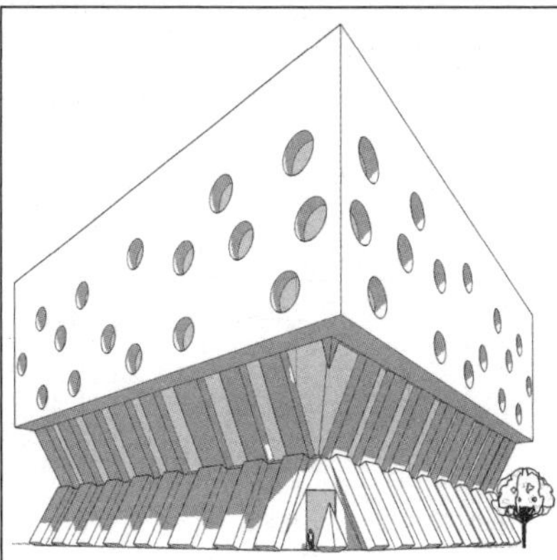

树就是各种颜色的混合，绿色的树冠、红色的花朵、褐色的树干、白色的防护漆，在水平的特定高度出现和结束这些色带。这样经典的色彩分段，似乎没有见到过实际的模仿。

干干净净的广场，不要有从天空才能发觉的花哨，广场四角明灯，一片平坦的存在，才能提供更多的利用空间。广场未必需要铺装形式，只需要自然的色彩。地面的石材拼花替换成排列种树，树种、树形、花期都不一样，产生不同的季节感，让时间有记忆，让记忆有色彩，而色彩只是自然地存在。这种有记忆的方块广场，胜过无数的弯曲折绕。

黑白有天然的意义，H色是深沉阴暗的地狱，黑暗地狱里满布着残垣和牢笼。B色是天上的浮云，白云飘浮着天使和雨雪。从地狱中爬出来和从天堂坠落都是容易的。

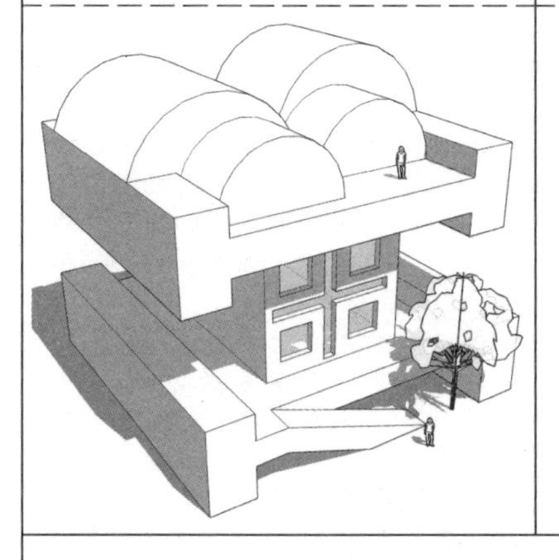

艺术装饰建筑，表面涂刷方式如服装，不仅有体积的表现，还有纹理色彩的表现，如同有洞的纸、皱巴的画布、被挡住敏感部位的雕像。生不逢时就是处在大师巨大光芒造成的阴影中，米开朗基罗之后的艺术家在他的画作中添加内衣遮挡隐私，被称为内裤画家，他们也是最优秀的，只不过挡在了大师身后，于是比做大师更难的是做大师的继承者。

通过黑边来强调建筑转折，就像是中国传统的线描画，所有的边角和体块都是线条构成。让建成的建筑和图纸上的线描图更加接近，所见即所得。只有更黑，才能凸显面的洁白。

建筑的表面图示如同围挡上的广告，应该成为建筑的常态，形体只是一种表现形式。显示器的造型很重要，但是屏幕的桌面设置更加重要，不仅仅是因为桌面很漂亮，更因为桌面可以个性定义和更换。

建筑表皮随时间和潮流更新，就像涂刷的标语和宣传画也随着文脉演进。建筑色彩如今还是原始状态，用材料天然属性作为外观，是某种设计逻辑的追求。但明显的是城头只变换大王旗，因为城头不好变也不必变。建筑立面脱离结构束缚是建筑发展的一次飞跃，建筑的色彩表情脱离建筑的材料将是下一次飞跃。

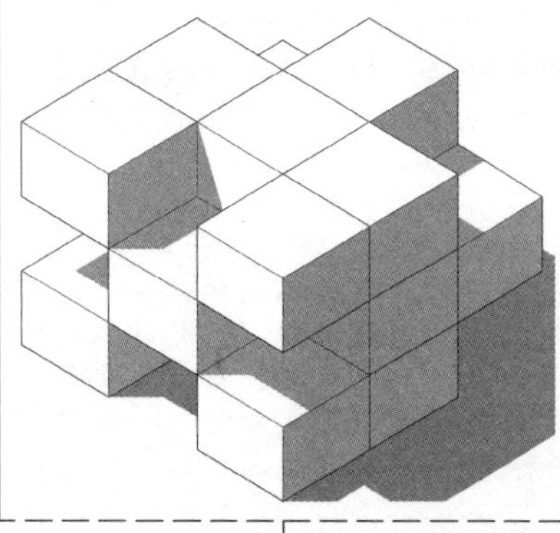

五行有色彩的属性，四九为金白，一六为水黑，蕴含最重要的两个数字就是五和四。北方为黑，西方为白。

五官遮挡不见便是黑，虚空散落如米便是白。

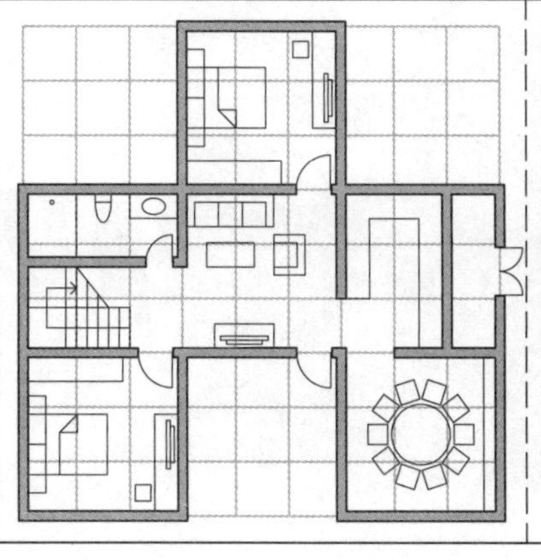

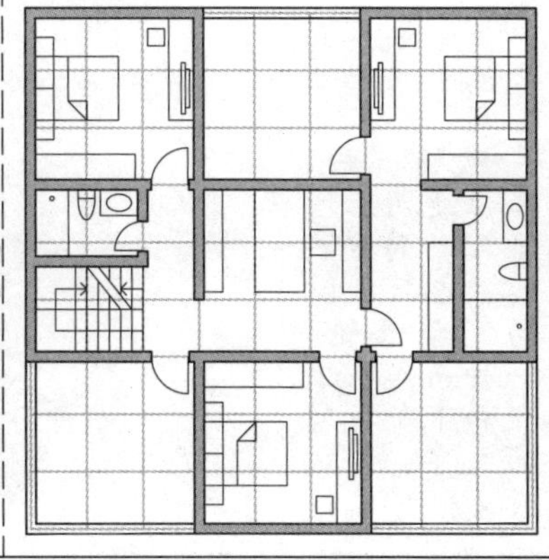

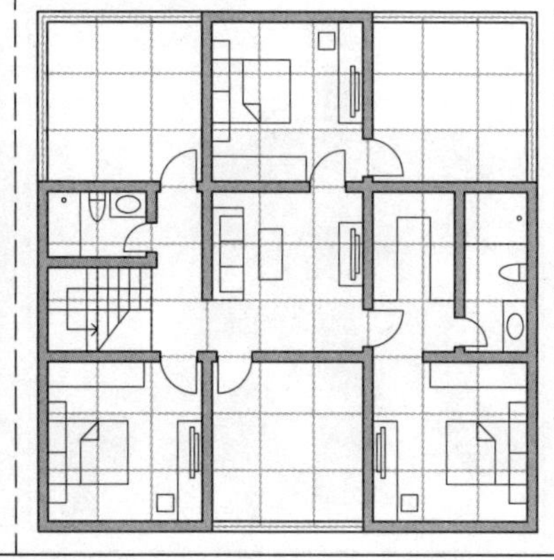

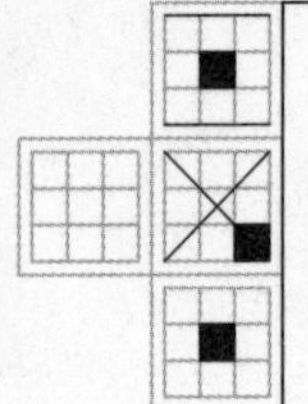

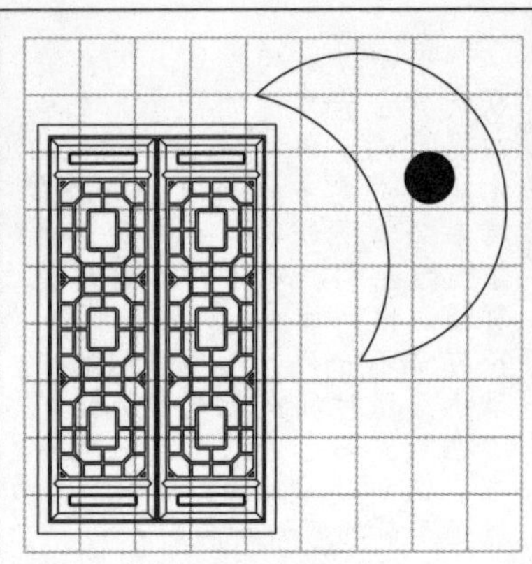

明 暗

明暗信异姿，
静躁亦殊形。
——晋·张华

/明晦/幽明/亮暗/形影/光影/
/清浊/泾渭/清浑/

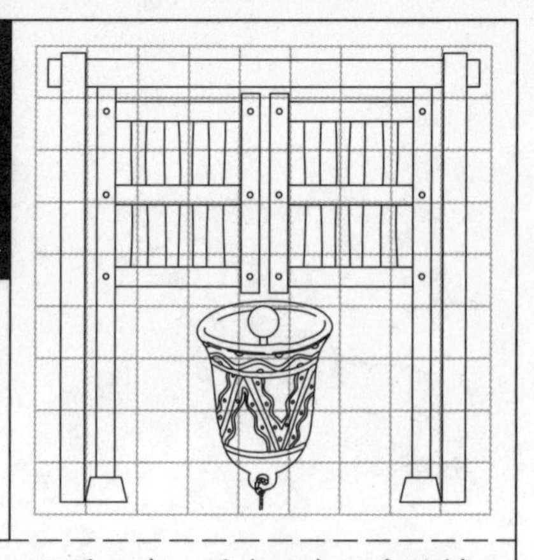

朙：照也，从囧从月。囧是有花格窗棂的窗牖，月为朗照的月光。窗洞没有纸和玻璃，能够看见月亮。月光清晰明亮，从窗户透入室内，窗口通明，在夜里是唯一的光亮。甲骨文也写作日月明，或解日为恒星，夜晚星月为明。明亮要用黑夜来衬托，才更显得珍贵。

闇：冥也，从門从音。門为两个门扇的样子。音和言、舌、告在甲骨文中同为倒置的木铎。门将声音挡住，意味着门闭上了。或是关门的时候发出声音。门关闭后室内就变幽暗了。或晚上黑暗，门内看不见东西只能听见声音。闇的俗字作庵或菴，结合庵更能理解闇的意味。

朙闇即是明暗的原字，明亮和窗户相关，隐私和门相关。古代的门是可动的，而窗是不能动的。以窗为门则常开为明，以门为窗则常闭为闇。

闇同庵，是闭门谢客的清净和自持。尼姑庵就是谢绝来访，寺庙就是值守寸土，首领的空间叫做方丈。旧时文人多用庵作字号或书斋名，老学庵、影梅庵。躲进小楼成一统，是铸造信念的城堡，在暗处自保。

明暗光影是自然地生成，加上人为的角度，才有了中和的展示。明暗就是物体的素描关系，如同黑白照片一样，具有空间关系，单纯的色彩和线条只能利用遮挡的关系和透视来体现纵深感。有光才有影，影子是光的负形，而现实中经常感觉影子是正形。影子是存在的证明，没有影子似乎就是飘忽的灵魂，传说中的鬼魂都是没有影子的存在。

影子是最好的涂料和装饰，如同健康皮肤的光泽。建筑本该光影分明，玻璃幕墙弱化影子，是现代建筑的一大损失，现代城市因为材料和大气污染导致越发无影。反观传统城市总是光影分明的形象。

影子是对象在地面留下的二维观念，观念完整不代表对象完整。地面上的一个完整映像，也许是一堆支离破碎的堆积。现实中完美合理地建造，生成无解的幻影，所谓幻影即是无从还原和追溯，一条街道叠加无数的阴影，这种存在和记录不为人知。观察翻过来的面具，即使知道是内凹的，也无法修正头脑中的凸起。

在特定时刻如某节气，让立面的凸起投影形成文字。太阳在同一阴历时间投射同一阴影，特定光线纪念特别时刻，如日晷和巨石阵，让光影成为语言，在墙面上念诗，点亮这个时间和地点，使它产生瞬间的生命。

用影表达是常用的艺术表现手法，以光影写字让阴影有了意义。过去强调明亮和正面，因为光明照亮了一切，随时可以阐释意义，忽略了让阴影成为特殊时刻的证明。光影诗篇是在墙上书写出天时、地利、人和，有意义的阴影必须三个要素完全具备，天气和时间、地理方位、人的位置和角度缺一不可。

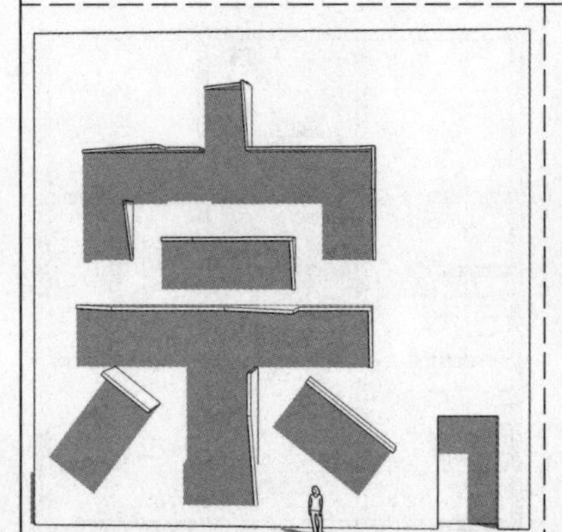

建筑只在图纸中是完整呈现，那只是生命的一瞬。就像是阴影所呈现的特定内容，也只在瞬间完整表达。一种凸起在上午和下午投射的文字，组成反义相成词。

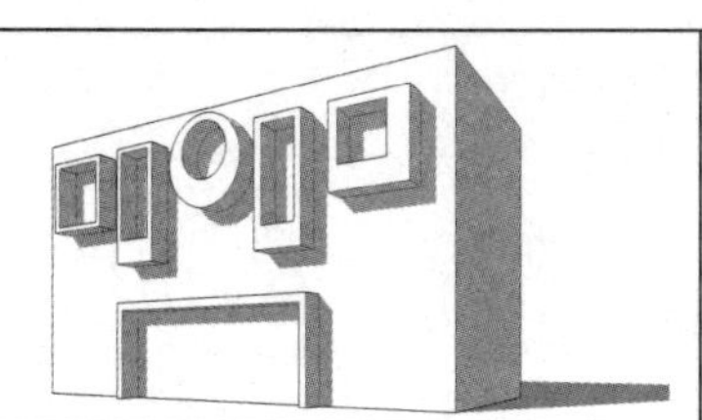

模拟建筑光影如同化妆，深眼窝和高鼻梁靠加深阴影来凸显，实际是虚假的立体感。效果图能够模拟实景片段的立体感，但最佳选择仍是模型。

白色派建筑依靠真实光线，而新生的拟影派，专门适应没有阳光的雾霾天，用立面绘图取代太阳，用涂料去模拟影子，让建筑感觉处在阳光照射下，增强辨识度，类似建筑投影表演或合成变质立体画。

把形体起伏平面化，把空间光影表面化。这样犹如是渲染的烘焙，游戏中贴图常用表面去取代真实。光影和明暗进行固化，锁定变化使阴影变成了立面材质，伪造出凹凸。

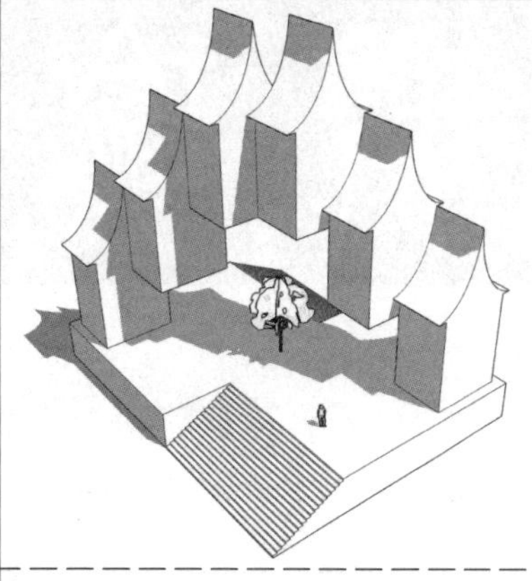

建筑犹如是太阳月亮经行的轨迹，横空跨过。层叠空间让光与影交织在一起，地面的铺装描绘各种标记，定义投影位置的意义。唯有自己发光，才可能不被阴影所困扰。

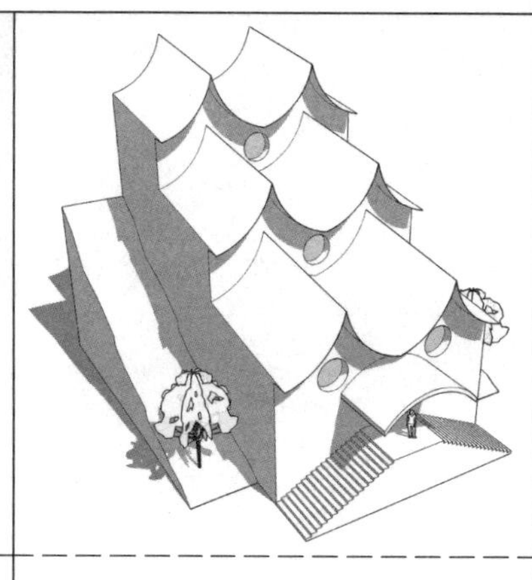

光线重合会使表面更亮，影子重合不会让阴影更黑。假设有多光源，阴影的重合对比到周围更亮的光照，可能会在视觉上感觉更黑，实际上未必。

照明是将建筑生命散发出去，建筑不会动，能够传递的只有光线。没照明的建筑就是用脚触碰的概念。光看不见影子，当付出成为生命，就再不见阴暗面，光线如同雨水一样顺着屋檐向下，冲刷着阴影。

一扇门便是一座建筑，过去的瓮城实际是门的一种变体，如同是加厚的大门。而玻璃盒子是将人置身于窗户的中空玻璃内。建筑如加厚的门窗是种跳脱的思路。

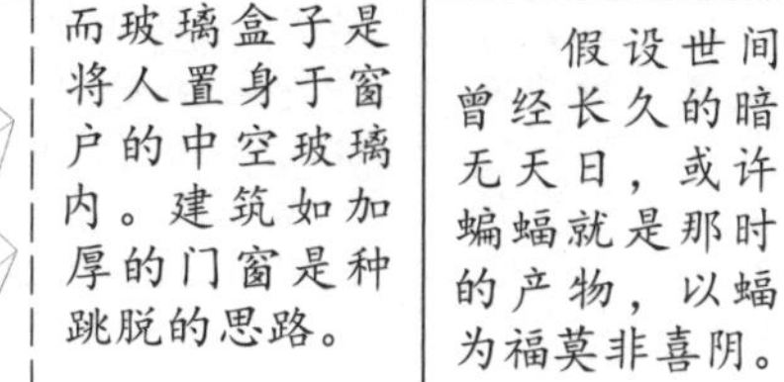

假设世间曾经长久的暗无天日，或许蝙蝠就是那时的产物，以蝠为福莫非喜阴。

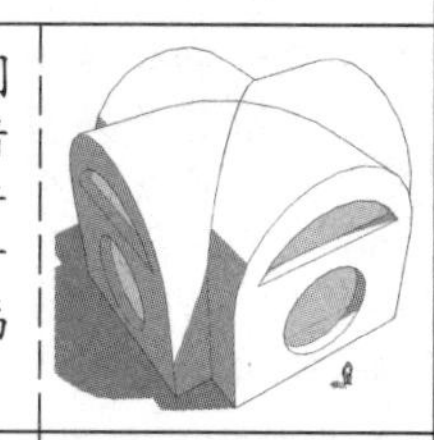

中国人用线条，西方人用光影和面。中国画注重起伏和形状的抽象样子和边界，很少表现阴影。西画多注重光影关系和各种面之间的比例，常用素描关系。东方艺术中缺乏人体的表达，雕塑和绘画都较少触及人体，因此对形体的关注和认识不足，形体上有大量的夸张装饰而非写实的表现。更多创意用来打造以线为主的工艺品、日用品，再加上中国文字本身也是图画线条的抽象，导致笔触和线条超越内容。

或光影对于观察而言，将不需要或不存在，人用设备自定义观察方式，用线条轮廓去感受形态，所有的象都如同连环画，是线条的组合。

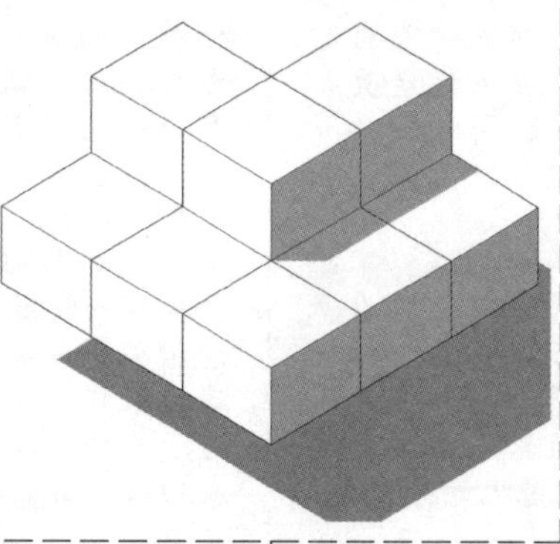

简洁明确的形体，最体现光影。建筑是动态的观察，而阴影表现的意义只能在特定时间呈现。夜晚的建筑照明总是更加体现意图，因其可控的光线和黑暗的背景。

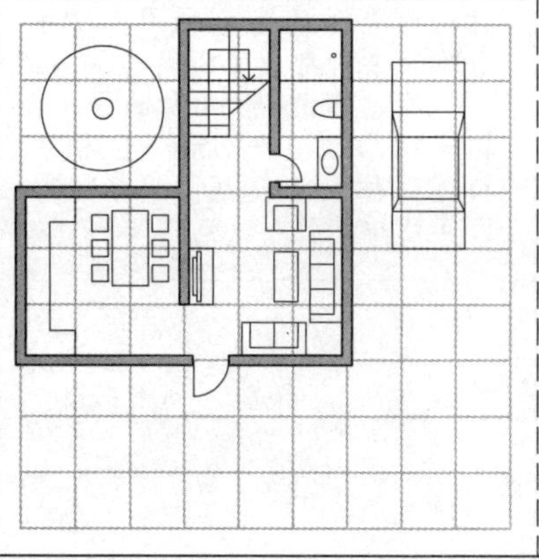

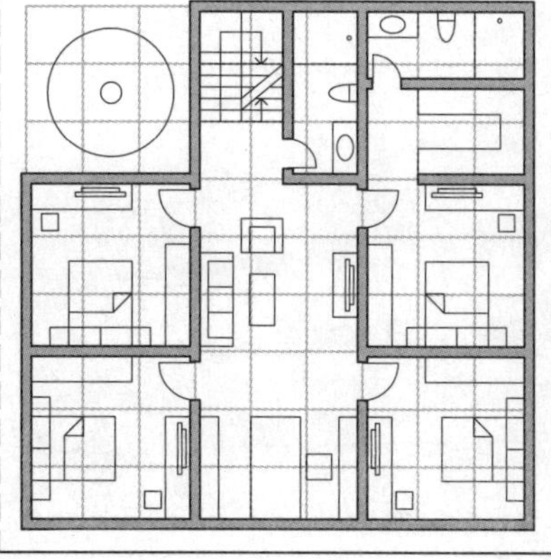

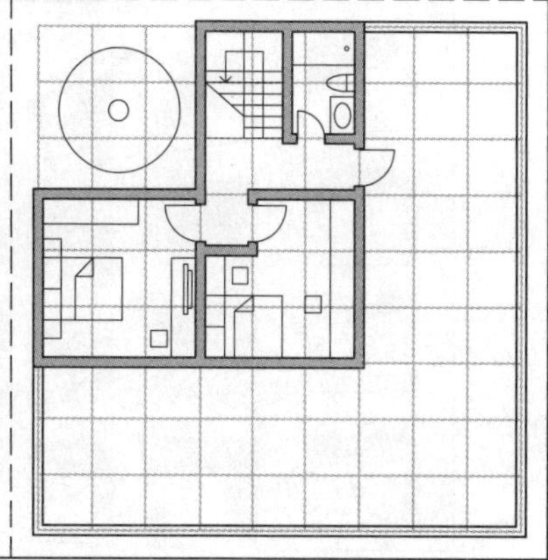

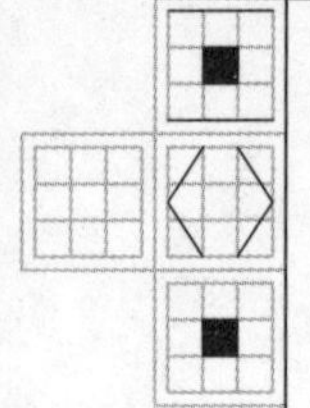

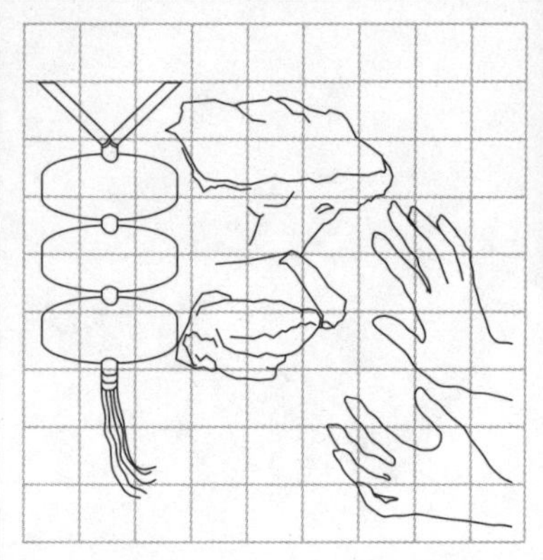

瑕 瑜

瑕 瑜

泾渭流终异，
瑕瑜自不同。
——唐·武翊黄

/精糙/糙滑/圆缺/残完/整碎/
/毁全/

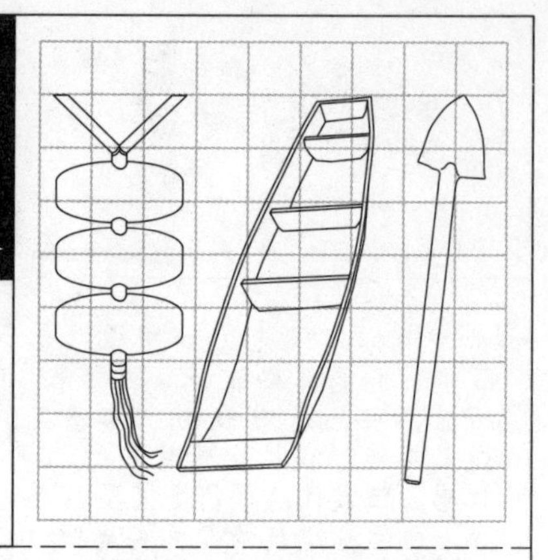

瑕：玉上斑点，从玉从叚。玉为玉石原料。叚字左侧为大石零落的样子，右侧为双手上下劳作，叚为双手采石的形象。古人将石材打裂开，用作工具或者建材，同时采取玉质矿石的原材料。刚开采的玉石未经处理，粗糙而有斑点，即是瑕。瑕也有裂缝、罅隙之意。

瑜：美玉也，从玉从俞。玉为玉石串的样子，意指玉石原料。俞原为锅碗和泥刀的形象，即为挖空和加工的意思，后演化成小舟和刀铲，有动手和操作之意。凡是美玉都经过精心的打磨和加工，大多传世美玉都是挖空掏洞。璞玉大多其貌不扬，如和氏璧未曾加工之时。

瑕字中有双手，指用手直接获取的物件纯粹而粗糙，并保有天然特征。瑜字中有刀铲，即用工具器械加工的物品精细，因其加入了人的主观创造。

瑕有可取之处，在自然中看似瑕疵的地方，都是审美所在。瑜作为人工成果，欣赏日久就会产生审美疲劳。譬如公司标志，隔一段时间就要重新设计。而自然存在的水火木土，不会让人有视觉疲劳。

树干大砧板周围树皮粗糙、中间精细。被害虫咬出小洞的青菜，表面的伤痕证明了天然和无害。人为残破的商场，倾塌的入口吸引注意力。

为保证安全，人拥有对残缺和瑕疵特别敏锐的察觉力，并能轻微地容忍和欣赏不足。过度紧张有序的社会允许不得一点瑕疵，一次闯红灯或者酒后驾驶就可能铸成大错，而自然环境对人有巨大的包容性。

瑕本来就是瑜，白净面庞上的一颗痣，痣像可以说是瑕，但更加是瑜。痣的不同位置，是有分别的瑕瑜。图章上的小甲虫，是利用石料上的红色斑点雕刻成。美女不成画张飞，张飞不成画枯树，枯树不成画太湖石，太湖石不成画黑纸，再来反底描白。宣纸滴墨让人有借口妙笔生花。许多变废为宝，以瑕生瑜的故事，将本来瑕疵的物件，改造后成为瑜。

如果人需要创造永恒，唯有贴近、顺应自然，越是自然而然地创造，其成果越是具有演化进化的特征，同时能被人认为是一种可延续的存在，而不是转瞬即逝的片段。

人面对自身的创造，不断地审视，认为是过程，要更新和循环，但是面对自然，就干脆承认既定的现实。潮流是不自信的体现，因为无法像自然那样建立统一且进化的标准。

残缺是种客观存在，起到使整体圆满的作用，也是种人为的判断，就看人需要的那一部分是大多数还是极少数。钻石、狗头金对于地质而言或许是瑕，对于人来言就是瑜。

维纳斯雕像的断臂，如果再找到或许就成了续貂的狗尾。唐僧取经最后缺几卷，才是完满的旅程，因为残破所以完整，这是东方人的思维。和氏璧和成功人士都需要用悲剧来衬托。

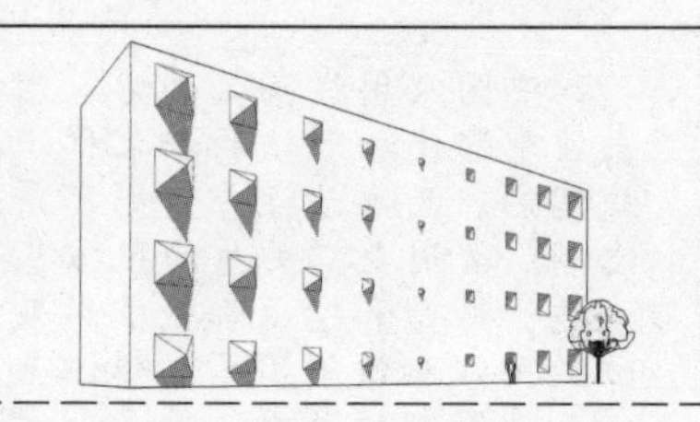

瑕成了拴羊的木桩，瑜成了瑕的配景。场地中的起伏、植被、文保都是瑜中之瑕，善意处理则变废为宝，没有限制条件不好设计，带着枷锁才好跳舞。成龙表演之精彩就在于对场地局限的充分利用，碍手碍脚的杂物都成了道具。

均质的凸起用曲面统一，起伏的凸起用平面统一。相依相随往往无法突显，咬了一口的苹果却更引人注意。

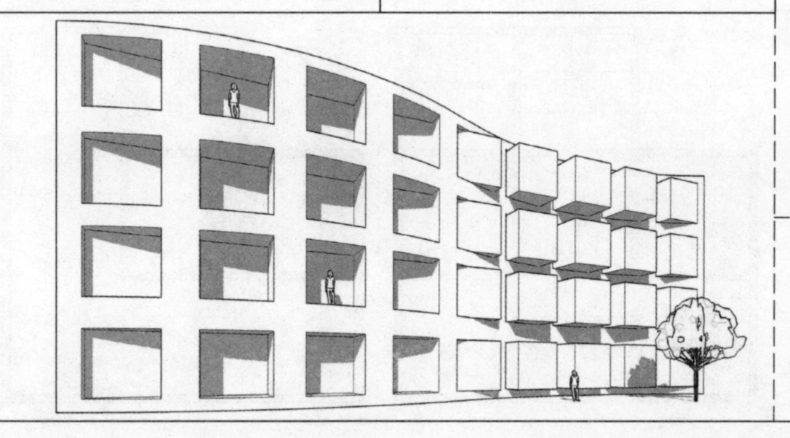

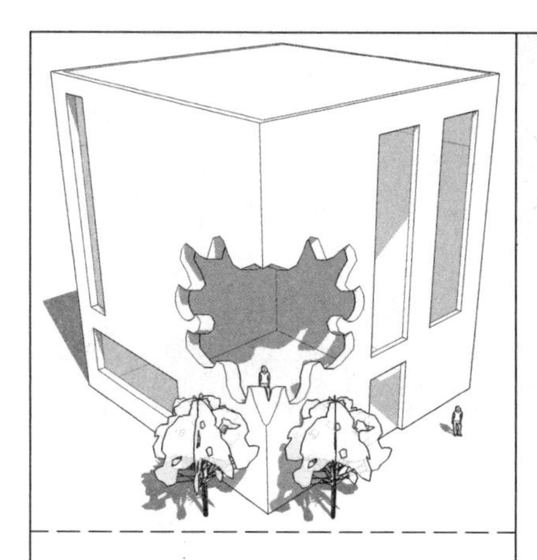

后现代的本质是人性的过度表达，以瑕代替瑜来体现破败混乱，以非规则表现视觉冲击。无修饰的工业建筑如同瑜中之瑕，保留事物直白的本质，玉器保留皮壳，证明其正宗。

现代主义的工业化要消灭瑕疵和不均匀，而人是残缺和凌乱的，面对不能控制和理解的一致性，以破坏来平息恐惧是最直接的反应。产品总是被人拆解和破坏，这是反工业、反科技的冲动。越光滑和精致的社会，越幻想末世的残破和孤寂。机器接近人类，恐怖谷就出现了，人类可以接受巨大和众多的瑕，但毫无瑕疵的完美整体却会让人心生恐惧。

纯粹的瑕如同完整的丑一样，要精心准备和时间积累。瑜是平均水平，瑕是本质代表，形容某人的美誉之辞往往流于表面无法理解，但是知晓了他的缺陷，便对其有客观的认识。

瑕瑜均是自然生成，瑕是必然存在的辅助部分，传统思维中不追求十足的完美，留有余地和进步的空间，认为不足是完善的必要补充。非压力的思维让人的精神得以放松，也促成了国人松懈马虎的长期惯性。差不多的口头禅就是农业社会的标志，靠天吃饭和不可预期的灾祸，让人无法定量地揣测未来，只能根据经验预估，由于变数太多，也就不能肯定。

方盒子中出现破损的阳台，莫名地出现抓住了视觉。出于对自身安全关心的本能，人对残破和损伤的关注远大于对完整美好的关注。悲剧比喜剧动人，出丑卖乖容易引发注意。

建筑在瑜上走不下去，就在瑕上做文章，传统建筑的审美和设计能力需要几十年的培养，攀上他人的成就高峰，才能百尺竿头更进一步、有一点创新。现在抛弃瑜而直接用瑕，不再爬这百尺竿头，人人自立、满眼都是小山包。各走各路虽然不再重复他人，却不再有真正的高峰出现。碎裂的镜子，虽然能璀璨地反映出繁华盛景，却没有了平铺直叙的大气磅礴。

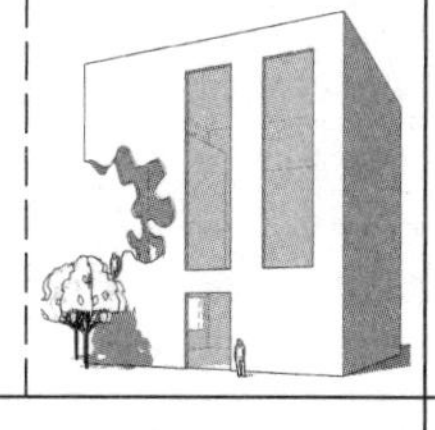

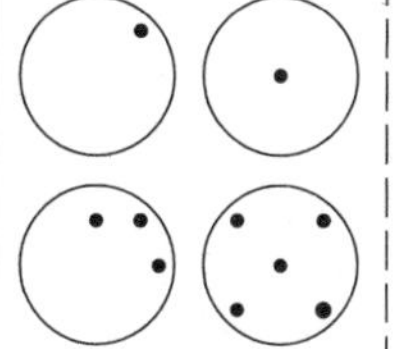

石头边角上的斑纹就是瑕，出现在正中心就是修饰，在正方形的四角出现就是天成，如果形成一个文字就更加了不得，瑕瑜都是在相互关系和大环境中产生和确认。

建筑设计的过程中，主题永远是如何将人自身的特性和认识记录其中，不仅反映人的优越，同样要体现人的不足和缺陷。

在落后和人力的时代，人崇尚逻辑和理性，建造宏伟而有序的建筑物，凸显人在自然环境中的特立独行。到如今信息社会，逻辑和理性过盛，审美逐渐倾向于随机和不确定，人在工业城市中找不到有生机的联系，希望通过建筑和工业品弥补情绪的缺口。因此未来的社会是文明之思想，野蛮之聚落，城市不再巨型，而是由于制造和运输的发达，将瑜分散成无数的瑕，部落和家族又成为主流。

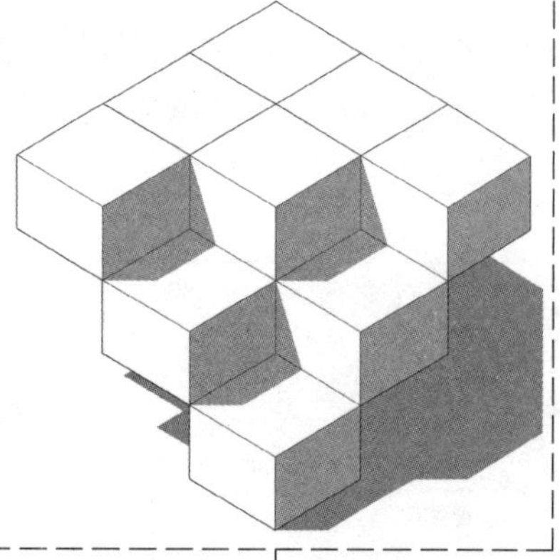

若一个建筑可行使多种功能，其形式和内容就没有必然联系，那么建筑的使用就是负面清单的整理，其不能实现的功能对它是种定义和局限。所不能为即为所为。

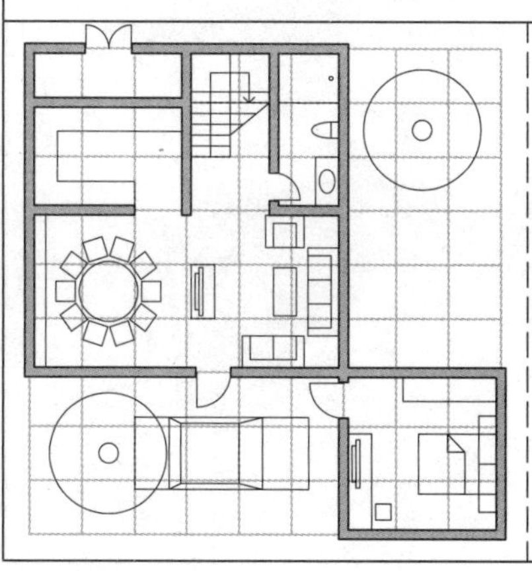

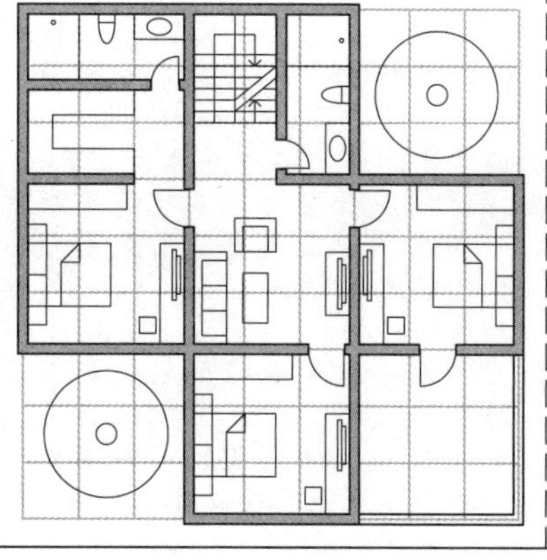

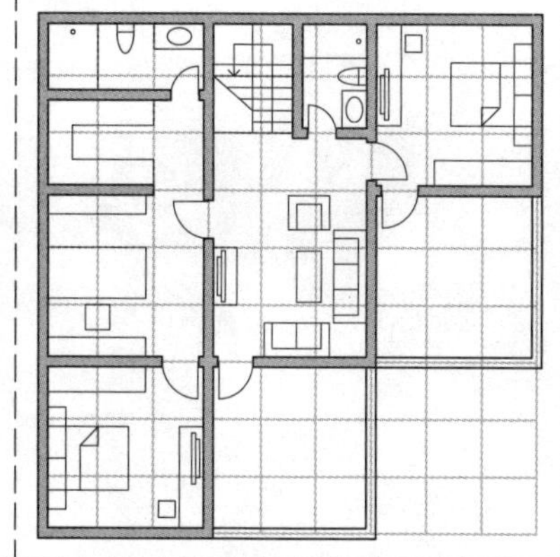

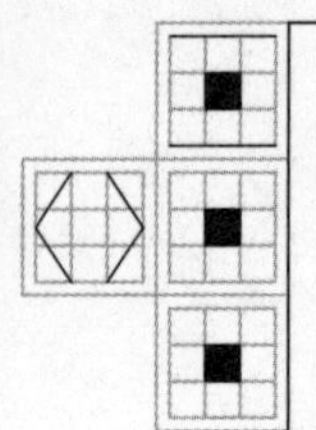

燥 濕

燥　湿

世态多随燥湿，
物情大费堤防。
——宋·赵蕃

/润燥/干湿/

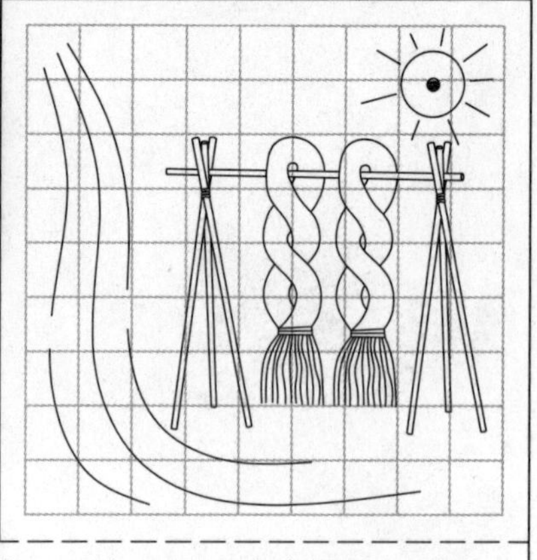

燥：干也，从火从喿。火为烈焰形状。喿为木上多口与櫐字同意，树上站着许多小鸟聒噪非常。大火燃烧得劈啪作响，就是干燥。

燥或从炑从品，炑为大木着火，是火炽之意。品为众多容器。以火烧器物便是干燥。燥异体字为煰，是更明显的以火烧器。

濕：幽溼也，从水从显。水为河流。显为在日头下晾晒丝束的样子。在河流中漂洗丝絮然后晒干，整个过程是潮湿的，联想出缥母和不龟药的故事场景。

或氵为晾晒的丝束所滴落的水珠，湿的异体字溼中，横杆挑丝、滴水入土，土为潮湿。

表面的干燥潮湿在人来言会引起各种皮肤感受，对于建筑来说就是会有不同的心理效果，沙漠、草地、湿地、湖泊，由极为干燥到湿润，植物和雪花都是燥湿合一的感觉，所以古画中经常出现的山水雪景算是精彩的心理投影。

雪和冰是凝固的潮湿，如干燥的沙砾。山坡雪堆中的漏窗，窥见温暖的灯光，雪地中常绿的树枝挂满晶莹的冰柱。

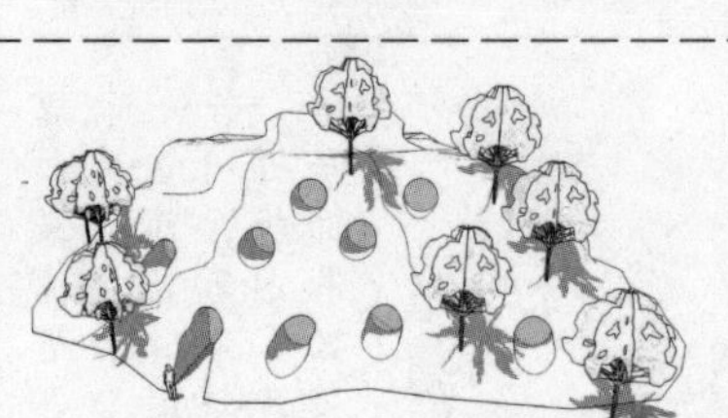

园林景观中太湖石瘦透漏皱的形态特征对比水莲菖蒲的饱满，一种死亡的枯槁和生命的湿润对比。枯山水中，干燥的白石子和海岛上潮湿的绿苔藓形成对比。干燥的石子成了湿润海洋的代替，湿润的草木成了悬崖壁垒的替代。

树有干枯和鲜嫩，盆景总是将枝干尽量地老化，枯枝朽干上的鲜嫩更动人。木器家具都是植物的枯骨，陶钵瓷碗是湿泥过火后的凝固。

残荷枯莲蓬为何具有美感，是因为有之前的水中摇曳、婷婷而舞作为审美背景。水滴比莲叶湿、莲叶比土岸湿，燥湿体现在画面中也有搭配的层次。

建筑的表面如同某些潮湿的软体动物，布满黏液，真正有了皮肤一般的功效，会出汗、会出油。绿色建筑总寻求长效的节能办法，但在传统的建造方式之下，只是上吊扳脚，九牛多拔几毛也无法改变牛本质、变不成兔子。所谓的绿色建筑是将本来铺张浪费的腰身上勒上一条紧身裤，看上去有所改善而已。改变整个建筑的材料和建造模式，才是真正的绿色。

景观浅水地面是种皮肤质感，表面潮湿即可，色彩就能和干燥区域有所区别，空间也能得到划分。拍电影浇湿地面，是给画面增加丰富的光影，潮湿总是带来有生命力的感受。

生命都是水湿的，自然中的生命以水为界限，可划分成两种象。一是具有生命力的潮湿、温润的人和生物的样子；另一种是垂死的、枯干的。凡是干巴巴的都是快要死掉的。

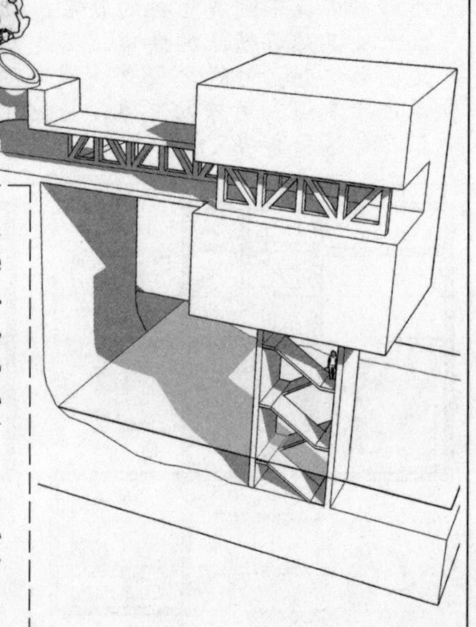

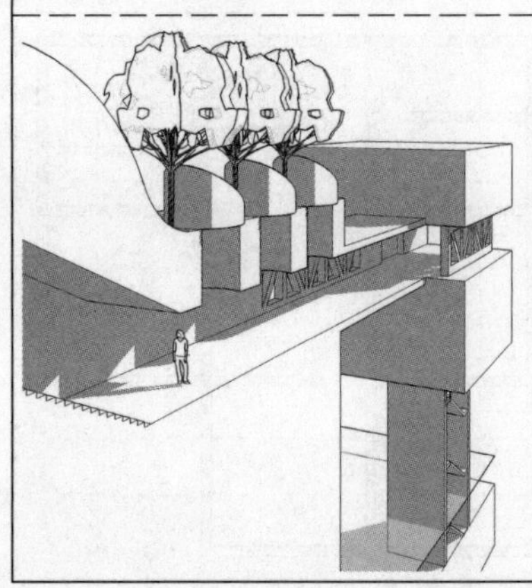

燥还有燥灼的意思，孤寂干涸的堆积中，有岩浆和地热作为生命起源。生命源于能量、成于水，体现各种元素的意志，探讨构成世界的元素就是寻找人的主宰。人是自身所认为无生命的世界的代言人、是五行物质的皮相。

人不自觉地经历石头和水的演化过程，人从土中汲取能量、在桥上晒太阳、走入水面嬉戏，生死来去全是水火燥湿。

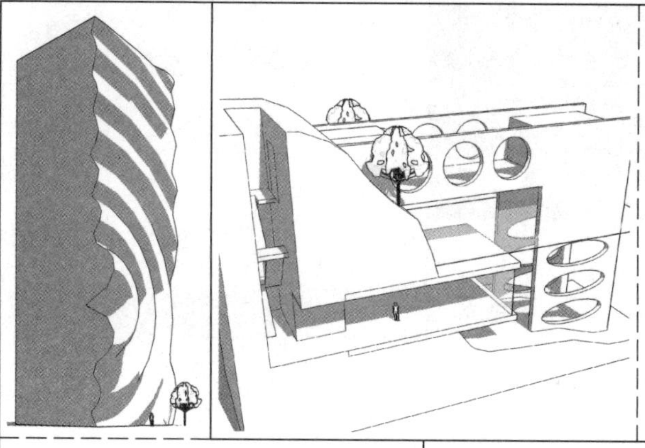

夹在山中和海底的建筑，一半是山、一半是海，一半火焰、一半海水。海底和地下都是相对恒定的世界，当人对于自然的改造走到尽头，就开始改造自己的适应力。

人虽然是水构成，却适应生活在陆路的干燥环境中，未来或能基因改造为适应海底或者两栖，毕竟海洋更加广泛和辽阔。在海底观看自然，享受太阳，更是未来建筑的常景。

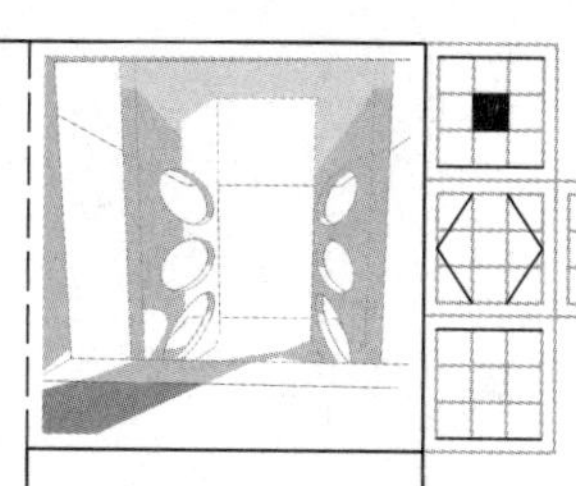

玻璃是一种隐喻的湿润，常常作为水的替代品，表现水面的反射。博物馆的航船模型里、楼盘的场地沙盘中都用玻璃来表现水。从这个角度来看，大厦门前的喷泉也可用玻璃来替代，未来的玻璃也可以用水来替代，出现液态的玻璃。

现代建筑的墙体和门窗洞，可以看做是燥湿的对比，那么从干燥和湿润常见的自然物象中就可提炼许多元素。湖面就像是一面玻璃，吹皱的湖面犹如建筑的幕墙皮肤。另外一面是内里的精神空间，眼睛如果算是窗户，那也是天然的窗户。或未来建筑窗户就如眼睛一般的生物结构，可调节可更新。

大雨倾泻而下，屋面犹如台阶一样，层层叠落，将所有的积水汇聚到入口两侧，打造一个水帘洞。水帘洞的内部别有洞天，在洞内全是干燥的石头桌椅。悟空生于石头之中，却要在水中安家，兵器也在海中抢出，悟静、悟能二弟又是水帅。燥用湿克，或者燥更需要湿来润。起初压在五指山下，如同回炉再造，土石中来又为土石所限，毕竟所生即所克。

沙漠建筑的平顶和雨林建筑的尖顶是燥湿的结果。沙漠绿洲在沙地中被植物环绕，水边长满草坪和灌木，中间是喷薄的瀑布。绿洲是人心中的理想，周围是焦土而核心润泽。

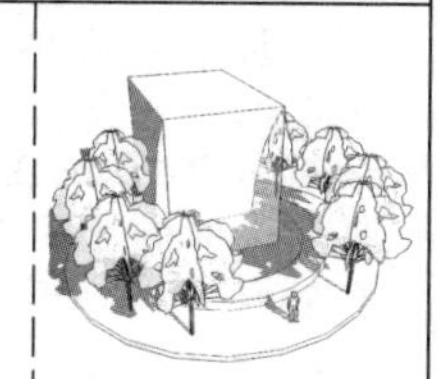

会出汗的建筑，表皮会调节温度，在不同的环境温度中通过调节皮肤的燥湿来保证建筑内部的温度。当建筑的表皮全部用类似皮肤一般的膜结构覆盖时，透过和析出能控制舒适度。

中医会判断身体的燥湿，燥与湿虽如水火之对立，但又若水火之相济。最佳为润燥不助湿，燥湿不伤津，这也是处理建筑与水体的原则。在热带室内冷气太足，墙体保温不够，导致外墙凝结水汽破坏建筑，就是润燥过湿的反面例子。建筑和物品都需要在干燥的环境中才能长久保存，潮湿会加快化学反应，滋生各种生物。除湿太过而爆燃又是另一种极端。

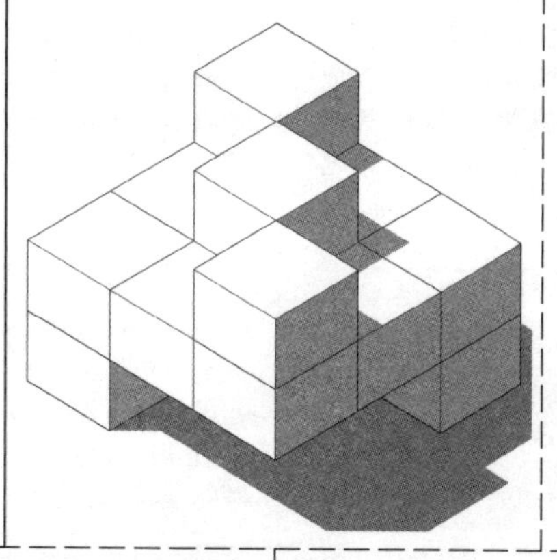

火烧开盆里的水，水火交融、燥湿并进。水在火上，水势压倒火势，水火相互借势则为既济。

水在火上如有不慎，终究必然是水被烧干或者火被浇灭导致混乱。

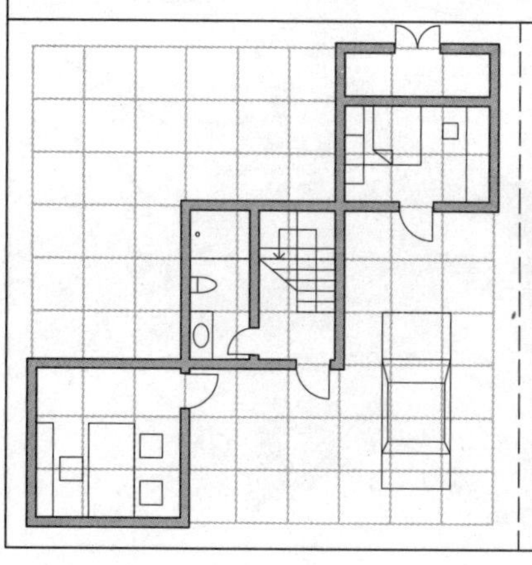

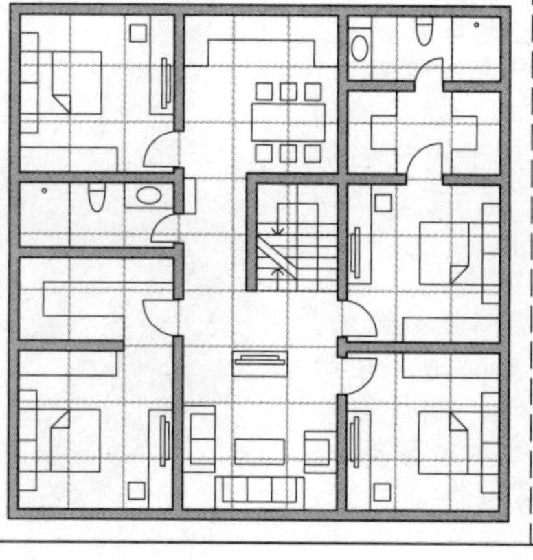

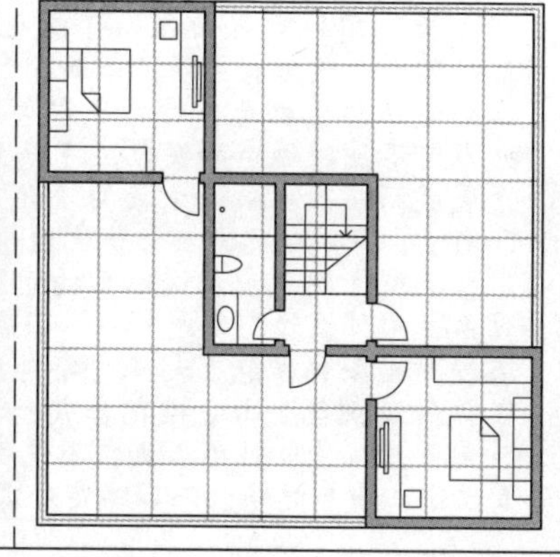

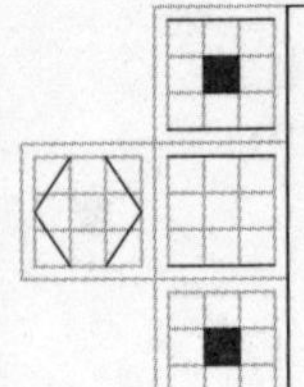

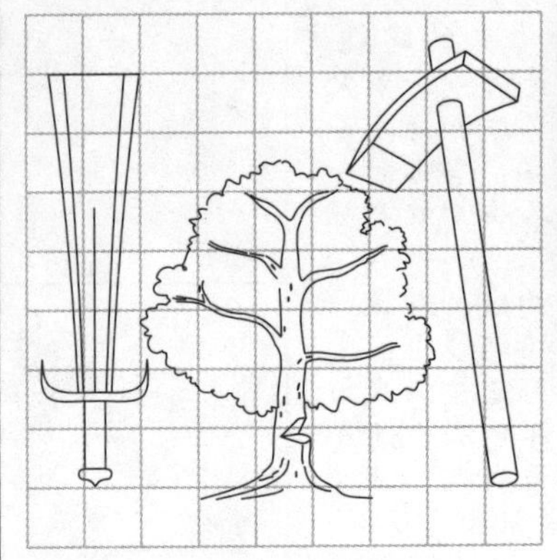

新 舊

新　　旧

人生有新旧，
贵贱不相逾。
——汉·辛延年

/新故/老嫩/鲜陈/新老/生熟/
/青熟/

新：初现，从辛从木从斤。辛为刀具，是劳作的工具，或是管理用的刑具。木为大树。斤是斫木的横刀刃的锛，形如锄头。以刀斧来砍削大树，树皮剥落后所露出来的树芯，就是新的，新为薪的本字。析字和新有许多共通之处。或以斤加工或翻新木辛为新。

舊：原有的，从萑从臼。萑为雚，是鸱鸟即猫头鹰的形象。臼为窠臼，是鸟巢的形状。旧即是一只鸟飞回到树上巢穴之中的样子。巢穴对于鸟儿来言，是旧有的已经存在的东西。铁打的窠臼，流水的鸟。或已经有鸟筑巢的地方是陈旧的、有历史的。

新旧都和树木关系密切，树上的鸟巢几年不变，而树叶常新常换，新鲜枝丫包裹陈旧的鸟巢。鸟巢最终不见了，树木却仍旧更新不辍；树木最终不见了，鸟儿还在自由飞翔。

损毁和破坏才能更新，如现在的城市建设一般，虽不公和破坏不断地在拆迁中暴露，但是崭新的城市却在拔地而起。人的精神家园就如同陈旧的鸟巢，总希望不变，但在树都连根拔起的时代，树之不存、巢将焉附，必然覆巢之下无完卵。

新的传统总是在民曰不便的怨声载道中固化，然后民曰不便也成了旧民俗。凡事是总需反对一下，才算名正言顺。

古典建筑用新材料表现和解释，用玻璃、不锈钢、碳纤维等现代材料塑造传统形式。传统材料塑造现代物品，比如用皮革织物打造汽车和摩托就能创造一种废墟感，而现代材料塑造的传统建筑就有一种未来感。因此新旧也是根据时间序列而呈现，到一定的技术阶段出现特定的材料，这种材料就有时代新鲜感。简单表现新旧只关乎材料，不关乎形式。

旧事物有独有的气质，经久、残破、成熟、包浆，如同人一样，成长的时间久了之后，就有分化，有命有运。新的事物统一、完整、闪耀、无暇。新东西总是闪亮亮，旧的东西总是灰秃秃。减熵增序是人逆行的本性，不甘终去的抗争！

在一个新旧并列而且持续更替的环境之下，很难将新旧进行区分，在一个翻天覆地的大轮回中，谁上谁下总是不断地在变化。拆除是一种新鲜的残破，不仅仅是淋漓的伤口，也是进化的通道。没有摧毁旧的勇气，也就无法创造新的成果。否定之否定是前进的必然，旧的不去，新的不来。

破旧老建筑和整洁的新建筑结合在一起，泥塑的参数化设计和堆栈形成的佛寺。木头汽车和不锈钢牛车放在一起，新事物用旧材料和旧事物用新材料都能呈现反差。

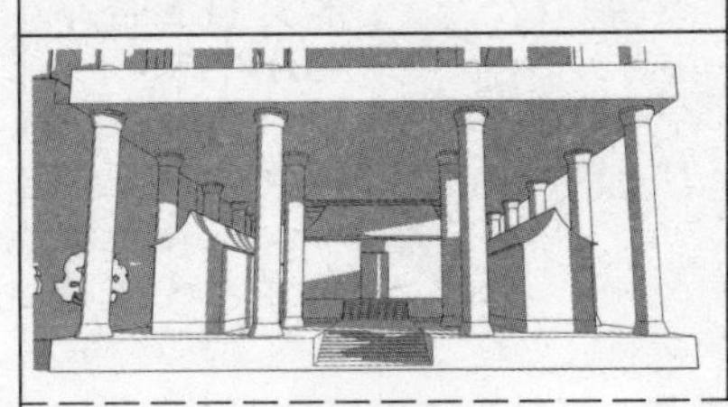

城市用地越发紧张，寺院也要与时俱进，为何各个朝代都有更新，而如今只是一味仿古，古画中所画也都是当时的日常景象，现代的国画为何不反映城市和实景。寺庙到了现代也要发展成高层，在层高十足的情况下，建立柱廊和殿堂，寺院的元素都立体化地排放。

空中寺院是多米诺体系的寺院填充，这个体系，用什么填充都是可以，旧瓶随便装新酒。塔幢用框架体系包裹起来，塔外是交通。屋顶塔林种满桃花，山寺桃花合成一体。朝拜信徒反跪在滑梯上，拜退下山，不见身后仍有路径，需要小心身后之路，而后路走好需看眼前。

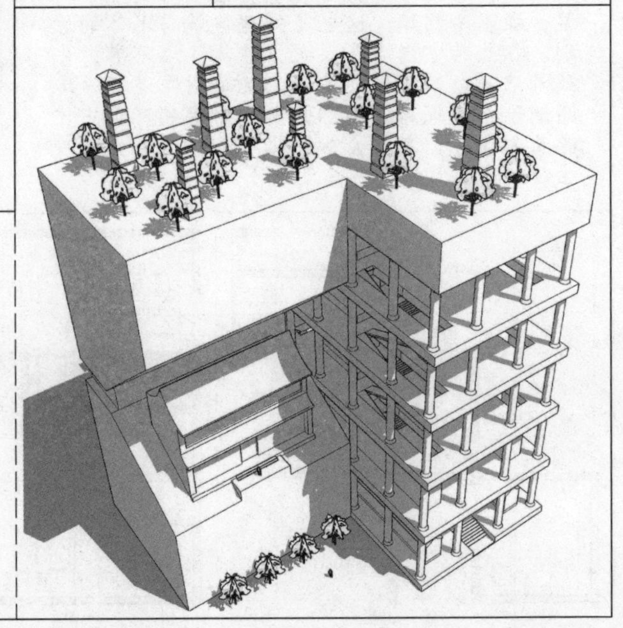

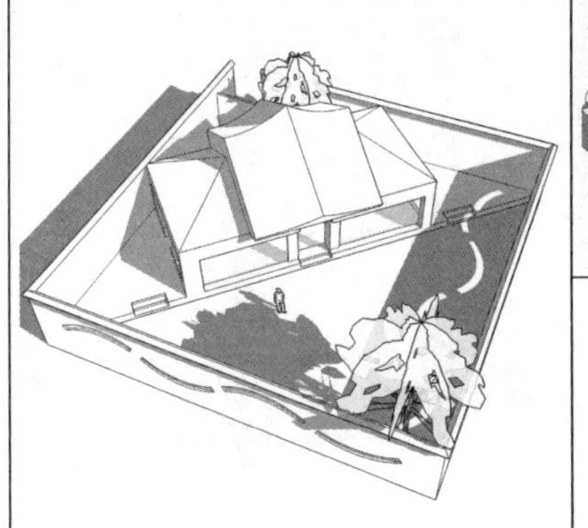

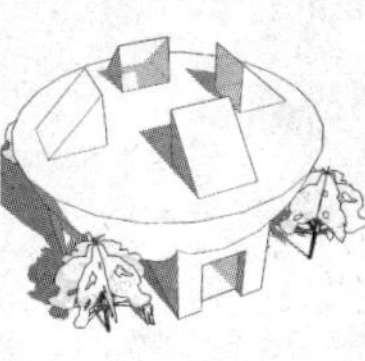

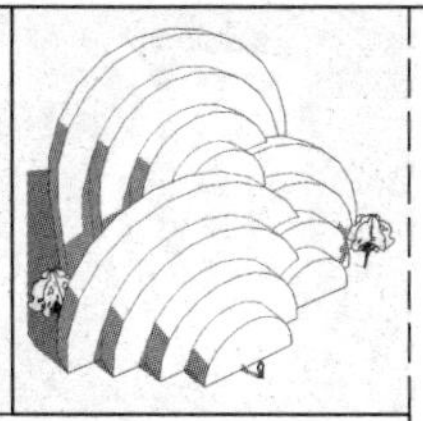

创新产生功能或组合关系的新，成为形式的原动力。服装满足遮蔽，新装即是旧款。中式斜襟还是西式双扣并无区别，给螃蟹、鲨鱼做衣服才新鲜。巢是枝的衣，枝是巢的依。

传统图案的建筑化，波浪纹立体化。诸多陶器上的几何纹样，都可以作为新鲜的创意基础。古代建筑构件植入现代的建筑之中，传统构件大的原则是间接而有效，装饰是一种结果而不是目的。

许多民间的小桥就是简单地搭接石材，并没有什么特别的处理，却有特别的美。拴马桩和马环在不需要骑马之后，仍作为装饰保留下来。

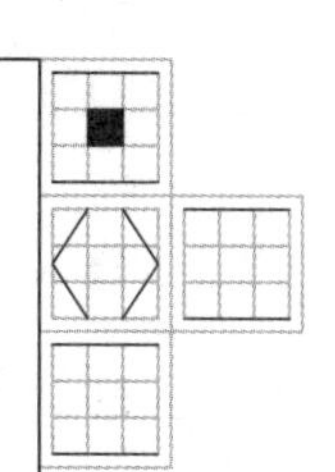

大多传统建筑是简单体块、复杂装饰，潮流建筑是复杂体块、简单装饰。苹果店是简单体块和简单装饰，高迪作品是复杂体块和复杂装饰，这些是新鲜的组合，不是反义相成而是一意孤行。古典建筑的外装十分复杂，现代建筑相对更加重视内装，传统立面上繁复的工艺，如今全部用块面替代，过去的立面是艺术品，现在是机器产品的展示。

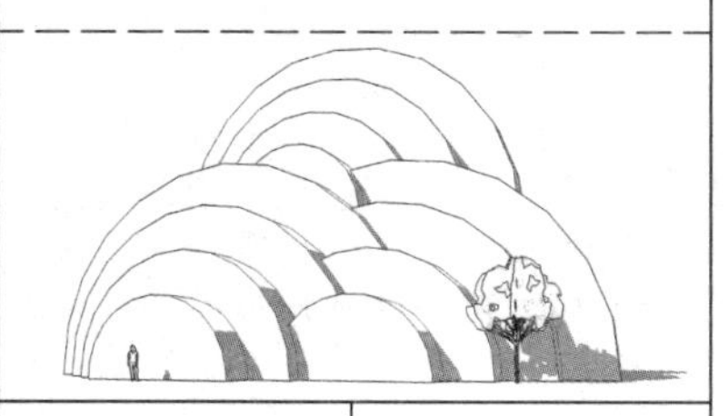

蔓延的高层建筑像塔林，却没有共同的精神在其中。佛塔可作为摩天楼的原型，层高递减强化高耸的感觉。为适应擦窗，将塔的密檐改成内凹，改变角度调整光泽。

新旧是主观的认识时间。建筑之所以新，是有形式或者内容的突破，抑或构建方式的突破。简单的是表皮的突破，而真正由内而外的突破，是放弃新旧信手拈来的因地制宜。

对于自然界来说，没有新旧，一切都在发展中，都是运动的过程。新旧物体有自身的时间历程，古今只是文化上的认识。没接触是新鲜，用过是陈旧，无关具体，只是精神作用。

新建筑让人感受到表面的新鲜感，纯粹、干净，前所未见即为新，科幻电影中的建筑因为在日常生活中不常见，所以感觉新奇。常见的东西往往受功能化驱使，而功能却很难常变常新，因此看似平庸和实用的东西都是常态。伪装的新鲜玩意粗略概括，可以泛泛而言为非功能化的、非人性化的。如果是功能的新，那才是真正的新，形式没有自产自销的新。

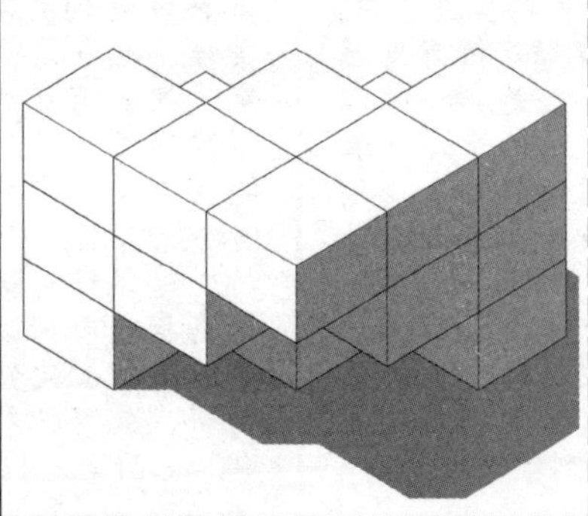

凡事一体两面，时间的逝去能使得所有的对立面相互转换。新的过一段时间就是旧，旧放久了却又觉得新鲜。不够新恰是因为不够旧，潮流的反复终是以旧为新。

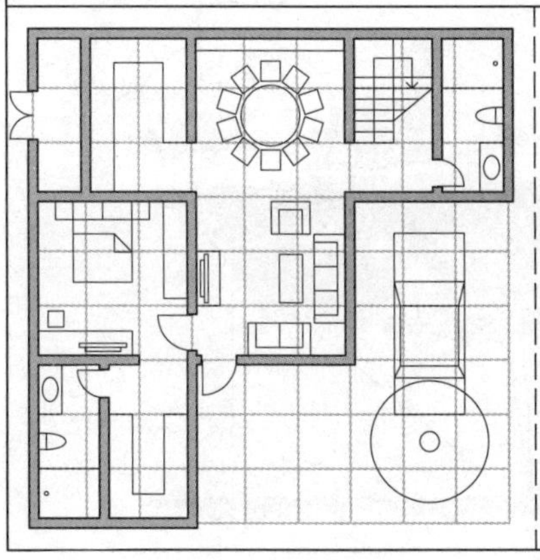

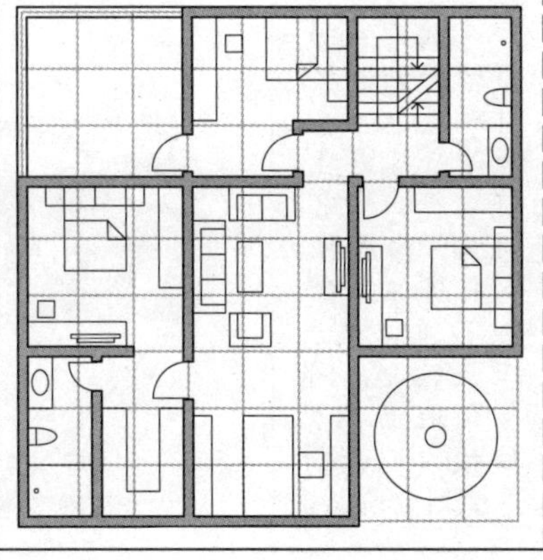

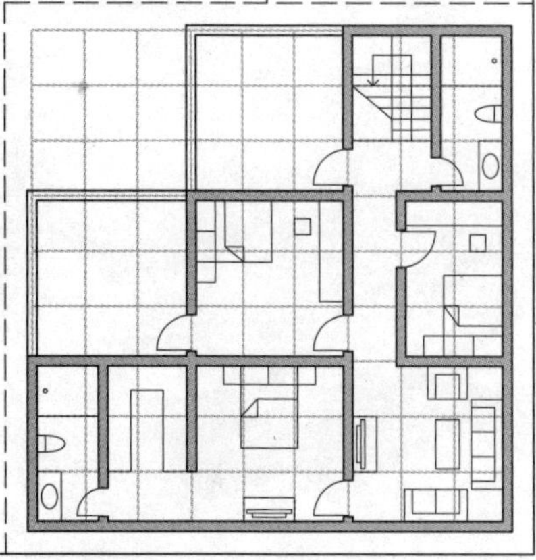

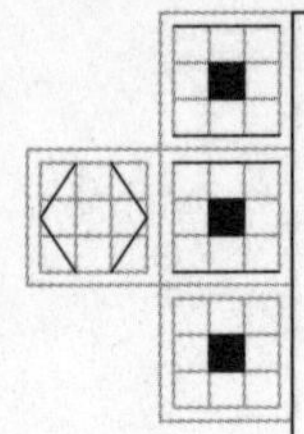

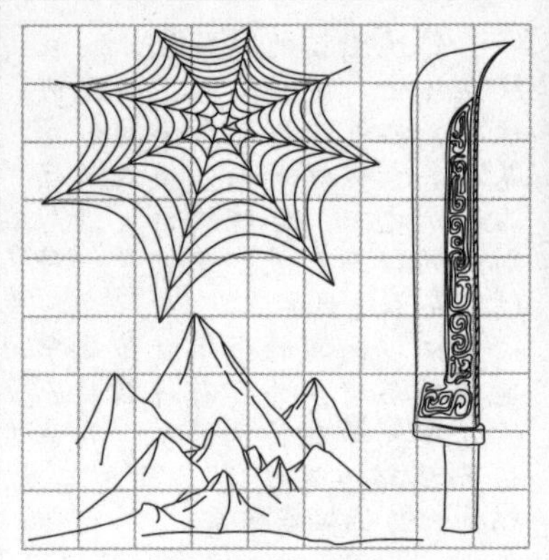

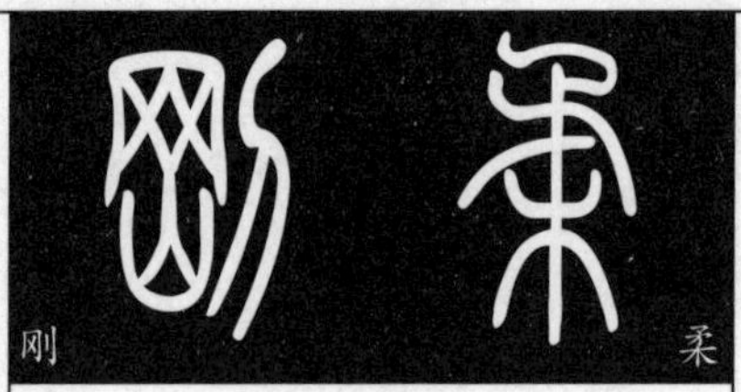

刚柔有女为贱人，
房幽处己悯微身。
——南北朝·苏蕙

/软硬/脆韧/柔脆/坚柔/强弱/

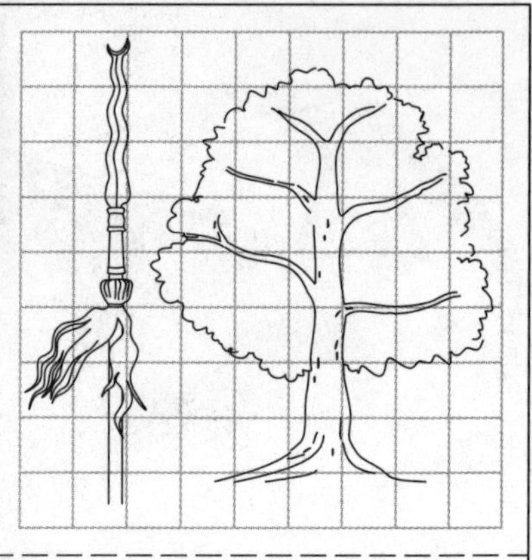

刚：坚也，从网从刂。网为猎网，金文网下加鸟兽栖息的山形演为罔。捕鸟兽叫网、捕鱼叫罟。刂为刀形。刚为鸟兽被捕网中，可以刀斧相加，形容猎具坚不可破；或网为刀斧在俎上痕迹；或破网之刀为刚强之物；或网为坚硬的编织盾，与刀合为军械；或网刀之网为刚。

柔：木曲直也，从矛从木。矛为长矛兵器的形象，矛同鉾，以牟之形象可想见长矛的大样。木为树形。制造长矛的木柄需要柔韧有弹性的木材，柔即是能曲能直的木料。

或指笔直如矛的树具有好的柔性，宜直宜曲为柔，生长得斜歪的枝干弹性便会较差。

刚柔都和兵器相关，柔和软有所区别，柔更多的是韧性，是矛的一部分，为刚服务。军备力量是建筑的升级，城市在应急或战争时，所有已消耗的资源和建成的建筑都成为武装的一部分，如变形金刚于汽车。

将事物设计成日常状态和应急状态结合，具有多适性，如同伍子胥建造城墙的年糕。故事中的隐匿高人、变形的胶囊都是两种状态的切换。

膜结构、悬索结构、张拉结构，不仅仅是要将形态固定，还需要保持其柔韧弹性的样子。室内分为硬装和软装，硬装是骨骼，软装是肌肉。柔软布草和窗帘杆的强硬相互搭配。

柔弱是生命力，越柔弱越昌盛，代表了顺应和适应，可以保存自己活下去。牙齿最终脱落光了，而舌头常在，柔弱胜刚强。身体柔软、建筑刚硬，因人是柔弱的，于是建筑效果需要人和树成为配景才好看。近景和远景、大建筑小人物、挂角植物、刚建柔树组合出反义相成的关系。没有人物的建筑照片，生命力极弱，如果再没有植物没有水，就不堪卒睹。

宋太宗赵光义写了许多带刚柔的诗句，可见在其思想中，对刚柔这一对概念是很有感触的。杯酒释兵权就是典型的以柔克刚的做法，从兄长处继承来的江山，治国纲领到底是刚是柔、重文或重武，结合政治思路需长久思考才能成熟定夺。

从武臣到皇族，思想和方法论的变化带来这种命运的跨越，赵官家一定从以柔克刚或者刚柔相济中找到了途径。

充气建筑是一大类型，具有整体结构的刚性、接触面的柔性。热气球和飞艇都是因为充气而具有了力量，甚至可以说降落伞也是充气状态。肌肉能在刚柔状态中转换，适应不同功能需求，这是生物的作用。

建筑结构材料尽量要坚固，填充材料要轻。最终拥有比空气还要轻、比钢铁还要坚硬的材料，就可以将城市放飞在空中，地面全是种植与生产。

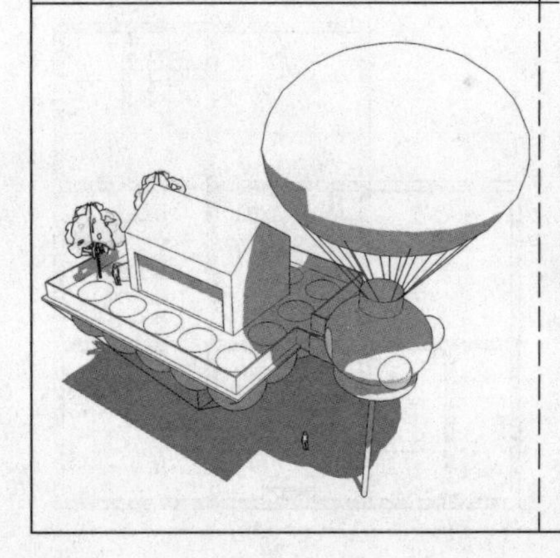

飘浮的大型增材制造机，内部元器件以原子尺度存在，将空气、阳光、雨水作为原料。空中居住平台，上下通过热气球来输送，平台靠地面钢索拉拽，以悬浮高度划分阶级。

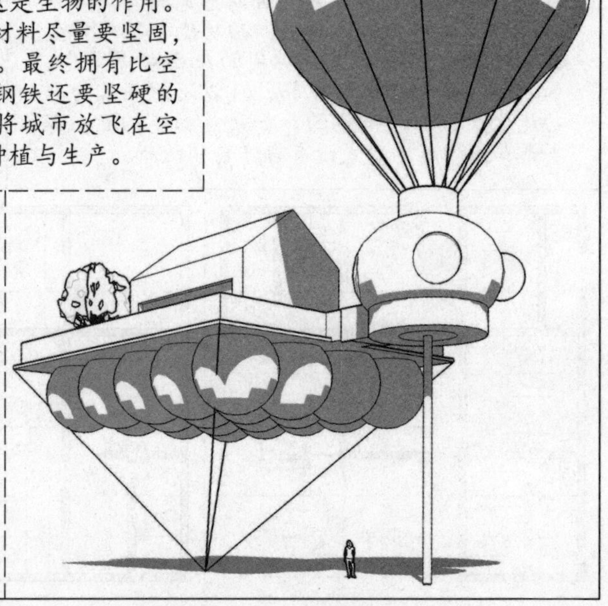

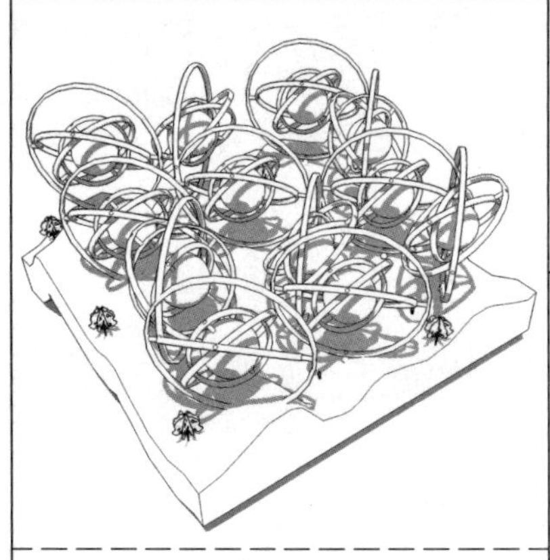

泳池的跳板，出挑的四周让人有纵身一跃的想法。摇晃的铁索桥，铺垫多少壮士。

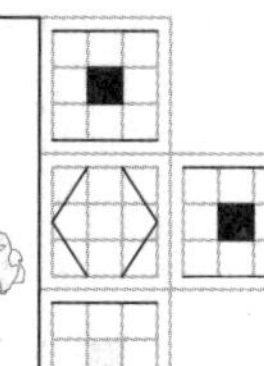

建筑是刚，植物是柔，木构造有两者的优势。汽车是刚、轮胎是柔，只有柔才能更好地接洽路面。橡胶总是作为两个元件之间的联系，如橡皮垫圈或是胶水、双面贴，只有这样才能混同两端。

公共汽车中间的风琴通道是奇妙的游乐场。吸管中间的弯头能自由地转向。双节棍因为有了中间的柔，才让两头的威力更大，是刚柔组合出力量。

就人力来言轮胎已经算是很刚的。轮船周边挂上一圈防撞轮胎就是柔，移动板房垫在一堆轮胎上起到减震的作用。

巨型的阻尼基座更加具备刚性特征，虽起弹簧一样的作用，但是只在巨大力量作用下，才伸缩变形。传统木结构在建筑稳定时发挥刚性，地震时整体就具有柔性。有形的力量不及无形的力量，在磁场这样的无形作用下，地球都要偏移。

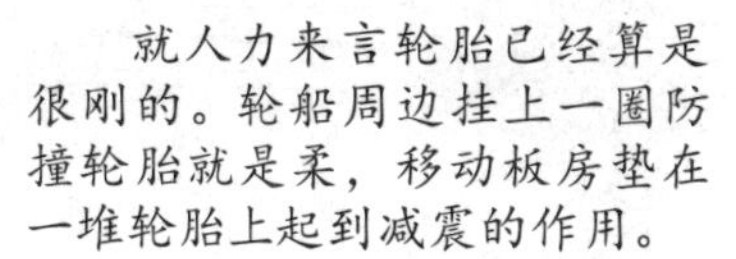

火车每一节都刚强，但是用铰接的方式联系，适应各种形状的轨道。铰接的建筑和火车一般，能够运动地适应各种地形，就像被子覆盖大地。或者如护心的锁甲一样，每个锁甲单元里面都有一个定衡的建筑，靠转轴固定和平衡。利用回转仪的原理，如古代的被中香炉，各个方向都不会洒出炭火，不会被打翻。随时迁徙和调整的建筑就窝在其中。

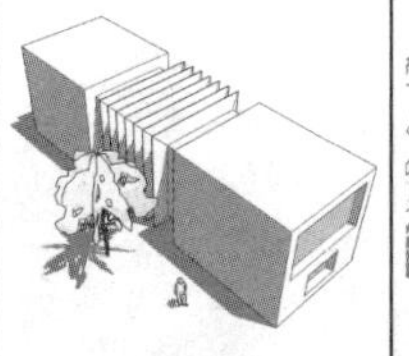

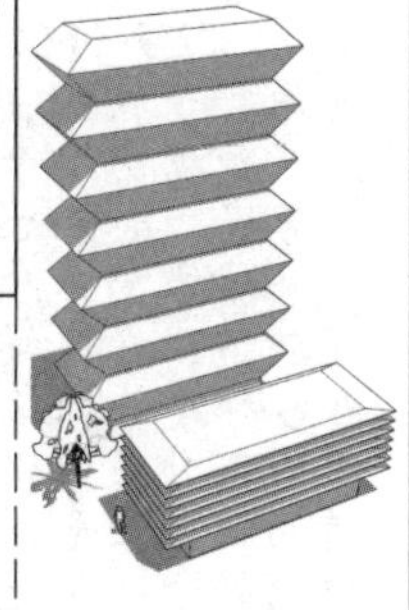

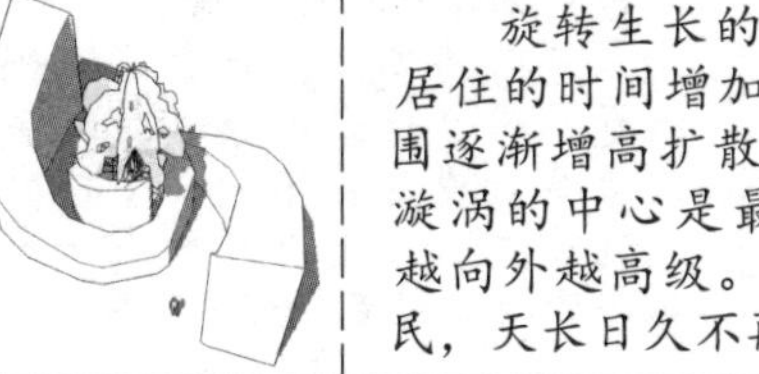

旋转生长的建筑，建造和居住的时间增加，城市向着外围逐渐增高扩散形成漩涡。在漩涡的中心是最原始的聚落，越向外越高级。在最外层的居民，天长日久不再进入核心区。

变形的房车可扩展成多层，移动的时候就会缩小。因纽特人的雪屋用柔性雪块完成。坚冰也同样简单易得，越冷越坚固，在未来也许能改性为建筑材料。以柔塑刚是种方向。

现代建筑大多是以刚性材料建造，材料自身不具备能量的进出，最终无序而损毁。实体建造最终会过渡成生物建造，把糯米做成了酒酿，就是在建造生物家园。生物具有最大的特性就是柔软，由硬变软是建筑的趋势。

海上自动救生皮筏靠化学能量充气，灾害后的临时帐篷都可以是这种自动充气的结构，便于搭建、利于保温。一种材料利用极少的能量就能够保持强度，打开开关利用一节电池就能维持坚固状态，如同人的肌肉消耗能量保持坚硬。在户外一个帐篷通电后就矗立，断电后便自动松垮，有利于临时营造。

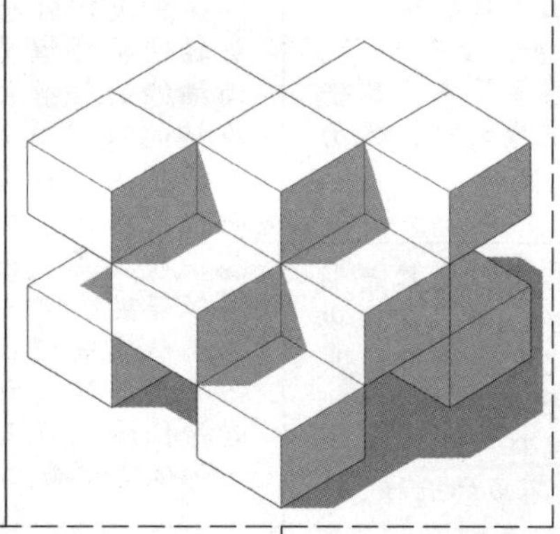

以钢刀割网，网既是柔又是刚。风霜雨雪都是柔弱，柔能克刚且破坏极大。大风吹来，树枝摇晃是柔，树干不动为刚。强柱弱梁，刚性和弹性是建筑结构的基础。

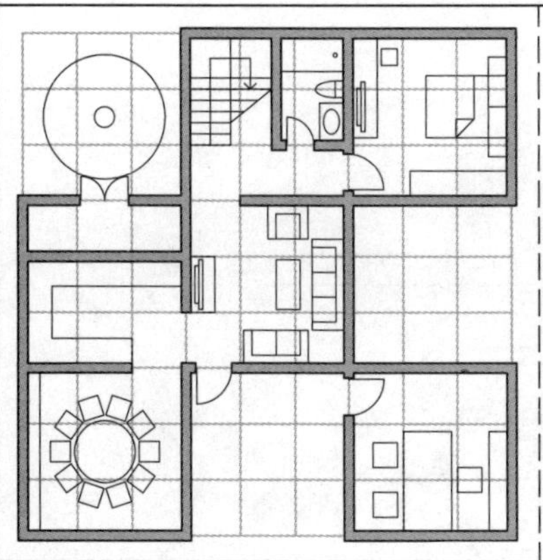

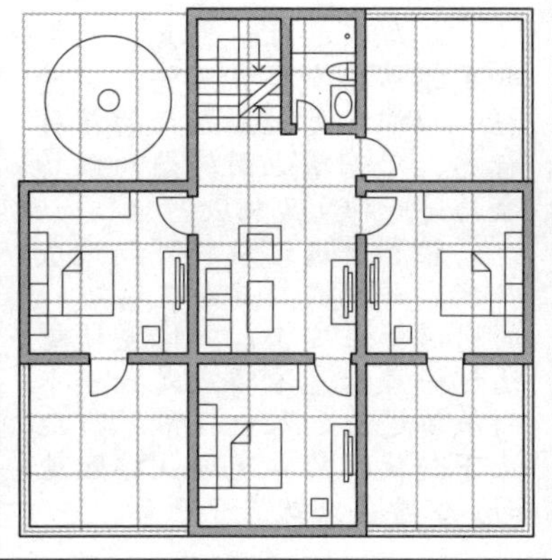

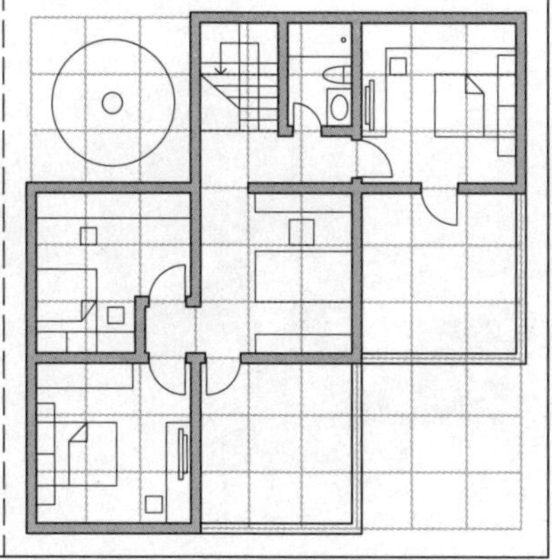

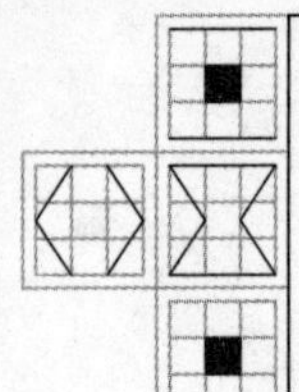

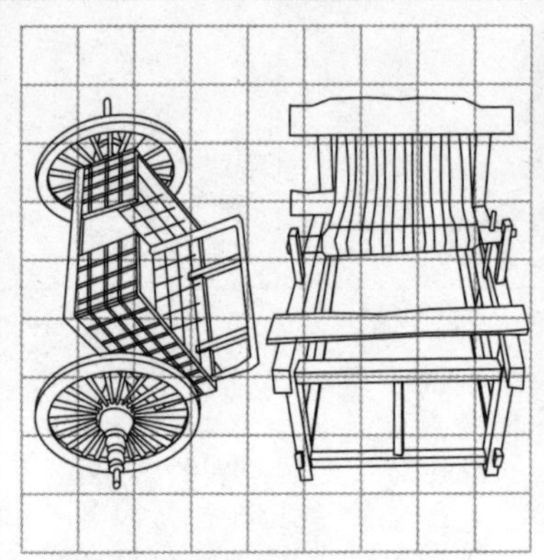

輕 重

轻　重

色含轻重雾，
香引去来风。
——唐·李世民

/斤两/

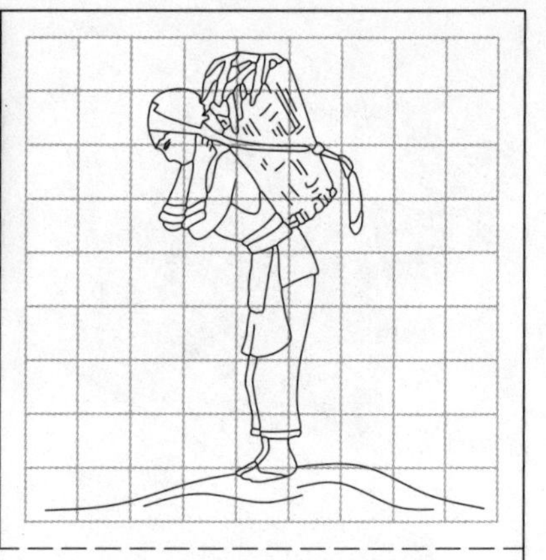

輕：便利、超乘也，从車从巠。車为古代马车的平面形状。巠为织机上的垂丝形状，指有序和齐整，和古代的驰道被马车碾压出来的痕迹相似。轻指马车在如织丝一般的道路上行进，十分轻便快捷。或巠为旗帜，马车上旗帜飘扬，驰敌致师轻快异常。

重：分量大，从人从東从土。人为人形。土为大地。人土二字合为壬，通廷字，为人站立在厚土之上。東为竹笼的样子。人背负东西前行，表示沉重。竹笼为竹条编织，复笮即为重叠之意。或竹编器物统称为東，東也用作灯笼在夜晚点灯照明，因此将太阳升起处称为東。

过往商店用铁丝搭建收银系统，铁夹钳住钱票在空中飞。火车行于铁轨、船行于运河长江、数据交换于网络、机电束于管线，凡有轨道便是轻。

城市的市政管网和道路就是轨道，在这样的轨道上生长出各种建筑，就像是树上的枝干给花叶果提供了养分。沿轨道指状生长是轻松便捷的方式，所谓的“一带一路”就是这样的结构，思维上方便理解，操作中也容易实现。

再简单的工作只要纯粹靠人力，就是沉重。没有轮子，任何东西都装在篓子中，靠手提肩扛自然是沉重无比。人力加上粗笨工具为重。

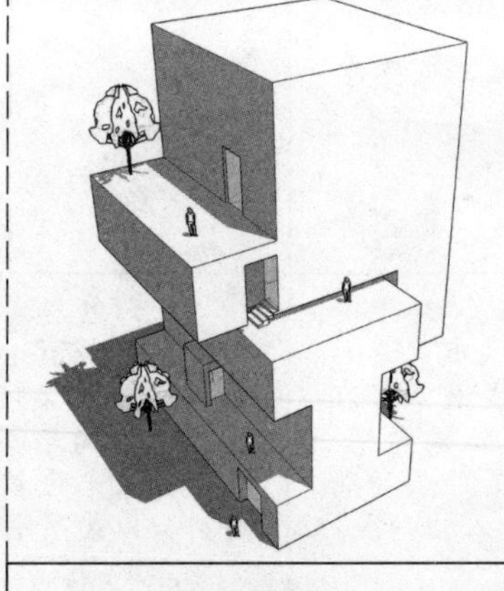

轮子改变了轻重的概念，卡车载货绝尘而去算轻，人提肩扛为重。轻重也看对象，不在乎自身是什么，要看谁来运载和比较。大象能卷起巨木，但是不及自身体重。蚂蚁搬动米粒，却达到体重数倍。

同样的事物，对象不同则感觉不一。建筑对于小孩和成人来言，感受就不同，小孩感觉的沉重和高大，在其成长后都会变得不经意的轻小。

头重脚轻感觉不好，脚重头轻便符合审美，敦煌飞天画面描绘的轻盈灵动，是动态中维持的瞬间平衡，在舞蹈家的生搬硬凑中被改编，将腿固定而扭捏身体，固化成定格的造型，硬要凑成画中模样，成为举轻若重的独腿形象。

轻重关键在一头一尾，西方天使头顶光环被拎上天、中国神仙脚踩祥云被举上天，飞天神仙有飘带，重心最合适。

果实逐地，种子成熟垂下来是沉重的感觉。花朵迎天，花瓣轻摇又是轻松惬意的感觉。果垂向下、花开向上。蒲公英轻轻地飘远，苹果重重地砸地。植物根据环境配置资源，如仙人掌般分配体重。棉花很轻却保温，砖头保温却很重。

轻上升、重下降。在重力环境中才存在轻重，质量和轻重是两个概念。太空中没有了重量，但是质量依旧存在。

弱水就是轻水，就算是羽毛也不可能飘在上面。弱水中的城堡，天低到无法让飞行进出，只能通过杠杆通道来回。破坏海中的支撑杆，或者通过窄窄通道杀入是不多的选择。

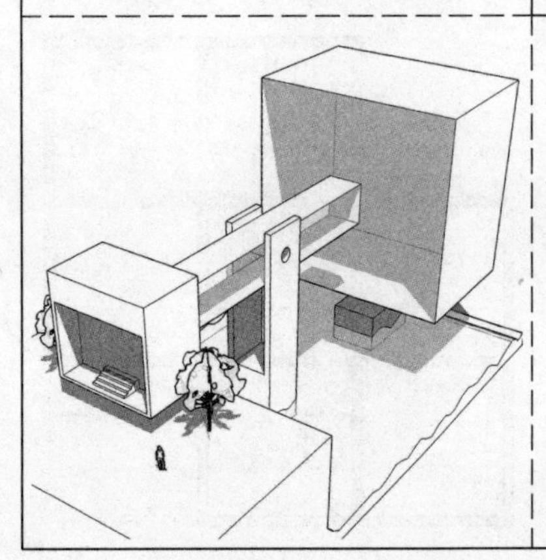

跷跷板的往返重复，就是轻重不停地更替。碉堡上部悬挂的旗帜就是轻松飘扬的精神标志，厚重城池用轻盈的织物装饰是一种反义相成。

轻和重通过秤杆可以达成平衡。秤杆式的建筑，有唯一的通道保证安全。就像是城堡通过一座悬崖窄桥或是一座水面吊桥进出。入口日常不断地上下起伏，需要交通就接触地面，需要安全就离开地面。

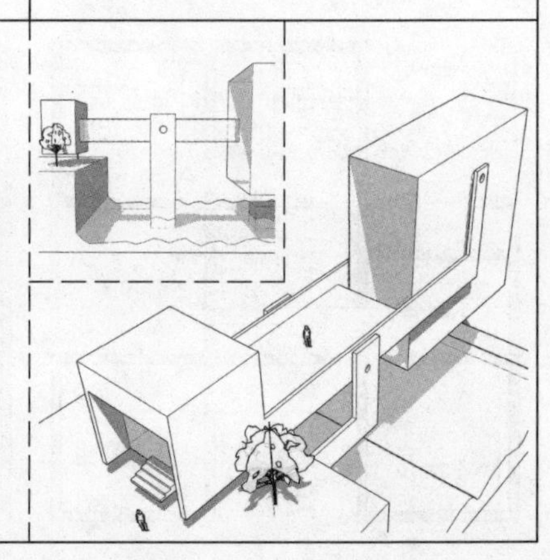

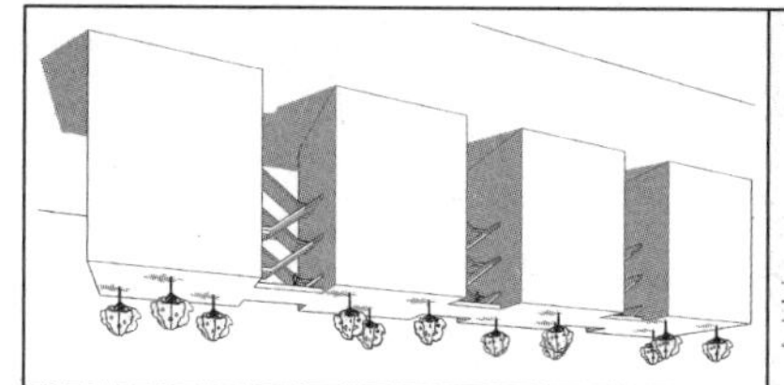
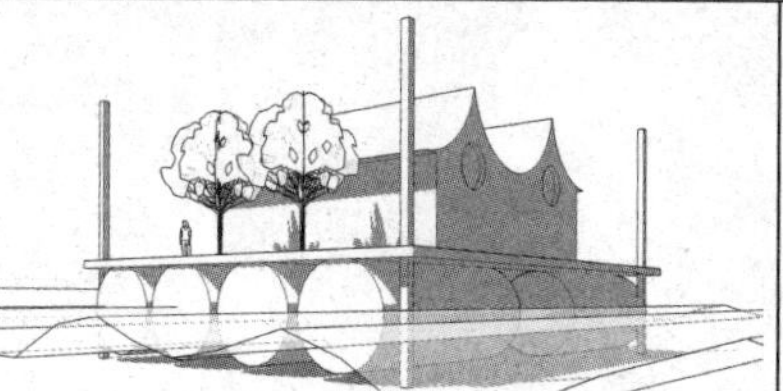

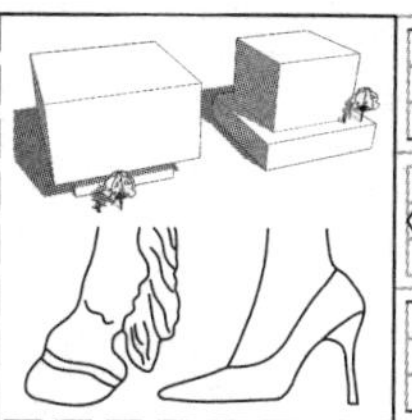
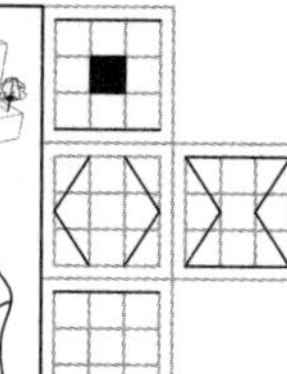

太空建筑不需要上下左右，因为重力方向已经没有了，但使用中的方向惯性还存在。未来到其他星球，建筑方式完全不一样，反抗重力生活的世界，地面没有阳光，人类转入地下。建筑悬挂在地壳上，植物的收成依靠熔岩的光热，为了光照倒着生长。人如同猴子一样发达了手臂，用来支撑和行动，靠脚来使用工具和操作。

生命结束后就直接抛入岩浆，植物靠水蒸气生长，地下成了幸存者的居所。光线全部来自地下，地上是无尽的黑暗，光线和重力来自同一个方向，不同于地球上的生活，光线和重力分别来自两个方向。

浮筒建筑随波沉浮，不仅是现在的江河、还是未来水世界中的标准建筑。靠空气托举的建筑，空中飞行的建筑就如同现在全天候的环球无人飞机，在天上持续地跟随太阳，利用太阳能不断飞行，特殊情况下才到地面。漂浮水上就分辨了轻重，水重而莲轻，莲叶浮在水面，莲茎就是锚栓。在水面上建造石头画舫，利用其式样的轻盈感克服材料的重。

草原住宅采用轻巧的屋面和大挑檐，创造出面面俱到的阳台。建筑踢脚和波导线方式最能表现轻重，镜面、不锈钢、石材、木材定义面的体格。三段式中接触地面的部分最能体现建筑的稳重，如马蹄子和高跟鞋表现出不同的轻重。

程度的控制最难把握，建筑中的风格和形式也存在这种问题。举重若轻的手法才是关键，或者做到举轻若重也一样。

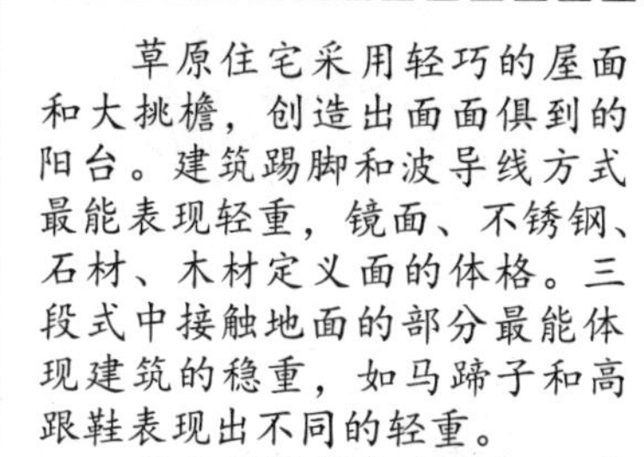

书法是纸面上的运笔轻重，总是用当时的工具和纸张。工具须与时俱进，因为旧工具无法体现新性情。轻甜重苦都可救人。真艺术和人性相关，当时的作品有当时的人性。数字艺术成果随意复制，距离人的控制太远，用手指作画又太粗陋。清唱不如配器，轻重有度更契合天生的节奏感，音乐都是应和体内蕴含的旋律，而不是灌输。用排笔书写，不同角度形成粗细。钢笔在轻重磨合中与主人契合，成为符合手性的利器。普通钢笔的笔锋翻过来磨写成平行笔，需要长时间，算是举轻若重，不若换笔。善其事先利其器，拥有利器自然举重若轻。

建筑区分如轻重工，大规模大尺度是重建筑，集中高效不持续。整个城市就是座重建筑，一旦老化就无法拯救，而细胞式构成的轻建筑，可以小规模更新实现整体的新鲜。

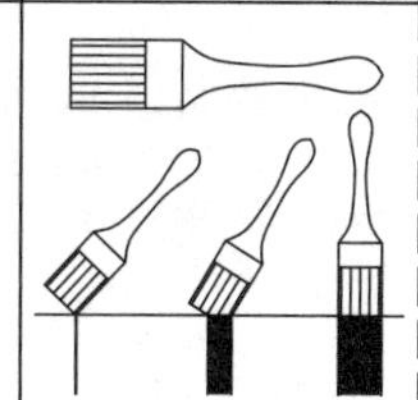

轻不足重有余，轻重本是量的表述。轻重是物理存在也有心理作用，感官的轻重实际是习惯性思维的投射，譬如看见深色的木头就想当然地觉得重，看见浅色的木头就感觉轻。这些是由生活经验的积累而来。传统村落的雨巷也有明显的轻重，上面青黑色的盖瓦、中间是白色主体、下部是深色岩石基础和青石板路。

国人认为重有价值，红木的家具实在不好用，但是让人感觉有分量，花钱买了一个重物件就感觉值了。这与传统价值观有关，古代用金属货币，用重量来代表财富，用重量代表价值。银两越多重量越大，重量越大价值越高。

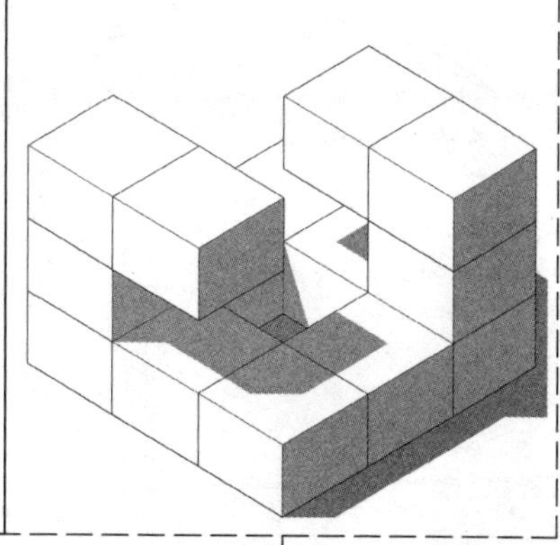

果树上轻下重，果实挂满在枝头。树干长向地面扎入根脉，逆时针转动，推动大地向东滚滚而去。森林是天空的手，插入地面按摩着疏松土脉、推动着大陆漂移。

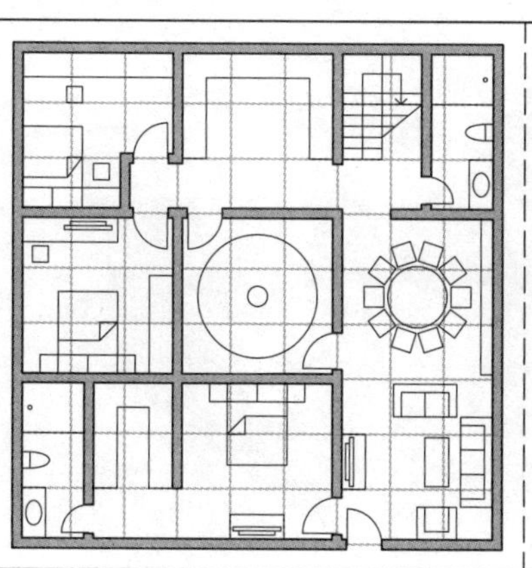
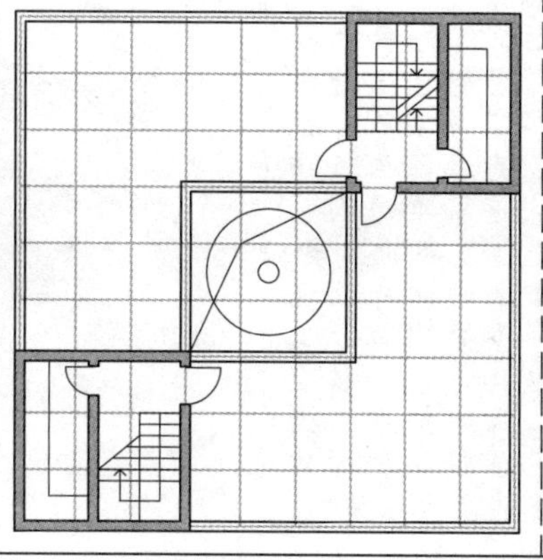
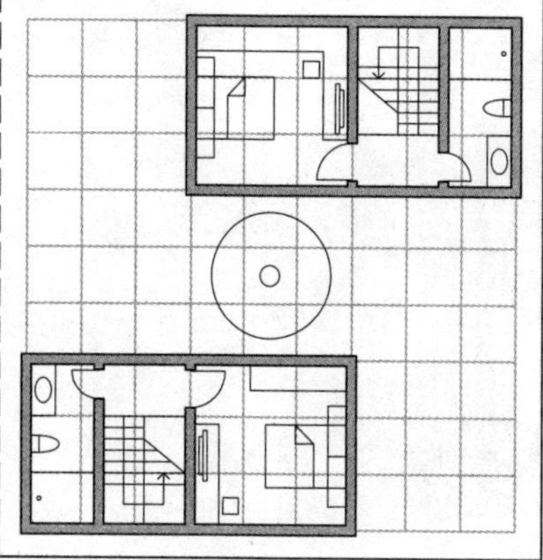

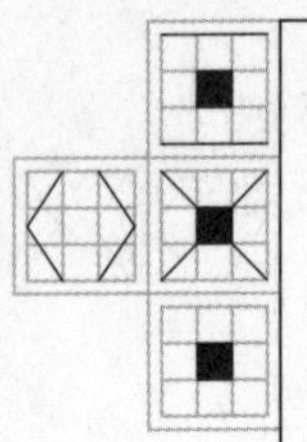

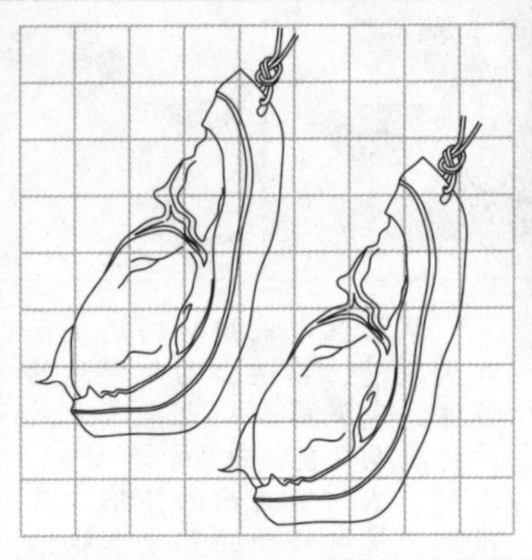

筹出处之叔仲，
酌言默之多少。
——南北朝·江淹

/众寡/多寡/繁简/详略/数量/

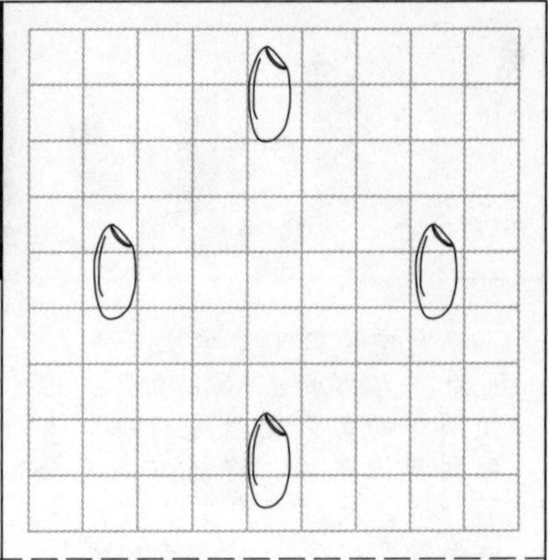

多：众也，从二夕。夕为有字中的月，是胙肉的样子。古人祭祀，众人瓜分胙肉，多即为祭祀之猪羊切成的许多块。

或多为一人得两肉，多分了一份；或多为两口同一朝向，意指人头攒动，人口众多；或多为双足，足迹满地。多也似两少堆叠。

少：微也。是细小的颗粒形状，如四粒米分散四方，可计算数量的小东西就是少。四笔画是四个小点形状的讹变，甲文卜辞中少和小同义。微小的东西靠大量堆积才能成众，无数沙粒形成沙堆，无数米粒煮一锅饭。如果大如烈日，十个就嫌多。或少小为小鸟的足迹。

多以人的需求和器官为意向，和生存有关系。肉多则是基本的生活条件得到满足了，粮食多即为多，吃饱最重要。

画蛇添足超出需要就是多，不满足需求为少，中正、中庸为最佳。多少和繁简不一样，多少具有判断，也许是简但还是不感觉少，也许是繁却不觉得多。树只有一个树干，而小枝丫和树叶不计其数。少靠多数来奉养，多靠少来支撑。

夫少者，多之所贵也。做少数派，供小于求、物以稀为贵。少是繁多、少是冷漠的建筑提法都是对当时大环境的叛逆。总之要出人头地就当少数派，反对大环境就可特立独行、哗众取宠，鸡也可立鹤群。

说少就是多，因为当时人人都爱多，所以要做少才能出格引人注目，却又怕不为世人接受，所以再主张虽然做得少，可是还是符合多的审美，生产的是一种少的多。换到这几年，全是苹果搞出来的清汤寡水一般的光溜，是可以大喊多就是少了，既然都喜欢少，就来尝试一下多的少。社会进步总归是按否定之否定的步骤。

简括是种复合少和多的方式，形式少而功能内容多，比如筷子。工地用木条打造的桌椅和家具，就地取材和制造，简单直接的组合方式具有美感。

卷尺的头部松动并非多余，是为了测量准确。站在假设合理的角度上看，多一个角度理解设计，不要主观臆断，不要因为自己不理解，就认为是不合理。积少成多，进步和误差也都是这样累积的。

白纸上写的内容多了，空白的地方就少了。不论外形丰富与否，对建筑的多少判断是看人力参与其中的多少。山洞古怪嶙峋、奇潭异石，目虽不暇却不多，看不见人工还是少。玻璃弹子，光滑溜圆却很多，内里尽是人力堆积。

建筑的丰富不是看表面，古典园林就是用人力至多的参与去模拟自然的至少，明明是千雕万琢却要不着痕迹。

道法自然，自然生物大多不会有多余的部分，各部分是有机的整体，有机就是有用。这是更高层次的简洁，不是以多少来评价，哪怕再复杂只要不多余，那就是简练、简洁、简单、简劲、简捷。

简是自然和理所追求的一种平衡和完美，也是个人的追求。三棵树顶部绑扎起来，形成一个完整空间，将建筑设计的起点都简括成这样的意象。

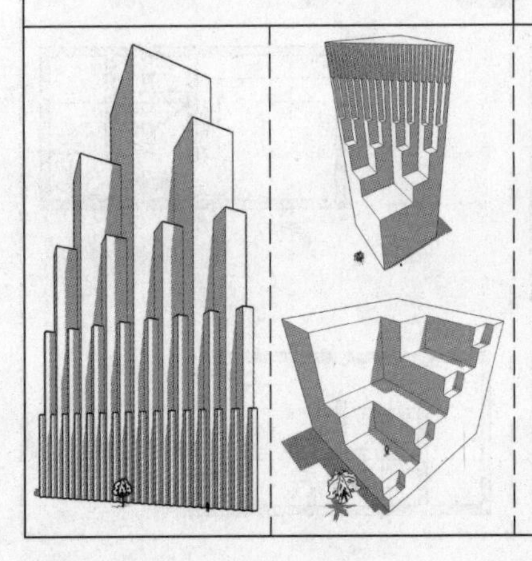

由多到少分形递进是种基本法则。画花线的画板就是简单原则画出复杂的图案，少的动作表现多的内容。工具都是一种至简地提炼，提炼极少的操作覆盖复杂功能。

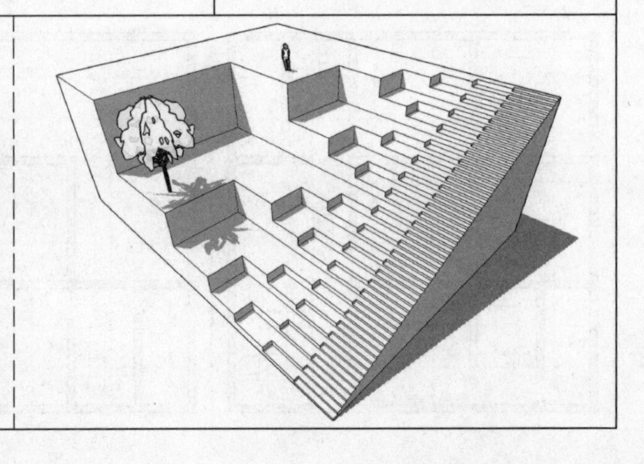

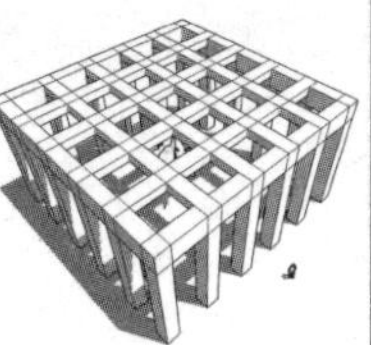
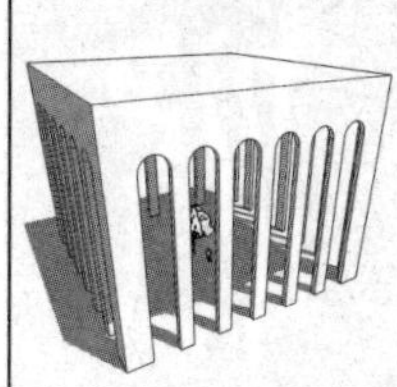

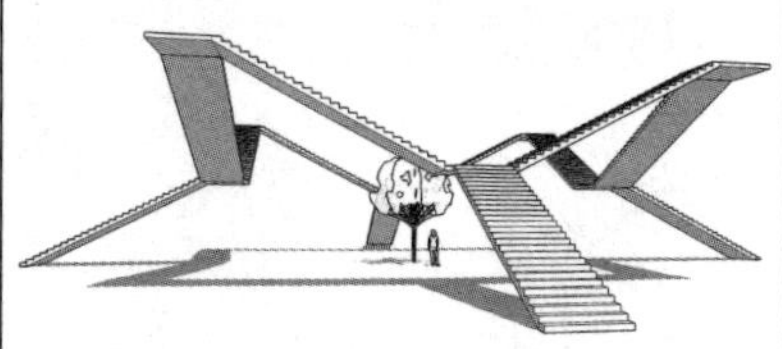
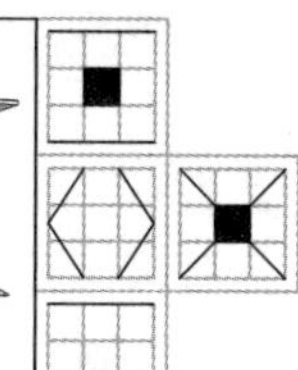

四梁四柱改成多梁多柱，一扇窗改成玻璃幕墙。风扇不动时投影在地，转起来全面地遮挡反倒似乎对光没了遮挡。

窗在立面上到处移动，达到多扇窗的作用。移动够快，仿佛整面都是窗。遮光布开方孔做减法，减去一块才透光。或者两层玻璃叠在一起做加法，加在一块才透光。窗户于立面，如同印鉴对于画幅，位置决定一切，亦可判断真伪如同署名。

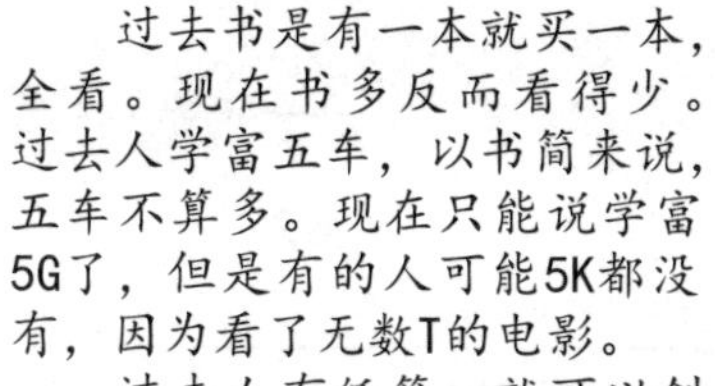

过去书是有一本就买一本，全看。现在书多反而看得少。过去人学富五车，以书简来说，五车不算多。现在只能说学富5G了，但是有的人可能5K都没有，因为看了无数T的电影。

过去人有纸笔，就可以创造非常惊人的文本和绘画，但是现代人习惯了工具的存在和普及，而忘了使用它们，因为兴趣没有了、追求不在。

太多的信息导致太少的创造。过去创造一个东西，分享的范围很小，所以各个地方都要创造，而现在任何创意都可以四处分享，因此个性化、地域性的孤立几乎就没有了。全球化导致个性更加珍贵。

大道需简直，诡道幽曲。复杂的言语表达力都弱。理解才欣赏，如果不理解，一首再美的诗句用异国语言表达，只是对牛弹琴。好的诗词，是情绪和表达都简单直接的产物。

表达要一步到位，功能和形式完美结合的典范就是军事武器，没有多余的派生项，完全为功能服务。自然生物没有多余的东西，进化的过程就是要让自己越发地精简、功能化。

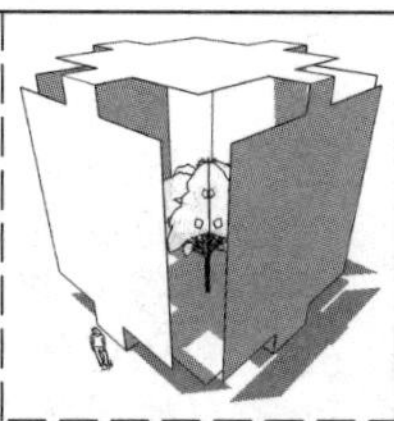
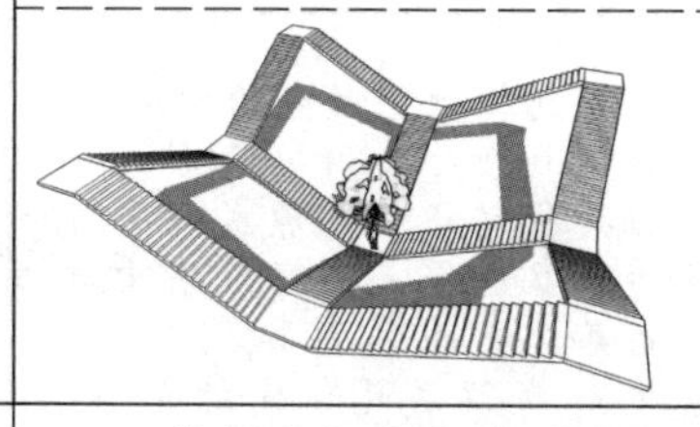

建筑空间就是一个，功能可能有很多。人的一生就一次，选择也可以非常的多。生命的唯一或许是很少，但是面对只能经历一次的人生，放弃的选择却是数之不尽。

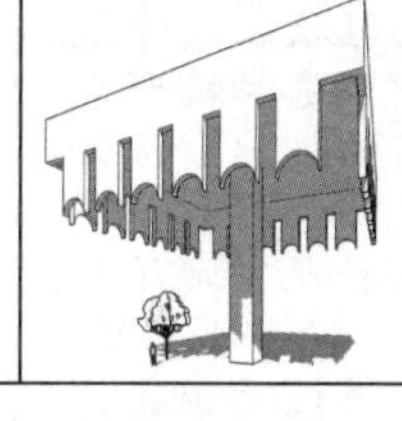
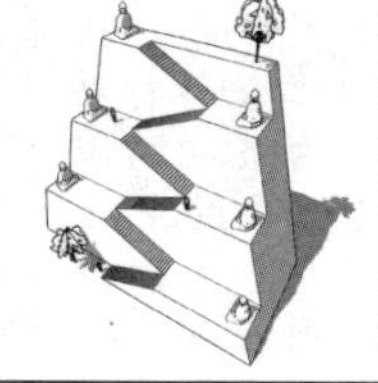

楼梯全部在室外，犹如登山的感觉。层层的山峦在每一层面上都有偶像的存在，露天才是原意。下层级的问题都被上一层级看在眼下，不在话下。爬上山顶才能盘腿菩提树下。

文字也是多与少的结合，拼音文字字母少，组成单词后数量众多，词义明确。象形文字笔画多，单字自身的含义足够丰富，能用很少字数、极少读音组合出完整内容，语义模糊。

共同认可的多，就是局部和暂时的真理。钱是对过往时间与劳动的认可，其价值在于大家的共同认识。如果能塑造所有人的共同认识，那么便是一种巨大的财富价值。

理与法都是一种共识体系，国家就是统治这样的共同认识。宣传的目的就是潜移默化地打造人的思想基础，比如说大一统的国家思想，乱世之中就产生巨大的凝聚作用。

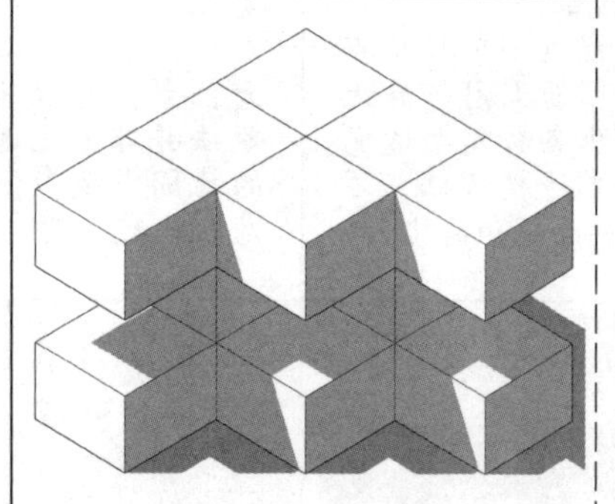

多的象形咬合着少的象形，多中间蕴含着少。多是重复，少才保有原意和精华。

博观约取、厚积薄发是真知，虚心实腹、实言虚行是少数给大多数设计的定策。

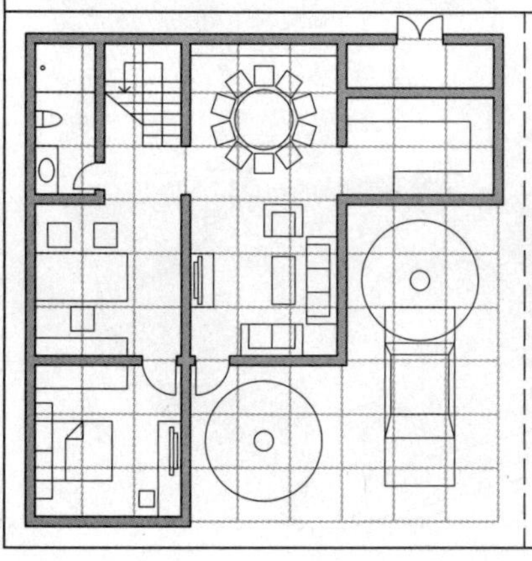
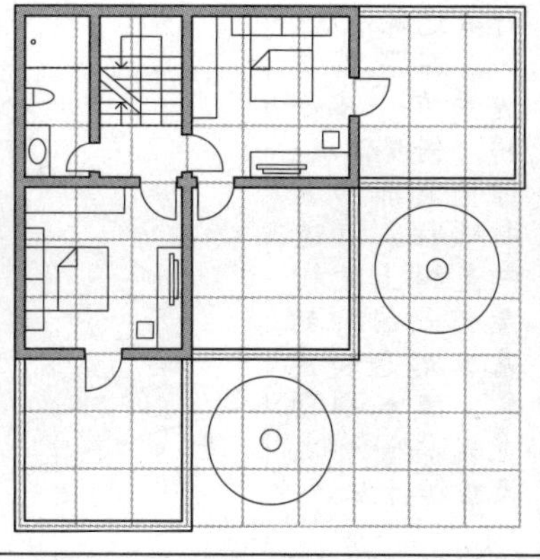
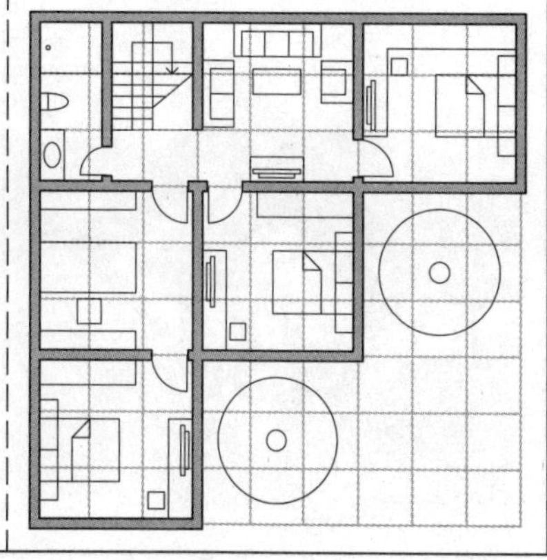

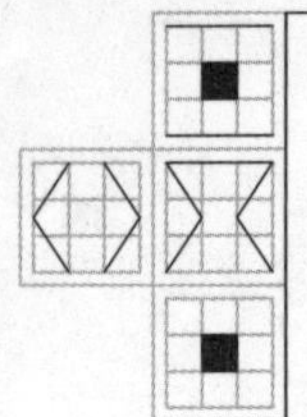

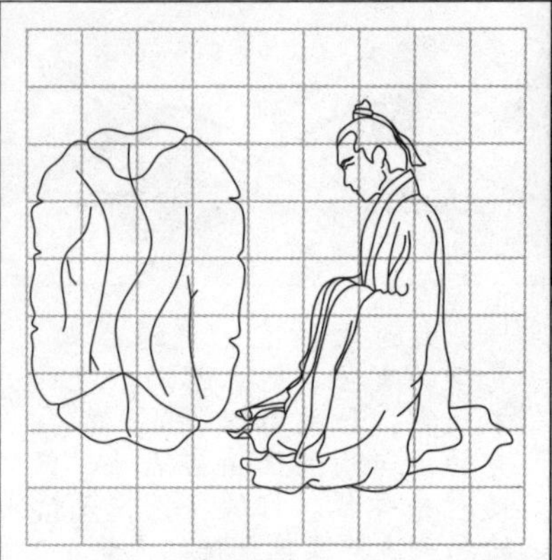

俯仰生荣华，
咄嗟复凋枯。
——魏晋·左思

/低昂/

頫：低头，从兆从頁。兆为占卜时龟甲受灼所生的裂痕。頁为人跪坐低头观察的样子，頁上部为首之省形，省去毛发，只留眼睛，代表人头。頫即是人低头观看卜辞，为俯的原字。

或解兆为逃之意，向相反方向乱走，頫就是低头乱窜的样子。

仰：抬头向上，从人从匕从卩。匕为伏地跪拜的人形，卩为人席地而坐的坐姿，与頁之下部相同。左边的人跪着，向右边坐着的人仰望叩首，卬即为抬头，为仰之古字，后加亻作仰。或匕卩都比站着矮、都要仰视。卬有仰仗依赖之意，后借指我。下人仰、上人昂。

人的视角不及鱼的视角广，在鱼的观念画面中，各种广角的曲面效果能被还原成一个直线的对象世界。同样人眼中看见的并非是等轴画面，却将透视也能理解成几何化的世界。人戴着鱼眼镜头也会适应。

所有透视都是一点透视，没有所谓的多点透视或者两点之类，全部都是一点，如同从相机镜头观察世界。只是为了求导方便才衍生出两点透视和多点透视等等说法。

按照一个视点一个目标点的方法，在投影面上用一点透视完全可以做出各种复杂透视的图样。各种求透视方法，不过是一点透视的分解和简化。

横看成岭侧成峰，远近高低各不同，观察角度不同，得到的感受也不一样。从自然生息的角度来看，动植物也有审美判断的标准，为了吸引动物和植物，生物会装扮自己，利用颜色、气味、形状、动作来吻合与打动对方，这种被形容为被动的淘汰选择机制应该是生命的主动作为。

人所处的位置就决定了他所能具有的视野，欲穷千里目、更上一层楼，仰视还是俯视他人，并非自己心态所决定，而是位置，所以屁股决定脑袋的说法并非全无道理。唐代以前的诗词中很多俯仰字句，看来唐人比较在意自尊且洒脱自在。

所有的观念都是比较得来的，没有绝对的形象，因为有视错觉的成果可以比照。长短宽窄等等，都是环境的反映，而不是绝对的客观。透视反映的是人的因素，以人的角度和观念为本。鸟瞰是鸟眼透视的结果，适合鸟的思维方式。

透视的视角，已经决定了所获取的信息是什么。在空中是鸟瞰、在地上平视是两点透视、仰视就是三点透视。

合成变质使得看起来平面化的东西，其实是透视的效果所致。有些空间效果，可以用平面关系去定义，如同用投影仪投射一个规则的几何形状到空间中，然后将它实体化。

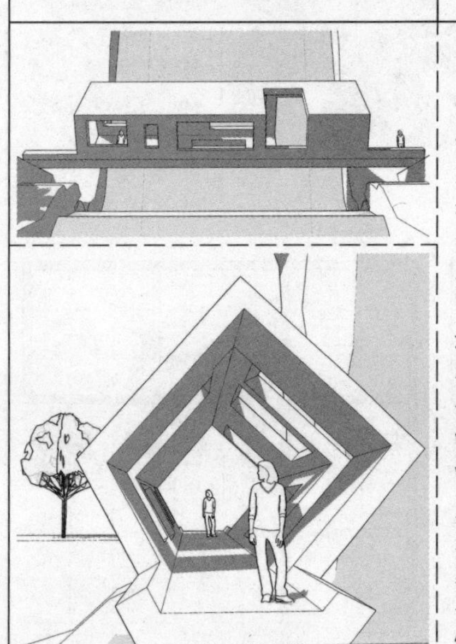

地震仪的形象中，蛤蟆仰观天象，蛟龙俯吐小球。精密配合的仪器做法可以放样成建筑手法。

在瀑布激流中有一座小桥，俯观溪流、仰望瀑布和瀑中砥柱。河道中大树上的树屋，是俯仰的基本形态和意象。流水别墅也是将俯仰之情略加抒发。

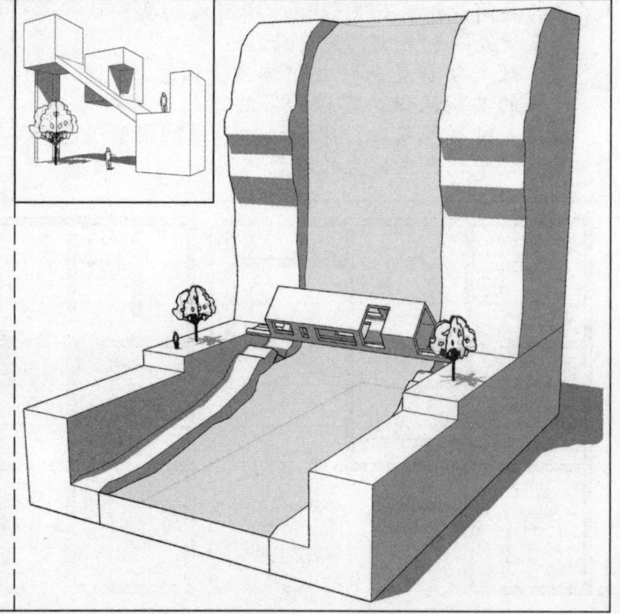

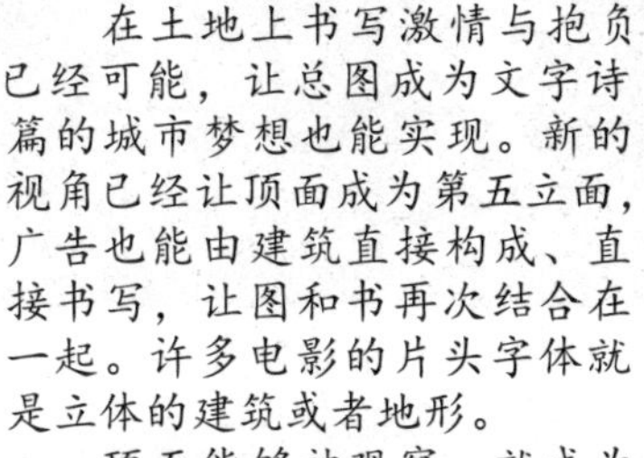

在土地上书写激情与抱负已经可能，让总图成为文字诗篇的城市梦想也能实现。新的视角已经让顶面成为第五立面，广告也能由建筑直接构成、直接书写，让图和书再次结合在一起。许多电影的片头字体就是立体的建筑或者地形。

顶面能够被观察，就成为重要的公共信息，如今卫星和向量地图都能查询这种信息。空中交通日渐发达之后，顶面组成文字和图案是设计潮流，屋顶全是广告。麦田怪圈将成为建筑手法，天上交通的人们，向下看满眼都是各种宣传，传统立面的宣传作用越来越弱化。大地艺术和建筑意群近在眼前。

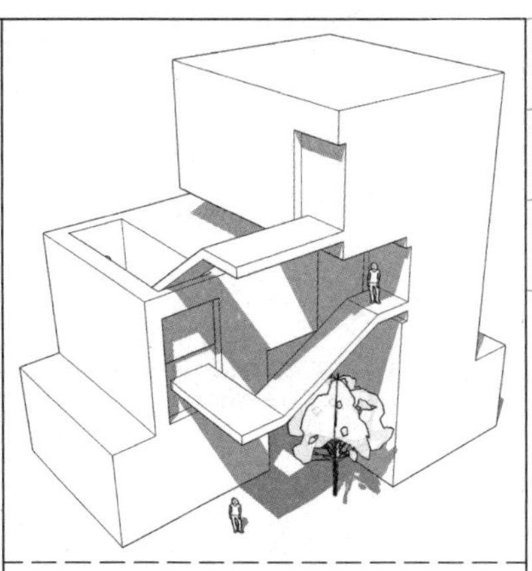

海盗船的快速摆动导致乘客的视角快速切换，坐在跷跷板上，一会上一会儿下，俯仰交替。阻尼器依赖惯性调整，钟摆式的建筑如同摇篮，是失眠患者的卧室，或是婴儿房。

摆动一个能变换角度的建筑，欣赏不同的风景，轮流享受阳光和视角，如同游乐场的大转盘，或者如旋转餐厅。在摩天轮中上班，上班下班必须准时，否则无法上下。

以俯仰的造型为参照而生成的意象。花儿向上开，果实向下垂，有花有果才完整，花虽俗媚却必要。上下的搀扶和支撑之间有细微的联系。人不求人一般高，不输送只寻常。

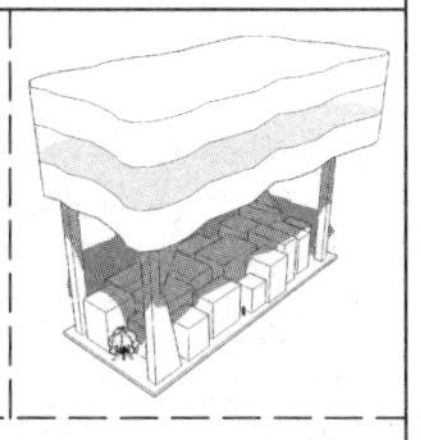

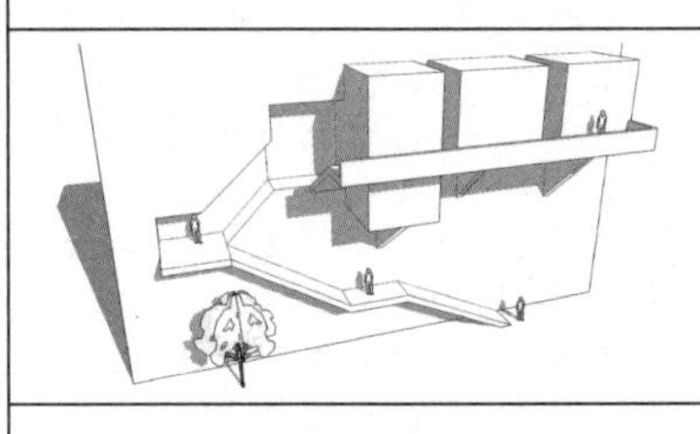

悬空寺一样的建筑，如同天上的街市，上面的人超凡出世，下面的人仰不自及。通过建筑的升降而让人上下，高度的变化使人的地位变化，假如人能飞，那么新的视角就来了。

翻手为云覆手为雨，控制者全部生活在上层，而底层留有上升的通道，因为这些上升的通道支撑着上层。如果通道被破坏，上层也会全部崩塌，因此上层也要顾及和顾忌下层。

崖字的解释，如果以山为重心，那么就是鸟也飞不过去的山，如果以鸟为重心，就是住在山脚下的鸟人。采用怎样的角度，对于设计的诠释很重要，东方之门看着可以是门，也可以是低腰秋裤。人脸花瓶中的视像只能取其一。

一幅唐僧的照片，你看到的是唐僧，实际我想说的是方丈，方圆一丈为身份象征；一个唐皇图片，你看到的是皇帝，我说的是陛下，升高阶也。如同唐僧会见女儿国国王，既有方丈又有陛下，角度不同导致看见人或者看见建筑。长老两个字都是形容长头发，而古代称呼高僧用长老，和尚恰恰是没有头发，反义相成。

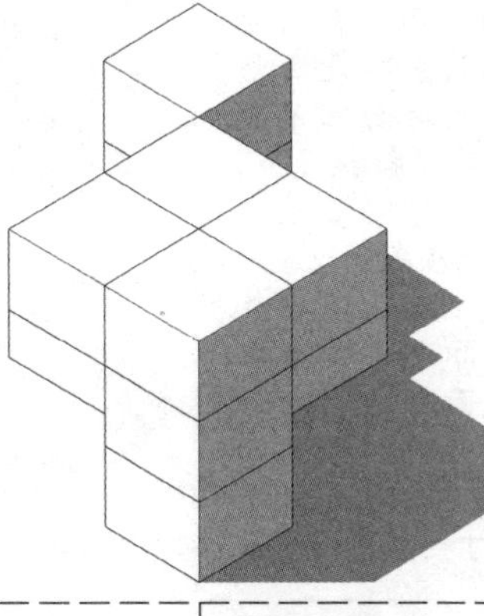

大猩猩表示臣服或者是讨好用手掌向上，请首领抚摸以取得谅解和包容。伸手向人讨取自然要仰人鼻息，施舍如同俯首替人摸顶。握手即是两人手掌不分上下。

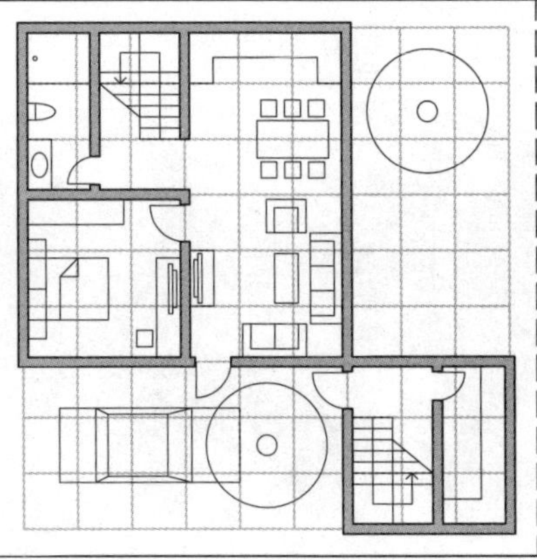

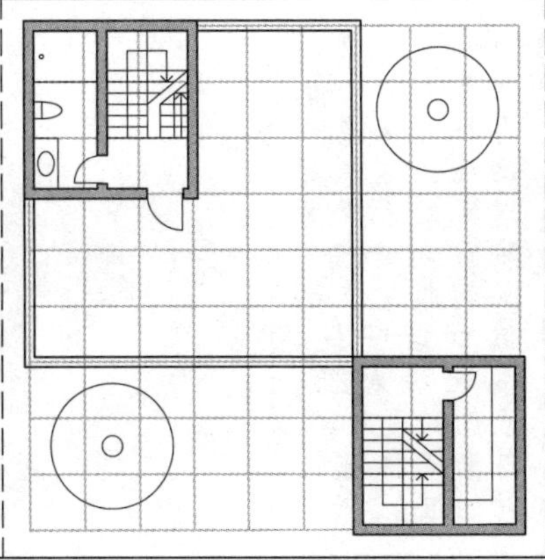

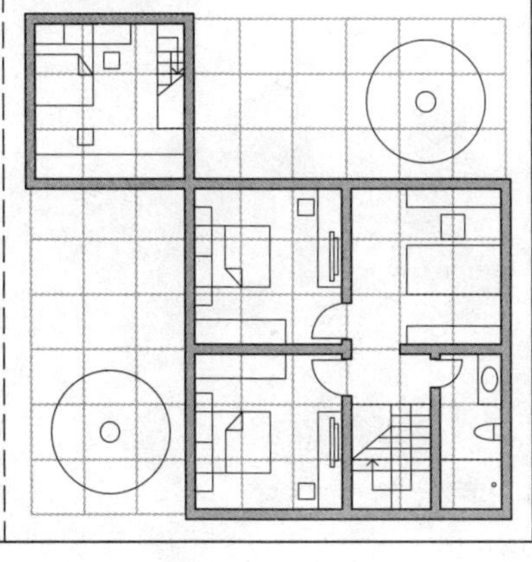

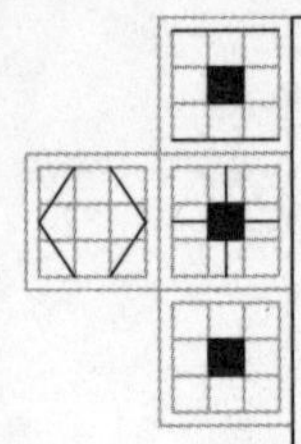

表裏

表　　里

礼乐犹形影，
文武为表里。
——魏晋·傅玄

/骨肉/文质/

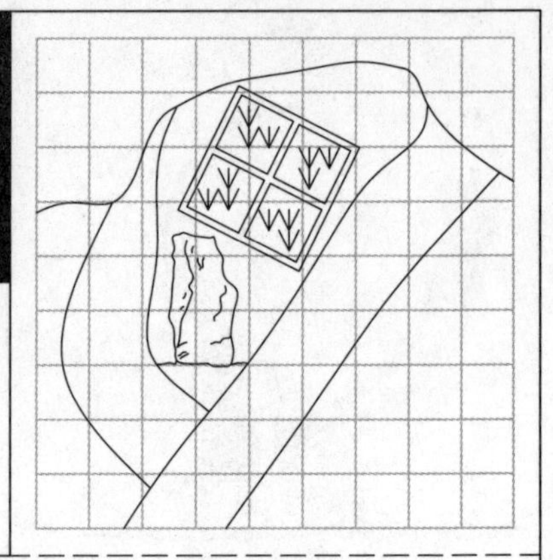

表：外面，从毛从衣。毛为人的头发四散的样子，省略了人头的形状。衣是古人宽衣博袖的服装的立面图，领口、肩袖、斜开襟形状分明。表是衣字中间加个毛字，古人以兽皮为衣，毛朝外面，所以表字本义为外衣；或体毛就是人天然的外衣；或皮毛为动物的外表。

裏：衣内也，从衣从里。衣为古人斜开襟的外衣。里为土在田中，意指内部，也有乡里、里弄之意，有土有田为村民聚集之所。里就是衣服内部或内衣的意思。

有种服装叫裹外发烧，指里外都是毛皮缝制的衣服。表壮不如里壮，外套不如内衣。

表里都和衣服有关，衣服就是人体的建筑。思想能找到表面形式的代表物，可用比喻来形容，如表里的代表为衣、俯仰的代表为人。古建筑和传统文化，如同是外衣和内衣配套。就现在而言，内衣和外衣毫无关系，如超人一样内衣外穿以表现能力非常，或是多层衣服层叠而穿。表里的一致性失去了，或者说混乱表里、打破规律也成了一种潮流。

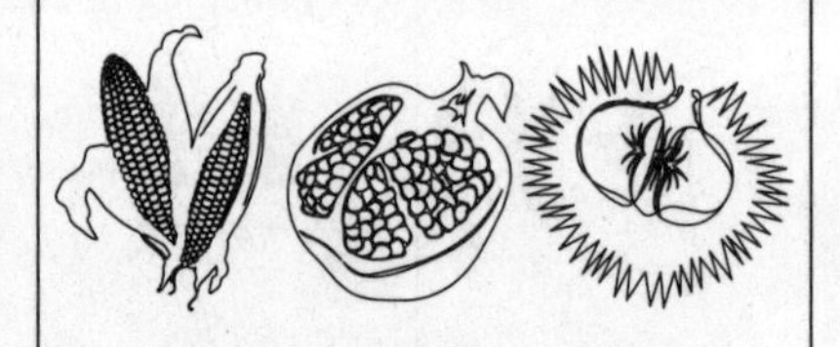

板栗球全是刺，栗子光滑。石榴表皮光滑而内部多籽，一咬全是核。植物表里不一也如一，石榴不会剥出玉米，玉米也不能剥出板栗。传统建筑外皮表征内部，用屋檐表现层数，用门窗体现空间。

毛是毛囊长出来的，皮之不存毛将焉附。当代建筑模糊这关系，抹去表里联系，时髦做法是无毛无皮，如同无源之水，有如感天而孕的神来之笔。

表面的观察天生就会，表里的联系需要学习，挑大拇指在许多地方不能用。眼见耳听手摸的信息怎样处理，是种决断。文字是表象，背后是训练而成的反应，人受社会影响就是基于从小培养的条件反射。

刺激和反应间的联系需实践才理解，两者互动是积累经验的途径。给出刺激，看其反应就能判断出人的水平、阅历、思维深度。由表及里、从刺激得出判断，如同望闻问切，要靠被动培养和主动学习才具有。

酒瓶是一把枪、枪是个打火机，冰激凌的白气和过桥米线的无气息都证明眼见和经验也会误导人。

不成系统的东西，表面无法判断，而熟悉的东西表面就可以判断内在。人对面容是最熟知和可以利用的，脸就是表，里是内心与想法，相由心生说明内在必然会体现在表面上。

假面舞会戴上假面似乎就能放松自由，实际上人的原来面目也是假面，面目之下的想法和作为不为人知，知面不知心。由于不自信，假面之外还要假面，不安全才要层层包裹。

表里是形与神，是浅显的体用。表指见与不见、里指内外，表区别明显而里联系难寻。外立面的内外就是表里。表里一是小谐、与自然一是大谐。真性情是小我，合众是大我。

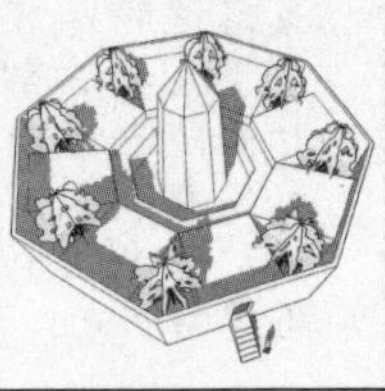

门打开了就是一个大坑，再打开又是一堵墙，这就是通常的表里关系被打断了，如同服装上的假口袋一样。手表的表里，表面的是时间，内里是机械轮转的组合。

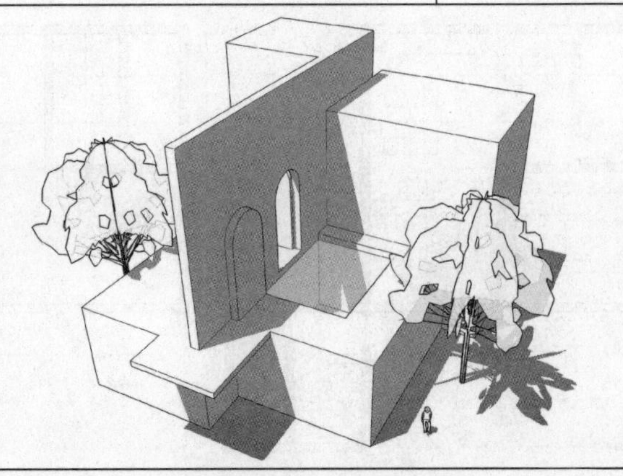

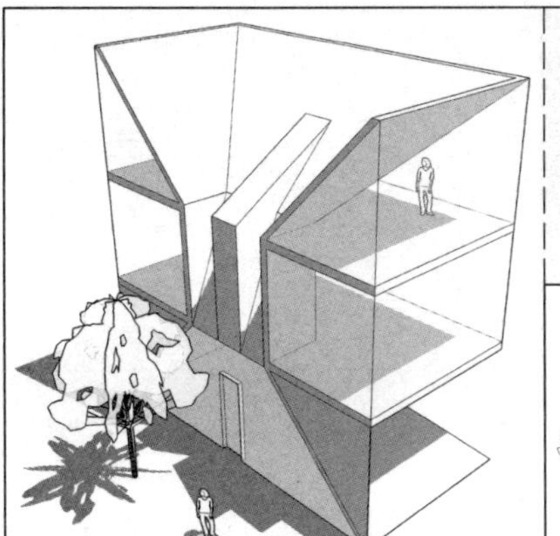

建筑的结构和管线完全暴露出来，内衣外穿等于把内脏搬到了体外，内脏便是那些机电设备。一个建筑以里为表，居室开放内里作为外表，建筑保护的里就只有人的私密性。

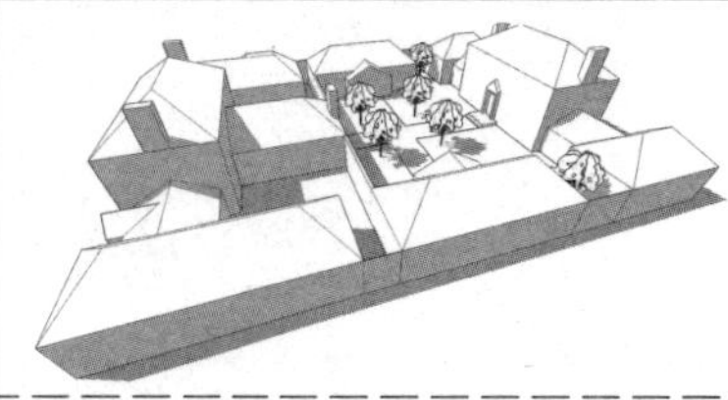

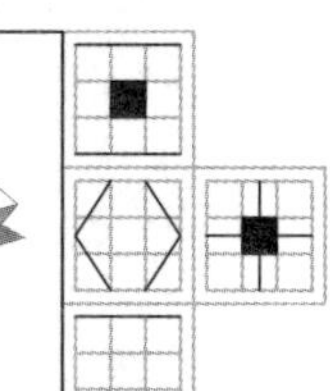

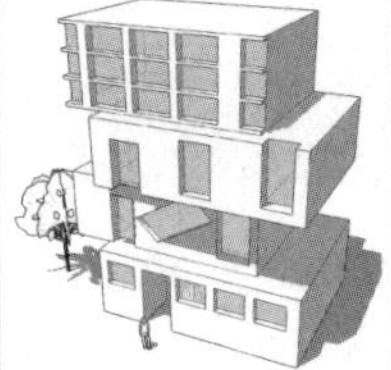

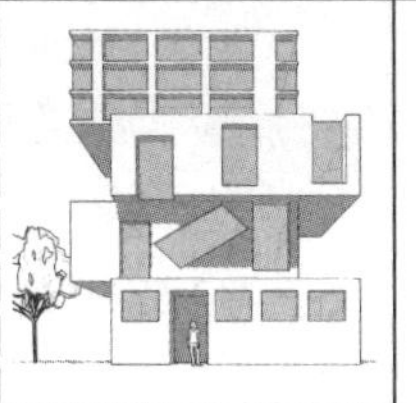

表里可一可不一，中西宅院各有精神内核。西式功能集中靠客厅组织，中式功能分散靠院落组织。木构隔音差，靠楼栋独立保障隐私。伪中式的表皮中式，掌状功能仍属西式。

全欧式构件的苏式老宅、中式圆厅别墅、西式落地窗都颇具异样。西式建筑的四合院，将欧洲城堡的做法放进来，完整地围合，建筑尺度可以放大，但是交通关系不变化。

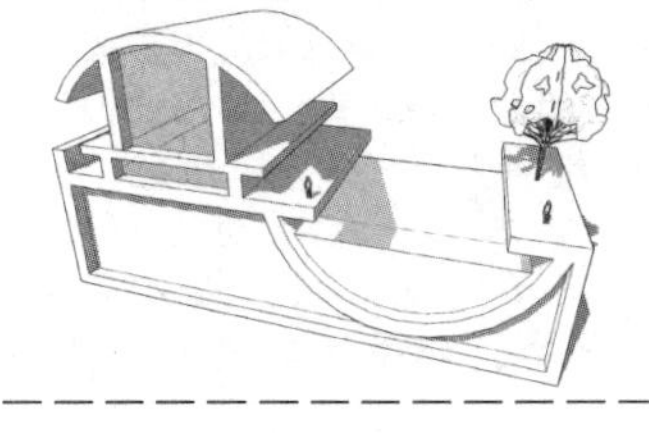

外表和内容统一、构造和功能统一，才是真实的建筑。汉唐的斗拱就是功能和形式统一，而后来就表里不一。建筑的表里还是关注实体部分的外面和里面，现代主义的追求目标是表里如一，并非一定要国际式或者方盒子。进入当代社会，文化和城市同质化严重，功能需求也越发近似，工业产品都是全球标准化生产，适应人的迁徙，再难处处有特征。

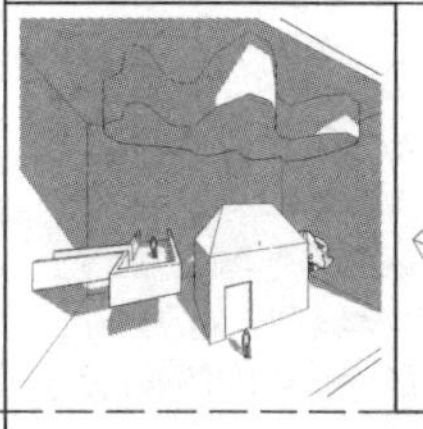

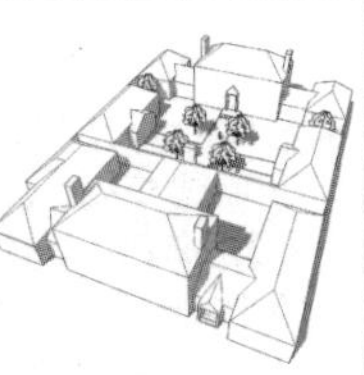

功能化的建筑极端来说，就是装饰过的结构。以立面的元素，创造一个剖面的样子出来，让断面的感受直接反映在建筑外立面上，直接看穿肚肠。表面化的剖面，更加容易打动人，并且更加建筑化。

蓬皮杜的机电管线外置如同将肠子绕在人的身上，比较而言剖立面就像是医疗切片图，还是一个面上的关系。天地为庐、房舍为衣则无表里。

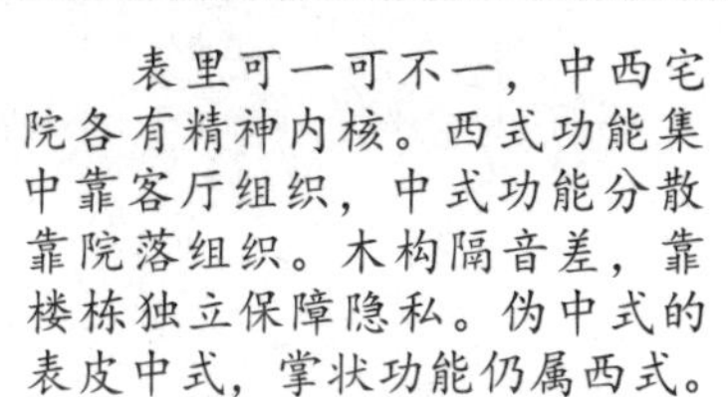

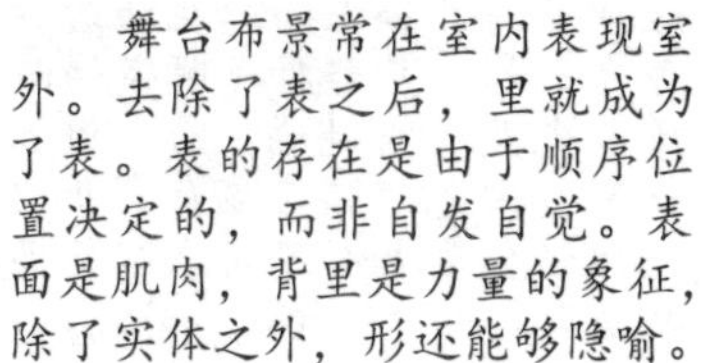

舞台布景常在室内表现室外。去除了表之后，里就成为了表。表的存在是由于顺序位置决定的，而非自发自觉。表面是肌肉，背里是力量的象征，除了实体之外，形还能够隐喻。

边界才是建筑，把握住边界才抓住了建筑的魂。大师谦逊地说我只是去掉了多余的部分，多余和不多余的边界就是生动的大卫。

有无决定存在、阴阳铸成方式、内外定义价值都是由两分法得出的同一个事物不同的描述，这些相互独立、有所区别又必须联系的一对对，形成的最终接口就是建筑。这些有无、阴阳、内外的边界，是能够让人看见和捉摸到的表里，这才是建筑的本源和精神所在。

实现利与用的手段是通过区分表里，有表里才有边界、才有建筑。功能上需要有表里，形式上又要消灭表里，这就是建筑的基本矛盾。

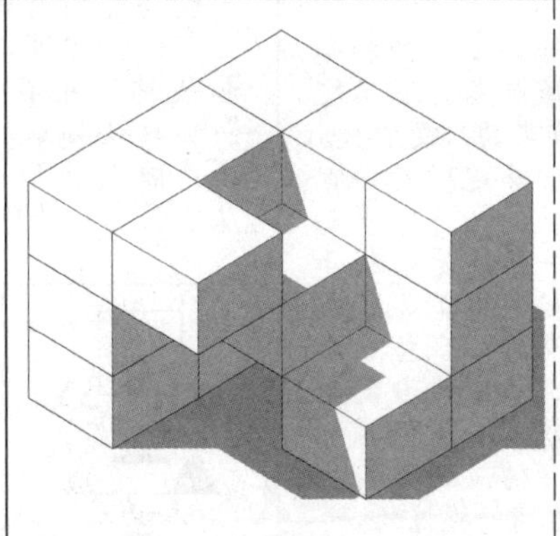

如同石榴，外皮包裹着果实。表里不一是后现代的代表思想，外表的不统一预示着内在的矛盾和复杂性。指向模糊，不知所云，可以说是对现代主义的矫枉过正。

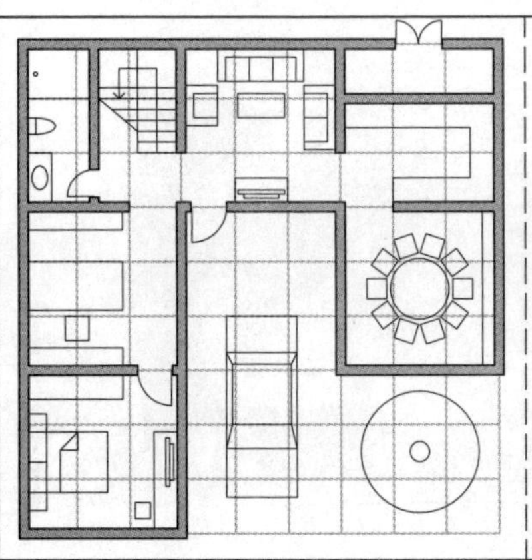

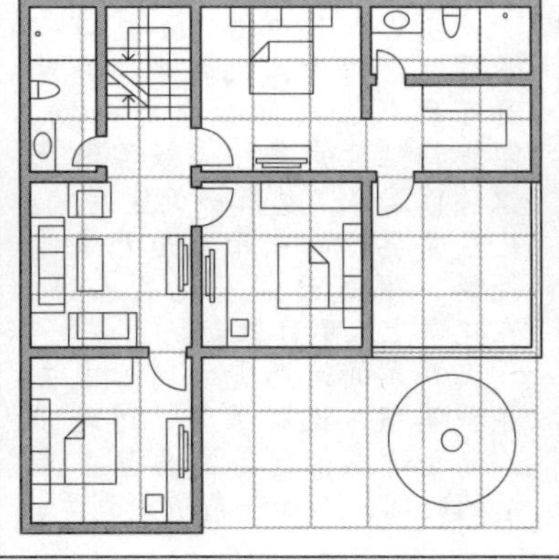

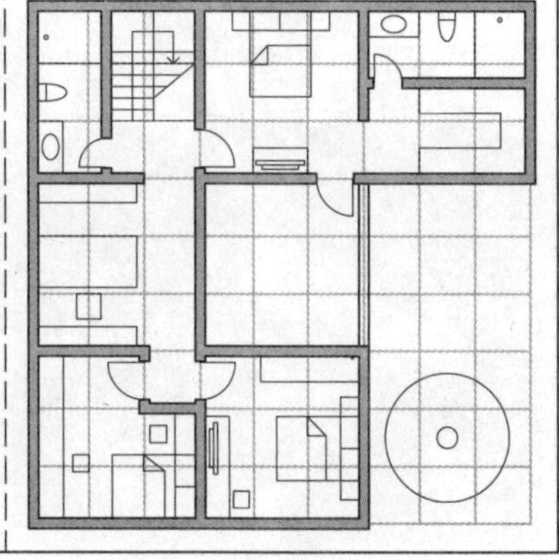

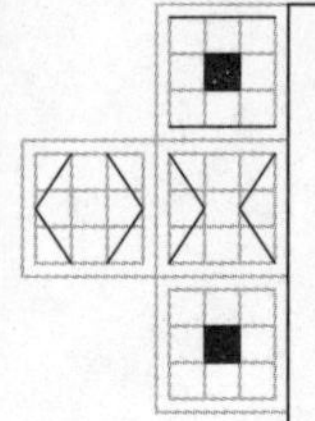

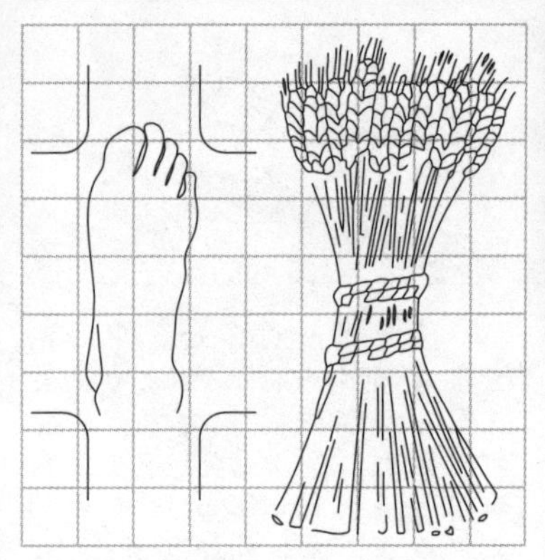

迷悟

迷　　悟

教即无顿渐，
迷悟有迟疾。
——唐·慧能

/顿渐/辨惑/悟痴/知识/

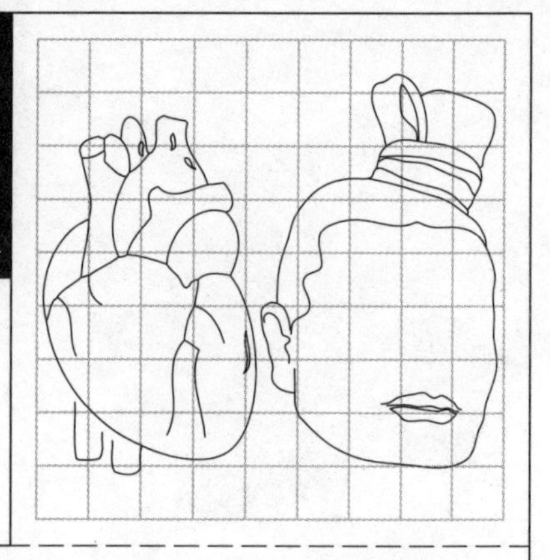

迷：惑也，从辵从米。辵为止在行中，脚掌行走在大路上。米为捆扎好的水稻束，一根根并列，或米中一横为镰刀收割的样子，禾成熟收割即为米。迷指路途多如水稻束，因而分辨不清。或米多而相似，不易区分辨别个体，路上足迹多如一堆米，无法分辨为迷。

悟：觉也，从忄从吾。忄为人心。吾从五从口，五为发髻当中约束的造型，口为嘴巴，吾是人头的立面，代指自己，为我自称也，或五窍为吾。悟即为自见本心；或悟为五口心，五颗心五张口表示多思多问就是悟；或人有十指，取其一半为五为单掌，以手捂口掩心为悟。

脑中是观念，建筑是对象，无法控制对象在脑中产生怎样的观念。颜色只是观念，和对象没有什么直接地关联，颜色的判断受到思维和环境的影响。

观念中的颜色具有倾向性，这种倾向性和人的过往经验结合在一起，并非对视网膜的映像有先天或客观地判断。假如一天太阳光变换了颜色，那么一切都会看上去不同，然后逐渐适应，又没有什么不同了。

从迷到悟有许多选择和确认的契机，选择过多到不了彼岸，一条道走到黑的只是少数。

当所有答案都是甲时，胆量和自信被干扰，自作聪明而忘其根本。每一站都是重新开始，处处都是起跑线。迷宫式的建筑、层层防卫的碉堡、满布机关的陵寝、挑战体力的电视冲关游戏，这些如果都成了建筑要达到的目的，那现实就如同梦魇中的空间一样惊险。

审美是得其神而忘其形。指纹相似而不同，认知事物的名和相，便足以去覆盖其余。人不仅概括相，还会衍生相。

意义大于形态，认识意义后会丧失对形的感知。情人眼里出西施、日久生情，实际是相处日久而美丑不辨，对亲友实在难有审美判断。认字后能判断辨识字，但常写不出，小说读完，主人公名字还没有记住。人辨识的是特征和符号，不能还原所有细节。不认识的文字，经常可以用来当作图案和装饰，并不带有情感因素，一旦被认知后，其文字内涵和情感就将会取代其形式美感，从右脑感知转移到左脑感知。

美无法沟通，视错觉说明人看的是相对关系，而非物理属性。盲人摸象能感受部分，不能体会完整，便无法交流。象相不一、全由心生，人之所见唯有自知，无法表达和传递。

交流的关键在理解，需要文化无隔阂，理解层次对等。对牛弹琴再大声也没有用，再感人的诗句看不懂也白搭。人之间无法彻底沟通理解，如同你我看见的红永远不一样，就像两张底片洗出的照片。

认知无法统一，你我看到的永远不一致，我永远不知道你看到的是什么样。透过眼镜看到的世界已经就和真实的世界不一样了。

眼见非实，方形被认知后，各自圆、角，提取各人映像客观比较都不相等。人将此方，用理性物件代替，如游戏中的光影是计算的结果，以数字描述存在，自然呈现不需要计算。

一个建筑物到处是门窗，斜置在坡道上。中间用钢索悬挂立方体的灯光显示屏。

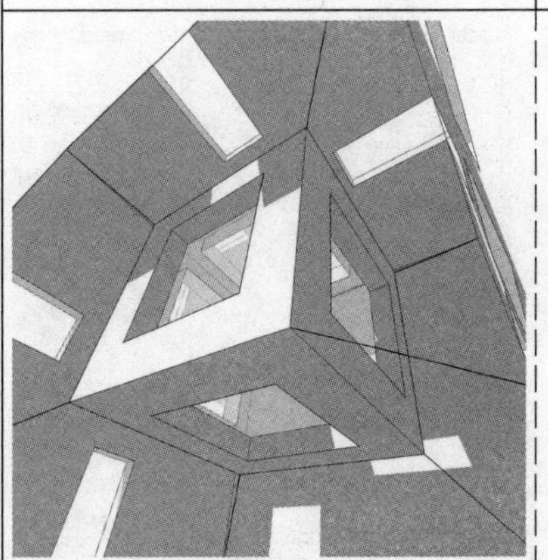

自见本心为悟，不见本心不得悟。悟为内化之事，非外因可取代。只要心中有一物，即能将注意力集中，或靠潜意识替你思考，总有一天能发觉。凡是需要悟的东西都是无法传授的，事关天分而无关人事，在此事上人不可胜天。

外界的迷惑需到内心中去寻找答案，选择多了、道路多了就会迷惑，犹豫需要花去大量的时间，不如一条道走到黑。

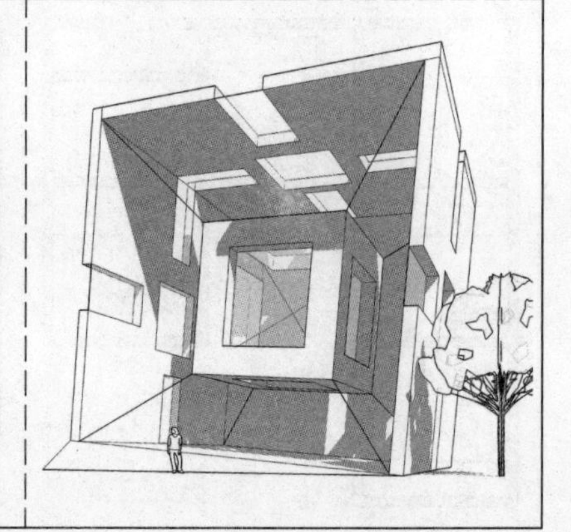

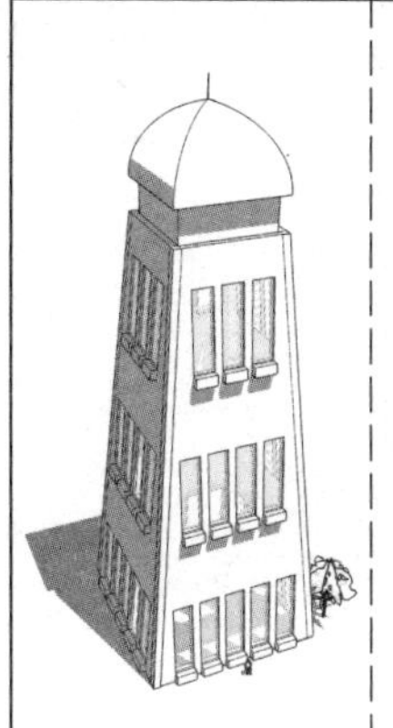

特定角度的立面，所有门窗都一样，找不到出入口。结合内部才可能知道哪是大空间和出入口。

荷塘月色的建筑，沉下去找到出入口，多向前走一步就能看见。

落地窗是门又是窗，再加上门槛，透彻理解建筑开口，西方较少将门窗混合。

迷雾中一两点灯光，灯塔这样的建筑天生就是要变成地标。这是一类指示作用的建筑，其存在就是要让人明白和发现。交通信号灯、摩天楼顶的大钟都是这样。

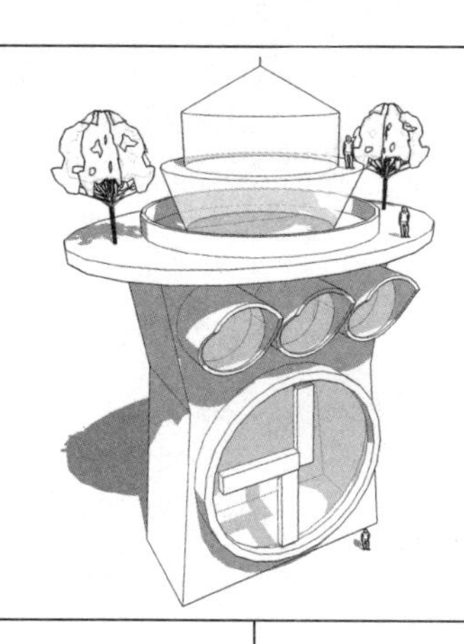

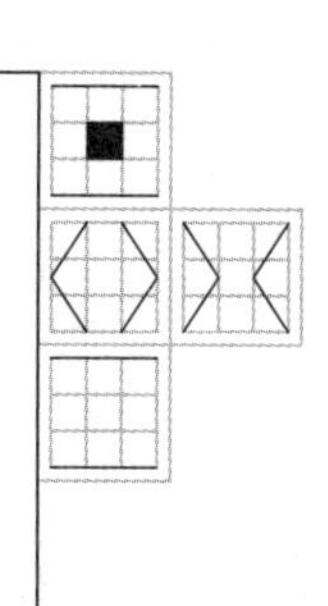

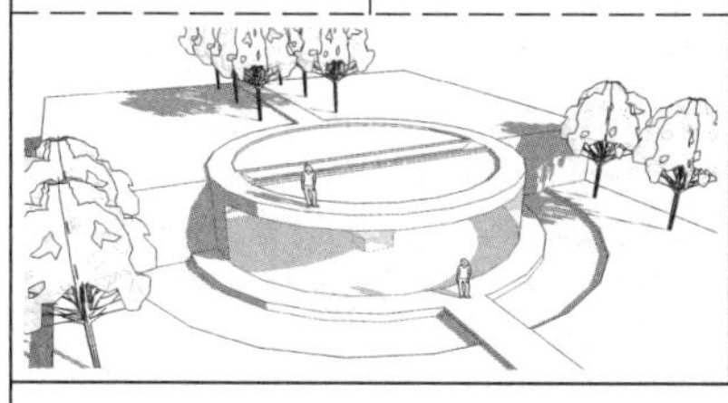

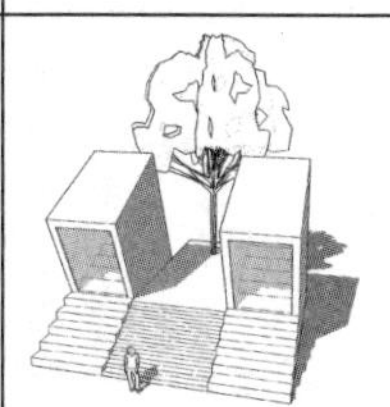

整墙覆盖镜面，建造完整的镜子迷宫，将人困在其中。植物背后增加镜面，反射与真实的景象结合，增加纵深感、扩展影响力。镜子加电或加屏幕，调整功能。循环的楼梯、悬浮的人头是镜面魔术的应用。

人的照片水平镜像之后，看起来感觉会有些怪，而天天照镜子看自己镜像的面孔，不会觉得奇怪。照片和镜子并行的时候就是一种迷惑。

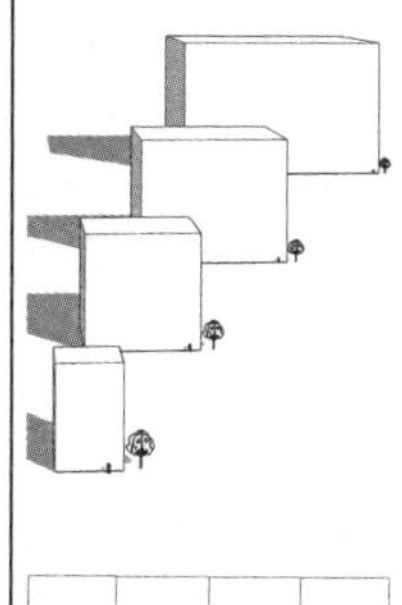

多数人对设计麻木不仁，知晓而不关心。过去有门坎人也适应，似乎绊倒不多；公共汽车台阶没谁觉得不便；民居窗户很小，也没有什么心理困扰；木楼梯非常陡，也照样用。适应和忍耐是进化，宽宅大院和上海的弄堂一样延续生命，似乎没什么无法忍受的。

舞台上的演员，自以为别人在关注，其实只有自己在乎，底下的观众和看客毫不在意。迟是反应慢、钝是不敏感，这是绝大多数人对建筑的感受，为了适应低敏的感官，就需要用夸张和做作的形态来刺激，以实现同审美主体的互动。重口味的菜肴很难成为高级的菜肴。

人只能接受转译的思想，头脑中的天作美文翻译成语言，才能被继承和交流。表达思想如同把京戏改成芭蕾舞来跳，然后观众根据自己跳芭蕾舞的经验再将其转换成杂技。如同中国人和阿拉伯人用英语交流，所有的沟通实际上都是如此间接，不可能有完整的交流。

无法认识本质，只有参照系的交换和平衡，参照系是让同样的东西有同样的尺度去匹配。人的悲哀在于别人永不能透彻地理解你，无法平等地交流。因此人将思维外化，建立各种平台让人交流。文不尽言、言不尽意，这是表达方式的局限、是无人理解的失落。

艺术、运动的经验和悟性都无法传授，不能描述就不能传人。投篮、写字的手感甚至不能传自己，尝试左手写字就能明白，即使是同一人、思想技巧全无障碍、用同样的工具，表达习惯改变也将导致结果不一样，这种习惯就是量化之外的东西。自救尚且不及，如何救人。

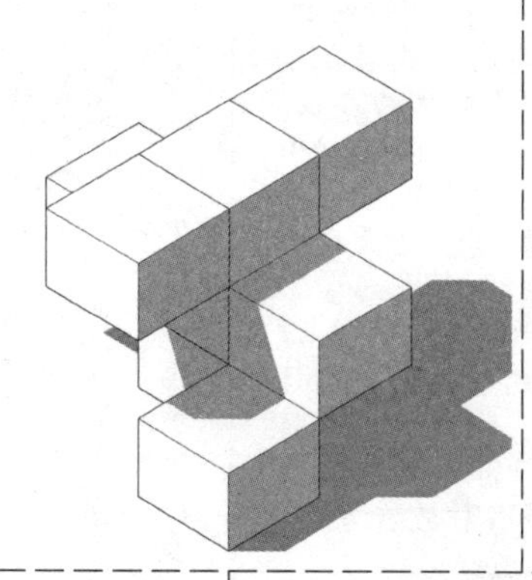

各种指示混在一起，困惑而没有方向。审美是个人化的，理解和看待对象只是个体经验，无法直接进行传递和比照，永远无法确认别人看到的世界是否和自己一样。

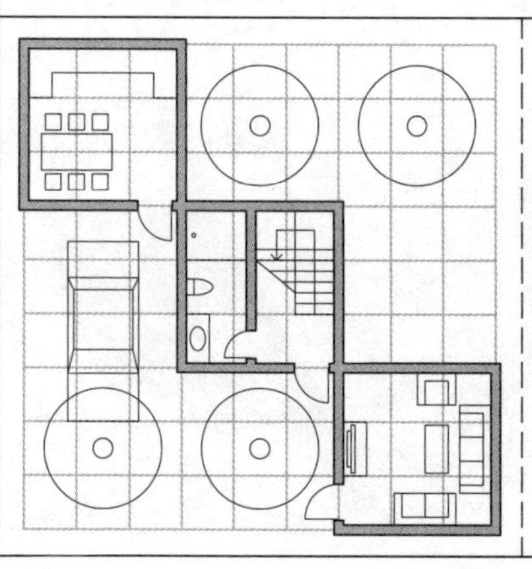

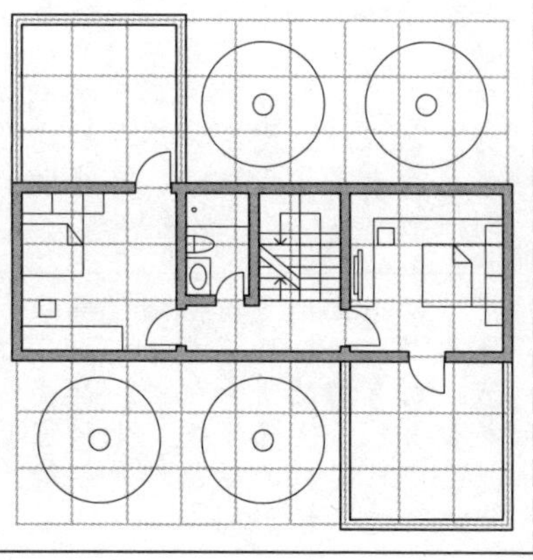

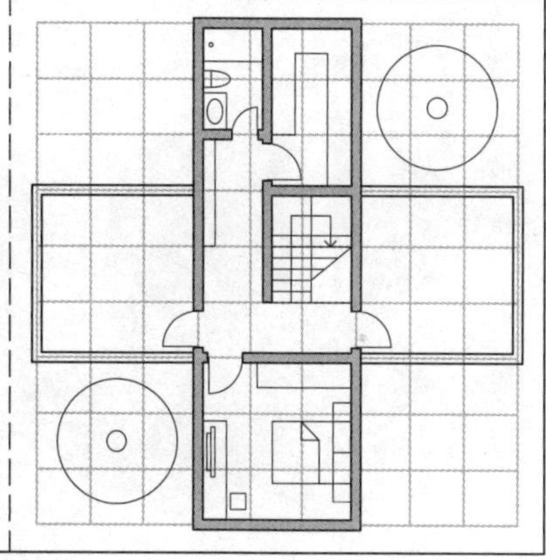

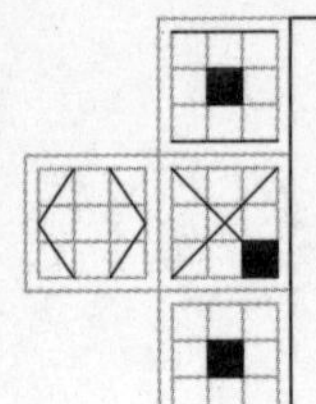

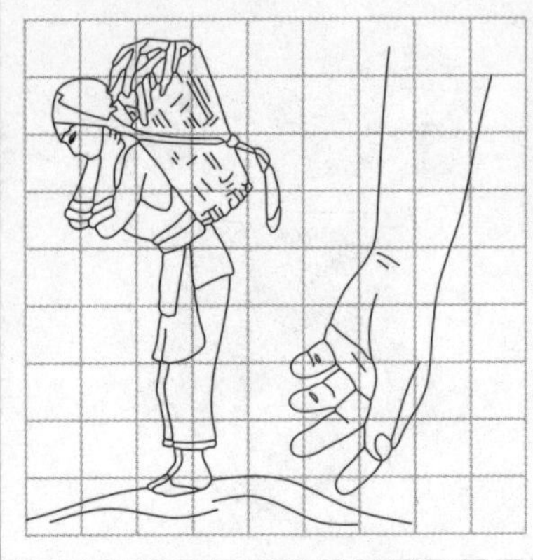

动 静

高吟寓动静，
真尝废晨夕。
——宋 · 王之道

/行止/行藏/静躁/喧寂/喧静/
/闹静/

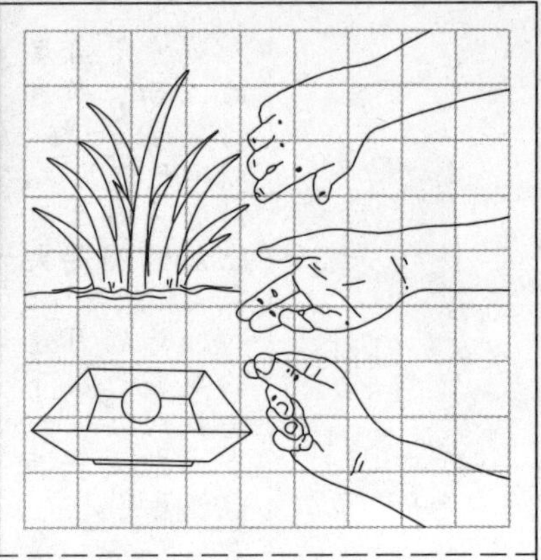

動：发作也，从重从力。重为人背负竹笼立于土上的样子。力为人手臂的象形。负重而行、手工劳作即为动。或力为耒形，有柄有尖的农具，执耒耕作需要花费力气。動同勭，勭字有成人意。童为负重之人被辛刺目，为盲眼奴隶；或重、童均为古时奴隶，为劳动之人。

静：无扰也，从青从争。青从生从丹，丹表颜色，青即为初生草木之色，指春天。争是三只手交错竞争的样子。春天万物生长，众青相争谓之静。静乃是动之极致，万物皆观其静。

或解青为菜团子，争为以手止争，静即为有秩序地依次领取食物。

归根曰静，静曰复命。回归本性、顺其自然地发展和生长就是静。静乎，天地之鉴也，万物之镜也，观察世间万物的自由自在就是静。

万物争春是静，雷鸣闪电、波涛汹涌也是静。所谓静观其变原来是指，静、观其变！万类霜天竞自由就是一幅静观的图画。鸟鸣山更幽就是静的直观感受，在自然环境中，人的情绪大多放松而不烦躁。

将反义相成形容词都动词化，这种转化变成设计的自觉，就到了从心所欲不逾矩的地步。

使动和被动的语法变化也是设计变化，大小多少可以理解成形容词和动词组合。让大更大、小更小、多更多、少更少，这是基本功。水平进步，可以尝试使小大、使大小，使少多、使多少。扩展到有能力使长变短，使繁变简，进而覆盖所有反义相成，反之亦可行。

动态过程中能更好看清象，静止瞬间的象不可能完整表述对象，如同照片不代表人的全部。单格的胶片不能形成一部电影，图像要在连续放映中看待；静态的烟火，也只是几个小点，火花要放在整个爆炸中去欣赏。象是持续的过程，定格化的理解是观念上的处理。

现象不在更高的层面和动态中去考虑就会断章取义。而现实有用的思路都是断章取义，因为人的生命短暂，只有片段而不会永远延续。流传的历史都是社会公允标准的产物，人要学历史，用历史的眼光看世界，实际就是用现实功利的眼光看世界，去重复烂熟的手段。

点线面都是行止造成的，建筑是行止的存在。低层次的元素运动会形成高层次的存在。

人用动态思维去分解静象是怎样来去，靠动实现静。分析静和导致静的动，就是为了以静致动。使之、用之，学以致用就是一个活动的过程。过往军事典籍中的斗争和运动理论精辟地分析了静和动。建筑中无所不动，门窗在动、人和植物在动、机电各种流在动。

使里为表是蓬皮杜中心，使表为里即是金沙威尼斯酒店。静动静静、动静动动。

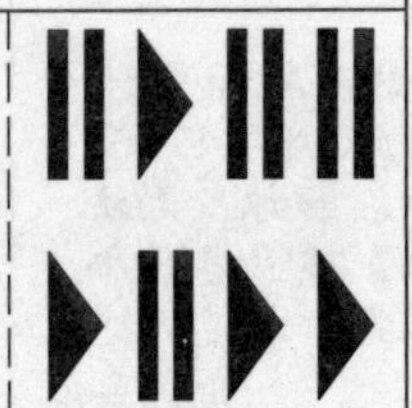

人以为看到的是象，实际是机。格物致知的过程中，定格事物而提取的知识自然是有偏见的。知行合一，把静态知识见解和行为这样的动态结合在一起，才算是高一个层次。一个是静态地看问题，一个是动态地看问题。建筑是动态的空间感受，而并非书籍上看到的一张张静止图片，现在的建筑感受大多出于纸面，只能做到格物，却无法行以致知。

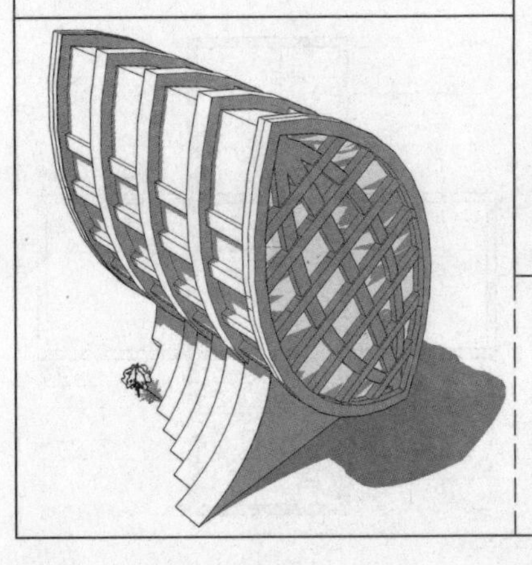

动态比动更有威慑，善战人之势，如转圆石于千仞之山者。所有的陷阱和机关，都是集聚势能、蓄而不发、保持静止，以待契机。建筑都是超静定，将动牢牢拴住。

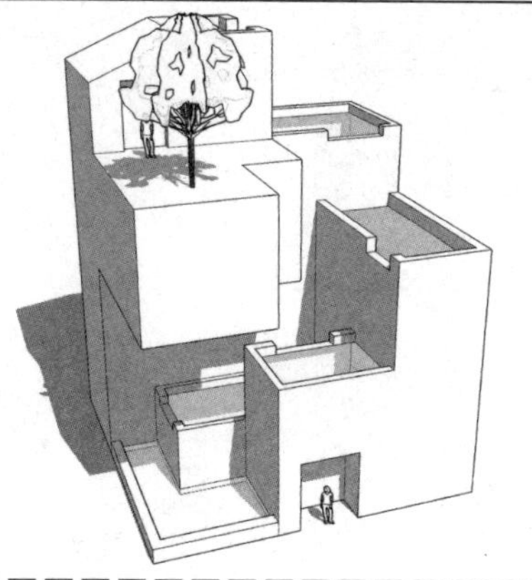

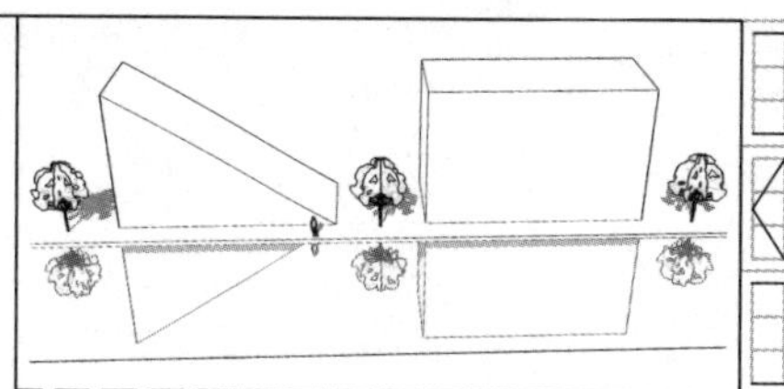

磁带已经消失了，播放键和停止键的样子，只有在触摸屏中看见，无法听见咔哒的声响。水中的倒影还原了这样的场景，忽隐忽现的另一半根据天气不同而变化不停。

山水之间，山主静、水主动。自然关系组合出天然动静。山水画一般的建筑是有中国情怀的建筑。世外桃源水帘洞，三静加上两动就成了真正的龙宫盛景。建筑突出瀑布如同乱石，钉在细窄瀑布两侧的插座式客房可以更换。电梯与通道在山体腹中雕凿出来，所有的通道都在山内，有侧窗采光。瀑布中间的建筑可以停留观光，在瀑布顶和底有两座桥。

风吹树动、风停树静，流水别墅的自然动静，比起中国园林的意境相差何止千里。这种静态的动感，是中国人早已深入骨髓的呼应。屋面将流水层层汇聚至地面，如同叠瀑。

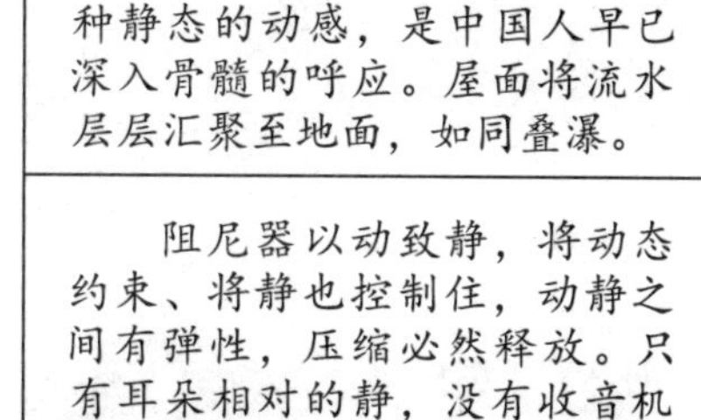

阻尼器以动致静，将动态约束、将静也控制住，动静之间有弹性，压缩必然释放。只有耳朵相对的静，没有收音机绝对的静，于无声处听惊雷，静是感受被屏蔽、动是永恒。

如同射箭或者掷标枪、投铅球，动作间都有一个静态地积蓄力量的过程。开枪之前屏住呼吸，仿佛枪支也在积蓄力量。骑马射箭的状态就是动静结合，运动中保持稳定。

保龄球打击入球点能全中。建筑结构有相应的打击点，一旦毁坏便整体倾塌，部分静的破坏导致动。平衡的静态系统在适当的位置有死穴，牵一发动全身，如人拉耒耜僵持不动。

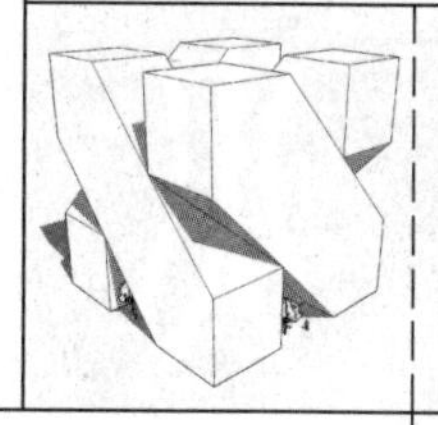

多方的制衡，将倾的大厦转危为安。一触即发是具有动态的静止，以多动致一静。

象不静止，是运动和变化的。动静结合，将描述象的形容词动用、名词动用，能达到君臣父子的表达效果。明确形象中可提取的内容，能表述并把这个描述变成动作，就学会了创作。静中捕捉动，由形容词向动词过渡。

反义相成词都可动词化，能活用其中三五个就能安身立命，如果能做到数十个词融会贯穿，就算是彻悟而旁通。建筑形态的极致总结，就是动静，使动用法是心态中的动和静，学习和修炼的就是这样的自觉。大多的创作和所有的抄袭都是不自觉，只有领军者是自觉，如同革命一般，胜利之后还有很多人不明就里。

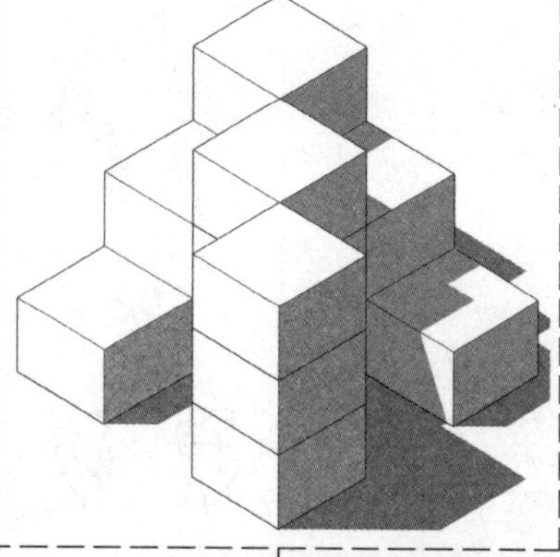

中流砥柱，静山流瀑。山岿然不动，水流淌不息。鸭子浮在水面平静滑移，水下的脚掌动个不停。树木不挪窝，水脉在上下穿梭。人安静睡着了，心脏不停搏动。

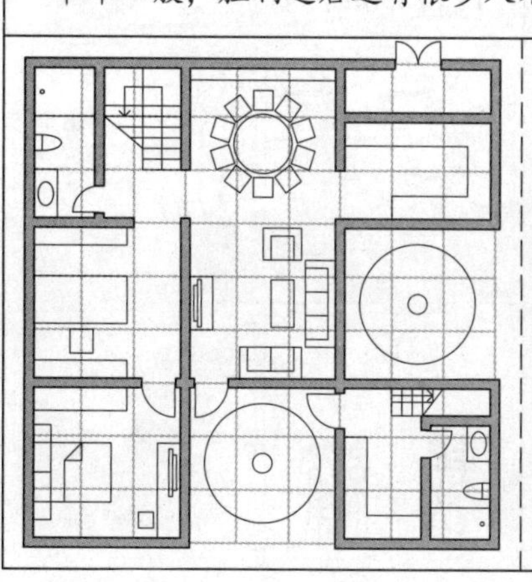

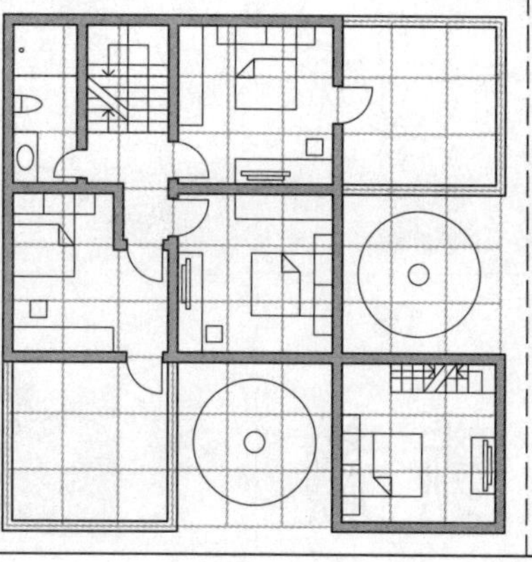

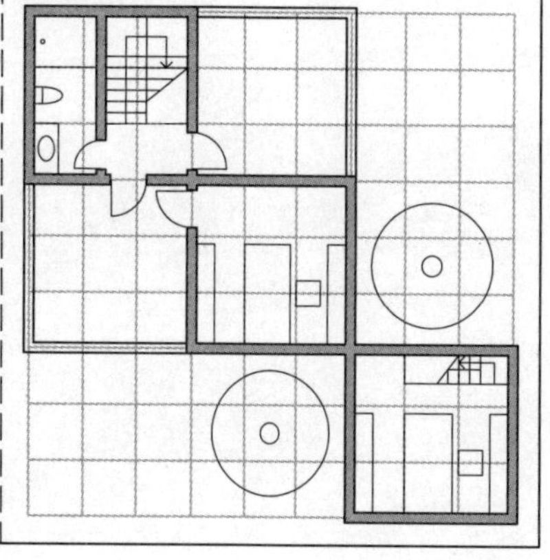

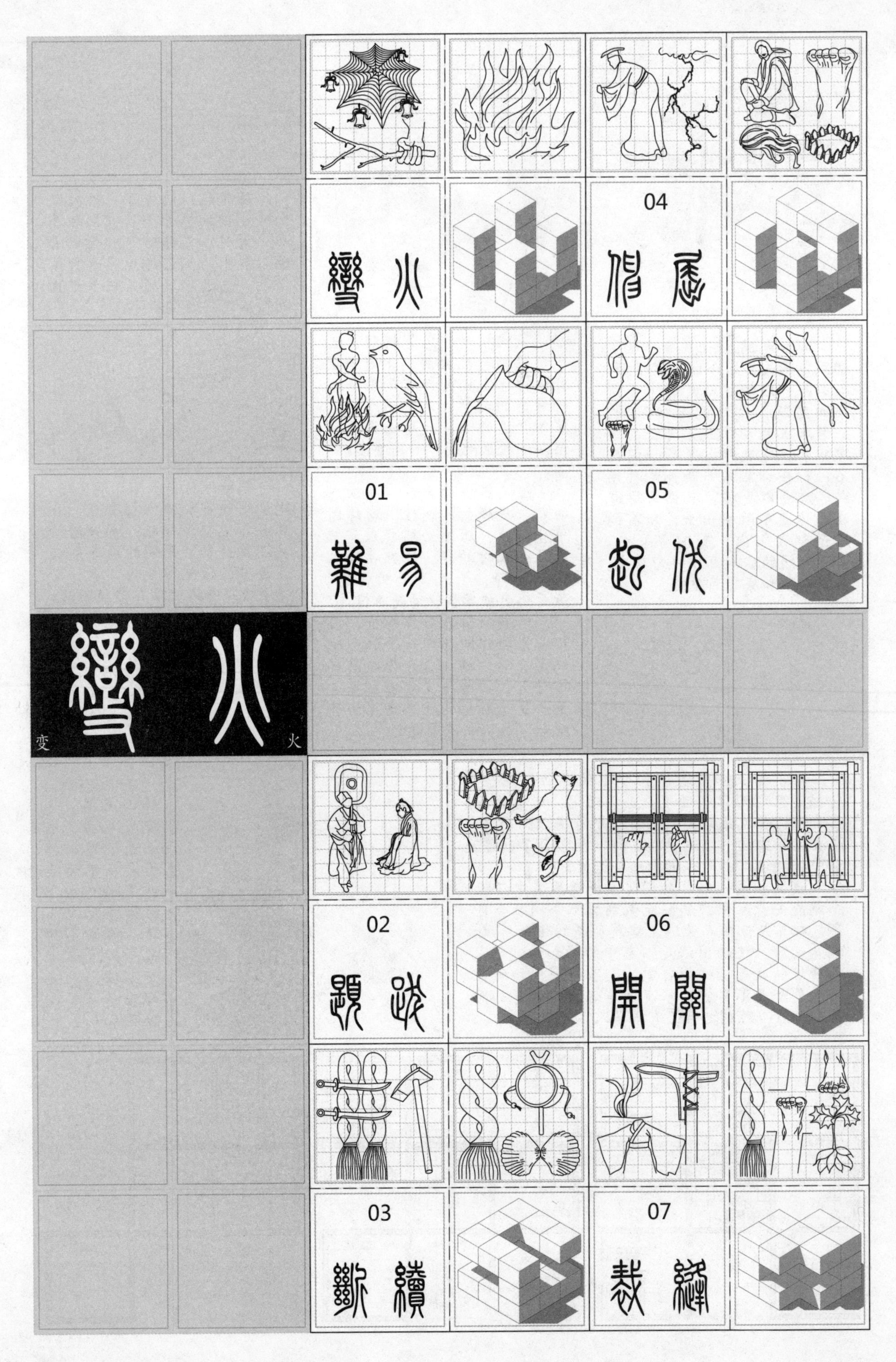
04
01
05
变
火
02
06
03
07

08
加減
12
美醜
16
貴賤
09
吞吐
13
雅俗
17
奢儉
10
隱顯
14
巧拙
18
純雜
11
張弛
15
愚智
19
奇正

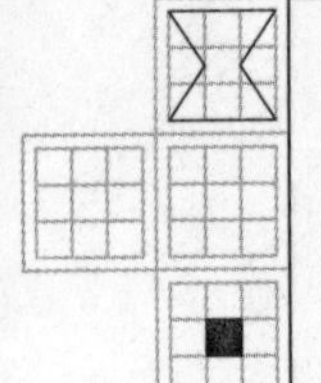

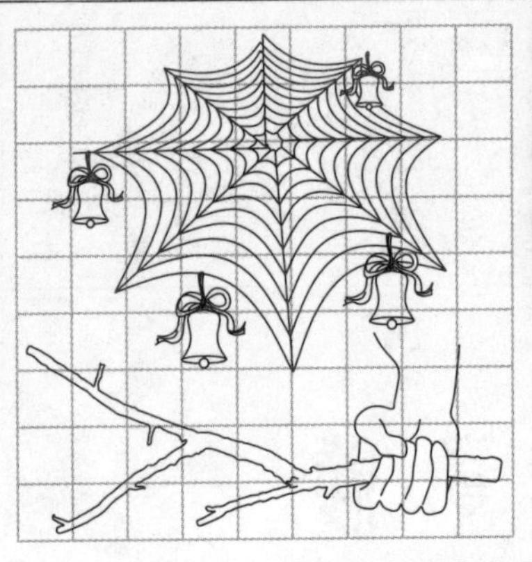

變火

变　火

晓厨新变火，
轻柳暗翻霜。
——唐・戴叔伦

變：更也，从䜌从攴。䜌是捕捉野猪用的网，从网从丝从言，网用丝线编织，上面系着提醒用的铃铛，捕获猎物时铃铛不断作响，表示连绵不断。䜌作为部首省略上部的网。攴为以手持树枝或工具。持续不断地用工具打击加工就产生变化。参考彎、鑾、圞、戀、孌。

火：燬也。火是大火焚烧升腾的样子，物体燃烧所发的光、焰和热。人火曰火，天火曰灾，火需要有人为参与。火还是中国古代兵制单位，十人为火，解散故曰散火。

火言毁也，物入中皆毁坏也，火是锻炼物质的手段，变如火而不毁即是真变。

争可欲之利，悻悻然戾其色而暴其气者，亦何以论哉。变化要有蕴含，夸张外露的形态一定是暴戾不平的，只有将变化作为修炼，如养气一般才能由内而外地舒张。自然而然的变化如同进化，生硬突然的变化如同变异。

植物四季的转变就是自然的变化，植物木材燃烧就是更加高级的变化，更加剧烈但是也合乎自然。

工具发展推动时代变化，学习工具仍是工作的必要，建筑设计中手工成为时代的反向，越信息化越需要非数字手段、要圆规和直尺。先进应用要实现方盒子和工业化生产，而非助纣为虐去制造未来的异形。

有钱并非是豆浆喝一碗倒一碗，有枪不代表就要滥杀无度，有创造异形的工具不代表要去胡乱使用，找到起源和根由才能合理地设计建筑。

象是天然存在，如同公理不需证明，自然不按照人的主观去变化，人只能顺应自然变化。自然界的天火少，火是一种主动地控制，是人类主动掌握和支配自然的途径。变是主观的，象是客观的，有主体和客体才有审美，在火中映现出控制自然的主体，因此审美属于变火而不是象木。

象的阐述主要是客观存在、以形容词为主、认知也是属于客观的存在。变的阐述主要是主观、包括审美也是属于一种主观地参与和分析。变偏重于建筑个体的具体动作、主观的判断和选择。改造也是变化，人类就是改造自然，改造自己。

火就是运动，没有机械不自在的火、矢量静止的火。变是过程，火不能定格不运动。看见火是看到过程，而不是具象的、有明确边界和形态的东西，这是对一类的概括而不是一个。

变就会有化，自有而无谓之变，自无而有谓之化。变的目的是通之以尽利，手段就是大小多少，过程就会反映凹凸、长短、进出等等。

建筑的变化可以是平面或立体的变化，题跋可在立面上进行强化，也可在一个空间中强化。变化时，遵循线、面、体的渐进方式，如果在简单层次可以建立满足需要的变化，就不必要在更复杂的层面去解决，因为曲高和寡。

火焰是跳动、变化的景象，可以观察到各种变化的手法和关键要素。变化如火焰，能量不停地跳跃、消耗、释放。在象稳定后，就需要有火般的思想和热情，去阐释和消解静态。

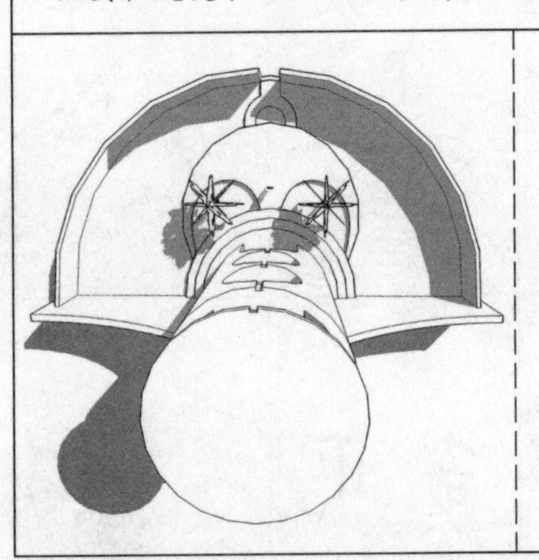

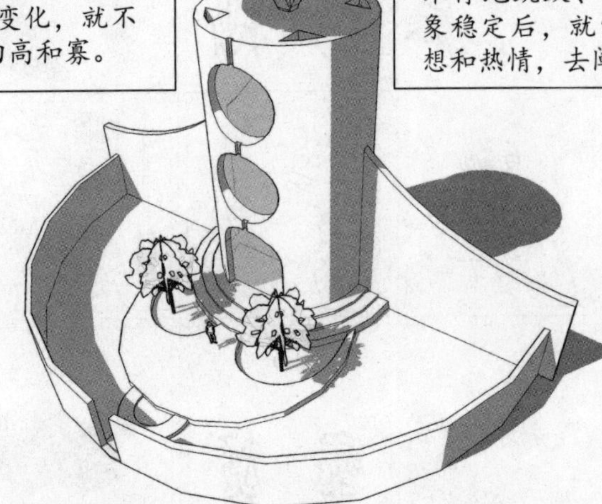

手持木棍敲击木铎报火警。顶上木舌和正面垂丝、地面火形、入口手持木叉，树成烈焰。四角天井隐藏排水管，底部增加集水井。变化的存在也许只因牵强理由。

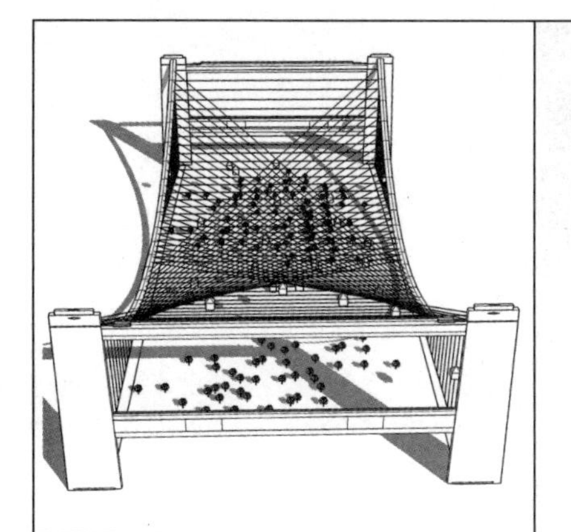

磁悬浮的建筑，一种无衰竭的磁力作用，使建筑物得以飘浮在空中，并且一串串越来越高，如同火焰一样变化和重组。再利用可控制的磁力推动电梯的升降，只有一个固定的垂直交通线路，其他的都在变化，甚至这种上下的交通也可以自由地弯曲而不需要垂直。

需要搬家的时候，只需要让房子里面堆放一些重物，降到地面附近用绳子牵着拉走就可以，卸载重物后便可以重新挂回到建筑防护网上面。空中的建筑如同一串磁石穿在一起，自由地旋转和运动，相互之间的排斥力足够让建筑之间保持安全距离，就像是海中漂浮的海带。

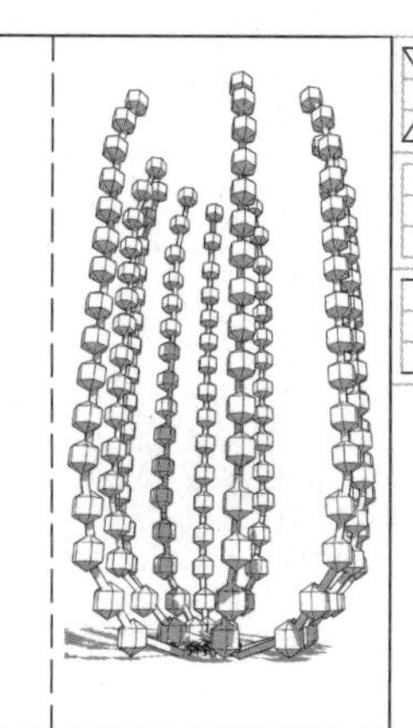

顶上用一张大网罩着，既是交通网又是安全网，罩住下面不让建筑升出网面，又能挂住建筑以防坠地。既然建筑不能调和生态，就干脆远离自然，何必矫揉如假肢般寄生主体。

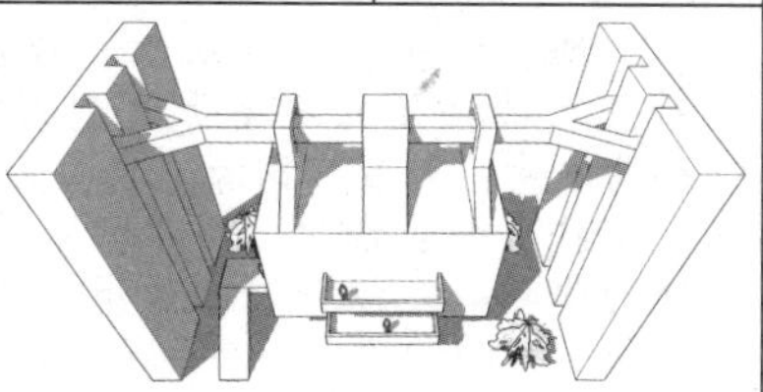

火就是光、是浓缩的光，光就是能量、是建筑的灵魂，是一切生命和力量的起源。建筑完成后就是固定的存在，而光是穿梭其中的灵魂，如同人坐着不动在重复着故事。人带着影子运动，建筑伴随着太阳运动。建筑是乐器，光线就是流淌的音符，所有的空间就像乐器的空腔，是为了演奏光线。附庸在光线之上的才是色彩、是质感、是透明。

如火为变只是一时的变化，最终化为灰烬。以能量形式存在的住宅，材料能主动调整强度和主动纷扰声波来隔音。以显示屏作为墙壁，不仅可以发光照明，还能随时变化家居装饰的风格，改变居家的功能为办公或影院。随时改变窗户的大小和位置，让采光和通风有所变化，居家的自由度大大增加。外置的遮阳设备不及一幅窗帘有用，高技或不如低技。

轨道和固定杆实现飘浮建筑，建筑随重量变化而上下浮动，让出了下部空间，使得人有了接地气的机会。在区域中实现这种做法，就不需要每个建筑都有楼梯接地。

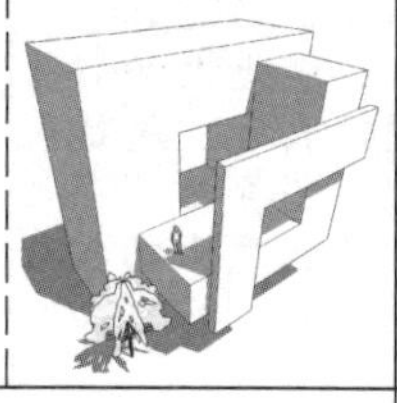

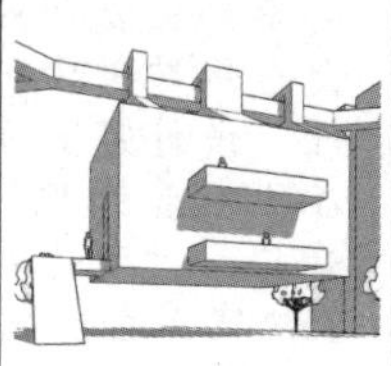

变就是一种非常态的状态，强制不变也是一种变，在变化过程中要保持稳定状态必须随时保养和维护，这也是种以变求不变。万物唯有变化长存，建筑形式多变的着力点通常和当下的经济与文化结合，人们在潜意识中努力契合一种整体的思维，试图将散沙握成团。

变化只是披萨饼上的一个配料，不能变成饼、更不能离开饼，堆再高也高不到哪里，这个饼也在随时发酵和变化。学会棋牌规则不一定就是棋牌高手，运用建筑技巧最重要的就是结合实际情况，建筑无论如何都是服务业，杀伐决断永远听命于人，其变是大流中的小漩涡。

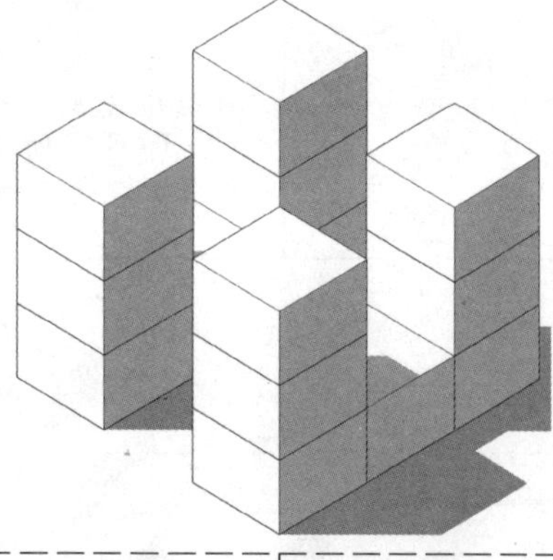

理、象和数先存在，后有变的改造和判断。象的存在已为物质和空间的进化孕育了变的因。静态地观察是象，放在时间轴上动态地观察就是变，如火焰升腾。

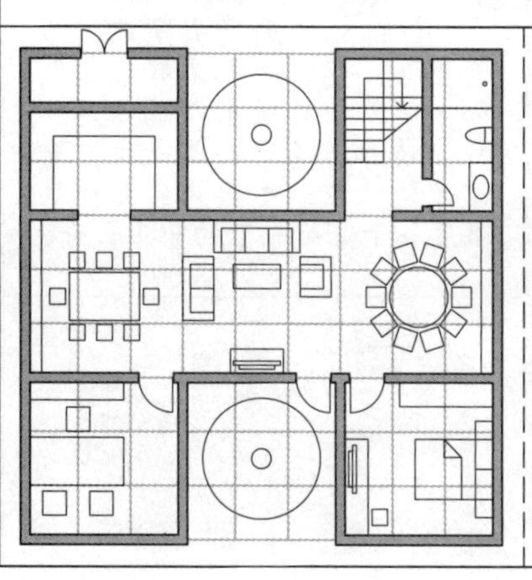

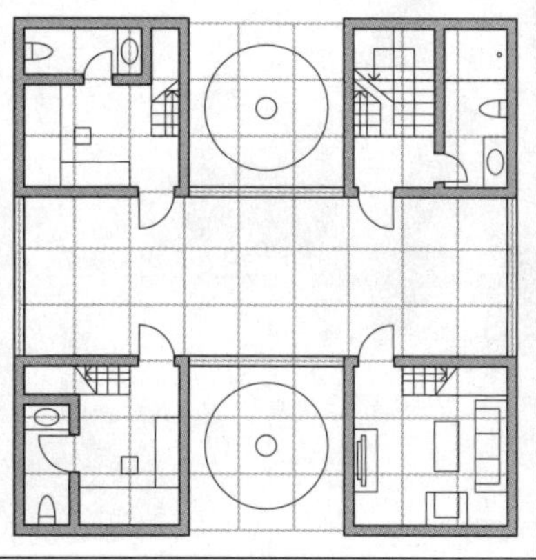

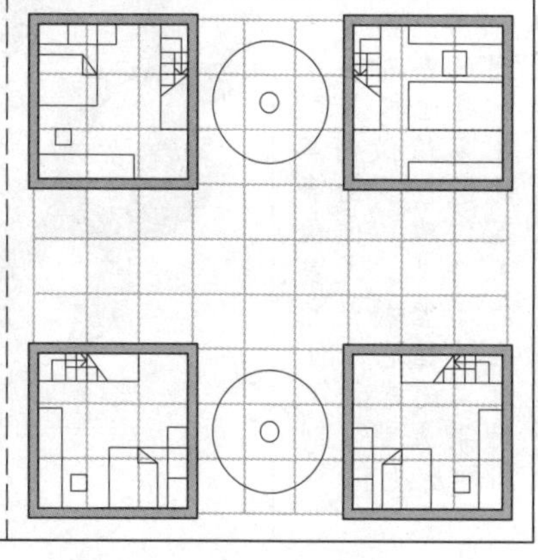

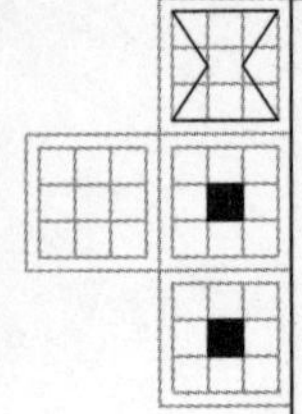

難 易

难　易

休论聚散时难易，
要识推敲意浅深。
——宋·叶茵

/屯平/

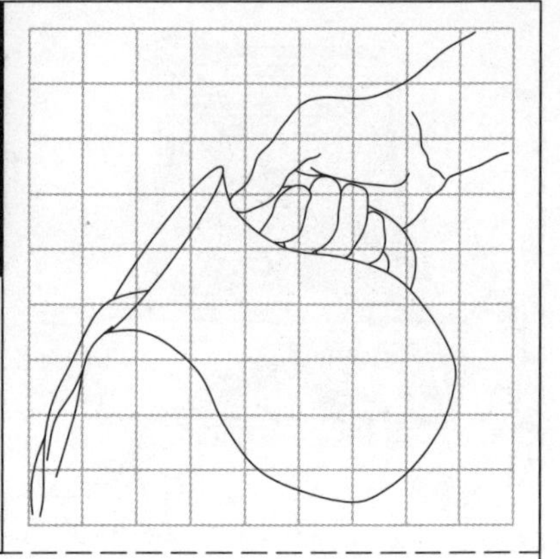

難：艰辛，从㷊从隹。㷊原甲字无火旁，为一人被捆住双手接受火刑的样子，为焚烧、烘烤之意，与堇字同源。隹为鸟的侧面形状。

捕食鸟类烧烤是困难的事情，而鸟被炙烤便为受难。或㷊为动物被串烤的样子，堇是被竖向书写的动物造型，如鱼类、爬行类。

易：不费力。是将水酒从容器中倒入另外一酒器的样子，是赐字的原型。

酒水倒入其他容器，为易手。举手而轻松可为，是容易、轻易。易还有交易、变易之义，如周易；或解易从日从月，为日月更替；或解为蜥蜴之蜴的原字。

变化有二，一是不顾传统的简易方法，二是有继承的困难方法，走困难路有意义。变化易但控制难，初衷都向着好的方向，成果达到合适很难。

火很容易就点着，但是大火要扑灭就困难了，只能让大火自然熄灭才行，这是火的特性。设计师如同玩火者，关键在于对变的把握，不要被变带着走，对变化难易程度上的控制决定是否能顺利实现构想。

变化靠短时间的邪派武功速成，还是循正道武功求长效久远，取决于建筑师的认识水平和心理预期，更取决于甲方和市场。不思虑的变化必然抄袭，为变而变就只有生拉硬拽。

变化得体可以参照范本，但是却要学习范本的精华，建筑也可以临摹，如同对对联的方法，模仿对象是上联，而模仿的结果就是下联。参照上联对下联，没有任何一副对联的下联和上联完全一样，但又称为一对，可见是和而不同。

模仿就是要模仿其结构逻辑组成方式，而又用不同的语汇，即可有所斩获，却又相反相成。这是难得的简易方法。

看似难的变实际简单，因为复杂混乱是最好的借口。如同看书好坏不管内容，只关心字数多少。反观西装发展，每次调整不研究便看不出有什么变化，其实已经花了很多心思在其中，正装最难，乱装最易。

简易规则的复杂变化是高级应用技巧，适用基础的、平凡的规律，恰如圆规简单有效。勾股定理也是简单至极，是复杂现象的简化、规律化的变化。

有传承、有说道的变化很难，而随意的、任性的变化则十分简单，不光艺术家和建筑师想另辟蹊径找出路，众多的行业都想摆脱现有规则，因为学习规则要花时间，也很困难。往往是掌握规则的人一心想利用规则而心不生变，没有掌握的人就一心想抛弃规则，以免丢人现眼。这两者需要结合，一边熟悉传统、一边求新求变，要在一定基础上推陈出新。

以偏正的态度去阐述，难于变易。变化的手法有难易之分，简单粗暴地夺人眼目是一种，精心布局的又是一种，要走正道，虽难也要走，变化的难度在于最后一节的守正出奇。

丝线绕团很简单，编织成衣就要花许多功夫和讲究，这就是难和易。

简易到复杂容易，由复杂到简易难，这就是把书读薄、把事情做简单的道理。由奢入俭难、由俭入奢易。人最难于坚持、难在过程花时间，时间就是生命，结果未明，时间却是没了。

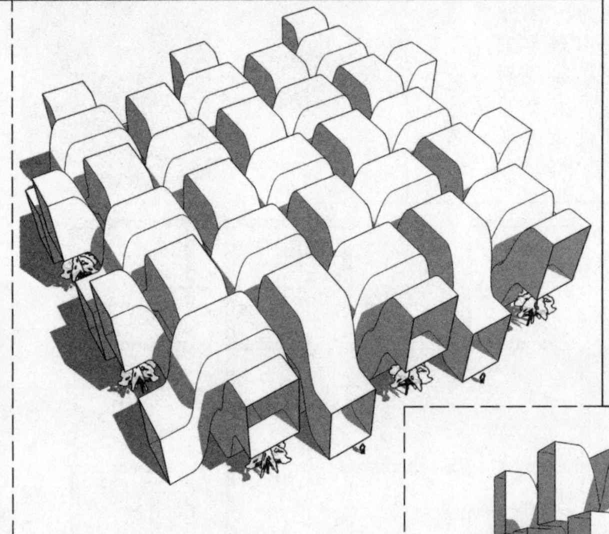

光线经过水面的反射，投射在建筑的出挑底部，如同燃烧的火焰一般，水流从屋面层层落下，如同瀑布一般，形成水火交融的意象。难易相成的意象似乎是指水火之间的关系。

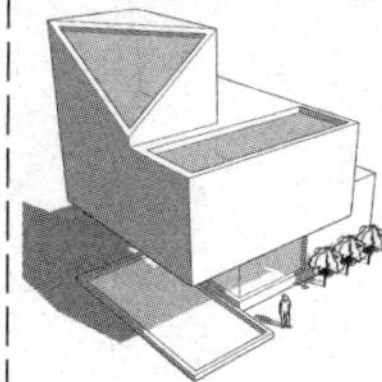

种树简单，但让树长成房子就不简单。植物生长时间长，但是材料简单，只要有足够耐心，就能塑造出建筑。

一棵树在孩子出生时种下，大树成长过程中编织照料，等到成人结婚时，树就长成了住宅可以成家，到老死的时候，一把火又能将它烧干净，人和植物完成同样的轮回。树木的种类和成长周期还能有所选择，可以建造高层大树屋和市政树。

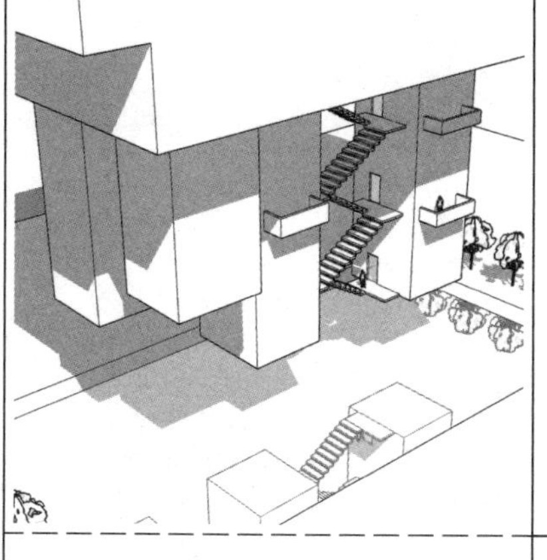

难和易便是水克火或火克水的区别，个体强大与否要与对手比较，大火克小水。一知半解在愚者面前就是专家，多数专家也是搬运知识，并不验证可靠性，甚至任意编造知识。

难其中有火，易其中有水。水和数有关，变化要理性数据支持。凤凰涅槃、浴火重生，生命内都有一把火，火焰烧一阵子很容易，一直烧下去不灭很难，三把火不能烧太久。

日积月累是难易分水岭，如钟乳石。顺势而为变难为易，去除多余实在太难。字画涂抹简单，考究落笔难。笔画可以写出诗篇、成就画作、签名见证历史，或只是团污渍。难于不知未来，易于安守现状。临摹山寨再难也易，而创作就难上加难。做学问如果只爱翻译解释、拙于创新，不能、不愿、不敢变，就把机会拱手让人。宁要粗糙原创，不要精细抄袭。

变化最难的部分在于解释为何要变化，如果不需要解释便会简单许多，就是易了。变得有道理比变成什么更需要关注，发展不仅仅是需要变化，更需要名义的依据和支持。

如同产品的第一代设计往往最实用，后续变化大都不是功能性的，多是出于经济和销售的需求而生，甚至破坏其功能，所以看事物要求其初心，分辨无心为恶和有心为善。

坡屋顶功能和外形上变化繁多，就算不下雨，教堂的尖顶还要作为精神的诉求存在。

纯粹的建筑利于抄袭，借用风格的影响就像是用明星代言产品。产品本身并没有进步，还增加消费成本，并非利益最大化的选择，应省去特征化的包装宣传，消费者不必为额外的费用买单。建筑师为生存而抄袭模仿，生物为生存而演化，杂交进化是大趋势，纯粹不再。

从一点到另一点的形式众多，可以走过去、跑过去、爬过去、滚过去、倒着走、转着走、蹦着走，路线也有很多，可以直线、曲线、波浪线过去，但最直接的就是两点一线走去。

设计首先要实现意图，然后再去问为什么。因为有要求和命令在指挥，如果没有到达目的地，那么所有的手段都是无益的。

其次到达的方式有很多、取决于时间、空间、财力、物力。答非所问和非此即彼是设计中常走的捷径。设计的目标不是设计师自己定的，唯有艺术家的目标是自己定的。闻味壕外锅特糊，是设计过程中无法避免的追问。

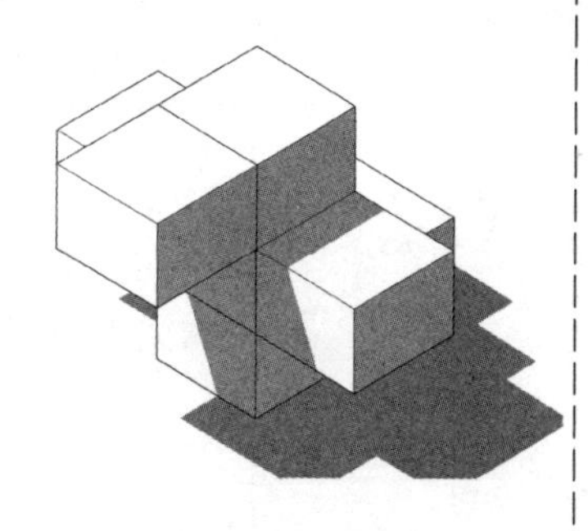

学习是取其意而演化，抄袭则是取其形而拼凑。如同孙行者和沙和尚风格统一，而岳不群和岳不凡有些雷同，最怕来个岳不行、岳不伦、岳不调之类，就变出个鸟了。

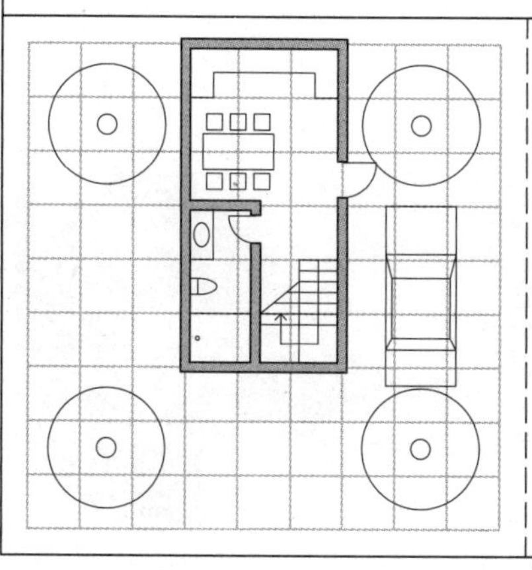

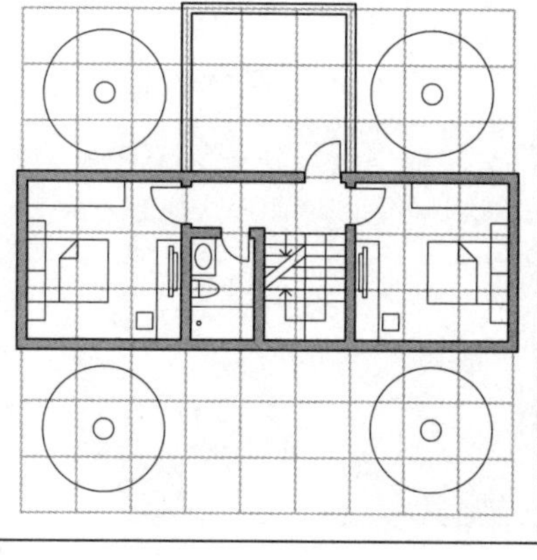

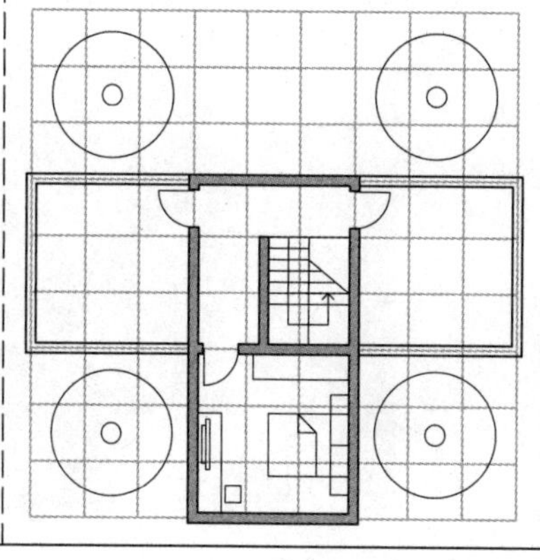

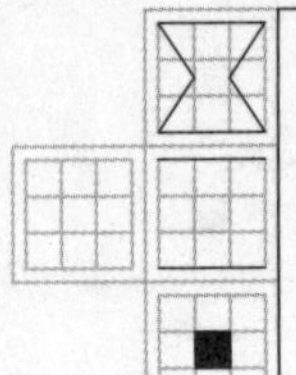

题跋

楚客离骚收不尽，
唐人题跋尚分流。
——宋·谭申

/序跋/

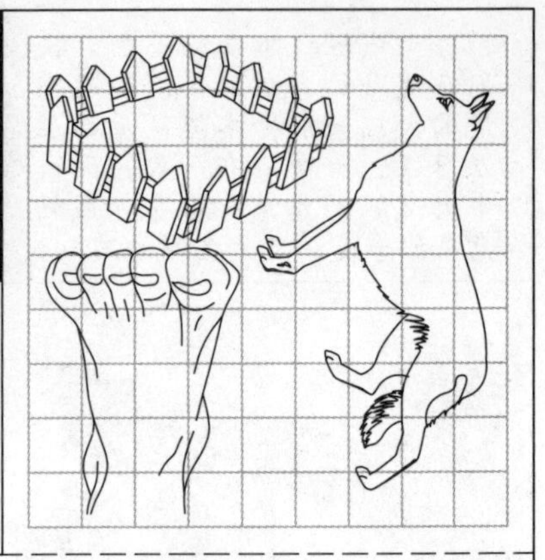

题：额也，从是从頁。是字金文上为手拿箭靶似的物件，下为止字，为人举着仪仗行进的样子，过去官家出巡都配备仪仗，又如现代举广告牌游街。是和正字有些相似，表示明确和肯定。頁为人跪视。仪仗的重点在顶部，题字即示意頁的头部为额头。

跋：踩踏，从足从犮。足和正同源，为止向一区域而行，表明行进之意。犮和犬为同一字，是狗的象形。跋为狗在辛苦奔跑行进之意，狗通常在背后追寻猎物和足迹，因此跋也指尾部根部，同茇字。或犬之足为基础和末端。或解犮为犬的后腿被绑住，行动艰难落在后面。

相互呼应地强调，如同出入口是建筑的题跋，博物馆和许多展馆分别出入口便是各自题跋，进行不同地强化和区分。玻璃金字塔的入口就是标榜的题，题跋是对应关系的突出，不一定是前后，也可以是上下、内外等等。如同本末是对于象的高度概括，题跋似乎是对变的高度概括，但相比静态视角的描述而言，动态操作的难度大，更需用文化、精神来衡量。

象有本末的区别，本末就是物的首尾，但只是谈现象。题跋要谈手法，是在两端进行强化，在均质的立面上通过强化来确定首尾就是题跋，或延展空间来施展强化，如卷轴。

联系两点组成直线、联系两线组合出面。所有的设计都离不开塑造边界，或目的或手段，高级用来表达、平庸以之记录。题和跋之间的空隙就是施展的舞台，而题跋就如同舞台的桩脚，圈定范围，保障结构。在黑匣之外，可以只抓住进出两端，边就是线、界就是面，建筑要包裹就有边界，用塑造边界的经验来反推出设计过程的起源，是由跋而题。

有题无跋就像是落了一只靴子下来，让人心里会构思着另外一只。或者更像是一幕表演，砰的一声枪响，然后没有了反应和结果，突然结束会让观众错愕不已。枪响后，对方突破性地抓住子弹或者躲开或者吃掉、或从体内逼出子弹掉在地上，都能让观众释怀。建筑不能够没有结局和边界，所以刻意的惊奇与错愕需要合理的解释，否则只能造成不快。

题跋也有强化和标示的意思。在建筑中常常分辨不清楚方向，将所有建筑都按方位把墙面涂上颜色。这样在建筑内部也能分清楚朝向，可以很从容地找寻方向。机电管线自身已经拥有常用色彩，增加墙面色彩后，设备可以按照统一的建筑规格分配建议色彩，方便在图面上表示。利用五行的方位色彩来定位，所有建筑都采用统一标准，强制应用。

人拥有的每天都是个封闭的盒子，在尽头连人带盒子消失。盒子挂在时间绳索上，每天经历一个平台，在各平台上经历不同风景、获取不同物资，无法长时间停留，夜里必须回到盒子中，否则便没了性命。在平台能走多远、带回来多少东西全靠探索，每个平台的机遇不一，偶然性极大。盒子的载重有限，发现的东西无法确认是否有用，必须有所取舍。

平台上生活着各色人等，过着疏离的生活，如果人不及时回到盒子中，便会沦为化外之人。在各个平台交换不同的物品，但是永远只有一次机会，因为每个平台只能进出一趟，黄金或许很被看重，或许不如石头珍贵。

能否到达最终的目的地，就看途中的每一次机会是否好好把握，做好准备应付各种情况。城堡中的每个房间都神秘。

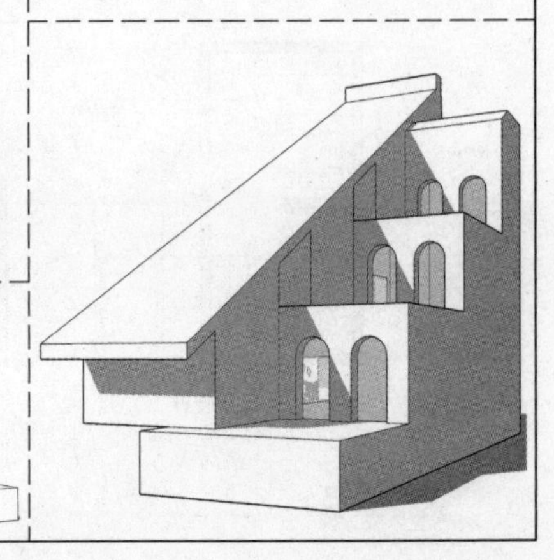

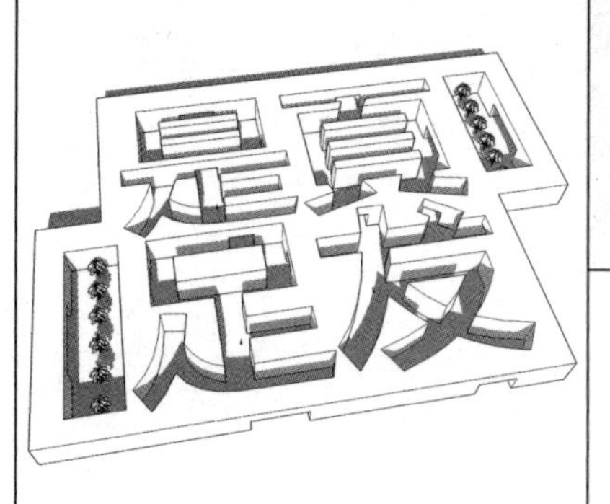

题跋都是成对地出现，否则就是虎头蛇尾。被吸引的思维就像是被剪彩的绸缎，只强化一种手段，就像只有一边把手的剪刀，剪下第一剪后，就没有办法再张开发力了。

变化就在题跋首尾，如同精神振作的好发型和好皮鞋。建筑往往就是一头一尾，强调开始和末端，柱头柱础、屋顶台基、顶角线踢脚线等等。两端各自的变化、变化之间的联系，这些都是题跋的注意点。也可借鉴文字题跋的方法，文章的题跋起到提炼中心思想、升华境界的作用。书画的题跋可以指示内容，也可以单独成为欣赏的重点，甚至比书画本身还要重要，建筑题跋亦如此。

题跋一般都用图章，色彩明显区别，图章的正形和负形亦可以借鉴参考。一篇文字或图形夹在两角固定的格式框架中，相互之间气韵还需要贯通。

大炮发射时轰鸣巨响、落地时爆炸，所有军火都是两头发力。建筑的出入口如同嘴巴和肛门；山顶巨石的推倒、谷底的轰隆作响；延绵的烽火台和消息树，全都不断重复题跋。

升旗到旗杆顶、降半旗到旗杆腰。旗帜和火焰有许多相似之处，没有能量就停止动作。旗帜被人崇拜和信仰，是尊严的外化、没有塑像的菩萨。旗帜飘展的动态是战争中的题跋。

一个两头开盖的瓶子，装水时封闭盖子总有先后。无变化地重复强化会造成思维的混淆，题跋应各有规矩，需要体现上下有别、尊卑有序，莲蓬和莲藕就是不可见的两两相望。

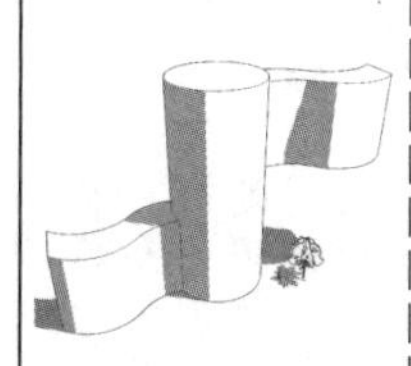

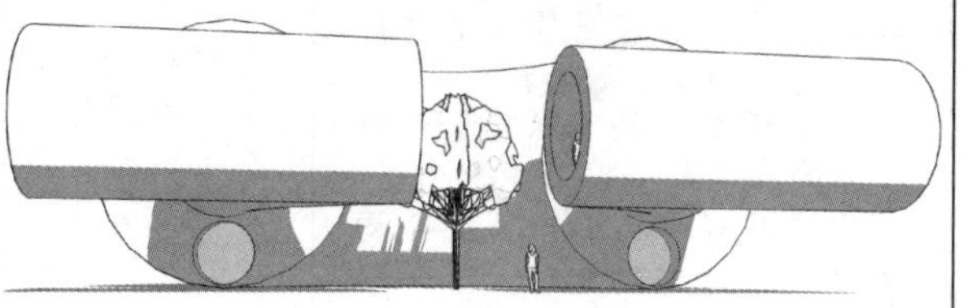

用点线来会意是进行题跋的惯用方法，日字中间是一点光、画一个鞭炮用小点表示燃烧、睡觉用ZZZ表达、上下二字各自在一横上下加点、玻璃用斜线表示反光。现代文章中的精华加点强调，古人在文本和绘画中强调可圈可点，图章也是点。建筑也可以用这种点的形式去强化，在入口关键位置，用颜色的点、突出墙面的点、投影下来的点、镂空的点去强化。

题跋就如同故事的开局和结尾，创造有始有终使得头尾平衡，就能完整地定义一段时间过程，否则就只是开放性的处理，如同旅行者探测卫星的开放结果，仍是祸福未卜。

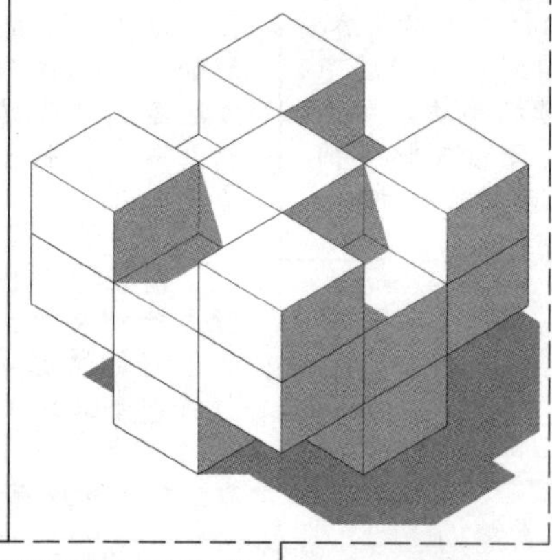

一头一尾进行重点标识，古代卷轴前后加满了图章。

题跋表明内容的精华，体现作品的传承，满布的印章自身也具备了被审美的价值，可以脱离寄主生存了。

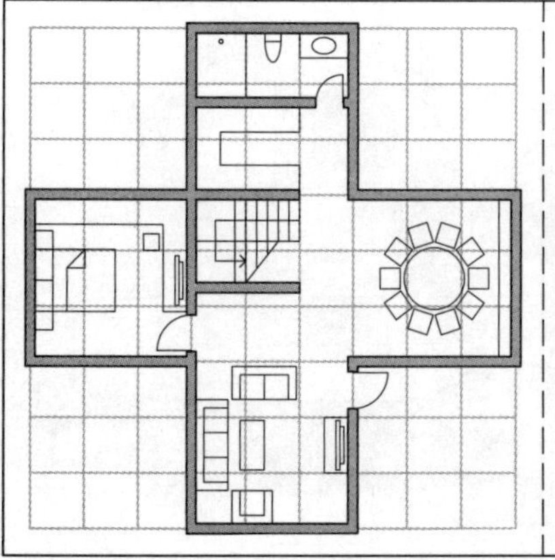

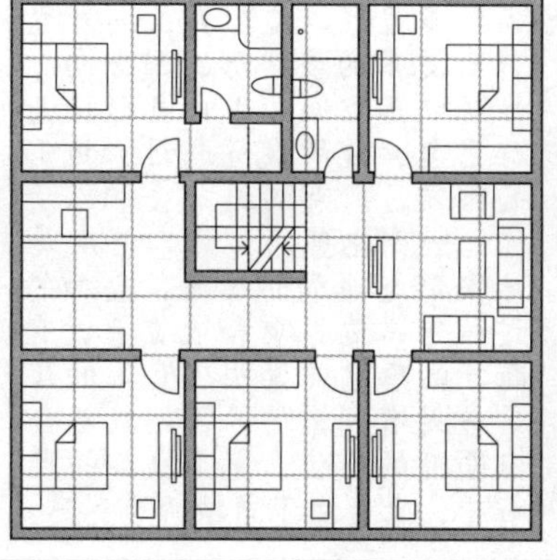

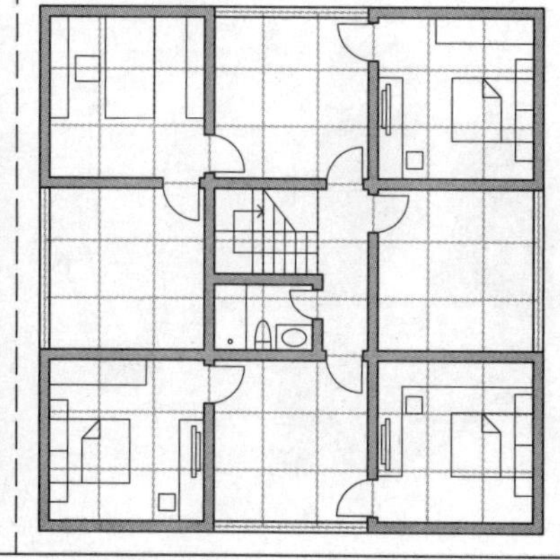

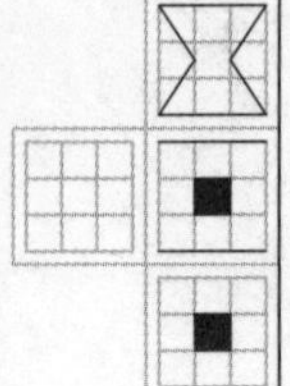

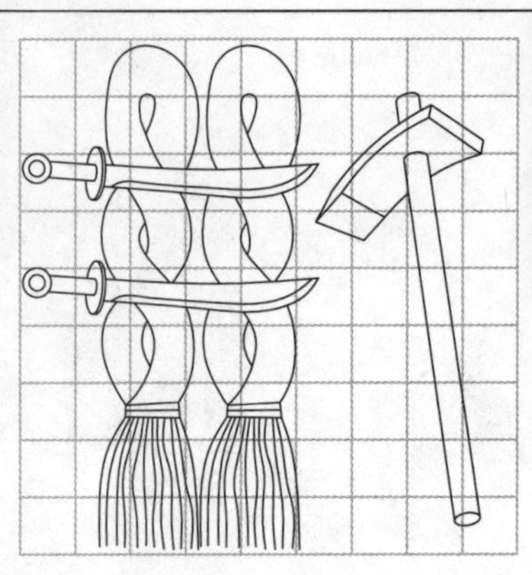

断 续

反照纵横水，
斜空断续云。
——唐·张贲

/断交/通塞/畅阻/通堵/

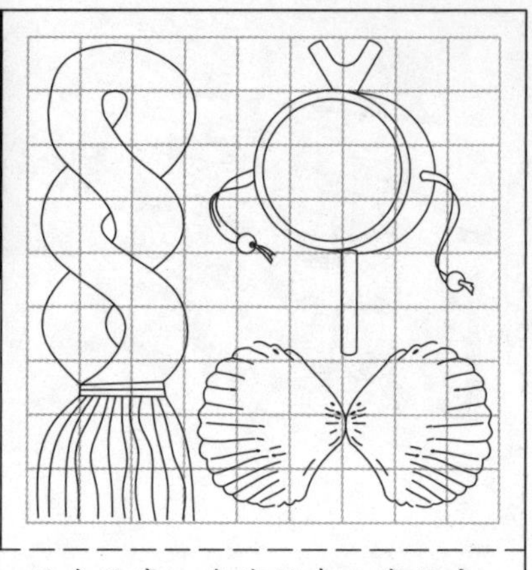

斷：截也，从绝从斤。𢇍字从糸从刀从卩，糸是丝束、刀为刀形、卩为人形，𢇍是人用刀将丝束割断的样子。斤为木工用的锛子，使用时向下向内砍削。斷字即为用锛子将物品砍断的意思，也有区分、禁戒、管理之意。断续两字都用丝束表现，与古代妇人的劳作生产相关。

績：联也，从糸从賡。糸为丝束。賡从庚从贝，庚为有耳可摇的乐器，如同拨浪鼓般声响不断，贝为钱财。賡就是钱哗哗地使用，有赔偿、酬答之意，为连续和继续之意。纺线织布需注意不要有断头，因此績为丝线连绵完整。或績从糸从賣，劳作织丝卖钱为生计有续。

在设计中需要强调的地方除了大费笔墨的突出强化，还可以进行突变式地弱处理，譬如断开使得出入口利用一个断口。在室内装饰中，转角常常将材料断开用另外一种材料来接续，用第三者局外人来进行不同质地和做法的调和。

如同音乐的节奏感，片刻地停顿和突然的高音同样有效，而且停顿有更大的空间感。均匀的鼓点加上断和续，就可以有所变化而打动情绪。再如连续感的营造，不仅可以用同质、均质的方法，材料、空间的变化也可以作为续的手法。譬如修补城市肌理，延续文脉等抽象化的做法，也是续的延伸。

建筑于城市中，就如同钢笔画中打点表现阴暗，每个点都是连续在整体中的。当用建筑去接续空间或者形式的时候，就有了文脉，作用在于串联局部形成整体意象。建筑和城市不是平摊大饼，建筑的分段既有结构的原因，也有形式的要求，如同呼吸中间有停顿、但不是停止，这种断开然后再呼吸进出，就是要让气息延绵，建筑和艺术都有一种气要接续。

断续通塞、欲扬先抑，这些手法在传统园林中运用极多，云墙漏窗就是断境不断意。桃花源中羊肠小道转为豁然开朗，阻断是为体现通畅和宽敞，高层建筑的避难层如竹节般强化结构。打断视线而接续空间，古建中的照壁和挡墙就起此作用，避免视线的穿透、保证私密性。过去的中庭和堂屋都是要落轿子的，也是为了阻断室外的视线，看不到女眷。

以正方形的边长作为多边形的边，形成群体，每个独立方块都因为多边形的组织性而相互联系，联系和接续不需要复杂的规则，简单的递进就能形成连续的感受。

用正方形围合多边形，总形成外部夹角，这些夹角就具有很好的紧张感。外部的夹角形成内部正边直角的空间，建筑的方正或许更能带给城市活力，形成活跃的开放空间。

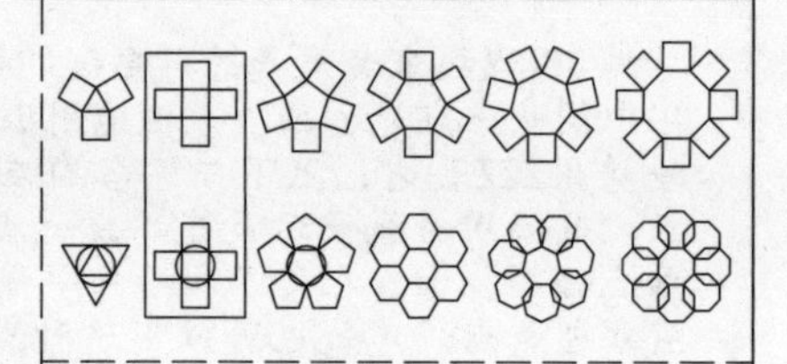

多边形以边为界，向外发散出更多的多边形，围合向心性的院落空间。用自身形状进行重复，边的数量超过六边形的时候，所有的边就会相互干涉。一个完整形体可以看成是诸多形态叠加的结果，叠加的过程中，边界重合或重叠。有断开的感觉就说明感官上的几部分是有联系的，否则就不会有断开的感受，上下叠加的过程中，也产生了断续的节奏感。

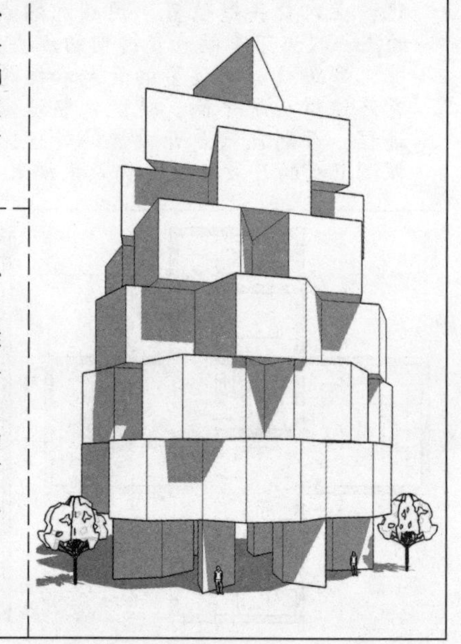

完整的连续很难实现，无论是设计还是施工都有极限。再宏大的建筑也是由局部和细节构成，断的前提是可以接续，如同一个超高层，总是由一段段钢筋和钢构件建成，不可能是一根钢筋绕成所有。分隔缝、沉降缝、施工缝、后浇带等等都是解决断续的问题。图纸的分隔和表现，也是要根据纸张的幅面来将各种平立剖面和节点分合，这种拆分也是一种断。

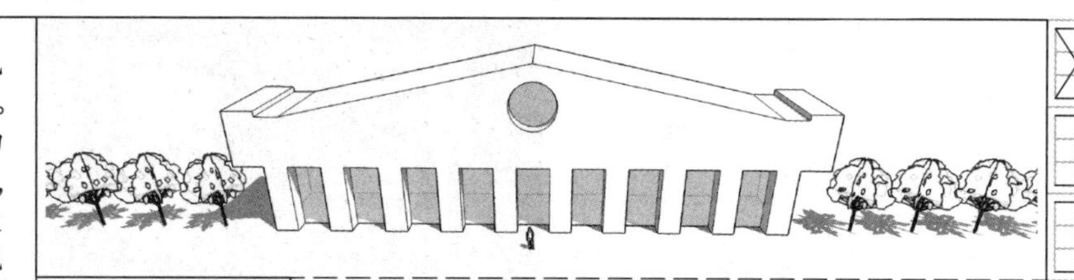

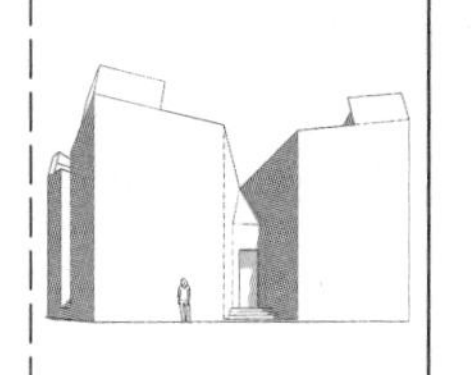

丝织品的放大就是断断续续，经线纬线看似相互打断其实全部联系在一起。两片树林中的一片空地，靠建筑将其联系起来。

点画线、断断续续既是虚化又是强化，点画线比纯粹的直线更有设计感，用格栅切分的画面也更有装饰性，斑马如同设计过的白马！

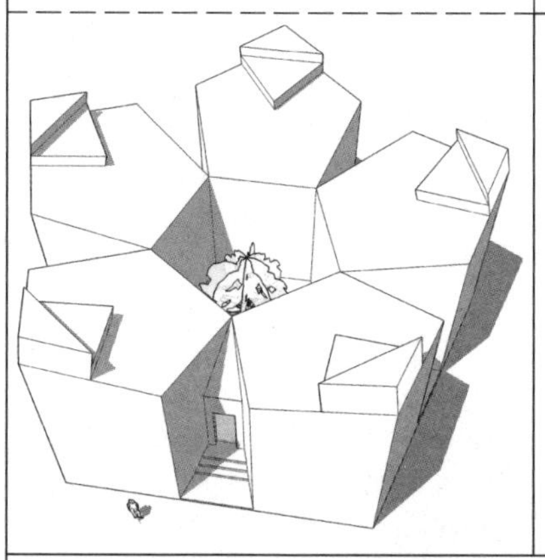

锯子就是以断成续，一个个小突起，持续不断地割断和摩擦，形成切面，最终这连续的切线，形成一个断面。片段的重复是种十分巨大的力量，工作经验的积累，并非是把具体的工作时间堆积，因为完全一致重复的事务很少，更多的是面对和解决问题的思想准备与应对方法。盾构机不断掘进时刀头分散地化整为零，同时巩固四壁，如同做事一般。

劈山救母的场景中，断开的两片建筑由中间的小块保持连续，如同开桃见核。草蛇灰线，弯弯曲曲、似断似续。建筑的形体拆开与合并，外部和内部分别断续。断续节奏如同音乐，时而中断，时而接续。把握关键位置，控制断开，考验判断力。

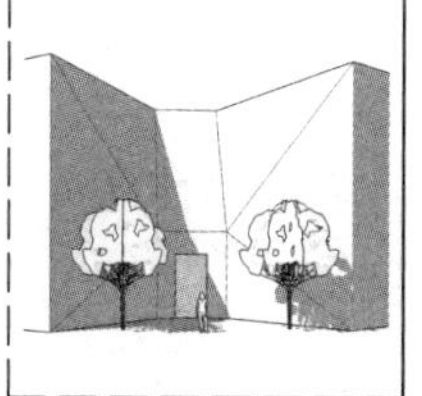

拉链的拉开关闭就是一种断续，从容断续就是拉链的模样，观察拉链每一个小齿，如同一串绳子上的蚂蚱；或者像是一根绳子上拴着的金龟子，金龟子各飞各的，绷紧了绳索，结果谁也飞不远。扣子、魔术贴、文件夹都是广义上的断续，各种形式的组合益于建筑创作。

特征为续的断才有设计感，画中漏画牧童牵牛的缰绳就是有意味的断。如果一个断是纯粹分裂性的，便莫名其妙了。节奏感是一种断断续续的构成，如同击鼓的鼓点。影视作品都是断开成一帧一帧的，靠视觉残留保证了整体的完整，断开的是画面，流淌其中的是情节。

电话利用时分复用保证多路声音信号的传递，按照这种方法一个银幕上其实可以放映许多部电影，戴上不同的眼镜截取不同的信号段即可，声音通过耳机传递，于是电影院的上座率就很高。一块幕布能通过多层的观众席来共享，或者不同的视角区域播放不同的内容。

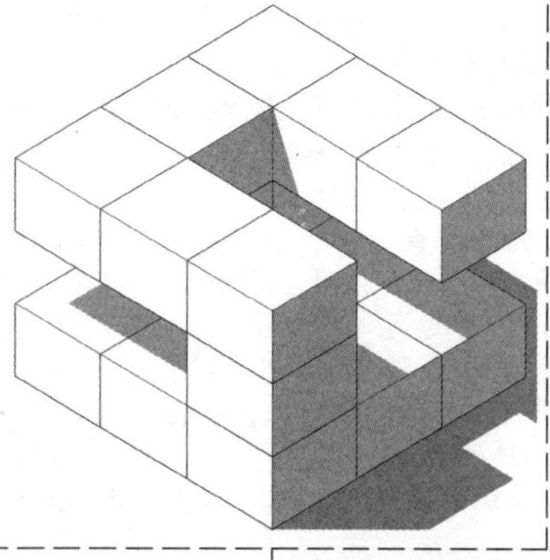

各自断开然后接续，狗尾续貂或者貂尾续狗。除却自然地弥合，人工有嫁接的能力，但越高等的生物越排斥异体，说明人体和文明进化发展导致越发封闭排外。

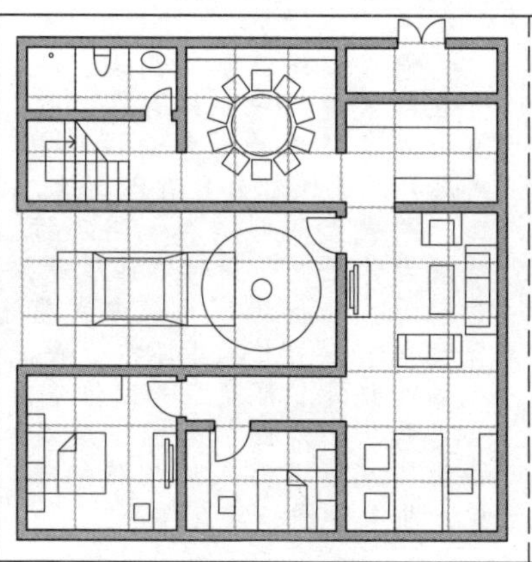

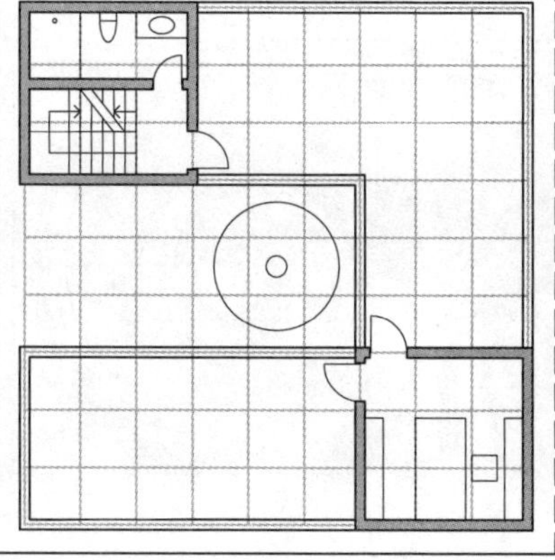

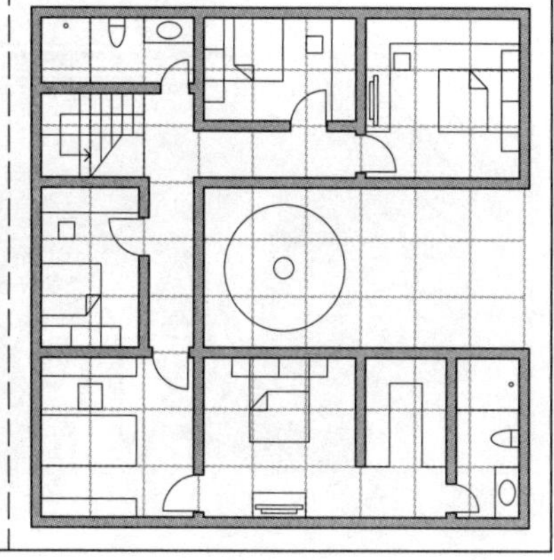

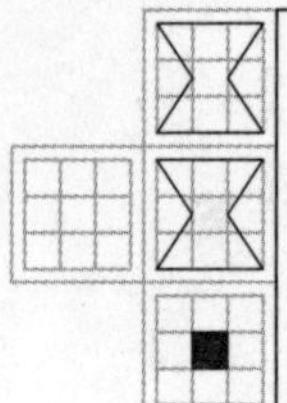

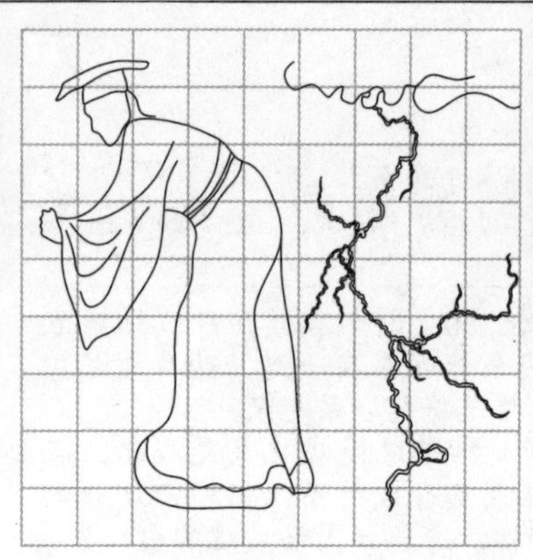

小窗任明晦，
一榻随伸屈。
——宋·孔平仲

/伸缩/卷舒/进退/

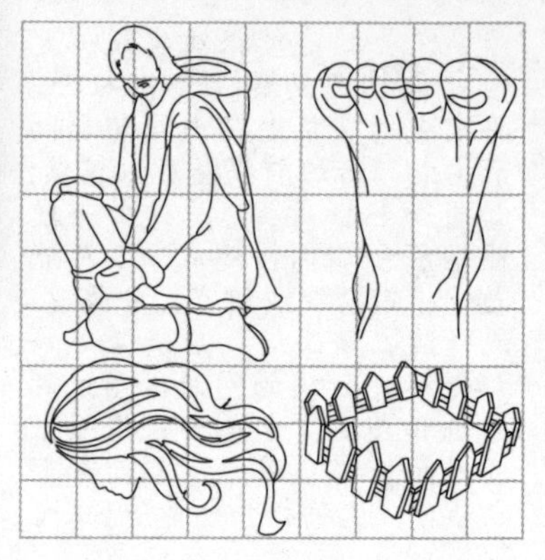

伸：展也，从人从申。人为人形。申字为闪电在天空中蜿蜒曲折的样子，有電、神的意思，是电的原字。伸字就是人如同电光，由一处向外延展舒张的意思。或解申为一线连接二物的样子，有重复之意。古文中伸和信为同一字，有放任、真切之意。

屈：拗曲，从尾从出。尾从尸从毛，尸是人蹲在地上的样子，毛为毛发，尾即为屈蹲在地的人带有的尾部装饰，或为动物的尾巴及羽毛。出从止从口，脚步从栅栏或是坑口中行走出动。屈为尾巴露出，动来动去的样子，尾巴是弯曲的、有弹性的。

建筑如葱油千层饼一样，弯曲折叠地组成，也像是敲打刀剑时候将铁块不断弯折再打平。面团也可以拉伸成一条一条，如同皮筋一样，拉伸揉搓成各种形状，延展缩回。包子、饺子就是面团先摊开擀平，然后弯曲包裹。

土楼就是直条状的建筑弯曲而成，也可以弯曲成己字状。央视大楼也有点延伸然后弯曲的意思，像三维贪吃蛇。

在小空间中，充分延展的方法就是弯曲盘绕，大脑皮层就是通过脑子的凹凸弯曲扩大表面积。肚肠通过绒毛扩大营养吸收面积。海岸线类似科赫曲线，无限的边长包裹有限的面积，线上的任意两点间的距离为无限。一个空间中就可以存在无限的面，在一个房间中体积是有限的，但是面积却是无限，因为只要度量的尺度足够小，就能延展出无限的面。

伸屈多是重力面的角度变化。起伏多是水平面的曲率变化。泵车的伸臂就是屈折的，使用时伸展。建筑看台也有伸缩式样的，多用途的空间，都靠伸屈来提供变化。

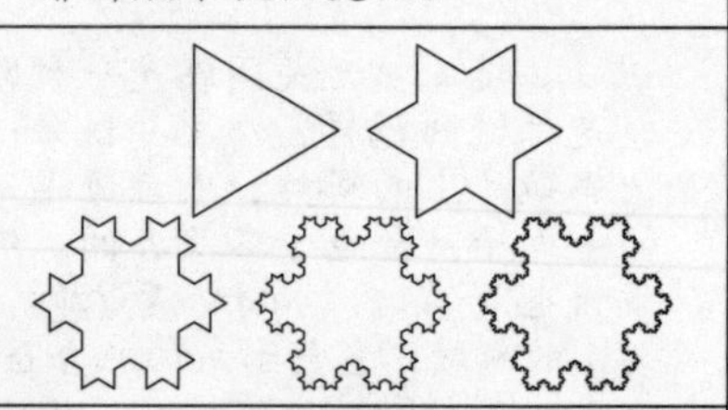

一个时空坐标，不断的填充和消失其中的就是时间，或许宇宙中大爆炸的原点就是一个绝对位置，如果人能和它保持相对位置不变，或许就能堪破一切，明白时间的去向。

人乘坐游乐设施会头脑混乱，就是打破了自身的运动规律。人被时间裹挟着，随波逐流，能定下来便可以不老。逆转所有的轨迹，归到相对静止的位置，或是潜意识的追求。

太空环境中存在无限的体，四维空间可以看成是地球环日轨道上的一个点，这个点相对固定，地球经过的时候，这点不断地被各种物质空间占据。地球上的静物，随地球在宇宙中的位置瞬息即变，那点物质不是外部移动来的，而是直接就在那出现，然后一瞬消失，来的只是关系。要有光，于是有了光。如显示屏，每点变化颜色，颜色自产而非外来。

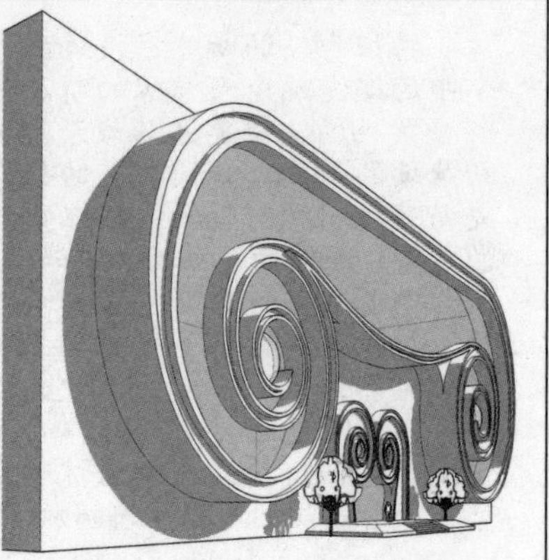

中式古建柱子的侧脚、收分在欧式建筑中一样存在。欧洲古典建筑中的卷草曲线和中式屋脊的曲线都最具有代表性。

欧式大圆形涡卷如同翅膀蜷缩身体两侧，随时要伸展开，含蓄着向上的爆发力。中式屋脊就如掌心向上张开怀抱一般。人的四肢伸屈都是在关键位置，虽有曲折但是圆转如意，建筑的曲折就要学习人体四肢的感觉，屈中带伸、富有弹性。

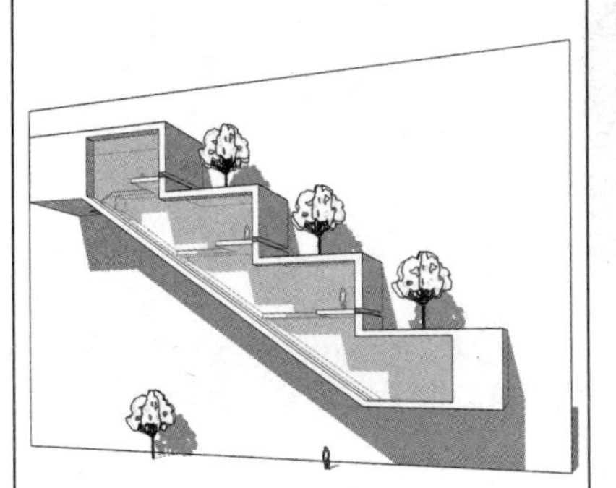

小虫的样子，一伸一屈地前进，或者如同蛇一样曲折盘旋地前进。飞鸟的运动，就是翅膀的拍打。青蛙的蹬腿、海豚的跳跃，力量的爆发都是先屈而后伸，伸展过头又屈。

体育锻炼大多也是肌肉的伸屈，手臂的伸屈大概在一百二十度的时候力量最大。在健美的比赛中，动作都是最能展现力量和美感的，其中的伸屈可谓科学与艺术的结合。

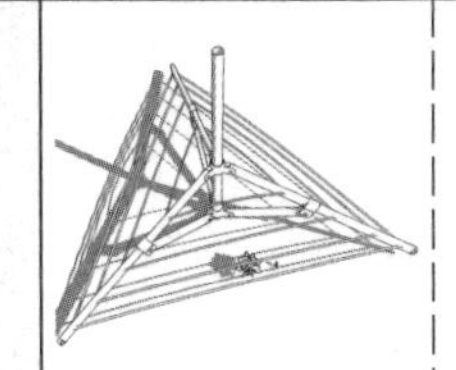

折叠伞般的建筑，倒扣地上调整阳光水分，分时段亲近大地，穿云层接收阳光。

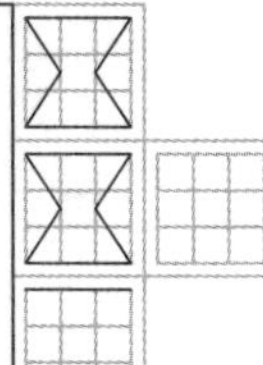

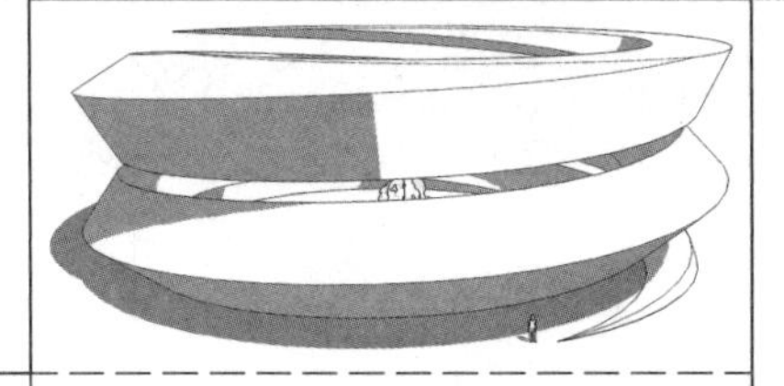

顺应坡度的健身中心，自由地上下跑，跑台阶爬坡，或者滑梯速降。如同爬山滑雪，这就是健身的感觉。将健身房当成展示空间挑出建筑外部，如同外挂的盒子一般。

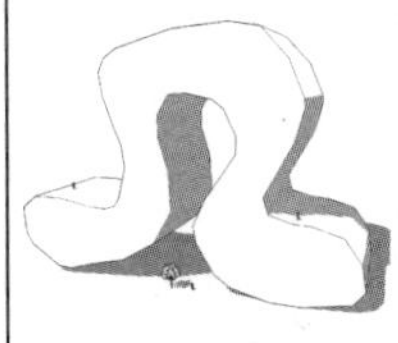

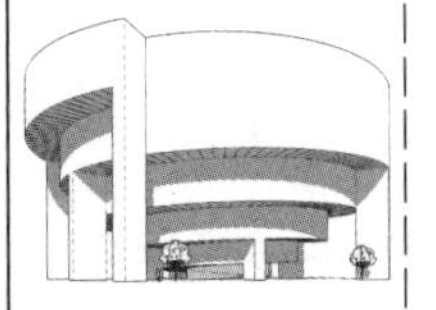

表现屈是用一种暗示伸展的方法，扔铁饼、丢标枪都是在屈的时候爆发，拳击手双手抱缩在头边的时候最是可怕。弹簧是伸了要缩，缩了要伸，改变就有力量，或者说付出了力量才能有所改变。

建筑效果图或者照片，利用广角的视觉效果造成紧张感，纵深被拉伸、画面边缘则弯曲变形，而这种轻微的紧张感就带给人一种刺激。

捆绑是为了塑造一种延伸，盆景植物用金属丝限制生长方向。火在一个方向上受到委屈，就会在另一个方向上伸展，能量的释放压不住。手风琴朝一点压缩，朝另外两侧伸张。

云雾的卷舒是一种捷径，仿佛流水的漩涡，自然自有组织和规律。云雾之间吹进气流，两者会自然地融合一团，相互塑造形状。卷动的部分和舒张的部分自然衔接，张力十足。

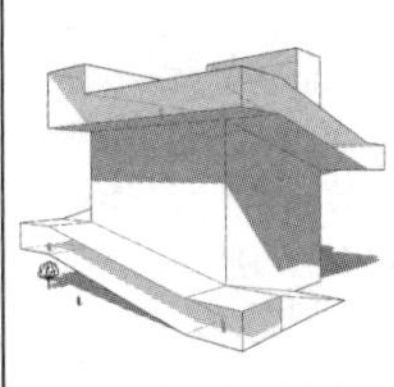

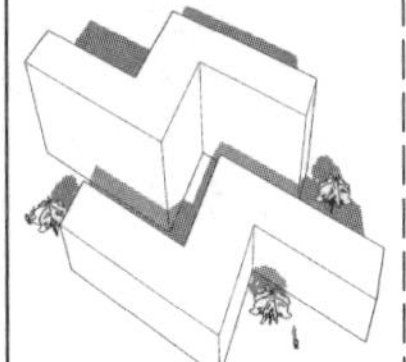

伸是闪电的抽象，电光在空气中的传播路径必定是随机却又阻力最小的。建筑看成是力量的传递方式，顺势而为就如同游泳时在水中划动，放松的动作阻力最小、动力最大。

包装盒子是最简单的建筑，火柴盒子给桑蚕当家、纸箱给小鸡当家。摊开纸箱所有的只不过是一块纸板，平面的纸板经过弯折产生空间效用，坦克的履带就是一种城市推进的方法，铰接的建筑材料使得所有的建筑都具有滚动的可能，履带上的每个凸起都由建筑物构成，靠近土壤时耕种收获，离开时学习、生产。折纸就是平面进行弯折后，产生空间的效果。彩钢板也是平面材料弯折后强度增加。一种液体材料，在基地倒下后干硬如纸张，折线处靠涂刷溶剂软化折叠，折叠形成建筑后自然固化，拆除时靠溶剂还原，建筑利用基地形状折叠而出。

四肢尽力拉伸，矫枉必须过正。向上伸展靠水平支撑，如垂直的树干借力于四散的树根。如同火焰的升腾要靠热量的聚集，曲折的关节就像是机灵躲闪的火苗。

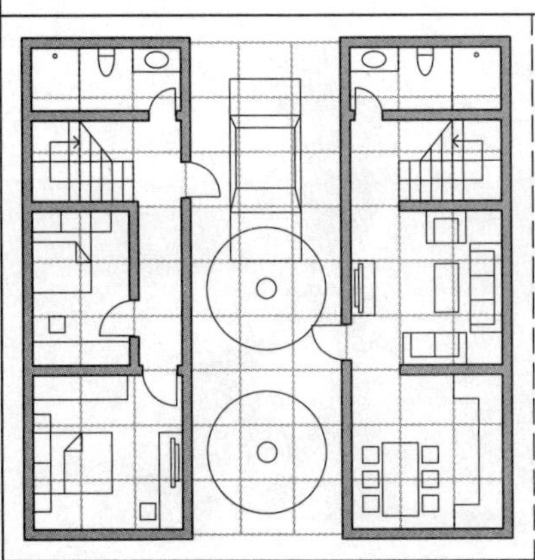

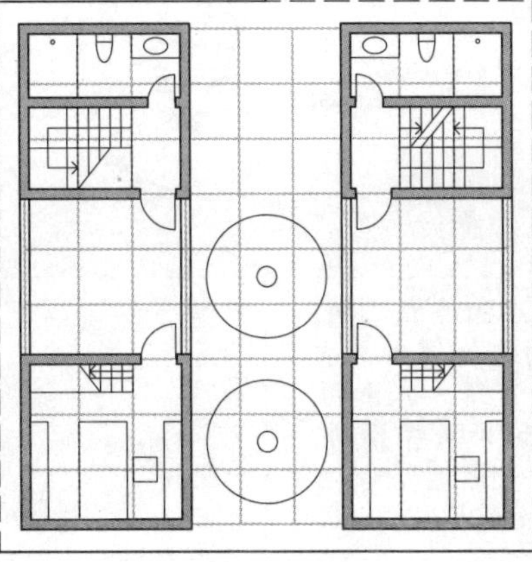

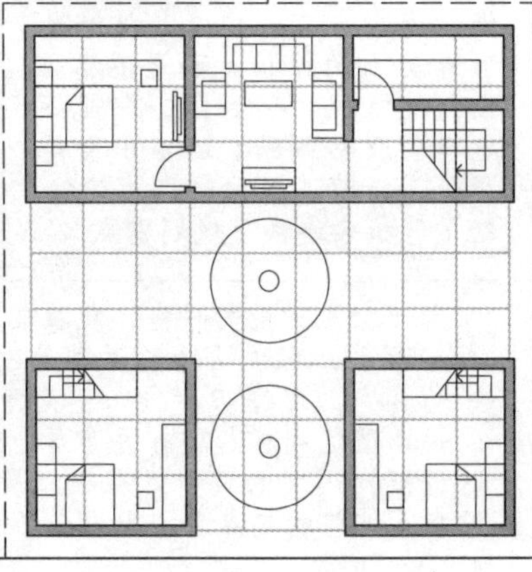

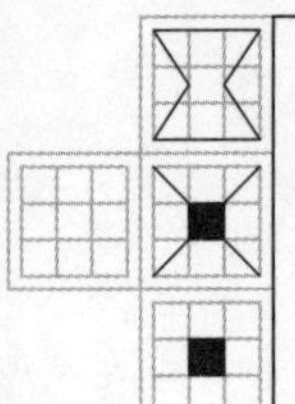

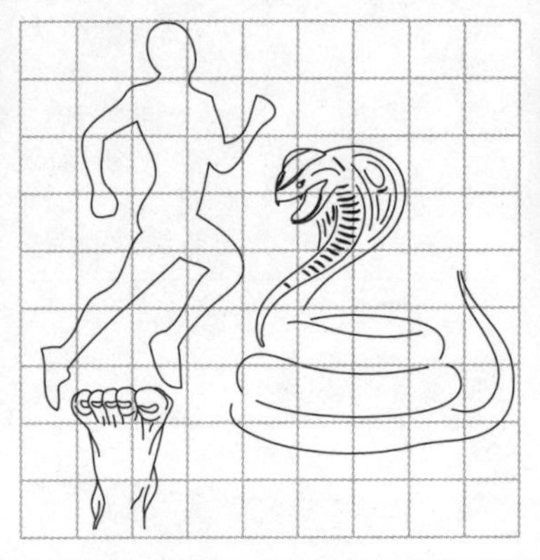

起 伏

起　伏

上下观古今，
起伏千万途。
——唐·柳宗元

/起落/升降/升贬/涨跌/抑扬/
/险夷/险易/陡缓/陡平/

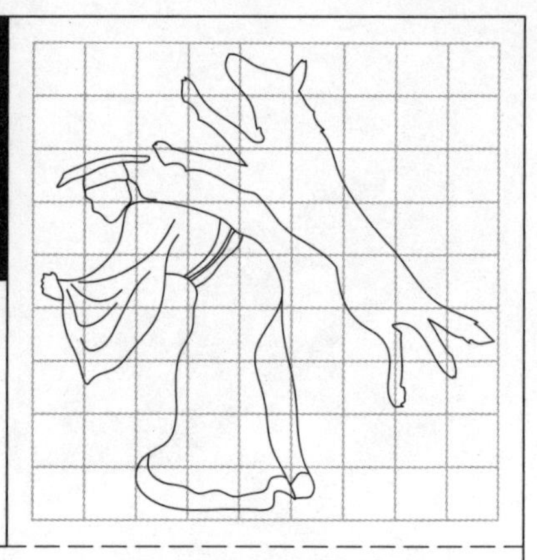

起：能立也，从大从止从已。大为人的形状。止为脚趾的样子表示行动。已是蛇的形象。起就是人见到蛇而奔走。或起是蛇身竖立的样子。已和虫、巳两字同源，蛇会脱皮，包字如同蛇的脱皮过程。祀为祭坛上将蛇用来献祭膜拜，或献祭之蛇是龙的雏形。

伏：趴下，从人从犬。亻为人形，犬为狗的样子。伏就是狗从背后向着人扑袭过来，将人拽倒或者人倒地躲避的样子。

伏字或指人如猎犬那样地匍匐着，趴在地上潜藏、埋伏；或人如同哈巴狗一般趴在地上，表示顺从屈服。

起为避蛇而走，伏是遇狼前扑。左边是人，右边是动物。蛇闻笛起舞，狼匍匐在地，没人参与，也能很好地反映起伏，增加人的戏份，更加生动。

画蛇添足的故事，给蛇增加器官，将人和动物混搭，并非节外生枝，而是生动的创意，龙就是这样来的。汽车人和海绵宝宝中将物件拟人化，建筑也可以拟人化。将人的成分参与设计，能够改变生硬的形象。

建筑的屋顶须顺时顺势起伏，自然地貌被风雨侵蚀，就会有山势起伏。自然的起伏是地球巨大力量的呈现，没有力量的起伏是虚伪的起伏。

城市天际线、大山剪影、波涛澎湃、店铺沿街立面，都是起伏不定，自然而然就是要波折。人所以能独立于自然就是要体现人的干预和整理自然的能力，于是方正平滑成了人表现自我、展示控制的方式。

建筑主动起伏，有着欲扬先抑的功效，或者欲抑先扬的智慧。欲盖弥彰是彰的高级手法，用无来表达有，如同说不要想大象，却强化了大象的印象。如清朝遗民的辫子，越在形式上消灭，越在心理上根植，否定往往强化了对立面，而没有解决问题。衍生出绕开问题的方式，说好人不是坏人，没说清好人，说贫穷不是文明进步，没说清文明进步是什么。

起伏手法的关键在于转换，建筑和任何设计的关键，在于起承转合的交代。转角、门窗、屋顶等等都是需要交代和明确的地方，也是精彩所在。金角银边草肚皮的价值规律同样适合建筑设计，因为价值不同，所以将高价值的位置重点设计，抑或因为重点设计才具有高价值。转和角是最复杂的空间节点，边与沿是节点的线性延展，平立面就只是延展后的填充。

皱巴巴的纸自身就能成为欣赏对象，自身就奇形怪状的建筑，如同折纸一般靠形体就能打动观众。平整的纸涂抹成画卷才能够被欣赏，方正建筑的立面就是可以任意涂抹的白纸，光影、广告、液晶屏都是附着其上的外物。不能不愿画画，就搓揉一团白纸，阳光下也有变化和明暗。城市中全是折纸，没留下精神塑造的空白，抚平弯折痕迹成了规划重点。

所有膜拜的偶像，都是要有距离感的，都被高高架起，山水石都是历经亿年的神异。

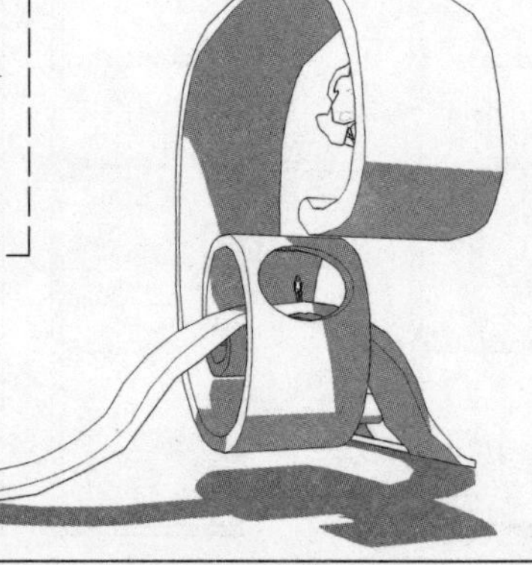

一个人独处的神龛，走在起点和终点之间，有起有落。人生顶峰的不惑是因为能够看见自然的真实，看懂四季轮回、花开花落。人和可见的真理之间总是隔着许多层，似乎能捉摸到，这种模糊闪现的吸引，引领人最终通透清晰地站在下坡路的起点上，出发而了无遗憾。

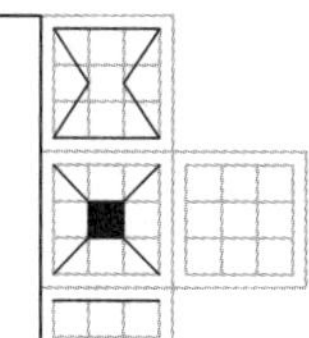

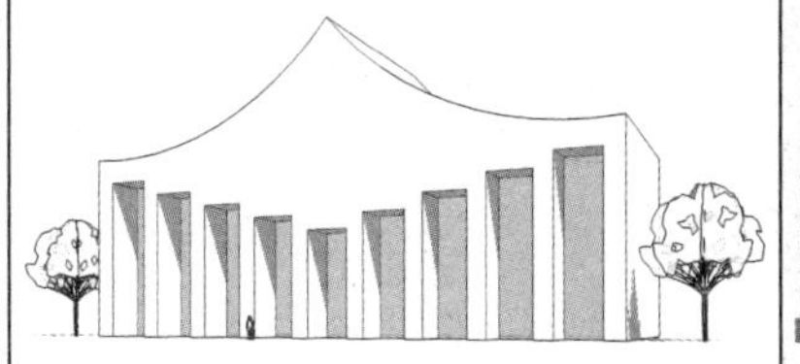

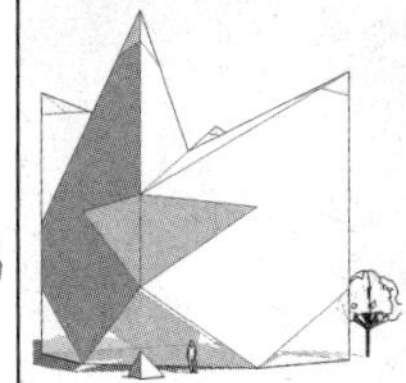

匍匐前进的士兵，浴血奋战过后的战场，横七竖八堆叠的残骸，起伏交错在一起，相互施加着压力，也分解着负担。

俄罗斯方块就是将一堆起伏错落的条块，码放成规整的平面，反向来言任何一个规整的立面，也都可以拆解成不规则的细密组合。

出左手而动右肩，欲起身必先伏背。突出的形体，未必需要突出的装饰跟随，或许反其道而行之，留下更多的空白为好。起或是伏的征兆，用反面的成就来预示正面。

旋转的凹凸体块，向上尖耸，顶部白色灯块在闪耀，异形的出入口摆放着相似的体型。自然的一切都具有起伏和错落，人总是希望克服这种自然而然，就像阅兵式中的方阵要求整齐划一，如同太空中漫游的黑石。但将人的群体行为用图表来展现的时候，就能看出起伏，如同股市的蜡烛图。追求稳定的人变为躁动，向往和平的人参加战争，愿与事违。

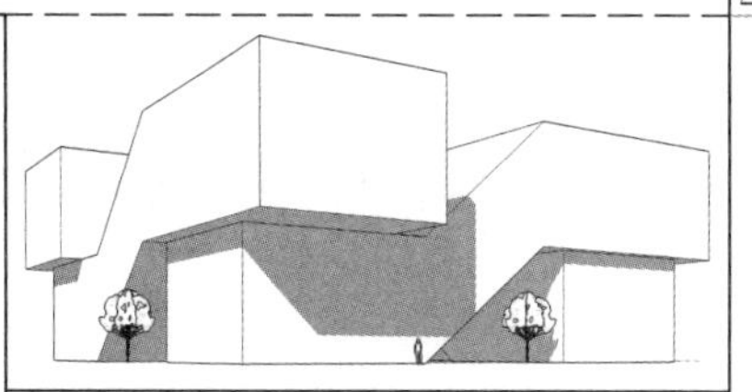

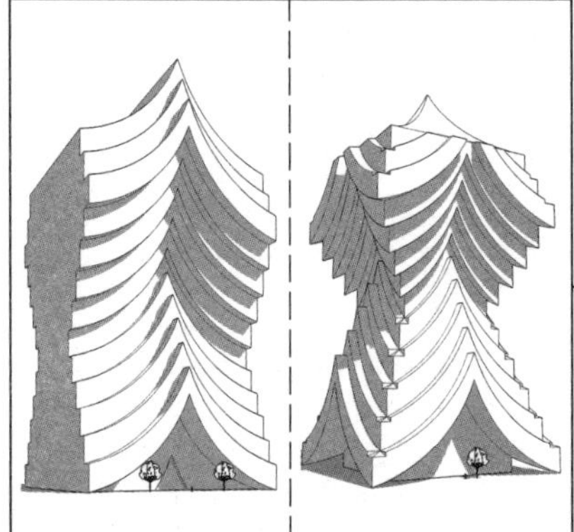

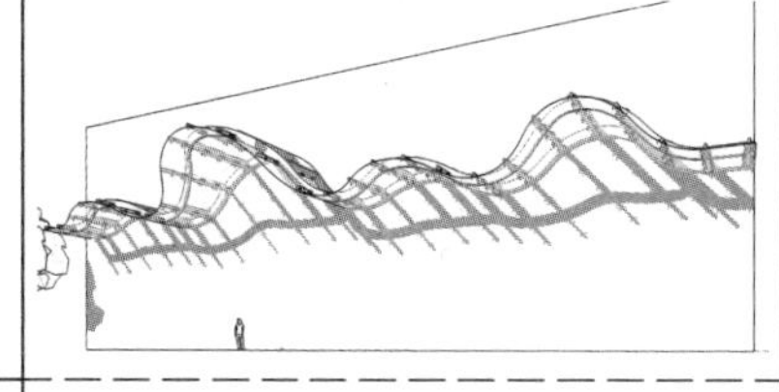

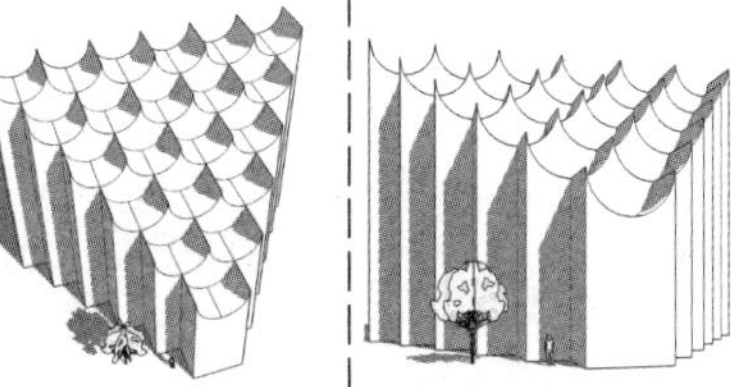

东方之门的雨棚，就是同样线形的横波纵波交叠在一起形成的。平面和立面的边界一致，组合出看似随意但是控制严格的形体。每一片玻璃只有一种曲率，都是圆切段。

箭头向上冲锋，盔甲板起伏错落地相互覆盖，如人的腰身并非刻意纤细，全由四面围合而成。复杂的形式从简单的触动中诞生，投入水中的多块石头，荡漾出复杂多变的组合。

屋面的起伏如同鱼鳞状的负形，将雨水层层叠叠地汇聚，最终汇入鱼嘴中，相忘于江湖。下雨的时候，屋面汇水的都是仰瓦，盖瓦只是散水，将仰瓦明确地放大，强化其功能。

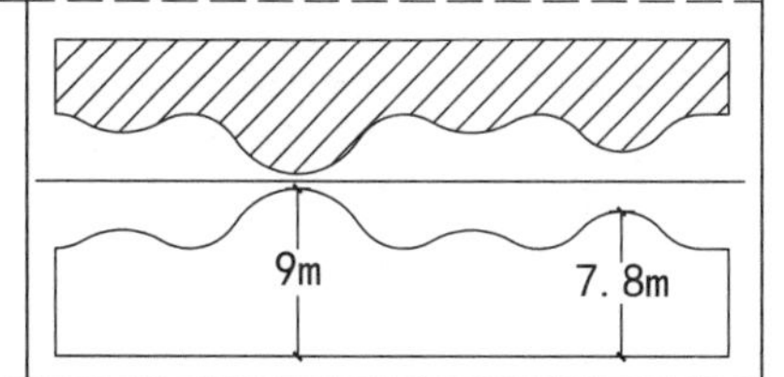

喝水的小鸭起起伏伏，虽然不是永动机，但是自然力量没有污染地做功，只消耗蒸发水分，应该可以利用。自然中的风雨雷电都是将太阳能量进行了转化，在很长一段时间人类可以将太阳视作永恒的能源，大海就是地球的蒸汽机，水分的蒸发和回收导致无数小鸭的上下。

用薄膜将地球全部包裹，膜调配所有的水资源，水再也不会变成天水，随机的降雨不再有，云也不再出现，建筑物全部成为膜的支撑结构，所有的能源都来自于水分的运动和循环，水力取代了电力。持续地改造地球，将所有的山峰平陆统一标高，海洋和陆地也均质分配。

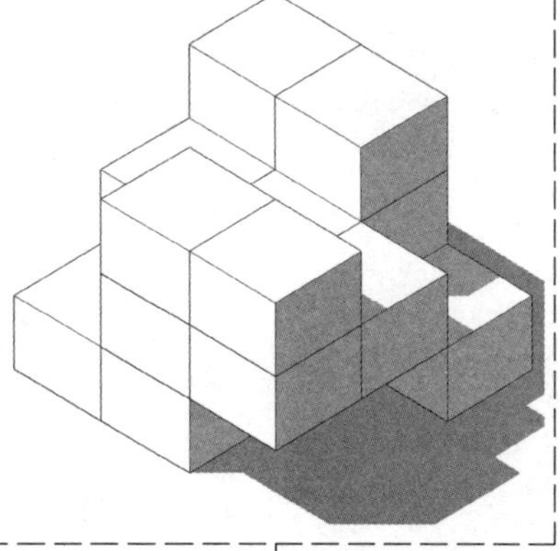

起伏是维度的变化，横看成岭侧成峰，改变观察位置和角度就能够颠覆既成。上坡就是起、下坡就是伏，一条路的来回两边相遇错过，路途未变，却看你从何而来！

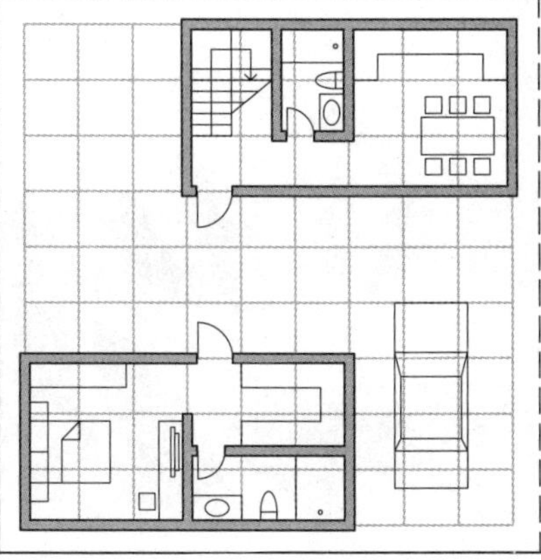

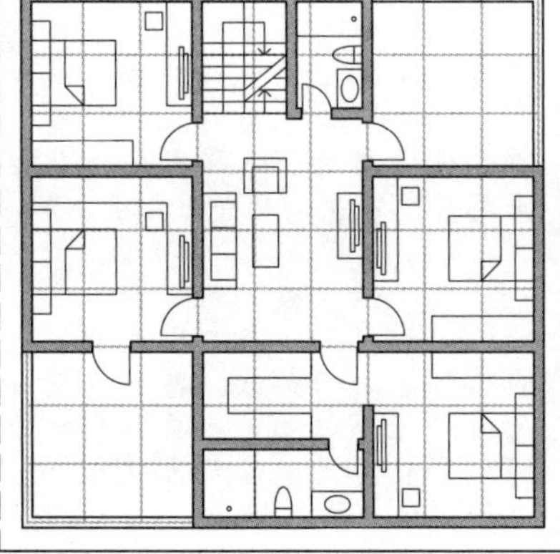

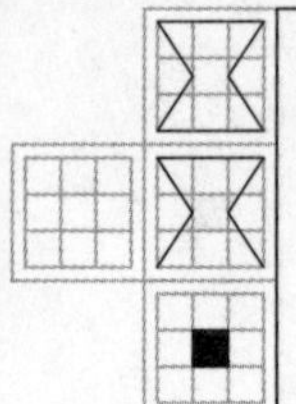

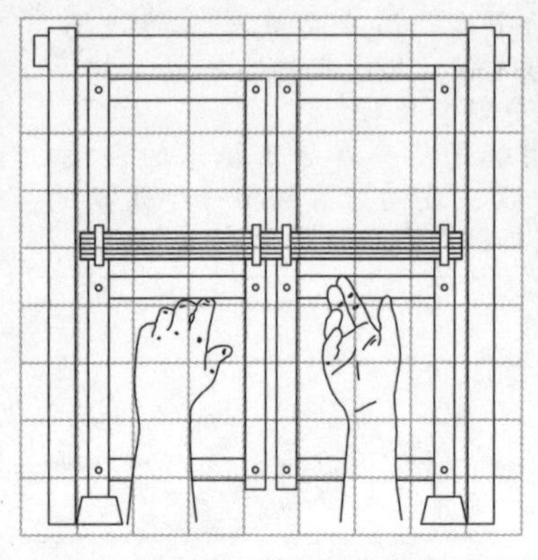

開 關

开　关

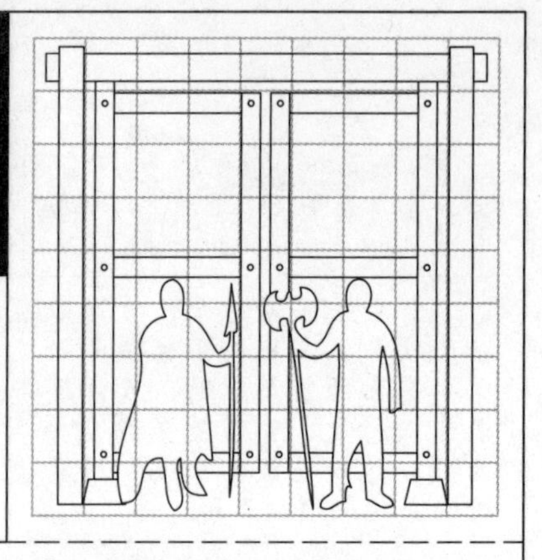

满城人尽闲，
惟我早开关。
——唐・令狐楚

/开闭/阖辟/捭阖/开合/翕张/
/关张/户牖/门窗/

開：张也，从閂从廾。閂从門从一，門为门形，一为用作门闩的横木。廾为拱字的原字，表示两手捧物。门闩是已经横放好的，開即为双手拿开门闩，由内向外开门而出。或双手是将门闩摆放到位，是关的意思。開一字的画面感可以产生两种不同的解释，相反相成。

關：守持门户，从門从丱。門为门形。丱为两甲士守卫的样子，丱也指儿童束的一对翘角辫，孩童未成人，束辫为甲士以守护。后丱上加幺，或为门环形象。關为士兵把守大门，不得出入，有关隘和关门之意。贴门神守大门，也是关的意思。閞用弁的束缚之意表示关。

孔洞的存在，就是创造，安排好通路就是一切科学所在。门窗就是用来控制人、空气和阳光的通路，拓展开来说，管线就是用来控制水电气热的通路。传统建筑提供平面，也就是通路的依附条件，存在屋上架屋的弊病，而如果直接以通路为建筑，尝试将通路作为结构进行编织，那么就创造出一种新的体系，蜂巢蚁穴实际上都是通路的建筑。

本质来言门和窗是同样的，窗开到地就是门，门槛高些就是窗。传统落地窗就是门和窗合二为一的极佳设计，虽称为窗，实则为门。

老子已经明确地说明了门窗和建筑的关系，没有门窗何来建筑。进而阐发了有之以为利，无之以为用的精辟观点，两千多年后，老子当年看到建筑门窗所引发的哲思，已经被现代人简缩成了利用这个词。

门作为动线的起点和终点，有明确的方向感和标识性，是使用者最常接触、最近距离能观察的部位，是设计上的重点。凡重要建筑其大门往往是其风格最明显、特征最集中的地方。

城是军事堡垒，战时可据守，平时作为市是交易之所。算是古代的平战结合，如现在的地下人防空间，战时避难所，平时歌舞厅。西方许多城市，由营寨城发展来，门在军事建筑中的地位重要。随着发展，城门的军事价值降低，但精神作用和象征意义却保持下来。

装饰性的门型构筑物是东西方共同的建筑语言，西方每有军功就大建凯旋门，在中国，门形意象的牌坊也是遍地开花，把某某门当做地名的城市更是数不胜数。虽然国内现在这些门已经拆得七零八落，但是门作为一个重要的符号仍有凝聚人心的精神作用。

如同插入反应堆的铀棒，各种重组和反应都激烈地发生，像一个社会反应堆，人被放在棒子中置入，不知何时被取出，而文明和各种机变也在其中产生。一万年后，不知道内部会产生怎样的文明，或者说何时才能出现超越束缚的智慧，使人能脱离反应堆。是道的存在才使得一个个平凡的空间充满了力量，空间是精神的填充，时间是精神的计量。

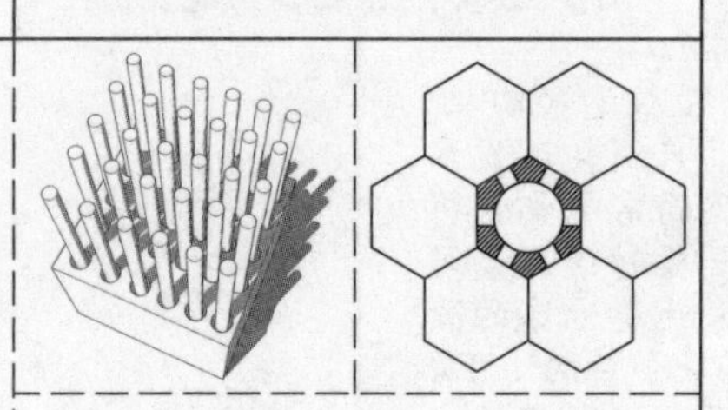

人处于九层棒子中，在高十八层的蜂窝式九宫反应堆里上下移动，每年开门一次，便于重新选择。会有一个棒子每年出头一次，出来的人永远不能回头，所以无法将路径告知内部。出来的人都是随机安排，也许一年能有一个同伴，或许几年也等不到加入者。能够出来的还有一部分是真正智慧超群的人，靠数代人漫长的进化和总结，能主动地寻找机会。

从原点出发的人，在特定区域短暂接触，离去太远就不能回到原来的部族。各原点旋转并且上下移动。人找不到参照，不知方向。每日每夜人都在进行这样的来回。

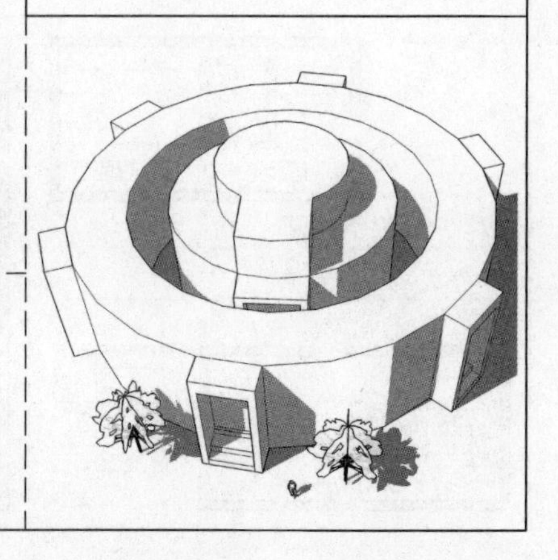

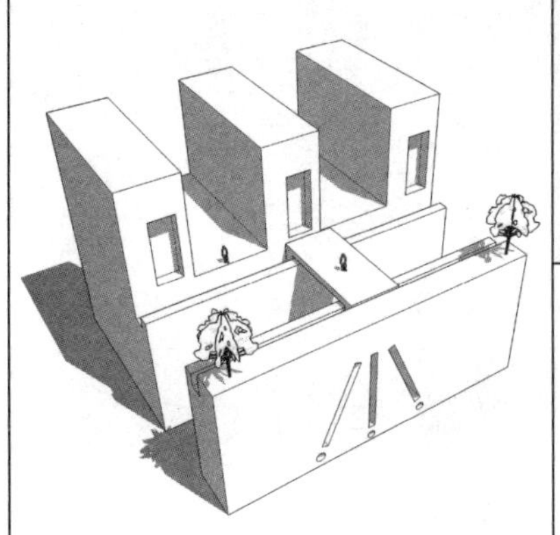

生态恶化导致住宅对安全的极致要求，完全地封闭，在安全时才打开部分门窗。门外有护宅河。城市建设大围墙，防止危险的侵入，文明的进步就是包裹的增加、门窗的进化。

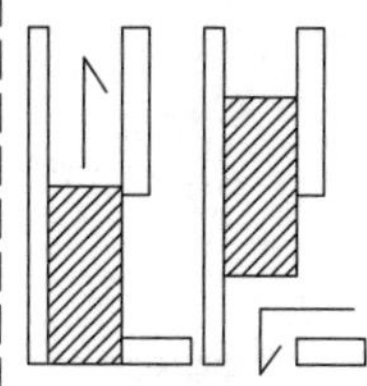

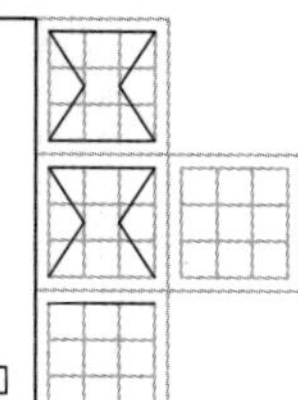

纸张谈多少开数，就是将纸面进行对折。生活中的大多数日常用品都有开关，都具备状态的变化，笔、扫描仪、瓶子、笔记本都能产生更多变化。

建筑功能变化靠门窗、水电气热的开关。开关可以是门窗的形式变化、也可以是开启方式的变化，排风扇般的入口停顿为开、旋转为关。斩断和延续是开关的本意，开心和郁结就是思绪管道通畅或淤塞。

钟摆式的建筑，在特定时间出入口重合开门。从中心出发，可以去到各个不同的区域。无从选择的时候反而造就了时间的充裕，无法犹豫的被动局面成就了坚定，背水一战而已！

东方之门两塔楼相互联系的天桥如一横，和門组合成了閂字，在底部加上双手的巨型雕塑，便是開字。从門联想到诸多测字的手法，将字分解或者添加，取其引申之意来揣度人的命运，将日常所用三千字全部逐字地对应测字所求之事，不过前程、姻缘、吉凶等等。八卦的每一爻如同二进制，都有开关的变化，过犹不及，开过了头，就还是关。

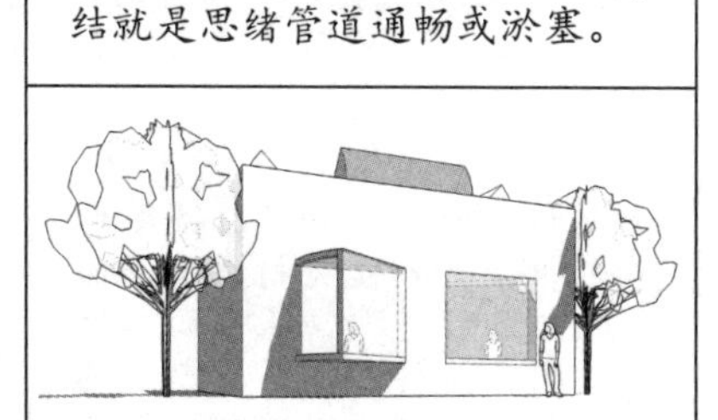

建筑采用开关的方法，可以使围合方式发生变化。建筑立面全是通高的门或者高窗，打开便是通透的交通空间，关上便是墙。除了屋顶，四面墙全是可以开关的小窗，门窗上还有自由缩放的通光孔，可以自动调节开关控制光照，快速旋转还可以当成风扇。

汽车和建筑一样，车门就是门窗的合体，车就是一扇会行驶的窗，建筑也是厚窗。

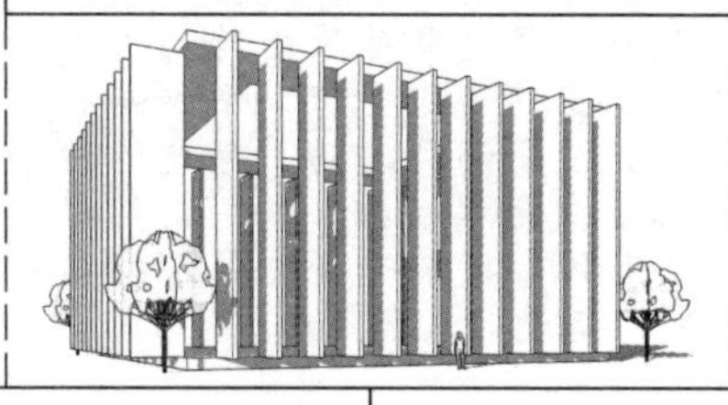

屋顶进行采光，一种新的开窗方式，收起来是半张桌子，可写字可用餐，推开是一扇飘窗，悬空而成。阳台也同抽屉一样，建筑的立面成为生活的演奏场，由生活需求塑造。

建筑史就是人与门窗的斗争过程，围绕门窗可以梳理出技术、形式、功能的逐步演进，这是在技术层面阐述老子的观点。柯布西耶与门窗斗争良久、苦无良策，便把门窗和墙这层皮囊从建筑结构中剥离出来，甩到一边任其生灭并冠名以自由立面，自由立面和墙倒屋不塌原理类同，中国建筑立面早就自由了。剥了皮的建筑被起名叫多米洛体系。这番斗争别开生面，算给西方建筑发展找了台阶，从此西方建筑师放开了手脚。在成熟体系中，想要超车就只能另辟蹊径，从评判标准入手、用经济效益推动、靠舆论宣传诱导，这才能重塑一种价值。

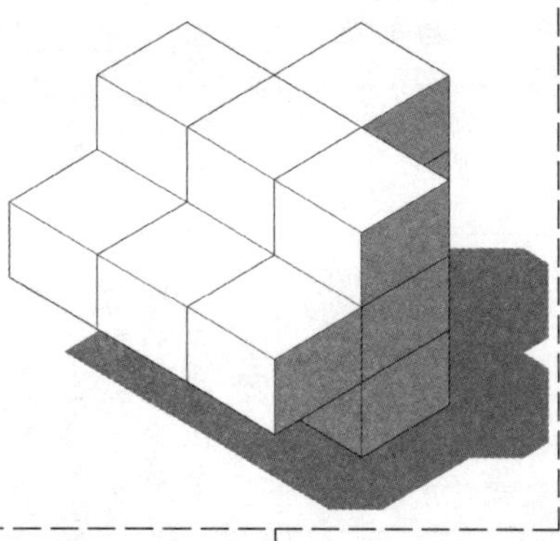

门闩在两扇门中间横隔着就是关，门闩竖过来就是开。门内所见为门栓，门外所见为门扣，目中所见的事物往往预示着下一步的行动，如同电影中的特写暗示。

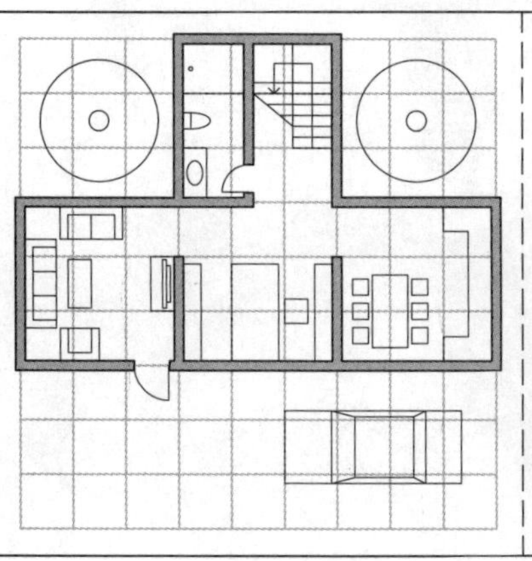

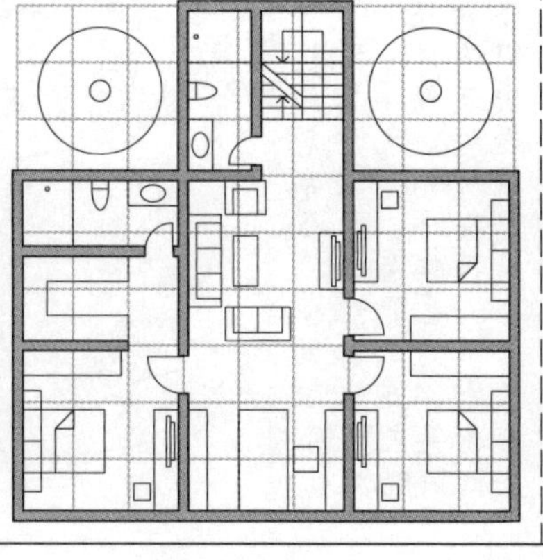

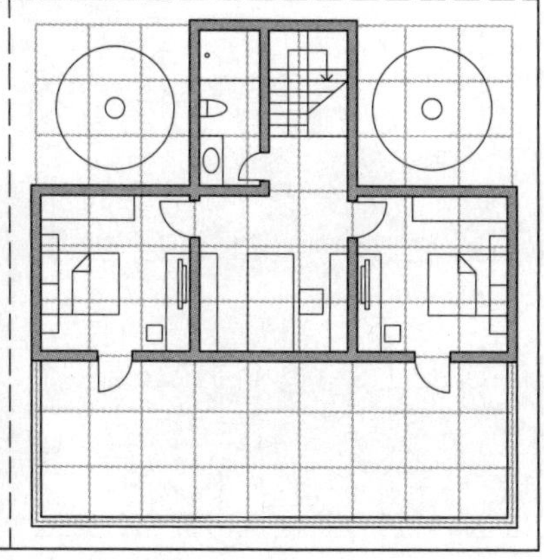

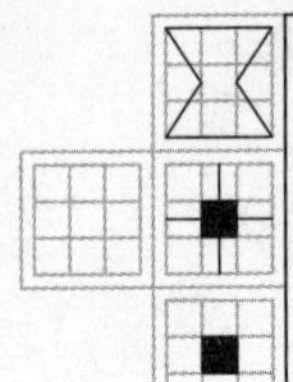

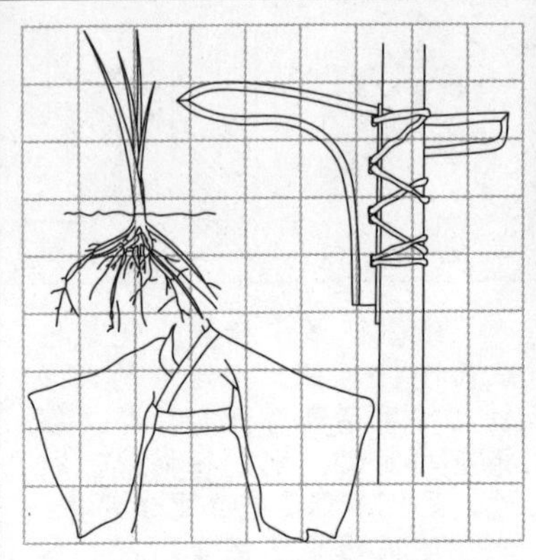

裁 缝

裁　　缝

状锦无裁缝，
依霞有舒敛。
——南北朝·何逊

/破立/废立/行废/夺与/

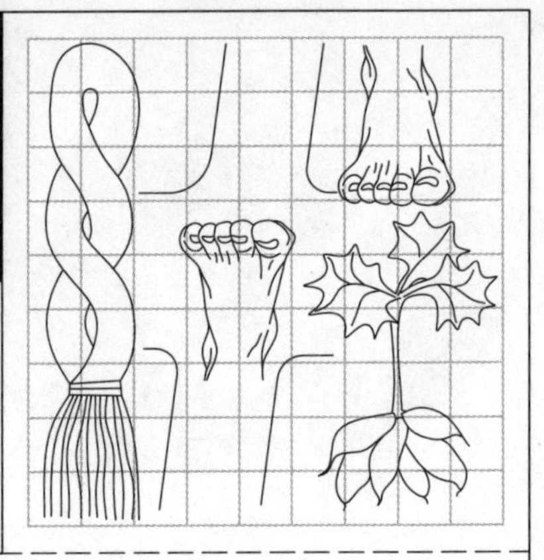

裁：制也，从衣从才从戈。衣为古代衣领部位的样子。才和生字相似，为植物所在，古为在之意。戈为兵器戈矛的样子。以戈砍斩植物，伐木所发出声音为哉，修枝培育树木为裁。裁字是使用工具切割衣料的样子。裁衣和伐树都要有计划，有节制。

缝：合也，从糸从逢。糸为丝束，是缝合用的材料。逢从辵从夆，辵为行进在道路上，夆从夂从丰，夂为倒止，意为从后而至，丰为根茎类植物的样子，夆为遇，遇山为峰，遇虫为蜂。逢意为路上遇见可采摘的食物，相逢即是偶遇。缝即为使用丝线，将物件凑合在一起。

从整料中裁出各种形状，生产鞋、包、服装、白铁皮水桶和烟囱，都是将材料从平面向立体进行过渡，从平面二维向空间三维转换。裁剪都是为了填充和装载，形成容器是制作的根本目的。陶器是从大块泥团中抠出搓揉、瓷砖是从连续泥坯中切割划分。

用单板裁切建造，许多家具是用整张木板，全面切割拼装而成。合理地裁切不会浪费材料，传统的智力题中常常将一块残损的桌布通过裁剪，变成新的形状避开损坏的部位。将长条形的卷材在工地现场切割挤压成不同形状，拼装成建筑，附带家具一同实现。

裁和缝，是两种非常具有主动意图和针对性的动作，没有主动意识，裁剪就变成了撕裂、缝合就成了堆叠。

裁缝一词是动词的名词用法，是将职业动作演化成职业代称。这些职业属性的动作都可以在建筑中尝试，譬如武术中有很多动作术语，将这些动作变成定格动画一样，就具有了形体。建筑一词也是动词名用，建造砌筑都是动作。

建筑中常有看似无用的形式构件，其作用是在观众头脑中去缝合印象。缝的关键就是重新组织和再现，小碎皮也能拼出大效果，就像马赛克的组织一样。碎片化的信息社会，在人的头中缝合为片面映像。

将有功能价值的东西报废，也能实现一种表达，这种残破颓丧的建筑形态也是流派之一。将经典建筑，大卸八块然后重组，也能凑出一个新鲜。

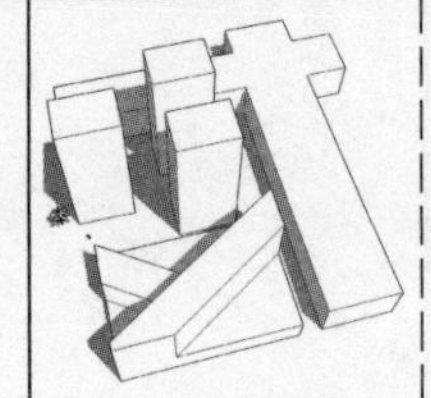

不破不立，裁就是破、缝就是立。从平面向立体发展，以切割线固定面，将面翻转和缝合形成体。平面的材料如衣服和鞋子的原料，经过剪裁，缝合成贴合人体曲线的外装。

人体有各种动作和表情，裁剪既要贴合身体能够定型亮相，也要满足自如潇洒的行动。

复杂建筑形式的概括和分解是认识形态的第一步，将所看到的物件进行大块面的切分，过程就像是描绘物体的轮廓，实际是在头脑中将所见事物在进行切割，裁切线就是皮相。

七巧板从宋代的宴几演变而来，宴几是饭桌，通过七个桌子的组合，可得六十多种摆法。利用最少的手段，实现最丰富的造型。文字笔画从各个汉字中提炼，组合时再恢复其意象，也能组合出不为人知的天书，或者组合出英文单词，去偷换概念。

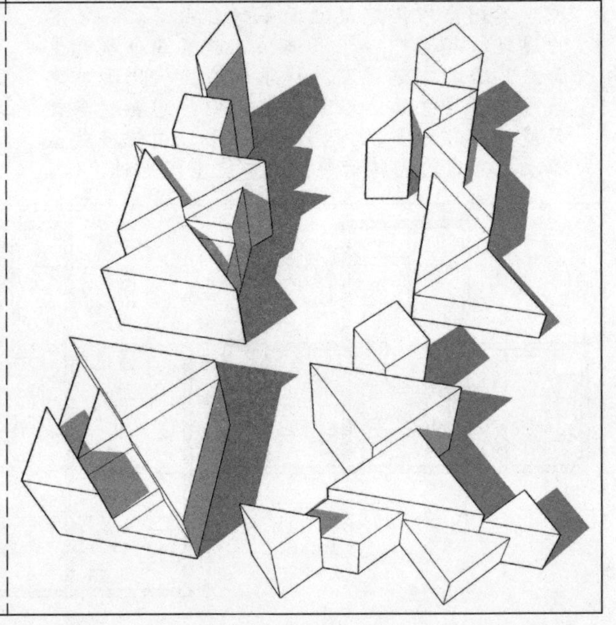

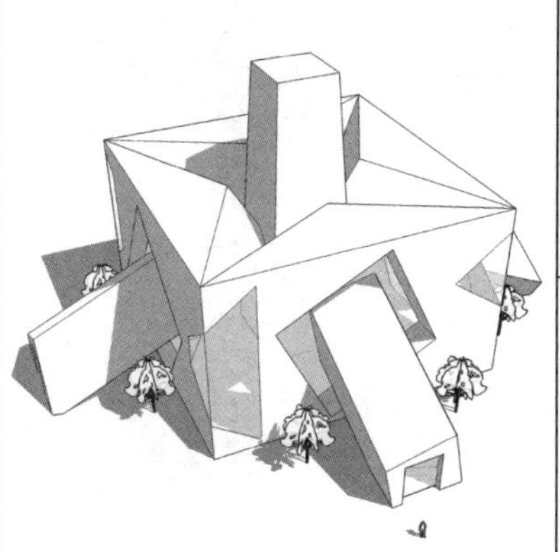

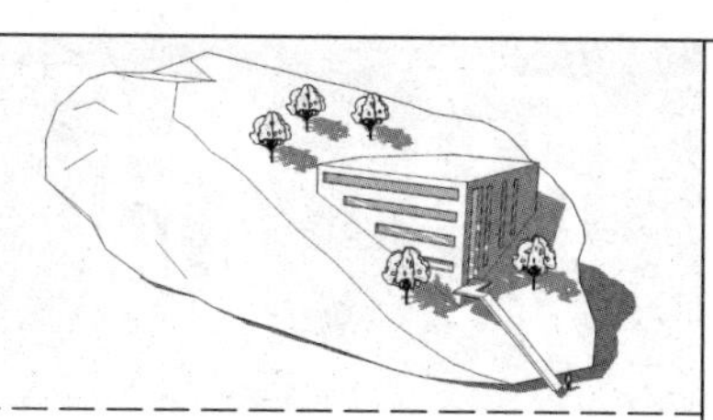

卡帕多西亚的地貌被充分利用，打造出石头的居所。悬崖栈道、荒野小路都以破坏为前提而出现。人类繁荣壮大，所有开采和收获的资源都有开天辟地的微缩影子。

炒菜是将原料全部切成片、丝、丁，然后又重新混为一团炒制。一种原料在体积不损失的情形下，形态重新组合，就有无数种花样。小麦打碎变成面粉，面粉又重新制作成面点。鸡蛋打散然后煎成鸡蛋饼，石块碎裂成石子再塑成混凝土，人处理物质总用打散再重组的方式。建筑也可将各种构件拆除用来组建新的建筑，材料不足的时候必然拆东墙补西墙。

葫芦娃从葫芦中跳出、孙悟空从石头中蹦出、哪吒从肉球中一剑劈出来、和氏璧从顽石中磨砺出来，国人对于所有的神奇之物都寻求其不凡出生，由破而立。乃至开天辟地也靠盘古的一斧头去破碎黑暗，破坏和混乱总是创造和新生的摇篮，在固化和没有出路的情况下，打破桎梏，甚至化桎梏为新奇。破坏力总是更容易传播，也能留下更深的印象。

布尔运算就是体块被裁缝，用基础形体组合出复杂的体块。西瓜可以摔在地上裂开、也可用刀切开、还可用洛阳铲掏洞。生活用品叠合重组，也能出现许多新意，锅碗瓢盆类而不同。

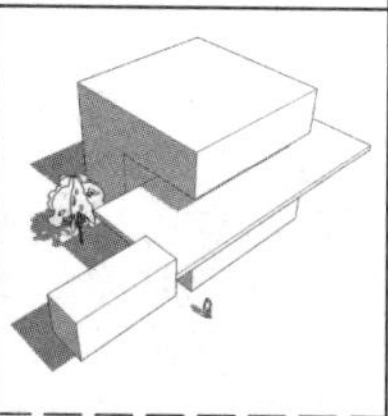

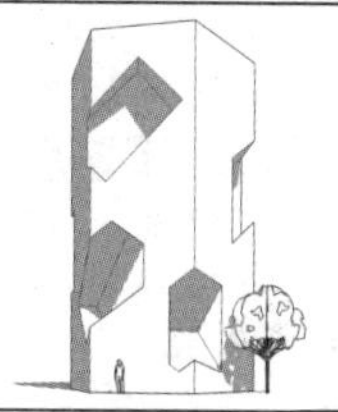

从石头中直接雕琢出一座建筑，利用其中的瑕瑜来凸显重点。在规则形体中抠除其他形体，以破强调原有形式的立，往往残缺更会唤起整体的印象。失去后反而更加完美。

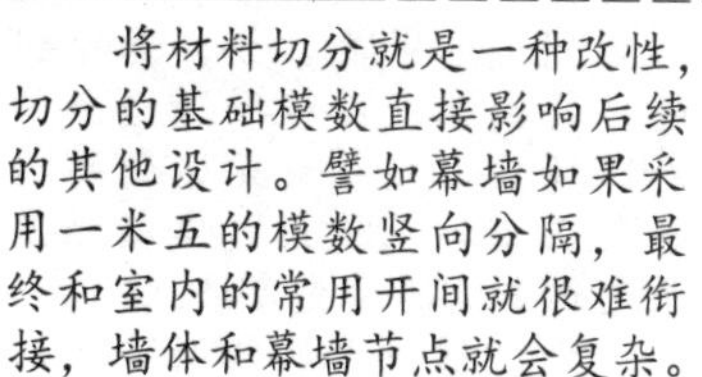

将材料切分就是一种改性，切分的基础模数直接影响后续的其他设计。譬如幕墙如果采用一米五的模数竖向分隔，最终和室内的常用开间就很难衔接，墙体和幕墙节点就会复杂。

当代的文化有一种打散重组的趋势，城市中融合了各种各样的认识和倾向，风格混杂、语焉不详，中国城市就像是快速成型的拼贴画，在尽可能地吸取各种精彩片段，见到好东西就是一剪刀裁下来，然后缝到自己身上。所谓共时性再现的抽象画技法，实时地体现在中国现阶段的城市更新和建造中。

持续发展将出现大同的新风格一统世界的局面，直到地外文明出现。每次在人类文明趋于稳定的时候，就有新的转变与融合的机会出现。人类从地域向全球化发展，只在短短几百年完成，接下来天道又会将新的机遇送到面前。

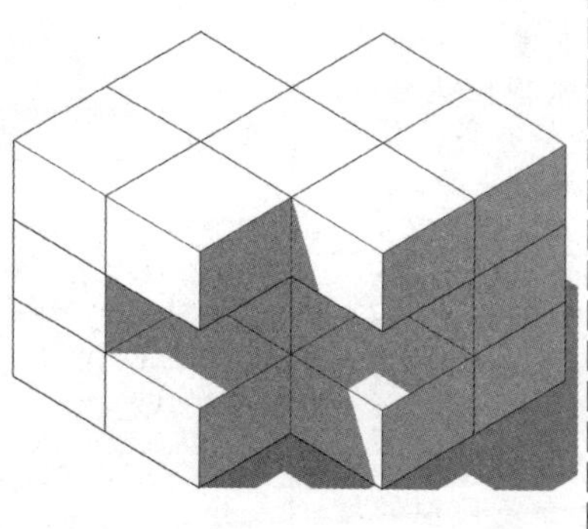

上下两层皮，中间用线来缝合。用刀将豆腐横向层层片开，然后串在竹签上进行串烤。结合可以是物理性的，如用铆钉、夹子，也可以用胶水，建筑打胶就是弥缝。

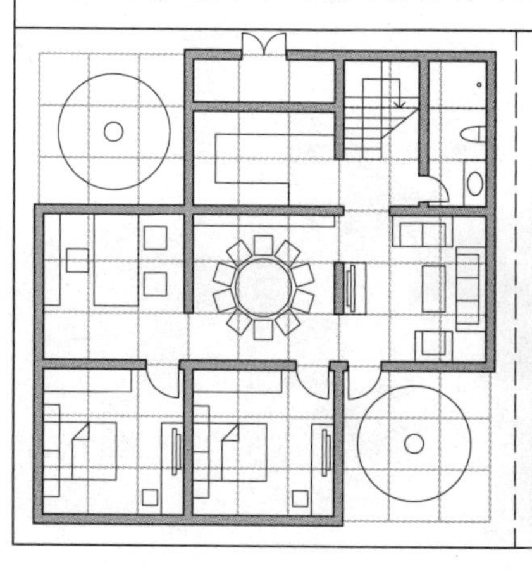

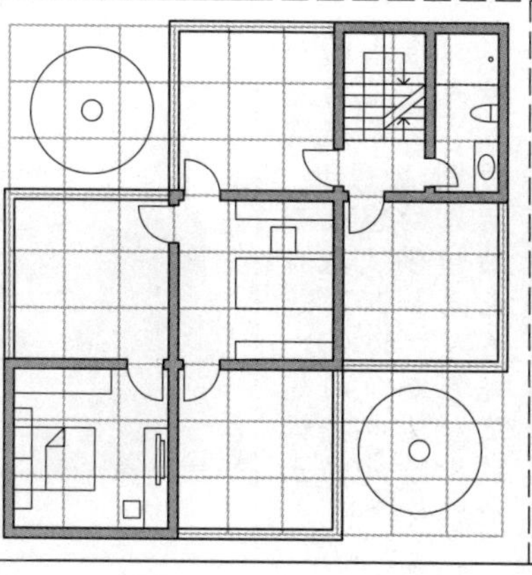

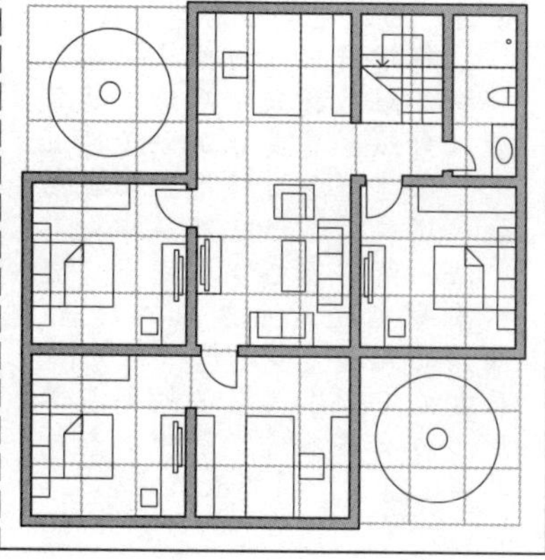

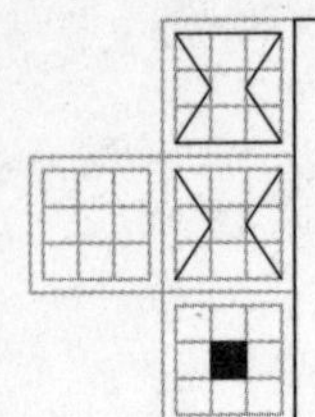

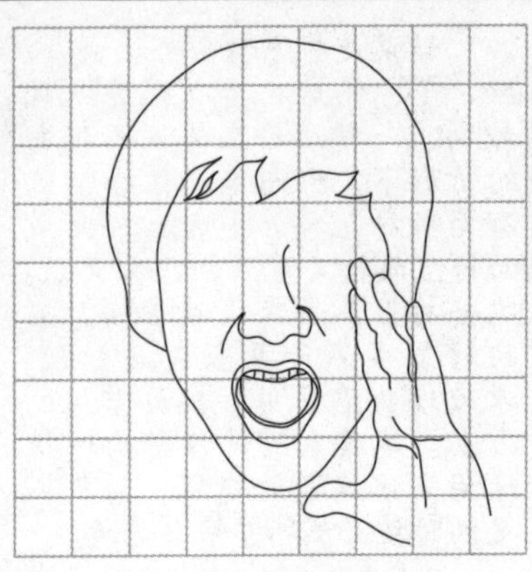

加 减

火候精勤处，
加减武和文。
——宋·夏元鼎

/增减/增删/添减/芟添/乘除/
/舍得/得失/损益/取舍/扬弃/

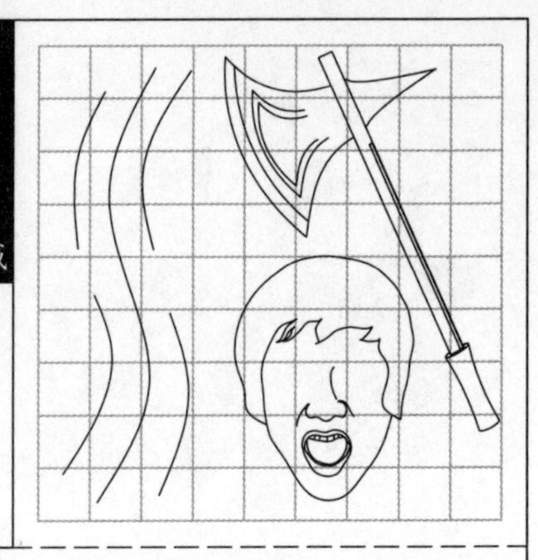

加：虚报，从力从口。力为手臂的形状，是又字的变体。口为人嘴的样子。加为以手放在嘴边上，起到扩大声音的作用，意为添枝加叶说假话、夸张之意。或说话时辅以手势，增加说服力；或口为器皿，加为以手颁赐器皿；或口代指头部，以手摸顶，为加持赐福。

減：㴋也，从氵从咸。氵为水，是河流的形象。咸从戌从口，戌为斧头的形象，口为嘴，代指人头，咸为杀戮灭口之意，也指损伤、咸灭。古书多假咸为減。或咸为举斧呐喊，表示完成胜利之意。参考鍼为针，鹹为细小卤盐。減就是水分太少、水量不足的意思。

加减等方法，赋予基础形态以变化的自由。任何一个设计总归有一个起点，泥塑就是一堆泥坯子、折纸就是一张白纸、建筑就是一块基地。在最终目标明确之前，很少会产生一步到位的灵感，多数是涂鸦的往复线条，而这种渐进式的加减变化，往往就是达到高阶段的必备。人使用肢体相比使用电脑工具还是更方便。

设计往往是锯树而不是切肉，通识组成了锯子的小齿，每个小齿都刮下一点，积少成多而达成目的。想要快速推进，锯子就要大、树木损耗就要多。用薄锯片技巧要求更高，往往夹锯跑偏，甚至崩断锯条。

咸也表完成，或古代事业完成时，用击碎物品来庆贺。现在轮船下水击碎酒瓶、开业剪彩、过节放爆竹、庆典用礼炮，或是古风的遗存。以适当减损来标示完成，如唐僧取经残损几页。凡事留有不足之处，也留有回身的余地。建筑追求饱满的形体、各处角度的精美，而一扇无窗的窗洞，如同不系之舟，减削出意境，适当的减少或能成为视觉的焦点。

加可用减的手法，减也可用加的手法，同样形体可以用不同的手法实现。加木为架，减力为呆。减水为咸，加心为感。用偏旁和单字组合新的意思，这种汉字的增减组合手法，完全能够指导现成建筑的重组。各种部件在保证结构功能的条件下，无非都是形式，可以成为拼贴画一般的形式拼盘。新的体系创立艰难，而增减既有则简便易行，且事半功倍。

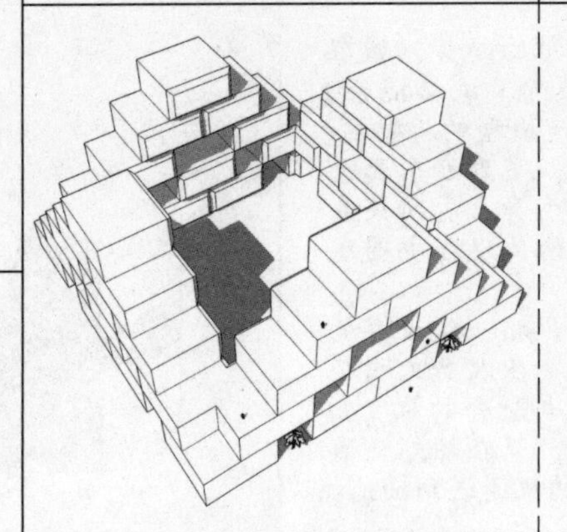

最基础的建筑方法就是加减。无论动静、进退、远近、虚实、曲直的效果，其形态还是通过其物质的大小多少来表现。结果虽多样，但可调动的资源和手法，仍旧直接和明确。

加减手法如同建筑的二进制。二进制地表达，最终可以呈现出任何东西，可是其原始符号就那两个。橡皮泥靠简单的工具进行拉伸、缩放，就可以组合出各种形态。

建筑体量使人感知到的加减只是在意识上产生，形式引导人去认识所谓的加减。现实的建筑极少是形成整体后再进行减法造型，大都是巨型的增材制造，三维打印是小型增材制造，最终也会成为建筑技术。

将建筑融入自然中，远比将自然融入建筑中艰难。建筑融入自然，需要让加法看不出来，但建筑甚难遁形。而自然融入建筑，不过在建筑中做些减法，留些富裕空间填充。流水别墅也还是自然融入建筑，所谓的天成大多是精心的做作，而古画中山水溪瀑边的茅屋草庐，方有些入境。菜中加盐增其鲜，盐中加菜不改其咸。

砖头的码放是建造的基础。出于现实的利益原因，所有的空隙都被填满，城市也是如此。随着人口的减少，越来越多的建筑和城市将释放出空间和土地形成漏斗。

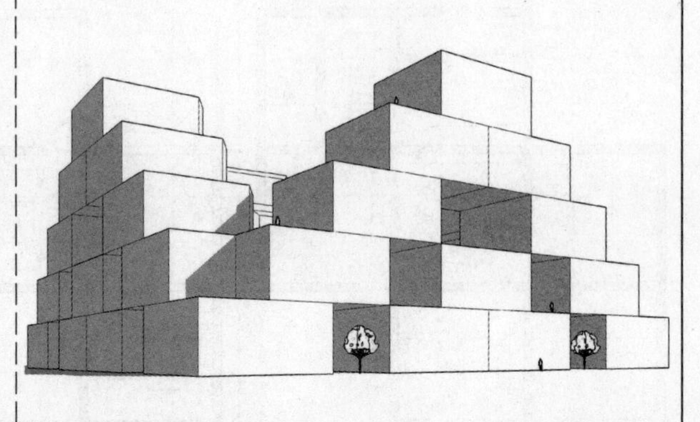

加减法的基础方式就是等量加减，相同体积的加减是一种简单的规则，可以很好地执行。树上摘下个桃子，你就多一个，烤鸭掰下条腿，腹中就多几块肉。建筑形态中可以理解的是物理性的加减，这种加减所创造出来的空间形态必须有其意义，否则何必凭空加减徒费劳力。当空间的加减如同增加开支或节约成本一样地细致计算，或许建筑就归于本质。

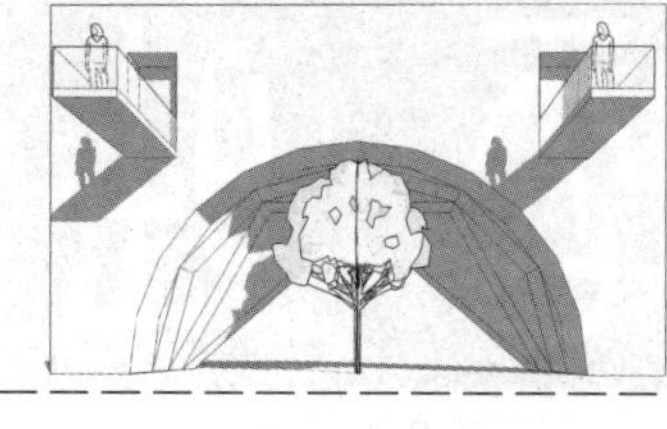

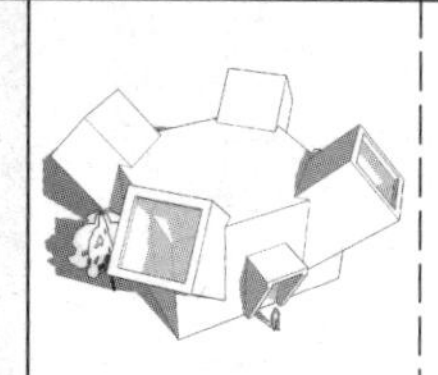

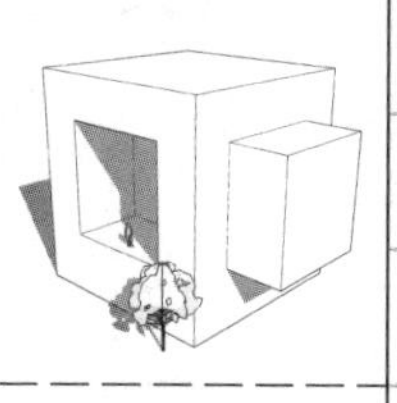

在森林中开辟一片空地、挖基坑、拆除违建、开洞开窗就是做减法。高楼平地起、增加墙壁是加法，建筑真正的加就是城市不断扩展。建筑密度和高度不断增加，带来的减是自然资源被损耗，挤占了生物存活的空间和时间。现有的丰富大多出于不必要，精简才知所需无几。人必须减少压缩自身的欲望，为自然让出空间来，慢行方能远走，减持才能加持。

将功能都当成是附加的空间体块，依附在一个中心空间上。增加的体块各有个性。单纯的叠加，比不上有节奏的加减加。从无到有，有中生无，还无为有，体块便转移了。

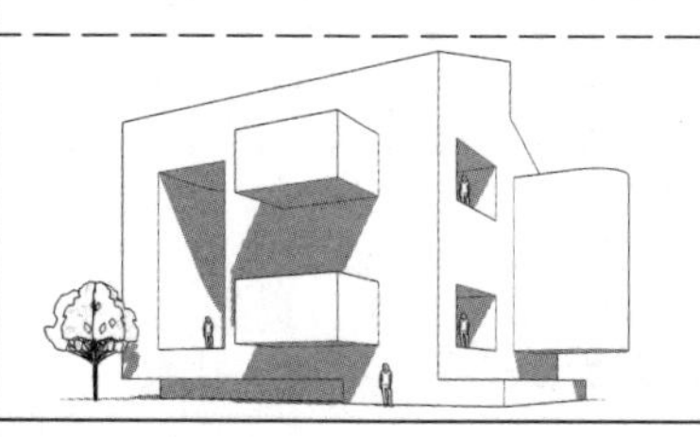

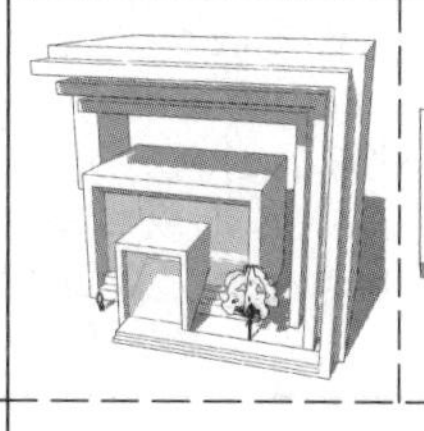

雕刻大多总是减法，去掉多余的。建造大多是加法，属于无中生有，形体加减的极致追求是不要出现多余的，但时有画蛇添足。窑洞、穴居用减法，算是有中生无、至简无繁。

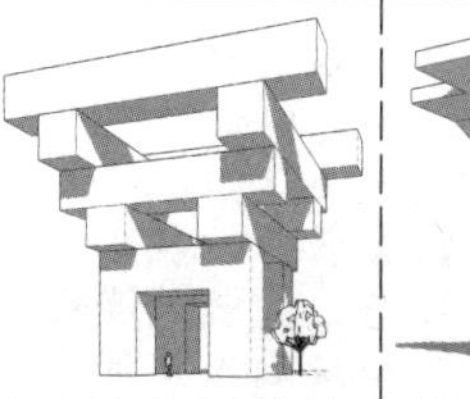

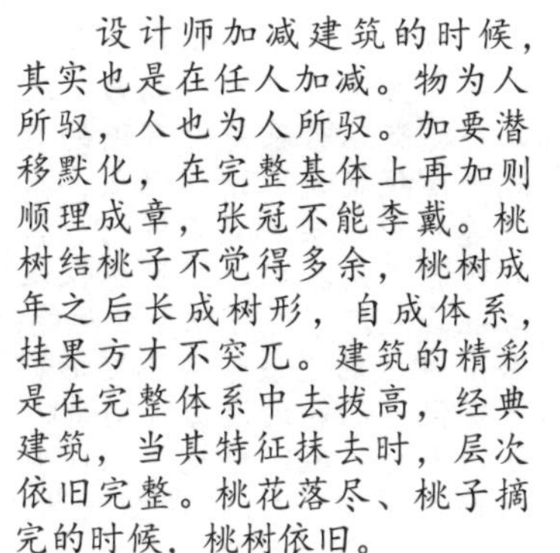

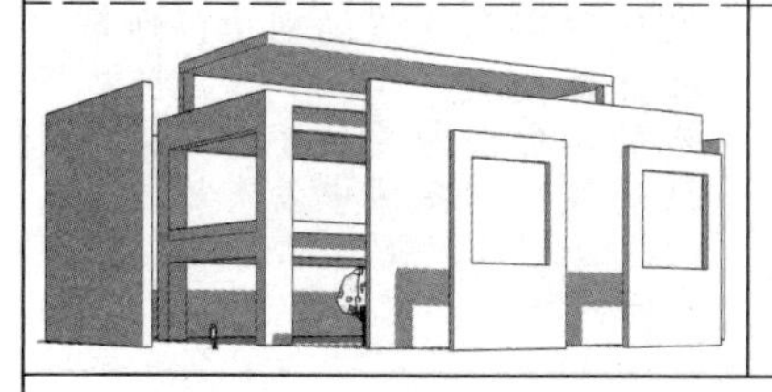

斗拱是加的极限，简单三角支撑的重复加变化，形成了古建筑的斗拱。古建的加就是简单功能加上复杂外表，而现代工艺品是复杂功能加上简单外表，如同手机和平板电脑。

设计师加减建筑的时候，其实也是在任人加减。物为人所驭，人也为人所驭。加要潜移默化，在完整基体上再加则顺理成章，张冠不能李戴。桃树结桃子不觉得多余，桃树成年之后长成树形，自成体系，挂果方才不突兀。建筑的精彩是在完整体系中去拔高，经典建筑，当其特征抹去时，层次依旧完整。桃花落尽、桃子摘完的时候，桃树依旧。

建筑和城市的舍得虽由建筑师实现，缘由却少被知晓。高楼大厦是象征，是低层物质社会中的认可标志。军政首脑是社会真正主宰，却不在高层中办公生活，全在平面蔓延。被生活牵引的生产者，以受人所用为荣，不由自主地融于世俗，高层建筑就是被统治者自我安慰的纪念碑。城市民众集中，便于管理，产出更丰富，单项成本更低廉。集中养殖的肉鸡，肥壮却从未站立过，因为骨骼生长跟不上体重的增加。口粮被堆积在瓮中发酵，变成了酒糟，城市各种地标只不过是一个个酒瓶子，酒瓶里陈酿丰盈，美酒却是供瓶外人醉生梦死。

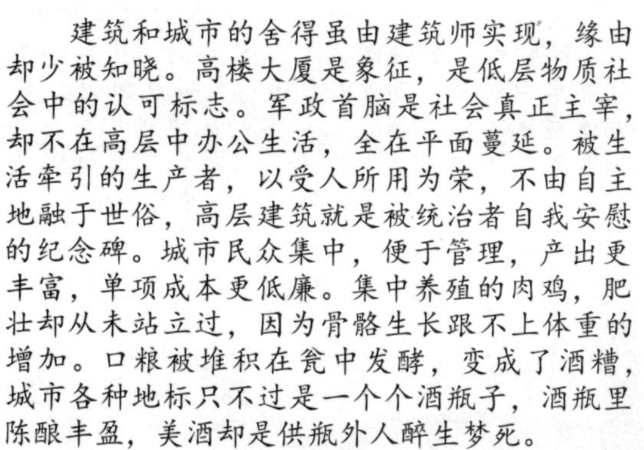

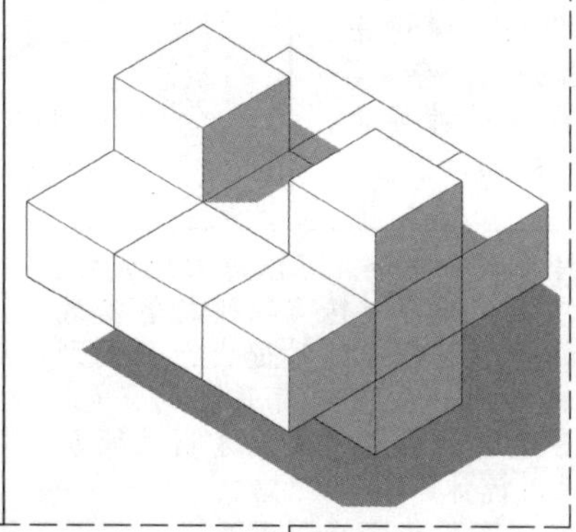

两个加号夹减号，平铺直叙就被打破。所谓异峰突起、峰回路转，就由这种加减导致。汉堡就是中间消去部分添加肉饼，甚至表扬批评再表扬的言语技巧也是如此。

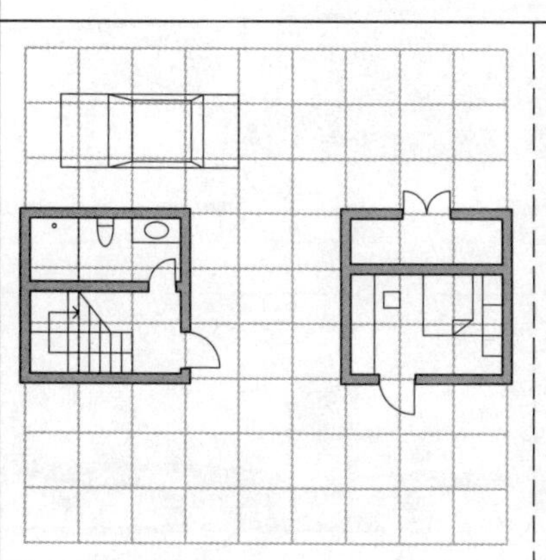

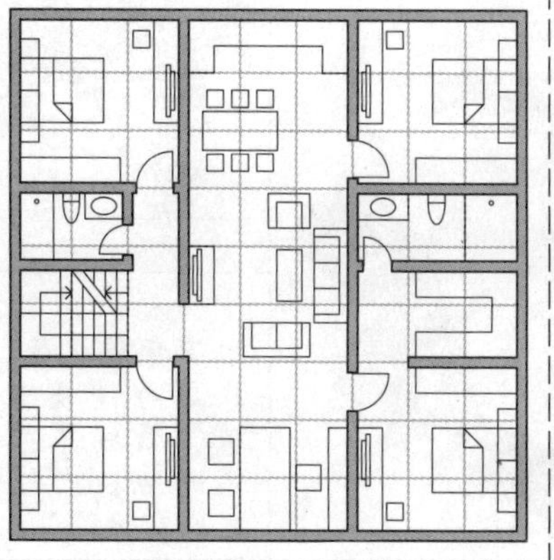

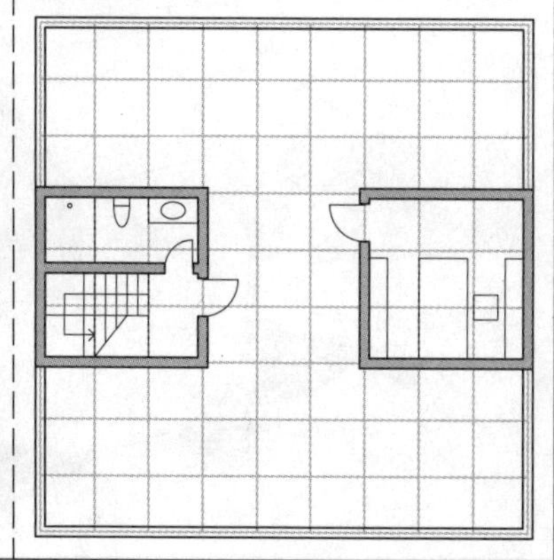

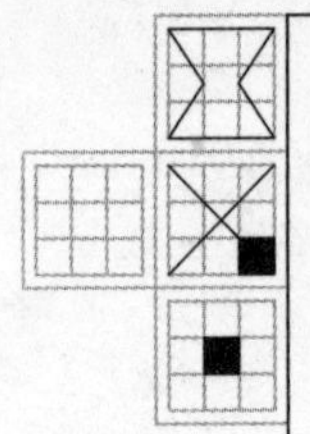

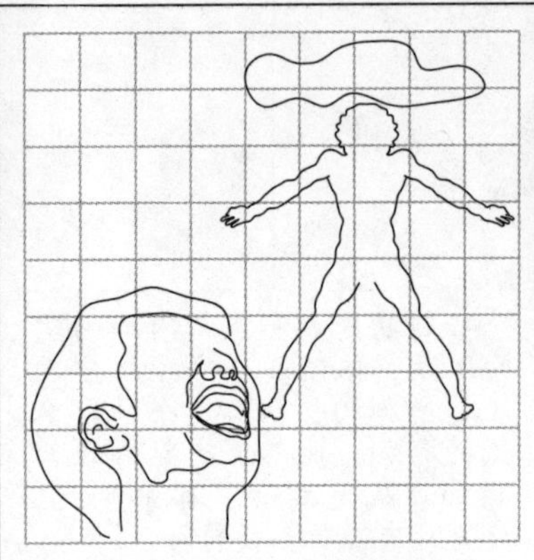

吞 吐

吞　　吐

日月互吞吐，
云雾自生灭。
——宋·丁开

/吐茹/出入/进出/往返/来往/
/来去/来回/往还/去归/引斥/

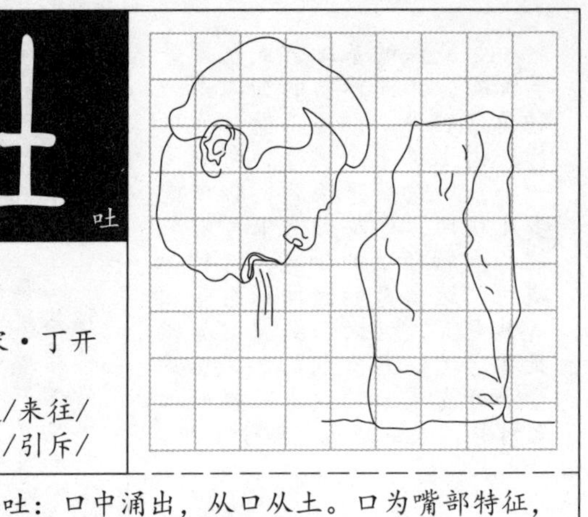

吞：咽也，从天从口。天为人顶也，表示人顶上的天空。口为嘴部特写，表示人的头部。

人吞咽、吃药的时候，特别是噎住的时候，头都仰起来望天，因此以口朝天就意味着吞。或吞为人加上下两个口，从口腔到肛门的一整个过程为吞。

吐：口中涌出，从口从土。口为嘴部特征，代表人头。土为地界的石碑，标示地域。人吐出来的东西都是向下，冲着地面而去，吐的动作也是朝下，因此以口朝地即为吐。

或土中长出口粮，意为显露、长出。吐也为写之意，同泻，意思为移放、排泄、抒发。

建筑就和码头同样计算吞吐量，或许就是公交站台。港口和公交站台都是没有顶的建筑，建筑就是有顶的码头，人在建筑中何尝不是在等待，住宅何尝不是驿站。建筑不仅仅吞吐着人流，还可以吞吐功能，每个时代的发展带来不同的功能变化，功能的进出伴随着人员的更替。城市和建筑随时都在经历着这种功能调整变化，既然建筑不对功能负责，那么形式就更不需要有所牵绊，只需要统一定则，就能整齐划一。码头就是为了货物方便进出，建筑和城市亦当如此，夸大个性并浪费精力在搔首弄姿上，只会拥塞发展的道路。

柔则茹之，刚则吐之。吃葡萄吐子，或许就浪费了精华，知识咀嚼需要好的思维牙口，难以下咽会错失营养。吐刚茹柔是建筑的常态，建筑外壳强硬，内部装饰和接触人体的部分柔软。硬的部分都和外部相联系，或将其在内掩饰，软的部分包括人藏于内部，视为隐私。强硬的建筑用柔软彩旗和飘带来装饰，柔软的服装用坚硬的扣子和铭牌来修饰。

建筑是在吞吐之间起作用，或就是为了吞吐。只有死了才会入而不出，放进骨灰盒子里。出入吞吐才是循环，建筑是为交流而服务，似乎没有真正的室内空间，都是循环中的一段。在这种环形连续的网中，所有的空间都是一串数字的具象，人的名称证号是数字，住宅地址是数字，森林中没有不标注的隐秘洞穴。就算永久地拥有，也只是路过一宿，终朝往返。

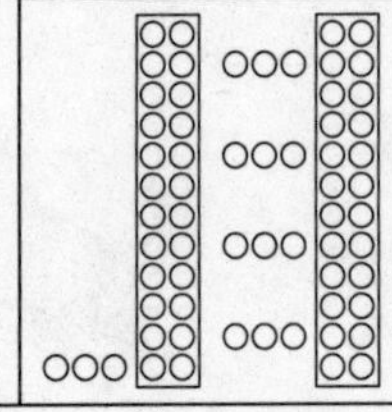

火苗舔一下，即吞即吐。海绵吸附水分，内部的腔体就如被满占空间的房间。生物的进化在水中起始，巨量人口迫使人最终回归大海，去适应水中的生活。人和水的比重近似，行动和聚集如鱼般自如和堆叠，可将水下空间完全利用。陆上只能占据地面，水下可全面占据。

立方体悬挂着四个飞轮，可以自由地旋转，飞轮停靠在支座上。四个旋转飞轮般的客房或者餐厅，能在旋转的过程中随时进出，如同列车的火车座，旋转内环向内观看庭院的景色，外围环绕着服务通道和固定卡座，透明玻璃架在通道上面制造着惊悚。

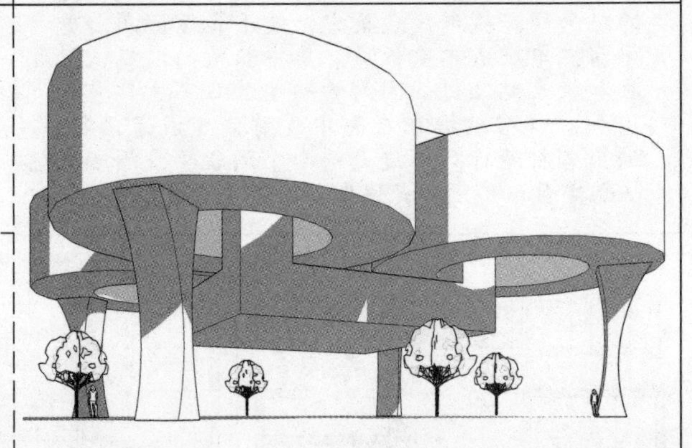

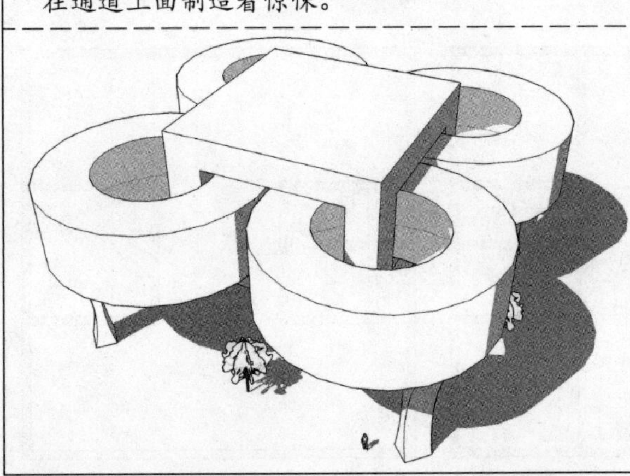

人和建筑吞下物质能量，然后再释放出来，循环体系不断地在内外之间交换能量。

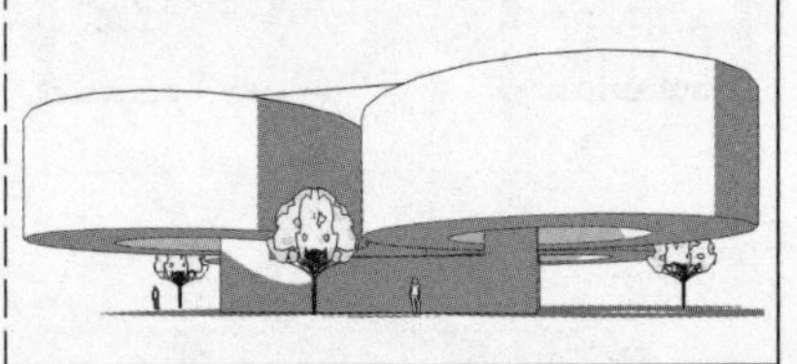

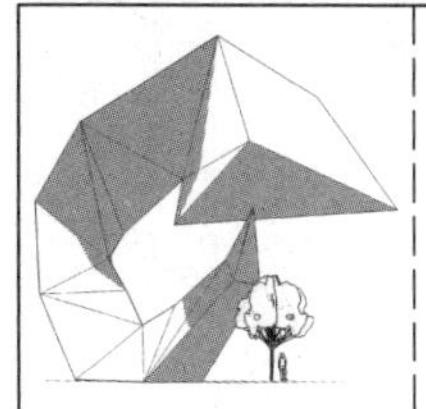
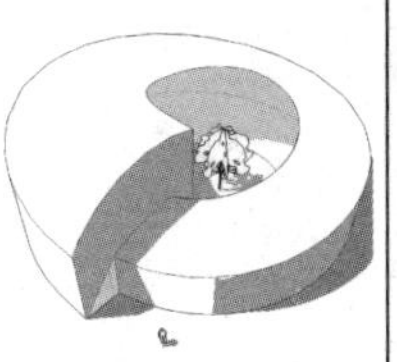

蛇形的建筑，前进后出。嘴里吃进，肛门拉出，也是吞吐的意思。人不断涌进电梯，不断挤出来，进出毫无停留，公共交通全部如此。如同贪吃蛇吃自己，吞到最后只剩大头。

出手而不脱手，开枪并非走火，飞来去器的行进过程中，虽离开了直接的掌握，还是间接地受控。喷泉溅出的水珠和喷嘴之间、吸尘器吸附的纸屑和吸嘴之间、风筝断线的瞬间，姿态往往先于结果，出拳之前必然动肩。气吞山河、谈吐风生就是种意境，拿捏住吞吐过程中的静态瞬间，就成了固化的建筑，建筑或如定格动画的一格，预示着前后之间的联系。

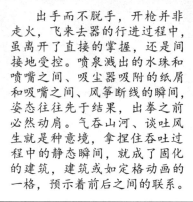

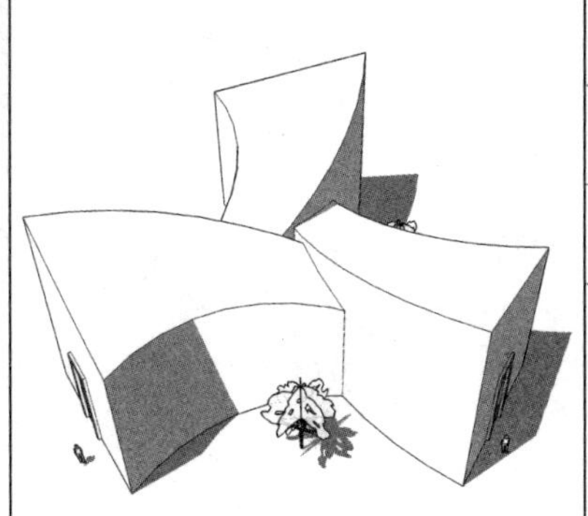

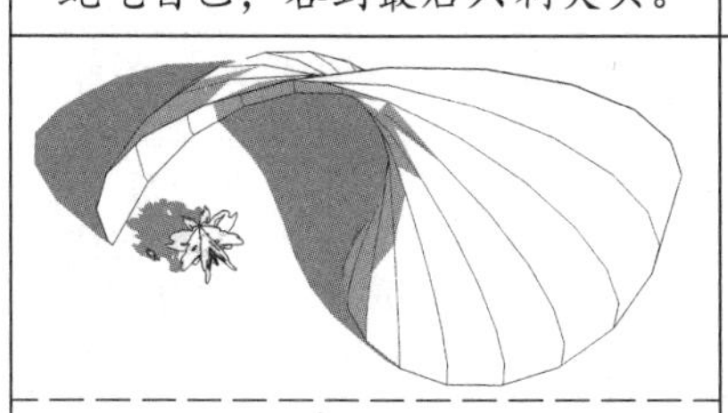

吞吞吐吐就是迟钝而不敏锐，或者说是一种含蓄，这种含蓄或称为隐私。人从外界摄取，吃喝极为自然，甚至大张旗鼓，而拉撒排泄，这些吐故纳新的事项都隐秘不宣。建筑和人一样也需要隐私，后场和设备需要避开公众，了解都是从接触不可见开始。象需要一种迟钝，长远的永远是迟钝的，粗茶淡饭一般，自然而然的一切都是迟钝而不自矜。

内里空洞的门形建筑吞吐古今，时空穿梭其间。中空是保存自身的方式，如同大象为避免猎杀撞断象牙。城市包裹核心，像吞噬细胞覆盖病毒，有包裹就有退出，城市地标周围建筑中的人流如潮来潮去。

城市和建筑不靠拆除来更新，而可以整体搬迁。利用中心吸引资源，当区域配套能自我平衡时，就撤出中心变成绿地，再到其他待开发处驻扎。

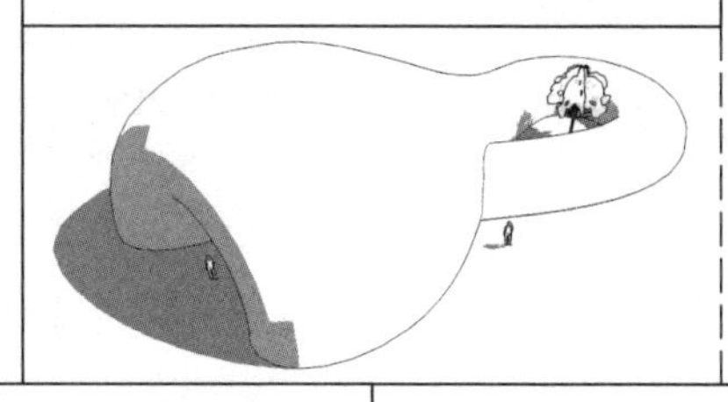

建筑出现了开口，所有的功能实现要靠人和物资的出入。建筑是交换的场所，如同人的内脏，必须靠吃喝拉撒交换物质，引入营养排出垃圾。

大形体中穿插小体量可以说是一种吞吐的形式。吞和吐的形体也可用最直接的等体量替换表达。克莱因瓶演化成多体量咬合，究竟是谁咬谁就被模糊，建筑中空间的主从未必都和形态的吞吐包裹相联系。雨棚被建筑部分包裹、糖葫芦被嘴巴部分含住，这种不确定的状态就有一种生动在其中，大排档的一个棚子，就是市井的生气，市井气息就是这种错落，而挺括齐整则无趣无人气。

建筑是历史的容器，人和物都在其中吞吐。散场的影院，人就像喷泉一样喷出，而汇聚的人流，就像是塞进大嘴的食物。人在建筑中总被改变，或学习、或治疗、或休养，如同食物在肠道中被处理和消化，过后似乎是一种进化。

建筑就像肠道一样，所有的功能就如同各式菜肴，进了胃都是一桶糨糊，填满四溢，菜肴只需营养搭配，块、片、丝的形式干预并无所谓。大肠美好与否不重要，肠道只需通畅即可，在腹腔中肠道盘旋重叠，如同建筑在城市中挤成一团，也如同建筑内部的种种功能集合，吃得进、拉得出，就可谓好建筑，好城市！

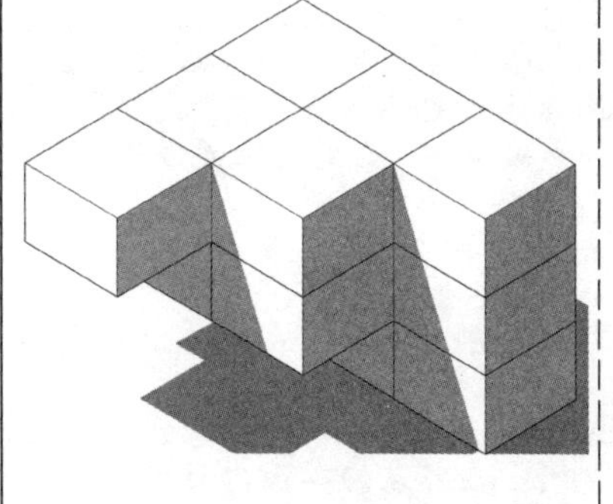

吞吐犹如相机镜头的伸缩，前面吐、背后吞。吞吞吐吐的不是语言，亦不是香烟，不过是些无人捡拾的片段。建筑的灵感也如同呕吐一般，从体内迸发涂地。

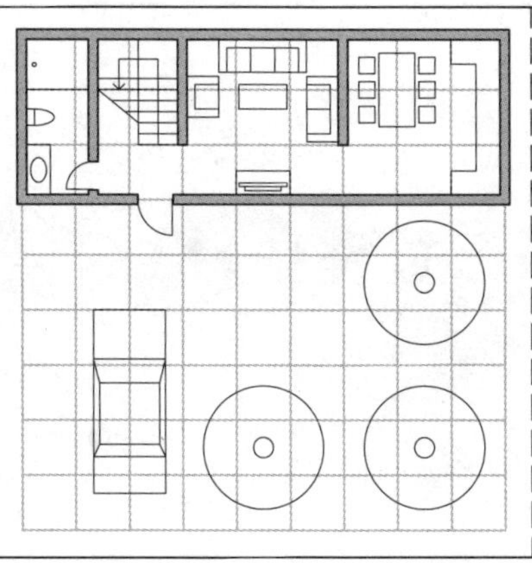
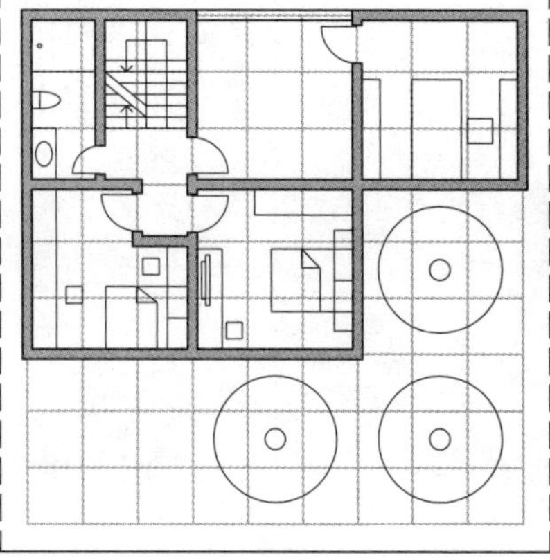
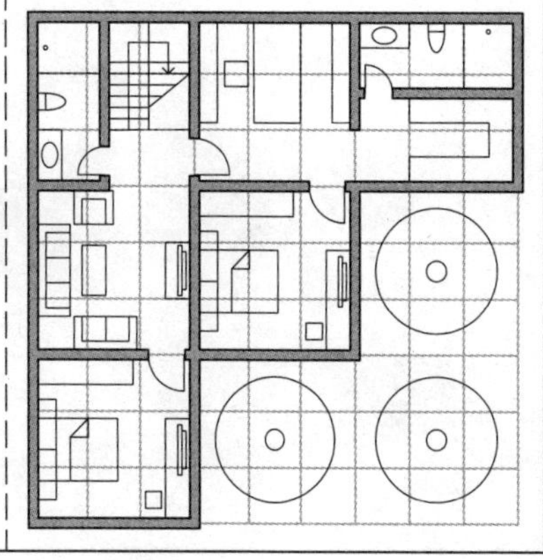

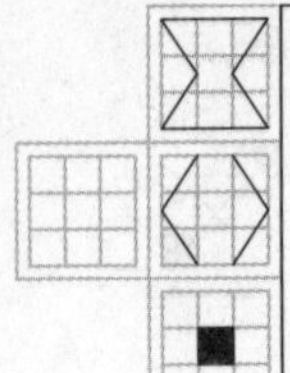

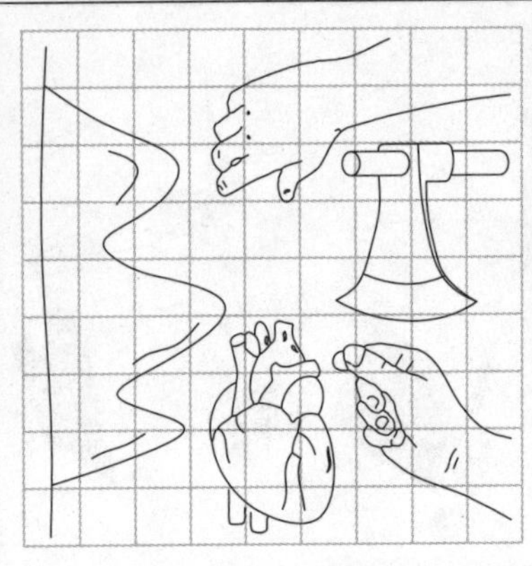

隐 显

浮沉乖俗好，
隐显拙身谋。
——宋·司马光

/隐现/出没/揭盖/藏露/掩揭/

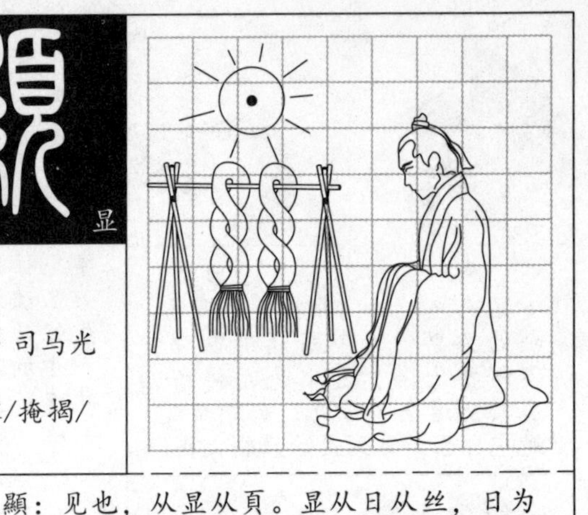

隱：蔽也，从阝从爫从攻从心。阝为阜，是崇山峻岭的横看图，意为土山，在限字中有阻挡意。爫为抓的样子。攻为手持工具的形象。心为心脏。隱即人双手持工具，护住心脏躲在山后。隱右部和急字之从及从心有极大差别。隐或是打仗时手持兵器，心态紧张地躲在山后。

顯：见也，从显从頁。显从日从丝，日为太阳，丝为丝束，显为在日头下晾晒丝束。頁为人俯身低头观看的形象。大白天在太阳底下晾晒的丝束和布匹顯而易见，清点数目、一目了然。或显为人头上佩戴的装饰物，丝质的装饰盘在头顶，分外明显。或顯从暊从丝。

直接将心肝肚肺肠全部暴露，内部所有的东西都袒露无疑，将剖面直接作为立面使用。设备外装的作用就是为了让内部空间完整，内部方正平整才具有功能性，外部平整不是必须，管线在内部要消耗材料空间遮挡，在外部能成为装饰。

颠倒显隐也成了风格，暴露隐私的要戴面具挡脸，素面向天的要包裹严密。人面本是天然的显性，却隐在手术刀后。

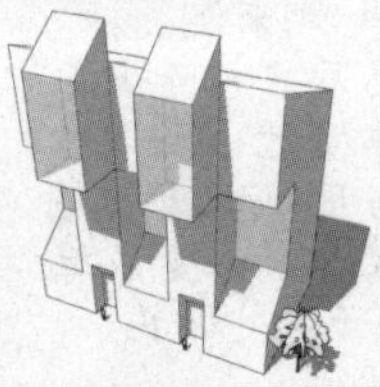

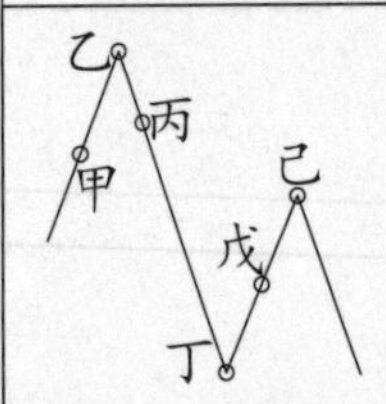

墙头露出角亭一戗，墙角弯曲的小池塘不知流淌何处，这都是暗示空间的延续，以小现大常用隐的手法，如果真的如皇家园林一样大，就只要平铺直叙，坦坦荡荡即可。一个人遮遮掩掩故作神秘，就能判断其水平止于藏拙露怯，大方之家不会藏掖，不必虚张声势。园林之机巧在于虚张声势，真有声势就不必虚长。

中国古代园林中所有的布局都是让整体隐藏，而体现丰富的局部，以造成以小见大、以少现多的效果。包括古代的绘画，也是遮掩之中体现博大，云遮雾罩才显得山高水长。胸中丘壑、腹内撑船，都是将能力隐藏不见。

乙是极品大师、己为幸运大师。丙是倒霉大师，处在乙的高峰之下，时人只将他和乙去比较。丙水平高于甲，也不如甲有影响，因为甲比过往都强，会被高举。乙的存在无法逾越，后人便不走同样的路，不希求攀越高峰。回溯过往有太多的精彩看不过来，不能让自己成为拷贝和山寨的一员，不要生产重复的信息。

经过丁的过渡和创新改变，在新路上戊和己达到一定水平就能立足。甲和戊是幸运儿，回望总能看到不如自己的，人的视野和比较对象都是有时间范围，在可及的范围内总希望处在上升的道路上有所成就，不荒废时间和精力。

地下陵寝建筑因为其显贵而失去其隐秘，因为排斥土壤，极力避免回归自然，防腐陪葬的隔离使得回归的方式更加激烈。

在盗墓贼的眼中最没有价值的就是墓室主人的肉身，隐藏最深却曝露荒野。执者失之，越想永生越晚进入物质循环。

隐藏真相即是欺骗，肉松罐头底部凹陷，将外观做大，误认分量十足。所谓大礼要小、小礼要大就是如此，大礼是诱饵，吃饵需隐秘要一口吞下，小礼是广告，棉花糖自然要大。

人在玻璃前，既看到镜面的反射又看到内部的外透，一面两象。双层玻璃中夹入条状镜子，虚像和实像间相互变化。镜子和油画隐藏保险柜，就是用明显的物件来转移注意力。

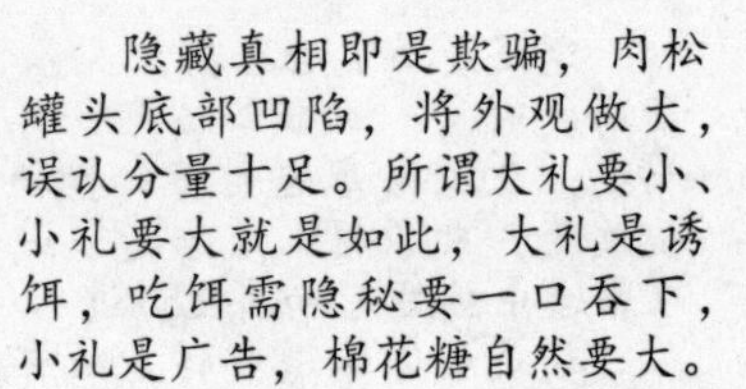

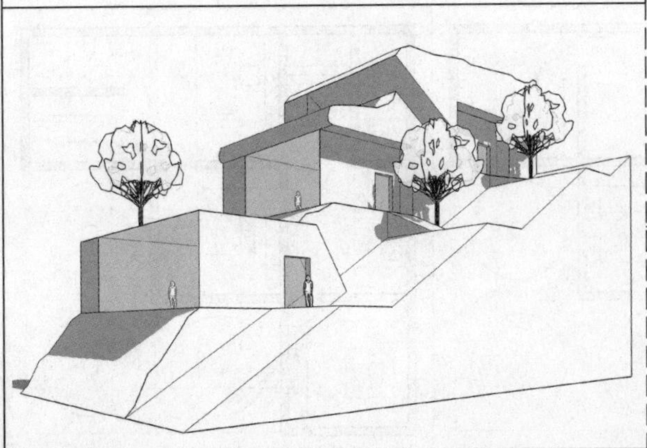

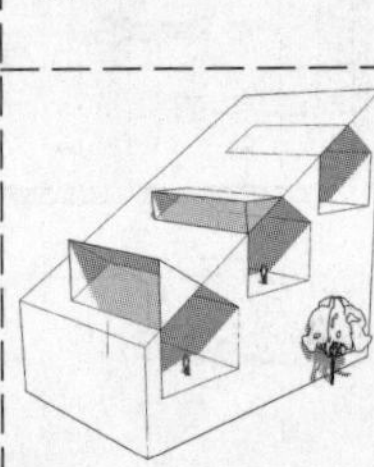

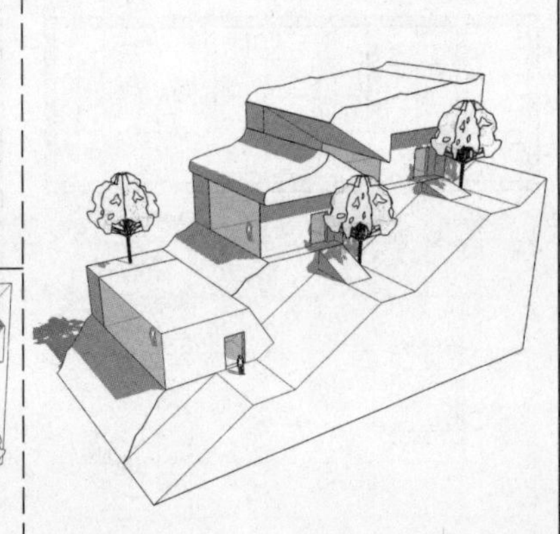

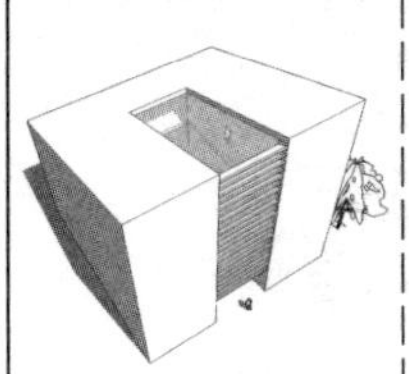

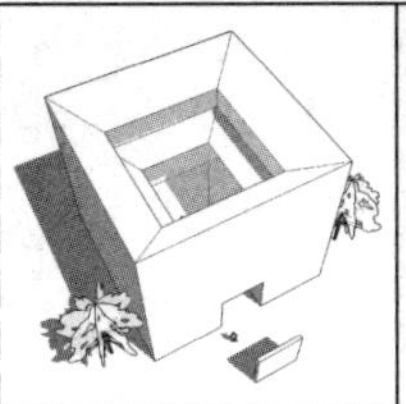

没有外立面窗的建筑，全部在内部中厅中解决光线和开敞的问题，天窗是解决显和隐的好结合。既能采光，又能够屏蔽人的视线。窗户除了物理性的遮挡，还可以变换颜色，或如酒店的雾化玻璃，通电雾化，改变透明度。

四水归堂的小建筑将所有的隐私都包裹在高墙之内，甚至天气也藏遁其中，入口增加的照壁，让下轿下车的人都隐匿，不为人所识。

从开放到隐蔽，流线型的窗户适应不同的功能，细条高窗用在卫生间、储藏室，落地窗布置在卧室客厅。用外部形象反映内部的私密和开放。

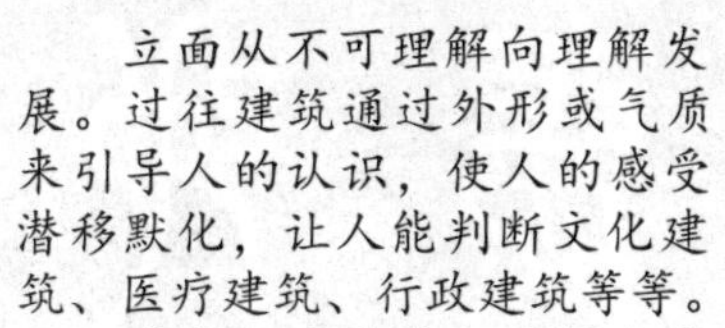

立面从不可理解向理解发展。过往建筑通过外形或气质来引导人的认识，使人的感受潜移默化，让人能判断文化建筑、医疗建筑、行政建筑等等。

效率强迫症将会使得文字和符号全部用在建筑立面上，隐喻变成明示，最后变成广告。立面上全是文字、数字、电话号码，网址、二维码等等信息。最终学习的课本也全部植入广告，信息完全被资本所垄断。

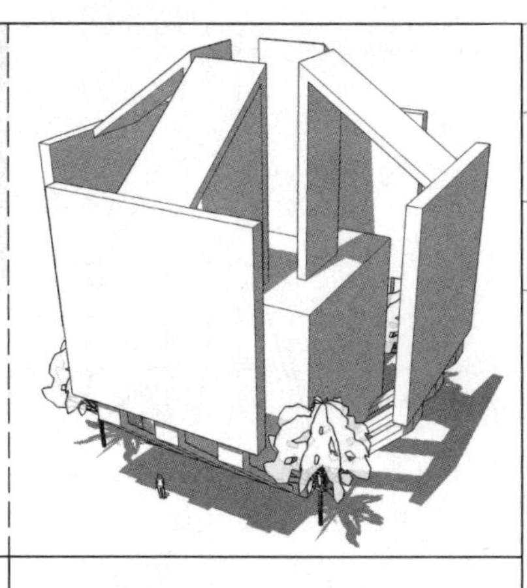

动物保护自己的方式就是躲避和隐藏，迫不得已才张牙舞爪。建筑保护自身也如此，因为爱者众则恨者亦众。雕梁画栋只在建筑内部，所有的东西都藏在狐狸尾巴的包裹中。

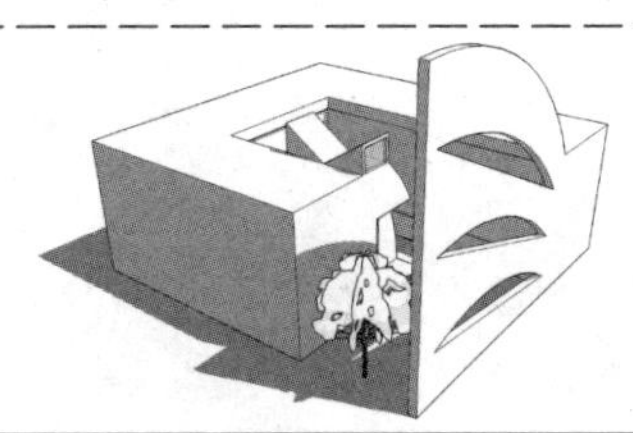

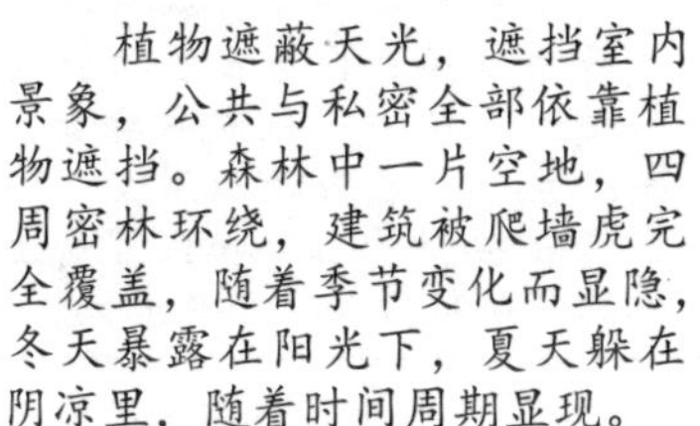

植物遮蔽天光，遮挡室内景象，公共与私密全部依靠植物遮挡。森林中一片空地，四周密林环绕，建筑被爬墙虎完全覆盖，随着季节变化而显隐，冬天暴露在阳光下，夏天躲在阴凉里，随着时间周期显现。

自然最小周期是一天一夜，夜晚没有光线是隐藏，白天有光线是显现，夜光让建筑的显隐完全受控，只让人看到希望强调的部分。白天靠抹黑强化，夜晚靠提亮强化。

一种隐是使物体的物理性消失，还有一种隐是藏瞒让人看不见。魔术表演中，消失不见的东西都是隐藏罢了，而突显出的都是片面和引导性的。

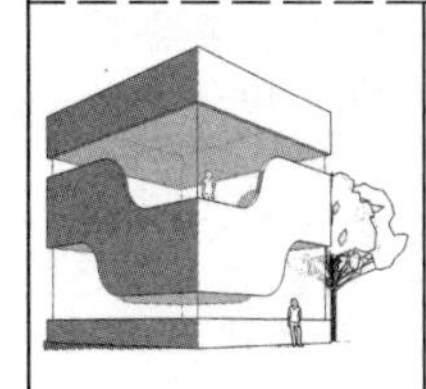

故宫显现四处角楼，不知墙内何物。极深的隐藏也要有精彩的部分显露。酒旗在水村山郭中点睛，是浑然一体的店招，现代建筑上的招贴文字不经设计，都是增加出来的累赘。

隐士用隐藏求显达，真的隐士不会被人所知，要为人所知，就和隐匿的本质有冲突。所以古代的隐是显的一种手段，在一个激烈竞争的环境中，非有破格的行为才能引起重视。隐士使用的是精神负面强化的方法，让你忘记大象，却满脑子是大象。用隐匿获名利，算是曲线救国，深得后其身而身先的道家精髓。

女装从层层包裹到比基尼，就有从争状元到当隐士的意味，比基尼功能是掩人隐私，而目的却是强化私处。建筑中常用可揭示的隐秘来强化焦点，刻意地峰回路转引人入胜，欲彰弥盖也可以成为一种手法。

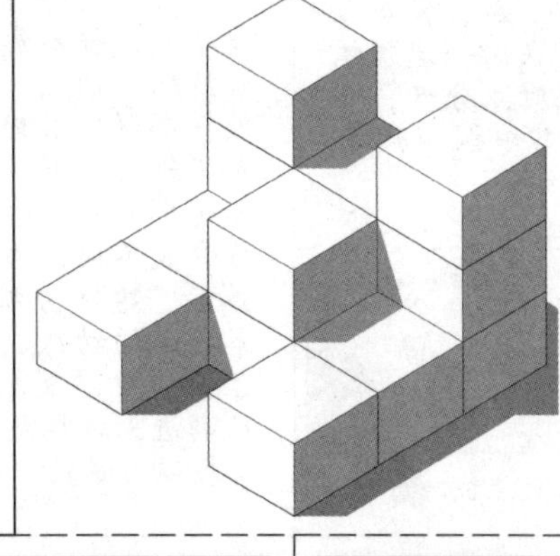

隐晦的四肢百骸的暗示，人体四仰八叉，凸出身体各部位。服装最早的作用不是为了遮掩，而是为了装饰和强化，毛发是天然的服装，它的进化选择就是服饰的未来。

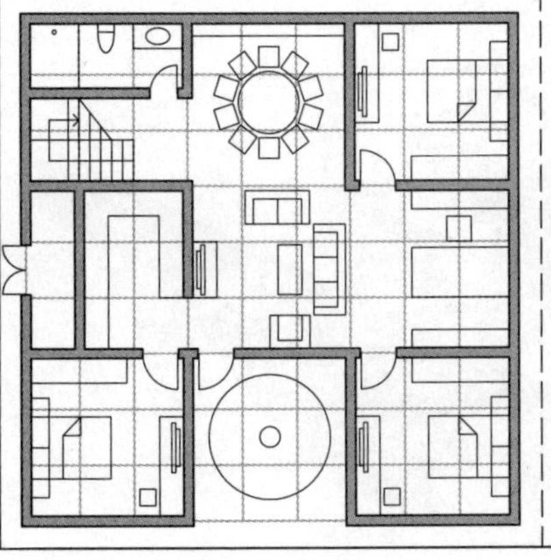

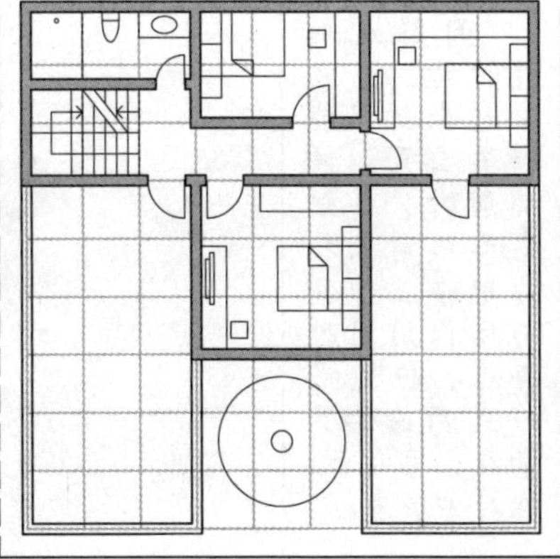

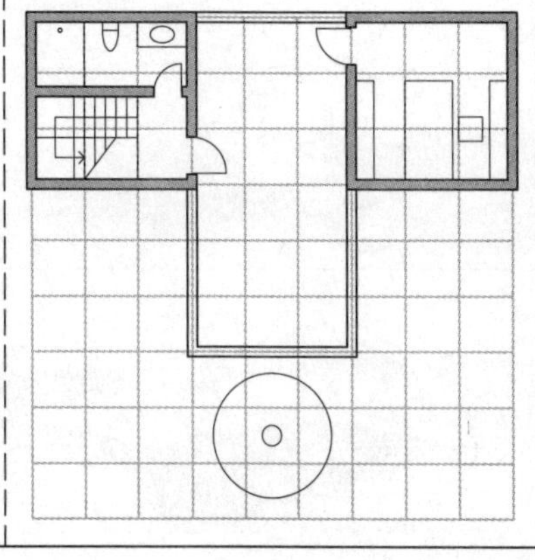

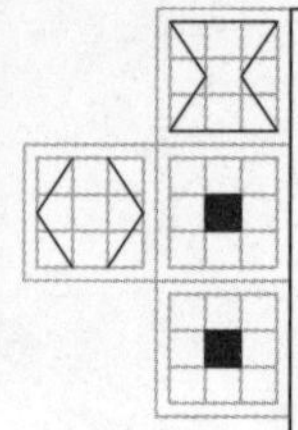

張 弛

张 弛

乱发风而已。
便由他、依山啸穴，盘旋张弛。
——民国·汪精卫

/操纵/收放/收发/提放/解结/
/拆装/推拉/

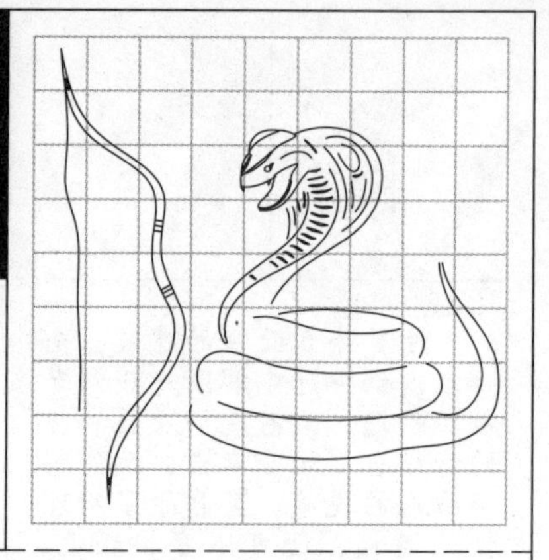

張：弦安弓上，从弓从长。弓为古时反曲弓箭的模样。长为长发的长老拄杖的样子，古人蓄发，头发长代表年龄大，并且头发也是不断地生长。长表示距离大、时间久、成长。张为弓弦被拉伸后，扣在弓箭上，射箭的时候绷紧的弓弦被拉伸扩张开来。

弛：放松弓弦，从弓从也。弓为反曲弓的模样，也为蛇弯曲而立的样子。弓上的弓弦如同蛇一样，弯弯曲曲，将弦解下就是松弛了下来。弓上无弦，意为废置。或弛从弓从攴，攴同攵，手持工具用以斩弓断弦。或弛为弹棉花，攴是手持棉锤敲打棉弓去弹棉花，以松弛棉絮。

张弛都和弓有关，是弓的两种不同的状态。建筑在不同的使用情况下，也需要产生不同的精神状态，这可以靠装饰来解决，也可以通过局部和片断来调整，如同人面部的痣相，只要挪动一点点，就完全改造了气质。从不同角度观察建筑会得出不同结论，古代宅院外部看来简慢冷漠，内部却精致热闹。对外紧张地占据用地，对内放松地曲折回旋，这是一体两面的做法。故宫前朝无树无草、肃杀异常，后宫繁花茂树、生机勃勃。在同一建筑体系中，将张和弛对立分开，各自强化，用人在其中调和斡旋，这是一分为二的做法。

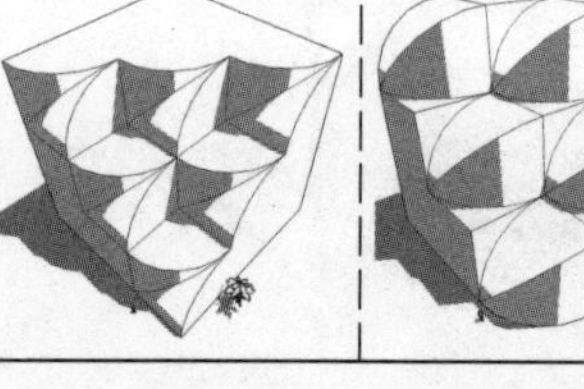

帆船行进，船帆有松有紧，靠的是不断地调整和控制。提线木偶所有的动作和表情背后都是此起彼伏地提放张弛，这种提放不论是机器还是人的操作，都会传达出相似的情感。

书本无论字体大小、手写或印刷，并不影响所表达的跌宕情绪。因此一部张弛有度的侦探小说，其结构组织也可作为建筑的参照。张和弛的对象还是那根弦，却被赋予了力量而造成不同，力量的存在很难界定，建筑的力量似乎就是贯穿其中的动线。一拳头打出去直接命中，或是左躲右闪、层层渐进，轴线就是出拳的路径，要展现力量就一竿子到底。

蒙古包的迁徙、远洋货轮的输送，就如建筑的拆装，一个在平面上移动，一个在立体上层叠。集装箱建筑自身就是结构和维护的结合，更换或拆迁都可轻松完成，这是机器时代的蒙古包。在草原如果将蒙古包调整成房车的结构，或如同行走的集装箱，避免了化整为零的繁琐。牛羊成为饲养对象，不再是搬家运货的畜力，动张到静驰也是时代的体现。

建筑对四周拥有绝对的控制力，而外部无从知晓内里。这是开放的城堡、或是封闭的旷野，建筑的内部和外部并没有靠穿越墙体实现交通，而是用自然坡地替代了台阶的功能。

惯常的建筑都是紧张地对立于自然，场地要平整，基础要开挖。无论何时，接合自然都是建筑的方向，将天然引入建筑中形成配合，甚至用部分天然替代建筑的形体和功能。

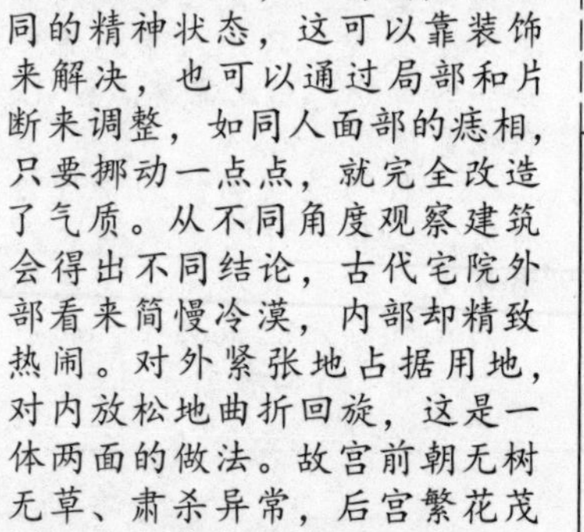

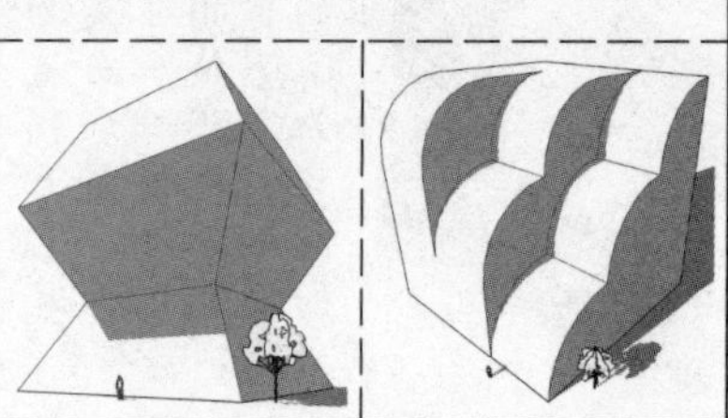

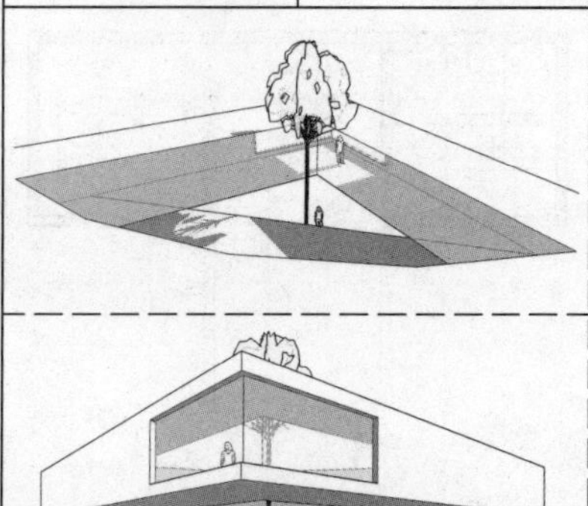

自然是射出的箭，大火烧起来就只能待其自灭。箭发射时，弓弦也形成箭头指向射手，作用与反作用同时存在，枪炮将一式两份的力量在己方化解，在对方爆发。

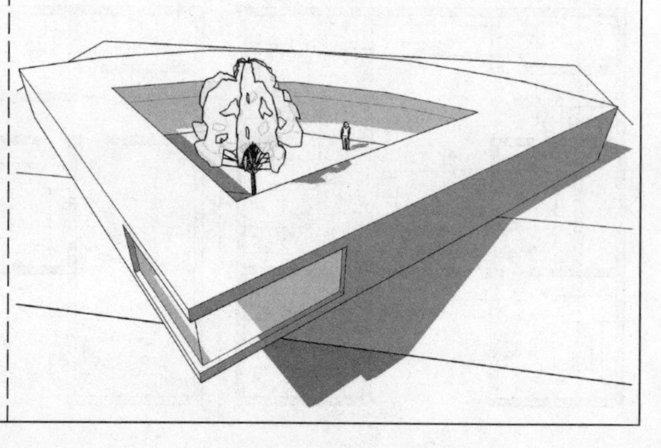

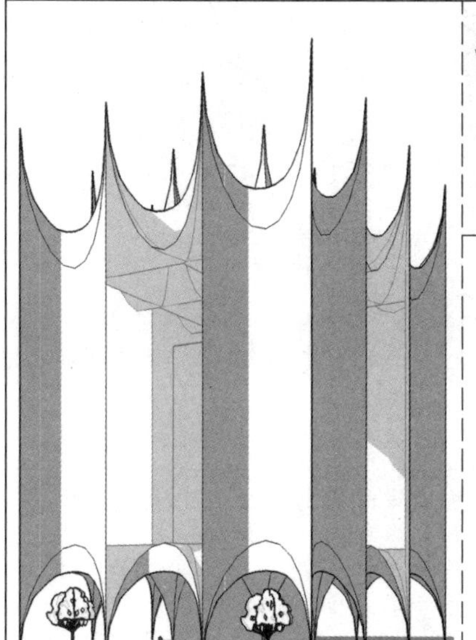

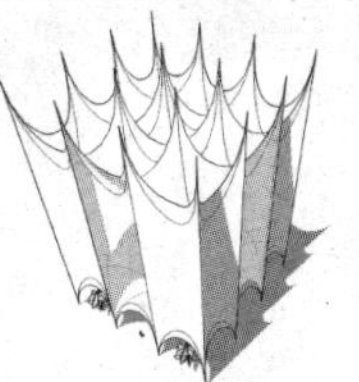

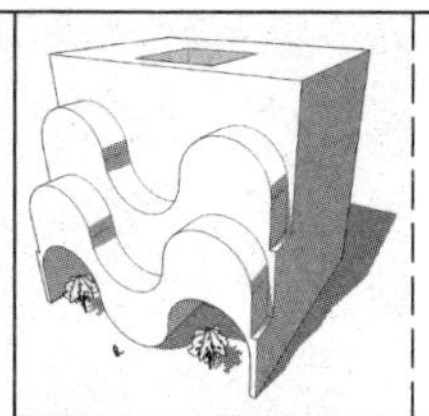

漫山遍野的梯田，看似环绕曲折，放松舒缓，实则大动干戈造就。轻松投掷的铅球，亦是苦练寒暑造就。坚硬成就的柔软、肃杀石壁雕琢的慈悲佛容，亦如功成后的机缘巧合。

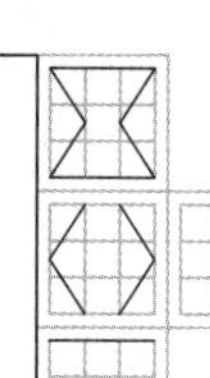

建筑根本上都是紧张刻板的存在，从实现角度来说，方盒子最经济同时也最符合结构受力原则，可是这么多新鲜建筑总是极力地打破这种刻板形象，找到自由放松的形式以便改善人的认识。而这种松弛的代价是建筑更加地紧张和脆弱，外部的放松是用内部加倍地紧张来实现。看似随性而不羁的潇洒，都是内在痛苦修炼的结果、反复挣扎的收获。

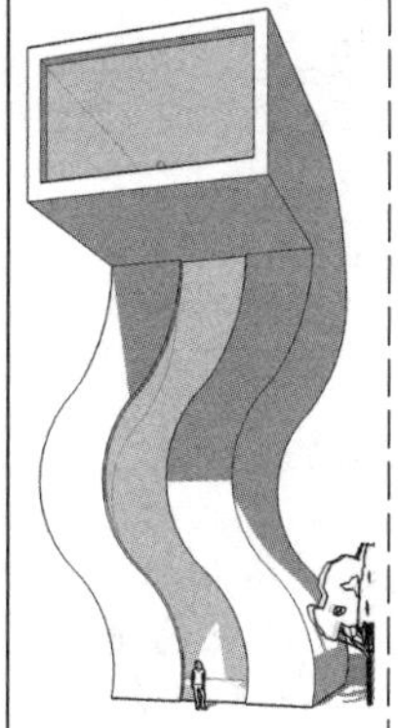

正面看松弛，侧面看起来紧张，主体结构垂直矗立，依靠不同楼层的悬挑来实现形态的变化。盘旋如蛇一样，紧绷神经等待瞬间爆发。弹簧的自然状态就是一种松弛的紧张，一旦被压缩拉伸便成为紧张的松弛，回复常态是物质和生命的自觉调整。

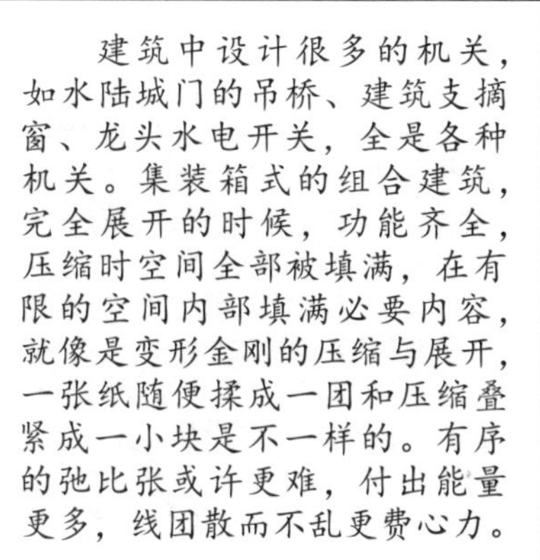

建筑中设计很多的机关，如水陆城门的吊桥、建筑支摘窗、龙头水电开关，全是各种机关。集装箱式的组合建筑，完全展开的时候，功能齐全，压缩时空间全部被填满，在有限的空间内部填满必要内容，就像是变形金刚的压缩与展开，一张纸随便揉成一团和压缩叠紧成一小块是不一样的。有序的弛比张或许更难，付出能量更多，线团散而不乱更费心力。

严格控制和自由放任存在着对比，严格控制其目的在于功能实现，放松在于满足精神需求。桥梁的设计，尤其拉索结构是张弛有度的例子。外形的放松是其紧张的结果，建筑需要向自然学习来获得这样不刻意的整合，一座山的形状是平衡的结果，就在坍塌和破坏的瞬间静止停顿为山。一串冰凌、一挂钟乳石，似乎有片刻将倾的危机，实则安然无恙。

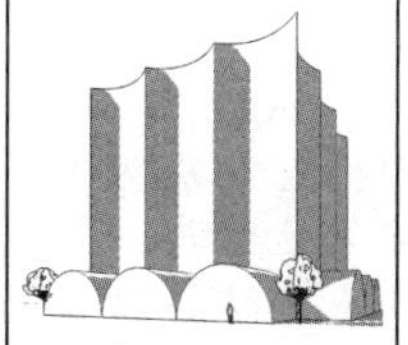

一维度紧张，另一维度放松，混合在一起，对应到平面坐标系的两个坐标轴上就形成复杂曲线。公式、渐进的程度变化，可塑造丰富的数学图案，对应在建筑中是莫测的意象。

纸袋有着两个提耳，提起的时候四处紧绷，放下的时候提耳便疲软。纸袋在底部留有的接缝总是被挤开，完全可以把接缝放在侧面，保证底部受力。建筑就是由诸多竖向的框体组合而成，推倒比压坏要简单得多。建筑也像一大摞倒扣叠在一起的碗，底层坚固便能码放更高。

建筑向高处发展便对周边造成紧张压迫感，城市天际线向四周发散式地扩展就是一种放松的自如，就像是有一层膜结构紧绷在空中起限制作用，城市设计就是虚拟出这层膜。如果建筑紧张，一般用放松的景观来调和，松弛的城市空间也需要标志物来提升凝聚力。

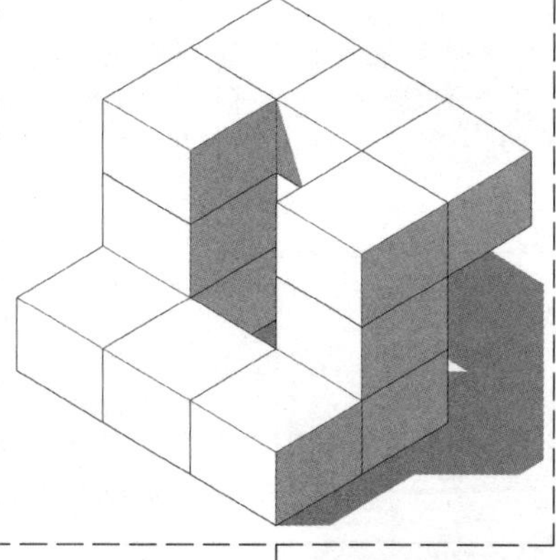

瀑布倾泻而下，由静态的驰到动态的张，然后落入瀑潭回归到静态。人积蓄如水，放低身段必有所获。升腾如火，驾雾驭烟必有所失。张弛有度，文辅武佐。

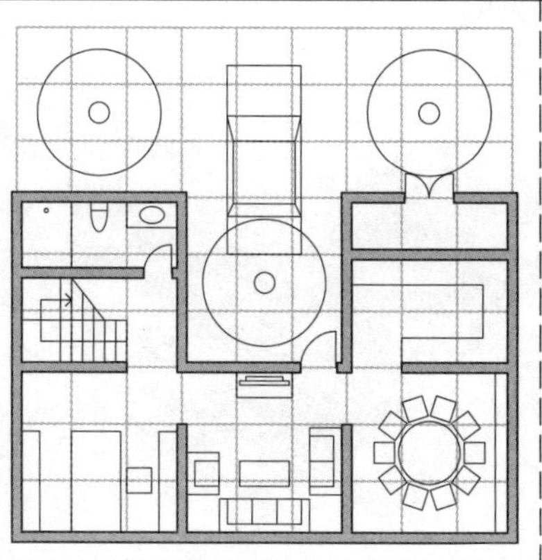

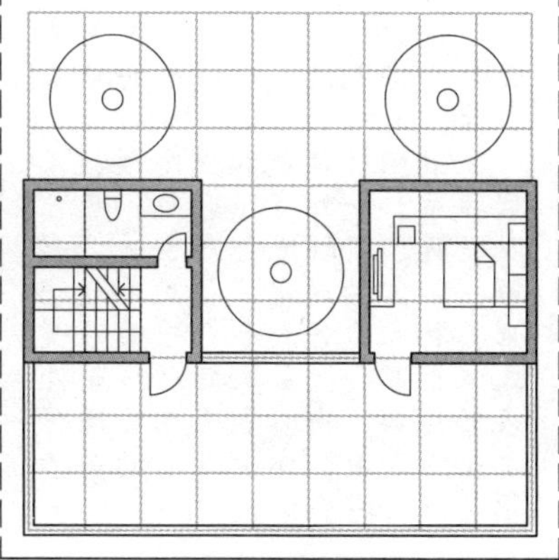

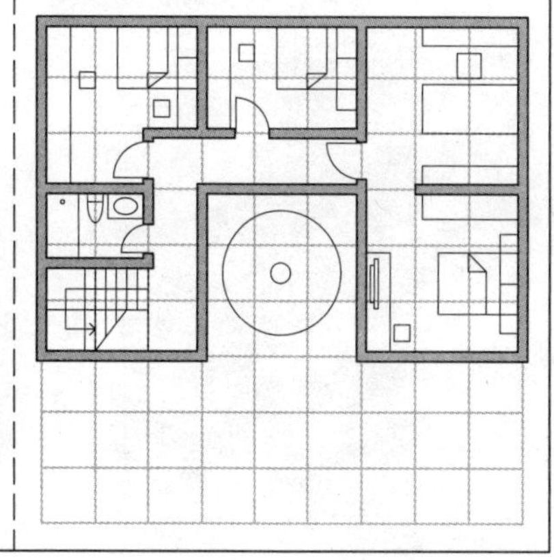

美 醜

美　丑

泾渭自清浊，
美丑何憎妍。
——清·阿桂

/妍媸/妍丑/

美：形貌好，从羊从大。羊为头部装饰的羽毛雉尾或者兽角的形象。大为人四肢伸展的样子。美即是人头戴装饰，舞蹈四肢的模样，同京剧中的刀马旦扮相类似。或解羊为羊羔，成年大羊主给膳，肥壮的羊吃起来味很美；或羔字古同美，以灬烤羊亦美。美与羌形似。

醜：可恶也，从酉从鬼。酉为陶罐的样子，用作酒器。鬼字下部为人，上部为硕大的头部，人身巨首之异物为鬼。人死曰归，同鬼音。鬼同黑有相似之处，比黑少了一些动态；或覆盖面具于逝者面部，称鬼。人持罐饮酒而导致头部特异，头胀面红为醜，出丑以饮酒为最。

鬼的特征是头大比例不协调，不见五官，无法识别情绪。纳鬼的容器是醜，或有鬼特征的容器是醜，建筑是容器，要避免鬼气。破坏审美习惯加上感官受阻便产生丑感，倒三角建筑如同身披袈裟倒立，又如大头鬼般吸睛，败坏视觉胃口。

规则对称便美，反之乱糟糟为丑，非常之态就有妖怪的感觉，设计的模范不是妖怪。大众脸往往是形象姣好的面目，大量面部交集的结果是普遍接受和认同的相貌，说明人类相互之间的交集具备优势和长处。全体的共性导致了一种进步就说明共性是积极的，通过行动和结果来判断整体。

美丑标准如律法般随大流，美不悦寡，法不责众。多数有话语权，少数被剥夺表达，共同发声就有明确表达。多数遵循传统建造，就形成完整的共性结果。现代城市的个性，是少数在发声，形成了杂声噪音。

从实践中提炼出审美习惯，雕版印刷要横置木板刻字，顺应木脉的特性导致刻书体横细竖粗的字形结构，长期沿袭流传成为大家共赏的宋体字。

审美观念天生，后天只塑造敏锐度和欣赏深度。凡后天能训练的，都是发挥而非增加潜力。美丑观念随人的表达能力增加而明晰，欣赏美丑在通俗中靠眼，在亲近的环境靠心，情人眼里出西施即是由眼到心。

人欣赏自身，优秀的艺术表达都和人有关，人对表情动作有天生的敏锐，轻微表情变化就让人感受强烈。人体对称是最基础的美，圆润丰满亦是。

美丑共性在于头部变化，头上增加装饰就美好，加而不当就成大头鬼，醉酒脸红的脑袋更加明显。审美也集中在头部顶部，柱头、发型、帽子。

头大身小便是鬼，不稳定结构在潜意识中被国人定性为丑。头部装饰需轻巧如头发般随头一同运动，不能成为负担，大头型的装饰是为衬托出小脸。美醜是面具不同，面具本身无美丑，美也是丑，丑也是美。

美有价值倾向，感性中有理性。羊大为美，是商业社会的审美，商业社会鼓励各种大，夸张的身材和做作的腔调。

美丑间相互转化，拉毛的水泥墙局部看来丑，远观则佳。细腻皮肤看来美，放大却如森林。小黄鸭的尺度放大引发新鲜视角，尺度、视角也是美丑的原因。于是证件照正面写实、艺术照斜视远观、自拍照大眼锥腮，变化视角来调整感官。

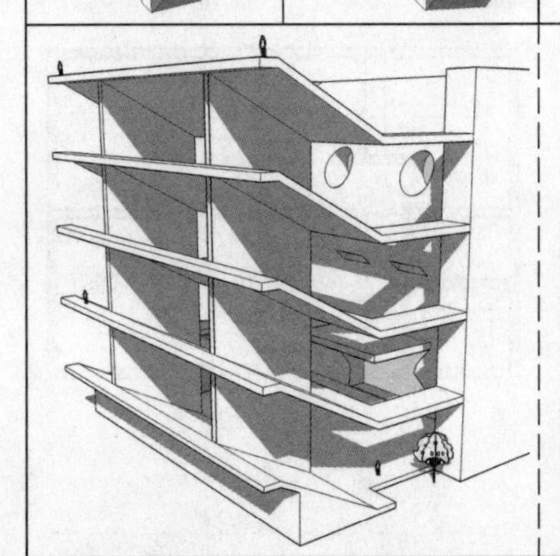

犹抱琵琶半遮面，不见真面目，将表情藏在统一的麻木背后，光线可入而视线不能。

丑陋往往是相互之间找不到联系，一旦有了联系，就可以理解，理解便会产生美。理解，常常被简单浅显地制造出来，就像广告和千人一面的模式化整容。浅层次的理解是外表的理解，内心和思想的理解才是深层次，体会深层的美必须有深层的了解才行。

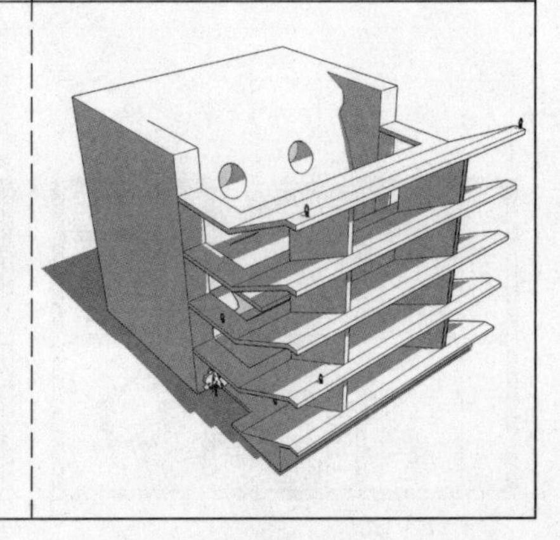

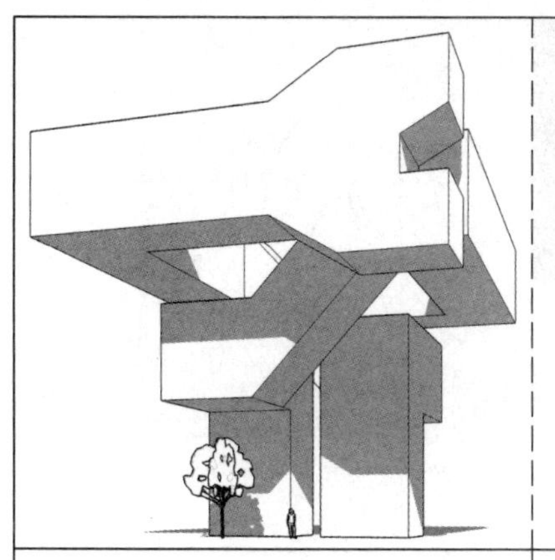

美丑和头相关，双头蛇一体双首，各自美丑。海鱼在尾部模仿头部的眼睛，躲避天敌。人之美丑集于开口，上开口修饰，下开口怕丑遮羞，出丑只因修饰不足或遮挡不够。原始的割礼是对丑的美化与赞颂。

建筑美丑集于门窗，美化门窗如抹口红涂眼影。市政设施不合理处置便成丑不足、败美有余。哑铃式的审美，头尾最为重要，有孔洞才算是头尾。

感受最美的前提是了解最丑，了解最厌恶的形象才能创出动人的美。东施效颦可创三分美，却弄不出一分丑，作丑作怪也要功力。内里对丑怪见解多深，外在对美善阐述多透。

不见方家的丑，就学不得精髓。艺术和创造要近距离才能传授和学习，先学气象、再学技术。丑是一种独特的气派，通常意味的丑不过是平庸罢了，其气质还算不上丑。

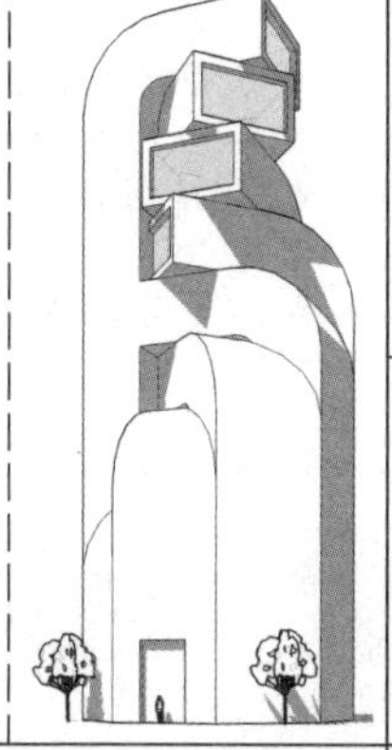

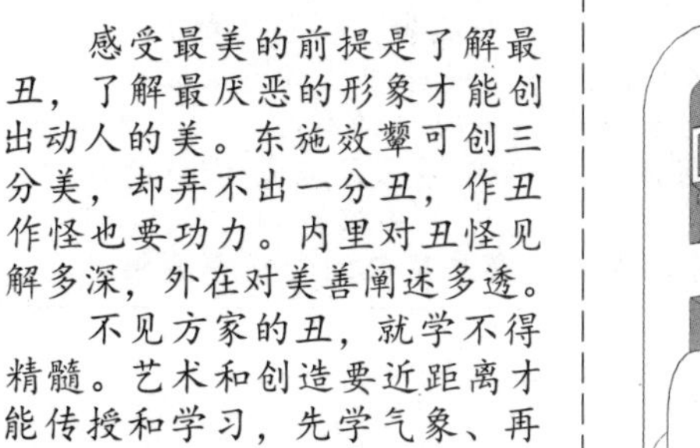

有无法抗拒的美丽，也就会有无法容忍的丑陋，美与丑的极端例子统一在人的面部。要真正地理解美丑，那么便去仔细观察人脸部的尺度和比例。

研读古代诸多相术的典籍，可以明了传统的审美判断标准。人脸就是审美的集大成者，因此肖像画最能综合体现一个画家审美取向和技能水平。研究一个时代的审美，只需要看当时的人物肖像即可。

美在于可以创造，美的作用在于继续衍生变化。人的精华和美好的时间都处于能够繁育后代的年龄段，在青春期和更年期之间。青春期之前是酝酿美好，更年期之后是消化美好。从儿童和老人身上看到的都是希望，儿童有无数选择能承载希望，老人证明希望可以实现。

美要精力投入、丑是放任自流，美入丑易，美女经张飞枯树化作湖石。自然是美的，因为具备天工，无数的能量和组织性体现其中。

分辨是审美的前提，在猩猩中找人一眼即可，这种观察力很难量化。成堆的假货经不得专家一眼，并非不负责，而是没有必要仔细看。

文化共同也难免审美各异，审美如饮食，有人流口水，有人要吐。吃虫吃生食，不接受的人亦不能厚非。听戏有人入迷有人焦躁，个体化判断的内容，也许让人很难受，却从未让谁难受致死。在前期认识一固定，后期再难改。

精神和肉体紧密联系，看到形象会有生理反应，证明精神之强大。就像电影调动情绪，没有任何物质强加，却在短短的时间里让人建立了爱恨情仇的判断，影响人的思绪和行为。审美必然干预到行为，没有干预就是失败的审美过程，这个美也就不长远。美是观念，却直接影响到附着的对象，于是可用于宣传与控制。

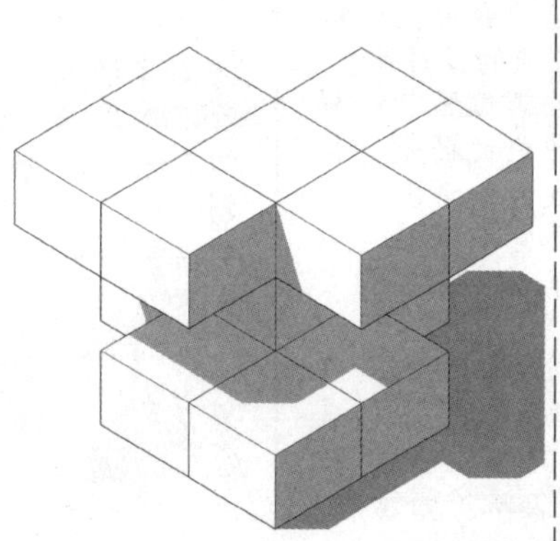

丑恶造成美好愉悦，达成喜剧。美丽塑造坎坷崎岖，生产悲凉。粗糙原生材料打造田园化的美丽，精致高科技的设备体现不近人情的残酷。美丑守住两头旋转互换。

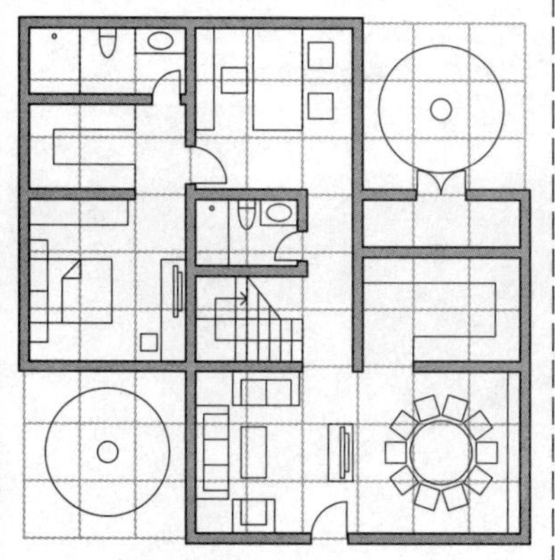

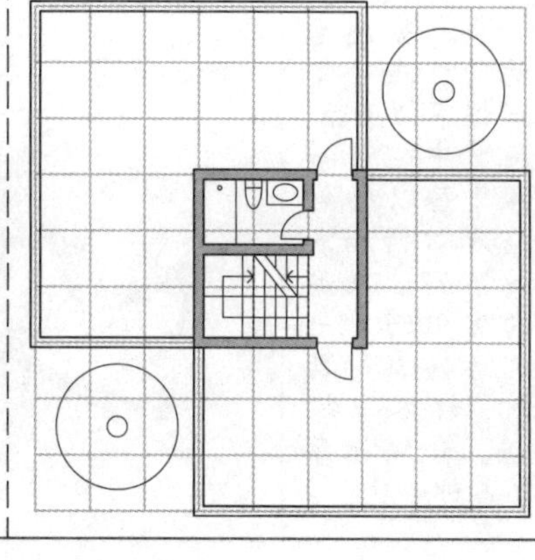

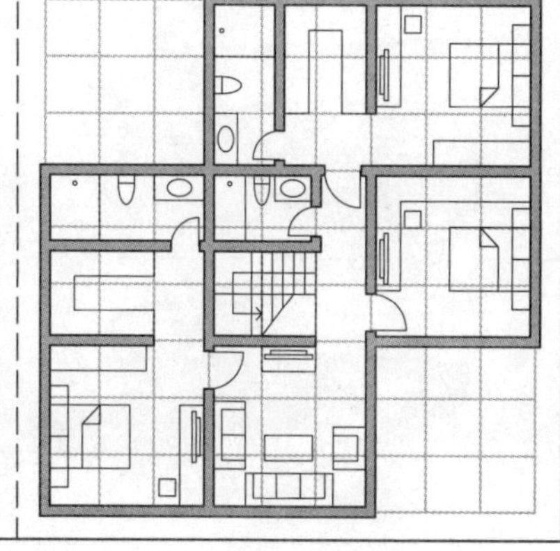

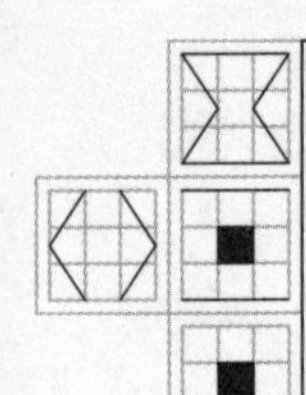

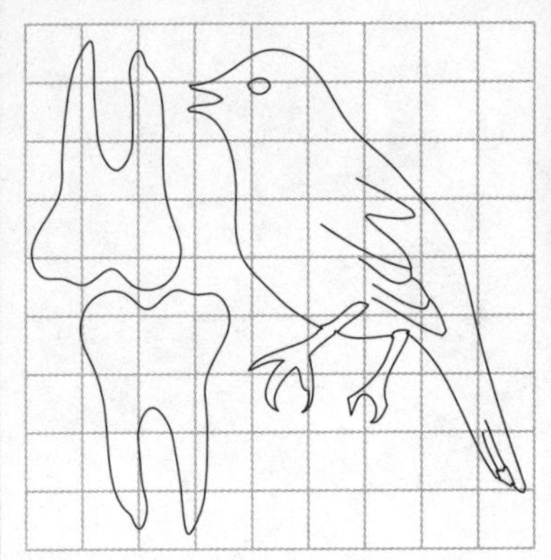

雅俗

雅　　俗

淑邪自泾渭，
雅俗何莸薰。
——元·周伯琦

/文白/

雅：正规高尚，从牙从隹。牙象上下牙齿交错的形状，也表示萌芽之意。隹是短尾鸟的形状。乌鸦嘴部明显，雅原指乌鸦，指代黑色。春秋时期秦晋两国都崇尚黑色，官员以黑色官服作为正式着装，也以黑色为身份代表。雅字古同疋，疋同足，与正有相似之处。

俗：习也，从人从谷。亻为人的形状。谷为瀑布水流落入池塘的样子，口为池塘的形状；或谷为河水流出山脉峡口的样子。俗为人生活在山谷河流边，依河而居是农业社会的传统，俗字同𡈼。在河道边上务农的群众就是俗人，也即是劳动者，与身着黑衣的食利阶层相对。

约定俗成的力量让人在认知的同时就没有了第一反应。肉夹馍、晒太阳是习惯的颠倒说法，通假字只要能表达意思，让人明白就行。俗往往是顺意而为，并没有更多的讲究，许多习俗不过是碰巧而行，于是流传。雅则经过主动的雕琢，刻意塑造的时间远远大于俗。俗的做法就是要简明生动、一目了然，而雅必须三弯两绕、曲径通幽，只能心会不能言传。

建筑日常很难分辨出雅俗的区别，对于普通的设计来言，只是因循守旧，不像服装一样很容易感觉出雅俗的区别。服装为何感到俗气，或者怎样感到高雅，这种感觉在建筑中如何能够表达出来。参考各种大场面明星的装束，高雅简洁，往往晚礼服让设计体现出高大上的感觉。建筑有没有这种设计手法的高大上，而不仅仅是经济投入上的多寡决定高低。

以牙代嘴，身份高有隹鸟吃、吃鸡腿。俗人只能吃谷物、啃玉米、吃素。从吃来说，雅俗是经济条件决定的精神境界。有钱有闲便优雅地挑挑拣拣，俗人只好面目狰狞地锱铢必较。

雅字中，牙就是嘴巴的象征，也可以是语言的代替。雅靠语言来表达，满嘴鸟语就是雅，听不懂造成的声势虚张与距离隔阂衬托出话语者的雅。

若将俗中谷字类比豕字，是旋转的形象，谷由落瀑就转为河流。那么俗即是生活在黄河南岸的人，俗人北望黄河自西汇入东海，东海就是口一般的大泽。若俗人居于黄河北岸，则谷中之口为黄河之源头。

雅俗蕴含高低的概念，高雅是金字塔尖、低俗是塔底。无论谁占据塔顶，都会称自己是唯一的高雅，甚至是上天之子，天无法再高，能继承天的雅，自然能将众生踩在脚下。

雅须小众，俗属大众。无论多雅的事情，一旦全民参与，必定是俗。品茶本雅道，一旦人人参与，办公桌前都摆放一份茶托，便也成了俗套。私密寂静是雅，开放喧闹又成了俗。

行为和目的间层次越多、越不直接越体现高雅。刀叉越多、规矩越大、做作越明显越雅。吴妈听不得困觉之说就因太直接，层次少则陋俗。雅慢俗快，吃熟食雅、吃生肉土俗。

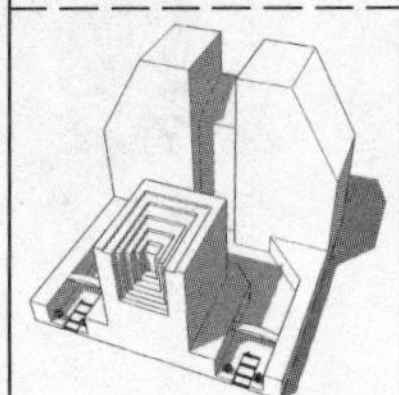

简单的古装，粗布长袍一件也感觉非常雅致。精致建筑未必都需要高级材料，用简单材料、普通材料也可表现雅致。修长打扮、长衫风衣感觉雅，短打扮感觉俗，因为短打扮利于劳作。舒展延伸的感觉就大气高雅、局促约束的感觉就猥琐低俗，如精灵和矮人的造型。

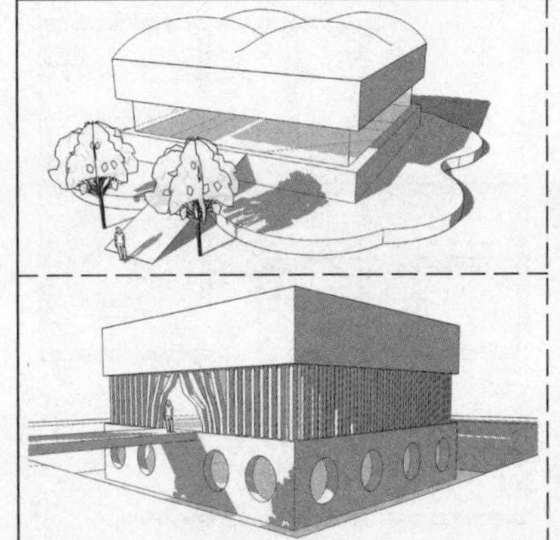

牙签剔牙的动作在手掌遮挡下似乎雅，而嘴中叼着一根牙签以为俗，全看心情和表情不同。象形的嘴中叼着一根牙签自得其乐，环水与绿植，分隔摒弃了各种杂乱。

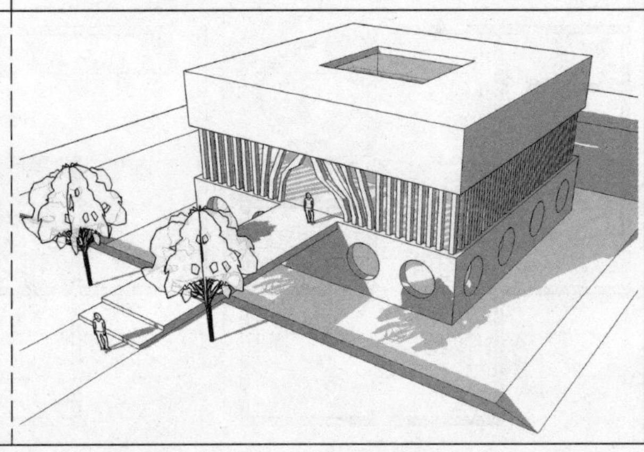

能说的俗不是最俗，张敞画眉是能谈及的最低标准的俗，再往内私追究有甚于画眉者，非雅俗谈及。雅俗是外露张扬的可见形式，无非包装格调高低，进不得骨子、谈不得思想。

雨水随着阶梯而下，依靠屋顶的形式接力，最终落入河中，残荷听雨和肥水浇田各自雅俗，都是让水发挥作用。每层屋顶都有出口，喜爱观瀑、厌烦听雨最终都是同样的结局。

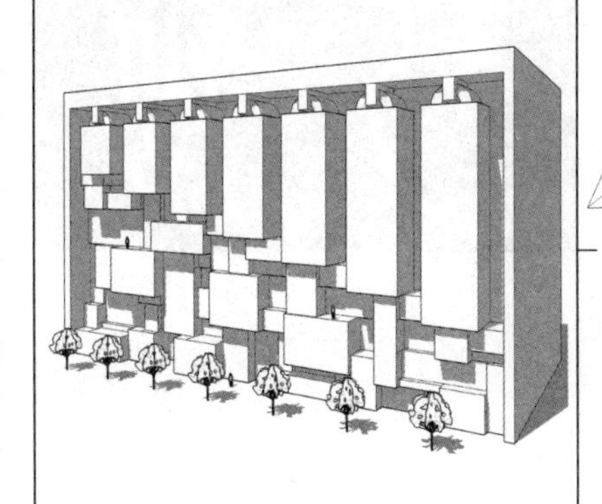

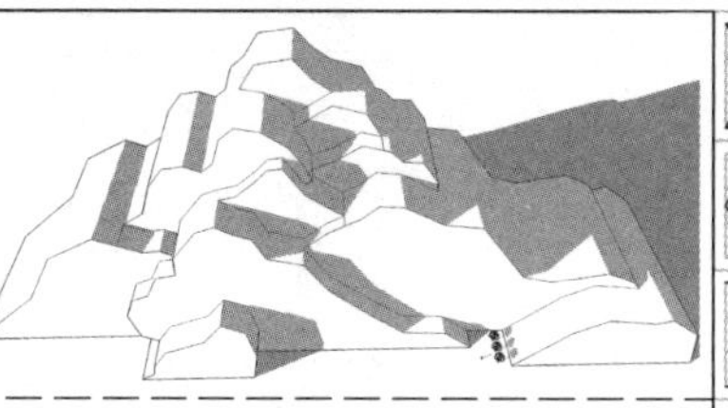

山水画的线条、景深如建筑轮廓，将这种层层递进的关系体积化，形成体量变化的建筑，描摹出一幅立体的画面。古人将山当成胸中块垒，有块有垒自然就是建筑了。

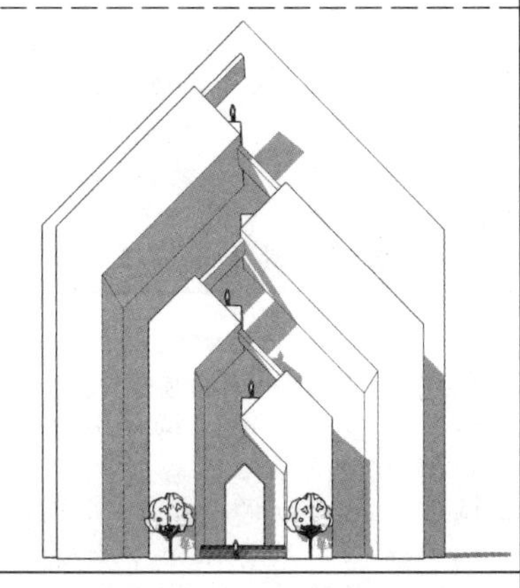

新兴国家，固定门阀和文化垄断没有形成，所以流行文化盛行。群策群力往往只会拉低趣味、分散重点，形成通常而庸俗的成果，杀伐决断却能形成高度统一的审美见解。

因为文言和文字的革新，近代中国所继承的都是世俗文化。古代的音乐有庙堂编钟和民风俚曲的区别，到了清朝皇室和百姓一样都听戏，在艺术上没有区别雅俗。国画和年画是雅俗的两端，如今年画代替国画上墙。有中国味高雅清新的老宅，不过是往年的俗居。

雅就是一小部分人的俗，雅也需要套路和传承，难免也是俗套。相比俗，雅只不过消耗资源、时间更多，是精神暴发户的高消费，是隐晦的炫富和自我标榜，因此雅就是俗。原始人只要穿个短裤、吃个熟食就是雅，雅的标准随着经济发展也在水涨船高。

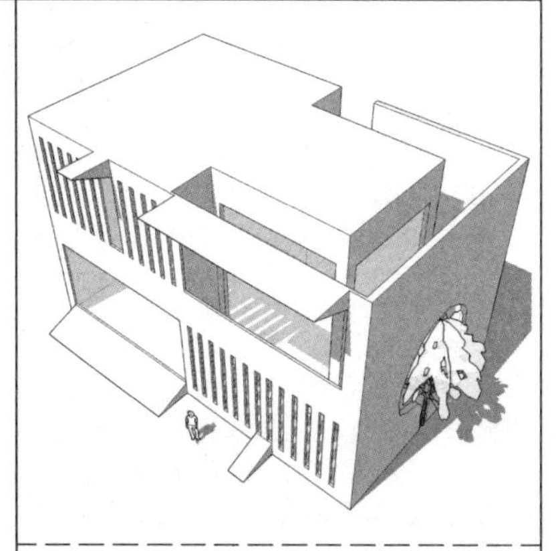

白话直抒胸臆，是世俗文化。白话交流可直接切入市井生活。文言包裹思想、曲折表达，压抑也是高雅情怀的一贯作为，含蓄隐晦、视而不见就是包装格调的必须。

现代异形要和传统决裂，是因为欣赏主体从贵族转换为平民，决策者和投资者都没有长时间的艺术积淀，欣赏力只能从众而简化。流行文化就是过去的市井文化，为大多数人、底层人服务。在流行的俗文化之外，还有士子文人的雅文化。中国传统的文人和士绅都是利用文化的垄断来巩固自身的地位，形成层级社会，每个层级都有自身的文化交流。统治者具备非常高的鉴赏和审美能力，因此官窑引领民窑，各种创新都是从上至下。如今的阶层固化还没有形成，建筑审美百花齐放，割裂后的文化自信没有建立，也只好借力抄袭、任人评点。

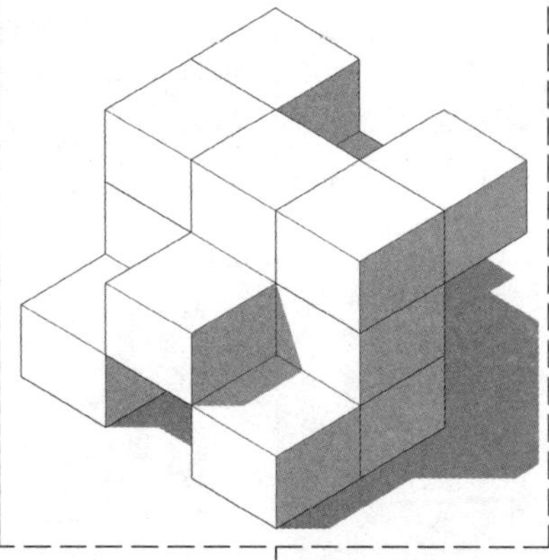

施舍者不自矜高雅，非雅不能行善。乞丐受施自命不俗，入俗斗米折腰。雅俗即品之有无，品字是人字缩略，有人有品。倒过来的品字又是止的缩略，乱行则无品。

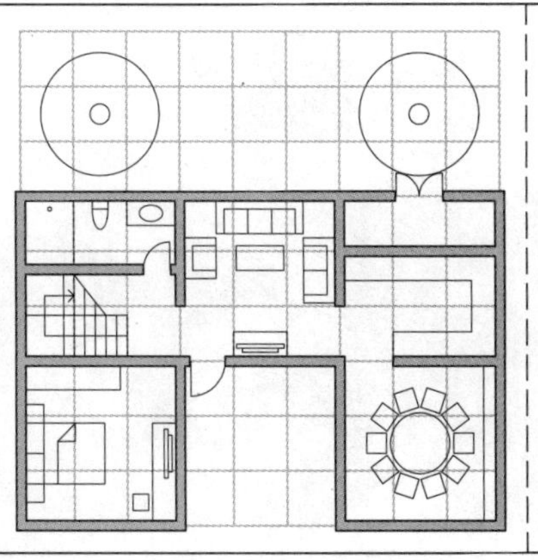

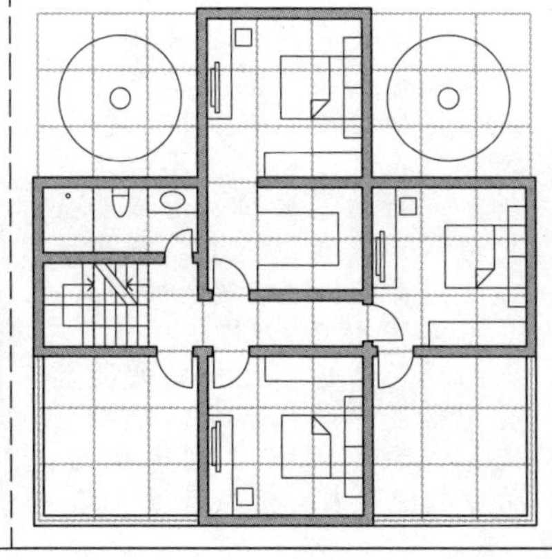

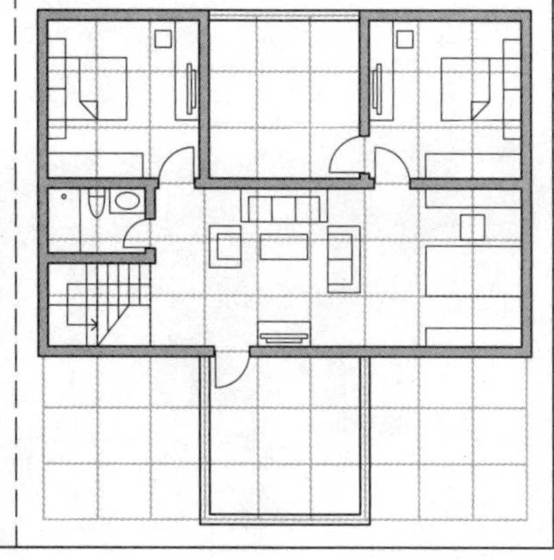

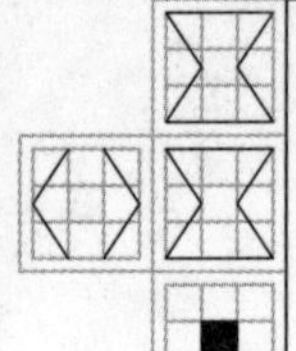

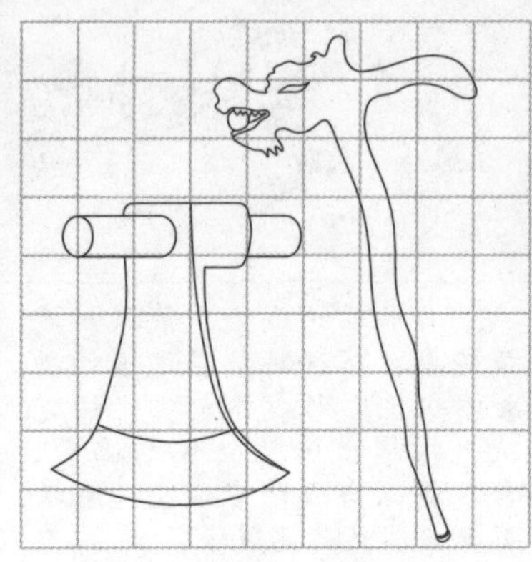

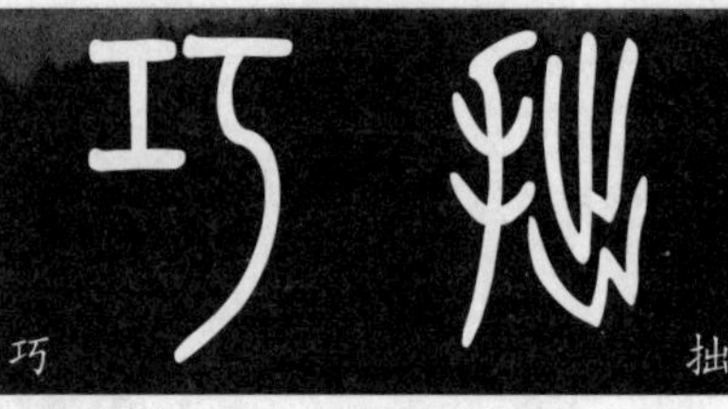

百岁谁人巧拙，
一丘底处亏成。
——宋·范成大

/工拙/灵拙/

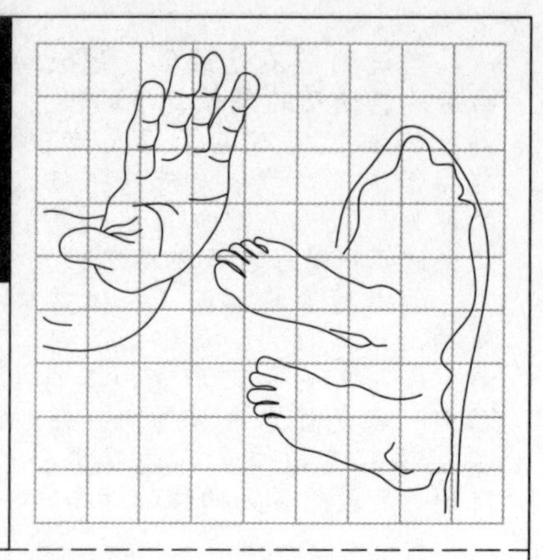

巧：技也，从工从丂。工是锛的头部形状，或是木锹、石夯。丂为是考字中的拐杖形状，代指老人和年头长，参考朽字为老木，考和老同义。巧就指有年头、有经验的手艺人使用工具，老工精巧。丂或为锤头的模样，方头曲柄。或丂同于字，于为尺规旋转九十度的模样。

拙：不利于人，从扌从出。扌为手掌张开五指的形状，出字从止从口，止为脚掌的样子，口为洞穴，出意指向南走出洞穴。拙就是人出行而为手所阻拦，意为不顺利、不便捷；或拙为以手代足而行；或拙为手足并用，手忙脚乱的样子；或出手为拙，善用工具才是机巧。

巧注重使用工具，拙体现手工人力。善事先利器，精密工具代表先进性，而纯粹的手工只是落后。工具的产生就是为了投机取巧，生产效率就是在奇技淫巧的发展中得到提高。

巧是刚好，画龙点睛就是巧，画蛇添足、功亏一篑就是拙。建筑按照最经济的结构方式建造，就有一种匀称的美感，如同桥梁的轻盈和舒展是结构的平衡和适度稳定带来的，也像是健美的身材不会有特别粗壮突出的肌肉。大柱撑小梁或小柱撑大梁并非丑，而只是拙。拙在特定环境中也被算成是一种美，欣赏拙只是小众的逆反，不曾成为主流。

隐喻与象征是建筑引导思维的方式，形象契合人的思维则产生触动，但有可能被误解和误读，因而简单操作和直接模仿就成了捷径。将鞋子、提包、酒瓶、人脸、大鱼的形象直接化成建筑外形，这是一种庸俗、笨拙的建筑思路，不过这种拙相比许多弄巧而成的拙还要有趣些，起码喜闻乐见。

刻意模仿人脸的建筑是挠胳肢窝的喜剧，就像随心所欲被借用为随心所浴，开始是巧妙的，无限地模仿就成了拙劣。国际式曾经是先进、合乎时宜的，而无限滥用使其成为拙劣无能的表现，忽视建造的时代背景只能说是过度聪明的戏耍。

物质形态影响到精神，精神同样也影响到物质，现有的建筑是当时当地的精神衍生的物质产物，很难随着时间变化调整，在后续的一段时间中会稍显落伍，只有保留下来完全割断与当时的联系才能融入新的审美。如果建筑能够灵活自主，随时可以和精神互动，就可以避免反复更新，积木式的建筑不失为一种好的方法，灵活拆解、自由拼装，装箱打包。

树倒了，鸟还绕着飞，就是意境。无似有、有似无，司空见惯以为不奇，人在天空下并不觉天高，站在大空间下或高楼下仰头看，觉得高不可攀，其实人随时都可以看见非凡，只是忽略罢了。超出日常经验的东西会自动排除在对比范围之外，房子和天空不比高度。

拙只能大吼大叫，巧就是欲扬先抑、四两拨千斤，以矮衬高、活用配景就是巧。

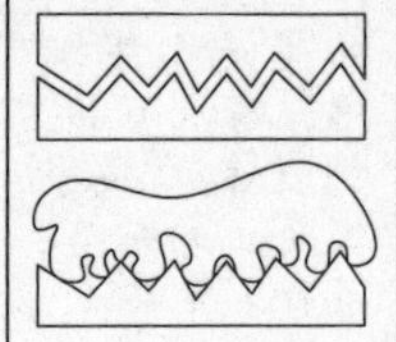

文字可作线面体，文中细线、广告中宽面、招牌中凸体。既是发生器又是成果。

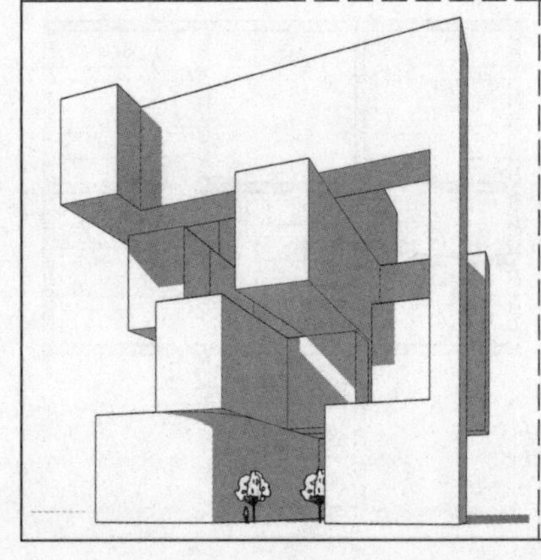

写上大字的纸揉成团，或如信笺般折叠，将纸上笔画当成形体和动线，产生丰富变化。汉字写在米字格中，沿格线对折，弯折的笔画拉长形成垂直交通，如藕断丝连般。纸团子也是种表皮和结构统一的形式。

文字形态运用在建筑上，少而精是新意，无根由的随意套用就变为陈词滥调。被模仿又不想被超越就要制定规则，用原创规则来打倒所有竞争者。

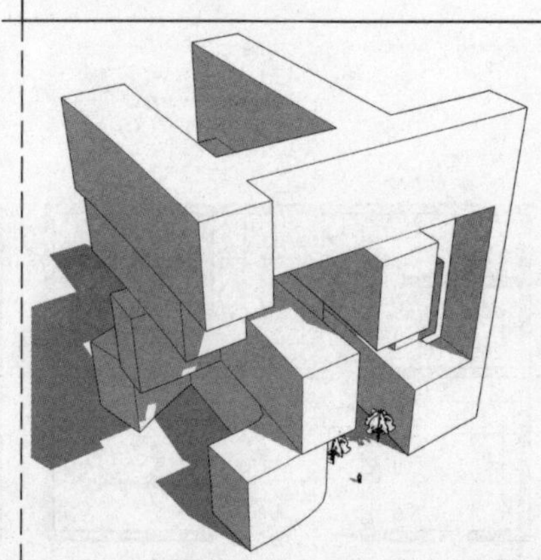

正反交错形体，是反义的建筑概念组合。统一又变化、还有可理解的巧思。巧妙是跳一跳够得着的思维突破，能让人产生成就的愉悦，如同进阶过关，若是太高深则弄巧成拙。

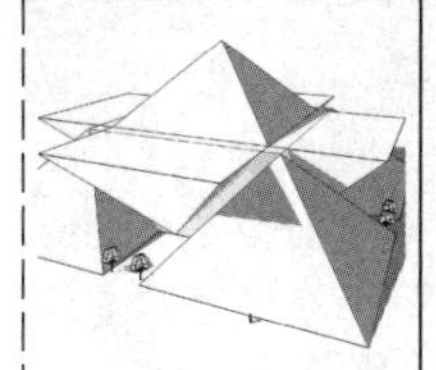

屋顶表现力最强，体现朴拙和机巧。崇古导致增加的东西就减省不下，于是越做越巧，朴拙被替为灵巧的纹饰。木材的机械加工导致人工的刀斧痕迹消失，就像没有指纹的手指。

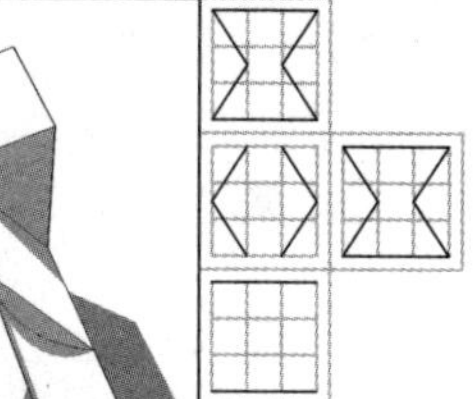

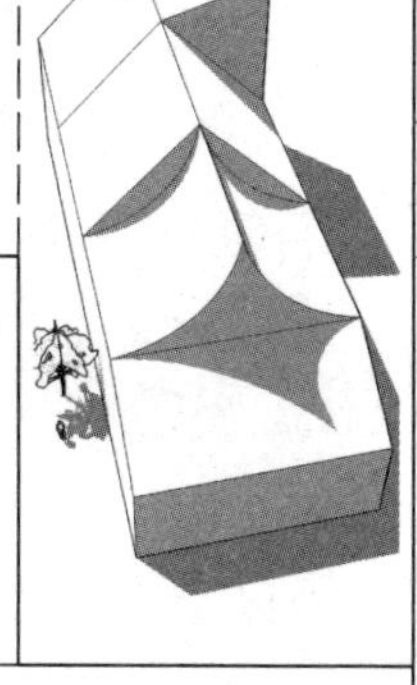

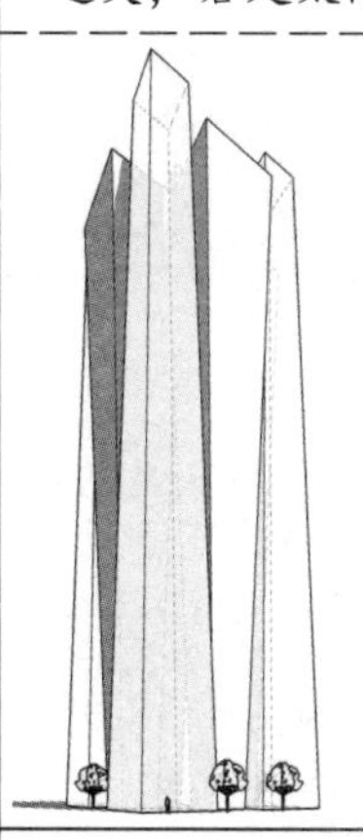

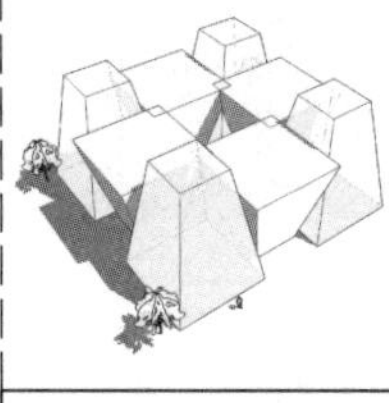

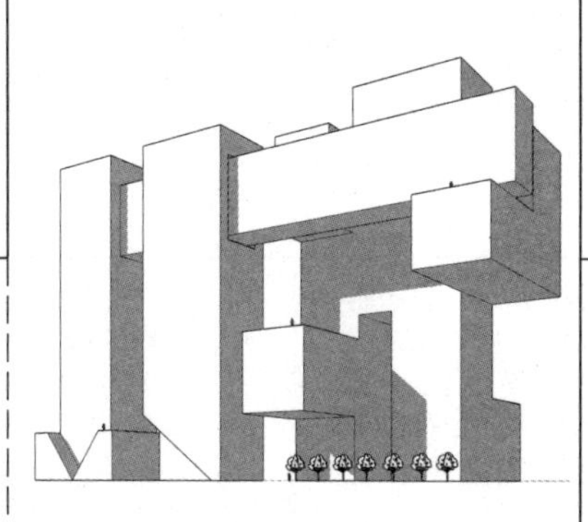

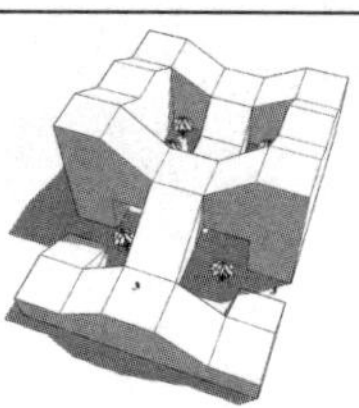

井是横亍，同丂，是丈地量田的尺规。一竖杆固定，另一竖杆移动，算是土法卡尺。

部分就是整体，建筑中的构件推广开来，就能使局部等于甚至大于整体，玻璃幕墙的摩天楼，就是一座大窗户，窗户从部件变成整体就改造了建筑。机电占据建筑就成了蓬皮杜、入口变成建筑就成了拉德芳斯大门，这些将局部放大占据整体的行为或许是不自觉。将这种做法提炼成概念，就可以衍生出照明是建筑、卫生间是建筑、台阶屋顶都是建筑。

建筑形式简单来言就是皮相，所有的可见物，无论天然或人造，只要有形有状有皮相，就可以从中学习和提炼建筑的形式元素。

建筑还可以向所有艺术门类学习，形式间具有通感，发掘形式的本源意义，能一通百通地解决形式问题。最终的巧是要夺天工，天工当然夺不来，其极致就是法自然，仔细研习天然的要素，脑中若能生成，即可成竹在胸。抄袭现成的建筑作品是拙劣，而抄袭自然为巧妙。

建筑学习瓷器的纹理、器形、空间，瓷器也是用最枯槁的材料制成，可是又具有鲜活的生命力，剔透饱满。建筑如分段烧制的瓷器。

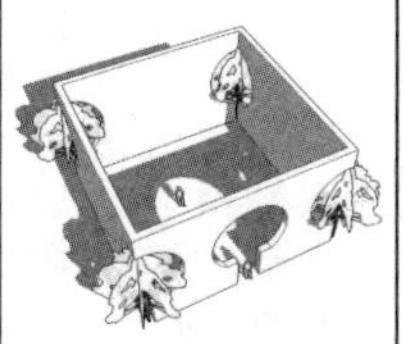

功能互换，让树变成填充墙。常规被调换就带来新鲜感，张冠李戴、李代桃僵。

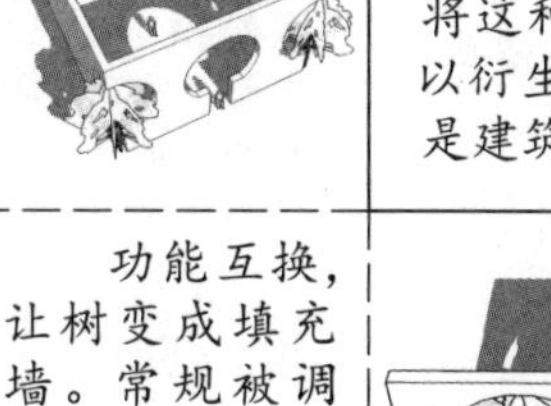

从生活用具到武器，巧在无限制发展，资源在巧的竞争中快速消耗，发展经济、增加军备、更新科技全都为了独立和对抗，不大量投入资源就会落后，就会被奴役。

只有存在无上的、绝对公允的力量驾驭人类时，人类才会甘于守拙而生，不再徒劳竞争。除非神力，否则不能将竞争和对立消除。于是现实强权总伴随信仰的推广，信仰是虚构的神力，信了就服了。在肉体消灭的竞争平衡后，就剩文化信仰的竞争。应对器物的巧只能靠思想的拙，靠记问之学来培养单线的思维，思想壁垒加上现实困顿，足以使人束手缩脚成一团。

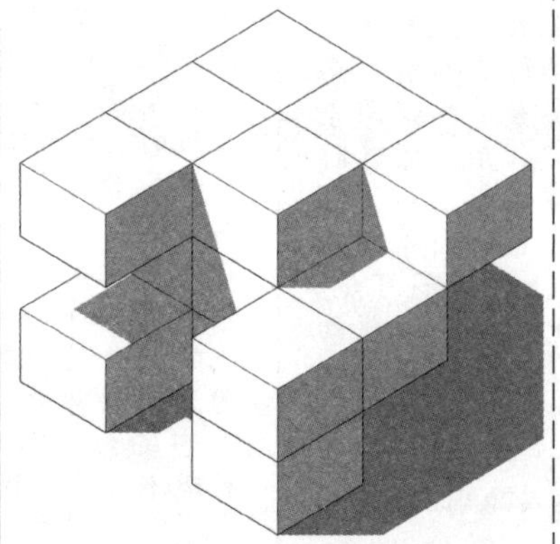

将汉字的笔画从平面演进到立体，空间化的巧字，工的立面加上丂的曲折。假如汉字是铁丝构成，将这堆铁丝揉成一团，银钩铁划自然地弯曲与叠合，平面形成空间。

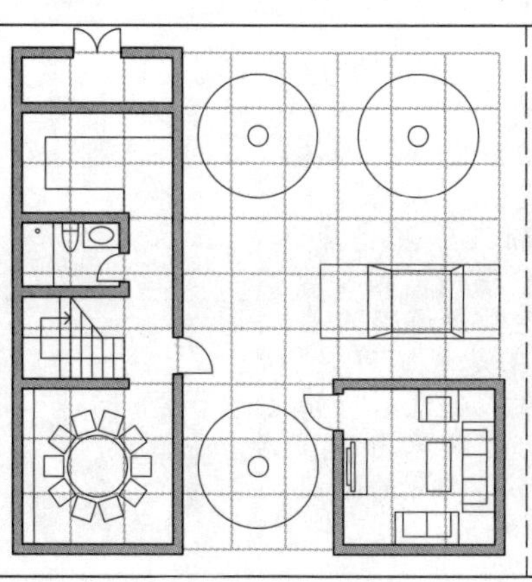

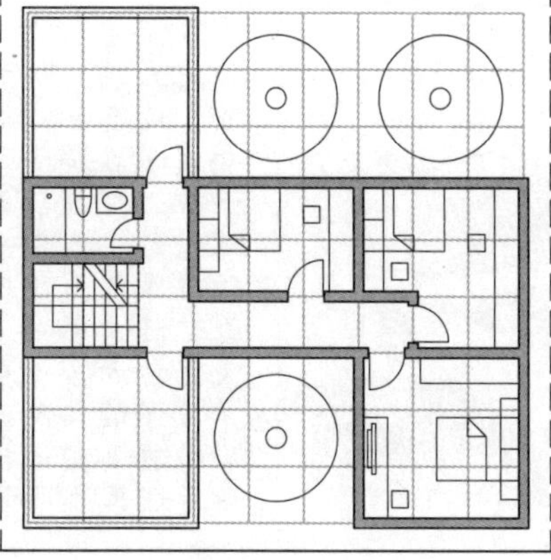

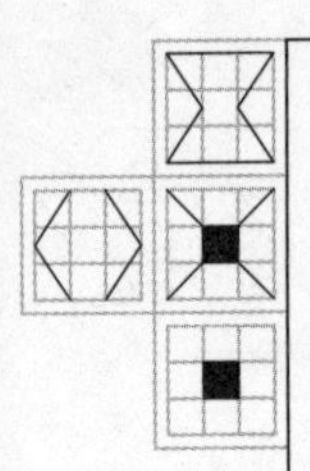

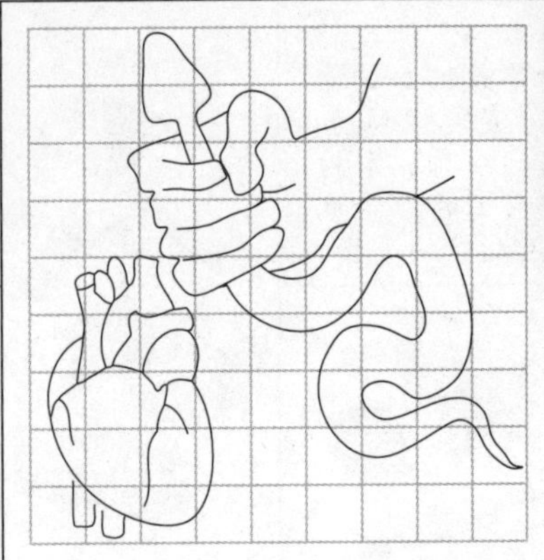

愚 智

愚 智

古今愚智府，
天地是非罗。
——宋·王令

/贤愚/懵懂/

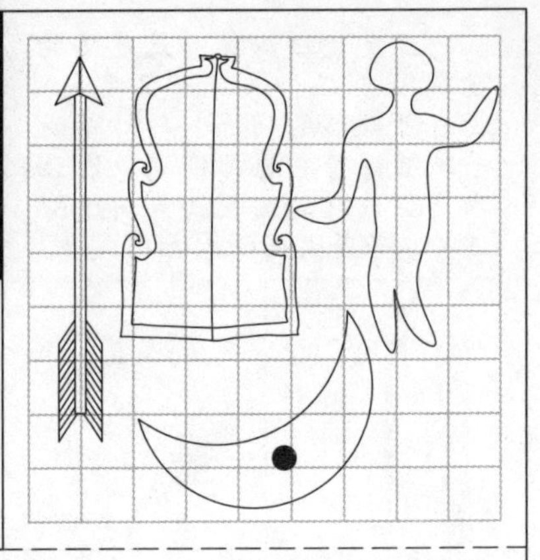

愚：戆也，从禺从心。禺同禹，是以手抓蛇的形象，抓蛇的勇士是能决断除害的首领，蛇绕手臂代表权力，蛇演进为龙。禺通偶，寓为放置偶像的房间，隅为置放神像的山弯水曲的边角地。愚便是木偶之心，为固化僵硬的表现。或胆大妄为去抓蛇，为愚蠢的表现。

智：聪明，从知从月。知在金文中从矢从口从子，矢为弓箭、口为盾牌、子为男丁。攻守兼备为知，有弓无盾为疾。或精通弓箭、口齿明晰，文武双全为知。智下部的日在金文中为横看的月，智字横看，月在右为西方，月头偏西为下半夜。智是指在夜里携带兵器偷袭。

智能建筑中凡需人操作的步骤都可预设，科技进步的目的，就是让专业性的工作全部由机器来完成，让人变成傻瓜，只需发挥情感而不需智能。

现阶段的智能化由于操作繁杂，机器笨得很，反倒要求使用者聪明才行。于是许多高技派的东西不如低技来得实际，电动窗帘不如甩手一拉，触摸开关不如机械开关干脆，自动门比不上门童开门的尊贵。

智或是会意，历法天文历来和月亮紧密相关，能够观察月亮就代表知识丰富，通晓天文知识就是智慧。月中的十五满月，不仅是日期，还是一种生命记忆，总不自觉被提及。

傻莫过对牛弹琴，信号无人懂，何必传递，应该不悱不发。愚公移山如果不被老天爷看见，就多此一举了。我抬手是摧的意思，如同字谜，明示才传递意义。无谓的表达和虚构的故事，经不起时间的考验。生动的、感同身受的流露才动人。用思想盖建筑明智、用材料盖建筑愚钝，建筑在落成之前大多是思想的交流，落成之后才充满物资人员流。

如果方盒子可行，为何要用其他的形状。无厘头异形都可以存在，有理由的为何不行。无厘头不过凹造型，被理解了就成了理由。太关注理由，就忽略最终成果，许多初衷并非高大上，最好只有建筑师和业主知晓，以免被大众牵强附会。

如果一个建筑是照着粪便去设计，人们就会忽略建筑本身是否合理适用，而只会注重其含义。建筑如果像脸，那么脸上的表情就会是关注的重点，群氓更关注八卦而不是建筑这死物质。建筑的理由总是冠冕堂皇，而背地里另打算盘，洋人占的好处就是有理说不清、有理不说清、说不清也有理。

上智下愚不移，上智不轻易选择、下愚不轻言放弃。愚有成果，智无实效。知识与手段有时不起决定作用，蒙昧时代，依然有金字塔和长城，可见愚公真实的缩影。简单工具加不懈的精神，达到不可能，中外都有这样的实例。现代的工程虽然浩大，却很难经得起信仰和时间的考验，建筑的目标不是为了实证自己的内心、而是为了博取他人的喝彩。

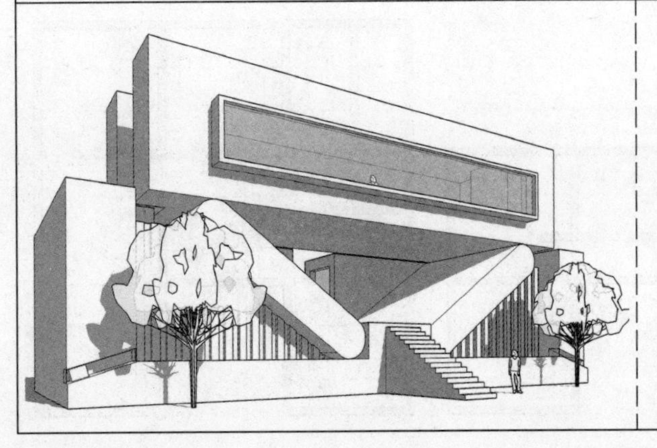

墓室机关多以阻挡为主，消灭为辅。断龙石利用流沙下泄，放下巨石阻断交通。翻板桥覆盖在陷阱之上，人踏在上面掉入陷阱，翻板位置还原。墓室的主人似乎聪明，预备着防盗准备，可是明知道有人盗墓，还厚葬实在是愚不可及，大富贵者总是看不破荒冢一堆草没了的结局。广义来看，宫殿陵寝其实一样，所有的建筑都是埋葬时间的荒冢。

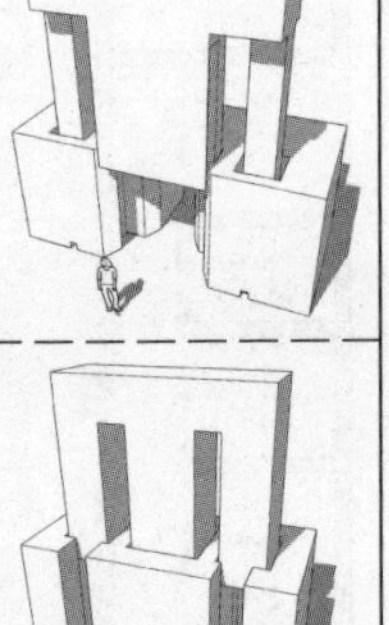

脱离商业包装而能传世的艺术作品，要靠长期训练加上天赋才能做到。如今设计工具的普及让傻瓜也设计出精彩作品，当人人都借助工具优势而花巧夺目时，扎实的基础训练呈现的简练深邃更加打动人。

跟风走捷径是小聪明，走自己的路，让时间磨砺功力是大智慧。用他人的成就来装点自己，不会有真正的进步。藏拙能掩盖不足，却是露怯作为。

截竿入城就是自以为是的智愚，愚在古文意中未必是贬义，或有一种褒贬的深意在其中。愚不可及算是一种褒义，愚公移山也是一幕喜剧，最终山是神仙搬走的，却非愚公。

上古建筑多是体量变化，没有玻璃和采光。近代建筑加上门窗的变化，将门窗扩大为形体的主要组成。一片片矗立的门扇和墙体有着相似之处，功能可进行互换，求同存异。

再大的火也点不着无芯灯，顺水推舟、水到渠成才是最智之选。顺应天地人而变，屋顶顺雨而生，无雨雪、不尖顶。

有原因的变是智，无根由的变是愚，采信怎样的根由、确认其合理性是建筑师首要考虑的事情。立面开门外面没有路和阳台，或者路不对门而对着柱子，这些显而易见的功能缺陷比愚还要低级。愚是一种普遍状态，麻木的状态。

高手和庸手都做贴合腰身的服装，成果差距不大。都做水桶装，功力就见高下。寓智于愚是高手，有大智慧才能欣赏这种愚不可及，普通人看去不过呆头木脑罢了，过犹不及。

将一条裤子变成一身衣服，腰带系在脖子上，或者架在肩膀上成为漏肩装。拉链开在胸口，口袋变成胸袋，两侧开洞露出手臂。在原尺寸的裤子上也可以两侧开洞，以示性感。

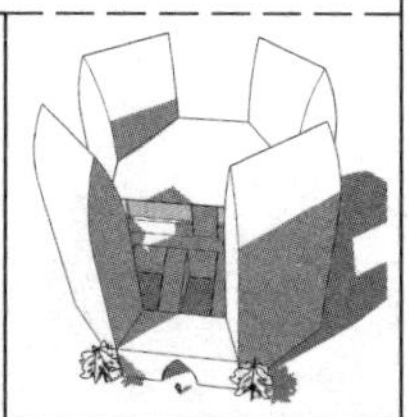

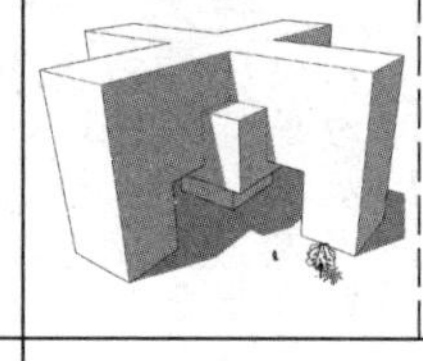

将建筑体积掏空，转化为空间，浪费使用面积得到了场所，在商业建筑中这是明智的做法。逐利的商人认为有空间不去利用是愚昧的表现，结果极端地拥挤，却塞断了出路。

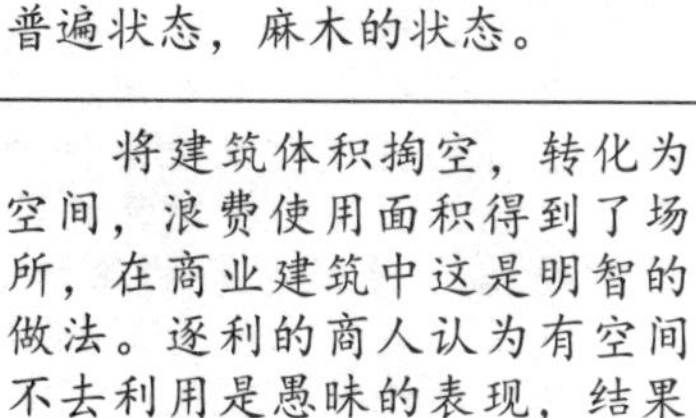

光怪陆离的视觉世界，人没真正融入和认同，人只在自然中才感受到丰富和互动，与其拙劣模仿有机，不如坚守规矩。人的存在要依赖理性和规矩，传统精神与可理解分析的世界是紧密联系在一起的，平面几何终究是绝大多数人的欣赏基础。建筑趣味对使用者来言无足轻重，精神病院和监狱不需要无聊的丰富。参数化的设计，是建筑师站在造物主的角度上审视创造，归根结底是想在意识上接近神，这神如道如机。精巧的刻意不及粗陋的天然，画虎类犬不如画犬。用好尺规，探求和回归质朴，影响和打动人心，没有特效也能把故事讲好。

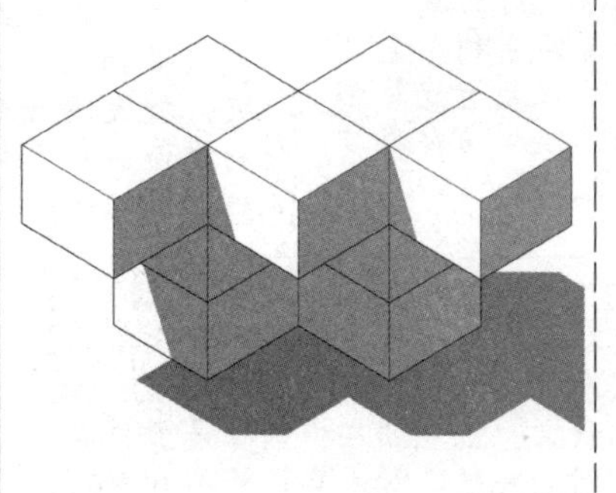

拆东墙补西墙、墙墙不倒，这是经济和文化手段。W作为顶层靠两个S组合的底层支撑。借题发挥如同汉字笔画写英文单词，要的就是形式和皮毛，就是要不求甚解。

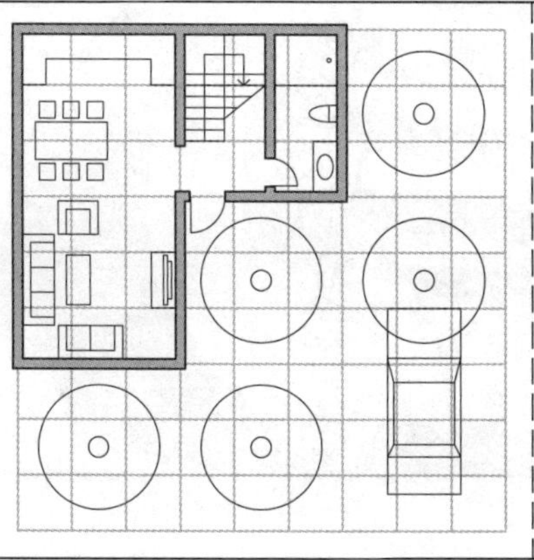

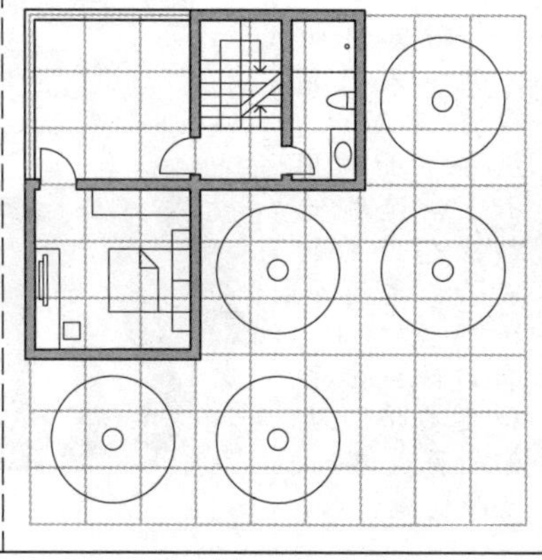

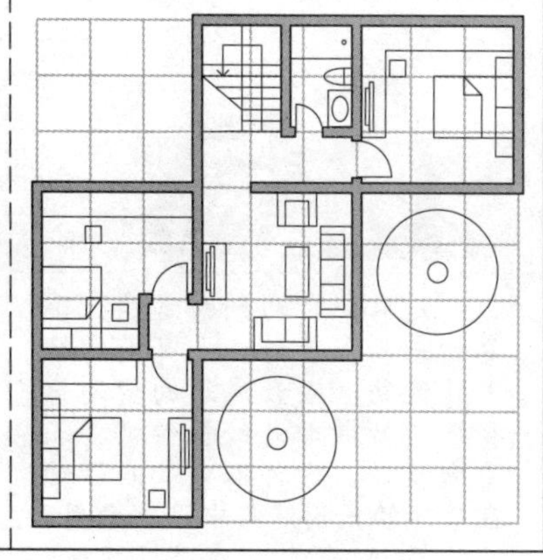

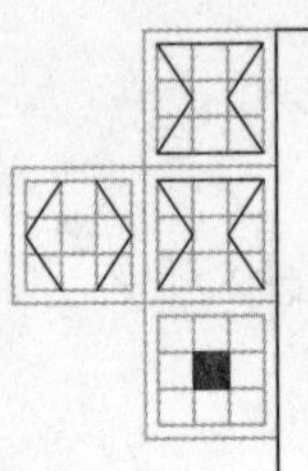

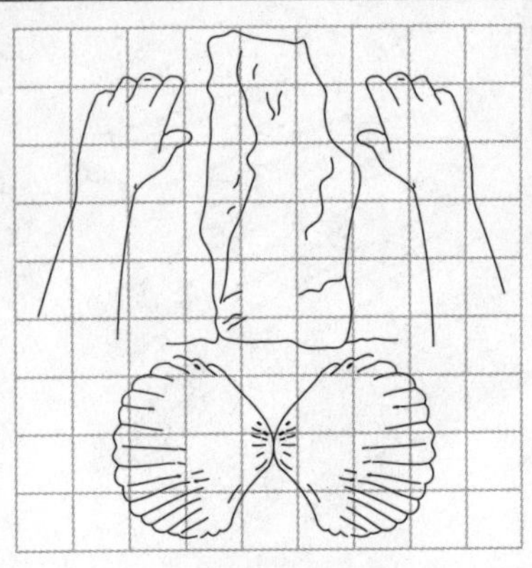

貴 賤

贵　贱

贵贱同一尘，
死生同一指。
——唐・皎然

/尊卑/贫富/穷达/穷富/

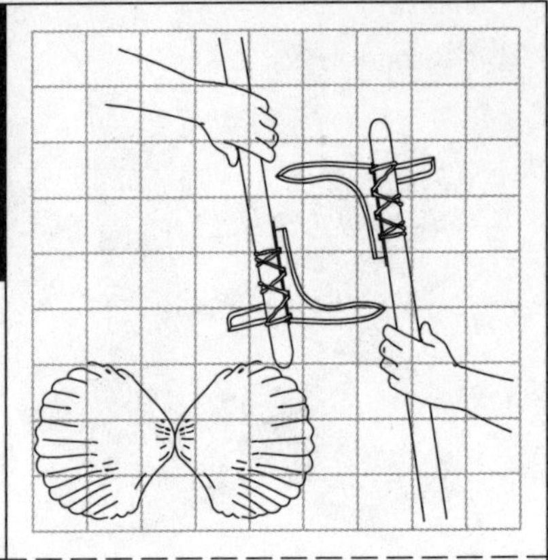

貴：尊也，从臾从贝。甲字臾为双手扶土、以用击土的样子，土为地域界石，臾意为竖立界碑，拥有土地即丰腴美善。贝为贝币，表示有价值。土地是最具有价值的东西，为贵；或拥有土地和财富之人为贵；或贵指双手守卫土地、以手开疆拓土之人为贵族，拓似手持石夯。

賤：卑也，从贝从戋。贝为贝币，表示有价值。戋是两戈交战的样子，为战字初文，战争的恶果使得人口和财富减少，戋代指稀少和缺乏，参考浅为小水、线为小丝、钱为小金。贱指贝壳小或缺乏，意为缺乏财富。钱多就贵、钱少就贱，而争斗导致一切减少，为双输。

便宜就是好的，一件东西便宜，说明产量大，用的人多，便宜的材料往往意味着物品的性价比最佳。但是这些材料往往不能很好地支撑心理上的体面虚荣，于是贵的材料用来贴面，适用的材料没能造出好的建筑，就是因为精打细算的设计被掩盖于铺张浮夸的涂抹。传统建筑就是砖木，有好的形式和统一的外观，现代建筑复合了各种材料，却没有形成良好统一的建筑和城市风貌。每个时期众人都跟风赶时髦，夸耀并非是既得者的专利，更是贫乏者的狂欢，满大街建筑都贴瓷砖铝板的时候、房屋都顶着风水球的时候，就是心虚。

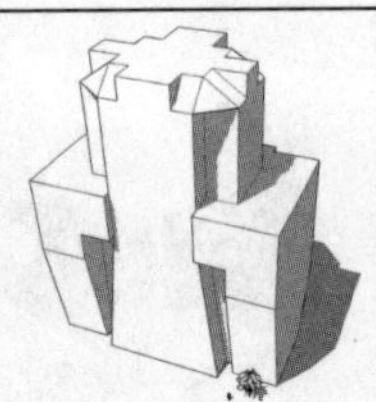

仅从字面理解贵贱，贵是用石头砸贝，表示不在乎金钱，视金钱如粪土的土豪做派。而贱是两戈争贝，在乎钱而动武争斗多半是贫贱。贵便是仗义疏财，贱则是视财如命。

稀少的东西珍贵，或者说凡是珍贵的东西都要让自己成为稀有。建筑的尊贵是靠材料坚固、做工精良、设计优美来实现，在快速发展的时期，这些特征都被效率挤压殆尽，于是就依赖一种风格来当做障眼法，繁复的欧式装修堆砌出来，就只是给人感觉很花钱、很高级，放大感官刺激以掩盖其粗制滥造。越是低贱越是要靠这种廉价的舞台布景来包装。

形象的价值不仅在审美，还在于标榜身份，称呼直接和建筑相关，如舍下、殿下、陛下、阁下。富润屋的思维导致每次的改朝换代都要再来一遍大兴土木，占有楼堂馆所也成了彰显身份的必然。

建筑标榜贵也标榜贱，比如方丈，尺度极小表示身份和作用低微，以退为进。如同书记原指抄写员、如同皇帝自称为孤寡，自大方敢自贱。

最高级的服务是人的服务，高级酒店不用自动门，而用人来拉门。豪宅不会让客人换鞋，而是随时有人打扫。机器的服务普及之后，就会成为低级的代言，工业品在中国曾是奢侈品，而现在手工定制又兴起。富是享用物质和财富，贵是享用精神、享受他人的屈服和顺从。

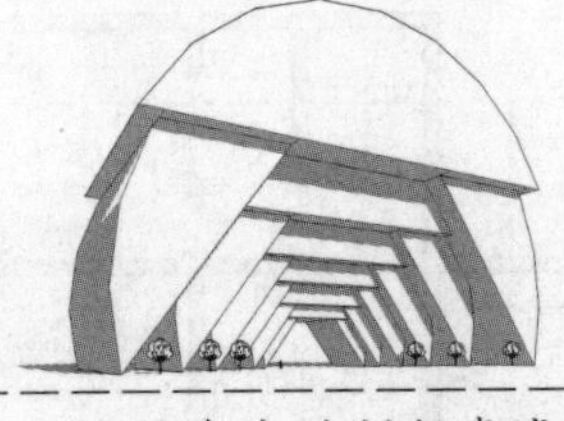

大脑会自动判断贵贱，重要的东西保管好，没有用的垃圾随地扔。宗教建筑的崇高感和压迫性并非是经验性的，而是先验的。这种不自觉的触动在普通的民用建筑中很少运用。

财富日积月累，人只用浮在表面的，压在下面的用不上。这些储备撑起外面的架子，也可能在内里腐朽，不如释放出来和衷共济，从富人变成达人，进而变成仁人。

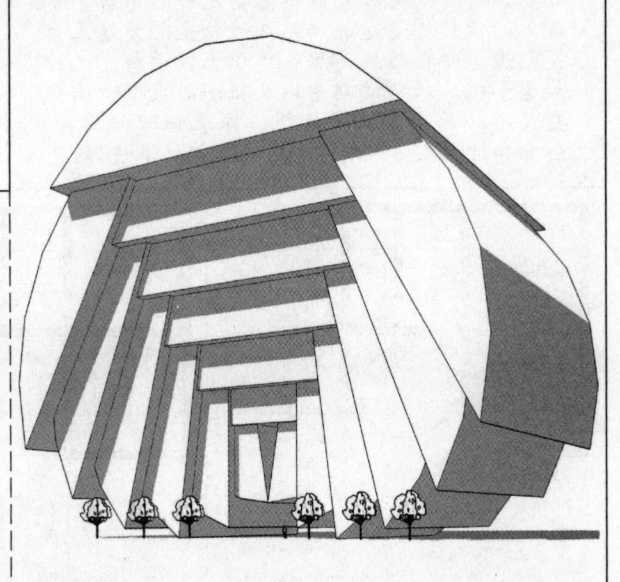

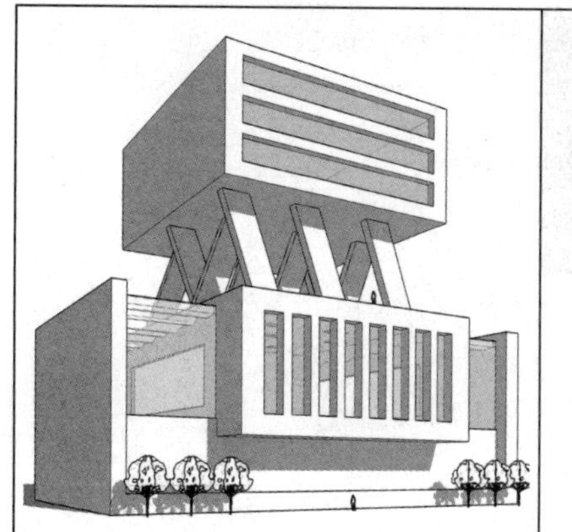

文字的表达是双向的，人能接受文字信息也能传递出去，而图像的传达是单向的，人能认出一张脸，但是画不出来。宣传总是采用图像，就是因为图像是被动接受，接受之后不会传递，不像文字那样在吸收后会向外传递，而在继续传递的过程中就会发展变化，宣传最重要的就是定格思维，于是读图时代最容易被洗脑。贫富不是天生而是被设计的。

皇帝戴高帽子，各种制服也用帽饰来表达身份。高大上三个字十分确切，尺寸高、体量大、凌驾感都是建筑设计中制造场所感和宏大气魄的手段，靠崇高建筑来塑造心理的尊崇。

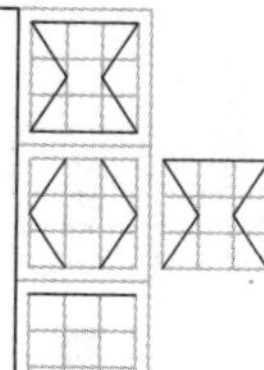

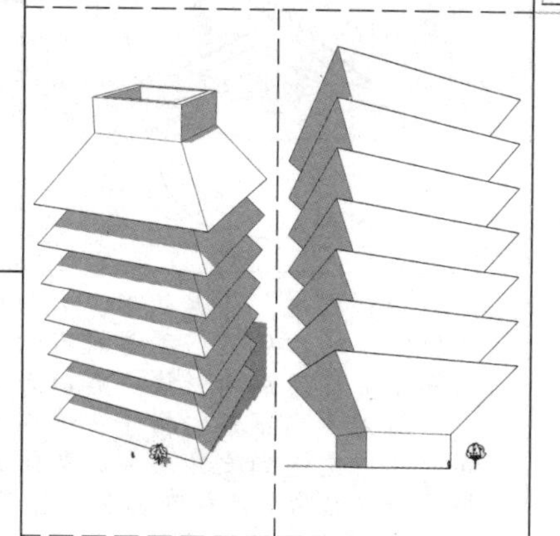

贵将贝踩脚下，贱携贝同行。贱字贵东而贱西，东为海产贝。贵站在水上，贱失身水中，身无着落只好落水沦落。

世界淹没后，城市如同冰山漂浮海面，为保证稳定，多数居民只能深居海底，少数隐匿者能够身处海面。化解岛居矛盾是不可能的，轮流掌权享受太阳的制度也会被欲望破坏。幻想的未来总是贵在天、贱在地，贵在地、贱地底的模式。

人对形象不深入认知，只是流于表面，象可理解和平易近人，常被人忽略不见。大部分人看东西知道叫什么，有理性的判断，但是要重新画出来，进行感性的传递就不行。靠模糊判断和定义来简化大脑的工作和存储量，这是自然的智慧。人的聪明在于用低级的技巧来还原高级的归纳，将大脑的归纳具象化，导致文字信息被图像化，人的思维能力越来越弱。

超高层建筑旁的贫民窟，如《铳梦》中的天空城和垃圾城。贵贱搭配才各得其所，贵比照贱产生优越感，贱追赶贵获得目标。一零一大楼的鸟瞰就是城市阶层划分的实例。画中的大人物要小人物衬托，现实中的普通人相比古代的豪杰能享受更多物质和精神产品，却还不知足，因为有比较。人的贫富和贵贱都是种心理认同，建筑往往是这种心理的强化剂。

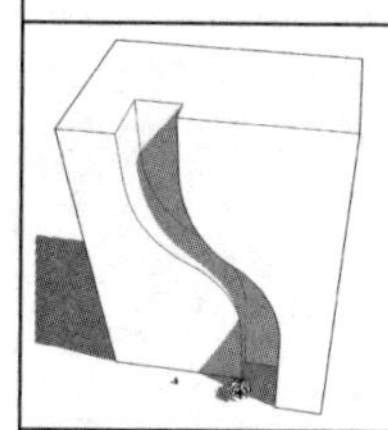

高则贵、低则贱。自诩高贵的人腆胸叠肚，倨傲不凡。自认低贱的人卑躬屈膝，自叹弗如。苏秦两次游说后家人不同的态度，就说明贵贱之间只隔着一条鸿沟、几张表情。

人离乡贱，陌生人被提防，融入新环境困难。物离乡贵，新鲜玩意不得不玩，满足好奇心。不在熟悉中觉醒，就在麻木中死亡，陌生是一种动力，让人提振精神。人生总是在面对新人新事，做好由低向高的准备，不以当下的窘境约束自己，宁有种乎的想法不仅在人，在建筑上也是一样，不曾有固定不移的标准。

所有的旧有势力，都是在维护自身的利益，凡是拥有既得利益就是贵，无产者一旦有产也就从贱变成了贵，于是作为不动产的建筑其流派和主张都是既得者的权柄，新生思想只有借力于旧有堡垒间的争斗倾轧才能由小壮大。

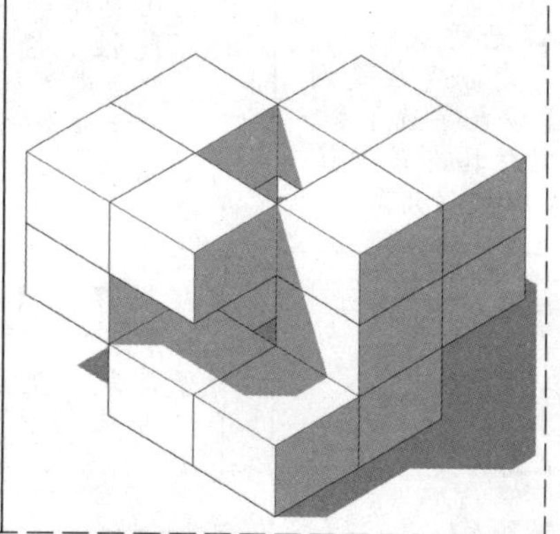

贝壳中藏着珍珠，贝壳的价值转换到珍珠上，珍珠是自我保护的产物，有时候追求就是一种保护。鼍壳藏着变龙时留下的大珠而不自知，艰辛没体现在成果上。

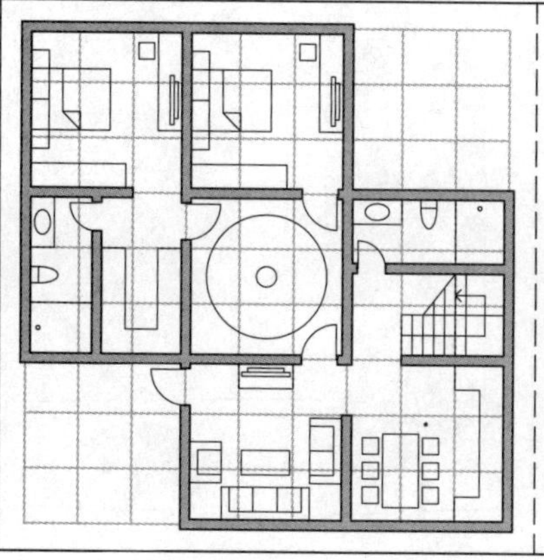

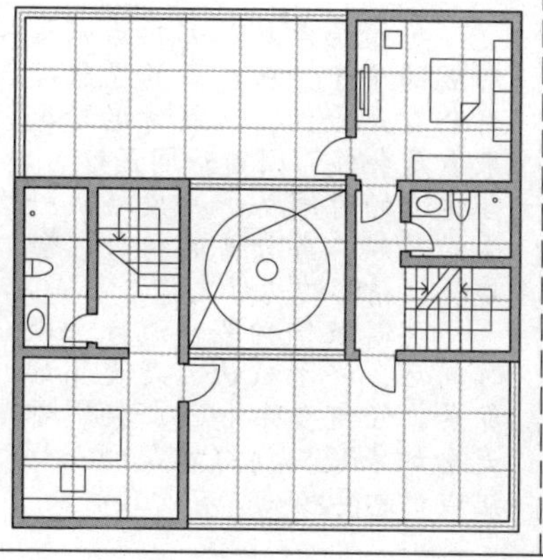

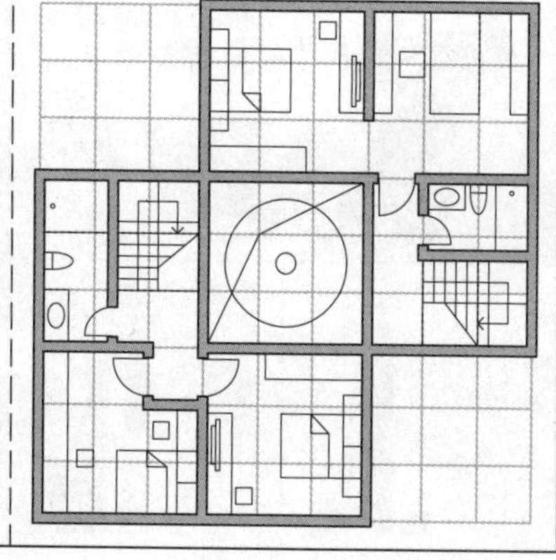

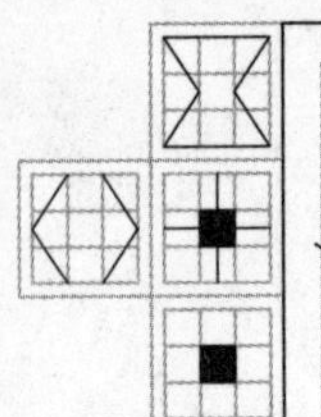

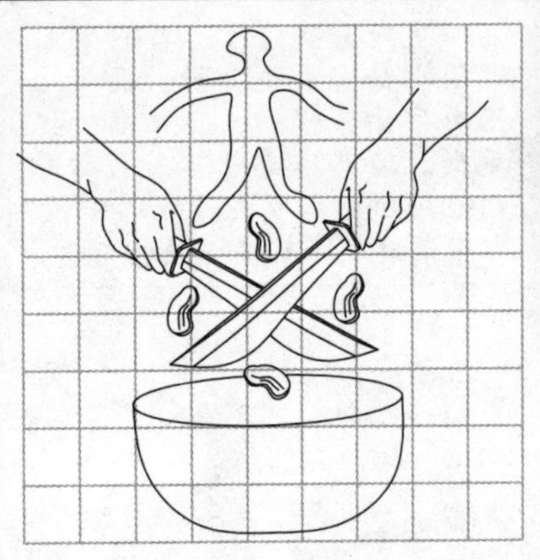

如何奢俭初终异，
一相存亡事不同。
——宋·徐钧

/朴华/

奢：张也，从大从者。大为成人。者是煮的原字，从耂从日，耂是双刀切肉，肉末四溅的样子，日为锅的形状。后以者音为诸意。奢是人持刀剁肉下锅的样子，吃肉为奢侈。或大煮一锅，吃饱喝足就是奢。奓同奢同侈，一人持两条肉也为奢。赊亦通奢，奢者常赊。

儉：约也，从人从佥。佥从亼从兄，亼为屋盖，兄为祝的原字，是人张口向天祷祝的形象。佥为众人集聚屋内向天祷告，有集合、皆、咸的意思。俭字是人把自己关在房子里，自我约束、不放纵的意思，代指省约。把金属约束起来为剑，群山聚集在一起、地势陡峭为险。

者中的双刀或许和现在剁肉的方法一样，是在剁肉泥。或者是一把刀快速移动的捕捉，用共时性再现的方法记录下来。传统神话中的十日悬天和三头六臂都是画面的共时，中国画中的散点透视实际上也是一种共时再现，不同时间看到的东西融合在一张画卷中。

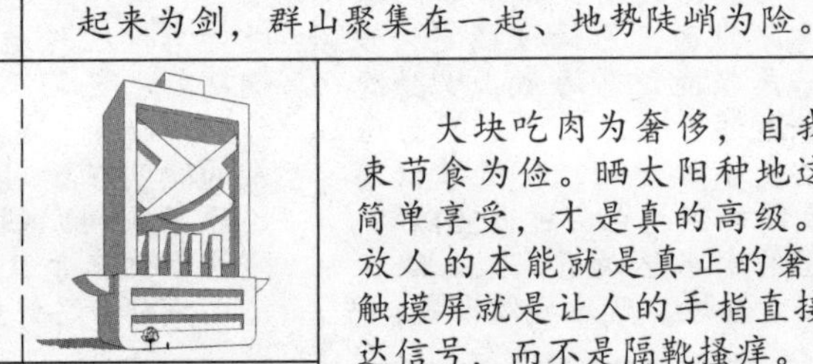

大块吃肉为奢侈，自我约束节食为俭。晒太阳种地这些简单享受，才是真的高级。释放人的本能就是真正的奢侈，触摸屏就是让人的手指直接传达信号，而不是隔靴搔痒。

商业门店全用玻璃围合，就是释放人所有的视线，如同在低密度的住宅区，人的视线得到释放，心情和欲念也宽松。减少消耗是俭，封闭自己更是俭，密集的城市中，每个人的行为和思想都被过度约束，成为投入产出的计量器，人生的奢是放下包袱、放开自我。

从心所欲不逾矩就是现实奢侈所能达到的极限状态，逾矩则德薄不能载物。

奢就是多余，俭是恰好。不论贵贱，铺张浪费就是奢侈，物尽其用就是俭朴。长袍和短打扮是身份的区别，就是长袍多于人的需要，碍手碍脚，标榜不劳而获。短打扮就是要干活，尺寸正好即可。

照明只需目光所及便可，过去端着灯到处走，现在是到处开灯。科技进步也导致了奢，然后再俭，新型灯具在较少能耗下，更大地发挥光照效率。

功能就是俭朴、超出功能标准的就是奢侈，奢侈也许很俗、俭朴或者很雅。经济水平高低和建筑作品的高下有关系，但并非等比。好材料、好工艺重要，但设计的可贵之处就在于利用有限的条件，创造无限的可能性。烧肉像肉不稀奇，烧豆腐像肉才稀奇。

过去天然材料和人工值钱，后来发展到人造材料和机器加工值钱，到现在又是传统材料和普通人工值钱，材料的运用也在循环。只要有使用方法，许多素材都能利用，轮胎建筑、瓶子建筑、生土建筑等等疏离于工业体系之外的建造方式，能让人以朴素的心态面对建筑。

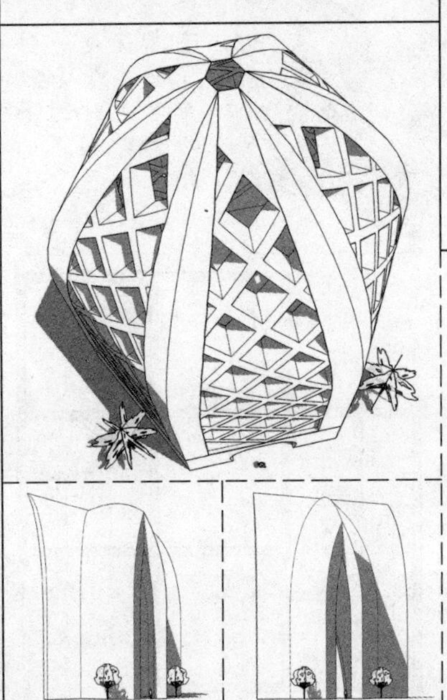

将植物束起头部然后嫁接形成的房子，从朴素的原料使用来看是俭约，从耗费的时间来看是奢侈，因为时间最珍贵。当建造的时间从一年发展成一生的时候，再朴素的材料也会建筑出精彩的传世之作。

建筑装饰构架在流行一段时间后，终于被认为是无用的负累。任何多余和不必须，都是奢的表现，简练建筑的一切组成都息息相关、有所表达。

奢字中隐含着水火，俭字中蕴含着土木。思想中许多路线要斩断，才能集中注意力，绝利一源、用师十倍。水面盛大如扇，小道贯穿。思路像是滑梯，出发时候是不会发现中途断开，只有靠脑细胞的牺牲才能发现，退回来再找出路。

在现实中，适合发展的道路总是靠人的牺牲来发掘，或者靠一群动物带路，以动物为牺牲，祝祷上天来指引方向。

门层叠打开，仍只是一道门罢了。奢总是靠重复体现，因为有价值的创意总是少，而增加线脚、檐口线、柱槽可以体现细节，增加奢华感。古城大门不仅是功能需要，还是比例需求。满足功能四米高足矣，为了搭配城墙高度、表现气势则须加高，大门上再安装一个小门就是实用的人行通道。门上的猫眼更是视觉通道的极简，效果等同于通过一扇窗观察。

大师的建筑作品似乎都要超预算，普遍的常规建筑是直立，而大师们常常将科班建筑师的刻板作品旋转个角度，就成了经典。常规的东西只要变化一点点，就可能成为艺术和异数，矗立一百米不算什么，悬挑一百米就实在特别。许多奢侈的建筑都是超出常理的产物，是故意由俭而奢的。

临摹大师们的经典作品，找出更廉价的实现方式，更换材料、调整工艺，拆解重组。将图纸多变换几个角度观察，或可以得出一个基础的原型。悉尼歌剧院旋转组合后，像是宝剑的手柄、奥特曼的盔甲、恭喜发财的元宝摞。

建筑要满足使用者的虚荣心，用有限资源体现气派和奢华，就像是农村房屋只在正面粉刷一样。维持一种和平秩序，保证规律生活或是最耗费，调停者反客为主、尾大不掉。

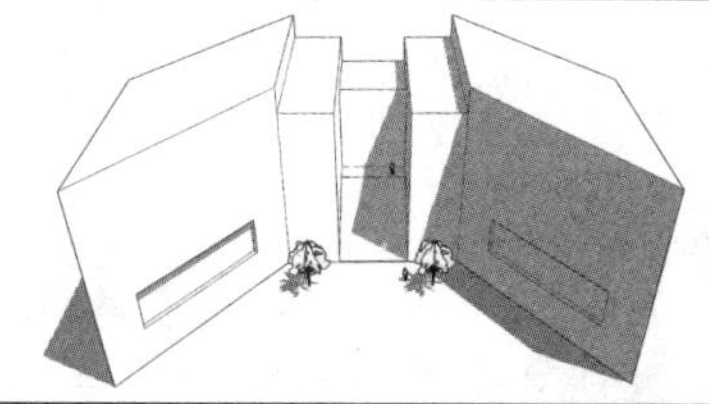

大屋顶是奢侈，没有出檐是俭省。铺张这个词就显示出欲望的现实形象，肥胖就是生理上的奢侈。大的不合理，往往由一堆小的将就组成，退一步积累到最终无力回天。人的过分之处就在于要表达塑造秩序的能力，但自然的力量终将万物都打回原形，走上自然的秩序。

早期的拱是简支桥状，梁高巨大、柱子粗壮，建造和加工困难。有了拱券，柱子和墙壁都轻巧许多，跨度和高度也增加，这是愚昧向智慧发展的过程。传统建筑靡费巨多，于是建造少，生态保存良好。现在建筑消耗少，反而浪费巨大，生态恶劣。生产经用耐久的物件就是节约资源，低消耗的大量浪费才是奢侈。

纵观时代，远古时期蒙昧，物件俭朴；信史时代开化，文艺奢繁；近代大工业生产，简化流程；现代个性张扬，种类繁杂；未来机变过剩，又崇尚质朴。思维在简单化和复杂化的轮回中摆动，思想越丰富，就越难得糊涂一下。

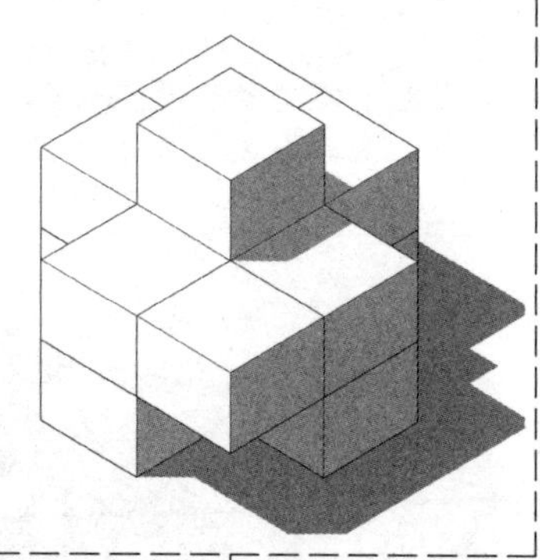

晒太阳成了奢侈，拥有大阳台未必会晒太阳。和自然的鸟语花香、青山绿水比较，所有人为的精巧都不值一提。走进自然就是最奢侈，自然界最奢侈的就是人的能力。

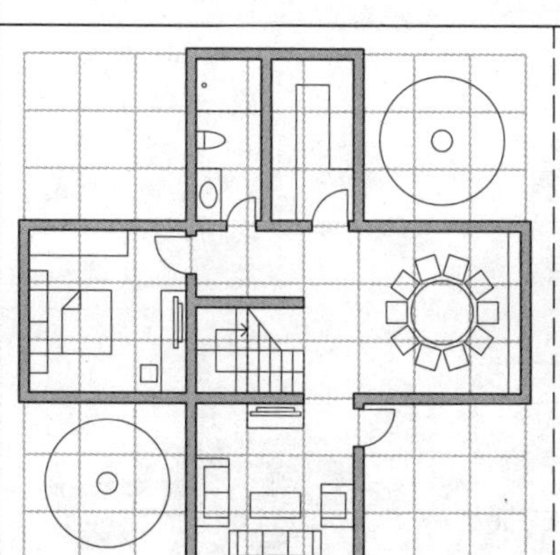

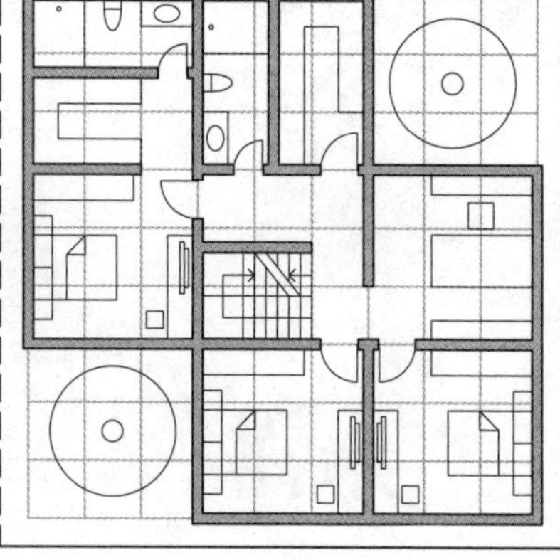

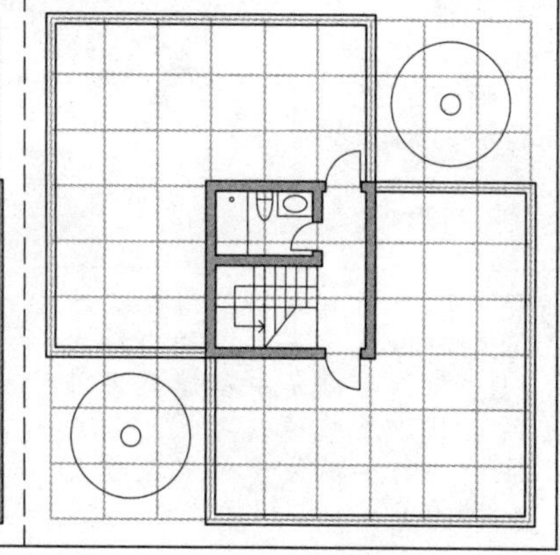

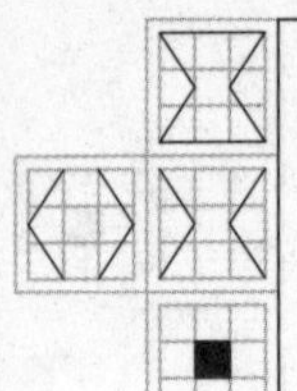

纯　杂

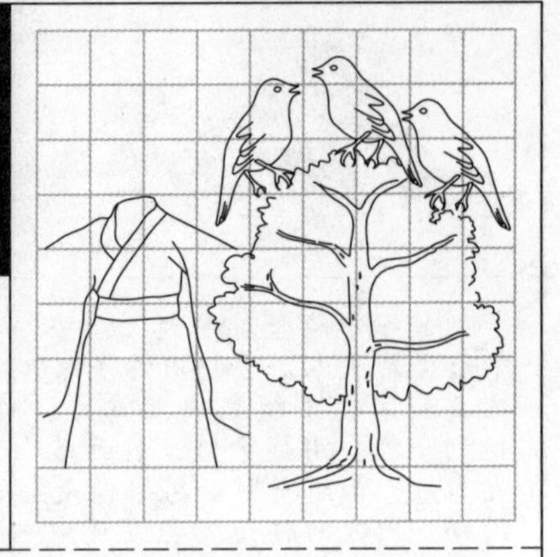

历代有撰著，
纯杂理须辟。
——清·汪懋麟

/疵醇/洁污/净脏/

纯：一色成体，从糸从屯。糸为丝束。屯是带叶花苞的形状。花骨朵是花瓣一层层包裹起来，还加上叶片的衬托，因此屯有聚集、积聚之意。大部分植物花期都在春耕时期，屯还有春天之意。纯字意指集在一起的丝线，晶莹雪白的丝线就代表了纯粹和纯洁。

雜：五彩相合，从衣从集。衣字为长袍的领口形象。集字从隹从木，隹为鸟、木为树，集为群鸟聚集在树上的样子，各色羽毛如同百衲衣。雜就是将各种颜色的衣料糅杂混搭在一起的样子，集下木移到了衣字下面。简化的杂字取雜字半边，为九种木材混杂拼凑的意思。

丝是衣料、衣是成品，花是末、木是本。纯杂两字都和服装与植物相关，可从中寻找搭配的灵感。单独一物不便表达纯杂，两字还有集聚之意，一种多个就是纯，多种多个就是杂。后现代走投无路，就乱打儿童王八拳，或者高级一点称作是百花错拳。如今那些乱拳打死老师傅的例子不胜枚举，东摘西借学到各个门派的花招，速成但是无法系统。

虚线、虚面也有限定作用，暗示隐性的空间。所有的不连续都隔岸遥望、起伏都有所指，才是精到纯粹的设计。目光和思绪被五光十色和无处承接的空间打散，就沉浸在杂乱里。整洁要整要秩序，污浊是浊是混乱不清，建筑未必脏，但不处理的细节让人感觉脏，就如同不刮胡子。各面相交的接缝，常常是墙地顶各自为政，如同裤缝和领带歪在一边。

导游用猪八戒来形容某个景点，将一种形象通俗化便于理解，便是化混杂为单纯，也是特征的总结和运用，就像是思想的提纯。纯自身保持一致性和均质，表现出与外物有所区别的特征，特征的展现需要有参考的对象，所以和比照之物又有联系。如果美玉和鹅卵石相比算是特别，那它和猪比较就无法用特别来概括，因为没有比较的平台。

因为各自纯粹，才有了区别，才可以表征。文字就是一种最通用的符号，符号有特征性。十字架是教堂的符号，平面立面都体现其特点。紫禁城的太和殿坐落在土字型的台基上，这个形状可为土、干、士，是三件国之大事。强化特征，能给建造者和使用者足够的心理暗示。

纯粹的东西特征明显，杂乱的东西找不到特征。用一种熟知的概念或者特征去提炼杂乱中的规律是人的本能，于是在斑驳墙壁上能够呈现无数的人物和故事，在云朵翻涌的天空中，能看出各种奇形怪状。

杂中提纯，混乱的星象也被提炼出精彩的星座和形象。这种将骨骼反推成复杂人体的作为，和中国人将人的丰富动作简化成汉字刚好相反。

风格有辨识度，说明具备纯粹的风骨。现代主义注定留名历史，后现代只是一代建筑师推销的标签，模糊、不确定、辨识不清、无从解读，几年过后便无所遁形。

中国建筑、欧洲建筑、伊斯兰建筑是三种主流形式，融汇这些风格能使思维调和。

混杂所有风格，将类型建筑的符号集于一身，糅杂标志性建筑，大概是中国建筑设计的现状。民族建筑突围，变为主流，首要抓住传统建筑顺天应时的正宗，皮相就只是其次。

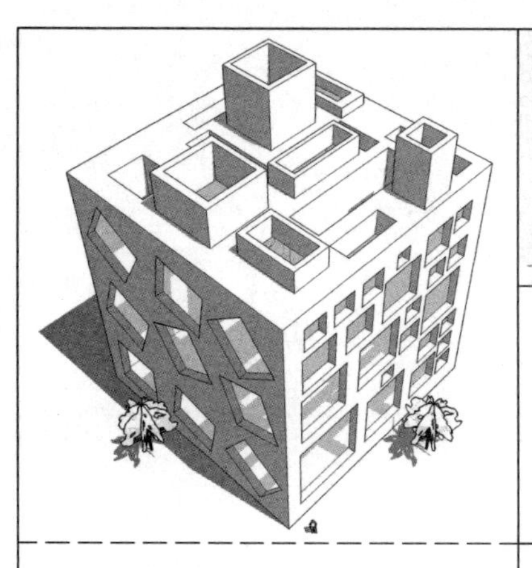

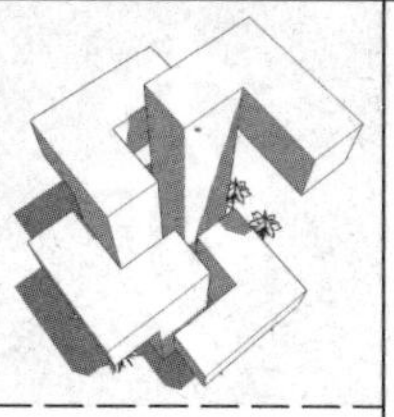

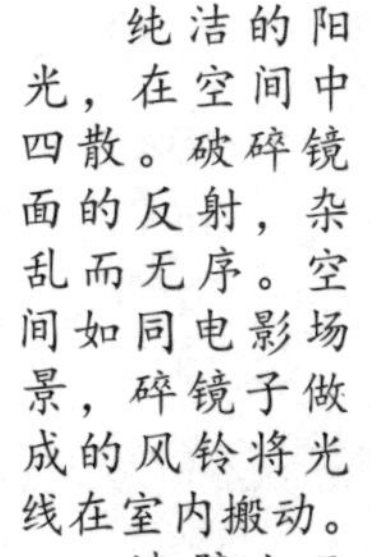

好的食材讲究吃原汁原味，只有普通的食材才会重色重料地调味。要保持纯粹，又要在风味和风格的延续上进步，恐怕只能螺旋式的上升，旁敲侧击地歪生歪长，如树如火。

纯洁的阳光，在空间中四散。破碎镜面的反射，杂乱而无序。空间如同电影场景，碎镜子做成的风铃将光线在室内搬动。

墙壁上无规律的孔洞透入光线，密集地随着时间移动，室内墙壁镶嵌整面的镜子，在三棱中折成无限空间，如万花筒。

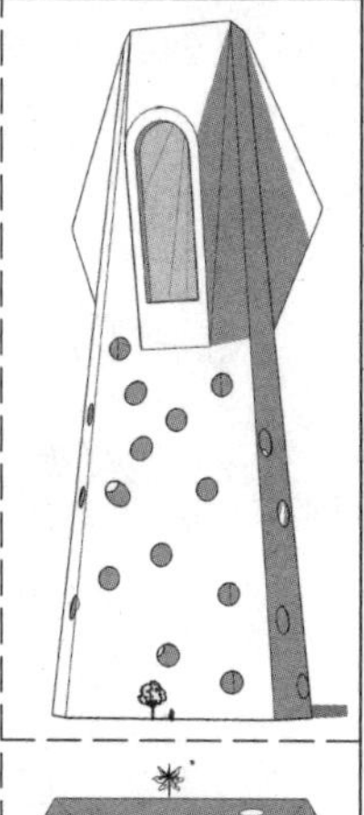

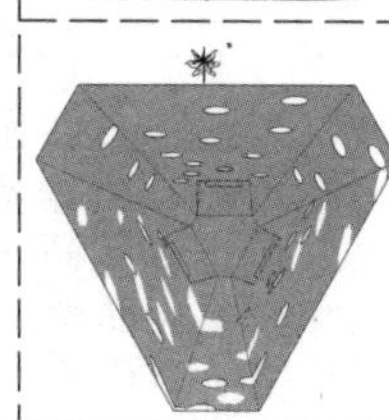

建筑元素，譬如窗户，在一种方式下变化会产生杂，因为特性还是窗，仍具有纯粹性，于是纯杂相混，变化又统一。大小变化、角度变化、凹凸变化，以反义相成的概念指导变化，可以分层次递进，不至于跑得太偏、走火入魔。

平面杂乱、立面纯粹或者反过来也行。将建筑的几个元素混合成一种复合体，红砖就能做出无数种尝试。

对象、表征、价值，是审美的组成部分。建筑如同服装一样拥有人群特征，官员、百姓、艺人、学生、军人服饰特征各有不同。建筑作为人的一种容器，就应该反映出使用者的特性，学校和医院各有其特征。形式是泡泡图的物化，不光有理性的联系，同样也塑造出明确的空间和外表特征。参照标准物，就可定义纯种的建筑，就像给纯种狗评分一样。

学习但是不要迷信，中学为体、西学为用。包含哲学思想的精神内核是和人的生理相统一的，身为什么样的人，就有什么样的生理结构和内分泌，这些都会影响到人的思维。因此在吸收所谓外来思想的时候，应该认识到唯一自己能够做到炉火纯青的，只有纯属于本民族的事情，其他所谓固有，都不及基因和文化的固有。如果想将杂当成纯，只会自讨没趣。

无状之状，无物之象，是谓惚恍，是物和象的辩证。造型的情感需求是种恍惚，两字都带竖心，是有情而发。人对于象不仅有物质功能化的需求，还有精神需求。形式就是功能，器也是道。发乎情止乎礼就是指纯情要用形式来包装，如果情绪只是乱发，定然杂乱无章。

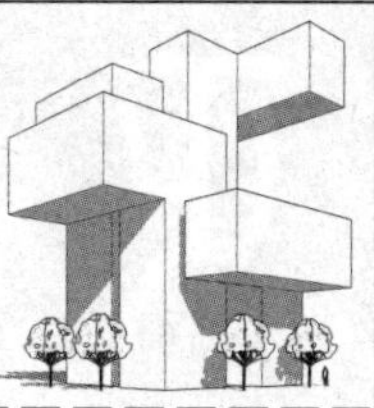

纯杂谈到的就是特征表达得明显与否，纯是力量，杂是丰富，高级的变化就是杂中带纯、中和平衡。喜怒哀乐之未发谓之中，发而皆中节谓之和，表达要纯粹到位，才利于被认知，否则如同扎堆的吉祥物，数量太多导致啰里啰唆，只能失去了表达的内容。

转圆石于千仞之山者，变化即将发生时的蠢蠢欲动，那才是最有力量的势。这种纯粹的可怕在于还未曾变化，一旦泥沙俱下、滚落山脚，不过是河滩石一块。衣料在没有裁剪的时候，希望和价值很大，一旦裁剪拼凑，也就失去了可能。保持为一块幕布，可投射无数剪影。

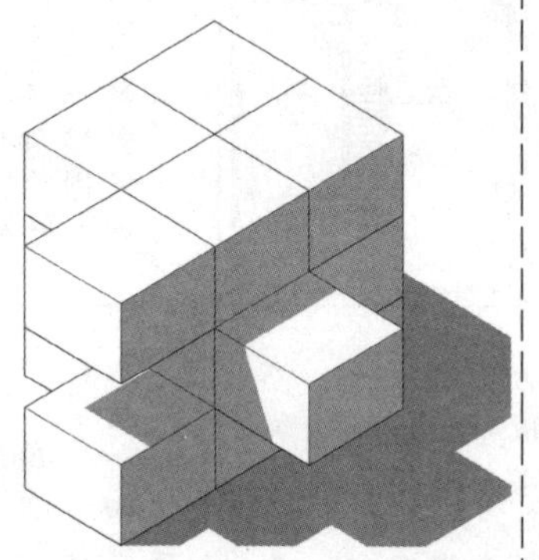

人为地画蛇添足、自然地节外生枝。守株待兔的人和兔子，是株之外的情节，三者各自独立。丰富杂乱的故事中，人物往往脸谱化，因为故事需要纯粹人格来标记。

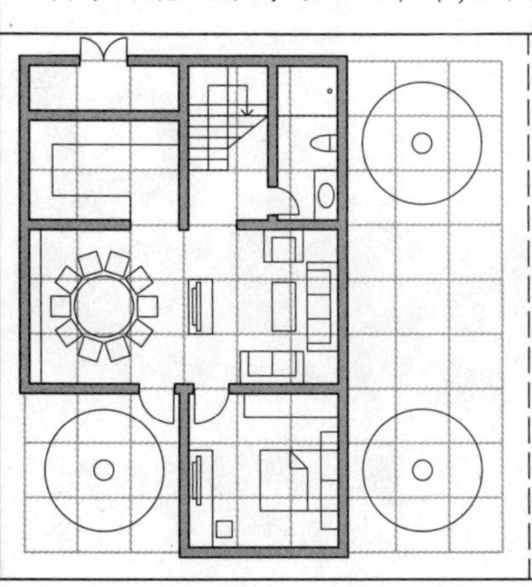

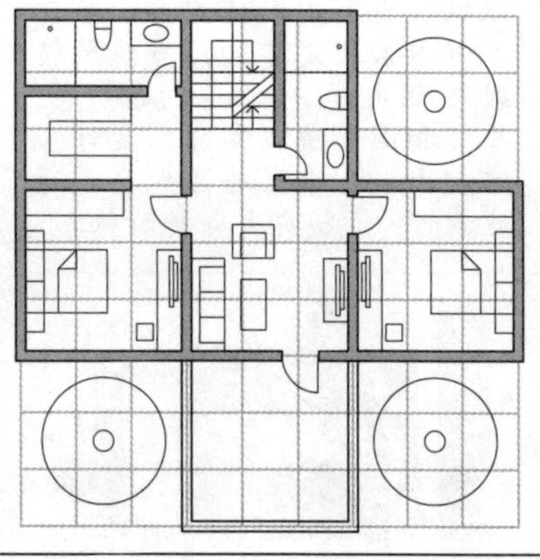

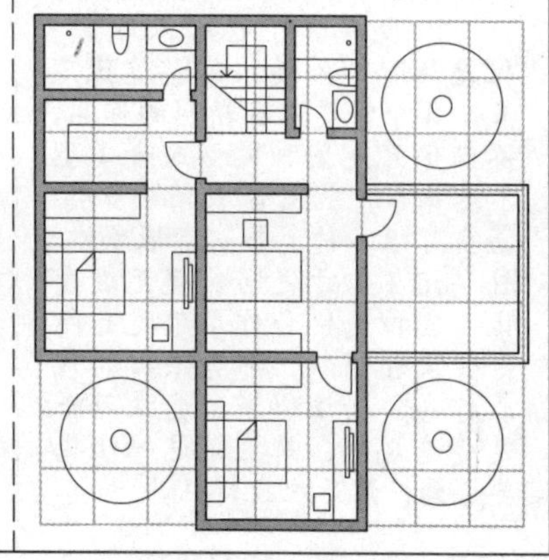

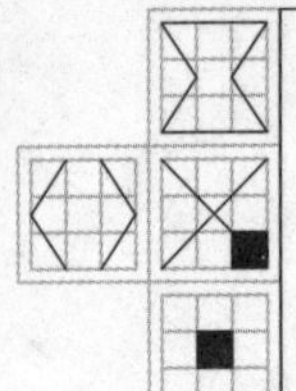

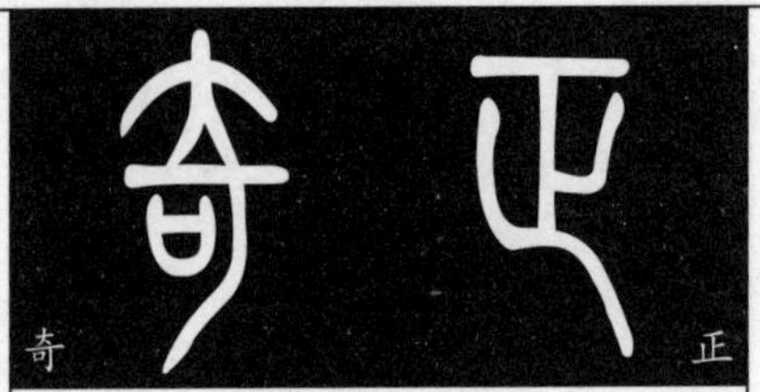

纵横中左右，
奇正锐圆方。
——宋·洪咨夔

/常变/正变/邪正/温躁/

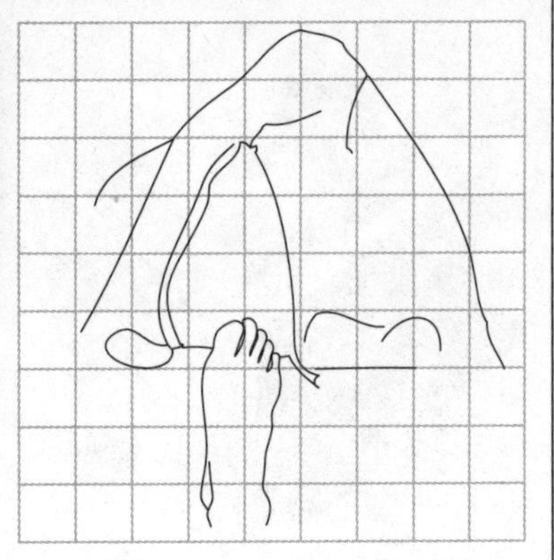

奇：异也，从驮从口。驮从大从马，大为人形，马为马匹形象，在奇中缩略为丁形，驮为马负人的样子。口表示声音。奇即为一人骑马奔驰有声的状态，为骑之原字。人驰马表示有紧急、非常之事。骑兵速度快，可出人意料。马是重要资源、珍贵之物。一人一骑是单数。

正：不偏斜，从一从止。一形为口状的缩略，是洞穴或者地域，代指方向和目标。止为脚趾的形状，表示行进。正就表示向一个方位或目标不偏不斜地走去，正与足同源。

正或是征的原字，以足践踏他人的领地，就是征伐。正字通政，政即是以文为征。

正到极致的立方宅，规整的立面和窗户。设计对称形体的建筑是件非常有趣的事情，柏拉图体块的建筑也是种审美。当所有的东西都在出奇制胜的时候，正就是最大的奇。

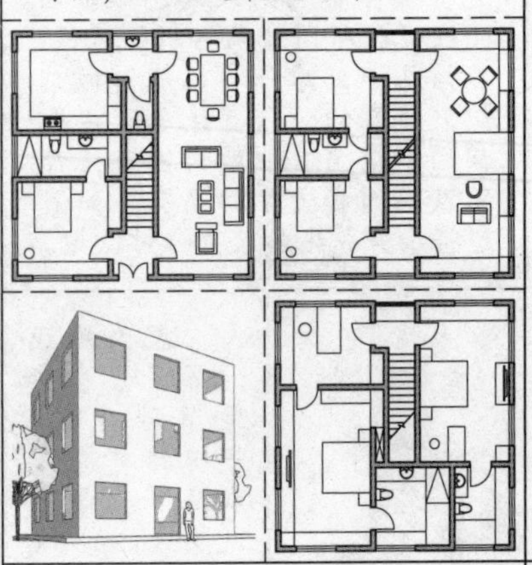

正统是时代标准，并非只是学院派，凡能积累传承的考究设计都是正，一次性的孤立设计是支流，奇侠怪客孤身行事，无法聚众成派。设计师或走正道或是取捷径，正道进展慢，但能走更远、有更好发展。邪路改变快，但没有持续性。任何成气候的风格都需要社会基础，独立思想很难为多数人理解，无法随众也无法使众随。

艰难的路才能走得更远，艺术往往如此，搞怪和剑走偏锋容易形式突出，但是长远则会被淘汰。做鬼脸很容易，但是要修炼出高尚慑人的气质就十分困难，建筑应该静下心来设计，仔细控制和引导其生长。

守正出奇是比较切实可行的变化方式，也最容易讨巧。建筑的形态在堂堂正正之中奇兵迭出，意料之外又在情理之中才是高妙的手段。

中正均衡是大美，规整明晰的设计最能体现控制能力和思维水平。正装往往最考验服装设计师的能力，所有的大动作都被约束，全靠细微处见惊奇，既能守正又能出奇才是真正的功力所在，住宅亦如正装。

图纸的朝向都会影响到设计的成果，人观看图纸的时候，目光所去就是一条虚设的控制轴线。顺着目光布置轴线就看着舒服，而横贯目光的轴线则不太顺。在设计总图的过程中，多转换几个角度、甚至镜像观看，都会有新鲜的感受。

设计条件和设计成果都应该多角度思考和观察，不仅是从空间上，还要从相关专业中。空间模型和思维模型都要检验。

真正的大力士去举重，而不是拉飞机。铁布衫该睡铁蒺藜，有轻功就上磅秤称。花哨繁复地作为，都是取巧地表演。满足规范做建筑只是及格，为弥补功力而搭虚架子也未必正。

人没有鼻子也引人瞩目，但是毕竟不如美人好。过犹不及，各个种类都有精彩的作品。不仅仅只是某种风格或者类型才是正宗，就像音乐有很多类，菜肴有很多种，书法有很多体。图章就在方寸之间体现无数变化，各种变化和作用都是有所突破或者创新，都有杰出的代表作品。一法得道、变法万千是普遍规律，前提是这一法先要得到，然后把持得住。

一个变动不停，周流不息的建筑。会旋转的房屋，放置在一个屋顶上旋转，只要人在里面走动一下，就可以带动建筑转换到任何的朝向或角度，就像是向日葵一样，变化主动权取决于室内的使用者。插销可以用来固定建筑，当建筑转到某个角度，门洞才是朝下，并且和围墙缺口重合，这时人方能出入。垂直通道也在不断地旋转，下楼也要等待时机。

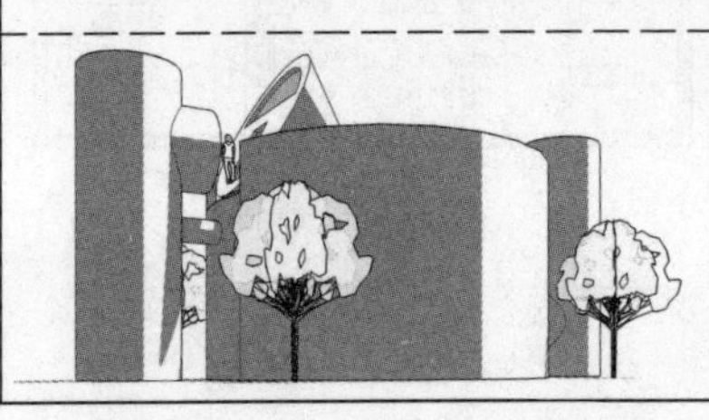

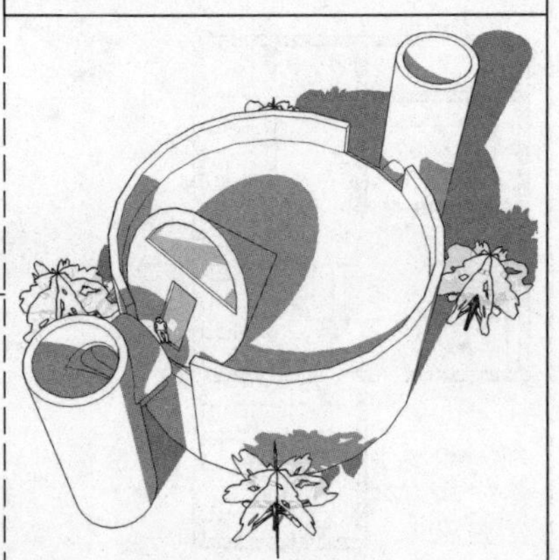

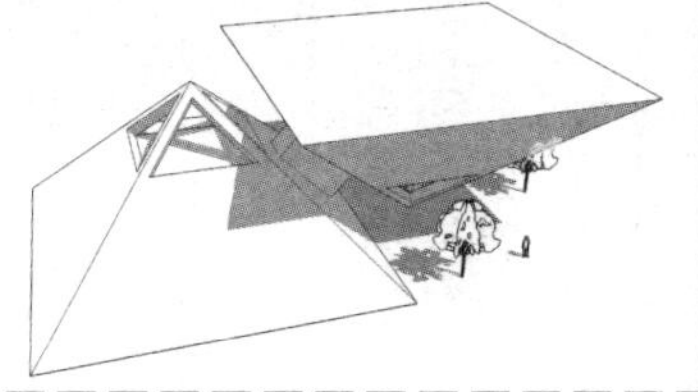

刺激太久，感官就会麻木，人不可能永远欢呼雀跃。强颜欢笑的建筑就像是伪装振作但是疲惫乏力的纸老虎，以静制动的石敢当才是稳定的根基，如人自信的微笑。

一功能可多形式，一形式可多功能，须考虑匹配度。砍树可用的工具很多，但总会有一种工具最常用。功能不仅要实现，还要非常合适地实现。用斧头砍指甲、水果刀砍树都只是表演，只能达到作秀的目的。中正就是这种如牙齿咬合般的契合，是合乎情理的雪中送炭。

用全新的元素构建传统的建筑体系，用概念化的几何形体取代过往所有的古典式样。这是偷梁换柱的做法，梁柱的丰富造型都简化概括，形成新时代的法式和则例。

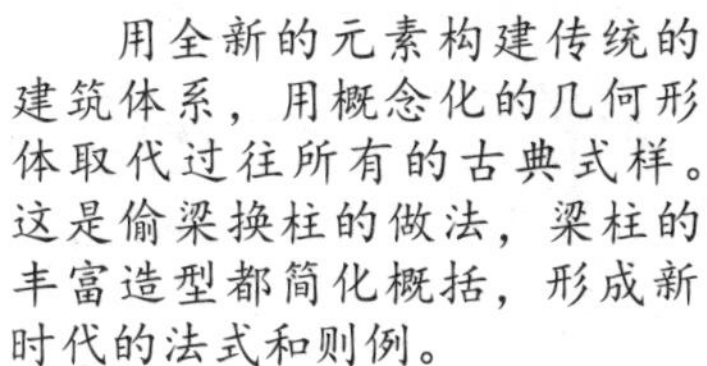

古代流行的娱乐是诗词，等于当时的流行歌。从这个角度来说，大小李杜等人算是古代的娱乐明星。如今的电影就充当了诗歌的角色，成为这个时代最通俗和流行的娱乐。

时代进步后的正，恰是推倒重来前的奇，一代代风流人物后来居上、取而代之。一座山峰建筑，无论多艰难地爬上去总要下来，用滑竿或滑梯下楼，爬山慢，下山却快得很。

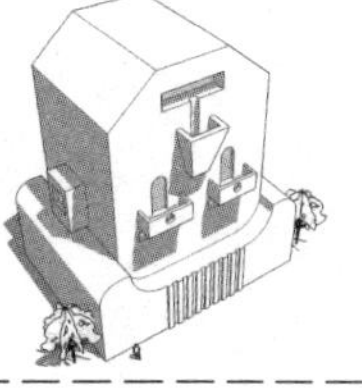

沙漠尖顶和雨林平顶，让人感到奇异，如同看见猩猩穿西装。特定场景的辨别习惯是长时间形成的，如同唱片听久了，一首歌结束，自然就会想起接下来的旋律。惯性认识中，该怎样就怎样，功夫要花在功能上，而不是将沙漠平顶换个尖顶。待客有道需防反客为主，沙漠和尚念不出水乡经，不可狐假虎威，拿一知半解来吓唬人，更不能变性来邀宠。

美建立在规则上，就像人脸是规律的组合。打扮更美不是弄成猴子脸来区别。各人种都有区别明显的美丽标准，建筑和服装的美就是要在这样的框架下实现，而不是凭空创造、异怪如同电影中的外星人。

学习人面，鼻子高耸而出，是脸上奇点，如同陀螺的把手，牵一鼻动全身，能将面孔旋转或倒置。建筑中找到这样的把手，就是出彩出奇之处。

文字和音乐能被人直接认知并触动感情，建筑虽很难做到直指人心，但其中也存在着体现和谐与完整的联系和呼应。这种和谐关系，常被平庸者无意忽略或者被叛逆者有意抹杀。

发现异常是动物的天性，既躲避危险又能减少信息储存。建筑稳重和谐就会让人忽略，潜移默化地融入环境和思想，这种设计并非是建筑师要摒弃的，普通饭团子能被咀嚼和吸收，沙子硌牙引人注意只能被吐出来，要甘于不被发现，有稳定自信的坚持，这样才会出现真实长久的设计，至人只是常。当设计师简单，只是莫作怪，当设计师难，都是要作怪！

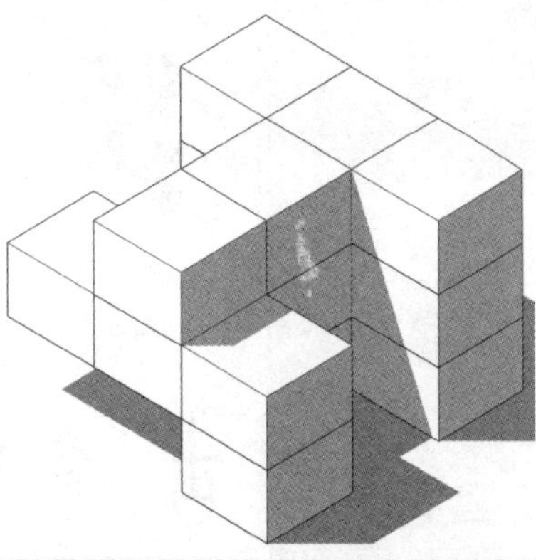

正常局部组成奇异整体，跑偏的轨迹在每一小段都正常。北立面的方形是平面的一，加上止的空间组合，形成正的意象形状，却又有奇的实际效果，算是守正出奇。

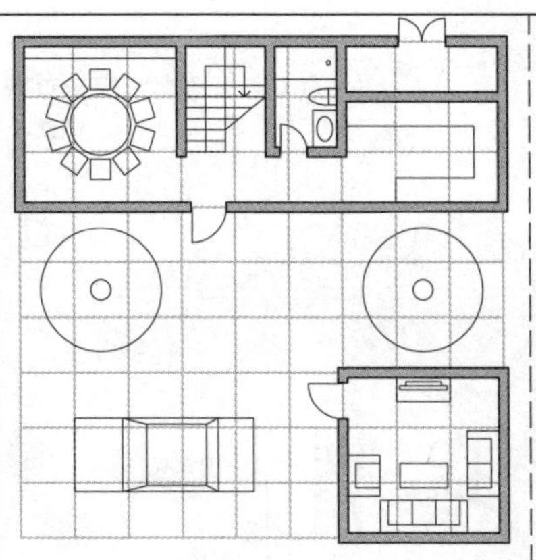

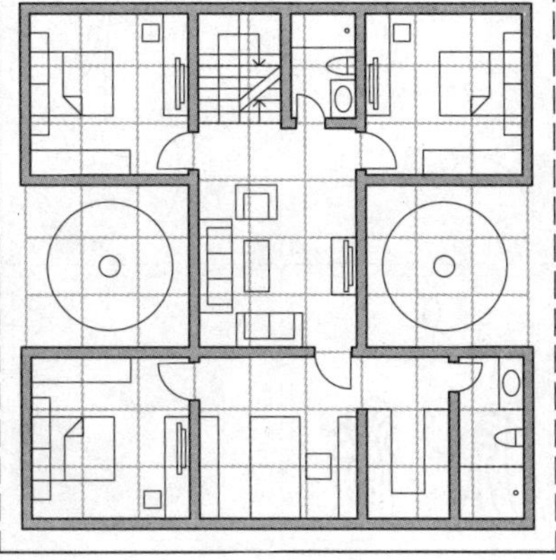

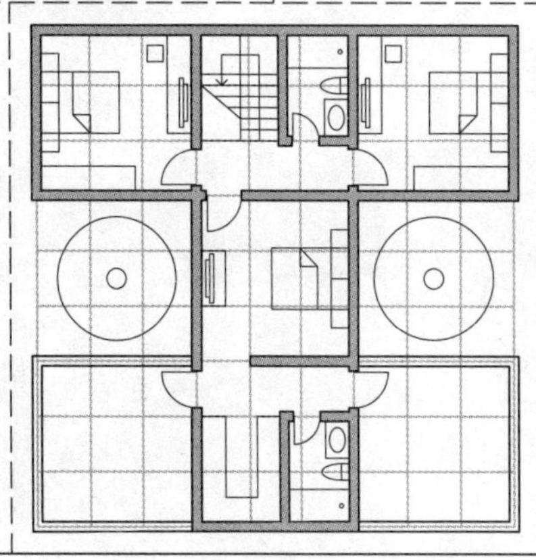

04
01
05
通
土
02
06
03
07

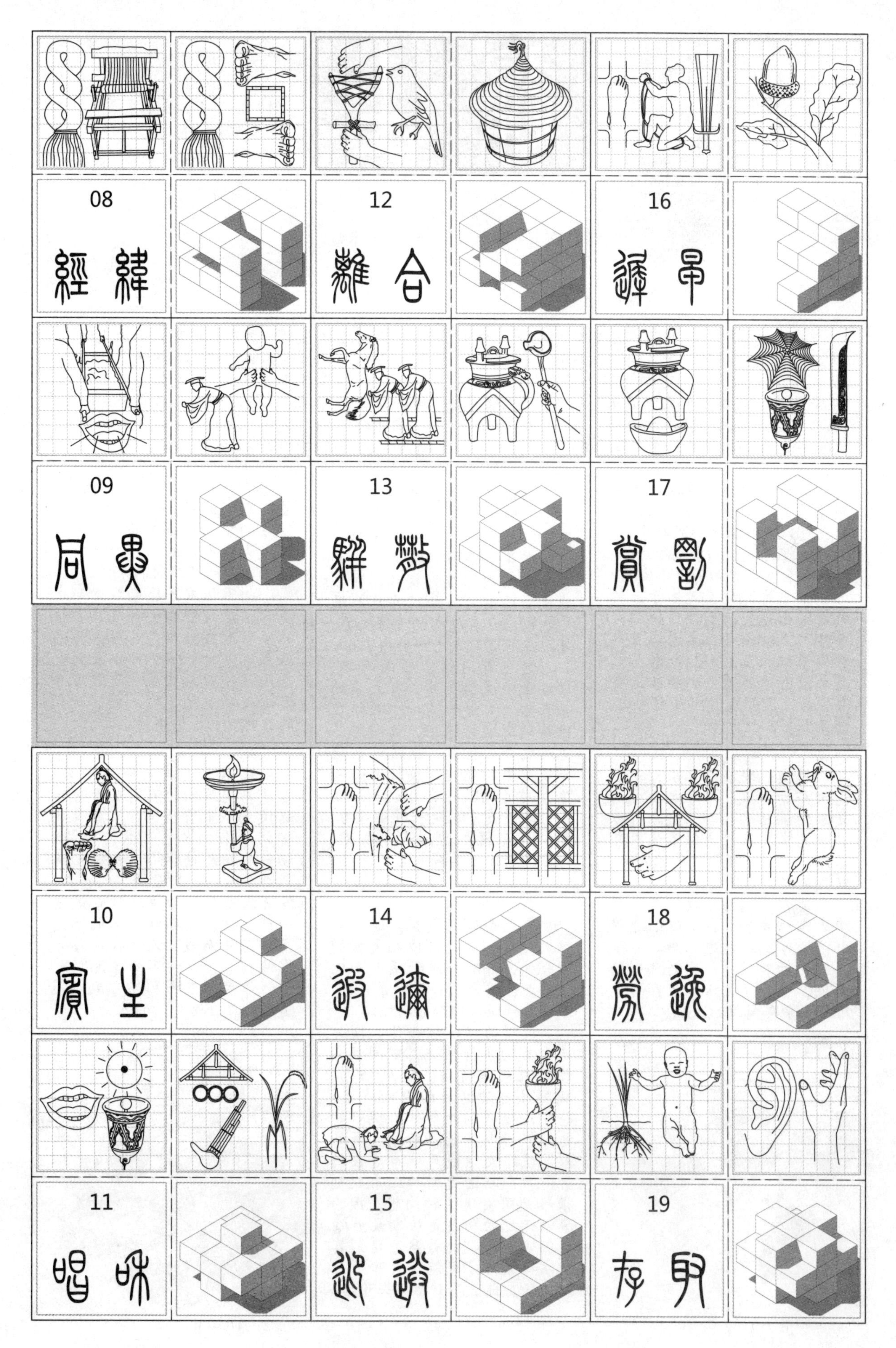
08
12
16
09
13
17
10
14
18
11
15
19

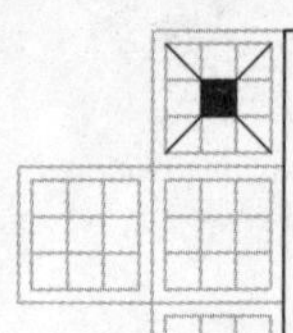

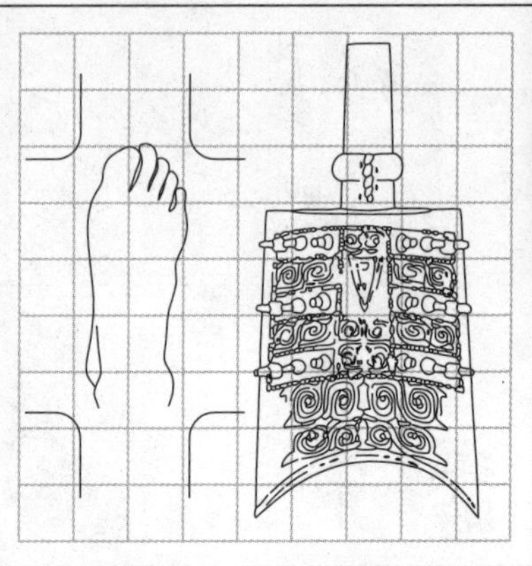

通 土

土脉通潮信，
湖光助物华。
——明·张羽

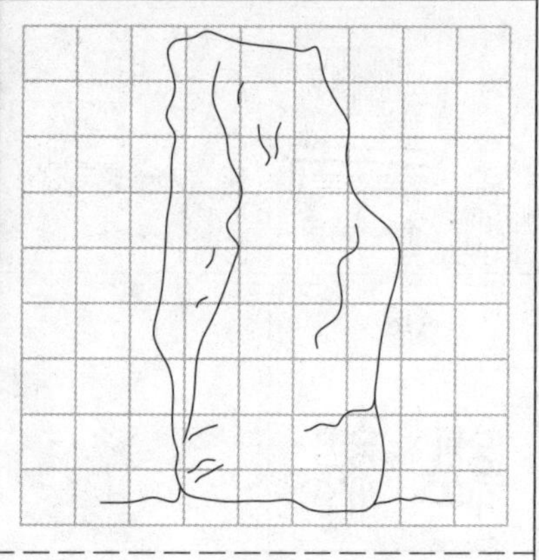

通：达也，从辵从甬。辵字从行从止，为脚趾在路上行进的样子。甬字是编钟吊挂的形状，表示发出声音。通即为道路上熙熙攘攘、喧哗热闹的状态。甲文中通从辵从用，道路已经可以行走使用，就表示通畅。甬字原指编钟的钟柄，是联系挂架和钟体的通道。

土：地之吐生物者也。形状是平地上竖立的大石头，标示地界的界碑。土壤是最广泛的联系，任何星球任何存在，都是依赖岩石和土壤的存在而实现，土壤之间相互吸引最终积聚成星球的状态。没有土地就是皮之不存，因此占有土地、顶天立地是生存的基础欲望。

土壤的特性就是通，如同树于象、火于变。群山土石的特点可以表达通的形式和内涵。土有地理意味，指区域和区位。其他如金水木火都不便谈位置。

金水木火完全是由于土的存在而出现。没有群体便没有个体，土就是其他元素存在的群体基础。没有土，金水木火就都没有了根基，矿物在土壤中生长，水分在其间自由沟通，植物扎根，烈火深埋。

历史、现在、未来，是贯通古今的方式。通的首要方面是总结既往的经验，汽车可以替代马车，虽提速但不能离开道路。手法是现阶段所运用的，就代表当下的现状。

通作用还在于提问题，思考未来的发展，在快速的进程中搜索可能的前进方向。迟早是时间的终结，赏罚是法制的严明，劳役是生活和生存的分配，存取是持续的基础。

通的意思首先是联系地看问题，博古通今地从文脉看待设计，其次宏观地从群体的组织和变化看个体，再次是将理数象变的内容进行提炼，发掘规律和通则。譬如同异就是很广地概括，其包含的图底关系，贯穿在所有形式感知的内容中。

通还有通过审核的意思，方案最终成为实体，有太多的关节要去沟通和商榷，必须在保持理念的情况下，让形态不受到太大的伤害。能通过也是一项重要的能力，设计者必须要有沟通说服的能力。产业链条中疏通关系也是一种生产力，随机应变谓之通，随时顺势、与时俱进就是摸石头过河。

变是个体的调整，通是群体的组合。通也可以指大型的综合体，并非局限于城市或规划层面。因为综合体联系广泛，可以取代城市的部分功能。

大型的建筑综合体，顶部是自然的步行系统，中间层用作非机动车行驶，遮风挡雨，底层是自动驾驶的电动汽车。将交通模式的改变作为城市的新起点和新开始，商铺包裹的悬浮轨道交通成为城市建设的第一步。渐进更新的城市规划很难协同实现这种构想，因为滚动开发的初衷是短期最大收益而不是长期的效益。规划具有法律效力才可能长久和严格地执行，自下而上要从头开始。

学习是学联系地看问题、看问题间的联系。生产和维持联系的建筑是恒久的，交通建筑成为城市代表，因为移动过程中看见的是瞬间的永恒。

树木依靠土壤的联系形成森林，建筑依靠一种混杂多样的联系形成城市，这种模糊的联系也是种标准，可以在更大范围评判建筑成果。这种联系可以是功能的、形式的、时间的、材料的、价格的。

城市是建筑的群体基础，建筑与构筑物的不同在于它和环境及城市有联系，具备使用者的往来、水电气热的供应、物资废物的循环，而构筑物就不存在这些，只是简单的存在。没有沟通联系的建筑只能说是一群废墟，而那些流动的物质是建筑的血液，人不住的屋子容易朽坏，户枢不蠹就说明人气的作用。万物相连、无所不通就是存在这一切的基础。

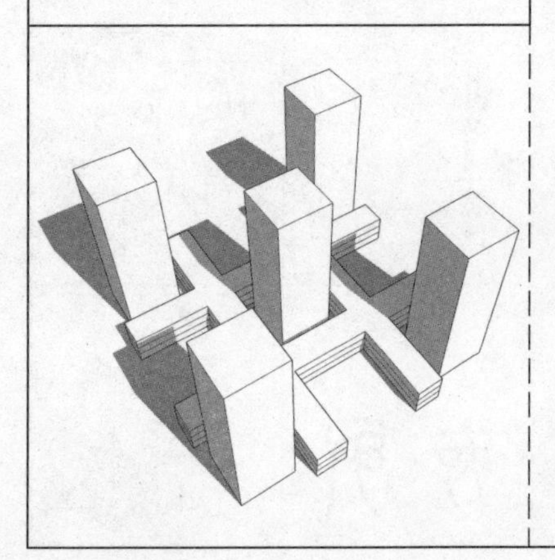

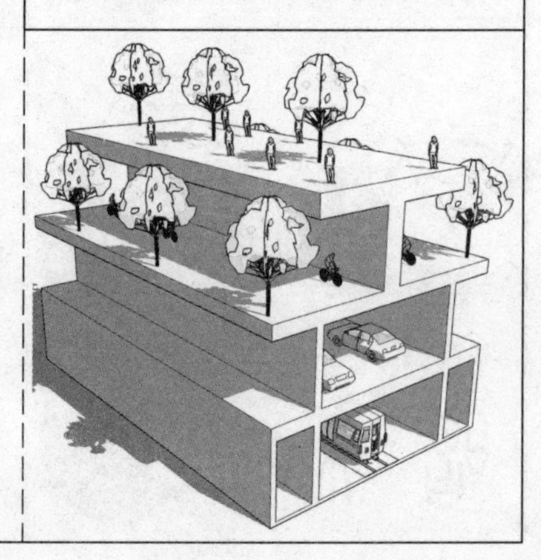

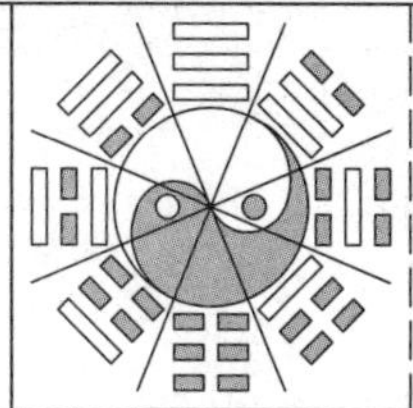

太极八卦图是古代最通达的知识概括，是普遍规律的总结和诠释、是最通行的知识、是哲学的哲学。按照先天八卦的排列，呼应每一爻的阴阳，得出太极图标准的几何画法。

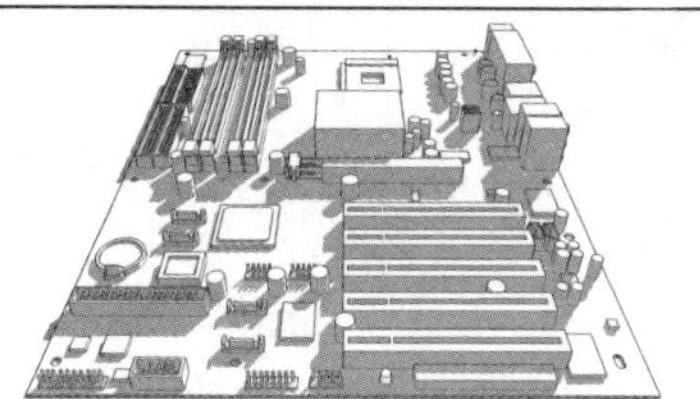

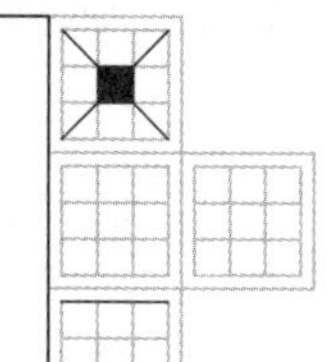

卦即是挂，当还原卦的空间形态后，将先天八卦挂在墙上，人面南背北，俯瞰和仰视。俯瞰得出顺时针旋转，仰视得出逆时针旋转。就能够理解所谓天道左旋，地道右旋也是从实际观察中得出。

八卦中的每一爻都可以相应地看做建筑的围合和开敞，能够得出空间的变化。建筑围合也可以用二进制来表达，参伍以变，错综其数。

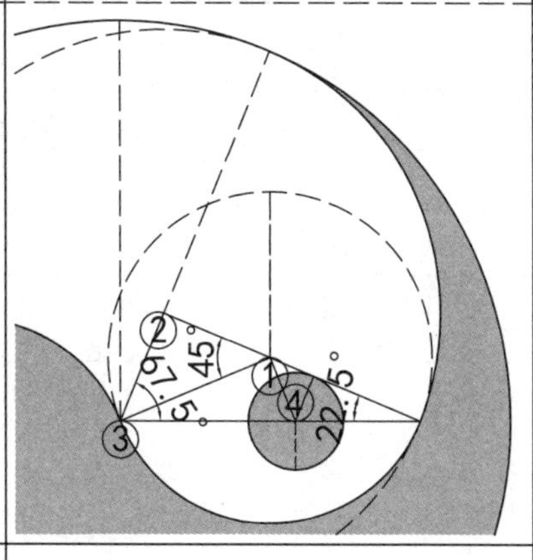

插件拼板似的城市，不需要一劳永逸的建筑，城市就如同电脑主板，可以插接不同功能的建筑在上面。一个主板基本上能形成一个综合单元，多个主板联系起来可以形成一个超级计算机。每一个计算机都有各自的运算极限，城市功能也是一样，不同标准建设的城市有不同的主板配置，具有不同的可扩展性，其市政设施也同样具备可扩展性和上限。

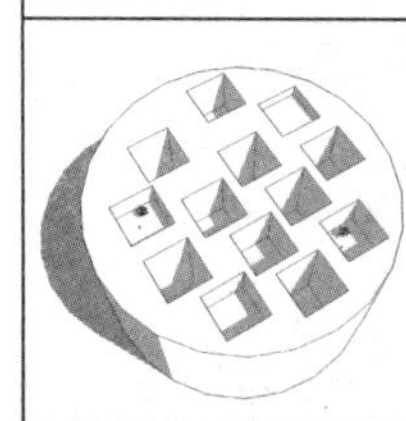

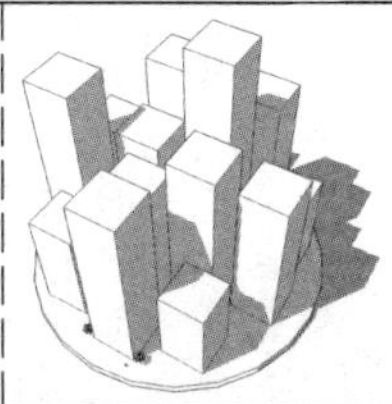

通过土壤实现与外星的交通，而不是靠空间的穿越。利用两个空间土壤的相似和联系，直接实现空间的跨越。在相似的基础上能实时地再现和拷贝，如物质和反物质、光与影。

人在空间中运动，变换了位置，瞬间在这瞬间在那，迅速占据和释放空间。在宇宙坐标系中，空间变换物质，就像孙悟空不停地进行七十二变。

空间中的一切都在变化重组，空间相对永恒，只是人在不停地瞬间转移。这种瞬息变化，如同日光灯的原理，因为人感受不到间隔，所以觉得连续。人在这种被动变化中切割磁力线，导致能量被干扰损耗。

城市群由城市细胞组合而来，象肌肉而不是一个超大细胞。细胞在自由和秩序间平衡，基础设施如果能够自由竞争，居民就拥有选择或放弃的权力，或导致渠道资源浪费和不平衡。但如果强制服务范围，又有可能导致价格垄断和服务质量下降。带型号的城市如插件式的电器，分成各个世代，各种型号都存在，水电气热都是通过接口联通，人们主动更新换代。

如果时间可无限划分，人就能看到分隔中瞬息万变的景象。瞬息万变这个词用来概括运动很准确，在无限放大的空间和无限细分的时间中，所有的物质变化都是一种有联系的变化，联系不被切断，这个物质就仍然存在。

物体随时在瞬间移动，挥动的手臂在多个空间中消失和重组，无穷无尽的变化最终让人衰老和疲惫！没有一种物质能永远适应这种变化，在宇宙自然中，就连星球都不可能永恒，何况其他！于是生物成为不断更新和发展的物种，以变化来适应变化，用不断重生不断出新的方式来将漫长的时间分隔成一小段一小段。

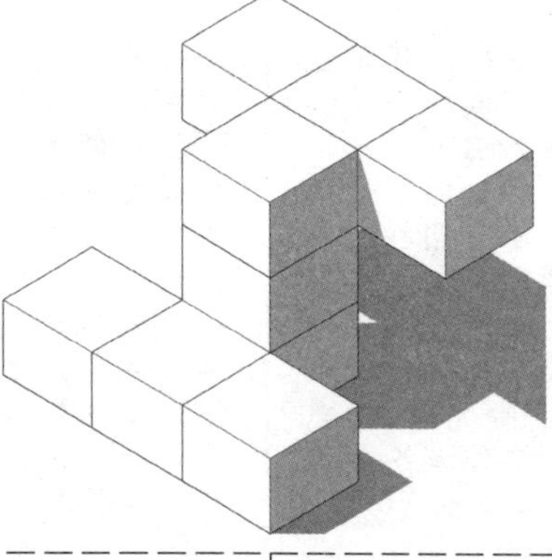

变是讨论建筑个体的内在关系，通讨论群体关系。火焰燃烧后的灰烬才是燃料中的本质，终归尘土。土字也仿佛在平川上立下的十字架，和界碑一样是势力范围。

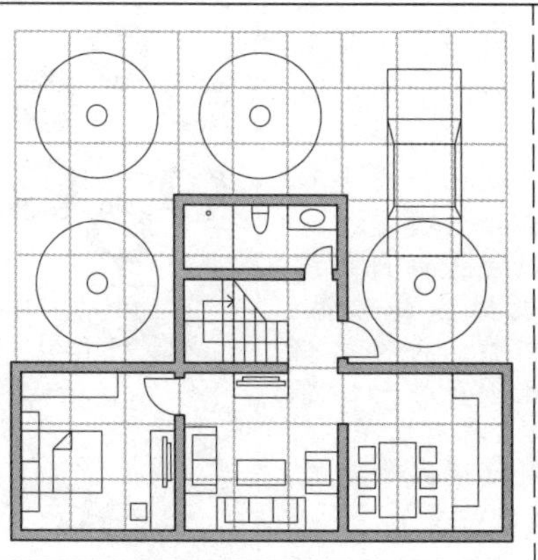

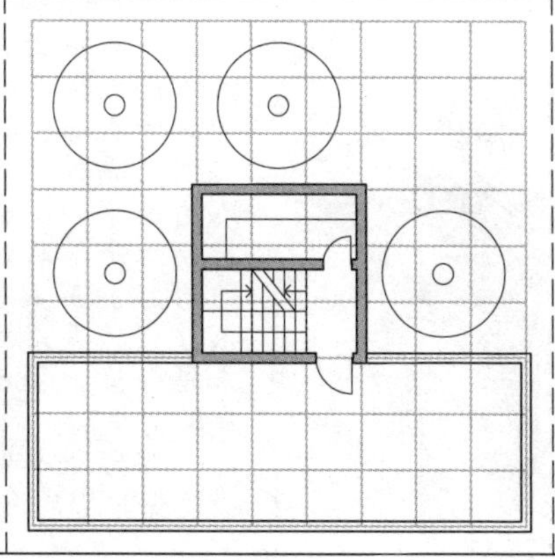

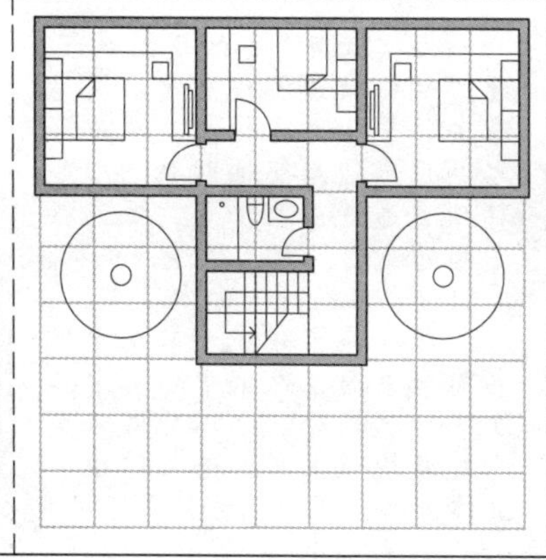

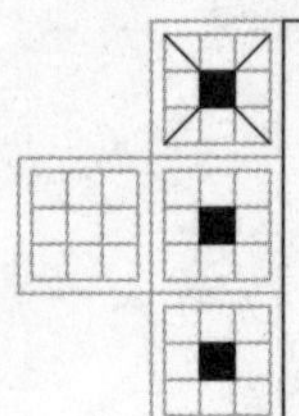

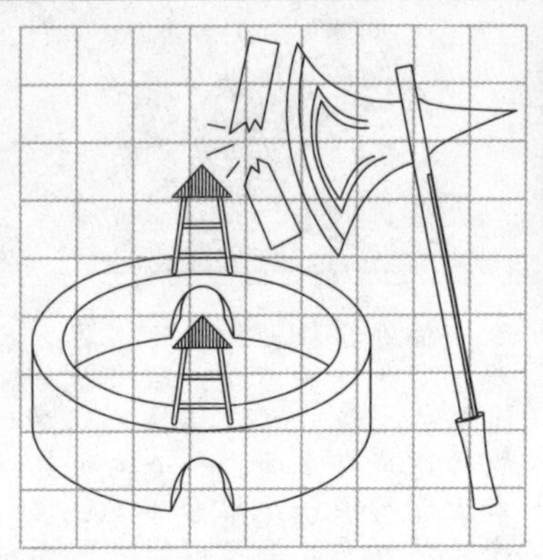

城 鄉

城　乡

雄文五卷扬马列，
听九州弦诵遍城乡，勤学习。
——当代·茅盾

/城郭/朝野/

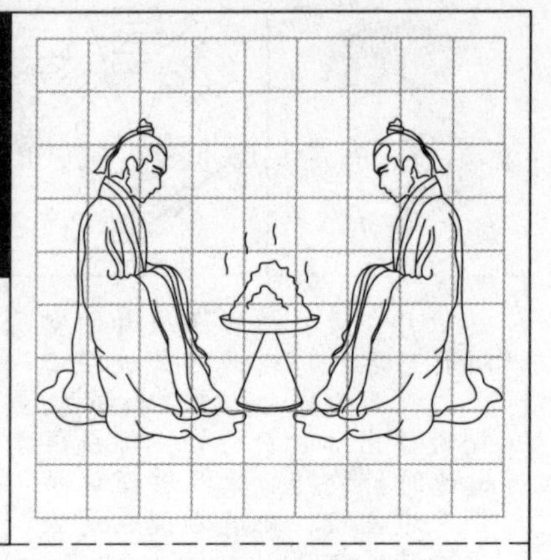

城：所以盛民也，从土从成。土形是俯瞰城池造型的缩略，可参考亞字。古城通常有两个门，门上建造瞭望台，如京、高字中上部所示。成是用斧头劈断木头的样子，表示完成和确立。折箭、剪彩、劈竹、摔玉等行为都有成之意。城就是用环形高墙守卫，抵御武力。

鄉：国离邑民所封，从卯从皀。卯为两人相向对坐，皀是圆形食器，盛放着冒热气的饭食，是簋原字。鄉字由卿演变来，是两人对坐共食一簋，本义是用酒食款待，表示共同一族、一地的人，代指行政区域。鄉中卯后演化为两邑，邑从口从人，表示某个地域内的人。

城乡为通土之破题，城市是人工建造的一切，乡土是存在的天然，城是人与建筑的结合，乡是人与自然的结合。人类发展的最终就是要摆正人工社会和自然界的关系。

人是天地间一切的纽带，是死活物质间的联系，有自然天性和主动性。当能量极大丰富，获取不再失衡，物质就不再成为思想的束缚，人就会主动思考，情绪就被情怀代替。

自然是城市发展的终极。原始的生存状态是先民的自主选择，生物和自然环境都是人类高度文明的成果，现在的所谓发展是一种倒退，收获的是人的虚妄和思虑过度。

人的生物性已经够保证种族延续，继续的发展会出现城市清零的结果。人们主动消亡所有的文明成果，恢复本能和土性会是更高社会层次中的主流，成为百姓皆谓自然的时代。

城与建筑和守卫的兵戈相关，成是以戈断物，城市就是用来抵御侵袭和破坏的，具有社会性。乡和食物粮草相关联，与自然和土地有关。

如同城的甲骨文中两座高台城楼由城墙联系，建筑之间产生关联，就具有城的作用。当一个建筑具有多个功能块，组合出空间的时候，就要将其当成一个城来看待，要向外张望又要内控，合院就是小城。

人是社会的土壤，一切文明都构筑其上，建筑和建筑之间、建筑和乡土之间的关系都靠人来调节。联系沟通的最终目的就是平衡各种功能、使所有的行业和工作都有同样的尊严和机会。保留城市与自然和传统间的联系，是城市规模化的前提，出路或是城乡合一。就是人与自然能够无害共处，最终职业区别、脑体差别被消除，城乡混淆、工农合一。

在王权时代诞生过许多完整自律的城市，近代城市早期仍实践过理想城市的蓝图。现代世界的主流是民主，民主的偏好是满足大多数人，就像商品经济要服务大众，大众往往只看眼前。所有人的想法交集在一起，剩下的只有一些最简单的欲望，这些欲望既被人主导，又主导出当代的各种奇技淫巧，人在大棒和胡萝卜的双重压力裹挟下，不得不随大流。

带状城市是新的花园城市，通过环线轨道实现交通。大城市由许多小圈点构成，城市群之间用六边形交通联系。小型环状交通逐层地扩大到城市群之间的交通，轨道交通、机动、非机动、人行逐渐向内过渡。

环状城市分成十二个中环各自代表时，每个中环有十二个小环代表分。小环分成六十个建筑块代表秒，每五秒组成立体街区，用十二生肖来标记。

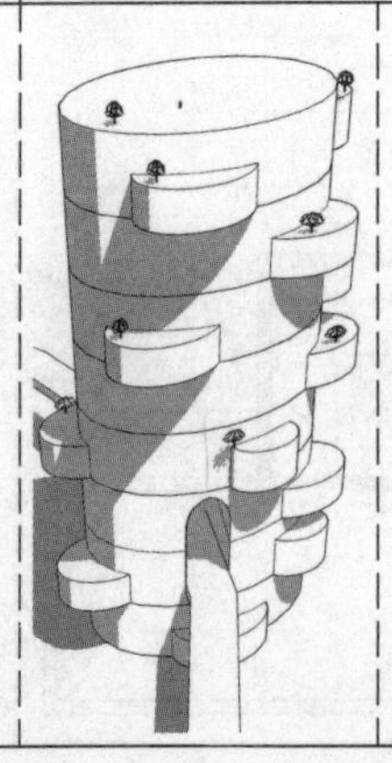

人根据出生时间确定生活的方位，在不同的小环中由社会抚养成长，打破家庭与社会之间的隔膜，保证社会公平和人力的平均。家庭自稳定、好控制，是落后社会进行自组织的形态。不同的环各有功能，人按工作需求培养，再按属相来排位置，总之所有的一切都有既定规则，人人都有所属。

环形城市用模块式的市政设施保证圆环渐进地发展。

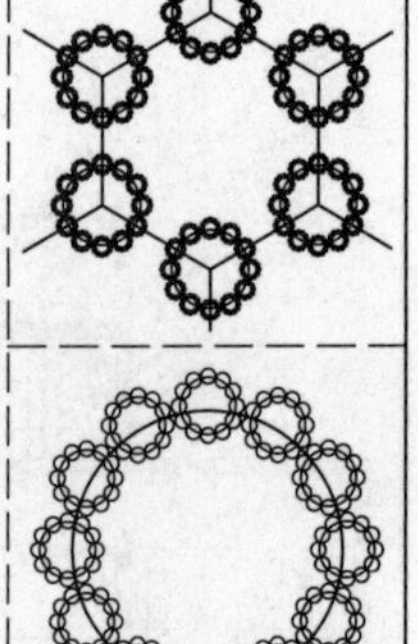

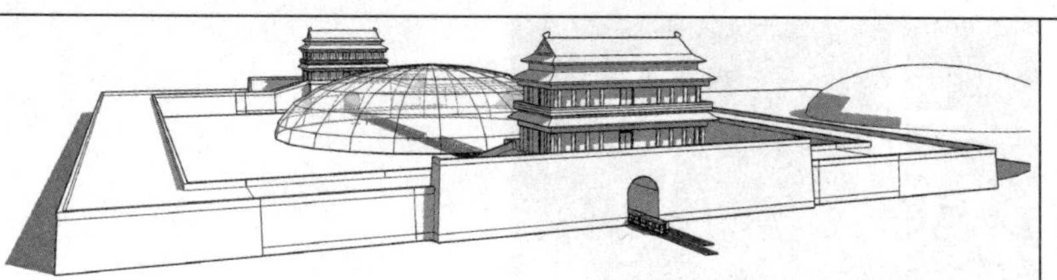

城市是生命体，人是输送氧气的红细胞。城市实体就是树形，每片叶子就如同每一个终端的功能单元。住宅的每套房子、办公楼的每间办公室，最终的使用都需要进出之后才能实现，树叶间的关系也类似于此。模仿树建设宝塔状的综合城市。

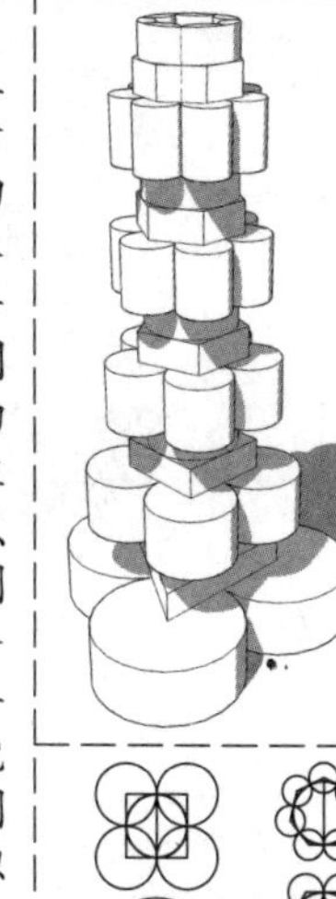

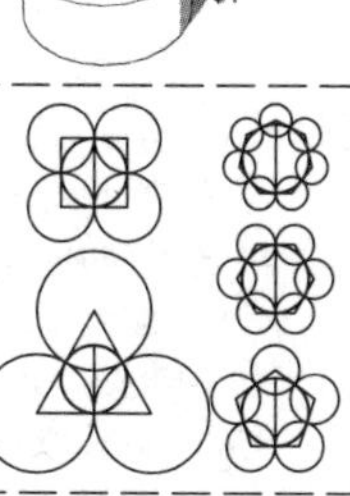

低容积率地使用土地，是非常浪费资源的。高效地集约利用土地，可以让每个家庭都拥有一块土地，土地和楼面完全是两个概念，拥有土地是一种健康的生活。所有的公路和铁路最终全部下地，保证地面耕地的使用。

城市的关键节点就是对外交通，交通枢纽采用标志性建筑，铁路和过境交通全部由地下穿城而过，地面恢复成森林。

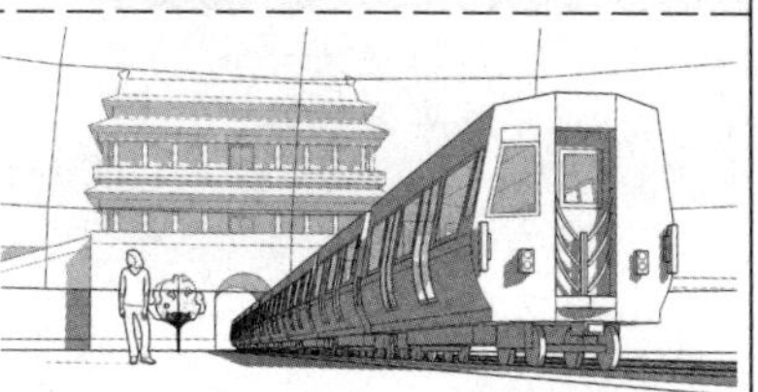

建筑可以看做微缩的城市，无数的生物拥挤其中。城市可以看做放大的建筑，供养名和利这两个巨人。自然的一切都是乡土的微缩和放大，天然地平衡着人工的一切。

建筑比拟成山体，设计成梯田的模样，或者群山环绕的样子。种植大量的植物在上面，覆盖满植物的城市综合体会让人愉快。种满各种果树，包围菜地和稻田的永恒城。

从宇宙和星球的循环来看，人类所做的一切都无所谓的。一旦地球死去，所有这些构成的物质仍旧会再循环重复一遍，只是未必还会组成人和城市的状貌。遍看环宇，找不到生命，或许生命开始是满布宇宙，都是在逐步的发展中自我消亡，宇宙进化的方向不是诞生低等生命而是消亡所有短暂的生命，人不断物化固化自然，终将进化成石头获得长远的存在。

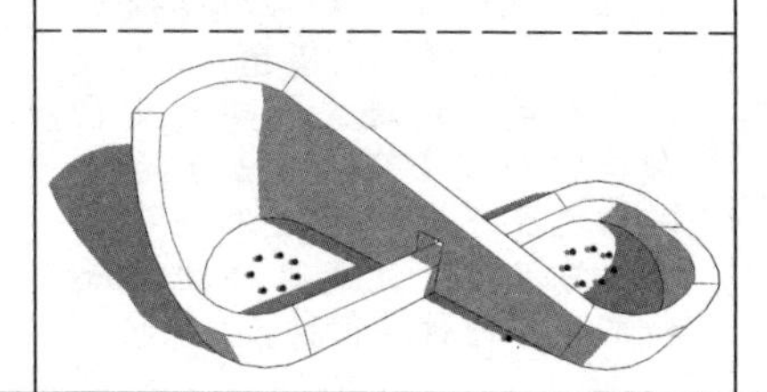

核心筒大小一致贯穿上下，就像是树干一样。附加上去的功能单元就是一个个果实，果实会成长也会凋落。越往上发展，功能越加细分，就像人的发展层级越高，越从群居到独居。传统是一群人靠血缘纽带形成小聚落，现代是个体的人靠制度形成大城市。血亲的自然组织是小国寡民的老死不相往来，扁平稳定。制度社会是精巧码放的色子，冲击不得。

城和乡就是开发与未开发，城市是极度开发的产物，集中能量提高效率。乡就是原始和手工的。城乡就像地球和外星球，总有一天外星球就会如同乡村一样给城市提供资源，城市的一切都是为了更多更快地蚕食乡的资源，城市是带有侵略性的自组织建筑群，如同一个膨胀的肿瘤，不自愈也不会停步。

城市包含的、发展的一切都是要以资源的输入为基础，这些输入的资源接着以不可再生的方式输出到自然界。城市是不循环的，从人类生存的角度来说，这不是持久的模式，最终占有城市的可能会是蟑螂老鼠，人类替虫作嫁。

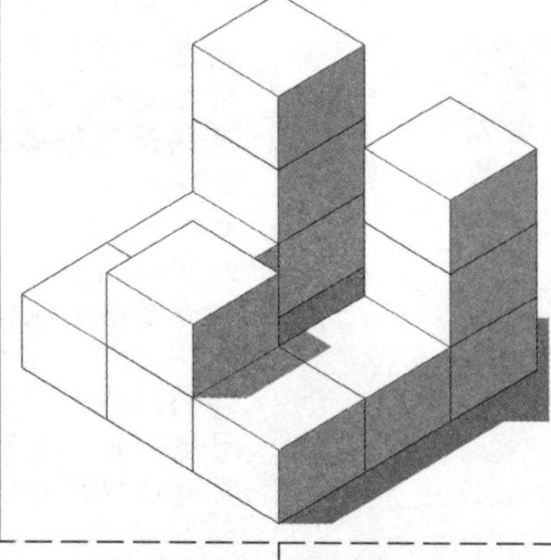

高楼和低矮农宅比较，高楼毁坏的成本极大，农宅重建简易。精密组织容不得差错，战争、疾病、气候危机是现代城市的克星，乡土的广阔空间具有更大适应性。

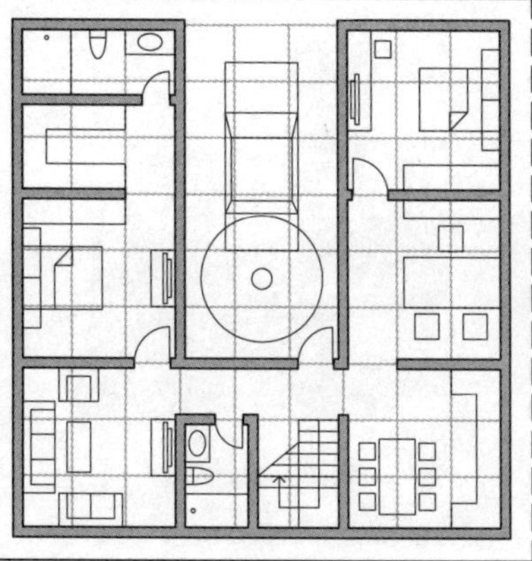

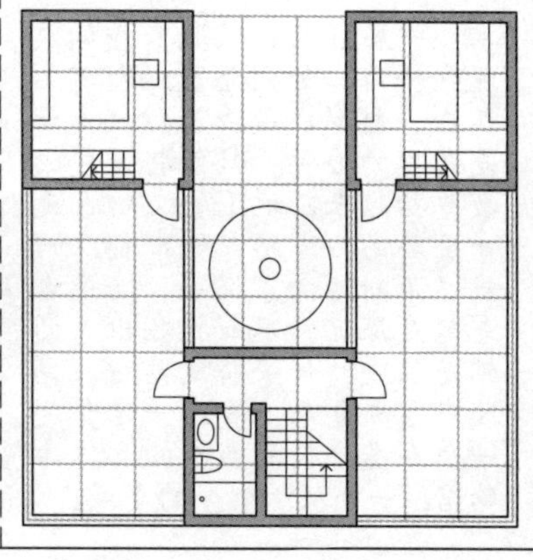

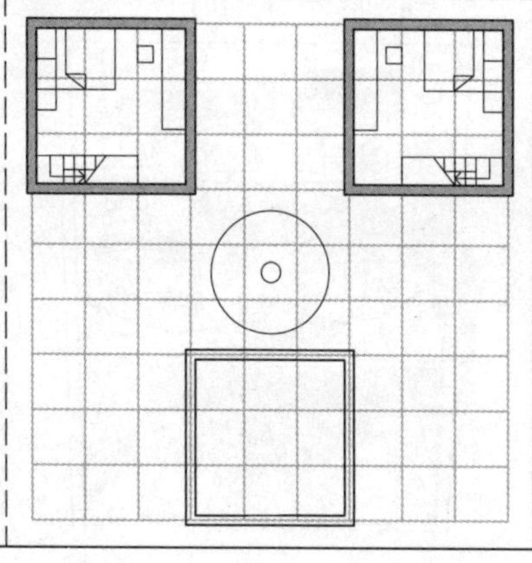

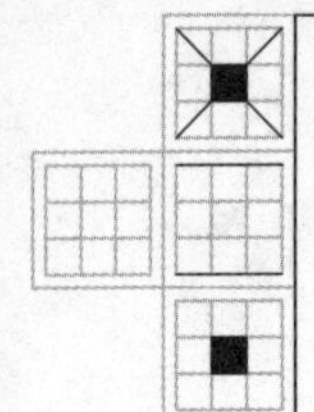

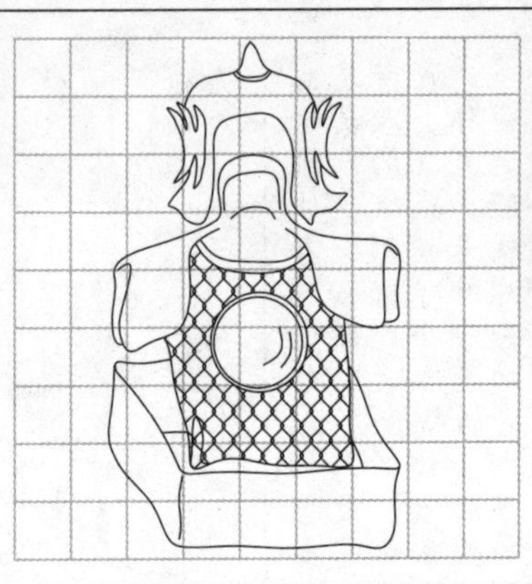

古今

古　今

高楼多古今，
陈事满陵谷。
——唐·王昌龄

/今昔/顷久/久暂/忘记/

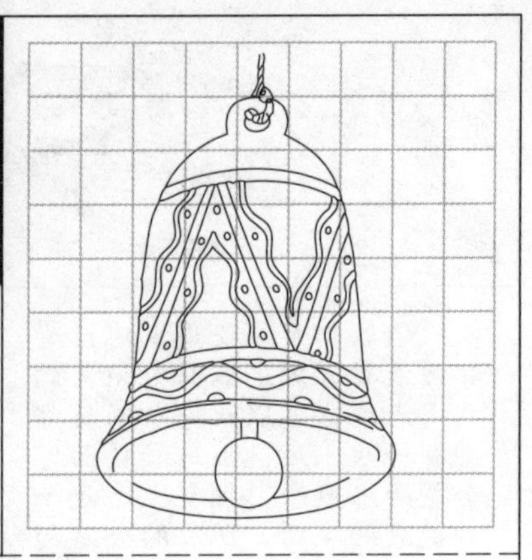

古：故也。十字形状为一副甲胄的样子，为甲字的雏形。口为竹篋。古即是甲胄放在器皿之中的样子，先人的遗物代代相传，意为时间久远；或只剩下盔甲，表示战士已经战死作古；或解为十口相传，表示久远。古还有故之意，故字为以手持兵取甲，故事就是战事。

今：是时也，从亼从丨。亼象铃体。丨为铃舌，表示上下贯通。今是木铎和铃铛的样子，今字同令。商周时用木铎发号施令，发令之时为今，今通金；或参考命令二字，今为屋下一横，表示正在屋下；或今为尖屋顶在地面投影，影子在屋正中，表示正午时分即为当下。

古今就是成、盛、衰、毁四阶段的更替，相当于佛教中所说的成、住、坏、空。

现在也是过去，时间在流逝的过程中总是会实现某个目标，这不可见的目标却是一种确定的未来。悖论之舟在行进的过程中，不断修整。人体在成长的过程中，也不断地更新和修复，当人的细胞全部更新之后，这个人仍然是这个人，现今只是古代打散后的重组。

能够穿越古今、千古流传的是文章，也即思想。物质总归消失和破坏，思想却一步步进化。大藏经没有人再去看，因为太长，传播要简练才有生命力，任何流行文化的特征都是大众、简短、土俗。

人类的遗迹，就是历史巨人口中的汉堡包。过去是芝麻饼，现在芝麻饼中夹上蔬菜果肉成为汉堡包，未来继续合成和添加各种新鲜食材。

过往在现实中塑造当下，如今在思想中重新塑造过往。新世纪之钟，时针、分针、秒针拆解后再共时性再现，玻璃夹住细金属丝供电。在三圆重叠的时候，就能看见时间。

东方古典建筑大多用侧面光源，民宅在桌面摆放油灯，人在纸窗上留有剪影，只在室外有挂顶灯笼。西方古典建筑顶面常用灯，现代的居住都是西方模式的，全部顶面照明。

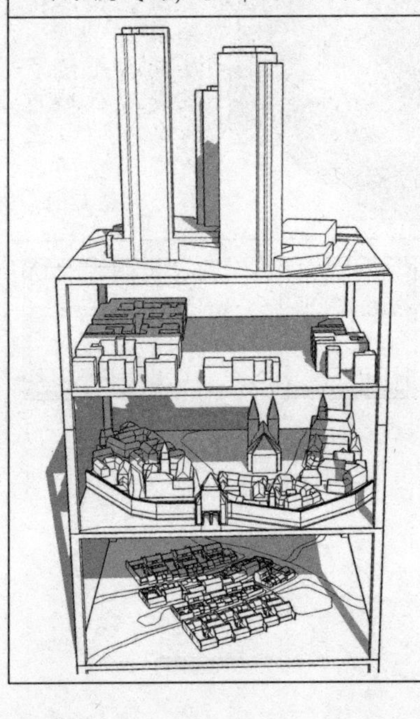

现代城市街区和传统城市街巷的容积率差不多，那为何需要高楼大厦，如果过去高密度建造能够容纳这么多人，那么在如今人人都叠在一起生活的高容低密时代，应该有更多的空地出现。可用区域的总容积率反映土地的利用水平。

现代城市的特点是高，并伴随快速交通带来的道路市政问题，如恢复到过去的慢状态，既有现状都会被打破和改善。

一层层的古代城市叠加成现代城市，如同无数的杠铃片压在一起形成健身器材，不管是怎样的力量，只能将其中的数片抬起来。地下的文物也是一层层的，道路、城市都在一层层不断地向下沉去，越是古老越是深沉，不断挖掘出来的都是陈迹，如果将这些过往的城市重新复原，叠在一起会是一个人类建筑和城市的立体博物馆，一个从古到今的叠城。

传统的艺术需要保存，但是不需要拘泥，过去的戏服穿的是当时的服装，现代的戏剧就应该穿着现代服装甚至比基尼去唱京戏。

寺庙的和尚也应该与时俱进地换装，寺庙建筑也可以是玻璃幕墙、钢构铝板的现代品位。文艺本来的价值就在于表达当时当地的价值观和审美情趣，而不是拘泥于过去、不敢创新。敝帚交给他人去珍惜！

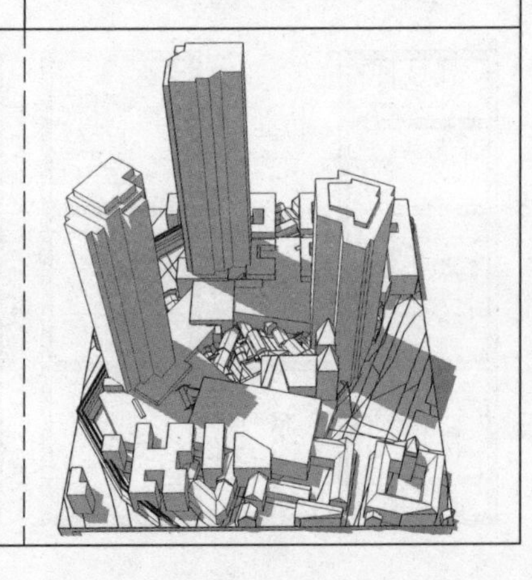

古今联系割不断，过去总如同一瞬即逝，时间流淌中大浪淘沙，忘了绝大多数，些微的记忆细砂汇聚在最终的海里。

现存一切都是过去时间的积累演化，现存的任一人，都活在时间投影中。其先辈是幸运顽强的，在灾害与战乱中存活并留下后代。对过去灾难和罪恶的纪念有时看来或是一种祭奠。没有过去就没有现在，过去再糟糕也是现在的母亲。

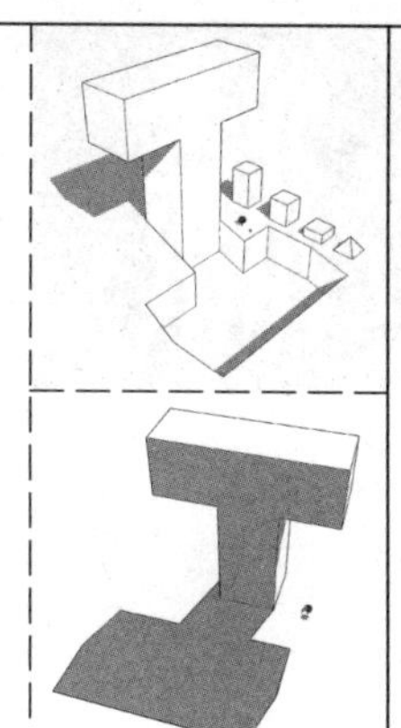

文字是为了传播，简体如恢复繁体，那就最好恢复到甲骨文。鸡已经把蛋下了、蛋已经被吃了、又变成粪便、粪便又肥了南瓜，都吃南瓜了就不要想着鸡的味道了。

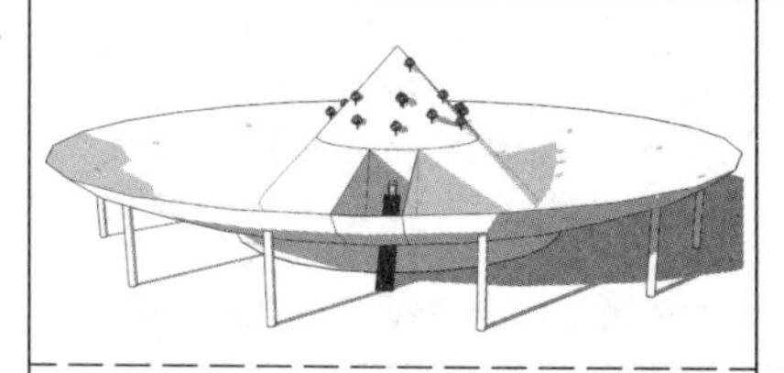

过去的一切都深埋土中，生命从土中来，在水中进化向陆地进发。爬上最高峰还要去山的另一面。宇宙从一点无限地放大，人也在变大，各种事物的时间尺度都不一样，没有统一的时间标准，所有东西一同在放大，或是标尺在缩小。

人类极力抵挡下沉，建造的高楼迟早是地下的柱子。最终只有自然的山体和植物能够挣脱出这个水面，占据制高点。

学古不泥，古代艺术表现的是当时当地。现代山水画没有出现西装革履，仍是古人装束、茅草房，建筑和城市不能学国画这样的方式，失去了眼见目睹的当时当地，图纸就剩下伪装的情绪和虚拟的表达。书法类似，从甲骨文到宋版书体理清文字和形式的发展脉络，就找到规律和方向。书写为应用，当语言不再表达，也就听不懂、讲不清了。书法是当时的人，用当时的笔墨纸砚工具来表达当时的情感，情感的传递是最终目的，一份好的情书，无论是手写的，还是机打的都一样动人。现代再去刨挖过去的遗物，只能说是徒有其表。

古人不泥古，唐代的人没有说只能学汉隶。如果一直泥古我们现在就还是只能在竹简上写字，有了纸和新的工具还是需要用。传统是具有时代性的，现代人有了复印纸，它就应该成为写书法的纸张，新的笔比毛笔好掌握，就应该推广。今字的力量，就在于把当时的阳光和阴影，洒在当地。

就像筷子，什么新材料都可以用在上面，只要能夹菜就好，书法只要表现内容精彩、形式宜人便是达到了功能要求。在现有的触控平板上用手指创作，这才是艺术的生命力所在。如今印刷体大行其道，书法家或许也应该是字体设计师。

古今如一，过往都在现实中重复。人的外化不断发展，但思维不能遗传，思维是一代代清零的，父亲的经验和智慧无法直接传递给下一代，后代只能从零学起。科技越积越厚，初生的人类终其一生也无法学透，就干脆摒弃大部分的基础，直接知其然而不深究其所以然。

科技的更新换代抹杀掉多少人的才智，远古许多的铸造和制造方法不再，但不影响人类现在所拥有的更加高级的对象。过去人穷尽气力所创造的机械成就也抵不过时间的推移，蒸汽火车、机械钟表、机械印刷机这些传统物理层面的事物就成了文物，只供给后人赞叹而已。

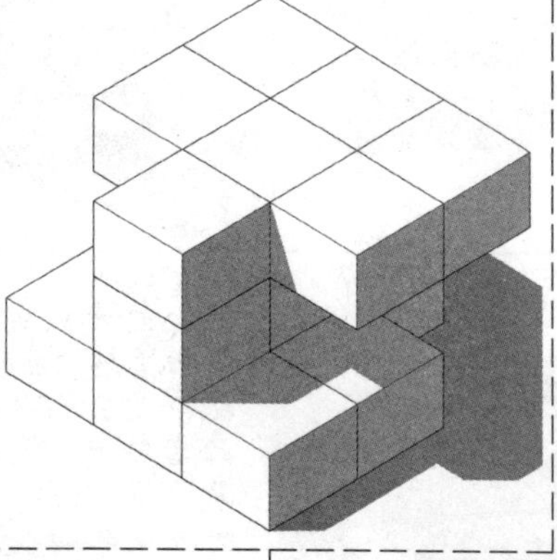

豪杰墓终锄作田。大树底下孤零零的坟墓荒冢，过往的一切就像是坟墓，祭奠却不伤心。现存的一切仿佛是大树，它给坟墓投下阴影，过往都在现实的阴影中存在。

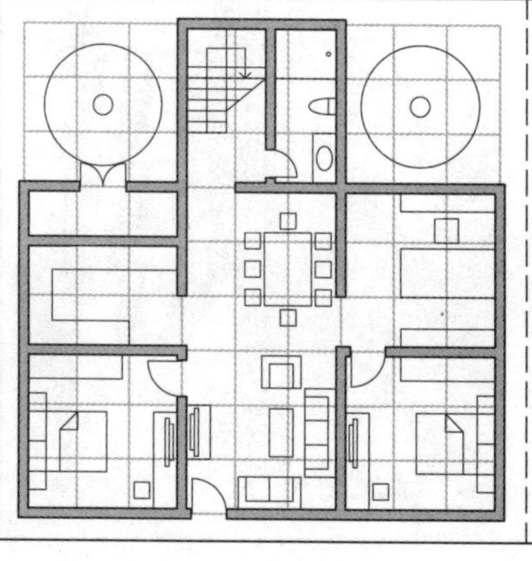

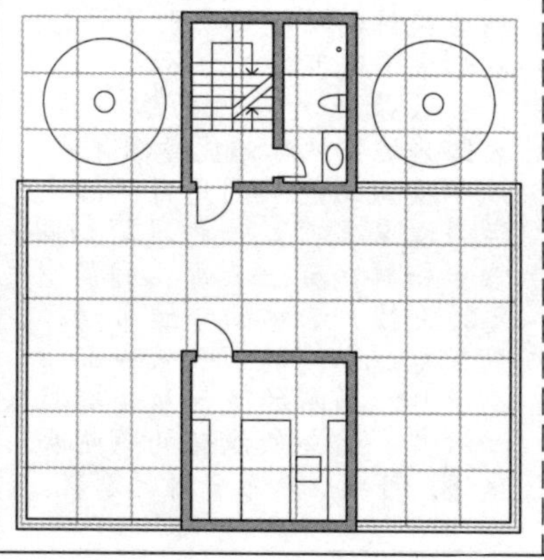

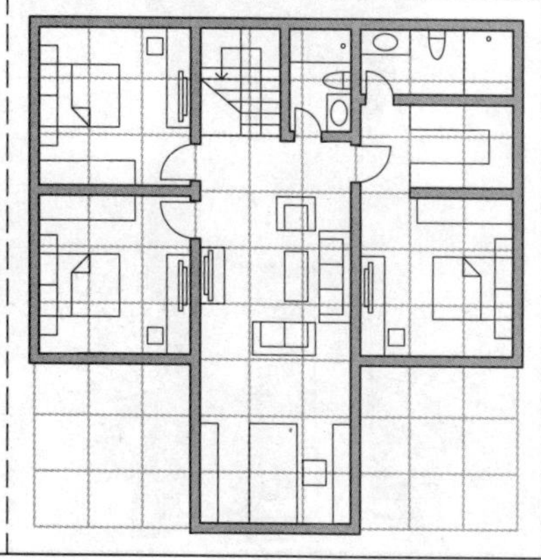

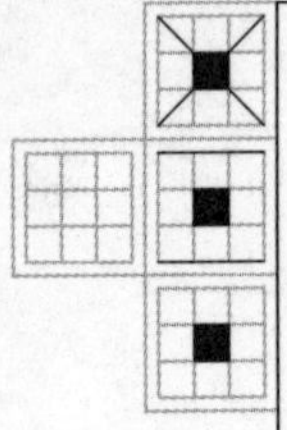

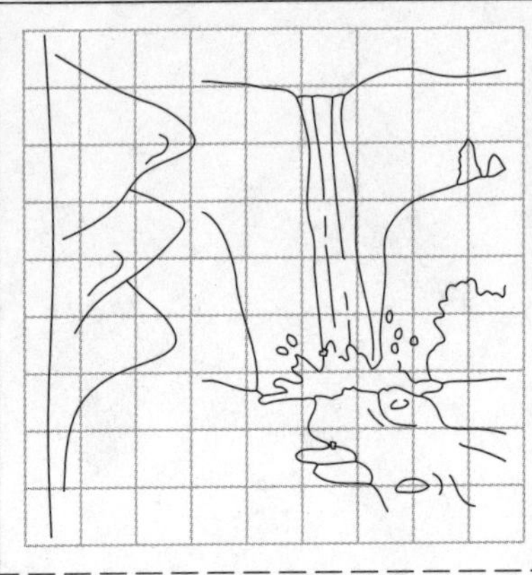

原流

源　流

江汉源流众，
蕃夷岛屿多。
——宋·丁谓

/师徒/师生/教学/

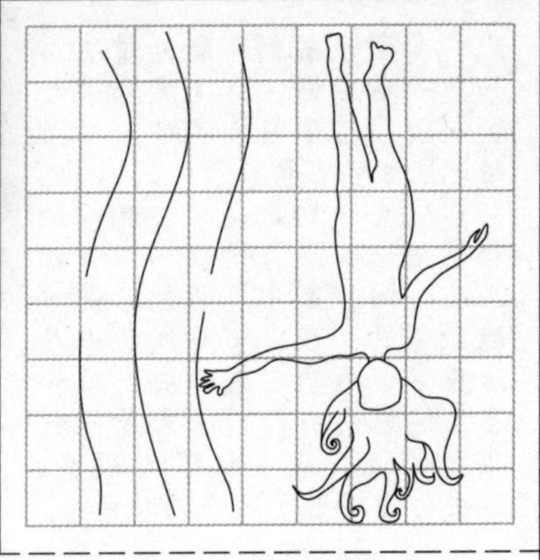

原：水流所出，源本字为原。原字从厂从泉，厂为阝，是阜字的缩略，是高大山岭的样子。泉为水从山崖泉穴中流出的样子。大山中的山泉就是水流的源头，长江的源头就是喜马拉雅山，黄河的源头是昆仑山。阜在源字中表示水流是自崖边流下的，源是流水的立面形状。

流：水动，从氵从㐬。㐬为子字和巛字倒写的形状，子表示人，巛为长发漂动的样子。㐬是脚朝上南、头朝下北漂流，头发被拉长表示水流的方向是由北向南。在西安太原一线的黄河大致是由北向南流淌，或流字出于此流域。流即是俯视一人顺水漂远，看到的是水的平面。

通土所谈到的就是既有联系又有区别。源是所有事物的联系，流是发展之后的区别。没有源头，这个流也不可能壮大，同样也不能流动起来。

要区分形式的源头和流，利益是形式的源头，所有的形式都是流，利益才是源。

可以传承才能是正道，奇形怪状的建筑不能被学习和演化，因为它不符合常道，没有前因也没有后果，独立于系统之外，不是糖葫芦中间的任何一颗。鳏寡孤独这样的建筑，不可能成为源，无法滋润和发展出有传承的建筑，源虽然是一种动力，却也要靠流的持续叠加才能分邦裂土。

功能是源而形式是流，源出水，而下顺流。随波逐流易，回溯源头难。水都是从高山上起源，要有远见就需爬回山顶，看清方向后再下山出发。生存是源、交换是源、不公平是源。

攻守与交易是城市的本源，城市的各种构筑只是流。钱和武器是城市的最终意义。应该有一种新定义赋予城市，有限制地进出和具有完全封闭运行能力的才叫城市。

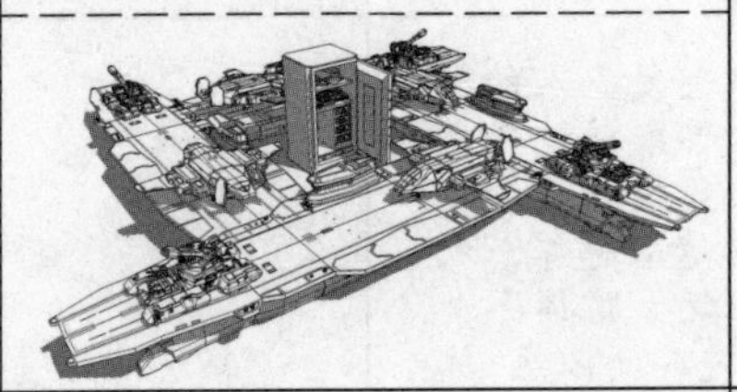

文脉就是要求建筑师当世为人，用当时当地的材料人工来实现构想。古代的普通建筑都是低成本建筑，当地没有的材料就不会使用，也没有借鉴和抄袭外来形式的动力，既定的规则保证了单调，而单调就形成了单纯的审美品位，并且衍生了一系列自证的理论和规矩，这似乎就形成了文脉一说。

文脉同源异质，各种断断续续的文化和现象仔细推敲，都有些共通的地方，所以开启智慧就是能够追根溯源，然后发散开来一通百通。饮食男女，谈的就是生存和发展，这是所有文化和欲望的根源，从根源上来看待人和事就简化得多。

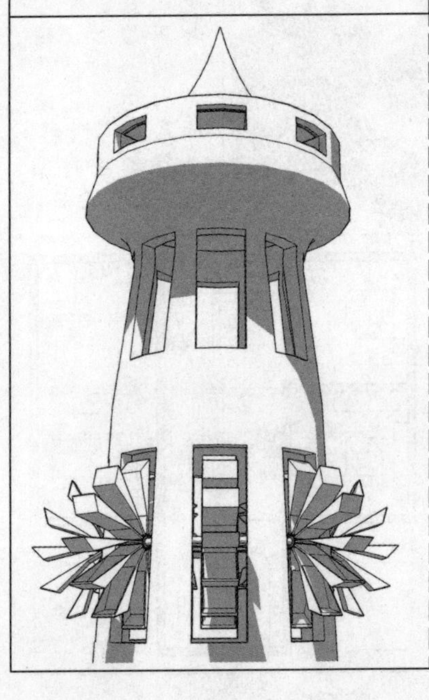

设计初期的重要工作就是分析清楚源和流，厘清道和术。城市是自然界的提炼，最初人只需要一个洞穴，一个遮风挡雨的顶，然后可控的水、光线、能源逐渐加入，这些从自然界所能提炼的功能集中到了一起，就形成了城市。

云朵是大自然的搬运工，太阳将运作地球的能量给了水，城市要做到能够利用自然的搬运力量来做功。一种风筒如同烟囱一样，直上云霄，利用空气的吸拔、雨水的势能带动风扇发电。水汽的上升从内部推动叶片，雨水的降落从外部推动叶片。结合低能耗的照明和交通，可减少物质资源的消耗。

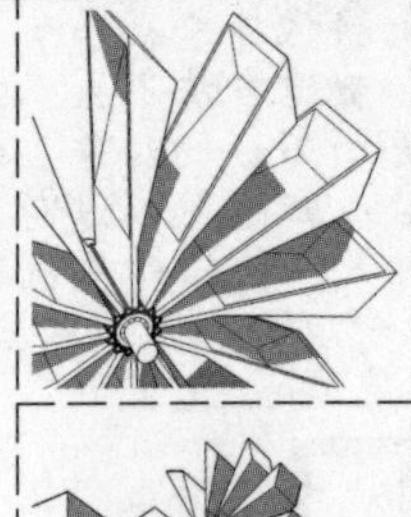

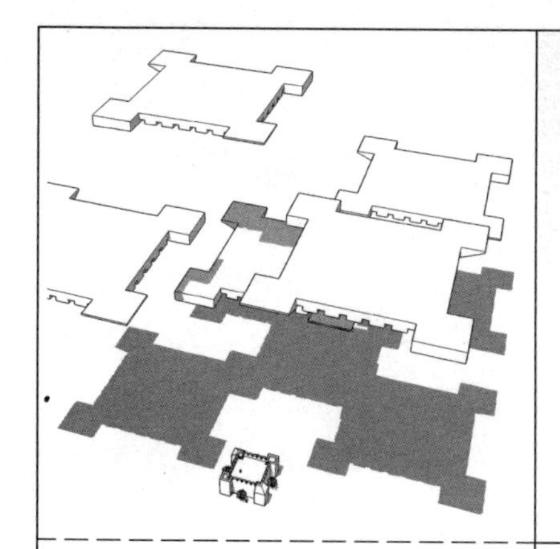

中国建筑抄袭欧式，是因为新的砼结构、材料体系是从西方引进的，它和西方传统的砖石结构无论外形还是功能构成都是一脉相承。学习了这样的体系自然会去拷贝西方，因为比较容易上手。灵魂既然被西化，外形自然也会模仿西方，因为相由心生。

文化侵占也会产生新的文脉，中国古建筑也在不同的文化侵占之下发展，占据的结果形成现有的所谓文脉。延续文脉关键是看接上什么地方的脉，更关键是什么时候的脉！在时间长河中，现在的侵入很快就会成为将来的本体，设想全球大同，又哪里来的什么地域文脉！

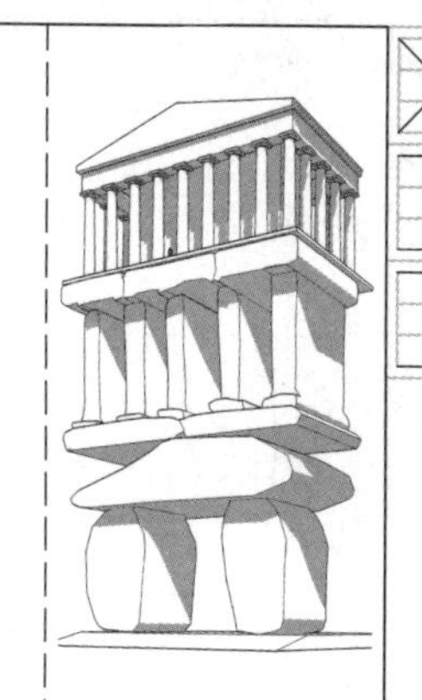

飘浮的盖子，盖子提供雨水阳光，调节气候和空气。利用太阳能的环球飞行器，这个盖子取代了云的功能，永远飘浮在空中，地球改造的第一步就是大量覆盖人工云盖。

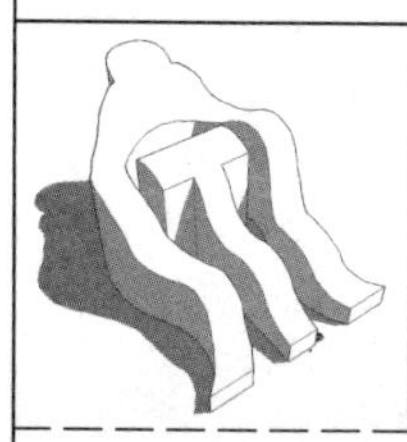

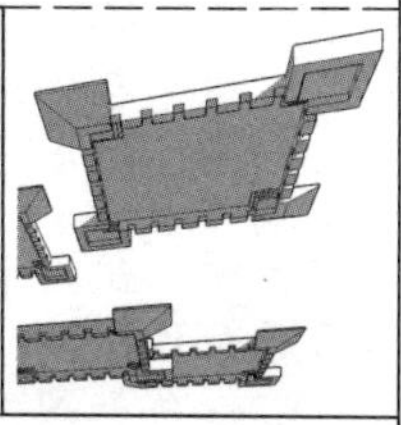

源泉也是依靠围合由流汇聚而来，流在形成源之后，再次成为流，这是升华演进的方式。思维和学习似乎也是如此，各种现实触动形成一个观念，观念又指导实践了一种行为。

越是民族的，越是世界的。这句话说明民族的特征才真正地代表个体的身份，民族有地域、血统、文字、材料等等表达和爱好。现在放眼看到的，几乎没有什么建筑具有民族特性。没有民族性，冠以国际式，就是在抹杀凝聚力和创造力。没有地域性民族性，只能成为跟屁虫，因为是按照他人的思维在走路，因为永远是他人在创造、而你在模仿，因为根植于本土本民族的基因没有外化。人能改变建筑、汽车、衣服这些外化的东西，却不能够改变饮食、肤色、基因这些内化的东西。如果知道不能，那还是要回归到民族、地域上来！

人人都活在一个轨迹上，这条轨迹不是仅仅由自己塑造的，而是自己过往的历史和所有人的过往交织在一起塑造出来的。常看到有人批评官二代、富二代、星二代，这种都是割裂和片面看问题带来的偏见，过往前辈的努力也是努力，长得好看也是经过努力才能实现。

一个人能存在于这个世界，就说明其所有的祖辈在成年之前都幸运的活了下来，并且活得还不错，能够留下后代。常想自己的祖辈在原始社会是什么样，在夏周秦汉会是怎样的境遇。一个人祖辈努力，福泽后代很是正常，不过古人也说君子之泽、三世而斩。

稳定社会中个人的出身基本决定了人的发展方向和能达到的高度，际遇不是天天有。就像手枪，祖辈的过往决定了它的型号，历史就是这把枪的火药，它们决定了你这颗子弹的飞行轨迹、高度、目标。人生的经历，普通如子弹飞行的空气摩擦，或有奇迹般地碰撞，但宿命的是枪口往往对着空旷。人不知道过去，不了解自己的先辈是什么样的，就没有办法正确地定位自己，也无法避免自己的缺点、明确自己的优点，甚至会徒劳地想改变自己，而忘了顺其自然的大道理。认识到人生的局限和自我能力的边界，是更好地生活和做自己的前提。

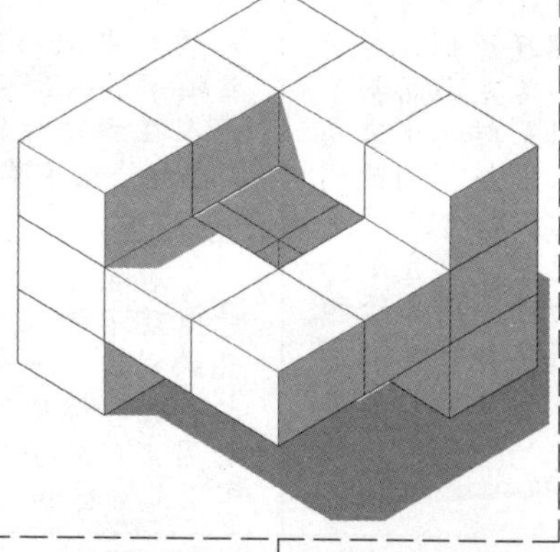

源头分散出支流，每遇阻碍，河流重新选择，但方向既定。时间也被一种力拉扯着前进，最终蒸发滴落再次还原成河流，人类就是在河流中随波逐流的沙粒。

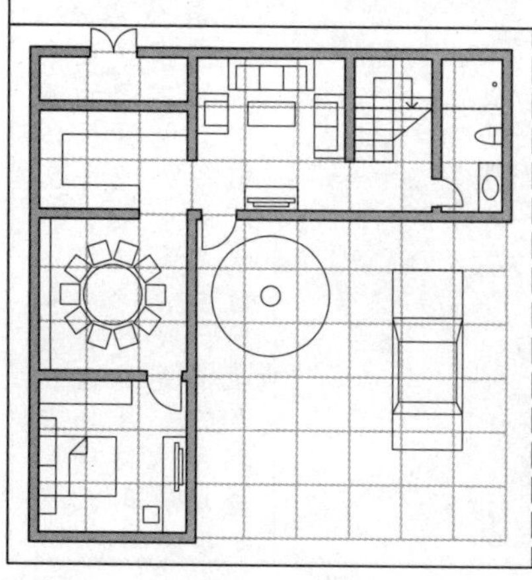

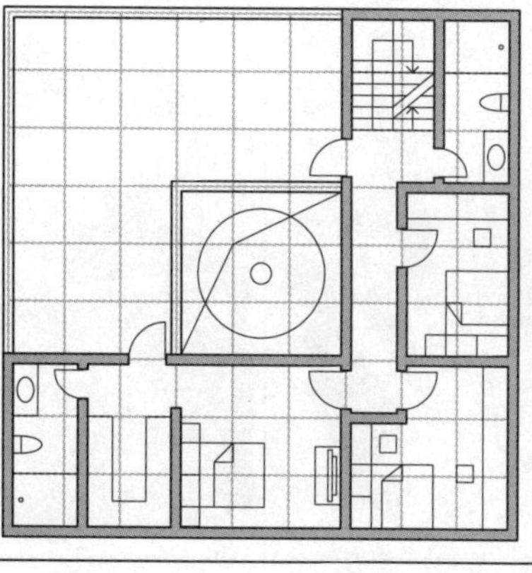

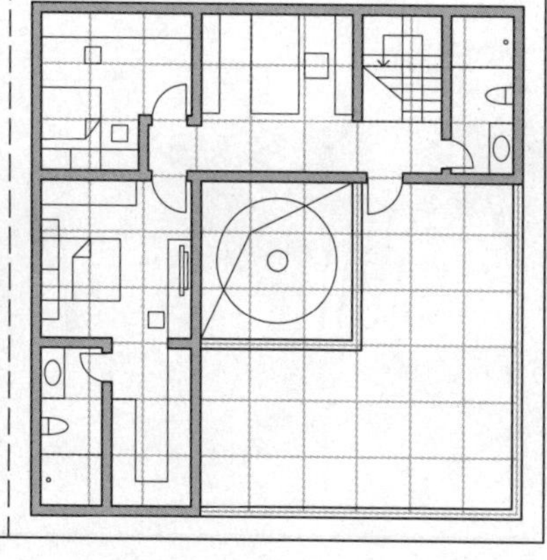

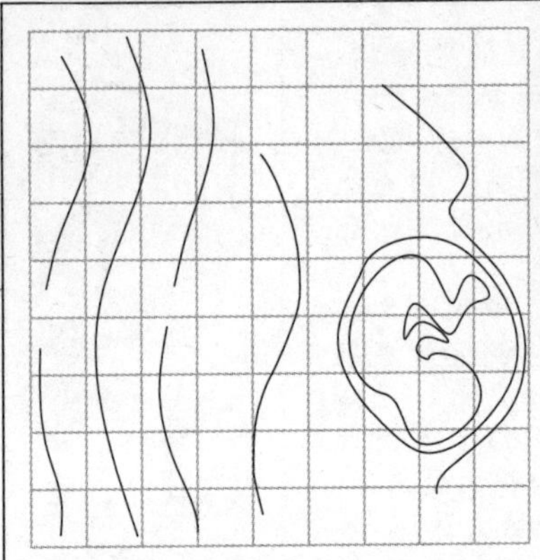

治 乱

治乱掘根本，
蔓延相牵钩。
——唐·杜牧

/理乱/文武/夷夏/

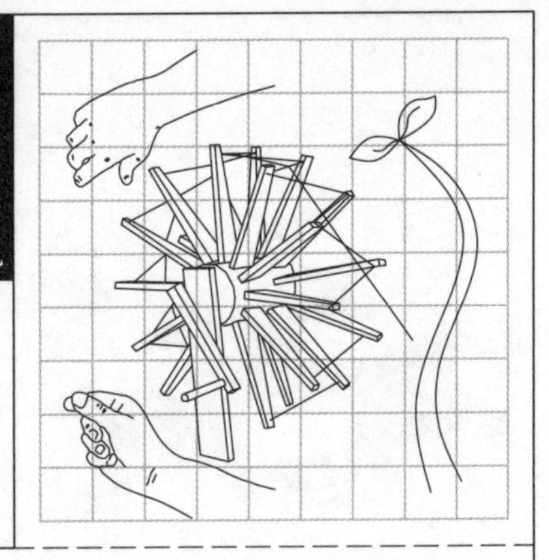

治：安定，从氵从台。台字从厶从口，厶为胎儿头朝下的样子，口为胞衣包裹。胎儿在腹中泡在羊水里表示安定，为治。或台字从以从口，以是人推耜的样子、口为水瓶，台表示以之为用，处理水、用水就是治。或台读为怡，从以从口，表示愉悦，风调雨顺地耕种为治。

亂：无秩序。亂是上下两手在整理纺车上散乱的丝。乚为乙，是草木萌芽的样子，在亂字中表示乱丝中的线头。亂字重点在手的整理动作，本意为治。后来关注点变为乱丝，就是混乱的意思。亂同𤔔，𤔔古字为治，𤔔既是治又是乱，可见治乱同源，共通共生。参考觀辭。

稳定和动乱都推动社会发展，治理与混乱不是交锋的关系，而是进化递进的关系。文化与社会总在稳定与动乱中滚动前行，治了必然会乱，而乱了又必然会治。建筑的思路也是同样地演变和发展，过往中国的建筑严重模式化，因此一旦开放，大量的异形建筑立即占据了思路的主流，经过这个阶段必然又会有稳定统一的建筑思路，关键是把握主流。

学校的环境是一个同辈社会，在心理成熟度近似、经历相仿的环境中，落差小而易于满足。青年在同辈群体中容易被控制并且服从等级，因此同辈群体是稳固的，教育年限越长，社会就越稳定。社会是一个错辈环境，面对不同年龄和不同阶层，在同辈和错辈之间转换，就是人进入社会的重要一步。竞争对象从同窗变为众生，标靶从眼前放到看不见。

城市的发展越发危机四伏，因为一个城市的运作越来越依托更大范围的资源支撑，必须在城市中保有大量的资源以保证供应，一旦出现不测，才能够及时应对。现在是大治的时代，人与人全部拥挤在城市中，但是到了大乱之期，人就无处可躲藏。只有经历过一次城市的荒凉，人类才会意识到现有城市庇护作用的薄弱。现代城市的人防设计就是顾及危机才设置，但是城市的脆弱平衡一旦打破，社会的动乱是可想而知的，中国历经的争战兵荒，离眼下的时间并不太遥远，只是人在和平时期，永远想不到困难和恐惧来临的时刻。

稳定社会由政治体制、文化思想、经济民生三个层面自上而下构成。当三者不贯穿、不匹配，就产生动乱，然后上而下或下而上地拨乱反正。

传统建筑是三位一体的，规矩做法中融合众多的非技术因素。当代建筑各自为政，官样建筑呆若木鸡、文体建筑不知所云、民用建筑拔苗助长。问题出于现阶段士农工商的四民阶层既未形成又无变换身份之道。阶层心理未定，就更想树立标杆。阶层无法混成，则人事不通，融合不得。和谐、中国梦旨在从思想切入，上通政体、下达社经，加强国人之间的联系，保证团结才可安定。

治乱转化是永存的变，乱时出现治的人才，治时伏下了乱的祸因。一部分人不安于稳定，成为历史所记录的那些推动因素。从小处看，这就是城市功能分区和功能混合的变化。

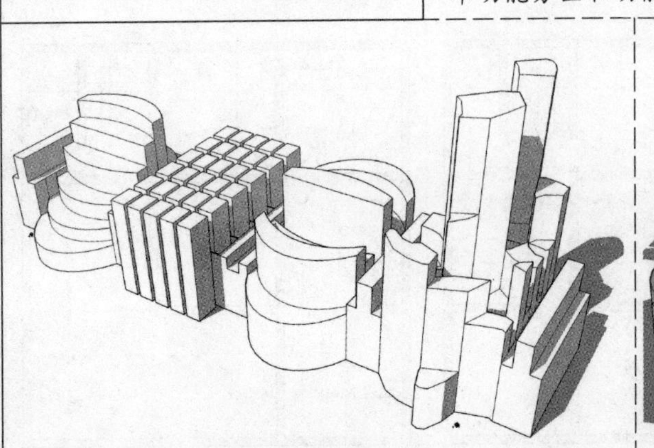

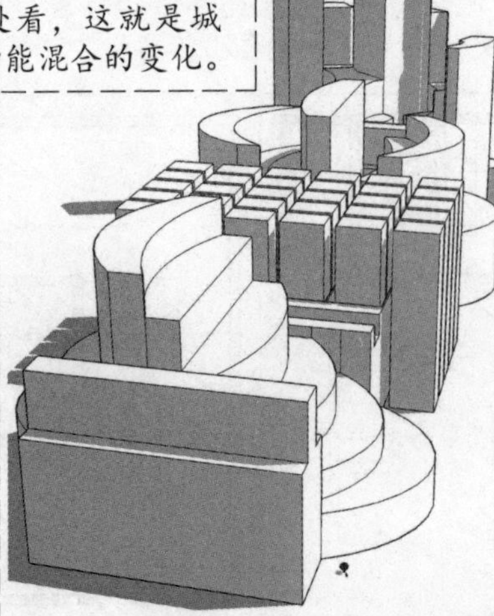

用包含医疗、教育、消防等功能的城市模块将功能分区城和功能混杂城结合。如同用线束来连接不同的硬件。电脑箱体中各种硬件交汇在一起，线束起到传递能量和信息的作用，硬件自身主要是处理和加工，靠相互联系来协同完成复杂工作。

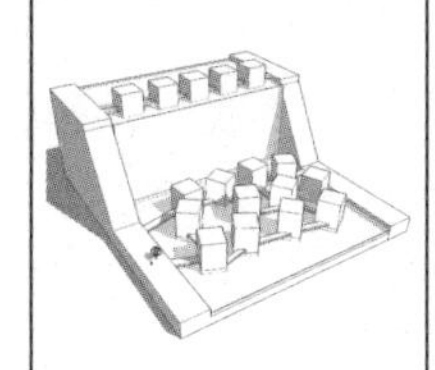

传统城市划分成小块保证稳定，问题在局部就能得到控制。现代城市很难封锁和限制，小问题可能形成大的波动，局部发生危机很难及时对交通和人流进行控制，不像传统城市提起吊桥、关闭城门就能实现。在城市管理方面，封闭系统的管理过渡成为开放系统的管理。

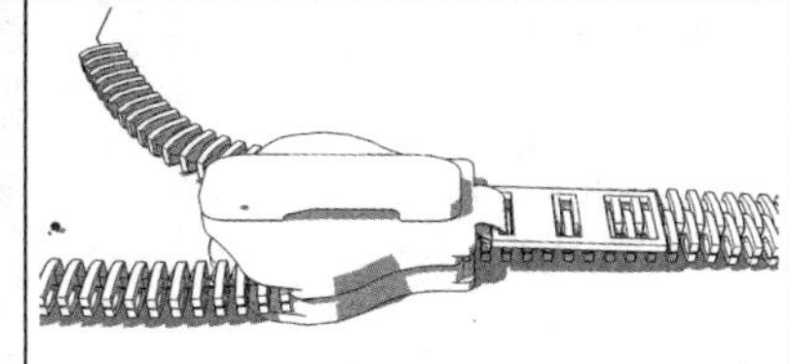

宏观的治可由微观的乱组成，微观的治也可以组成宏观的乱。水流按照人的意志流动就是治，水流经过瀑布口的时候往往规整和平静，一旦落入深潭则四溅混乱成一团。

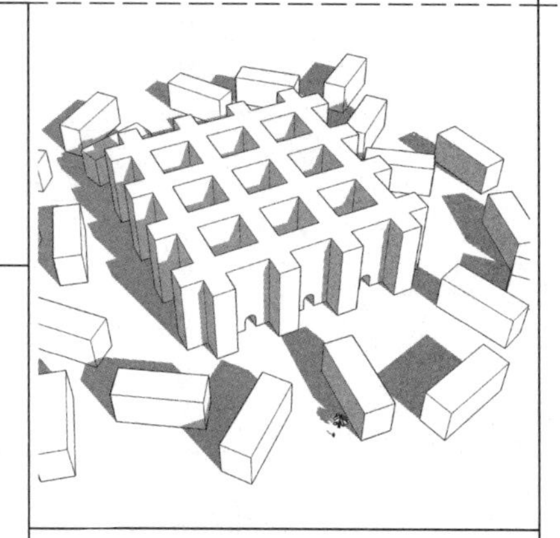

鼓励艺术为治道，毁坏艺术为乱之本源，混乱是没学问导致，最高级的学问即为艺术。

艺术天性是一种自我表达，而这种表达因为具有煽动性和破坏性，所以社会允许它以合法的途径，就是通过艺术手段来抒发，即非社会化的手段、纯个人的手段去实现。画画再鄙陋也没关系，音乐再难听也无伤大雅，因为不会伤害到别人。失意无出路的艺术家一旦以艺术化的思路和做法，进行社会活动和经济活动，必然会遭到限制和摧毁。行为艺术实际上就是幻想中的、微缩版的极端社会活动，或者是高调变异、超常荒诞的宣传。

中国传统是物质服从于精神道德，在修齐的层面上来说，有钱人盖住宅，只是内部精致些，外观还是和大众统一。皇家建筑用外在的华贵来彰显皇权，但是其内部却平和朴素。凸显局部来统辖全局的治，整体不均会造成不安，做到均质则为大治。现代把建筑和形式的统一都系于经济的平衡，弱国希望公平发展，强国希望维持不平等，于是世界产生变乱。

一个城市的管线清晰，路面没有突兀的井盖和坑洼，便是治理得当。如果管线混乱，便是无从下手的混乱城市。城市如果是线状的、像河流般只有一个流淌方向就便于控制。城市中所有物质成果如织丝般来回穿行，其中就包含许多如蚂蚁群策群力时产生的无用功。

大数据和定制时代，具备技术条件的市场经济也会变成由消费产生计划的经济。如同蜈蚣一样的城市可以实现物质的层层传递，减少堆栈的浪费。就像海岸城市，在海和沙之间形成一道建筑的宽带，如同拉链一般。城市成为弥合自然创口、规整万物的原力。

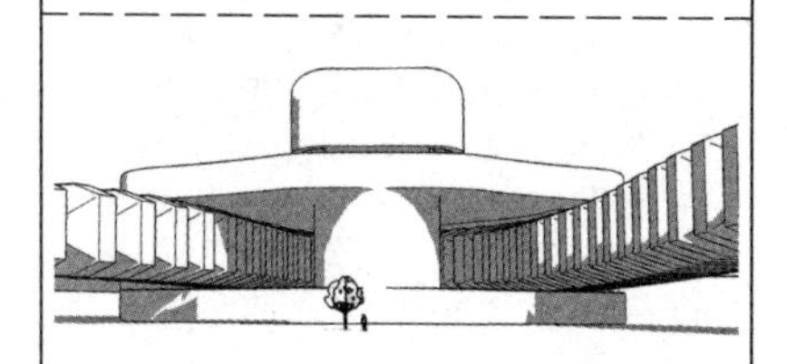

战争是极致的行为艺术，过程中全情投入、百感交集。艺术的欣赏过程就是获得的过程，看到、听到、吃到、闻到、接触到，是浅层次的掠夺，而被掠夺的对象可以无所损伤。保守的传统艺术，以节约而隐秘的方式让原始人或者文化初期的人觉得神秘和永恒，因为过去人们认为生命可以永恒，因此对世界也持永恒的观念。而现代或者说极端艺术就是被审美、被欣赏对象的毁灭，因为现代人不相信永生，艺术的掠夺快感被真正的殖民和摧残式地凋泽而渔取代。所谓消费社会，就是无限地摧毁和破坏，艺术成了真实的驰骋畋猎，令人心发狂。

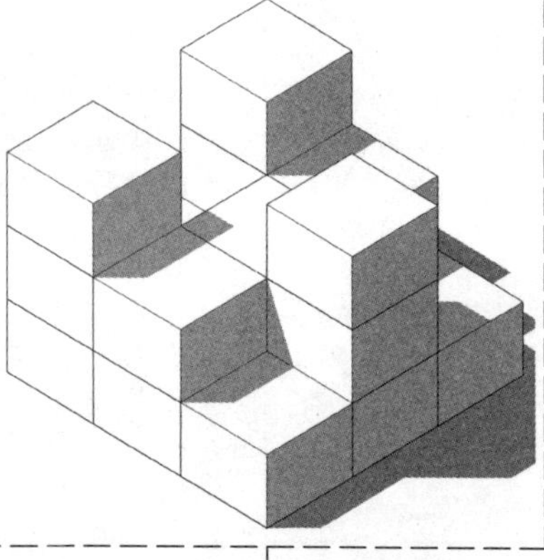

重复的变乱就成了治，在乱中消耗多余的能量气力，恢复到平静状态。所有的不平静共同爆发出来后，如同遍地的油菜花，成了气候。孤木成林后自然无风能催之。

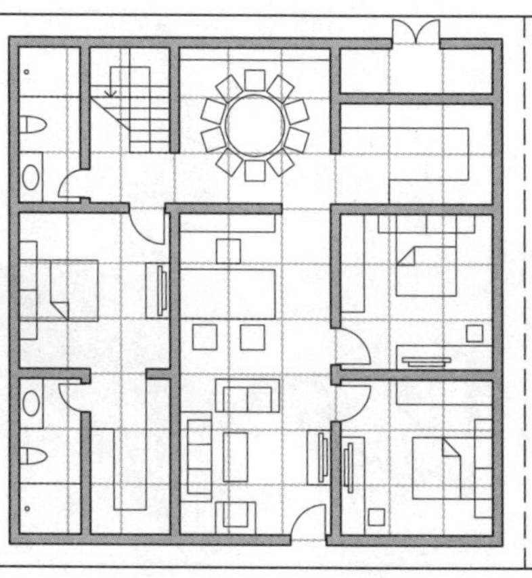

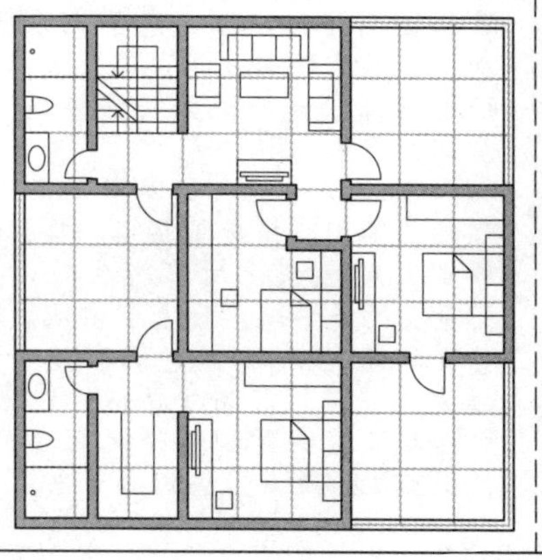

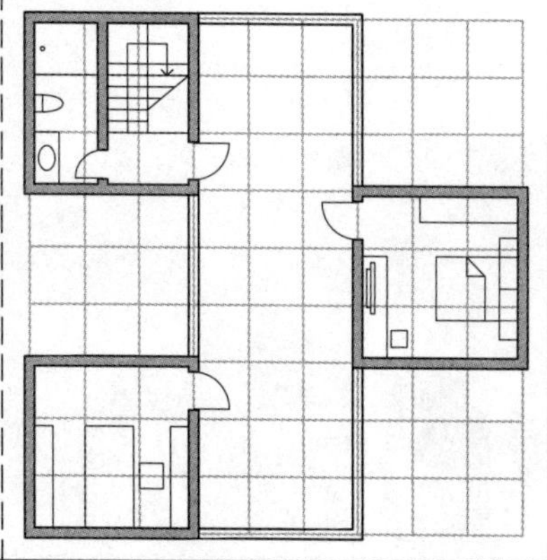

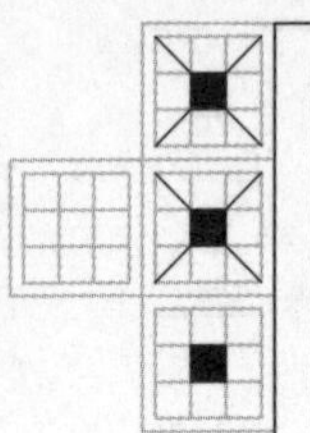

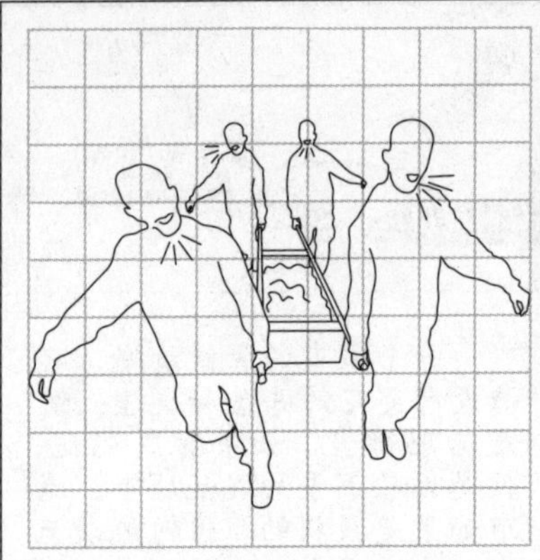

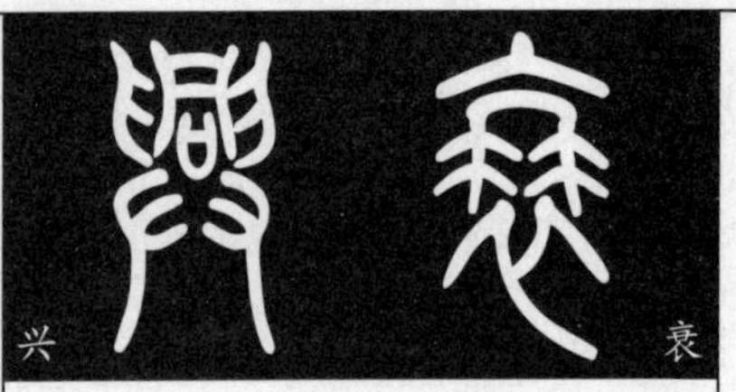

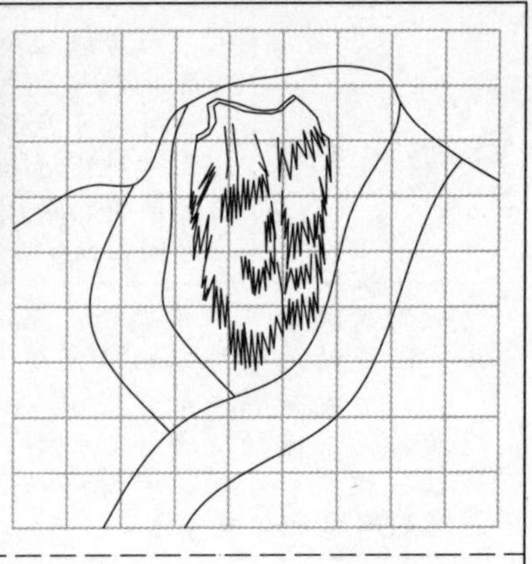

休数兴衰两蜗角，
从来忧乐一鸿毛。
——宋·王铚

/消长/兴亡/盛衰/隆替/昌衰/
/穷通/熄燃/成败/胜负/输赢/

興：起也，从舁，从同。舁是四面伸手过来抬举东西的样子，同字从井从口，井是井盘或担架的形状，口为共同呐喊劳动号子。

興就是一群人喊着口号将担架抬起或将绞盘转动的样子，有使之抬起来、升上来的意思。或者井字形状的物品为轿子或者车舆。

衰：没落，从衣，从冄。衣为古代衣领部位的样子。冄象毛茸茸的皮毛和草下垂的形象，参考尔字。衰就是用下垂的枯草编织的衣服，是蓑衣中蓑的本字。蓑衣的材料都是枯萎的，在雨中，蓑衣削弱了雨势，雨水从蓑衣上滴落，这些都构成了衰的意思。

兴是体力劳作，衰是外表服饰。可见勤奋工作便能兴盛，仅仅注重外表则是衰亡的迹象，将注意力集中到影响行动的功能上而非形式上，兴就是要有用，而衰只是徒有其表。

兴衰是人的聚散，不只是物质的丰富与否。没有人存在，任何地方都是荒域，人出现才有生机。兴是整齐划一、口号明确，衰即是杂草丛生。阅兵就靠齐整方队体现国家兴盛。

万物由自然而来，反自然也是自然。自然中的东西，有来有去，春夏秋冬、生老病死、建筑更新，这一切没有莫名地出现，也不会莫名地消失。

一滴水落在桌上，用指头延展它绘出一个图案，所有的水渍自然地连成一体，汤面上的油花在沸腾中合并与分裂，相对这些微小而言人拥有上帝视角，能看清出现与消失，而人在生存中又被谁看清。

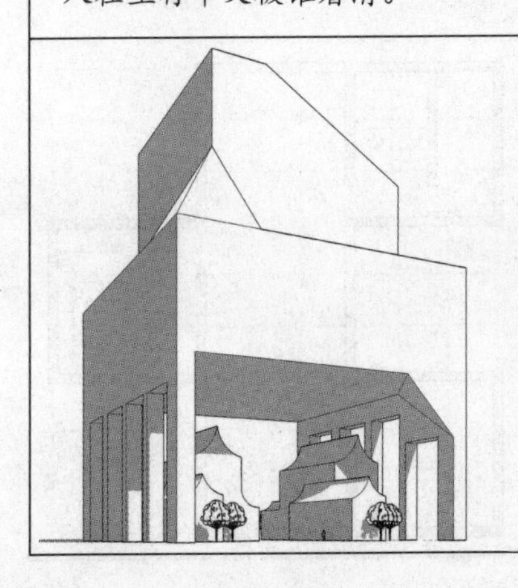

建筑的部分意义在于摧毁，超高建筑是为了迎合潜意识中一推而倒的臆想，如孩童时期搭积木而最终推倒。又或设立坚固而永恒的摧毁目标是一种天性，内心假想敌的现实化。

西方传统建筑将精神诉求放置其中，装饰造型十分繁复，普通的民用建筑也装饰精巧。近代战后建筑由繁到简，从追求造型过渡到功能的利落与高效，算是矫枉而过正。中国建筑由简到繁，传统建筑从功能导出的造型，形虽复杂但是关系简练，当代人逐渐将精神的追求、心理的压力释放到建筑中，建筑就如同妖魔一样，生长出狰狞面目和多余的指丫。

有机废水和粪便都在土壤的承载力范围内，用化粪池自然吸收就地消解，相当于给土壤施肥。按照土壤所能自然消解的废水量计算，能得出承载最大人数，进而确定容积率上限和量化控制指标。完全就地利用自然净化回收能力的模式，经过计算，就能得出一幢超高层周围需要多少空地。

不同业态的人数不同，工作性质不同，排废量就不一样，原则是就地消化所有污废物。排量大的多占地，反之少占地。同样的基地面积和建筑密度，排量大的建筑其高度就低。达到楼层高度的控制极限就需要扩张土地，或者分层利用土地。

古建屋脊曲线是功能外的添加，神兽数量、开间规模、建筑高度逐渐增加，将人类的能力和野心放大。

相反相成的道理在快速发展中也快速应验，凡抱着一劳永逸的心态建造都市，那么离拆除荒废的远景也就不远，过往那许多稳定安逸的历史名城消亡殆尽。那些自然材料塑造的城市，入土即安，而现代都市这种堆积非一日可消亡。

生物建筑组成有季节感的城市，改变城市面貌。市政管线、家用物件都从建筑上长出来。树的粪便无迹可循，城市也像树一样，就节省了大量的处理垃圾和废物的成本和资源。

建筑底层架空解决人行和非机交通。地面和建筑功能完全分离，成为独立权属。地面完全还给自然与行人，大进深建筑多抬高，保证阳光，地面的植物灌溉可以用建筑中水。

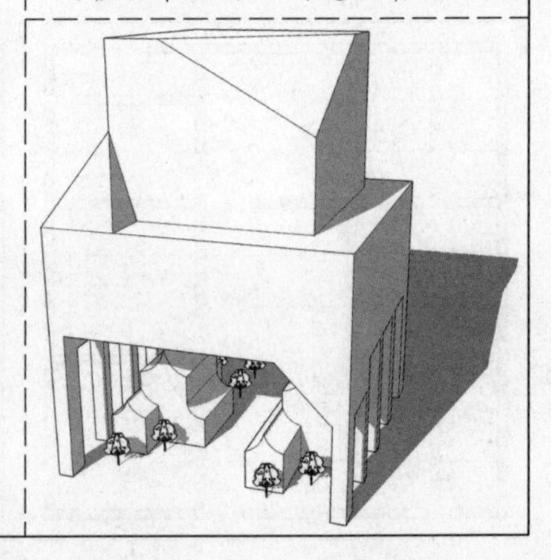

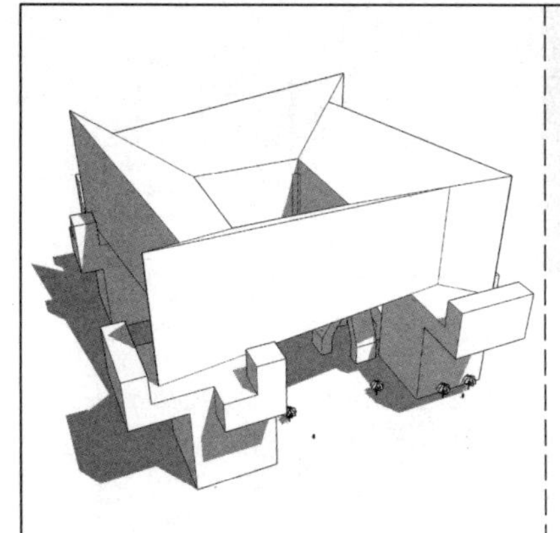

兴向上举，衰向下垂。兴少而衰多，不如意事常八九、可与人言无二三，这便是历史的常态。兴就是衰，手举了起来，不可能永远不放下，终究还是下垂。

希腊建筑中的柱式和墙面装饰多有头顶、肩扛、手举，用身体支撑物品，就和兴的意象相似。

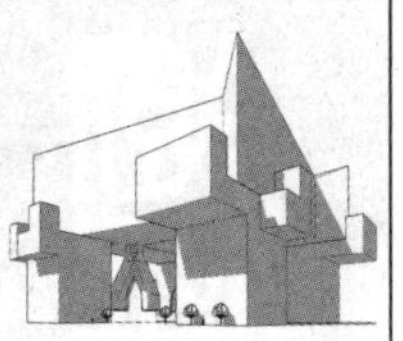

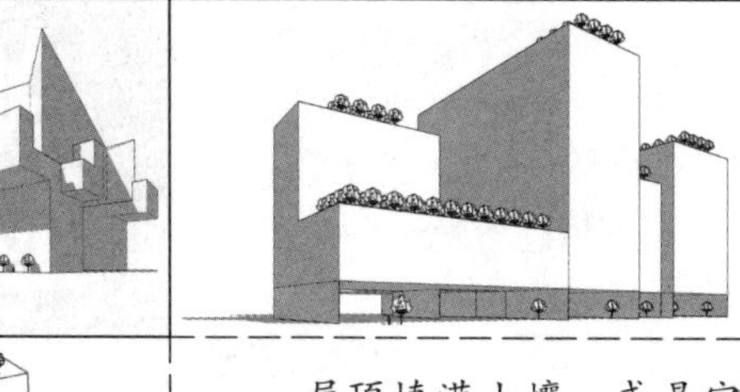

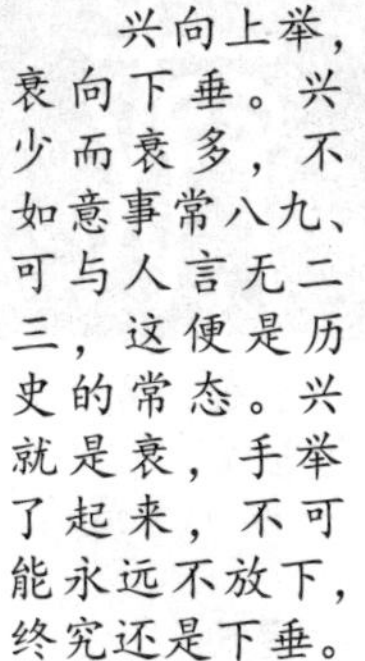

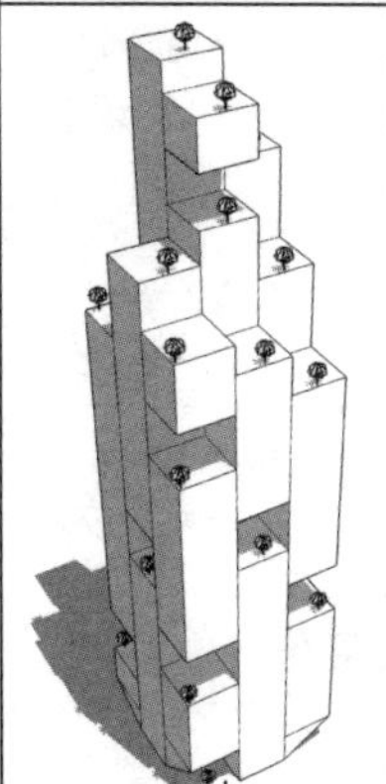

屋顶填满土壤，或是空中掏洞。所有占地都在原地创造同样规模甚至更大的绿地面积，空中的绿地等价交换地面的绿地，控规可以新增一个还绿系数，假设定为二，那么在一公顷的占地上，就要实现两公顷的绿地面积。建筑逐渐地在空中掏洞和累加绿地。这样的建筑有可能成为农作物生产基地，大部分的绿色蔬菜可以自给自足，还能出售成为收益。

城市终将沉入炎热地核，重新冶炼更新。雨水的更替飞快，而人和地表的更新却是逐步的，植物从土壤中获得的仅是燃烧后的灰烬。扫走的梧桐叶的质量都从天空中获得，碳和水都是天上的养分。山上的树木每年都在凋落枝叶，它们没有让山变得更高或是更大，每年采集果实也不会让山变小或是变瘦。当下的繁华最终还是会变成物质沉到土壤中去。

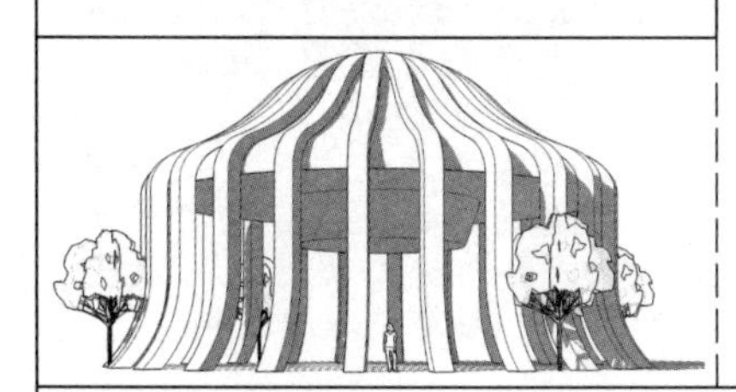

动物在胚胎时期，很短时间内把进化过程重现。有用祖先的名字来命名孩子的传统，认为是轮回，长相也可能会很像隔代的长辈，形式也返祖。

人的认识和事物的变化，都遵循波浪式前进螺旋式上升的规律。在变化的过程中，体现通的存在，审美从复杂到简略再到复杂，此复杂已非彼复杂。兴盛由衰亡中来，向下的衰草支撑了兴盛向上的建筑。

建筑的形式和外观也是渐进更替地发展，一个时间段会有某些建筑风格的兴起和流行，其特征就是结合此时代的普及物。主流终会成末流，星火燎原后春风吹又生。可以说形态也是与时俱进的，有时代感。

当某种趋势最火热的时候加入进去，实际上就是去陪葬的，因为盛极必衰。走在时代和兴衰的前端，就是切去既有的三分之一，用新法补齐。

过去的城市是排斥自然的，一个城池的建造就是一个非自然的存在，自然空间被固化的物质形态完全占据。而当一个城市衰败的时候，则是杂草丛成、蛛网四挂，自然就悄然融入进来，传统的城市中民众很少能享有自然山水，而宫殿官邸则享有独立营造的山水。

似乎城市的兴盛就是自然的衰败，而城市的衰落就是自然的兴盛，所有的人造景观都是对自然的掠夺和侵占。宽路幅的公路、重复建设的机场占用太多大自然的表面积，未来应该让所有的交通都下地，而建筑都让出首层给大自然，这样才是共同兴盛的城市。

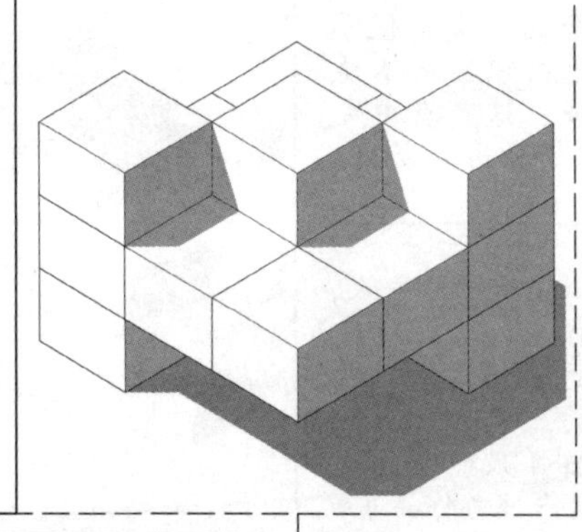

兴字的立体是空间的兴衰。建筑敲掉三分之一，用新手法补足，再切去三分之一，再补齐，经过几个轮回就有新的建筑风格，既有原始的灵魂，又有新生的外貌。

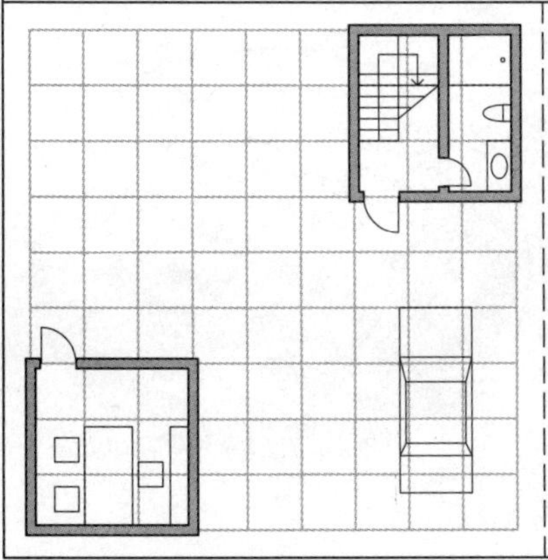

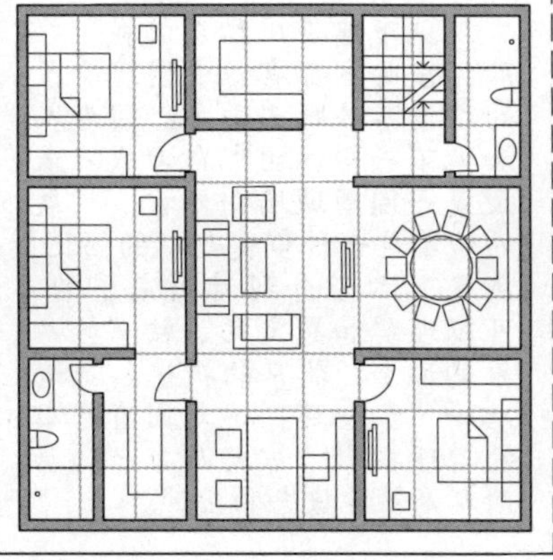

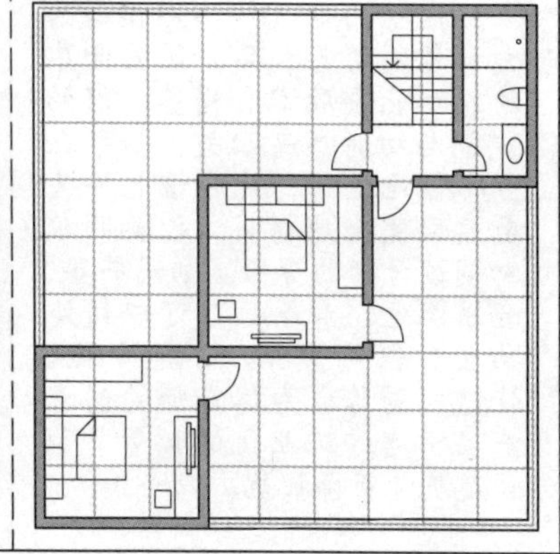

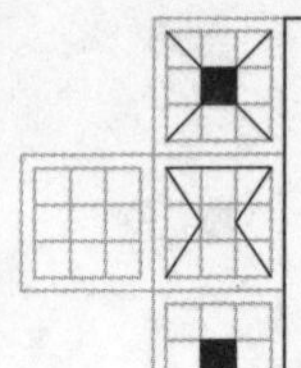

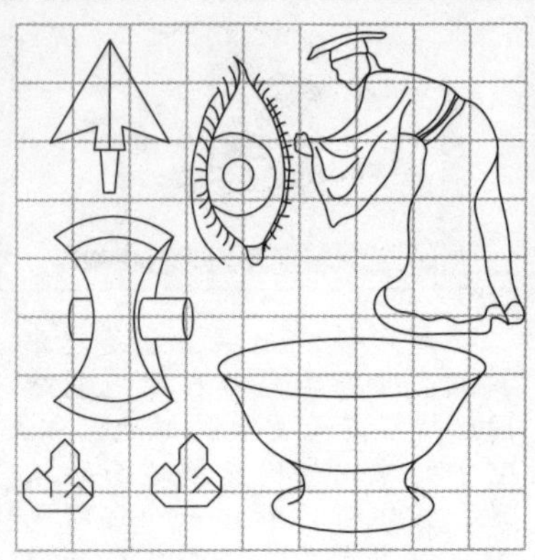

鑑 戒

鉴　戒

眼底兴亡存鉴戒，
何须搔首问苍天。
——明·朱诚泳

/依违/顺逆/顺悖/遵违/应违/
/奉违/孝逆/借还/

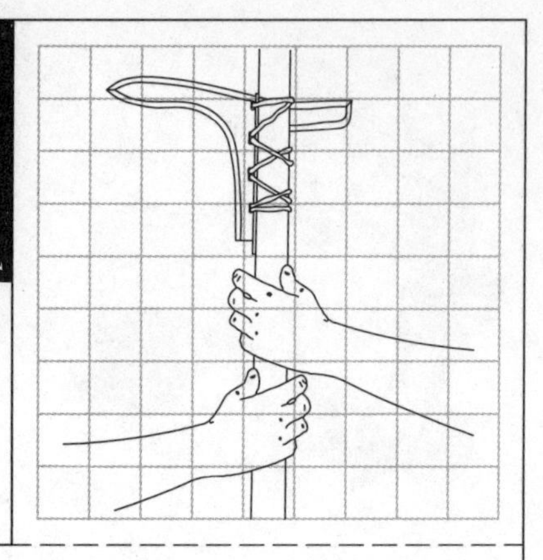

鑑：明察，从金从監。監字从臣从人从皿，臣为人眼睛向下看的样子，人为人体，皿为盛水的器物、从豆演变而来。監就是古人以盆中静水为镜子，低头观望的样子。金为金属制品和原料的样子。后水镜发展进步成为铜镜，便增加金字旁为鑑，鉴为镜之原字。

戒：警备，从廾从戈。廾为拱字，是双手在胸前相合的样子。戈为兵器戈矛的形状。戒就是双手紧握住长戈于胸前，表示守备、提防，也有禁止的意思。

守备的位置是地域的边界，因此戒字也通界字。警备的时候常呼喝口令，戒也通诫字。

文字是思想的载体，中国汉字本身就是图像化的，可以说国人的思维也是图像化的，眼见为实就是例证，因此也容易被眼睛所看到的事物蒙蔽。

中国人思想的源头，应该放在文字中去寻找，而且所有的形式感也都要到文字中去寻找。历代所有的杰出文人艺术家，无一例外地精通书画、探寻新的文字表现方式，并在既有的形式下进行突破和变化，将所有的艺术创意和思想成果添加到文字中。

文字中蕴含的巨大价值不该舍弃，能够看书识字就不要入宝山而空手归，这是有中文思维和灵魂的人所独占的资源。

建筑师遵循有感应的关系，无论鉴是发生联系，或戒是斩断联系，都产生关系，操纵关系的主导权不在建筑师手中。建筑作品就像蟹和尚，都是吃蟹的人培养出来，虽被挑拣，只要形态功能法自然、鉴戒于活物，便保留几分天真。法可从缘由、内容、时机、地域、方法切入，不法也是法，不用担心森林长出电线杆，许多刻意解决或回避的问题本不存在。

建筑的功能日新月异，难得不去随波逐流。既往必然成为鉴戒，以成为鉴、以败为戒，做到心中有数、辨明是非。创作是学习的过程，必须有所吸收和采纳。模仿一个人是剽窃，模仿十个人是鉴戒，模仿一百个人就是独创一脉。

借鉴的方法，是将一个建筑物用最少的线条和笔画提炼出来，再将这个提炼进行放大和扩充，即是新的演练和变化。

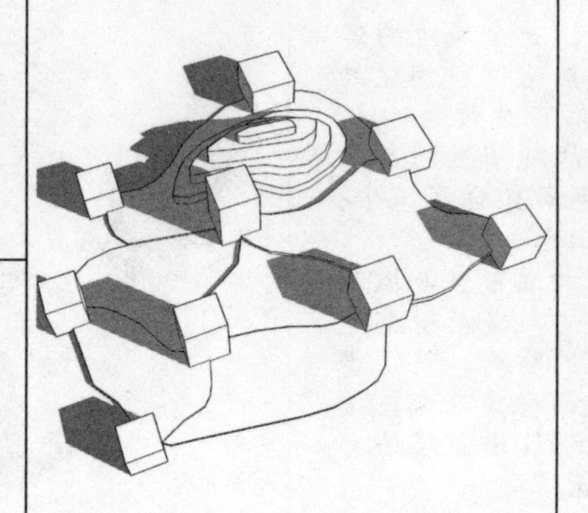

过去的时光在多数当下人眼中看来，无甚价值和影响，千年前的恩怨情仇和现实的欢声笑语没有什么关系，并无多少人知道自己生命的由来历程，一样过得很好。对部分人来言解读过往成为竖立观点的理由，参考鉴戒成为师出有名的牌坊，结果断章取义的剪刀和牵强附会的糨糊就成了工具，于是历史都成了当代史和小姑娘，才有识字忧患始之慨和焚书之举。

建筑物不局限于一地一人，好歌应该共同传唱。社会对建筑师的苛求如同要作曲家、歌唱家、演奏家的三者合一，但如果不能自创自弹只能唱，就该翻唱而不要创作拙劣作品了。

成功的建筑作品应该成为大量复制的艺术品，让全世界的人都能去欣赏和借鉴。好的建筑与功能息息相关，如果在当时当地适用，就应该允许甚至鼓励完全地拷贝，但要明确初创设计师的身份。如同书籍、音乐、电影和绘画，可以到处拷贝，但是著作人不能变化。让建筑创作成为建筑师的创意产品，通过工业化的批量复制让建筑师获得收益。

城市建设中积累的成败经验，东西方都有，中国现阶段的建设不必照搬西方，因为人和地不一样。北京自古代以来便是一圈圈城墙向外扩，扩展的城墙是一种审美判断的固化，决策者希望看到封闭完整的、可以理解和界定的、被掌控约束的形态。北京的扩建总是道路一环加一环，这是固有中心的心理投影，扩大而言一切物质都是精神状态的投影。

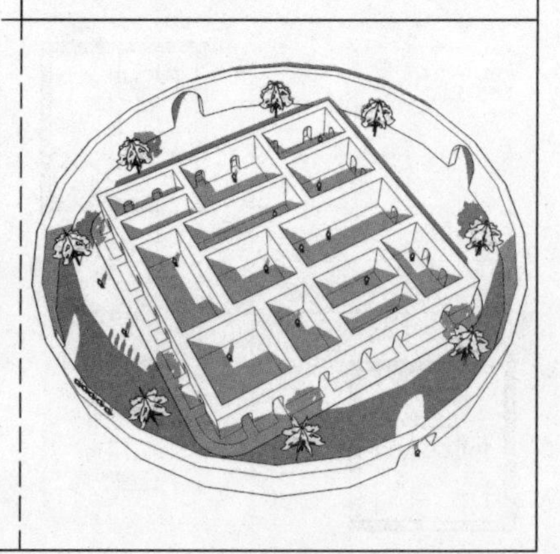

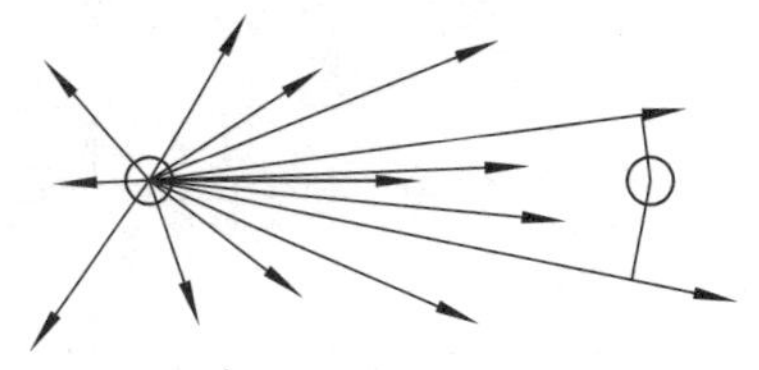

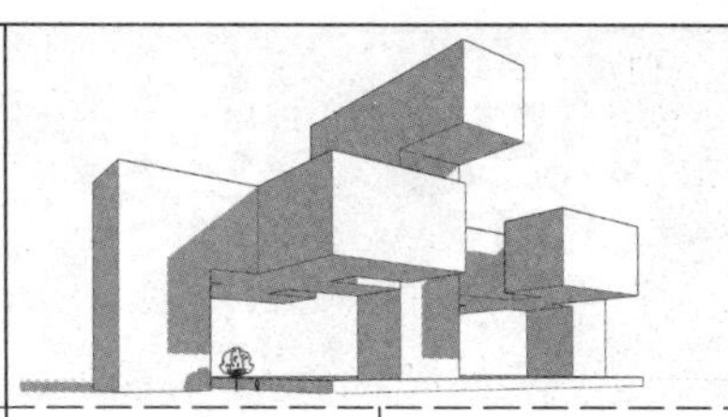

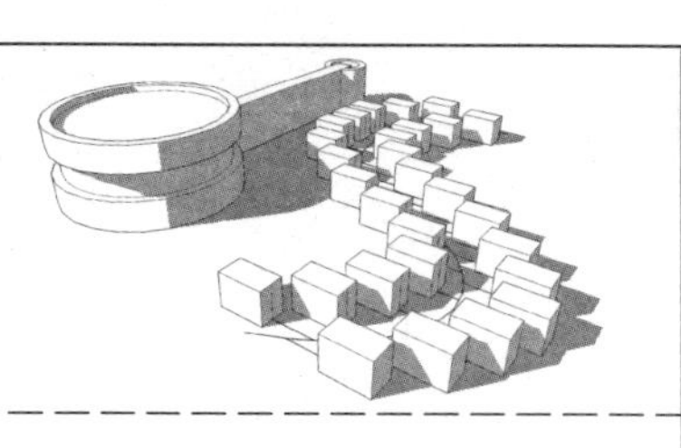

出发看谁跑得快、离起跑点远，太想发力就会偏离大方向，在路程过半时方向正确的重要性被体现。除非天才，另辟蹊径常有失偏颇。专业教育是保证方向正确，不急于模仿走得快的人，要学走得远而最终到达目标的人。时间是检验一切的标尺，不仅看一时一地，要有战略的眼光，不要被世俗牵着走，或者被对手给带歪跑偏，有自己的坚持才最重要！

水面反射阳光投射到建筑底面。建筑中利用镜面和反射的关系来制造视觉效果。

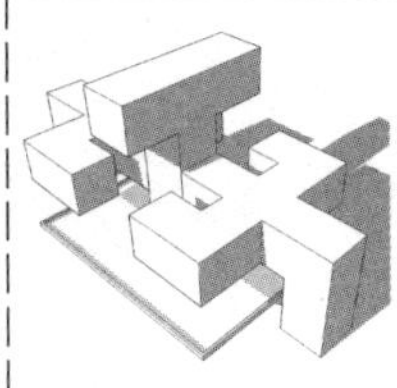

传统城市就像是悠悠球，一个交通线对应一个城市，城市就那么几个城门、有限的交通出入口、步行尺度的市政服务设施、明确的边界、城市规模相对平均。现在的城市密度极大，形成鞭炮状的城市带，一条道路有无数的城市依附其上，具有新的交通和沟通方式。传统城市的资源是向心汇聚，当代城市的资源是分散交叉。

传统城市有明确的等级划分和功能分区，根据文化政治地位不同而将城市分区，现在是商业社会，完全按照财富的多寡来进行城市分级。过去人可以躲藏隐居，现代人无法躲，无法不介入世俗的名利争斗。

吸收传统是创新的前提，分析可见的时间抛物线脉络，能大概预判发展方向，如同炒股利用蜡烛图。走上大趋势才能成为主流和引领，大小波动时有发生，把握大势形成风格。

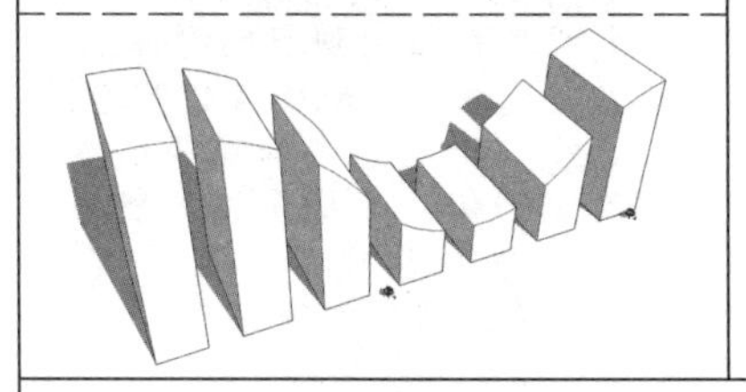

释、道、儒对极致精神有各自的解说。释家主张无黑无白，讲述过去到现在的脉络，今世果尽是前世因，既然佛说四大皆空，又何必在意尘世俗物的善因恶果，穿肠酒肉乐过来世成佛。儒家疾呼黑白分明，实践当下现实的荣辱升沉，尽其一生修齐治平，但内在的私心和外在的公允共同消长，心口不一、颠倒而处。道家声明黑即是白，演说现在到未来的成仙超脱，炼丹长生却不见成功，理论经不起实践检验，只能结合神话，或道家看失败就是成功。如今三教合一的传统文化仍起到凝聚作用，内化为人的精神，外界低压则会显现。

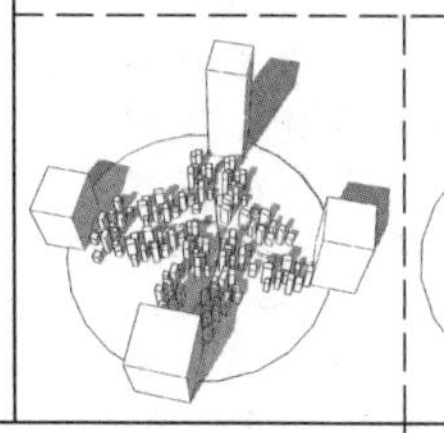

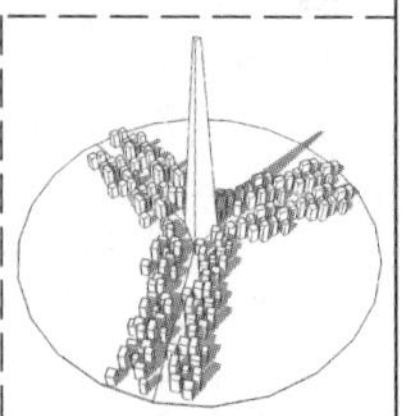

无所不建筑、无所不城市，火腿、破布、广告、水渍，无所不在的质地和形象，启迪人的创意。四季的树叶，银杏、枫、梧桐都是素材，取来创作绘画，跳跃季节让绿色银杏和黄色银杏相遇，粽叶的大厦、樟叶的裙摆。生菜、胡萝卜、红薯等蔬菜也可以拼贴，凡是有形体的事物，都可成为平面的发生器。大城是菜地，小城像盘菜，菜式是平面图，凸起就是建筑。

菜单就是一份地图，吃套餐就像旅游中欣赏地标。各种城市的套餐口味，可以边看边吃，这是种快乐且见闻的吃法，吃标志物、吃高山、吃海滩、吃小镇、喝下太平洋。

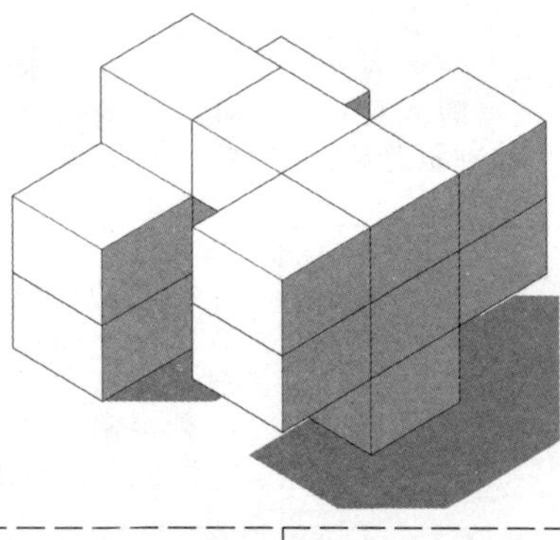

双手抱拳既是执礼问候，又是暴力相向。左握右为吉，右握左为凶。顺应为礼，拱手是奴隶戴枷臣服主人的遗存。当变化渐进地发生，逆流而上也成了顺流而下。

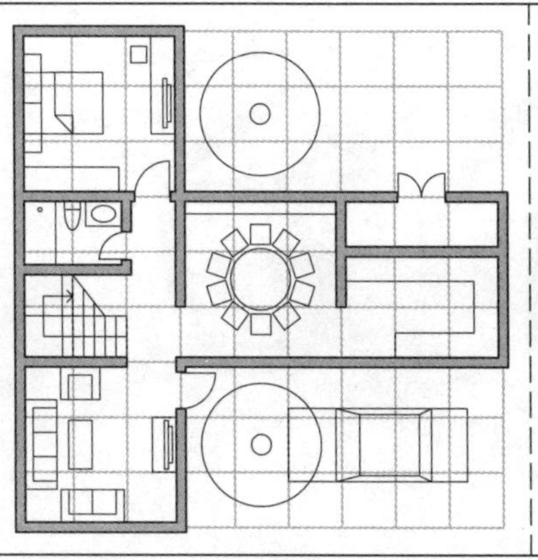

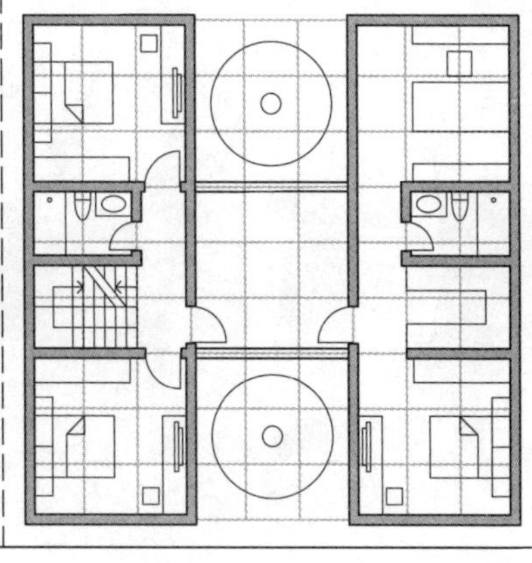

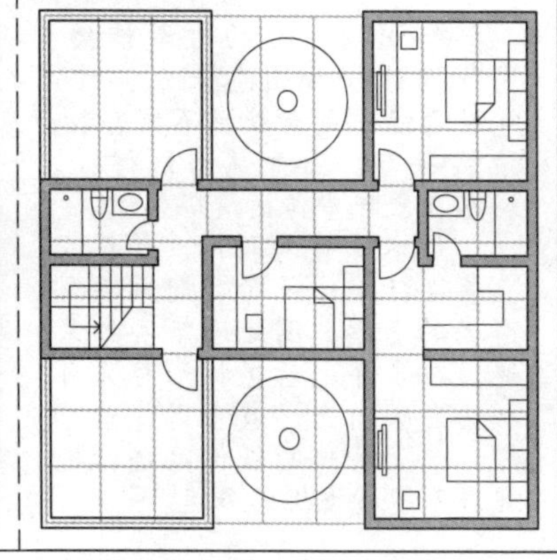

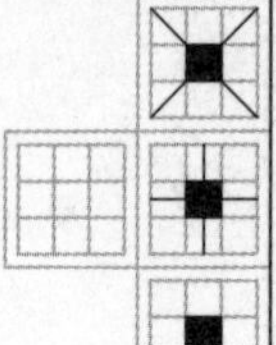

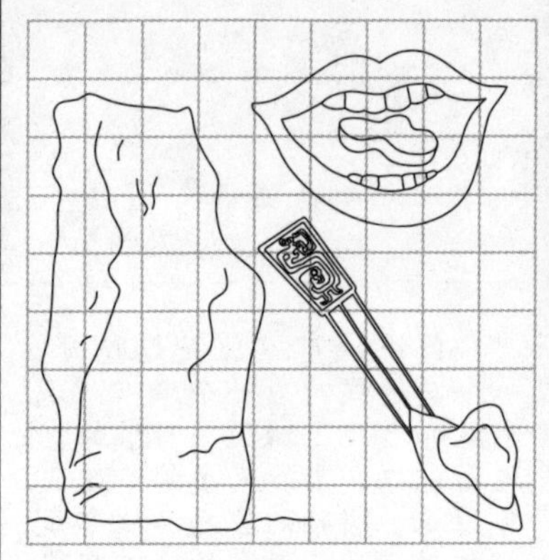

堪舆

堪舆浩无穷，
俯仰一寤寐。
——宋·何梦桂

/中外/中西/土洋/

堪：地突也，从土从甚。土为竖立的大石界碑。甚从甘从匕，甘为口中含着一块食物的样子，通含字。匕是古代勺子状的取食器具，长柄浅斗，茶匙、汤匙的匙之原字。甚即是以勺子喂美味入口的样子，表示过分、严重、盛大意。甚加上土字旁表示高企之土、接天之地。

舆：地势低下，从舁，从車。舁是四面伸手抬举东西的样子。車是动物四足绑缚的平面形状，类似重、數中的東字。舆是抬举猎物的奴隶，身份地位低下，泛指大地与众人，舆论即众论。车马出现前，肩舆也是靠人力抬举，舆也指交通工具，以交通所到之处代指疆域。

风水和风格，皆有约定俗成的套路，皆实现心理和物理的需要，风讲究变化无常，格却谈条条框框。风水讲究数由抽象向具象的过渡，如宗教精神的神偶化，是种看似不可或缺的可有可无。鞭炮不放有益处，可人人还是要放。风水糅合了各种经验关系中的理性守则，经过量变的积累总结，以迷信的方式表述并且传播。

南半球四向没变，而太阳位置变化，不对环境进行考察，对风水知其然而不解其所以然，面南背北就会被误用。真实追求和实用原理衍生出的形式及手段，往往外表被追随和延续下去，而其真实内核却被忽略。

国人画油画和法国人唱京剧都是舍本逐末。扬州人炒饭就是扬州炒饭，生而具有的就决定话语权，他人毕生追求也没用，这种不公平就是根源和资源。对比山东人做煎饼，美国煎饼再好只能算东施效颦。

靠山吃山，靠水吃水，饮食关乎地域、体现民族性，兼具个体生理改造功能，塑造审美和胃。建筑学习饮食要对胃，不要靠山凡尔赛、靠水凡尔赛！

为适应规模生产，西方人提倡极简，毕加索多活五百年，或许画的牛能简练成汉字牛。形象和行为的极简提炼早在仓颉造字时已解决，汉字是载体，就如同微缩的文化底片，通过新文明之光投射到空间形体上，就形成民族化、地域性的表达！

外文道德经，如庙里的素斋只是形似。翻译永远不能表现原文字的韵味，文不及言、言不及义，何况走样的文！

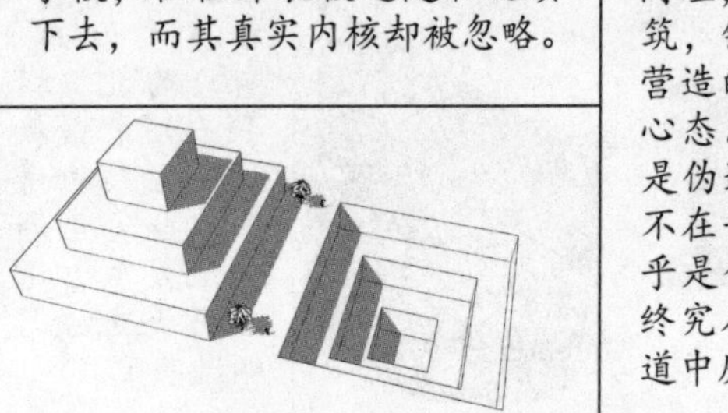

找准自己的脉络，再选择奉违。文化、语言、思想内核才定义人，长相在其次。建筑同理，粉墙黛瓦未必是中国建筑，钢构幕墙未必不是。要看营造的神形意境是否传承中国心态。西装、袈裟、名牌包多是伪造的传统，反言之，有人不在乎内心只在乎表面，不在乎是什么，只管像什么。市场终究在闲人看热闹和专家看门道中磨合，被磨的是设计师。

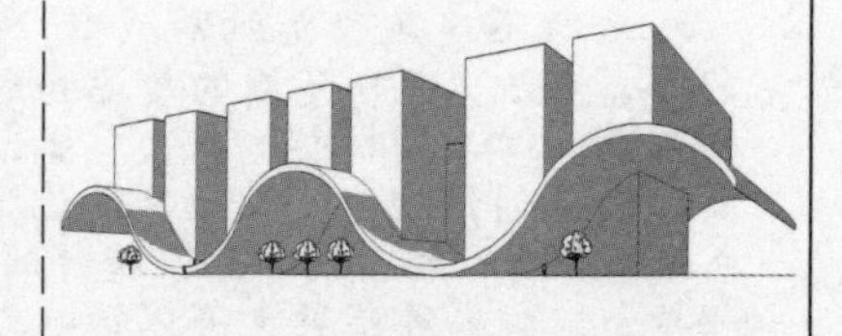

顺应天象、地理、物产的不同，触发条件不一，导致建筑各自发展出不同风格。情况各异，而要赞赏推行国际式的大一统风格，就如同削足适履一般，还是量体裁衣比较合适。

知识用宗教的力量传播，用你的迷惘和困惑来束缚你。觉世真经中关老爷说不信吾教，请试吾刀。上帝说信则得救。风水在蒙昧中传播演绎知识。

风水是普遍联系，并建立了量化标准，是跨越时间共同遵循的套路，因此埋下去的墓地，在多年之后根据形势又可以被发掘出来。成吉思汗最明智，消灭墓地的任何痕迹，也就避免了被发掘的命运。

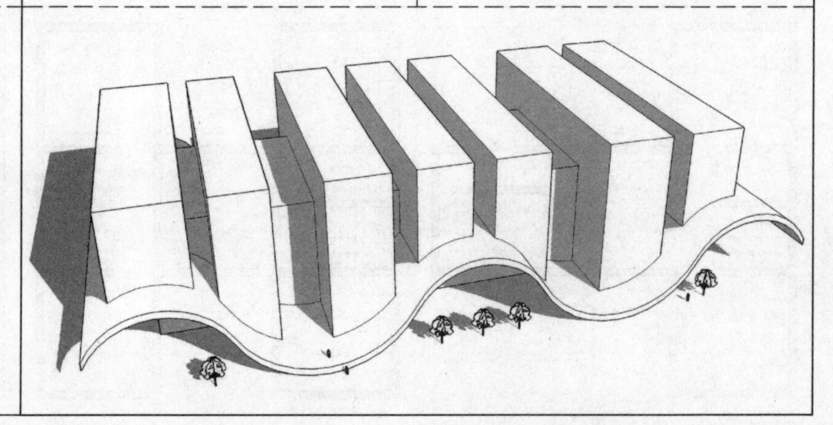

生物机器用土地生成城市和建筑，就地平衡的土方形成凸起和深坑，建筑吸取了所有的地下物质上天。土壤提炼的材料具有生产能源并塑造自我的能力，土壤变成陶瓷、金属变成机电管线、硅石变成光纤和玻璃，只要有水，城市便能就地生长出来。如同有山就有谷，有高原就有深沟，自然界能将物质进行平衡。古城墙和护城河共存也是平衡的道理。

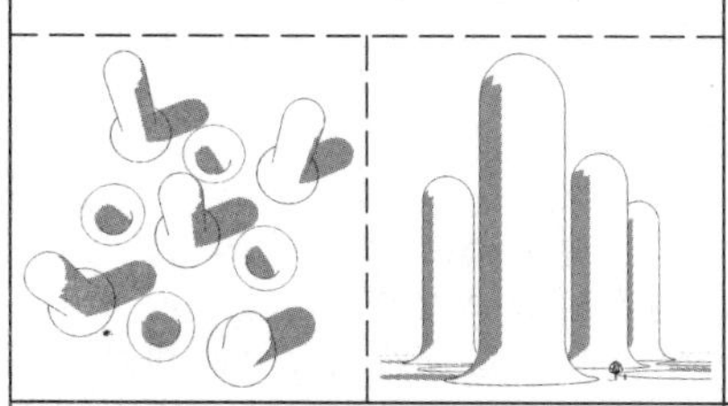

讲风水运道还是倒霉，敬仙礼佛仍干坏事，精神感召根本是对人不对己。人叠起来居住，被人头上拉屎，讲甚风水！按风水精心布置的皇帝陵墓更易被破坏。法术神奇碰到粪便就消散，人人肚子里都是黄白之货，不惧邪魔，也克掉神通。

风水上下近远，只利当时，大师赚到钱、信徒心安慰。无福泽后，所谓风水看三代，不过是麻痹拖延的安慰剂。

风水图示各种形态都有忌讳弊病，排除不利后只有极少数的形式符合理想，这些造型格局就成了传统，反作用在书籍上，继续强化受众的认同感，个人的选择其实是众人的选择。

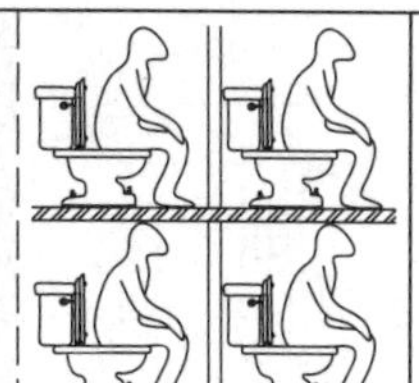

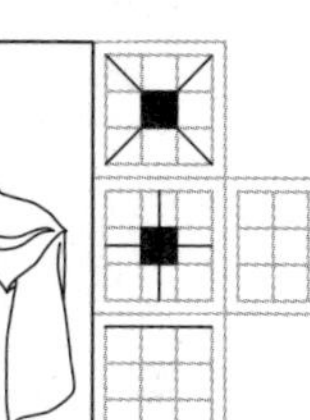

中国人本该穿中国服装，现在的社会是复合思维，只要是可以利用和有帮助的全部用上，这就如同将各种服饰拼在一起形成一件外套，背上写上一个通字，就像是兵勇的服装。礼服加水袖是新型的堪舆，如同星象加属相的混杂文化形式，文化是水，接受或排斥没得选，低处只能被动接受。

西方人排风水像中国人用星座来占卜一样，普遍规律都不具备，生搬硬套出山羊座的猴子和巨蟹座的猪。南半球方位颠倒，五行方位根本说不通。

没阻碍就没通达，如同没有限定，就没有方向一样，有不同才能突出各需表达的内容。

群山形态的城市，水平面界定高低。风水是堪舆，堪舆看高低，高低看水流，水会流还会飞，走阻力最小的路径。

环境的限定未必导致建筑形式的唯一。人穿衣服可以根据场合不同、季节更替来调整。建筑不能像换衣服般随意，慎重之余总不免要刻意强调其设计是场所的唯一或者最佳，其实不一定。往往强调的就是做不到，是此地无银的反面！

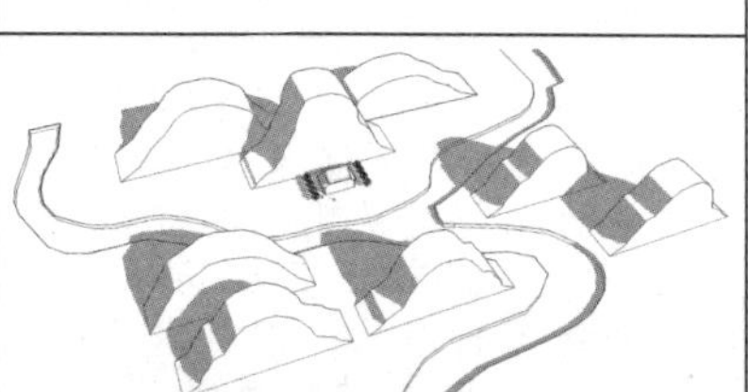

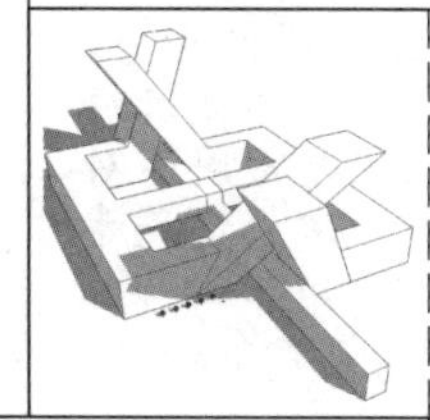

借鉴是参考历史、判断人事。堪舆是分析环境、反映环境造成的文化。把握大势就有必要参考历史，体现特色就采纳当地堪舆手法。

口中含美食是上层人士，为之太甚，而干体力活替人抬舆是低层人群。或许用器具吃饭是一种权力，底层全靠手抓饭吃也不一定。

堪舆是天时地利，特定建筑结合特定配景、环境共同变化。建筑反映时代和地域特征，地是贫瘠肥沃，域是寒带热带。古时森林丰富，建筑构件尺寸大，形态雄迈。近古木材减小，构件缩小，装饰越发繁复。就地取材带有地域和民族性，还由经济性决定，性价比高的材料是一时一地普遍选用和接受的。

保留文化本源要鼓励使用当时当地的材料和人工，传统建筑技艺继承发展也要靠市场的引导。与其抄袭西方的古典建筑，不如实践运用前人提炼的形、色、饰、质，染来的金发不是天生的，设计离开地域必然无本无源。

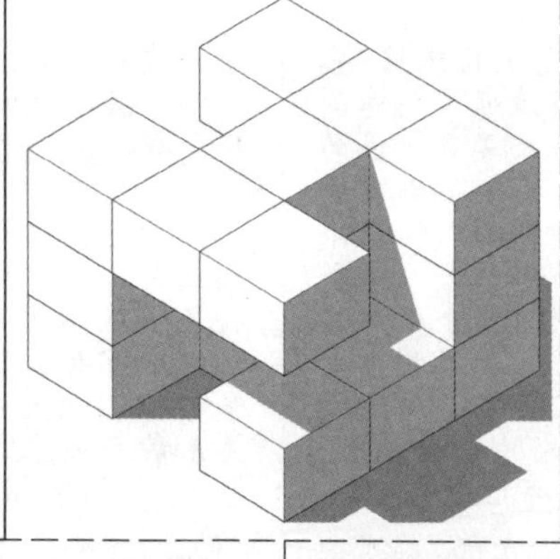

天地各自上下旋转，建筑其中。形式成于当时当地的材料、人工。树多用木、山多用石，多雨双坡，少雨单顶。风格是为了适应气候材料等地域条件而衍生出来。

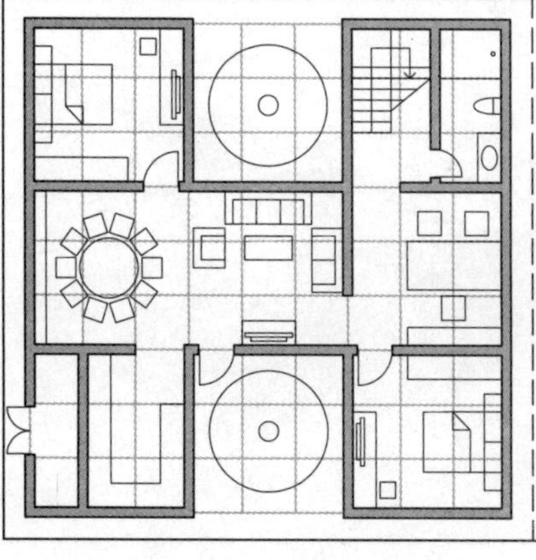

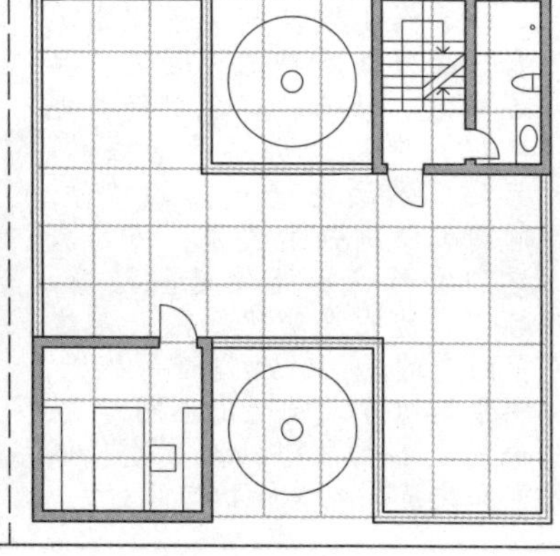

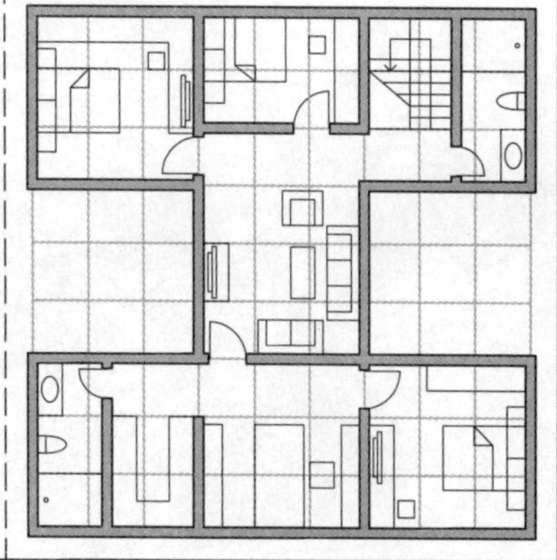

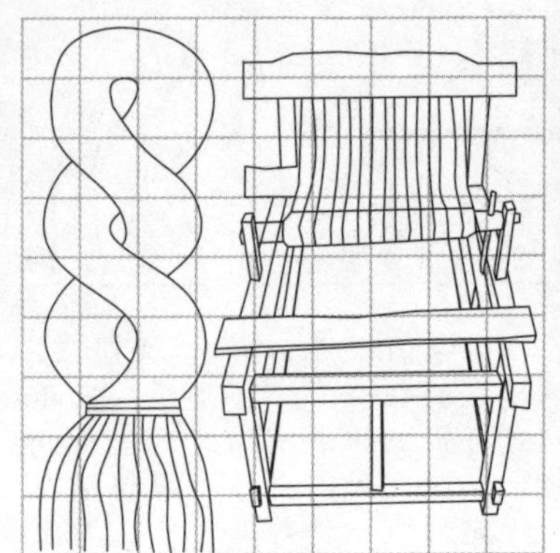

經緯

经 纬

经纬千年业，
陶熔万物功。
——宋·王禹称

/榫卯/点面/网点/骨肉

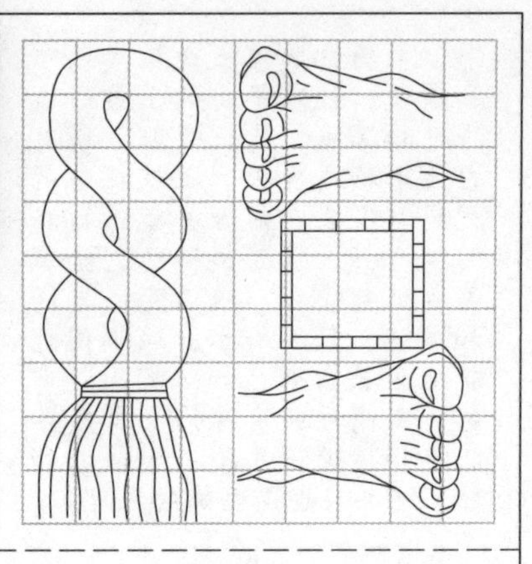

經：织物的纵线，从糸从巠。糸为丝束的样子。巠为织布机和织机上的垂丝形状。经线是织布的固定部分，起到控制和准则的作用，引申为常道。经线的竖向和看地图的上下方位相同，也指南北纵贯的道路或土地。将丝线挂在织机上的过程也叫做经线，经为动作。

緯：织物的横丝，从糸从韋。糸为丝束。韋字从口从止，口为地面祭台的形状，上下两个止字表示人步行的足迹。韋即是古人祭祀活动中环绕祭坛行走，进行保卫祷祝的样子。织布过程中，纬线缠在梭子中围绕经线来回环绕，在人的左右侧移动，和地图中的东西方向相同。

建筑平面在同样的拓扑关系中变化，会产生类而不同的结果，方圆角住宅可以是同一模式的翻版。泡泡图是拓扑关系的提炼，作用在于快速解构和复制，学会就能衍生出无数的可能，是抄袭的利器。完备的拓扑关系不等于好作品，美女头和猪头的拓扑关系一样，但各自美丑。元素间的关系对于建筑成不足败有余，其固有的形态和关联影响审美更直接。

布的经线纬线间相互关系固定，但是布可揉成各种形状。织物的拓扑关系明确而且最好理解。虽然衣物塞在箱子里，折叠成各种形状，但是只要还原就能实现各种服装的功能，不会因为折叠成不同的形状，让这件衣服丧失原有的裁缝关联。可以说服装就是不同面料的经纬关系组合而来，这是十分明确的关系。经纬相比拓扑能更好地诠释和表达关系。

连线比据点更重要。家具无论形式，从拓扑图来看，其联系的关键是榫卯结合处。燕尾榫、粽角榫等方式都利用相互关系来咬合加固。船木家具其榫卯关系和明式家具一样，不过粗细之别。建筑或家具将结合处用圈点标记，其余用线条概括，即为多米诺般的骨骼，抛去外形而着眼承转起合的结构关系，能概括风格的根本。

功能组合建筑，建筑组合城市，形成紧凑的榫卯就能做到牵一发动全身，设计成果可用拆解遮挡的方式来检验整体性。传统设计强调组成部分的不可或缺，而现代的均质设计让外形麻木不仁，可任意缺失。

地铁的概念图进行了关系的提炼，形成直观的经纬图。市政管线直接反映城市与建筑的经纬关系。管线是藤，瓜的排列和组织一提了然。机电系统图和建筑泡泡图如人的经脉网。复杂的建筑中，深入观察其机电系统图就可完全了解其中的逻辑关系。人物模型在重要部位线条块面丰富，重要城市和建筑就如人的重要器官，形态必然不同，并且细节丰富。

汉字即是拓扑关系，像抽象的建筑泡泡图，是平面图的简化。汉字中大量表人表物的字，都抓住了对象的本质关系。

纸上的卡通人形被理解，是因为它抓住并明确了人体的相互关系。儿童画有高度概括特性，能够抛弃外形的准确。这当中有离散度的问题，聚拢如墨点，说是人形无法理解，关系散开易于辨识，太开又断了气，让五官超出了脸的范畴。

建筑城市如织覆地，自组织垂直水平变化，适应地貌和自然。关系统一在模数化的形态中，方便无限地接续，自带水电气热的管线延伸。在太空失重情况下可以实现各种建筑。

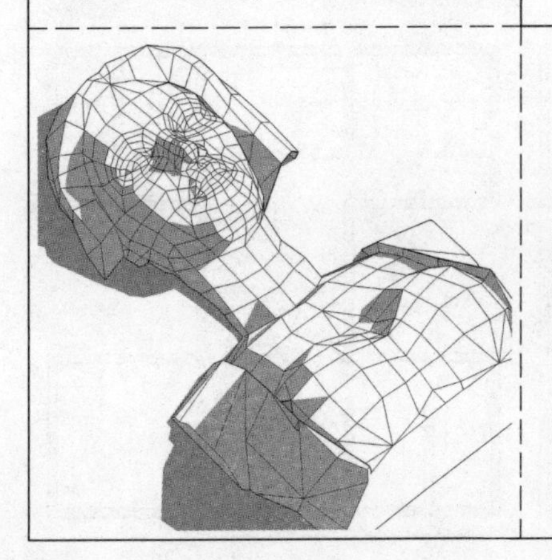

毛线变换空间关系织出毛衣。建筑线是种综合管网，具备机电、结构、建筑功能。能根据机电用途形成导管线路，满足三水两电一气热的传导；能满足结构强度要求，可自我更新和修复；能使建筑质感、颜色、透明度变化。人就是这管网中的流质，改建造为织造，调整编织方式就造出不同建筑，如同笔不离纸将物象表达。城市和建筑如毛衣能拆回线材。

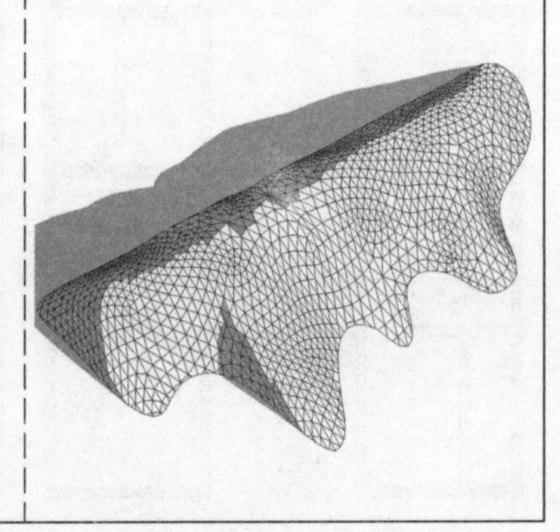

人就是一根管子的演化，身体和水管就是同样的拓扑关系，水管两头开口，而人管到处开口而已。个体之内，各个功能单元之间的关系就是泡泡图，用血管联系。吃进去不是内，排出来也并非外。

食物在肠道中如同地铁在隧道中开过，不同的物质上下车，这并非是穿越，只是物质的旅行。人自认为是在吸收，或只是被物质利用为加工器。

墨点是原型，直、曲、放射、无序、平面，本质只是墨点的延伸。烧饼、包子、馒头、麻花是面团的发展，烹制美食是创造出拓扑关系，吃就是破坏原有关系建立新关系，美食的终结是咀嚼后和胃液的混合。

多边形和圆环抛开转折从线性来看是同样的。八边形底座向上缩减形成三角形顶部，同样拓扑关系的群体组合，规则明了又具备变化。

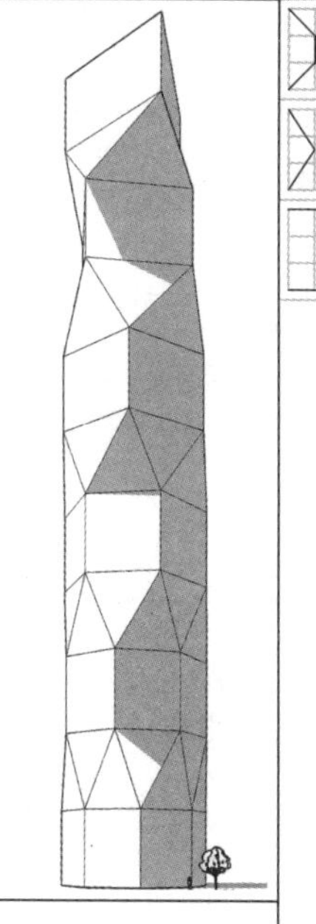

四向极点共面创造出新的经纬方式，都是平行圈层或者攒聚。攒聚使东西也有尽头，在南北分界线赤道之外再设置一条东西分界线蓝道，如同西瓜可以横切也可以竖切。

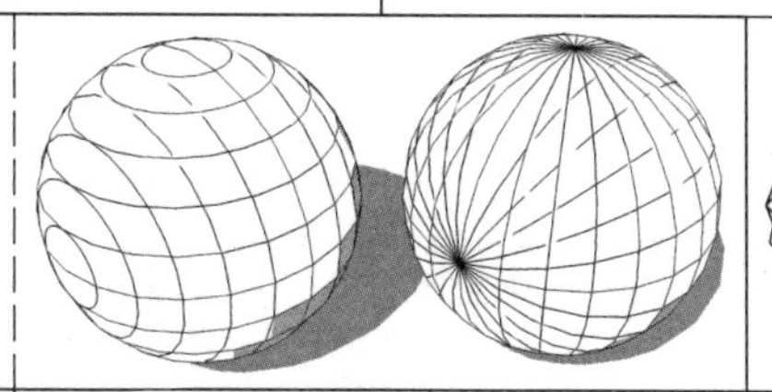

有强度的编织就是建造，竹编、藤编糊泥成墙。桁架模板就是预制的编织网，填充水泥来保护和加固。鸟窝是编织感极强的建筑，人类原始建筑大多靠编织，被编织物包裹或有种安全感。许多重要的地标建筑都如编织物，从编织物中或许能找到下一代建筑的新模式，淘汰多米诺体系，形成新的类似织布的增材建造方式，不仅是层叠打印而是多维打印。

建筑照家装形态施工，直接建成厨卫桌椅，如同制作物品包装壳，留出负形给机电等。用装货的思路来考虑装人，叠放的餐盘桌椅省空间。建筑可以是机器，但前提应该是容器。

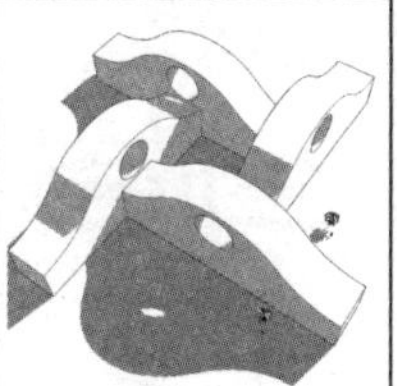

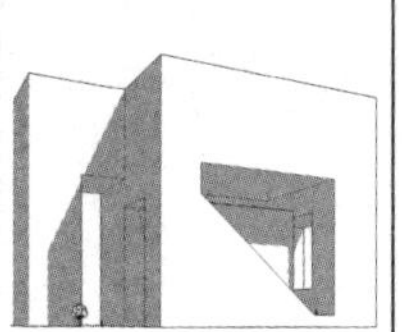

建筑内部的关系可以用泡泡图表示，人之间、市政设施间、建筑和城市间、城市和城市间的关系都可以用拓扑关系来梳理。拓扑是有比较的尺度观，人于建筑、建筑于城市，城市于国家、国家于地球、地球于宇宙，都是一个点。点间的联系扁平化就是面。人的生活简化就是点到点，点用坐标代替，从上帝视角看人就像人看蚂蚁在爬动和事倍功半。

□□才□□□□，早有□□□上头。如果没有说这是诗词问答，为何出现唐诗的答案，这就是过往的经验和知识积累形成的关系判断，或是“小明才爬上山顶，早有人等在上头”。问题的提出比解决更需要仔细分析，所谓审题。

设计产生都基于过往体验，这些感受在问题的激发下会快速反应，结果有可能解决问题，还有可能误解导致偏差。建筑师为业主服务，是答题而非自证，投资的业主要什么给什么，在此前提下才能实现经验使用。做成大师才能有什么就给什么。业主找对并了解建筑师才能收获好建筑，就像身有病患要能对症寻医。

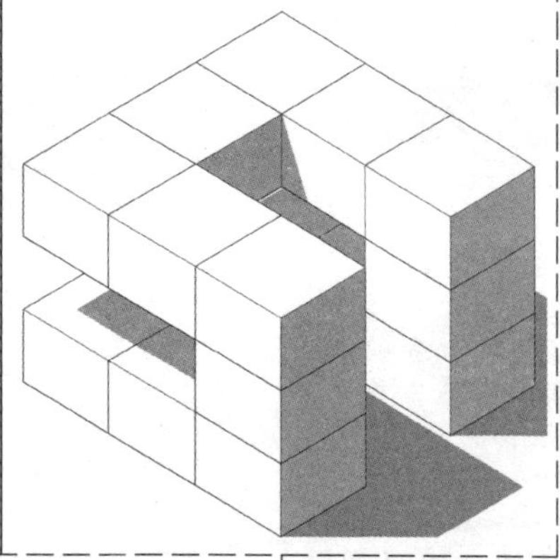

拓扑是事物秩序的简练，可简化为数学关系，如交集、差集、并集。拓扑两字，望文生义和石碑拓片有关。石碑阴刻和拓片正形完全不同，却是对同一件事物的描述。

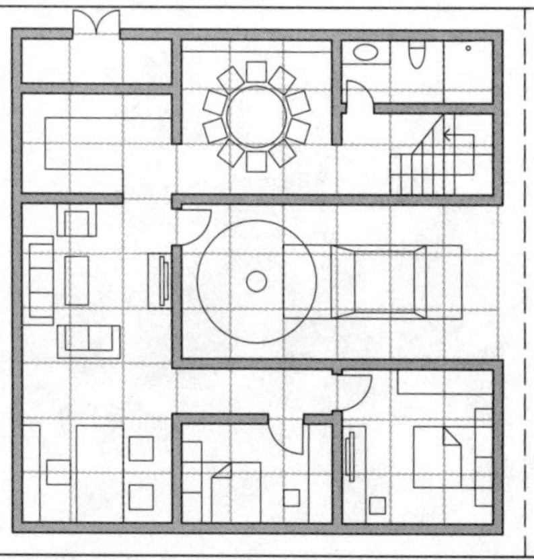

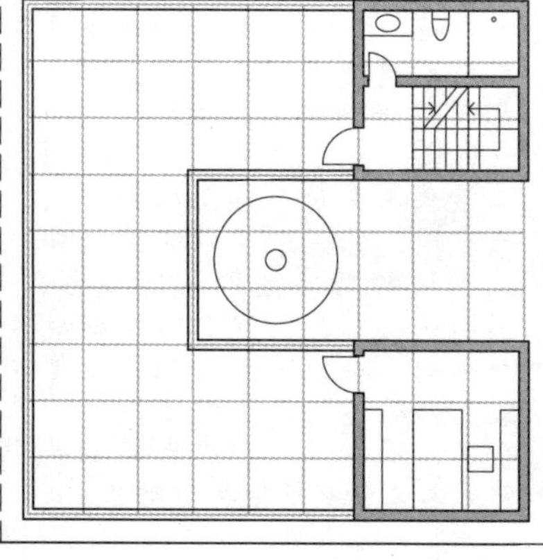

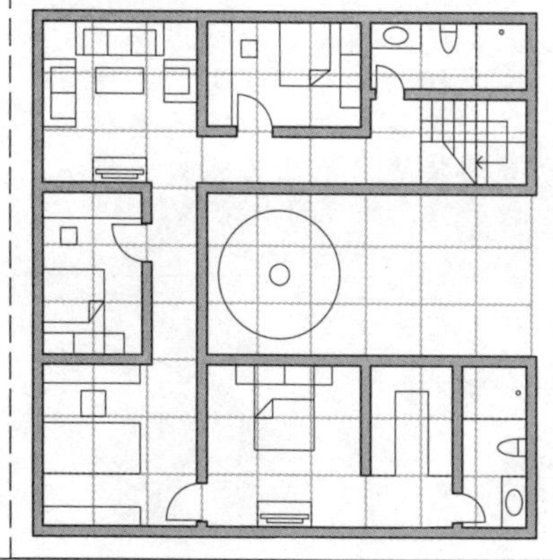

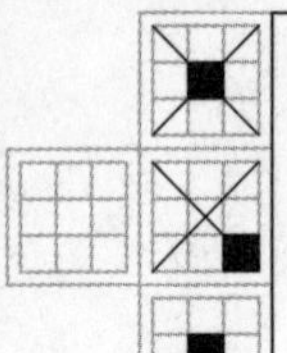

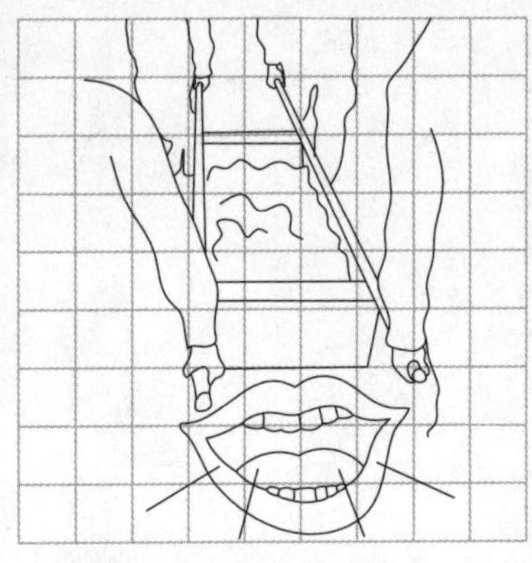

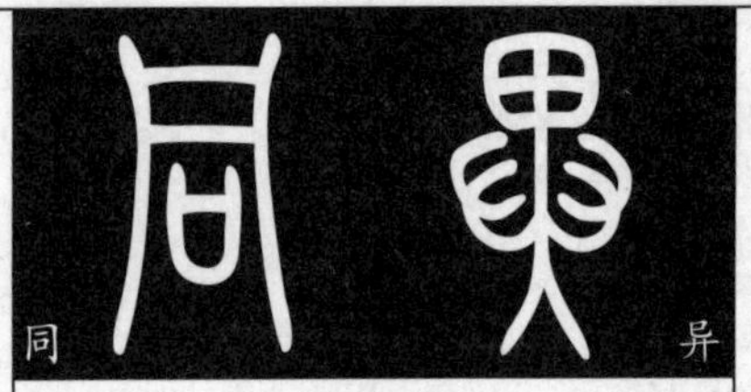

明经别同异，
析理开愚蒙。
——元·仇远

/殊同/群己/异常/殊致/卓群/
/常偶/希常/独俱/图底/

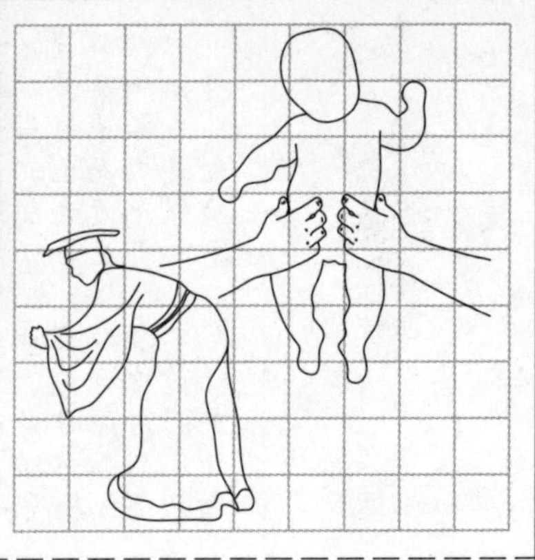

同：合会也，从井从口。井是井盘或绞盘的形状。口是齐心协力呐喊劳动号子。同就是在生产劳动中用口号来相互协同动作。

人类最初的配合一致和团队合作就是在劳动中产生，而绞盘也是人类最早掌握的一种器械。同还有参与和统一的意思。

異：怪也，从子从双从人。子为幼兽或者孩童。双为两手。異为一人双手托举孩童过顶献祭于祭台，为祀原字，或是远古祭祀的陋习。有特殊或重大的不祥之事发生，才用子献祭，比如特异的天气或者战祸。异的字义从祭祀变为怪异，可见后人摒弃了这种野蛮行径。

同异一体，异是异，同于异来言也是异，只有异而不同，运动中只有变化不变。同中存异，异为整体中的少数变化，全部为变则会消亡。同仝相通，一象形一会意，劳动要协调和配合，协调就是工作内容，配合才能工作，仝是仝的异写。

倒立睡觉的人形，也如同字形状，睡觉很普遍引申为同。以反训来解同异互换，正立和倒立的人形是异和同。

劳动很公平，多劳多得。异字像手举面具遮挡面孔，或双手抱戴面具的头表示头绪繁复。差异在于想法，脑袋或帽子不同是异的关键，这才导致了诸多头顶不一的高楼大厦。

关系决定一切，只有相对。个体依存于群体，在相对关系中体现存在和运动。零件相互之间的联系，决定了整机的价值。建筑是凝固的音乐，乐曲是由音符间的相对关系组成，关系不变的升降调改变了每一个音符却不改变整体曲子。静夜思的文字关系不变，无论用行草还是篆隶书写表达仍旧。

星星、投影仪和手机屏在阳光下或黑暗中，自身的亮度不变，给人的感受不一。改变关系，就改变了观察结果。人认知的不是对象的物理属性，而是相对关系在头脑中缔造的观念。观念没有绝对的参照系，只能对外界做出定性的判断。

城市和建筑的个性难调和，个体有特性就丧失群体特性，群体有特性就牺牲个体的个性。军队的群体行动统一，是依靠个体对群体的服从来塑造，群体往往又屈从于某个个体。

个性和共性在多大程度上去取舍和表现取决于社会的进步和人的自主意识发展，民主自由的目标是个性和共性平等。

塑造有个性的城市，建立新的建筑秩序，这是从经济基础发展出来的必然个性结果，欧美现阶段发达的城市和建筑成为模仿对象，欧美的个性就成了世界的共性。随着多极经济的发展，中国必然会突破这种共性，塑造自我个性。

松下问童子、松下电器、松下包袱，松下字词表达的意思取决于上下文语境，这构成了汉语一字多义的特点，整体布局和相互关系决定局部的意义。请勿和请务在口语中缺乏上下文就无法分清。大败美国队、大胜美国队，反义胜败表达同义。姹子嫣红中的子是错别字，但不影响理解，菜场经常用别字来简化书写。同样内容不同情绪，你好两字也异义。

产生同异有两种方法，自己变或环境变。现实中自己和环境总是同时改造。投影要更明晰，要么增加亮度要么减暗周围，人和投影机一样，靠彰显自己或打压旁人来慑人眼目。

同一事物在不同的语言中呈现不同文字，这些文字形式都表达一种观念。城可以用自身形象，也可以用汉字、英文、二维码甚至是电脑主板的形式来表现。头脑中生成的意象和真实城的功能之间没有联系，如同建筑功能和建筑给人制造的视觉意象之间也没联系，猪头一样的建筑是医院还是餐馆并不被观众关心，色彩丰富的意象未必会更好地实现功能。

立方体任两面有一同向线条。三面联系又区别，是处理建筑立面关系的合适度。

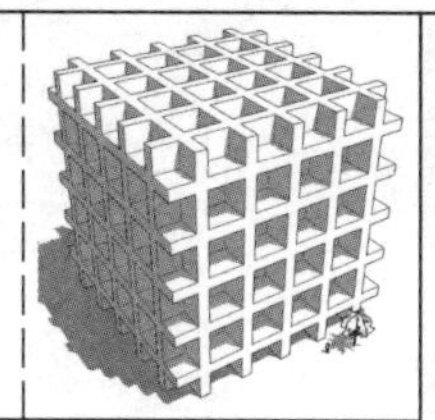

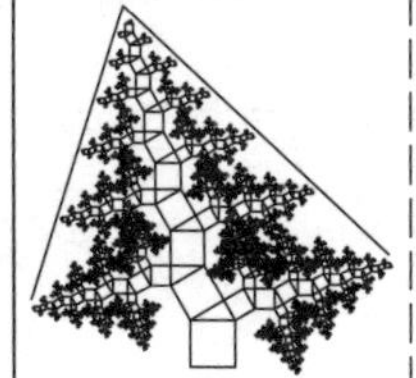

分型几何体重复自身特性，勾股树发展十数级后增长减速，无边无尽而有限，就像树木的增长，无法突破分形的极限。人体不断的生长蜕变使得新生的结构越发复杂，将原有的简单明确的体系破坏，于是出现疾病和损毁。生命关键在于分形的级数，分形过程中介入的杂质越多，生命的阻碍越大，如同文身的染料进入身体就永远不会随着身体的更新而排出。

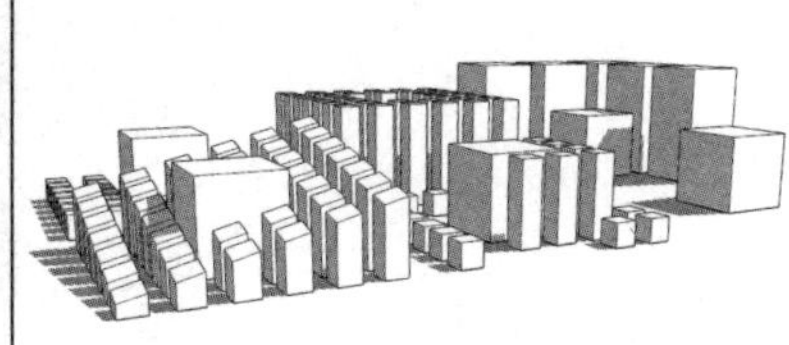

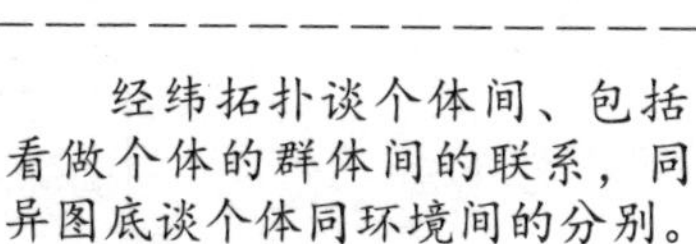

经纬拓扑谈个体间、包括看做个体的群体间的联系，同异图底谈个体同环境间的分别。

木秀于林的个性，群体之风必摧之，群体属性大于个体。大同才能异，日本万世一系使其传统特征延续。异在更大范围就同，印象派的纯色点远观才能分辨。经营异，或是为体现同，异类出现让原本纷繁芜杂的个体找到共性形成群体，敌人的出现才造就了统一战线。

同异是事物和环境间产生的变化，这种变化没有内因的参与，外在环境不同导致未变的自身所处的地位和定义也改变。经纬谈老虎和葫芦的区别联系，同异谈到过去打老虎是英雄、现在打老虎是罪犯。

建筑形体可以分析经纬，而本质要放在群体中通过同异关系来判断，个体在群体中才有明确意义。判断某物是人，要看其经纬，而人是谁，要用基于环境的同异来判断。从是人到是谁、从是房子到是教学楼，这都是认识上的进步。经纬关系把握相同，变化就产生了异的需求，同一经纬关系的不同形态是异，是共同的异。

单体发生联系就从背景中凸显为前景。图底关系中的个体屈从于整体，打散整体印象，才发现个体。同周围割裂也是表现方式，建筑模型显得特别是因为刻意塑造环境，白模没有材质和配景，倒有朴素的美感。丰富后的建筑放在真实环境中不合适，是被周围建筑污染，要有割裂分隔其他建筑的能力，单独处理连接处，如内装做法，延续不过去干脆打断。

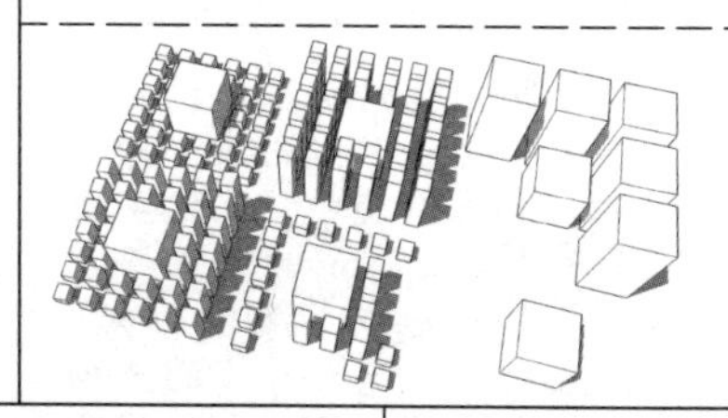

人形成独到的韵律见解，却无法传递、无法教育。孤韵是内化的联系，其孤是因为观念无法直接传递，而通过对象又成间接。完全地沟通不存在，不在特定视角看不见特定内容。

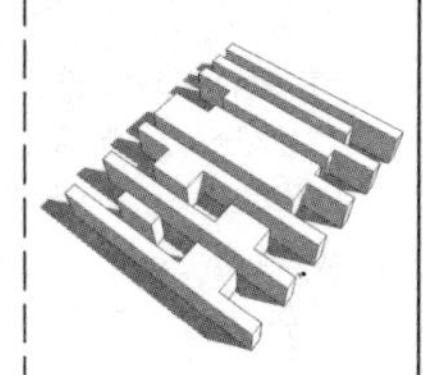

部分合理不等于整体合理，视错觉楼梯中的任何局部都可行。上身西装、下身马褂、头戴乌纱帽，手持团扇，精品服饰未必搭配出合适的着装。五官个个好，不等于好相貌。照片角度调整导致嘴巴鼻子的变化，不影响辨认。但是移动了五官相对关系，就无法辨认。

熟悉才会对差别产生反应，很快能看出差异，在大猩猩中分辨出人来很容易。熟悉的人之间，咳嗽声、脚步声都能让人分辨。在一群人中去分辨熟人，用不着一个个走到面前看。分辨一个人是否男女，也是一眼就能大概分辨，并不需要脱衣服检验，这就是经验。

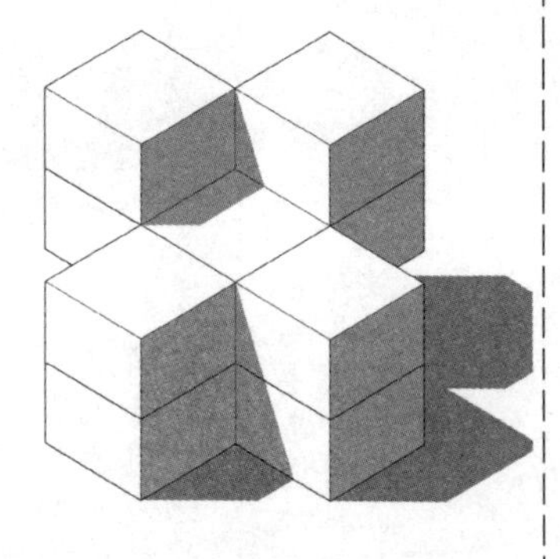

拓扑决定同异是区别于内核或外表，同异秩序让关系有节奏。土壤长各种庄稼，不用庄稼命名土壤。标准体变角度组合建筑，再次拆解就未必还原这两个标准体。

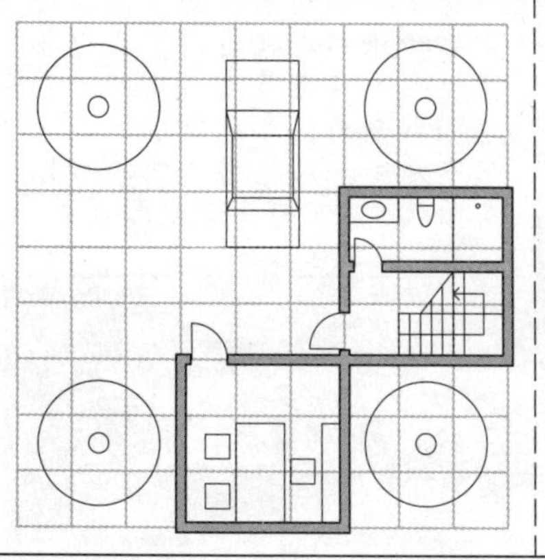

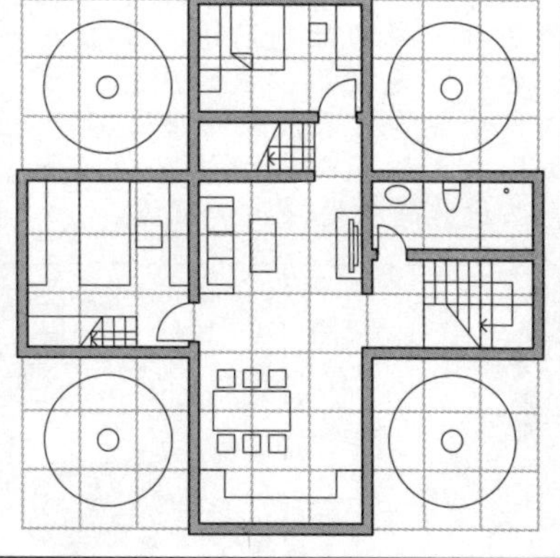

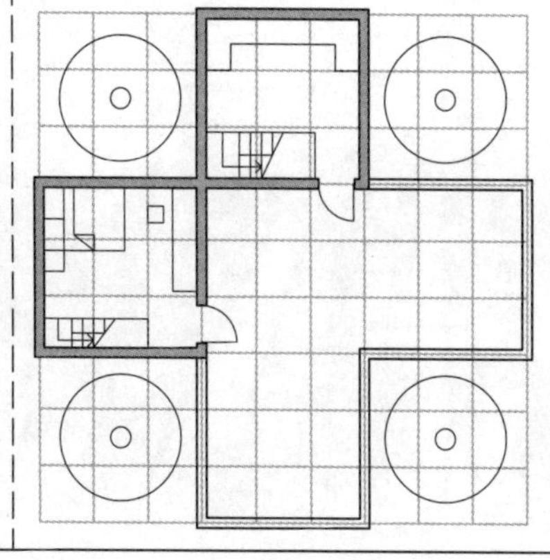

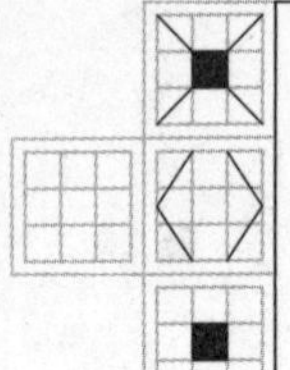

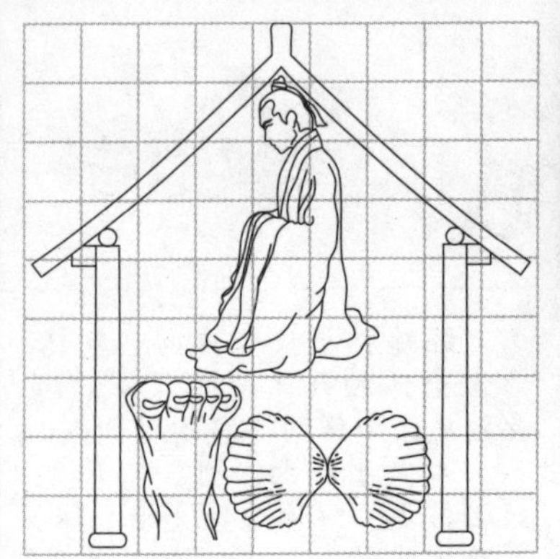

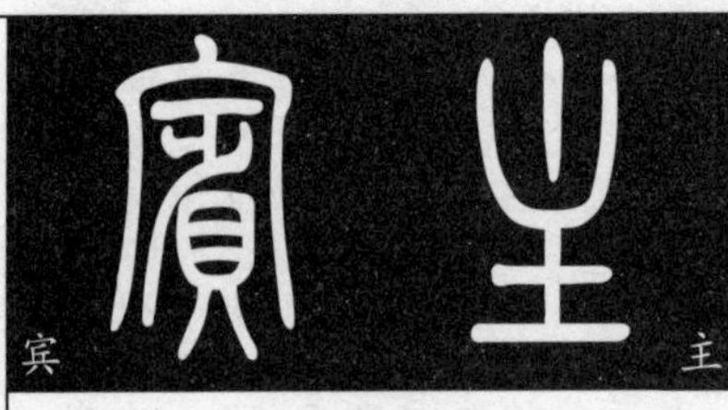

宾　　主

献酬尊俎列，
宾主位班陈。
——唐·李隆基

/主客/主从/主次/主仆/主奴/
/嫡庶/纲目/先后/

賓：尊贵的客人，賓从宀从卩从止从貝。宀为屋舍侧立面。卩为人跪坐的样子，表示恭敬迎接。止为脚印，表示有人自外面进入室内来。賓就是主人需要迎接的访客。金文中增加貝，上古上门做客只是走去，后来就要带礼物。现代演变为室内陈兵，有所图谋。

主：镫中火主。主字像点燃的灯台，是炷的本字。字形从上往下依次为火焰、油盏、灯台、灯座。火焰是灯的最主要部分，引申为主人、君主；或主字从丨从又，是一人手持锋利锥子的样子，远古奴隶主常把奴隶刺瞎，便于管理，掌握生杀大权的就是主宰之人。

分宾主就是讲秩序，自然有无穷的秩序组合，土壤里能挖出图案如同汉字的石头。在足够大的范围内搜寻，土地里面也会挖出红楼梦的下半部、正方形的美玉甚至计算机。自然界形成规律、组织的事物，概率上是有可能的，比如生物。人是大自然的产物，那人的产物也算是大自然的产物，自然演化出生命，那么生命造作的附庸和垃圾，也是自然的水到渠成。

一万个汉字的排列组合，穷尽其理。所有诗词歌赋、经史子集都包含在其中，文章本天成即是如此，妙手摘录罢了。打字机猴子也可弹钢琴，总有一天将所有的歌曲全部弹出来。

宾主就是排列顺序和组合，排列关系能使相同的构成元素组合成不同的结果。95和59中数字位置改变就使整体性质变化。火柴棍游戏中，移动火柴改变相互关系，在数量不变的情况下呈现不同面貌。个体遵循秩序围绕主题才能形成有意义的群体，诗不等于几个字的组合；音乐不等于简谱音符数字的堆砌；建筑不等于水泥、钢筋、玻璃的码放；绘画不等于几桶颜料的涂抹；书法不等于墨汁和水的混合。

城市建筑是排列组合的艺术，过往经验已成为桎梏，凝固了从头来过的勇气，遮挡了探寻远方的目光。新设计应打散重来、轮流坐庄。

人没有创造，不过替自然界演绎，是天地的锤头、鼠标、工具而已。人创造的现有一切也是天然，毁灭自然也自然，如蚂蚁吃朽树不必遗憾叹息，生命和一切平等存在如刍狗。文章也不过天借妙手，假人笔墨而出。人以自己为主，再大的主在自然中还是宾，老天才是主宰。客随主便，人类不过是自然界的匆匆过客，要顺应自然界这个大的主人。

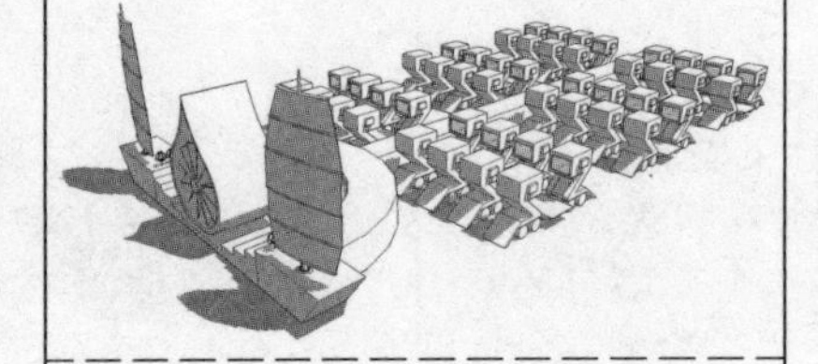

海上居住点的房屋调节支柱角度，弹簧般上下自由运动，随着风浪起伏升降，保持头部的水平，适应各种光线气候。弹力屋调节减震，紧密依靠，此起彼伏地吸收太阳能并切割磁力线带来能量提供给中心发动机，带动母舰前进。中心发动机就是主宰，成为图腾。诸多母舰构成了未来的海上都市，依靠太阳能和潮汐能生存。公共设施随机地浮出和沉没。

鲁滨逊的流行不是因为同情，而是向往。鲁滨逊在绿洲中如同造物的上帝，凌驾于一切，虽孤独却骄傲，所有出现的同类都不堪一击，收服的奴隶叫做星期五。作者和读者都是在共同塑造神一般的独裁体验。不知不觉的情况下满足诉求，就是成功动人的作品。

任何业主在建造建筑时所抱有的想法都如同法老在监工金字塔一般，都有不可一世、万世不易的想法根源，因此业主心中永远是将自己当成造物主一般，只会尊重建筑师的勤勉而非创意。建筑师永远是宾而不是主，只能用共同的目标去团结业主，而不是说服。

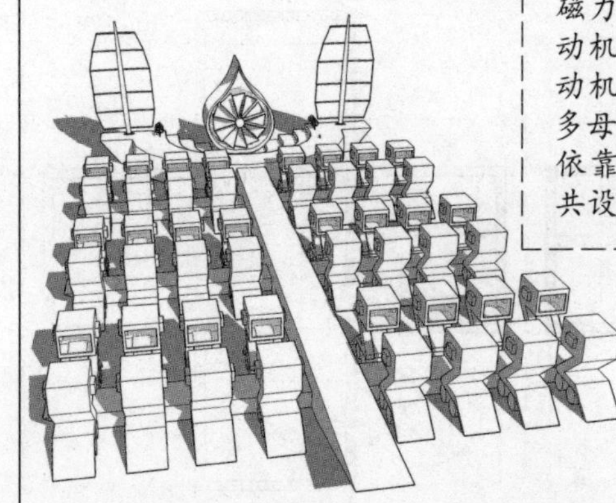

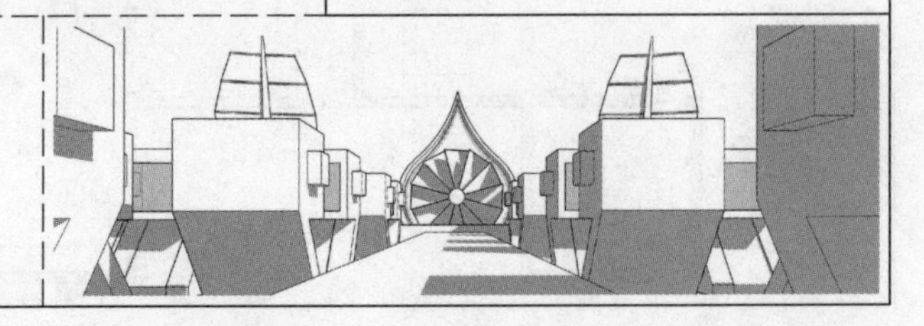

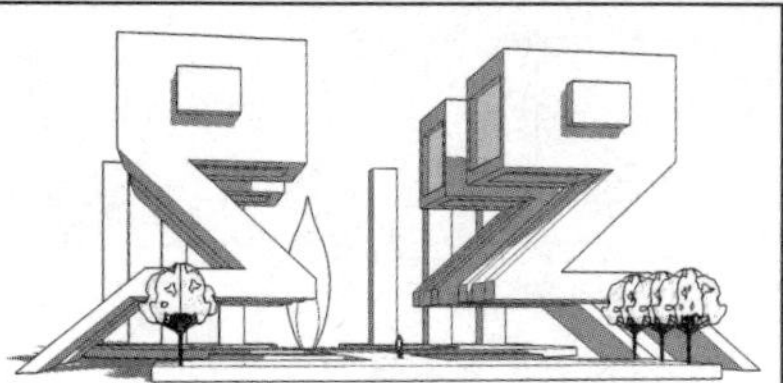

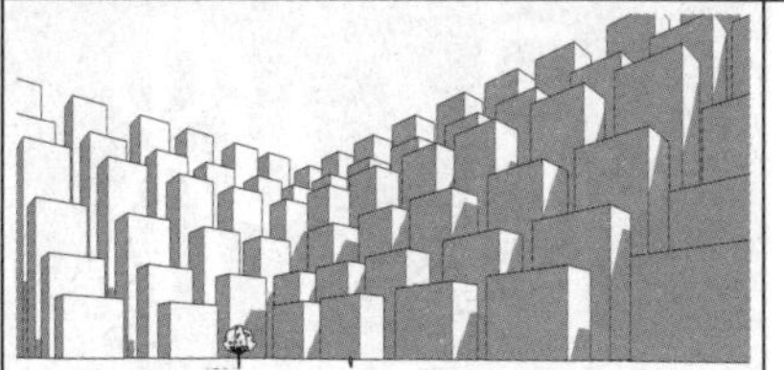

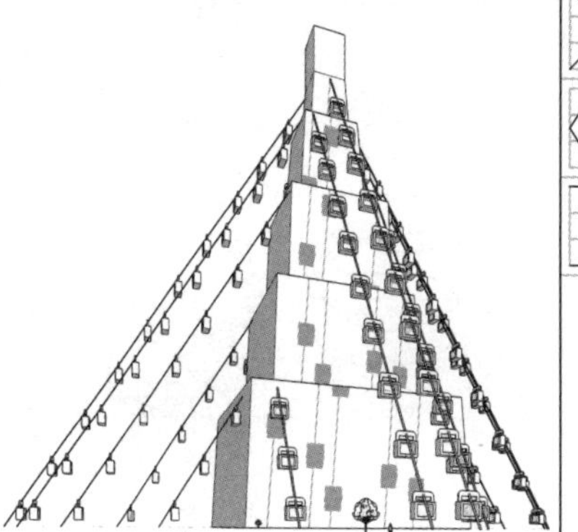

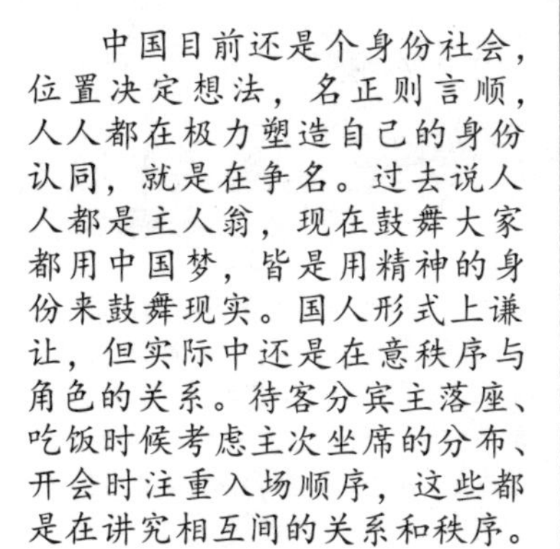

中国目前还是个身份社会，位置决定想法，名正则言顺，人人都在极力塑造自己的身份认同，就是在争名。过去说人人都是主人翁，现在鼓舞大家都用中国梦，皆是用精神的身份来鼓舞现实。国人形式上谦让，但实际中还是在意秩序与角色的关系。待客分宾主落座、吃饭时候考虑主次坐席的分布、开会时注重入场顺序，这些都是在讲究相互间的关系和秩序。

堂屋中的桌椅，主人坐在左手边东侧，因此以东道、东家称呼主家，客随主便就是主人定意，客人相随。社会中的宾主组合是无穷的，身份角色随时变换，人前人后分别作为！

洼地城市中间的公园最平坦，周围全是高楼围绕如体育场。故宫周围建筑都以故宫为主，高度上不干涉故宫的视线，传统建筑周围凸显出现代高层，既是煞风景或又是反衬。

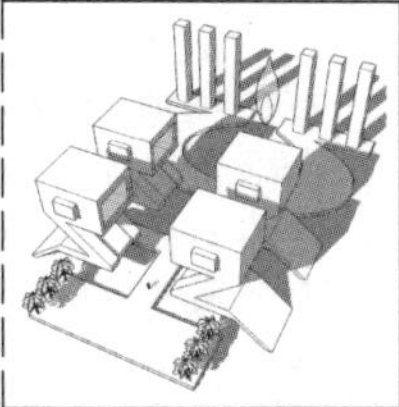

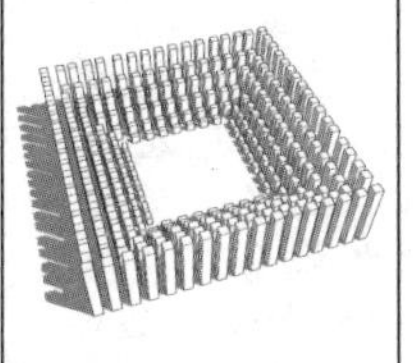

让城市形成山的样子，类似金字塔的垂直都市，中心整体高耸，四周围可以通过大运载量的缆车直接到达，分区交通；或城市就依附在山上，将山体覆盖，山为主、城为宾。

电子质子的组合形成了原子，原子的不同排列方式构成了分子，如何形成关系和秩序比形成什么更重要。同样的关系在不同的时代表现也不一样。购物由原来的物物交换到物币交换，从隔着货架购买到自由市场大超市，购买的方式变了许多，但是人与人之间的利益关系没变。先使用后付费，全靠信用。人与社会是小的宾主关系、与自然是大的宾主关系。

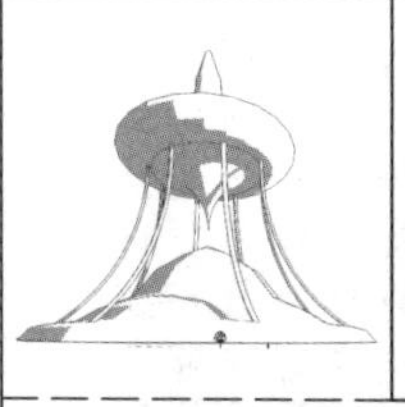

《铳梦》中的悬浮城市就体现极端的宾主情景。天上的街市是主人的世界，而地面的垃圾城则是荒芜的宾。纲举目张的搭配，让天空城统辖所有地面，被统治者又想反客为主。

待人接物的习俗和茶余饭后的游戏，都渗透社会等级观念。吃饭喝酒的先后宾主秩序、应酬对答中的客套程式、拱手作揖中的左右有别，即是世间的生活秩序，契合人的特性。

围棋子的出身都一样，作用取决于位置，占住位置就是占住话语权，成为关系制衡点。围棋发源时的文化氛围是学有所长便封侯拜相，只要发挥作用不在乎出身。象棋出现后，子力有区别，出身决定作用大小和性命价值，不复白手起家的豪迈。麻将是世俗伎俩的娱乐化，牌既讲究位置又讲究出身，技巧就是搞关系。麻将特点一是利用有限资源组合出顺畅关系则获胜，风险和收益对等；其次组织自我关系同时阻止他人，损人就是利己，甚至损人不利己也是自保的必须；再次各自为战不合作，在麻将中放炮促成他人关系成立的人受损最大。

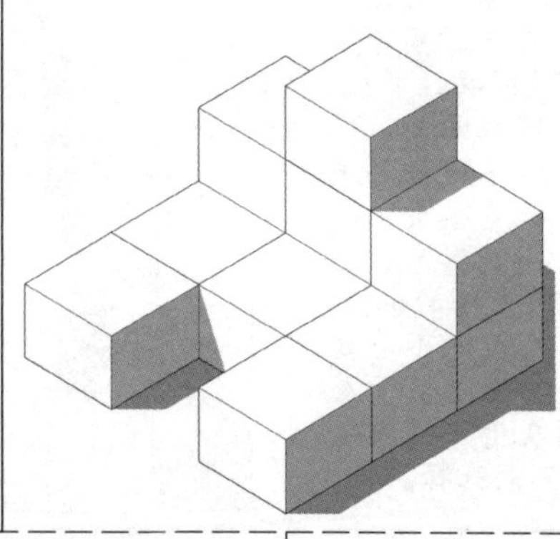

身为主人要正襟危坐，或用道具迫使。传统的中式家具起到的是仪仗的作用，而非让人身体舒服。严肃便又威又重，亲近狎昵混乱了纲常，以德服人就须板了面孔。

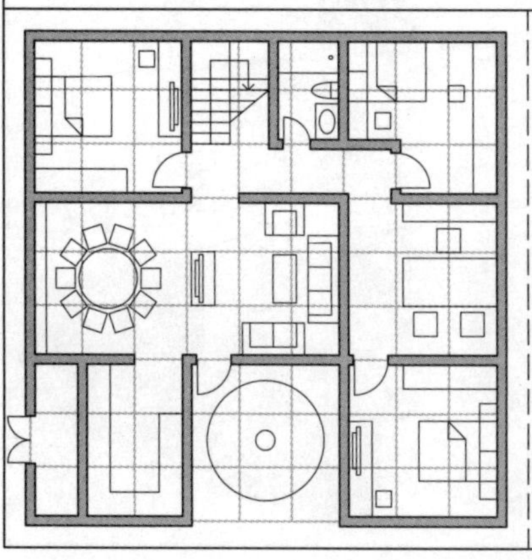

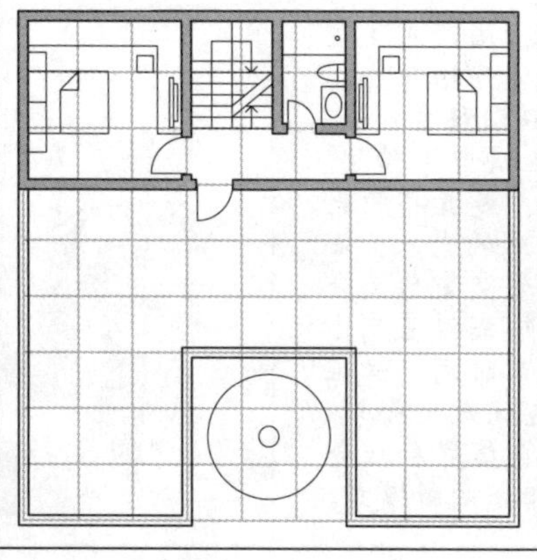

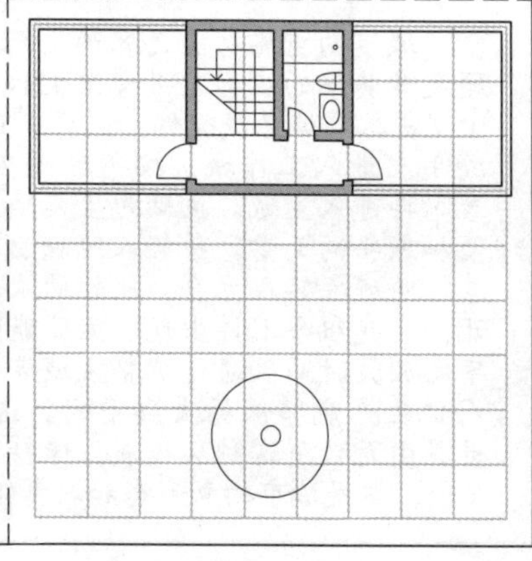

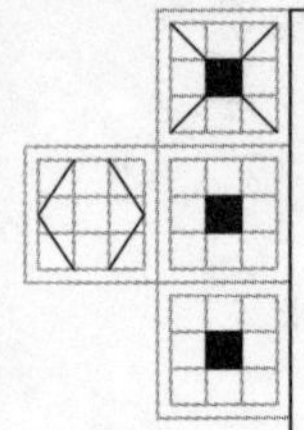

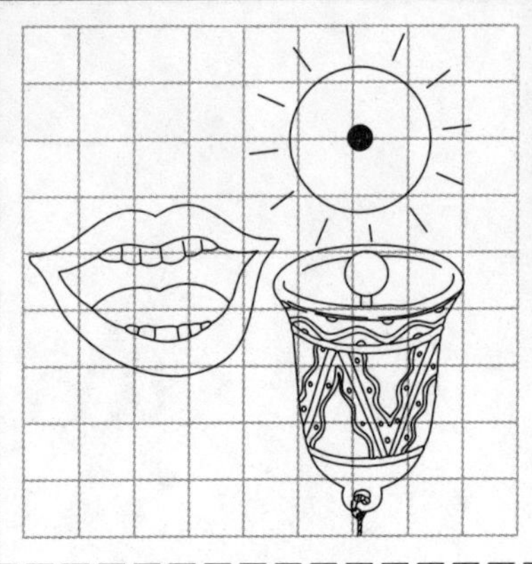

唱　和

德不孤兮必有邻，
唱和之契冥相因。
——南北朝・谢灵运

/问答/呼应/言默/

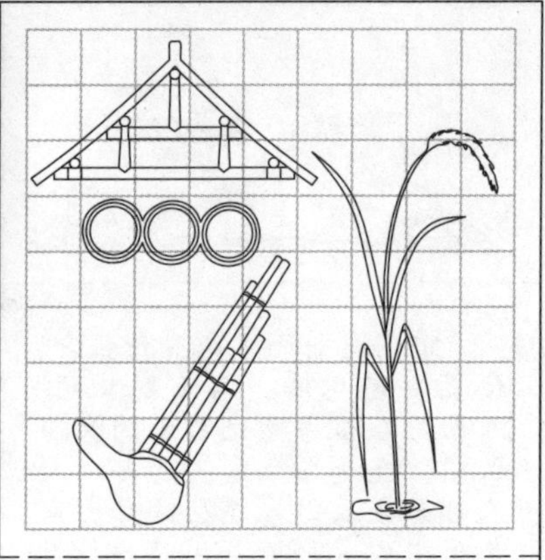

唱：导也，从口从昌。口为嘴形表示发声。昌字从日从曰，日为太阳形状，曰为木铎倒置的样子，表示发语以告人。昌即为大庭广众之下，大白天发言谈论，意为美善、正当。唱原字为倡，为领唱。参考娼为领唱之歌女，妓为演奏，支字从竹从又，以手弹丝竹之女子为妓。

咊：相应也，从口从禾。和本字为龢，口为龠缩略。龠字从侖从品，侖从亼从册，为竹管乐器形象，品为乐器开口。龢中禾表示禾谷。龢为收获粮食时奏乐祷祝祭祀的样子。或和为口中发声如禾般齐整。和也通盉，或为粮食所酿造的酒水在皿中调和。亼或为口向下吹气状。

得到响应需要被理解，通俗概念最易理解，图画比文字更通用，言语越简单就越能办大事，如同起义的口号。计算机理解的都是简单语句和逻辑关系，但是呈现丰富内容。老师教授学生，要用最简单的语句去促进理解和吸收，而不是设置术语的门槛。现有学科许多内容从西方翻译而来不利理解，变成理解的障碍，或者成了划分利益的鸿沟和界面。

建筑和城市都有各种配合关系，确定和保证这种分工，需要靠唱和作为手段来分解与实现。首先划分出两种或者更多的角色，即有唱有和；其次需要唱与和各安其分，该唱的唱、该和的和，否则不成旋律。

歌曲有韵律和节奏，处于关键或非关键部位，音符作用不同，这是整体组合之后的结果，如果仅仅只有关键部分的重复，也就不算是音乐。

关系是为了强化区别，君臣父子要靠各安其分。建筑控制也是如此，标志建筑稳定四周、定准调子，次要建筑有序呼应。宾主落座要互相问答，各言其事不算沟通，成不了事。

环境、历史的问题，需要文脉作答，设计师挖掘真问题才有真答案，而不是自答自问。应答的层面由形式到功能到文化，这些都不如对业主的应答，利益使问题都被答案创造出来。

传统建筑运用当时当地的人工和材料，在极少选项中组合创造，因此建筑间共性突出、传承有序、群体特征明显。现代建筑各体系之间并非依存关系，一问题拥有很多答案，新答案或许答非所问。形态、结构、机电都有独立发挥的余地，个体特征不重复他人也不重复自己。古今建筑的共同在于人性的外化，区别在于人性形成共性或个性时的不同选择。

打造同龄社会让各自照顾各自的需求，人之间各种多余和复杂的信息不再有冲突，老人不干涉年轻人，年轻人也不会打扰老人，各自的生理和心理基础造就了不同的城市面貌。

城市的重要功能是容纳生死，围绕人生主题展开其他的应和。男女出生后分开培养，二十岁进入主城寻找配偶，生育小孩由社会抚养。成年人进入工作城，按年龄段在城市中传递，老了再进入主城。主城为生死城，是青年的集聚和暮年的天堂。年轻人照顾濒死的老人，而老人照顾年轻人生育，短暂的人生交集后又分开，家庭组合不再出现。主城能够提供五到十年的相聚时间，通过调整主城滞留时间，保证人口生产能够保持大致平衡。这就是一个环，世界由无数个这种环组成，保持自然界和社会平衡，这是城市的新形态和人类组织的新模式。

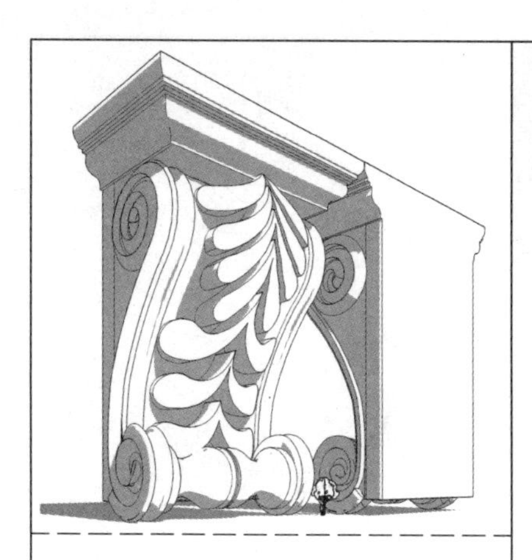

相同近似的事物混杂就无法区分，和谐的伴唱不会凸显，只会隐藏在背后，觉而不知。透明玻璃上只有一个孔，苍蝇要飞出去就要不停地撞脑袋。设计总不能一击而中，而是不断地试错，业主总不知道自己要什么，而只是知道这不是所需要的，因为喜欢的只有一种，不喜欢的千千万。

选择题不完全了解问题和答案，一样能答对，因为有可能排除错误答案。感受若有明显区别就可以用排除法，对陌生事物的敏感，让问题可通过日常联系来判断。设计师提供尽可能多的选项，业主排除掉不认可的，就是双方的妥协。

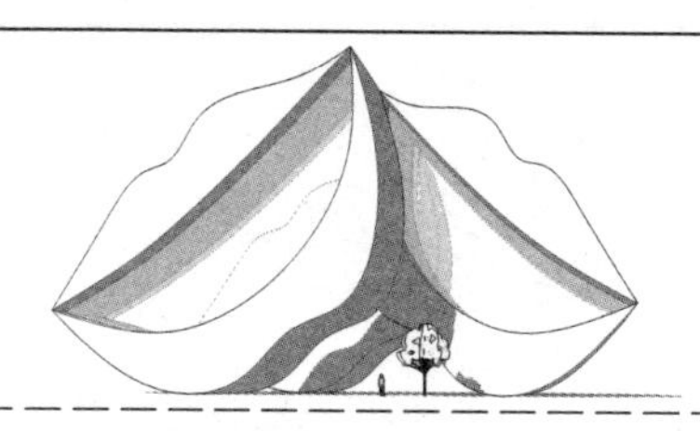

建筑主体意有所指，附属建筑配合。或者时势造英雄，主体建筑根据周围环境配角的情况来调整自己的表达。唱和之间可以相互决定和转化，现代城市的角色应该从过去的唱变成和，城市从生产型向服务型转变，从被服务对象变成服务者。标志物在发展中总是被取代，主角总是变成配角，无论多持久的建筑在自然力量和人文推进过程中只是一瞬间。

从文章到单词到字母的这种构造方式，体现在各个领域，建筑是语言和文字习惯的延续，西文的单词意味较少，需要连绵阐述，传统建筑就如同文章一样，词语清晰，意思表达完整。近代建筑的发展就像将单词的能力放大，最多只是表达一种意思而非诗篇，全是啊呀哟式的漫画表达，导致语焉不详。现代建筑更加简化成了字母一般，为的是可识别。人的理解力越来越趋于简化，企业标示也从原有的复杂和多义发展成现在的一字了然。波普的流行就是整体拉低欣赏者的门槛，通俗和直觉成了主流，教养和分析变成了浪费时间。

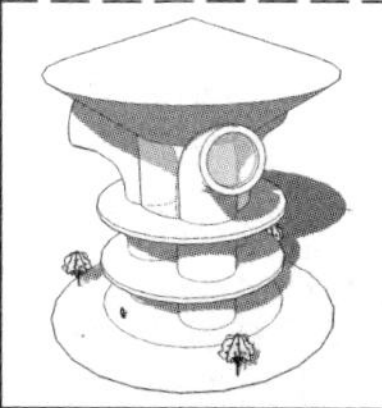

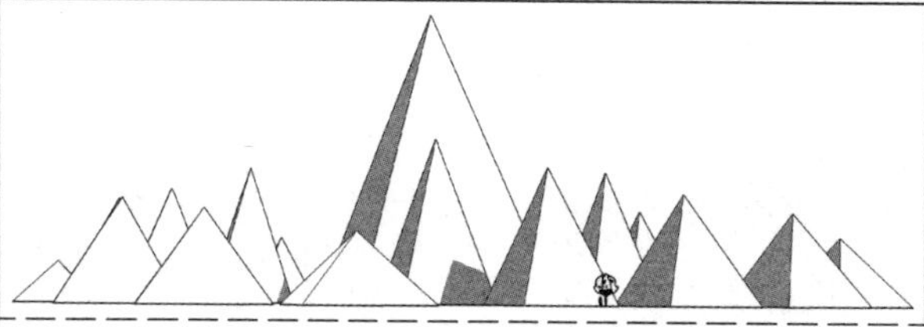

独峰很少，多是群山环抱主峰，宾主是天然的存在，小山包渐变和转换着形态簇拥主峰。和是为了强调唱，在形态上保持相似的联系。格式塔可以改成格式，盲人摸象说明整体大于局部，个体在群体中才能体现价值，音符在曲子中才有用，单字在文章中才有意义。

非线性建筑如提琴演奏般缠绵连续、混成整体，很难截取部分来欣赏。西方传统建筑像钢琴曲，每个音符都清晰可辨，门窗和装饰可单独品味。中国传统建筑如民乐多重奏，山、石、水、木等元素各自成曲，整体就是合奏。

音符极度接近宛如流水，流水别墅是西方所找到的契合自然的现代模式，从自然呼应建筑到建筑呼应自然，是西方建筑态度的重要转变。建筑如同括号将自然包括其中，让自然唱主角而建筑应和，这种尊崇自然的方式是中国传统，国人熟知而不觉，学习西方的理性思维导致对自身文明所天成的感性思维失去了自信。

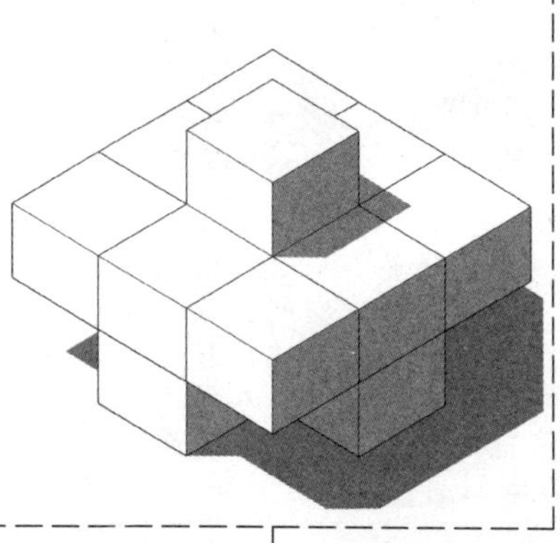

冰山露出一角，主角背后有无数的支撑。集体唱和变成了独唱，进而只剩下口号，最后只有呐喊。建筑越发体现个人意识的同时，也丧失了群体的组织和美感。

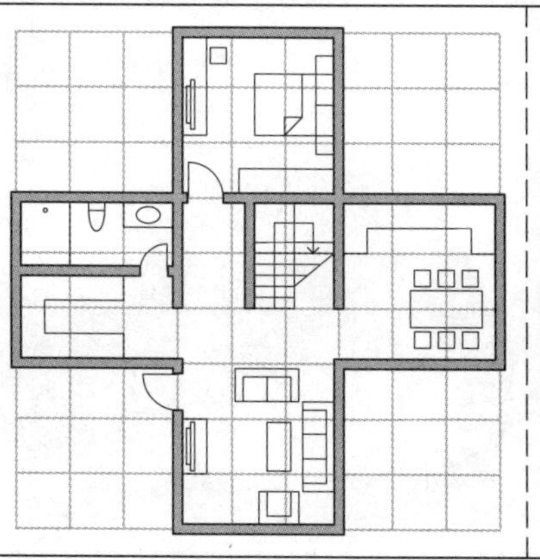

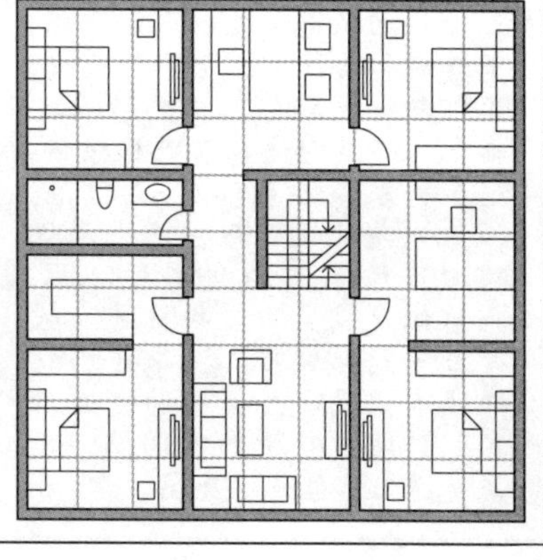

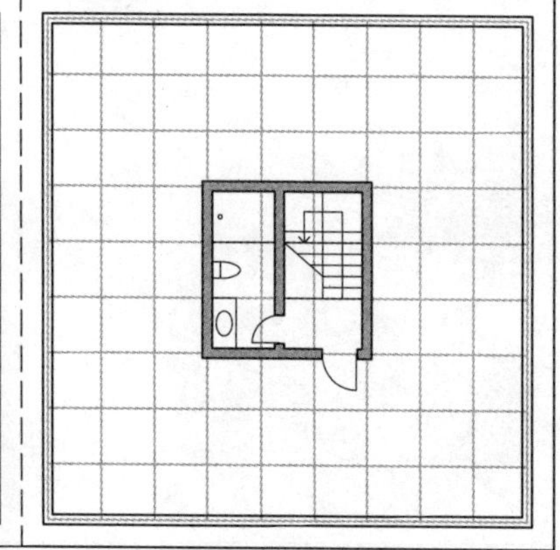

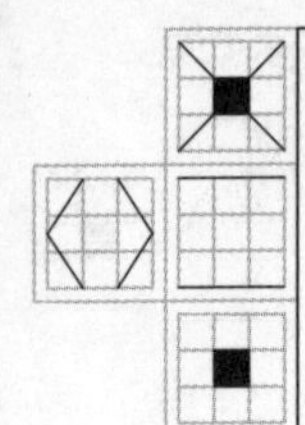

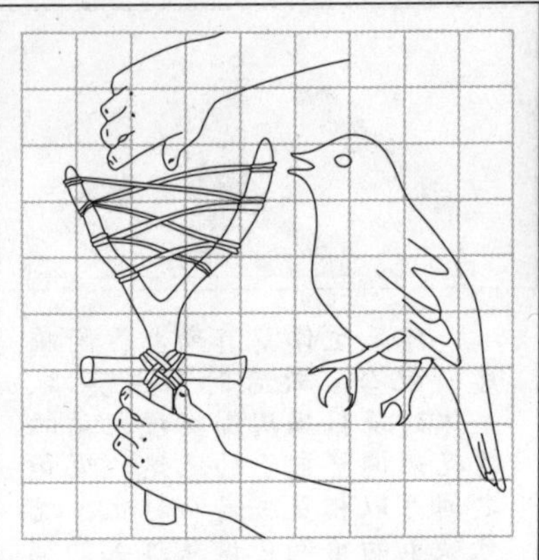

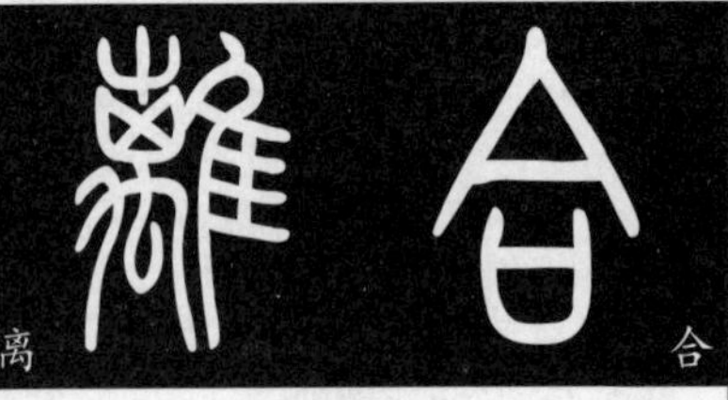

離合

离　合

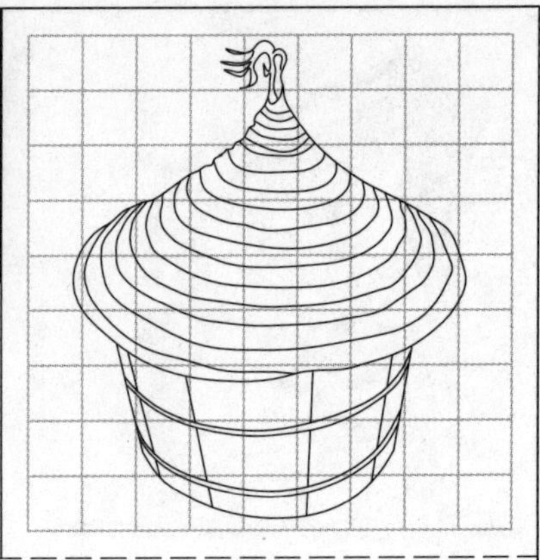

离合穷通里，
悲欢梦寐间。
——宋·孙应时

/聚散/分合/集散/凝散/总分/
/聚分/合解/统分/

離：分散，離字从离从隹。离字从罒从双，罒为长柄捕猎网，和单类似，双为上下两手操作。隹为短尾鸟。離就是把捕获的鸟儿从罒中取出来。鸟儿被抓住吃掉，离也通罹。擒獲两字中，擒中有离、獲中有鸟。离是鸍的本字，黄鹂也称离黄，也称仓庚，庚或为双手持网。

合：对扰，从亼从口。亼为器皿上的盖子。口为器皿口部的形状。合字就是将盖子覆盖在器皿上，表示相合之意。合字指器物，后加皿字为盒。合是旧时量粮食的筒形器具，为十分之一升。古代攻防一次为一回合，战争双方如同器皿和盖子，僵持有用，打烂戳破则无用。

分久必合、合久必分。时间是治疗师和破坏者，存在就是离合的必然。大到国、小到家，尽有离合之事。建筑和城市也是离合的最终产物，城市不像蛋糕是个整体，它是分部分建造而成，在各个建筑群体间，存在着分离的力量，如同磁铁之间的斥力，虽然无形但是有力。人占有地域建城就如切过的蛋糕，各块间不粘连，又合成整体，如飘移后的大陆。

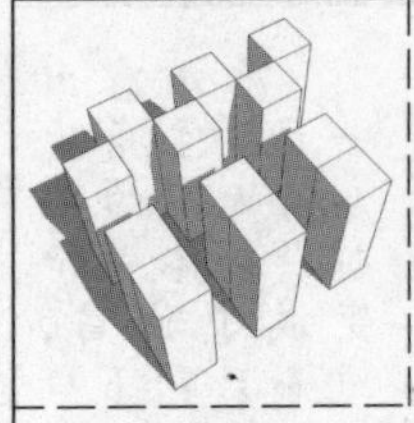

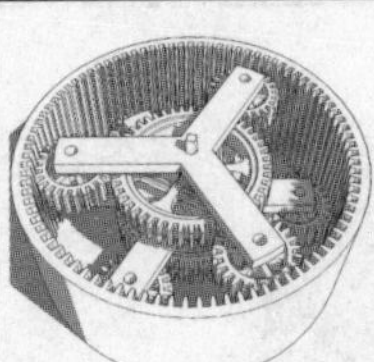

现代城市是固定的聚集，当生活如信息一样自由流动，就可重新组织城市。发展共用资源的卫星城、分散市政压力、改变能源供应、减少钟摆交通，实现人口分而治之的理念，小城寡民、老死不相往来。

或卫星城产生更多流动性，人愈发居无定所，婚姻制度和固定家庭被瓦解，居住跟随工作地点变化。与亲人在一周休息的四天中团聚，另外三天在不同的城市中穿行工作。工作技能不要肌肉记忆，只要是成年人就可操作，工作只是为了填充生命的时间，而不是为了生产。合作交给机器，这样使得工作永远具有流动性。

多极文化向一极发展，城市复合体是建筑博物馆，将全世界所有经典建筑原尺寸复制。建筑成为了收藏品，有了巨型三维打印机，再加上图纸就可以到处去复制了。

建筑和城市都可搬运，拥有搬家的手段就可把有价值的建筑在发展过程中集中起来培育，然后再分离到处开花。搬移能够随时调整城市格局来避免不协调并适应新的社会情况。

未来的建筑是固定与移动相结合，举办运动会就组织众多小建筑组成巨大的体育场，结束后再平均分配到场地上。建筑群如同面团一样，可以揉成团，也可以摊成饼。城市不再集聚不变，而是如同游牧的羊群，更换着地域生活，因为一旦依靠戴森球把能源问题解决，人类所有的消耗就能全部得到补偿，自由和随意地迁徙也就不存在资源的获取问题。

城市如同履带和齿轮，通过轮齿沟通；或如同移动直棂窗，交错填充空间；或者城市一片片叠合在一起，功能单元如转盘般进行旋转传递，类似电梯预分配系统，让人不需要浪费等待时间，最终将人送达目的地。功能对接之后就同速运转，如同离合器结合一般。

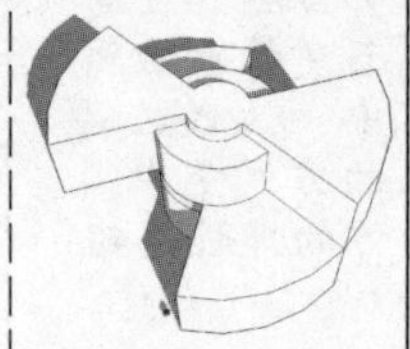

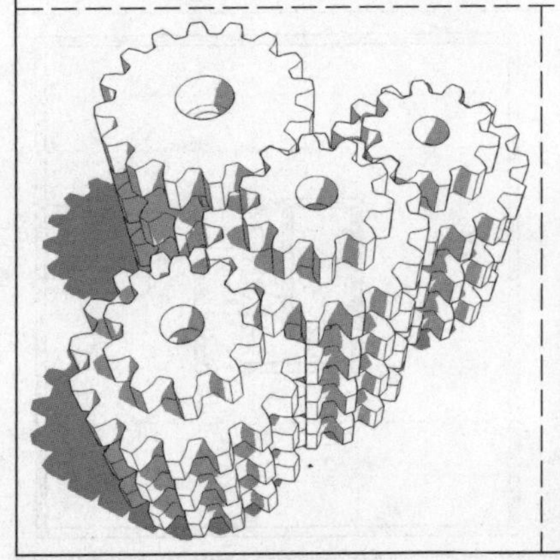

移动城市来迁就人上下班，工作城和居住城上下班时重叠，工作和休息时分开，两城通过垂直的道路沟通。按电梯按钮，整个楼宇降下来带人上楼。以人为本是让城市适应人，现代的城市压缩人的空间和时间，物质体变成主宰。科技进步从开汽车到开城市，汽车是蚂蚁的城市，城市是大型的交通工具，如同太空中的空间站，既是交通工具也是一座城。

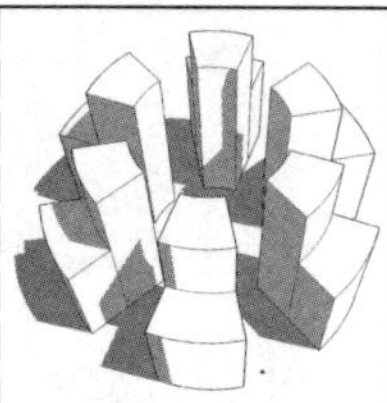

貌合神离与神合貌离，通的形态可由象和变各自独立的形合二为一，长短的象加上断续的变。建成的作品也可将主要的象和变提取出来，然后演绎，便能做到既相似又出新。

完成交易，在竹筒上标记然后劈开作为两方契约。调兵所用虎符，利用分合验证信息。将复杂体分散成简单的构件，是分工和效率的选择，用生物技术培养工作的肢体，生产线全是工作的眼睛和肢体，拆散再组合的人体成了无思想不能繁殖的生物机器。人拥有控制无穷能量的手段，从改造外部世界就进化到改造内部构造，生命体以能量方式交流传递。

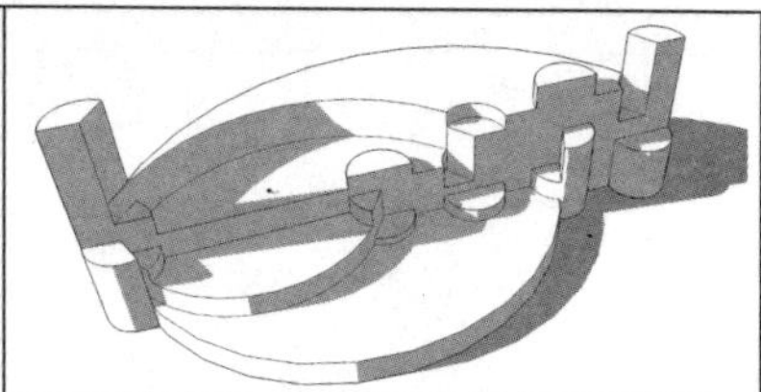

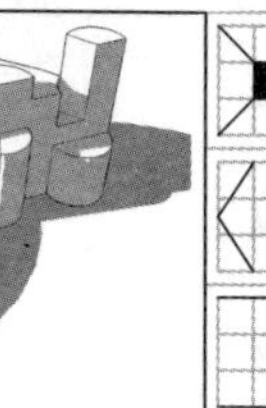

高层是低层的集聚，城市各自交通，不如共用道路串联前往目的地。共用通路是生物体的原则，植物的枝干、动物的骨骼都有离合的特性，共用规模和程度是物种特征之一。

城市功能分区造成劳动力和生产资料分离，却又要不断地结合，于是产生钟摆交通。开发区基础薄弱没有工作机会和市政配套，物质形式和生产功能相脱离，重新结合产生的能量不足以弥补消耗即会激发矛盾，因为补偿不由过错者而由新生底层人口负担，这是城市的矛盾。资源浪费在离合上，网络使劳动力和生产资料不依赖于空间的集合，而靠信息集合产生效益。

生产工具生物化，城市化便停滞，城市不再扩展而只是更新。人体存在就是生产，并且不需要空间上的聚合，人体全部变成能量和时间的结合，化作常道贯穿寰宇。

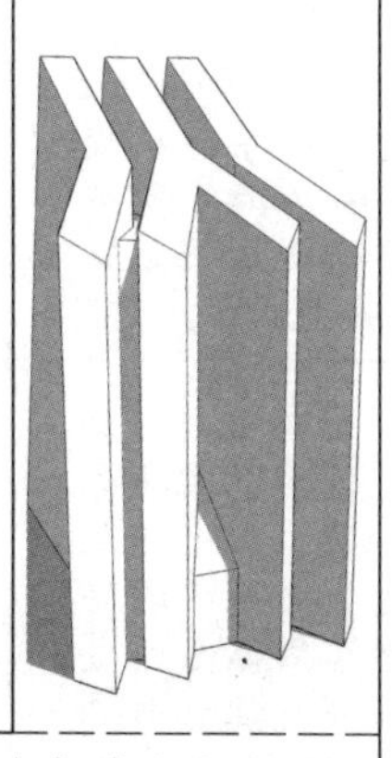

城市问题简言之就是不能自给自足，效率和分工导致生产与生活分离。能自给自足就能够将生产和生活统一、市政供应丰富、文化娱乐自由，人恢复到共同生活状态，达到老子所说的小国寡民，还原老死不相往来的情景。

由于人的侵略性，和平者也被武装侵扰，近朱者赤近墨者黑，无色的和平永远不具备改变的力量。不改变是长久的基础，实现安静自在就是要使夫智者不敢为，不敢为的前提并非信仰而是力量、或是根植于生理改造而带来的控制。民主的方式能够实现和合，群体合作能实现共同的约束。

内外环境拆散、空间要素重新分配占比、尺度脱离常态、单纯重复再组合。

养鸡场的鸡散养占据的空间太多，要用鸡舍饲养。人口达到一定的密度，就需要强制性的分配来控制，才可能人人都生存，保证整体的延续。高层的水平切分变成垂直的组合。

现存城市并非让生活更美好，而是不公平的放大器，竞争强调的就是不公平。在不公平竞争的社会中，不患寡而患不均，需要体现均等以保证稳定。城市应该更加细致和专业地分区，区内形成各项的平均。各区人口按评分标准来控制，生理、心理都作为分级标准。

学校、医院、监狱将特定的人群集中，集中人或权力可提高效率、利于管理。教育是时代思想的反映，目前一刀切的有教无类，僵化地将技能的记问操作拿来替代思维的慎思明辨。分开人群，没有外界对比便能乐天知命，安然无事。封闭中舒展能力和才智，是简单的快乐。

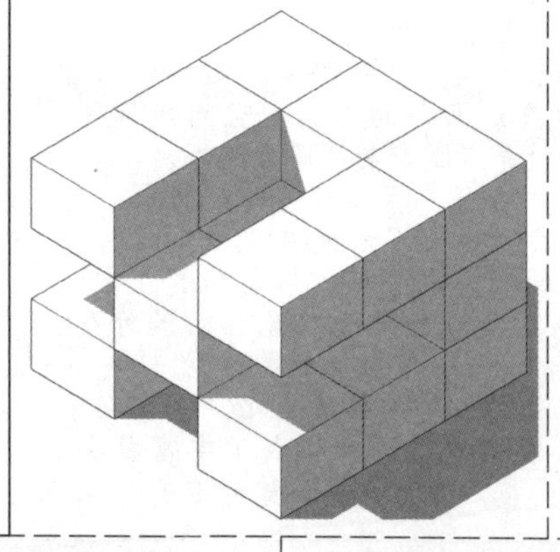

表面是离散，背后是整体的结合。锯条上所有的锯齿都要分开，如果聚在一起如同尺子一样就失去了锯子的效用。锯齿垂直锯线方向要交错，顺锯线方向要统一。

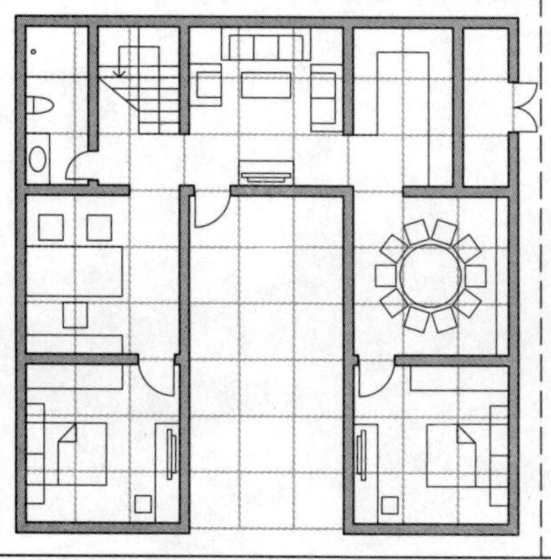

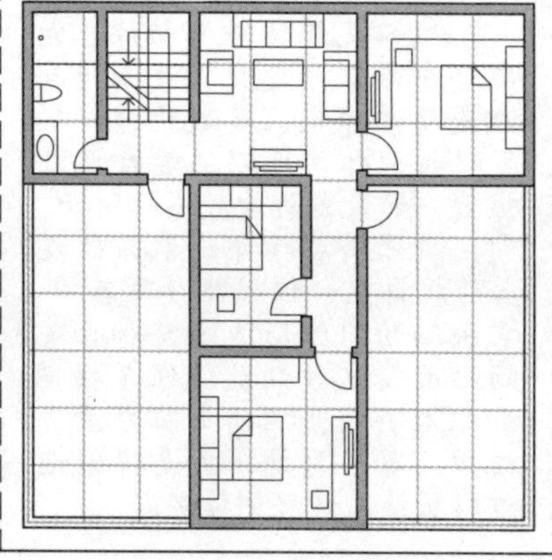

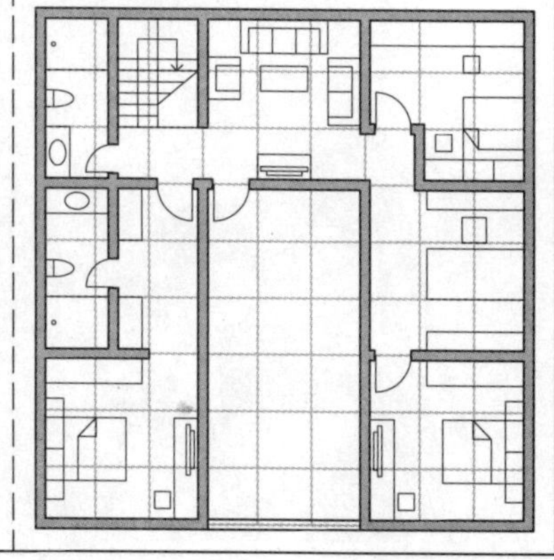

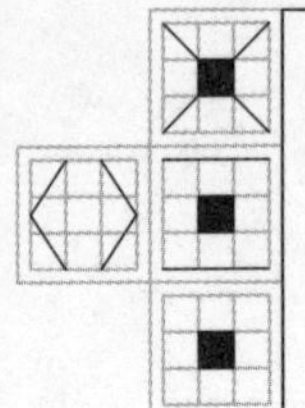

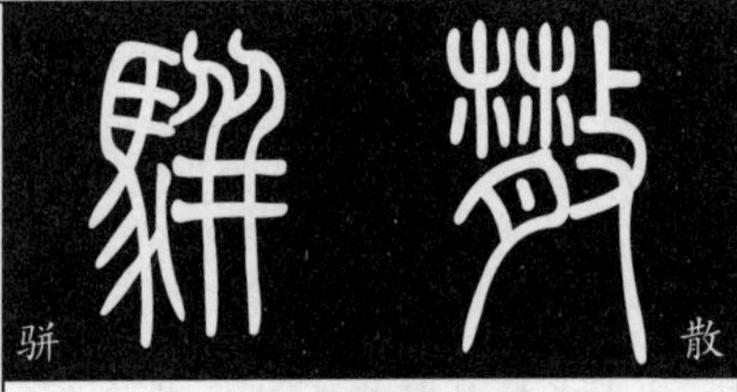

诗语所不晓，
文喜杂骈散。
——民国·周作人

/平仄/对错/

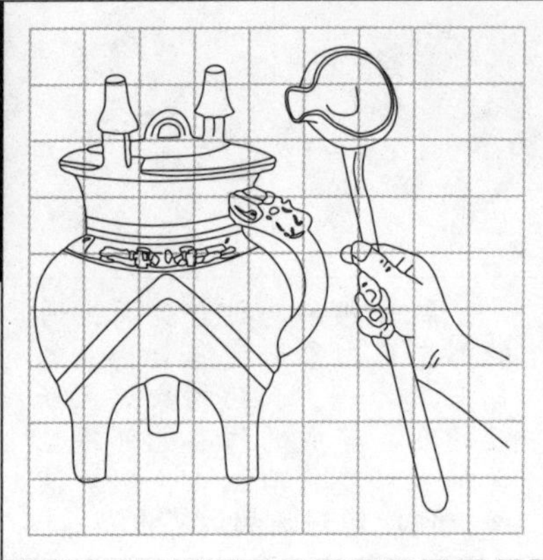

骈：并列，从马从并。馬的侧立面，依次是眼、鬃、腿、尾的形象，如豕字是旋转竖写。弓马箭均为尺度词，马表示很大。并字従从従二，从为两人，二为道路边界，并为两人整齐站立。或二为木杆或绳索，奴隶们绑在一起就不便逃跑。骈指两马并驾一车，齐整同步。

散：错杂，从𣏟从攴。𣏟是用来温酒的青铜器，盛行于商代和西周初期。攴是以手持器物的样子。散即是用酒勺将温热好的酒水分陈。

𣏟形状逐渐讹变为昔形，于是散字从㪔从月，㪔为以手剥麻，有散乱散落的意思。月为如麻般杂乱的肉。散字或为分肉。

学习过程就如认字，好文字未必组成好文章，字最终靠文章体系来支配，体系最需要学习。凡能搜检的知识都不需要讲解，有名字的东西在网络时代都可定位，都是毛，知识间联系的皮才是重点。有灵魂的设计作品都是通过体系呈现出来的，好文章才能字字珠玑，体系能更好地发挥点的作用。

审美中五官的关系比例胜过单独的器官，西施扮成虎克船长，少个眼睛还是美。电影剪辑不同，同样素材呈现不同风格剧情。自然结构顺着时间增熵减序，人爱减熵增序，于是故意造无序来娱乐，电影和文章以纠散为骈为乐。

骈是驾驭，将不规律的事物组织有序，是一种文明强迫症。建筑强力控制自然，避免影响功能，如屋顶集中排水。国人喜欢自由排水，明沟明渠，水上交通也可恢复，新建村庄应放慢节奏形成自由格局，强控制却导致弱规划。

散漫个体会被环境控制同化，终成为规格化的零件嵌入社会缝隙。目前看到的中国建筑的散乱，不过是传统在被解构，待传统被国际化完全击垮，又会呈现出归顺的模样。就如扬州十日的战乱最终被大辫子的齐整替代，国人的民族心态远没有遗民心态重，更关心个体的道德约束而非群体命运。

建筑有分隔缝、沉降缝、结构缝等，分散就有对位和错置的关系。规矩和不规矩结合才发挥作用，骈散是离合的原则。空间规律化、模数化可节省投资，城市最好是方格网。

骈散是组织分配，界线在形体、方位、色彩、尺度、灯光，也可多种元素混成，各种层级和关系上的骈散重合叠加。鸟巢和水立方好理解，简洁规整的形态配合散乱自由的外皮，体现直观对比的趣味，有原始的美。

人大体对称，但是内脏又变化，手掌和手指各自骈散，人相差无几却构成了丰富社会。不分析只能感受美，分析才能自觉创造美。

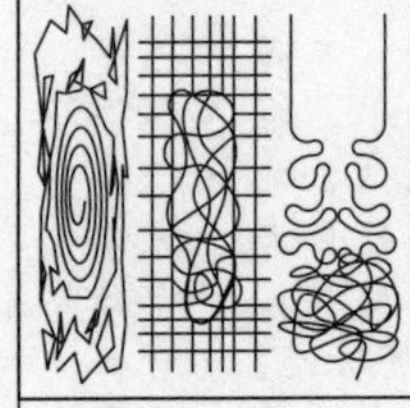

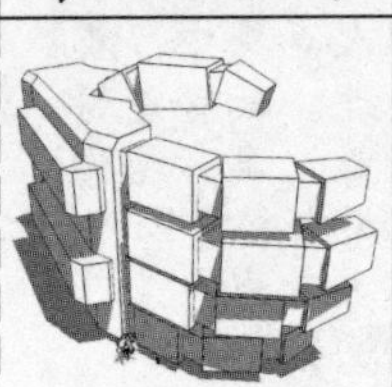

规则形体的自由变化，也是均质的外皮。砂纸颗粒的不规律，在大范围看就是规矩的。山脉在高空尺度可以看清，重峦叠嶂在太空看来就是光滑的球面，但是人在其中只能看到远近高低各不同。在大尺度设计骈，小尺度实施散。大德不逾闲、小德出入可也，城市大的形态不散、小形态不骈，能便于生产、利于生活，生产是物质性的，生活是精神化的。

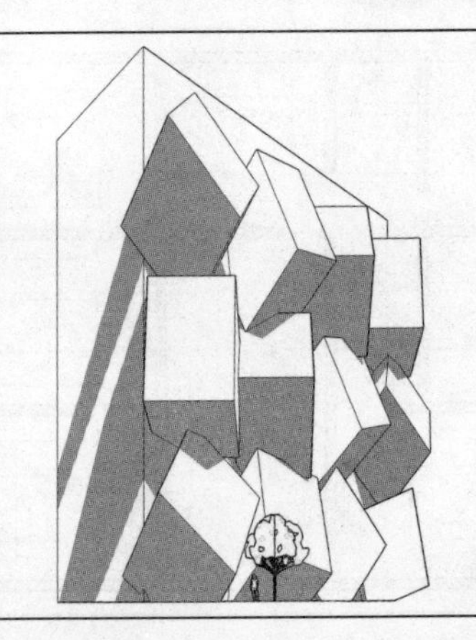

规律几何体并不枯燥，能组合出丰富的变化，动人诗句都是简单字句。参数化演绎的高科技形体，可以品尝却无法咀嚼，如散文骈读般不知所云。

诗歌美在于字面散，体现出随机自然，但规律孕育其中，靠头脑的组织形成规整和含蓄的画面。这种散乱就像是拼图和积木游戏，调动头脑力量去组织。剪字为诗，更是将创造过程从诗人转移到读者。

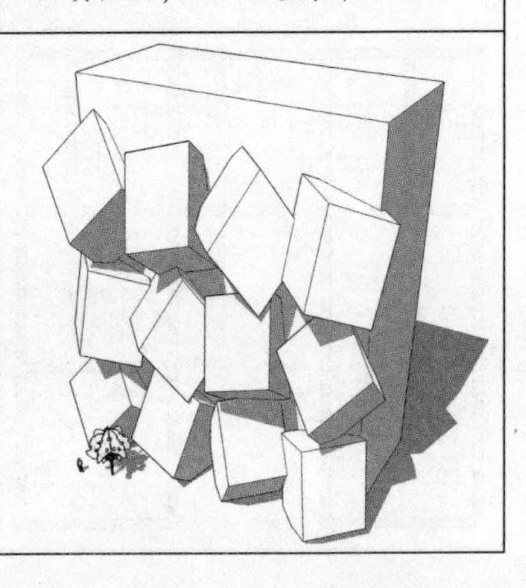

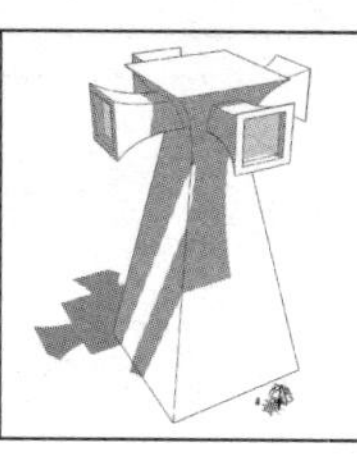

反正要形式，文字感总强过乱码。机电发展使建筑不必条列式排布，俯瞰城市就是书，由建筑字符组成，朱丝栏成规格。字是识别码，熟悉就可以分辨，笔画多的形成大街区，笔画少的密度低。建筑和城市如二维码可扫，二维码是机器文字，同人存在语言隔阂。或规范文字，让人和机器能共同识别。符号只要在九宫格中变化就能产生足够的字符数量。

建筑是喇叭，广播只有人听见，人耳里充满言语，无时无刻地进行思想引导，灌输他人意志。各人所听内容不一，按指令生活工作。拥有话语权的人才享受没有杂音和指挥的宁静。工人接受工作指令，学生接受学习指导。现在的时代虽然还没有出现这种声音，但是许多的规则和生活轨道都提前被人规划完成，形成一条线，束缚着人的自由选择。

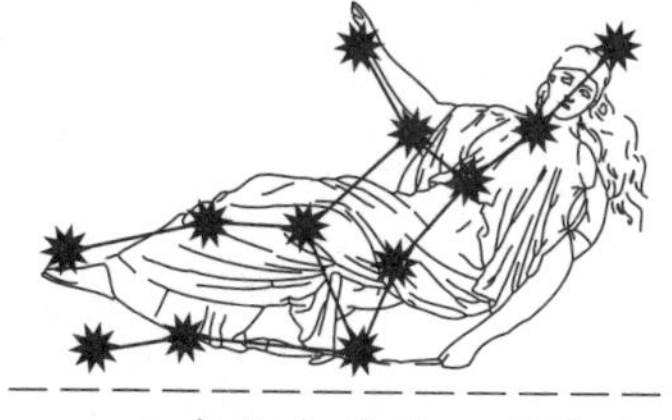

人有趋向整体、寻找意义的本性，提炼规律和形象来演绎散乱，便于记忆和传递，如星座的产生。导游用猪八戒、五指山来辅导认知。墙皮、浮云的散乱中规整出理想的情境。

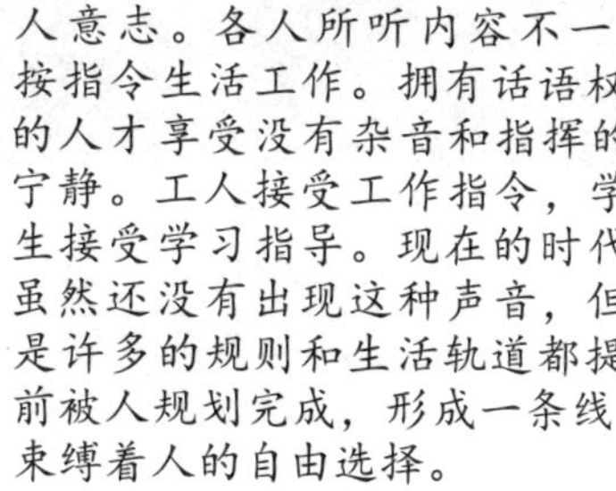

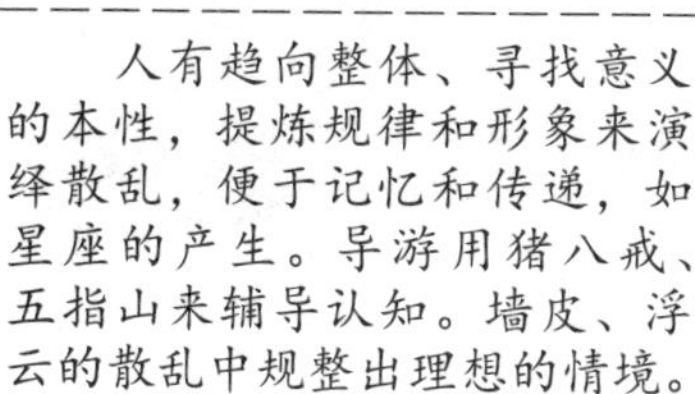

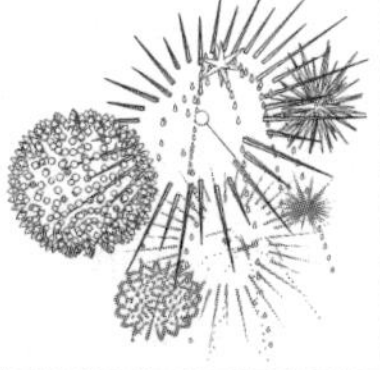

围棋子规格统一，但棋局夹杂散乱。具有规律的散落，是高级的骈，如棋局和二维码。

将围棋空间化，建筑为棋盘、窗户为棋子，城市为棋盘、建筑为棋子。观察城市就像观看棋局。建筑周围的空间就是它的气，是判断其活力的依据，当建筑的出路都被封锁，便提子拆迁。建立法则来计算空间结构和气场，将一座城市的死棋全部提走，回复棋局的活力。

对位相呼和错位相应，对错作为动词是有效的设计方式。有规律的骈和无规律的散，如同诗歌中的平仄相互搭配，死板和散漫都不是最佳的状态。狼牙棒的棒子很规律，而钉子分布散乱，一棵树的枝干规律，叶片自由。战争中讲究灵活、各自为战，训练的时候就要排列齐整、动作有序。烟花在空中绽放，此起彼伏地散乱，但是每朵绽开的烟火有规律。

树木整齐种植，通过造型调整观感。树木种植杂乱，物种的丰富形成整片森林。

凡经纬相交都当棋盘，如竹笼、编织、经络。圆球、圆柱状的围棋盘，旋转下棋没有边界。棋格改成三边形或六边形，变化气数。棋子加入属性变化，并非一定要黑白。

城市和建筑各自骈散。街区规整则建筑全身是戏，实体负形都用来表达。建筑单一形态，总规可借鉴网状形式和大地艺术，通过城市尺度的要素，如道路、湖泊、景观、朝向、山的凹凸阴影等形成文字图案，体现总图的观赏性和指示性。这种城市尺度表达的信息或非大众化，而是控制者可以解读，如街坊般便于管理。

城市的骈散结合城市尺度来控制，各尺度的骈散能让人分别知觉。大地艺术的散在局部看来还是骈，人眼尺度的散在城市尺度做到骈。目前城市规划的表面看来功能性大于艺术性，未来规划表面看来艺术性大于功能性。

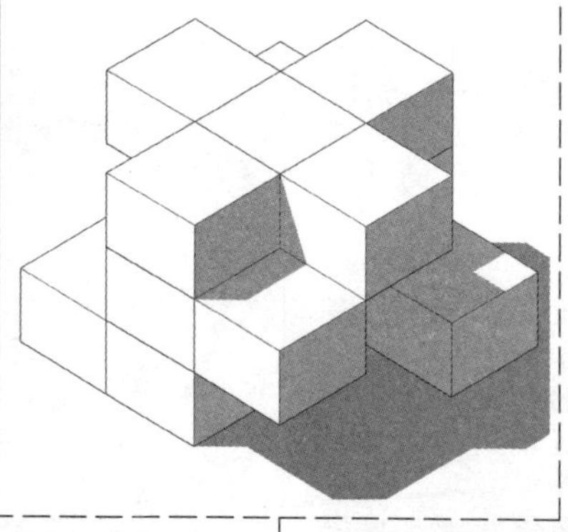

中心规整，两侧翻转对称。范和围是整理的手段。有范可借鉴的时候，围就来了，突破的结果是通。通路必须受到局限，虚心才能通，如同吸管的虚心要依靠边界的桎梏。

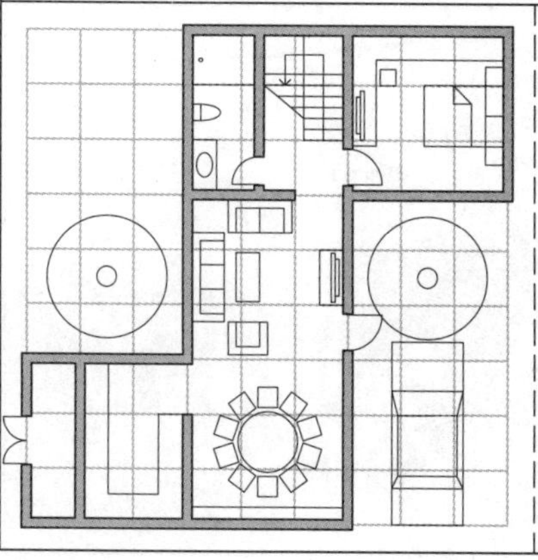

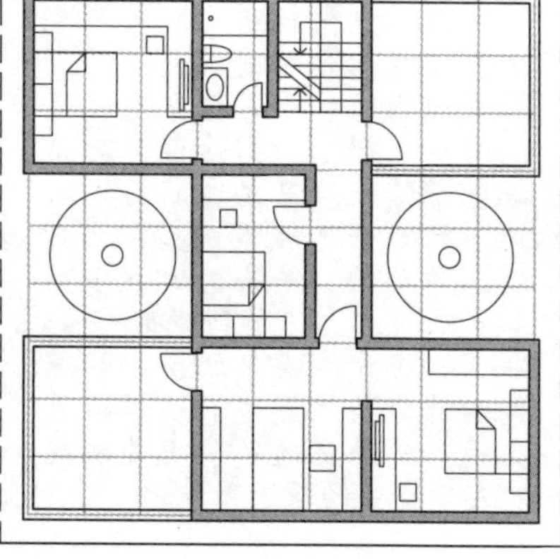

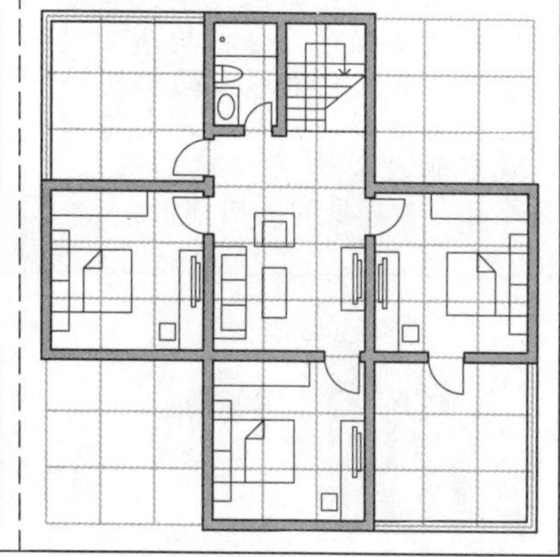

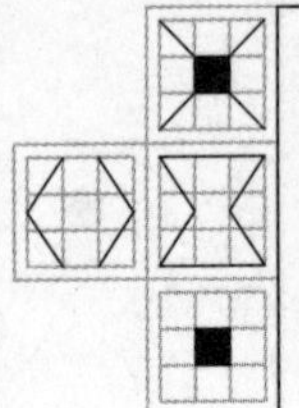

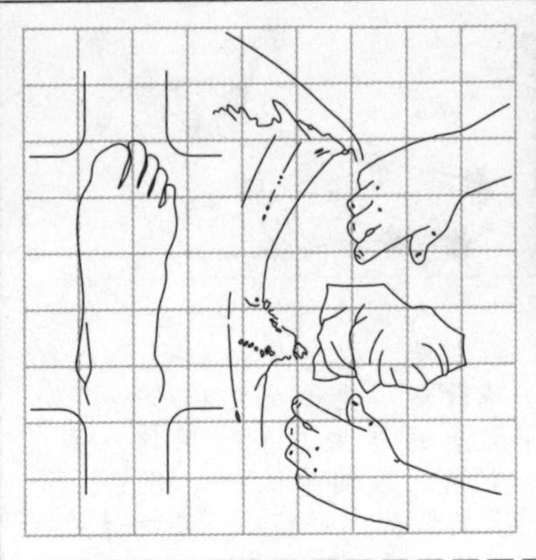

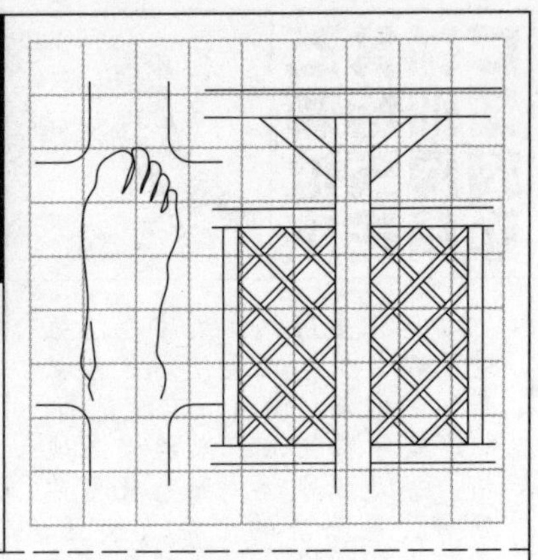

遐迩都包括，
纵横悉指挥。
——宋·邵雍

/远近/远迩/疏密/松紧/稀稠/
/稀密/

遐：远也，从辵从叚。辵为足行道中，表示行进。叚字从石从双，石为悬崖落石，叚为双手采石，而石材纷落的样子。遐为人从居住的平原到山地开采石材的遥远路途，也指边远地方；或遐为石材铺设的道路可以久远使用，表示长久。采石之地高耸，遐也指又长又大。

邇：近也，从辵从爾。辵为行进道中。爾是花格窗，远古窗格或直接用枝杈，如甲骨文所示，后演化成花格。迩指行进到窗边的距离，近到触手可及。窗边所站的人为你。尔或是古代的尊称，如同殿下、陛下般，用建筑部件代指身份。尔亦有美饰的意思，参考壐、嬭。

遥远指空间和精神距离，距离的作用就如同磁铁天然会排斥和吸引。时间在不断推进，时间生产能量、能量化成空间、空间压缩为物质，因此物质不断产生。宇宙扩散就是由近及远地演变，空间越来越大而时间速度不变，于是宇宙边界扩张的速度减慢，如同往水杯和大海里倒水，对水平面高度的影响不同。影响力随着距离减弱，如同水波纹的渐逝。

不见闻、不得为远，可见闻、唾手为近。窗近山远，山在窗中，这才是远近的本意。

网络时代的远近不再是距离，天涯若比邻和心远地自偏共存。城市作用不再是物资和信息的集散，物流业和网络跨越空间障碍，让城市具备了分散的条件。从管理者角度来看，发展大城市的好处是用更少资源养更多人，且便于管理利用，集中视野于城市使条理更清晰。

认为远道的和尚念好经，是因为听不懂而莫测其高深。抄袭西方古典也因为国人看不懂、好糊弄，西方人看这些抄袭或觉得惨不忍睹。西方人理解的东方建筑就如好莱坞中国大剧院，他们认为很东方，在中国人看来却十分异怪，不知所云。好亲戚结远方、好邻居高打墙，距离产生神秘感和未知的敬畏，相互加深了解未必更加友善反而可能更加憎恶。

城市与大型交通、市政设施的距离在目前状态下仍在渐进调整，近了不安全有污染，远了投资大消耗多。这种距离也是经济问题，与城市的远近决定了输送损耗的大小，城区的开发强度决定使用人口数量，进而影响使用量。某阶段的整体均衡就证明高性价比。

无论最终的形态，建筑单体间的关系都可以用远近距离衡量。自由商业模式下，商场和零售店的分布依托于人口密度和交通强度，会按均质距离分布，自发竞争形成的功能格局和交通网络，长时间打造出城市肌理，如同人脸的皱纹，是自身和环境的共同作用。

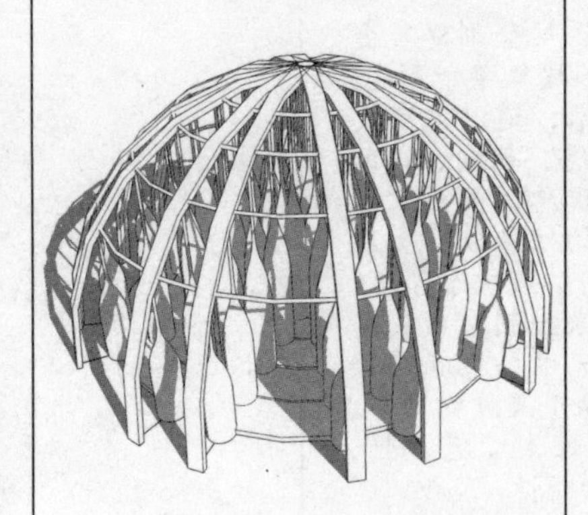

所有的接触都由一部机器代替，那么就均质了，不再存在远近之别。如同人与人的交流都通过手机而不再是面对面，甚至电话也不愿意再讲。人人都通过一根管子在虚拟世界中打交道。如同现在餐饮吃的都是星标，电影看的都是影评，人际交往成了一堆赞。当一切物质性的、思想性的交流都是通过网络或是一部交换机实现，空间的远近就失去了差别。

利用空中轨道实现外围到达城市中心的快速交通。人员和车辆通过空中巨型交通轨道上升到空间中，到达位置后再垂直下降。或卫星城的居民从地下轨道到达城市中心，上升到工作层面，下班时利用重力从交通轨道上速降到城市外围。中心的提升依靠水的压力和蒸发的升力提供能量。通过垂直交通和水平交通的多次叠级就能实现空中的轨道系统。

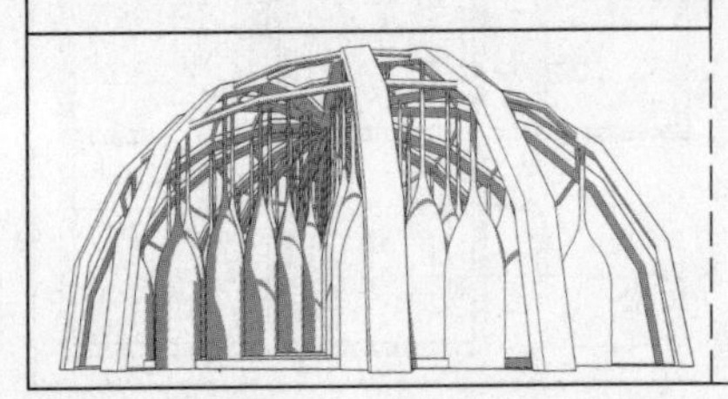

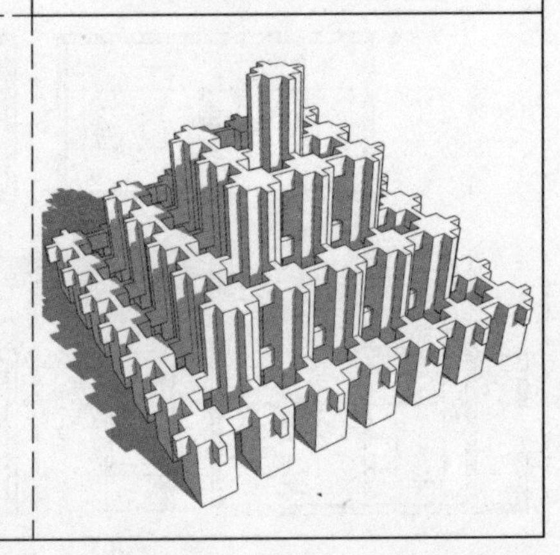

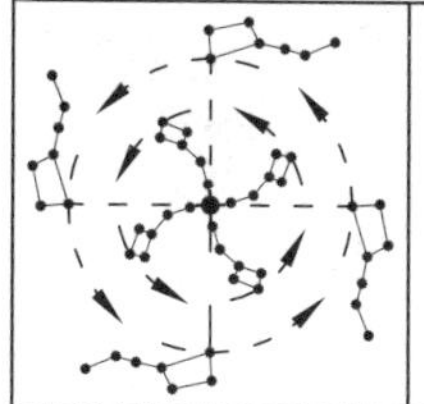

交通远是因为拥堵，便利就能拉近交通距离。从地球上一点到另一点的距离用隧道打通，前半程用重力拉动，后半程利用惯性和外界推力。在地下沿着这样的隧道建设地底的带状城市，生活在地球上的人们分成地上和地下，最好和最坏的环境都在地面上，只是不同的出口。

城墙分隔内外，墙的作用就是在最近的距离内实现最远的隔离。城市让人之间的距离看似压缩，实则疏离。手机让人人都触手可及，却相对无言。传统要塞的规模不及现代综合体，能力增加让建筑物规模逐渐增大，最终一座建筑就扩张涵盖了一座城市。现有的建筑细分是因为人需要空间满足光线和视线，当人只需要屏幕和座椅，建筑就可以自由大小。

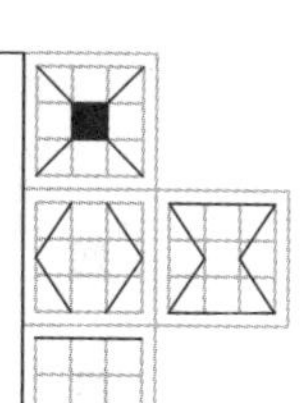

由远及近的递归视觉效应和大小熊星座围绕北斗星旋转有些许联系。小熊星座近似北斗的旋转缩略，天道逆时针左旋如螺壳般，是自然形态特征，也是许多图腾的形式来源。

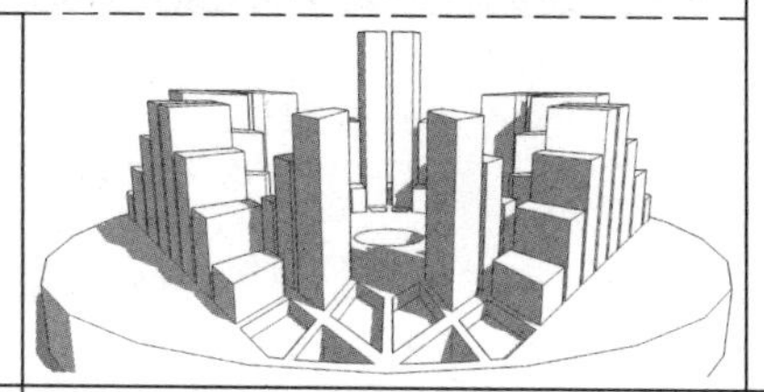

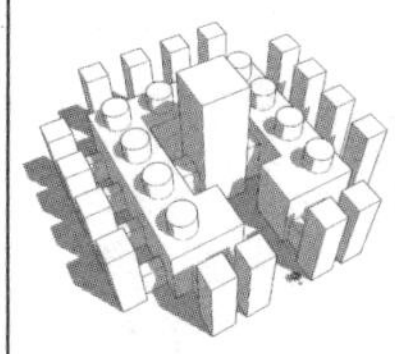

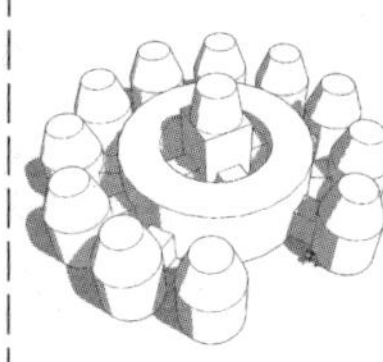

陆地改造成一块，海水集中成一片，将海床挖深，垫高陆地供人生存。或者将陆地和海洋均质分配，海水利用地下管道联系。产生远近是因为有区别，如果没有了变化就不需要交通。所有的地方都一样，就不要到远处寻找，只看眼前就可以，这样就能老死不相往来。农业社会的经济和文化均质，小地方也出进士和学者，因为对于书籍的掌握是一样的，新鲜事物极少。现代都市的优势在于不断更新，社会强调向外争取和获得，环境迫使人相互接近。但人毕竟还是难逃一死，不过殊途同归，便无需计较村东村西的行走远近。

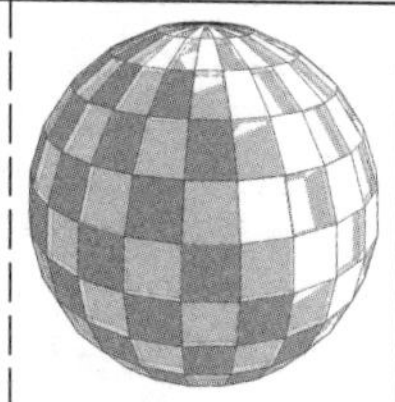

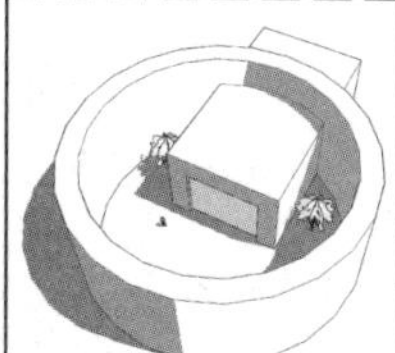

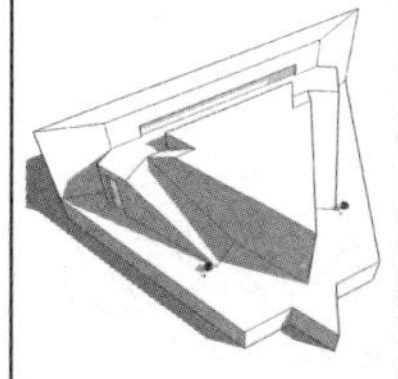

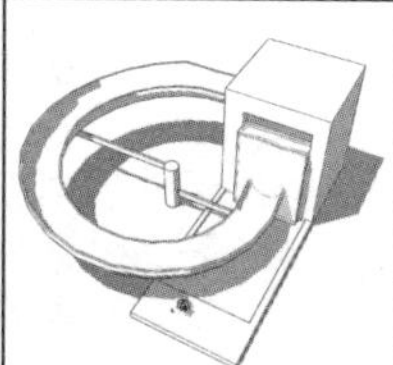

尺度的不同让同样的规划形式感投射在城市中给人的感受完全不一样。追求总图的画面感和构图感严重影响规划的合理性和尺度控制，产生无谓的浪费。人并非都会长到大象的尺寸，班级是若干学生组成，而非同样体重的巨人。开发面积就和体重类似，五百公斤应分成七到十人份，而非独占如河马。人的规划视野应该是卫星的五十到一百米分辨率。

翻山远穿山近，开门见山背山迎、见山回头面山送。遐迩迎送四辶，为动态交通。

山中藏提升泵，将部分水形成瀑布落池，大部分水进入河道形成水流的循环。

城市分裂出卫星城要靠自发营建或是强行管控，自发要避免混乱颓败，管控要掌握距离。培养城市的生物自觉性去取代规划，如同细胞分裂、水落成滴、雪飞成片。城市向细胞分裂学习步骤和条件，使城市具有生物性，有细胞的弹性，市政和道路也可以复制和分裂。

意识是对刺激的回应，反应慢不是无意识，在大尺度长时间中看，物质拥有意识，用快镜头压缩植物变化的时间能适应人的认识，理解城市和地球需要视野更大，压缩更多时间。物质有意志影响生活，只是人不知晓，设定条件反射能捕捉城市的意识并利用其来控制城市。

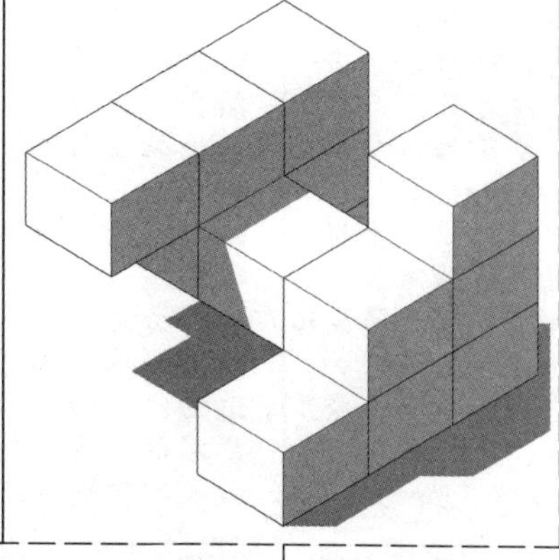

横岭侧峰、远近不同。遐迩靠路径的辶联系，站在近处想象的天边，是更远处所见的殊途同归，远处的目的和路途模糊甚至颠倒，人绕地球走上半圈就到了脚底。

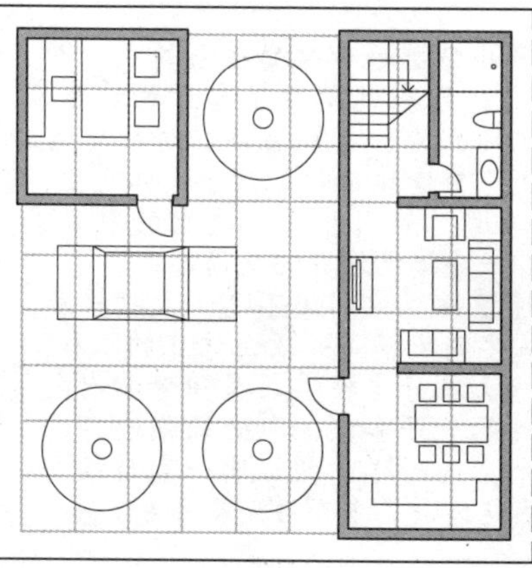

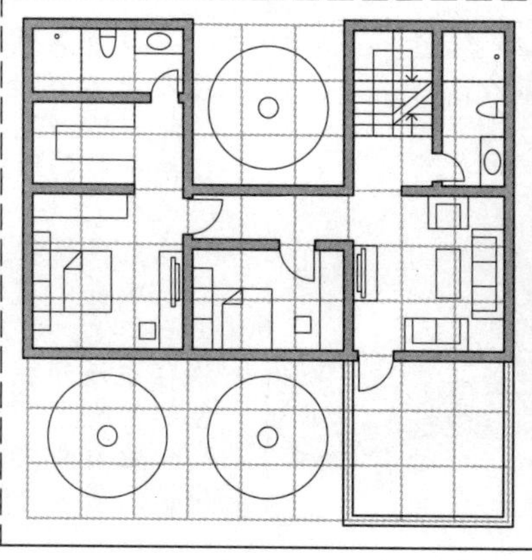

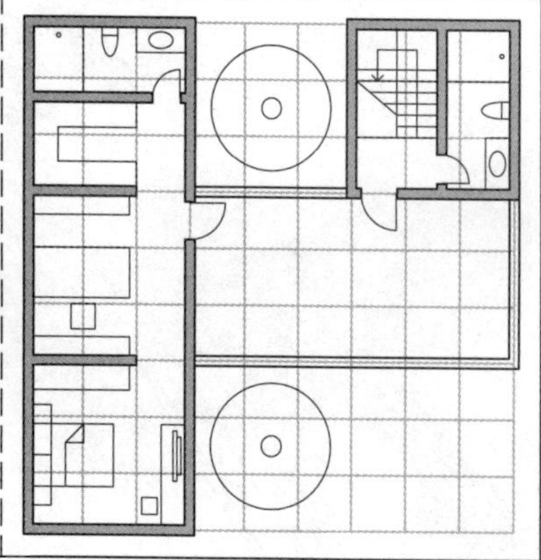

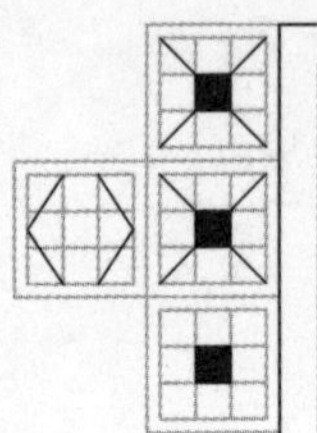

迎 送

春来老病厌迎送，
剪却牡丹栽野松。
——唐·郑谷

/迓送/迎随/交接/授受/施受/
/去就/去留/争让/

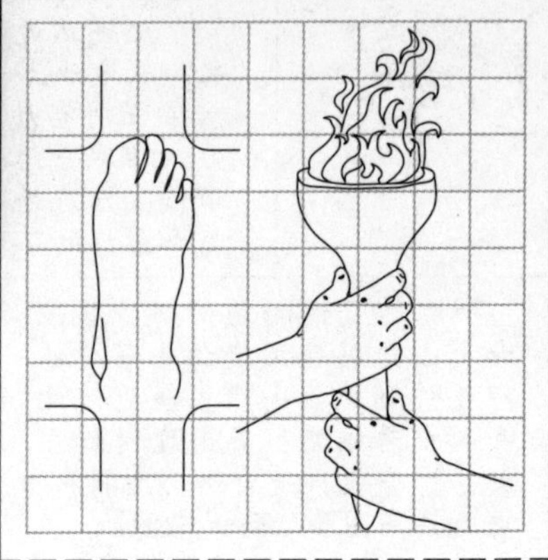

迎：逢也，从辵从卬。辵为足行道中，表示行进。卬为仰望、仰仗之意，从匕从卩，匕为伏地跪拜的人形，卩为人席地而坐的坐姿。左边的人跪着，向右边坐着的人仰望叩首，卬即为抬头。迎就是人蹲低身体昂头仰面地行动着迎接，迎出去的人总是保持低姿态。

送：遣也，从辵从灷。灷从火从廾，为双手拱举火把。送是手举火行进，指送亲。参考朕字，从舟从丨从廾，为持杆撑舟，秦以前人自称朕，以劳碌贱称表谦逊，朕字加女为媵，撑船送女指陪嫁，媵同送。举火荡舟送亲，或是远古习俗，水火仍在当今婚礼中起仪式作用。

通从手法来说，如同双组分胶粘剂，要混合存在的现象和处理的原则。效用靠招式和心法的结合，招式在使用中可见，也可记录在册，但是心法只是口传。存在经纬注意同异、存在宾主注意唱和、存在离合注意骈散、存在遐迩注意迎送。

迎为聚首、送为分别，这也算是一种意义上的聚散，不过聚散离合或是被动无意识，而迎送是有主观意识的。

远近有别，要保持相互之间的联系，就要有迎来送往的关系。远迎近送，各种手法也在其中。故宫的午门，三面围合，在形式上呼应迎接的关系。

事物都和外界发生关联，迎送更加主动。酒店不断地迎来送往，新来旧走最终支撑了一个店。铁打的营盘流水的兵，是一个过程的动态存在，城市的存在就是容纳了无数的动态于其中，更新就是持续地去留。

建筑风格的更替有时并非朝着更合理的方向发展，而是抱着存在就反对的观念来推进。一种建筑的衰亡并非建筑的过错，但是后人为了推行新的想法，继而推销自我，常常将罪过归咎于建筑的思路和形式。这就犹如人吃了鸡然后拉出了粪便，卖鸭子的人就会说，你看，你吃的鸡就是粪便，还是吃鸭子好，可待到鸭子被吃下，结果恐怕又会被卖老鹅的利用，甚至卖鸡的又会卷土重来。

换个方式说，凡是经历了时间肠胃拉出来不变化的，恐怕没有被消化，也不会有什么营养。建筑不希求亘古永恒，但是需要能够承前启后。

迎送是弱势群体的姿态和情感的主动表达。对被迎送者来言，这并不会左右其态度并产生实质影响，甚至为保持高姿态，要刻意制造距离感。

迎送强调空间分界，十里长亭相送别，在传统城市有明确的分水岭。现代城市交通设施中兴建专门的建筑标识成为分别的象征，统一的建筑造型塑造统一的情感。将物质变成情感锚栓，寄情山水亦如此。

迎送关系类似沙堆的休止角，在沙堆顶端和底部之间自然会有无数沙粒承继其中，每个沙粒贡献些微的摩擦力，就巩固了顶端的高高在上。沙堆的高度由沙子的总量决定，越多的沙子堆出越高的沙堆。没有外力的情况下，上层的压力让底层的沙粒永远不可能向上运动。沙堆在风的作用下运动，底层的沙有可能渐进式地迁移，被吹到顶端时祈祷风平浪静。

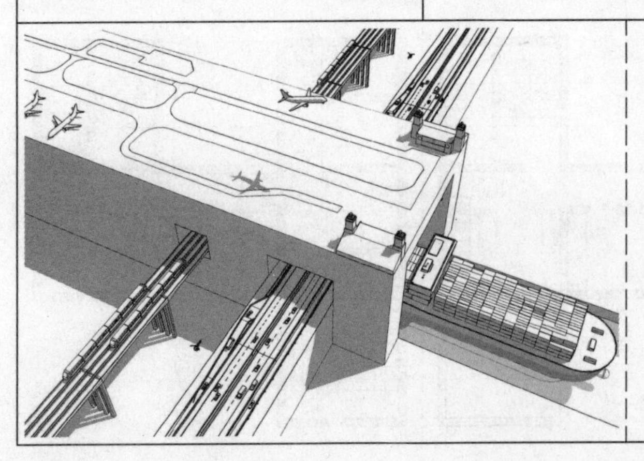

风景名胜地和旅游城市改变往来的人，也被人来人往改变。到来就是为了离开的城市，以火车站和飞机场作为标志和主体。超级交通枢纽一般的城市，整座城市就坐落于大江之上，顶面全是飞机跑道，如同开在轨道上的航母，一边自我移动，一边接纳外界的交通。

极昼的交通枢纽永远川流不息，太拥挤和富于变化，人从生到死就是一段无休止的旅程，旅程中还穿插一大堆分支任务。孤独者和内向者都没有了独处的尊严和空间，必须强迫自己外向地自我演示，这种逆向的证明一直持续到屈服，屈从自然就能放弃争夺并获得平和。

合二为一是迎，由一分二是送。迎合就是要模仿，送别就是要区分，模仿和重复是迎的自然，人一旦心态放低，就不自觉地被同步。送有排斥的意味，用仪式的方法进行分裂。

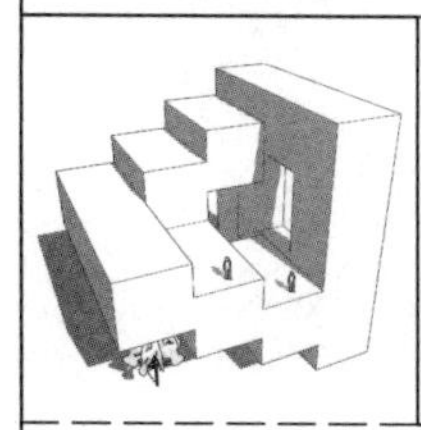

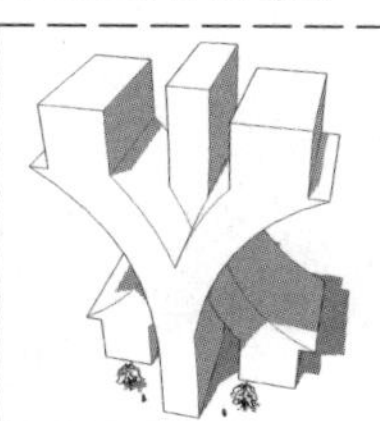

城市如环形的贪吃蛇一样，自我更新和重复。将自己的残迹吞下，然后不断地重复自己和循环新旧，让历史的演进出现轮回的痕迹。城市和人体一样，会自动更新和消灭陈迹。

战争结束没多久，人便好了伤疤忘了痛，人类还在经历迎灶神和送瘟神的轮回。无论喜乐还是痛苦，一代人的记忆不会维持多久，新生的一代只会重头塑造自己的价值观。

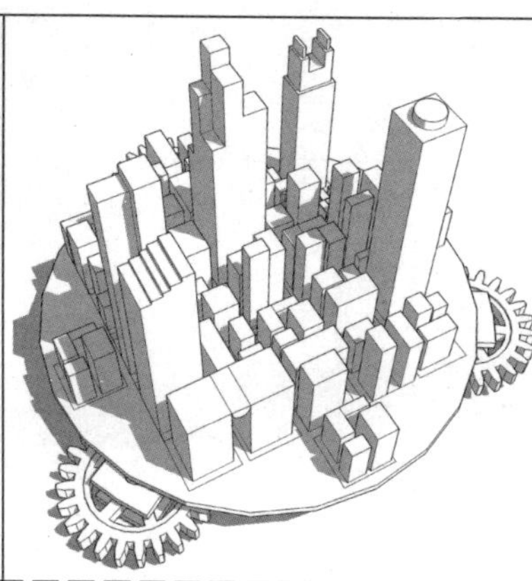

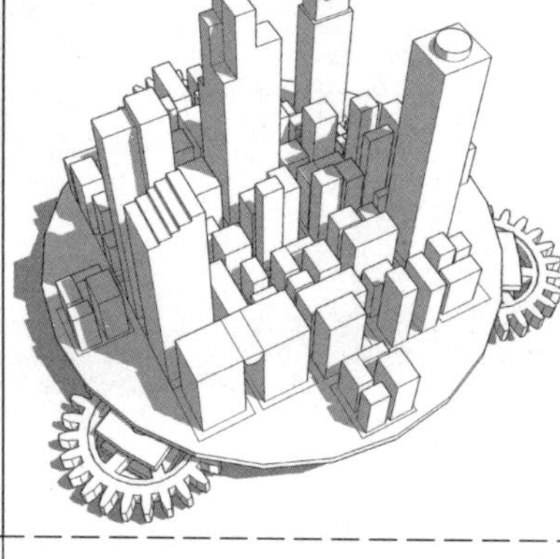

服装风格轮回更替，新生事物不断推翻前面的固有，过程中迎来送往，你方唱罢我登场，就如换季时候的衣物穿着。待到季节稳固人人都统一着装规格的时候，又到了换季的时节，四季更替就是治乱的微缩。

好了伤疤忘了痛，庸医总是能不断地有生意。人人皆知请神容易送神难，可是到时候还是迎神入门，拼命请回来的亦是自己曾赶出去的。

迎新送旧是纪念时间的方式和更替物质的原则。城市分成多个圈层，融入其中必须经历从外围向内渐进的过程，新人在城市最外部，隔五年就能向内移动一圈，于是原有的土著和文化得以延续。现代的城市中心都被外来的强势者所占据，本土居民被挤压到外围。超级都市汇聚全球的人才，本地人不可能和全球选拔的人才竞争，于是被向外围推移。

城市中最规律的事件就是日升日落，相比其他的暂时规则，这是定期变化。整个城市采集太阳能，就像是向日葵一样，早上迎接太阳，晚上送太阳下山。整个城市都能转动，或者所有的单体建筑转动。在地球上安装环状轨道，让城市追逐太阳永不落山，也能调节白天和夜晚的长度，节省能源和改造人的作息时间。城市对自然追逐，像是牛羊吃草，这边吃几年、那边吃几年，在行进的过程中生长。

在地球上最终出现无数的能源轨道，上面满布各种转换能量的可移动设施，捕捉风能、潮汐能、太阳能。

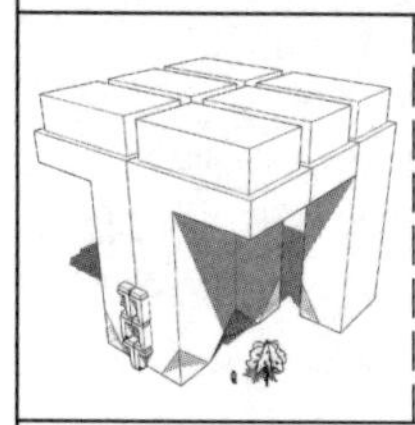

印比北，是两人的不同搭配姿态。两人已经足够丰富，三生万物更是众口难调。

形式对内容产生影响，调整机械布局和尺寸就为了适应汽车的新造型。一张纸的角落剩下一个空间，为了保证写满，就会控制字数刚好填充完毕。建筑和规划也是同样，即使是无意义和多余，边角空隙还是会找内容来填充，人与人之间的空隙，依靠人际交往来填补，迎来送往的过程就是逐渐理解和信任的过程。

建筑间的空隙也是填充迎送，体现为社会资源的交接。迎送这些形式上的礼数，造成精神上的差异，精神继续推动物质的改变。迎客松本来只是为了争取太阳摆出的痛苦造型，一旦被赋予了意义就成为了一种痛苦的必须。

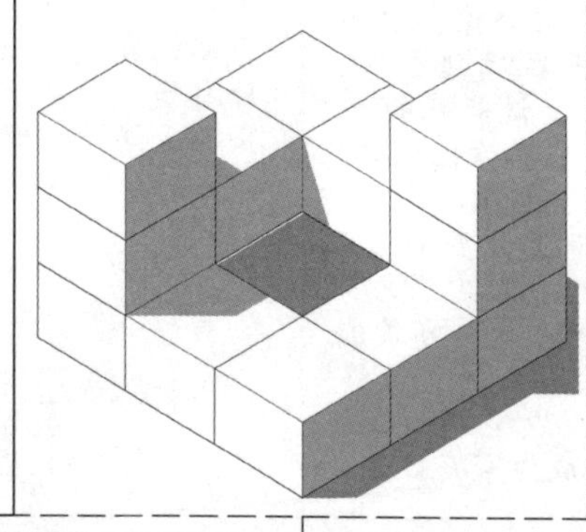

人群列队欢迎，众星捧月般包围。欢呼喧嚣如同虚拟的深井，将人的身体埋没，只看见井口那一方被设定的天空。高低层之间的空隙就如同是战场，场内充满竞争。

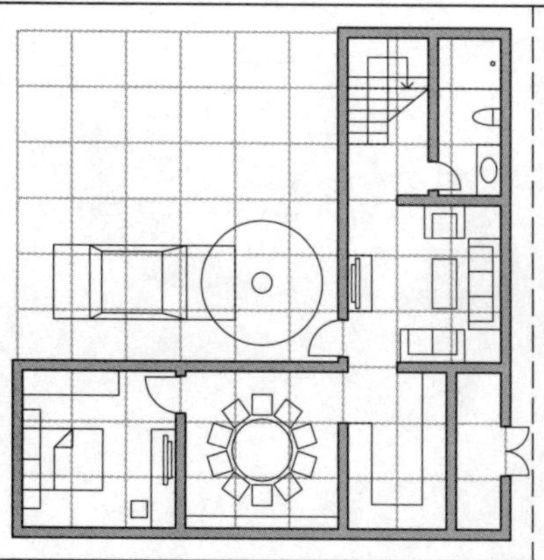

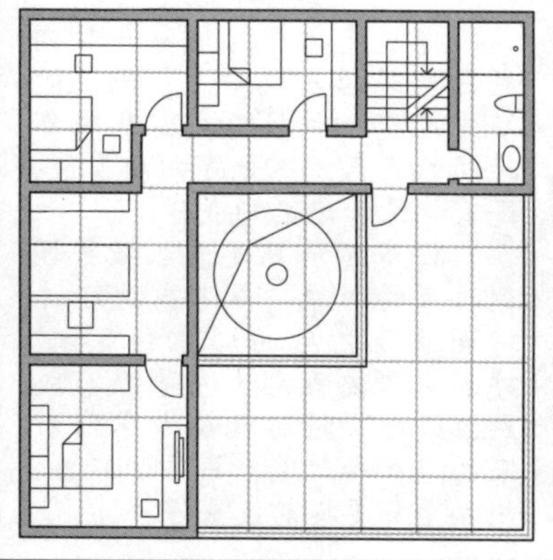

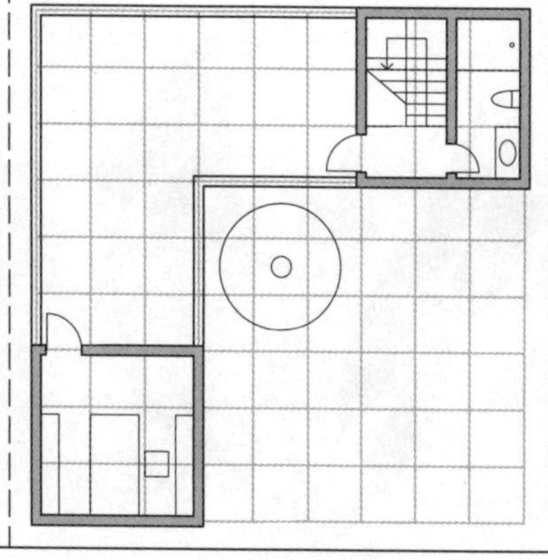

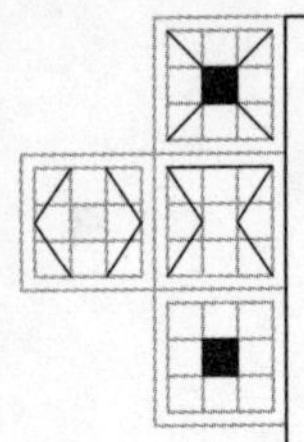

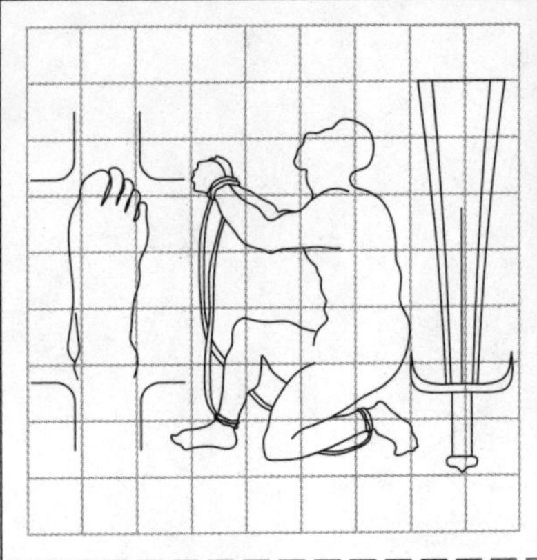

迟 早

欢情岂系眠迟早，
笑语能移意浅深。
——明·王彦泓

/今后/未既/快慢/徐疾/迟疾/
/缓急/

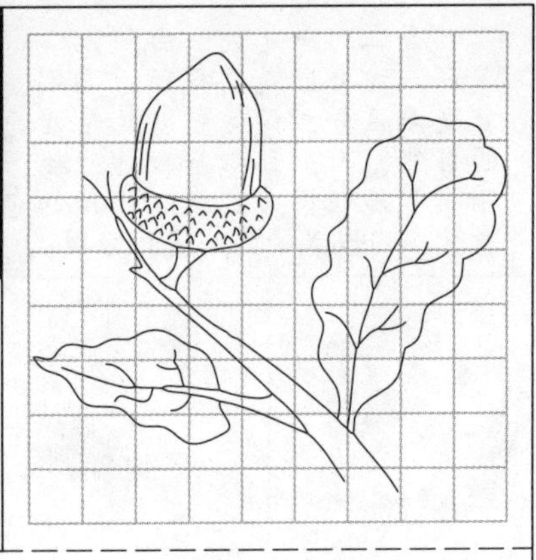

遟：缓也，从辵从犀。辵为足行道中。犀为屖字的演变，屖为栖迟之意，从尸从辛，尸为人形，辛为古代的刑刀。遟就是用刑器驱赶人行走的样子。篆文遟可理解为行动笨拙迟缓如同犀牛。甲骨文迟从辵从尼，尼是古代奴隶背负主人的样子，负重则行缓，亦表示亲昵。

早：前期，从日从十。日是初生的果实，十是枝干树叶的形状。早为皂斗，指橡栎树果实。早指果实和种子，是植物的初期阶段，早演化为阜、皂、草等；或早从日从甲，甲为果实在阳光下绽开的样子；或早从日从又，又为右手，清早太阳处在地平线位置触手可及。

规划和设计要有前瞻性，汽车目前快速增加，或十年后又被淘汰，如同固定电话被手机取代。未来的基础设施和交通工具完全是另外的样子，眼前大量建造的道路和桥梁便全成了废物，眼前利益和长远利益之间总存在博弈。远见需要时间的验证，在这十年的记忆中，更新和替换的事物不胜枚举，新鲜事物出现让人忍受不了非工业时代的生活了。

城市与建筑的终极模式和人类最终的生活形态均回归原始部落的状态。穿戴式设备让人从物质的主宰变成了物质的附庸，成为设备的一部分。

极度发展后人之间的先天差异被消除，基因全部混合，有平均的生理指标和物质基础。社会拥有简明的制度来保障人的独立性，婚姻制度被取消而生育被科技繁殖取代，制度升级成为推动社会进步的动力。

迟有赶逐的意思，因为慢所以希望快，算是反义相成。明确和可预期的建筑倾塌意象，让视觉无法接受，如同无法接受死亡而刻意忽略。当直面颓败的形象，只是掀起了内心的恐惧，明了天地仍旧不仁。

夫沿河而下，苟不止，虽有迟疾，必至于海。大势是无法避免的，但前提是找到河流并能投身其中，有些河流是生来就在其中而不自觉。

发达者输出科技军事，以此方式引领未来只会输。中国用生活模式给世界找到出路，高效能、高密度、低能耗的人口聚集方式，适应爆炸性人口，让匮乏物质来平均地球。

交通从根本上改变社会，帆船、蒸汽轮船、潜艇，城市和建筑会在全新的交通方式出现后被颠覆。交通从物质转移变成信息传递，微型的加工、制造、回收设备成为家庭必备。

一座大山洼如同发射井或者火山口，山中间形成倒锥形，底部拥有一个出入口，常年地封闭如同世外桃源。建筑错落在山上建造，毁弃的建筑和垃圾就扔入中心的深潭。

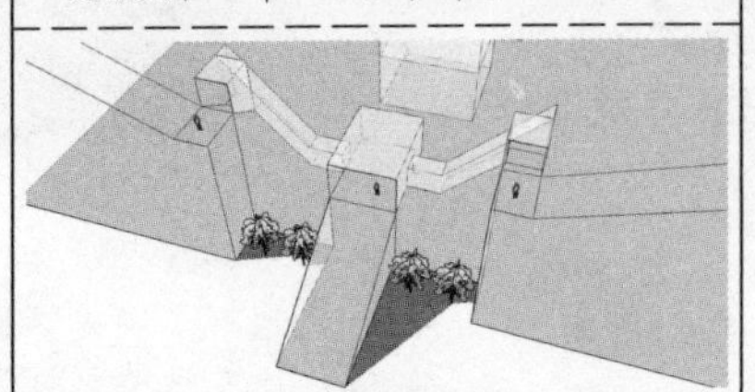

电影和观众间互动，观众参与到电影之中，在电影院中群体投票选择接下来的剧情发展，然后看下去，每一批观众看到的情节和故事可能都不一样。然后可以按照电影院的上映统计数据，发行数字版本的时候添加各种选项，人气情节、冷门情节、断档情节等等。或许能够用话剧的表现形式更好，现场观众用设备即时投票，即刻调整表演的走向。

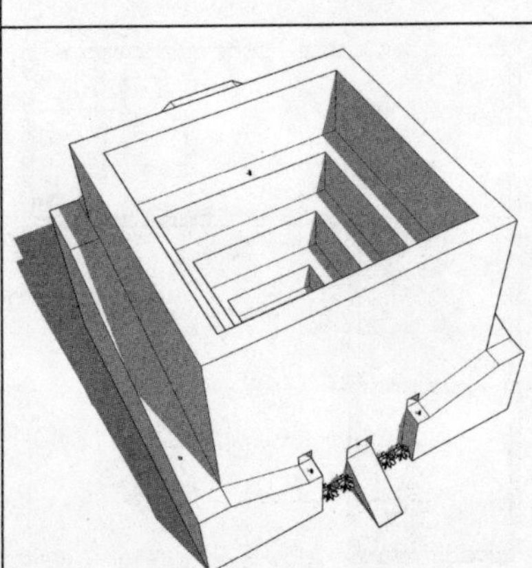

建筑能体现时间感，时间也是建筑的表现手法，斑驳的墙皮也是一种质感，城市需要时间的质感，不光是向前发展，还有记录和记忆的成分。

许多建筑只是看从效果图到竣工的形象，没考虑到经过时间改造之后的形象和变化，建筑大概要五到十年才渐渐成熟，设计阶段时就要考虑到未来的添加和改造，设备、广告、铜字全部要提前设置好。

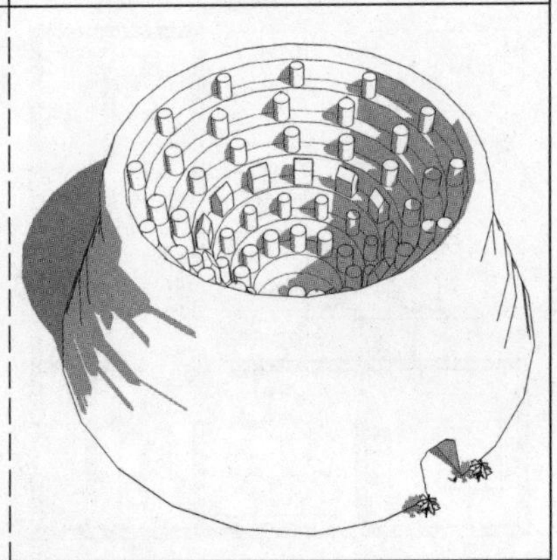

所有资源都能重复利用使得世界大同。地球重新规划，不再区别城乡，海洋和陆地进行重新划分，南北极堆积更多的冰雪，让海平面下降，出现更多的陆地。水成为传递能源和信息的介质，强弱电、暖通、电器、插座全成了水的通道。

体内的水和外界交流，传递头脑的思维和身体的能量，交通工具不再需要。延长海洋线，利于用潮汐发电。国家不存，人口、植物和动物的种类数量，在各地均匀分配。当海洋均质分布后，洋流就可控。在陆地下面的巨型管网沟通海水，陆地在危机时能变成漂浮平台，可以航行或者海下行走。

人世是记忆初始的第一阶段，利用肉体培养精神，肉体衰亡后精神进入自然，开始生命第二阶段，意识化的人还在路途上继续前进。开化的思维是可以穿越时空的，思想能天马行空只是被身体约束。人生一旦错过或者错入一个入口就没有机会再能反复，时间只是不断地将你向前推进。门一打开，到底是光线跑了进来，还是景象泄露了出去，不能等同。

高架路以门形取代丁形结构，便不易被超载的卡车压塌。波浪状的道路不再阻隔、而是在点上联系地面。道路和轻轨的利用应该尽量提高容积率，让出土地，将道路建成多层，路面全在屋顶上。城市更新的重点，是将已有公共资源进行再利用，地铁在下面挖、楼在上面盖，共享同一条道路的投影面。公众无法利用的资源，应该让市场尽可能地转化。

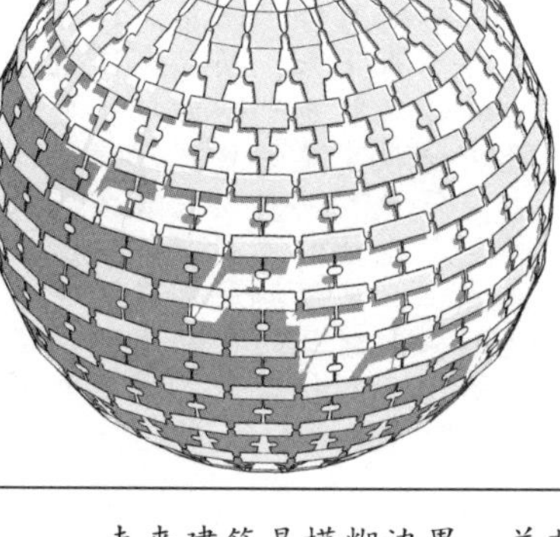

现有的地平面标高的道路全部用建筑覆盖，整个城市的步行系统提升数米标高，道路相对而言下沉了。新的城市更新计划和改造内容就是将城市平面还给市民，在统一标高区间内，所有建筑和空间都相互联系，现有建筑打开外墙和四周环境贯通起来。在空中俯瞰的时候，所有的可见面都是绿色和活动空间，人的步行和骑行能够到达各个角落。

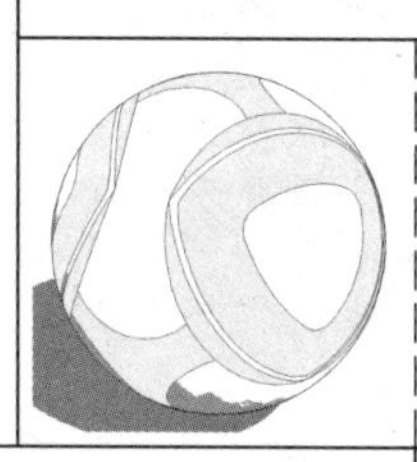

全部颗粒化的地球表面，可以组合出任意的国家和区域。远怨则聚，不逊则散。

未来建筑是模糊边界，并非实体构成，比如一种光线墙、磁场墙，一个渐变的雾状罩壳，用磁力来取代一部分的柱子。如同星系的边界并非有一道围墙，而是有一种约束力存在。

让更多的人活得好，让所有的人能生存，这是最大的生意，也是建筑最高级的目标，活得好的前提是自由地活着。未来的建筑再不是个人私有，而完全是公共设施，全都具有非常便利的临时性。现有住宅的功能被服装式的设备取代。均质的公共配套，让人们居无定所，以最便捷的方式生活，而不是固定在城市中的某个点上，社会化完全取代家庭。

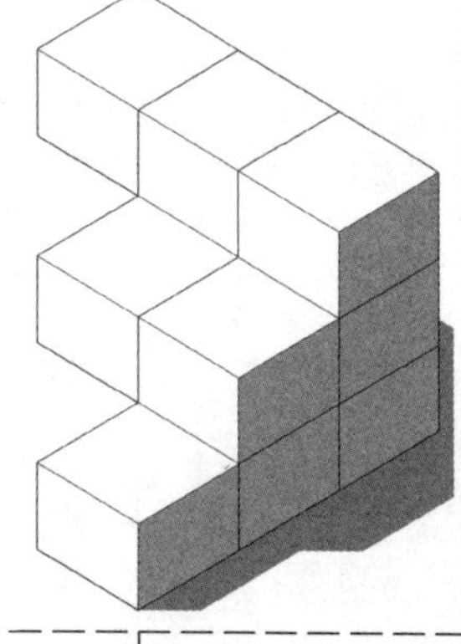

倾塌的趋势出现，建筑就自动生长触角支撑抵挡。建筑追逐太阳，永远在运动，让风水和各种自然资源平均。建筑快速生长，日用品季节性慢速生长，建筑会自我调节。

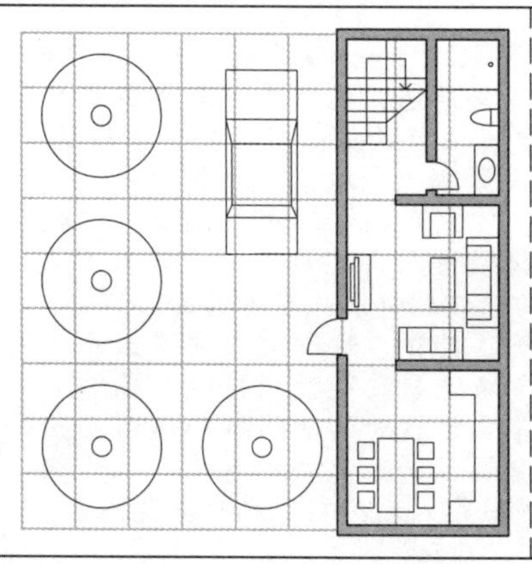

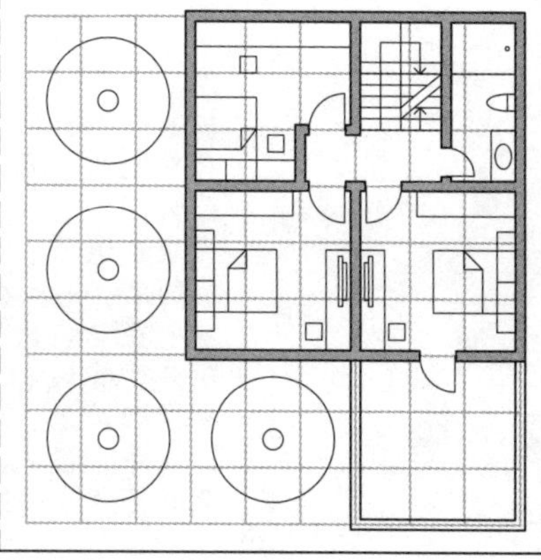

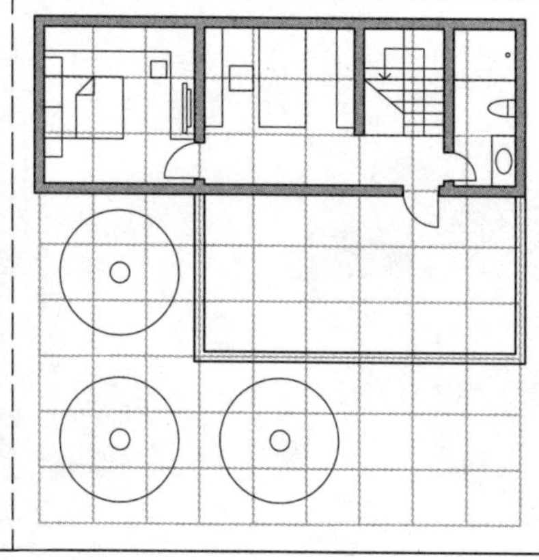

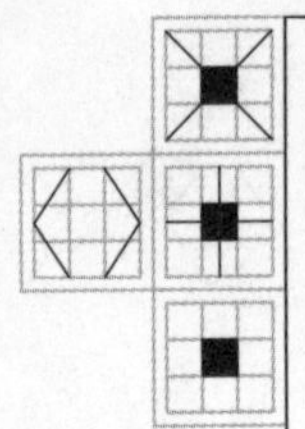

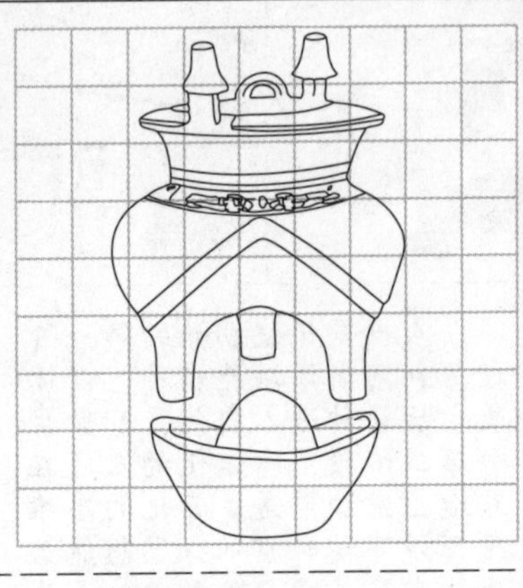

賞 罰

赏　罚

赏罚两无文，
是非奚以辨。
——宋·欧阳修

/奖惩/奖罚/刑赏/褒贬/臧否/
/毁誉/扬弃/宽严/功过/功罪/

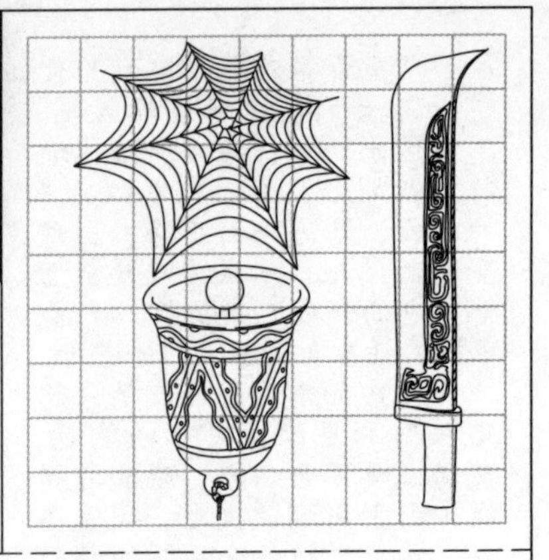

赏：赐有功，从尚从貝。尚为商字省写，商是觞的原字，为酒器，表示美酒。貝为古代的貝币，后世所用元宝形似张口贝壳。賞就是赐予美酒和钱财。参考奖字，奖从将从犬，将为用刀切或用手分案板上的肉，有权力分配资源的人就是将领，奖励就是给犬喂肉。

罚：惩办，从詈从刂。詈字从网从言，网为猎网，意为覆盖其上，言为倒置的木铎，表示主张言论。詈就是如网一般恶语相加。刂为刀，表示刑具。罚是用言语和刀具对精神和肉体进行折磨。参考惩字有武力征服和践踏人心之意。或詈是将人嘴堵住、剥夺话语权的意思。

赏罚前提是确立规则，将人流放荒蛮去开垦戍边是惩罚，拓荒外星和过去开垦殖民地一样，将快乐建立在痛苦上。

土地和空间成为赏罚筹码，土壤成为货币，尤其是可以耕种的土壤在大污染的环境中弥足珍贵，吃到土壤植物或是最大的享受，禁止接触自然就是最大的惩罚。遨游自然是生活的本质需求，再宏伟的城市也只是精致的监狱。

传统建筑不可违制，颜色、高度、开间有明确规定。建筑和规划也要有处罚办法，否则个人的喜好就会凌驾于整体之上，造成更大范围的困惑。现有违章建筑造成既定事实无法消解，只能拆除了事，未来建筑全都可移动，基地全都是租来的，如同汽车违停并不需要毁灭汽车，简单拖走即可。建筑随着拥有者的地位提高而改变区域位置，向中心进发。

将建筑放在社会尺度上看，世俗的平庸建筑自然随世事浮沉，拆改不停，而真正在历史上能留存下来，而且有价值意义的建筑就是那些毁坏了之后还会继续重建的建筑。拷贝一个建筑是对其最高的褒奖，强拆是最无情的惩罚。羊毛出在羊身上，奖励都是从罚没中返还而来，建筑的拆和建都在消耗资源，轻松获取的奖励积累成对自身最大的惩罚。

建设开发也许功在当代、罪在千秋，或者反过来罪在当代、功在千秋。城市持续上千年，小建筑更新速度较快，许多材料能重复使用，现在大量的高层建筑集中建成就会有集中报废的隐患，当其寿命终结的时候，是一个完整的巨型垃圾，废料和残渣无法消化，资源被完全浪费。如同现在汽车报废回收便成本高昂，拆解比建造要费事，循环被阻断。

罚城中完全靠暴力竞争生存，实行定额分配、男女分开无生育权、无言论自由。中城实行交换分配、人治并且限制生育、控制思想言论。赏城中按需分配、实现法治、生育和言论完全自由。赏城有生物化的食品，中城只能吃合成食物，罚城吃到的只有维持生存的热量残渣。罚城的出入口分别设置，城中分男女两座塔楼。赏城的出入口合一，经过中城。

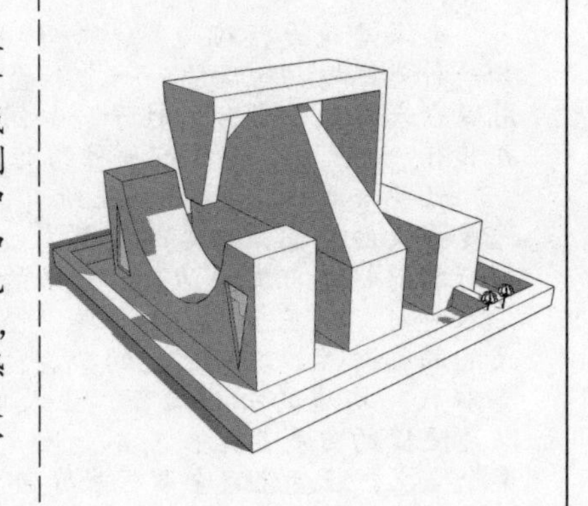

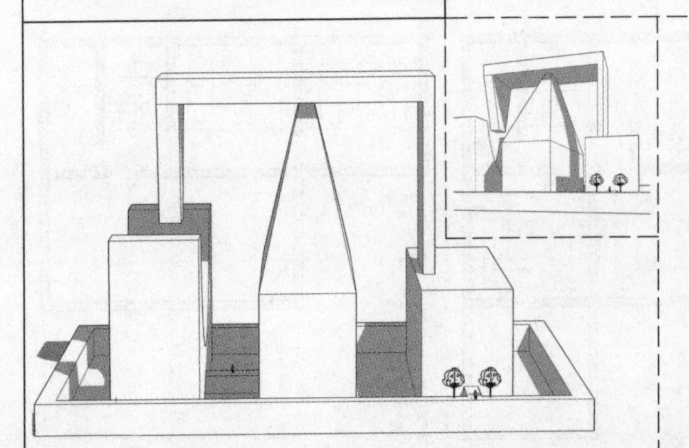

罪犯被剥夺权力，进而限制自由惩罚肉体。未来法律不全是惩罚的条文，更有奖励的机制。不犯法就有足够的正面引导和物质奖励，有功无过就进入赏城，无功无过待在中城，大过者滞留罚城。赏罚利用空间进行调节，中城的规则最多，罚城任人自生自灭，赏城人人自我约束。有形的阶级划分取代无形的阶级划分。

星球、大陆、世界、阶段，都按照三分法划分。赏城和中城将罪犯空投到罚城，罪犯随身携带补给，需要被投者的活体解码使用。在罚城中，没人会解救与己无关的罪人，人人自危的处境，逼迫每个人划定自己的安全范围。

凡具备产生和消亡就是生命，人类、植物、星球都是，思维虽不可沟通但是规律相同。地球生态被破坏时首先会自愈，然后地球的免疫系统发挥作用，消灭破坏源头，利用自然灾害来消灭人类，免疫系统就是生命的惯性。当破坏力太强大的时候，病毒和宿主就一同消亡。自然会奖惩人类，这对人来言这是种利弊，但从自然来言这和日升月落一样平常。

强势者控制地面和天上的水，水成为物质和信息的媒介，断水就断一切，受控者只能大声求雨。将水局限在有限空间中控制旱涝的方法，却成了控制社会的手段。电子围栏将天上的云朵集中在特定区域，产生风、云、雷、电，对地域进行赏罚，风调雨顺或旱涝不均。让大清洗和人海战术结合，人们主动消灭罪孽，如同牺牲祭天，也可能会引起新的混乱。

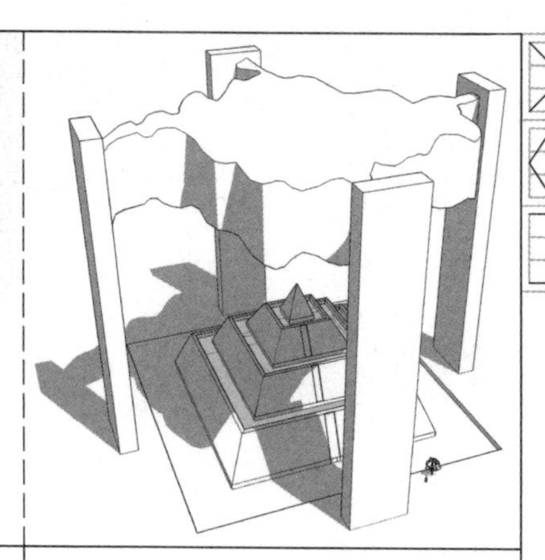

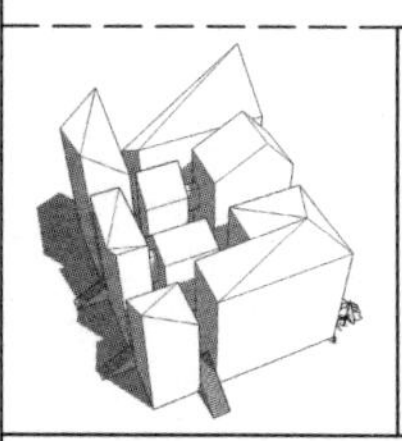

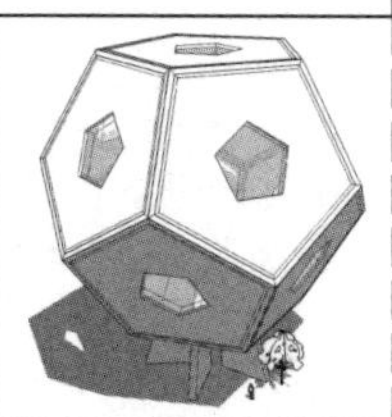

人对物质都市和原生自然都有需求。人要保证生存，要靠物质消耗。人的天性是发展，要靠自然原力。所谓饮食男女说明物质和精神都需要。

无论好坏，人在各力量牵引下保持了平衡，一旦某个力量断了就导致失衡。人不再靠移动身体来获取资源，生活在狭窄的舱体式住所中，在极限空间里生活就像蹲在监狱的小黑屋中，没有人能够脱离。

建筑是赏罚一体的，既是好货的存储所在，能以黄金为屋，又具有执法功能，成为规范人的行为和思想的牢笼。

未来城市和建筑自动具有了执法机能，不再需要监狱，罪犯一样在城市中生活，严格控制了行为范围和空间，有时间段、特定线路、固定场所等要求必须遵守，穿戴式的监控设备和建筑联系，一旦罪犯不服从指令，便能够自动限制其行为。通过建筑可以实现对人体的完全控制，全覆盖的生物识别和控制技术结合人体的改造，让人必须完全依赖城市。乘公交车排队次序和座位都被调节定位，随机无序被消灭。

在封闭的社会中，用道德自省有可能稳定社群，但是在开放的环境，显性规则不建立，靠道德自律和潜规则博弈，只会导致人格分裂。不可能做到的事情要死守，没勇气承认缺陷，一旦认识到完美人格无法实现的时候，或失望或发狂，就会走到恶劣的另一端。人的精神塑造时日尚短、来日方长，靠信仰和坚持能从残缺过渡到完美，不断地走向新的生命。

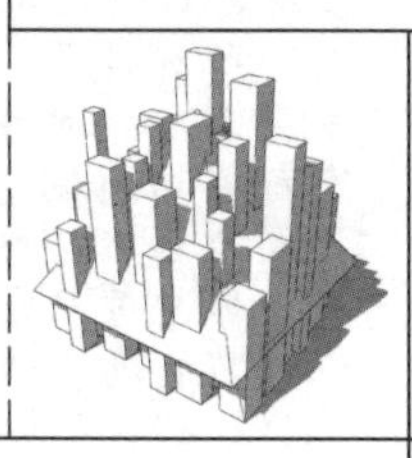

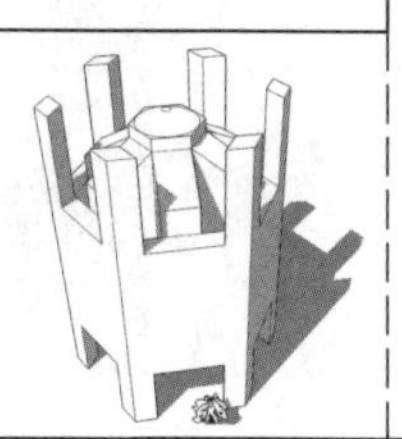

西方的宗教主张人生来就罪责难逃，一生皆为赎罪而来。人生来就有罪，但是罪名的定义和开释只是掌握在少部分人手中，要想获救必须听从。中国说人之初性本善，人一生如果不想变成坏人，就只能循规蹈矩、恪守君臣父子，或者翻盘社会、重塑金身，前朝并非恶棍，今朝更为圣贤。西方人崇拜的是神，因此信念无法推翻。中国人尊崇的是人，时有更替，人的面貌根据宣传口径变换着美丑。西方人的教义简单，由瑕入瑜，日有所进，人人都能有所获。中国人守瑜而免瑕，人人求全责备必须作道德化身，因此道貌岸然、苛人而恕己。

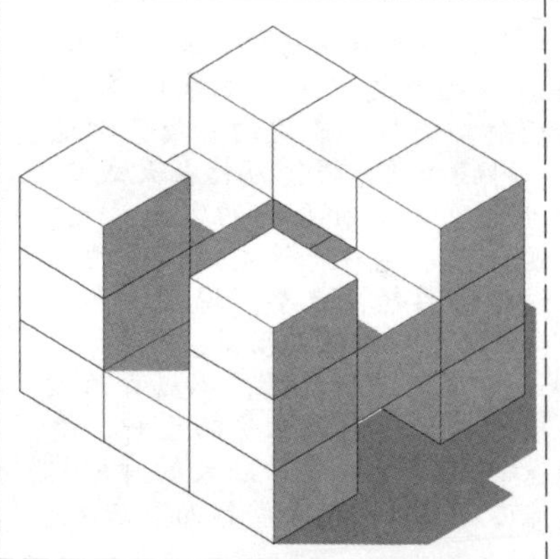

奖赏偏于物质性，财货美酒等等。惩罚多是精神性的，控制言论和内心。不让人说话也算是极大的惩罚。酒杯和网子，一正一反意味赏罚，抬举为赏、压制为罚。

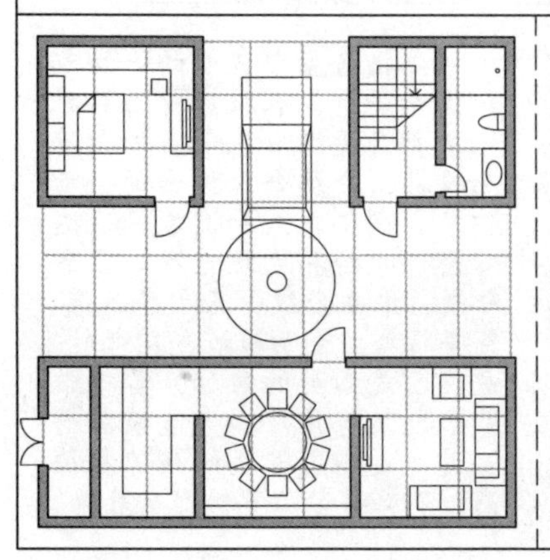

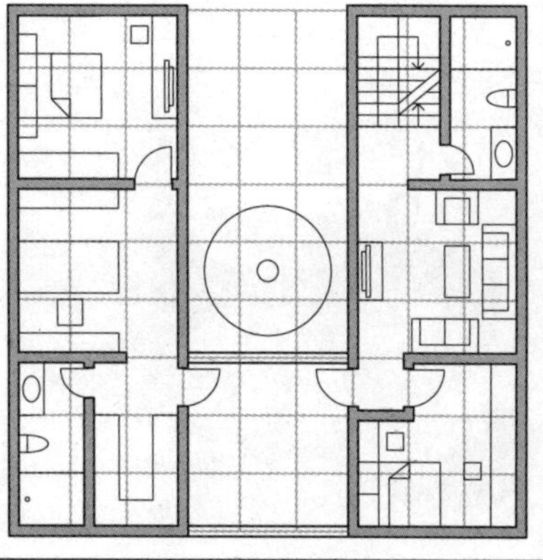

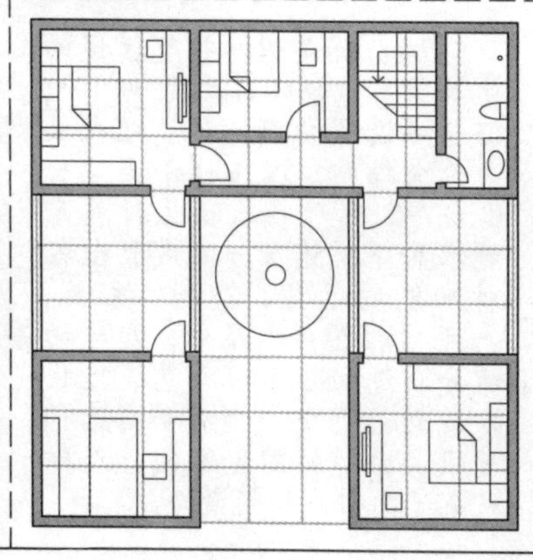

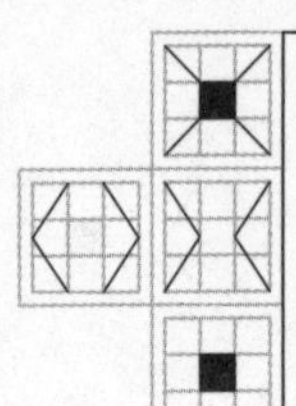

勞 逸

劳　逸

世事乘除天已定，
人生劳逸念中分。
——宋·陈纪

/闲忙/勤懒/

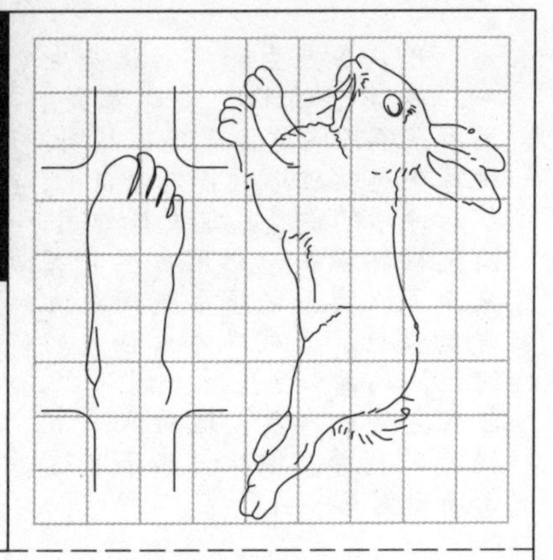

劳：使受辛苦，从炏从冖从力。炏即烈焰，表示灯火通明。冖为屋顶。力为手臂，表示出力劳作。勞为在夜间室内点火把加班。金文劳从爵从廾，爵为酒杯，廾为双手拱奉，劳为手捧美酒慰劳。参考荣为花木茂盛，或炏冖为荣省表示繁多，多力为勞、多土为塋、多山为嵤。

逸：逃跑，从辵从兔。辵为足行道中。兔为兔子的侧面形象。逸为兔子在路上奔跑，表示逃走、隐遁、解脱之意。从劳作中解放出来，就是安逸；或兔子在路中跑动，是闲情逸致的田园景象；或逸从辵从免，免为冕之原字，帽子脱掉为免，免除行走，表示无所事事为逸。

劳动时间在交通中浪费，现场加工临时聚集人口，工作效率低，终将被工厂加工取代。个体劳作与集体化劳作之间劳逸有别，强化工厂预制件制作，取消个体现场劳作。组装式的建筑成为临时性的消费，如同更换手机一样，更新换代重复利用，其成本低廉且实现异常简便。过去传递信号要放狼烟，荔枝要奔马加急传递，耗费巨大的事项如今都简化方便。

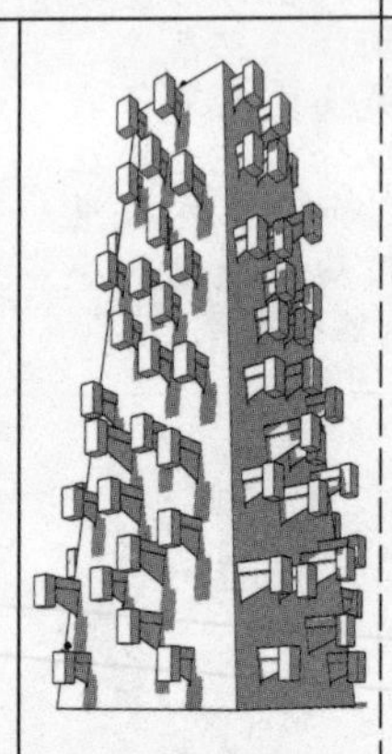

城市和建筑如寄主，人类寄生其上食其果，与自然隔绝。没有建筑的庇护，人已无法在室外生存，建筑随人迁徙如穿戴式设备，建筑是人的附属，发展之后把人变成了附属。

所有日用品都由建筑提供，不再需要批量生产。日用的所有都靠增材制造获得，耗材也如同自来水一样由市政集中提供。体力劳动完全由机器完成，人只需要进行创意和设计。

借原有词句改换错别字来吸引眼球。山寨商标利用人对熟悉事物的忽略，用相似把戏来欺骗人，因为熟知，反而不去深究。认他做爹、认作他爹，头脑有惰性的习惯。

劳心创意，不若安逸取法自然。文不尽言、言不尽意，说写不足表达，于是立象以尽意，人为的形象难理解却更接近表达的本质，但还是未臻完美，如同翻译的意境。万物在天成象、在地成形，天生的象是形神合一的完全表达。创造法自然，便一劳永逸，现代主义提倡的工业审美，是逆向的法自然，就要不像它说明心里全是它，爱和恨都是对自然的形肖。

人并非创造食物来供养自己，不过是在自然无数的提供中选择自己所能承受的几种。清静无为是不违背自然而为，顺时应天的有所为看似无作为，其实是大逸，似无动作而有成。

城市就是树，拥有缓慢的生长节奏。树叶自动掩映门户，窗是半透明的膜。种子埋在土中长成结构，埋在枝干上就长出房屋，种子在人出生时裹入胞衣种下，随人一同成长出各种功能的器具、房间、家具，人死后埋在自己屋中，屋子的养分自然切断，将人包裹吸收恢复到枝干中。拥有和自己同呼吸共命运的固定家园，人群就有了向心力和凝聚力。

生物房屋中成长的一切都和生命关联。衣服穿身上和挂墙上都会更新和生长，不用清洗缝补，会结合人排出的激素信息，调整形式和图案，表达心态、年龄和生理情况。五年白线、十年金线、五十年红线、百年绿线，生物服装如同年轮。身体已是心灵的装饰，首饰服装又包装身体，剥去包装沟通心灵，是撕去痂壳的痛苦和快感，不必再劳心装饰那层装饰。

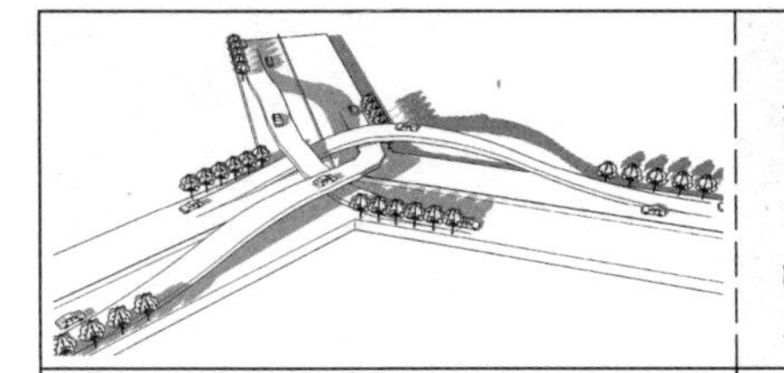

自动驾驶实现资源共享，私家车空座率太高，不用时可公共化，减少汽车保有量。所有的路口全部采用三岔路口、两层高架解决所有的红灯问题；或者三岔路口全部使用大转盘。

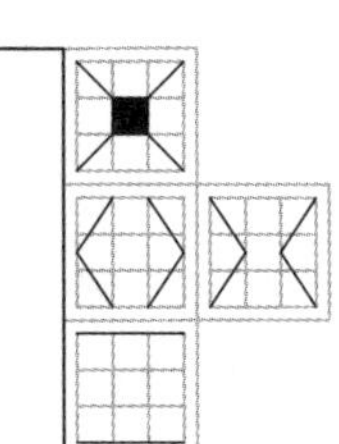

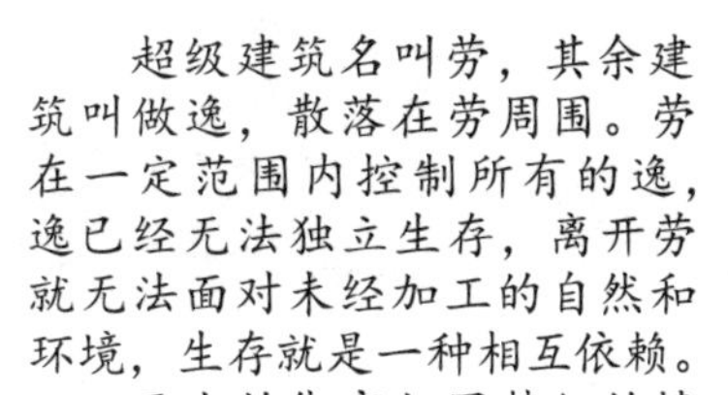

借鉴已有物，回归到自然崇拜，是轻松面对内心和简单缔造世界的手段。按航母打造旗舰商场，甲板停靠战机，提升高楼层价值，内部是船体的构造，工作人员都是海军造型。

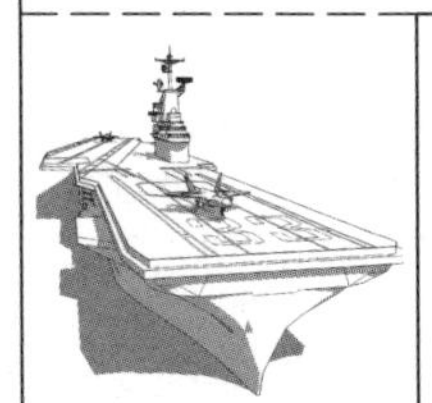

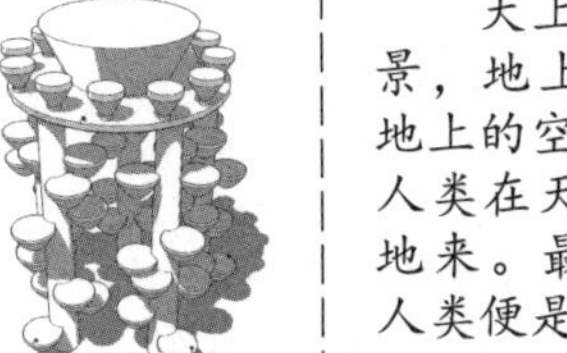

超级建筑名叫劳，其余建筑叫做逸，散落在劳周围。劳在一定范围内控制所有的逸，逸已经无法独立生存，离开劳就无法面对未经加工的自然和环境，生存就是一种相互依赖。

天上的街市如同梦幻的情景，地上全是劳而天上为逸，地上的空气和土壤被污染之后，人类在天空之上重新铺陈出土地来。最顶上的生活最安逸，人类便是一级级爬上去。

人为峰的商业建筑是座可攀爬的山，种着果树和奇花异草，登山道周围是商铺，顶上设置儿童乐园和由孩童培育的植物园。吸引人来健身锻炼，培养没事就走走逛逛的消费者。

棋是战争的缩略，休闲不忘厮杀，小看就是闲暇娱乐，重视就是霸业王功。究其原理都是循着时不待我的残酷，落子无悔、子死不再复生，将重生引入传统棋类必能更吸引人。

新象棋先任意落子摆盘，双方商议先后手轮流摆放或同时摆放，或摆五子看一次，摆好后走棋。围棋子组合成特性形状，箭头状杀出血路，五子成行以中子为心扫出一片领地。

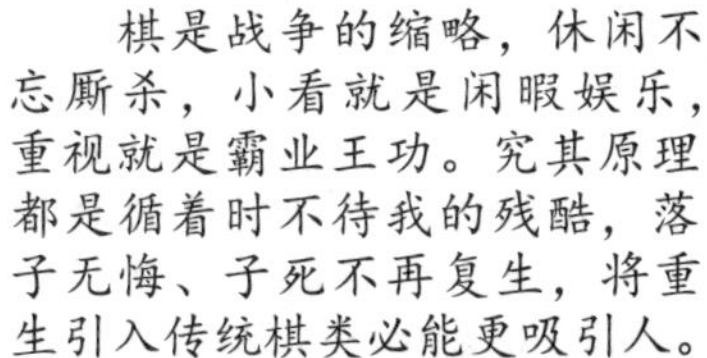

两米的空间高度够人生活，多出的空间是种虚无的有。人躺着活动，层高只需一米。胎儿在密闭中发育，能适应在压缩空间生活。站、坐、躺，建筑逐步消灭多余空间，无全变成有。活跃思维不再需要身体运动配合，人便如庄周的蝴蝶。

缸中之脑所感受的各种刺激和危险，不再需要实际的空间位移和身体劳力的付出。所有的逸不再建立于劳的基础上。

楼梯天然就是形态变化的极佳载体，门窗楼梯都是造型的手段，以经解经，以建筑装饰建筑。内外双重楼梯系统，外部楼梯直达顶部，内部借用其负形也成为楼梯。

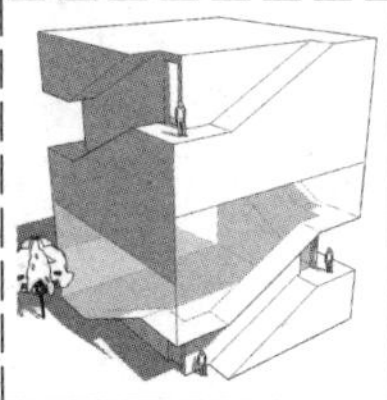

人类种植有生命的城市和建筑，由外而内地获取食物和由内而外地沟通思想都通过植物神经和水脉。劳动被自然取代，人从植物中可直接获取能量，而植物能生长出一切物品，人给生活用具喂食保证其使用。自然交通工具又出现，动物取代机械。人类实现精神层面的沟通，劳动分工被取消，回到了自给自足的时代。

人的追求不再是声名利禄，物质完全富足后，人类的生存理想就是无尽地外化自我。越发紧密和丰富的外在不过是认清自我、释放自我的一个途径，当头脑中的构想可以在思想中真实再现，许多不必要的物质建设就可以免去。

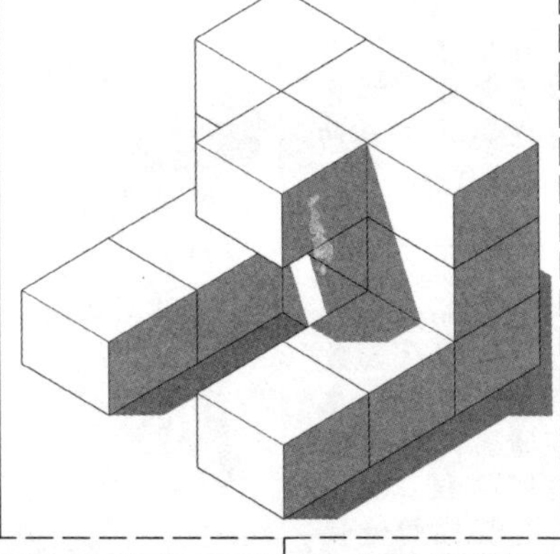

飞行器吊装插拔式建筑，如集装箱组合。清气升、浊气沉，气造建筑物轻如鸿毛结实如泰山。原材料有自组织能力，能运动和交流，自行选择最佳位置和安装方式。

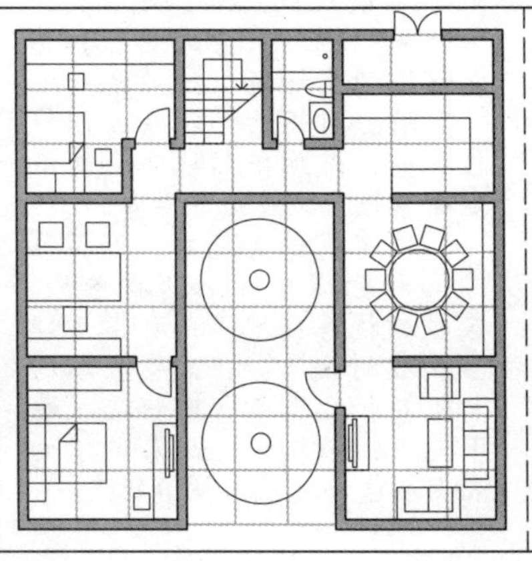

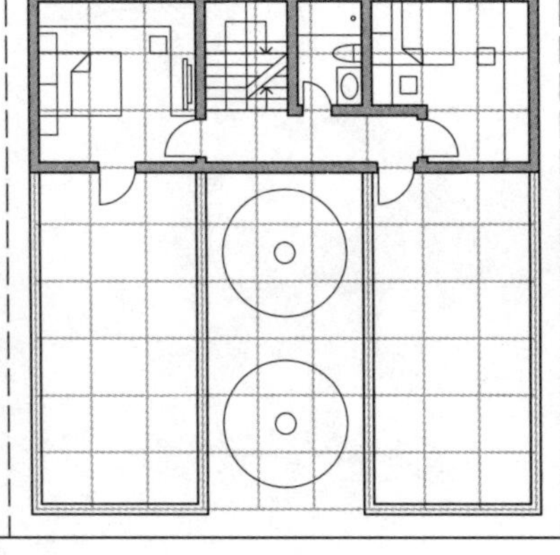

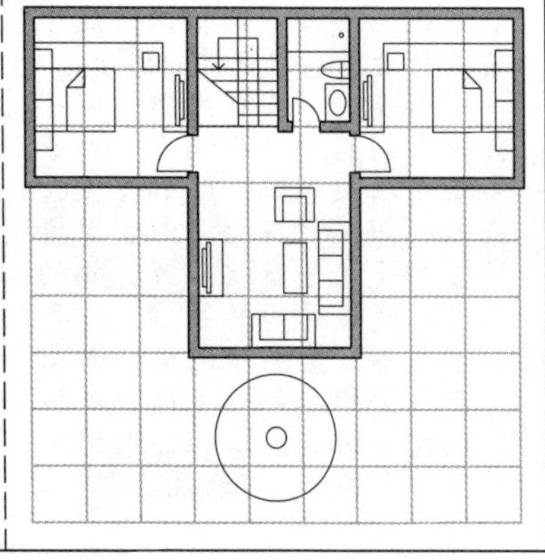

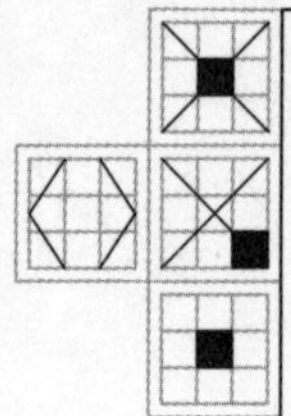

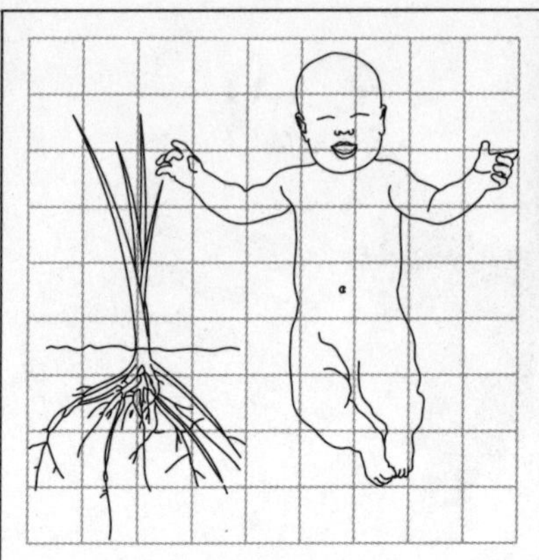

存 取

存取丹心照碧汉，
任他黄口闹清班。
——宋·胡梦昱

/质量/

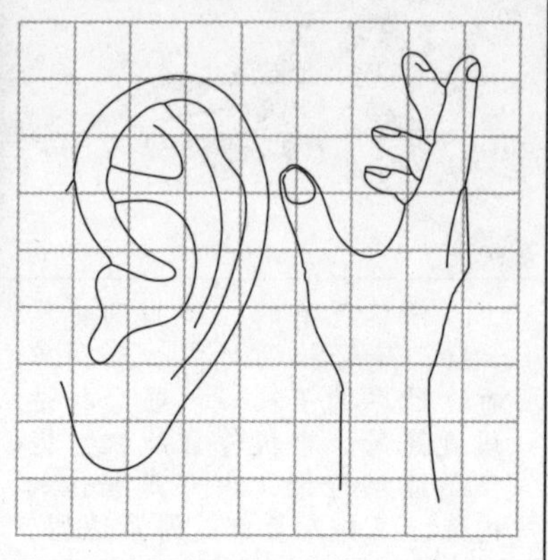

存：在也，从才从子。才为草木初生的样子，根系埋在地下，地面上发芽，因根系固定，才字通在字。子为婴儿大头细身的样子。存指初生的婴儿有如新发草木一样生存、活着；或存字从又从子，是用手爱抚幼儿头部有温存的意思，又像是用手保护小孩佑护生存的意思。

取：捕获，从耳从又。耳是人耳朵的样子。又为手臂和指头。取就是用手抓耳朵。古时战争中被杀的敌人和被获的战俘，统统割去首级或左耳以计数献功。参考娶、聚、最、趣，取字从战争中演化出，有控制和支配的隐含意，战争失败的结果常是割耳、刺目等刑罚。

个体缺乏危机意识，现代人尤其是城市人，基本不在家中储备足够的粮食、水和基本工具、医疗用品。一旦危机爆发，完全就没有了应对的基本条件，应该在家中储备相应的物资，尤其是基本工具。譬如在乡村，还有土地可以建造城堡和地下室，这都是在特殊情况下自我保存的方法。

建筑可回收，材料具有全部的通用性，拆除的材料可以重复使用。食物就是热量的载体，将干固的面粉造成砖，用食材建造房屋，在紧急情况下可以吃喝。可以遇火自灭的建筑，建筑材料会在高热下自动分解生成水分和惰性气体。

处理和利用现存的垃圾才能长远发展，设计专门用垃圾当建材的建筑，减少污染和浪费。所有合成材料都能作为家用能源或者增材打印机的耗材，天然垃圾搅碎进入废水系统。

付出与回报、耕种与收获就是存取关系，不能指望自然自我调节。不仅保留现有的资源，还要种下资源再生的种子，让自然循环的规模扩大，而不能像现在这样斩断循环的链条。

建筑师在高能的时候低产，而低能的时候却要高产。纸上所记一切，都是囤积的过冬粮草，在脑力和精神不济的时候可以反刍。留下的笔记和只言片语，如参禅的话头能演绎和发展。感性的火花稍纵即逝，错过便一生不再来，半睡半醒的时候总是有许多让自己得意的想法浮现，有时又是一种错觉，更多时候想着要挣扎起来表述，却步入了沉沉睡梦中。

建筑和城市都将成为地质层，成为纪念某时某日的遗迹，地球恢复自然。山川、海洋、森林都是与日月关联的排布，是写在地面上的天书，人最终能看懂这样的秘密。人类和病毒一样，无节制地利用和侵蚀地球，就像病毒最终消灭寄主，人只待回光返照的那一刻醒悟。

人从石头中进化而来，石头是自然的硬盘，包含巨大数据。固定的数据会毁，活人是会趋避的信息存储器，繁衍是数据传递和加解密过程。现实知识只是人所拥有智能的缓慢解压缩，石头中的知识，最终将人打造成心目中神的样子。

人类自以为在发明，全是头脑中固有知识在阐发。如果发明是独到见解，就不可能让众人理解，现在的中学生掌握的已经是几个世纪前最尖端的科技。随着时间的推移，人类的学习不可能继续这样全面和庞杂，必须尽早地进行分类和专业化学习，常识和公理的掌握不需十多年，开放脑力即可。

人把地球开膛破肚地利用缩短了人在地球上的生存周期。人不离开地球，就必须节省资源。投射地球的太阳能，换算成植物转换的生物能，能求得地球承载人口上限。没有太阳的照射，地球自身的热能和势能转换的生物能维持的就是人口下限。消耗量控制在太阳能总量内，过度使用地热会降低地球活性，减短地球寿命。

城市有储备能力，可调节输入和输出平衡。秋收冬藏，碳被树枝存往地下，取出燃烧后释放到天上。将天空获取的太阳能和地上所有燃料送入地下储存，根据需要改善地球的表面温度和气候，调节物产。

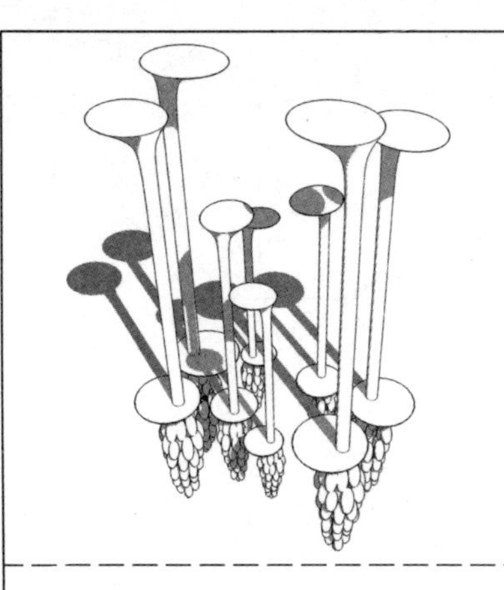

在月球朝向地球的固定面收集太阳能传送给地球。人设计生物并送到其他星球去创造宜人环境等候人类迁徙。或人也是高级生命培养的清道夫，如酵母将地球发酵完成后存取待用，终被主人清理，放逐下个荒蛮星球。菌团最壮大的时刻，使命就得以完成，短暂地兴盛后被吞噬。人类是众多外星物种避难的综合，或是实验的报废物、存放待用的老面。

人类数百年将地球储存千万年的太阳能释放，砍伐森林让地球吸收转化能量的能力变弱。只有释放而没有囤积使地球升温和冰川融化，海水变多就是为了更多地储存热量。地球就像是发了烧一样，南北极融化，就像地球多喝水，最终将所有病毒消灭。当太阳照射的能量加上人类释放的石化能和植物向地下转换的能量平衡时，人类的发展才是可持续的。

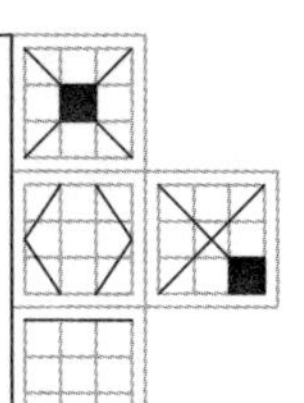

存为发展，生子护子都是为发展，取耳而非杀头，不尽取、不竭用也是为了能够发展。存是囤积，取是消耗，当人口数量爆炸般增长，控制能耗使所有人必须轮流排号出地面生活，新生人口在成年后就被冰冻起来等待，排队轮候才能出地面，如同蝉一样，在地下潜伏许多年，才能有机会崭露头角。地下冰冻世界将人如矿石一般埋藏，成为最珍贵的资源。

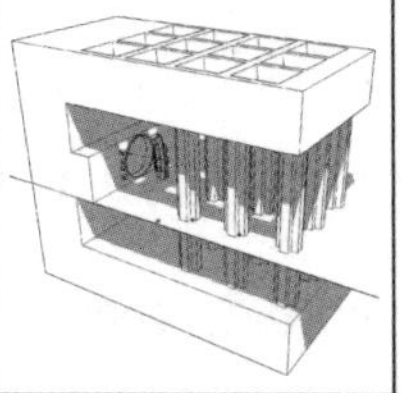

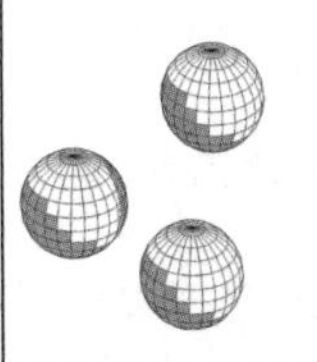

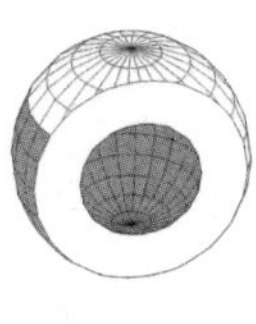

生活的能量来自地矿，生存的能量靠食物转化的太阳能。解决这两种能源问题，城市可以有机化。戴森球将恒星的能源无限地吸收，无尽地在地球上释放，将地球推入毁灭边缘。

地球一分为三加大表面积，不同信仰种族的人择球而居。三球互绕围日公转，改变了日夜时间。维持速度保证独立。

月亮与地球合并成空心的大球，出现内表皮，靠核心的能量源照明。星球改造行动成为适应发展的最佳选择，改造星球是未来的基础建设。人由生命个体生产发展成星球组织生产，在适应不同的重力环境过程中，出现新的人种和物种。

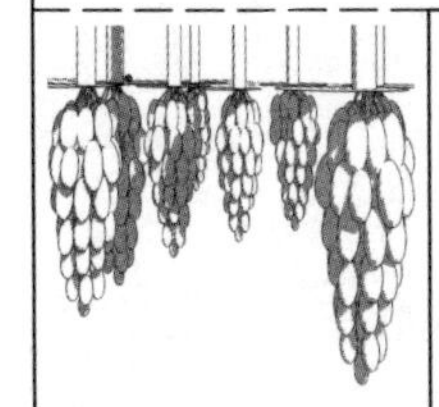

黑纸靠笔取黑现白字，或笔吸取白而现黑字。无墨打印把纸直接烤变色。或一切都数字化承载，不再出现纸制品。世界总会有危急存亡的那天，知识和种子保存在建筑的诺亚方舟中。物化的存储被虚化的存储取代，存在然后使用被一边存在一边取用所替代，如流一般。

人在知识完备的条件下重生，花去百年才能生产出电脑。一件终极产品集中人类所有的科学和制造知识，将它造出来就经历了所有的发展环节。一部实用科学书，让人用原生材料创造出现代文明，从金木水火土到宇宙飞船的跨越在一部渐进式的教科书中反映。

将宇宙飞船中所有的材料和知识都还原，倒退着看所有的材料怎样生产，生产材料的设备又是怎样生产，软件是如何编译，是依靠怎样的知识积累。从一个点发散出无数的内容，记录的内容覆盖无数知识，从然到所以然的追寻，就是回溯历史，只听课做不出小板凳。

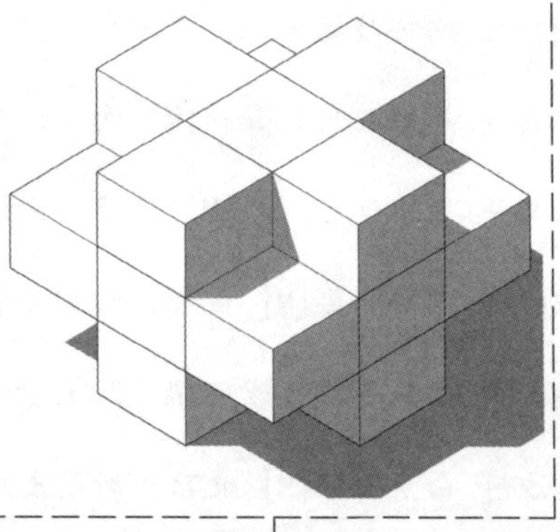

皮壳绽开十字形，现出果肉。各面都是十字架，亦是最终的救赎。存取和建造原理大致相同，有两种层次，一是流程，二是动作，流程靠头脑，动作可以靠机械。

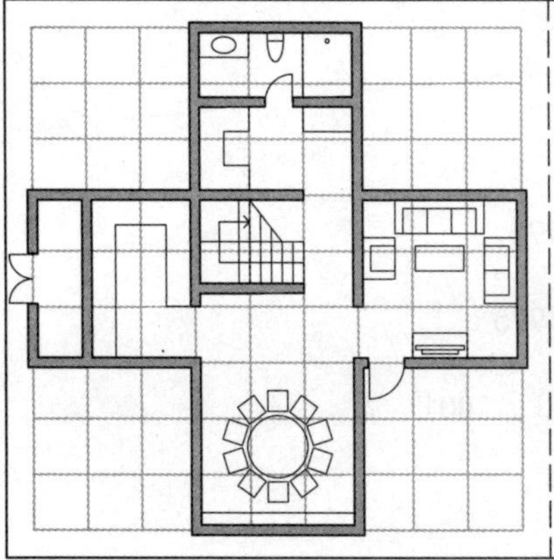

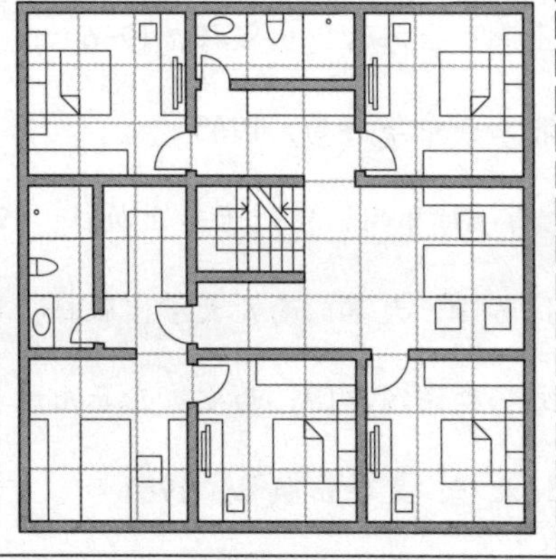

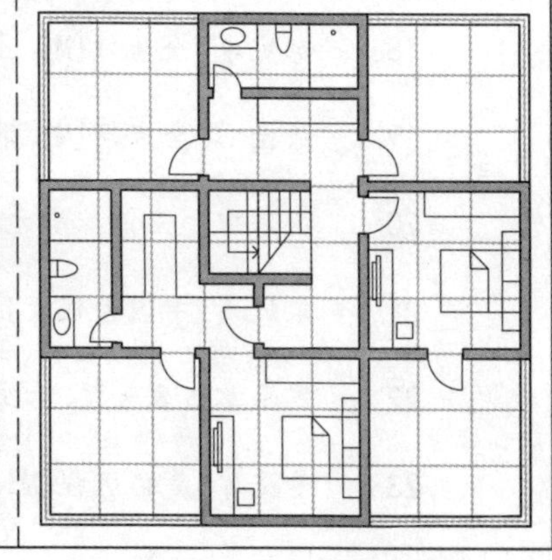

参考

专著

1. 康殷.文字源流浅说[M].北京：荣宝斋，1979
2. 王筠.文字蒙求[M].台北：艺文印书馆，1981
3. 许慎，段玉裁.说文解字注[M]. 2版.上海：上海古籍出版社，1988
4. 谷衍奎.汉字源流字典[M].北京：语文出版社，2008
5. 楚永安.古今汉语字典[M].上海：商务印书馆，2003
6. 徐中舒.甲骨文字典[M].成都：四川辞书出版社，1989
7. 容庚.金文编[M].北京：中华书局，1985
8. 张燕婴.论语[M].北京：中华书局，2006
9. 王卡.老子道德经河上公章句[M].北京：中华书局，1993
10. 许渊冲.英汉对照老子道德经[M].北京:高等教育出版社，2003
11. 陈鼓应.庄子今注今译[M].北京：中华书局，1983
12. 南怀瑾.南怀瑾选集[M].上海：复旦大学出版社，2003
13. 张其成.易经应用大百科[M].南京：东南大学出版社，1994
14. 王其亨.风水理论研究[M].天津：天津大学出版社，1992
15. 陈绶祥.国画指要[M].成都：四川美术出版社，2006
16. 赵鑫珊.建筑是首哲理诗[M].2版.天津:百花文艺出版社,2008
17. 流沙河.白鱼解字[M].北京：新星出版社，2013
18. 彭定求.全唐诗[M].上海：上海古籍出版社，1986
19. 唐圭璋.全宋词[M].北京：中华书局，1965
20. 张月中，王钢. 全元曲[M].郑州：中州古籍出版社，1996
21. 朱凤瀚.中国古代青铜器[M].天津：南开大学出版社，1995
22. 罗西章，罗芳贤.古文物称谓图典[M].西安：三秦出版社，2001
23. 李泽厚.美的历程[M].北京：文物出版社，1981

24. 陈从周.苏州旧住宅[M].上海：上海三联书店，2003

25. 彭一刚.建筑空间组合论[M].3版.北京：中国建筑工业出版社，2008

26. 段进.城市空间发展论[M].南京：江苏科学技术出版社，2004

27. 马炳坚.中国古建筑木作营造技术[M].北京：科学出版社，1991

28. 陈丹青.退步集[M].桂林：广西师范大学出版社，2005

译著

29. [美]程大锦.建筑：形式、空间和秩序[M].刘从红，译. 2版.天津：天津大学出版社，2005

30. [美]保罗•拉索. 图解思考：建筑表现技法[M].邱贤丰，刘宇光，郭建青，译.3版.北京：中国建筑工业出版社，2008

31. [美]贝蒂•艾德华.像艺术家一样思考[M].张索娃，译.海口：海南出版社，2003

32. [美]鲁道夫•阿恩海姆. 艺术与视知觉[M].滕守尧，译.成都：四川人民出版社，1998

外文资料

33. Luigi Serafini. Codex Seraphinianus [M].New York: Abbeville Press, 1983

34. Ernst Neufert, Peter Neufert. Neufert Architects' Data [M].Third Edition. Oxford:Blackwell Science, 2002

35. Francis D. K. Ching. A Visual Dictionary of Architecture [M].New York: John Wiley & Sons, Inc, 1995

36. Cate Bramble. Architect's Guide to Feng Shui [M].Oxford: Architectural Press, 2003

37. Lorraine Farrelly.Basics Architecture [M].Lausanne: AVA Publishing SA, 2008

38. Malcolm Moor, Jon Rowland. Urban Design Futures [M].Abingdon: Routledge, 2006

39. Lorraine Farrelly. The Fundamentals of Architecture [M].Lausanne : AVA Publishing SA, 2007

40. Roxanna McDonald. Illustrated Building Pocket Book [M].Second Edition. Oxford: Butterworth-Heinemann, 2007

後記

后记

一、志学

孔子十五而志于学，三十而立，花了十五年。我十八岁懵懂入学，三十三始有感悟，也花去了十五年。不过圣人经过十五年已经有所建树，坚定不移，我却只是拨拉出一堆问题与头绪，好在圣人的时间表并非凡人都能做得到，能够三十志于学，五十而立也算一番辛苦没有白费。

二、自问

写书的过程中我既是自己的甲方又是自己的乙方，修改深化、鼓掌顿足都是在自弹自唱、自问自答、自娱自乐。即便如此，写出来的内容仍旧只是差强人意，这只能说明自己天分有限、学力不足。

走在自我的边缘、开拓自身的无知，比起在光明之中攀爬高塔，更让人有拓荒般的孤独凝重，站在巨人的肩膀上，检视他人的火把，眺望出光明的边界，最终还是要跳下那巨人的肩膀，走进那黑暗中，投出自己的那一把火。在火把划过黑暗的瞬间，似乎看见了一条路径，光晕照亮咫尺之间。最终火把落在草堆上烈焰升腾，或是没入池塘里烟消云散，这些都无关奋力一扔的初衷。

父亲看过书稿后说，要和业内人交流建筑心得，直言即可，编排这么多形式，那是要给外行看，既然如此就要便于理解。父亲的建议是有话直说，而我能做到的其实也正是有一说一，并非不想旁征博引、言简意赅，而只是能力有限，抓住一把沙子无力将它搓揉成球。能力不足的时候，就只好用真实来做借口，文笔虽粗陋，感受却真灼！

文字写出来，起码算是有病呻吟。只不过病重的时候未必能久病成医、唱出医病的歌诀，只是片片段段地哎哟哎哟，观者或能体察下情，或者不免嫌弃厌恶有余，而草草诊断此人不可救药久矣！

三、十八

到了三十六岁，第二个十八岁仿佛又是改变命运的时刻，让我重新出发。高中毕业是对我在九江十八年生活的总结，从大学开始成人的新生，大学的那几年仿佛就是成人幼稚园的快乐时光，走上社会才像是真正的义务教育开始了，到了三十六岁，又是一次人生的高考，必须做一个选择和了断了。

这本书就是对我离开九江，步入社会后的第二个十八年的归纳，这种归纳并非是事无巨细的无所不包，而是一种以偏概全的窥斑见豹。书中记载过往生活中的痴心妄想，承载对未来的期许。

四、承启

依靠书本，以固定版式的纸质方式传播信息，我们可能是最后一代。此时不作为，这些定格的想法便没有机会和必要再来尝试。以纸质媒体存留思想，也算是怀旧和检讨自我最传统的方式了。

或许这是写给未来的一本书，时人对当下文字的挑拣原则是旁征博引，对过往的文字才能宽容其原汁原味。虽然本书内容浅薄，但这不失为是一本纯粹的书，或许待到能被认为原汁原味时，才有人真正看得起、看得清这本书。

五、了断

学设计总是期待一朝入门、登堂入室，或是我后知后觉，时间过了许久也没有清晰方向。最终知晓现成的门根本不存在，只好夯起力气破墙而入，那墙洞未必算门，所入之处也未必是丛花的彼岸，只算是个交代，好歹心理上摘掉门外汉的帽子，于是也能自视甚高一下。

这样的写作，如同建筑和我之间的一场私人恩怨，一个收掖躲藏、一个刨根问底。不管怎样瞎突乱闯，我总要看清它到底是什么样子！持续地积累和锻炼有时能让人从混沌中豁然开朗，于是也希望整理的过程能让身处疑惑中的自己清晰一下，明白自己到底学的是什么、到底怎样理解这些未知。从没搞清楚，又怎知道取舍，看清楚了哪怕放弃也有朝闻道夕死可矣的安慰。

读者总是强过作者，读者有选择权，他只要合上书本，作者那叽叽喳喳的嘴就闭上了。写东西的最大好处是知道要看书、知道如何看书、知道别人创作的苦恼，一件事只有自己亲身经历才有经验，否则便不知其中的门道，也就体会不到其中的苦乐和用心，厘清自己和厘清他人总是同步进行。

六、解脱

写好《九五旒》是一种挣开设计理想束缚的解脱过程，仿佛我和建筑设计的情缘就可以结束，因为纸上的建筑永远比现实的建筑留存更久，纯粹意识地表达、理想地阐述已让我过足了建筑师的瘾。过往的岁月拍下一张照片有所存念，无论好歹都可以放手自在了。写下来的就是自我证明，不能让三十岁的模模糊糊继续留存，而要一个决断，不论如何，这就是我学习十余年的感受，就算幼稚和荒诞也要留存。毕竟投入了那么多的热情去学习、毕竟建筑设计维持了我这么多年的工作和生活，如果不竭尽全力地绽放一点火花、不在内心给出一份交代，我就愧对自己过往的选择和放弃。

书中所有的主张和见地，都只是反抗既定角色的挣扎，设计终究是服务业，幻想成为主导、拥有自我推动的能力，其实都是徒劳，痛苦来源于对自身无能的愤怒，平静来源于认清自我后的满足。

无错不成书，相信书中的错讹逃不过方家巨眼，不会被人曲解和演绎。既然不是权威，自然无人迷信，也不至于误人子弟。

七、支持

高三的时候，母亲就说好好努力，要是不行留在九江还是有书可以读的！到了第二个十八年，仍旧是逆水行舟的时候，母亲又同样在说好好努力，要是不行回到九江还是有适意的生活可以过的！父母总是这样无私地关怀儿女，无论自己多么衰老，只要看见儿女的困难，还是张开臂膀召唤儿女回到身边庇护。他们对我的要求从来都不是金钱和地位，只希望我努力并且自尊自由地生活，这样的信任和关怀是巨大的鼓励！

父亲也介古稀之年，仍旧勤耕不辍，这种榜样的力量是无穷的，本书完成也算是我学习榜样的一点收获。

八、致谢

本书的写作能够完成，得益于师长们长久以来的教诲和帮助。全国工程勘察设计大师、东南大学建筑学院段进教授，他是我读硕士期间的导师。跟随段老师在东南大学城市规划设计研究院学习的那些年，多蒙他的信任和指导，参与了许多重大项目的实践，这使我开拓了视野和思维，为后来的工作和学习打下了良好基础。在离开学校之后，段老师仍鼓励和指导我在自己感兴趣的领域大胆探索，这次更在百忙之中抽出时间审阅全书并欣然应允为本书作序，要特别感谢他对后辈的无私帮助与提携。

感谢南京大学历史学系的杨休教授，他既是创新探索的学者，又是深谋远虑的企业家。在曾经多年的共事中，他一直是我工作上的领导和学习中的老师，在许多方面对我影响颇深。他对事物现象与本质的通达透彻、对传统文化与艺术的执著热爱，都感染到我并间接地为本书提供了许多的灵感。

感谢在苏州东方之门与太湖之星、南京养龙山庄、扬州华润橡树湾等等这些项目的设计建造过程中一同共事的所有伙伴们，和他们之间的相互交流与学习，直接促成了本书的诞生。

多少个孤灯黑夜的书写算不上什么成绩，仍将此书献给最亲爱的父母妻儿，感谢他们对我的信任和支持！

崔宗安

二零一六年五月一日于南京聚宝山麓